Statistik

G. Clauß
F.-R. Finze
L. Partzsch

Statistik

Für Soziologen, Pädagogen,
Psychologen und Mediziner

Grundlagen

Verlag
Harri
Deutsch

Prof. Dr. phil. habil. Günter Clauß †
Dr. rer. nat. Falk-Rüdiger Finze, Technische Universität Dresden
Dr. rer. nat. Lothar Partzsch, Technische Universität Dresden

Bibliografische Information Der Deutschen Bibliothek

Die Deutsche Bibliothek verzeichnet diese Publikation in der Deutschen Nationalbibliografie; detaillierte bibliografische Daten sind im Internet über <http://dnb.ddb.de> abrufbar.

ISBN 3-8171-1735-3

5., korrigierte Auflage 2004

Satz: Satzbüro Dr.-Ing. Steffen Naake, Chemnitz
Druck: fgb – Freiburger Graphische Betriebe <www.fgb.de>
Printed in Germany

Geleitwort

Wer sich zum Studium der Psychologie oder der Soziologie entschließt, interessiert sich vor allem für das Erleben und Handeln der Menschen, er will sich und andere beobachten, verborgene Motive ergründen, Ursachen für Konflikte entdecken, seelische Leiden mindern, durch Beratung helfen usw. Mit Mathematik hat er vielfach nichts im Sinne. Sie erscheint ihm oft trocken, lebensfremd und irrelevant für seinen Beruf. Die Vorlesungen zur mathematischen Psychologie und Statistik stoßen daher zunächst überwiegend auf wenig Gegenliebe. Das erlebte ich in vielen Jahren, in denen ich – gemeinsam mit meinem Kollegen Heinz Ebner – Studierende der Psychologie und Pädagogik in die Statistik einführte. Um die emotionalen Barrieren abzubauen, bemühten wir uns, die Inhalte möglichst ansprechend darzustellen, narrensicher zu erklären und ihre Nützlichkeit an praktischen Beispielen eindringlich zu zeigen. Das ist uns offenbar gelungen; denn die Studierenden besuchten unsere Vorlesungen und Übungen gern und erwarben zumeist eine positive Einstellung zur empirischen Methodik, für die statistische Verfahren unverzichtbar sind.

Die positive Resonanz der Lehrveranstaltungen veranlaßte uns, ein Lehrbuch zu schreiben. 1967 erschienen die „Grundlagen der Statistik für Psychologen, Pädagogen und Soziologen“ erstmals im Berliner Verlag Volk und Wissen. Eine erweiterte Fassung fand Zugang zu deutschen Universitäten, wurde auch in fremde Sprachen übersetzt und erwarb in einem Vierteljahrhundert das Label „Clauß-Ebner“.

Die Langlebigkeit des Titels dürfte vor allem auf den hohen Grad an Verständlichkeit zurückzuführen sein. Wir setzten beim Leser nur das mathematische Schulwissen voraus, behandelten die Kennwerte und Prozeduren in enger Bindung an praktisch relevante Sachverhalte und gaben stellenweise rezeptartige Handlungsanweisungen, die bei der Anwendung statistischer Verfahren zu beachten sind und dann zwangsläufig zum richtigen Ergebnis führen. Eine solche didaktische Vereinfachung mag manchem Mathematiker klippschulenhaft erscheinen; der Mehrzahl der Leser kam die Redundanz und straffe Lenkung sehr entgegen.

Als das Buch zwei Jahrzehnte lang im Handel war, hielten wir es für angebracht, eine gründliche Neubearbeitung vorzunehmen. Dazu kam es jedoch nicht. Heinz Ebner verstarb plötzlich, und ich glaubte, die mittlerweile erschienene Fachliteratur könne unser Buch ablösen. Jedoch die Nachfrage blieb bestehen. Ein unveränderter Nachdruck kam nicht zustande. Um die Marktlücke rasch zu schließen, gewann der Verlag Harri Deutsch zwei erfahrene Dresdner Autoren, Falk-Rüdiger Finze und Lothar Partzsch. Sie sollten in der Tradition des Clauß-Ebner ein Statistiklehrbuch verfassen, das zum Gebrauch an Universitäten sowie zum Selbststudium geeignet ist, die bewährten Verfahren in verständlicher Form behandelt und durch neue Methoden – vor allem multivariate und parameterfreie – ergänzt.

Das vorliegende Buch ist das Produkt. Ich identifiziere mich uneingeschränkt mit seinem Inhalt und der Art der Darstellung. Es ehrt mich, daß mein Name den Autorennamen beigefügt wird, um dadurch eine gewisse Kontinuität der Lehrbuchentwicklung zu signalisieren. Freilich ist das Werk eine durchaus eigenständige Leistung der Verfasser. Sie nötigen den Leser zum selbständigen Mitdenken – mehr, als wir ihm das abverlangten, – geben ihm aber klare Anleitung und die Möglichkeit, an Hand von Beispielen zu prüfen, ob er den Text richtig verstanden hat und anwenden kann. Während wir in den 60er Jahren allenfalls die Nutzung einer Tischrechenmaschine empfehlen konnten, stehen dem Leser heute elektronische Taschenrechner und Computer zur Verfügung. Spezielle Statistikrechner enthalten Programme für Signifikanztests und Varianzanalysen. Ihr Einsatz vereinfacht und beschleunigt die Arbeit außerordentlich. Es wäre töricht, von der Nutzung moderner Rechentechnik abzuraten. Sie kann sehr hilfreich sein und befreit von der Mühsal stumpfsinniger Routine. Aber sie ist und bleibt dienendes Hilfsmittel im Prozeß wissenschaftlichen Problemlösens. Der Nutzer muß mit Einsicht und Sachverstand entscheiden, ob bei einem gegebenen Datensatz die Anwendung eines bestimmten Prüfverfahrens statthaft ist und welche inhaltliche bedeutsame Frage auf diese Weise beantwortet werden kann. Ein solches eindringendes Verständnis setzt voraus, daß man sich einige mathematische Grundbegriffe und Kernaussagen der Wahrscheinlichkeitstheorie aneignet. Sie werden im 3. und 6. Kapitel behandelt, soweit sie für statistische Methodik unentbehrlich sind. Der Leser, der beim ersten Zugriff diese Kapitel überspringt, tut gut daran, sich ihnen später aufmerksam zuzuwenden. Andernfalls läuft er Gefahr, in Praktizismus abzusinken und ernste Fehler zu begehen.

Ich halte das Buch von Finze und Partzsch für eine gut gelungene Einführung, die den heutigen Ansprüchen genügt und dem gegenwärtigen Entwicklungsstand der psychologischen Statistik entspricht. Möge das Buch dankbare Leser finden und dazu beitragen, daß die Studierenden humanwissenschaftlicher Disziplinen ihre eventuell vorhandene Aversion überwinden und die Mathematik in angemessener Weise dafür nützen, methodisch kontrolliert Hypothesen zu prüfen, Aussagen über gesetzmäßige Zusammenhänge zu sichern und Ungewißheit in Wissen zu verwandeln.

Leipzig, Dezember 1993 Günter Clauß

Vorwort

Die Statistik kann bei der Auswertung empirischer Untersuchungen in der Psychologie, Medizin, Pädagogik, Soziologie und in den angrenzenden Wissenschaften ein hilfreiches methodisches Instrumentarium sein. Das vorliegende Lehrbuch wendet sich in erster Linie an Leser, die die genannten Disziplinen studieren oder auf diesen Gebieten arbeiten, und verfolgt das Ziel, dem Leser in möglichst verständlicher Form die entsprechenden Verfahren vorzustellen und ihn zu deren sachkundiger Anwendung zu befähigen. Es eignet sich auch zum Selbststudium, da die statistischen Verfahren mit vollständig durchgerechneten Zahlenbeispielen behandelt werden und es auf allgemeinen Schulkenntnissen im Fach Mathematik aufbaut.

Die Kapitel 3 und 6 wurden von L. Partzsch, die Kapitel 2 und 4 von F.-R. Finze und die Kapitel 1 und 5 gemeinsam erarbeitet. Die Autoren fühlen sich für den gesamten Text verantwortlich.

Bei der Vorbereitung der 5. Auflage wurden neben der Beseitigung noch vorhandener Druckfehler und Ungenauigkeiten ausführlichere Lösungen der Übungsaufgaben sowie detaillierte Hinweise zum Zugang auf das Computerprogramm SPSS eingearbeitet.

Mit dem Dank für entsprechend eingegangene Verbesserungsvorschläge verbinden wir auch weiterhin unser Interesse an sachdienlicher Kritik.

Dresden, Juli 2004 Falk-Rüdiger Finze, Lothar Partzsch

Verbesserungsvorschläge bitte an:

Verlag Harri Deutsch
Gräfstr. 47
D-60486 Frankfurt am Main
E-mail: verlag@harri-deutsch.de
http://www.harri-deutsch.de/verlag/

Inhaltsverzeichnis

1 Einleitung

Für wissenschaftliche Untersuchungen in der Psychologie, Pädagogik, Soziologie, Medizin und weiteren artverwandten Disziplinen haben statistische Methoden in zunehmendem Maße an Bedeutung gewonnen. Das Anliegen des vorliegenden Lehrbuches besteht darin, einerseits den Leser mit den Methoden der deskriptiven Statistik und darauf aufbauend mit einem angemessenen Fundus an statistischen Verfahren vertraut zu machen und ihm andererseits die wahrscheinlichkeitstheoretischen Grundlagen, die zum Verständnis der Statistik erforderlich sind, zu vermitteln. Entsprechend dieser Zielstellung ist das Buch aufgebaut.

Die Statistik findet man in den Kapiteln 2, 4 und 5. Wir beginnen in Kapitel 2 mit einer umfassenden Darstellung der Methoden der deskriptiven Statistik, die in der Verwendung von tabellarischen Übersichten, grafischen Darstellungen und geeigneten Kennziffern bestehen. Das Kapitel 4 ist das eigentliche Kernstück dieses Buches und befaßt sich mit den in der Psychologie, Pädagogik und den Sozialwissenschaften gebräuchlichsten statistischen Testverfahren. Die Struktur dieses Kapitels ist nach dem Charakter der vorhandenen Daten aufgebaut. Die einzelnen statistischen Verfahren werden dadurch vorgestellt, daß weniger die theoretischen Details ausgeführt werden, sondern vielmehr anhand repräsentativer Anwendungssituationen die konkrete Testdurchführung „rezeptähnlich" vorgestellt und an einem konkreten Rechenbeispiel nachvollzogen wird. Um beim Lösen einer statistischen Problemstellung die Suche nach einem geeigneten Testverfahren zu erleichtern, befinden sich am Ende jedes größeren Abschnittes tabellarische Übersichten. In der heutigen Zeit gibt es eine Vielzahl von Computerprogrammen zur Bearbeitung statistischer Problemstellungen. Die Autoren vertreten den Standpunkt, daß das Verständnis der Statistik wesentlich gefördert wird, wenn der Lernende an ausgewählten, typischen Beispielen die erforderlichen Rechenschritte wenigstens einmal „zu Fuß" ausgeführt hat.

In den Kapiteln 3 und 6 werden, anknüpfend an das Schulwissen, die notwendigen Grundlagen behandelt. In Kapitel 3 verfolgen wir das Ziel, die wichtigsten Begriffe der Wahrscheinlichkeitsrechnung möglichst einfach und klar zu beschreiben und darauf aufbauend ein angemessenes Verständnis für dieses Gebiet zu entwickeln. Im einzelnen handelt es sich hier im wesentlichen um das Grundmodell der Wahrscheinlichkeitsrechnung und den Begriff der Zufallsgröße. Kapitel 6 enthält in zusammenfassender Form Grundkenntnisse aus der Mengenlehre, über reelle Funktionen sowie aus der Kombinatorik, und gibt eine elementare Einführung in die Matrizenrechnung.

Die multivariate Statistik betrachtet in zunehmendem Maße derart komplexe Fragestellungen, daß für den Anwender die Nutzung des Computers erforderlich wird. Aus diesem Grund wird im Kapitel 5 anhand einfacher Beispiele versucht, eine erste Einführung in die Korrelations- und Regressionsanalyse, die Faktorenanalyse, die Clusteranalyse und die Varianzanalyse zu vermitteln. Damit soll zum Verständnis von Lösungen, die man durch die Benutzung von Computerprogrammen erhält, beigetragen werden. Das abschließende Kapitel 7 enthält eine Zusammenstellung der notwendigen Tabellen.

1.1 Grundanliegen der Statistik

Bei vielen wissenschaftlichen Untersuchungen, insbesondere unter anderem in der Psychologie, Pädagogik, Soziologie und Medizin, hat man es zum Teil mit großen Anzahlen von Daten zu tun, aus denen man nicht mit Sicherheit auf Aussagen über vorhandene Beziehungen und Phänomene schließen kann. Es handelt sich aber häufig um wiederholbare Erfahrungen, so daß man hoffen kann, immer noch Allgemeingültiges, Gesetzmäßiges in derartigen „Massenerscheinungen" herauszufinden. Während man z. B. bei einem „gezinkten" Würfel durch eine einzige Messung sein Gewicht mit ausreichender Genauigkeit zweifelsfrei ermitteln kann, läßt sich aus 10 Wurfergebnissen nicht eindeutig beurteilen, welche Wahrscheinlichkeiten den einzelnen Augenzahlen zugeordnet werden sollen. Es gibt aus prinzipiellen oder pragmatischen Gründen zu viele unkontrollierbare Einflüsse, die eine zuverlässige Aussage über die interessierende Eigenschaft nicht gestatten. Wir sprechen dann davon, daß der „Zufall" seine Hand im Spiel hat, die Meßergebnisse streuen mehr oder weniger unvorhersehbar. Es entstehen gewisse Unschärfeeffekte und Grauzonen. Trotzdem ist man bestrebt, immer noch Allgemeingültiges zu erkennen, eventuelle Gesetzmäßigkeiten zu entdecken, einen Kern in den vielen Grauzonen streuender Werte zu finden. Man möchte gerne „hinter die Kulissen" schauen, dem Zufall „auf die Finger sehen", um mehr Sicherheit in der Unsicherheit zu erzielen. Die Statistik liefert hierzu ein geeignetes methodisches Instrumentarium. Sie gibt **Hilfen zur Entscheidung** bei der Auswertung empirischer Daten.

Wir unterscheiden zwischen der beschreibenden (oder auch deskriptiven) und schließenden Statistik. Das Anliegen der deskriptiven Statistik besteht darin, interessierende Daten von großen Anzahlen von Objekten, Personen usw., die man in diesem Zusammenhang auch Grundgesamtheit nennt, anschaulich, übersichtlich und verständlich darzustellen. Dies erfolgt in Listen und Tabellen, in Grafiken oder mit Hilfe von typischen Maßzahlen wie z. B. Mittelwerten und Streuungen. Dabei ist man bestrebt, auf möglichst umfassenden Erhebungen aufzubauen, wie es beispielsweise bei der Erfassung von Einwohnerzahlen in statistischen Jahrbüchern der Fall ist. Mit Hilfe der Methoden der deskriptiven Statistik soll eine Datenvoranalyse gefördert werden. Auf Grund deren unmittelbarer Verständlichkeit stellen wir die deskriptive Statistik an den Anfang (vgl. Kapitel 2).

Bei der schließenden Statistik wird im Unterschied dazu auf der Grundlage von Informationen aus einer Teilmenge (auch Stichprobe genannt) der Grundgesamtheit auf Aussagen über die Grundgesamtheit geschlossen. Es werden also Aussagen über den empirischen Beobachtungsbereich hinaus getroffen. Genauer heißt dies, man stellt ein theoretisches Modell auf und vergleicht es mit den empirischen Informationen. Mit diesem theoretischen Modell versucht man, das Allgemeingültige des Zufallsgeschehens dadurch zu repräsentieren, daß man bestimmte Wahrscheinlichkeitsverteilungen des Auftretens der Beobachtungswerte postuliert. Dieser Vergleich erfolgt auf zwei Wegen. Zum einen gibt es die Möglichkeit, die postulierte Wahrscheinlichkeitsverteilung oder auch nur interessierende Parameter näherungsweise zu bestimmen. Entsprechende Verfahren werden in der Schätzstatistik entwickelt. Zum anderen stellt man Hypothesen über die Modellverteilung auf und überprüft diese auf der Grundlage der empirischen Daten der Stichprobe. Dieses große Teilgebiet nennt man Inferenzstatistik (oder auch Teststatistik). So könnte man z. B. die Behauptung prüfen, ob die Leistung nach einem Trainingskurs besser ist als vorher. Es sei aber explizit darauf verwiesen, daß die Richtigkeit von Aussagen wegen der unvollständigen Informationen – es wurde ja nur eine Teilmenge untersucht – nicht mit absoluter Sicherheit, sondern nur mit einer bestimmten Wahrscheinlichkeit garantiert werden kann. Überdies sollte man beim Durchführen von statistischen Tests die zu überprüfende Hypothese nicht erst in Abhängigkeit vom vorliegenden Datenmaterial formulieren. Ausgehend von den typischen Erfordernissen der Psychologie, Soziologie und Pädagogik werden wir uns in diesem Lehrbuch vorwiegend mit der Inferenzstatistik (vgl. Kapitel 4) beschäftigen. Deren Ergebnis besteht in der Beurteilung empirischer Daten.

Eine weitere Differenzierung der schließenden Statistik ist durch den Grad der Komplexität gegeben. Wir unterscheiden in diesem Zusammenhang zwischen uni- und multivariater Statistik. Zu letzterer zählt man auch Analysen komplexerer Systeme, die dann im Sinne von sogenannten Datenvoranalysen der explorativen Statistik durchgeführt werden. Kapitel 5 enthält einige Ausführungen über dieses große Gebiet der Statistik.

1.2 Die Relativität statistischer Aussagen

Statistische Aussagen vermitteln, und das wird leider viel zu oft vergessen, immer nur Erkenntnisse über zufallsabhängige Massenerscheinungen und müssen gerade deshalb im Einzelfall nicht zwingend zutreffen. Die Aussage gilt nur für den Bereich **insgesamt**, über den sie gemacht wird – sie ist eine Globalaussage. Stellen wir uns die Situation vor, daß in einem großen Unternehmen der Industrie von **allen** Mitarbeitern die tatsächliche wöchentliche Arbeitszeit bestimmt wurde, und es ergaben sich im Mittel 40 Stunden. Dann gilt die statistische Aussage: „Der Mittelwert der wöchentlichen Arbeitszeit liegt in diesem Unternehmen bei 40 Stunden." nur dann, wenn man vom gesamten Unternehmen spricht. Es ist leicht einsichtig, daß sie bei den einzelnen Arbeitern, Angestellten, Managern usw. verschieden sein kann. Hier variiert sie vielleicht zwischen 38 und 60 Stunden. Es wäre also falsch, aus der statistischen Aussage auf den Einzelfall zu schließen.

Deshalb unterscheiden wir zwischen statistischen und **kasuistischen** Aussagen, d. h., Aussagen über die Grundgesamtheit und Aussagen über den **Einzelfall**. Eine kasuistische Aussage könnte dann z. B. lauten: „Der Betriebsklempner hat eine wöchentliche Arbeitszeit von 42 Stunden." Sie kann demnach nur eine Information darüber liefern, daß ein bestimmtes Element (Person) einer bestimmten Grundgesamtheit (Unternehmensmitarbeiter) ein bestimmtes Merkmal (wöchentliche Arbeitszeit) in einer bestimmten Ausprägung (42 Stunden) aufweist. Es besteht die Möglichkeit, aus einer Vielzahl kasuistischer Aussagen eine statistische Aussage abzuleiten.

Hervorhebenswert ist an dieser Stelle, daß der Unterschied zwischen einer kasuistischen und einer statistischen Aussage immer nur **relativ** ist. Erheben wir z. B. die wöchentliche Arbeitszeit jedes Mitarbeiters und bilden davon pro Abteilung Mittelwerte, dann sind die Aussagen zur Abteilungsarbeitszeit statistische Aussagen. Erheben wir nun aber nur die Arbeitszeit pro Abteilung und bilden daraus die mittlere Unternehmensarbeitszeit, dann sind die Aussagen zur Abteilungsarbeitszeit kasuistische Aussagen. Ein und dieselbe Aussage kann demnach einmal eine kasuistische und einmal eine statistische Aussage sein. Die Entscheidung darüber, welche Art einer Aussage vorliegt, hängt also immer vom einzelnen Betrachter und von den Randbedingungen der Untersuchung und Interpretation ab.

1.3 Zur Anwendung der Statistik in der Psychologie

Die Psychologie ist eine Wissenschaft, die sich mit dem Menschen, seinen Fähigkeiten und Fertigkeiten, seinen Motiven und Zielen, seinen Emotionen und Gefühlen, aber auch mit seinen psychischen Störungen und Beeinträchtigungen auseinandersetzt. Entsprechend breit sind die Methoden wissenschaftlicher Analyse und Synthese gefächert. Die Statistik ist **eine** Möglichkeit, Ergebnisse gegen zufällige Einflüsse und Schwankungen zu sichern, systematische Unterschiede aufzudecken und im Rahmen ihrer Grundannahmen zu verifizieren oder zu falsifizieren. Um die Statistik aber sowohl im Einzelfall als auch insgesamt sinnvoll einsetzen zu können, müssen die Daten, die statistisch weiter verarbeitet werden sollen, einige Bedingungen erfüllen, auf die wir nachfolgend näher eingehen wollen.

1.3.1 Forderungen an empirische Daten

Die Statistik, d. h., die in ihr genutzten mathematischen Modelle, benötigt im weitesten Sinne quantifizierbare Daten. Es besteht die Notwendigkeit, daß sich die empirischen Daten und Beobachtungen numerisch, d. h. durch Zahlen, kennzeichnen lassen. Häufig treffen wir aber, speziell im Einzelfall (z. B. der Persönlichkeitspsychologie), auf ausschließlich qualitative Angaben. In solchen Situationen, wie etwa beispielsweise bei einem qualitativen Merkmal wie „soziale Herkunft", benötigen wir wenigstens als quantifizierbare Daten die beobachteten Häufigkeiten der einzelnen „Stufen" des Merkmals.

Eine weitere, notwendige Voraussetzung besteht in einer exakten Definition dessen, was gemessen werden soll. In den sogenannten „exakten Wissenschaften" wie Physik oder Chemie ist das sicher leichter als in den Human- und Sozialwissenschaften. Betrachten wir als Beispiel das Merkmal „soziale Herkunft". Hier sind verschiedene Kategoriensysteme wie etwa Arbeiter, Angestellter, Bauer, Angehöriger der Intelligenz, Unternehmer usw. vorstellbar. Will man aber beispielsweise wissenschaftliche Aussagen aus dem Vergleich verschiedener Untersuchungen ableiten, dann hat das nur einen Sinn, wenn die Inhalte der untersuchten Kategorien vergleichbar, also genau definiert sind. Welche Berufe zählen wir nun zum Beispiel zur Kategorie „Arbeiter"? Der Anwender der Statistik sollte also auch Definitionen hinterfragen.

Schließlich sollen die empirischen Daten durch geeignete Meßverfahren erhoben worden sein. Diese Forderung ist nicht neu und wohl in allen Wissenschaften gleich. Dennoch können wir nicht a priori davon ausgehen, daß sie immer Berücksichtigung findet. Mißt man beispielsweise bei einem Weitsprungwettbewerb die erreichten Weiten mit Hilfe eines Maßbandes aus Gummi, dann würde man offensichtlich an der Seriosität der Ergebnisse zweifeln. Aus diesem Grunde sollten wir, die Anwender, stets darauf achten, daß wenigstens nachfolgende 3 Forderungen an die verwendeten Meßverfahren erfüllt sind:

1. Das Kriterium der Objektivität:
   Damit ist gemeint, daß das jeweilige Meßverfahren unabhängig vom Anwender sein soll. Auch wenn ein anderer Versuchsleiter oder Befrager die Analyse durchführt, sollte dies ohne Einfluß bleiben. Der interessierte Leser findet in der psychologischen Fachliteratur dazu viele Hinweise unter dem Schlagwort „Versuchsleiterfehler".
2. Das Kriterium Reliabilität (auch Zuverlässigkeit):
   Hierbei geht es darum, daß das Meßverfahren reproduzierbar, d. h. wiederholbar sein muß. Jetzt wird der eine oder andere Leser einwenden, daß z. B. gerade sogenannte projektive Tests in der Psychologie diesem Anspruch nicht uneingeschränkt genügen. Das stimmt – aber der qualitative Einzelfall kann ohnehin nicht statistisch ausgewertet werden.
3. Das Kriterium Validität (auch Gültigkeit):
   Die eingesetzten Meßverfahren müssen wirklich das messen, was sie messen sollen und vorgeben zu messen. Es ist eben beispielsweise unsinnig, mit Hilfe der Lösung eines Kreuzworträtsels die Intelligenz eines Probanden messen zu wollen. Auch wenn dieses Beispiel sicher etwas drastisch ist, so verdeutlicht es doch das mitunter zu unkritische Umgehen mit dem Problem der Validität.

Bemerkung: *Die Anwendung statistischer Verfahren setzt voraus, daß diese Forderungen erfüllt sind – wobei unterstellt wird, daß es ein wissenschaftstheoretisch weitestgehend ungeklärtes Validitäts-Reliabilitäts-Dilemma gibt.*

1.3.2 Vorteile und Grenzen beim Einsatz der Statistik

Wie bereits im Abschnitt 1.2 festgestellt wurde, stellt die Statistik ein methodisches Instrumentarium zur wissenschaftlichen Analyse empirischer Daten bereit. Wir wollen in diesem Abschnitt zusammenfassend sowohl einige wesentliche Vorteile für ihren Einsatz benennen als auch auf Einschränkungen kritisch aufmerksam machen.

1. Vorteile:
   - Die deskriptive Statistik bietet uns die Möglichkeit der Präzision, d. h. der genauen Beschreibung der Beobachtungen und deren Zusammenfassung. Damit können wir unüberschaubare Mengen detaillierter Daten anschaulich darstellen und weiterverarbeiten.

- Durch den Einsatz der schließenden Statistik können wir die auf der Grundlage von Stichproben gewonnenen Aussagen auf die gesamte zugehörige Grundgesamtheit verallgemeinern.
- Wir sind auf Grund der verwendeten mathematischen Modelle in der Lage, selbst Aussagen zur Genauigkeit und zur Sicherheit der festgestellten Schlußfolgerungen zu treffen.
- Es besteht die Möglichkeit, Aussagen sowohl theoretisch als auch empirisch zu überprüfen.
- Schließlich können wir durch den Gebrauch mathematischer Methoden auf der Grundlage der empirisch gewonnenen Daten weitere Modellrechnungen durchführen, d. h., wir können ohne ökonomische, soziale oder andere Konsequenzen weitere Fallbeispiele exemplarisch durchspielen.

2. Kritisch zu beachten sind:
   - Wie immer man die Statistik auch einsetzt, sie liefert niemals Aussagen zur **inhaltlichen Bedeutsamkeit** der durchgeführten Untersuchung. Die Verantwortung dafür liegt ausschließlich beim Anwender.
   - Die Statistik liefert für den Untersuchungsansatz und die -durchführung keine Kriterien darüber, **welche Beobachtungsgrößen** zu verwenden sind. Also selbst wenn das Kreuzworträtsel zur „Messung der Intelligenz" mißbraucht wird, kann die Statistik darauf keinen Einfluß nehmen.
   - Auch die Frage, welches Meßverfahren im Einzelfall zu verwenden ist, kann mit den Mitteln der Statistik nicht beantwortet werden.
   - Die Statistik kann eine inhaltliche Interpretation nicht leisten. Beispielsweise werden zwar Zusammenhänge und Abhängigkeiten mathematisch ermittelt, aber die Einschätzung ihrer Bedeutung, etwa die Unterscheidung zwischen Ursache und Wirkung, obliegt dem Benutzer.
   - Jede Anwendung von statistischen Verfahren ist abhängig von bestimmten Voraussetzungen. Für deren Beachtung ist der Anwender verantwortlich, d. h., wenn man bei vorliegendem empirischen Datenmaterial den falschen Parameter berechnet oder den falschen Test einsetzt, dann kann sich die Statistik nicht dagegen „wehren".

2 Deskriptive Statistik

Bei der Anwendung statistischer Methoden im Rahmen psychologischer, pädagogischer, soziologischer oder medizinischer Untersuchungen fallen häufig große Datenmengen an. Die beschreibende Statistik verfolgt das Ziel, diese in geeigneter Weise darzustellen, um damit Übersichtlichkeit zu erreichen, Vergleiche zu ermöglichen und das Erkennen eventueller "Gesetzmäßigkeiten“ zu erleichtern. Die mit ihrer Hilfe gewonnenen empirischen Erkenntnisse können dann durch geeignete Prozeduren der schließenden Statistik, insbesondere der Prüfstatistik, theoretisch gesichert werden. Mittel der beschreibenden Statistik sind Tabellen, Grafiken und die Angabe von Kennwerten der durch die Datenmenge erzeugten Verteilungen.

Eine erste Einteilung der Methoden der beschreibenden Statistik berücksichtigt die **Art der Daten**, die sich auf der Grundlage der verwendeten Skalen ergibt. Wir unterscheiden zwischen Nominalskalen (z. B. Berufe), Ordinalskalen (z. B. Stärken von Stürmen), Intervallskalen (z. B. Celsius-Skala der Temperaturmessung) und Absolutskalen (z. B. Kelvin-Skala der Temperaturmessung). Wir werden uns im Abschnitt 2.1 mit dieser Klassifikation nach Datentyp ausführlich beschäftigen.

Ein zweiter Gesichtspunkt betrifft die **Anzahl der gleichzeitig untersuchten** Variablen. Im einfachsten Fall wird nur eine Variable untersucht, z. B. das Leistungsverhalten von Jugendlichen in der Berufsausbildung. Dies führt zu sogenannten **monovariablen** Verteilungen, die wir im zweiten Teil dieses Kapitels behandeln wollen. Man könnte bei der Befragung von 300 Jugendlichen beispielsweise nachfolgende Ergebnisse erhalten haben:

Leistungsverhalten	Anzahl n_i
positiv	133
ambivalent	64
negativ	103
Σ	300

Eine grafische Darstellung, das sogenannte Histogramm, sieht dann wie folgt aus:

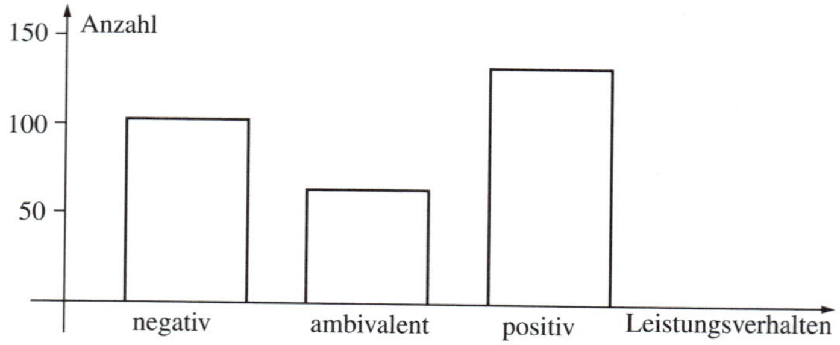

Außer der bildlichen Darstellung hat man die Möglichkeit, charakteristische Kennziffern wie Mittelwerte und Streuwerte zur Beschreibung und zum Vergleich monovariabler Verteilungen zu benutzen.

Im Unterschied dazu führt die gleichzeitige Betrachtung von 2 zu untersuchenden Größen zu **bivariablen** Verteilungen. Würde z. B. der Zusammenhang zwischen Leistungsverhalten und Erfüllung des Berufswunsches den Schwerpunkt der Untersuchung bilden, so hätte man diese beiden Variablen gemeinsam zu berücksichtigen. Im obigen Zahlenbeispiel ist dann das Verhalten der 2. Variable zu ergänzen, was zu nachfolgender Tabelle führen könnte:

	Berufswunsch			
	erfüllt	teilweise erfüllt	nicht erfüllt	Σ
positiv	70	43	20	133
ambivalent	19	24	21	64
negativ	12	30	61	103
Σ	101	97	102	300

Eine entsprechende grafische Darstellung der Häufigkeiten erfolgt dann in einem dreidimensionalen Koordinatensystem. Wir wollen uns im letzten Teil dieses Kapitels mit bivariablen Verteilungen beschäftigen und dabei auch Kennziffern des Zusammenhanges, sogenannte Korrelationskoeffizienten, diskutieren.

2.1 Arten der Daten

2.1.1 Das Messen

Der Begriff des Messens ist uns aus dem Alltagsverständnis und aus der bisherigen Ausbildung zweifelsfrei verständlich. **MESSEN ist die Zuordnung von Zahlen zu Beobachtungen durch den Vergleich mit einer Maßeinheit.** Dazu fallen uns sofort entsprechende Situationen ein, beispielsweise die Temperaturmessung in der Physik. Eine solche physikalische Messung unterliegt bestimmten Eigenschaften, nämlich:

1. Es gibt eine exakte Definition. Eine bestimmte Temperatur führt zu einer wohldefinierten Ausdehnung z. B. von Quecksilber und wird dadurch gegenständlich ablesbar. Es liegt also eine definierte Meßvorschrift zugrunde, die in der Zuordnung einzelner Zahlen zur Länge z. B. der Quecksilbersäule besteht.
2. Wir verfügen über ein objektives Meßgerät, das Thermometer.
3. Uns steht eine festgelegte Einheit als Maßeinheit, z. B. Grad Celsius, zur Verfügung.
4. Für die Temperatur gibt es einen „absoluten Nullpunkt“ bei 0 K oder −273,15 °C.

Sind die oben genannten Voraussetzungen erfüllt, dann sprechen wir vom **Messen im engeren Sinne**. Im Ergebnis eines solchen Meßvorganges erhalten wir Zahlen relativ zu einer Maßeinheit. Wir sprechen dann von metrischen Daten und unterscheiden dabei noch zwischen Skalen mit Nullpunkt (sogenannte Absolutskalen) und Skalen ohne einen solchen (sogenannte Verhältnis- bzw. Differenzskalen). So entspricht z. B. die Angabe des Geburtsjahres einer Versuchsperson einer Absolutskala, das Alter jedoch einer Verhältnisskala.

In der Psychologie, Soziologie, Pädagogik usw. gibt es nun aber auch für viele Untersuchungsgegenstände keine so klar definierten Bedingungen. Aus diesem Grund ist eine Verallgemeinerung und Erweiterung des Meßbegriffes erforderlich, weil eine unabdingbare Voraussetzung für den Einsatz statistischer Methoden **quantifizierbare** Merkmale sind. Die einfachste Vorgehensweise der Quantifizierung besteht im Zählen. Wir zählen beispielsweise ab, wie häufig eine bestimmte, uns interessierende Beobachtung auftritt. Das ergibt sich immer dort, wo wir Ereignisse, Beobachtungen oder Objekte im engeren Sinn nicht messen, sondern nur klassifizieren können, d. h., wir ordnen bestimmte Beobachtungen oder Ereignisse einzelnen, wohldefinierten Klassen zu. Es entstehen dann Häufigkeiten als quantitative Daten. In diesen Situationen verfügen wir also nicht über eine Maßeinheit und erhalten Meßergebnisse im Sinne von Zählergebnissen durch eine exakte Beschreibung der beobachteten Klassen. Beispiele sind die Zuordnung des Geschlechts oder der Augenfarbe bei Versuchspersonen. Noch mehr Informationen erhalten wir, wenn zwischen den Klassen in sinnvoller Weise ein Ordnen möglich ist. Wir können dann auch noch je zwei Untersuchungsobjekte vergleichen. Eine solche Situation liegt z. B. vor, wenn wir Untersuchungen zur Sympathiestruktur in einer Gruppe durchführen.

Wegen dieser Sachlage ist es notwendig, den uns bislang bekannten Meßbegriff zu erweitern. Nach **Stevens** (1951) definieren wir: Messen entspricht der Zuordnung von Zahlen zu Beobachtungen/Objekten nach bestimmten Regeln. Wir sprechen vom **Messen im weiteren Sinn**. Ein so verstandener Meßbegriff schließt einerseits das Messen im engeren Sinn ein, umfaßt aber andererseits auch das Ordnen und das Klassifizieren. Wenn wir nachfolgend vom Messen sprechen, dann meinen wir Messen im weiteren Sinne.

Allerdings soll an dieser Stelle keine Fortsetzung des großen Theorienstreites darüber erfolgen, ob psychologisch, soziologisch, pädagogisch usw. relevante Sachverhalte durch Zahlen abbildbar sind oder ob sich in diesen Disziplinen überhaupt gesicherte wissenschaftliche Aussagen nur durch Zahlen belegen lassen. Zahlen können ein geeignetes Hilfsmittel sein. Die alleinige quantitative Analyse führt im allgemeinen nicht zwingend zur Wahrheit. Es gibt in der gesellschaftlichen und wissenschaftlichen Praxis Beispiele, in denen sowohl „rein quantitative" als auch „rein qualitative" Vorgehensweisen falsche Schlußfolgerungen ergaben. Dieser Gefahr müssen wir uns stets bewußt sein.

Die Statistik ist eine Möglichkeit, einen Beitrag zur gesicherten Wissensgewinnung zu leisten. Entscheidende Voraussetzung ist dann allerdings, daß eine **gegenstandsangemessene Quantifizierung** stattfindet. Ob eine Untersuchung und deren Ergebnis relevant ist, das hängt nicht davon ab, ob Statistik zum Einsatz kam oder nicht, sondern ob eine Fragestellung bearbeitet wurde, die bisher bekanntes Wissen erweitert, aus diesem Grund Einfluß auf die Theorie nimmt und uns schließlich zur besseren Bewältigung unserer täglichen Aufgaben befähigt.

2.1.2 Klassifikation der Skalen

Im vorangegangenen Abschnitt hatten wir das Messen im engeren und im weiteren Sinne kennengelernt. Die für die Psychologie, Soziologie, Pädagogik usw. notwendige Erweiterung des Meßbegriffs hat nun Konsequenzen auf die weitere Verarbeitung des empirischen Materiales. In Abhängigkeit davon, ob die untersuchten Merkmale nämlich im engeren Sinne gemessen, geordnet oder nur klassifiziert wurden, verwenden wir unterschiedliche Skalen. Eine Skala ist ein Ausdruck für die, wie auch immer, systematische Einteilung von Beobachtungen aus unserer Umwelt. Wir alle kennen die Skalen an Fieberthermometern, auf Bandmaßen, Uhren usw., d. h. auf Meßinstrumenten. Häufig treffen wir aber auch auf Skalen in anderen Formen, bei denen der Charakter der Skala nicht so deutlich in den Vordergrund tritt. Denken wir z. B. an Tabellen für die Beurteilung von Windstärken (etwa schwach /mittel/stark) oder an Möglichkeiten zur Einordnung nach dem Geschlecht (etwa männlich/weiblich). Wir kennen vier große, voneinander unterscheidbare Skalen, die nachfolgend näher beschrieben werden sollen. Dabei stellt der Prozeß der Zu- und Einordnung der Daten zu einer/in eine Skala die Skalierung dar. Es wird unterschieden zwischen der Absolut- (oder auch Verhältnis-) Skala, der Intervallskala, der Ordinalskala und der Nominalskala. Diese Skalen sind die Grundlage für die Quantifizierung der Daten.

2.1.2.1 Nominalskalen

Mit Hilfe einer Nominalskala werden meist qualitative Merkmale (z. B. Farben) dargestellt. Klassifizieren heißt hier, daß eine Beobachtung, ein Ereignis oder ein Objekt einer bestimmten Klasse zugeordnet wird, und wir zählen dann, wie viele der zu untersuchenden Objekte in jeder Klasse enthalten sind. Nominalskalen verwenden wir also, wenn eine Klassifikation noch möglich ist. **Klassifizieren ist das Zuordnen eines Objektes zu einer von mehreren genau definierten Klassen.** Beispielsweise erfolgt eine derartige Zuordnung zu den Geschlechtskategorien „männlich" oder „weiblich" bzw. zu den Farbkategorien „rot", „grün", „gelb" usw. Die Kategorien untereinander können wir nicht mehr begründet ordnen, d. h., wir können zum Beispiel nicht sagen, welche Kategorie an erster, zweiter oder auch letzter Stelle angeordnet werden müßte. Deshalb ist die Reihenfolge der Aufzählung ohne jede Bedeutung, d. h. ohne Wertung. Ob im obigen Beispiel „rot", „grün", „gelb" oder eben „gelb", „rot", „grün" aufgezählt wird, das spielt keine Rolle. Bezogen auf die Skala enthält die Reihenfolge der qualitativen Ausprägungen keine Information für uns.

Entscheidend für den Gebrauch einer Nominalskala ist die Möglichkeit der genauen inhaltlichen Beschreibung oder Kennzeichnung derjenigen Merkmale, die zur Klassenbildung führen. Nur wenn wir die Klassen – auch Kategorien genannt – hinsichtlich mindestens nachfolgender Eigenschaften charakterisieren können, führt die Quantifizierung (also das Abzählen) zu einer Nominalskala:

1. Was ist das Gemeinsame aller Elemente einer Klasse?
2. Worin unterscheiden sich die Klassen voneinander?

Die Klassen selbst können entweder durch Ziffern oder durch Begriffe bezeichnet werden.

Wir können in zwei oder in mehr als zwei Klassen unterscheiden. Für den ersten Fall trennen wir zwischen „Element der Klasse A" und „Nicht-Element der Klasse A". Eine derartige Zweiteilung nennt man auch **dichotom**, z. B. „Raucher" und „Nicht-Raucher". Die Aufteilung kann aber auch in mehr als zwei Klassen erfolgen. Denken wir beispielsweise an verschieden Kraftfahrzeuge, so fällt die Einteilung in Klassen wie „Lastkraftwagen", „Personenkraftwagen", „Sportwagen", „Jeeps" usw. relativ leicht. Ohne große Probleme sind wir in der Lage, die „Klassenkennzeichen" und die Unterschiede zu anderen Klassen zu definieren.

Wir sollten uns bei der Entscheidung über die Anzahl der Kategorien von inhaltlichen Gesichtspunkten leiten lassen. Letztlich ist es die untersuchte Fragestellung, die uns Informationen darüber liefert, unter welchen Gesichtspunkten die zu zählenden Objekte oder Gegenstände zusammenzufassen sind. Zu beachten ist dabei nur, daß sich die Klassen nicht überschneiden dürfen und daß alle auftretenden Beobachtungen eindeutig einer Klasse zugeordnet werden können. Damit entsteht aber auch die Notwendigkeit, die Weite oder Enge des gruppenbildenden Kriteriums bei der Interpretation zu berücksichtigen.

Im Bereich der Nominalskala besteht die Form der Quantifizierung im einfachen Auszählen der Häufigkeit, d. h., wie viele Objekte fallen in jede der genannten Klassen. Beim Zählen bedienen wir uns der sogenannten Kardinalzahlen. Dem Zahlencharakter von Nominalskalen entsprechen Nominalzahlen. Sie berücksichtigen nur die Verschiedenheit. Nun brauchen wir nur noch abzuzählen, wie viele Objekte oder Ereignisse in den jeweiligen Klassen enthalten sind. Diese Anzahlen sind dann die Häufigkeiten, die wir zur statistischen Weiterverarbeitung verwenden. Nominalskalen enthalten nur die Information, ob jeweils zwei Objekte gleich oder nicht gleich sind (z. B. bei der Aufteilung in „männlich" und „weiblich"), also eine Aussage zur **Verschiedenheit**. Die Invarianz (Unveränderlichkeit) besteht hier darin, daß die Aussage der Verschiedenheit bei einer Permutation der Klassen (d. h. bei einer entsprechenden Umbenennung der Klassen) unverändert bleiben muß.

2.1.2.2 Ordinalskalen

Wir wollen uns den Begriff der Ordinalskala an einem Beispiel verdeutlichen und erinnern uns dazu noch einmal an die im vorhergehenden Abschnitt getroffenen Aussagen zu den Nominalskalen. Wenn wir z. B. eine Reihe verschiedener Erdbeersorten zu vergleichen haben, dann liegt damit zunächst eine Klassifikation mit Hilfe der Nominalskala „Erdbeersorte" vor. Betrachten wir nun zusätzlich neben dem Namen der jeweiligen Erdbeersorte noch deren Geschmack, dann verfügen wir über eine weitere Information. Und obwohl es weder ein geeichtes Meßinstrument noch eine definierte Maßeinheit für den Geschmack von Erdbeeren gibt, sind wir in der Lage, mehrere Erdbeersorten nach ihren Geschmackseigenschaften in eine Rangreihe (in eine Reihe der „Bevorzugung") zu bringen. Ähnliche Situationen liegen beispielsweise bei Abstufungen von Verbrennungsgraden bei Brandverletzungen vor. Im Unterschied zur Nominalskala ist also eine Ordinalskala „informativer“.

Ordinalskalen sind dadurch ausgezeichnet, daß sie ein sinnvolles Ordnen der Beobachtungen ermöglichen. Die Zuordnungsvorschrift besteht imVergleichen, d. h. einer Klassifikation des Unterschiedes in z. B. „kleiner“, „gleich“ und „größer“. Ein Beispiel für ein solches Ordnungsprinzip sind Urteile beim Vergleich zweier visueller Reize hinsichtlich der Stärke. Jeder Sehende ist in der Lage, die Helligkeit einer Lampe mit einer Leistung von 25 Watt mit der Helligkeit einer Lampe von 1000 Watt zu vergleichen und zu beurteilen, welches Licht heller ist. In der Folge solcher Aussagen entstehen Rangreihen über Ausprägungsgrade bestimmter Merkmale an einer Anzahl von Objekten.

Wichtig für Ordinalskalen ist die Tatsache, daß sie keine definierte Maßeinheit erfordern. Was inhaltlich mit einer Ordinalskala erfaßt werden kann, bezieht sich immer auf den gleichen Sachverhalt (z. B. die Sympathie eines bestimmten Politikers, die Helligkeit von Lampen oder den Geschmack von Erdbeeren), der in unterschiedlicher Ausprägung auftreten oder vorliegen kann. Solche Ausprägungen können die Stärke, die Intensität, die Größe usw. sein. Es ist nicht festgelegt, wie groß die Unterschiede zwischen den verschiedenen Merkmalsausprägungen sind. Ob z. B. auf einer Ordinalskala der Form „sehr klein“ – „klein“ – „mittel“ – „groß“ – „sehr groß“ die Abstände zwischen „sehr klein“ und „klein“ bzw. zwischen "mittel“ und „groß“ die gleiche absolute Differenz haben, ist nicht definiert. Mit anderen Worten heißt das, daß die Distanzen der einzelnen Skalenpunkte zueinander bei einer Ordinalskala überhaupt nicht festgelegt sind. Darin besteht der Hauptmangel dieser Skala. Es sollten aber auch hier durchaus klare Definitionen darüber vorliegen, unter welchen Bedingungen wir von einer „sehr kleinen“, einer „kleinen“, einer „mittleren“ usw. Ausprägung sprechen.

Dem Zahlencharakter von Ordinalskalen entsprechen **Rangplätze** (Ordinalzahlen). Die Folge der einzelnen Rangplätze (z. B. Rangplatz 1, Rangplatz 2, Rangplatz 3 usw.) ergibt dann die sogenannte **Rangreihe**. Sie liefert uns eine Aussage zur Reihenfolge und zur Verschiedenheit. Die in ihnen enthaltene Information bezieht sich auf die **Verschiedenheit** und auf die **Art der Verschiedenheit** von je 2 Objekten. Damit ist gemeint, daß wir nicht nur feststellen können, daß sich zwei Objekte voneinander unterscheiden (wie bei der Nominalskala), sondern wir können auch noch eine Aussage darüber treffen, welches der beiden Objekte – je nach Definition – vor dem anderen Objekt zu plazieren ist. Bei sogenannten ordnungserhaltenden Skalenänderungen (wie sie sich durch Anwenden monoton wachsender Transformationen ergeben, vgl. auch Abschnitt 6.2) bleiben diese Informationen, d. h. die Rangreihe, unverändert erhalten.

2.1.2.3 Intervallskalen

Wir hatten eingangs dieses Abschnittes festgestellt, daß wir aus inhaltlichen Gründen den klassischen Meßbegriff der Physik für Belange der Psychologie, der Soziologie, der Pädagogik usw. erweitern müssen. Nun sind wir in unserer Betrachtung an einen Punkt gelangt, wo wir uns wieder an die klassische Definition erinnern sollten, d. h., es geht nachfolgend um das Messen im engeren Sinn.

Intervallskalen liegen vor, wenn wir Merkmale messen. Die Zuordnungsvorschrift ist dementsprechend der Vergleich mit einer Maßeinheit, die aber keinen absoluten Nullpunkt besitzt. Ein Beispiel dafür ist die Temperaturmessung auf der Celsius-Skala . Bei Intervallskalen sind also die **Differenzen** (Intervalle) zwischen zwei beliebigen, aufeinanderfolgenden Werten der Skala immer gleich groß. Deshalb können wir genauere Aussagen als bei Ordinalskalen machen. Wenn uns also nicht nur interessiert, ob ein Unterschied besteht und welcher Art ein Unterschied zwischen zwei Objekten ist, sondern auch, wie groß die Differenz ist, dann benutzen wir Intervallskalen.

Allerdings sei in diesem Zusammenhang anhand eines Beispiels auf eine Gefahr hingewiesen, die bei der Skalierung mit Hilfe von Intervallskalen auftreten kann: Leistungen in der Schule werden mit den Noten Eins bis Sechs bewertet. Diese Skala wird oft als Intervallskala interpretiert, d. h., es werden arithmetische Operationen (etwa die Berechnung des arithmetischen Mittelwertes) durchgeführt, die nur bei Intervall- oder Absolutskalen zulässig sind. Nun ist aber leicht einsichtig (und neuere Untersuchungen bestätigen das), daß die subjektiven Interpretationen der Noten sowohl durch Lehrer als auch durch Schüler sehr unterschiedlich sind. Viele Lehrer vergeben nur sehr wenig Einsen. Das könnte darauf hindeuten, daß die Differenz zwischen Eins und Zwei ungleich größer ist als etwa zwischen Zwei und Drei. Auf der anderen Seite bedeutet die Sechs ein Nichtbestanden. Auch hier wird subjektiv sicher eine andere Differenz zwischen Fünf und Sechs als etwa zwischen Drei und Vier die Folge sein. Streng genommen ist damit die Zensurenskala eigentlich nur eine Rangskala. In praxi setzt man sich aber häufig über diese Bedenken hinweg.

Dem Zahlencharakter von Intervallskalen entsprechen **Maßzahlen**. Bei diesen sind nur die Differenzen, nicht aber die Verhältnisse, die z. B. aus einem angenommenen Nullpunkt resultieren, sinnvoll. So ist zum Beispiel ein Temperaturunterschied von 10 °C für uns durchaus ein gut zu interpretierendes Maß. Aber 20 °C sind eben nicht doppelt so warm wie 10 °C, denn wenn wir die Temperatur mit Hilfe der Kelvinskala auf den absoluten Nullpunkt zurückführen, dann entsteht zwischen diesen beiden Temperaturen eine Relation von 283 Kelvin zu 293 Kelvin – niemals eine Verdoppelung.

In der Psychologie sind viele psychologische Testskalen (z. B. bei Intelligenz- oder Kreativitätstests) als Intervallskalen konstruiert. Das ist nicht ganz unproblematisch und sollte daher eher als hypothetische Setzung betrachtet werden, da die Intervalleigenschaften nicht beweisbar sind.

Die in Maßzahlen enthaltene Information liefert uns Aussagen zur **Verschiedenheit**, zur **Art der Verschiedenheit** und zur **Größe der Verschiedenheit** von 2 Objekten. Die Forderung der Invarianz besteht darin, daß Aussagen bei linearer Transformation (es wird z. B. ein anderer Nullpunkt oder eine andere Maßeinheit festgelegt) unverändert bleiben.

2.1.2.4 Absolut- oder Verhältnisskalen

Bei Absolut- oder Verhältnisskalen besteht die Zuordnungsvorschrift in der Messung mit einem absoluten Nullpunkt. Beispiele für solche Skalen sind die Messung von Längen oder die Messung von Temperaturen auf der Kelvin-Skala. Bei Absolutskalen sind die Verhältnisse der skalierten Objekte zueinander von vornherein normiert. Die Skalen enthalten alle Eigenschaften der vorher genannten Skalen, und zusätzlich repräsentieren sie festliegende Intervalle zwischen den Skalenwerten.

Das Problem des absoluten Nullpunktes soll dabei noch einmal näher betrachtet werden. Bei Gewichtsmessungen haben wir beispielsweise immer einen absoluten Nullpunkt gegeben, d. h., Null Gramm Gewicht bedeutet keine Masse, und 30 Gramm sind eben doppelt so schwer wie 15 Gramm. Natürlich wird jeder, der die Absicht hat, etwas zu messen, auf seiner Skala einen Nullpunkt definieren. Meist ist dieser aus sachlogischen Gründen eindeutig gegeben und dann z. B. der linke Skalenpol. Anderweitige Festlegungen führen in der Regel nicht zu Absolut-, sondern zu Intervallskalen.

Dem Zahlencharakter von Absolutskalen entsprechen **Verhältniszahlen** mit der Angabe sinnvoller Verhältnisse. Es können sowohl Proportionen als auch Verhältnisse ausgedrückt werden. Die in ihnen enthaltene Information ermöglicht Aussagen zur **Verschiedenheit**, zur **Art der Verschiedenheit**, zur **Größe der Verschiedenheit** und zum **Verhältnis** von 2 Objekten. Die Invarianz besteht darin, daß Aussagen bei proportionalen Transformationen (gleicher Nullpunkt, aber andere Maßeinheit, z. B. cm in mm) unverändert bleiben.

Der Informationsgehalt von Daten nimmt von der Nominalskala bis zur Absolutskala zu. Dies gilt auch für die Forderungen bei Invarianz. Hervorhebenswert ist an dieser Stelle, daß in Abhängigkeit von der jeweils benutzten Skala – strenggenommen – nur bestimmte mathematische Operationen zugelassen sind. Darauf werden wir in den nächsten Abschnitten und Kapiteln noch näher eingehen.

2.1.3 Informationsgehalt von Daten

Im vorigen Abschnitt wurden auftretende Datentypen, d. h. Skalenniveaus, vorgestellt und dabei auch Unterschiede der durch sie gegebenen Informationen hervorgehoben. Gewöhnlich werden viele Daten erfaßt, man hat weiter zu differenzieren, und außer dem Datentyp die Datenstruktur, wie sie z. B. durch eine Klassenbildung gegeben sein kann, zu berücksichtigen. Wir wollen die dann durch Datentyp und Struktur gegebenen Informationen des Datenmaterials den **Informationsgehalt der Daten** nennen. Ein jedes statistisches Verfahren bezieht sich auf einen bestimmten Informationsgehalt der Daten.

So ist der Informationsgehalt bei Nominalskalen abhängig von der Anzahl der Klassen. Uns liefert die Zuordnung zu mehreren Klassen (z. B. „schwarz", "weiß", „rot", „grün", „gelb" usw.) zweifelsfrei mehr Information als die Zuordnung zu nur zwei Klassen (z. B. „bunt" und „nicht bunt"). Einige statistische Verfahren berücksichtigen diesen Unterschied. Deshalb teilen wir die Daten auf Nominalniveau noch einmal auf in **kategoriale** (mehrere Klassen) und **alternative** (zwei Klassen) Daten. Andererseits gibt es kaum statistische Verfahren, die den Charakter von Verhältniszahlen fordern, sicher auch deshalb, weil es nur sehr wenige Untersuchungsgegenstände in den Sozial-, Geistes- und Gesellschaftswissenschaften gibt, die so exakt meßbar wären. Deshalb ist es sinnvoll, Daten von Intervall- und von Absolutskalen zusammenzufassen als **metrische** Daten.

Der nachfolgenden Übersicht nun können wir entnehmen, welche Skalen uns Daten mit welchem Informationsgehalt liefern:

Art der Erfassung	Skala	Daten
Klassifikation in 2 Klassen	Nominalskala	alternativ
Klassifikation in mehr als 2 Klassen	Nominalskala	kategorial
Ordnen	Ordinalskala	ordinal
Messen ohne absoluten Nullpunkt	Intervallskala	metrisch
Messen mit absoluten Nullpunkt	Absolutskala	metrisch

Zukünftig werden wir bei allen Parametern und Verfahren den Informationsgehalt der Daten nur noch mit **alternativ, kategorial, ordinal** und **metrisch** angeben. Damit erreichen wir Kompatibilität zwischen den Skalen der Datenerhebung und den notwendigen Voraussetzungen der statistischen Parameterbestimmungen bzw. der statistischen Prüfverfahren.

2.1.4 Genauigkeit der Datenerhebung

Neben dem Informationsgehalt (vgl. Abschnitt 2.1.3) ist noch ein zweites wichtiges Differenzierungsmerkmal bei der Beurteilung von empirischen Daten zu beachten. Die spezielle **Genauigkeit** ist eine zweite entscheidende Voraussetzung für die Berechnung von Parametern für Häufigkeitsverteilungen und für die Anwendung bestimmter Verfahren der Inferenzstatistik. Deshalb unterscheiden wir in singuläre und gruppierte Daten.

Singuläre Daten sind dadurch ausgezeichnet, daß sich prinzipiell alle erfaßten Daten voneinander unterscheiden müßten. Beispiele sind metrische Daten, die mit großer Genauigkeit gemessen wurden und prinzipiell unterschiedlich ausfallen müssen, oder eine Rangreihe über alle Objekte oder Klassen, die nur einfach besetzt sind. Das typische Identifikationsmerkmal für singuläre Daten ist die Häufigkeit 1. Derartige Daten können z. B. wie folgt aussehen:

a) 2,4 m; 3,1 m; 4,7 m; 4,8 m; 5,0 m (metrische Daten)
b) *Rp* 1; *Rp* 2; *Rp* 3; *Rp* 4; *Rp* 5 (ordinale Daten).

Jeder einzelne Wert wird als solcher auch aufgeführt.

Gruppierte Daten entstehen gewöhnlich dann, wenn prinzipiell Wiederholungen gleicher Meßwerte auftreten können oder durch Zusammenfassung in Klassen erzeugt werden. Hier treten somit absolute Häufigkeiten größer als 1 auf. Wir unterscheiden Häufigkeiten von Kategorien (z. B. rot: 3 Objekte; schwarz: 5 Objekte; gelb: 7 Objekte usw.), Häufigkeiten in Rangklassen (z. B. leicht: 6 Objekte; mittel: 9 Objekte; stark: 12 Objekte) und Häufigkeiten in Meßwertklassen (z. B. 160 cm: 17 Objekte; 165 cm: 19 Objekte; 170 cm: 15 Objekte usw.).

Eine Art Zwischenstellung zwischen den singulären und gruppierten Daten nehmen die sogenannten **singulären Daten mit Bindungen** ein. Bei ihnen müßten zwar prinzipiell immer unterschiedliche Meßwerte auftreten, es sind aber durch grobe Meßwerteinteilungen und Rundungen teilweise gleich große Werte entstanden. Mit Problemen dieser Art haben wir es auch zu tun, wenn aus Gründen eines zu geringen Stichprobenumfanges metrische Daten zu ordinalen Daten transformiert werden sollen. Wir stellen die Daten dann wie folgt dar:

c) 1,7 s; 2,3 s; 2,3 s; 2,5 s; 2,5 s (metrisch)
d) *Rp* 1; *Rp* 2; *Rp* 3; *Rp* 4; *Rp* 5 (ordinal ohne Mittelung)
e) *Rp* 1; *Rp* 2,5; *Rp* 2,5; *Rp* 4,5; *Rp* 4,5 (ordinal mit Mittelung).

Wie wir in d) und e) sehen, gibt es zwei Möglichkeiten der Darstellung ordinaler, singulärer Daten mit Bindungen. Wir können jedem Meßwert einen separaten Rangplatz zuordnen, oder wir entscheiden uns für **Rangplätze mit Mittelung**. Letztere erhalten wir, wenn wir die Rangplätze, denen gleich große Meßwerte entsprechen, addieren und durch ihre Anzahl dividieren. Im Beispiel wäre es zum einen $\frac{2+3}{2} = 2{,}5$ und zum anderen $\frac{4+5}{2} = 4{,}5$, und diese **mittleren Rangplätze** werden dann allen entsprechenden Objekten zugewiesen. Für welche der beiden Darstellungsmöglichkeiten wir uns entscheiden, hängt u. a. von der Zielstellung der statistischen Weiterverarbeitung ab. Es gibt Verfahren, die setzen bei gleich großen Werten Rangplätze mit Mittelung voraus, und es gibt aber auch Verfahren, die bei solchem Urmaterial Rangplätze ohne Mittelung erfordern. Wir werden an den entsprechenden Stellen darauf verweisen. Auf jeden Fall sollten wir uns darüber bewußt sein, daß dann, wenn gleich große Meßwerte vorliegen und Rangplätze ohne Mittelung vergeben werden, wir in diesem Fall Informationsverluste registrieren müssen. Aus den Rangplätzen ohne Mittelung geht für den Betrachter nicht mehr hervor, daß ursprünglich gleich große Meßwerte der Ausgangspunkt waren.

Zur Veranschaulichung, welche Datenart mit welcher Genauigkeit überhaupt nur statistisch auswertbar ist, soll uns nachfolgende Übersicht helfen:

Daten	Erfassung	singulär	gruppiert
alternativ	Klassifikation in 2 Klassen	–	Kategorien
kategorial	Klassifikation in mehr als 2 Klassen	–	Kategorien
ordinal	Rangordnung	Rangreihe	Rangklassen
metrisch	Messen	Einzelmeßwerte	Meßwerte bzw. Meßwertklassen

2.2 Monovariable Verteilung

2.2.1 Darstellung monovariabler Verteilungen

Entsprechend dem Anliegen der beschreibenden Statistik stellen wir uns die Aufgabe, vorliegende Daten über **eine** zu untersuchende Variable zu analysieren. Der Ausgangszustand der Daten ist eine sogenannte Urliste. Diese entsteht unmittelbar im Ergebnis der Registrierung der Beobachtungsergebnisse. Wir wollen uns das an zwei Beispielen veranschaulichen.

Beispiel 2.2/1: Die zu untersuchende Variable ist das benutzte Verkehrsmittel von Urlaubern aus der BRD bei Auslandsreisen. Dazu wurden 100 Personen befragt und ihre Antworten in der Reihenfolge der Abgabe wie folgt registriert:

Pkw	Flugzeug	Pkw	Pkw	Flugzeug	Pkw	Flugzeug	Pkw	Pkw	Flugzeug
Flugzeug	Pkw	Flugzeug	Bus	Bahn	Bahn	Pkw	Bus	Flugzeug	Pkw
Bus	Flugzeug	Pkw	Flugzeug	Pkw	Pkw	Bahn	Pkw	Flugzeug	Fahrrad
Pkw	Flugzeug	Pkw	Flugzeug	Pkw	Flugzeug	Pkw	Pkw	Pkw	Bahn
Bus	Pkw	Pkw	Pkw	Flugzeug	Pkw	Flugzeug	Bus	Flugzeug	Flugzeug
Pkw	Pkw	Flugzeug	Pkw	Flugzeug	Pkw	Flugzeug	Pkw	Flugzeug	Pkw
Pkw	Motorboot	Pkw	Bus	Pkw	Pkw	Pkw	Bus	Pkw	Flugzeug
Flugzeug	Pkw	Bahn	Pkw	Flugzeug	Bus	Pkw	Pkw	Pkw	Pkw
Bus	Pkw	Pkw	Flugzeug	Flugzeug	Bahn	Bahn	Pkw	Flugzeug	Pkw
Pkw	Pkw	Flugzeug	Pkw	Flugzeug	Pkw	Pkw	Pkw	Pkw	Pkw

Beispiel 2.2/2: Eine Population von 200 Kindern im Alter von 10 Jahren wurde hinsichtlich ihrer Körpergröße untersucht. Dabei wurden folgende Ergebnisse (in cm) erhoben:

148	135	147	130	132	137	148	140	151	153
152	145	152	155	146	133	138	151	135	151
140	147	135	144	143	145	140	152	146	135
140	151	148	152	149	137	135	137	135	154
136	142	132	132	150	144	142	147	142	143
149	151	151	148	147	127	157	145	137	152
152	140	150	151	145	146	132	147	150	134
150	140	151	152	136	132	146	133	145	141
140	135	151	133	139	135	150	137	141	148
150	155	153	143	150	138	143	150	142	154
150	134	150	150	147	154	141	155	134	130
134	153	138	139	136	135	150	135	157	148
132	151	140	147	139	140	148	143	130	153
143	152	153	140	151	153	145	150	149	149
146	145	127	146	145	130	134	151	145	142
145	152	143	135	135	144	150	140	153	138
148	145	152	144	146	126	147	147	138	152
147	148	148	147	142	147	150	145	155	137
134	139	137	141	144	138	150	154	140	140
152	143	146	133	144	126	136	137	140	153

Bei einer ersten Betrachtung stellen wir fest, daß Beobachtungsergebnisse mehrfach auftreten. Man wird also in einem ersten Schritt der statistischen Analyse einfach die Anzahlen, die sogenannten **absoluten Häufigkeiten** der Werte feststellen. Unter Umständen würde man bereits die Registrierung der Daten mit diesem ersten Schritt verbinden. Wir erhalten auf diese Weise eine **Häufigkeitsverteilung** der Werte. Als Hilfsmittel bietet sich hier das Anlegen einer Strichliste an.

Beispiel 2.2/1:

Verkehrsmittel		Anzahl
Pkw	𝍸 𝍸 𝍸 𝍸 𝍸 𝍸 𝍸 𝍸 𝍸 𝍸 |||	53
Flugzeug	𝍸 𝍸 𝍸 𝍸 𝍸 ||||	29
Bahn	𝍸 ||	7
Bus	𝍸 ||||	9
Sonstige	||	2

Beispiel 2.2/2:

Körpergröße in cm		Anzahl
126	II	2
127	II	2
130	IIII	4
132	卌 I	6
133	IIII	4
134	卌 I	6
135	卌 卌 II	12
136	IIII	4
137	卌 III	8
138	卌 I	6
139	IIII	4
140	卌 卌 IIII	14
141	IIII	4
142	卌 I	6
143	卌 III	8
144	卌 I	6
145	卌 卌 II	12
146	卌 II	8
147	卌 卌 II	12
148	卌 卌	10
149	IIII	4
150	卌 卌 卌	16
151	卌 卌 II	12
152	卌 卌 II	12
153	卌 III	8
154	IIII	4
155	IIII	4
157	II	2

Anhand von Beispiel 2.2/2 erkennen wir, daß eine solche Strichliste ggf. noch zu unübersichtlich ist. Deshalb scheinen weitere Überlegungen zur Erhöhung der Übersichtlichkeit angebracht. Wir versuchen dies zu erreichen, indem wir geeignete Zusammenfassungen von Werten (sogenannte Gruppierungen) und ihren Häufigkeiten vornehmen. Ein wichtiges Hilfsmittel der beschreibenden Statistik besteht darin, Häufigkeitsverteilungen **grafisch** zu veranschaulichen. Das Ziel der bildlichen Veranschaulichung ist es, die **wesentliche** Information hervorzuheben. Der Betrachter soll einen besseren Überblick über das Urmaterial erhalten und eventuell vorhandene Besonderheiten schnell erkennen können. Es soll die in den Daten enthaltene Aussage förmlich „ins Auge stechen“. Vor diesem Hintergrund ist also eine Entscheidung darüber zu treffen, wann wir welche Darstellungsmöglichkeit benutzen. In den nachfolgenden Ausführungen wollen wir auf diese Frage eingehen und auch jeweils Vorzüge und Nachteile der gewählten Darstellungsform diskutieren.

2.2.1.1 Grafische Darstellung bei Nominal- und Ordinalskalen

Eine der gebräuchlichsten Formen der Darstellung der Häufigkeiten bei Nominalskalen, d. h. bei alternativen und kategorialen Daten, ist das sogenannte **Histogramm**. In ihm werden in der Regel auf der x-Achse Ausprägungen der Variablen und auf der y-Achse die Häufigkeit des Auftretens der Ausprägungen dargestellt. Der einfachste Fall behandelt alternative Daten, etwa z. B. die Anzahl von Rauchern und Nichtrauchern in einer Seminargruppe:

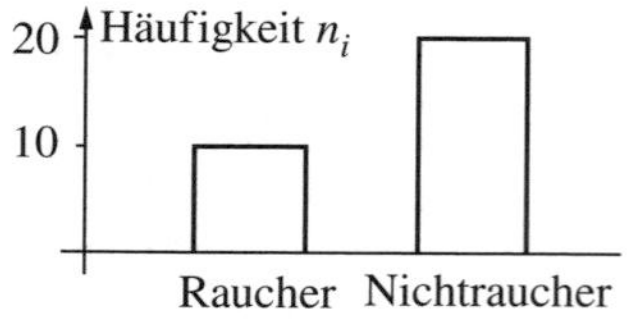

Wir können auch folgende Darstellung wählen, wenn wir z. B. mehrere Seminargruppen miteinander vergleichen wollen:

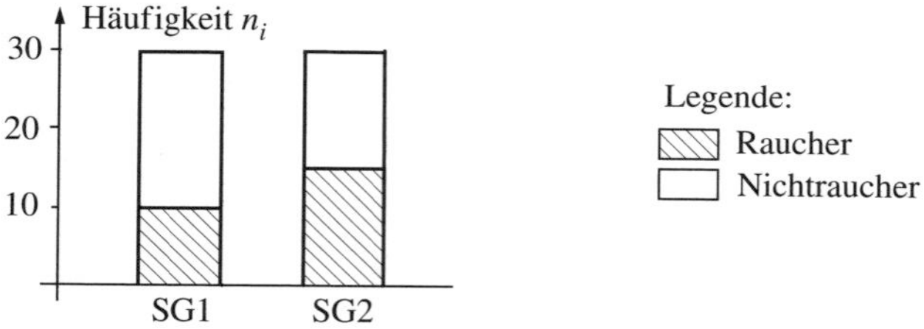

In der Legende müssen wir dann erklären, was die Schraffuren inhaltlich bedeuten. Allerdings sehen wir hier auch, daß man die Absolutzahlen der Nichtraucher schon nicht mehr direkt ablesen kann, sondern daß man, um sie zu ermitteln, von der Gesamthäufigkeit die Anzahl der Raucher abziehen muß. An dieser Stelle kann man sich dadurch helfen, daß man die Absolutzahlen zusätzlich in die Säulen einträgt.

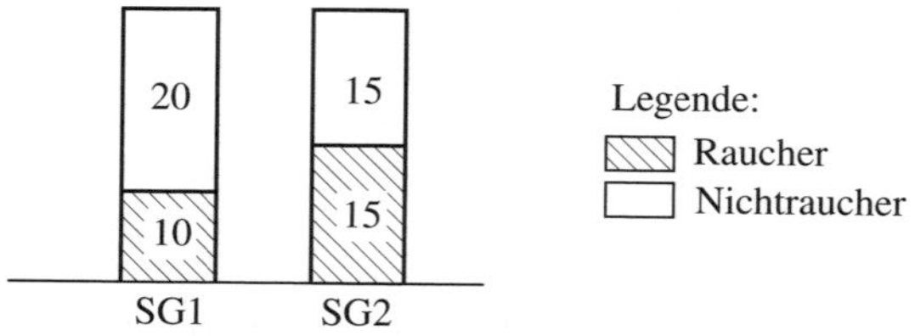

Vielfach hat sich eingebürgert (vgl. z. B. Wahlanalysen), daß man Histogramme dreidimensional darstellt:

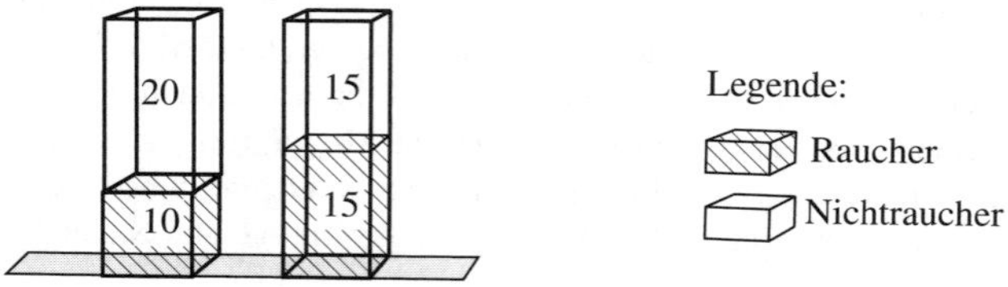

Aber auch nachfolgende Darstellung ist möglich, wenn wir die x-Achse zur Darstellung der Häufigkeiten benutzen wollen:

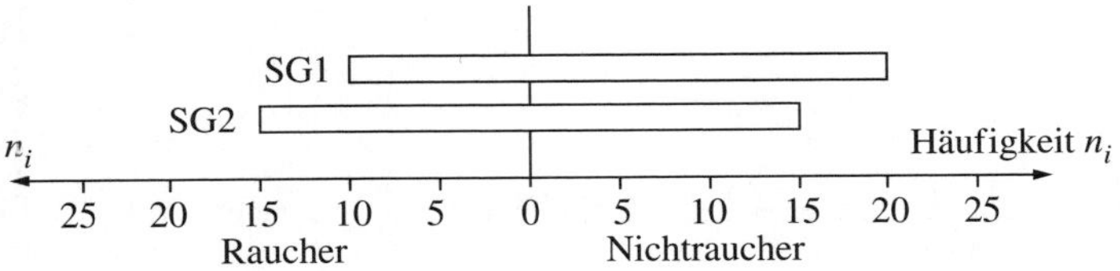

Die vorgestellten grafischen Darstellungen lassen sich unmittelbar auch auf den Fall übertragen, daß mehr als 2 Kategorien (sogenannte kategoriale Daten) vorliegen. Hier ist aber zunächst eine noch einfachere Variante, das sogenannte Stabdiagramm, sinnvoll:

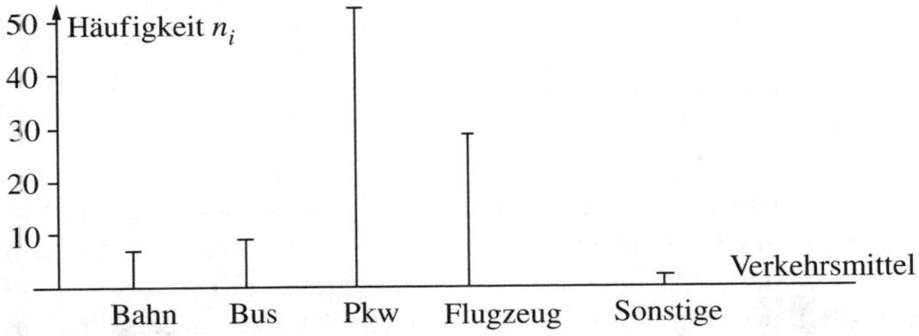

Weitere Darstellungsmöglichkeiten sind, wie bereits erwähnt, das Histogramm im zwei- bzw. dreidimensionalen Bild:

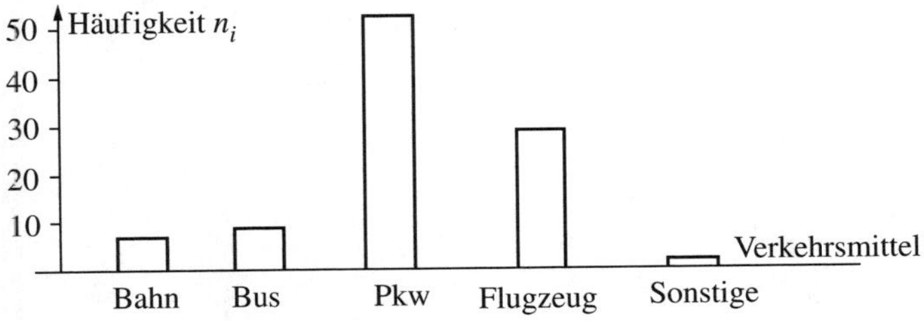

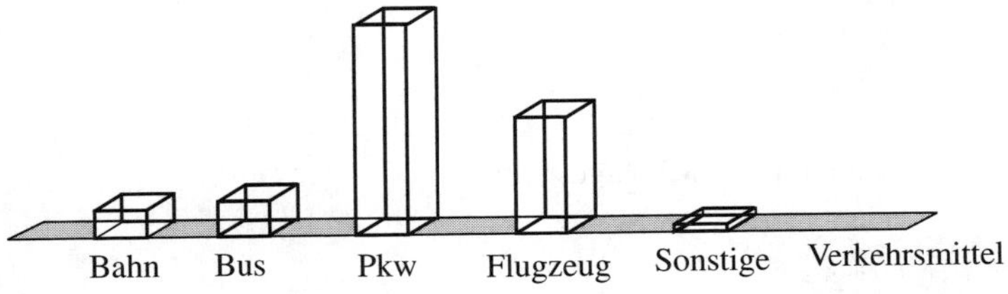

Wir merken an, daß bei alternativen und kategorialen Daten die x-Achse nicht mit einem Pfeil beendet werden sollte, weil damit eine Ordnung unter den Kategorien unterstellt werden würde, die objektiv nicht gegeben ist. Wir können die Verkehrsmittel im Beispiel 2.2/1 in ihrer Anordnung wahllos verändern:

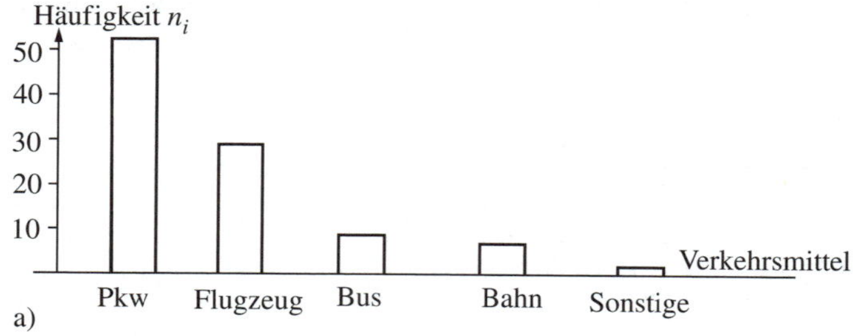

a)

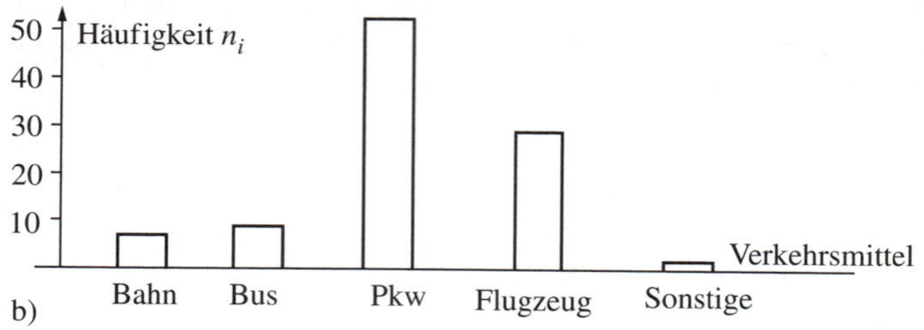

b)

Das Abtragen der absoluten Häufigkeiten als Höhen der Histogramme ist geeignet bei der grafischen Darstellung der Untersuchungsergebnisse **einer** Population. Will man nun aber mehrere Populationen miteinander vergleichen und hat dabei z. B. unterschiedlich viele Versuchspersonen pro Population vorliegen, dann können die **relativen Häufigkeiten** nützlich sein. Die relativen Häufigkeiten entstehen dadurch, daß man die absoluten Häufigkeiten durch die Gesamtanzahl der jeweiligen Populationen teilt. Die Histogramme werden dabei entsprechend proportional in ihrer Höhe verändert. Relative Häufigkeiten lassen sich auch günstig durch **Kreisdiagramme** veranschaulichen. Wir rechnen dabei noch die Prozentanteile auf Kreissektoren um, d. h., jedes Prozent entspricht 3,6° oder 10 % entsprechen 36°. Für unser Verkehrsmittel-Beispiel ergibt sich:

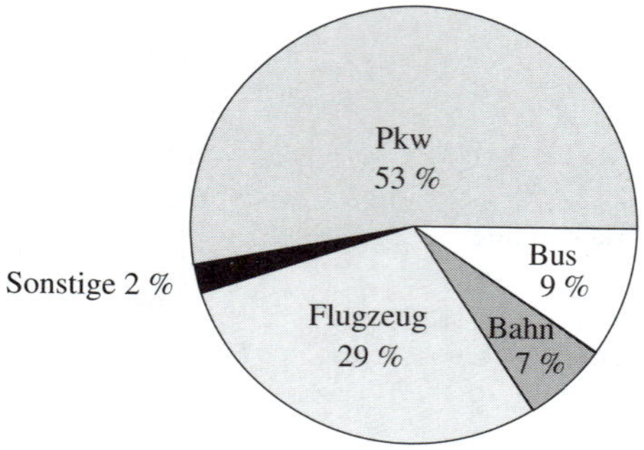

Auch Kreisdiagramme werden gern dreidimensional dargestellt:

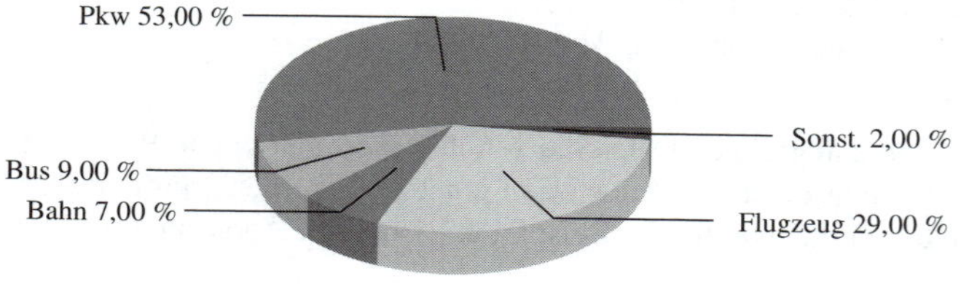

Allerdings läßt sich einem solchen Diagramm keine absolute Häufigkeit mehr entnehmen. Wir stellen fest, daß die alleinige Verwendung relativer Häufigkeiten gewisse **Gefahren** in sich birgt und bei Vergleichen den direkten Schluß auf Veränderungen in den absoluten Häufigkeiten nicht zuläßt. An einem hypothetischen Beispiel wollen wir uns das vor Augen führen. Dazu betrachten wir Angaben über die von Urlaubern der BRD genutzten Verkehrsmittel bei Auslandsreisen in den Jahren 1985 und 1990:

Angabe der relativen Häufigkeit

Verkehrsmittel	1985	1990	Prozent-Differenz
Eisenbahn	9,0 %	7,0 %	−2,0 %
Bus	18,8 %	16,8 %	−2,0 %
Pkw	42,8 %	34,7 %	−8,1 %
Flugzeug	24,6 %	34,3 %	+9,7 %
Sonstige	4,8 %	7,2 %	+2,4 %
	100,0 %	100,0 %	0,0 %

Nun könnte eine mögliche Interpretation dieser Tabelle darin bestehen, folgendes festzustellen: 1990 wurden gegenüber 1985 hier 2 % weniger Urlaubsreisen mit dem Bus durchgeführt. Daraus zu schließen, daß die Anzahl der Urlaubsreisen mit dem Bus abgenommen hat, **kann aber falsch sein.** Dies erklärt sich durch die Betrachtung der zugehörigen absoluten Häufigkeiten, die hier wie folgt aussehen:

Verkehrsmittel	1985	1990	Absolut-Differenz
Eisenbahn	4500	4200	−300
Bus	9400	10100	+700
Pkw	21400	20800	−600
Flugzeug	12300	20600	+8300
Sonstige	2400	4300	+1900
	50000	60000	10000

Hier sehen wir nun, daß die Reisen mit dem Bus sogar um 700 zugenommen haben. Die obige Fehlinterpretation resultiert aus der Verschiebung der Verhältnisse bei gleichzeitiger Veränderung der Gesamtanzahl der durchgeführten Reisen.

Dieses kleine Beispiel mag belegen, wie gefährlich es ist, Interpretationen aus bloßen relativen Häufigkeiten abzuleiten. Bei Vergleichen sollte man von der **inhaltlichen Fragestellung** her entscheiden, ob absolute oder relative Häufigkeiten den zu untersuchenden Sachverhalt adäquat repräsentieren. Interessiert den Busunternehmer die Anzahl der zu befördernden Personen, dann verwendet er offensichtlich absolute Häufigkeiten. Will er im Unterschied dazu die Entwicklungen der Marktanteile gegenüber anderen Verkehrsmitteln abschätzen, so sind relative Häufigkeiten geeigneter.

Abschließend merken wir an, daß man bei ordinalen Daten die entsprechenden Rangreihen durch Aufzählung nach zu- oder abnehmendem Wert, z. B. eine Leistungsrangreihe, wie wir sie alle aus dem Sport kennen, auflisten kann: Siegerin ist Ulbrich, Zweite ist Meier, Dritte ist Müller usw. bis zum letzten Platz. Die Platznummer des letzten Platzes entspricht dabei der Anzahl der am Wettkampf teilnehmenden Sportler, z. B.:

Ergebnis:
1. Ulbrich
2. Meier
3. Müller ...

Neben einer Rangreihe können wir aber auch eine Rangliste aufstellen, wo wir z. B. die Namen nach der Startreihenfolge ordnen und darunter die jeweiligen Plazierungen eintragen, etwa:

Name	Meier	Müller	Ulbrich	...
Rangplatz	2	3	1	...

2.2.1.2 Grafische Darstellung metrischer Daten

Liegen metrische Daten vor, so können wir prinzipiell zunächst alle grafischen Darstellungen des vorhergehenden Abschnitts anwenden. Die Tatsache, daß metrische Daten reelle Zahlen sind, eröffnet uns zusätzliche Möglichkeiten der grafischen Auswertung. Wir kommen noch einmal auf unser einführendes Beispiel 2.2/1 (vergleiche Abschnitt 2.2.1.1) zurück und erhalten folgende Bilder etwa für das Stabdiagramm und Säulendiagramm:

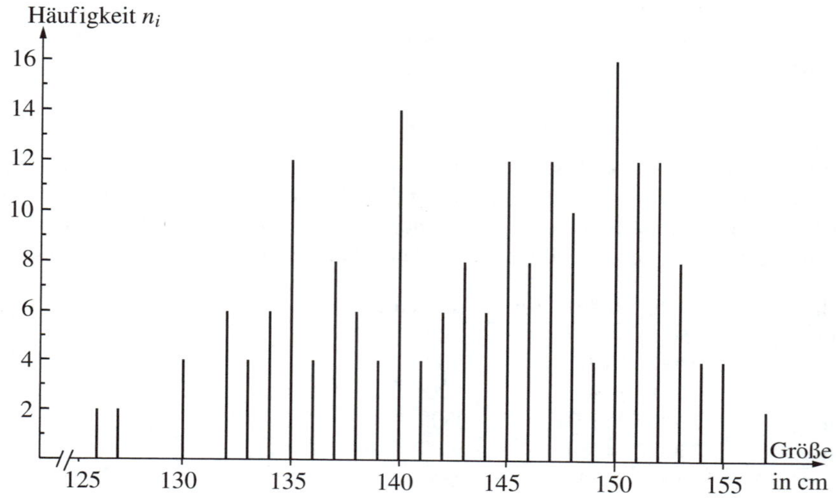

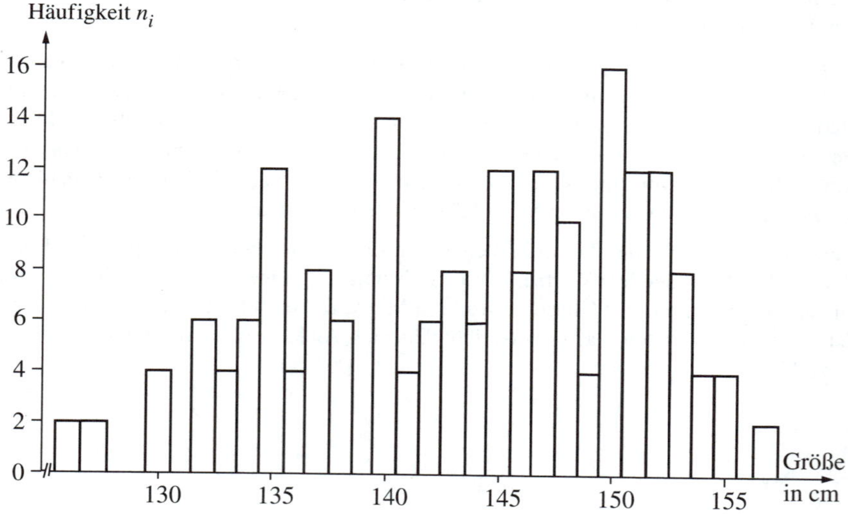

Im Unterschied zu nominalen Daten stellen wir fest, daß jetzt im Säulendiagramm die Lage der Säulen zueinander auf der x-Achse festgelegt ist. Ähnlich wie bei nominalen Daten können wir aber auch hier das Koordinatensystem mit den Histogrammsäulen um 90° drehen. Ein typisches Beispiel einer solchen Drehung ist die Alterspyramide einer bestimmten Population:

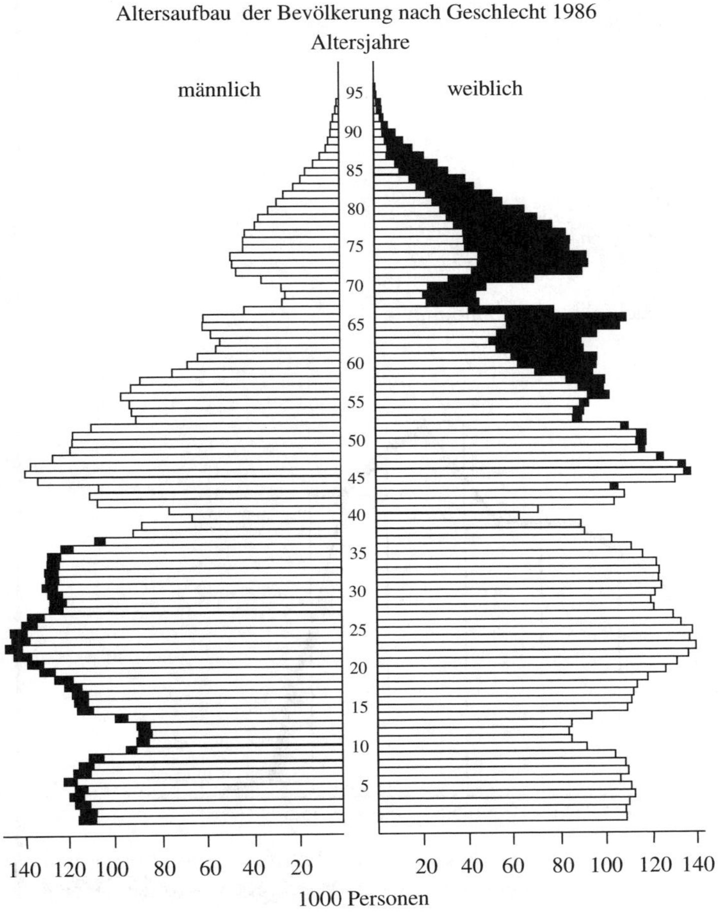

Wir unterscheiden bei metrischen Daten zwei grundsätzlich verschiedene Situationen: Meßwerte, die einer sogenannten **diskreten** zufälligen Variablen entsprechen, und Meßwerte, die einer sogenannten **stetigen** zufälligen Variablen entsprechen. Bei diskreten Variablen treten einige bestimmte Werte immer wieder auf, und wir ermitteln dann wie bei nominalen Skalen ihre Häufigkeiten. Ein Beispiel solch einer Situation sind die Ergebnisse von 100maligem Würfeln mit einem Würfel. Es können hier als Meßergebnisse nur die Zahlen 1 bis 6 auftreten. In ähnlichen Situationen, d. h., wenn die Anzahl der prinzipiell auftretenden verschiedenen Meßwerte (nicht ihre absoluten Häufigkeiten!) relativ klein ist, werden bezüglich grafischer Veranschaulichungen solche Daten wie nominale Daten behandelt, wobei vorzugsweise Stabdiagramme zum Einsatz kommen.

Meßdaten stetiger Variablen entstehen in Situationen, in denen (wenigstens im Prinzip) „beliebig genau" gemessen werden kann. Auch diskrete Variablen mit sehr vielen verschiedenen Meßwerten können hier eingeordnet werden. Die Meßergebnisse sind dann gewöhnlich alle unterschiedlich, und ein Auszählen von Häufigkeiten muß auf anderem Wege erfolgen. Man bildet sogenannte **Meßwertklassen**, die eine Gruppierung der Daten erzeugen. Nun kann man die absoluten und relativen Häufigkeiten der Meßwerte in den einzelnen Klassen bestimmen und im Histogramm darstellen. Als Beispiel diskutieren wir die Untersuchungsergebnisse bezüglich der Körpergröße bei 200 Kindern (vgl. obiges Beispiel 2) und betrachten folgende Klasseneinteilung der Werte und die sich damit ergebenden Klassenhäufigkeiten:

Klasse	Häufigkeit
125,5 ... 130,5	8
130,5 ... 135,5	28
135,5 ... 140,5	36
140,5 ... 145,5	36
145,5 ... 150,5	50
150,5 ... 155,5	40
155,5 ... 160,5	2

Das zugehörige Histogramm zeigt nachfolgende Abbildung:

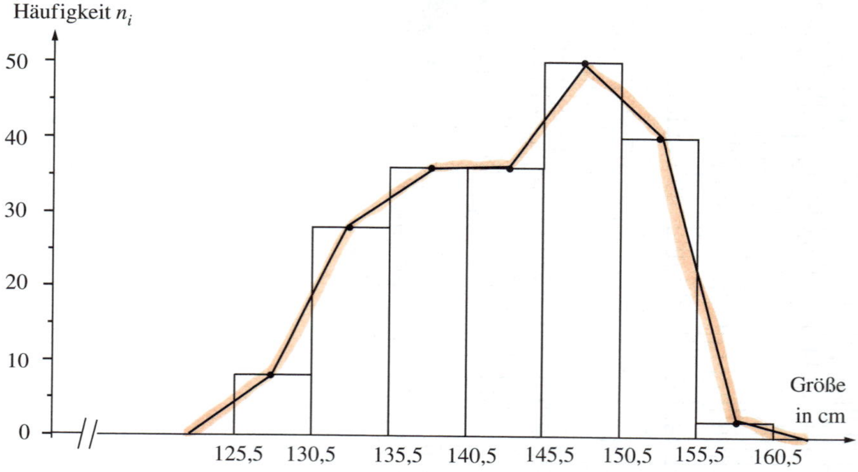

Es vermittelt uns einen gewissen Eindruck von der „Verteilung" der Meßwerte. In diesem Zusammenhang ist es auch üblich, die Klassenmitten geradlinig zu verbinden. Diese „Kurve" ist das sogenannte **Häufigkeitspolygon** (vergleiche obige Abbildung).

Wir merken an, daß bei diskreten Variablen die Höhen im Stabdiagramm die entscheidende Information über die Verteilung enthalten, während bei stetigen Meßgrößen der Flächeninhalt im Histogramm bzw. unter dem Häufigkeitspolygon (bis auf einen konstanten Normierungsfaktor) zur Festlegung sogenannter Wahrscheinlichkeiten (vergleiche Kapitel 3) herangezogen wird.

Gelegentlich wird das Histogramm ergänzt durch das Bild der sogenannten **kumulativen Häufigkeiten** n_{c_i}. Diese entstehen dadurch, daß man, von links beginnend, die absoluten Häufigkeiten aufsummiert. Wir erklären dies anhand unseres Beispieles:

Klasse	Häufigkeit n_i	kumulative Häufigkeit n_{c_i}
125,5 ... 130,5	8	8
130,5 ... 135,5	28	$8 + 28 = 36$
135,5 ... 140,5	36	$8 + 28 + 36 = 72$
140,5 ... 145,5	36	$8 + 28 + 36 + 36 = 108$
145,5 ... 150,5	50	$\ldots = 158$
150,5 ... 155,5	40	$\ldots = 198$
155,5 ... 160,5	2	$\ldots = 200$

Das Histogramm der kumulativen Häufigkeiten sieht dann wie folgt aus:

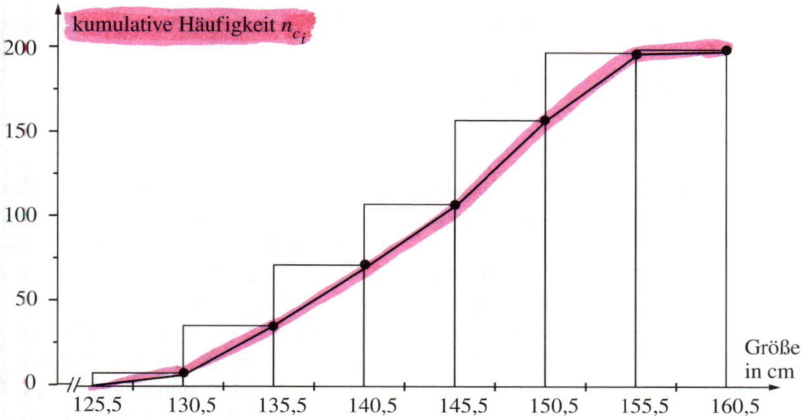

Analog zum Häufigkeitspolygon kann man auch hier eine stückweise geradlinige Funktion, das sogenannte **Summenpolygon** einzeichnen. Man erhält es allerdings jetzt dadurch, daß man die erreichten Häufigkeitswerte an den oberen Klassengrenzen (und ganz links, d. h. am Klassenanfang der 1. Klasse bei Null beginnend) verbindet (vergleiche vorhergehende Abbildung).

Das Summenpolygon vermittelt ein grobes Bild der sogenannten Verteilungsfunktion (vergleiche Kapitel 3).

Abschließend diskutieren wir typische Verteilungsformen, wie sie sich im Häufigkeitspolygon darstellen (nach CLAUSS/EBNER, 1992, S. 66 ff.):

a) Die glockenförmige Verteilungskurve tritt sehr häufig auf. Sie entsteht immer dann, wenn die Meßgröße als additive Überlagerung vieler kleiner zufälliger Effekte erklärt werden kann. Ein typisches Beispiel ist der Intelligenzquotient, der sich als Summe vieler kleiner Anteile ergibt. Diese Verteilungskurve ist symmetrisch zu ihren genau in der Mitte liegenden häufigsten Werten.

b) U-förmige Verteilungen bedeuten, daß die extremalen Werte am häufigsten auftreten. Dies betrifft z. B. Situationen, in denen nur extreme Meinungen von Interesse sind.

c) und d) J-förmige Kurven entstehen, wenn **ein** Extrem am häufigsten auftritt und zum anderen hin ein monotones Abfallen der Häufigkeiten vorliegt. Ein typisches Beispiel sind Lebensdauerverteilungen technischer Güter, z. B. von Glühlampen.

e) Bei dieser Kurve handelt es sich um eine eingipflige, schiefe Verteilung. Solche entstehen, wenn eine Unsymmetrie zum häufigsten Wert zu verzeichnen ist. Sie treten z. B. als theoretische Verteilungen positiver statistischer Prüfgrößen (z. B. sogenannte χ^2-Verteilung, vgl. Kapitel 3) auf.

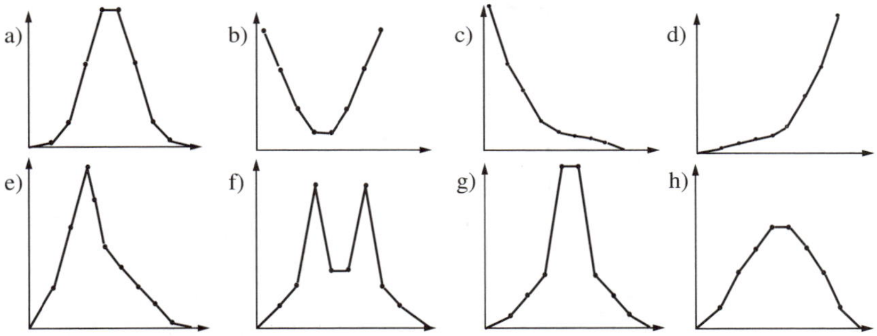

f) Zweigipflige Verteilungen entstehen dann, wenn man zwei bezüglich des Mittelwertes unterschiedliche Populationen mischt. Ein Beispiel dafür ergibt sich, wenn man das Körpergewicht von 10jährigen und 20jährigen Versuchspersonen getrennt voneinander analysiert und dann die Daten aus beiden Gruppen zusammenlegt (sogenannte Mischverteilung).

g) Es handelt sich um eine schmalgipflige Verteilung. Die Meßwerte streuen wenig um einen zentralen Wert.

h) Diese Verteilung ist breitgezogen. Die Werte streuen stark.

2.2.1.3 Gruppierung metrischer Daten

In Abhängigkeit von den Untersuchungszielen und den Untersuchungsbedingungen, d. h. zum Beispiel von der Allgemeingültigkeit der angezielten Aussage, von der Größe der Untersuchungspopulation, von der Anzahl der untersuchten Parameter usw. erhalten wir als Untersuchungsergebnis unterschiedlich viele Daten. Mit der Größe der Menge dieser empirischen Daten entsteht aber auch das Problem der Übersichtlichkeit. Je mehr Daten anfallen, desto mehr schwindet die Überschaubarkeit. Stellen wir uns die Situation vor, daß der Biorhythmus von Probanden über 24 Stunden untersucht werden soll. Wenn dann beispielsweise aller 20 Sekunden Meßwerte zum Herz-Kreislauf-System, zum Hautleitwiderstand, zur Atemfrequenz usw. anfallen, dann ist es sicher leicht vorstellbar, daß nach einem Tag Tausende von Werten für jeden Parameter existieren, die für den Untersucher gar nicht mehr überschaubar sein können. Modernste Technik bietet mit dem On-Line-Betrieb die Möglichkeit der sofortigen Auswertung. Typischer ist aber leider die Situation, daß wir die Daten erst sammeln und danach auswerten.

Wenn Ergebnisse in so großer Zahl vorliegen, empfiehlt es sich, diese in Klassen zusammenzufassen. Durch eine solche Zusammenfassung von Meßwerten zu Klassen werden Datenmengen, die durch das Vorliegen vieler Meßwerte unübersichtlich geworden sind, wieder überschaubar. Allerdings ist die Klassenbildung immer auch mit einem Informationsverlust verbunden. Wir sollten darauf achten, daß es durch die Gruppierung möglichst nicht zu einem falschen Ausgleich von Unregelmäßigkeiten innerhalb der "Originalverteilung" kommt.

Als anschauliches Beispiel hierzu betrachten wir die im vorhergehenden Abschnitt diskutierte Körpergröße von 10jährigen Kindern. Wir hatten die Klasseneinteilung

125,5 . . . 130,5 . . . 135,5 160,5

vorgenommen und dabei folgende Aufteilung erhalten:

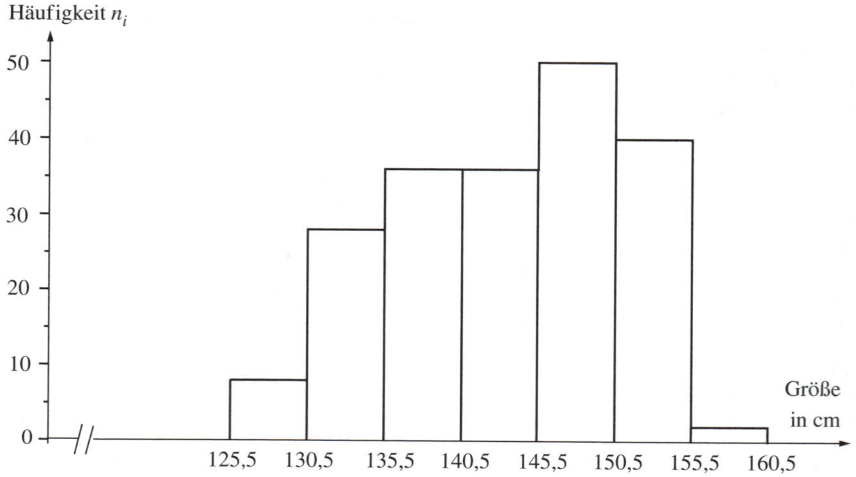

Beginnen wir beispielsweise (bei gleicher Klassenbreite) nicht mit 125,5, sondern mit 124,5, so entsteht folgendes Bild:

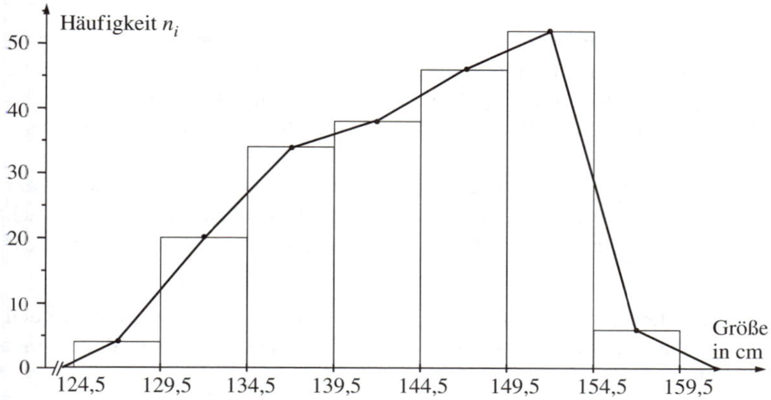

Der Unterschied zwischen den Bildern ergibt sich hier aus der unterschiedlichen Wahl der unteren Klassengrenze. Wir wollen nachfolgend Gesichtspunkte zur Festlegung der Klassen und entsprechende Empfehlungen diskutieren und beginnen mit der Definition einiger notwendiger Begriffe und Bezeichnungen:

1. Die gesamte in Frage kommende Meßwertskala wird durch eine Intervallaufteilung in sogenannte Klassen zerlegt. Wir bezeichnen die untere bzw. obere Klassengrenze der i-ten Klasse mit $x_{i,\mathrm{u}}$ bzw. $x_{i,\mathrm{o}}$.
2. Bei dieser Einteilung gilt die Vereinbarung: $x_{i+1,\mathrm{u}}$ ist gleich $x_{i,\mathrm{o}}$, d. h. die obere Klassengrenze der vorhergehenden Klasse entspricht der unteren Klassengrenze der nachfolgenden Klasse. Somit können keine Meßwerte „zwischen" die Klassen fallen.
3. Die **Klassenmitte** $x_i^\star$ ist die Mitte zwischen $x_{i,\mathrm{u}}$ und $x_{i,\mathrm{o}}$, d. h.
$$x_i^\star = \frac{x_{i,\mathrm{u}} + x_{i,\mathrm{o}}}{2}.$$
4. Die **Klassenbreite** b ist der Abstand zwischen den Klassengrenzen: $b = x_{i,\mathrm{o}} - x_{i,\mathrm{u}}$. Die Klassenbreite ist vereinbarungsgemäß für alle Klassen gleich. Es gibt nur zwei Ausnahmen, die sogenannten offenen Randklassen.
5. **Offene Randklassen** können die erste und/oder die letzte Klasse einer Einteilung sein, wenn sie folgende Bedingung erfüllen: Die untere Klassengrenze der 1. Klasse ist $-\infty$ und die obere Klassengrenze der letzten Klasse ist $+\infty$. Offene Randklasse bedeutet also: Es gibt am linken und/oder rechten Verteilungsrand keine Zahlengrenzen.
6. **Leere Klassen** sind Klassen mit der Häufigkeit Null. In ihnen sind keine Meßwerte enthalten.

Im Prozeß der Gruppierung müssen zwei Entscheidungen getroffen werden, für die es keine allgemeingültigen Festlegungen gibt. Das ist zum einen die Frage nach der Klassenbreite b und zum anderen die Frage nach der unteren Klassengrenze der 1. Klasse, der sogenannten Reduktionslage $x_{1,\mathrm{u}}$, wenn vorausgesetzt wird, daß die erste Klasse keine offene Randklasse ist. Die Form der Verteilung nach der Gruppierung hängt wesentlich von diesen beiden Entscheidungen ab. Für beide gibt es nur Orientierungen.

- **Wahl der Klassenbreite** b

  Je breiter die Klassen gewählt werden, desto weniger Klassen existieren. Wählen wir b zu klein, dann bleibt die Verteilung auch nach der Gruppierung noch zu unübersichtlich. Wenn wir jedoch b zu groß wählen, dann besteht die Gefahr, daß wir die Charakteristik der Verteilung verwischen, im Extremfall gar nur noch eine Klasse zur Verfügung haben.

  Als Empfehlung schlagen wir in Anlehnung an LIENERT bzw. CLAUSS und EBNER vor: Die Klassenanzahl k sollte rund die Quadratwurzel aus der Anzahl der Meßwerte sein ($k \approx \sqrt{n}$) bzw. zwischen 10 und 20 liegen ($10 \leq k \leq 20$).

- **Wahl der Reduktionslage** $x_{1,u}$
  Die Festlegung der unteren Klassengrenze der ersten Klasse ist von besonderer Bedeutung, weil sich mit der Reduktionslage die Häufigkeiten aller Klassen ändern, d. h., es entstehen verschiedene Häufigkeitsverteilungen bei gleicher Klassenbreite. Es gibt einen Ausnahmefall, der darin besteht, daß der kleinste Meßwert $x = 0$ ist und Werte mit $x < 0$ unmöglich sind. Dann wählen wir die Reduktionslage $x_{1,u} = 0$.
  Als Empfehlung zur Festlegung von $x_{1,u}$ wird vorgeschlagen, bereits bekannte Eigenschaften der Verteilung auszunutzen, z. B. sollte, wenn die Verteilung symmetrisch ist, auch die Verteilung nach der Gruppierung symmetrisch sein. Außerdem sollten wir die Klassengrenzen so wählen, daß auf sie keine Meßwerte fallen.

Es gibt einen von LIENERT entwickelten Algorithmus zur Festlegung der Klassengrenzen. Er hat den Vorteil, daß jeder Meßwert in genau eine Klasse einsortiert werden kann. Für diesen Algorithmus sind:
n die Anzahl aller Meßwerte,
$x_{\max}$ der größte Meßwert,
$x_{\min}$ der kleinste Meßwert und
d die Genauigkeit der Messung.

Anmerkung: Ist z. B. $d = 0{,}01$, dann sind alle Meßwerte bis zur zweiten Kommastelle angegeben (z. B.: 0,05; 0,07; 0,11 usw.), ist $d = 1$, dann sind die Meßwerte ganzzahlig (z. B.: 5; 7; 11 usw.), und ist $d = 10$, dann sind die Meßwerte Vielfache von 10 (z. B.: 50; 70; 110 usw.).

Die Klassenanzahl k bestimmen wir nach $k \approx \sqrt{n}$, wobei wir diese Zahl ganzzahlig runden, und die Klassenbreite b berechnen wir nach der Formel:

$$b = \alpha \cdot d \qquad \text{mit} \qquad \alpha \geq \frac{x_{\max} - x_{\min} + d}{k \cdot d},$$

wobei α **immer aufgerundet** wird auf eine ganze Zahl. Durch die Addition von d in diesem Verhältnis wird gesichert, daß kein Meßwert auf eine Klassengrenze fällt. Außerdem ist b ein ganzzahliges Vielfaches von d, d. h., b ist nicht genauer als die Meßwerte selbst.

Zur Bestimmung der Reduktionslage führen wir nun noch die Hilfsgröße Δ ein:

$$\Delta = \frac{1}{2}\left[kb - (x_{\max} - x_{\min}) - d\right].$$

Wenn Δ ein ganzzahliges Vielfaches von d ist, dann berechnen wir die Reduktionslage nach

$$x_{1,u} = x_{\min} - \Delta - \frac{d}{2},$$

und wenn Δ kein ganzzahliges Vielfaches von d ist, dann nach

$$x_{1,u} = x_{\min} - \Delta.$$

Weiterhin gilt: $x_{i,o} = x_{i,u} + b$.

Damit am Rand keine leeren Klassen entstehen, prüfen wir mit Hilfe von Δ und b bereits an dieser Stelle. Ist Δ ein ganzzahliges Vielfaches von d, so muß $\Delta < b$ gelten, und ist es kein ganzzahliges Vielfaches von d, dann muß $\Delta < b - d$ gelten. Sind diese **Nebenbedingungen** nicht erfüllt, wiederholen wir die Gruppierung an dieser Stelle mit $k - 1$ Klassen. Sind sie erfüllt, dann fällt der kleinste Meßwert $x_{\min}$ in die erste Klasse und der größte Meßwert $x_{\max}$ in die letzte Klasse.

Beispiel 2.2/3: Am Ende einer Untersuchung lag folgende Häufigkeitsverteilung vor:

Pkte.	7	8	9	10	11	12	13	14	15	16	17	18	19	20	21	22	23
n_i	1	2	3	5	5	9	7	10	12	9	7	2	1	4	2	3	1

Wir bestimmen: $n=83$; $x_{\min}=7$; $x_{\max}=23$ und $d=1$. Die Klassenanzahl $k \approx \sqrt{n} = \sqrt{83} = 9{,}11 \approx 9$. Zuerst berechnen wir die Klassenbreite b:

$$\alpha = \frac{x_{\max} - x_{\min} + d}{k \cdot d} = \frac{23 - 7 + 1}{9 \cdot 1} = 1{,}89 \approx 2,$$

$b = \alpha \cdot d = 2 \cdot 1 = 2.$

Nun prüfen wir die Nebenbedingungen mit $\Delta = 0{,}5\,[9 \cdot 2 - (23-7) - 1] = 0{,}5$. Δ ist kein ganzzahliges Vielfaches von d, deshalb soll gelten $\Delta < b - d$,also $0{,}5 < 2 - 1$. Die Nebenbedingung ist erfüllt, wir können mit $k = 9$ weiterarbeiten. Im nächsten Schritt ermitteln wir die Reduktionslage $x_{1,\mathrm{u}}$ für den Fall, daß Δ kein ganzzahliges Vielfaches von d ist, nach der Formel $x_{1,\mathrm{u}} = x_{\min} - \Delta = 7 - 0{,}5 = 6{,}5$ und errechnen $x_{1,\mathrm{o}} = x_{1,\mathrm{u}} + b = 6{,}5 + 2 = 8{,}5$. Dies führen wir für alle Klassen nach dem Beispiel $x_{1,\mathrm{o}} = x_{2,\mathrm{u}}$ und $x_{2,\mathrm{o}} = x_{2,\mathrm{u}} + b = 8{,}5 + 2 = 10{,}5$ durch. Damit entstehen die folgenden Klassengrenzen für die Gruppierung:

$$6{,}5 - 8{,}5 - 10{,}5 - 12{,}5 - 14{,}5 - 16{,}5 - 18{,}5 - 20{,}5 - 22{,}5 - 24{,}5.$$

Zur Vereinfachung bilden wir die Klassenmitten nach: $x_i^\star = \frac{x_{i,\mathrm{u}} + x_{i,\mathrm{o}}}{2} = \frac{6{,}5 + 8{,}5}{2} = 7{,}5$. Nach dem Ende der Gruppierung steht uns für die statistische Weiterverarbeitung oder für eine geeignete Form der grafischen Darstellung folgende Häufigkeitsverteilung zur Verfügung:

$x_i^\star$	7,5	9,5	11,5	13,5	15,5	17,5	19,5	21,5	23,5
n_i	3	8	14	17	21	9	5	5	1 .

2.2.2 Kennwerte monovariabler Verteilungen

Wie wir im Kapitel 2.1 erfahren haben, kann man bei Häufigkeitsverteilungen durch die Angabe charakteristischer statistischer Maßzahlen eine meist ausreichende Information über die Verteilung erhalten. Diese Maßzahlen werden auch **Parameter** genannt. Sie widerspiegeln bestimmte Eigenschaften der Verteilung. Die Verwendung solcher Kennziffern trägt wesentlich zur Übersichtlichkeit und Anschaulichkeit bei. Wir müssen uns aber stets darüber bewußt sein, daß die alleinige Nutzung dieser Zahlen einen gewissen Verlust an Information über die zugrundeliegende Verteilung bedeutet. Die Parameter können das tatsächliche Bild der Verteilung nicht ersetzen. Ähnlich verhält es sich z. B. etwa bei Autos mit technischen Kennziffern. Sie sind ein wichtiges Hilfsmittel zu ihrer Bewertung und zum Vergleich, können aber den Gesamteindruck des Fahrzeuges nicht vollständig ersetzen. Trotz dieses Informationsverlustes eröffnen sie uns jedoch übersichtliche Möglichkeiten für vergleichende Analysen.

Die wichtigsten statistischen Maßzahlen sind Mittelwerte zur Charakterisierung der globalen Lage der Verteilung und Streuungswerte zur Beschreibung der „Breite“ der durch den Zufall bedingten „Schwankung“ der Werte. Es stellt sich heraus, daß es – auch bedingt durch das vorliegende Datenniveau – verschiedene Möglichkeiten gibt, in sinnvoller Weise Mittelwerte oder Streuungswerte zu definieren.

2.2.2.1 Mittelwerte

Die Verwendung des Plurals „Mittelwerte“ macht bereits deutlich, daß es offensichtlich mehrere Möglichkeiten gibt, eine „Mitte“ der Verteilung zu definieren. Überdies wissen wir bereits aus Kapitel 2.2.1, daß uns bei Verteilungen strenggenommen nur die Flächen interessieren. Wie kann **eine** Fläche **mehrere** Mitten haben? Wir kommen im Kapitel 2.2.2.1.3 darauf zurück. Es gibt also zum Teil ganz unterschiedliche Auffassungen, "Mittelpunkte“ von Verteilungen zu betrachten. Aus physikalischer Sicht entspricht die Mitte eines Massensystems ihrem Schwerpunkt, d. h., unterstützt man es genau unter dem Schwerpunkt mit einer Metallspitze, dann befindet sich das System in Waage – es kippt nach keiner Seite um. Im Unterschied dazu wird hingegen im Alltag oft als Mitte der Verteilung derjenige

Wert angenommen, der die größte Wahrscheinlichkeit hat bzw. am häufigsten auftritt. Fragen wir beispielsweise danach, wie lange ein Mensch am Tag schläft, so könnte man als typische Schlafzeit als aus Erfahrung gewonnene Maßzahl diejenige Zeit erhalten, die am häufigsten zu beobachten ist (die für den einzelnen Menschen jedoch nicht genau zutreffend sein muß).

Die allgemeinste, das konkrete Datenniveau nicht berücksichtigende Charakterisierung des Mittelwertes besagt: **Der Mittelwert ist die Kennzeichnung der zentralen Lage (oder der zentralen Tendenz) einer monovariablen Verteilung.** Er ist ein erster Parameter zur vereinfachten Beschreibung von Verteilungen und zu deren Vergleich untereinander. Je nach Datenniveau und Zielstellung gibt es, wie wir eingangs gesehen haben, verschiedene Möglichkeiten, Mittelwerte zu definieren.

2.2.2.1.1 Der Modalwert (kategoriale bzw. metrische Daten)

Der Modalwert (auch Dichtemittel genannt) wird bei Häufigkeitsverteilungen kategorialer Daten (einschließlich k = 2, d. h. alternativer Daten) sowie metrischen Daten betrachtet.

Der **Modalwert *D*** ist entweder der **Name der Kategorie mit der größten Häufigkeit** (vgl. Beispiel 2.2/4) oder **er ist der am häufigsten auftretende Meßwert einer (diskreten) Verteilung** (vgl. Beispiel 2.2/5). Bei Klassen von Daten (z. B. bei stetigen Meßgrößen) entspricht der Modalwert der **Klassenmitte der Klasse mit der größten Häufigkeit.**

Im Normalfall erwartet man, daß die Bestimmung des Modalwertes nur dann erfolgen kann, wenn sich die maximale Häufigkeit der Kategorien bzw. Meßwerte eindeutig ergibt. Treten mehrere Kategorien mit der gleichen Häufigkeit auf, dann verzichtet man, außer bei Sonderfällen, auf die Angabe des Modalwertes.

Beispiel 2.2/4: In einer Untersuchung fragte man nach der Lieblingsfarbe von Kindern. Es entstand folgendes Ergebnis:

Farbkategorie	Häufigkeit
rot	13
blau	26
grün	15
gelb	19

Wir erhalten *D* = „blau“.

Beispiel 2.2/5: Am Ende einer Untersuchung lagen folgende Ergebnisse vor:

Meßwert	Häufigkeit
111	1
112	2
113	3
114	2
115	1
116	1

Der Modalwert *D* beträgt hier 113.

Ein oben genannter Sonderfall ergibt sich z. B. dann, wenn zwei oder noch mehr benachbarte Meßwerte die gleiche Häufigkeit (wäre im Beispiel 2.2/5 der Wert 114 auch dreimal aufgetreten) aufweisen. Dann nimmt man das arithmetische Mittel zwischen diesen Werten als Modalwert (im Beispiel wäre dann $D = 113{,}5$).

Eine weitere Besonderheit liegt vor, wenn wir eine zweigipflige (bimodale) Verteilung betrachten, wobei die beiden Maxima nicht benachbarte Werte sind. In dem Fall werden für diese Verteilung zwei Modalwerte angegeben.

Beispiel 2.2/6: Als Untersuchungsdaten entstanden:

Meßwert	Häufigkeit
111	3
112	2
113	1
114	1
115	3

Hier würden wir $D_1 = 111$ und $D_2 = 115$ als Modalwerte angeben.

Der Modalwert läßt sich ohne irgendeinen Rechenaufwand unmittelbar aus der Häufigkeitsverteilung ablesen. Dieser Vorteil wird durch seine relative Unzuverlässigkeit eingeschränkt. Durch geringe Veränderungen des empirischen Materiales in der Nähe der häufigsten Werte (z. B. bei Wiederholungsuntersuchungen) oder durch Änderung der Klassengrenzen kann es beim Modalwert zu zum Teil entscheidenden Veränderungen kommen, die dem objektiven Untersuchungsgegenstand und dessen Veränderungen nicht adäquat sein müssen. Gegenüber Ausreißern ist jedoch der Modalwert unempfindlich (vgl. auch Abschnitt 2.2.2.1.4).

SPSS-Zugang

Datenart	Vorgehen	Voraussetzungen/Erklärungen
alternativ kategorial	Analysieren → Deskriptive Statistiken → Häufigkeiten → unter „Statistik“ angeben „Modalwert“ wählen.	

2.2.2.1.2 Median (Ordinale Daten)

Als Grundlage verfügen wir über Meßwerte mit ordinalem Datenniveau, d. h., es liegt eine geordnete Reihenfolge von n Beobachtungswerten (eine sogenannte Rangreihe) vor.

Beispiel 2.2/7: ($n = 5$): Im Ergebnis einer Untersuchung konnte eine Sympathierangreihe für fünf Frauen aufgestellt werden:

Carina	Ulrike	Bärbel	Kerstin	Renate
(Rp 1)	(Rp 2)	(Rp 3)	(Rp 4)	(Rp 5)

Beispiel 2.2/8: ($n = 6$): Als Untersuchungsergebnis konnte eine Leistungsrangreihe über sechs Sportler aufgestellt werden:

Paul	Klaus	Udo	Frank	Jens	Gerhard
(Rp 1)	(Rp 2)	(Rp 3)	(Rp 4)	(Rp 5)	(Rp 6)

Beispiel 2.2/9: ($n = 8$): Die Leistung eines Arbeitstages ergab folgende Stückzahlen bei 8 Arbeitern:

1200 1350 1450 1500 1700 1750 1800 3900

Beispiel 2.2/10: ($n = 7$): Am Ende einer Untersuchung zu den Aufenthaltstagen im Krankenhaus nach einer Operation lagen die folgenden Tageszahlen vor:

9 10 12 13 14 16 42

Der Median Z (auch Zentralwert genannt) der Rangreihe ist nun derjenige „mittlere Beobachtungswert", der die Rangreihe halbiert. D. h., **bei ungeradem n ist der Median Z gleich dem Beobachtungswert mit dem Rangplatz $\frac{n+1}{2}$, und bei geradem n versteht man unter dem Median in geeigneter Weise das „arithmetische Mittel" der Beobachtungswerte mit den Rangplätzen $\frac{n}{2}$ und $\frac{n}{2}+1$.**

Sowohl oberhalb als auch unterhalb des Medians befinden sich gleichviele Elemente. Er halbiert die Rangreihe. Eine Unterscheidung bei der Berechnung ergibt sich also daraus, ob die Anzahl n der Rangplätze gerade (Beispiel 2.2/8 und 9) oder ungerade (Beispiel 2.2/7 und 10) ist. Im ersten Fall wird sich der Median gegebenenfalls zwischen zwei Elementen der Rangreihe befinden, im zweiten Fall trifft er genau mit einem Wert der Reihe zusammen.

Zu Beispiel 2.2/7:

Es ist $n = 5$ ungerade und $\frac{n+1}{2} = 3$, der „Sympathiewert von Bärbel" ist der Median Z.

Zu Beispiel 2.2/8:

Da $n = 6$ gerade und $\frac{n}{2} = 3$ ist, liegt der Median zwischen den Leistungen von Udo und von Frank.

Zu Beispiel 2.2/9:

Wir erhalten als Median das arithmetische Mittel des $\frac{n}{2} = 4.$ und $\frac{n}{2} + 1 = 5.$ Wertes:

$Z = \frac{1500 + 1700}{2} = 1600.$

Zu Beispiel 2.2/10:

Es ist $n = 7, \frac{n+1}{2} = 4$, also ergibt sich der Median $Z = 13$.

Nun kann aber auch eine Untersuchungssituation eintreten, bei der ordinale Daten in Form von Zahlen oder Klassen mehrfach auftreten. Wir verfahren dann zur Bestimmung des Medians genau nach der oben angegebenen Vorschrift. Als Beispiel sei die folgende Zuordnung von Stürmen in einem bestimmten Zeitraum an einem betrachteten Ort auf Rangklassen von „sehr schwach" bis „sehr stark" gegeben:

Beispiel 2.2/11:

Klasse	Häufigkeit n	kumulative Häufigkeit n_c	Rangplätze
sehr stark	8	8	1 ... 8
stark	17	25	9 ... 25
mittel	22	47	26 ... 47
schwach	11	58	48 ... 58
sehr schwach	12	70	59 ... 70

Der **Median ist dann diejenige Klasse, in die der Beobachtungswert mit dem Rangplatz $\frac{n+1}{2}$ bei ungeradem n bzw. $\frac{n}{2}$ bei geradem n fällt**.

Zur Bestimmung des Medians erscheint das folgende Vorgehen als geeignet:

1. Man bildet aus den Einzelhäufigkeiten in den Klassen die kumulativen Häufigkeiten dadurch, daß man von der ersten Klasse (im Bsp. „sehr stark") an die Häufigkeiten je Klasse addiert.
2. Im zweiten Schritt ordnet man auf der Grundlage der kumulativen Häufigkeiten den Klassen die in sie gehörenden Rangplätze zu.
3. In unserem Beispiel ist $n = 70$, also $\frac{n}{2} = 35$. Der 35. Wert fällt in die Klasse „mittel", wir erhalten $Z =$ „mittel". Man nennt diese Klasse auch die **Medianklasse.**

Werden nun dabei überdies die einzelnen Klassen durch Zahlenbereiche repräsentiert, so könnte man den Median sinnvollerweise noch etwas „genauer" angeben, wenn man von der Vorstellung ausgeht, daß sich die einzelnen Werte pro Klasse gleichmäßig auf die Klassenbreite verteilen. Wir erläutern dies an folgendem

Beispiel 2.2/12: Nach einer Arbeitsanalyse konnten die folgenden Fehlerklassen mit den eingetragenen Häufigkeiten bestimmt werden:

Nr. der Klasse	Fehleranzahl	Häufigkeit n	kumulative Häufigkeit n_c	Rangplätze
1	$0\ldots 3$	2	2	$1\ldots 2$
2	$4\ldots 6$	7	9	$3\ldots 9$
3	$7\ldots 9$	8	17	$10\ldots 17$
4	$10\ldots 12$	10	27	$18\ldots 27$
5	$13\ldots 15$	15	42	$28\ldots 42$
6	$16\ldots 18$	18	60	$43\ldots 60$

Hier ist $n = 60$, nach obiger Vorgehensweise wäre der Median gleich derjenigen Klasse, in die der Wert mit dem Rangplatz $\frac{n}{2} = 30$ fällt, also gleich der Klasse 5. Diese wird repräsentiert durch die zugehörige Klassenmitte $x_5^* = 14$. Man hätte $Z = 14$. Will man nun – wie oben angedeutet – noch etwas „genauer" analysieren, so könnte man wie folgt vorgehen:

Die Klasse 5 erstreckt sich von 12,5 bis 15,5 (Fehler) mit der Klassenbreite $b = 3$ und enthält 15 Werte, die man sich gleichabständig auf die Klasse verteilt vorstellt, beginnend nach dem der linken Klassengrenze $x_{5,\mathrm{u}} = 12{,}5$ folgendem Wert $12{,}5 + 3 \cdot \frac{1}{15} = 12{,}7$, zu dem der erste Rangplatz dieser Klasse, nämlich Rangplatz 28, gehört. Zu dem Rangplatz $\frac{n}{2} = 30$ gehört dann der Wert $12{,}7 + \frac{30-28}{15} \cdot 3 = 12{,}7 + \frac{2}{15} \cdot 3 = 13{,}1$. Man könnte bei dieser „verfeinerten" Interpretation als Median Z den Wert $Z = 13{,}1$ verwenden.

Bemerkung: *Die angegebene Vorgehensweise entspricht der folgenden – aus* CLAUSS*/Ebner entnommenen – Formel zur Bestimmung von Z:*

$$Z = x_{m,\mathrm{u}} + b \cdot \frac{\frac{n}{2} - n_{c,m-1}}{n_m}.$$

Dabei sind:

$x_{m,\mathrm{u}}$ *die untere Klassengrenze der Medianklasse,*
b *die Klassenbreite,*
$n_{c,m-1}$ *die kumulative Häufigkeit derjenigen Klasse, die vor der Medianklasse liegt,*
n_m *die absolute Häufigkeit in der Medianklasse.*

Der Median hat mehrere günstige Eigenschaften, die seine Verwendung als Mittelwert motivieren. Er ist zunächst allgemein der angepaßte Mittelwert bei ordinalen qualitativen Merkmalen (etwa bei Rangfolgen in Begriffen mit „sehr gut", „gut", „mittel", „schlecht" und „sehr schlecht"). Überdies sollte er dann eingesetzt werden, wenn die Anzahl n der Beobachtungswerte sehr gering (insbesondere $n \leq 5$) ist oder wenn einzeln auftretende „extremale" Beobachtungswerte (Ausreißer) die Gefahr einer Verzerrung mit sich bringen. Der Median ist im Unterschied zu anderen Mittelwerten unempfindlich („robust") gegenüber Verzerrungen durch Ausreißer.

SPSS-Zugang

Datenart	Vorgehen	Voraussetzungen/Erklärungen
ordinal	Analysieren → Deskriptive Statistiken → Häufigkeiten → unter „Statistik" „Median" wählen	

2.2.2.1.3 Arithmetisches Mittel (Metrische Daten)

Voraussetzung für die Berechnung des arithmetischen Mittelwertes sind metrische Daten. Der **arithmetische Mittelwert $\bar{x}$ der singulären Meßwerte $x_1, x_2, \ldots, x_n$ ist die Summe dieser Werte, geteilt durch deren Anzahl:**

$$\bar{x} = \frac{x_1 + x_2 + \ldots + x_n}{n} = \frac{1}{n}\sum_{i=1}^{n} x_i.$$

Beispiel 2.2/13: Bei einer Untersuchung des Schätzfehlers mit Hilfe der MÜLLER-LYER-Figuren wurden die nachfolgenden Abweichungen in Zentimetern gemessen:

1,2 1,3 1,5 1,6 1,7 1,8 1,9 2,1 2,2.

Es ist also $n = 9$, wir erhalten:

$$\bar{x} = \frac{1{,}2 + 1{,}3 + 1{,}5 + 1{,}6 + 1{,}7 + 1{,}8 + 1{,}9 + 2{,}1 + 2{,}2}{9} = 1{,}7$$

Liegen die Meßwerte zum Teil mehrfach vor, so ergibt sich der Mittelwert $\bar{x}$ nach der Formel:

$$\bar{x} = \frac{n_1x_1 + n_2x_2 + \ldots + n_kx_k}{n} = \frac{1}{n}\sum_{i=1}^{k} n_ix_i \quad (\star),$$

wobei $x_1, x_2, \ldots, x_k$ die verschiedenen Meßwerte sind und n_1, n_2, bis n_k entsprechend die Häufigkeit ihres Auftretens bezeichnen.

Beispiel 2.2/14: Bei einem Würfelexperiment mit $n = 100$ Versuchen ergaben sich folgende Werte:

i	Meßwert x_i	Häufigkeit n_i
1	1	14
2	2	17
3	3	20
4	4	21
5	5	16
6	6	12

Wir erhalten

$$\bar{x} = \frac{14}{100}\cdot 1 + \frac{17}{100}\cdot 2 + \frac{20}{100}\cdot 3 + \frac{21}{100}\cdot 4 + \frac{16}{100}\cdot 5 + \frac{12}{100}\cdot 6 = 3{,}44.$$

Man nennt den Ausdruck ($\star$) auch das **gewogene Mittel** der verschiedenen Meßwerte $x_1, x_2, \ldots, x_k$, wobei $\frac{n_1}{n}, \frac{n_2}{n}, \ldots, \frac{n_k}{n}$ die „Gewichte" repräsentieren. Im Beispiel 2.2/14 geht der erste Wert $x_1 = 1$ mit dem Gewicht $\frac{14}{100} = 0{,}14$ ein, der zweite Wert x_2 mit dem Gewicht 0,17 usw.

Besteht unsere Information über die Meßdaten nur darin, daß wir **Meßwertklassen** mit den entsprechenden Häufigkeiten der in sie fallenden Meßwerte kennen, so berechnen wir hieraus näherungsweise den **Mittelwert $\overline{x}$ als entsprechend gewichtetes Mittel der Klassenmitten $x_i^\star$:**

$$\overline{x} = \frac{n_1x_1^\star + n_2x_2^\star + \ldots + n_kx_k^\star}{n} = \frac{1}{n}\sum_{i=1}^{k} n_ix_i^\star .$$

Dabei bedeuten:

$x_i^\star$ Klassenmitte der Klasse i,

n_i absolute Häufigkeit der Klasse i.

Als Voraussetzung muß hier aber gesichert sein, daß keine besetzten offenen Klassen vorhanden sind – weil der Mittelwert dann $+\infty$ oder $-\infty$ oder gar nicht definiert wäre (die Klassenmitten der offenen Klassen sind $+\infty$ bzw. $-\infty$).

Beispiel 2.2/15: Bei einer Untersuchung zur Intelligenz von Vorschulkindern (es wurden Intelligenzquotienten von 71 bis 130 gemessen) bestand das Ziel u. a. darin, drei Gruppen von Kindern zu identifizieren. Die erste Gruppe (Intelligenzquotient 71 bis 90) sollte einen speziellen Vorschulunterricht erhalten, die zweite Gruppe (Intelligenzquotient 91 bis 110) verfügte über gute Einschulvoraussetzungen, und bei der dritten Gruppe (Intelligenzquotient 111 bis 130) sollte geprüft werden, ob Spezialschulen der Begabungsentfaltung ggf. besser entsprechen. Folgendes Resultat entstand:

i	IQ - Klasse	Anzahl n_i der Kinder
1	71 ... 90	26
2	91 ... 110	144
3	111 ... 130	15

Gefragt war aber auch nach dem durchschnittlichen Intelligenzquotienten dieser Population. Wir erhalten:

$$n = 185;\ x_1^\star = 80{,}5;\ x_2^\star = 100{,}5;\ x_3^\star = 120{,}5$$
$$n_1 = 26;\ n_2 = 144;\ n_3 = 15.$$

$$\begin{aligned}\overline{x} &= \frac{26 \cdot 80{,}5 + 144 \cdot 100{,}5 + 15 \cdot 120{,}5}{185} \\ &= \frac{26}{185} \cdot 80{,}5 + \frac{144}{185} \cdot 100{,}5 + \frac{15}{185} \cdot 120{,}5 \\ &= 0{,}141 \cdot 80{,}5 + 0{,}778 \cdot 100{,}5 + 0{,}081 \cdot 120{,}5 \\ &= 99{,}31.\end{aligned}$$

Der mittlere Intelligenzquotient beträgt näherungsweise 99,31. Hier geht also der Klassenmittelwert $x_1^\star = 80{,}5$ mit dem Gewicht 0,141, der Klassenmittelwert $x_2^\star = 100{,}5$ mit dem Gewicht 0,778 und der Klassenmittelwert $x_3^\star$ mit dem Gewicht 0,081 ein.

Die konkrete Berechnung des arithmetischen Mittelwertes $\overline{x}$ bei singulären Daten läßt sich heutzutage mittels Taschenrechner (mit Statistikteil) problemlos ausführen. Sollte man doch einmal (vielleicht sogar viele) Mittelwerte „zu Fuß“ ausrechnen müssen, so kann unter Umständen folgende Eigenschaft des arithmetischen Mittelwertes nützlich sein: Bei linearen Skalenänderungen (vgl. Abschnitt 6.2) transformiert sich dieser Mittelwert genauso mit. Diese Eigenschaft nutzt man z. B. dann, wenn Meßwerte angefallen sind, die sich durch ihre konkreten Ausprägungen „unbequem“ weiterverarbeiten lassen (z. B. Meßwerte, die sehr klein sind, wie etwa 0,0018 bzw. Meßwerte mit vielen Stellen vor dem Komma, wie etwa 183212,3 usw.). Wir unterziehen nun die Werte einer linearen Skalenänderung. Es entstehen „gut“ weiterzuverarbeitende Meßwerte. Wir berechnen aus diesen geänderten Meßwerten den Mittelwert und erhalten den ursprünglich interessierenden Mittelwert $\overline{x}$ einfach durch „Rückrechnung“. Wir demonstrieren diese Vorgehensweise an einem Beispiel:

Beispiel 2.2/16: Bei einer Untersuchung von synaptischen Schaltungen des Gehirns wurden folgende Werte gemessen:

0,0012; 0,0014; 0,0015; 0,0015; 0,0017; 0,0018; 0,0019; 0,0021; 0,0022.

Wir multiplizieren alle Werte mit dem konstanten Faktor 10^4 und bestimmen so das arithmetische Mittel aus den Zahlen

12; 14; 15; 15; 17; 18; 19; 21; 22.

Wir erhalten den Wert 17. Der gesuchte Mittelwert $\overline{x}$ ergibt sich dann durch „Rücktransformation", also Multiplikation mit dem Faktor 10^{-4}: $\overline{x} = 0{,}0017$.

Analog verhält es sich, wenn alle Meßwerte x_i durch eine additive Konstante überlagert sind, z. B.

200,0012; 200,0014; 200,0015; 200,0015; 200,0017; 200,0018; 200,0019; 200,0021; 200,0022.

Wir brauchen dann nur diese Konstante (= 200) zum Mittelwert 0,0017 zu addieren und erhalten $\overline{x} = 200{,}0017$.

Wir wollen diese Vorgehensweise noch einmal aus allgemeiner Sicht zusammenfassen: Anstelle der ursprünglichen Meßwerte x_i führen wir die linear transformierten Meßwerte $y_i = b \cdot x_i + a$ (in letztgenanntem obigem Beispiel sind $b = 10^4, a = -200 \cdot 10^4$) ein, wobei a und b geeignet gewählt werden. Für die zugehörigen arithmetischen Mittelwerte gilt dann ebenfalls $\overline{y} = bx + a$, und wir erhalten schließlich

$$\overline{x} = \frac{1}{b}(\overline{y} - a) = \frac{1}{b}\overline{y} - \frac{1}{b}a \; (= 10^{-4} \cdot 17 + 200).$$

Weitere Eigenschaften des arithmetischen Mittelwertes, die besonders bei der Berechnung von Streuungen (vgl. Abschnitt 2.2.2.2) bedeutungsvoll werden, sind:

1. Die Summe der Abweichungen aller einzelnen Meßwerte x_i vom arithmetischen Mittelwert $\overline{x}$ ist Null:
$$\sum_{i=1}^{n}(x_i - \overline{x}) = 0$$
2. Werden die Abweichungen aller einzelnen Meßwerte vom arithmetischen Mittelwert quadriert, d. h. $(x_i - \overline{x})^2$ gebildet, dann ist die Summe $\sum_{i=1}^{n}(x_i - \overline{x})^2$ über alle diese Quadratdifferenzen stets kleiner oder gleich der Summe über die Quadratdifferenzen $\sum_{i=1}^{n}(x_i - a)^2$ aller Meßwerte zu jedem beliebig anderen Wert a.

Die Verwendung des arithmetischen Mittelwertes $\overline{x}$ als Lageparameter ist besonders dann angebracht, wenn die Daten einer eingipfligen und in etwa symmetrischen Häufigkeitsverteilung entsprechen. Bei zugrundeliegenden eingipfligen schiefen Verteilungen haben Median Z, Modalwert D und arithmetischer Mittelwert $\overline{x}$ folgende Lage zueinander:

Bei rechts-schiefen (links-steilen) Häufigkeitsverteilungen gilt: $D \leq Z \leq \overline{x}$;
bei links-schiefen (rechts-steilen) Verteilungen gilt: $\overline{x} \leq Z \leq D$ (vgl. die nachfolgende Abbildung).

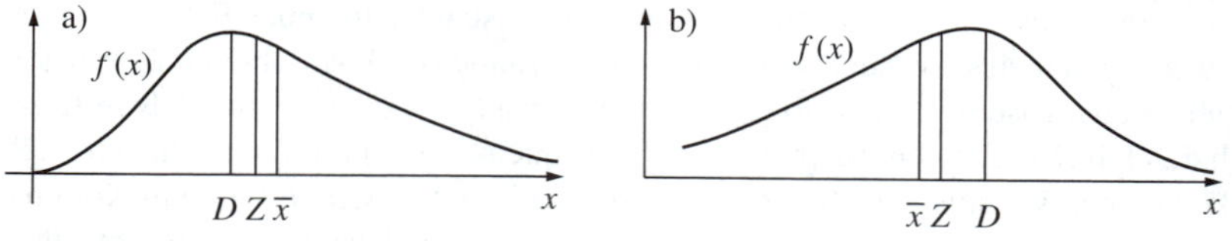

(Abb. nach HOCHSTÄDTER, 1991, S. 68)

Wie wir sehen, verschiebt sich der arithmetische Mittelwert so, daß er sowohl deutlich vom Modalwert als auch vom Median abweichen kann. Der Median Z liegt stets zwischen dem Modalwert und dem arithmetischen Mittelwert. Deshalb ist es sinnvoll, bei asymmetrischen Häufigkeitsverteilungen nicht den arithmetischen Mittelwert $\bar{x}$, sondern den Median Z als Parameter der zentralen Tendenz zu benutzen.

SPSS-Zugang

Datenart	Vorgehen	Voraussetzungen/Erklärungen
metrisch	Analysieren → Deskriptive Statistiken → Häufigkeiten → unter „Statistik" MW, Min und Max wählen	

Bei gruppierten Daten, die eingipflig, aber asymmetrisch verteilt sind, berechnen wir den Mittelwert als **Median mit Interpolation** in der Medianklasse nach der Formel:

$$Z = x_{m,\mathrm{u}} + b\frac{\frac{n}{2} - n_{c,m-1}}{n_m} \qquad \text{(vgl. Abschnitt 2.2.2.1.2).}$$

Der Median mit Interpolation in der Medianklasse kann auch bei gruppierten Daten mit **besetzten offenen Randklassen** zur Bestimmung des Mittels berechnet werden.

Liegen uns metrische Daten vor, die aber einer mehrgipfligen Verteilung folgen, dann arbeiten wir wie bei den kategorialen Daten (vgl. Abschnitt 2.2.2.1.1) mit mehreren Modalwerten, oder wir verzichten ganz auf die Angabe des zentralen Parameters der empirischen Verteilung.

Mitunter begegnen uns Untersuchungssituationen mit mehreren (= k) Meßwertserien (Stichproben). Wenn wir für jede einzelne solche Meßwertserie dann bereits den arithmetischen Mittelwert berechnet haben, so können wir mit einem vereinfachten Verfahren den Gesamtmittelwert $\bar{x}$ über alle Meßwerte bestimmen:

$$\bar{x} = \frac{1}{n}\sum_{i=1}^{k} n_i \bar{x}_i$$

Hier sind:

$\bar{x}$ Gesamtmittelwert
$\bar{x}_i$ Mittelwert der Stichprobe i mit $i = 1, 2, \ldots, k$
n Anzahl aller Objekte aus allen Stichproben
n_i Anzahl der Objekte der Stichprobe i.

In dieser Situation ergibt sich also der Gesamtmittelwert $\bar{x}$ wiederum als gewichtetes Mittel der einzelnen Stichprobenmittel $\bar{x}_1, \bar{x}_2, \ldots, \bar{x}_k$. Abschließend sei noch angemerkt, daß wir uns bei Meßwerten, die einer asymmetrischen Verteilung unterliegen, unter Umständen mit einer geeigneten Transformation helfen können. Dabei wird versucht, die Meßwerte so zu transformieren, daß sie nach der Transformation annähernd symmetrisch verteilt sind. Mit diesen symmetrisch verteilten Daten berechnen wir den arithmetischen Mittelwert, der dann wieder rücktransformiert wird. Typische Formen solcher Transformationen sind:

a) die hyperbolische Transformation mit
$$z_i = a + \frac{b}{x_i},$$
die zum **Harmonischen Mittel** $H = \frac{1}{\sum_{i=1}^{n} \frac{1}{x_i}}$ führt

b) die logarithmische Transformation mit
$$z_i = a + b \log x_i,$$
die zum **Geometrischen Mittel** $G = \sqrt[n]{x_1 \cdot x_2 \cdot \ldots \cdot x_n}$ führt.

Hierbei müssen alle Meßwerte $x_i > 0$ sein, und wir sollten das geometrische Mittel nur berechnen, wenn wir Absolutskalen (vgl. Abschnitt 2.1.2) zur Verfügung haben.

2.2.2.1.4 Zum Vergleich der Mittelwerte

An dieser Stelle wollen wir die in den vorangegangenen Abschnitten 2.2.2 behandelten Mittelwerte vergleichend interpretieren.

Am anschaulichsten ist sicher ein **Modalwert**. Er bezeichnet ja einen Beobachtungswert, der relativ am häufigsten auftritt. Der Modalwert (oder auch das Dichtemittel) entspricht einem Wert, der „am ehesten" zu beobachten ist. Entsprechend finden wir den Modalwert häufig in Formulierungen wie: „Die Krankheit dauert normalerweise k Tage.", „Diese Frage wird normalerweise mit c beantwortet.", „Die Fahrzeit zwischen Dresden und Berlin dauert normalerweise 2 Stunden." usw. Alle derartigen Aussagen beziehen sich auf den Modalwert. Wir haben es gut gelernt, uns davon eine anschauliche Vorstellung zu bilden. Ein wenig schwieriger ist die Interpretation dann, wenn es mehrere Modalwerte gibt. In diesem Fall können wir uns zwar noch ganz gut vorstellen, wie die Beobachtungswerte ausfallen könnten, aber eine Interpretation, z. B. eine Aussage darüber, welchen Wert wir nun stellvertretend als „Mittelwert" des Zufallsexperimentes verwenden sollten, ist komplizierter und nicht mehr eindeutig. Bei einer gleichmäßigen Häufigkeit aller Beobachtungswerte, bei der es überhaupt keinen „Gipfel" mehr gibt (wie beim idealen Würfel), wird der Begriff Modalwert sinnlos und man muß andere Mittelwerte zur Charakterisierung der zentralen Tendenz heranziehen.

Der **Median** oder **Zentralwert** ist ein ähnlich anschauliches Maß wie der Modalwert. Er ist ja bekanntlich der Wert, der die Menge der ihrer Größe nach geordneten Beobachtungswerte halbiert. Hier geht es nicht mehr nur um einen häufigsten Wert. Denken wir noch einmal an den idealen Würfel und stellen uns die nicht untypische Situation vor, wir hätten nach 6 Würfen genau die Ergebnisse 1, 2, 3, 4, 5, 6 erhalten (jedes Würfelergebnis ist gleichwahrscheinlich den anderen). Einen Modalwert für diese Meßwerte können wir nicht angeben – einen Zentralwert dagegen sehr wohl: Er beträgt im Beispiel 3,5. Inwieweit dieser Wert aber interpretationsfreudig ist, steht auf einem anderen Blatt. Mit welcher Wahrscheinlichkeit kann beispielsweise beim Würfeln der Wert 3,5 gewürfelt werden? Die Wahrscheinlichkeit dafür ist Null. Der Wert sagt uns höchstens soviel, daß bei n-facher Wiederholung des Experimentes ungefähr die Hälfte der Werte unter 3,5 und die andere Hälfte über 3,5 liegt. Wir verbinden mit dem Median die Vorstellung eines „Zentrums", das die Beobachtungswerte fifty-fifty splittet.

Etwas anders verhält es sich unter Umständen mit dem **arithmetischen Mittelwert**. Er ist ein „Durchschnittswert", der von allen beobachteten Meßwerten x_i gleichermaßen beeinflußt wird und deshalb auch empfindlicher auf extremale Meßwerte reagiert. In vielen angewandten Situationen versteht man unter dem Mittel gewöhnlich den arithmetischen Mittelwert. Wie wir im Abschnitt 2.2.2.1.3 festgestellt haben, hat er eine Reihe sehr guter Eigenschaften für die statistische Weiterverarbeitung, bei seiner Interpretation ist jedoch unter Umständen Sorgfalt geboten. Stellen wir uns beispielsweise die Berechnung der durchschnittlichen Lebenserwartung von Menschen vor. Dann kann hier ein falscher Eindruck entstehen, wenn etwa sehr wenige, sehr alte Menschen den Durchschnitt zu sich „heraufziehen". Kommt es z. B. zu einer Alterserhöhung bei der durchschnittlichen Lebenserwartung, dann kann das zum einen seine Ursache darin haben, daß wirklich immer mehr Menschen immer älter werden. Zum anderen verändert sich das Mittel aber in gleicher Weise, wenn einige wenige alte Menschen noch älter werden. Eine genauere Interpretation ist hier also erst bei Betrachtung der Gesamthäufigkeiten und deren Veränderungen möglich.

Bei eingipfligen, symmetrischen Häufigkeitsverteilungen stimmen Modalwert D, Zentralwert Z und arithmetisches Mittel $\overline{x}$ überein. Ist jedoch die Häufigkeitsverteilung schief (vgl. den vorhergehenden Abschnitt), so weichen sie voneinander ab. Wenn wir also etwa eine linksschiefe Verteilung haben, dann kommt hier zuerst der Modalwert, dann der Zentralwert und an letzter Stelle das arithmetische Mittel.

Für viele Zeitverläufe in der Medizin, aber auch in der Psychologie, ist eine linksschiefe Verteilung aber typisch. Denken wir an Aufenthaltsdauern im Krankenhaus, an zeitliche Verläufe von Erkältungskrankheiten usw., dann ist es für die Interpretation wichtig, daß die wirkliche Dauer in der Regel viel kleiner sein wird als das arithmetische Mittel. Man kann also strenggenommen dieses Mittel nur eingeschränkt und unter Berücksichtigung der gesamten Verteilung interpretieren.

Zum Schluß des Abschnittes geben wir eine **Orientierungshilfe**, die alle behandelten Mittelwerte vergleichend gegenüberstellt.

Datenart		Voraussetzungen	Mittelwert
metrisch	singulär	symmetrisch und eingipflig verteilt	arithmetischer Mittelwert $\bar{x}$
		asymmetrisch und eingipflig verteilt	Median Z
		kleine SP[1] ($n \leq 5$)	Median Z
		mehrgipflig verteilt	Modalwerte D_i
	gruppiert	symmetrisch und eingipflig verteilt	arithmetischer Mittelwert für Häufigkeiten $\bar{x}$
		asymmetrisch und eingipflig verteilt	Median mit Interpolation Z
		besetzte offene Klassen	Median mit Interpolation Z
		mehrgipflig verteilt	Modalwerte D_i
ordinal	singulär	—	Median Z
	gruppiert	—	Median bei Rangklassen Z
kategorial	—	—	Modalwerte D_i

[1] SP Stichprobe

2.2.2.2 Streuwerte

Neben den Mittelwerten betrachtet man bei monovariablen Verteilungen einen zweiten typischen Parameter, einen sogenannten Streuwert. In allgemeinster Definition sind **Streuwerte Maßzahlen zur Bewertung der Variabilität der Meßwerte, der „Breite“ einer Verteilung.**

Sie sind insofern wichtig, als sich Verteilungen mit gleichem Mittelwert noch wesentlich voneinander unterscheiden können. Stellen wir uns einen Teich mit der konstanten Wassertiefe von 1 m vor, dann ist der Mittelwert $\bar{x} = 1$ m. Den gleichen Mittelwert erhalten wir aber auch, wenn wir an einen anderen Teich denken, der folgende Wassertiefen 0,00 m; 0,50 m; 1,00 m; 1,50 m; 2,00 m (jeweils in 5 m Abstand vom Ufer zur Teichmitte hin gemessen) aufweist. Hier hat das alte russische Sprichwort: „Der Teich war im Durchschnitt nur einen Meter tief und trotzdem ist die Kuh darin ertrunken.“ seinen Ursprung. Dieses kleine Beispiel zeigt schon deutlich, daß die alleinige Angabe des Mittelwertes noch nicht ausreicht und eine weitere Aussage über die Variabilität aller Einzelwerte benötigt wird. Wir erfassen diese durch eine geeignete Kennziffer, die das Streuen der Werte mißt, damit durch Verdichten der Information den Überblick erleichtert und auch Vergleichsmöglichkeiten einräumt.

Die Variabilität der Meßergebnisse enthält für uns in vielfältiger Weise Informationen über die Wirkung des Zufalls. Wir beurteilen durch eine Kenngröße, wie **stark** der Zufall die zu untersuchende Situation beeinflußt. So ist man z. B. daran interessiert, interindividuelle Schwankungen bei Arbeitsleistungen (z. B. Nachtschicht) zu bewerten, um den Einfluß des Biorhythmus zu studieren. Bei technischen Meßgeräten beinhaltet die Schwankung der Werte bei Wiederholungsmessungen eine Information über die Zuverlässigkeit des Gerätes. Dabei bedeutet ein niedriges Streuen der Werte ein höheres Maß an Zuverlässigkeit. Bei psychologischen Untersuchungen kann uns eine hohe Variabilität auch auf den Einfluß sogenannter Kovariabler hinweisen. Das sind solche Einflußgrößen, z. B. sogenannte Störvariable, die bei der Versuchsgestaltung nicht systematisch variiert werden, sondern einem nicht berücksichtigten Zufallsfehler entsprechen. Ein typisches Beispiel ist der Einfluß des Tageslichts bei der Untersuchung visueller Wahrnehmungsleistungen zu verschiedenen Tageszeiten.

Zur Festlegung eines Streuwertes gibt es, ähnlich wie bei den Mittelwerten, auch in Abhängigkeit vom Datenniveau, verschiedene Definitionsmöglichkeiten. Wir wollen aus methodischen Gründen diesmal in umgekehrter Reihenfolge vorgehen und mit metrischen Daten beginnen.

2.2.2.2.1 Metrische Daten (Variationsbreite, durchschnittliche Abweichung, empirische Varianz und Standardabweichung)

Es liegt uns eine Meßreihe $x_1, x_2, \ldots, x_k$ (singulärer) metrischer Daten mit dem arithmetischen Mittel $\bar{x}$ vor, und wir stellen uns die Aufgabe, die Variabilität dieser Meßwerte durch eine Maßzahl, einen sogenannten Streuwert, einzuschätzen. Die bei gruppierten Daten erforderlichen Modifikationen werden wir dann im Anschluß diskutieren.

Einen ersten Eindruck vom „Streuen" der Meßwerte $x_1, x_2, \ldots, x_k$ erhält man, wenn man den kleinsten Wert $x_{\min}$ und den größten Wert $x_{\max}$ von ihnen miteinander vergleicht. Die Differenz

$$\boxed{v = x_{\max} - x_{\min}}$$

heißt **Variationsbreite** der Meßwerte und liefert uns einen unmittelbar aus der Meßreihe ablesbaren Streuwert. Die Variationsbreite v wird also durch die extremalen Meßwerte definiert, alle anderen Werte der Meßreihe haben keinen Einfluß. Dem Vorteil der einfachen Bestimmbarkeit steht der Nachteil einer großen Empfindlichkeit gegenüber „Ausreißern" entgegen. Es könnte ja eventuell einer der extremalen Werte $x_{\min}$ oder $x_{\max}$ durch einen Verfahrensfehler bei der Messung zustandegekommen und somit untypisch für den die Meßreihe erfassenden Sachverhalt sein. Bei wachsender Anzahl n der Versuchsergebnisse steigt auch die Chance, daß sich „Ausreißer" einstellen, so daß die Variationsbreite bestenfalls für kleine n als Streuwert verwendet werden sollte (es wird $n \leq 12$ empfohlen).

Beispiel 2.2/17: Bei einer Untersuchung zur Bestimmung der oberen absoluten Hörschwelle wurden folgende 10 Meßwerte x_i mit Hilfe des auf- und absteigenden Grenzverfahrens gewonnen (in kHz):

14,3; 14,7; 14,7; 15,1; 14,8; 14,9; 14,5; 14,8; 15,2; 15,0

Wir erkennen unmittelbar den minimalen Wert $x_{\min} = 14{,}3$ und den maximalen Wert $x_{\max} = 15{,}2$ und erhalten $v = 15{,}2 - 14{,}3 = 0{,}9$.

Wir wollen nun einen anderen Zugang zur Festlegung einer Maßzahl für das Streuen der Werte vorstellen, bei dem **alle** vorhandenen Werte $x_1, x_2, \ldots, x_k$ mit berücksichtigt werden. Dazu ziehen wir die Abweichungen $x_i - a$ der einzelnen Meßwerte x_i von einem Mittelwert a der Verteilung heran und verwenden für a in erster Linie das arithmetische Mittel $\bar{x}$, betrachten also die Abweichungen $x_i - \bar{x}$. Wie wir im Abschnitt 2.2.2.1.3 dargestellt hatten, ist die Summe aller Abweichungen der Meßwerte x_i vom arithmetischen Mittelwert $\bar{x}$ gleich Null:

$$\sum_{i=1}^{n}(x_i - \bar{x}) = 0$$

Deshalb können wir diese Summe nicht als Streuungsmaß verwenden, wollen aber durch geeignete Modifikationen zu Streuungswerten gelangen. Wir erhalten zum einen die sogenannte **durchschnittliche absolute Abweichung** und zum anderen die am meisten verwendete **empirische Varianz** bzw. **empirische Standardabweichung**.

Bei der durchschnittlichen absoluten Abweichung berechnen wir die Summe der absoluten Beträge der Differenzen der Meßwerte vom Mittelwert ($|x_i - \bar{x}|$) und teilen anschließend diese Summe durch die

Anzahl der Meßwerte. Die durchschnittliche absolute Abweichung e ist also wie folgt definiert:

$$e = \frac{1}{n} \sum_{i=1}^{n} |x_i - \bar{x}|.$$

Dieser Streuwert ist das arithmetische Mittel der absoluten Abweichungen der Werte x_i vom Mittelwert $\bar{x}$. Wir vernachlässigen dabei vollständig die positiven und negativen Vorzeichen der Differenzen.

Beispiel 2.2/18: Wir betrachten noch einmal das Beispiel 2.2/17 und berechnen die durchschnittliche absolute Abweichung. Dazu benötigen wir zuerst den arithmetischen Mittelwert: $\bar{x} = \frac{148}{10} = 14{,}8$ kHz. Im nächsten Schritt bilden wir die absolute Differenz zwischen jedem einzelnen Meßwert und $\bar{x}$ und summieren diese Differenzen:

$$|14{,}8 - 14{,}3| + |14{,}8 - 14{,}7| + |14{,}8 - 14{,}7| + |14{,}8 - 15{,}1| + |14{,}8 - 14{,}8|$$
$$+|14{,}8 - 14{,}9] + |14{,}8 - 14{,}5| + |14{,}8 - 14{,}8| + |14{,}8 - 15{,}2| + |14{,}8 - 15{,}0| = 2{,}0,$$
$$e = \frac{1}{10} \cdot 2{,}0 = 0{,}2.$$

Die durchschnittliche absolute Abweichung e beträgt 0,2.

Dieses Maß zur Angabe der Streuung wird heute kaum noch verwendet, da es wegen der auftretenden Absolutbeträge mathematisch etwas schwerfällig handhabbar ist. Es hat aber gerade in der Psychologie (vgl. FECHNER, 1889) eine alte Tradition, man findet dieses Maß in einer Vielzahl von Originalarbeiten aus der Zeit der Psychophysik (z. B. von WUNDT, FECHNER oder STEVENS) vor.

Anmerkung: *Bei der Betrachtung der mittleren absoluten Abweichung ist nicht das arithmetische Mittel $\bar{x}$, sondern der Median Z als Bezugsmodell besonders ausgezeichnet: Die von a abhängende Summe $|x_i - a|$ wird für $a = Z$ minimal. Man sollte hier also eher die mittlere absolute Abweichung bzgl. Z verwenden:*

$$e_z = \frac{1}{n} \sum_{i=1}^{n} |x_i - Z|$$

(Weiteres vgl. z. B. HARTUNG/ELPELT/KLÖSENER, 1991)

Eine mathematisch wesentlich besser handhabbare Möglichkeit ergibt sich, wenn man anstelle der Absolutbeträge $|x_i - \bar{x}|$ die Quadrate $(x_i - \bar{x})^2$ betrachtet. Dies führt zur heute gebräuchlichsten Form einer Maßzahl für die Variabilität, die sogenannte empirische Varianz bzw. die aus ihr abgeleitete empirische Standardabweichung. **Die empirische Varianz s^2 ist die Summe *SAQ* der quadrierten Abweichungen aller einzelnen Meßwerte vom arithmetischen Mittelwert, geteilt durch die um 1 reduzierte Anzahl n aller Meßwerte:**

$$SAQ = \sum_{i=1}^{n} (x_i - \bar{x})^2$$

$$s^2 = \frac{1}{n-1} \cdot SAQ$$

$$= \frac{1}{n-1} \sum_{i=1}^{n} (x_i - \bar{x})^2 \quad \textbf{(Definitionsformel)}.$$

Die empirische Varianz ist eine quadratische Maßzahl, sie ist ein Mittelwert der quadratischen Abweichungen. Aus diesem Grund betrachtet man als Maß für die Variabilität der erhaltenen Meßwerte die **empirische Standardabweichung** s, die per Definition **die Quadratwurzel aus der Varianz** ist:

$$s = \sqrt{\frac{1}{n-1} \sum_{i=1}^{n} (x_i - \bar{x})^2}.$$

Zur Bestimmung der empirischen Standardabweichung werden also wiederum alle Meßwerte herangezogen, wobei jetzt die Differenzen $x_i - \overline{x}$ zu quadrieren sind. Und dies bewirkt, daß große Abweichungen $x_i - \overline{x}$ besonders stark berücksichtigt werden. Es fällt überdies auf, daß hier die Quadratsumme SAQ nicht durch n, sondern durch $n-1$ dividiert wird. Das hat statistisch theoretische Gründe: Bei Division durch n würde man die theoretisch zugrundeliegende Varianz (vgl. Abschnitt 3.2.2.2) dadurch systematisch als zu klein bewerten, während die Division durch $n-1$ diese ohne systematischen Fehler approximiert.

Die Berechnung der empirischen Varianz nach der Definitionsformel wird immer dann sehr aufwendig, wenn eine große Anzahl von Meßwerten vorliegt und $\overline{x}$ keine „glatte Zahl" ist. Für diesen Fall ist es effektiver, wenn wir anstelle von $SAQ = \sum_{i=1}^{n}(x_i - \overline{x})^2$ mit

$$SAQ = \sum_{i=1}^{n} x_i^2 - n \cdot \overline{x}^2$$

$$= \sum_{i=1}^{n} x_i^2 - \frac{1}{n}\left(\sum_{i=1}^{n} x_i\right)^2 \qquad \textbf{(Rechenformel)}$$

arbeiten. Die empirische Varianz ist dann wiederum:

$$s^2 = \frac{SAQ}{n-1}.$$

Eine wichtige Eigenschaft der empirischen Varianz besteht darin, daß sie bei einer Verschiebung der Werte auf der Abszisse um eine beliebige Konstante C unverändert bleibt. Deshalb können wir z. B. bei der Rechenformel mit den transformierten Werten $x_i' = x_i - C$ arbeiten (wie im nachfolgenden Beispiel).

Beispiel 2.2/19: Wir erinnern uns an das Beispiel 2.2/17 dieses Abschnittes, also an die Schwellenbestimmung. Für die Berechnung der empirischen Standardabweichung erstellen wir uns folgende Hilfstabelle (Berechnung mit Hilfe der Rechenformel, $C = 14$):

x_i	x_i'	$x_i'^2$
14,3	0,3	0,09
14,7	0,7	0,49
14,7	0,7	0,49
15,1	1,1	1,21
14,8	0,8	0,64
14,9	0,9	0,81
14,5	0,5	0,25
14,8	0,8	0,64
15,2	1,2	1,44
15,0	1,0	1,00
Σ	8,0	7,06

Mit $\overline{x}' = 0{,}8$ erhalten wir:

$$SAQ_{x'} = SAQ_x = 7{,}06 - 10 \cdot 0{,}8^2$$
$$= 0{,}66$$
$$s^2 = \frac{1}{10-1} \cdot 0{,}66 = 0{,}073$$
$$s = 0{,}271.$$

Die Standardabweichung s in unserem Beispiel beträgt 0,271 (vgl. dazu die durchschnittliche absolute Abweichung $e = 0{,}2$).

Ähnlich wie beim arithmetischen Mittelwert vollzieht man die Berechnung der empirischen Standardabweichung am einfachsten mit Hilfe eines Taschenrechners mit Statistikteil. Man sollte aber durchaus einmal „zu Fuß" nachvollziehen, wie dieser Wert entsteht, insbesondere auch im Fall, wenn Meßwerte mehrfach auftreten. Wir haben dann die Formeln:

$$SAQ = \sum_{i=1}^{k} n_i(x_i - \overline{x})^2, \qquad \overline{x} = \frac{1}{n}\sum_{i=1}^{k} n_i x_i \qquad \text{bzw.}$$

$$SAQ = \sum_{i=1}^{k} n_i x_i^2 - n\overline{x}^2 = \sum_{i=1}^{k} n_i x_i^2 - \frac{1}{n}\left(\sum_{i=1}^{k} n_i x_i\right)^2$$

$$s^2 = \frac{1}{n-1} \cdot SAQ.$$

Dabei sind:

k Anzahl der verschiedenen Meßwerte

x_i Meßwerte

n_i Vielfachheit des Meßwertes x_i ($i = 1, 2, \ldots, k$)

n Anzahl aller erhobenen Meßwerte ($n = \sum_{i=1}^{k} n_i$).

Beispiel 2.2/20: Bei 100maligem Würfeln wurde folgendes Ergebnis erzielt:

12 mal die Augenzahl 1,
18 mal die Augenzahl 2,
15 mal die Augenzahl 3,
19 mal die Augenzahl 4,
20 mal die Augenzahl 5,
16 mal die Augenzahl 6.

Wir erhalten:

x_i	n_i	$n_i x_i$	$n_i x_i^2$
1	12	12	12
2	18	36	72
3	15	45	135
4	19	76	304
5	20	100	500
6	16	96	576
$\sum$		365	1599

$$SAQ = 1599 - \frac{1}{100} \cdot 365^2 = 266{,}75,$$

$$s = \sqrt{\frac{266{,}75}{99}} = 1{,}641.$$

Sind im Endergebnis der Untersuchung die Meßwerte in Klassen gruppiert, dann ersetzen wir diese durch die **Klassenmitten** $x_i^\star$ und können – wenn keine besetzten offenen Klassen vorliegen – die empirische **Standardabweichung für Häufigkeiten** näherungsweise nach der Formel:

$$s = \sqrt{\frac{1}{n-1} \sum_{i=1}^{k} n_i (x_i^\star - \overline{x}^\star)^2}$$

berechnen.

Dabei sind:

n_i Anzahl der Meßwerte in der Klasse i (Häufigkeit)

k Anzahl der Klassen

$\overline{x}^\star$ arithmetischer Mittelwert der Klassenmitten

$x_i^\star$ Klassenmitte der Klasse i.

Auch hier können wir zur Bestimmung der Summe der Abweichungsquadrate SAQ anstelle der

Definitionsformel: $SAQ = \sum_{i=1}^{k} n_i \cdot (x_i^\star - \overline{x}^\star)^2$

die

Rechenformel: $SAQ = \sum_{i=1}^{k} n_i x_i^{\star 2} - n\overline{x}^{\star 2} = \sum_{i=1}^{k} n_i x_i^{\star 2} - \frac{1}{n}\left(\sum_{i=1}^{k} n_i x_i^\star\right)^2$

einsetzen.

Beispiel 2.2/21: In einer Untersuchung von besonders begabten Kindern interessierte u. a. die Teilfragestellung, ob diese Kinder vielleicht durch besonders ausgeprägte Fähigkeiten im Bereich des abstrakten Denkens leistungsstärker als andere sind. Im Ergebnis eines Tests entstand nachfolgendes Resultat:

Klassenmitte x_i^*	Häufigkeit n_i
10,5	10
12,5	14
14,5	30
16,5	26
18,5	10
Σ	90

als Hilfsgrößen führen wir ein:

$n_i x_i^*$	$n_i x_i^{*2}$
105	1102,5
175	2187,5
435	6307,5
429	7078,5
185	3422,5
1329	20089,5

$$\begin{aligned} SAQ &= 20098{,}5 - \frac{1}{90} \cdot 1329^2 \\ &= 20098{,}5 - 19624{,}9 \\ &= 473{,}6, \\ s^2 &= \frac{1}{90-1} \cdot 473{,}6 = 5{,}32 \\ s &= \sqrt{5{,}32} = 2{,}31. \end{aligned}$$

Die empirische Standardabweichung beträgt in diesem Fall näherungsweise 2,31.

Anmerkung: *Da die Verteilung der Werte innerhalb der Klassen in der Regel schief ist, stimmt ihr arithmetisches Mittel nicht mit der Klassenmitte überein. Aus diesem Grund erhält man aus der genannten Formel für die empirische Varianz einen zu großen Wert. Diesem Effekt kann durch die sogenannte* SHEPPARD*sche Korrektur teilweise entgegengewirkt werden:*

$$s_{\text{corr}} = \sqrt{s^2 - \frac{b^2}{12}}.$$

Dabei bezeichnet b die (als konstant angenommene) Klassenbreite.

Wie bereits erwähnt, werden bei der Verwendung der empirischen Standardabweichung als Maßzahl für das Streuen der Werte die größten Differenzen $x_i - \bar{x}$ besonders stark berücksichtigt. Will man diesen Effekt abschwächen, so kann man ein weiteres Streuungsmaß, den sogenannten **empirischen Quartilsabstand** verwenden. Man ordnet dann zunächst die gegebenen Meßwerte x_i der Größe nach, bildet also aus ihnen eine Rangreihe. Die weiteren Ausführungen hierzu finden wir im nächsten Abschnitt 2.2.2.2.2.

Die weite Verbreitung der empirischen Varianz bzw. Standardabweichung als Maßzahl für das Streuen der Werte ist vor allen Dingen wegen ihrer günstigen mathematischen und damit verbundenen statistischen Eigenschaften begründet. Es ist die aus der Schule bekannte binomische Formel

$$(a+b)^2 = a^2 + b^2 + 2ab,$$

die hier weitreichende Schlußfolgerungen zuläßt und z. B. eine wesentliche Grundlage der sogenannten Varianzanalyse (vgl. Abschnitt 5.3) darstellt. Auch bei der Herleitung der oben angegebenen Rechenformeln spielt die binomische Formel eine wichtige Rolle.

Abschließend wollen wir uns einer Situation zuwenden, die in der Praxis relativ häufig anzutreffen ist. Stellen wir uns vor, wir haben eine bestimmte Anzahl l von Stichproben untersucht und für jede von ihnen bereits den Mittelwert und die empirische Varianz berechnet. Nun interessiert uns noch eine geeignete Maßzahl zur globalen Beurteilung des Streuens der Werte in den l Stichproben.

Dann sind nachfolgende zwei Möglichkeiten zu unterscheiden:

1. Wir verwenden unabhängig von der Lage der Werte jeder Stichprobe die **mittlere empirische Varianz** als globalen Streuwert.
2. Wir möchten alle einzelnen Werte unter Berücksichtigung ihrer konkreten Lage in die Bestimmung einbeziehen und betrachten die **empirische Gesamtvarianz**.

Zur Veranschaulichung dieses Problems soll uns die folgende Abbildung helfen, in der stellvertretend nur zwei Stichproben mit ihren Häufigkeitsverteilungen dargestellt wurden:

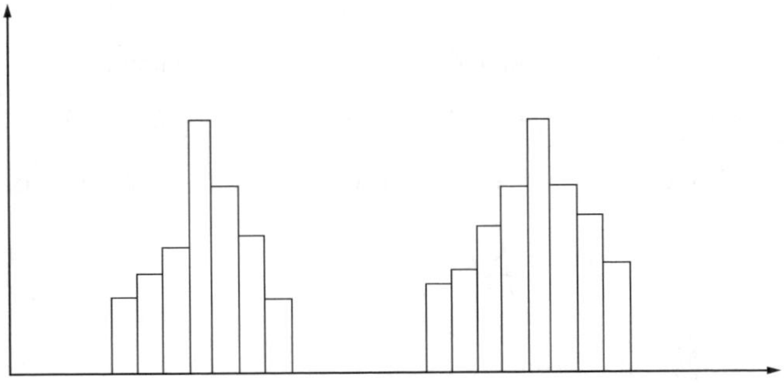

Gehen wir von der 1. Möglichkeit aus, dann wird die mittlere Varianz etwa dem arithmetischen Mittel beider Varianzen entsprechen. Die exakte Berechnungsvorschrift finden wir unten. Konzentrieren wir uns auf die zweite Möglichkeit, dann lösen wir praktisch die zwei Stichproben auf und bilden daraus eine gemeinsame Stichprobe. Dann wird die empirische Gesamtvarianz entschieden größer als die Einzelvarianzen. Welche der beiden Möglichkeiten von uns genutzt wird, das hängt von der untersuchten Fragestellung und dem Ziel der statistischen Analyse ab.

Bei der Möglichkeit 1 unterscheiden wir zwei Fälle:

a) Alle Stichproben sind gleich groß, d. h., für ihre Häufigkeiten gilt: $n_1 = n_2 = \ldots = n_l$. In diesem Fall berechnen wir die mittlere empirische Varianz als arithmetisches Mittel der Einzelvarianzen nach der Formel:

$$s_{\mathrm{M}}^2 = \frac{s_1^2 + s_2^2 + \ldots + s_l^2}{l},$$

und die Standardabweichung als Maß der Streuung der Werte ist die Quadratwurzel aus s_{M}^2.

Beispiel 2.2/22: In vier Schulen (sie ergeben die 4 Stichproben) wurden jeweils 20 Schüler der 7. Klasse hinsichtlich ihrer Intelligenz mit folgenden Ergebnissen untersucht:

$$\begin{aligned}
&SP1 \quad \text{mit} \quad \bar{x}_1 = 105{,}4 \quad \text{und} \quad s_1^2 = 3{,}4,\\
&SP2 \quad \text{mit} \quad \bar{x}_2 = 111{,}3 \quad \text{und} \quad s_2^2 = 4{,}2,\\
&SP3 \quad \text{mit} \quad \bar{x}_3 = 97{,}8 \quad \text{und} \quad s_3^2 = 4{,}1,\\
&SP4 \quad \text{mit} \quad \bar{x}_4 = 100{,}1 \quad \text{und} \quad s_4^2 = 2{,}9.
\end{aligned}$$

Wir erhalten

$$s_{\mathrm{M}}^2 = \frac{3{,}4 + 4{,}2 + 4{,}1 + 2{,}9}{4} = \frac{14{,}6}{4} = 3{,}65$$

b) Die Stichproben sind unterschiedlich groß. Dann berechnen wir die mittlere empirische Varianz nach der Formel:

$$s_{\mathrm{M}}^2 = \frac{1}{n-l}\left[\sum_{i=1}^{l}(n_i - 1)s_i^2\right],$$

wobei l die Anzahl der Stichproben und n die Summe aller Meßwerte aus allen l Stichproben darstellt.

Beispiel 2.2/23: In vier Schulen wurden jeweils unterschiedlich viele Schüler der 7. Klasse hinsichtlich ihrer Intelligenz untersucht, wobei folgende Ergebnisse entstanden:

$$\begin{array}{llll} SP1 \text{ mit } n_1 = 36, & \bar{x}_1 = 100{,}3 & \text{und} & s_1^2 = 4{,}2\,, \\ SP2 \text{ mit } n_2 = 40, & \bar{x}_2 = 104{,}1 & \text{und} & s_2^2 = 3{,}9, \\ SP3 \text{ mit } n_3 = 37, & \bar{x}_3 = 101{,}9 & \text{und} & s_3^2 = 4{,}1, \\ SP4 \text{ mit } n_4 = 31, & \bar{x}_4 = 107{,}2 & \text{und} & s_4^2 = 2{,}9. \end{array}$$

Nun ist $n = 36 + 40 + 37 + 31 = 144$ und $l = 4$. Damit berechnen wir:

$$s_{\mathrm{M}}^2 = \frac{1}{1144 - 4}(35 \cdot 4{,}2) + (39 \cdot 3{,}9) + (36 \cdot 4{,}1) + (30 \cdot 2{,}9) = 3{,}81.$$

Für die 2. Möglichkeit berechnen wir die empirische Gesamtvarianz nach der Formel:

$$s_{\mathrm{G}}^2 = \frac{1}{n-1}\left[\sum_{i=1}^{l}(n_i - 1)s_i^2 + \sum_{i=1}^{l} n_i(\bar{x}_i - \bar{x})^2\right]$$

mit $n = \sum_{i=1}^{l} n_i$ und $\bar{x} = \frac{1}{n}\sum_{i=1}^{l} \bar{x}_i n_i$.

Beispiel 2.2/24: Nach einer Analyse der Bedienanforderungen in fünf Schaltwarten (zu verstehen als 5 Stichproben mit unterschiedlich vielen Kollegen) zeigte sich, bezogen auf die Eingriffshäufigkeit der Schaltwarte während einer Schicht, folgendes Resultat:

$$\begin{array}{llll} SP1 \text{ mit } n_1 = 7, & \bar{x}_1 = 107 & \text{und} & s_1^2 = 7{,}2, \\ SP2 \text{ mit } n_2 = 11, & \bar{x}_2 = 181 & \text{und} & s_2^2 = 4{,}3, \\ SP3 \text{ mit } n_3 = 8, & \bar{x}_3 = 115 & \text{und} & s_3^2 = 4{,}7, \\ SP4 \text{ mit } n_4 = 9, & \bar{x}_4 = 137 & \text{und} & s_4^2 = 3{,}4, \\ SP5 \text{ mit } n_5 = 15, & \bar{x}_5 = 150 & \text{und} & s_5^2 = 4{,}4. \end{array}$$

Wir erhalten:

$$n = \sum_{i=1}^{l} n_i = 7 + 11 + 8 + 9 + 15 = 50,$$

$$\bar{x} = \frac{1}{50}(107 \cdot 7) + \ldots + (150 \cdot 15) = 142{,}86,$$

$$\begin{aligned} s_{\mathrm{G}}^2 = \frac{1}{50-1}[&(7-1)7{,}2 + (11-1)4{,}3 + (8-1)4{,}7 + (9-1)3{,}4 + 15-1)4{,}4 \\ &+7(142{,}86 - 107)^2 + 11(142{,}86 - 181)^2 + 8(142{,}86 - 115)^2 \\ &+9(142{,}86 - 137)^2 + 15(142{,}86 - 150)^2], \end{aligned}$$

$$s_{\mathrm{G}}^2 = \frac{32493{,}92}{49} = 663{,}13 \quad \text{und} \quad s_{\mathrm{G}} = \sqrt{663{,}13} = 25{,}75.$$

Beispiel 2.2/24 macht besonders deutlich, wie sich die empirische Gesamtvarianz in Abhängigkeit von der Berücksichtigung der Lage der einzelnen Stichproben verändert. Bei Stichprobenvarianzen zwischen 3,4 und 7,2 erhalten wir aufgrund der Mittelwerte – sie kennzeichnen bekanntlich die Lage – eine Gesamtvarianz von 663,13. Diese empirische Varianz steht bildlich gesprochen dafür, daß wir alle fünf Stichproben aufgelöst und zu einer Stichprobe vereinigt haben.

SPSS-Zugang

Datenart	Vorgehen	Voraussetzungen/Erklärungen
metrisch	Analysieren → Deskriptive Statistiken → Häufigkeiten … unter „Statistik“ „Standardabweichung“ oder „Varianz“ wählen	

2.2.2.2.2 Ordinale Daten (Quartilsbereich, empirischer Quartilsabstand)

In diesem Abschnitt wollen wir einen Streuwert, den sogenannten empirischen Quartilsabstand, kennenlernen, der mit Hilfe der Rangreihenfolge der Meßergebnisse ermittelt wird und sich deshalb außer für metrische Daten sinngemäß auch bei ordinalen Daten – dort geben wir den Quartilsbereich als den wesentlichen Streubereich der Daten an – verwenden läßt. Im vorhergehenden Abschnitt hatten wir die Variationsbreite und die Standardabweichung betrachtet. Beide Streuwerte werden von den extremen Beobachtungsergebnissen der Stichprobe stark beeinflußt, sind also empfindlich gegenüber dem Vorliegen von „Ausreißern“. Der nun zu betrachtende Quartilsabstand ist ein diesbezüglich wesentlich robusterer Streuwert. Zu seiner Bestimmung berücksichtigt man (ca.) die Hälfte der Daten, und zwar „die in der Mitte liegenden“. Wir erinnern zunächst daran, daß der Median Z ein Wert ist, der die Reihe der der Größe nach geordneten Meßergebnisse halbiert. Zur Festlegung eines angepaßten Streuwertes wird jetzt die geordnete Meßreihe in 4 (annähernd) gleiche Teile, sogenannte **Quartile**, aufgegliedert. Das 1. Quartil Q_1 – oder auch unteres Quartil genannt – trennt die 25 % der kleinsten Werte von den übrigen ab, das 3. Quartil Q_3 – auch oberes Quartil genannt – trennt die 25 % der größten Werte von den übrigen ab. Das 2. Quartil Q_2 ist der Median: $Q_2 = Z$. Wir betrachten als Beispiel die $n = 12$ Werte:

$$1, \quad 2, \quad 5, \quad 7, \quad 9, \quad 10, \quad 13, \quad 15, \quad 16, \quad 17, \quad 21, \quad 23.$$

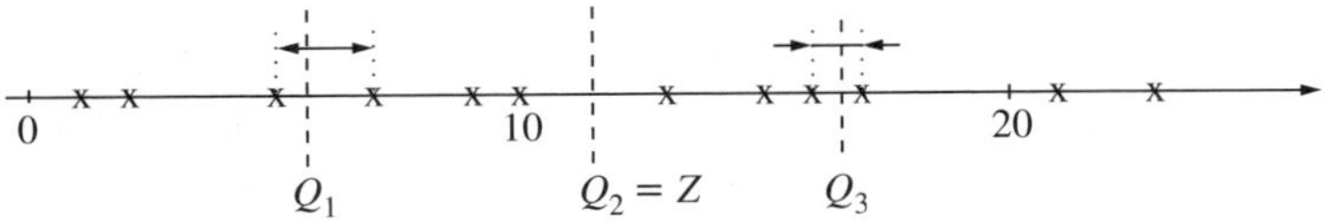

Aus der Skizze der 12 Werte erkennen wir, daß erstens in diesem Falle zwischen Q_1 und Q_3 genau 50 % der mittleren Werte der Meßreihe liegen und zweitens durch diese Eigenschaft die ganz genaue Lage von Q_1 und Q_3 nicht eindeutig festgelegt ist. Es sei angemerkt, daß es außer dem Problem der Nichteindeutigkeit bei der Festlegung des unteren und oberen Quartils Datensituationen geben kann – nämlich wenn sich gleiche Daten „ungünstig“ wiederholen –, bei denen eine sinnvolle Viertelung der x-Werte überhaupt nicht vorgenommen werden kann. Wir wollen von solchen Extremfällen absehen und setzen deshalb zunächst voraus, daß singuläre Daten vorliegen, die wir der Größe nach in einer Rangreihe geordnet haben (ordinales Datenniveau ist dabei ebenfalls mit zugelassen). Die Situation gruppierter Daten diskutieren wir weiter unten. Wir betrachten nun wieder die obige Skizze und erinnern uns, daß wir den Median Z im Falle eines geraden $n = 12$ genau auf die Mitte zwischen dem 6. und 7. Wert per Definition festgelegt hatten: $Z = 0{,}5(10 + 13) = 11{,}5$. Man könnte nun mit Q_1 und Q_3 ebenso verfahren, d. h., genau die entsprechenden Mittelpunkte der zugehörigen benachbarten Werte wählen. Wir wollen im weiteren eine nur wenig davon abweichende Definition vorschlagen, die ein einheitliches Vorgehen bei beliebigem n bedeutet. Wir erwähnen zunächst, daß man das „x-Intervall“ zwischen Q_1 und Q_3 den **empirischen Interquartilsbereich** nennt. Seine Länge (bei metrischen Daten) heißt **empirischer Quartilsabstand**.

Für nicht durch 4 teilbare Anzahlen n von Beobachtungswerten kann man die Viertelung der Rangreihe nicht genau ausführen und versucht dies dann, in guter Näherung zu erreichen. Wir gehen dabei wie folgt vor: Der Median $Z = Q_2$ entsprach genau dem Wert mit dem in der Mitte liegenden Rangplatz $Rp_{Q_2} = 0{,}5(1+n)$. Bei geradem n, z. B. $n = 10$, ergibt sich 5,5, und wir verstehen den zu diesem Rangplatz gehörenden Wert als den Mittelwert zwischen dem 5. und 6. Wert der Rangreihe:

$Z = 0{,}5(x_5 + x_6)$. Wir verfahren nun bei der Viertelung ganz genauso durch Halbierung innerhalb der Ränge und definieren das untere Quartil Q_1 als Meßwert mit dem Rangplatz $Rp_{Q_1} = \frac{1}{2}(1 + \frac{n+1}{2}) = \frac{n+3}{4}$, und das obere Quartil Q_3 als Meßwert mit dem Rangplatz $Rp_{Q_3} = \frac{1}{2}(\frac{n+1}{2} + n) = \frac{3n+1}{4}$.

Wenn diese Rangplätze nicht ganzzahlig sind, interpolieren wir. Dabei gehen wir wie folgt vor:

1. Der Rangplatz des Quartils Rp_Q liege zwischen den Rangplätzen Rp_u bzw. Rp_o, denen die Meßwerte x_u bzw. x_o zugeordnet wurden: $Rp_u < Rp_Q < Rp_o$.
2. Wir bestimmen nun den dem Rangplatz Rp_Q zugeordneten Wert Q nach der Interpolationsvorschrift:

$$\boxed{Q = x_u + (Rp_Q - Rp_u) \cdot (x_o - x_u)}\,.$$

Wir erläutern dies an den folgenden Beispielen:

Beispiel 2.2/25: Es wurde eine neue Methode für den Fremdsprachenerwerb entwickelt. Nach einer bestimmten Zeit wurden $n = 18$ Schüler hinsichtlich ihrer Behaltensleistung untersucht. Dabei entstand folgendes Ergebnis (Anzahl der behaltenen Worte):

27 30 31 44 46 51 62 63 65 66 70 73 74 79 92 95 101 112.

Hier ist $n = 18$ und $Rp_{Q_1} = \frac{18+3}{4} = 5{,}25$ und $Rp_{Q_3} = \frac{3 \cdot 18 + 1}{4} = 13{,}75$.

Es folgt somit Q_1 aus $Rp_u = 5$ und $Rp_o = 6$ mit $x_u = 46$ und $x_o = 51$:

$$Q_1 = 46 + (5{,}25 - 5) \cdot (51 - 46) = 47{,}25,$$

und analog für Q_3 mit $Rp_u = 13$, $Rp_o = 14$, $x_u = 74$ und $x_o = 79$:

$$Q_3 = 74 + (13{,}75 - 13) \cdot (79 - 74) = 77{,}75.$$

Der Interquartilsbereich erstreckt sich von 47,25 bis 77,75 (der Median Z ergibt sich hier zu $Z = 0{,}5(65 + 66) = 65{,}5$).

Beispiel 2.2/26: Bei einer Analyse von Ausschußteilen in einer Abteilung wurden bei jedem Werktätigen die nicht der Norm entsprechenden Teile gezählt, und es ergab sich nachfolgendes Bild:

3 7 9 12 14 17 29 33.

Hier ist $n = 8$,

$$Rp_{Q_1} = \frac{8+3}{4} = 2{,}75, \qquad Q_1 = 7 + (2{,}75 - 2{,}00) \cdot (9 - 7) = 8{,}5$$

$$Rp_{Q_3} = \frac{24+1}{4} = 6{,}25, \qquad Q_3 = 17 + (6{,}25 - 6{,}00) \cdot (29 - 17) = 20{,}0.$$

Der Interquartilsbereich liegt zwischen 8,5 und 20,0 (für den Median Z erhalten wir den Wert $Z = 0{,}5(12 + 14) = 13$).

Variationsbreite, Interquartilsbereich und Median werden optisch in übersichtlicher Weise in einem sogenannten **Boxplot** dargestellt:

So hat im Beispiel 2.2/26 der Boxplot folgende Lage:

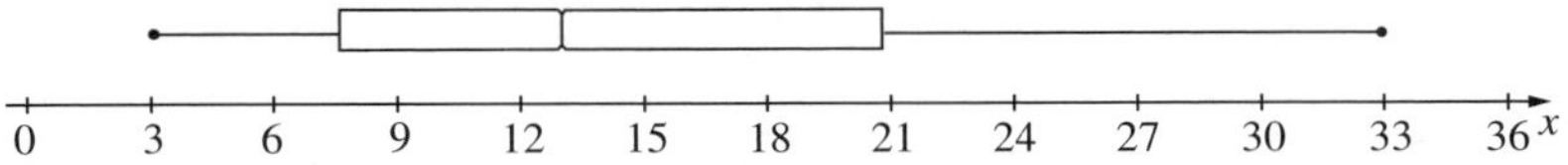

Boxplots sind vor allen Dingen beim Vergleich von Meßergebnisreihen eine gute optische Hilfe.

Bemerkung: *Wie wir weiter oben bereits erwähnten, sind zur Festlegung des unteren und oberen Quartils verschiedene Definitionen möglich (wobei sich die Werte meistens nur unwesentlich voneinander unterscheiden). Computerprogramme geben aus diesem Grunde zum Teil auch gleich mehrere Varianten an. So wird z. B. analog zu obiger Vorgehensweise der sogenannte Haverage für* Q_1 *durch den Wert mit dem Rangplatz* $\frac{n+1}{4}$ *und für* Q_3 *durch den Wert mit dem Rangplatz* $\frac{3n+3}{4}$ *gegeben. Bei unserer Definition liegen im Interquartilsbereich nur ungefähr 50% der Meßwerte. Will man hingegen sichern, daß garantiert immer mindestens 50% – aber auch nicht viel mehr – der Meßwerte im Interquartilsbereich liegen, so könnte man auch wie folgt vorgehen: Man bestimmt* $\frac{n}{4}$ *und dazu den ganzzahligen Wert* k*, also z. B.* $n = 10$ *und* $\frac{n}{4} = 2{,}5$ *den Wert* $k = 2$*. Sodann streicht man die* k *kleinsten* $(x_1, \ldots, x_k)$ *und* k *größten* $(x_n, x_{n-1}, \ldots, x_{n-k+1})$ *Werte der Meßreihe weg und legt* Q_1 *und* Q_3 *so, daß die restlichen Meßwerte im Bereich* $|Q_1, Q_3|$ *enthalten sind, z. B.* $Q_1 = x_{k+1}$, $Q_3 = x_{n-k}$.

Als Maßzahl für das Streuen der Werte verwenden wir nun bei metrischen Daten den halben **empirischen Quartilsabstand** QA:

$$\boxed{QA = \frac{1}{2}|Q_3 - Q_1|}\,.$$

Bei ordinalen Daten werden die Grenzen des Interquartisbereiches als „Streugröße" angegeben. In obigen Beispielen ergibt sich:

Zu Beispiel 2.2/25: $QA = 0{,}5(77{,}75 - 47{,}25) = 15{,}25$.

Zu Beispiel 2.2/26: $QA = 0{,}5(20{,}0 - 8{,}50) = 5{,}75$.

Sind die Ausgangswerte **metrisch und gruppiert**, so berechnen wir den (halben) **Quartilsabstand bei Klassen**. Das im weiteren vorgestellte Verfahren findet auch Anwendung, wenn gruppierte Daten mit besetzten offenen Klassen als Urmaterial zur Verfügung stehen. Wir rechnen wiederum nach der Formel:

$$\boxed{QA = \frac{1}{2}|Q_3^\star - Q_1^\star|}\,,$$

wobei $Q_1^\star$ und $Q_3^\star$ durch geeignete Modifikation der obigen Überlegungen definiert sind (vgl. unten).

Da jetzt eine Interpolation in den Quartilsklassen notwendig ist, müssen wir einige neue Bezeichnungen einführen:

- q_1 Nummer der (unteren) Quartil-Klasse, in die das Quartil Q_1 mit dem Rangplatz $n/4$ fällt,
- q_3 Nummer der (oberen) Quartil-Klasse, in die das Quartil Q_3 mit dem Rangplatz $3n/4$ fällt,
- $x_{q_1,\mathrm{u}}$ untere Klassengrenze der Q_1-Klasse,
- $x_{q_3,\mathrm{u}}$ untere Klassengrenze der Q_3-Klasse,
- n_q Häufigkeit in der jeweiligen Quartilklasse,
- $n_{c,q-1}$ kumulative Häufigkeit der der Quartilklasse vorhergehenden Klasse,
- b Klassenbreite.

Wir definieren dann das untere Quartil $Q_1^\star$ bzw. das obere Quartil $Q_3^\star$ bezüglich der gruppierten Daten nach folgender Vorschrift:

$$Q_1^\star = x_{q_1,\mathrm{u}} + b\frac{\frac{n}{4} - n_{c,q_1-1}}{n_{q_1}},$$

$$Q_3^\star = x_{q_3,\mathrm{u}} + b\frac{\frac{3n}{4} - n_{c,q_3-1}}{n_{q_3}}.$$

Das untere bzw. obere Quartil wurde dabei genau so gewählt, daß $Q_1^\star$ genau die ersten 25% von der Histogrammfläche und $Q_3^\star$ genau die letzten 25% von der Histogrammfläche abtrennt.

Beispiel 2.2/27: Am Ende einer Untersuchung zum Krankenstand in einem kleineren Betrieb wurde festgestellt, daß minimal 12 und maximal 26 Krankentage auftraten. Es erfolgte eine Zusammenfassung der Ausfalltage in Klassen mit einer Breite von 3 Tagen. Diesen Klassen wurde die Anzahl derjenigen Arbeitnehmer zugeordnet, die einen entsprechenden Ausfall hatten.

Nr. der Klasse	Klassenmitte $x_i^\star$	Häufigkeit n_i	kumul. Häufigkeit
1	13	9	9
2	16	18	27
3	19	6	33
4	22	5	38
5	25	4	42

Wir erhalten:

$$Q_1^\star: \quad Rp\frac{n}{4} = \frac{42}{4} = 10{,}5; \qquad q_1 = 2, x_{q_1,\mathrm{u}} = 14{,}5, \quad n_{q_1} = 18, n_{c,q_1-1} = 9,$$

$$Q_1^\star = 14{,}5 + 3\frac{10{,}5 - 9}{18} = 14{,}75.$$

$$Q_3^\star: \quad Rp\frac{3n}{4} = \frac{126}{4} = 31{,}5; \qquad q_3 = 3, x_{q_3,\mathrm{u}} = 17{,}5, \quad n_{q_3} = 6, n_{c,q_3-1} = 27,$$

$$Q_3^\star = 17{,}5 + 3\frac{31{,}5 - 27}{6} = 19{,}75.$$

$$QA = \frac{1}{2}|19{,}75 - 14{,}75| = 2{,}5.$$

Der Streuwert beträgt in diesem Fall 2,5.

Bei ordinalen Daten in gruppierter Form stehen Rangklassen als Ausgangswerte zur Verfügung. Der „Streuwert“ ist hier der Unterschied zwischen der Q_1- und Q_3-Klasse, d. h., zwischen der Klasse, in die der Beobachtungswert mit dem Rangplatz $\frac{n}{4}$ (Q_1-Klasse) und der Klasse, in die der Beobachtungswert mit dem Rangplatz $\frac{3n}{4}$ (Q_3-Klasse) fällt.

Eine große Streuung liegt vor, wenn Q_1 und Q_3 maximal entfernt voneinander plaziert sind – dann befindet sich Q_1 in der ersten und Q_3 in der letzten Klasse, also in den Randklassen. Von einer kleinen Streuung sprechen wir, wenn Q_1 und Q_3 in die gleiche Klasse fallen – demnach minimal voneinander entfernt sind.

Beispiel 2.2/28: Erinnern wir uns noch einmal an das Beispiel 2.2/11 im Abschnitt 2.2.2.1.2, der Zuordnung von Stürmen zu verschiedenen Intensitäten:

Klasse	Häufigkeit n_i	kumulative Häufigkeit n_c	Rp
sehr stark	8	8	$1\ldots 8$
stark	17	25	$9\ldots 25 \leftarrow Q_1$
mittel	22	47	$26\ldots 47$
schwach	11	58	$48\ldots 58 \leftarrow Q_3$
sehr schwach	12	70	$59\ldots 70$

$Rp\frac{n}{4} = \frac{70}{4} = 17{,}5$, Q_1 fällt in die Klasse „stark".

$Rp\frac{3n}{4} = \frac{210}{4} = 52{,}5$, Q_3 fällt in die Klasse „schwach".

Die wesentliche Streuung erfolgt in diesem Beispiel zwischen stark und schwach.

SPSS-Zugang

Datenart	Vorgehen	Voraussetzungen/Erklärungen
ordinal	Analysieren → Deskriptive Statistiken → Häufigkeiten ... unter „Statistik" „Quartile" wählen	

2.2.2.2.3 Relativer Informationsgehalt (kategoriale Daten)

Wir setzen voraus, daß n Daten in k Kategorien mit den Häufigkeiten $n_1, n_2, \ldots, n_k$ vorliegen: $n_1 + n_2 + \ldots + n_k = n$, und stellen uns die Aufgabe, das Streuen der Daten in dieser Situation begrifflich zu charakterisieren und durch eine entsprechende Maßzahl zu quantifizieren. Dazu gehen wir von Extremsituationen aus: Liegen sämtliche Daten in einer Kategorie, d. h., sind sämtliche n_i gleich 0 bis auf ein i_0 mit $n_{i_0} = n$, dann streuen die Werte im Sinne kategorialer Daten überhaupt nicht. Der andere Extremfall liegt vor, wenn sich die Daten „maximal ausbreiten", d. h., in jeder Kategorie gibt es gleich viele Werte: $n_1 = n_2 = \ldots = n_k (= \frac{n}{k})$. Dann ist die Streuung am größten. Alle anderen Situationen liegen „dazwischen". Eine Maßzahl, die in diesem Sinne das Streuen innerhalb der Kategorien quantitativ erfaßt, ist der sogenannte **relative Informationsgehalt** h. Er ist definiert durch die Formel:

$$h = \frac{-1}{\ln k} \cdot \sum_{i=1}^{k} \frac{n_i}{n} \ln \frac{n_i}{n} = \frac{k}{n} \cdot \frac{n \cdot \ln n - \sum_{i=1}^{k} n_i \cdot \ln n_i}{k \cdot \ln k}.$$

(Bei $n_i = 0$ setzen wir $0 \cdot \ln 0 = 0$).

Der relative Informationsgehalt liegt stets zwischen den Grenzen 0 und 1. Der Fall $h = 0$ entspricht genau der ersten Extremsituation, daß sich alle untersuchten Objekte in der gleichen Kategorie befinden. Der Fall $h = 1$ liegt genau dann vor, wenn alle Kategorien gleich häufig sind. Man spricht dann von **völliger Streuung**.

Bei der Interpretation des relativen Informationsgehaltes gilt: Eine kleine Streuung h bedeutet, daß das Datenmaterial eine große Unterschiedlichkeit der Häufigkeiten in den Kategorien aufweist. Und umgekehrt, befinden sich die Werte von h in der Nähe von 1, dann besteht nur eine geringe Unterschiedlichkeit der Häufigkeiten zwischen den Kategorien.

Beispiel 2.2/29: Bei einer Untersuchung zum abstrakten Denken bestand die Aufgabe darin, das Konstruktionsprinzip einer Zeichenkette zu erkennen und das „richtige" Element aus 5 gegebenen Typen an eine vorgegebene freie Stelle zu setzen.

Elementetypen :

Zeichenkette :

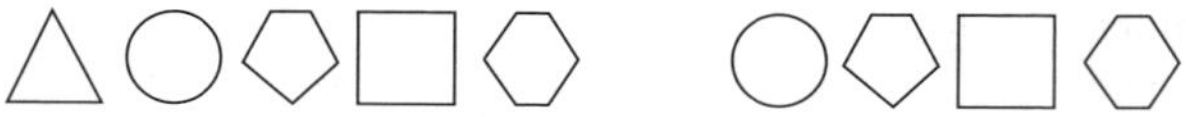

Der Versuch wurde mit je 20 Schülern einer 2. und einer 4. Klasse durchgeführt, und dabei entstanden folgende Ergebnisse:

Absolute Häufigkeit des eingetragenen Symbols

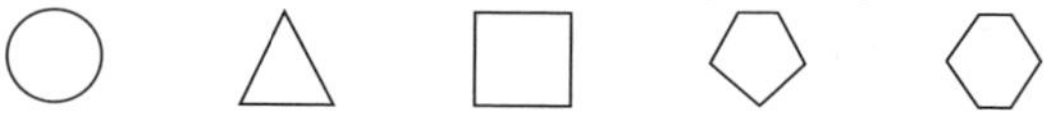

2. Klasse	4	6	5	2	3
4. Klasse	1	18	0	1	0

Bei beiden Ergebnishäufigkeiten liegt der Modalwert D beim richtigen Symbol $\triangle$.

Die „Streuungen" unterscheiden sich aber wesentlich voneinander. Für die 2. Klasse erhalten wir

$$h = \frac{5}{20} \cdot \frac{20 \cdot \ln 20 - 4 \cdot \ln 4 - 6 \cdot \ln 6 - 5 \cdot \ln 5 - 2 \cdot \ln 2 - 3 \cdot \ln 3}{5 \cdot \ln 5} = 0{,}9596,$$

während sich für die 4. Klasse ein h-Wert von

$$h = \frac{5}{20} \cdot \frac{20 \cdot \ln 20 - 1 \cdot \ln 1 - 18 \cdot \ln 18 - 1 \cdot \ln 1}{5 \cdot \ln 5} = 0{,}2451$$

ergibt. Aus den Daten ist natürlich unmittelbar ersichtlich, daß die Schüler der 4. Klasse das richtige Element deutlich besser erkannt haben als die der 2. Klasse. Wir haben nun durch dieses Streumaß h die Möglichkeit, das durch eine einzige Maßzahl zu erfassen und sind dann auch in der Lage, in diesem Sinne Vergleiche durchzuführen. Es sei allerdings angemerkt, daß zur Bestimmung von h nur die Zahlenwerte der einzelnen absoluten Häufigkeiten wichtig sind. Die Anordnung der Kategorien ist beliebig vertauschbar. Deshalb stellt der relative Informationsgehalt keine Maßzahl für die Streuung um einen Mittelwert (Modalwert) dar.

SPSS-Zugang

Datenart	Vorgehen	Voraussetzungen/Erklärungen
alternativ kategorial	mit der Häufigkeitsverteilung Bild machen Analysieren → Deskriptive Statistiken → Häufigkeiten → Häufigkeitstabellen anzeigen wählen	der relative Informationsgehalt ist im SPSS nicht verfügbar

2.2.2.2.4 Vergleich und Interpretation von Streuwerten

In den letzten Abschnitten hatten wir das Ziel verfolgt, das Streuen der zu untersuchenden Daten durch eine Kenngröße zu erfassen. Was bedeutet nun aber für uns ein so erhaltener Wert rein von der Größe her? Was heißt es, wenn wir z. B. einen Streuwert von 15,5 oder 1,3 errechnet haben? Es ist plausibel, daß die alleinige Angabe eines solchen Zahlenwertes nicht ausreicht. Eine Relativierung wird benötigt, um Vergleichsmöglichkeiten herzustellen. Dies könnte zum einen dadurch geschehen, daß man die Streuwerte problemorientiert beurteilt. Man hat bereits – z. B. aufgrund vorhergehender Untersuchungen – in der zu betrachtenden Situation eine Vorstellung, in welchen Größenordnungen sich die Streuwerte im Normalfall bewegen müßten und kann sich dann darauf beziehen. Es gibt aber zum anderen auch (allgemeinere) statistische Möglichkeiten der Relativierung, von denen eine hier vorgestellt werden soll. Wir bemerken zunächst, daß die Streuwerte rein numerisch von der gewählten Dimension abhängen. Wurden z. B. die Versuchsergebnisse in cm gemessen und dabei der Streuwert 1,31 berechnet, so erhielte man beim Übergang zum Maßstab mm einfach den 10fachen Streuwert, also 13,1. Und dies gilt für alle metrischen Streuwerte, also die Spannweite, die mittlere absolute Abweichung, die empirische Standardabweichung, den empirischen Interquartilsabstand, gleichermaßen. Betrachtet man allgemein anstelle der Meßwerte $x_1, x_2, \ldots, x_n$ die mit einem positiven Faktor a multiplizierten Meßwerte $y_i = a \cdot x_i$, $i = 1, 2, \ldots, n$, so ist der Streuwert der y_i gleich dem a-fachen des Streuwertes der x_i. Eine weitere Eigenschaft der Streuwerte besteht darin, daß sie unverändert bleiben, wenn man zu allen x_i-Werten eine Konstante b addiert. Mit anderen Worten, die Meßreihen x_i und $y_i = x_i + b$ haben die gleichen Streuwerte. Dieser letzte Effekt ist jedoch in manchen Anwendungen störend. Man ist geneigt, größeren Beobachtungswerten auch eine größere Streuung zuzubilligen. Vergleicht man z. B. die zufällige Körpergröße (in cm) bei 5jährigen Knaben mit derjenigen von 15jährigen Jugendlichen, so würde man einen Streuwert von beispielsweise 6 (cm) bei den 5jährigen als größer empfinden als bei den 15jährigen. Beide Effekte, Unabhängigkeit von der Wahl der Dimension und Kompensation der „Größe“ der Daten, werden durch den sogenannten **empirischen Variationskoeffizienten** V, eine wie folgt definierte dimensionslose Zahl, erreicht:

$$\boxed{V = \frac{s}{\overline{x}} \cdot 100} \,.$$

Dabei sind s die empirische Standardabweichung und $\overline{x}$ der arithmetische Mittelwert der Meßreihe. Der empirische Variationskoeffizient V ist der Anteil der empirischen Standardabweichung am Mittelwert und wird in % angegeben. Er erlaubt einen Vergleich des Streuens von Meßreihen im oben genannten Sinne bei unterschiedlicher zentraler Lage (und auch unterschiedlicher Dimension). Es muß allerdings beachtet werden, daß er nur bei positiven x_i sinnvoll und bei $\overline{x}$ in der Nähe von Null wenig aussagekräftig ist.

Beispiel 2.2/30: (nach HOFSTÄDTER, 1953, S. 43)

Bei $n = 100$ Versuchspersonen wird die Zahl der Treffer in einem Experiment am Reaktionsgerät in 10 Versuchen ermittelt. Diese Trefferzahl ist ein Maß der Leistungsgüte, und man stellt die Frage, ob sich die Streuung der individuellen Leistung innerhalb der 10 Versuche verändert. Es wurden die folgenden Werte erhalten:

Versuchsreihe	arithmetischer Mittelwert $\overline{x}$	empirische Standardabweichung s	Variationskoeffizient V
1. Versuch	13,85	4,75	34,3
5. Versuch	22,60	4,65	20,6
10. Versuch	24,50	3,90	15,9

Während sich die empirische Standardabweichung nur unwesentlich verringert, verkleinert sich jedoch ihr relativer Anteil am arithmetischen Mittelwert deutlich. Man kann also in der Auswertung der Versuchsreihe konstatieren, daß der empirische Variationskoeffizient einen durch das Wiederholen der Versuche gegebenen Trainingseffekt signalisiert: Das relative Streuen der erzielten Trefferzahlen nimmt deutlich ab.

Wie verhält es sich nun mit dem Vergleich der verschiedenen Streuwerte untereinander? Welcher von ihnen ist am besten geeignet? Dabei spielt auch ihre Anschaulichkeit eine Rolle. Wir hatten bereits bei der Behandlung der Streuwerte in den vorangehenden Abschnitten Motive und Besonderheiten diskutiert und wollen daran anknüpfen. Bei der Auswahl eines passenden Streuwertes werden durch das Datenniveau und auch teilweise durch die Festlegung des Parameters der zentralen Tendenz Weichen gestellt. Bei Nominaldaten verwenden wir den relativen Informationsgehalt, bei Ordinaldaten den Interquartilsbereich als "Streuwert“, lediglich bei metrischen Daten haben wir verschiedene Möglichkeiten der Festlegung einer Kenngröße zur Beschreibung des Streuens der Werte. Da sind zum einen die vergleichsweise anschaulichen Streuwerte Variationsbreite v und mittlerer empirischer Quartilsabstand QA und zum anderen die weniger anschaulichen und rechnerisch aus allen beteiligten Meßwerten x_i gebildeten Streuwerte mittlere absolute Abweichung und empirische Standardabweichung.

Im Fall der Variationsbreite berechnen wir direkt die Differenz zwischen dem kleinsten und dem größten Meßwert und können daher relativ einfach Aussagen darüber machen, wie die Breite der Verteilung zu beurteilen ist. Auch ein Vergleich mit anderen Variationsbreiten ist unmittelbar anschaulich möglich. Allerdings besteht hier eben auch eine sehr starke Abhängigkeit von (und damit Beeinflußbarkeit durch) extreme Ausprägungen. Wenn es nur einen einzigen „Ausreißer" innerhalb der Verteilung gibt, dann wirkt sich dieser massiv auf die Variationsbreite aus. Stellen wir uns vor, wir untersuchen 10 Männer hinsichtlich ihres Körpergewichtes und stellen fest, der leichteste Mann wiegt 71 kg und der schwerste 86 kg. Wir erhalten dann $v = 86 - 71 = 15$. Gesetzt den Fall, gerade in unserer Untersuchungspopulation wäre ein einziges „Schwergewicht" von 140 kg. Dann würde $v = 140 - 71 = 69$ ergeben. Durch die Veränderung nur eines Meßwertes wird aus $v = 15$ nun $v = 69$. Diese Entwicklung muß man sicher nicht weiter interpretieren. Aus diesem Grund findet die Variationsbreite auch nur selten (höchstens bei sehr geringen Anzahlen von Meßdaten) Anwendung.

Der mittlere empirische Quartilsabstand umfaßt die halbierte Differenz zwischen dem 3. und dem 1. Quartil. Da diese Werte über Rangplätze ermittelt werden, spielen die absoluten Zahlenwerte keine Rolle, d. h., wir verfügen über ein Maß, welches relativ robust gegen „Ausreißer" ist. Die Veränderung im obigen Beispiel (eine besonders schwere Versuchsperson tritt auf) würde den Quartilsabstand überhaupt nicht verändern, denn egal wie weit der kleinste oder der göße Wert von den anderen Meßwerten entfernt sind – sie haben überhaupt keinen Einfluß auf den Quartilsabstand. Darin besteht andererseits natürlich auch eine Gefahr. Wir können bei der Interpretation niemals sichere Aussagen über die Gesamtverteilung treffen.

Ein weiterer Gesichtspunkt ist – wie bereits erwähnt – die Wahl des Parameters der zentralen Tendenz. Haben wir z. B. als Mittelwert den Median Z als angepaßten Lageparameter (wie z. B. bei schiefen Verteilungen) verwendet, so ist der zugehörige Streuwert zunächst der mittlere empirische Quartilsabstand QA. Entsprechend gehört zum arithmetischen Mittelwert $\bar{x}$, den wir z. B. bei symmetrischen Häufigkeitsverteilungen verwenden, die empirische Standardabweichung s. Beides ist nicht problemlos: Der Interquartilsabstand ist zwar anschaulich unmittelbar interpretierbar, nämlich als Spannweite der mittleren 50 % der Meßwerte, er berücksichtigt aber die andere Hälfte der (extremalen) Meßwerte gar nicht. Es ist im konkreten Anwendungsfall zu entscheiden, welche Wertigkeit extremale Beobachtungen für die zu untersuchende Situation haben. Ein typisches Beispiel ist die statistische Analyse der Studiendauer an deutschen Universitäten.

Demhingegen wertet die Standardabweichung extremale Beobachtungen besonders stark, hat aber den Nachteil, wenig anschaulich zu sein. Im wichtigen Spezialfall einer zugrundeliegenden symmetrischen Häufigkeitsverteilung, die in der zugehörigen theoretischen Modellbildung (vgl. auch das nächste Kap. 3) einer Normalverteilung (sogenannte Gaußsche Glockenkurve) entspricht, läßt sich die Standardabweichung s durch Prozentanteile des gegebenen Datenmaterials in bestimmten Bereichen anschaulich interpretieren. Normalverteilte Beobachtungswerte treten des öfteren auf. Sie entstehen immer dann, wenn das Versuchsergebnis durch additive Superposition vieler kleiner Zufallseffekte zustandekommt. Ein typisches Beispiel ist der Intelligenzquotient. Bei normalverteilten Daten liegen ca. 68 % der Werte im Bereich von $\bar{x}-s$ bis $\bar{x}+s$ (vgl. auch Beispiel 3.2/17 im Abschnitt 3.2.3.3). Zum Vergleich beträgt der mittlere Quartilsabstand bei dieser Verteilung ca. $\frac{2}{3} \cdot s$, d. h., das untere Quartil Q_1 liegt ca. bei $\bar{x} - \frac{2}{3} \cdot s$ und das obere Quartil bei Q_3 bei $\bar{x} + \frac{2}{3} \cdot s$. Des weiteren befinden sich ca. 95 % der Werte im Bereich von $\bar{x} - 2s$ bis $\bar{x} + 2s$ und ca. 99,7 % der Werte im Bereich $\bar{x} - 3s$ bis $\bar{x} + 3s$. Letzteres bedeutet, daß hier de facto alle Werte einen Bereich der Länge $6s$ ausfüllen, die Variationsbreite v beträgt dann also

$6s$. Dies gilt allerdings nur, wenn viele und normalverteilte Daten vorliegen. Man hat dann auch die Möglichkeit, aus der Variationsbreite v die Standardabweichung näherungsweise zu erhalten:

$$\boxed{s = \frac{v}{6}}\,.$$

Man kann nun theoretisch nachweisen, daß bei normalverteilten Häufigkeiten das arithmetische Mittel $\bar{x}$ bzw. die empirische Standardabweichung s die statistisch beste Wahl des Parameters der zentralen Tendenz bzw. des Streuwertes ist.

Allgemein wird empfohlen (und dies wird unter Umständen auch in den üblichen Statistikrechenprogrammen realisiert), bei der Analyse von Meßwerten sowohl den Boxplot zu erstellen, d. h., minimalen und maximalen Wert, Median, unteres und oberes Quartil zu ermitteln, als auch arithmetisches Mittel und empirische Standardabweichung anzugeben. Dadurch hat man sowohl eine Angabe zur eventuellen Schiefe der Verteilung als auch eine Bewertung des Streuens mit und ohne Berücksichtigung der extremalen Daten zur Verfügung. Als Beispiel betrachten wir noch einmal das Beispiel 2.2/25 aus dem Abschnitt 2.2.2.2.2, wo es um die Gedächtnisleistung von 18 Schülern bei einer neuen Methode des Fremdsprachenerwerbs ging. Dort schwankte die Anzahl der behaltenen Worte von $x_{\min} = 27$ bis $x_{\max} = 112$. Weiterhin waren das untere Quartil $Q_1 = 47{,}25$, der Median $Z = 65{,}5$ und das obere Quartil $Q_3 = 77{,}75$, also der mittlere Quartilsabstand $QA = 15{,}25$. Überdies erhalten wir für den arithmetischen Mittelwert $\bar{x} = 65{,}61$ und für die empirische Standardabweichung $s = 23{,}96$. Man erkennt $\bar{x} \approx Z$, aber einen wesentlichen Unterschied zwischen QA und s. Da große Abweichungen in den Anzahlen der gemerkten Worte innerhalb des betrachteten Personenkreises bei der Beurteilung der neuen Methode wichtig sind, würde man als Streuwert hier lieber s verwenden und feststellen, daß ein Streuen von rund 24 Worten schon recht kritisch ist, um ein breites Anwenden der neuen Methode für diesen Personenkreis zu empfehlen.

2.2.2.2.5 Tabelle zum Vergleich der Streuwerte

Ähnlich dem Vorgehen bei verschiedenen Mittelwerten wollen wir uns auch hier eine Übersicht als Orientierungshilfe schaffen.

Daten		Voraussetzungen	Streuwert
metrisch	singulär	symmetrisch und eingipflig verteilt	Standardabweichung s
		asymmetrisch und eingipflig verteilt	Quartilsabstand QA
		mehrgipflig verteilt	relativer Informationsgehalt h
	gruppiert	symmetrisch und eingipflig verteilt	Standardabweichung für Häufigkeiten s
		asymmetrisch und eingipflig verteilt	Quartilsabstand mit Interpolation QA
		mit besetzten offenen Klassen	Quartilsabstand mit Interpolation QA
		mehrgipflig verteilt	relativer Informationsgehalt h
ordinal	singulär	—	Interquartilbereich
	gruppiert	—	Unterschied der Quartilklassen
kategorial	—	—	relativer Informationsgehalt h

2.3 Bivariable Verteilungen

Im nun folgenden Abschnitt wollen wir uns mit **bivariablen** Häufigkeitsverteilungen näher beschäftigen. Anknüpfend an die Bemerkungen in der Einführung zu Kapitel 2 geht es jetzt darum, zwei Variablen in ihrem gleichzeitigen Auftreten zu untersuchen. Unsere Meßwerte bestehen also aus sogenannten **Beobachtungspaaren.** Als Beispiel erwähnten wir die gleichzeitige Betrachtung des Leistungsverhaltens und des Grades der Erfüllung des Berufswunsches bei 300 Jugendlichen. Dies entspricht kategorialem Datenniveau. Ein Beispiel mit metrischen Daten erhalten wir, wenn wir jeweils Körpergröße und Körpergewicht von Personen einer bestimmten Population zugleich messen oder etwa Alter und Größe bei Pflanzen gleichzeitig betrachten. Wir könnten jede der beiden Variablen wie monovariable Verteilungen getrennt untersuchen, wie z. B. erst die Verteilung des Alters und dann **separat** davon die Verteilung der Größe der Pflanzen. Dabei geht uns aber die wichtigste Information, die überhaupt die Betrachtung der bivariablen Verteilung erst motiviert, verloren. Sie besteht gerade im Zusammenhang zwischen den beiden Variablen, den man aufklären will.

Analog dem Vorgehen im vorhergehenden Abschnitt wollen wir uns zu nächst mit der grafischen Darstellung bei bivariablen Verteilungen beschäftigen und dann Kennwerte diskutieren. Diese betreffen, entsprechend dem Anliegen bei der Betrachtung bivariabler Verteilungen, Maßzahlen zur Bewertung von Zusammenhängen zwischen den Variablen, sogenannte **Kontingenz- und Korrelationskoeffizienten**.

2.3.1 Grafische Darstellungen bivariabler Verteilungen

Wir beginnen mit der Erfassung bivariabler Verteilungen in Tabellen und bezeichnen hierbei das erste interessierende Merkmal mit X und das zweite mit Y. Zur Erfassung der Daten können wir im einfachsten Fall folgende Tabelle als Urliste wählen:

Versuchsperson Objekt	Ausprägung von Merkmal X	Y
1	x_1	y_1
2	x_2	y_2
3	x_3	y_3
⋮	⋮	⋮
n	x_n	y_n

Im ersten Schritt der statistischen Analyse bestimmen wir Häufigkeiten. Typisch für diese Herangehensweise sind Situationen, bei denen es sich um Wiederholungen gleicher Beobachtungspaare handelt. Dies tritt dann ein, wenn sowohl X als auch Y aus alternativen oder kategorialen Daten bestehen bzw. diskrete metrische Variable sind. Man hat also alle Wertekonstellationen der x- und y-Werte zu berücksichtigen und die entsprechenden absoluten Häufigkeiten (z. B. mittels Strichliste) auszuzählen. Als Beispiel betrachten wir (nach CLAUSS/EBNER, 1992) die Erfassung von Mathematik- und Physikzensuren bei $n = 34$ Schülern einer Klasse. Folgende Ergebnisse wurden erreicht:

Schüler-Nr.	Mathematik	Physik	Schüler-Nr.	Mathematik	Physik
1	3	2	18	4	4
2	4	5	19	3	3
3	2	2	20	2	2
4	2	1	21	1	1
5	3	3	22	3	4
6	3	4	23	3	3
7	2	2	24	2	2
8	2	1	25	3	3
9	3	2	26	2	2
10	5	5	27	4	4
11	3	3	28	1	1
12	3	3	29	3	3
13	2	2	30	2	2
14	2	2	31	1	2
15	2	3	32	2	2
16	3	2	33	3	2
17	3	3	34	3	3

Die Häufigkeiten findet man nun, indem man jede mögliche Paarkonstellation von Mathematik- und Physikzensur betrachtet und zählt, wie oft sie auftritt. Wir beginnen z. B. mit der Konstellation $1/1$ und finden im Beispiel 2 Schüler. Anschließend wird $1/2, \ldots, 1/5, 2/1, \ldots, 2/5, 3/1, \ldots, 5/5$ betrachtet. Das Ergebnis fassen wir in folgender Form übersichtlich zusammen:

Zensur Mathematik X \ Zensur Physik Y	1	2	3	4	5
1	II	I			
2	II	𝍸 IIII	I		
3		IIII	𝍸 IIII	II	
4				II	I
5					I

bzw.

Zensur Mathematik X \ Zensur Physik Y	1	2	3	4	5	Σ
1	2	1	0	0	0	3
2	2	9	1	0	0	12
3	0	4	9	2	0	15
4	0	0	0	2	1	3
5	0	0	0	0	1	1
Σ	4	14	10	4	2	34

In gleicher Weise verfahren wir bei alternativen bzw. kategorialen Daten. Im allgemeinen entsteht also eine Tafel folgender Gestalt:

Ausprägung von X \ Ausprägung von Y	y_1	....	y_j	....	y_l	Zeilensumme
x_1	n_{11}	....	n_{1j}	....	n_{1l}	Z_1
$\vdots$	$\vdots$		$\vdots$		$\vdots$	$\vdots$
x_i	n_{i1}	....	n_{ij}	....	n_{il}	Z_i
$\vdots$	$\vdots$		$\vdots$		$\vdots$	$\vdots$
x_k	n_{k1}	....	n_{kj}	....	n_{kl}	Z_k
Spaltensummen	S_1	....	S_j	....	S_l	n

Ein solches Schema heißt auch **Kontingenztafel**. Allgemein bezeichnen wir also mit n_{ij} die absolute Häufigkeit des Auftretens der Konstellation (x_i, y_j), mit Z_i die Summe der absoluten Häufigkeiten der i-ten Zeile (also die Gesamtanzahl des Auftretens der Ausprägung x_i) und mit S_j die Summe der absoluten

Häufigkeiten der j-ten Spalte (also die Gesamtanzahl des Auftretens der Ausprägung y_j), $i = 1,2,\dots,k$ und $j = 1,2,\dots,l$. Eine grafische Veranschaulichung der Häufigkeiten n_{ij} führt in natürlicher Weise zu einem dreidimensionalen Bild:

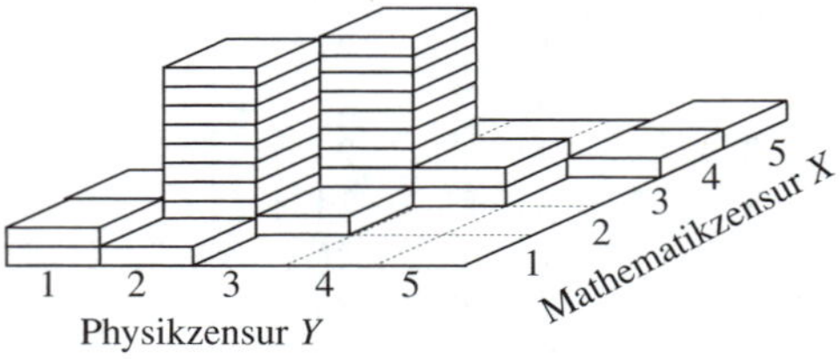

Man hat aber auch die Möglichkeit, zweidimensionale Darstellungen zu wählen, wie z. B.:

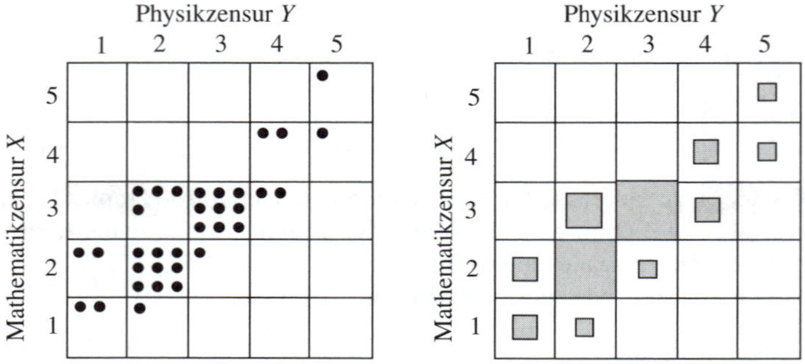

(Bei letzterem Bild wird die größte absolute Häufigkeit einer Paarkonstellation mit 100 % des Flächeninhaltes der entsprechenden Feldgrundfläche gleichgesetzt, und die anderen absoluten Häufigkeiten werden dann als Quadrate mit zu den Häufigkeiten proportionalen Flächen dargestellt.)

Im Unterschied zu monovariablen Verteilungen verwendet man bei stetigen metrischen Variablen X und Y seltener Darstellungen mit Häufigkeitsdiagrammen, die mittels Gruppierungen gebildet werden könnten. Man trägt hier alle erfaßten Wertepaare in einem x-y-Koordinatensystem als Punkte in der Ebene ab. Die so entstehende Punktwolke der Meßergebnisse verschafft uns einen optischen Eindruck der zu untersuchenden Situation. Wir können sehen, welche Meßwerte der einen Variablen mit Meßwerten der anderen Variablen gemeinsam auftreten. Es geht nun darum, diese Punktwolke quantitativ näher zu analysieren. Dabei gibt es zwei Zugänge. Zum ersten betrachtet man die Punktwolke als ganzes und versucht durch eine Maßzahl den Grad des Zusammenhanges zu bewerten. Diese Zusammenhangsmaße heißen **Maßkorrelationskoeffizienten**. Es sei bemerkt, daß sie nur **lineare** Zusammenhänge erfassen können.

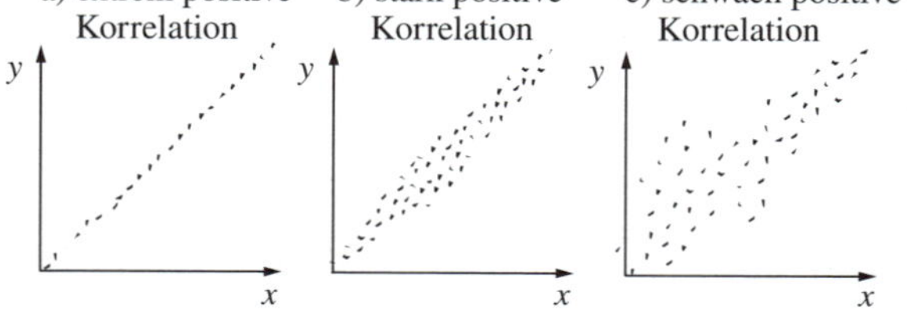

Bild a) wird bewertet mit einem extrem positiven Korrelationskoeffizienten, Bild b) mit einem stark positiven Korrelationskoeffizienten, Bild c) mit einem schwach positiven Korrelationskoeffizienten.

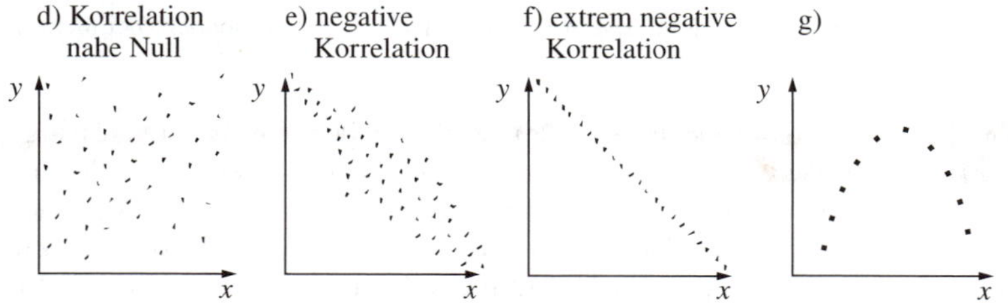

Im Unterschied dazu wird Bild d) bewertet mit einem Korrelationskoeffizienten nahe Null, Bild e) mit einem negativen Korrelationskoeffizienten und Bild f) mit einem extrem negativen Korrelationskoeffizienten. Bild g) könnte den Korrelationskoeffizienten Null ergeben, obwohl augenscheinlich ein funktionaler Zusammenhang vorliegt (Begründung: Die Linearitätsvoraussetzung ist verletzt!). Zum anderen kann man versuchen, die Punktwolke funktional zu erklären, in dem Sinne, daß man bei einer streng funktionalen Abhängigkeit, die durch zufällige Schwankungen der y-Werte (mehr oder weniger stark) gestört wird, ausgeht[1]. Dieser Denkansatz entspricht der sogenannten Regression. Je nachdem, ob der funktionale Zusammenhang eine Gerade darstellt oder nicht, spricht man von **linearer** bzw. **nichtlinearer Regression**. Betrachten wir mit den „Augen der Regression" die folgenden beiden Bilder,

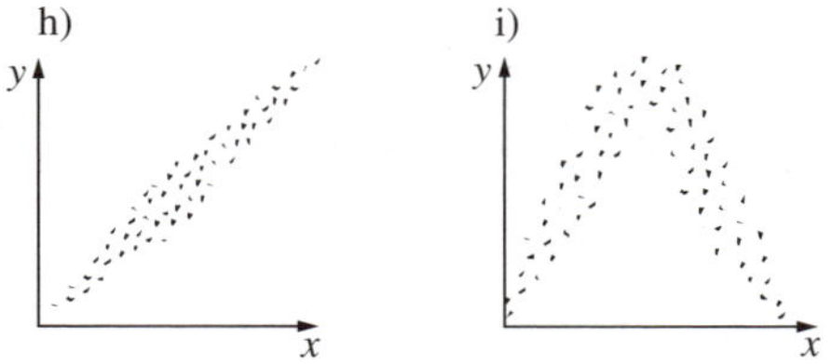

so würde man bei h) bezüglich linearer Regression und bei i) bezüglich nichtlinearer Regression analysieren.

Wir werden in den kommenden Abschnitten zunächst die je nach Datenniveau verschiedenen Zusammenhangsmaße und anschließend die lineare Regression diskutieren.

2.3.2 Zusammenhangsmaße bei bivariablen Verteilungen

Wir stellen uns die Aufgabe, den Zusammenhang zwischen zu untersuchenden Variablen X und Y zu analysieren und durch geeignete Kennziffern, sogenannte Zusammenhangsmaße, quantitativ zu charakterisieren. Es ist plausibel, daß dabei eine Abhängigkeit vom Datenniveau vorliegt. Bei nominalskalierten Daten heißen sie **Kontingenzkoeffizienten**, bei ordinalskalierten Daten **Rangkorrelationskoeffizienten** und bei metrischskalierten Daten **Maßkorrelationskoeffizienten**. Es gibt aber auch gemischte Formen, nämlich dann, wenn die einzelnen Variablen unterschiedlich skaliert sind. Einige dieser speziellen Koeffizienten behandeln wir im Abschnitt 2.3.2.5. Man wird nun bei einer konkreten Fragestellung in natürlicher Weise Zusammenhangsmaße bestimmen, die die in den Daten enthaltene Information maximal ausnutzen. Mitunter kann es nützlich sein, auch bei höherem Datenniveau die Kennziffern mit zu bestimmen, die auf niederem Datenniveau aufgebaut sind. Wir merken an, daß Computerprogramme gewöhnlich in dieser Weise verfahren, z. B. geben sie bei metrischem Datenniveau nicht nur Maßkorrelationskoeffizienten, sondern auch Rangkorrelationskoeffizienten sowie Kontingenzkoeffizienten an.

---

[1] Abhängigkeit in diesem mathematischen Sinn ist zu unterscheiden von der kausalen Abhängigkeit in der Psychologie. Kausalitäten können durch das quantitative Modell nicht erklärt werden.

Für den interessierten Leser sei angemerkt, daß diese Vorgehensweise insbesondere bei nichtlinearen Zusammenhängen von Interesse sein kann.

Wir beginnen mit kategorialem Datenniveau. Grundlage sind dann die absoluten Häufigkeiten n_{ij} der einzelnen Paarkonstellationen, die wir in der Kontingenztafel zusammenfassen. Nun interessiert uns, wie man an diesen absoluten Häufigkeiten n_{ij} erkennen kann, ob zwischen den Variablen X und Y ein Zusammenhang besteht. Zur Veranschaulichung betrachten wir die Frage nach dem Zusammenhang zwischen der Spezialisierung im Abiturabschluß (mit den Kategorien „naturwissenschaftlich", „sprachlich" und „Spezialgymnasium") und der Chance, z. B. einen Lehrvertrag als Bankkauffrau/-mann in einem bestimmten Unternehmen zu erhalten. Die Chancen werden durch die Kategorien „sofort angenommen", „sofort abgelehnt" und „Warteposition" beschrieben. Ein absoluter Extremfall liegt offensichtlich vor, wenn alle Paarkonstellationen die gleiche Häufigkeit haben. Hier liegt natürlich Unabhängigkeit (also kein Zusammenhang) vor; dieser Fall ist aber wenig interessant. Typischer sind Situationen, in denen sich die n_{ij} unterscheiden. Als Beispiel gehen wir von 42 Bewerbungen aus, von denen 7 sofort angenommen, 21 in Warteposition eingeordnet und 14 sofort abgelehnt wurden. Man würde nun akzeptieren, daß kein Zusammenhang zum Typ des Abiturs besteht, wenn bei jeder zugehörigen Abiturkategorie die gleichen Größenverhältnisse, d. h. $7 : 21 : 14 = 1 : 3 : 2$, vorliegen. Dies wäre bei folgender Kontingenztafel der Fall:

	X \ Y	Bewerbungsergebnis			
		angenommen	warten	abgelehnt	Σ
	naturwiss.	2	6	4	12
Abitur	sprachl.	4	12	8	24
	spezial	1	3	2	6
	Σ	7	21	14	42

Man erkennt hier gleiche Proportionen in jeder Zeile (d. h., $2 : 6 : 4$ verhält sich wie $4 : 12 : 8$ wie $1 : 3 : 2$). Diese Eigenschaft wollen wir als (empirische) Unabhängigkeit bezeichnen und verstehen sie in dem Sinne, daß die Kenntnis der einen Variablen keine Informationen über das Häufigkeitsverhalten der anderen Variablen liefert.

Wie entsteht rein zahlenmäßig diese Unabhängigkeit? Dazu betrachten wir die Anteile der Kategorien des Bewerbungsergebnisses, also $\frac{7}{42}, \frac{21}{42}, \frac{14}{42}$ (allgemein sind dies die $\frac{S_j}{n}$, wobei S_j die jeweilige Spaltensumme bezeichnet). In obigem Beispiel gab es 12 Bewerber (= Zeilensumme in der ersten Zeile $= Z_i$) mit naturwissenschaftlichem Abitur. Die beschriebene Proportionalität drückt sich dadurch aus, daß man in der ersten Zeile die Werte $\frac{7}{42} \cdot 12 = 2$, $\frac{21}{42} \cdot 12 = 6$ und $\frac{14}{42} \cdot 12 = 4$ vorliegen hat. Analoges gilt für die Zeilen 2 und 3.

Die empirische Unabhängigkeit läßt sich nun also allgemein wie folgt formulieren: Man betrachtet dazu die sogenannten **Erwartungshäufigkeiten**

$$\tilde{n}_{ij} = \frac{S_j}{n} \cdot Z_i = \frac{Z_i \cdot S_j}{n} = n \cdot \frac{Z_i}{n} \cdot \frac{S_j}{n}$$

mit

Z_i Zeilensumme der i-ten Zeile und

S_j Spaltensumme der j-ten Spalte.

Empirische Unabhängigkeit im oben beschriebenen Sinne liegt genau in dem Fall vor, wenn sämtliche beobachtete Häufigkeiten n_{ij} mit den entsprechenden Erwartungshäufigkeiten $\tilde{n}_{ij}$ übereinstimmen, d. h.

$$\boxed{\tilde{n}_{ij} = n_{ij} \quad \text{für alle } i, j}\,.$$

Damit sind wir in der Lage, Zusammenhänge zu quantifizieren, indem wir die Abweichungen $n_{ij} - \tilde{n}_{ij}$ heranziehen. Genauer, man betrachtet die Quadrate $(n_{ij} - \tilde{n}_{ij})^2$ dieser Differenzen und führt zusätzlich noch Gewichte dadurch ein, daß man auftretende Abweichungen bei kleinen Erwartungshäufigkeiten stärker berücksichtigt. Mathematisch wird dies durch den Quotienten $\frac{(n_{ij} - \tilde{n}_{ij})^2}{\tilde{n}_{ij}}$ realisiert. Aus diesen Überlegungen resultiert als grundlegender Baustein für Zusammenhangsmaße bei kategorialen Daten die folgende Größe χ^2:

$$\boxed{\chi^2 = \sum_{i,j} \frac{(n_{ij} - \tilde{n}_{ij})^2}{\tilde{n}_{ij}}}\,.$$

Konkrete, darauf basierende Zusammenhangsmaße werden in den Abschnitten 2.3.2.1 und 2.3.2.2 vorgestellt.

Bei ordinalem Datenniveau können wir unsere Problemstellung weiter spezifizieren und die Frage nach dem Grad eines **monotonen Zusammenhanges** (inwieweit Y gleichzeitig mit X wächst bzw. Y fällt, wenn X wächst) behandeln. Im einfachsten Fall entstehen als Ergebnis der Untersuchung an n Objekten 2 Rangreihen. Die Rangreihe 1 charakterisiert dabei die Meßergebnisse bzgl. der Variablen X und die Rangreihe 2 die der Variablen Y. Für jedes Objekt erhalten wir also jetzt 2 Rangplätze, einen bzgl. der x- und einen bzgl. der y-Meßreihe, die wir in einem Schema zusammenfassen. Als Beispiel betrachten wir den Zusammenhang zwischen Leistung und Sympathie bei $n = 7$ Sportlern. Dabei wurde folgendes Ergebnis erreicht:

Sportler	1	2	3	4	5	6	7
Rp (Sympathie)	4	1	3	2	5	7	6
Rp (Leistung)	1	4	2	3	6	5	7

In diesem Fall kann man nachvollziehen, was ein (möglicher) monotoner maximaler Zusammenhang bedeuten würde. Dieser liegt vor, wenn beide Rangreihen gleich sind. Es kommt also bei der Bewertung auf die Differenzen d_i der Rangplätze an. Der Grundbaustein für ein entsprechendes Maß (den sogenannten Rangkorrelationskoeffizienten) könnte z. B. die Quadratsumme $\sum_{i=1}^{n} d_i^2$ sein. Im Abschnitt 2.3.2.4 werden wir uns damit ausführlicher beschäftigen.

Wir wenden uns nun metrischen Daten zu. Bei diesem Datenniveau können wir schließlich die Frage diskutieren, inwieweit (nicht nur ein monotoner, sondern) ein linearer Zusammenhang vorliegt. Wie bereits weiter oben erwähnt, liegen jetzt n Wertepaare (x_i, y_i) vor, die eine Punktwolke in der Zahlenebene bilden [1].

Man betrachtet hier das Problem, die Stärke eines linearen Zusammenhanges zwischen den x- und y-Werten durch eine geeignete Maßzahl zu bewerten. Es läßt sich wahrscheinlichkeitstheoretisch nachweisen (einige Ausführungen findet der Leser im Abschnitt 3.3.3), daß dazu die folgende Kenngröße, die sogenannte Kovarianz (auch Produkt-Moment genannt), geeignet ist:

$$\mathrm{cov}_{xy} = \frac{1}{n}\sum_i (x_i - \overline{x})(y_i - \overline{y}) = \frac{1}{n}\sum_i (x_i y_i - n\overline{x}\overline{y}).$$

[1] Es sei bemerkt, daß der Index i hier zur Bezeichnung des i-ten Meßwertes verwendet wird. Im Unterschied zu Betrachtungen bei kategorialen Daten, bei denen i als Index zur Bezeichnung der Kategorien der Variablen X verwendet wurde.

Dabei bezeichnen $\bar{x}$ bzw. $\bar{y}$ den arithmetischen Mittelwert aller x_i bzw. y_i. Man betrachtet also in der empirischen Kovarianz cov_{xy} die Produkte der Abweichungen $x_i - \bar{x}$ und $y_i - \bar{y}$ und bildet aus ihnen das arithmetische Mittel. Auf dieser Grundlage wird durch geeignete Normierung der sogenannte Maßkorrelationskoeffizient r (auch Produkt-Moment Korrelationskoeffizient genannt) als Kennziffer zur Bewertung der Stärke eines linearen Zusammenhanges definiert. Wir werden uns im Abschnitt 2.3.2.3 damit beschäftigen.

2.3.2.1 Abhängigkeitsmaße bei alternativen Daten (Phi-, Phi$_{\mathrm{COLE}}$- und Q-Koeffizient)

In dieser Situation hat jede der Variablen X und Y zwei Ausprägungen. Die Kontingenztafel ist also jetzt ein quadratisches Schema mit 2 Zeilen und 2 Spalten. Man nennt sie in diesem Spezialfall auch **Vierfeldertafel**. Es hat sich für Vierfeldertafeln eine von oben abweichende Bezeichnung der absoluten Häufigkeiten eingebürgert, die wie folgt aussieht:

X \ Y	y_1	y_2	Σ
x_1	a	b	$a+b$
x_2	c	d	$c+d$
Σ	$a+c$	$b+d$	$n = a+b+c+d$

Anknüpfend an die einführenden Bemerkungen verwenden wir die Größe χ^2 zur Berechnung von Zusammenhängen. Diese Größe ist stets positiv (d. h. $\chi^2 \geq 0$). Der minimale Wert Null liegt nach unserer obigen Festlegung genau im Fall der Unabhängigkeit vor. Man kann nun nachweisen, daß bei Vierfeldertafeln χ^2 auch nach folgender Berechnungsvorschrift bestimmt werden kann:

$$\chi^2 = \frac{n(ad - bc)^2}{(a+b)(c+d)(a+c)(b+d)}$$

und höchstens den Wert n erreicht (für $b = c = 0$ oder $a = d = 0$). Bei der Definition von Abhängigkeitsmaßen wird nun so normiert, daß ihr Betrag stets zwischen 0 und 1 liegt. Wir erreichen das hier, indem wir $\frac{\chi^2}{n}$ betrachten. Aus wahrscheinlichkeitstheoretischen Gründen zieht man die Wurzel aus diesem Quotienten. Schließlich wird speziell bei Vierfeldertafeln zusätzlich eine Vorzeichenabhängigkeit beachtet. Es wird nämlich das folgende Zusammenhangsmaß, der sogenannte *Phi-Koeffizient*, eingeführt:

$$\boxed{\Phi = \pm\sqrt{\frac{\chi^2}{n}} = \frac{ad - bc}{\sqrt{(a+b)(c+d)(a+c)(b+d)}}}\,.$$

Dabei steht in der ersten der beiden Gleichungen das Pluszeichen bei $ad > bc$ und das Minuszeichen bei $ad < bc$.

Beispiel 2.3/1: Wir untersuchen die Frage, welches Spielzeug für Kinder unterschiedlichen Geschlechts typisch ist. Im Raum stand eine Kiste mit Puppen und eine Kiste mit Autos. 50 Mädchen und 50 Jungen entnahmen sich „ihr" Spielzeug, und es entstand folgendes Ergebnis:

	Auto	Puppe	Σ
Jungen	35	15	50
Mädchen	25	25	50
Σ	60	40	100

Setzen wir diese Zahlen in obige Formel ein, dann erhalten wir als Maßzahl für den Grad des Zusammenhanges:

$$\Phi = \frac{35 \cdot 25 - 15 \cdot 25}{\sqrt{50 \cdot 50 \cdot 60 \cdot 40}} = +0{,}204.$$

Wir merken an, daß man bei geeigneter theoretischer Interpretation der Vierfeldertafel (d. h., als zweidimensionale Verteilung eines zufälligen Vektors – vgl. Abschnitt 3.3.2) den Phi-Koeffizienten als Korrelationskoeffizienten erhält. Aus diesem Grund verwendet man für ihn, auch im Zusammenhang mit Rechnerprogrammen, mitunter die Bezeichnung Produkt-Moment-Korrelation bei alternativen Daten.

Eine für die Interpretation des Φ-Koeffizienten wichtige Eigenschaft besteht darin, daß er stets nur einen Wert innerhalb der Grenzen von -1 bis $+1$ annehmen kann. Ist der Koeffizient absolut extremal, d. h. $+1$ oder -1, dann sprechen wir von einem **vollständigen Zusammenhang** zwischen den Variablen. Für $\Phi = +1$ sind die Nebendiagonalfelder Null, z. B.

	y_1	y_2	Σ
x_1	60	0	60
x_2	0	40	40
Σ	60	40	100

In einem solchen Fall tritt x_1 nur mit y_1 und x_2 nur mit y_2 zusammen auf.

Nimmt der Koeffizient den Wert -1 an, so liegt ebenfalls ein vollständiger Zusammenhang vor, aber die Hauptdiagonalfelder sind Null, z. B.

	y_1	y_2	Σ
x_1	0	60	60
x_2	40	0	40
Σ	40	60	100

Hier tritt x_1 nur mit y_2 und x_2 nur mit y_1 auf. In den Fällen $\Phi = \pm 1$ wird also die eine Variable vollständig durch die andere determiniert. Damit ist eine praktisch bedeutungsvolle Vorhersagebarkeit gegeben. Schließlich kann der Koeffizient Null betragen. Dieser Fall beschreibt eine Situation, in der zwischen den beiden Variablen kein Zusammenhang besteht, also Unabhängigkeit vorliegt. Dies gilt z. B. für

	y_1	y_2	Σ
x_1	30	20	50
x_2	30	20	50
Σ	60	40	100

oder

	y_1	y_2	Σ
x_1	15	10	25
x_2	45	30	75
Σ	60	40	100

Wie aus dem obigen Beispiel hervorgeht, erreicht man die maximalen Werte $+1$ und -1 in Situationen, in denen die entsprechenden Zeilen- und Spaltensummen, die sogenannten **Randverteilungen**, identisch sind. Dieser Fall ist nicht immer gegeben. Um die Größenordnung des Phi-Koeffizienten speziell zu Vergleichszwecken für Vierfeldertafeln mit unterschiedlichen Randsummen einzuschätzen, benötigen wir geeignete Relativierungen, nämlich bezüglich bei gegebenen Randsummen maximal erreichbarer Phi-Koeffizienten $\Phi_{\max}$. Es kann nachgewiesen werden, daß man $\Phi_{\max}$ errechnen kann, indem man in der ursprünglichen Vierfeldertafel (mit ihren Randsummen, bezüglich derer relativiert wird) das Feld mit der kleinsten Häufigkeit Null setzt und die restlichen Felder so bestimmt, daß die betrachteten Randsummen erreicht werden. $\Phi_{\max}$ ist dann der Phi-Koeffizient dieses Schemas. Der relativierte Φ-Koeffizient wird mit Φ_{COLE} bezeichnet:

$$\Phi_{\mathrm{COLE}} = \frac{\Phi}{\Phi_{\max}}$$

Man kann zeigen, daß Φ_{COLE} auch nach folgender Berechnungsformel bestimmt werden kann:

$$\Phi_{\mathrm{COLE}} = \frac{ad - bc}{n \cdot \min(b, c) + (ad - bc)} \quad \text{bei} \quad ad > bc$$

bzw.

$$\Phi_{\text{COLE}} = \frac{ad - bc}{n \cdot \min(a,d) - (ad - bc)} \quad \text{bei} \quad ad < bc$$

Erinnern wir uns noch einmal an das Beispiel 2.3/1 dieses Abschnittes. Uns lagen folgende empirische Daten vor:

	Auto	Puppe	Σ
Jungen	35	15	50
Mädchen	25	25	50
Σ	60	40	100

$= 0{,}204$

Da $ad = 35 \cdot 25 > bc = 15 \cdot 25$, berechnen wir Φ_{COLE} nach

$$\Phi_{\text{COLE}} = \frac{35 \cdot 25 - 15 \cdot 25}{100 \cdot 15 + (35 \cdot 25 - 15 \cdot 25)} = 0{,}25.$$

Beschreiten wir den anderen Weg, dann wird aus der Vierfeldertafel

	Auto	Puppe	Σ
Jungen	35	15	50
Mädchen	25	25	50
Σ	60	40	100

dadurch, daß wir die geringste Häufigkeit bei konstanten Randsummen Null setzen, die Tafel

	Auto	Puppe	Σ
Jungen	50	0	50
Mädchen	10	40	50
Σ	60	40	100

$$\Phi_{\max} = \frac{50 \cdot 40 - 10 \cdot 0}{\sqrt{60 \cdot 40 \cdot 50 \cdot 50}} = 0{,}82.$$

Damit ist $\Phi_{\text{COLE}} = \dfrac{0{,}204}{0{,}820} = 0{,}25$. Φ_{COLE} ist also ein korrigierter Phi-Koeffizient unter Berücksichtigung des überhaupt möglichen, maximalen Zusammenhanges. Mit seiner Hilfe können wir verschiedene Phi-Koeffizienten miteinander vergleichen.

Der Wert für Φ_{COLE} ist stets größer als der Φ-Wert. Diese Vergrößerung des Φ-Koeffizienten ist nicht unproblematisch in bezug auf die Interpretation im Sinne von Vorhersagbarkeit der einen Variable aus der anderen. Es erfolgt damit nämlich unter Umständen eine Aufwertung, die den Verhältnissen in der Grundgesamtheit nicht angemessen ist.

Ähnlich der Variationsbreite v bei den Streuungsmaßen kann uns in älterer psychologischer Literatur auch ein anderes Maß für den Zusammenhang zweier alternativer Variablen, der sogenannte **Assoziationskoeffizient** Q, begegnen. Er wird nach der Formel:

$$Q = \frac{bc - ad}{bc + ad}$$

berechnet.

Der Wert von Q weicht aber zum Teil erheblich von Φ ab. Nicht zuletzt im Interesse der Vergleichbarkeit von Ergebnissen psychologischer Forschungen untereinander sollten wir auf die Berechnung und Angabe des Assoziationskoeffizienten Q verzichten.

SPSS-Zugang

Datenart	Vorgehen	Voraussetzungen/Erklärungen
alternativ	Analysieren → Deskriptive Statistiken → Kreuztabellen → Angabe, welche Variable Spalten- und welche Zeilenvariable sein soll → unter „Statistik“ „Phi und Cramer-V“ wählen	

2.3.2.2 Kategoriale Daten (Kontingenzkoeffizienten *C* und *K*)

Wir erweitern nun unsere Betrachtungen im Vergleich zum vorherigen Abschnitt, indem wir jetzt zulassen, daß mindestens eine der Variablen X bzw. Y mehrfach gestuft ist. Grundlage ist also eine im allgemeinen rechteckige Kontingenztafel, die bei $k = l$ auch quadratisch sein kann (vergleiche auch den Beginn von Abschnitt 2.3.2):

X \ Y	y_1	$\dots$	y_j	$\dots$	y_l	Σ
x_1	n_{11}	$\dots$	n_{1j}	$\dots$	n_{1l}	Z_1
$\vdots$	$\vdots$	$\ddots$	$\vdots$	$\ddots$	$\vdots$	$\vdots$
x_i	n_{i1}	$\dots$	n_{ij}	$\dots$	n_{il}	Z_i
$\vdots$	$\vdots$	$\ddots$	$\vdots$	$\ddots$	$\vdots$	$\vdots$
x_k	n_{k1}	$\dots$	n_{kj}	$\dots$	n_{kl}	Z_k
Σ	S_1	$\dots$	S_j	$\dots$	S_l	n

Dabei bedeuten:

k Anzahl der Zeilen (Kategorien von X)
l Anzahl der Spalten (Kategorien von Y)
Z_i i-te Zeilensumme
S_j j-te Spaltensumme
n_{ij} Häufigkeit im Feld x_i und $y_j (x_i, y_j)$
n Gesamtstichprobenumfang: $n = S_1 + \ldots + S_l = Z_1 + \ldots + Z_k$

Wie wir bereits in der Einleitung feststellten, wird zur Bewertung des Zusammenhanges zwischen den nominalskalierten Variablen X und Y die gewichtete Quadratsumme χ^2 der Abweichungen zwischen den beobachteten Häufigkeiten n_{ij} und den Erwartungshäufigkeiten $\tilde{n}_{ij} = \dfrac{Z_i \cdot S_j}{n}$ herangezogen, d. h.:

$$\chi^2 = \sum_{i=1}^{k} \sum_{j=1}^{l} \frac{(n_{ij} - \tilde{n}_{ij})^2}{\tilde{n}_{ij}} = n \sum_{i=1}^{k} \sum_{j=1}^{l} \frac{\left(n_{ij} - \frac{Z_i \cdot S_j}{n}\right)^2}{Z_i \cdot S_j}$$

Definitionsformel.

Man kann durch Umformung für χ^2 auch folgende, einfacher zu handhabende Darstellung erhalten:

$$\chi^2 = n \left(\sum_{i=1}^{k} \sum_{j=1}^{l} \frac{n_{ij}^2}{Z_i \cdot S_j} - 1 \right)$$

Rechenformel.

Eine direkte Verallgemeinerung des Φ-Koeffizienten – allerdings ohne Berücksichtigung eines Vorzeichens – ist der wie folgt definierte **Kontingenzkoeffizient** K:

$$K = \sqrt{\frac{\chi^2}{n(s-1)}},$$

wobei s die kleinere der beiden Zahlen k und l ist: $s = \min(k,l)$. Wir erkennen, für $k = l = 2$ ist $s = 2$ und damit $K = |\Phi|$. Dieser Kontingenzkoeffizient K wird auch **CRAMERS Index** *CI* genannt (vergleiche BORTZ, 1993, S. 215).

Das **bekanntere Maß** zur Bewertung von Zusammenhängen bei Kontingenztafeln ist allerdings der wie folgt definierte **Kontingenzkoeffizient** C:

$$C = \sqrt{\frac{\chi^2}{\chi^2 + n}}.$$

Er unterscheidet sich von K durch eine nicht von der Tafelgröße, sondern von den Daten abhängige Normierung im Nenner.

Beispiel 2.3/2: In einer Untersuchung zur Kreativität sollte der Zusammenhang zwischen dem Inhalt der Instruktion und der Vorgehensweise beim Problemlösen bestimmt werden. Am Ende wurde folgendes Ergebnis registriert:

	Strategie 1	Strategie 2	Strategie 3	Strategie 4	Σ
frei	6	3	3	4	16
Regel 1	5	5	4	2	16
Regel 2	2	3	2	1	8
Σ	13	11	9	7	40

Nun ist:

$$\begin{aligned}\chi^2 &= 40\Big(\frac{6^2}{16\cdot 13}+\frac{3^2}{16\cdot 11}+\frac{3^2}{16\cdot 9}+\frac{4^2}{16\cdot 7}+\frac{5^2}{16\cdot 13}+\frac{5^2}{16\cdot 11}\\ &\quad+\frac{4^2}{16\cdot 9}+\frac{2^2}{16\cdot 7}+\frac{2^2}{8\cdot 13}+\frac{3^2}{8\cdot 11}+\frac{2^2}{8\cdot 9}+\frac{1^2}{8\cdot 7}-1\Big)\\ &= 40(0{,}1731+0{,}0511+0{,}0625+0{,}1428+0{,}1202+0{,}1420\\ &\quad+0{,}1111+0{,}0357+0{,}0385+0{,}1023+0{,}0556+0{,}0178-1)\\ &= 40(1{,}0509-1)=2{,}036\end{aligned}$$

und damit können wir die Kontingenzkoeffizienten K und C bestimmen:

$$K=\sqrt{\frac{2{,}036}{40(3-1)}}=\sqrt{0{,}02545}=0{,}16,\qquad C=\sqrt{\frac{2{,}036}{2{,}036+40}}=\sqrt{0{,}0484}=0{,}22.$$

In dieser Untersuchung beträgt die Maßzahl für den Zusammenhang zwischen der Instruktion und der Vorgehensweise beim Problemlösen $K=0{,}16$ bzw. $C=0{,}22$.

Anmerkung: *Durch die Multiplikation mit n sollten wir aus Gründen der Genauigkeit $\sum_{i=1}^{k}\sum_{j=1}^{l}\frac{n_{ij}^2}{Z_i\cdot S_j}$ bis auf 4 Stellen nach dem Komma ausrechnen.*

Was bedeutet nun dieser Wert? Um ihn interpretieren zu können, müssen wir die Grenzen kennenlernen, innerhalb derer K und C liegen können. Es gilt zunächst allgemein, daß sie stets in den Grenzen von 0 bis 1 liegen können.

Ist K bzw. $C=0$, dann besteht zwischen den Variablen kein Zusammenhang.

Ist $K=1$ bzw. $C=C_{\max}$, dann sprechen wir von einem **vollständigen Zusammenhang**. Man erreicht einen solchen z. B. für folgende Felder:

$$\begin{matrix} n_{11} & 0 & 0\\ 0 & n_{22} & 0\\ 0 & 0 & n_{33}\end{matrix}\qquad\text{oder}\qquad\begin{matrix} 0 & n_{12} & 0\\ 0 & 0 & n_{23}\\ n_{31} & 0 & 0\end{matrix}\;.$$

Hier ist jeweils $\chi^2=n\cdot 2$, also

$$K=\sqrt{\frac{2n}{n(3-1)}}=\sqrt{\frac{2\cdot 2}{2(3-1)}}=1{,}0000,\qquad C=\sqrt{\frac{2n}{2n+n}}=\sqrt{\frac{2\cdot 2}{2\cdot 2+2}}=0{,}8165.$$

Im Beispiel erreicht C einen maximalen Wert: $C=C_{\max}=0{,}8165$. Man kann zeigen, daß $C_{\max}=\sqrt{\frac{s-1}{s}}$ mit $s=\min(l,k)$ gilt. $s=\min(4,3)=3$ und damit $c_{\max}=0{,}8165$. Je größer die Tafel ist, desto größer kann der maximal mögliche Wert für C werden. Um nun Tafeln unterschiedlicher Größe miteinander vergleichen zu können, relativieren wir den Kontingenzkoeffizienten C am maximal möglichen Wert $C_{\max}$ und erhalten danach C_{korr} nach PAWLIK. Es erfolgt eine Normierung auf 1 (ähnlich wie beim Phi-Koeffizienten bei alternativen Daten), d. h., es kann am Ende eine Interpretation auf den Grenzwert bezogen erfolgen. Wir definieren also:

$$\boxed{C_{\text{korr}} = \frac{C}{C_{\max}}}\,.$$

In diese Formel setzen wir $C_{\max}$ als reziproken Faktor ein und erhalten

$$C_{\text{korr}} = \sqrt{\frac{s}{s-1}} \cdot C,$$

also im Beispiel 2.3/2

$$C_{\text{korr}} = \sqrt{\frac{3}{3-1}} \cdot 0{,}22 = 0{,}269.$$

Die Differenz zwischen C und C_{korr} ist in Beispiel 2.3/2 relativ gering, sollte aber auch in diesem Fall nicht vernachlässigt werden, weil damit die Angabe des Kontingenzkoeffizienten unabhängig von der Größe der Tafel erfolgt.

Anmerkung: *Ähnlich wie beim korrigierten Phi-Koeffizienten besteht auch hier die Gefahr einer „künstlichen Aufwertung“, die bei der Interpretation im Sinne von Vorhersage den Verhältnissen in der Grundgesamtheit so nicht entspricht.*

SPSS-Zugang

Datenart	Vorgehen	Voraussetzungen/Erklärungen
kategorial	Analysieren → Deskriptive Statistiken → Kreuztabellen → Angabe, welche Variable Spalten- und welche Zeilenvariable sein soll → unter „Statistik“ „Kontingenzkoeffizient“ wählen	

2.3.2.3 Metrische Daten (Maßkorrelationskoeffizient oder auch Produkt-Moment-Korrelationskoeffizient r)

Anknüpfend an die einführenden Bemerkungen zu Abschnitt 2.3.2 erinnern wir daran, daß bei metrischen Variablen X und Y die durch die Meßwertpaare (x_i, y_i) in der Ebene gegebene Punktwolke analysiert wird. Als Grundbaustein spielt dabei die empirische Kovarianz $\text{cov}_{xy} = \frac{1}{n}\sum_i (x_i - \overline{x})(y_i - \overline{y})$ eine wesentliche Rolle. Man erkennt unmittelbar an der Formel, daß diese Größe von den Dimensionen der Variablen X und Y abhängt. Aus diesem Grund wird wieder geeignet normiert, und zwar jetzt im wesentlichen durch das Produkt der empirischen Standardabweichungen s_x bzw. s_y der einzelnen Variablen X bzw. Y. Die durch nachfolgende Formel definierte Bewertung

$$\boxed{r = \frac{n \cdot \text{cov}_{xy}}{(n-1) \cdot s_x \cdot s_y} = \frac{\sum\limits_{i=1}^{n} (x_i - \overline{x})(y_i - \overline{y})}{(n-1) \cdot s_x \cdot s_y}}$$

Definitionsformel

heißt **Maßkorrelationskoeffizient** nach PEARSON und BRAVAIS (oder auch **Produkt-Moment-Korrelationskoeffizient**). Man kann r auch nach folgender Rechenformel bestimmen:

$$\boxed{r = \frac{SAQ_{xy}}{\sqrt{SAQ_x \cdot SAQ_y}}}\,.$$

Dabei sind:

$$SAQ_x = \sum_{i=1}^{n} x_i^2 - \frac{1}{n}\left(\sum_{i=1}^{n} x_i\right)^2$$

$$SAQ_y = \sum_{i=1}^{n} y_i^2 - \frac{1}{n}\left(\sum_{i=1}^{n} y_i\right)^2$$

$$SAQ_{xy} = \sum_{i=1}^{n} x_i y_i - \frac{1}{n}\left(\sum_{i=1}^{n} x_i\right)\left(\sum_{i=1}^{n} y_i\right).$$

Beispiel 2.3/3: Es sollte mit Hilfe einer Untersuchung die Frage beantwortet werden, ob es einen Zusammenhang zwischen den Leistungen in einem Kreativitätstest (Variable X) und einem Intelligenztest (Variable Y) gibt, wenn beide Leistungen in Punkten gemessen wurden. An der Untersuchung nahmen 10 Versuchspersonen teil, und folgende Resultate standen zur weiteren statistischen Analyse zur Verfügung:

Vp	1	2	3	4	5	6	7	8	9	10	Σ
Punkte x_i	23	25	27	26	29	21	24	30	28	22	255
Punkte y_i	11	12	16	14	19	13	18	20	17	15	155

Zur Berechnung der Hilfsgrößen erweitern wir im ersten Schritt obige Tabelle um:

x_i^2	529	625	729	676	841	441	576	900	784	484	6585
y_i^2	121	144	256	196	361	169	324	400	289	225	2485
$x_i y_i$	253	300	432	364	551	273	432	600	476	330	4011

Nun können wir berechnen:

$$SAQ_x = 6585 - \frac{1}{10} \cdot 255^2 = 82{,}5$$

$$SAQ_y = 2484 - \frac{1}{10} \cdot 155^2 = 82{,}5$$

$$SAQ_{xy} = 4011 - \frac{1}{10} \cdot 255 \cdot 155 = 58{,}5,$$

und damit erhalten wir für den Maßkorrelationskoeffizienten:

$$r = \frac{58{,}5}{\sqrt{82{,}5 \cdot 82{,}5}} = +0{,}709.$$

Der Zusammenhang zwischen den erreichten Punkten im Intelligenz- und im Kreativitätstest beträgt $+0{,}709$.

Der Maßkorrelationskoeffizient r liegt zwischen den Grenzen $+1$ und -1: $-1 \leq r \leq +1$. Ist $r = +1$ oder -1, dann liegt ein vollständiger, linearer Zusammenhang vor, d. h., $Y = a + bX$ mit gewissen Konstanten a und b. Bei $r = +1$ hat der lineare Zusammenhang einen positiven Anstieg, d. h., $b > 0$, und ist $r = -1$, dann liegt ebenfalls ein vollständiger, linearer Zusammenhang vor, aber mit negativem Anstieg. Das bedeutet $b < 0$, also je größer die Ausprägungen bei der Variable X werden, desto kleiner werden die Ausprägungen bei der Variable Y. Im Fall $r = 0$ besteht zwischen den beiden Variablen kein linearer Zusammenhang.

Ein linearer Zusammenhang bedeutet für die Werte von X und Y: $y = a + bX$ mit gewissen Konstanten a und b. Der Maßkorrelationskoeffizient r kann nun als Gradzahl interpretiert werden, mit der ein solcher Zusammenhang zwischen den Variablen X und Y vorliegt. Dabei darf der Maßkorrelationskoeffizient nicht als Prozentwert im Sinne von „Anteil" eines linearen Zusammenhanges aufgefaßt werden. Ein solcher wird vielmehr durch die Größe r^2 repräsentiert. Wie wir bei der linearen Regression (vergleiche Abschnitt 2.3.2.6) erfahren werden, ist r^2 gleich dem sogenannten **Bestimmtheitsmaß** (auch Determinationskoeffizient genannt), das den „Anteil der durch linearen Zusammenhang beschreibbaren Varianz an der Gesamtvarianz bzgl. der y-Werte" erfaßt.

Nun ist häufig aber auch der Fall anzutreffen, daß uns am Ende einer Untersuchung metrische Daten in gruppierter Form zur Verfügung stehen (z. B. bei diskreten Variablen X,Y oder bei Klassen [1]), entstanden mittels Gruppierung). Dann berechnen wir den **Maßkorrelationskoeffizienten r für gruppierte Daten** nach:

$$r = \frac{SAQ_{xy}}{\sqrt{SAQ_x \cdot SAQ_y}}$$

mit:

$$SAQ_x = \sum_{i=1}^{k} Z_i x_i^2 - \frac{1}{n}\left(\sum_{i=1}^{k} Z_i x_i\right)^2$$

$$SAQ_y = \sum_{j=1}^{l} S_j y_j^2 - \frac{1}{n}\left(\sum_{j=1}^{l} S_j y_j\right)^2$$

$$SAQ_{xy} = \sum_{i=1}^{k}\sum_{j=1}^{l} n_{ij} x_i y_j - \frac{1}{n}\left(\sum_{i=1}^{k} Z_i x_i\right)\left(\sum_{j=1}^{l} S_j y_j\right).$$

Beispiel 2.3/4: In einer Untersuchung wurde Antwort auf die Frage gesucht, ob es einen Zusammenhang zwischen der Note in der ersten und in der zweiten Statistikklausur von Psychologiestudenten gibt. Als empirisches Ausgangsmaterial lag die folgende Mehrfeldertafel vor (wir ergänzen die Tabelle gleich um die Spalten Z_i,$Z_i x_i$ und $Z_i x_i^2$ und um die Zeilen S_j,$S_j y_j$ und $S_j y_j^2$):

	1	2	3	4	5	Z_i	$Z_i x_i$	$Z_i x_i^2$
1	8	4	–	–	–	12	12	12
2	3	9	7	–	–	19	38	76
3	1	3	13	2	–	19	57	171
4	–	2	11	6	1	20	80	320
5	–	–	4	9	7	20	100	500
S_j	12	18	35	17	8	90	287	1079
$S_j y_j$	12	36	105	68	40	261		
$S_j y_j^2$	12	72	315	272	200	871		

Zur Vereinfachung benötigen wir für die Summe $\sum_{i=1}^{n_k}\sum_{j=1}^{n_l} n_{ij} x_i y_j$ eine zusätzliche Tabelle 2, in der wir die Häufigkeit n_{ij} jedes Feldes der Tabelle 1 mit den entsprechenden Ausprägungen x_i und y_j multiplizieren,

[1]) Bei Meßwertklassen verwenden wir in den Formeln die Klassenmitten x_i^*, y_i^*.

und erhalten:

	1	2	3	4	5	
1	8	8	–	–	–	16
2	6	36	42	–	–	84
3	3	18	117	24	–	162
4	–	16	132*	96	20	264
5	–	–	60	180	175	415
	17	78	351	300	195	941

Rechenbeispiel: $\star \ldots n_{ij}x_iy_j = n_{43}x_4y_3 = 11 \cdot 4 \cdot 3 = 132.$

Jetzt können wir unsere Hilfsgrößen berechnen nach:

$$SAQ_x = 1079 - \frac{1}{90}287^2 = 163{,}79$$

$$SAQ_y = 871 - \frac{1}{90}261^2 = 114{,}10$$

$$SAQ_{xy} = 941 - \frac{1}{90}287 \cdot 261 = 108{,}70.$$

Und danach bestimmen wir den Maßkorrelationskoeffizienten für gruppierte Daten:

$$r = \frac{108{,}70}{\sqrt{163{,}79 \cdot 114{,}10}} = \frac{108{,}70}{136{,}71} = 0{,}795.$$

In unserem Beispiel beträgt der Grad des linearen Zusammenhanges zwischen der ersten und der zweiten Statistikklausur von Psychologiestudenten 0,795.

Wenn uns die Untersuchungen metrische Daten, die eingipflig, aber stark **asymmetrisch** verteilt sind, liefern, dann ist es zweckmäßiger, den Meßwerten entsprechende Rangplätze zuzuordnen und als Maß des Zusammenhanges den Rangkorrelationskoeffizienten R zu verwenden (vergleiche Abschnitt 2.3.2.4).

Liegen für die statistische Analyse metrische Daten vor, die einer **mehrgipfligen** Verteilung folgen, dann verwenden wir (nach geeigneter Gruppierung) einen Kontingenzkoeffizienten (vergleiche Abschnitt 2.3.2.2).

SPSS-Zugang

Datenart	Vorgehen	Voraussetzungen/Erklärungen
metrisch	Analysieren → Korrelation → Bivariat ... unter Korrelationskoeffizienten „Pearson“ (Wahl, ob ein- oder zweiseitiger Signifikanztest wird voreingestellt mit durchgeführt)	unter „Optionen“ kann gewählt werden, wie Personen mit fehlenden Werten ausgeschlossen werden sollen: **paarweise:** es werden nur die Personen ausgeschlossen, bei denen Werte bei der jeweiligen Variable fehlen **listenweise:** nur die Personen gehen in die Berechnung ein, die bei allen Variablen gültige Werte aufweisen

2.3.2.4 Ordinale Daten (Rangkorrelationskoeffizient *R* und Tau nach KENDALL)

Ordinale Daten, d. h. Daten in einer Rangfolge, können uns in drei verschiedenen Arten begegnen. Sie können singulär in Form von einzelnen Rangplätzen, sie können singulär aber mit Rangplatzbindungen oder sie können gruppiert in Form von Rangklassen vorliegen. Je nach der Art der Genauigkeit wollen wir nachfolgend die Verfahren kennenlernen, die uns die Größe eines möglichen Zusammenhanges zwischen zwei ordinal skalierten Variablen X und Y bestimmen lassen. In der Psychologie und Soziologie treffen wir relativ häufig auf ordinale Daten. Wenn sich bestimmte Ausprägungsgrade von Sachverhalten im klassischen Sinn nicht messen lassen, ist man oft noch in der Lage, sie angemessen in eine sinnvolle Ordnung zu bringen und hat damit Rangdaten zur Verfügung. Denken wir nur an die vielen Einschätzungsverfahren (z. B. soziale Beziehungen in Gruppen von Beschäftigten o.ä.), an Urteilsprozesse (i. S. von „mehr" – „gleich" – „weniger" im Paarvergleich) usw., dann können wir hier überall Daten auf Ordinalniveau erheben.

Liegen am Ende einer Datenerhebung zwei Rangreihen ohne Bindungen, also singuläre, ordinale Daten vor, dann können wir z. B., wie in den einleitenden Bemerkungen bereits festgestellt wurde, die Summe d_i^2 der Quadrate der Rangplatzdifferenzen d_i pro Objekt i zwischen der 1. und der 2. Rangreihe verwenden. Als ein Maß des Zusammenhanges zwischen beiden Reihen definieren wir den **Rangkorrelationskoeffizient** R nach SPEARMAN und KRUEGER:

$$R = 1 - \frac{6 \cdot \sum_{i=1}^{n} d_i^2}{n \cdot (n^2 - 1)}$$

mit:
d_i^2 Quadrat der Rangplatzdifferenz für das Objekt i zwischen der 1. und 2. Rangreihe
n Anzahl aller Objekte.

Beispiel 2.3/5: Mit einer Untersuchung sollte die Frage beantwortet werden, ob es zwischen der Leistung und der sozialen Position in der Gruppe einen Zusammenhang gibt. Es entstand folgendes Resultat:

Name	Rainer	Horst	Klaus	Mario	Peter	Tilo	
Rp (Leistung)	1	2	3	4	5	6	21
Rp (Sympathie)	2	3	1	4	6	5	21

Zuerst bilden wir d_i als Rangplatzdifferenz (hier können wir das Vorzeichen vernachlässigen, da die Werte im weiteren quadriert werden), quadrieren die Differenzen und bilden über diese Quadrate die Summe:

$\|d_i\|$	1	1	2	0	1	1	
d_i^2	1	1	4	0	1	1	8

Nun berechnen wir R nach obiger Formel:

$$R = 1 - \frac{6 \cdot 8}{6(36 - 1)} = 0{,}77.$$

Der Rangkorrelationskoeffizient bewegt sich in den Grenzen von $+1$ bis -1, speziell bedeuten:
$R = +1$, daß zwei gleiche (identische) Rangreihen vorliegen, d. h., mit wachsendem X wächst Y monoton mit, und
$R = -1$, daß zwei gegenläufige Rangreihen vorliegen, d. h., mit wachsendem X fällt Y monoton.

Wir können hier im Unterschied zum Phi- und zum Kontingenzkoeffizienten aus dem Vorzeichen von R eine Aussage über die Richtung (im Sinne der Monotonie) des Zusammenhanges ableiten.

Stehen uns für die statistische Auswertung Rangdaten mit **Bindungen zur Verfügung**, dann betrachten wir den **korrigierten Rangkorrelationskoeffizienten** R_{korr}. Das ist unter anderem häufig dann der Fall, wenn wir Meßwerte, unter denen gleich große auftreten, zu ordinalen Daten transformieren.

$$R_{\text{korr}} = \frac{n(n^2-1) - \frac{1}{2}\sum t_j(t_j^2-1) - \frac{1}{2}\sum s_k(s_k^2-1) - 6\sum d_i^2}{\sqrt{n(n^2-1) - \sum t_j(t_j^2-1)} \cdot \sqrt{n(n^2-1) - \sum s_k(s_k^2-1)}}$$

mit:

t_j Zahlen gleicher Rangplätze einer Bindung der 1. Rangreihe
s_k Zahlen gleicher Rangplätze einer Bindung der 2. Rangreihe
n Anzahl aller Objekte.

Beispiel 2.3/6: In einer Untersuchung sollte festgestellt werden, ob zwischen der Anlaufgeschwindigkeit (m pro s) und der Sprungweite (in Metern) beim Weitsprung ein Zusammenhang besteht. Die Ergebnisse waren:

Name	Franziska	Katrin	Stefanie	Isabell	Antje	Melanie
Tempo	31,2	29,4	28,9	28,9	28,9	28,9
Weite	5,30	5,30	5,30	5,20	4,90	4,90

Diesen Daten wurden auf Grund des geringen Stichprobenumfanges Rangplätze zugewiesen und sie wurden dementsprechend wie ordinale Daten behandelt:

Rp Tempo	1	2	4,5	4,5	4,5	4,5	$\sum$
Rp Weite	2	2	2	4	5,5	5,5	
$\lvert d_i \rvert$	1	0	2,5	0,5	1	1	
d_i^2	1	0	6,25	0,25	1	1	9,5

In der 1. Rangreihe finden wir 4 Bindungen bei 4,5, also ist $t_1 = 4$, und in der 2. Rangreihe sind 3 Bindungen bei 2 und 2 Bindungen bei 5,5 vorhanden, mithin ist $s_1 = 3$ und $s_2 = 2$. Wir setzen diese Werte nun in die Formel ein und erhalten:

$$R_{\text{korr}} = \frac{6(36-1) - \frac{1}{2}4(16-1) - \frac{1}{2}[3(9-1)+2(4-1)] - 6\cdot 9{,}5}{\sqrt{6(36-1) - 4(16-1)} \cdot \sqrt{6(36-1) - [3(9-1)+2(4-1)]}} = 0{,}657.$$

Hätten wir den Rangkorrelationskoeffizienten R ohne Korrektur nach der „normalen" Formel berechnet, dann wäre $R = 0{,}73$. Der Rangkorrelationskoeffizient ist immer größer als R_{korr}, weil R den Zusammenhang bei Bindungen überschätzt. Wir sollten R_{korr} aber nur berechnen, wenn die Anzahl der Bindungen im Verhältnis zur Anzahl der Objekte groß ist. Bei einer oder zwei Bindungen bei vielleicht 50 Objekten können diese vernachlässigt werden.

Schließlich können uns Rangdaten auch in Rangklassen zur Auswertung zur Verfügung stehen. Den entsprechenden Korrelationskoeffizienten bezeichnen wir mit R_g. Zur Berechnung nutzen wir ein mehrstufiges Verfahren nach RAATZ und bestimmen

$$R_g = \frac{2\cdot n^3 - \sum_{j=1} S_j^3 - \sum_{i=1} Z_i^3 - 3A}{2\cdot\sqrt{(2n^3 - \sum_j S_j^3)\cdot(2n^3 - \sum_i Z_i^3)}}$$

mit:

n_{ij} Häufigkeit im Feld $x_i; y_j$
S_j j-te Spaltensumme: $S_j = \sum_i n_{ij}$
Z_i i-te Zeilensumme: $Z_i = \sum_j n_{ij}$
n Gesamtstichprobenumfang.

Die Berechnungsvorschrift für die Größe A ist kompliziert und wird im nachfolgenden Beispiel erklärt.

Beispiel 2.3/7: Bei einer Untersuchung sollte die Frage beantwortet werden, ob manisch-depressives Verhalten (speziell in den manischen Phasen) und schizophrenes Verhalten gehäuft miteinander auftreten. Nach einer entsprechenden Untersuchung lag folgende Häufigkeitstabelle vor, in die schon einige noch zu erklärende Hilfsgrößen eingearbeitet sind:

Tabelle 1

	manisch-depressiv								
	sehr selten	selten	mittel	oft	sehr oft	Z_i	Z_i^3	$(n_c)_i$	H_i
Rangklasse	1	2	3	3	5				
schizophren									
gering 1	4	2	–	–	–	6	216	6	6
mittel 2	–	2	2	1	–	5	125	11	17
stark 3	–	1	–	3	2	6	216	17	28
S_j	4	5	2	4	2		557		
S_j^3	64	125	8	64	8	269			
$(n_c)_j$	4	9	11	15	17				
H_j	4	13	20	26	32				

Vorgehen:

1. Wir berechnen die Zeilensummen Z_i und die Spaltensummen S_j und bestimmen Z_i^3 und S_j^3.
2. Danach berechnen wir n^3,Z_i^3 und S_j^3.
3. Wir berechnen die kumulativen Häufigkeiten $(n_c)_i$ und $(n_c)_j$ sowie die doppeltkumulativen Häufigkeiten $H_i = (n_c)_i + (n_c)_{i-1}$ und $H_j = (n_c)_j + (n_c)_{j-1}$
4. Wir bestimmen für alle i und j die Differenzen $H_i - H_j$, quadrieren diese ($= d_{ij}^2$) und tragen die Ergebnisse in eine 2.Tabelle ein:

Tabelle 2

j \ i	1	2	3	4	5
1	4	49	196	400	676
2	169	16	9	81	225
3	576	225	64	4	16

5. Wir multiplizieren jedes n_{ij} der Tabelle 1 mit dem Wert d_{ij}^2 der Tabelle 2 und erhalten n'_{ij}. Diese Produkte addieren wir und erhalten A (dabei können wir die Felder vernachlässigen, die in Tafel 1 mit $n_{ij} = 0$ besetzt sind).

Nun ist:

$$A = 4 \cdot 4 + 2 \cdot 49 + 2 \cdot 16 + 2 \cdot 9 + 1 \cdot 81 + 1 \cdot 225 + 3 \cdot 4 + 2 \cdot 16 = 514.$$

Jetzt stehen uns alle notwendigen Hilfsgrößen zur Verfügung: $n = 17$, $Z_i^3 = 557$, $S_j^3 = 269$, $A = 514$, und diese setzen wir in die Formel ein:

$$R_g = \frac{2 \cdot 17^3 - 269 - 557 - 3 \cdot 514}{2\sqrt{(2 \cdot 17^3 - 269)(2 \cdot 17^3 - 557)}} = \frac{7458}{2\sqrt{9557 \cdot 9269}} = 0{,}3962.$$

Der Grad des Zusammenhanges beträgt 0,3962.

Neben dem allgemein gebräuchlichen Rangkorrelationskoeffizienten von SPEARMAN und KRUEGER gibt es noch eine zweite Möglichkeit der Berechnung des Zusammenhanges. Der Rangkorrelationskoeffizient von SPEARMAN und KRUEGER kann formal als Maßkorrelationskoeffizient nach PEARSON und BRAVAIS erhalten werden (Nachweise vergleiche BORTZ/LIENERT/BOEHNKE, 1990, S. 414 ff.). Dabei behandelt man die Rangplätze wie metrische Daten (d. h., aus dem Rangplatz 1, Rangplatz 2, ..., Rangplatz n werden die Maßzahlen 1, 2, ..., n). Man unterstellt damit also automatisch eine Niveau-Progression mit gleichen Abständen. Dies kann für die zu untersuchenden Merkmale unter Umständen nicht zutreffend sein. In verschiedenen Anwendungen kann der sogenannte **Rangkorrelationskoeffizient** τ (**Tau**) nach KENDALL geeigneter sein. Er beruht auf dem paarweisen Vergleich der Ränge bezüglich der Variablen X und Y der gegebenen n Objekte. Bei einem vollständigen Paarvergleich aller n Objekte entstehen also $\frac{n(n-1)}{2}$ Vergleiche (siehe auch Abschnitt 3.1.3). Zur Veranschaulichung betrachten wir ein Beispiel, bei dem es um den Zusammenhang zwischen Leistung und sozialer Position in einer Gruppe von $n = 5$ Versuchspersonen geht:

Name	Uta	Anna	Elke	Ina	Gabi	
Rp (Leistung)	1	2	3	4	5	15
Rp (Sympathie)	2	3	1	5	4	15

Wir führen folgende Bezeichnungen ein:
L_P Rangplatz Leistung (L) der Person P;
S_P Rangplatz Sympathie (S) der Person P,

wobei wir für P entsprechende Namen einsetzen. Wir vergleichen nun 2 beliebige Personen P_1 und P_2 miteinander und sprechen dann von einer **Konkordanz** (Übereinstimmung), wenn $L_{P_1} < L_{P_2}$ und $S_{P_1} < S_{P_2}$ oder $L_{P_1} > L_{P_2}$ und $S_{P_1} > S_{P_2}$ ist. Im Falle, daß $L_{P_1} > L_{P_2}$ und $S_{P_1} < S_{P_2}$ oder $L_{P_1} < L_{P_2}$ und $S_{P_1} > S_{P_2}$ ist, sprechen wir von **Diskordanz** (Vertauschung). In einer Liste werden nun alle Paare auf Konkordanz/Diskordanz untersucht. So ist z. B. im Vergleich von Uta und Anna $L_{\text{Uta}} < L_{\text{Anna}}$ und $S_{\text{Uta}} < S_{\text{Anna}}$, es liegt also Konkordanz vor. Vergleichen wir Anna und Elke, so ergibt sich $L_{\text{Anna}} < L_{\text{Elke}}$ und $S_{\text{Anna}} > S_{\text{Elke}}$, es liegt also Diskordanz vor. Insgesamt erhalten wir:

Vpn - Paar	Rp Leistung	Rp Sympathie	Konkordanz	Diskordanz
Uta – Anna	$1 < 2$	$2 < 3$	⋆	
Uta – Elke	$1 < 3$	$2 > 1$		⋆
Uta – Ina	$1 < 4$	$2 < 5$	⋆	
Uta – Gabi	$1 < 5$	$2 < 4$	⋆	
Anna – Elke	$2 < 3$	$3 > 1$		⋆
Anna – Ina	$2 < 4$	$3 < 5$	⋆	
Anna – Gabi	$2 < 5$	$3 < 4$	⋆	
Elke – Ina	$3 < 4$	$1 < 5$	⋆	
Elke – Gabi	$3 < 5$	$1 < 4$	⋆	
Ina – Gabi	$4 < 5$	$5 > 4$		⋆
Σ			7	3

Wir bezeichnen die Summen aller Konkordanzen mit n_K und die Summe aller Diskordanzen mit n_D (zur Rechenkontrolle können wir die Beziehung $n_K + n_D = \frac{n(n-1)}{2}$ benutzen). Die sogenannte KENDALL-Summe S ist nun definiert als Differenz dieser beiden Zahlen:

$$\boxed{S = n_K - n_D}\,.$$

In unserem Beispiel erhalten wir:

$$S = 7 - 3 = 4.$$

Der Wert von S liegt stets zwischen den Grenzen $\frac{-n(n-1)}{2}$ und $\frac{+n(n-1)}{2}$, also normiert man mit Hilfe dieser Zahl und erhält den KENDALLschen Rangkorrelationskoeffizienten:

$$\boxed{\tau = \frac{S}{\frac{n(n-1)}{2}} = \frac{2S}{n(n-1)}}\,.$$

KENDALLs Tau liegt also damit immer zwischen -1 und $+1$.

Berechnen wir nun τ für unser Beispiel, so ergibt sich:

$$\tau = \frac{2 \cdot 4}{5(5-1)} = 0{,}4.$$

Wir merken an, daß obige Formel zur Bestimmung von S nur in dem Fall zutreffend ist, wenn keine gleichen Ränge (Bindungen) vorliegen. Treten diese auf, so wird die Berechnungsvorschrift geeignet modifiziert (vergleiche auch BORTZ/LIENERT/BOEHNKE, 1990, S. 427 ff.).

SPSS-Zugang

Datenart	Vorgehen	Voraussetzungen/Erklärungen
ordinal	Analysieren → Korrelation → Bivariat … unter Korrelationskoeffizienten „Kendall-Tau-b" oder „Spearman" wählen (Wahl, ob ein- oder zweiseitiger Signifikanztest wird voreingestellt mit durchgeführt)	**Rho (nach Spearman)** nur bei N-Personen, die in beiden Variablen gleichabständige Ränge aufweisen (geschieht i. d. R. durch fortlaufende Rangvergabe) **Kendalls Tau**: es müssen keine gleichabständigen Ränge vorliegen unter „Optionen" kann gewählt werden, wie Personen mit fehlenden Werten ausgeschlossen werden sollen: **paarweise:** es werden nur die Personen ausgeschlossen, bei denen Werte bei der jeweiligen Variable fehlen **listenweise:** nur die Personen gehen in die Berechnung ein, die bei allen Variablen gültige Werte aufweisen

2.3.2.5 Gemischtes Datenniveau (tetrachorischer, biserialer und punktbiserialer Korrelationskoeffizient)

Liegen den zu untersuchenden Variablen unterschiedliche Datenniveaus zugrunde, so kann man sich zunächst einmal generell dadurch helfen, daß man das höhere Niveau auf das niedrigere Niveau reduziert, z. B. durch Dichotomisieren metrischer Daten, um alternative Daten zu erhalten oder durch Zuweisung von Rangplätzen bei metrischen Daten, um ein ordinales Datenniveau zu erreichen. Bei dieser Vorgehensweise sind zwar gleiche Datenniveaus das Ergebnis, die Vorgehensweise selbst ist aber relativ „grob", da damit ein erheblicher Informationsverlust verbunden ist. Es gibt nun eine Reihe spezieller Zusammenhangsmaße, bei denen versucht wird, unterschiedliche Datenniveaus der Variablen X und Y sorgfältiger zu berücksichtigen. Einige von ihnen wollen wir nachfolgend vorstellen.

Beim sogenannten **tetrachorischen Korrelationskoeffizienten** geht man davon aus, daß die den Variablen X und Y zugrundeliegenden Merkmale metrisch sind und sogar noch einer bestimmten Verteilung, nämlich der sogenannten zweidimensionalen Normalverteilung (vergleiche auch Abschnitt 3.3.4) unterliegen. Das bedeutet insbesondere, daß die Verteilungen von X und Y symmetrisch bezüglich ihres Mittelwertes sind. Die Datenerhebung erfolgte nun aber in der Weise, daß in beiden Variablen durch Dichotomisierung am bekannten theoretischen Mittelwert nur alternative Daten registriert wurden und damit eine Vierfeldertafel vorliegt. Als Beispiel betrachten wir den Zusammenhang zwischen zwei Fragestellungen, die von 100 Versuchspersonen mit ja/nein beantwortet werden mußten, wobei die hinterfragten Merkmale den oben beschriebenen Bedingungen genügen. Es entstand folgende Vierfeldertafel (Beispiel 1):

		Frage 1 ja	Frage 1 nein	Σ
Frage 2	ja	14	39	53
	nein	41	6	47
	Σ	55	45	100

Dem inhaltlichen Problem angemessen müßte eigentlich der Maßkorrelationskoeffizient r als Grad des Zusammenhanges herangezogen werden. Aufgrund der Art der Registrierung hat man aber nur die Daten der Vierfeldertafel zur Verfügung und könnte damit nur den Φ-Koeffizienten berechnen. Eine bessere Charakterisierung als mit Φ erreicht man nun durch den tetrachorischen Koeffizienten r_{tet}. Seine Definitionsformel ist kompliziert, man arbeitet deshalb gewöhnlich mit einer Näherungsformel, der sogenannten cos π-Formel:

$$r_{\text{tet}} = \cos\left(\frac{180^\circ}{1+\sqrt{\dfrac{bc}{ad}}}\right).$$

Im obigen Beispiel erhalten wir:

$$r_{\text{tet}} = \cos\left(\frac{180^\circ}{1+\sqrt{\dfrac{39\cdot 41}{14\cdot 6}}}\right) = 0{,}833.$$

Die Näherungsformel für r_{tet} ist dann besonders gut, wenn die Zahlen der Randsummen alle gleich groß sind (in unserem Beispiel also gleich 50). Bei Erfülltsein oben genannter Bedingungen ist dies auch weitestgehend gewährleistet. Die Näherungsformel für r_{tet} wird gelegentlich auch in Situationen, in denen die geforderten Verteilungsannahmen nicht streng erfüllt sind, verwendet. Dies kann z. B. bedeuten, daß bei Dichotomisierung nach dem arithmetischen Mittel sehr ungleiche Randsummen entstehen. Um Gleichheit der Randsummen zu erreichen, wird dann besser mit Hilfe des Medians dichotomisiert. Man hat zwar damit eine gute Näherung für r_{tet} gesichert, aber inwieweit r_{tet} den Sachverhalt des Zusammenhanges angemessen charakterisiert, ist zumindest kritisch zu hinterfragen.

SPSS-Zugang

Datenart	Vorgehen	Voraussetzungen/Erklärungen
beide Variablen metrisch, aber dichotomisiert erfasst, tetrachorischer Koeffizient	Analysieren → Korrelation → Distanzen jeweilige Variablen in das Testvariablenfeld einfügen unter „Distanzen berechnen“ auf „Zwischen den Variablen“ klicken als Maß „Ähnlichkeiten“ wählen	unter „Maß“ „Binär“ anklicken → Voreinstellung beibehalten

Als nächstes betrachten wir den Fall, daß von zwei metrischen (normalverteilten) Variablen X und Y nur eine bei der Registrierung künstlich am bekannten theoretischen Mittel dichotomisiert wurde. Die dichotomisierte Variable sei Y, entsprechend ist X metrisch skaliert, wobei X entweder in Einzelwerten $x_1, x_2, \ldots, x_k$ oder auch in Meßwertklassen erfaßt wird. Unsere Daten bestehen dann in einer Zwei-Spalten-Tafel der Form:

		dichotome Variable Y		
		y_1	y_2	Σ
	x_1	n_{11}	n_{12}	Z_1
metrische	x_2	n_{21}	n_{22}	Z_2
Variable X	$\vdots$	$\vdots$	$\vdots$	
	x_k	n_{k1}	n_{k2}	Z_k
	Σ	S_1	S_2	n

In einer solchen Situation berechnen wir den **biserialen Korrelationskoeffizienten** r_{bis} als Maß des Zusammenhanges nach folgender Formel:

$$\boxed{r_{\text{bis}} = \frac{\overline{x}_{y_1} - \overline{x}_{y_2}}{s^\star} \cdot \frac{S_1 \cdot S_2}{n^2 \cdot \vartheta}},$$

wobei

$$\overline{x}_{y_1} = \frac{1}{S_1} \sum_{i=1}^{k} n_{i1} x_i \qquad \text{und} \qquad \overline{x}_{y_2} = \frac{1}{S_2} \sum_{i=1}^{k} n_{i2} x_i$$

$$s^{\star 2} = \frac{1}{n} \sum_{i=1}^{k} Z_i (x_i - \overline{x})^2, \qquad \text{mit} \qquad \overline{x} = \frac{1}{n} \sum_{i=1}^{k} Z_i x_i .$$

Die Bestimmung des Wertes ϑ ist etwas komplizierter (Wir erklären an dieser Stelle die Berechnung von ϑ „rezeptartig“ unter Benutzung der Tafeln 1 und 2 – vergleiche Tafelanhang 7 – und verweisen darauf, daß im Abschnitt 3.2.3.3 dieses Buches eine ausführliche Behandlung erfolgt.): Wir betrachten den relativen Anteil $\frac{S_1}{n}$ und suchen in Tafel 2 den entsprechenden Wert u heraus, d. h., wir suchen im „Innern“ der Tafel diejenige Stelle, die dem relativen Anteil zahlenmäßig am nächsten kommt und lesen dann in der ersten Spalte bzw. in der Kopfzeile das zugehörige u ab. Mit diesem u-Wert gehen wir in Tafel 1 und suchen dazu den dort angegebenen Tafelwert $\varphi(u)$ heraus. Dieser Wert ist die gesuchte Zahl ϑ.

Zur Veranschaulichung betrachten wir als Beispiel den Zusammenhang zwischen der benötigten Zeit X für das Lösen einer genormten Übungsaufgabe und der Studienmotivation einer bestimmten Studentenpopulation. Die Studienmotivation reicht als Merkmal von extrem negativ bis extrem positiv (vorstellbar auf einer stetigen Ratingskala mit diesen beiden Polen). Man setzt hier voraus, daß die Studienmotivation einer Normalverteilung folgt, die Erfassung der Werte von Y erfolgte aber nur in den zwei Kategorien „niedrige Studienmotivation“ und „hohe Studienmotivation“. Folgendes Ergebnis entstand:

	Studienmotivation	
Zeit (in min)	niedrig	hoch
2	0	2
3	2	7
4	2	3
5	5	10
6	8	4
7	6	2
8	9	0
9	1	0
Σ	33	28

Nun können wir nach obigen Formeln unsere Hilfsgrößen berechnen:

$$\overline{x}_{y_1} = \frac{(2\cdot 0)+(3\cdot 2)+\ldots+(9\cdot 1)}{33} = 6{,}36$$

$$\overline{x}_{y_2} = \frac{(2\cdot 2)+(3\cdot 7)+\ldots+(9\cdot 0)}{28} = 4{,}46$$

$$s^\star = 1{,}74; \qquad S_1 = 33; \qquad S_2 = 28; \qquad n = 61; \qquad \frac{S_1}{n} = \frac{33}{61} = 0{,}541.$$

In der Tafel 2 finden wir für 0,541 den Wert $u = 0{,}103$. Mit diesem Wert gehen wir in dieTafel 1 und erhalten $\varphi(u) = 0{,}3969$. Dieser Wert ist ϑ. Nun stehen uns alle notwendigen Hilfsgrößen zur Verfügung:

$$r_{\text{bis}} = \frac{6{,}36-4{,}46}{1{,}74}\cdot\frac{33\cdot 28}{3721\cdot 0{,}3969} = 1{,}092\cdot 0{,}626 = 0{,}68$$

Der biseriale Korrelationskoeffizient zwischen Studienmotivation und Lösungszeit beträgt 0,68.

In den bisher betrachteten Fällen „gemischter Koeffizienten" waren wir davon ausgegangen, daß die nominalskalierte Größe vom Inhalt her eine metrische Variable ist, die nur aufgrund der Meßwerterfassung künstlich dichotomisiert wurde. Wir wollen nun den Fall betrachten, daß eine der Variablen eine „echt nominalskalierte" Variable ist, wobei wir hier nur die Situation alternativer Daten diskutieren wollen. Das entsprechende Maß für den Zusammenhang heißt **punktbiserialer Korrelationskoeffizient** und wird mit r_{pbis} bezeichnet. Es wird dabei vorausgesetzt, daß die metrischskalierte Variable (dies sei X) normalverteilt ist (vergleiche Abschnitt 3.3.2). Über die alternativskalierte Variable brauchen wir keine Verteilungsannahme zu treffen. Der punktbiseriale Korrelationskoeffizient[1)] ist entsprechend folgender Formel definiert:

$$r_{\text{pbis}} = \frac{\overline{x}_{y_1}-\overline{x}_{y_2}}{s^\star}\cdot\sqrt{\frac{S_1\cdot S_2}{n^2}}$$

mit

$\overline{x}_{y_1}$ das arithmetische Mittel der Meßwerte in der Kategorie von y_1
$\overline{x}_{y_2}$ das arithmetische Mittel der Meßwerte in der Kategorie y_2
$s^\star$ die „empirische Standardabweichung aller n Meßwerte bei Normierung mit $\frac{1}{n}$"
S_1 die Summe der absoluten Häufigkeiten der Werte der Kategorie von y_1
S_2 die Summe der absoluten Häufigkeiten der Werte der Kategorie von y_2
n die Anzahl aller Meßwerte.

Das Vorzeichen von r_{pbis} hängt von der Anordnung der alternativen Daten in der Tafel ab. Da es dafür keine allgemeinen Festlegungen gibt, können wir es nur aus einer sachadäquaten inhaltlichen Einbettung interpretieren bzw. wir berücksichtigen es gar nicht.

Anmerkung: *Wir erhalten r_{pbis} auch nach der Formel*

$$r_{\text{pbis}} = \frac{\overline{x}_{y_1}-\overline{x}}{s^\star}\cdot\sqrt{\frac{S_1}{S_2}},$$

wobei jetzt $\overline{x}$ das arithmetische Mittel aller n Meßwerte ist.

Beispiel 2.3/8: Es wurde von Frauen und Männern die Körpergröße (in cm) gemessen und man wollte wissen, ob zwischen Geschlecht und Körpergröße ein Zusammenhang besteht. Am Ende lag folgendes Ergebnis von $n = 170$ Teilnehmern vor:

[1)] Diese Formel ergibt sich aus der Formel für die Produkt-Moment-Korrelation (vgl. Abschnitt 2.3.2.3), wenn man für die alternativ skalierte Variable Y die Werte 0 und 1 einsetzt ($y_1 = 0, y_2 = 1$).

	Geschlecht		
Größe	Männer	Frauen	Σ
155	3	17	20
160	3	21	24
165	11	16	27
170	15	15	30
175	19	11	30
180	21	4	25
185	12	2	14
Σ	84	86	170

Dann ist:

$$\overline{x}_{y_1} = \frac{1}{n_{y_1}} \sum_{i=1}^{n_{y_1}} n_{y_{1i}} x_i = \frac{1}{84} \cdot [(3 \cdot 155) + \ldots + (12 \cdot 185)] = 174{,}2 \text{ cm}$$

$$\overline{x}_{y_2} = \frac{1}{n_{y_2}} \sum_{i=1}^{n_{y_2}} n_{y_{2i}} x_i = \frac{1}{86} \cdot [(17 \cdot 155) + \ldots + (2 \cdot 185)] = 165{,}1 \text{ cm}$$

$$s^\star = 9{,}06, \qquad S_1 = 84, \qquad S_2 = 86, \qquad n^2 = 28900.$$

Diese Hilfsgrößen setzen wir nun in unsere Formel ein:

$$r_{\text{pbis}} = \frac{174{,}2 - 165{,}1}{9{,}06} \cdot \sqrt{\frac{84 \cdot 86}{28900}} = 0{,}502.$$

Die Bewertung des Zusammenhanges zwischen Größe und Geschlecht durch den punktbiserialen Korrelationskoeffizienten ergibt 0,502.

SPSS-Zugang

Datenart	Vorgehen	Voraussetzungen/Erklärungen
metrische + alternative Variable: punktbiserialer Koeffizient	Analysieren → Mittelwerte vergleichen → Mittelwerte … metrische Daten in Abhängige Variable; alternative Daten in Unabhängige Variable eintragen	unter Optionen in „Statistik für erste Schicht“ „ANOVA-Tabelle und Eta“ anklicken

2.3.2.6 Lineare Regression, das Bestimmtheitsmaß

Nachdem wir in den vorangehenden Abschnitten für die zu untersuchenden Meßwertpaare $(x_1; y_1)$, …, $(x_n; y_n)$ verschiedene empirische Koeffizienten als Kennziffern des „Grades“ eines Zusammenhanges zwischen den x-Werten und den y-Werten diskutiert haben, wollen wir in diesem Abschnitt im Falle metrischer Daten eine weitere Möglichkeit für die Analyse der Punktwolke $(x_i; y_i)$ mit $i = 1, 2, \ldots, n$ durch einen bestimmten Modellansatz, die sogenannte Regression, vorstellen. Man interessiert sich jetzt für die „funktionale Art“ des Zusammenhanges. Die Punktwolke wird als additive Überlagerung einer (in Formeln erfaßbaren) deterministischen Beziehung durch zufällige Störungen interpretiert. Man sucht diese deterministische Beziehung als geeignete mittlere Kurve, die durch die Punktwolke gelegt werden kann. Dabei wird jetzt X als frei wählbare, einstellbare, nicht zufällige[1] Einflußgröße und Y als davon und vom Zufall abhängige Zielgröße aufgefaßt.

[1] Der Fall einer zufallsabhängigen Einflußgröße X wird später, im Abschnitt 5.1.5.1.2 (Regressionsanalyse, sogenanntes Modell II), behandelt.

Die Zulässigkeit einer solchen Interpretation des Zusammenhanges der x-Werte und der y-Werte kann nur inhaltlich, situationsbezogen in der jeweiligen konkreten Anwendung begründet werden. Wir gehen also davon aus, daß sich die y-Werte aus einem Ansatz der Form

$$y_i = f(x_i) + e_i$$

ergeben. Dabei ist f eine gewöhnliche reelle, nicht zufällige Funktion, und die Störgrößen e_i sind zufallsabhängige, um Null schwankende Werte. [1)]

Als praktisches Beispiel können wir uns unter x das Alter von in ihrem Wachstum zu untersuchenden Pflanzen und unter y die entsprechende jeweilige Pflanzenhöhe vorstellen. In Abhängigkeit von der Kurvenform der Funktion $f(x)$ (vergleiche Abschnitt 6.2) unterscheiden wir zwischen linearer und nichtlinearer Regression, z. B.:

⋆ linear: $f(x) = b \cdot x + a,$

⋆ nichtlinear: $f(x) = cx^2 + bx + a$ (quadratisch),

$f(x) = a \cdot e^{bx}$ (exponentiell),

$f(x) = a + b \cdot \ln x$ (logarithmisch).

Das Vorgehen erfolgt nun in der Weise, daß man aufgrund der Gestalt der Punktwolke eine vermutete Kurvenform als Ansatz wählt und dann die dabei auftretenden, unbekannten Parameter aus den Werten (x_i, y_i) mit $i = 1, 2, \ldots, n$ geeignet schätzt. Bei der Herleitung der Formeln zur Schätzung („Ausgleichsrechnung“) spielt die sogenannte Methode der kleinsten Quadrate eine große Rolle. Wir wollen uns hier nur mit der linearen Regression befassen, also Situationen, in denen der funktionale Zusammenhang der Form $f(x) = b \cdot x + a$ zutreffend sein könnte. Man nennt dann den Absolutterm a den Achsenabschnitt und den Anstieg b den Regressionskoeffizienten.

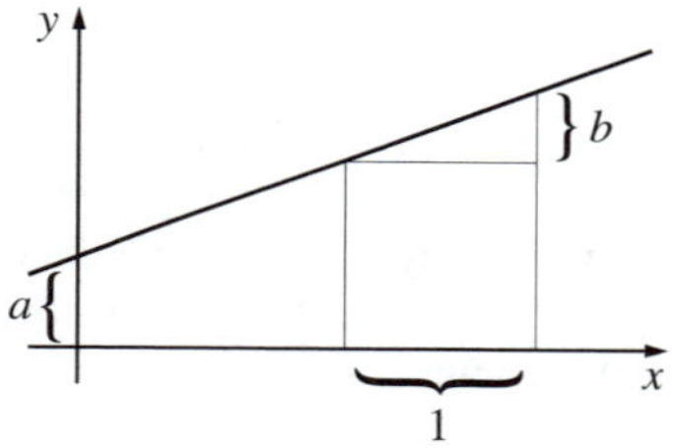

Nach der Methode der kleinsten Quadrate betrachtet man die Summe der quadratischen Abweichungen der y-Werte von der Geraden $b \cdot x + a$, also $\sum_{i=1}^{n}(y_i - (b \cdot x_i + a))^2$, wobei a und b zunächst noch als reelle Variable aufgefaßt werden. Man bestimmt nun a und b so (d. h., legt die Ausgleichsgerade so hinein), daß diese Summe der quadratischen Abweichungen möglichst klein wird.

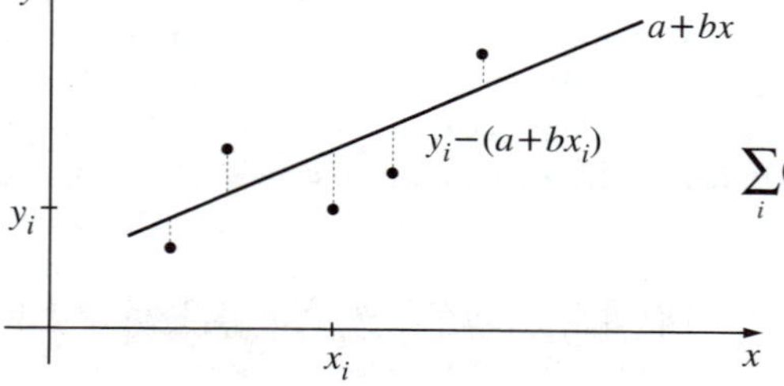

$$\sum_i (y_i - (a + bx_i))^2 \to \text{Min.}$$

[1)] Bei einer zugehörigen wahrscheinlichkeitstheoretischen Modellierung (sogenannte Regressionsanalyse, vergleiche Abschnitt 5.1.5) werden noch weitere Voraussetzungen an die zufallsabhängigen Störgrößen gestellt.

Diese „günstigsten" Werte für a bzw. b sind die Schätzwerte nach der Methode der kleinsten Quadrate. Wir bezeichnen sie mit $\hat{a}$ bzw. $\hat{b}$. Eine mathematische Herleitung ergibt folgende Formel:

$$\boxed{\hat{b} = \frac{SAQ_{xy}}{SAQ_x}},$$

wobei SAQ_{xy} und SAQ_x Summen von Abweichungsquadraten sind,

$$\boxed{\hat{a} = \overline{y} - \hat{b} \cdot \overline{x}},$$

dabei ist $\overline{x}$ der Mittelwert aller x_i und $\overline{y}$ der Mittelwert aller y_i.[1)]

Aus pragmatischen Gründen unterscheiden wir in den Formeln für SAQ_{xy} und SAQ_x zwischen Einfach- und Mehrfachmessung (bei Einfachmessung sind alle x_i verschieden, es gibt zu jedem x_i genau einen y_i-Wert; bei Mehrfachmessung sind x_i-Werte gleich, wir haben k **verschiedene** x-Werte x_i, zu denen jeweils n_i y-Werte gehören, $i = 1, 2, \ldots, k$; $n = n_1 + n_2 + \ldots + n_k$):

a) Einfachmessung

$$SAQ_{xy} = \sum_{i=1}^{n} (x_i - \overline{x}) \cdot (y_i - \overline{y}) \qquad \text{Definitionsformel}$$

$$SAQ_{xy} = \sum_{i=1}^{n} x_i y_i - \frac{1}{n} \left(\sum_{i=1}^{n} x_i \right) \cdot \left(\sum_{i=1}^{n} y_i \right) \qquad \text{Rechenformel}$$

$$SAQ_x = \sum_{i=1}^{n} (x_i - \overline{x})^2 \qquad \text{Definitionsformel}$$

$$SAQ_x = \sum_{i=1}^{n} x_i^2 - \frac{1}{n} \left(\sum_{i=1}^{n} x_i \right)^2 \qquad \text{Rechenformel}$$

b) Mehrfachmessung

$$SAQ_{xy} = \sum_{i=1}^{k} \sum_{j=1}^{n_i} (x_i - \overline{x}) \cdot (y_{ij} - \overline{y}) \qquad \text{Definitonsformel}$$

$$SAQ_{xy} = \sum_{i=1}^{k} x_i \left(\sum_{j=1}^{n_i} y_{ij} \right) - \frac{1}{n} \left(\sum_{i=1}^{k} n_i x_i \right) \cdot \left(\sum_{i=1}^{k} \sum_{j=1}^{n_i} y_{ij} \right) \qquad \text{Rechenformel}$$

$$SAQ_x = \sum_{i=1}^{k} n_i \cdot (x_i - \overline{x})^2 \qquad \text{Definitionsformel}$$

$$SAQ_x = \sum_{i=1}^{k} n_i x_i^2 - \frac{1}{n} \left(\sum_{i=1}^{n} n_i x_i \right)^2 \qquad \text{Rechenformel}$$

Beispiel für eine Einfachmessung

Mit Hilfe einer Untersuchung sollte die Art der Abhängigkeit der Pflanzenhöhe y (in cm) vom Alter der Pflanzen x (in Wochen) ermittelt werden, und nachfolgende Meßergebnisse lagen vor:

x_i	1	2	3	4	5	6	7
y_i	5	12	16	21	32	39	43

[1)] Die angegebenen Ausdrücke für $\hat{a}$ und $\hat{b}$ erhält man als Lösung einer Extremwertaufgabe (Benutzung der Differentialrechnung). Sie führt auf die Gleichungen $\sum_{i=1}^{n} x_i(y_i - bx_i - a) = 0$, $\sum_{i=1}^{n} (y_i - bx_i - a) = 0$, deren Lösung $a = \hat{a}$, $b = \hat{b}$ die oben angegebenen Ausdrücke für $\hat{a}$, $\hat{b}$ sind.

Zuerst ergänzen wir unsere Urtabelle um die Zeilen x_iy_i und x_i^2 und um die Spaltensummen und erhalten:

								Σ
x_i	1	2	3	4	5	6	7	28
y_i	5	12	16	21	32	39	43	168
x_iy_i	5	24	48	84	160	234	301	856
x_i^2	1	4	9	16	25	36	49	140

$$\bar{x} = \frac{1}{7} \cdot 28 = 4; \qquad \bar{y} = \frac{1}{7} \cdot 168 = 24;$$

$$SAQ_{xy} = 856 - \frac{1}{7} \cdot 28 \cdot 168 = 184; \qquad SAQ_x = 140 - \frac{1}{7} \cdot 28^2 = 28;$$

$$\hat{b} = \frac{184}{28} = 6{,}571; \qquad \hat{a} = \bar{y} - \hat{b}\bar{x} = 24 - 6{,}57 \cdot 4 = -2{,}286;$$

$$\hat{y} = -2{,}286 + 6{,}571x$$

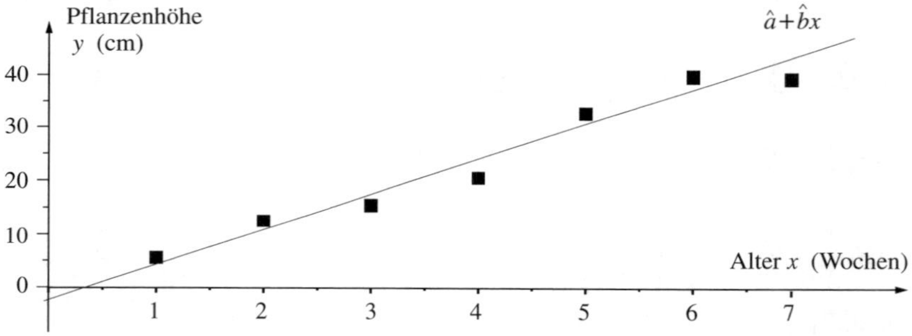

Unter Nutzung dieser Regressionsgleichung könnten wir nun z. B. die Höhe der Pflanzen in 2.5 Wochen dadurch schätzen, daß wir für x die Zahl 2.5 einsetzen und erhalten:

$$y = -2{,}286 + 6{,}571 \cdot 2{,}5 = 14{,}143.$$

Nach 2,5 Wochen hätten also die Pflanzen (gleiches Wachstum vorausgesetzt) etwa eine Höhe von 14,1 cm.

Beispiel für eine Mehrfachmessung

Auf der Grundlage einer Untersuchung sollte die Frage beantwortet werden, wie sich bei der Verabreichung eines neuen Medikamentes über 12 Wochen hinweg die Blutwerte verändern, d. h., ob das neue Medikament dazu beiträgt, die Blutwerte zu erhöhen. Folgende Meßergebnisse lagen vor:

x_i	2	4	6	8	10	12
y_{ij}	3	3	4	5	7	7
	2	2	3	4	4	5
	4	5	6	6	7	7
	2	3	3	4	4	5
	3	3	4	4	5	6
	1	2	2	3	3	3

Um die Regressionsgerade zu bestimmen, erweitern wir im ersten Schritt unsere Tabelle um die für die Berechnung notwendigen Hilfsgrößen, und erhalten:

							$\sum$
$\sum y_{ij}$	15	18	22	26	30	33	144
$x_i \cdot \sum y_{ij}$	30	72	132	208	300	396	1138
n_i	6	6	6	6	6	6	36
$n_i x_i$	12	24	36	48	60	72	252
$n_i x_i^2$	24	96	216	384	600	864	2184

$$\overline{x} = \frac{\sum n_i x_i}{\sum n_i} = \frac{252}{36} = 7; \qquad \overline{y} = \frac{\sum y_{ij}}{\sum n_i} = \frac{144}{36} = 4$$

$$SAQ_{xy} = 1138 - \frac{1}{36} \cdot 252 \cdot 144 = 130; \qquad SAQ_x = 2184 - \frac{1}{36} \cdot 252^2 = 420$$

$$\hat{b} = \frac{130}{420} = 0{,}31; \qquad \hat{a} = 4 - 0{,}31 \cdot 7 = 1{,}83$$

$$\hat{y} = 1{,}83 + 0{,}31x.$$

Wie wir bereits weiter oben festgestellt haben, wählt man a und b so, daß die Quadratsumme $\sum_{i=1}^{n}(y_i - (bx_i - a))^2$ minimal wird. Diese kleinste Quadratsumme heißt auch **Restvariation** und werde mit SAQ_{R} bezeichnet. Man erhält sie also dadurch, daß man für a den Wert $\hat{a}$ und für b den Wert $\hat{b}$ einsetzt:

$$SAQ_{\mathrm{R}} = \sum_{i=1}^{n}(y_i - (\hat{b}x_i + \hat{a}))^2 = \sum_{i=1}^{n}(y_i - \hat{y}_i)^2$$

mit $\hat{y}_i = \hat{b}x_i + \hat{a}$.

Man kann nun die Summe der Abweichungsquadrate der beobachteten Werte y_i von ihrem Mittel $\overline{y}$, die sogenannte **Gesamtvariation** SAQ_{G}, wie folgt umformen:

Ausgehend von der Gleichung

$$\begin{aligned}(y_i - \overline{y})^2 &= ((y_i - \hat{y}_i) + (\hat{y}_i - \overline{y}))^2 \\ &= (y_i - \hat{y}_i)^2 + 2(y_i - \hat{y}_i)(\hat{y}_i - \overline{y}) + (\hat{y}_i - \overline{y})^2\end{aligned}$$

erhält man durch Summation über $i = 1, 2, \ldots, n$

$$SAQ_{\mathrm{G}} = \sum_{i=1}^{n}(y_i - \overline{y})^2 = \sum_{i=1}^{n}(y_i - \hat{y}_i)^2 + 2\sum_{i=1}^{n}(y_i - \hat{y}_i)(\hat{y}_i - \overline{y}) + \sum_{i=1}^{n}(\hat{y}_i - \overline{y})^2.$$

Es läßt sich nun (unter Benutzung von $\sum_{i=1}^{n} x_i(y_i - \hat{y}_i) = 0$ und $\sum_{i=1}^{n}(y_i - \hat{y}_i) = 0$, vergleiche auch Fußnote 5) nachprüfen, daß der mittlere Summand auf der rechten Seite der Gleichung $SAQ_{\mathrm{G}} = \ldots$ gleich 0 ist. Der erste Summand war gerade SAQ_{R}, es ist also

$$SAQ_{\mathrm{G}} = SAQ_{\mathrm{R}} + \sum_{i=1}^{n}(\hat{y}_i - \overline{y})^2.$$

Der Mittelwert $\overline{y}$ ist auch der arithmetische Mittelwert der auf der Ausgleichsgeraden liegenden Schätzwerte $\hat{y}_i$ [$\frac{1}{n}\sum \hat{y}_i = \frac{1}{n}\sum(\hat{a}+\hat{b}x_i) = \hat{a}+\hat{b}\cdot\overline{x} = \overline{y}$; die Ausgleichsgerade verläuft durch den Punkt $(\overline{x}, \overline{y})$], so daß $\sum_{i=1}^{n}(\hat{y}_i - \overline{y})^2$ die Summe der quadratischen Abweichungen der Schätzwerte $\hat{y}_i$ von ihrem arithmetischen Mittelwert darstellt. Man nennt diese Summe die durch die lineare Regression **aufgeklärte**

Variation und bezeichnet sie mit SAQ_I:

$$SAQ_\mathrm{I} = \sum_{i=1}^{n} (\hat{y}_i - \overline{y})^2.$$

Es ist also

$$SAQ_\mathrm{G} = SAQ_\mathrm{I} + SAQ_\mathrm{R}.$$

Diese Gleichung gestattet es, die Güte der Anpassung der Wertepaare (x_i, y_i) an eine „bestmögliche Gerade", die Ausgleichsgerade, zu beurteilen. Genauer, man betrachtet den Quotienten $\frac{SAQ_\mathrm{I}}{SAQ_\mathrm{G}}$ und nennt ihn das **Bestimmtheitsmaß** B:

$$B = \frac{SAQ_\mathrm{I}}{SAQ_\mathrm{G}} = \frac{\sum_{i=1}^{n} (\hat{y}_i - \overline{y})^2}{\sum_{i=1}^{n} (y_i - \overline{y})^2} = \frac{SAQ_\mathrm{G} - SAQ_\mathrm{R}}{SAQ_\mathrm{G}} = 1 - \frac{SAQ_\mathrm{R}}{SAQ_\mathrm{G}}.$$

Das Bestimmtheitsmaß wird gewöhnlich in Prozent angegeben und beinhaltet den Anteil der aufgeklärten Variation an der Gesamtvariation bezüglich der y-Werte. Es verschafft uns eine Kenngröße zur Beurteilung der Frage, wie gut die Punktwolke (x_i,y_i), $i = 1, 2, \ldots, n$, durch eine lineare Regression beschrieben werden kann. Liegen die Werte (x_i,y_i) auf einer Geraden, so erhält man $SAQ_\mathrm{R} = 0$ und somit $B = 1$. Der andere Extremfall $B = 0$ bedeutet, daß $SAQ_\mathrm{I} = 0$ ist, d. h. $\hat{y}_i = \overline{y}$ für alle i gilt, die Regressionsgerade also parallel zur x-Achse verläuft. Durch die lineare Regression kann kein Variationsanteil an den y-Werten abgespalten werden.

Ein Bestimmtheitsmaß läßt sich in ähnlicher Weise auch in anderen Situationen (nichtlineare Regression; Varianzanalyse, vergleiche Abschnitt 5.4) definieren und interpretieren.

Für unsere Situation der linearen Regression läßt sich nun mathematisch nachweisen, daß das Bestimmtheitsmaß B mit dem empirischen Maßkorrelationskoeffizienten r nach folgender Formel zusammenhängt. Es gilt :

$$\boxed{B = r^2}.$$

Diese Gleichung ist deshalb so bedeutungsvoll, da sie eine Interpretation des Maßkorrelationskoeffizienten r ergibt: **Die Zahl r^2 ist der Anteil der durch lineare Regression aufklärbaren Variation an der Gesamtvariation der y-Werte.**

Als Beispiel betrachten wir den schon weiter oben untersuchten Zusammenhang zwischen Pflanzenhöhe und Alter und bestimmen die Variationen SAQ_G,SAQ_I und SAQ_R. Die Regressionsgerade lautet $\hat{y} = -2{,}286 + 6{,}571x$, und für $\overline{y}$ hatten wir den Wert $\overline{y} = 24$ berechnet.

x_i	1	2	3	4	5	6	7	Σ
y_i	5	12	16	21	32	39	43	
$\hat{y}_i$	4,29	10,86	17,43	24	30,57	37,14	43,71	
$(y_i - \overline{y})^2$	361	144	64	9	64	225	361	1228
$(\hat{y}_i - \overline{y})^2$	388,65	172,73	43,18	0	43,18	172,73	388,65	1209,12
$(\hat{y}_i - y_i)^2$	0,504	1,230	2,045	9	2,045	3,460	0,504	18,788

Wir erkennen (dies ist als Rechenkontrolle geeignet) die Additivität der Variationen:

$$1228 = SAQ_\mathrm{G} = SAQ_\mathrm{I} + SAQ_\mathrm{R} = 1209{,}12 + 18{,}788 = 1227{,}9$$

und erhalten für das Bestimmtheitsmaß B den Wert

$$B = \frac{SAQ_\mathrm{I}}{SAQ_\mathrm{G}} = \frac{1209{,}12}{1228} = 0{,}9846.$$

In diesem Beispiel können 98,46 % der Variation der y-Werte durch lineare Regression aufgeklärt werden. Zum Vergleich und zur Bestätigung der oben angegebenen Formel bestimmen wir noch den Maßkorrelationskoeffizienten r (dazu benutzen wir die bereits errechneten Werte $SAQ_{xy} = 184$, $SAQ_x = 28$ und $SAQ_y = 1228$):

$$r = \frac{SAQ_{xy}}{\sqrt{SAQ_x \cdot SAQ_y}} = \frac{184}{\sqrt{1228 \cdot 28}} = 0{,}9923.$$

Wir erhalten $r^2 = 0{,}9923^2 = 0{,}9846$ in Übereinstimmung mit obigem Wert für B.

2.3.2.7 Interpretation von Zusammenhangsmaßen

Die inhaltliche Interpretation von **Zusammenhangsmaßen** ist das eigentlich schwierige Feld bei der Analyse von Zusammenhängen. Hat man z. B. zu untersuchen, ob überhaupt ein Zusammenhang vorliegt, so entsteht die Frage, ob die quantitative Größe der ermittelten Zusammenhangsmaße den Schluß auf das Vorliegen eines Zusammenhanges zuläßt oder nicht. Kriterien zur Beantwortung dieser Frage, d. h., ob eine Abweichung von Null bei einem errechneten Koeffizienten einen „echten" Zusammenhang signalisiert oder zufällig entstanden ist, stellt die Korrelationsanalyse (vergleiche Abschnitt 5.1) zur Verfügung. Liegt ein statistisch gesicherter Zusammenhang vor, so steht immer noch die inhaltliche Frage, was ist Ursache und was ist Wirkung oder haben beide Variablen unter Umständen eine gemeinsame Ursache? Denken wir etwa an die Mathematik- und die Physikzensur: Ist eine gute Mathematiknote Voraussetzung für eine gute Physiknote, ist es umgekehrt, oder liegt guten Ergebnissen in beiden Fächern die Fähigkeit zum abstrakten Denken zugrunde? Solche, wie auch die nachfolgenden Fragen, kann die Statistik nicht beantworten. Das muß der Untersucher selbst leisten. Ist ein Zusammenhang gegeben, dann können wir u. U. aus den Werten der einen Variable die Werte der anderen voraussagen. Allerdings sind derartige Zusammenhänge sehr oft stochastisch, d. h., eine exakte Vorhersage ist nicht möglich.

Für die Interpretation kann es von Interesse sein, aufzuklären, woher der Zusammenhang eigentlich kommt. Gerade dieses Problem bereitet uns Schwierigkeiten, weil sich die Zusammenhänge oft nicht klar und eindeutig aus der beobachteten Situation ergeben. Generell vorstellbar sind folgende 4 Beziehungen, von denen man bei einer Ursache-Wirkungs-Analyse vorerst auch keine außer acht lassen sollte:

1. Die Variable X bestimmt die Variable Y oder umgekehrt.
   Ein klassisches Beispiel für eine derartige Situation ist der Zusammenhang zwischen Alter und Stammumfang bei Bäumen. Je älter ein Baum wird, desto stärker wird in der Regel auch sein Stammumfang durch zunehmende „Jahresringe".
2. Die Variablen X und Y haben nichts „direkt miteinander zu tun", werden aber von einer gemeinsamen dritten Variablen Z bestimmt.
   Zur Veranschaulichung können wir hier an folgendes Beispiel denken: Vergleicht man die Anzahl der zugelassenen Pkw in Deutschland von 1950 und 1990 mit der Anzahl der im gleichen Zeitraum ausgestrahlten Fernsehprogramme, dann erhalten wir einen hohen Korrelationskoeffizienten. Trotzdem wird niemand ernsthaft behaupten, Fernsehprogramme werden mit Hilfe von Pkws ausgestrahlt. Beide Zuwachsraten sind auf ein im allgemeinen gestiegenes Lebensniveau zurückzuführen.
3. Die Variable X ist ein Teil der Variable Y oder umgekehrt.
   Denken wir an das gleichzeitige Werfen mit zwei idealen Würfeln, dann wissen wir, daß die Augenzahlen beider Würfel unabhängig voneinander sind. Berechnen wir nun aber einen Korrelationskoeffizienten zwischen der Augenzahl des ersten Würfels und der Gesamtaugenzahl, dann erhalten wir ein hohes Maß für den Zusammenhang. Das hängt ganz einfach damit zusammen, daß die Augenzahl des ersten Würfels in die Gesamtaugenzahl mit eingeht, d. h., würfeln wir mit dem ersten Würfel eine 1, dann liegt die Gesamtaugenzahl zwischen 2 und 7 und würfeln wir eine 6, dann zwischen 7 und 12, d. h., der Wertebereich der 2 Variablen wird durch die erste mitbestimmt. Zwischen beiden Variablen besteht ein formaler, arithmetischer Zusammenhang.

4. Die Variablen X und Y haben inhaltlich absolut nichts miteinander zu tun.
   Es kann unter Umständen nämlich auch einmal rein zufällig zu einem hohen Wert eines Zusammenhangsmaßes kommen – das ist nach den Gesetzen des Zufalls prinzipiell möglich, aber selten. Diese Art von Zufall läßt sich durch eine Wiederholungsuntersuchung relativ schnell aufdecken, denn es ist höchst unwahrscheinlich, daß zweimal hintereinander ein zufälliger Zusammenhang festgestellt wird.

Wie können wir nun einen **konkret** vorliegenden Zahlenwert als Maßzahl der Bewertung eines zu analysierenden Zusammenhanges beurteilen? Eine relativ zuverlässige Aussage ist dann möglich, wenn dieser Zahlenwert extrem ausfällt oder in der Nähe extremaler Werte liegt. So bedeutet z. B. ein Maßkorrelationskoeffizient r von $+1$ oder -1, daß die Meßwertpaare (x_i,y_i) garantiert auf einer Geraden liegen und damit empirisch ein linearer Zusammenhang vorliegt. Oder ist z. B. der Kontingenzkoeffizient $C = 0$, so stimmen alle beobachteten Häufigkeiten n_{ij} mit den Erwartungshäufigkeiten $\tilde{n}_{ij}$ überein. Es liegt also empirisch eine Unabhängigkeit der Merkmale von X und Y vor.

Erhalten wir dementgegen als Kennwert eines Zusammenhanges einen zwischen den Extremalen liegenden Wert, so ist die Interpretation wesentlich komplizierter. Die nachfolgenden Bemerkungen verfolgen das Ziel, einige Denkansätze beim Umgang mit diesem Problem aufzuzeigen. Die Zuverlässigkeit des erhaltenen Wertes hängt von der Anzahl der zugrundeliegenden Meßwerte ab. Bei niedrigen Anzahlen kann es häufiger geschehen, daß Zufallseffekte den tatsächlich vorliegenden Zusammenhang verfälschen. Des weiteren ist es offenbar sinnvoll, zunächst denjenigen Zusammenhangskoeffizienten zu bestimmen, der die in den vorliegenden Daten enthaltenen Informationen maximal ausnutzt. Man kann dann aber auf der Grundlage des vorliegenden empirischen Datenmateriales immer noch weitere Koeffizienten berechnen, die ein niederes Datenniveau voraussetzen. So würde man z. B. bei metrischen Daten zuerst den Maßkorrelationskoeffizienten bestimmen, kann aber dann auch noch Rangkorrelationskoeffizienten und Kontingenzkoeffizienten ermitteln. Aus dem Vergleich der erhaltenen Zahlenwerte ist es mitunter möglich, gewisse Erkenntnisse zu erhalten, da die Koeffizienten auf verschiedene Arten von Zusammenhängen unterschiedlich empfindlich reagieren: Kontingenzkoeffizienten beschreiben generelle Abhängigkeiten, Rangkorrelationskoeffizienten reagieren auf monotone Zusammenhänge und Maßkorrelationskoeffizienten erfassen lineare Zusammenhänge.

In folgender Orientierungshilfe wird derjenige Koeffizient angegeben, der die in den Daten vorhandenen Informationen maximal ausnutzt:

Datenart für beide Variablen X und Y		Verteilung der Daten	Koeffizient des Zusammenhanges
metrisch	singulär	Symmetrisch und eingipflig	Maßkorrelationskoeffizient r
		asymmetrisch und eingipflig	Rangkorrelationskoeffizient R bzw. τ
		mehrgipflig	Kontingenzkoeffizient C bzw. K (nach Gruppierung)
	gruppiert	symmetrisch und eingipflig	Maß-KK r für Häufigkeiten
		asymmetrisch und eingipflig	Rang-KK R für Häufigkeiten bzw. τ
		mehrgipflig	Kontingenzkoeffizient C bzw. K
ordinal	singulär	—	Rang-KK bzw. τ
	singulär mit Bindungen	—	korr. Rang-KK $R_{\text{korr.}}$ bzw. τ
	gruppiert	—	Rang-KK R für Häufigkeiten bzw. τ
kategorial	—	—	Kontingenzkoeffizient C bzw. K
alternativ	—	—	Phi-Koeffizient Φ bzw. Φ_{COLE}

Gemischte Koeffizienten

Datenart	Koeffizient
Variable X und Y metrisch, aber dichotomisiert erfaßt	tetrachorischer Koeffizient r_{tet}
Variable X und Y metrisch, aber eine davon dichotomisiert erfaßt	biserialer Koeffizient r_{bis}
Variable X metrisch und Variable Y alternativ	punktbiserialer Ko-Koeffizient r_{pbis}

3 Wahrscheinlichkeitstheorie

In Kapitel 2 hatten wir bereits anhand einer Reihe von Beispielen Methoden und Verfahren zur Auswertung von Versuchsergebnissen kennengelernt. Man verfolgt dabei das Ziel, einerseits einen besseren Überblick über das Datenmaterial zu erhalten und andererseits möglicherweise zugrundliegende allgemeine Gesetzmäßigkeiten zu erkennen und zu studieren. Es handelt sich hier größtenteils um Situationen, in denen das Versuchsgeschehen aufgrund der Wirkung des Zufalls wesentlich beeinflußt wird. Während man zum Beispiel mit hinreichender Genauigkeit unter Verwendung der Gesetze der klassischen Mechanik eine Aufprallgeschwindigkeit beim freien Fall aus gegebener Höhe im voraus berechnen kann, ist es kaum vorstellbar, strenggenommen sogar prinzipiell unmöglich, durch Berechnung das Ergebnis der nächsten Ziehung im Lottospiel vorauszusagen. Hier hat der Zufall einen zu großen Einfluß. Trotzdem ist es auch dort noch möglich, in anderer Weise allgemeingültige Gesetzmäßigkeiten der Wirkung des Zufalls zu erkennen und zu beschreiben. Die Wahrscheinlichkeitsrechnung beschäftigt sich genau mit dieser Aufgabe, wobei man aber prinzipiell beachten muß, daß dies durch Modellbildung erfolgt, und die Interpretation und das Anpassen an eine konkret zu untersuchende Situation weitere Überlegungen erfordern. Man setzt nun im Modell voraus, daß das Auftreten der einzelnen möglichen Versuchsergebnisse in einer betrachteten Situation durch zwischen 0 und 1 gelegene Zahlen, sog. Wahrscheinlichkeiten, bewertet wird und stellt sich methodisch auf den Standpunkt, daß diese Zahlen als Grundinformation bekannt und gegeben sind (sog. axiomatische Methode). Diese Wahrscheinlichkeiten sollen die Chance, den Grad der Bestimmtheit des Auftretens der einzelnen Versuchsergebnisse charakterisieren.

Dabei sind einige Aspekte bei der Interpretation bedenkenswert.

Da ist zum ersten der „logisch-plausible Aspekt": In speziellen Situationen, z. B. häufig bei Glücksspielen, ist man aufgrund von Symmetrievorstellungen geneigt, jedem Versuchsergebnis die gleiche Wahrscheinlichkeit zuzusprechen. So würde man z. B. bei einem Wurf mit einem idealen Würfel jeder Augenzahl die Chance $\frac{1}{6}$ geben. Oder man hielte es für völlig plausibel, wenn z. B. in einem Leistungstest von Fragen mit Alternativantworten, wobei jeweils genau eine der beiden Antworten richtig ist, für eine Versuchsperson, die völlig ahnungslos ist und willkürlich rät, bei jeder Frage mit 50 %iger Chance die richtige Antwort getroffen wird.

Ein zweiter, und für uns wesentlicher Aspekt ist der „Aspekt der Massenerscheinung". Wir stellen uns auf den Standpunkt, daß die Gesetzmäßigkeiten des Zufalls bei wachsender Anzahl von Wiederholungen des Versuchs unter Einhaltung konstanter äußerer Versuchsbedingungen erkennbar werden und die Wahrscheinlichkeiten „theoretische Idealwerte" für die relativen Häufigkeiten des Auftretens der einzelnen Versuchsergebnisse sind. So könnte man sich z. B. vorstellen, daß bei einem gezinkten Würfel sich in langen Versuchsserien die relativen Häufigkeiten für das Auftreten einer „6" auf einen bestimmten festen Wert, z. B. 0,18, einpegeln. Man akzeptiert hier also die Tatsache, daß auch der gezinkte Würfel im Häufigkeitsverhalten des Auftretens der einzelnen Augenzahlen bei großen Versuchsserien bestimmte Gesetzmäßigkeiten aufweist. Man kann diese „statistischen Wahrscheinlichkeiten" nun als empirisch gewonnene Erfahrungswerte für das Würfeln mit dem gegebenen gezinkten Würfel auffassen. Dieser empirische Aspekt interpretiert also Wahrscheinlichkeiten als Grenzwerte relativer Häufigkeiten, er ist für die weiteren Betrachtungen eine wesentliche Grundlage.

Ein dritter Aspekt ist der subjektive Aspekt. Hier wird die Wahrscheinlichkeit als Maßzahl für das subjektive „Fürwahrhalten" des Eintretens des betrachteten Versuchsergebnisses durch den Anwender aufgefaßt. Nimmt man als Beispiele die Reaktion auf Reize bei Versuchspersonen (z. B. Sensibilitätsprüfungen) oder die Einschätzung der Wirksamkeit eines Medikamentes, so stellt man auch hier fest, daß bei der subjektiven Bewertung empirische Erfahrungen und auch „innere Gesetzmäßigkeiten" einen wesentlichen Einfluß haben können.

Aufgrund dieser verschiedenen Interpretationen ist bei Anwendungen in konkreten Situationen kritischer Sachverstand vonnöten.

Wir wollen uns hier vorrangig mit einem **theoretischen Modell zur Beschreibung von Zufallserscheinungen** befassen und in diesem Modell versuchen zu verstehen, wie man mit Wahrscheinlichkeiten umgeht und rechnet. Dieses Modell ist relativ übersichtlich und einfach und aus diesem Grunde wohl auch die Basis für eine Reihe angewandter Disziplinen, wie z. B. für die Statistik, die Informationstheorie, die Biometrie, die statistische Qualitätskontrolle, statistische Versuchsplanung, Bedienungstheorie, Zuverlässigkeitstheorie, Monte-Carlo-Simulation, u. a. Man setzt also voraus, daß im Grundmodell die Wahrscheinlichkeiten für die einzelnen Versuchsausgänge bekannt sind, und bestimmt dann auf dieser Basis kompliziertere Wahrscheinlichkeiten, die von praktischem Interesse sind. Als symptomatisches Beispiel möge hier noch einmal der bereits weiter oben zitierte Leistungstest mit 10 angenommenen Alternativfragen dienen. Wir halten es für völlig einleuchtend, daß bei „willkürlichem" Ausfüllen des Fragebogens je Frage die Chance 50 % besteht, die richtige Antwort zu treffen. Wir können aber nicht intuitiv unmittelbar erraten, wie groß die Wahrscheinlichkeit dafür ist, daß ein auf diese Weise ausgefüllter Fragebogen z. B. genau 3 richtige Antworten enthält. Eine kombinatorische Rechnung ergibt den Wert $\binom{10}{3} \cdot 0{,}5^{10} \approx 11{,}7\ \%$.

3.1 Das wahrscheinlichkeitstheoretische Grundmodell

3.1.1 Stichprobenraum, zufällige Ereignisse

Es gibt verständlicherweise viele, zum Teil recht unterschiedliche Situationen, in denen aufgrund der Wirkung des Zufalls nichtvorhersagbare Beobachtungen und Ereignisse auftreten. Wir wollen in diesem Abschnitt damit beginnen, erforderliche Bestimmungsstücke für den Aufbau eines Modells zur Beschreibung von Zufallserscheinungen zu präzisieren. Es ist ein Charakteristikum theoretischer Betrachtungen, daß man in der zu untersuchenden Situation das Spektrum der **prinzipiell denkbaren Beobachtungsergebnisse** beachtet. Die praktische Versuchsdurchführung, konkrete Beobachtung und Auswertung ist das eine, das theoretische Bedenken und Einschätzen aller möglichen Eventualitäten das andere. Als Synonym für die zu untersuchende, vom Zufall beeinflußte Situation gebrauchen wir den Begriff zufälliger Versuch. Wir fordern dabei zunächst nur, daß die Menge[1)] der prinzipiell möglichen konkreten Beobachtungsergebnisse von vornherein angegeben werden kann.

Die Menge der möglichen Versuchsergebnisse heiße **Merkmalsraum** oder auch **Stichprobenraum** bzw. **Ereignisraum** und werde mit Ω bezeichnet. Die Elemente ω von Ω nennen wir elementare Versuchsergebnisse.

Jede Beobachtung bzw. Versuchsdurchführung liefert dann ein elementares Versuchsergebnis. Es ist aber aufgrund der Wirkung des Zufalls nicht möglich, vor der Versuchsdurchführung vorherzusagen, welches der möglichen ω tatsächlich beobachtet werden wird. Man kann die Versuchsdurchführung

[1)] Eine zusammenfassende Darstellung der wichtigsten Grundbegriffe der Mengenlehre findet man im Kapitel 6 (Abschnitt 6.1).

als zufällige Entnahme eines Beobachtungswertes ω aus der Menge Ω aller in Frage kommenden Versuchsergebnisse interpretieren.

Beispiel 3.1/1: Werfen einer Münze; hier gibt es 2 mögliche Versuchsausgänge, die wir mit Z für „Zahl oben" und W für „Wappen oben" bezeichnen wollen. Also ist $\Omega = \{Z,W\}$.

Beispiel 3.1/2: Werfen eines Würfels; wir erhalten offensichtlich $\Omega = \{1,2,3,4,5,6\}$.

Beispiel 3.1/3: Werfen von 3 verschiedenen Münzen; hier gibt es pro Münze 2 Möglichkeiten, also insgesamt $2 \cdot 2 \cdot 2 = 8$ Versuchsegebnisse ω, die wir z. B. wie folgt bezeichnen könnten: $\omega = (Z,W,Z)$ heißt dann, daß die 1. und 3. Münze „Zahl oben" zeigt und die 2. Münze „Wappen oben". Wir erhalten $\Omega = \{(Z,Z,Z),(Z,Z,W),(Z,W,Z),(W,Z,Z),(Z,W,W),(W,Z,W),(W,W,Z),(W,W,W)\}$.

Beispiel 3.1/4: Werfen zweier (verschiedenfarbiger) Würfel; analog zu Bsp. 3.1/3 erhalten wir $\Omega = \{(1,1),(1,2),\ldots,(1,6),(2,1),\ldots,(2,6),\ldots,(6,6)\}$. Es gibt hier $6 \cdot 6 = 36$ mögliche Versuchsergebnisse ω.

Beispiel 3.1/5: Durchführung eines Intelligenztests; das Spektrum der möglichen Punktsumme bewege sich von 50 bis 150, also hat man $\Omega = \{50,51,52,\ldots,150\}$.

Beispiel 3.1/6: Ausfüllen eines Fragebogens durch eine Versuchsperson. Wir nehmen der Einfachheit halber an, daß es sich um 5 Fragen zu je 3 Antworten a,b,c handelt. Es gibt somit insgesamt $3 \cdot 3 \cdot 3 \cdot 3 \cdot 3 = 243$ verschiedene Versuchsergebnisse:

	a	b	c
1.	×		
2.	×		
3.	×		
4.	×		
5.	×		

	a	b	c
1.	×		
2.	×		
3.	×		
4.	×		
5.		×	

	a	b	c
1.	×		
2.	×		
3.	×		
4.		×	
5.	×		

	a	b	c
1.	×		
2.	×		
3.		×	
4.	×		
5.	×		

...

	a	b	c
1.			×
2.			×
3.			×
4.			×
5.			×

Die Grundmenge Ω besteht hier aus allen Antwortkonstellationen $\omega = (x_1,x_2,x_3,x_4,x_5)$, wobei jedes x_i die Werte a,b,c annehmen kann.

Beispiel 3.1/7: Zufällige Auswahl einer Versuchsperson, die einen Punkt auf einer Rating-Skale markieren soll. Solche Skalen haben gewöhnlich eine Länge von 7 cm bis 10 cm. Wir verwenden eine 10 cm-Rating-Skale und erhalten dann den Stichprobenraum Ω aller reellen Zahlen x zwischen 0 und 10: $\Omega = \{x\colon 0 \le x \le 10\}$.

Beispiel 3.1/8: Auswahl einer Versuchsperson und die Messung von deren Körpergröße und Gewicht. Hier besteht Ω aus allen Meßwertpaaren $\omega = (x,y)$ reeller positiver Zahlen x,y: $\Omega = \{(x,y)\colon x > 0, y > 0\}$.

In vielen Situationen ist es möglich, den zufälligen Versuch real oder wenigstens gedanklich beliebig oft unter Einhaltung der Versuchsbedingungen zu wiederholen. Wir werden diese Eigenschaft nicht streng einfordern, orientieren uns aber im weiteren Modellaufbau an der Vorstellung der Wiederholbarkeit zufälliger Versuche. Der nächste Grundbegriff ist der Begriff des zufälligen Ereignisses.

Ein **zufälliges Ereignis** ist eine Teilmenge des Stichprobenraumes Ω. Wir verwenden dementsprechend für zufällige Ereignisse die gleichen Bezeichnungen wie für Mengen, also $A, B, \ldots$ Wir sagen, das zufällige **Ereignis** A **tritt ein**, wenn das Versuchsergebnis in A liegt.

Aufgrund der Wirkung des Zufalls ist es vor der Versuchsdurchführung nicht möglich vorherzusagen, ob ein interessierendes zufälliges Ereignis A eintreten wird oder nicht. Wir betrachten einige Beispiele und knüpfen an die oben erwähnten an:

Zu Beispiel 3.1/2: Das zufällige Ereignis $A = \{2, 4, 6\}$ bedeutet, daß beim Würfeln mit einem Würfel eine gerade Zahl gewürfelt wird.

Zu Beispiel 3.1/3: $A = \{(Z,W,W), (W,Z,W), (W,W,Z)\}$ heißt, daß bei dem Münzwurf mit 3 Münzen genau 1mal eine Zahl vorkommt.

Zu Beispiel 3.1/4: Das Ereignis A, bei einem Wurf mit 2 Würfeln die Würfelsumme 5 zu erhalten, können wir wie folgt angeben: $A = \{(1,4), (2,3), (3,2), (4,1)\}$.

Zu Beispiel 3.1/5: $A = \{50, 51, 52, \ldots, 90\}$ bedeutet, daß die Versuchsperson beim Intelligenztest nicht mehr als 90 Punkte erreicht, während z. B. $B = \{92\}$ heißt, daß sie genau auf 92 Punkte kommt.

Zu Beispiel 3.1/6: $A = \{(x_1, x_2, x_3, x_4, x_5)$ mit $x_i = a$ oder c, aber nie b für alle$i\}$ ist das zufällige Ereignis: Die Antwort b wurde kein einziges Mal angekreuzt. Es gibt $2 \cdot 2 \cdot 2 \cdot 2 \cdot 2 = 32$ verschiedene solche Möglichkeiten, d. h. A enthält 32 Elemente. Wird also z. B. der Fragebogen $\omega = (a, a, c, a, c)$ erhalten, so ist A eingetreten.

Zu Beispiel 3.1/8: $A = \{(x,y): x \geq 1{,}70,\ y \leq 68{,}5\}$ bedeutet, daß die ausgewählte Versuchsperson mindestens 1,70 m groß ist und dabei höchstens 68,5 kg wiegt. Auch hier erkennen wir wieder, daß aufgrund der zufälligen Auswahl der Versuchsperson das Ereignis eintreten kann oder nicht.

Zufällige Ereignisse sind also Teilmengen des Merkmalsraumes Ω. Extreme Teilmengen sind die leere Menge $\emptyset$ und die ganze Menge Ω. Die leere Menge $\emptyset$ heißt in diesem Zusammenhang ein **unmögliches Ereignis**. Dieses tritt nie ein, da es kein Element enthält. Auf der entgegengetzten Seite heißt die ganze Menge Ω ein **sicheres Ereignis**. Es tritt stets bei jedem Versuch ein, da ein beliebiges mögliches Versuchsergebnis zu Ω gehört.

Ist der Merkmalsraum Ω endlich oder hat er höchstens abzählbar unendlich viele Elemente, so ist **jede** Teilmenge A von Ω ein zufälliges Ereignis. Enthält Ω noch mehr Elemente, d. h. ist Ω überabzählbar, dann muß man aus mathematisch-theoretischen Gründen etwas vorsichtiger sein und kann nur gewisse Teilmengen A von Ω als zufällige Ereignisse zulassen (man vgl. auch die Bemerkungen am Ende dieses Abschnittes).

Aus den bisherigen Ausführungen erkennen wir, daß beim Aufbau des Modells der Wahrscheinlichkeitsrechnung die Mengenlehre (vgl. auch Abschnitt 6.1) benutzt wird. Man hat hier nur eine andere Sprechweise zu berücksichtigen: Wir sagen nicht, das Element ω, d. h. das Versuchsergenis ω, liegt in der Menge A, sondern wir sagen stattdessen, das Ereignis A tritt ein.

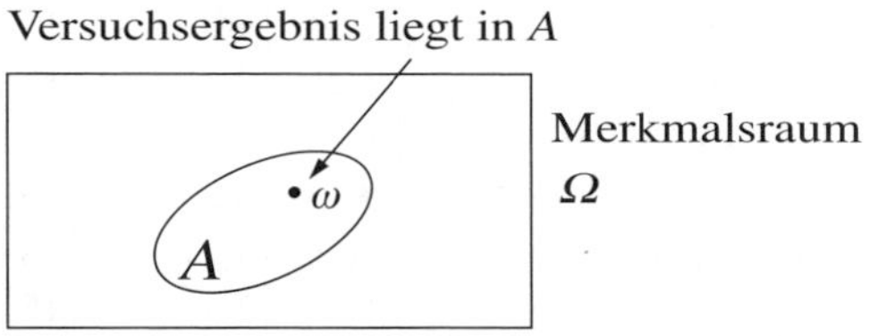

Das zufällige Ereignis A tritt ein: Versuchsergebnis liegt in A

Man überträgt nun die Operationen zwischen Mengen auf diesen Sachverhalt. Wir betrachten zwei Ereignisse A,B und bilden aus ihnen durch Mengenoperationen neue Ereignisse:

Bezeichnung	Sprechweise	Interpretation	Symbolische Darstellung
$A \cap B$	A und B	A und B treten gleichzeitig ein.	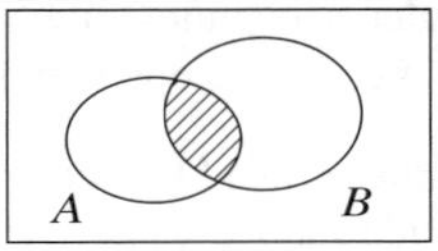
$A \cup B$	A oder B	Es tritt A oder B ein.	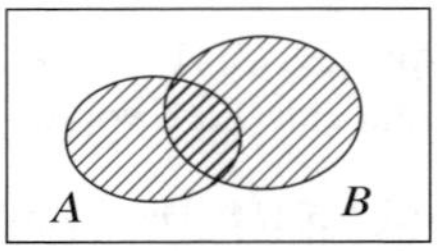
$A \setminus B$	A minus B	Es tritt A, aber nicht B ein.	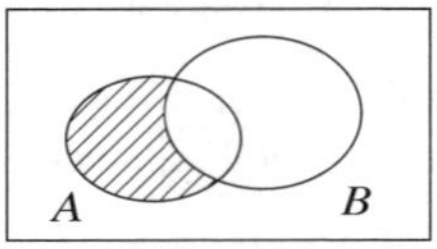
$\overline{A} = \Omega \setminus A$	nicht A	Es tritt das Gegenteil von A ein.	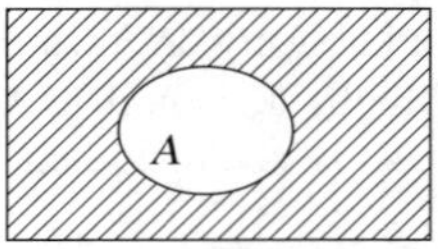
$A \triangle B$	A Diskrepanz B	Es tritt entweder A oder B ein, aber nicht beide zugleich.	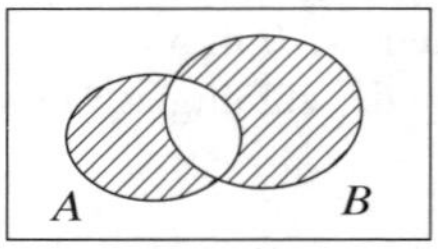

Wir betrachten ein Beispiel und verwenden dabei auch gleich eine tabellarische Darstellung. Wir nehmen Beispiel 3.1/4 und betrachten die folgenden beiden Ereignisse:

A: Die Augenzahlen beider Würfel sind gleich, d. h., es wird ein Pasch gewürfelt.

B: Die Augensumme beträgt 6.

Operation zwischen A und B	Interpretation	Angabe der zugehörigen Versuchsergebnisse	Anzahl
$A \cap B$	Man erhält Pasch und gleichzeitig Augensumme 6	(3,3)	1
$A \cup B$	Pasch oder Augensumme 6	(1,1), (2,2), (3,3), (4,4), (5,5), (6,6), (1,5), (2,4), (4,2), (5,1)	10
$A \setminus B$	Pasch, aber nicht Augensumme 6	(1,1), (2,2), (4,4), (5,5), (6,6)	5
$\overline{A}$	kein Pasch	30 Versuchsergebnisse	
$A \triangle B$	Entweder Pasch oder Augensumme 6	(1,1), (2,2), (4,4), (5,5), (6,6), (1,5), (2,4), (4,2), (5,1)	9

Für das weitere benötigen wir die folgenden beiden Begriffe:

- Man sagt, die zufälligen Ereignisse A und B sind **unvereinbar**, wenn $A \cap B = \emptyset$ gilt. Die Mengen A und B liegen in diesem Fall also „auseinander":

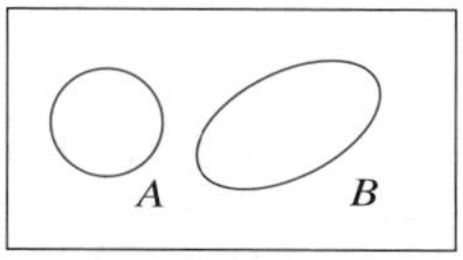

Unvereinbare Ereignisse können prinzipiell nie zugleich eintreten, weil sie sich „widersprechen". So ist z. B. beim Würfeln mit 2 Würfeln das Ereignis A: „Die Augensumme ist ungerade." mit dem Ereignis B: „Die Augenzahlen beider Würfel sind gerade." unvereinbar.

- Man sagt, die Ereignisse $A_1, A_2, \ldots, A_n$ bilden ein **vollständiges System von zufälligen Ereignissen**, wenn durch sie eine Zerlegung der Grundmenge Ω gegeben ist, d. h., wenn sie zusammengelegt ganz Ω ergeben und sich dabei nicht überschneiden. Formal heißt das: $\Omega = A_1 \cup A_2 \cup \ldots \cup A_n$; je zwei der Ereignisse A_i sind unvereinbar:

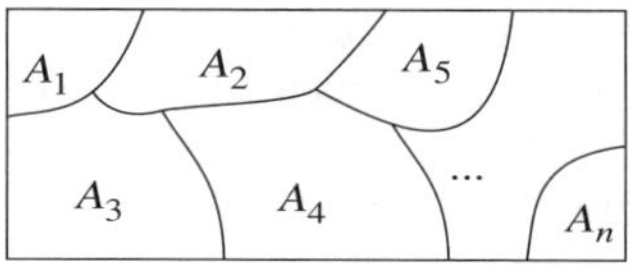

Ein vollständiges System von Ereignissen erhält man z. B. immer bei einer „Fallunterscheidung" der möglichen Versuchsergebnisse. So bilden z. B. beim Würfeln mit 2 verschiedenfarbigen Würfeln die folgenden 4 Ereignisse ein vollständiges System:
A_1**:** „Beide Augenzahlen sind gerade."
A_2**:** „Beide Augenzahlen sind ungerade."
A_3**:** „Augenzahl von Würfel 1 ist gerade und Augenzahl von Würfel 2 ist ungerade."
A_4**:** „Augenzahl von Würfel 1 ist ungerade und Augenzahl von Würfel 2 ist gerade."

Beim Aufbau eines theoretischen Modells für einen zufälligen Versuch hat man also zuerst die Grundmenge Ω der in Frage kommenden elementaren Versuchsausgänge anzugeben. Als nächstes werden zufällige Ereignisse betrachtet, sie sind Teilmengen der Grundmenge Ω. Man faßt nun auch die zufälligen Ereignisse wieder zu einer Menge zusammen und nennt diese Menge das **zugehörige Ereignisfeld**. Wir wollen es standardmäßig mit $\mathfrak{A}$ bezeichnen. Ist der Grundraum Ω endlich oder abzählbar unendlich [1)], so enthält das zugehörige Ereignisfeld $\mathfrak{A}$ **alle** Teilmengen von Ω; $\mathfrak{A}$ ist also die Potenzmenge von Ω (vgl. Abschnitt 6.1). Enthält Ω mehr als abzählbar unendlich viele Versuchsausgänge, wie z. B. bei „stetigen Messungen", dann muß man etwas vorsichtiger vorgehen: Man betrachtet zunächst ein dem Problem angepaßtes System interessierender Teilmengen A und nimmt dann noch die Ereignisse hinzu, die man aus ihnen durch (u. U. auch unendlich häufiges) Anwenden der Mengenoperationen $\cap$, $\cup$, $\setminus$, $\bar{\ }$ erhalten kann. Die so theoretisch gebildete Kollektion von Teilmengen von Ω ist dann das zugehörige Ereignisfeld $\mathfrak{A}$. Betrachten wir z. B. eine zufällig ausgewählte Glühlampe und messen ihre Brenndauer beliebig genau, so ist jede reelle Zahl $x \geq 0$ als Versuchsergebnis möglich. Wir erhalten als Grundraum Ω das Intervall $[0,\infty)$, also eine überabzählbar[2)]unendliche Menge. Nun könnten uns z. B. alle Ereignisse der Form $A = \{x\colon x \geq a\}$ interessieren, d. h., die Brenndauer beträgt mindestens a, wobei $a > 0$ beliebig gewählt wird. Man nimmt nun zu all diesen Ereignissen A noch die durch – auch mehrfaches – Anwenden der Mengenoperationen $\cap$, $\cup$, $\setminus$, $\bar{\ }$ entstehenden Teilmengen von Ω hinzu. Es sei bemerkt, daß das so entstehende System von Teilmengen, das wir zugehöriges Ereignisfeld $\mathfrak{A}$ nennen, nicht sämtliche Teilmengen von Ω enthält. In jedem Fall ist aber ein Ereignisfeld $\mathfrak{A}$ eine Kollektion von Teilmengen von Ω, in der die Anwendung der Mengenoperationen (höchstens abzählbar unendlich oft) uneingeschränkt möglich ist, d. h. immer wieder zu Elementen der Kollektion $\mathfrak{A}$ führt.

[1)] Eine abzählbar unendliche Menge Ω ist eine solche Menge, die nur so viele Elemente enthält, daß man sie noch durchnumerieren kann, z. B. $\Omega = \{1, 2, 3, 4, \ldots\}$, $\Omega = \{2, 4, 6, 8, \ldots\}$, $\Omega = \{1, 10, 100, 1000, 10^4, \ldots\}$. Es gibt aber auch Mengen, die „wesentlich umfangreicher" sind, so daß ein Durchnumerieren nicht mehr gelingt. Ein Beispiel hierfür ist die Menge aller rellen Zahlen eines Intervalls, wie z. B. $\Omega = \{x \text{ reell: } 0 \leq x \leq 10\}$. Solche Mengen nennt man überabzählbar.

3.1.2 Relative Häufigkeiten

Zum weiteren Modellaufbau verfolgen wir das Ziel, für jedes zufällige Ereignis A aus dem zugehörigen Ereignisfeld seine Chance des Eintretens durch eine zwischen 0 und 1 gelegene Zahl zu bewerten. Dabei müssen bestimmte Rechenregeln eingehalten werden. Um diese zu finden, orientieren wir uns an der Vorstellung, daß die Gesetze des Zufalls durch Versuchswiederholungen in großen Serien erkennbar werden.
Wir betrachten also einen zufälligen Versuch, bestimmen die zugehörige Grundmenge Ω und fixieren ein uns interessierendes Ereignis A aus dem Ereignisfeld $\mathfrak{A}$. Nun wird der Versuch wiederholt, also n-mal durchgeführt, und dabei wird jedesmal lediglich festgestellt, ob A eintritt oder nicht. Wir bezeichnen mit

$H_n(A)$ die **absolute Häufigkeit** des Eintretens von A in den ersten n Versuchen, d. h. die Gesamtzahl derjenigen Male unter diesen n Versuchen, in denen A eingetreten ist.

Die **relative Häufigkeit** werde mit $h_n(A)$ bezeichnet und entsteht aus der absoluten Häufigkeit mittels Division durch n:

$$h_n(A) = \frac{H_n(A)}{n} \quad \text{(relative Häufigkeit).}$$

Beispiel:

Versuchsnr.	Eintreten von A (markiert mit *)	$H_n(A)$	$h_n(A)$
1		0	0
2	*	1	$\frac{1}{2}$
3	*	2	$\frac{2}{3}$
4		2	$\frac{2}{4}$
5		2	$\frac{2}{5}$
6		2	$\frac{2}{6}$
7	*	3	$\frac{3}{7}$
8	*	4	$\frac{4}{8}$
9		4	$\frac{4}{9}$
10	*	5	$\frac{5}{10}$

Man wertet also jeweils die ersten n Versuche. Die Zahlen $H_n(A)$ nehmen zu oder bleiben konstant, während sich die Werte $h_n(A)$ ständig ändern, da man stets durch ein anderes n dividiert.

Wir wollen nun einige Eigenschaften der relativen Häufigkeit diskutieren und beachten dabei getrennt zwei Gesichtspunkte:

1. Wir halten die Anzahl n der Versuche fest und untersuchen die Eigenschaften von $h_n(A)$, wenn über A variiert wird.
2. Wir halten das Ereignis A fest und lassen n wachsen.

Zu 1.: Wir beginnen mit einem Beispiel. Es werde mit 2 verschiedenfarbigen Würfeln gewürfelt, und wir betrachten folgende Ereignisse:

A_1 „Die Augenzahlen beider Würfel sind gerade."
A_2 „Die Augenzahlen beider Würfel sind ungerade."
B „Die Augensumme beträgt 6, 7, 8 oder 9.",

sowie die abgeleiteten Ereignisse $A_1 \cup A_2, A_1 \cup B, A_1 \cap B, \overline{A_1}$. Wir bemerken, daß A_1 und A_2 unvereinbar sind.

Versuchsbeispiel:

Nr. n	Ergebnis	Würfel-summe	$h_n(A_1)$	$h_n(A_2)$	$h_n(A_1 \cup A_2)$	$h_n(\overline{A}_1)$	$h_n(B)$	$h_n(A_1 \cup B)$	$h_n(A_1 \cap B)$
			jeweils für $n = 5,10,15,20$						
1	(4, 1)	5				*			
2	(3, 3)	6		*	*	*	*	*	
3	(6, 2)	8	*		*		*	*	*
4	(1, 5)	6		*	*	*	*	*	
5	(4, 4)	8	* $\frac{2}{5}$	$\frac{2}{5}$	* $\frac{4}{5}$	$\frac{3}{5}$	* $\frac{4}{5}$	* $\frac{4}{5}$	* $\frac{2}{5}$
6	(2, 5)	7				*	*	*	
7	(1, 3)	4		*	*	*			
8	(2, 4)	6	*		*		*	*	*
9	(6, 2)	8	*		*		*	*	*
10	(3 ,1)	4	$\frac{4}{10}$	* $\frac{4}{10}$	* $\frac{8}{10}$	* $\frac{6}{10}$	$\frac{7}{10}$	$\frac{7}{10}$	$\frac{4}{10}$
11	(5, 4)	9				*	*	*	
12	(3, 6)	9				*	*	*	
13	(1, 6)	7				*	*	*	
14	(2, 2)	4	*		*			*	
15	(4, 1)	5	$\frac{5}{15}$	$\frac{4}{15}$	$\frac{9}{15}$	* $\frac{10}{15}$	$\frac{10}{15}$	$\frac{11}{15}$	$\frac{4}{15}$
16	(5, 6)	11				*			
17	(2, 5)	7				*	*	*	
18	(1, 1)	2		*	*	*			
19	(4, 2)	6	*		*		*	*	*
20	(3, 5)	8	$\frac{6}{20}$	* $\frac{6}{20}$	* $\frac{12}{20}$	* $\frac{14}{20}$	* $\frac{13}{20}$	* $\frac{14}{20}$	$\frac{5}{20}$

Anhand des Beispiels bestätigen wir folgende allgemeine Eigenschaften der relativen Häufigkeiten:

1. Für jedes Ereignis A aus dem Ereignisfeld $\mathfrak{A}$ kann man die relative Häufigkeit $h_n(A)$ bestimmen (einfach durch Abzählen).

   Es gilt stets $\quad 0 \leq h_n(A) \leq 1$,

   genauer, $h_n(A)$ kann einen der Werte $0, \frac{1}{n}, \frac{2}{n}, \ldots, \frac{n}{n} = 1$ annehmen. Welcher dieser möglichen Werte tatsächlich auftritt, hängt von der konkreten Versuchsserie und damit vom Zufall ab.

2. Für die extremen Ereignisse $\emptyset, \Omega$ erhalten wir offensichtlich

$$h_n(\emptyset) = \frac{0}{n} = 0, \qquad h_n(\Omega) = \frac{n}{n} = 1.$$

3. Die relativen Häufigkeiten sind **additiv,** d. h., es gilt

$$h_n(A_1 \cup A_2) = h_n(A_1) + h_n(A_2) \text{ für beliebige Ereignisse } A_1, A_2 \text{ mit} A_1 \cap A_2 = \emptyset.$$

Diese Eigenschaft der Additivität ist eine wesentliche Rechenformel. Sind A_1 und A_2 auseinanderliegend, so zerfallen alle zu $A_1 \cup A_2$ gehörenden Versuchsergebnisse in zwei Gruppen: In diejenigen, die in A_1 liegen, und diejenigen, die in A_2 liegen. Die Summe ihrer Anzahlen ist damit identisch mit der absoluten Häufigkeit von $A_1 \cup A_2$. Und das überträgt sich unmittelbar auf die relativen Häufigkeiten. So erhalten wir in obigem Beispiel für $n = 20$: $h_{20}(A_1 \cup A_2) = \frac{12}{20} = \frac{6}{20} + \frac{6}{20} = h_{20}(A_1) + h_{20}(A_2)$.

Weiterhin gelten noch folgende Rechengesetze, die man aber auch bereits theoretisch aus den Eigenschaften 1.–3. ableiten kann:

4. $h_n(\overline{A_1}) = 1 - h_n(A_1)$ für jedes EreignisA_1,
5. $h_n(A_1 \cup B) = h_n(A_1) + h_n(B) - h_n(A_1 \cap B)$ für beliebige Ereignisse A_1,B.

Letztere Eigenschaft kann auch günstig als Rechenkontrolle in obigem Beispiel eingesetzt werden. Wir haben also z. B.

für $n = 15$: $\frac{11}{15} = \frac{5}{15} + \frac{10}{15} - \frac{4}{15}$, für $n = 20$: $\frac{14}{20} = \frac{6}{20} + \frac{13}{20} - \frac{5}{20}$.

Diese Formel läßt sich unmittelbar plausibel erklären: Bei der Bestimmung von $h_n(A_1 \cup B)$ zählen wir alle Versuchsergebnisse, die in A_1 oder B liegen. Die in $A_1 \cap B$ liegenden Ergebnisse wurden jedoch sowohl in $h_n(A_1)$ als auch in $h_n(B)$ erfaßt, also doppelt. Wir müssen sie also einmal wieder subtrahieren, d. h. $h_n(A_1) + h_n(B) - h_n(A_1 \cap B)$ bilden.

Zu 2.: Wir werden jetzt A festhalten und die Anzahl n der Versuche erhöhen. Wir betrachten zunächst ein Beispiel, und zwar das einmalige Würfeln mit einem Würfel und dabei das Eintreten des Ereignisses $A = \{6\}$. Eine Computersimulation ergab folgende Ergebnisse:

Anzahl d. Würfe	absolute Häufigkeit	relative Häufigkeit	Anzahl d. Würfe	absolute Häufigkeit	relative Häufigkeit
n	$H_n(A)$	$h_n(A)$	n	$H_n(A)$	$h_n(A)$
200	40	0,2	2200	367	0,1668182
400	75	0,1875	2400	388	0,1615385
600	112	0,1866667	2600	420	0,1639285
800	136	0,17	2800	459	0,1639286
1000	180	0,18	3000	493	0,1643333
1200	205	0,1708333	3200	527	0,1646875
1400	239	0,1707143	3400	563	0,1655882
1600	270	0,16875	3600	594	0,165
1800	302	0,1677778	3800	622	0,1636842
2000	338	0,169	4000	653	0,16325

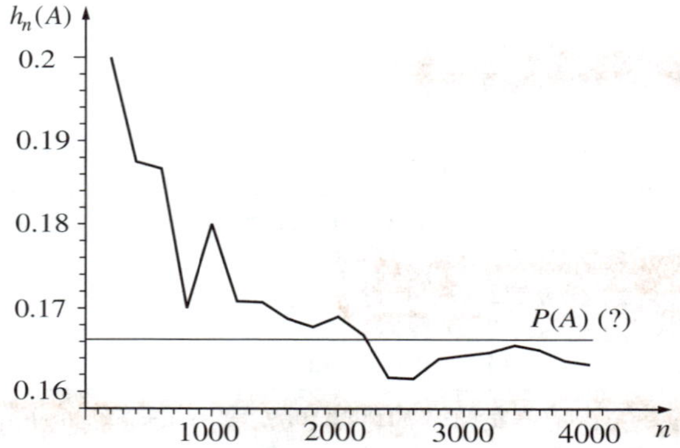

Am Bild erkennen wir: Bei ständiger Vergrößerung der Anzahl n der Versuche oszillieren die relativen Häufigkeiten zunehmend weniger und pegeln sich auf einen Wert ein. Dieser „Grenzwert" ist die „theoretische Häufigkeit" für das Eintreten des Ereignisses A. Wir nennen ihn die Wahrscheinlichkeit von A und bezeichnen diese Zahl mit $P(A)$. Dabei sind aber zwei Fragen kritisch zu stellen: Zum ersten können wir nicht unendlich lange Versuchsserien durchführen und sind somit nicht in der Lage, den genauen Wert $P(A)$ für die theoretische Häufigkeit des Eintretens von A zu ermitteln. Es ist ein wichtiges Anliegen der Statistik, diese Lücke zwischen praktischer Versuchsdurchführung und theoretischen Modellvorstellungen möglichst gut zu überbrücken. Zum zweiten halten wir den Vorgang des Einpegelns der relativen Häufigkeiten, wie er in obigem Beispiel gezeigt wird, für plausibel, es ist aber nicht selbstverständlich, daß bei einer erneuten Würfelserie das Einpegeln auf den gleichen Wert wie vorher erfolgt. Wir werden uns im weiteren auf den Standpunkt stellen, daß diese „Gesetzmäßigkeit des Zufalls" vorliegt und ein entsprechend theoretisches Modell aufbauen, in dem diese Eigenschaft (das sog. Gesetz der großen Zahlen) streng mathematisch bewiesen werden kann.

3.1.3 Die klassische Wahrscheinlichkeit und die geometrische Wahrscheinlichkeit

Wie bereits in der Einleitung zu diesem Kapitel unter der Bezeichnung „logisch plausibler Aspekt" erwähnt wurde, handelt es sich bei der klassischen Wahrscheinlichkeit um einen Sonderfall, bei dem man durch plausibles Schließen die zugrundeliegenden Wahrscheinlichkeiten $P(A)$ genau berechnen kann, ohne den zugrunde liegenden zufälligen Versuch jemals durchgeführt zu haben. In allgemeineren Situationen ist dies nicht mehr möglich.

Zu dieser Berechnung benötigt man die Angabe der Anzahlen der in A und in der Grundmenge Ω liegenden Elemente. Wenn diese Mengen sehr groß und nach „bestimmten Prinzipien" gebildet werden, benutzt man hierzu Formeln der Kombinatorik. Aus diesem Grunde wollen wir an dieser Stelle zunächst die durch die Kombinatorik erfaßten Standardsituationen mit ihren zugehörigen Formeln betrachten.

3.1.3.1 Kombinatorik

In der Wahrscheinlichkeitsrechnung stehen wir des öfteren vor dem Problem, für betrachtete endliche Versuchsergebnismengen A die Anzahl der sich in ihnen befindlichen Elemente zu ermitteln. Man könnte diese Aufgabe natürlich am einfachsten durch Abzählen lösen. Die auftretenden Mengen sind jedoch häufig sehr groß, so daß andere Wege beschritten werden müssen.

Beispiel 3.1/9: Es treffen sich 80 Personen, jeder begrüßt jeden. Wie viele Begrüßungen sind das insgesamt? Oder anders ausgedrückt: Wie viele Paare lassen sich aus 80 Personen bilden?

Beispiel 3.1/10: Ein Fragebogen enthalte 25 Fragen zu je 3 Antworten, von denen jeweils genau eine angekreuzt werden soll. Wie viele verschiedene Möglichkeiten gibt es, den Fragebogen auszufüllen?

Worin bestehen nun diese „anderen Wege" zur Bestimmung von Anzahlen endlicher Mengen? Wir stellen zunächst einschränkend fest, daß wir nicht das Ziel verfolgen, für **jede** endliche Menge eine Formel für die Anzahl ihrer Elemente anzugeben. Das ist offensichtlich nicht möglich. Wir wollen diese Aufgabe vielmehr für gewisse Mengen A lösen, die nach bestimmten Konstruktionsprinzipien gebildet wurden. Es gibt dabei 6 Standardsituationen, sog. **Permutationen**, **Variationen** und **Kombinationen**, und diese jeweils ohne oder mit Wiederholung. Das grundlegende Problem bei der Anwendung der Kombinatorik besteht stets darin zu erkennen, ob überhaupt eine Standardsituation zutreffend ist, und welche dann die richtige ist. Theoretisch bedeutet dies, daß man bei derartigen Aufgabenstellungen die Elemente der zu untersuchenden Menge A gedanklich in umkehrbar eindeutiger Weise den „Möglichkeiten" einer Standardsituation zuordnet, dadurch auf die Gleichheit der Anzahl der in A enthaltenen

Elemente mit der Anzahl aller „Möglichkeiten" der Standardsituation schließt und dafür die entsprechende Formel zur Verfügung hat. Wir werden im weiteren diese Vorgehensweise im Prinzip stets wiedererkennen.

3.1.3.1.1 Permutationen

Man hat eine Gruppe von n Objekten fest vorgegeben und stellt die Frage, wie viele Möglichkeiten es gibt, diese gegebenen Objekte in einer Reihe anzuordnen. Sind dabei alle gegebenen Objekte voneinander verschieden, so spricht man von **Permutationen ohne Wiederholung**. Treten unter den gegebenen Objekten einige mehrfach auf, so bezeichnet man die gebildeten Anordnungen dieser Objekte in einer Reihe als **Permutationen mit Wiederholung**.

a) **Permutationen ohne Wiederholung**

Wir beginnen mit einem Beispiel, das unmittelbar ersichtlich in die hier zu betrachtende Standardsituation hineingehört.

Beispiel 3.1/11: Eine Kinoreihe mit 12 Plätzen werde von 12 bestimmten Personen besetzt. Wie viele Sitzanordnungen dieser Personen gibt es?

Wir wollen die allgemeine Formel erraten, indem wir mit kleinen Anzahlen n beginnen. Es sei also $n = 2$, die vorhandenen Objekte bezeichnen wir mit a,b. Es gibt dann genau 2 mögliche Anordnungen, nämlich ab und ba. Für $n = 3$ Objekte a,b,c können wir auch die möglichen 6 Permutationen mühelos aufschreiben: cab, acb, abc, cba, bca, bac. Wir erkennen, daß diese dadurch gebildet werden können, indem sich das neu hinzukommende Objekt c in jede der Anordnungen der beiden Objekte a, b „hineindrängelt". Es hat dazu jeweils 3 Möglichkeiten:

Kommt nun ein 4. Element d hinzu, so hat dieses 4 Möglichkeiten, sich den Dreierreihen einzufügen, z. B.

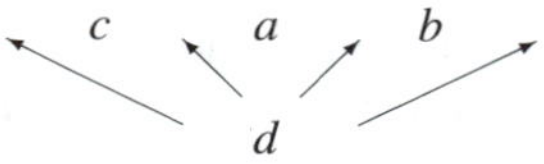

also entstehen $dcab$, $cdab$, $cadb$, $cabd$. Und dies gilt für jede der 6 Anordnungen der 3 Elemente a, b, c. Wir erhalten bei $n = 4$ Elementen insgesamt $6 \cdot 4 = 2 \cdot 3 \cdot 4 = 24$ Möglichkeiten der Anordnung.

Nun können wir die allgemeine Formel erraten. Es gibt genau $2 \cdot 3 \cdot 4 \cdot \ldots \cdot n = n!$ Möglichkeiten, n verschiedene Objekte in einer Reihe anzuordnen:

$$P_n = n! \qquad \text{Anzahl der Permutationen von } n \text{ Elementen ohne Wiederholung}.$$

Im Beispiel 3.1/11 erhalten wir $12! = 479\,001\,600$ verschiedene Sitzplatzanordnungen.

Bemerkung: *Die Zahl $n!$ wird mit wachsendem n sehr schnell groß, so ist z. B. $69! \approx 1{,}7 \cdot 10^{98}$. Für große n gilt die* ***Näherungsformel von Stirling****:*

$$n! \approx \left(\frac{n}{e}\right)^n \sqrt{2\pi n}.$$

Abschließend diskutieren wir ein komplizierteres Anwendungsbeispiel.

Beispiel 3.1/12: In einer Tanzveranstaltung sind genau 10 Damen und 10 Herren anwesend. Wieviele Konstellationen von 10 Paaren Dame/Herr lassen sich bilden? Wir verweisen zunächst auf den Unterschied zu Beispiel 3.1/9: Dort wurde nach der Anzahl der Möglichkeiten, **ein** Paar zu bilden, gefragt.

Hier werden erstens nur Paare Dame/Herr und zweitens jeweils Zusammenstellungen von gleichzeitig 10 Paaren betrachtet. Zur Lösung der Aufgabe stellen wir uns vor, daß die Damen in festgelegter gleichbleibender Reihenfolge die Plätze 1 bis 10 einnehmen und die 10 Herren bei jeder Tanzrunde auf diese 10 Plätze permutiert werden. Es gibt also $10! = 3\,628\,800$ mögliche Konstellationen von 10 Paaren Dame/Herr.

b) Permutationen mit Wiederholung

Man hat jetzt n Elemente gegeben, die nicht alle voneinander verschieden sind, und will sie in einer Reihe anordnen.

Beispiel 3.1/13: Wie viele 4stellige Zahlen lassen sich aus den 4 Ziffern 1, 1, 3, 3 bilden? Durch systematisches Probieren können wir diese Frage sofort beantworten, es sind die Zahlen 1133, 1313, 1331, 3113, 3131, 3311. Es gibt also insgesamt 6 Möglichkeiten.

Die allgemeine Formel findet man, indem man mittels eines „Farbtricks" das Problem auf den Fall von Permutationen ohne Wiederholung zurückführt. Wir stellen uns vor, daß die identischen Elemente verschieden eingefärbt werden. Dann hat man n verschiedene Objekte, und es gibt also mit Beachtung der Farbe genau $n!$ Permutationen. Wird anschließend die Farbe wieder beseitigt, so fallen jeweils so viele Möglichkeiten zusammen, wie sie sich durch Permutationen innerhalb der Gruppen gleicher Elemente ergeben. Wir demonstrieren dies am besten an 2 Beispielen und verwenden anstelle der Farbe Fettdruck:

Gegebene Elemente	Hilfskonstruktion mittels Fettdruck		Permutationen mit Wiederholung	Anzahl
1, 1, 3	**1** 1 3	1 **1** 3	1 1 3	$\frac{3!}{2!} = 3$
	1 3 1	1 3 **1**	1 3 1	
	3 **1** 1	3 1 **1**	3 1 1	
a, a, b, b	a**a**b**b**	a**ab**b	a a b b	$\frac{4!}{2! \cdot 2!} = 6$
	aab**b**	**a**a**b**b		
	ab**ab**	a**ba**b	a b a b	
	aba**b**	**ab**ab		
	ab**ba**	a**b**b**a**	a b b a	
	ab**b**a	**ab**ba		
	ba**ab**	**b**a**a**b	b a a b	
	b**a**a**b**	**ba**ab		
	ba**ba**	**b**ab**a**	b a b a	
	b**ab**a	**ba**ba		
	b**b**a**a**	**b**ba**a**	b b a a	
	b**ba**a	**b**b**a**a		

Allgemein erhalten wir:

Es seien n Objekte gegeben, die in k Gruppen jeweils identischer Objekte entsprechend den Anzahlen $n_1, n_2, \ldots, n_k$ zerfallen. Dabei werden auch Einergruppen, d. h. $n_i = 1$, mit erfaßt, es ist also $n_1 + n_2 + \ldots + n_k = n$. Dann gibt es $\frac{n!}{n_1! \cdot n_2! \cdot \ldots \cdot n_k!}$ Möglichkeiten, diese Objekte in einer Reihe anzuordnen:

$^{W}P_n = \frac{n!}{n_1! \cdot n_2! \cdot \ldots \cdot n_k!},$	Anzahl der Permutationen von n Elementen mit Wiederholung.

In Beispiel 3.1/13 sind $n = 4, k = 2, n_1 = 2, n_2 = 2$, wir erhalten also $\frac{4!}{2! \cdot 2!} = 6$ verschiedene 4stellige Zahlen aus den Ziffern 1, 1, 3, 3. Auf das gleiche Ergebnis waren wir bereits empirisch gekommen.

Bemerkung: *Die Zahlen* $\frac{n!}{n_1! \cdot n_2! \cdot \ldots \cdot n_k!}$ *mit* $n = n_1 + n_2 + \ldots + n_k$ *nennt man auch Polynomialkoeffizienten.*

3.1.3.1.2 Variationen, Kombinationen

Bei den Permutationen sind die betrachteten Objekte bereits fest vorgegeben, und unsere Möglichkeiten bestehen lediglich darin, sie in einer Reihe anzuordnen. Hingegen werden für die weiteren Standardsituationen die Objekte erst aus einem Grundvorrat von Elementen **ausgewählt** und dann „hingelegt“. Erfolgt dieses „Hinlegen“ systematisch durch Anordnen in einer Reihe, spielt also die Reihenfolge bei der Auswahl der Elemente eine Rolle, so spricht man von **Variationen**. Werden aber die ausgewählten Objekte alle zusammen „auf einen Haufen“ gelegt, ist es also nur wichtig, welche Objekte gewählt wurden und nicht, in welcher Reihenfolge dies geschah, so spricht man von **Kombinationen**. Bei Variationen und Kombinationen unterscheiden wir wiederum die beiden Fälle „mit Wiederholung“ und „ohne Wiederholung“, je nachdem, ob ausgewählte Objekte „vom gleichen Typ“ sein dürfen oder nicht.

Zur Veranschaulichung stellen wir uns vor, wir seien in einer Eisdiele, in der es einen „Elementevorrat“ von N Eissorten in Kübeln gibt, und wir wollen Portionen zu n Kugeln zusammenstellen. Spielt die Reihenfolge der Auswahl eine Rolle – wir deuten das durch spitze Eisbecher an – so sind es Variationen. Kommt es nur auf die ausgewählten Eismassen an – wir skizzieren dies mit runden Eisschalen – so liegen Kombinationen vor. Ehe wir uns systematisch damit beschäftigen, wollen wir im Falle von $N = 3$ Eissorten und $n = 2$ Kugeln die entsprechenden Anzahlen empirisch ermitteln:

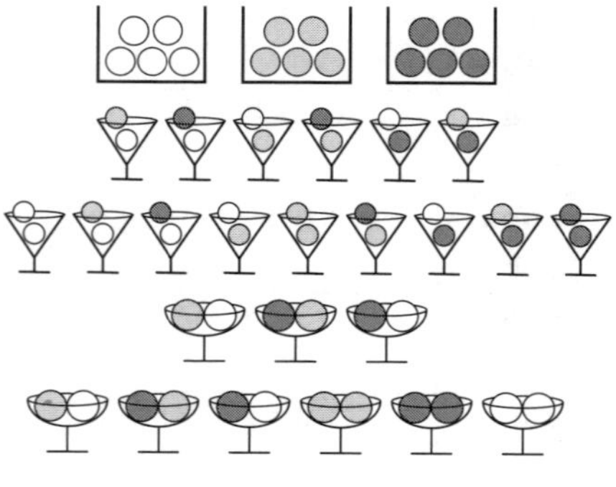

	Anzahl der Möglichkeiten
Eissorten	
Variationen ohne Wiederholung	6
Variationen mit Wiederholung	9
Kombinationen ohne Wiederholung	3
Kombinationen mit Wiederholung	6

a) **Variationen ohne Wiederholung**

Es seien N Objekttypen gegeben. Wir wollen unter Beachtung der Reihenfolge n Objekte auswählen, dürfen dabei aber nicht zweimal den gleichen Typ nehmen. Wir überlegen uns, wie viele Auswahlmöglichkeiten wir haben, und verwenden zur Anschauung das Beispiel der Eisdiele. Für die Auswahl der ersten (untersten) Eiskugel haben wir das volle Sortiment zur Verfügung, also N Möglichkeiten. Für die Auswahl der zweiten Eiskugel fällt eine Möglichkeit weg, nämlich die zuerst gewählte Sorte, wir haben also noch $N - 1$ Varianten. Will man z. B. nur $n = 2$ Kugeln wählen, so hat man alle Zusammenstellungen der Möglichkeiten für die erste und zweite Kugel zu betrachten und erhielte insgesamt $N \cdot (N - 1)$ Möglichkeiten. Für größere n wird dies analog fortgesetzt, so hat man für die dritte Eiskugel $N - 2$ Möglichkeiten der Wahl usw.:

	1. gewähltes Objekt	2. gewähltes Objekt	...	n-tes gewähltes Objekt
Anzahl der Möglichkeiten	N	$N-1$	...	$N-(n-1)$

Es gibt somit genau $N \cdot (N-1) \cdot \ldots \cdot (N-(n-1)) = N \cdot (N-1) \cdot \ldots \cdot (N-n+1)$ Möglichkeiten, aus N verschiedenen Elementetypen n Elemente auszuwählen, wobei keine Wiederholungen zugelassen sind und die Reihenfolge beachtet wird:

$V_n^N = N \cdot (N-1) \cdot \ldots \cdot (N-n+1)$	Variationen von N Elementen „zur n-ten" Klasse ohne Wiederholung ($n \leq N$).

Im obigen Eis-Beispiel sind $N = 3$, $n = 2$, wir erhalten $V_2^3 = 3 \cdot 2 = 6$ Eisvariationen.

Beispiel 3.1/14: Wie viele Möglichkeiten der Medaillenverteilung Gold/Silber/Bronze gibt es bei einem Wettkampf mit 10 Teilnehmern?
Hier sind $N = 10$, $n = 3$, es gibt also $V_3^{10} = 10 \cdot 9 \cdot 8 = 720$ mögliche Medaillenverteilungen.

b) **Variationen mit Wiederholung**

Im Unterschied zu a) müssen wir jetzt bei der Wahl der n Elemente nicht darauf achten, welche wir bereits entnommen hatten. In jedem Schritt haben wir stets die volle Auswahl aus N gegebenen Objekttypen zur Verfügung. Es gibt also jetzt $\underbrace{N \cdot N \cdot \ldots \cdot N}_{n-\text{mal}} = N^n$ Möglichkeiten:

${}^W V_n^N = N^n$	Variationen von N Elementen „zur n-ten Klasse" mit Wiederholung.

Bei Variationen mit Wiederholung muß nicht die Bedingung $n \leq N$ erfüllt sein. Es können mitunter sogar N sehr klein und n groß ausfallen, wie es om obigen Beispiel 3.1/10, welches dieser Standardsituation zuzurechnen ist, der Fall ist. Zur Beantwotung einer jeden Frage gibt es 3 Möglichkeiten der Wahl, die wir a,b,c nennen wollen. Es ist also $N = 3$. Wir kreuzen insgesamt bei 25 Fragen a,b oder c an, d. h., wir wählen $n = 25$mal aus dem Elementevorrat a,b,c aus. Es gibt also ${}^W V_{25}^3 = 3^{25} \approx 8{,}47 \cdot 10^{11}$ verschiedene Möglichkeiten, den Fragebogen auszufüllen. Hätte man stattdessen jeweils nur Alternativfragen, also $N = 2$, so gäbe es $2^{25} \approx 3{,}36 \cdot 10^7$ Möglichkeiten. Die Situation von Beipiel 3.1/10 kommt standardmäßig immer dann vor, wenn man einen Versuch mit N verschiedenen Versuchsausgängen (z. B. bei kategorialen Daten) n-mal durchführt und sämtliche Folgen $(x_1, x_2, \ldots, x_n)$ möglicher Versuchsergebnisse auflistet. Es gibt dann genau N^n verschiedene solche Versuchsergebnisfolgen der Länge n. Wird also z. B. $n = 5$mal gewürfelt, so hat man wegen $N = 6$ genau $6^5 = 7776$ verschiedene Versuchsergebnisserien.

Bemerkung: *Bezeichnet X die Menge der Versuchsergebnisse in einem Versuch, so ist die Menge aller Versuchsergebnisserien $(x_1, x_2, \ldots, x_n)$ der Länge n das n-fache kartesische Produkt der Menge X mit sich selbst, also $X \times X \times \ldots \times X$ (vgl. Ende von Abschnitt 6.1). Dieses kartesische Produkt enthält also N^n Elemente.*

Wir können nun mühelos das obige Eis-Beispiel verifizieren: Pro Kugel haben wir eine Auswahl von 3 Sorten, erhalten somit für 2 Kugeln $3^2 = 9$ Variationen.

c) **Kombinationen ohne Wiederholung**

Bei Kombinationen kommt es nicht auf die Reihenfolge bei der Auswahl der Elemente an. Wir nehmen also jetzt aus dem Elementevorrat von N verschiedenen „Typen" n Elemente heraus und dürfen dabei aber nicht zweimal von einem gleichen Typ auswählen. Es würde deshalb jetzt genügen, wenn im

Elementevorrat von jedem Typ nur 1 Exemplar vorhanden ist. Da bei der Begriffsbildung der Menge die Reihenfolge der Benennung ihrer Elemente ebenfalls keine Rolle spielt, geht es bei Kombinationen ohne Wiederholung im Prinzip darum, aus einer N-elementigen Menge (verschiedener Objekte), eine n-elementige Teilmenge auszuwählen.

Beispiel 3.1/15: Aus einer Gruppe von 20 Testpersonen sollen 4 Personen ausgewählt werden. Wie viele Möglichkeiten hat man?

Beispiel 3.1/16: Wie viele verschiedene Tipscheine gibt es im Lottospiel „6 aus 49"?

Beispiel 3.1/17: Ein Fragebogen enthalte 25 Fragen mit jeweils Alternativantworten ja/nein. Wie viele Möglichkeiten hat man, genau 10 mal die Antwort „ja" anzukreuzen? Das bedeutet, man wählt aus den gegebenen 25 Fragen genau 10 aus, die dann mit „ja" angekreuzt werden.

Auch das obige Beispiel 3.1/9 gehört in diesen Abschnitt. Es werden aus $N = 80$ Personen alle möglichen Paare gebildet, es ist also $n = 2$. Dieselbe Situation liegt standardmäßig vor, wenn nach der Anzahl aller Paarvergleiche zwischen N gegebenen Objekten gefragt wird.

Wir wollen uns nun die allgemeine Formel für die gesuchten Anzahlen verdeutlichen. Gedanklich beachten wir zunächst bei der Auswahl der n Elemente die Reihenfolge und erhalten nach Punkt a) $N \cdot (N-1) \cdot \ldots \cdot (N-n+1)$ Möglichkeiten. Wir schalten dann nachträglich die Reihenfolge wieder aus. Dabei fallen jeweils $n!$ Möglichkeiten zu einer Variante zusammen, nämlich jeweils diejenigen mit den gleichen gewählten Objekten, die sich nur durch die Reihenfolge voneinander unterscheiden. Es bleiben also genau $\frac{N \cdot (N-1) \cdot \ldots \cdot (N-n+1)}{n!}$ Möglichkeiten übrig:

$C_n^N = \frac{N \cdot (N-1) \cdot \ldots \cdot (N-n+1)}{n!}$	Kombinationen von N Elementen „zur n-ten Klasse" ohne Wiederholung ($n \leq N$).

Die Zahlen

$$C_n^N = \frac{N(N-1)\ldots(N-n+1)}{n!} = \frac{N(N-1)\ldots(N-n+1)(N-n)\ldots 1}{n!(N-n)\ldots 1} = \frac{N!}{n!(N-n)!}$$

heißen auch Binomialkoeffizienten und werden mit $\binom{N}{n}$ bezeichnet (in Worten: „N über n"). Ehe wir einige Eigenschaften der Binomialkoeffizienten zusammenstellen, wollen wir zunächst die oben betrachteten Beispiele diskutieren.

Zu Beispiel 3.1/9: Es sind $\binom{80}{2} = \frac{80 \cdot 79}{2!} = 3160$ gegenseitige Begrüßungen möglich.

Zu Beispiel 3.1/15: Man kann $\binom{20}{4} = \frac{20 \cdot 19 \cdot 18 \cdot 17}{4!} = 4845$ Vierergruppen bilden.

Zu Beispiel 3.1/16: Es gibt genau $\binom{49}{6} = \frac{49 \cdot 48 \cdot 47 \cdot 46 \cdot 45 \cdot 44}{6!} = 13\,983\,816$ verschiedene Tipscheine in der Spielart „6 aus 49".

Zu Beispiel 3.1/17: Es gibt $\binom{25}{10} = 3\,268\,760$ verschiedene Möglichkeiten, den Fragebogen genau 10mal mit „ja" zu beantworten.

Abschließend sollen einige allgemeine Eigenschaften der Binomialkoeffizienten $\binom{N}{n}$ zitiert werden. Nach Definition ist also $\binom{N}{n}$ ein Quotient, bei dem im Zähler und im Nenner jeweils n Faktoren stehen, abwärts im Zähler mit N und im Nenner mit n beginnend:

$$\binom{N}{n} = \frac{N \cdot (N-1) \cdot \ldots \cdot (N-(n-1))}{n \cdot (n-1) \cdot \ldots \cdot 1},$$

also z. B. $\binom{7}{3} = \frac{7 \cdot 6 \cdot 5}{3 \cdot 2 \cdot 1} = 35, \quad \binom{12}{5} = \frac{12 \cdot 11 \cdot 10 \cdot 9 \cdot 8}{5 \cdot 4 \cdot 3 \cdot 2 \cdot 1} = 792.$

Es bestehen folgende Eigenschaften:

1. $\binom{N}{0} = \binom{N}{N} = 1$ (dabei wird $0! = 1$ gesetzt),
2. $\binom{N}{n} = \binom{N}{N-n}$ (Symmetrie), also z. B. $\binom{7}{2} = \binom{7}{5}, \binom{12}{5} = \binom{12}{7}$,
3. $\binom{N}{n} + \binom{N}{n+1} = \binom{N+1}{n+1}$.

Aus Eigenschaft 3. ergibt sich (unter Verwendung von 1.) eine anschaulich übersichtliche Möglichkeit, die Binomialkoeffizienten aufzulisten, das sog. Pascalsche Dreieck:

N	Binomialkoeffizienten $\binom{N}{0}, \binom{N}{1}, \ldots, \binom{N}{N}$	Zeilensumme
0	1	1
1	1 1	2
2	1 2 1	4
3	1 3 3 1	8
4	1 4 6 4 1	16
5	1 5 10 10 5 1	32
⋮	…	⋮

Die Binomialkoeffizienten treten als Koeffizienten in der Summendarstellung des Binoms $(a+b)^N$ auf, worauf auch ihre Bezeichnung zurückzuführen ist:

$$(a+b)^N = \binom{N}{0} \cdot a^0 b^N + \binom{N}{1} \cdot a^1 b^{N-1} + \binom{N}{2} \cdot a^2 b^{N-2} + \ldots + \binom{N}{N-1} \cdot a^{N-1} b^1 + \binom{N}{N} \cdot a^N b^0.$$

Speziell für $a = b = 1$ erhält man hieraus die Beziehung

$$2^N = (1+1)^N = \binom{N}{0} + \binom{N}{1} + \ldots + \binom{N}{N-1} + \binom{N}{N},$$

die wir in obigen Zeilensummen wiedererkennen. Wie wir oben bereits diskutierten, ist $\binom{N}{n}$ die Anzahl der möglichen n-elementigen Teilmengen einer N-elementigen Grundmenge A. Wird über alle n von 0 bis N summiert, so erhält man sämtliche Teilmengen von A, also die Potenzmenge $\mathfrak{P}(A)$ (vgl. auch Abschnitt 6.1). Diese hat somit $\binom{N}{0} + \binom{N}{1} + \ldots + \binom{N}{N-1} + \binom{N}{N} = 2^N$ Elemente.

d) Kombinationen mit Wiederholung

Bei Kombinationen mit Wiederholung können also gleiche Elementetypen mehrfach ausgewählt werden, wodurch sich die Anzahl der Möglichkeiten stark erhöht. So gibt es in unserem Eis-Beispiel bei $N = 3$ Eissorten bei der Kombination von $n = 2$ Eiskugeln $\binom{3}{2} = \frac{3 \cdot 2}{2 \cdot 1} = 3$ Möglichkeiten ohne Wiederholung und schon 6 Möglichkeiten mit Wiederholung, da bei letzterer 3 Varianten zu je 2 gleichen Eiskugeln hinzukommen. Wählt man $n = 3$ Kugeln, so werden die Unterschiede noch deutlicher: Ohne Wiederholung gibt es nur $\binom{3}{3} = 1$ Möglichkeit, während mit Wiederholung 3 Möglichkeiten mit 3 gleichen Kugeln und $3 \cdot 2$ Möglichkeiten mit 2 gleichen Kugeln hinzukommen, also insgesamt 10 Möglichkeiten entstehen.

Da in diesem letzten Standardfall, den Kombinationen mit Wiederholung, die allgemeine Formel nicht unmittelbar erraten werden kann, wollen wir diese hier „ohne Herleitung" zitieren. Es gibt genau $\binom{N+n-1}{n}$ Möglichkeiten, aus N Elementetypen n Elemente ohne Beachtung der Reihenfolge und mit zugelassenen Wiederholungen auszuwählen:

$^{W}C_n^{\,N} = \binom{N+n-1}{n}$	Kombinationen von N Elementen zur „n-ten Klasse" mit Wiederholungen.

Bei $N = 3$ Eissorten und $n = 2$ ausgewählten Kugeln sind das nach Formel also $\binom{3+2-1}{2} = \binom{4}{2} = \frac{4 \cdot 3}{2 \cdot 1} = 6$ Möglichkeiten und bei $n = 3$ ausgewählten Kugeln $\binom{3+3-1}{3} = \binom{5}{3} = \binom{5}{2} = \frac{5 \cdot 4}{2 \cdot 1} = 10$ Möglichkeiten.

Wir stellen Übereinstimmung mit den obigen empirischen Ergebnissen fest.

Beispiel 3.1/18: Wieviel Würfelbilder gibt es bei 2 gleichfarbigen Würfeln? Wir lösen das Problem zunächst empirisch durch Aufschreiben aller Varianten

11	22	33	44	55	66
12	23	34	45	56	
13	24	35	46		
14	25	36			
15	26				
16					

Es sind also 21 Möglichkeiten. Mit $N = 6$, $n = 2$ ergibt obige Formel

$$^{W}C_2^{\,6} = \binom{6+2-1}{2} = \binom{7}{2} = \frac{7 \cdot 6}{2 \cdot 1} = 21,$$

also den gleichen Wert. Wir merken an, daß man bei 3 gleichfarbigen Würfeln $\binom{6+3-1}{3} = 56$ Würfelbilder erhält. Diese setzen sich zusammen aus $\binom{6}{3} = 20$ Würfelbildern mit unterschiedlicher Augenzahl, 6 Dreierpaschen und $6 \cdot 5 = 30$ Würfelbildern mit genau 2 gleichen Augenzahlen.

3.1.3.2 Die klassische Wahrscheinlichkeit

Wodurch ist ein idealer Würfel ausgezeichnet? Wohl doch dadurch, daß jede der Augenzahlen von 1 bis 6 „gleichberechtigt" ist. Oder etwas präziser formuliert: Hinsichtlich der Chance des Eintretens, also der theoretischen Häufigkeit des Auftretens, unterscheiden sich die Zahlen 1 bis 6 nicht voneinander. Da die Gesamtwahrscheinlichkeit gleich 1 sein soll, hat jede Augenzahl die Wahrscheinlichkeit $\frac{1}{6}$. Man postuliert also eine Symmetrieeigenschaft und kann dann Wahrscheinlichkeiten **ausrechnen**. Diese Symmetrieannahme ist eine Grundvoraussetzung, deren Gültigkeit a priori akzeptiert sein muß. Beispiele sind der ideale Würfel, die ideale Münze, das „blinde Ziehen" einer Kugel aus einem Gefäß mit „gleichen" Kugeln, wie es z. B. im Lottospiel der Fall ist. Das kritische Überprüfen dieser Symmetrievoraussetzung ist das entscheidende Problem in der Anwendung der klassischen Wahrscheinlichkeit (vgl. auch weiter unten in diesem Abschnitt). Man hält es für plausibel, daß z. B. im Lotto jeder

Tipschein die gleiche Gewinnchance hat, während man aber z. B. beim Kegeln die einzelnen Kegelbilder (es gibt genau $2^9 = 512$ verschiedene Kegelbilder) nicht als gleichberechtigt ansehen würde. Es gibt hier schon rein technisch begründete große Unterschiede hinsichtlich der Häufigkeit ihres Auftretens.

Die allgemeine Situation der klassischen Wahrscheinlichkeit läßt sich wie folgt beschreiben: Der Grundraum Ω kann in ein System von **endlich vielen** solcher Teilmengen $A_1, A_2, \ldots, A_m$ zerlegt werden, die hinsichtlich der theoretischen Chance ihres Eintretens nicht voneinander unterscheidbar sind. Man setzt also plausiblerweise ihre Wahrscheinlichkeiten $P(A_i)$, $i = 1, 2, \ldots, m$, sämtlich gleich $\frac{1}{m}$:

$$P(A_1) = \frac{1}{m}, \qquad P(A_2) = \frac{1}{m}, \qquad \ldots, \qquad P(A_m) = \frac{1}{m}.$$

In vielen Anwendungssituationen bestehen sämtliche Ereignisse A_i, $i = 1, \ldots, m$, aus genau einem Versuchsergebnis, so daß dann m mit der Anzahl aller möglichen Versuchsergebnisse zusammenfällt. Man betrachtet nun zufällige Ereignisse A, die sich als Vereinigung von Ereignissen A_i ergeben.

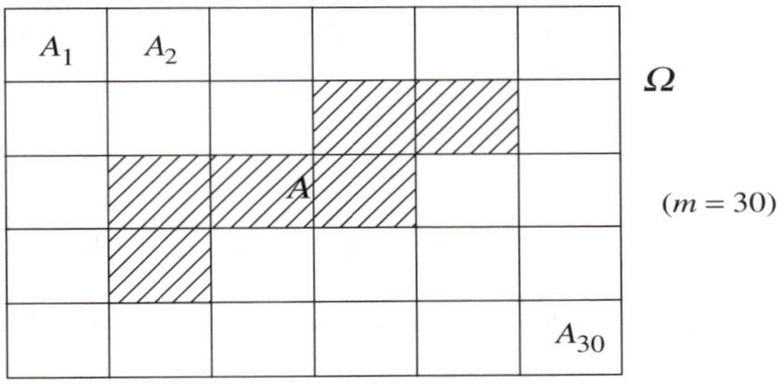

Da die Ereignisse A_i auseinanderliegen, hat man zur Festlegung der Wahrscheinlichkeit $P(A)$ die Zahl $\frac{1}{m}$ so viele Male zu addieren, wie sich A_i in A befinden. Dies führt zu folgender Definition der sogenannten **klassischen Wahrscheinlichkeit**:

$$P(A) = \frac{1}{m} \cdot \text{Anzahl der } A_i \text{, die in } A \text{ liegen.}$$

In obiger Skizze erhalten wir $P(A) = \frac{1}{30} \cdot 6 = 0{,}20$. Man nennt auch m **die Anzahl aller Fälle** und A_i mit $A_i \subset A$ **einen für** A **günstigen Fall**. In dieser Sprechweise lautet dann die Definitionsgleichung der klassischen Wahrscheinlichkeit, die man auch **Laplacesches**[1] **Prinzip der gleichmöglichen Fälle nennt**:

$$P(A) = \frac{\text{Anzahl der für } A \text{ günstigen Fälle}}{\text{Anzahl aller Fälle}}$$

Diese Formel gestattet es also, Wahrscheinlichkeiten genau auszurechnen, wobei häufig zur Bestimmung der entsprechenden Anzahlen die Kombinatorik eingesetzt wird.

Beispiel 3.1/19: Einmaliges Würfeln mit 2 idealen Würfeln.

Wie groß ist die Wahrscheinlichkeit dafür, daß dabei die Würfelsumme 5 erzielt wird (Ereignis A)?

[1] P. LAPLACE: 1749–1827, franz. Mathematiker, Physiker und Astronom.

Wir haben:

$\Omega = \{(1{,}1), \ldots, (1{,}6), (2{,}1), \ldots, (2{,}6), \ldots, (6{,}6)\}$,

$A = \{(1{,}4), (2{,}3), (3{,}2), (4{,}1)\}$ und somit

$m = 36$ und $P(A) = \dfrac{4}{36} = 0{,}111$.

(1,1)	(1,2)	(1,3)	(1,4)	(1,5)	(1,6)
(2,1)	(2,2)	(2,3)	(2,4)	...	
(3,1)	(3,2)	(3,3)	...		
(4,1)	(4,2)	...			
(5,1)	...				
(6,1)	...			...	(6,6)

A Ω

Beispiel 3.1/20: Wie groß ist die Wahrscheinlichkeit dafür, im Lottospiel „6 aus 49" 4 Richtige zu tippen (Ereignis A)? Es gibt $m = \binom{49}{6} = 13\,983\,816$ mögliche Tipscheine (Kombinationen ohne Wiederholung, vgl. Abschn.3.1.3.1). Zum Erreichen eines „Vierers" muß man von den 6 richtigen Zahlen 4 treffen, dafür gibt es $\binom{6}{4} = 15$ Möglichkeiten. 2 Zahlen sind falsch, dafür gibt es $\binom{43}{2} = 903$ Möglichkeiten. Also kann man genau

$$\binom{6}{4} \cdot \binom{43}{2} = 13\,545$$

verschiedene Vierer aufschreiben. Dies ist die Anzahl der günstigen Fälle.

Wir erhalten $P(A) = \dfrac{13\,545}{13\,983\,816} = 0{,}000\,969$ als Wahrscheinlichkeit, einen Vierer zu tippen.

Im Zusammenhang mit Bsp. 3.1/19 ergibt sich die Frage, warum man bei den beiden Würfeln die Reihenfolge der Wurfergebnisse beachtet, sich also vorstellt, daß die Würfel verschiedenfarbig sind. Würde man die Würfelbilder betrachten, so hätte man $m = 21$ mögliche Fälle (Kombinationen mit Wiederholung, vgl. Abschnitt 3.1.3.1.2) und erhielte für die Wahrscheinlichkeit des Erzielens der Würfelsumme 5 den Wert $P(A) = \dfrac{2}{21} = 0{,}095$. Diese Lösung ist jedoch falsch, da bei einem solchen Zugang das Prinzip der Symmetrie nicht erfüllt ist. So kann man beispielsweise beobachten, daß das Bild $1, 1$ im Durchschnitt nur halb mal so häufig fällt, wie das Bild $1, 2$. Die Gleichbehandlung aller Versuchsergebnisse ist wieder gegeben, wenn man alle Bilder mit verschiedenen Ziffern doppelt zählt, also z. B. anstelle von 1,2 die beiden Fälle $(1, 2)$ und $(2, 1)$ betrachtet. Dies führt auf die oben angegebene Lösung.

3.1.3.3 Die geometrische Wahrscheinlichkeit

Bei der klassischen Wahrscheinlichkeit wird vorausgesetzt, daß die Anzahl m der möglichen Fälle endlich ist. Eine sinngemäße Erweiterung dieses Wahrscheinlichkeitsbegriffes auf Situationen mit „unendlich vielen gleichwahrscheinlichen Versuchsergebnissen" wird durch die sog. geometrische Wahrscheinlichkeit gegeben. Man nimmt dabei an, daß die Menge Ω aller möglichen Versuchsergebnisse ein endlich begrenztes „Gebiet" ganz ausfüllt, wie es z. B. bei stetiger Messung denkbar ist. Dabei spielt noch je nach Aufgabenstellung die Dimension eine Rolle. Die **geometrische Wahrscheinlichkeit** eines Ereignisses A, also eines Teilbereichs von Ω, ist dann durch:

$$P(A) = \frac{\text{„Ausdehnung" von } A}{\text{„Ausdehnung" von } \Omega}$$

definiert, wobei man

- bei eindimensionalem Ω unter „Ausdehnung" die Länge,
- bei zweidimensionalem Ω unter „Ausdehnung" die Fläche und
- bei dreidimensionalem Ω unter „Ausdehnung" das Volumen

zu verstehen hat. Diese Wahrscheinlichkeit ist ein direktes Analogon zur klassischen Wahrscheinlichkeit, man ersetzt nur „Anzahl" durch „Ausdehnung". Die geometrische Wahrscheinlichkeit eines Ereignisses A hängt also nur von der „Ausdehnung" des Teilbereiches A, jedoch nicht von seiner speziellen Lage im Grundbereich Ω ab. Die Gleichmöglichkeit des Eintretens aller Versuchsergebnisse wird auf diese Weise zum Ausdruck gebracht.

Beispiel 3.1/21: Zwei Personen haben vereinbart, sich zu treffen, wobei die Ankunftszeiten zufällig sind. Beide versichern, garantiert zwischen 8.00 Uhr und 9.00 Uhr am vereinbarten Ort zu sein, für die genaue Ankunftszeit ist aber jeder Zeitpunkt („stetige Messung" werde angenommen) innerhalb dieser Grenzen „gleichwahrscheinlich" möglich. Wir bezeichen mit x bzw. y die Ankunftszeit von Person 1 bzw. Person 2. Dann wird durch das Wertepaar (x, y) ein Versuchsergebnis beschrieben, und wir nehmen an, daß die zweidimensionale geometrische Wahrscheinlichkeit diese Situation beschreibt. Es werde nun folgende Aufgabe betrachtet: Jede der beiden Personen wartet gegebenenfalls höchstens 15 min, dann geht sie wieder. Mit welcher Wahrscheinlichkeit treffen sich beide (Ereignis A)? Die Lösung erkennt man aus folgendem Bild:

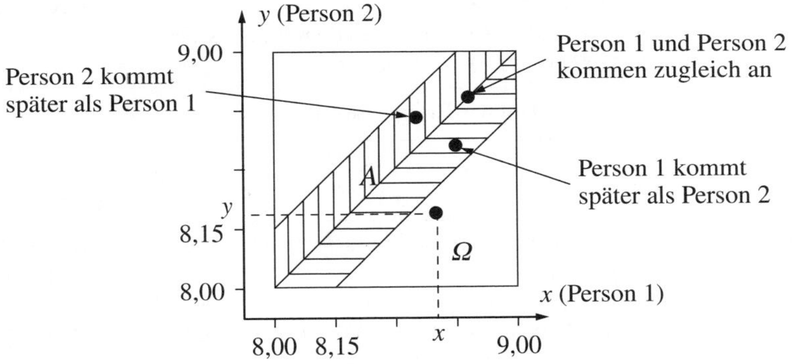

Wir erhalten $P(A) = \dfrac{\text{Fläche von } A}{\text{Fläche von } \Omega} = \dfrac{60^2 - 45^2}{60^2} = 0{,}4375.$

3.1.4 Die axiomatische Definition der Wahrscheinlichkeit und allgemeine Eigenschaften

Im vorhergehenden Abschnitt wurde auf der Grundlage von Symmetrievoraussetzungen die klassische Wahrscheinlichkeit als theoretische Maßzahl für die Chance des Eintretens zufälliger Ereignisse logisch plausibel definiert. Damit sind wir beispielsweise in der Lage, Situationen, in denen der Zufall durch ideale Würfel erzeugt wird, wahrscheinlichkeitstheoretisch zu erfassen. Wie geht man jedoch vor, wenn die Würfel nicht mehr ideal sind? Wie läßt sich das Werfen mit gezinkten Würfeln theoretisch charakterisieren?

Allgemein hatten wir zunächst beim Aufbau eines Modells zur Beschreibung zufälliger Erscheinungen den Ereignisraum Ω, also die Menge aller prinzipiell möglichen Versuchsergebnisse, und ein System $\mathfrak{A}$ von Teilmengen A von Ω, die zufälligen Ereignisse, eingeführt. Es verbleibt uns das Hauptproblem, die theoretische Bewertung der Chance des Eintretens für jedes zufällige Ereignis A „rechnerisch richtig" vorzunehmen. Dabei orientieren wir uns an der Vorstellung der Wiederholbarkeit zufälliger Versuche und den sich damit ergebenden „Rechenregeln" für relative Häufigkeiten (vgl. Abschnitt 3.1.2). Wir beobachten empirisch, daß sich die relativen Häufigkeiten für wachsende Anzahl n der Versuche auf bestimmte Werte einpegeln, und wir verwenden nun diese „Grenzwerte“ als theoretische Bewertungszahlen für die Chancen des Eintretens der zufälligen Ereignisse. Wir arbeiten also nicht mit den tatsächlich gemessenen Folgen der relativen Häufigkeiten, sondern betrachten „lediglich“ die Grenzwerte, die sich einstellen. Diese Herangehensweise legt die Vorstellung nahe, daß sich die Rechenregeln für relative Häufigkeiten, die sich zwangsläufig aus elementaren Abzähleigenschaften ergeben, auf diese Grenzwerte, die wir Wahrscheinlichkeiten nennen wollen, übertragen. Man stellt sich auf den Standpunkt, daß diese Wahrscheinlichkeiten bekannt sind, und erhält somit ein theoretisches Modell. Seine Anwendbarkeit auf konkrete Situationen bleibt weiteren Untersuchungen, z. B. mittels statistischer Methoden, vorbehalten. Für das Würfelexperiment mit gezinktem Würfel heißt das: Wir setzen als bekannt voraus, wie groß für jede Augenzahl die theoretische Chance ihres Auftretens ist.

Der Begriff der Wahrscheinlichkeit wird definiert, indem ihre Existenz und Eigenschaften per Postulat eingeführt werden. Man setzt also am Anfang ein Grundmodell als gegeben voraus und kann dann auf dieser Basis kompliziertere Probleme behandeln. Dieses erstmals im Jahre 1933 in dem Büchlein „Grundbegriffe der Wahrscheinlichkeitsrechnung“ von A.N. Kolmogorov[1)] formulierte Modell nennt man das **Kolmogorovsche Axiomensystem der Wahrscheinlichkeitsrechnung**:

Gegeben sei ein Merkmalsraum Ω und ein Ereignisfeld $\mathfrak{A}$ von Teilmengen A von Ω.

Axiom 1: Eine Wahrscheinlichkeit ist eine Funktion – die mit P bezeichnet werde –, die jedem Ereignis A aus dem Ereignisfeld $\mathfrak{A}$ eine Zahl $P(A)$ mit $0 \leq P(A) \leq 1$ zuordnet. (Existenz)

Wir nennen $P(A)$ die Wahrscheinlichkeit des Ereignisses A.

Axiom 2: Es ist $P(\emptyset) = 0$ und $P(\Omega) = 1$. (Normierungsbedingung)

Axiom 3: Für zwei beliebige unvereinbare Ereignisse A,B aus $\mathfrak{A}$ gilt $P(A \cup B) = P(A) + P(B)$. (Additivität der Wahrscheinlichkeit)

In Erweiterung von Axiom 3 wird noch das Erfülltsein des folgenden Axioms 3′ gefordert:

Axiom 3′: Für eine beliebige Folge $A_1, A_2, \ldots$ von unvereinbaren Ereignissen aus $\mathfrak{A}$ gilt $P(A_1 \cup A_2 \cup \ldots) = P(A_1) + P(A_2) + \ldots$. (sog. σ-Additivität)

Besteht die Grundmenge Ω nur aus endlich vielen oder abzählbar unendlich vielen möglichen Versuchsergebnissen, so wird eine Wahrscheinlichkeit P dadurch festgelegt, daß man für jedes einzelne Versuchsergebnis ω angibt, wie groß die theoretische Chance seines Auftretens sein soll. Wegen der Normierungsbedingung muß die Gesamtsumme dieser Werte gleich 1 sein. Zur Bestimmung der Wahrscheinlichkeit $P(A)$ eines interessierenden zufälligen Ereignisses A hat man dann einfach die Chancen der A bildenden Versuchsergebnisse zu addieren.

Beispiel 3.1/22: Für das Würfeln mit einem gezinkten Würfel gelte

ω:	1	2	3	4	5	6
$P(\{\omega\})$:	0,10	0,20	0,23	0,05	0,24	0,18

Dann erhält man für die Wahrscheinlichkeit $P(A)$ dafür, daß eine gerade Zahl gewürfelt wird (Ereignis A), den Wert

$$P(A) = 0{,}20 + 0{,}05 + 0{,}18 = 0{,}43.$$

[1)] Andrei Nikolajevich Kolmogorov, 1903–1987, sowjet. Mathematiker

Es gibt eine Reihe von Rechenformeln für Wahrscheinlichkeiten, die man aus den Axiomen 1–3 ableiten kann. Diese lassen sich aber auch unmittelbar anschaulich aus folgender Interpretation ablesen: Wir stellen uns vor, daß die Gesamtmasse von 1 kg über dem Grundbereich Ω entsprechend den Vorgaben der Wahrscheinlichkeitsfunktion P verteilt liegt. Die Wahrscheinlichkeit $P(A)$ eines zufälligen Ereignisses A ist dann einfach die über A liegende Masse (vgl. Abbildung).

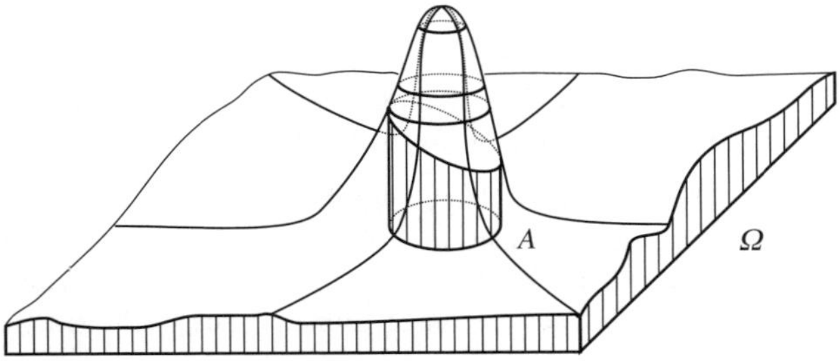

Bemerkung: *Die klassische Wahrscheinlichkeit und die geometrische Wahrscheinlichkeit ordnen sich hier als Spezialfälle ein. Sie ergeben sich bei „gleichmäßig dicker" Massenverteilung.*

Mit Hilfe dieser Vorstellung erkennt man unmittelbar die folgenden Formeln:

4. $P(\overline{A}) = 1 - P(A)$.
   Nach dem Entfernen der über A liegenden Masse verbleibt $1 - P(A)$, und dies ist gerade die über $\overline{A}$ liegende Masse.
5. $P(A \cup B) = P(A) + P(B) - P(A \cap B)$ für beliebige A,B.
6. $P(B \setminus A) = P(B) - P(A)$, falls $A \subset B$ gilt.
   $P(B \setminus A) = P(B) - P(A \cap B)$ für beliebige A, B.
7. $P(A_1) + P(A_2) + \cdots + P(A_n) = 1$ für jede beliebige Zerlegung $A_1, A_2, \ldots, A_n$ der Grundmenge Ω.

Aufgrund des Denkansatzes zur Begriffsbildung der Wahrscheinlichkeit ist es nicht verwunderlich, daß die gleichen Rechenformeln wie bei relativen Häufigkeiten vorliegen. Dort ergaben sie sich aber zwangsläufig aus elementaren Abzählregeln.

Damit ist die Modellkonstruktion zur Beschreibung von Zufallserscheinungen (zufälligen Versuchen) vollzogen. Man gibt den Merkmalsraum Ω, das Ereignisfeld $\mathfrak{A}$ von Teilmengen A von Ω an und legt die Wahrscheinlichkeiten $P(A)$, $A \in \mathfrak{A}$, fest. Diese Bestimmungsstücke nennt man auch Wahrscheinlichkeitsraum. Wir werden ab jetzt stets von diesem Modell ausgehen und dabei geeignete Anwendungsbeispiele zur Motivation bei weiteren Betrachtungen heranziehen.

3.1.5 Die bedingte Wahrscheinlichkeit

In diesem Abschnitt verfolgen wir das Ziel, die Auswirkungen von „zusätzlichen Informationen" auf Wahrscheinlichkeiten zu untersuchen. Dabei formulieren wir zunächst die Vorstellung von „zusätzlicher Information" im Sinne des – in Abschnitt 3.1.4 diskutierten – Modells der Wahrscheinlichkeitsrechnung: Die Zusatzinformation bedeute genau, daß ein bestimmtes zufälliges Ereignis B garantiert eintritt. Es wird sozusagen das Spektrum der aufgrund der Zusatzinformation möglichen Versuchsergebnisse auf B eingeschränkt. Das Eintreten von B ist dann nicht mehr zufällig, sondern sicher.

Beispiel 3.1/23: Ein Student der TU Dresden wird zufällig ausgewählt und gebeten, einen Fragebogen mit 5, u. a. folgenden Fragen (mit jeweils Alternativantworten) auszufüllen:

Fragen	ja	nein
1. Studieren Sie Psychologie?	×	
2. Rauchen Sie ?		×
3. Ist Ihnen die Wahrscheinlichkeitsrechnung angenehm?	×	
4. ...	×	
5. ...		×

Der Antwortraum Ω besteht aus den hier $2^5 = 32$ möglichen Antwortkonstellationen, und wir nehmen an, daß die Wahrscheinlichkeit für jede der Antwortkonstellationen gegeben ist (im Falle der klassischen Wahrscheinlichkeit erhielte man jeweils $\frac{1}{32}$, dies ist aber hier kaum zutreffend). Die Zusatzinformation bestehe nun darin, daß der Versuchsdurchführer sicher weiß, daß es sich bei dem Befragten um einen Psychologiestudenten handelt. Das entsprechende Ereignis B ist also hier die Menge der $2^4 = 16$ Antwortkonstellationen, bei denen die Frage 1 mit „ja" ausgefüllt ist.

Beispiel 3.1/24: In einem Gefäß befinden sich 100 gleich große Kugeln von verschiedener Farbe und zweierlei Gewichts entsprechend folgender Aufteilung:

	weiß	rot	blau
20 g	15	20	10
100 g	5	30	20

Der zufällige Versuch sei die „rein zufällige" Auswahl einer Kugel. Das Ereignis B bestehe darin, daß die ausgewählte Kugel 100 g wiegt. Wir stellen uns nun vor, daß die Versuchsperson beim Herausnehmen der Kugel sogleich zweifelsfrei empfindet, noch ehe sie die Farbe der gewählten Kugel zur Kenntnis nimmt, daß es sich um eine schwere Kugel handelt. Dies ist ihre Zusatzinformation. Damit wird die Menge der leichten Kugeln für sie unwichtig.

Die Zusatzinformation des sicheren Eintretens von B bewirkt, daß sich die Wahrscheinlichkeiten der Ereignisse $A \in \mathfrak{A}$ unter Umständen ändern können. Wir betrachten zunächst die ursprünglich gegebenen Wahrscheinlichkeiten $P(A)$, $A \in \mathfrak{A}$, die man in diesem Zusammenhang auch absolute Wahrscheinlichkeiten nennt. Die durch die Zusatzinformation des sicheren Eintretens von B eventuell geänderten Wahrscheinlichkeiten heißen bedingte Wahrscheinlichkeiten und werden mit $P_B(A)$ oder auch $P(A|B)$, $A \in \mathfrak{A}$, bezeichnet.

Zu **Beispiel 3.1/23:** Es bezeichne
A_2 das zufällige Ereignis: Frage 2 wird mit „ja" beantwortet und
A_3 das zufällige Ereignis: Frage 3 wird mit „ja" beantwortet.
Dann ist $P(A_2)$ die Wahrscheinlichkeit dafür, daß ein zufällig ausgewählter Student der TU Dresden raucht, $P_B(A_2)$ ist hingegen die Wahrscheinlichkeit dafür, daß ein Psychologiestudent diese Eigenschaft hat. Die absolute Wahrscheinlichkeit bezieht sich auf alle TU-Studenten, die bedingte Wahrscheinlichkeit aber nur auf die Psychologiestudenten der TU.

Wie findet man nun die bedingte Wahrscheinlichkeit $P_B(A)$?

Bevor wir die allgemeine Situation diskutieren, betrachten wir das Bsp.3.1/24 und können z. B. für das Ereignis A: „Die gezogene Kugel ist weiß." die entsprechenden Wahrscheinlichkeiten sofort angeben, da hier jeweils die klassische Wahrscheinlichkeit zutreffend ist. Wir erhalten unmittelbar $P(A) = \frac{20}{100} = 0{,}20$. Bei der Bestimmung von $P_B(A)$ spielen nur die schweren Kugeln eine Rolle, und man hat also $P_B(A) = \frac{5}{55} \approx 0{,}090$. Die Zusatzinformation läßt also bei dem Versuchsdurchführer die erwarteten Chancen von 20 % augenblicklich auf 9 % absinken.

Wie definiert man nun, anlehnend an dieses Beispiel, im allgemeinen die Wahrscheinlichkeiten $P_B(A)$ in plausibler Weise? Es erscheint vernünftig anzunehmen, daß $P_B(A)$, wobei über alle $A \in \mathfrak{A}$ variiert wird, wiederum eine Wahrscheinlichkeit im Sinne der Axiome 1–3 ist. Es sind dies die Wahrscheinlichkeiten, mit denen der durch die Zusatzinformation B ausgestattete Beobachter die Chance des Eintretens der Ereignisse A bewertet. Dieser Beobachter stellt nur fest, was in B geschieht. Ein Versuchsergebnis, welches außerhalb von B liegt, ist für ihn nicht denkbar. Er sieht also von jedem Ereignis A nur den in B liegenden Teil, also $A \cap B$. Ein Proportionalitätsansatz erscheint plausibel: $P_B(A) = c \cdot P(A \cap B)$. Dabei wird über A variiert, und c ist eine von $A \in \mathfrak{A}$ unabhängige Proportionalitätskonstante. Speziell muß der Ansatz auch für $A = \Omega$ gelten: $P_B(\Omega) = c \cdot P(\Omega \cap B) = c \cdot P(B)$. Wegen $P_B(\Omega) = 1$ folgt also $c = \dfrac{1}{P(B)}$. Wir erhalten:

> Die bedingte Wahrscheinlichkeit $P_B(A) = P(A|B)$ des Ereignisses A unter der Bedingung B ist durch
> $$P_B(A) = P(A|B) = \frac{P(A \cap B)}{P(B)}$$
> definiert.

Interpretieren wir – wie im vorigen Abschnitt – Wahrscheinlichkeiten als Massen, so ist $P(A|B)$ der Massenanteil, den das Ereignis $A \cap B$ an der Masse von B hat, sozusagen der Anteil, den A in B hinterläßt. Im Vergleich dazu ist $P(A)$ der Massenanteil, den $A \cap \Omega = A$ im Grundbereich Ω, also absolut hat.

Wir kommen noch einmal auf die oben betrachteten Beispiele zurück:

Zu **Beispiel 3.1/23:** Es seien (angenommene Werte)

$$P(B) = 0{,}05 \qquad P(A_2) = 0{,}27 \qquad P(A_3) = 0{,}35$$
$$P(A_2 \cap B) = 0{,}015 \qquad P(A_3 \cap B) = 0{,}02.$$

Dann ist $P(A_2|B) = \dfrac{0{,}015}{0{,}05} = 0{,}30$, also sind 27 % aller TU-Studenten und 30 % aller Psychologiestudenten Raucher. Analog folgt $P(A_3|B) = \dfrac{0{,}02}{0{,}05} = 0{,}40$, d. h., 40 % der Psychologiestudenten finden die Wahrscheinlichkeitsrechnung angenehm, bzgl. aller TU-Studenten sind nur 35 % dieser Meinung (es ist $P(A_3) = 0{,}35$).

Wie bereits weiter oben angedeutet wurde, hat die bedingte Wahrscheinlichkeit $P(A|B)$, wenn man B festhält und über A variiert, alle Eigenschaften einer Wahrscheinlichkeit. Es gelten also z. B. die Formeln

$$P(\emptyset|B) = 0,$$
$$P(\Omega|B) = 1,$$
$$P(A_1 \cup A_2|B) = P(A_1|B) + P(A_2|B), \qquad \text{falls } A_1 \cap A_2 = \emptyset \text{ ist,}$$
$$P(A_1 \cup A_2|B) = P(A_1|B) + P(A_2|B) - P(A_1 \cap A_2|B) \qquad \text{im allgemeinen.}$$

Die bedingte Wahrscheinlichkeit entspricht der mittels der Wahrscheinlichkeit P erzeugten Bewertung der Chancen bei auf B eingeschränktem Merkmalsraum. Wir könnten einfach zu dem geänderten Modell mit dem neuen Grundraum B übergehen. Da wir jedoch zugleich auch den ursprünglichen Merkmalsraum Ω und die absoluten Wahrscheinlichkeiten im Auge behalten wollen, werden wir sorgfältig zwischen der Wahrscheinlichkeit $P(A)$ und der bedingten Wahrscheinlichkeit $P(A|B)$ unterscheiden. Dies soll an einem weiteren Beispiel verdeutlicht werden.

Beispiel 3.1/25: Zum Studium der Entwicklung des Verkehrsgeschehens werde die Befragung eines bestimmten Personenkreises durchgeführt, wobei das am meisten benutzte Verkehrsmittel angekreuzt werden soll, z. B.

	Auto	öffentliche Verkehrsmittel	Fahrrad	nicht eindeutig
Jahr 1991	×			
Jahr 1992			×	

Der Versuch besteht in der zufälligen Auswahl einer Testperson und der Befragung derselben. Man könnte nun z. B. folgende zufällige Ereignisse betrachten:

A „die zufällig ausgewählte Testperson bevorzugte 1992 das Auto"

B „die zufällig ausgewählte Testperson bevorzugte 1991 das Auto".

Dann entspricht $P(A)$ bzw. $P(B)$ ungefähr dem Anteil der 92er Autofahrer bzw. 91er Autofahrer an allen Versuchspersonen. Demhingegen ist $P(A|B)$ die Chance dafür, daß ein 1991er Autofahrer auch 1992 noch Autofahrer ist (er könnte ja auf öffentliche Verkehrsmittel oder Fahrrad umgestiegen sein), und $P(B|A)$ ist die Wahrscheinlichkeit dafür, daß ein 1992er Autofahrer schon 1991 Autofahrer war (es könnten ja Autofahrer hinzugekommen sein).

Ergänzend bestimmen wir unmittelbar aus ihrer Definition die bedingte Wahrscheinlichkeit für spezielle Lagen der Ereignisse A und B zueinander:

1. Im Falle $A \cap B = \emptyset$ gilt $P(A|B) = 0$.
2. Für $A \supset B$ erhalten wir wegen $A \cap B = B$ offensichtlich $P(A|B) = \dfrac{P(B)}{P(B)} = 1$.
3. Für $A \subset B$ ergibt sich wegen $A \cap B = A$ die Formel $P(A|B) = \dfrac{P(A)}{P(B)}$.

In manchen Situationen ist es möglich, die bedingte Wahrscheinlichkeit $P(A|B)$ unmittelbar anzugeben, und man benutzt dann die Definitionsgleichung von $P(A|B)$, um $P(A \cap B)$ auszurechnen. Man stellt dazu diese Gleichung nach $P(A \cap B)$ um und erhält so den sog. **Multiplikationssatz für Wahrscheinlichkeiten in allgemeiner Form**:

$$\boxed{P(A \cap B) = P(B) \cdot P(A|B).}$$

Beispiel 3.1/26: Ein Gefäß enthalte 10 grüne und 15 blaue Kugeln. Es werde ohne Zurücklegen zweimal je 1 Kugel rein zufällig entnommen. Wir betrachten die zufälligen Ereignisse

B „die erste entnommene Kugel ist grün" und

A „die zweite entnommene Kugel ist blau".

Es ist plausibel, daß in dieser Situation der Stichprobenentnahme ohne Zurücklegen die klassische Wahrscheinlichkeit zutreffend ist. Wir erhalten $P(B) = \dfrac{10}{25}$ und auch unmittelbar $P(A|B) = \dfrac{15}{24}$, da das Eintreten von B bedeutet, daß eine grüne Kugel entnommen wurde. Man hat also beim 2. Zug eine genau bestimmte Situation vorliegen, nämlich 9 güne und 15 blaue Kugeln. Die Wahrscheinlichkeit, erst eine grüne und dann eine blaue Kugel zu ziehen, beträgt dann nach dem Multiplikationssatz $\dfrac{10}{25} \cdot \dfrac{15}{24} = 0{,}25$.

Den Multiplikationssatz können wir uns wie folgt einprägen: Wir wollen $P(A \cap B)$ bestimmen und wählen zunächst eines der Ereignisse A,B aus und bestimmen seine Wahrscheinlichkeit, also z. B. $P(B)$. Nun wird vom nicht ausgewählten Ereignis die bedingte Wahrscheinlichkeit bestimmt unter der Bedingung des bereits ausgewählten Ereignisses, und anschließend werden beide Wahrscheinlichkeiten miteinander multipliziert: $P(A \cap B) = P(B) \cdot P(A|B)$. Aber ebenso könnte man zuerst A auswählen und erhält $P(A \cap B) = P(A) \cdot P(B|A)$. Diese Vorgehensweise läßt sich unmittelbar auch auf mehr als 2 Ereignisse ausdehnen. Man hat jeweils den Durchschnitt der schon ausgewählten Ereignisse in die Bedingung zu schreiben und alle in Frage kommenden Ereignisse nacheinander „abzuarbeiten", wobei die Reihenfolge der Auswahl unwichtig ist, also z. B.

$$P(A \cap B \cap C) = P(A) \cdot P(C|A) \cdot P(B|A \cap C) \qquad \text{oder auch}$$

$$P(A \cap B \cap C) = P(B) \cdot P(A|B) \cdot P(C|A \cap B) \qquad \text{usf.}$$

Ein Standardbeispiel ist das schrittweise Ziehen von Kugeln ohne Zurücklegen. So erhält man beispielsweise in obigem Beispiel 26 für die Wahrscheinlichkeit, eine grüne, dann eine blaue, und dann wieder eine grüne Kugel zu ziehen, den Wert $\frac{10}{25} \cdot \frac{15}{24} \cdot \frac{9}{23} = 0{,}098$.

3.1.6 Unabhängigkeit

Im allgemeinen unterscheidet sich die absolute Wahrscheinlichkeit $P(A)$ durchaus von der bedingten Wahrscheinlichkeit $P(A|B)$. Es ist aber auch der Sonderfall $P(A) = P(A|B)$ möglich, und mit dieser Situation wollen wir uns jetzt beschäftigen. Die Gleichheit $P(A) = P(A|B)$ bedeutet, daß der „absolute Beobachter" und der durch den eingeschränkten Ereignisraum B bedingte Beobachter die Chance des Eintretens des Ereignisses A übereinstimmend bewerten. Die Zusatzinformation durch B hat hier also keinen Einfluß. In Beispiel 3.1/23 des letzten Abschnittes betrug – mit den angenommenen Werten – die Wahrscheinlichkeit dafür, daß ein zufällig ausgewählter Student der TU raucht, gleich $P(A_2) = 0{,}27$. Für die bedingte Wahrscheinlichkeit $P(A_2|B)$, daß ein Student der Psychologie diese Eigenschaft hat, erhielten wir $P(A_2|B) = 0{,}30$. Man könnte sich durchaus vorstellen, daß hier die Daten auch so beschaffen sein können, daß $P(A_2) = P(A_2|B)$ gilt, d. h., daß der Prozentsatz der Raucher unter den TU-Studenten genau so groß ist wie derjenige bzgl. der Psychologiestudenten. Das bedeutet, daß die Zusatzinformation, daß die Testperson Psychologie studiert, auf die Chance der Antwort „ja" bei der Frage nach dem Rauchen keinen Einfluß hat. Im Beispiel 3.1/24 erhielten wir für das Ziehen einer weißen Kugel die Wahrscheinlichkeit $P(A) = 0{,}20$, und unter der Bedingung, daß es sich um eine schwere Kugel handelt, die Wahrscheinlichkeit $P(A|B) = 0{,}09$. Würde die Verteilung der Kugeln im Gefäß z. B. wie folgt aussehen:

	weiß	rot	blau
20 g	15	20	10
100 g	25	30	20

so wäre $P(A) = \frac{40}{120}$, $P(A|B) = \frac{25}{75}$, also $P(A) = P(A|B)$. Die Zusatzinformation, eine schwere Kugel zu ziehen, hätte keinen Einfluß auf die Chance des Eintretens von A.

Man kann nun allgemein unmittelbar nachprüfen, daß im Fall $P(A) = P(A|B)$ stets auch $P(B) = P(B|A)$ gilt, d. h., beeinflußt B die Chance des Eintretens von A nicht, so hat auch A keinen Einfluß auf die Chance des Eintretens von B. Und beides ist äquivalent zur Gleichung $P(A \cap B) = P(A) \cdot P(B)$. Dies gibt Anlaß zu folgender Definition:

Man sagt, die zufälligen Ereignisse A und B sind **voneinander unabhängig**, wenn

$$P(A) = P(A|B), \qquad \text{bzw. äquivalent dazu}$$

$$P(A \cap B) = P(A) \cdot P(B)$$

gilt.

Für unabhängige Ereignisse vereinfacht sich der allgemeine Multiplikationssatz

$$P(A \cap B) = P(B) \cdot P(A|B) = P(B) \cdot P(A).$$

Bemerkung: *Man prüft unmittelbar nach, daß bei Negation eine vorhandene Unabhängigkeit erhalten bleibt, d. h., sind A, B voneinander unabhängig, so gilt dies auch für $\overline{A}$, B, für A, $\overline{B}$ und auch für $\overline{A}$, $\overline{B}$.*

Eigentlich müßte man die Unabhängigkeit in jeder Anwendungssituation anhand der konkreten Gegebenheiten nachweisen. Man hat aber umgekehrt eine gewisse anschauliche Vorstellung von gegenseitiger Nichtbeeinflussung beim Eintreten von zufälligen Ereignissen, die das Vorliegen von Unabhängigkeit plausibel nahelegen: Die Information des Eintretens von B hat keine Wirkung auf die Chance des Eintretens von A, es gibt keinen Informationszusammenhang zwischen beiden Ereignissen. Man nimmt dann die Unabhängigkeit an und benutzt sie, um den Multiplikationssatz in seiner einfachen Form zu verwenden. Wir wollen dies anhand weiterer Beispiele diskutieren und beginnen mit Situationen, in denen die Unabhängigkeit physikalisch plausibel ist.

Beispiel 3.1/27: Wir würfeln mit 2 idealen, verschiedenfarbigen Würfeln und betrachten die zufälligen Ereignisse
A „Würfel 1 hat die Augenzahl 5",
B „Würfel 2 hat die Augenzahl 4".

Dann bedeutet $A \cap B$ das Würfeln der Augenkonstellation 5, 4. Die klassische Wahrscheinlichkeit ergibt $P(A \cap B) = \frac{1}{36}$. Dies ist aber offensichtlich identisch mit $P(A) \cdot P(B) = \frac{1}{6} \cdot \frac{1}{6}$. D. h., die klassische Wahrscheinlichkeit beweist uns geradezu, daß ideale Würfel unabhängig voneinander fallen. Dies ist aber auch physikalisch plausibel: Warum sollte das Wurfergebnis des 1. Würfels dasjenige des zweiten beeinflussen? Hat man nun stattdessen gezinkte Würfel, so erscheint es sinnvoll zu sein, diese Eigenschaft beizubehalten. Wären also z. B. $P(A) = 0{,}20$ und $P(B) = 0{,}10$, so würde man jetzt für das Auftreten der Augenkonstellation 5, 4 die Wahrscheinlichkeit $P(A \cap B) = P(A) \cdot P(B) = 0{,}20 \cdot 0{,}10 = 0{,}02$ als zutreffend akzeptieren.

Als Anwendung betrachten wir folgende Aufgabe:

Es seien zwei wie folgt gezinkte Würfel gegeben:

Augenzahl	1	2	3	4	5	6
Wahrscheinlichkeiten: Würfel 1	0,15	0,15	0,10	0,10	0,20	0,25
Würfel 2	0,20	0,13	0,21	0,10	0,14	0,22

Man bestimme die Wahrscheinlichkeit, mit diesen Würfeln die Augensumme 10 zu erzielen. Dieses Ereignis C_{10} setzt sich aus den drei Wurfergebnissen 4, 6 und 5, 5 sowie 6, 4 zusammen. Wir erhalten $P(C_{10}) = 0{,}10 \cdot 0{,}22 + 0{,}20 \cdot 0{,}14 + 0{,}25 \cdot 0{,}10 = 0{,}075$.
Formal ergibt sich diese Rechnung wie folgt: Es bezeichne dazu A_k bzw. B_i das Ereignis, daß Würfel 1 die Augenzahl k bzw. Würfel 2 die Augenzahl i aufweist. Dann ist

$$C_{10} = (A_4 \cap B_6) \cup (A_5 \cap B_5) \cup (A_6 \cap B_4)$$

und somit

$$\begin{aligned} P(C_{10}) &= P(A_4 \cap B_6) + P(A_5 \cap B_5) + P(A_6 \cap B_4) \\ &= P(A_4) \cdot P(B_6) + P(A_5) \cdot P(B_5) + P(A_6) \cdot P(B_4), \end{aligned}$$

wobei letztere Gleichung wegen der Unabhängigkeit des Fallens der gezinkten Würfel gelten soll. Im Vergleich dazu hätte man bei idealen Würfeln die Wahrscheinlichkeit $P(C_{10}) = \frac{3}{36} = 0{,}083$ erhalten.

Beispiel 3.1/28: In einem Gefäß befinden sich Kugeln, und es erfolge ein rein zufälliges, „blindes" Ziehen dieser Kugeln. Werden die entnommenen Kugeln zur nächsten Ziehung nicht wieder zurückgelegt, d. h., erfolgt eine Stichprobenentnahme ohne Zurücklegen, so entsteht eine Beeinflussung zwischen den einzelnen Ziehungen, es liegt also garantiert eine Abhängigkeit vor. Werden jedoch jeweils die gezogenen Kugeln danach wieder in das Gefäß zurückgelegt, so geht die Information des erhaltenen Versuchsergebnisses für die nächste Ziehung verloren, es gibt dann keine Beeinflussung zwischen den einzelnen Ziehungen: Bei Stichprobenentnahme mit Zurücklegen sind die einzelnen Ziehungen voneinander unabhängig.

Beispiel 3.1/29: Wir kommen auf das Beispiel 3.1/23 des letzten Abschnittes zurück. Gibt es zwischen zwei betrachteten Fragen auf einem Testbogen inhaltlich eigentlich keinen Zusammenhang, so kann man die zufälligen Testergebnisse bei diesen Fragen als voneinander unabhängig einstufen. Man kann sich aber andererseits auch leicht vorstellen, daß bestimmte Frageninhalte eine mehr oder weniger starke Abhängigkeit nach sich ziehen. In diesem Zusammenhang sei auch darauf hingewiesen, daß bei Wiederholungen solcher Tests mit den gleichen Versuchspersonen (sog. Längsschnittansatz) eine Abhängigkeit angezeigt ist, bei einem Wechsel der Versuchspersonen (sog. Querschnittansatz) hingegen Unabhängigkeit erreicht werden kann. Der (von praktischer Seite unbedeutende) Extremfall des „blinden Ausfüllens" des Fragebogens, ohne die Fragen überhaupt zu lesen, bedeutet sowohl Unabhängigkeit innerhalb der Fragen als auch Unabhängigkeit bei Versuchswiederholungen.

Liegen mehr als 2 Ereignisse vor, so wird das Problem der Definition der Unabhängigkeit komplizierter. Es ist z. B. bei drei Ereignissen A,B,C möglich, daß $P(A \cap B) = P(A) \cdot P(B)$, $P(A \cap C) = P(A) \cdot P(C)$, $P(B \cap C) = P(B) \cdot P(C)$ gilt, die Gleichung $P(A \cap B \cap C) = P(A) \cdot P(B) \cdot P(C)$ aber nicht mehr erfüllt ist. Man nennt n Ereignisse $A_1, A_2, \ldots, A_n$ **vollständig voneinander unabhängig**, wenn die Produktformel uneingeschränkt, d. h. für jede beliebige Auswahl von ihnen, stets gilt:

$$P(A_{i_1} \cap A_{i_2} \cap \ldots \cap A_{i_k}) = P(A_{i_1}) \cdot P(A_{i_2}) \cdot \ldots \cdot P(A_{i_k}),$$
$$2 \leq k \leq n, \qquad 1 \leq i_1 < i_2 < \ldots < i_k \leq n \text{ beliebig.}$$

Dies entspricht der Vorstellung, daß zwischen den Ereignissen $A_1, A_2, \ldots, A_n$ keinerlei Beeinflussung oder „Informationsfluß" besteht. Man nennt $A_1, A_2, \ldots, A_n$ **paarweise voneinander unabhängig**, wenn die Produktformel nur für jeweils 2 beliebige Ereignisse erfüllt ist.
Im weiteren entspricht unsere Unabhängigkeitsauffassung bei mehr als zwei zufälligen Ereignissen stets der vollständigen Unabhängigkeit.

3.1.7 Die Formel der totalen Wahrscheinlichkeit und die Bayessche Formel

In Abschnitt 3.1.5 hatten wir im Zusammenhang mit dem Multiplikationssatz festgestellt, daß es mitunter unmittelbar möglich ist, eine bedingte Wahrscheinlichkeit $P(B|A)$ anzugeben, und daraus dann $P(A \cap B)$ bestimmt. Wir wollen diesen Gedanken noch etwas weiter ausbauen und auf komplexere Situationen, bei denen eine Überlagerung mehrerer zufälliger Einflußfaktoren vorliegt, ausdehnen. Als Standardbeispiel betrachten wir dazu die folgende Modellkonstruktion:

Beispiel 3.1/30: Es seien zwei Gefäße I und II gegeben, wobei sich in Gefäß I insgesamt 4 blaue und 8 gelbe Kugeln und in Gefäß II insgesamt 8 blaue und 5 gelbe Kugeln befinden mögen. Man entnimmt nun zunächst rein zufällig 2 Kugeln aus dem Gefäß I und legt sie in das Gefäß II. Anschließend zieht man eine Kugel aus dem Gefäß II.

Es soll die Wahrscheinlichkeit des Ereignisses B, daß aus Gefäß II eine blaue Kugel gezogen wird, bestimmt werden. Es handelt sich hier um die Überlagerung zweier Zufallseffekte. Der erste entsteht durch die Auswahl der beiden Kugeln aus Gefäß I und der zweite bei der Entnahme der einen Kugel aus Gefäß II. Für das Ergebnis des ersten Zufallseinflusses gibt es 3 Möglichkeiten:

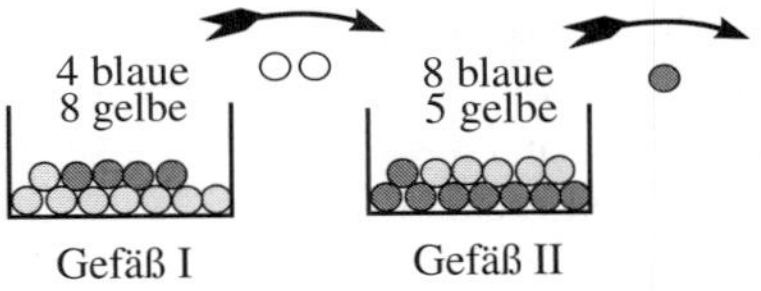

Ereignis A_1: Es werden zwei blaue Kugeln ausgewählt.
Ereignis A_2: Es werden eine blaue und eine gelbe Kugel ausgewählt.
Ereignis A_3: Es werden zwei gelbe Kugeln ausgewählt.

Wir sind nun unmittelbar in der Lage, die (bedingte) Wahrscheinlichkeit des Ereignisses B, bei der Ziehung aus dem Gefäß II eine blaue Kugel zu entnehmen, in jedem der 3 Fälle anzugeben. Wir erhalten $P(B|A_1) = \frac{10}{15}$, da bei Eintreten von A_1 im Gefäß II schließlich 10 blaue und 5 gelbe Kugeln liegen, und analog sind $P(B|A_2) = \frac{9}{15}$, $P(B|A_3) = \frac{8}{15}$. Es ergibt sich die Frage, wie man hieraus die gesuchte absolute Wahrscheinlichkeit $P(B)$ erhält?

Ehe wir die Lösung dieses Problems diskutieren, sollen noch zwei weitere Beispiele angegeben werden:

Beispiel 3.1/31: In einem Betrieb werde die Gesamtproduktion eines bestimmten Teiles zu 20 % durch Maschine 1, zu 55 % durch Maschine 2 und zu 25 % durch Maschine 3 hergestellt. Die gefertigten Teile liegen „willkürlich gemischt" in einem Gesamtbehältnis. Dies ist der erste zufällige Einfluß. Der zweite Zufallseffekt entsteht dadurch, daß bei der Fertigung auch Ausschuß auftreten kann. Wir bezeichnen mit B das zufällige Ereignis, daß ein dem Behälter rein zufällig entnommenes Teil Ausschuß ist, und entsprechend mit A_i das Ereignis, daß das entnommene Teil von Maschine i stammt ($i = 1, 2, 3$). Die Qualität der einzelnen Maschinen sei bekannt: Bei Maschine 1 treten 2 % Ausschuß auf, bei Maschine 2 ist es 1 %, und bei Maschine 3 sind es 4 %. Es ist also $P(B|A_1) = 0{,}02$, $P(B|A_2) = 0{,}01$, $P(B|A_3) = 0{,}04$. Wir stellen die Frage: Wie hoch ist der Ausschußprozentsatz $P(B)$ der Gesamtproduktion?

Beispiel 3.1/32: Das Auftreten einer bestimmten Erkrankung werde durch ein diagnostisches Verfahren untersucht, wie es z. B. bei einer standardisierten Röntgenaufnahme in einer Reihenuntersuchung der Fall ist. Das Auftreten der Erkrankung bei einer (zufällig) ausgewählten Person ist hier der erste zufällige Einfluß, wobei wir mit A_1 bzw. $A_2 = \overline{A_1}$ das Ereignis bezeichnen, daß die untersuchte Person die betrachtete Erkrankung hat bzw. nicht hat. Die Wahrscheinlichkeit $P(A_1)$, die sog. Morbidität, sei bekannt; es gelte beispielsweise $P(A_1) = 0{,}015$. Für $P(A_2)$ erhalten wir dann $P(A_2) = 1 - P(A_1) = 0{,}985$. Nun treten jedoch bei dem diagnostischen Verfahren zufallsbedingte Fehler auf, die als zweiter Zufallseffekt das Feststellen der Erkrankung beeinflussen. Wir bezeichnen mit B das zufällige Ereignis, daß das diagnostische Verfahren eine Erkrankung anzeigt. Dann ist also $P(B|A_1)$ die Wahrscheinlichkeit dafür, daß bei einer erkrankten Person die Erkrankung auch erkannt wird (sog. Sensitivität des Verfahrens), und $P(\overline{B}|A_2)$ ist die Wahrscheinlichkeit dafür, daß eine gesunde Person als solche durch das Verfahren diagnostiziert wird (sog. Spezifität des Verfahrens). Es gelte beispielsweise $P(B|A_1) = 0{,}98$, $P(\overline{B}|A_2) = 0{,}99$. Wir erhalten hieraus für die Wahrscheinlichkeit $P(B|A_2)$ dafür, daß eine gesunde Person als krank eingestuft wird, den Wert $P(B|A_2) = 1 - P(\overline{B}|A_2) = 0{,}01$. Wie hoch ist nun der Prozentsatz der durch das Verfahren als krank eingestuften Personen, d. h., wie groß ist $P(B)$?

Allgemein lassen sich die hier betrachteten Situationen wie folgt beschreiben: Es liege ein zufälliger Versuch vor, bei dem das Versuchsergebnis infolge des gleichzeitigen Einwirkens mehrerer Quellen des Zufalls beeinflußt wird, so daß die Bestimmung der Wahrscheinlichkeit eines interessierenden Ereignisses B zunächst nicht unmittelbar erfolgen kann. Durch „Fallunterscheidung" eines der zufälligen Einflußfaktoren sei es jedoch möglich, die entsprechenden Wahrscheinlichkeiten von B jeweils zu bestimmen. Genauer, man hat ein **vollständiges System** $A_1, A_2, \ldots, A_n$ **von zufälligen Ereignissen**, für das die Wahrscheinlichkeiten $P(B|A_1), P(B|A_2), \ldots, P(B|A_n)$ bekannt sind. Mittels der ebenfalls als bekannt vorausgesetzten Wahrscheinlichkeiten für die einzelnen „Fälle", also $P(A_1), P(A_2), \ldots, P(A_n)$, läßt sich dann die gesuchte Wahrscheinlichkeit $P(B)$ bestimmen. Man erhält die sog. **Formel der totalen Wahrscheinlichkeit**

$$\boxed{P(B) = P(B|A_1) \cdot P(A_1) + P(B|A_2) \cdot P(A_2) + \ldots + P(B|A_n) \cdot P(A_n)}\,.$$

Wir überzeugen uns anhand von Beispiel 3.1/31 davon, daß diese Formel unmittelbar plausibel ist. Würde nur Maschine 1 produzieren, so wäre der Gesamtausschußprozentsatz gleich 2 %. Nun ist jedoch Maschine 1 nur zu 20 % an der Gesamtproduktion beteiligt, der 2 %ige Ausschußanteil von Maschine 1 wird also bzgl. der Gesamtproduktion nur zu 20 % wirksam; der Ausschußanteil der Maschine 1 ist somit gleich $0{,}02 \cdot 0{,}20$. Analoges gilt für die Maschinen 2 und 3. Der Gesamtausschußanteil beträgt somit $P(B) = 0{,}02 \cdot 0{,}20 + 0{,}01 \cdot 0{,}55 + 0{,}04 \cdot 0{,}25 = 0{,}0195$.

Die Gültigkeit der Formel der totalen Wahrscheinlichkeit läßt sich mittels der nachfolgenden Skizze und mehrfacher Anwendung des Multiplikationssatzes unmittelbar nachweisen:

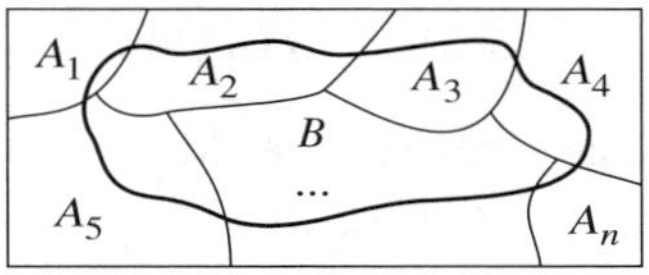

$$\begin{aligned} P(B) &= P(B \cap A_1) + P(B \cap A_2) + \ldots + P(B \cap A_n) \\ &= P(B|A_1) \cdot P(A_1) + P(B|A_2) \cdot P(A_2) + \ldots + P(B|A_n) \cdot P(A_n) \end{aligned}$$

In den anderen beiden Beispielen erhalten wir:

Zu Beispiel 3.1/30: Zunächst ist

$$P(A_1) = \frac{4}{12} \cdot \frac{3}{11} = 0{,}0909, \; P(A_2) = \frac{4}{12} \cdot \frac{8}{11} + \frac{8}{12} \cdot \frac{4}{11} = 0{,}4848, \; P(A_3) = \frac{8}{12} \cdot \frac{7}{11} = 0{,}4242$$

(vgl. auch Abschnitt 3.1.5). Die Formel der totalen Wahrscheinlichkeit ergibt

$$\begin{aligned} P(B) &= \frac{10}{15} \cdot 0{,}0909 + \frac{9}{15} \cdot 0{,}4848 + \frac{8}{15} \cdot 0{,}4242 \\ &= 0{,}6667 \cdot 0{,}0909 + 0{,}6000 \cdot 0{,}4848 + 0{,}5333 \cdot 0{,}4242 \\ &= 0{,}5777. \end{aligned}$$

Zu Beispiel 3.1/32: $P(B) = 0{,}98 \cdot 0{,}015 + 0{,}01 \cdot 0{,}985 = 0{,}0147 + 0{,}00985 = 0{,}02455$, also wird in rund 2,5 % der Fälle eine Erkrankung durch das Diagnoseverfahren angezeigt. Wir stellen fest, daß sich diese Zahl aus 1,5 % der wirklich Erkrankten und rund 1 % falscher Diagnosen bei den Gesunden zusammensetzt.

Zur Rechenkontrolle bemerken wir, daß der erhaltene Wert $P(B)$ stets zwischen der kleinsten und der größten der Zahlen $P(B|A_1), \ldots, P(B|A_n)$ liegen muß. So befindet sich beispielweise der weiter oben bestimmte Gesamtausschußanteil von 1,95 % zwischen dem minimalen Wert von 1 % und dem maximalen Anteil von 4 %.

Im Zusammenhang mit der Formel der totalen Wahrscheinlichkeit ist aber noch eine weitere Frage von Interesse: Wie groß ist der Anteil der einzelnen Ereignisse $A_1, A_2, \ldots, A_n$ an der Gesamtwahrscheinlichkeit $P(B)$? Mit anderen Worten, es interessieren die bedingten Wahrscheinlichkeiten $P(A_1|B), P(A_2|B), \ldots, P(A_n|B)$. In Beispiel 3.1/31 hieße das: Wie groß ist der Ausschußanteil der einzelnen Maschinen am Gesamtausschuß (nicht an der Gesamtproduktion!)? Und in Beispiel 3.1/32 ist $P(A_1|B)$ bzw. $P(A_2|B)$ der Anteil der wirklich Erkrankten bzw. der Gesunden an den als krank diagnostizierten Personen. Die bedingten Wahrscheinlichkeiten erhalten wir aus den Beziehungen

$$P(A_k|B) = \frac{P(A_k \cap B)}{P(B)} = \frac{P(B|A_k) \cdot P(A_k)}{P(B)} \quad (k = 1{,}2, \ldots, n).$$

Wir verwenden für $P(B)$ die Formel der totalen Wahrscheinlichkeit und erhalten so schließlich die sog. **Bayessche Formel**[1)]

$$\boxed{P(A_k|B) = \frac{P(B|A_k) \cdot P(A_k)}{P(B|A_1) \cdot P(A_1) + \ldots + P(B|A_n) \cdot P(A_n)}, \qquad k = 1{,}2, \ldots, n}\,.$$

1) Thomas Bayes, 1702–1761, engl. Theologe.

Die o. g. Beispiele ergeben:

Zu Beispiel 3.1/30: $P(A_1|B) = \dfrac{0{,}666\,7 \cdot 0{,}090\,9}{0{,}577\,7} = 0{,}104\,9$, d. h., unter der Bedingung, daß aus Gefäß II eine blaue Kugel gezogen wurde, beträgt die Wahrscheinlichkeit, daß vorher zwei blaue Kugeln von Gefäß I nach Gefäß II gelegt worden sind, 10,5 %. Analog sind

$$P(A_2|B) = \frac{0{,}6 \cdot 0{,}484\,8}{0{,}577\,7} = 0{,}5035 \quad , \quad P(A_3|B) = \frac{0{,}533\,3 \cdot 0{,}424\,2}{0{,}577\,7} = 0{,}391\,6.$$

Zu Beispiel 3.1/31: Die Ausschußanteile der einzelnen Maschinen am Gesamtausschuß betragen:

$$\begin{aligned}
\text{Maschine 1:} \quad P(A_1|B) &= \frac{0{,}02 \cdot 0{,}20}{0{,}019\,5} = 0{,}205\,1,\\
\text{Maschine 2:} \quad P(A_2|B) &= \frac{0{,}01 \cdot 0{,}55}{0{,}019\,5} = 0{,}282\,1,\\
\text{Maschine 3:} \quad P(A_3|B) &= \frac{0{,}04 \cdot 0{,}25}{0{,}019\,5} = 0{,}512\,8.
\end{aligned}$$

Zu Beispiel 3.1/32: $P(A_1|B) = \dfrac{0{,}014\,7}{0{,}024\,55} = 0{,}598\,8$, d. h., die Wahrscheinlichkeit, daß eine durch das Diagnoseverfahren als krank eingestufte Person wirklich krank ist, beträgt nur ca. 60 %. Dieses zunächst merkwürdige Ergebnis erklärt sich dadurch, daß aufgrund des Diagnosefehlers von 1 % bei den Gesunden eine zu große Verfälschung hereingetragen wird. Es ist $P(A_2|B) = \dfrac{0{,}009\,85}{0{,}024\,55} = 0{,}401\,2$, d. h., ca. 40 % der als krank eingestuften Personen sind gesund.

Zur Rechenkontrolle bemerken wir, daß neben $P(A_1) + \ldots + P(A_n) = 1$ auch stets

$$P(A_1|B) + \ldots + P(A_n|B) = 1$$

gelten muß.

Wir beschließen diesen Abschnitt mit einer Anwendung der Bayesschen Formel bei einer Entscheidungsaufgabe, wie sie z. B. bei der Signalerkennung von durch „Rauschen" gestörten Übertragungssystemen auftreten kann (vgl. z. B. auch G. Maibaum, 1980): Wir stellen uns vor, daß bei einem zufälligen Versuch genau eines der Ereignisse $A_1, A_2, \ldots, A_n$ eines vollständigen Systems eintreten kann, die direkte Beobachtung, welches dieser Ereignisse tatsächlich eingetreten ist, jedoch nicht möglich ist. Die Wahrscheinlichkeiten $P(A_1), \ldots, P(A_n)$, die man in diesem Zusammenhang a-priori-Verteilung nennt, seien bekannt. Bei der Versuchsdurchführung beobachtet man das Eintreten des Ereignisses B. Man berechnet nun (mittels $P(B|A_1), \ldots, P(B|A_n)$) die Wahrscheinlichkeiten $P(A_1|B), \ldots, P(A_n|B)$ nach der Bayesschen Formel – diese Wahrscheinlichkeiten heißen a-posteriori-Verteilung – und entscheidet nach folgendem Prinzip, dem sog. Maximum-Likelihood-Prinzip: Das Wahrscheinlichste ist das Plausibelste, d. h., man entscheidet sich für dasjenige der Ereignisse $A_1, \ldots, A_n$ als eingetreten, für das die bedingte Wahrscheinlichkeit $P(A_1|B), \ldots, P(A_n|B)$ am größten wird. Würde beispielsweise diese Entscheidungsaufgabe bei obigem Beispiel 3.1/31 zu diskutieren sein, so würde man Maschine 3 für den Ausschuß verantwortlich machen, da sie den höchsten Anteil $P(A_3|B) = 0{,}512\,8$ am Ausschuß hat.

3.2 Zufallsgrößen und ihre Verteilung

3.2.1 Der Begriff der Zufallsgröße

In vielen Fällen treten bei der Untersuchung zufälliger Erscheinungen und der weiteren Analyse zufälliger Versuche Zahlen auf, die bei Wiederholung des Versuches nicht stets denselben Wert ergeben, sondern aufgrund der Wirkung des Zufalls „streuen", d. h. jedesmal anders ausfallen können. Diese sog.

Zufallsgrößen kommen entweder direkt als Meßergebnis des Zufallsexperiments (metrische Daten) vor oder ergeben sich indirekt, indem aus dem Ergebnis des zufälligen Versuches ein interessierender Wert (u. U. auch mehrere verschiedene) mittels einer genau definierten Bildungsvorschrift bestimmt wird. Wir wollen jeden solchen bei einem zufälligen Versuch erhaltenen konkreten Wert eine *Realisierung* (der Zufallsgröße) nennen und diese mit kleinen lateinischen Buchstaben, z. B. x, y, z, sowie unter Benutzung von Indizes, also z. B. x_1, x_3, y_2, z_1 bezeichnen.

Beispiele für zufällige Versuche mit „direkt gegebenen" Zufallsgrößen:

Beispiel 3.2/1: Einmaliges Würfeln mit einem Würfel: Die möglichen Realisierungen sind die Zahlen $x_1 = 1, x_2 = 2, x_3 = 3, x_4 = 4, x_5 = 5, x_6 = 6$.

Beispiel 3.2/2: Auswahl einer Glühlampe und Messung der Brenndauer derselben: Man stellt sich vor, daß die Messung „stetig" erfolgt, so daß die möglichen Realisierungen alle reellen Zahlen $x \geq 0$ sein können.

Beispiel 3.2/3: Auswahl einer Versuchsperson und Messung des Körpergewichts: Analog Beispiel 3.2/2 erhält man als Menge der möglichen Realisierungen alle nichtnegativen reellen Zahlen.

Beispiele für zufällige Versuche, bei denen Zufallsgrößen „indirekt" auftreten:

Beispiel 3.2/4: Einmaliges Würfeln mit 5 Würfeln und Betrachtung der Würfelsumme: Hier besteht die Menge der Versuchsergebnisse aus allen Würfelbildern bei 5 Würfeln, und die Zufallsgröße „Würfelsumme" kann eine der 26 Realisierungen $5, 6, 7, \ldots, 30$ annehmen.

Beispiel 3.2/5: Auswahl einer Versuchsperson und Ausfüllen eines Fragebogens durch dieselbe: Der Einfachheit halber nehmen wir an, daß der Fragebogen nur aus zwei Fragen zu den je drei Antworten a,b,c besteht, wobei je Frage genau eine Antwort angekreuzt werden soll. Man könnte sich nun z. B. dafür interessieren, wie häufig Antwort a angekreuzt wurde. Dies ist die Zufallsgröße, die eine der 3 Realisierungen $0, 1, 2$ annehmen kann.

Die allgemeine theoretische Definition der Zufallsgröße basiert auf dem wahrscheinlichkeitstheoretischen Grundmodell, das zunächst jedem zufälligen Versuch die Menge Ω der ursprünglichen Versuchsergebnisse ω , das angepaßte System $\mathfrak{A}$ der zugehörigen Ereignisse $A, B, \ldots$ als Teilmengen von Ω sowie deren Wahrscheinlichkeiten $P(A), P(B), \ldots$ als theoretische Werte für die Chance ihres Eintretens zuordnet und orientiert sich – entsprechend den zuletzt genannten Beispielen – daran, diesen Begriff im wörtlichen Sinne **als vom Zufall abhängige Größe** zu präzisieren:

> Eine **Zufallsgröße** (oder auch **Zufallsvariable** genannt) ist eine auf dem Grundraum Ω definierte Funktion, deren Funktionswerte reelle Zahlen sind. [1] Wir bezeichnen Zufallsgrößen mit großen lateinischen Buchstaben, z. B. mit $X,Y,Z,\ldots$.

Man hat also im Unterschied zu der bei Funktionen vertrauten Schreibweise $y = f(x)$ in der Wahrscheinlichkeitstheorie die Bezeichnung $x = X(\omega)$. Dabei sind jetzt

- die unabhängige Veränderliche ω das direkte Versuchsergebnis,
- die Zuordnungvorschrift die Zufallsgröße X,
- die Funktionswerte die Realisierungen x.

Diese für den praktisch orientierten Leser etwas theoretisch weit hergeholt erscheinende Definition des Begriffes Zufallsgröße hat den Vorteil, daß man mit Zufallsgrößen rechnen kann wie mit Funktionen, sie also z. B. addieren, multiplizieren, mittels gewöhnlicher reeller Funktionen transformieren usf. kann. Man hat lediglich die neue Bezeichnung zu beachten.

[1] Enthält Ω überabzählbar unendlich viele Elemente, so muß noch eine rein theoretische Bedingung erfüllt werden, die am Ende dieses Abschnittes angegeben wird.

Zur Veranschaulichung wollen wir obiges Beispiel 5 nochmals ausführlicher betrachten. Die Grundmenge Ω besteht hier (Variationen mit Wiederholung, vgl. Abschnitt 3.1.3.1.2) aus den 9 Antwortkonstellationen $(a,a),(a,b),(a,c),(b,a),(b,b),(b,c),(c,a),(c,b),(c,c)$. Die Zufallsgröße X – absolute Häufigkeit der Antwort a (wir wollen gleichzeitig noch die Zufallsgröße Y bzw. Z – absolute Häufigkeit der Antwort b bzw. c betrachten) ist dann also die folgende Zuordnungsvorschrift:

ω	$\xrightarrow{X}$	$x = X(\omega)$	analog	$y = Y(\omega)$	$z = Z(\omega)$
(a,a)	$\longrightarrow$	2		0	0
(a,b)	$\longrightarrow$	1		1	0
(a,c)	$\longrightarrow$	1		0	1
(b,a)	$\longrightarrow$	1		1	0
(b,b)	$\longrightarrow$	0		2	0
(b,c)	$\longrightarrow$	0		1	1
(c,a)	$\longrightarrow$	1		0	1
(c,b)	$\longrightarrow$	0		1	1
(c,c)	$\longrightarrow$	0		0	2

Gleichzeitig sind in dieser Tabelle noch die Zufallsgrößen $Y \ldots$ absolute Häufigkeiten der Antwort b und $Z \ldots$ absolute Häufigkeit der Antwort c angegeben. Man sieht, daß trivialerweise wegen der Ausfüllbedingungen stets $X(\omega) + Y(\omega) + Z(\omega) = 2$ gilt, mit anderen Worten, $X + Y + Z$ ist eine nicht zufällig schwankende Größe, man erhält nämlich in jedem Versuch die Zahl 2 als Gesamtanzahl der anzukreuzenden Fragen. Es sei erwähnt, daß sich die direkt gegebenen Zufallsgrößen sehr einfach in die obige allgemeine Begriffsbildung einordnen. Dort ist das Versuchsergebnis identisch mit der zugehörigen Realisierung, man vgl. Beispiel 1 dieses Abschnittes:

ω	$\xrightarrow{X}$	x	ω	$\xrightarrow{X}$	x
1	$\longrightarrow$	1	4	$\longrightarrow$	4
2	$\longrightarrow$	2	5	$\longrightarrow$	5
3	$\longrightarrow$	3	6	$\longrightarrow$	6

Bei der praktischen Betrachtung von Zufallsgrößen ist neben der Angabe der möglichen Realisierungen x von besonderen Interesse, mit welchen Wahrscheinlichkeiten diese auftreten. Nun sind durch das Grundmodell die Wahrscheinlichkeiten für das Auftreten der Versuchsergebnisse ω oder Mengen von ihnen vorgegeben. Die Wahrscheinlichkeit P steuert die theoretische Häufigkeit für das Eintreten der einzelnen Versuchsergebnisse ω, und diese überträgt sich dann durch die Zuordnungsvorschrift X auf die Wahrscheinlichkeiten des Eintretens der zugehörigen Realisierungen.

Wir wollen uns das am obigen Beispiel 5 ausführlicher ansehen und nehmen dazu an, daß für die einzelnen Antwortkonstellationen folgende Wahrscheinlichkeiten gegeben seien:

ω	(a,a)	(a,b)	(a,c)	(b,a)	(b,b)	(b,c)	(c,a)	(c,b)	(c,c)
$P(\{\omega\})$	0,05	0,10	0,15	0,08	0,07	0,05	0,20	0,25	0,05

Die Zufallsgröße X nimmt die Realisierungen $x_1 = 0, x_2 = 1, x_3 = 2$ an. Um also z. B. die Wahrscheinlichkeit p_1 für das Eintreten der Realisierung $x_1 = 0$ zu bestimmen, hat man alle Versuchsergebnisse ω zu betrachten, die den Wert $X(\omega) = x_1 = 0$ ergeben und die entsprechenden Wahrscheinlichkeiten zu addieren, also

$$p_1 = 0{,}07 + 0{,}05 + 0{,}25 + 0{,}05 = 0{,}42 = P(X = x_1).$$

Formal:

$$A = \{X = x_1\} = \{\omega\colon X(\omega) = x_1\} = \{(b,b),(b,c),(c,b),(c,c)\},$$

↑ Bezeichnung für das zufällige Ereignis, daß die Zufallsgröße X den Wert x_1 annimmt

↖ ↗ Menge aller Versuchsergebnisse, die $X = x_1$ ergeben.

$$\begin{aligned} P(A) = P(X = x_1) &= P(\{(b,b),(b,c),(c,b),(c,c)\}) \\ &= 0{,}07 + 0{,}05 + 0{,}25 + 0{,}05 = 0{,}42. \end{aligned}$$

Analog findet man für

$$x_2 = 1\colon\; p_2 = P(X = x_2) = P(X = 1) = 0{,}10 + 0{,}15 + 0{,}08 + 0{,}20 = 0{,}53$$

$$x_3 = 2\colon\; p_3 = P(X = x_3) = P(X = 2) = 0{,}05.$$

In diesem Zusammenhang sind mitunter auch noch komplizierter erscheinende Versuchsergebnismengen und ihre Wahrscheinlichkeiten von Interesse:

Es seien $t, t_1 < t_2$ beliebige reelle Zahlen, dann bezeichne

$$\{t_1 \leq X \leq t_2\} = \{\omega : t_1 \leq X(\omega) \leq t_2\}$$

die Menge aller Versuchsergebnisse ω, deren zugehöriger Wert $x = X(\omega)$ in den Grenzen von t_1 bis t_2 liegt,

$$\{X \leq t\} = \{\omega : X(\omega) \leq t\}$$

die Menge aller Versuchsergebnisse, deren Wert $x = X(\omega)$ kleiner oder gleich t ist.

(*) **Ergänzung zur Definition der Zufallsgröße**: Enthält Ω überabzählbar unendlich viele Elemente ω, so fordert man von einer Zufallsgröße X noch, daß für jede beliebige reelle Zahl t die Menge $\{X \leq t\}$ zum Ereignisfeld $\mathfrak{A}$ gehört und damit eine Wahrscheinlichkeit $P(X \leq t)$ besitzt. Dies ist die sog. Meßbarkeitsbedingung.

Abschließend bemerken wir, daß Zufallsgrößen dimensionslos sind. Man stellt sich auf den Standpunkt, daß bei der Betrachtung konkreter praktischer Sachverhalte die Dimension vorher festgelegt wurde und rechnet dann nur noch mit den zufälligen Zahlenwerten.

3.2.2 Diskrete Zufallsgrößen

3.2.2.1 Diskrete Zufallsgrößen und ihre Verteilung

Die im letzten Abschnitt behandelte theoretische Begriffsbildung der Zufallsgröße als Funktion über dem zum entsprechenden zufälligen Sachverhalt gehörenden Grundraum Ω wird vor allen Dingen dann benötigt, wenn man mehrere Zufallsgrößen zugleich betrachten will, mit ihnen rechnen möchte, Transformationen bzw. Skalenänderungen ausführt usf. In einer Reihe von Situationen hat man es jedoch nur mit **einer** Zufallsgröße zu tun. Die theoretische Begriffsbildung tritt dann in den Hintergrund, und für die praktische Behandlung der Problemstellung ist es völlig ausreichend, wenn man weiß, welche Realisierungen in Frage kommen und mit welchen Wahrscheinlichkeiten sie auftreten.

Eine Zufallsgröße X heißt **diskret**, wenn die Menge ihrer möglichen Realisierungen endlich ist oder höchstens abzählbar unendlich viele Elemente enthält. Wir bezeichen die Realisierungen von X mit $x_1, x_2, \cdots, x_n$ bzw. $x_1, x_2, \cdots$.

Die Wahrscheinlichkeit für das Auftreten von x_k bezeichnen wir mit

$$p_k = P(X = x_k), \qquad k = 1, 2, \cdots, n, \ldots$$

Realisierungen und zugehörige Wahrscheinlichkeiten bilden die **Verteilung** von X und werden übersichtlich im sog. **Verteilungsschema** von X zusammengefaßt:

X	x_1	x_2	$\cdots$	x_n	$\ldots$
	p_1	p_2	$\cdots$	p_n	$\ldots$

Dabei gilt stets $p_1 + p_2 + \cdots + p_n + \ldots = 1$.

Die in Abschnitt 3.1 genannten Beispiele 1, 4, 5 auf Seite 117 sind diskrete Zufallsgrößen. Für das Beispiel 1 erhalten wir im Fall eines idealen Würfels das Verteilungsschema

X	1	2	3	4	5	6
	1/6	1/6	1/6	1/6	1/6	1/6

Für das Beispiel 5 ergibt sich

X	0	1	2
	0,42	0,53	0,05

In einem entsprechenden Stabdiagramm trägt man die Einzelwahrscheinlichkeiten über den zugehörigen Realisierungen ab:

Bsp. 3.2/1

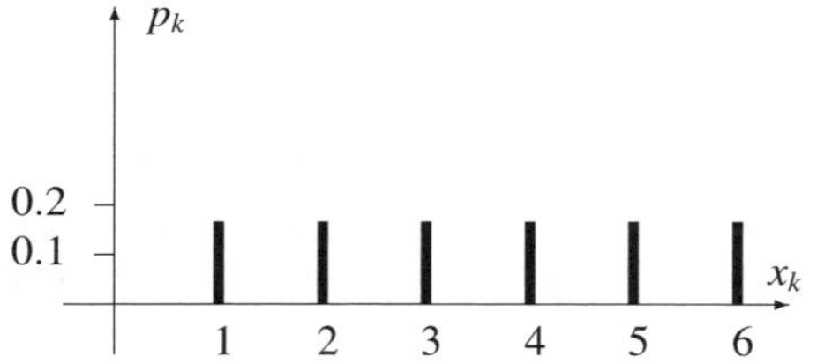

Bsp.3.2/5

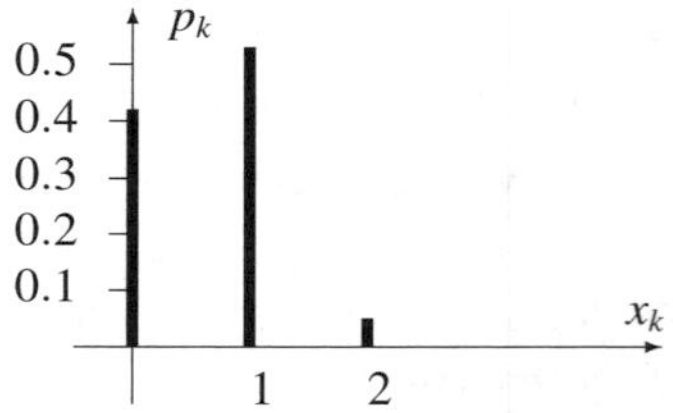

Wie bereits erwähnt, ist es in vielen Fällen völlig ausreichend, wenn man eine diskrete Zufallsgröße im Sinne ihrer Verteilung, definiert durch das Verteilungsschema, als gegeben betrachtet und interpretiert. Im Gegensatz zu einer nichtzufälligen Größe c , die also bei jedem zufälligen Versuch den gleichen konstanten Wert ergibt, sind bei einer Zufallsgröße mehrere Ergebnisse, und zwar $x_1, x_2, \ldots, x_n$ möglich. Die theoretischen Häufigkeiten für das Auftreten der einzelnen Ergebnisse werden durch die Wahrscheinlichkeiten $p_1, p_2, \ldots, p_n$ entsprechend gegeben. Bei einer nichtzufälligen Größe erhält man stets c mit 100 %iger Wahrscheinlichkeit, bei einer diskreten Zufallsgröße splittet sich die 100 % - Einheitsmasse auf die Realisierungen $x_1, x_2, \cdots, x_n$ entsprechend den Werten $p_1, p_2, \ldots, p_n$ auf. Man kann in diesem Sinne eine diskrete Zufallsgröße als diskrete Massenverteilung interpretieren, wobei sich die Masse p_k an der Stelle x_k befindet ($k = 1, 2, \ldots, n$). So ist zum Beispiel im obigen Beispiel 5 die Anzahl aller auf dem Fragebogen vorhandenen Kreuze eine nichtzufällige Größe, nämlich stets gleich 2, während die Gesamtzahl X der Kreuze unter der Antwort a zufällig im Rahmen der möglichen Werte $0, 1, 2$ schwankt.

Eine andere Möglichkeit zur Charakterisierung der Verteilung ist die sog. **Verteilungsfunktion**. Die nachfolgende Definition der **Verteilungsfunktion** gilt allgemein für beliebige Zufallsgrößen. Sie spielt allerdings erst bei nichtdiskreten Zufallsgrößen eine wichtigere Rolle, wir wollen sie der Vollständigkeit halber bereits für diskrete Zufallsgrößen betrachten.

> Die Verteilungsfunktion der Zufallsgröße X – wir bezeichnen sie mit $F_X(x)$ – ist eine reelle Funktion, die auf der ganzen x–Achse nach folgender Vorschrift definiert ist:
>
> $$F_X(x) = P(X \leq x), \qquad -\infty < x < \infty.$$

D. h., man erhält den Funktionswert $F_X(x)$ an der beliebigen reellen Stelle x dadurch, daß man alle Wahrscheinlichkeitsmassen, die vor x – einschließlich der bei x – liegen, addiert:

$$F_X(x) = \sum_{k:x_k \leq x} p_k.$$

Diese etwas komplizierte Bildungsvorschrift wollen wir am Beispiel 5 demonstrieren:

So ergibt sich z. B. für
$x = -1{,}0$: der Wert $F_X(-1{,}0) = 0$, da keine Masse im Bereich $x \leq -1{,}0$ liegt;
$x = +0{,}5$: der Wert $F_X(-0{,}5) = 0{,}42$, da genau die Masse bei 0 zu zählen ist;
$x = +1{,}7$: der Wert $F_X(+1{,}7) = 0{,}95$, da die Massen bei 0 und 1 zu berücksichtigen sind;
$x = +2{,}2$: der Wert $F_X(+2{,}2) = 1{,}00$, da alle Massen im Bereich $x \leq 2{,}2$ liegen.

Insgesamt erhalten wir folgendes Funktionsbild für $F_X(x)$:

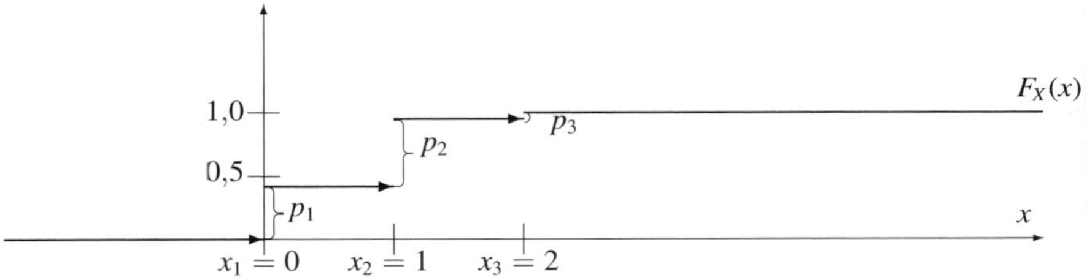

Wir erkennen: $F_X(x)$ ist eine Treppenfunktion. Die Treppen liegen an den Stellen $x_1, x_2, \cdots, x_n$, und die Treppenhöhen sind jeweils $p_1, p_2, \cdots, p_n$. Man kann nun auch umgekehrt aus $F_X(x)$ das Verteilungsschema wieder ablesen.

Bemerkungen: Bei genauer Betrachtung stellt man fest, daß an den Sprungstellen x_k der Verteilungsfunktion $F_X(x)$ der Funktionswert „oben" liegt. Es ist also

$$F_X(x_k) = \sum_{i=1}^{k} p_i, \qquad F_X(x_k - 0) = \sum_{i=1}^{k-1} p_i, \qquad F_X(x_k) - F(x_k - 0) = p_k \qquad (k = 1, 2, \cdots, n).$$

Die Verteilungsfunktion $F_X(x)$ einer beliebigen Zufallsgröße – und wir verifizieren dies hier zunächst für diskrete Zufallsgrößen – hat folgende allgemeine charakteristischen Eigenschaften:
1. Es gilt stets $0 \leq F_X(x) \leq 1$ für alle x; $F_X(x)$ ist monoton nicht fallend, d. h. wachsend oder konstant.
2. $\lim\limits_{x \to -\infty} F_X(x) = 0, \quad \lim\limits_{x \to +\infty} F_X(x) = 1.$
3. $F_X(x)$ ist eine von rechts stetige Funktion, d. h., für alle x gilt $F_X(x) = \lim_{t \to x+0} F_X(t)$.

3.2.2.2 Erwartungswert und Varianz diskreter Zufallsgrößen

Mitunter ist es nicht erforderlich, bei der Untersuchung von Zufallsgrößen ihre gesamte Verteilung anzugeben, sondern es genügt, wenn man einige markante Kennwerte der Verteilung, z. B. hinsichtlich ihrer Lage und Ausdehnung, betrachtet. In Kapitel 2 wurden bereits verschiedene statistische Kenngrößen empirischer Verteilungen bzw. Meßreihen vorgestellt. Wir knüpfen daran an und wollen für den arithmetischen Mittelwert und die empirische Varianz die „theoretischen Gegenstücke" definieren.

Dem arithmetischen Mittelwert entspricht dabei der sog. **Erwartungswert**, der global die Lage der Verteilung beschreibt, ein sogenannter Parameter der zentralen Tendenz, und als zugrundeliegendes theoretisches Mittel interpretiert werden kann. Um die Formel für seine Definition zu motivieren, betrachten wir obiges Beispiel 3.2.1/5 und stellen uns vor, daß empirisch eine Meßreihe erhalten wurde, daß also z. B. 10 Versuchspersonen den Fragebogen ausgefüllt haben. Bei der Auswertung bestimmen wir jeweils, welchen Wert die Zufallsgröße X annimmt, d. h., wir zählen, wie häufig die Antwort a angekreuzt wurde. Dabei seien die folgenden Werte festgestellt worden: 0, 1, 1, 2, 0, 0, 0, 1, 0, 1. Das ergibt das arithmetische Mittel $\bar{x} = \bar{x}_{10} = \frac{1}{10}(0+1+1+2+0+0+0+1+0+1) = 0{,}6$. Man könnte nun $\bar{x}_{10}$ aber auch bestimmen, indem man anders zusammenfaßt: $\bar{x}_{10} = \frac{1}{10}(5 \cdot 0 + 4 \cdot 1 + 1 \cdot 2) = \frac{5}{10} \cdot 0 + \frac{4}{10} \cdot 1 + \frac{1}{10} \cdot 2 = 0{,}6$. In der allgemeinen Bezeichnung mittels relativer Häufigkeiten (vgl. Abschnitt 3.1, mit $h_n(A)$ wurde die relative Häufigkeit des Auftretens von A in n Versuchen bezeichnet) erhalten wir

$$\bar{x}_{10} = h_{10}(\{0\}) \cdot 0 + h_{10}(\{1\}) \cdot 1 + h_{10}(\{2\}) \cdot 2,$$

oder bei n Fragebögen entsprechend

$$\bar{x}_n = h_n(\{0\}) \cdot 0 + h_n(\{1\}) \cdot 1 + h_n(\{2\}) \cdot 2.$$

Für $n \to \infty$ nähern sich die relativen Häufigkeiten den Wahrscheinlichkeiten an, also

$$h_n(\{0\}) \to p_1 = 0{,}42, \qquad h_n(\{1\}) \to p_2 = 0{,}53, \qquad h_n(\{2\}) \to p_3 = 0{,}05,$$

also folgt

$$\bar{x}_n \to 0{,}42 \cdot 0 + 0{,}53 \cdot 1 + 0{,}05 \cdot 2 = 0{,}63.$$

Und letzteres ist der sog. Erwartungswert der Zufallsgröße X.

Es sei X eine beliebige diskrete Zufallsgröße mit dem Verteilungsschema

X	x_1	x_2	$\cdots$	x_n
	p_1	p_2	$\cdots$	p_n

Dann heißt die Zahl

$$EX = x_1 \cdot p_1 + x_2 \cdot p_2 + \cdots + x_n \cdot p_n$$

der **Erwartungswert** der Zufallsgröße X und wird mit EX (oder auch μ_X) bezeichnet.

In der mechanischen Interpretation der Verteilung von X als Punktmassensystem auf der masselosen x-Achse entspricht dem Erwartungswert der **Schwerpunkt** dieses Massensystems:

Beispiel: $(n = 7)$

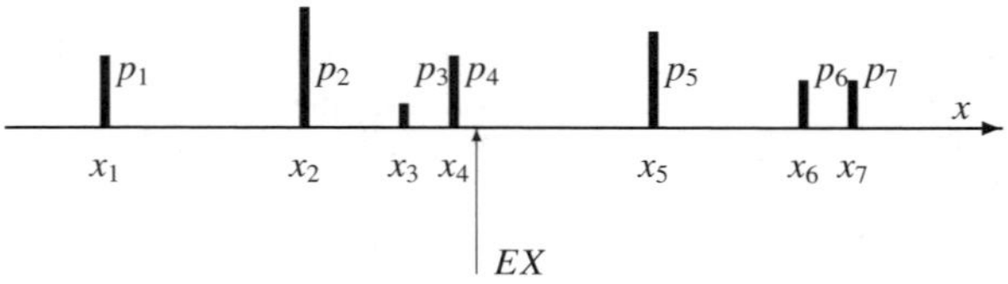

Es ist offensichtlich, daß EX stets zwischen dem größten und dem kleinsten der x_k–Werte liegen muß. Man nennt in diesem Zusammenhang EX auch das entsprechend den p_k gewichtete Mittel der x_k-Werte. Im allgemeinen ist der Erwartungswert EX nicht unbedingt ein Wert der Zufallsgröße X, d. h. kommt unter ihren Realisierungen nicht notwendig vor.

Bemerkung: Hat X abzählbar unendlich viele Realisierungen, so setzt man zur Definition von EX die Konvergenz der unendlichen Reihe $\sum_{i=1}^{\infty} |x_i| \cdot p_i$ voraus, es ist dann $EX = \sum_{i=1}^{\infty} x_i \cdot p_i$.

Beispiel 3.2/6: Es werde mit 2 idealen Würfeln gewürfelt und folgendes Spiel vereinbart: Beträgt die Würfelsumme

2 oder 12,	so werden	5 €	ausgezahlt;
3 oder 11,	so werden	3 €	ausgezahlt;
4 oder 10,	so werden	2 €	ausgezahlt;
7,	so müssen	2 €	eingezahlt;
5 oder 6 oder 8 oder 9,	so muß	1 €	eingezahlt werden.

Frage: Ist dieses Spiel vorteilhaft?

Wir betrachten den zufälligen Gewinn X in einem Spiel und bestimmen seinen theoretischen Mittelwert EX. Dazu benutzen wir die klassische Wahrscheinlichkeit im Grundraum Ω aller Würfelbilder (a_1, a_2) mit $a_1, a_2 \in \{1, 2, 3, 4, 5, 6\}$ unter Beachtung der Reihenfolge. Für den Gewinn von

				Würfelbilder:
5 €	gibt es genau	2	günstige Fälle	(1,1), (6,6)
3 €	gibt es genau	4	günstige Fälle	(1,2), (2,1), (5,6), (6,5)
2 €	gibt es genau	6	günstige Fälle	(1,3), (3,1), (2,2), (4,6), (6,4), (5,5)

für den Verlust von

2 €	gibt es genau	6	Fälle
1 €	gibt es genau	18	Fälle.

Also erhalten wir folgendes Verteilungsschema von X:

X	-2	-1	2	3	5
	$\frac{6}{36}$	$\frac{18}{36}$	$\frac{6}{36}$	$\frac{4}{36}$	$\frac{2}{36}$

und für den Erwartungswert

$$EX = -2 \cdot \frac{6}{36} - 1 \cdot \frac{18}{36} + 2 \cdot \frac{6}{36} + 3 \cdot \frac{4}{36} + 5 \cdot \frac{2}{36} = \frac{4}{36} = \frac{1}{9} = 0{,}1\overline{1}.$$

Im theoretischen Mittel würde man pro Spiel 0,11 € gewinnen. Spielt man nun tatsächlich viele Male, so liegt das empirische Mittel $\bar{x}_n$ des Spielgewinns, d. h., der empirische Gewinn pro Spiel, in der Nähe des theoretischen Mittels $EX = 0{,}11$. Es wurde dabei vorausgesetzt, daß die verwendeten Würfel wirklich ideal sind.

Der Erwartungswert ist ein sog. Lageparameter der Verteilung, er charakterisiert die zentrale Tendenz der Werte der Zufallsgröße. Betrachten wir beispielsweise die folgenden beiden Verteilungen

X	-1	0	1
	0,25	0,50	0,25

,

X	-7	-5	-3	0	3	5	7
	0,30	0,10	0,05	0,10	0,05	0,10	0,30

so stellen wir fest, daß jeweils $EX = 0$ gilt, jedoch die Werte in der zweiten Verteilung wesentlich mehr streuen als in der ersten. Es erscheint also sinnvoll, neben dem Erwartungswert noch eine Maßzahl zu betrachten, die die Stärke der Schwankung der Werte der Zufallsgröße angibt. In Abschnitt 2.3 wurde dazu u. a. die empirische Varianz definiert. Um die dementsprechende theoretische Kennzahl der zugehörigen Verteilung zu finden, die wir **Streuung** oder schlichthin **Varianz** nennen wollen, hat man die quadratischen Abweichungen der Realisierungen vom **theoretischen** Mittelwert EX zu betrachten, d. h. die Werte $(x_k - EX)^2$, $k = 1, 2, \cdots, n$. Es handelt sich hier um ein wichtiges Beispiel der Transformation von Zufallsgrößen. Anstelle von x_k betrachten wir jetzt $(x_k - EX)^2$, anstelle der Zufallsgröße X wird die transformierte Zufallsgröße $Y = (X - EX)^2$ eingeführt.

Allgemein kann man mittels einer beliebigen reellen Funktion $g(x)$ die Werte der Zufallsgröße X verzerren, d. h., die transformierte Größe $Y = g(X)$ betrachten. Aufgrund der Begriffsbildung der Zufallsgröße läßt sich die Transformierte $Y = g(X)$ mühelos erklären: Die Zufallsgröße X bedeutet, daß jedem Versuchsergebnis ω ein Wert $x = X(\omega)$ zugeordnet wird. Um nun $Y = g(X)$ zu erhalten, hat man einfach die Werte $x = X(\omega)$ noch einmal entsprechend der Funktionsvorschrift $g(x)$ zu transformieren und erhält $y = g(X(\omega))$. Die zugrundeliegenden Wahrscheinlichkeiten im Raum Ω bleiben unverändert. Dies bedeutet für diskrete Zufallsgrößen: Hat X das Verteilungsschema

X	x_1	x_2	$\cdots$	x_n
	p_1	p_2	$\cdots$	p_n

so erhält man das Verteilungsschema von Y einfach durch Transformation aller Realisierungen von X:

Y	$g(x_1)$	$g(x_2)$	$\cdots$	$g(x_n)$
	p_1	p_2	$\cdots$	p_n

Wichtige Beispiele für Transformationen $g(x)$ sind
1. $g(x) = b \cdot x + a$, a, b bel. Konstanten (lineare Transformation)
2. $g(x) = (x - c)^2$, c bel. Konstante, insbesondere $c = 0$, $c = EX$ (quadratische Transformation);
3. $g(x) = (x - c)^n$, $n \geq 3$, c bel. Konstante, insbesondere $c = 0$, $c = EX$;
4. $g(x) = \lg x$, (falls sämtliche Realisierungen von X positiv sind).

Beispiel 3.2/7: Wir betrachten obiges Beispiel 6 und bestimmen das Verteilungsschema der Zufallsgrößen $Y = 3 \cdot X + 1$ sowie $Z = X^2$. Es ist also $g(x) = 3 \cdot x + 1$ bzw. $g(x) = x^2$.

Wir erhalten[1)]

Y	-5	-2	7	10	16
	$\frac{6}{36}$	$\frac{18}{36}$	$\frac{6}{36}$	$\frac{4}{36}$	$\frac{2}{36}$

bzw.

Z	4	1	4	9	25
	$\frac{6}{36}$	$\frac{18}{36}$	$\frac{6}{36}$	$\frac{4}{36}$	$\frac{2}{36}$

d. h.

Z	1	4	9	25
	$\frac{18}{36}$	$\frac{12}{36}$	$\frac{4}{36}$	$\frac{2}{36}$

Nun ist es kein Problem, den Erwartungswert von Y bzw. Z zu bestimmen:

Es gilt $\quad EY = Eg(X) = g(x_1) \cdot p_1 + g(x_2) \cdot p_2 + \cdots + g(x_n) \cdot p_n.$

Im Beispiel 3.2/7 ergibt sich

$$EY = E(3X + 1) = -5 \cdot \frac{6}{36} - 2 \cdot \frac{18}{36} + \cdots + 16 \cdot \frac{2}{36} = \frac{48}{36} = 1{,}3\overline{3},$$

$$EZ = EX^2 = 1 \cdot \frac{18}{36} + 4 \cdot \frac{12}{36} + 9 \cdot \frac{4}{36} + 25 \cdot \frac{2}{36} = \frac{152}{36} = 4{,}2\overline{2}\ .$$

Bei linearen Transformationen ändert sich der Erwartungswert nach der gleichen Formel wie die Realisierungen, genauer, es gilt der

Satz 3.2.1 *Für die linear transformierte Zufallsgröße*

$$Y = b \cdot X + a \qquad (a,\ b \text{ Konstanten})$$

gilt

$$EY = E(b \cdot X + a) = b \cdot EX + a.$$

Wir überprüfen die Gültigkeit dieses Satzes am Beispiel 3.2/7:
Hier sind $b = 3$, $a = 1$, $EX = \frac{1}{9}$, also $3 \cdot \frac{1}{9} + 1 = \frac{4}{3}$ in Übereinstimmung mit obigem Ergebnis.

Nach diesen allgemeinen Ausführungen über Transformationen von diskreten Zufallsgrößen und ihren Erwartungswerten kommen wir nun zur Definition der Varianz:

[1)] **Bemerkung:** Es kann auftreten, daß mehrere $g(x_k)$ den gleichen Wert ergeben. Man führt diesen im Verteilungsschema von Y gewöhnlich nur einmal auf und addiert die entsprechenden Wahrscheinlichkeiten.

Die **Streuung** oder **Varianz** der Zufallsgröße X – wir bezeichnen sie mit D^2X oder $\operatorname{var}(X)$ oder σ_X^2 – ist per definitionem der Erwartungswert der quadratischen Abweichungen $(x_k - EX)^2$, $k = 1, 2, \ldots, n$, der Werte der Zufallsgröße X von ihrem Erwartungswert, d. h.

$$\begin{aligned} D^2X &= E(X - EX)^2 \\ &= (x_1 - EX)^2 \cdot p_1 + (x_2 - EX)^2 \cdot p_2 + \cdots + (x_n - EX)^2 \cdot p_n. \end{aligned}$$

Bsp.: Wir bestimmen D^2X für X in Bsp. 3.2/6:

$$\begin{aligned} D^2X &= \left(-2 - \frac{1}{9}\right)^2 \cdot \frac{6}{36} + \left(-1 - \frac{1}{9}\right)^2 \cdot \frac{18}{36} + \left(2 - \frac{1}{9}\right)^2 \cdot \frac{6}{36} + \left(3 - \frac{1}{9}\right)^2 \cdot \frac{4}{36} + \left(5 - \frac{1}{9}\right)^2 \cdot \frac{2}{36} \\ &= 4{,}209\,9. \quad (*) \end{aligned}$$

Die Varianz ist eine quadratische Größe, die eigentliche Maßzahl für die Schwankung der Werte ist die sog. Standardabweichung:

Die Zahl $\sqrt{D^2X}$ heißt **Standardabweichung** der Zufallsgröße X und wird mit σ_X bezeichnet:

$$\sigma_X = \sqrt{D^2X}.$$

Im Beispiel erhalten wir $\sigma_X = \sqrt{4{,}209\,9} = 2{,}051\,8$. Wir veranschaulichen uns dieses Bsp. noch einmal als Punktmassensystem auf der Achse

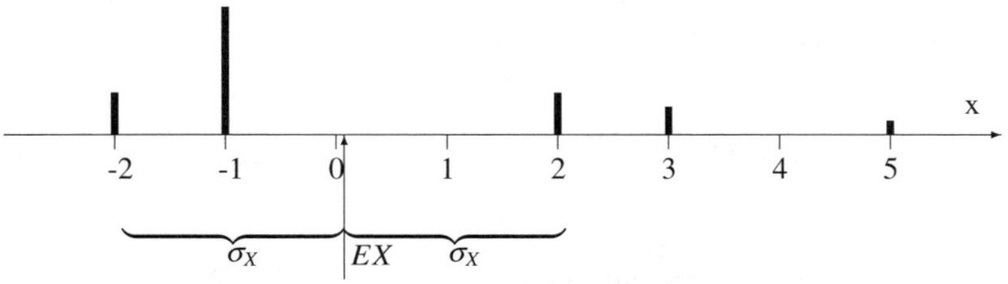

In der Interpretation der Verteilung von X als Punktmassensystem auf der x-Achse entspricht der Varianz das Trägheitsmoment bei Rotation des Massensystems, wenn die Drehachse durch den Schwerpunkt verläuft.

Insbesondere, wenn die Werte von X ganze Zahlen sind, ist es günstig, die Varianz D^2X unter Benutzung folgender Formel zu bestimmen:

Satz 3.2.2 *Es gilt*

$$D^2X = EX^2 - (EX)^2 = x_1^2 \cdot p_1 + \cdots + x_n^2 \cdot p_n - (EX)^2.$$

Bsp.: Wir betrachten wieder obiges Bsp.3.2/6. Wir hatten bereits $EX^2 = \frac{152}{36} = 4{,}2\overline{2}$ ermittelt, also ist

$$D^2X = \frac{152}{36} - \left(\frac{1}{9}\right)^2 = 4{,}209\,9 \quad \text{in Übereinstimmung mit } (*).$$

Wird die Verteilung von X wieder als Massensystem aufgefaßt, so ist die Aussage von Satz 3.2.2 der Inhalt des sog. Satzes von Steiner: $EX^2 = D^2X + (EX)^2$, d. h., das Trägheitsmoment bei Rotation um den Nullpunkt ist gleich dem Trägheitsmoment bei Rotation um den Schwerpunkt plus dem Abstandsquadrat der Drehachsen, d. h. $(EX)^2$, multipliziert mit der Gesamtmasse 1.

Es sei hier darauf hingewiesen, daß offensichtlich stets $D^2X \geq 0$ gelten muß. Der Fall $D^2X = 0$ kann nur genau dann eintreten, wenn X eine nichtzufällige Größe, also eine Konstante ist, die wir x_1 nennen wollen, d. h. das Verteilungsschema $\begin{array}{c|c} X & x_1 \\ \hline & 1 \end{array}$ hat.

Insbesondere folgt aus Satz 3.2.2, daß $D^2X \leq EX^2$, d. h. $E(X - EX)^2 \leq E(X - 0)^2$ gilt. Allgemeiner hat man stets $E(X - EX)^2 \leq E(X - c)^2$ für jede Konstante c, das bedeutet, an der Stelle $c_0 = EX$ wird die Funktion $g(c) = E(X - c)^2$ minimal. Bei Rotation um den Schwerpunkt erhält man das geringste Trägheitsmoment. (vgl. auch Abschnitt 2.2.2.1.3)

Abschließend betrachten wir noch einmal lineare Transformationen.

Satz 3.2.3 *Die Varianz der linear transformierten Zufallsgröße* $Y = b \cdot X + a$ *ergibt sich aus*
$$D^2Y = D^2(b \cdot X + a) = b^2 \cdot D^2X.$$

Mit anderen Worten, die systematische Verschiebung aller Werte von X um die Konstante a hat auf die Bestimmung der Varianz keinen Einfluß, und die Multiplikation aller Werte mit dem Faktor b erzeugt in der Varianz den Faktor b^2.

Wir überprüfen die Gültigkeit des Satzes am Bsp. 3.2/7: Dort war $Y = 3 \cdot X + 1$ mit dem Verteilungsschema

Y	-1	-2	7	10	16
	$\frac{6}{16}$	$\frac{18}{36}$	$\frac{6}{36}$	$\frac{4}{36}$	$\frac{2}{36}$

. Es sind also hier $b = 3, a = 1$. Wir erhalten zunächst $EX = \frac{4}{3}$, $EY^2 = (-5)^2 \cdot \frac{6}{36} + \cdots + 16^2 \cdot \frac{2}{36} = 39{,}667$, also $D^2Y = 37{,}889$. Und dies ist in der Tat gleich $a^2 \cdot D^2X = 9 \cdot 4{,}2099 = 37{,}889$.

Wichtige Spezialfälle linearer Transformationen ergeben sich für:

1. $b = 1, a = -EX$, also $Y = X - EX$.
   Dies ist das sog. **Zentrieren** der Zufallsgröße X. Es ist dann $EY = 0$, $D^2Y = D^2X$.
2. $b = \frac{1}{\sigma_X}$, also $Y = \frac{X}{\sigma_X}$.
   Dies ist das sog. **Normieren** der Werte der Zufallsgröße X. Es ist dann $D^2Y = b^2 \cdot D^2X = \frac{1}{\sigma_X^2} \cdot D^2X = 1$.
3. $b = \frac{1}{\sigma_X}, a = -\frac{EX}{\sigma_X}$, also $Y = \frac{1}{\sigma_X}X - \frac{1}{\sigma_X} \cdot EX = \frac{X - EX}{\sigma_X}$.
   Diese lineare Transformation heißt **Standardisieren** der Zufallsgröße X. Man erhält für die Zufallsgröße Y: $EY = b \cdot EX + a = \frac{1}{\sigma_X} \cdot EX - \frac{EX}{\sigma_X} = 0$, $D^2Y = b^2D^2X = \frac{1}{\sigma_X^2} \cdot D^2X = 1$.

3.2.2.3 Spezielle diskrete Verteilungen

Eine diskrete Verteilung wird allgemein durch Angabe der möglichen Realisierungen $x_1, x_2, \ldots, x_n$ und der zugehörigen Wahrscheinlichkeiten festgelegt. Es gibt nun einige Standardmodelle, die zu konkreten Verteilungstypen führen. Dabei werden die Werte x_i oder die Wahrscheinlichkeiten p_i oder beide nach gewissen Bildungsvorschriften definiert, wobei auch Parameter auftreten.

3.2.2.3.1 Die diskrete gleichmäßige Verteilung (empirische Verteilung)

Hier sind die Realisierungen beliebige, aber endlich viele Werte $x_1, x_2, \ldots, x_n$. Die Anzahl n der möglichen Werte ist ein Parameter der Verteilung. Für die Wahrscheinlichkeiten p_i wird angenommen, daß sie alle den gleichen Wert, nämlich $\frac{1}{n}$, besitzen.

Eine Zufallsgröße X heißt **gleichmäßig verteilt,** wenn sie das Verteilungsschema

X	x_1	x_2	$\ldots$	x_n
	$\frac{1}{n}$	$\frac{1}{n}$	$\ldots$	$\frac{1}{n}$

hat.

Ein einfaches Beispiel ist das Würfelergebnis beim einmaligen Werfen eines idealen Würfels.

Allgemeiner tritt diese Verteilung auf, wenn man n verschiedene Meßwerte $x^{(1)}, x^{(2)}, \dots, x^{(n)}$ einer zufallsabhängigen Meßgröße als gleich wichtig einstuft und sie zur theoretischen Verteilung erklärt. D. h., man betrachtet sie als Realisierungen $x_1 = x^{(1)}, \dots, x_n = x^{(n)}$ einer Zufallsgröße, die alle mit der gleichen Wahrscheinlichkeit $\frac{1}{n}$ auftreten können. Man erklärt de facto die empirische Verteilung zur theoretischen Verteilung. Dies hat aber zur Konsequenz, daß man bei der praktischen Realisierung (Simulation) dieses Modells stets wieder nur einen der Werte $x^{(1)}, \dots, x^{(n)}$ erhalten kann. Es ist nun auch nicht verwunderlich, daß Erwartungswert und Varianz der gleichmäßigen Verteilung im wesentlichen (bis auf den Faktor $\frac{n-1}{n}$ bei der Varianz) mit den entsprechenden empirischen Kenngrößen (vgl. Abschnitt 2.2) übereinstimmen. Wir erhalten nämlich

$$\begin{aligned}
EX &= x_1 \cdot p_1 + \dots + x_n \cdot p_n = x_1 \cdot \frac{1}{n} + \dots + x_n \cdot \frac{1}{n} \\
&= \frac{1}{n} \cdot (x_1 + \dots + x_n) = \bar{x}, \\
D^2X &= (x_1 - EX)^2 \cdot p_1 + \dots + (x_n - EX)^2 \cdot p_n \\
&= \frac{1}{n} \cdot [(x_1 - \bar{x})^2 + \dots + (x_n - \bar{x})^2] = \frac{n-1}{n} \cdot s^2
\end{aligned}$$

oder unter Benutzung von Satz 3.2.2

$$D^2X = EX^2 - (EX)^2 = \frac{1}{n} \cdot (x_1^2 + \dots + x_n^2) - \bar{x}^2 = \overline{x^2} - \bar{x}^2.$$

Der Spezialfall $n = 1$ ergibt die Einpunktverteilung, d. h. eine nichtzufällige Größe $X = x_1$. Für sie gilt $EX = \bar{x}_1 = x_1$, $D^2X = \overline{x_1^2} - \bar{x}_1^2 = x_1^2 - x_1^2 = 0$.

3.2.2.3.2 Die Binomialverteilung

Wir beginnen mit einer Reihe von Beispielen:

Beispiel 3.2/8: Eine verbeulte Münze, bei der „Zahl oben" mit der Wahrscheinlichkeit von 0,40 auftritt, werde 100mal geworfen. Wir zählen, wie oft dabei „Zahl oben" erscheint, d. h., wir bestimmen die vom Zufall abhängige absolute Häufigkeit des Auftretens von „Zahl oben" in 100 Versuchen. Man könnte sich nun z. B. dafür interessieren, mit welcher Wahrscheinlichkeit dabei genau 40mal „Zahl oben" beobachtet wird.

Beispiel 3.2/9: Ein Wissenstest bestehe aus 10 Fragen zu je 3 Antworten, von denen jeweils genau eine richtig ist. Eine Versuchsperson soll bei jeder Frage genau eine Antwort ankreuzen und erledigt das „völlig zufällig", ohne die Fragen zu lesen. Das bedeutet u. a., daß bei jeder Frage die Chance, die richtige Antwort zu treffen, stets $\frac{1}{3}$ beträgt. Man könnte nun z. B. die Wahrscheinlichkeit dafür bestimmen wollen, daß bei dem so ausgefüllten Fragebogen mehr als 5 Fragen richtig beantwortet wurden.

Beispiel 3.2/10: In einem Gefäß befinden sich 3 blaue und 12 gelbe Kugeln. Man zieht nun nacheinander mit Zurücklegen 6mal jeweils eine Kugel und zählt, wie oft dabei eine blaue Kugel erhalten wurde. Dies ist ein Modell für Stichprobenentnahme mit Zurücklegen, wobei Teile in den 2 Kategorien „fehlerbehaftet" und „fehlerfrei" vorliegen. Es könnte z. B. von Interesse sein zu wissen, wie groß die Wahrscheinlichkeit dafür ist, daß dabei weniger als 2mal eine blaue Kugel gezogen wurde.

Die obengenannten Beispiele ordnen sich in die folgende Standardsituation ein, die man als **Bernoullisches Versuchsschema** bezeichnet:

Man hat eine Versuchsserie von n Versuchen, die unter konstanten Bedingungen und vollständig unabhängig voneinander durchgeführt werden. Man betrachtet nun ein festes Ereignis A und stellt in jedem Versuch jeweils nur fest, ob A eintritt oder nicht. Bei einer solchen Alternativ-Sicht interessiert also nicht das konkrete Versuchsergebnis direkt, sondern nur, ob A eintritt oder nicht. Man bestimmt die absolute Häufigkeit des Eintretens von A in diesen n Versuchen. Diese ist eine Zufallsgröße und werde mit X bezeichnet. In jedem einzelnen Versuch trete A mit der – wegen der vorausgesetzten konstanten Versuchsbedingungen – gleichen Wahrscheinlichkeit p ein. Die Zahlen n und p mit $0 < p < 1$ sind Parameter dieser Verteilung.

Wir betrachten zunächst die genannten Beispiele und geben das Ereignis A, die Parameter n und p jeweils an:

	A	n	p
Bsp.3.2/8	„Zahl oben"	100	0,40
Bsp.3.2/9	„richtige Antwort angekreuzt"	10	$\frac{1}{3}$
Bsp.3.2/10	„gezogene Kugel blau"	6	$\frac{3}{15} = 0{,}20$

Wir wollen nun die Verteilung der Zufallsgröße X bestimmen. Die möglichen Realisierungen von X sind die Zahlen $0,1,\ldots,n$. So bedeutet z. B. $\{X = 0\}$, daß bei n Versuchen 0mal, d. h. nie, das Ereignis A auftritt; $\{X = 2\}$ heißt, daß in der Versuchsserie genau 2mal A eingetreten ist. Die Bestimmung der zugehörigen Wahrscheinlichkeiten ist etwas komplizierter. Aus diesem Grunde diskutieren wir den Spezialfall $n = 3$ ausführlich und erraten dann das Ergebnis für allgemeines n. Zur Kennzeichnung des Grundraumes Ω führen wir folgende Codierung ein: Wir schreiben „0", wenn A nicht eintritt, und „1", wenn A eintritt. Für $n = 3$ besteht dann der Grundraum Ω aller denkbaren Versuchsergebnisvarianten bei 3 Versuchen aus den $2^3 = 8$ Elementen: (0,0,0), (0,0,1), (0,1,0), (1,0,0), (0,1,1), (1,0,1), (1,1,0), (1,1,1). So heißt z. B. (0,1,0), daß A im 2. Versuch, aber nicht im 1. und 3. Versuch eintritt. Weiterhin bezeichne A_i das Eintreten von A im i-ten Versuch ($i = 1, 2, 3$), nach Voraussetzung gilt $P(A_i) = p$ für (alle) $i = 1, 2, 3$. Die gesuchten Wahrscheinlichkeiten $P(X = k)$, $k = 0, 1, 2, 3$, lassen sich nun aus folgender Übersicht ablesen:

Elemente des Grundraumes Ω (Versuchsserien)	Bezeichnung mittels der Ereignisse A_i	zugehörige Wahrscheinlichkeit	Wert der Zufallsgröße X	Einzelwahrscheinlichkeit der Zufallsgröße X
$(0,0,0)$	$\overline{A}_1 \cap \overline{A}_2 \cap \overline{A}_3$	$(1-p)(1-p)(1-p)$	0	$(1-p)^3$
$(0,0,1)$	$\overline{A}_1 \cap \overline{A}_2 \cap A_3$	$(1-p)(1-p)p$	1	
$(0,1,0)$	$\overline{A}_1 \cap A_2 \cap \overline{A}_3$	$(1-p)p(1-p)$	1	$3p(1-p)^2$
$(1,0,0)$	$A_1 \cap \overline{A}_2 \cap \overline{A}_3$	$p(1-p)(1-p)$	1	
$(0,1,1)$	$\overline{A}_1 \cap A_2 \cap A_3$	$(1-p)p \cdot p$	2	
$(1,0,1)$	$A_1 \cap \overline{A}_2 \cap A_3$	$p(1-p)p$	2	$3p^2(1-p)$
$(1,1,0)$	$A_1 \cap A_2 \cap \overline{A}_3$	$p \cdot p(1-p)$	2	
$(1,1,1)$	$A_1 \cap A_2 \cap A_3$	$p \cdot p \cdot p$	3	p^3

Bei der Bestimmung der Wahrscheinlichkeiten wurde die Unabhängigkeit der einzelnen Versuche benutzt. So ist z. B. $\{X = 1\} = (\overline{A}_1 \cap \overline{A}_2 \cap A_3) \cup (\overline{A}_1 \cap A_2 \cap \overline{A}_3) \cup (A_1 \cap \overline{A}_2 \cap \overline{A}_3)$ und somit

$$\begin{aligned} P(X = 1) &= P(\overline{A}_1 \cap \overline{A}_2 \cap A_3) + P(\overline{A}_1 \cap A_2 \cap \overline{A}_3) + P(A_1 \cap \overline{A}_2 \cap \overline{A}_3) \\ &= P(\overline{A}_1) \cdot P(\overline{A}_2) \cdot P(A_3) + P(\overline{A}_1) \cdot P(A_2) \cdot P(\overline{A}_3) + P(A_1) \cdot P(\overline{A}_2) \cdot P(\overline{A}_3) \\ &= (1-p)(1-p) \cdot p + (1-p) \cdot p \cdot (1-p) + p \cdot (1-p)(1-p) \\ &= 3p(1-p)^2. \end{aligned}$$

Im Falle $n = 3$ erhalten wir also für X das folgende Verteilungsschema:

X	0	1	2	3
	$(1-p)^3$	$3(1-p)^2 p$	$3(1-p)p^2$	p^3

Wir gehen nun zu allgemeinem n über: Das Ereignis $\{X = k\}$, wobei k beliebig zwischen 0 und n gewählt wird, enthält alle Versuchsserien der Länge n, die genau an k Stellen eine 1 und an $n-k$ Stellen eine 0 haben. Jede solche Versuchsserie bedeutet k-mal Erfolg und $(n-k)$-mal Mißerfolg, hat also die Wahrscheinlichkeit $p^k \cdot (1-p)^{n-k}$. Wir haben uns nur noch zu überlegen, wie viele Versuchsserien aus k Einsen und $n-k$ Nullen es gibt. Aus der Sicht der Einsen heißt das: Man wähle aus den Versuchsnummern $1, 2, \ldots, n$ genau k Stück aus (bei denen dann die Eins stehen soll). Dafür hat man $\binom{n}{k}$ Möglichkeiten (Kombinationen ohne Wiederholung). Also erhalten wir schließlich

$$P(X = k) = \binom{n}{k} \cdot p^k \cdot (1-p)^{n-k}.$$

Eine Zufallsgröße X heißt **binomialverteilt mit den Parametern *n* und *p***, wenn sie die Werte $0, 1, 2, \ldots, n$ annehmen kann und für die Wahrscheinlichkeiten

$$P(X = k) = \binom{n}{k} \cdot p^k \cdot (1-p)^{n-k}, \qquad k = 0, 1, 2, \ldots, n$$

gilt.

Bemerkung: Aus der binomischen Formel $(a+b)^n = \binom{n}{0} a^0 b^n + \binom{n}{1} a^1 b^{n-1} + \cdots + \binom{n}{n} a^n b^0$ folgt für $a = p$, $b = 1-p$ die Beziehung

$$\begin{aligned} 1 = 1^n &= (p + (1-p))^n \\ &= \binom{n}{0} p^0 (1-p)^n + \binom{n}{1} p^1 (1-p)^{n-1} + \cdots + \binom{n}{k} p^k (1-p)^{n-k} + \cdots + \binom{n}{n} p^n (1-p)^0, \end{aligned}$$

so daß in der Tat die Summe der Einzelwahrscheinlichkeiten gleich 1 ist. Aus diesem Zusammenhang läßt sich auch der Name „Binomialverteilung" motivieren.

Für das weitere führen wir folgende Bezeichnungen ein: $b(k; n; p) = \binom{n}{k} p^k (1-p)^{n-k}$. Wir wollen nun zunächst ein Beispiel betrachten. Es seien $p = 0{,}45$ und $n = 12$. Wir erhalten

$$\begin{aligned} P(X = 0) &= \binom{12}{0} \cdot 0{,}45^0 \cdot (1 - 0{,}45)^{12-0} = 0{,}55^{12} \\ &= 0{,}0008 \\ P(X = 1) &= \binom{12}{1} \cdot 0{,}45^1 \cdot (1 - 0{,}45)^{12-1} = 12 \cdot 0{,}45 \cdot 0{,}55^{11} \\ &= 0{,}0075 \\ P(X = 2) &= \binom{12}{2} \cdot 0{,}45^2 \cdot (1 - 0{,}45)^{12-2} = 66 \cdot 0{,}45^2 \cdot 0{,}55^{10} \\ &= 0{,}0339 \end{aligned}$$

usw., insgesamt die Werte

k	$b(k; 12; 0{,}45)$
0	0,0008
1	0,0075
2	0,0339
3	0,0923
4	0,1700
5	0,2225
6	0,2124
7	0,1490
8	0,0762
9	0,0277
10	0,0068
11	0,0010
12	0,0001

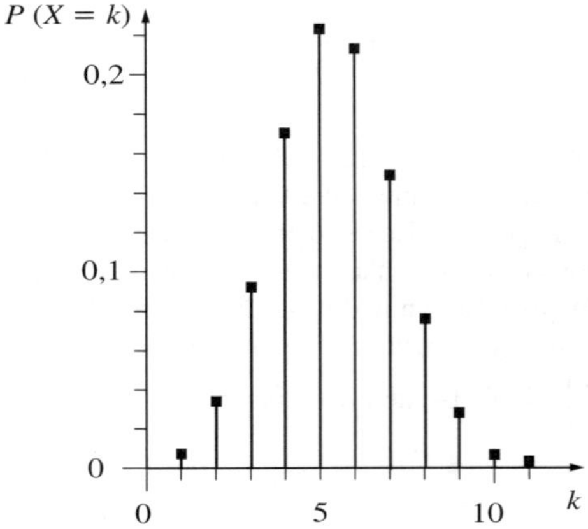

Für die eingangs zitierten Beispiele 3.2/8 und 3.2/10 können wir nun die gesuchten Wahrscheinlichkeiten angeben:

In Bsp. 3.2/8 ist dies

$$P(X = 40) = b(40; 100; 0{,}40) = \binom{100}{40} \cdot 0{,}40^{40}(1 - 0{,}40)^{60} = 0{,}081.$$

In Bsp. 3.2/10 war die Wahrscheinlichkeit

$$P(X \leq 1) = P(X = 0) + P(X = 1) = \binom{6}{0} \cdot 0{,}2^0(1 - 0{,}2)^6 + \binom{6}{1} 0{,}2^1(1 - 0{,}2)^5 = 0{,}655$$

von Interesse.

Man kann mathematisch beweisen, daß sich für diesen Verteilungstyp Erwartungswert und Varianz speziell nach folgenden Formeln berechnen lassen:

Satz 3.2.4 *Für eine mit den Parametern n und p binomialverteilte Zufallsgröße X gilt*
$EX = n \cdot p, \qquad D^2X = n \cdot p \cdot (1 - p).$

Die Formel für den Erwartungswert ist unmittelbar plausibel: Das theoretische Mittel der absoluten Häufigkeit X ist das Produkt aus der Anzahl n der Versuche und der Erfolgswahrscheinlichkeit p in einem Versuch. So müßte in Bsp. 3.2/8 durchschnittlich $100 \cdot 0{,}40 = 40$mal „Zahl oben“ erscheinen, und in Bsp. 3.2/9 müßten durchschnittlich $10 \cdot \frac{1}{3} \approx 3$ Fragen richtig angekreuzt sein.

Im Bsp. 3.2/9 wurde (für $n = 10$, $p = \frac{1}{3}$) die Wahrscheinlichkeit

$$\begin{aligned} P(X > 5) &= 1 - P(X \leq 5) \\ &= 1 - (P(X = 0) + P(X = 1) + P(X = 2) + P(X = 3) + P(X = 4) + P(X = 5)) \end{aligned}$$

gesucht. Man hätte also 6 Wahrscheinlichkeiten nach obiger Formel auszurechnen. Hier empfiehlt sich die Benutzung einer Tafel (vgl. Tafelanhang,Tafel 13) oder auch das Berechnen mittels Taschenrechners unter Verwendung einer **Rekursionsformel** (vgl. Kapitel 6, Abschnitt 6.4).

Um den Einfluß der Parameter auf die Gestalt der Binomialverteilung zu studieren, vergleichen wir zunächst bei festem n und variablem p einige Verteilungsbilder.

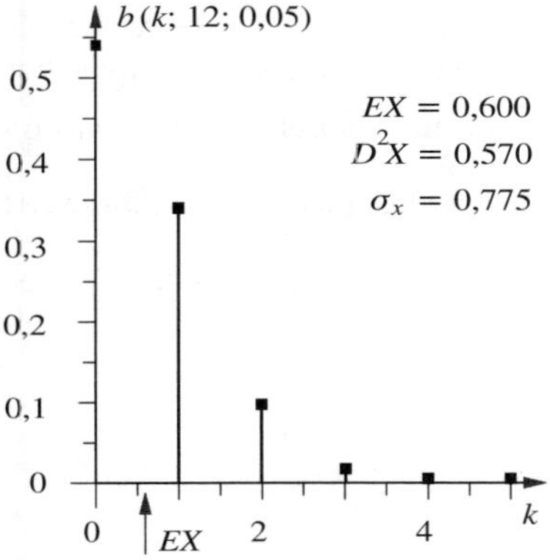

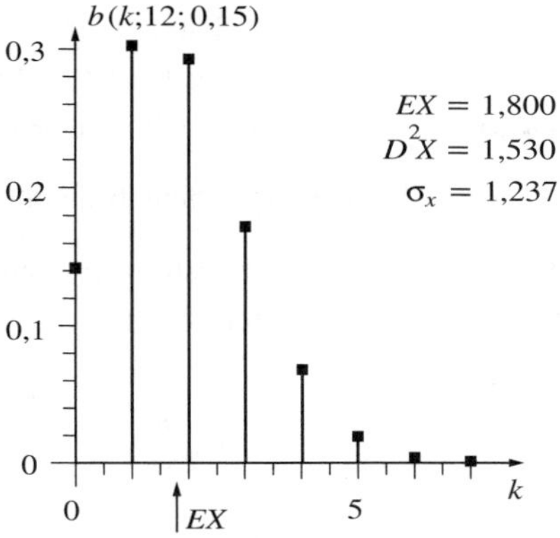

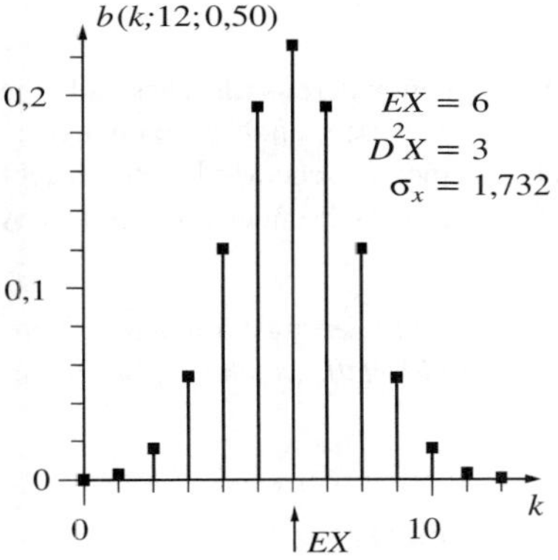

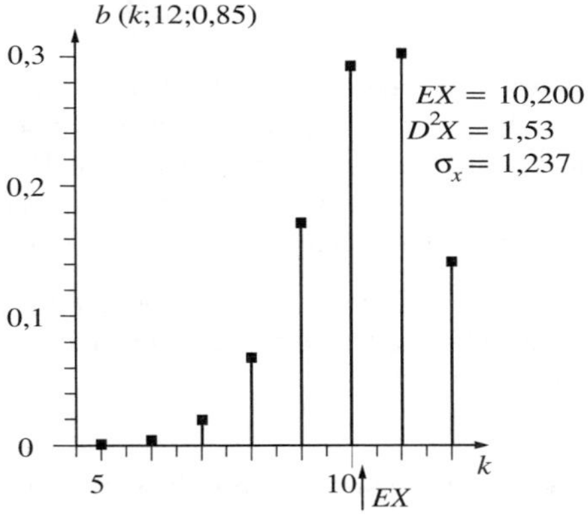

Wir stellen fest: Die Binomialverteilungen sind eingipflig (unimodal), die Einzelwahrscheinlichkeiten $b(k; n; p)$ wachsen mit k bis in die Nähe des Erwartungswertes np und fallen dann wieder ab. Für $p = 0{,}50$ ist die Verteilung symmetrisch und wird für $p \to 0$ oder $p \to 1$ immer schiefer. In der Nähe von $p = 0{,}50$ sind die Varianzen am größten. Betrachtet man die Verteilung für $p = 0{,}85$ „von rechts", so stellt man fest, daß sie mit derjenigen für $p = 0{,}15$ übereinstimmt. Es gilt nämlich allgemein stets $b(k; n; p) = b(n - k; n; 1 - p)$ für beliebige $0 \leq p \leq 0{,}5,\ n, k = 0, 1, \ldots, n$.

Bei festem p und wachsenden n wandert das Bild der Verteilung immer mehr nach rechts; es fließt auseinander und nimmt dabei eine typische Kurvenform, die sog. Gaußsche Glockenkurve, an (vgl. Abschnitt 3.2.3.3).

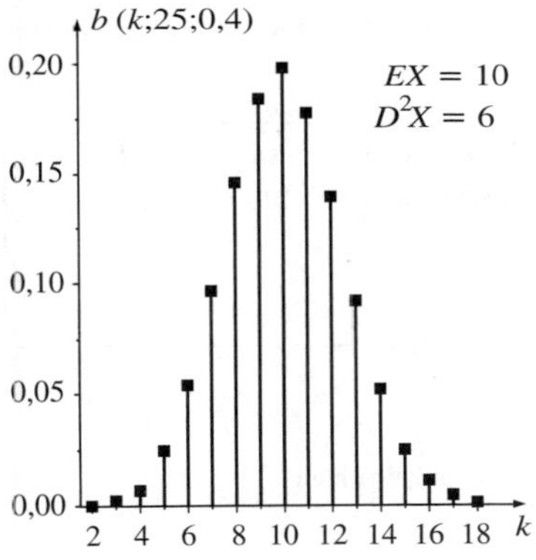

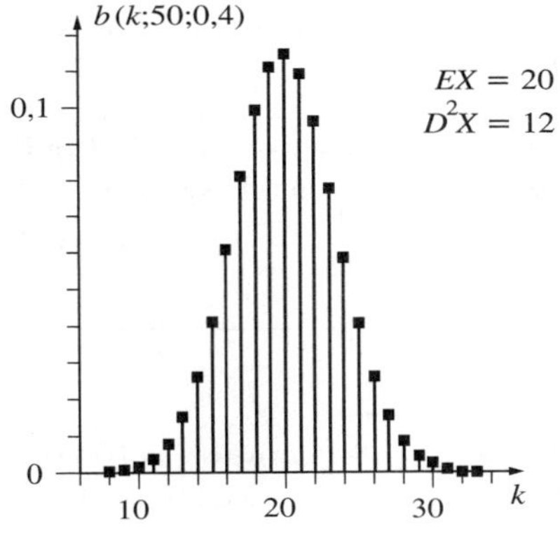

Abschließend wollen wir die relativen Häufigkeiten $h_n(A)$ für $n \to \infty$ untersuchen und betrachten sie deshalb als Zufallsgrößen. Sie ergeben sich aus den absoluten Häufigkeiten $H_n(A)$ durch Multiplikation mit $\frac{1}{n}$, also $Y := h_n(A) = \frac{1}{n} \cdot H_n(A) = \frac{1}{n} \cdot X$. Es handelt sich somit um eine spezielle lineare Transformation mit $b = \frac{1}{n}$, $a = 0$ der binomialverteilten Zufallsgröße X, bei der lediglich die Funktionswerte $0, 1, 2, \ldots, n$ auf $0, \frac{1}{n}, \frac{2}{n}, \ldots, \frac{n}{n} = 1$ transformiert werden. Unter der Benutzung von Satz 3.2.1 und Satz 3.2.3 erhalten wir für den Erwartungswert

$$E\,h_n(A) = E\frac{1}{n} \cdot X = \frac{1}{n} \cdot EX = \frac{1}{n} \cdot np = p$$

und die Streuung

$$D^2 h_n(A) = D^2\frac{1}{n} \cdot X = \left(\frac{1}{n}\right)^2 \cdot D^2X = \frac{1}{n^2} \cdot np(1-p) = \frac{p(1-p)}{n}.$$

Mit anderen Worten, im theoretischen Mittel liegen die relativen Häufigkeiten bereits für jedes endliche n genau auf dem Idealwert p, und die Streuung um diesen Wert geht für $n \to \infty$ monoton gegen 0, d. h., die Verteilung zieht sich auf den Wert p zusammen. Das bedeutet: Das theoretische Modell beschreibt die empirische Erfahrung des „Gesetzes der großen Zahlen“, daß sich für wachsendes n die relativen Häufigkeiten auf den Wert p einpegeln (vgl. auch Abschnitt 3.1.2).

Bemerkung: *Strenggenommen ist damit nicht bewiesen, daß in praxi Stabilisierungseffekte der relativen Häufigkeiten vorliegen, sondern man hat lediglich ein Modell, welches diese Eigenschaften aufweist.*

3.2.2.3.3 Die Poissonverteilung und die hypergeometrische Verteilung

Es gibt eine ganze Reihe weiterer diskreter Verteilungstypen. Wir wollen hier noch zwei von ihnen, die Poissonverteilung und die hypergeometrische Verteilung, kurz betrachten, da für sie bestimmte Zusammenhänge zur Binomialverteilung vorliegen.

Sind in einer Binomialverteilung die Anzahl n der Versuche groß (also ca. $n \geq 100$) und die Erfolgswahrscheinlichkeit p klein (also ca. $p \leq 0{,}05$), so kann folgende Näherungsformel für die Einzelwahrscheinlichkeiten nachgewiesen werden:

$$b(n; p; k) = \binom{n}{k} p^k (1-p)^{n-k} \approx \frac{1}{k!}\lambda^k \mathrm{e}^{-\lambda}, \qquad k = 0, 1, 2, \ldots, n,$$

wobei $\lambda := np$ ein (neuer) Parameter ist. Diese Näherungsformel[1)] ist die Grundlage der Poissonschen[2)] Verteilung:

> Eine Zufallsgröße X heißt **poissonverteilt mit dem Parameter** $\lambda > 0$, wenn sie die abzählbar unendlich vielen Werten 0,1,2,... annehmen kann und für die Einzelwahrscheinlichkeiten
>
> $$p_k = P(X = k) = \frac{1}{k!}\lambda^k \cdot \mathrm{e}^{-\lambda}, \qquad k = 0, 1, 2, \ldots, n$$
>
> gilt.

1) Strengenommen hat man $p = p_n = \frac{\lambda}{n}$ zu setzen und den Grenzübergang $n \to \infty$ zu betrachten.

2) S. D. Poisson, 1781–1840, franz. Physiker und Mathematiker

Beispiel 3.2/11: $\lambda = 1{,}2$

$$P(X=0) = \frac{1}{0!}1{,}2^0 \cdot \mathrm{e}^{-1{,}2} = \mathrm{e}^{-1{,}2} \qquad = 0{,}3012$$

$$P(X=1) = \frac{1}{1!}1{,}2^1 \cdot \mathrm{e}^{-1{,}2} = 1{,}2 \cdot \mathrm{e}^{-1{,}2} \qquad = 0{,}3614$$

$$P(X=2) = \frac{1}{2!}1{,}2^2 \cdot \mathrm{e}^{-1{,}2} = \frac{1}{2}1{,}2^2 \cdot \mathrm{e}^{-1{,}2} = 0{,}2169 \quad \text{usf.}$$

Insgesamt erhalten wir

k	p_k
0	0,3012
1	0,3614
2	0,2169
3	0,0867
4	0,0260
5	0,0062
6	0,0012
7	0,0002
⋮	⋮

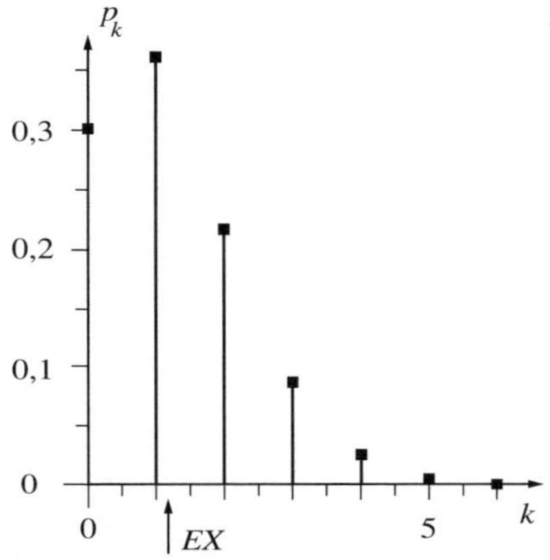

Erwartungswert und Varianz einer poissonverteilten Zufallsgröße sind gleich groß, es gilt nämlich

$$EX = \lambda, \qquad D^2X = \lambda.$$

Die Poissonverteilung tritt häufig bei Zählvorgängen auf, bei denen die Zählgröße X als absolute Häufigkeit des Eintretens eines „seltenen" Ereignisses in einer großen Serie unabhängiger Versuche bei konstanten Bedingungen interpretiert werden kann, also z. B.

- Anzahl der Telefonanrufe in einer Telefonzentrale während einer definierten Zeitspanne,
- Anzahl der Druckfehler pro Seite,
- Anzahl der beobachteten Sternschnuppen in einer definierten Zeitspanne,
- Anzahl der in einer festgelegten Zeit abgestrahlten Teilchen eines radioaktiven Präparates,
- Anzahl der Fliegen, die einer Spinne an einem Tag ins Netz gehen (?).

In allen diesen Beispielen läßt sich die obengenannte Interpretation erkennen, wobei man sich gegebenenfalls die zufälligen Erscheinungen geeignet in Teilvorgänge zerlegt denkt, um die „Seltenheit" des Ereignisses zu sichern. Unterteilt man beispielsweise im letztgenannten Beispiel die in Frage kommenden Stunden pro Tag in Minuten, so ist in jeder Minute die Chance p, daß eine Fliege ins Netz geht, sehr gering. Man hat aber beispielsweise bei 15 Stunden $n = 15 \cdot 60 = 900$ Versuchsminuten zur Verfügung und dabei nur kritisch zu prüfen, ob hier Unabhängigkeit des Vorganges von Minute zu Minute und konstante Bedingungen akzeptiert werden können.

Die hypergeometrische Verteilung, die in anderer Weise mit der Binomialverteilung zusammenhängt, entsteht in folgender Standardsituation, die man als Stichprobenentnahme ohne Zurücklegen bezeichnen kann: Wie beim Bernoullischen Versuchsschema wird auf das Vorhandensein oder Nichtvorhandensein einer fixierten betrachteten Eigenschaft geachtet. Es liegen insgesamt N Objekte vor, von denen M (mit $0 \le M \le N$) diese Eigenschaft besitzen und $N - M$ sie nicht haben. Man wählt nun ohne Zurücklegen n Objekte aus und zählt, wie viele Objekte der Stichprobe die betrachtete Eigenschaft aufweisen. Diese zufällige Anzahl X kann „im Normalfall" (d. h., bei $n \le M$ und $n \le N - M$) einen der Werte $0, 1, 2, \ldots, n$ annehmen. Die zugehörigen Einzelwahrscheinlichkeiten $p_k = P(X = k)$ erhält man aus dem Laplaceschen Prinzip der gleichmöglichen Fälle (vgl. Abschnitt 4.1.3) wie folgt: Es gibt

$\binom{N}{n}$ Möglichkeiten der Stichprobennahme und genau $\binom{M}{k}$ günstige Fälle, aus den M Objekten mit der betrachteten Eigenschaft k auszuwählen sowie $\binom{N-M}{n-k}$ Möglichkeiten, die restlichen $n-k$ Elemente der Stichprobe mit Objekten ohne diese Eigenschaften aufzufüllen. Also hat man

$$p_k = P(X = k) = \frac{\binom{M}{k} \cdot \binom{N-M}{n-k}}{\binom{N}{n}}, \qquad k = 0, 1, 2, \ldots, n.$$

Einzelwahrscheinlichkeiten der hypergeometrischen Verteilung

Beispiel 3.2/12: In einer Gruppe von 25 Studenten, unter denen 10 Raucher und 15 Nichtraucher sind, werden von einem „Uneingeweihten" rein zufällig nacheinander 6 Studenten gefragt, ob sie rauchen. Wie groß ist die Wahrscheinlichkeit dafür, daß genau 4 von ihnen mit „ja" antworten? Man hat hier

$$N = 25, M = 10, n = 6, k = 4, \text{ also } p_4 = P(X = 4) = \frac{\binom{10}{4} \cdot \binom{15}{2}}{\binom{25}{6}} = 0{,}1245.$$

Im Unterschied zum Bernoullischen Versuchschema hat man jetzt keine konstanten Versuchsbedingungen mehr und auch Abhängigkeiten von Versuch zu Versuch, da bereits ausgewählte Objekte nicht wieder zurückgelegt werden. Für große N und M fällt dies aber immer weniger ins Gewicht, so daß

$$\frac{\binom{M}{k} \cdot \binom{N-M}{n-k}}{\binom{N}{n}} \approx \binom{n}{k} p^k \cdot (1-p)^{n-k} \quad \text{mit} \quad p = \frac{M}{N}$$

für große M, N gilt. Würde man z. B. im obigen Beispiel 3.2/12 in einem großen Kurs von 1000 Studenten mit dem gleichen Anteil von Rauchern, also 400, die Befragung durchführen, so könnte man mit guter Näherung die Binomialverteilung mit $n = 6$, $p = 0{,}40$ zugrundelegen: $p_4 \approx \binom{6}{4} \cdot 0{,}40^4 \cdot 0{,}60^2 =$ 0,1382. Zum Vergleich ergibt der genaue Wert $p_4 = \frac{\binom{400}{4} \cdot \binom{600}{2}}{\binom{1000}{6}} = 0{,}1380$.

Abschließend geben wir den Erwartungswert und die Varianz einer hypergeometrischen Verteilung an:

$$EX = \frac{M}{N} \cdot n, \qquad D^2X = \frac{M}{N} \cdot (1 - \frac{M}{N}) \cdot n \cdot \frac{N-n}{N-1}.$$

3.2.3 Stetige Zufallsgrößen

3.2.3.1 Allgemeine Grundlagen zu stetigen Zufallsgrößen und deren Verteilung

In diesem Abschnitt wollen wir uns zunächst allgemein mit stetigen Zufallsgrößen befassen. Anschließend sollen in den weiteren Abschnitten wichtige spezielle stetige Verteilungen vorgestellt werden. Wir erinnern an den allgemeinen Begriff der Zufallsgröße als eine vom Zufall abhängige Zahl, die bei Wiederholungen des zugehörigen Versuchs „zufällig streut" und die formal als Funktion $x = X(\omega)$ des zufälligen Versuchsergebnisses ω definiert wird. Für den praktischen Umgang mit Zufallsgrößen sind das Spektrum ihrer prinzipiell möglichen Werte x und die „theoretischen relativen Häufigkeiten",

d. h. Wahrscheinlichkeiten, ihres Auftretens von Bedeutung. Während bei einer diskreten Zufallsgröße die Menge der möglichen Realisierungen x endlich oder höchstens abzählbar unendlich ist, kann eine stetige Zufallsgröße jeden Wert in einem bestimmten Grundintervall, das sich auch bis nach $-\infty$ bzw. $+\infty$ erstrecken kann, annehmen. Bei einer diskreten Zufallsgröße denken wir beispielsweise an digitale Meßvorgänge oder auch „diskrete Kategorien“ zur Beantwortung von Fragen auf einem Fragebogen (die durch Zahlen charakterisiert sein sollen). Hingegen führt ein stetiger Meßvorgang, bei dem also der Meßzeiger stetig alle Werte eines Intervalls überstreichen kann, wie es z. B. bei Messungen der Reaktionszeit, Längenmessungen oder Gewichtsmessungen an Versuchspersonen vorstellbar ist, oder auch das Beantworten von Fragen mittels stetiger Rating-Skalen zum Begriff der stetigen Zufallsgröße. Der rein äußerliche Unterschied zwischen diskreter und stetiger Zufallsgröße aufgrund des Spektrums der prinzipiell in Frage kommenden Meßwerte ist also unmittelbar plausibel. Bezüglich der Charakterisierung des zugehörigen Häufigkeitsverhaltens ist jedoch im Vergleich zu diskreten Zufallsgrößen die Situation bei stetigen Zufallsgrößen etwas komplizierter: Wenn man ein Würfelexperiment 1000mal durchführt, so hat man jedesmal nur eines der 6 verschiedenen Versuchsergebnisse 1, 2, 3, 4, 5, 6 zu erwarten. Man bildet die zugehörigen absoluten und relativen Häufigkeiten und hat durch letztere eine ungefähre Vorstellung von der Größenordnung der Wahrscheinlichkeiten des Auftretens der Zahlen von 1 bis 6. Realisiert man jedoch durch Versuchswiederholungen eine stetige Zufallsgröße 1000mal, so erhält man – theoretisch strenggenommen sogar stets – jedesmal einen anderen Meßwert. Man könnte nun die Ergebnisse auf der x-Achse abtragen und erhielte eine gewisse Punktwolke, die den in Frage kommenden Grundbereich der stetigen Zufallsgröße stellenweise verschieden dicht ausfüllt. Man vereinbart nun bei einer stetigen Zufallsgröße, daß die Wahrscheinlichkeiten des Auftretens ihrer Werte durch eine sog. **Dichtefunktion** $f_X(x)$ in folgendem Sinne gegeben sind: Für jedes (auch beliebig kleine) Intervall $[a,b]$ sei die Wahrscheinlichkeit dafür, daß die Werte von X in diesen Bereich fallen, gleich dem Flächeninhalt unter der Dichtefunktion in den Intervallgrenzen a,b:

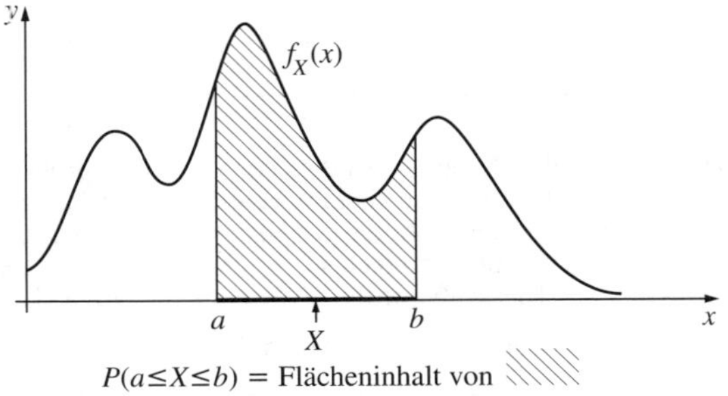

$P(a \leq X \leq b)$ = Flächeninhalt von ▧

Zur Berechnung von Flächeninhalten liefert die Integralrechnung einen angepaßten Formalismus, den wir hier benutzen wollen. Es ist also

$$P(a \leq X \leq b) = \int_a^b f_X(x)\,\mathrm{d}x.$$

Dieser Flächeninhalt entspricht dem theoretischen Wert für den relativen Anteil der Meßwerte, die in das Intervall $[a,b]$ fallen.

Die Dichtekurve $f_X(x)$ kann man aus der gemessenen Punktwolke wie folgt erhalten (vgl. hierzu auch die weiteren Betrachtungen in diesem Abschnitt): Ausgangspunkt sind die kumulativen relativen Häufigkeiten, die sog. empirische Verteilungsfunktion, die durch

$$\tilde{F}(x) = \frac{\text{Anzahl aller Meßwerte, die kleiner oder gleich } x \text{ sind}}{\text{Anzahl aller Meßwerte}}$$

für reelle x definiert ist. Während diese Treppenfunktion beim Würfel stets nur 6 Stufen enthält (wobei die Stufenhöhen ungefähr gleich den Wahrscheinlichkeiten der zugehörigen Augenzahlen sind), entstehen bei beispielsweise 40 verschiedenen Meßwerten der stetigen Zufallsgröße 40 Stufen verschiedener Stufenlänge je nach Dichte der Punkte. Jeder Punkt erzeugt an der Stelle, wo er sich befindet, eine Stufe der Höhe $1/40$:

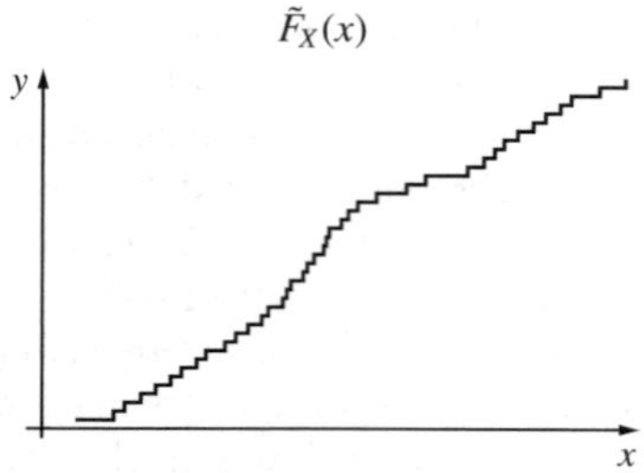

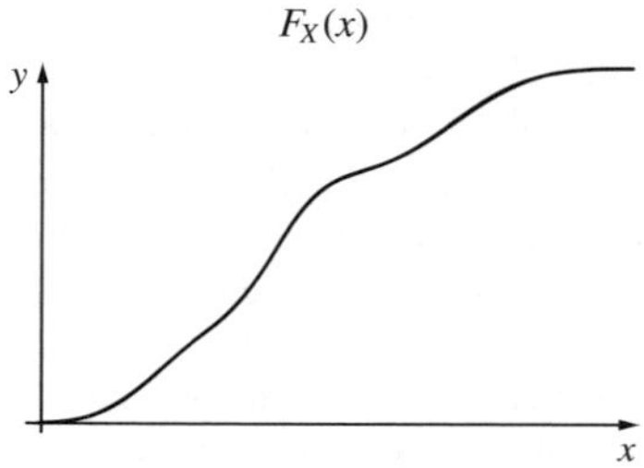

Erhöht man nun die Anzahl der Versuche, so geht diese vielstufige Treppenkurve in eine stetige Funktion, die Verteilungsfunktion $F_X(x)$der Zufallsgröße X, über. Die Dichte $f_X(x)$ ergibt sich dann als Ableitung dieser Verteilungsfunktion: $f_X(x) = F_X'(x)$.

Eine andere Möglichkeit, sich eine Vorstellung der zugrundeliegenden Dichte zu verschaffen, wird durch Erstellen geeigneter zugehöriger Histogramme gegeben: Wir teilen die x-Achse in Klassen der Breite $d = 1$ ein und tragen über den Klassen die relativen Häufigkeiten der Meßpunkte, die in die jeweilige Klasse fallen, ab:

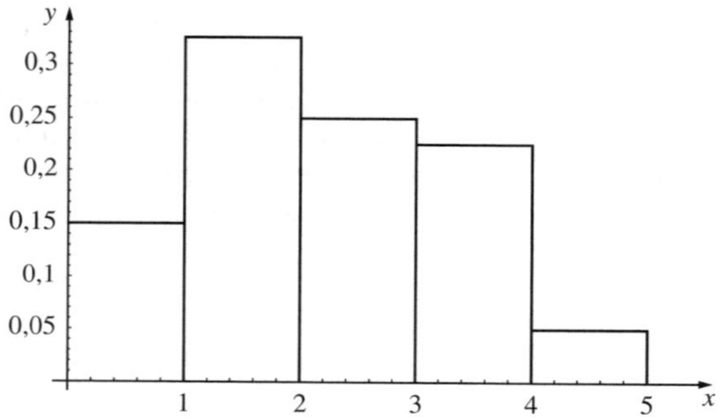

Vergleicht man mit der obigen Gestalt der Dichte, so ist dies noch ein recht grobes Bild. Wählt man nun eine kleinere Klassenbreite, z. B. $d = 0{,}4$, dann würden sich im Vergleich zur Klassenbreite $d = 1$ die dort festgestellten Häufigkeiten auf je 2,5 Teilklassen aufsplitten, das Histogramm würde also durchschnittlich nur halb so hoch sein. Wählt man die Klassenbreite immer kleiner, so verschwindet de facto das Häufigkeitshistogramm. Deshalb muß man bei Verkleinerung der Klassenbreite die festgestellten relativen Häufigkeiten jeweils noch mit $\frac{1}{d}$ multiplizieren. Man trägt dann also nicht die relativen Häufigkeiten ab, sondern **relative Häufigkeiten pro Länge**. So müssen beispielsweise für $d = 0{,}4$ die festgestellten Klassenhäufigkeiten mit dem Faktor $\frac{1}{0{,}4} = 2{,}5$ multipliziert werden und ergeben dann schon ein genaueres Bild der Dichte:

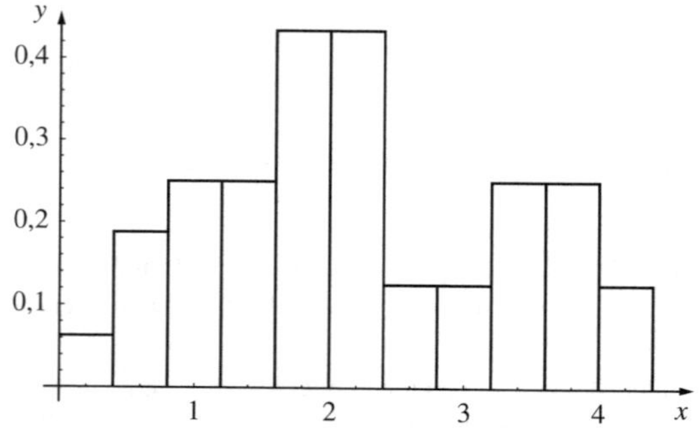

Allerdings darf man die Klassenbreite nicht zu klein werden lassen im Vergleich zur Anzahl der gemessenen Werte, sonst entstehen zunehmend erneute Verzerrungen.

Zusammenfassend kommen wir so zu folgender Definition:

Eine Zufallsgröße X heißt **stetig**, wenn sie jeden Wert eines bestimmten Grundintervalls annehmen kann und wenn es eine Funktion $f_X(x)$, die sog. **Wahrscheinlichkeitsdichte** der Zufallsgröße X, gibt, so daß für beliebige reelle Zahlen $a < b$ stets

$$P(a \leq X \leq b) = \int_a^b f_X(x)\,\mathrm{d}x \tag{3.1}$$

gilt.

Dabei wird vereinbart, daß die Dichte $f_X(x)$ für alle reellen x definiert ist. In Gebieten, die nicht zum Grundbereich der Zufallsgröße gehören, wie es z. B. die negative Halbachse bei einer positiven stetigen Meßgröße ist, setzt man $f_X(x)$ identisch 0. Da wir für a,b beliebige reelle Zahlen einsetzen können, ist es auch erlaubt, a gegen $-\infty$ und b gegen $+\infty$ streben zu lassen. Dann geht $P(a \leq X \leq b)$ gegen $P(-\infty < X < +\infty)$, d. h. gegen die Wahrscheinlichkeit, daß X irgendeinen endlichen Wert annimmt, und diese ist gleich 1. Es muß als notwendig für den Gesamtflächeninhalt unter der Dichtekurve $\int_{-\infty}^{+\infty} f_X(x)\,\mathrm{d}x = 1$ gelten. Da Wahrscheinlichkeiten stets größer gleich 0 sind, muß die Dichte auch diese Eigenschaft haben: $f_X(x) \geq 0$ für alle x. Diese beiden Forderungen sind charakteristisch für eine Wahrscheinlichkeitsdichte: Jede Funktion $f(x)$, die stets größer gleich 0 ist und für die der Gesamtflächeninhalt $\int_{-\infty}^{+\infty} f(x)\,\mathrm{d}x$ gleich 1 ist, kommt als Dichtefunktion einer stetigen Zufallsgröße in Frage.

Setzen wir nun speziell $a = b$, so ergibt sich $P(a \leq X \leq a) = P(X = a) = \int_a^a f_X(x)\,\mathrm{d}x = 0$, d. h., für jede reelle Zahl a gilt: Die Wahrscheinlichkeit dafür, daß die stetige Zufallsgröße genau den Wert a annimmt, ist gleich 0. Einen von Null verschiedenen Wert erhält man erst, wenn man eine kleine Toleranz $a \pm \Delta a$ zuläßt:

$$P(a - \Delta a \leq X \leq a + \Delta a) = \int_{a-\Delta a}^{a+\Delta a} f_X(x)\,\mathrm{d}x \approx f_X(a) \cdot 2\Delta a.$$

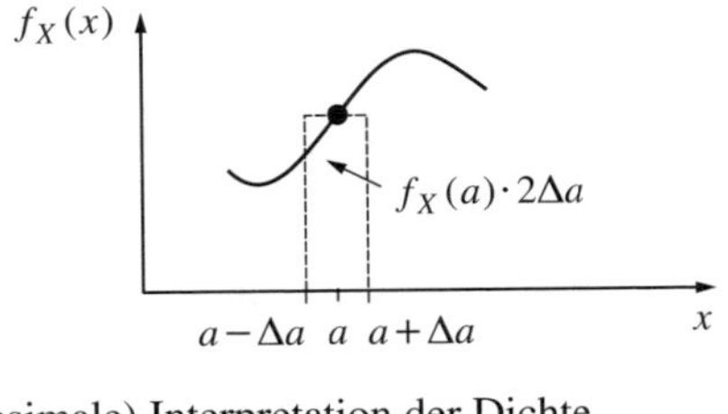

Damit ergibt sich eine (infinitesimale) Interpretation der Dichte

$$f_X(a) \approx \frac{P(a - \Delta a \leq X \leq a + \Delta a)}{2 \cdot \Delta a}$$

als „lokale" Wahrscheinlichkeit pro Länge.

Wegen $P(X = a) = 0$ für beliebige a braucht man bei stetigen Zufallsgrößen nicht streng zwischen $<$ und $\leq$ bzw. $>$ und $\geq$ zu unterscheiden, man hat z. B. stets $P(a \leq X \leq b) = P(a < X \leq b) = P(a \leq X < b) = P(a < X < b)$. Bei diskreten Zufallsgrößen ist dies jedoch im allgemeinen falsch, dort kann es eine Rolle spielen, ob die Randpunkte mitgezählt werden oder nicht.

In der Interpretation von Wahrscheinlichkeiten als Massen läßt sich der Unterschied zwischen diskreter und stetiger Zufallsgröße plausibel veranschaulichen: Bei einer diskreten Zufallsgröße werden 100 %

Masse nach Vorgabe der Werte $p_1, p_2, \ldots, p_n$ zerlegt und diese Massenstücke entsprechend an den Stellen $x_1, x_2, \ldots, x_n$ angebracht. Bei einer stetigen Zufallsgröße werden die 100 % Masse von oben auf die x-Achse entsprechend der vorgegebenen „Dickefunktion" $f_X(x)$ stetig verstrichen.

Bemerkung: *Es gibt noch eine dritte Möglichkeit der Massenverteilung, das Aufschäumen. Dies führt zu sog. singulären Verteilungen, die bisher aber nur von theoretischem Interesse sind.*

Beim praktischen Umgang mit stetigen Zufallsgrößen spielt die **Verteilungsfunktion** $F_X(x)$ eine große Rolle. Allgemein ist sie durch $F_X(x) = P(X \leq x)$, wobei über alle reellen x variiert wird, definiert, d. h., $F_X(x)$ ist die Gesamtwahrscheinlichkeitsmasse der Zufallsgröße X, die von $-\infty$ bis zur Stelle x liegt. Bei einer stetigen Zufallsgröße erhalten wir diese aus der Darstellungformel (4.1) für $a \to -\infty$:

$$P(-\infty < X \leq b) = P(X \leq b) = \int_{-\infty}^{b} f_X(x)\,\mathrm{d}x = F_X(b)\ , \ b \text{ bel. reell.}$$

Wird über b variiert, so ergibt sich das Bild einer stetigen, monoton wachsenden Funktion, die bei $-\infty$ gleich 0 und bei $+\infty$ gleich 1 wird.

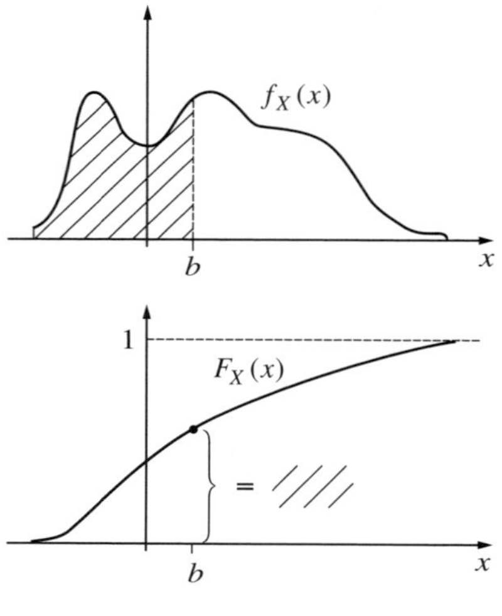

Bemerkung: *Dieser Zusammenhang zwischen $f_X(x)$ und $F_X(x)$ bedeutet, daß $F_X(x)$ eine Stammfunktion der Dichte $f_X(x)$ ist, man hat also $F_X'(x) = f_X(x)$.*

Aus dieser Darstellung ergibt sich nun der folgende, praktisch häufig benutzte Zusammenhang zwischen Wahrscheinlichkeiten und Verteilungsfunktion:

$$P(a \leq X \leq b) = F_X(b) - F_X(a), \qquad a < b \quad \text{bel.}$$

Bemerkung: *Diese Gleichung entspricht dem Hauptsatz der Differential- und Integralrechnung, wonach der Flächeninhalt in den Grenzen von a bis b unter der Kurve $f_X(x)$ gleich der Differenz der Werte einer zugehörigen Stammfunktion zwischen a und b ist.*

Die Verteilung einer stetigen Zufallsgröße X wird durch ihre Wahrscheinlichkeitsdichte $f_X(x)$ gegeben. Im Prinzip kann jede nichtnegative Funktion mit „Gesamtflächeninhalt" 1 eine Wahrscheinlichkeitsdichte sein. Man unterscheidet Dichtefunktionen nach bestimmten äußeren Merkmalen ihrer Kurvenform (dies kann auch sinngemäß auf das Gesamtbild der Einzelwahrscheinlichkeiten bei diskreten Zufallsgrößen übertragen werden):

a) Anzahl der Maxima: Jeder Wert x_0, an dem die Dichte $f_X(x)$ ein (lokales) Maximum besitzt, heißt ein **Modalwert** der Verteilung.

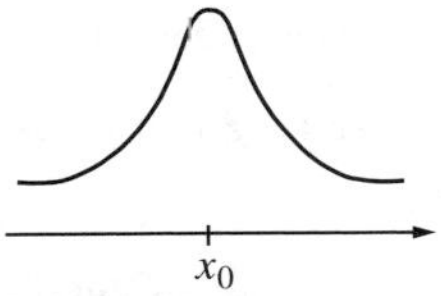

unimodale Verteilung

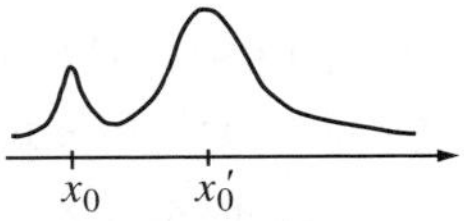

bimodale Verteilung

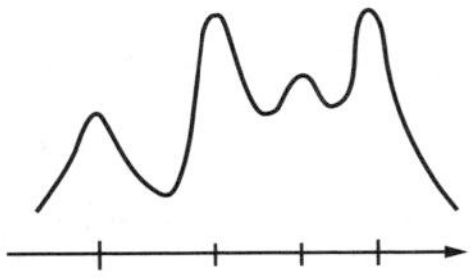
multimodale Verteilung

b) Symmetrieeigenschaft:

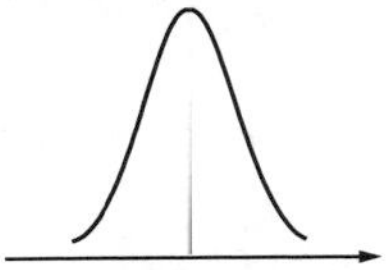
symmetrische Verteilung

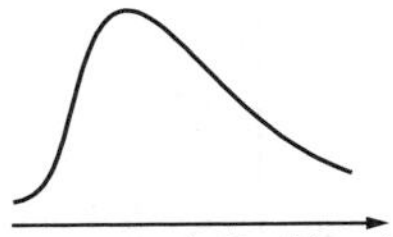
asymmetrische Verteilung
linkssteil; rechtsschief

asymmetrische Verteilung
rechtssteil; linksschief

c) Spezielle Kurvenform:

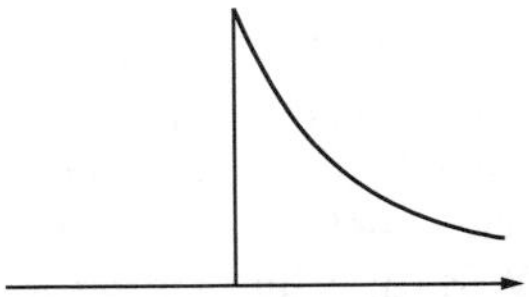
monoton fallend

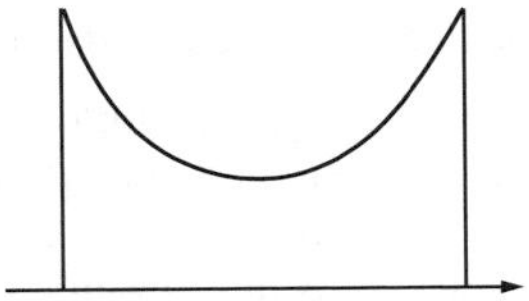
u-förmig

Wir werden in den weiteren Abschnitten einige wichtige spezielle Klassen von Wahrscheinlichkeitsdichten betrachten. Zunächst wollen wir uns aber noch den Formeln zur Bestimmung des Erwartungswertes und der Streuung bei stetigen Zufallsgrößen zuwenden. Die entsprechenden Definitionen werden sinngemäß vom Fall der diskreten Zufallsgröße auf die stetige Situation übertragen, die Interpretation des Erwartungswertes als Schwerpunkt und der Streuung als Trägheitsmoment bei Rotation um den Schwerpunkt bleiben dabei erhalten. Bei der Übertragung der Formeln hat man folgende Analogien zu berücksichtigen:

	diskrete Zufallsgröße	stetige Zufallsgröße
Werte	x_k	alle x im Grundintervall
Wahrscheinlichkeiten	p_k	$f_X(x)$ (infinitesimale Wahrscheinlichkeiten)
Summation	$\sum$	$\int$
Verteilungsfunktion	$F_X(x) = \sum\limits_{k \text{ mit } x_k \leq x} p_k$	$F_X(x) = \int\limits_{-\infty}^{x} f_X(\tilde{x})\,\mathrm{d}\tilde{x}$
Wahrscheinlichkeit $P(a \leq X \leq b)$	$\sum\limits_{k \text{ mit } a \leq x_k \leq b} p_k$	$\int\limits_a^b f_X(x)\,\mathrm{d}x$

Für eine stetige Zufallsgröße X mit der Dichtefunktion $f_X(x)$ ist der Erwartungswert EX bzw. die Streuung D^2X wie folgt definiert:

$$EX = \int\limits_{-\infty}^{\infty} x f_X(x)\,\mathrm{d}x \quad \text{bzw.} \quad D^2X = E(X - EX)^2 = \int\limits_{-\infty}^{\infty} (x - EX)^2 f_X(x)\,\mathrm{d}x\,.$$

Wir erinnern daran, daß wir bei diskreten Zufallsgrößen auch Transformationen $Y = g(X)$ und ihre Erwartungswerte betrachtet hatten. Der Erwartungswert einer transformierten stetigen Zufallsgröße $Y = g(X)$ wird nach der Formel $EY = \int\limits_{\infty}^{\infty} g(x) f_X(x)\,\mathrm{d}x$ bestimmt. Es sei jedoch bemerkt, daß die Bestimmung der Verteilung von $Y = g(X)$ bei einer stetigen Zufallsgröße X wesentlich komplizierter als bei einer diskreten Zufallsgröße X ist.

Wir können die oben angegebene Analogie nun noch etwas fortsetzen:

	diskrete Zufallsgröße	stetige Zufallsgröße
Erwartungswert EX	$\sum\limits_k x_k p_k$	$\int\limits_{-\infty}^{\infty} x f_X(x)\,\mathrm{d}x$
Streuung D^2X	$\sum\limits_k (x_k - EX)^2 p_k$	$\int\limits_{-\infty}^{\infty} (x - EX)^2 f_X(x)\,\mathrm{d}x$
Erwartungswert EY von $Y = g(X)$	$\sum\limits_k g(x_k) p_k$	$\int\limits_{-\infty}^{\infty} g(x) f_X(x)\,\mathrm{d}x$

Wie bei diskreten Zufallsgrößen ist der Satz von Steiner: $D^2X = EX^2 - (EX)^2$ auch für stetige Zufallsgrößen gültig, und man definiert die Standardabweichung σ_X durch $\sigma_X = \sqrt{D^2X}$.

Abschließend bemerken wir, daß man mitunter in den Anwendungen diskrete Verteilungen, die sehr viele mögliche Realisierungen besitzen, durch stetige Verteilungen annähert. Obwohl eigentlich strenggenommen nur die Werte $x_1, x_2, \ldots, x_n$ auftreten, stellt man sich vor, daß die dazwischenliegenden reellen Zahlen künstlich als mögliche Werte mit hinzugezogen werden und dabei die an den Stellen $x_1, x_2, \ldots, x_n$ liegenden punktförmigen Wahrscheinlichkeitsmassen $p_1, p_2, \ldots, p_n$ „gleichmäßig" auf die Zwischenräume „breitgestrichen" werden. So liegt beispielsweise bei jeder Bewertung von Testergebnissen durch Punktanzahlen, wie es z. B. beim Intelligenztest der Fall ist, strenggenommen eine diskrete Verteilung vor. Nehmen wir einmal an, daß beim Intelligenztest die Werte $50, 51, \ldots, 100, \ldots, 150$ in Frage kommen. Man ändert nun hier die diskrete Verteilung der Wahrscheinlichkeitsmassen in eine stetige um, indem man für jedes k die bei x_k liegende Wahrscheinlichkeit gleichmäßig auf den Bereich $[x_k - \frac{1}{2}, x_k + \frac{1}{2}]$ verteilt und so eine histogrammähnliche Kurve $\tilde{f}(x)$ erhält, die man als Dichte einer stetigen Zufallsgröße auffassen kann. Anschließend wird diese dann noch durch eine „geglättete" Kurve $f(x)$ (z. B. die Dichte einer Normalverteilung, vgl. hierzu Abschnitt 3.2.3.3) angenähert, und diese endgültige Dichte $f(x)$ wird dann als zutreffende Modellverteilung für die Punktzahlen beim Intelligenztest verwendet. Wir bemerken in diesem Zusammenhang, daß man z. B. bei der Bestimmung der Wahrscheinlichkeit $P(98 \leq X \leq 102)$ den Flächeninhalt unter der Näherungskurve $f(x)$ in den Grenzen von 97,5 und 102,5 nehmen sollte. [1)]

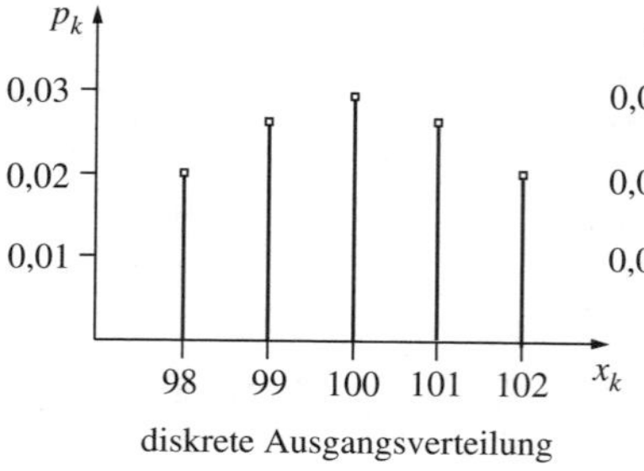

diskrete Ausgangsverteilung

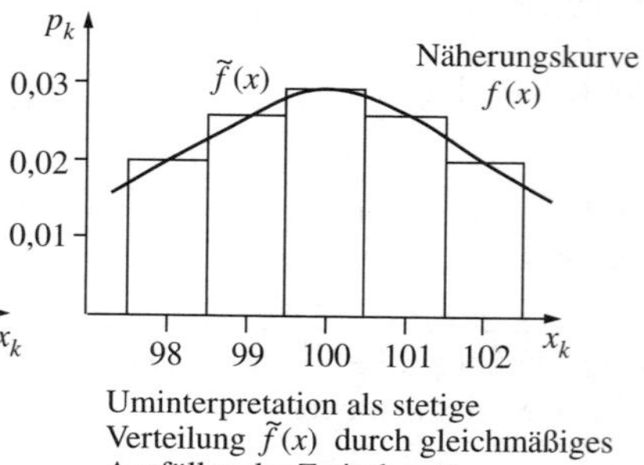

Uminterpretation als stetige Verteilung $\tilde{f}(x)$ durch gleichmäßiges Ausfüllen der Zwischenräume

[1)] Man nennt dies auch die sog. Kontinuitätskorrektur.

3.2.3.2 Die gleichmäßige stetige Verteilung

Diese Verteilung eignet sich sehr gut als Lehrbeispiel, da hier die Flächeninhaltsbestimmungen besonders einfach sind. Sie entspricht der eindimensionalen geometrischen Wahrscheinlichkeit (vgl. Abschnitt 3.1.3).

Man sagt, die stetige Zufallsgröße X besitze eine gleichmäßige Verteilung im Grundbereich $[c,\, d]$, wenn ihre Dichte $f_X(x)$ die Gestalt

$$f_X(x) = \begin{cases} \dfrac{1}{d-c} & \text{für alle } x \text{ mit } c \leq x \leq d \\ 0 & \text{für alle übrigen } x \end{cases} \qquad \text{hat .}$$

Beispiel 3.2/13: Eine 7 cm lange Rating-Skale werde „völlig blind" angekreuzt, so daß jeder Punkt des Grundbereiches [0,7] die gleiche Chance hat, getroffen zu werden, womit eine gleichmäßige Verteilung zutreffend ist. Hier sind $c = 0$, $d = 7$, und die Wahrscheinlichkeitsdichte hat die Form

$$f_X(x) = \begin{cases} \frac{1}{7} & \text{für} \quad 0 \leq x \leq 7 \\ 0 & \text{sonst} \end{cases}$$

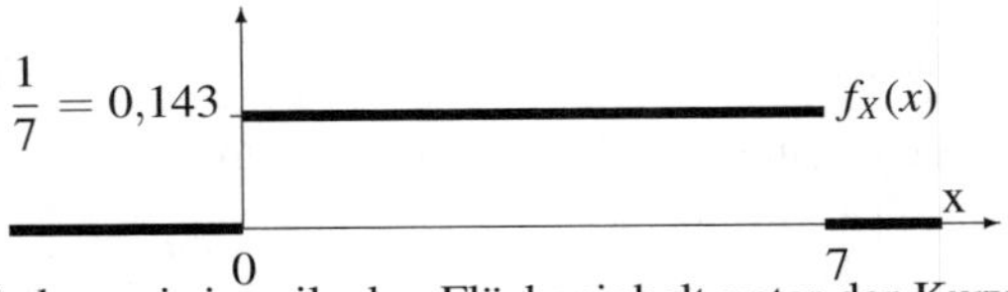

Zur Bestimmung der Verteilungsfunktion $F_X(x)$ haben wir jeweils den Flächeninhalt unter der Kurve $f_X(x)$ von $-\infty$ bis zum Punkt x zu berechnen. Aus untenstehendem Bild lesen wir unmittelbar ab, daß

$F_X(x) = 0$ für alle $x \leq c$

$F_X(x) = 1$ für alle $x \geq d$ und

$F_X(x) =$ Fläche von  $= (x-c)\dfrac{1}{d-c}$ für $c < x < d$ ist.

$F_X(x)$ ist insgesamt also eine stückweise lineare Funktion von x.

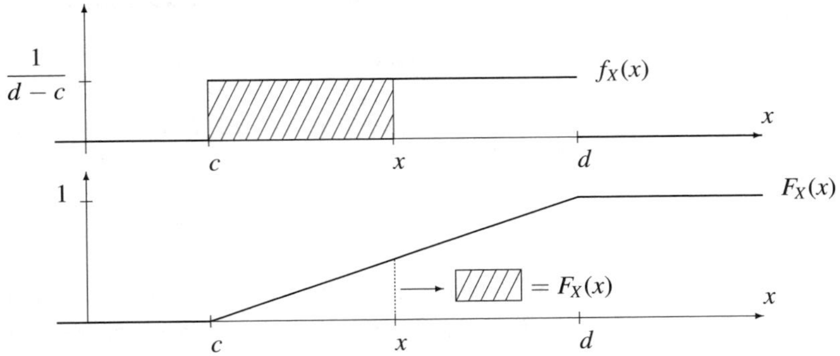

Bemerkung: *Man erkennt hieraus auch, daß für jedes x jeweils $f_X(x)$ der Anstieg an der Stelle x an der Kurve $F_X(x)$ ist: $f_X(x) = F_X'(x)$.*

Zusammengefaßt erhalten wir also

$$F_X(x) = \begin{cases} 0 & \text{für} \quad x < c \\ \dfrac{x-c}{d-c} & \text{für} \quad c \leq x \leq d \\ 1 & \text{für} \quad x > d \end{cases} .$$

Im obigen Beispiel ergibt sich

$$F_X(x) = \begin{cases} 0 & \text{für} \quad x < 0 \\ \dfrac{x}{7} & \text{für} \quad 0 \leq x \leq 7 \\ 1 & \text{für} \quad x > 7 \end{cases} .$$

Wir wollen nun die allgemeine Lösung zur Bestimmung von Wahrscheinlichkeiten in 3 Standardsituationen mit Hilfe der Verteilungsfunktion diskutieren:

Allgemein

1. Einseitige Aufgaben:

a) linksseitig: Man bestimme $P(X \leq a)$, wobei a bel. reell.

Lösung: $\boxed{P(X \leq a) = F_X(a)}$

Beispiel

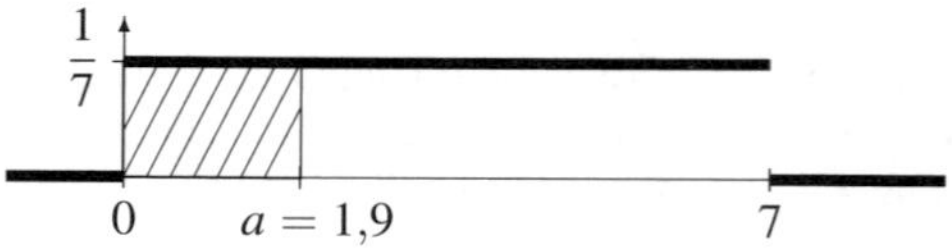

$$P(X \leq 1{,}9) = F_X(1{,}9) = \frac{1{,}9}{7} = 0{,}271$$

b) rechtsseitig: Man bestimme $P(X \geq b)$, wobei b bel. reell.

Lösung:
$$\boxed{\begin{aligned} P(X \geq b) &= 1 - P(X < b) \\ &= 1 - P(X \leq b) \\ &= 1 - F_X(b) \end{aligned}}$$

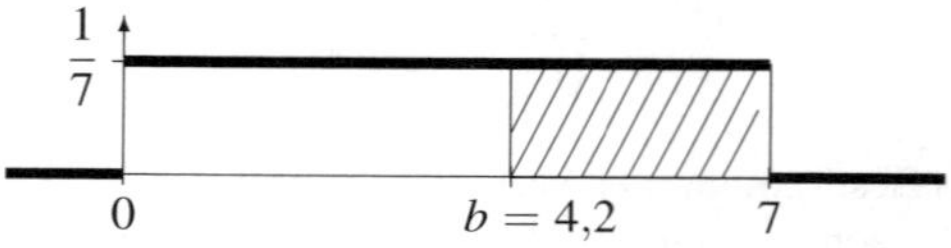

$$\begin{aligned} P(X \geq 4{,}2) &= 1 - F_X(4{,}2) \\ &= 1 - \frac{4{,}2}{7} \\ &= 0{,}40 \quad \left(= \frac{2{,}8}{7}\right) \end{aligned}$$

2. Zweiseitige Aufgabe:

Man bestimme $P(a \leq X \leq b)$, wobei $a \leq b$ bel. reell.

Lösung: $\boxed{P(a \leq X \leq b) = F_X(b) - F_X(a)}$

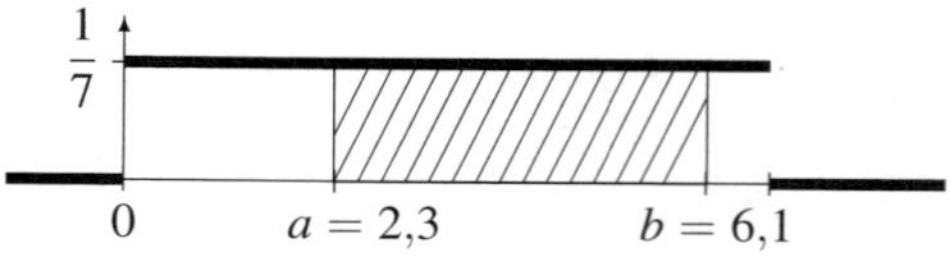

$$\begin{aligned} P(2{,}3 \leq X \leq 6{,}1) &= F_X(6{,}1) - F_X(2{,}3) \\ &= \frac{6{,}1}{7} - \frac{2{,}3}{7} \\ &= 0{,}543 \quad \left(= \frac{3{,}8}{7}\right) \end{aligned}$$

Die Dichtefunktion der gleichmäßigen Verteilung liegt symmetrisch zur „Mittelachse" bei $x = \frac{c+d}{2}$. Damit ergibt sich bereits anschaulich, daß der Erwartungswert als Schwerpunkt der Massenverteilung bei $\frac{c+d}{2}$ liegen muß. Die Größe der Streuung kann man nicht unmittelbar erraten. Man ermittelt sie durch Einsetzen der Dichte $f_X(x)$ in die allgemeine Formel und Bestimmen des sich ergebenden Integrals.

> Für eine im Grundintervall $[c,\, d]$ gleichmäßig verteilte stetige Zufallsgröße X gilt
>
> $$EX = \frac{c+d}{2}, \qquad D^2X = \frac{1}{12}(d-c)^2 = \frac{1}{3}\left(\frac{d-c}{2}\right)^2$$
>
> $$\sigma_X = \frac{1}{\sqrt{3}}\,\frac{d-c}{2} = 0{,}577\,\frac{d-c}{2}.$$

Im obigen Beispiel erhalten wir:

$$EX = \frac{0+7}{2} = 3{,}5, \qquad D^2X = \frac{1}{12}(7-0)^2 = 4{,}08, \qquad \sigma_X = 2{,}02.$$

Wir wollen abschließend den angegebenen Ausdruck für den Erwartungswert, den wir oben aufgrund der Anschauung erraten hatten, durch Einsetzen in die allgemeine Formel zur Erwartungswertbestimmung bei stetigen Zufallsgrößen bestätigen:

$$EX = \int_{-\infty}^{\infty} x f_X(x)\,\mathrm{d}x = \int_c^d x \frac{1}{d-c}\,\mathrm{d}x = \frac{1}{d-c}\int_c^d x\,\mathrm{d}x = \frac{1}{d-c}\frac{1}{2}x^2\Big|_c^d$$

$$= \frac{1}{d-c}\,\frac{1}{2}\,(d^2-c^2) = \frac{1}{d-c}\,\frac{1}{2}\,(d+c)(d-c) = \frac{1}{2}\,(d+c).$$

Die Herleitung der Formel für die Streuung erfolgt analog.

3.2.3.3 Die Normalverteilung

Im einleitenden Abschnitt 3.2.3.1 hatten wir festgestellt, daß die Verteilung einer stetigen Zufallsgröße X durch die Gestalt ihrer Wahrscheinlichkeitsdichte $f_X(x)$ gegeben wird. Wir wollen nun den wichtigsten Typ von Wahrscheinlichkeitsdichten, die **Normalverteilung** oder auch **Gaußsche Verteilung** genannt, kennenlernen, die in den Anwendungen sehr häufig als die geeignete angepaßte Verteilung vorkommt. Dabei treten noch zwei Parameter auf, und zwar eine beliebige reelle Zahl μ und eine positive Zahl σ.

Man sagt, die stetige Zufallsgröße X sei **normalverteilt mit den Parametern μ und σ^2**, wenn ihre Wahrscheinlichkeitsdichte $f_X(x)$ die Form:

$$f_X(x) = \frac{1}{\sqrt{2\pi}\sigma}\,\mathrm{e}^{-\frac{(x-\mu)^2}{2\sigma^2}}, \qquad -\infty < x < \infty$$

hat.

Man verwendet auch die folgende symbolische Schreibweise: X ist $N(\mu,\sigma^2)$-verteilt. Die Menge der möglichen Realisierungen einer normalverteilten Zufallsgröße besteht strenggenommen aus der gesamten reellen Achse, wobei aber nur ein bestimmter endlicher Bereich von Interesse ist. Beispiele und Anwendungen werden wir weiter unten in diesem Abschnitt diskutieren. Wir befassen uns zunächst mit dem charakteristischen Kurvenbild der Dichte der Normalverteilung, der sog. Gaußschen Glockenkurve, und damit im Zusammenhang stehenden Fragen und beginnen mit dem Spezialfall $\mu = 0$, $\sigma = 1$.

Man sagt, die stetige Zufallsgröße X ist **standardisiert normalverteilt**, wenn sie eine Normalverteilung mit den speziellen Parametern $\mu = 0$, $\sigma = 1$ hat. Die zugehörige Wahrscheinlichkeitsdichte wird mit $\varphi(x)$ bezeichnet und hat die Gestalt:

$$\varphi(x) = \frac{1}{\sqrt{2\pi}}\,\mathrm{e}^{-\frac{x^2}{2}}, \qquad -\infty < x < \infty.$$

Mittels einer Wertetabelle erhalten wir das Kurvenbild

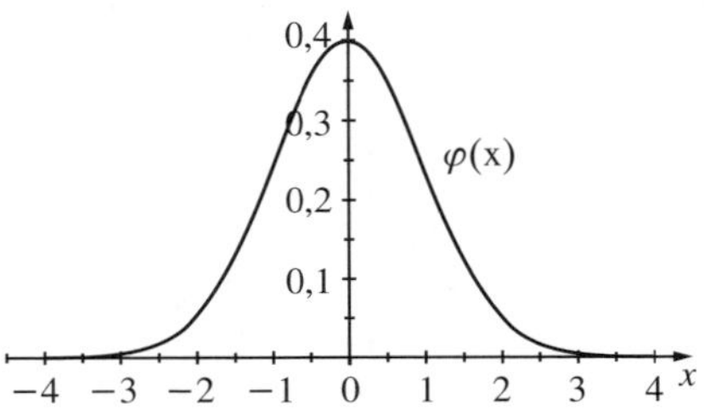

Diese standardisierte Gaußsche Glockenkurve $\varphi(x)$ hat folgende Eigenschaften (vgl. auch Abschnitt 6.2.2.4):

- Sie ist symmetrisch bzgl. der Ordinatenachse, also bzgl. $x = 0$, und hat ein einziges Maximum bei $x = 0$ mit dem Wert $\varphi(0) = \frac{1}{\sqrt{2\pi}} = 0{,}3989$. Die Normalverteilung ist also unimodal und symmetrisch.
- Bei $x = 1$ und bei $x = -1$ liegen Wendepunkte der Kurve, es ist $\varphi(1) = \varphi(-1) = 0{,}2420$.
- Der Gesamtflächeninhalt unter der Kurve $\varphi(x)$ beträgt 1.
- Die Werte von $\varphi(x)$ fallen mit wachsenden x sehr schnell ab, der „interessante Bereich“ erstreckt sich de facto von $x = -3$ bis $x = 3$. So ist $\varphi(3{,}0) = 0{,}0044$ und bereits $\varphi(4{,}0) = 0{,}0001$.

Die zugehörige Verteilungsfunktion wird in diesem Spezialfall mit $\Phi(x)$ bezeichnet, der allgemeine Zusammenhang zwischen Verteilungsfunktion und Wahrscheinlichkeitsdichte bedeutet jetzt $\Phi(x) = \int_{-\infty}^{x} \varphi(t)\,\mathrm{d}t$. Im Unterschied zum vorhergehenden Abschnitt kann man die entsprechenden Flächeninhalte nicht mehr durch eine explizite geschlossene Formel ausdrücken. Aus diesem Grunde liegt $\Phi(x)$ vertafelt vor (vgl. Tafel 2). Wir lesen zunächst einige Werte ab: Es ist z. B. $\Phi(0{,}5) = 0{,}6915$, $\Phi(1{,}0) = 0{,}8413$, $\Phi(2{,}0) = 0{,}9773$, $\Phi(3{,}0) = 0{,}9987$.

Die Tafel 2 ist nur für positive x-Werte ausgelegt. Wir können jedoch $\Phi(x)$ auch für negative x unmittelbar ablesen, da wegen der Symmetrie der Wahrscheinlichkeitsdichte $\varphi(x)$ bzgl. $x = 0$ die Beziehung

$$\boxed{\Phi(x) = 1 - \Phi(-x) \quad \text{für beliebiges} \quad x < 0}$$

besteht (vgl. Skizze), und $\Phi(-x)$ wegen $-x > 0$ wieder aus der Tafel 2 entnommen werden kann.

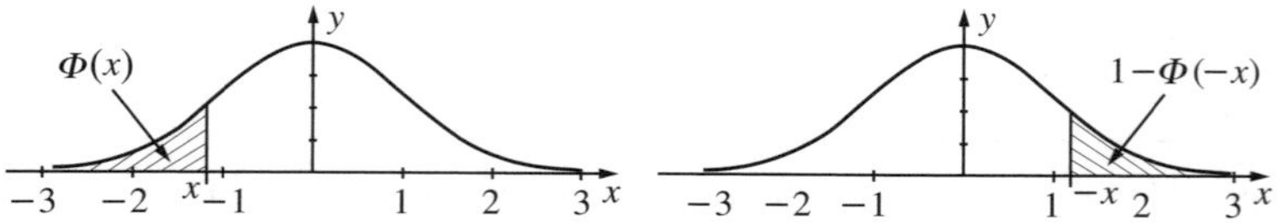

So ist also z. B.

$$\Phi(-0{,}5) = 1 - \Phi(0{,}5) = 1 - 0{,}6915 = 0{,}3085,$$
$$\Phi(-1{,}0) = 1 - \Phi(1{,}0) = 1 - 0{,}8413 = 0{,}1587,$$
$$\Phi(-2{,}0) = 0{,}0227, \qquad \Phi(-3{,}0) = 0{,}0013.$$

Insgesamt erhalten wir für die Verteilungsfunktion $\Phi(x)$ der standardisierten Normalverteilung das nachfolgende Kurvenbild, wobei auch der Zusammenhang zur Dichtefunktion $\varphi(x)$ aufgezeigt werden soll:

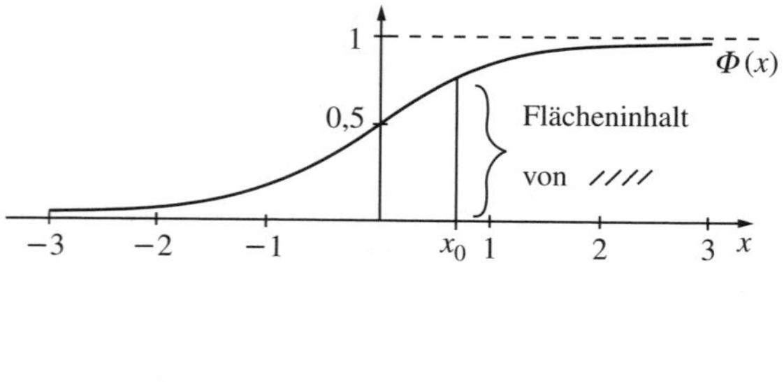

(Die Funktion $\varphi(x)$ ist die erste Ableitung der Funktion $\Phi(x)$, also die den Anstieg bei $\Phi(x)$ messende Funktion: $\varphi(x) = \Phi'(x)$.)

Ist nun X eine standardisiert normalverteilte Zufallsgröße, so können wir auf der Grundlage des allgemeinen Zusammenhanges $P(X \leq x) = \Phi(x)$ analog dem Vorgehen in Abschnitt 3.2.3.2 die 3 Standardaufgabenstellungen unter Verwendung von Tafel 2 lösen:

1. a) $\boxed{P(X \leq a) = \Phi(a)}$

$a = 1{,}24$

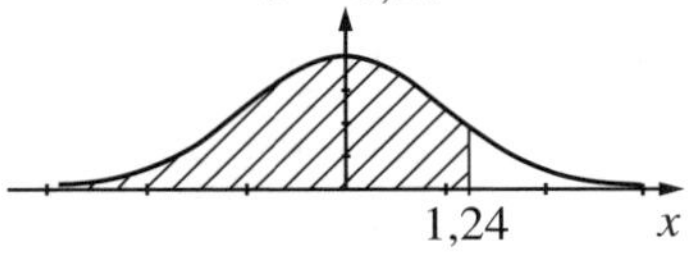

$P(X \leq 1{,}24) = \Phi(1{,}24) = 0{,}8925$

b) $\boxed{P(X \geq b) = 1 - \Phi(b)}$

$b = 0{,}57$

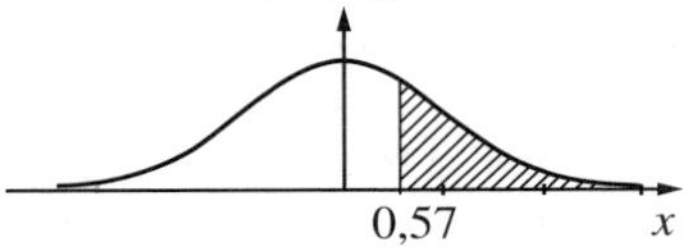

$P(X \geq 0{,}57) = 1 - \Phi\,(0{,}57) = 0{,}2843$

2. $\boxed{P(a \leq X \leq b) = \Phi(b) - \Phi(a)}$

$a = -0{,}82,\ b = 1{,}12$

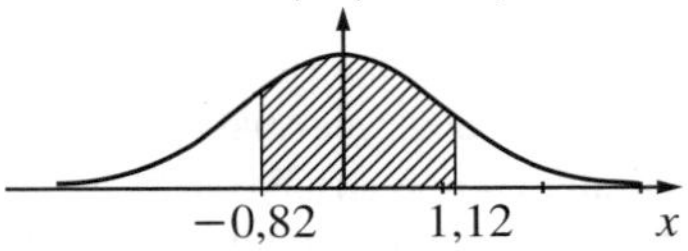

$$P(-0{,}82 \leq X \leq 1{,}12) = \Phi(1{,}12) - \Phi(-0{,}82) = 0{,}8676 - 0{,}2061 = 0{,}6625$$

Wir interessieren uns nun für die umgekehrte Fragestellung, die in der Statistik zur Festlegung kritischer Werte von besonderem Interesse ist. Die Wahrscheinlichkeit, d. h. der Wert des Flächeninhaltes, wird vorgegeben, und man sucht geeignete zugehörige x-Werte, so daß der Flächeninhalt unter der Normalverteilungskurve $\varphi(x)$ innerhalb dieser Grenzen mit der vorgegebenen Wahrscheinlichkeit übereinstimmt. Präziser formuliert führt dies zum Begriff des **Quantils**:

Es sei α eine beliebige vorgegebene Wahrscheinlichkeit mit $0 < \alpha < 1$. Dann gibt es einen eindeutig bestimmten Wert x_0 mit $\Phi(x_0) = \alpha$. Es ist derjenige Wert, bis zu dem der Flächeninhalt, von $-\infty$ an gerechnet, gerade α ergibt:

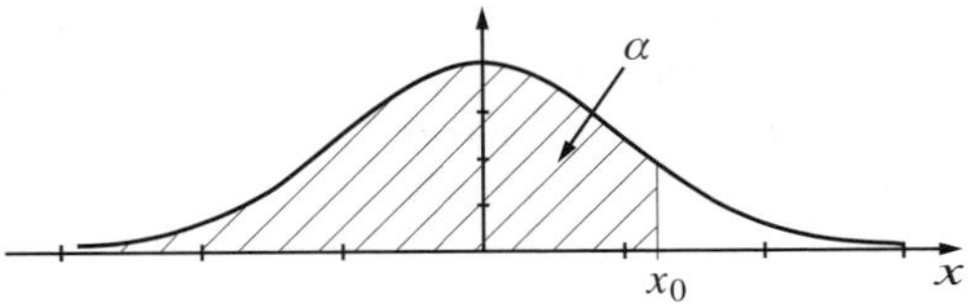

Man nennt diesen Wert x_0 das **Quantil der Ordnung** α der Normalverteilung und bezeichnet es mit z_α:

$$\boxed{\Phi(z_\alpha) = \alpha}\,.$$

Man kann dies auch so formulieren: Der Wert z_α ist die eindeutig bestimmte Zahl auf der x-Achse, so daß genau der Flächeninhalt $1 - \alpha$ rechts von ihm von der Gesamtfläche 1 abgeschnitten wird. Zur Bestimmung von z_α verwenden wir Tafel 2 „rückwärts“: Gegeben ist der Tafelwert α, und wir suchen den passenden Eingangswert z_α.

Beispiel 3.2/14:

$$\begin{aligned} \alpha &= 0{,}80 & z_\alpha &= 0{,}842, \\ \alpha &= 0{,}95 & z_\alpha &= 1{,}645, \\ \alpha &= 0{,}975 & z_\alpha &= 1{,}96, \\ \alpha &= 0{,}5 & z_\alpha &= 0. \end{aligned}$$

Für $\alpha < 0{,}5$ benutzen wir wieder die Symmetrie der φ–Kurve und erhalten die allgemeine Formel

$$\boxed{z_\alpha = -z_{1-\alpha} \qquad \text{für} \qquad 0 < \alpha \leq 0{,}5}\,.$$

Beispiele: $z_{0,40} = -z_{0.60} = -0{,}253, \quad z_{0,05} = -z_{0,95} = -1{,}645.$

Wir bemerken, daß der Begriff des Quantils in analoger Weise für eine beliebige Verteilungsfunktion $F_X(x)$ definiert werden kann (vgl. auch den nächsten Abschnitt „Prüfverteilungen"). Speziell für $\alpha = 0{,}25$ bzw. $\alpha = 0{,}75$ erhalten wir das untere bzw. obere Quartil der standardisierten Normalverteilung: $z_{0,25} = -0{,}6745$ bzw. $z_{0,75} = 0{,}6745$. Dieser Wert schneidet genau 25 % der Gesamtfläche von links bzw. von rechts ab und ist das zugrundeliegende theoretische Pendant des empirischen Quartils Q_1 bzw. Q_3 (vgl. Abschnitt 2.2.2.2.2) bei standardisiert normalverteilten Daten.

Wir merken an, daß die Zuordnung $\alpha \to z_\alpha$ weiter nichts, als die zur Verteilungsfunktion $\Phi(x)$ gehörende Umkehrfunktion ist: $z_\alpha = \Phi^{-1}(\alpha)$ (vgl. Abschnitt 6.2.1).

Wie bereits erwähnt, benötigt man die Quantile z_α zur Festlegung kritischer Werte bei statistischen Tests, für die die Testgröße einer Normalverteilung unterliegt (oder wenigstens näherungsweise). Bei einseitiger Fragestellung zum Testrisiko α (vgl. Abschnitt 3.4) entsteht der kritische Wert $u_{\alpha,\text{eins.}}$ dadurch, daß von der Gesamtfläche 1 unter der Normalverteilungsdichte $\varphi(x)$ „von rechts" der Flächenanteil α abgeschnitten wird. Bei zweiseitiger Fragestellung zum Testrisiko α ergibt sich entsprechend der kritische Wert $u_{\alpha,\text{zweis.}}$ durch rechtsseitiges Abschneiden eines Flächenstückes der Größe $\frac{\alpha}{2}$. Man erhält somit die kritischen Werte aus den Quantilen z_α wie folgt:

$$\boxed{\begin{aligned} u_{\alpha,\text{eins.}} &= z_{1-\alpha} \\ u_{\alpha,\text{zweis.}} &= z_{1-\frac{\alpha}{2}} \end{aligned}}\,.$$

Die Quantile $z_{1-\alpha}$ bzw. $z_{1-\frac{\alpha}{2}}$ liest man aus Tafel 2 „rückwärts" heraus:
So sind z. B. $u_{0,05;\text{eins.}} = 1{,}645$, $u_{0,05;\text{zweis.}} = 1{,}960$.

Eine weitere Anwendung der Quantile liegt bei der Umrechnung sog. Prozentränge auf u-Werte vor (vgl. Abschnitt 6.2.2.1 sowie z. B. RÖHR/LOHSE/LUDWIG, Statistische Verfahren, 1991). Dabei werden zunächst für die der Größe nach geordneten Ausgangsdaten Prozentränge PR_i bestimmt. Hat man n gruppierte Daten mit den Häufigkeiten n_i sowie den kumulativen Häufigkeiten $n_{c,i}$ (vgl. auch Abschnitt 2.2.1.2), so erhält man die Prozentränge PR_i aus der Definitionsformel

$$PR_i = \frac{100}{n}(n_{c,i} - 0{,}5 \cdot n_i).$$

Bei ungruppierten Daten mit den Rängen R_i gilt

$$PR_i = \frac{100}{n}(R_i - 0{,}5).$$

Diese Prozentränge werden dann als Flächeninhalte unter der Normalverteilungskurve aufgefaßt, genauer, man betrachtet die α-Werte $\alpha_i = \frac{1}{100} \cdot PR_i$ und bestimmt zu diesen die zugehörigen „Normalwerte" $u_i = z_{\alpha_i}$ als Quantile der standardisierten Normalverteilung. Dies kann man optisch durch zwei entsprechende parallel liegende Skalen vereinfachen:

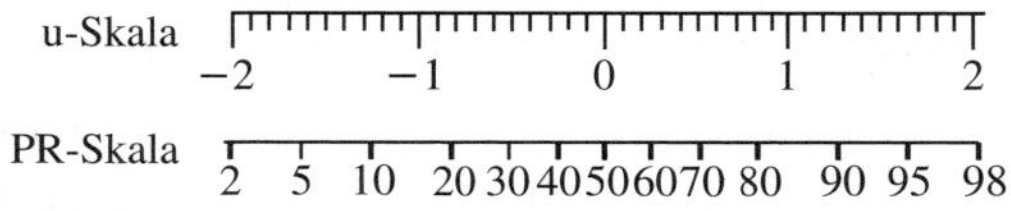

Beispiel:

Meßwert	Häufigkeit n_i	kumulative Häufigkeit $n_{c,i}$	Prozentrang PR_i	Quantilwert u_i
x_1	3	3	7,5	−1,440
x_2	6	9	30	−0,524
x_3	10	19	70	0,524
x_4	1	20	97,5	1,960

Wir betrachten nun die Kurve der Dichtefunktion $f_X(x)$ der Normalverteilung bei beliebigem μ und $\sigma > 0$ und diskutieren den Einfluß der Parameter μ und σ auf die Gestalt der Funktionskurve (vgl. auch Abschnitt 6.2.2.4):

1. Verändern von μ (bei fixiertem $\sigma = \sigma_0$) bedeutet ein Parallelverschieben der Kurve und damit der Symmetrieachse in x-Richtung.

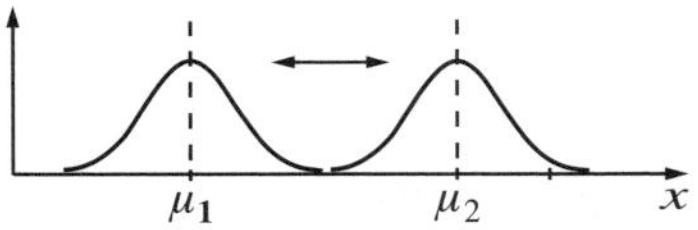

2. Verändern von σ ($\mu = \mu_0$ fixiert) bedeutet bei festgelegter Symmetrieachse an der Stelle $x = \mu_0$ bei kleiner werdendem σ ein Stauchen in x-Richtung und gleichzeitig ein „Hochziehen" in y-Richtung und bei größer werdendem σ ein Auseinanderziehen in x-Richtung und ein Stauchen in y-Richtung. Der Flächeninhalt unter der Kurve ist gleichbleibend stets 1.

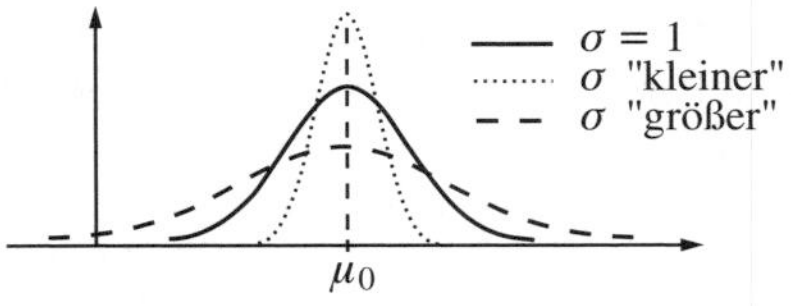

3. Analog zum Spezialfall $\mu = 0$, $\sigma = 1$ gilt auch hier: Das Kurvenbild von $f_X(x)$ ist symmetrisch bzgl. der Achse bei $x = \mu$; an der Stelle $x = \mu$ liegt das einzige (relative und absolute) Maximum der Funktion:
$f_X(\mu) = \frac{1}{\sqrt{2\pi}} \cdot \frac{1}{\sigma} \approx 0{,}40 \cdot \frac{1}{\sigma}$; bei $x_1 = \mu - \sigma$ und $x_2 = \mu + \sigma$ befinden sich Wendepunkte; der Flächeninhalt unter der Kurve ist 1.

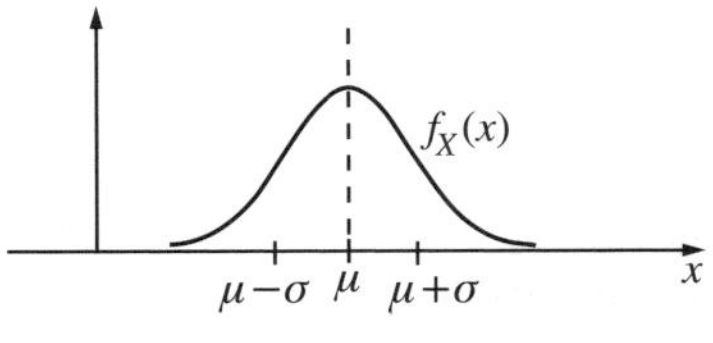

Die wahrscheinlichkeitstheoretische Bedeutung der Parameter μ,σ ergibt sich aus dem folgenden

Satz 3.2.5 *Für eine mit den Parametern μ,σ normalverteilte Zufallsgröße X gilt*
$$EX = \mu,\ D^2X = \sigma^2.$$

Wie erhält man nun die Verteilungsfunktion $F_X(x)$ einer $N(\mu,\sigma^2)$-verteilten Zufallsgröße X? Es stellt sich heraus, daß man mittels linearer Transformation und Zurückführen auf die standardisierte Verteilungsfunktion $\Phi(x)$ das Problem lösen kann und benutzt dazu den

Satz 3.2.6 *Die Zufallsgröße X sei $N(\mu,\sigma^2)$-verteilt. Dann ist für beliebige Konstanten c_1, c_2 ($c_1 \neq 0$) die Zufallsgröße $Z = c_1 \cdot X + c_2$ wiederum normalverteilt, und zwar mit den Parametern $\mu_1 = c_1 \cdot \mu + c_2$, $\sigma_1^2 = c_1^2 \cdot \sigma^2$.*

Wir wollen nun die Konstanten c_1, c_2 so wählen, daß Z die Parameter $\mu_1 = 0, \sigma_1 = 1$ besitzt. Wir erhalten $c_1 = \frac{1}{\sigma}, c_2 = -\frac{\mu}{\sigma}$, also $Z = \frac{1}{\sigma} \cdot X - \frac{\mu}{\sigma} = \frac{X-\mu}{\sigma}$. Man nennt diese lineare Transformation **Standardisieren** der Zufallsgröße X (vgl. auch Abschnitt 6.2.2.1). Man zieht dabei also systematisch den Erwartungswert ab und dividiert anschließend durch die Standardabweichung. In diesem Spezialfall der linearen Transformation schreiben wir U anstelle von Z. Wir erhalten bei beliebigen μ und $\sigma > 0$ die Verteilungsfunktion $F_X(x)$ aus der standardisierten Normalverteilungsfunktion $\Phi(x)$, die vertafelt vorliegt, wie folgt:

$$F_X(x) = P(X \leq x) = P(\frac{X-\mu}{\sigma} \leq \frac{x-\mu}{\sigma}) = P(U \leq \frac{x-\mu}{\sigma}) = \Phi(\frac{x-\mu}{\sigma}).$$

Damit ergeben sich in den 3 Standardaufgabenstellungen die Formeln: [1)]

$$\boxed{\begin{aligned} P(X \leq a) &= F_X(a) &&= \Phi\left(\frac{a-\mu}{\sigma}\right) \\ P(X > b) &= 1 - F_X(b) &&= 1 - \Phi\left(\frac{b-\mu}{\sigma}\right) \\ P(a < X \leq b) &= F_X(b) - F_X(a) &&= \Phi\left(\frac{b-\mu}{\sigma}\right) - \Phi\left(\frac{a-\mu}{\sigma}\right) \end{aligned}}\,.$$

Beispiel 3.2/15: Die Körperlänge von 18jährigen Männern in einer betrachteten Bevölkerungsgruppe werde durch eine normalverteilte Zufallsgröße X mit den Parametern $\mu = 176$ (cm) und $\sigma^2 = 5{,}29$ (cm^2) repräsentiert. Wie groß ist dann die Wahrscheinlichkeit dafür, daß ein zufällig ausgewählter Mann aus dieser Bevölkerungsgruppe kleiner als 173 cm ist? Gesucht ist also $P(X < 173)$. Wir erhalten

$$P(X < 173) = P(\underbrace{\frac{X-176}{\sqrt{5.29}}}_{=U} < \frac{173-176}{\sqrt{5{,}29}}) = P(U < \frac{-3}{2{,}3}) = \Phi(-1{,}304) = 0{,}0961.$$

Beispiel 3.2/16: Die Zufallsgröße X sei normalverteilt mit den Parametern $\mu = 12$, $\sigma^2 = 2{,}25 = 1{,}5^2$. Man bestimme die Wahrscheinlichkeit $P(10 \leq X \leq 13)$. Wir erhalten

$$\begin{aligned} P(10 \leq X \leq 13) &= \Phi(\frac{13-12}{1{,}5}) - \Phi(\frac{10-12}{1{,}5}) = \Phi(0{,}667) - \Phi(-1{,}333) \\ &= 0{,}7476 - 0{,}0913 = 0{,}6563. \end{aligned}$$

Beispiel 3.2/17: Es sei X eine $N(\mu, \sigma^2)$-verteilte Zufallsgröße. Wir bestimmen die Wahrscheinlichkeit dafür, daß die Werte von X vom Erwartungswert μ um nicht mehr als das k-fache der Standardabweichung σ abweichen, d. h. die Wahrscheinlichkeit $P(\mu - k \cdot \sigma \leq X \leq \mu + k \cdot \sigma)$, $k = 1, 2, 3$.

$k = 1$:

$$\begin{aligned} P(\mu - \sigma \leq X \leq \mu + \sigma) &= \Phi(\frac{\mu+\sigma-\mu}{\sigma}) - \Phi(\frac{\mu-\sigma-\mu}{\sigma}) = \Phi(1{,}0) - \Phi(-1{,}0) \\ &= 0{,}8413 - 0{,}1587 = 0{,}6826, \end{aligned}$$

es liegen also 68,3 % der Werte im Bereich $[\mu - \sigma, \mu + \sigma]$.

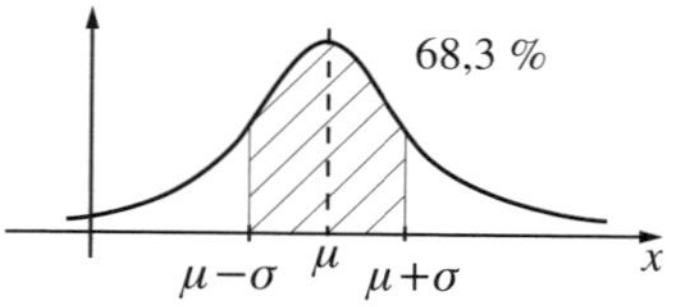

[1)] Die linken Gleichungen gelten allgemein für beliebige Zufallsgrößen. Bei stetigen Zufallsgrößen spielt es keine Rolle, ob $<$ oder $\leq$ bzw. $>$ oder $\geq$ steht. Man kann also auch $P(X \geq b)$ oder $P(a \leq X \leq b)$ schreiben.

$k = 2$:

$$P(\mu - 2\sigma \leq X \leq \mu + 2\sigma) = \Phi(\frac{\mu + 2\sigma - \mu}{\sigma}) - \Phi(\frac{\mu - 2\sigma - \mu}{\sigma}) = \Phi(2{,}0) - \Phi(-2{,}0)$$
$$= 0{,}9773 - 0{,}0227 = 0{,}9546,$$

d. h., im Bereich $[\mu - 2\sigma, \mu + 2\sigma]$ liegen 95,5 % der Werte:

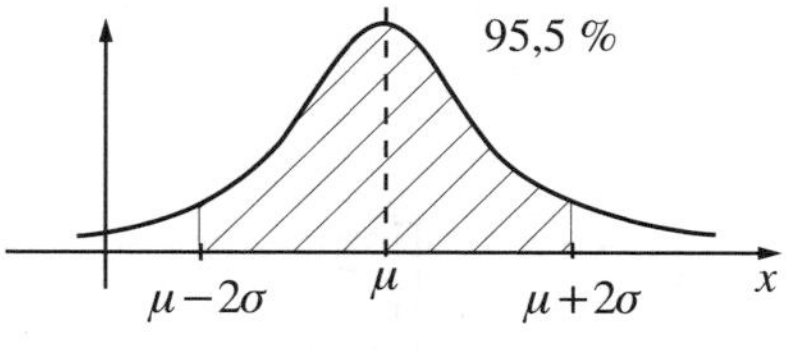

$k = 3$:

$$P(\mu - 3\sigma \leq X \leq \mu + 3\sigma) = \Phi(3{,}0) - \Phi(-3{,}0)$$
$$= 0{,}9987 - 0{,}0013 = 0{,}9974,$$

im Bereich $[\mu - 3\sigma, \mu + 3\sigma]$ liegen 99,7 % der Werte. Bei jeder Normalverteilung liegen demnach mit einer Sicherheit von 99,7 % die Werte im Intervall $[\mu - 3\sigma, \mu + 3\sigma]$.

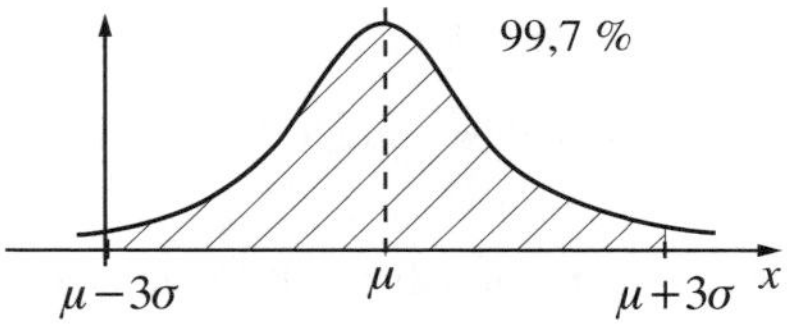

Wir stellen fest, daß die soeben bestimmten Wahrscheinlichkeiten unabhängig von μ und σ sind. Liegt eine normalverteilte Zufallsgröße vor, so müssen die betrachteten $k \cdot \sigma$-Bereiche, $k = 1, 2, 3$, die obigen Prozentsätze aufweisen. Man hat damit eine Möglichkeit, in angewandten Situationen die Frage nach eventuellem Vorliegen einer Normalverteilung in grober Näherung zu beantworten, eine verbesserte Ausführung dieser Überlegungen der Anpassung an eine Normalverteilung beinhaltet der χ^2-Anpassungstest (vgl. Abschnitt 4.2.4.1).

Die Normalverteilung kommt sehr häufig vor. Sie tritt näherungsweise in solchen Situationen auf, in denen eine **additive Superposition** einer großen Anzahl gleichmäßig kleiner, unabhängiger Zufallseffekte vorliegt. Unter diesen Bedingungen baut sich durch die additive Superposition stets die Normalverteilung auf, eine mathematisch präzisierte Formulierung gibt der sog. **zentrale Grenzwertsatz** an. In den Anwendungen kann diese Form der Superposition zufälliger Effekte häufig angenommen werden, wie z. B. bei Messungen physikalischer Größen, wie Länge, Gewicht, Zeit, Spannung, Lautstärke, oder z. B. bei Bewertungssystemen in Leistungstests, in denen eine Punktsumme ermittelt wird, die sich aus vielen unabhängigen, gleichgewichtigen zufallsbedingten Summanden zusammensetzt. Handelt es sich im letztgenannten Beispiel um ganzzahlige Punktbewertungen, so liegt strenggenommen eine diskrete Verteilung vor, die aber durch künstliches Hinzunehmen aller reellen Zwischenwerte idealisiert wird (vgl. hierzu auch die Bemerkungen am Ende von Abschnitt 3.2.3.1). Eine solche Situation liegt auch speziell bei der Binomialverteilung vor, die durch additive Superposition unabhängiger, gleichgewichtiger Zufallseffekte entsteht: Man erhält hier eine solche Summe, nämlich die absolute Häufigkeit des Eintretens eines Ereignisses in n unabhängigen Versuchen unter konstanten Versuchsbedingungen. In der Tat beobachtet man am Bild der Einzelwahrscheinlichkeiten der Binomialverteilung für wachsendes n und ein „nicht zu extremes p" (p darf nicht zu nahe an 0 oder 1 liegen), daß die Normalverteilungskurve entsteht:

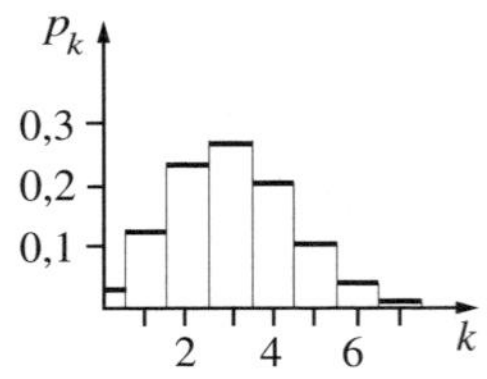

$n = 10, p = 0{,}30$

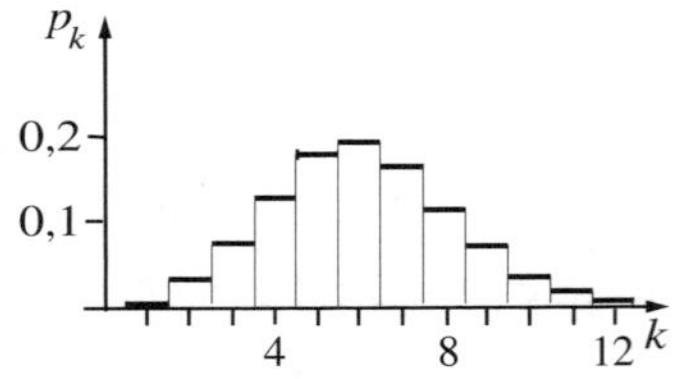

$n = 20, p = 0{,}30$

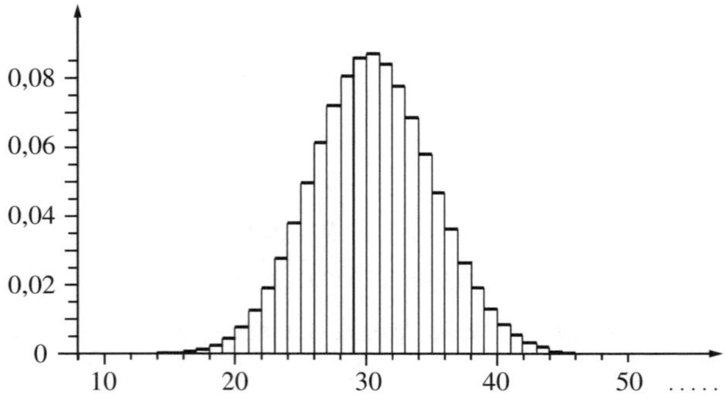

$n = 100, \ p = 0{,}30$

Die präzise Formulierung dieses Sachverhaltes enthält der **zentrale Grenzwertsatz von** DE MOIVRE/LAPLACE[1]:

Für mit den Parametern n und (festem) p binomialverteilte Zufallsgrößen $X_n, n = 1,2,\ldots$, gilt

$$\lim_{n\to\infty} P(u_1 \leq \frac{X_n - n\cdot p}{\sqrt{n\cdot p(1-p)}} \leq u_2) = \Phi(u_2) - \Phi(u_1) \qquad \text{für alle } u_1 < u_2,$$

oder, in praktikablerer Schreibweise

$$P(a \leq X \leq b) \approx \Phi(\frac{b-\mu}{\sigma}) - \Phi(\frac{a-\mu}{\sigma})$$

mit

$$\mu = n\cdot p, \quad \sigma = \sqrt{n\cdot p(1-p)}, \quad a < b \quad \text{bel.}$$

Nach einer Faustregel ist diese Näherung von „brauchbarer Qualität“, falls $n > \dfrac{9}{p(1-p)}$ gilt.

Beispiel 3.2/18: Eine ideale Münze werde 1000mal geworfen. Wie groß ist die Wahrscheinlichkeit dafür, daß die absolute Häufigkeit von „Wappen oben“ in den Grenzen von 470 bis 540 liegt?
Es sind hier $n = 1000$, $p = 0{,}5$, $\mu = n\cdot p = 500$, $\sigma = \sqrt{n\cdot p(1-p)} = \sqrt{250}$. Wir erhalten (vgl. Tafel 2)

$$\begin{aligned} P(470 \leq X \leq 540) &\approx \Phi(\frac{540-500}{\sqrt{250}}) - \Phi(\frac{470-500}{\sqrt{250}}) = \Phi(2{,}53) - \Phi(-1{,}897) \\ &= 0{,}9943 - 0{,}0289 = 0{,}9654. \end{aligned}$$

Bei großen und wachsenden n wird der Unterschied zwischen diskreter Binomialverteilung und der stetigen Normalverteilung immer mehr „verwischt“. Bei kleineren n empfiehlt es sich aber, mit der Approximation etwas sorgfältiger umzugehen und die Kontinuitätskorrektur zu beachten, d. h.,

[1] ABRAHAM DE MOIVRE (1667–1754), herausragender Mathematiker, lebte seit 1687 in England; PIERRE SIMON LAPLACE (1749–1827), französischer Gelehrter.

bei ganzzahligen a, b wird zur Bestimmung von $P(a \leq X \leq b)$ formal die Wahrscheinlichkeit $P(a - 0{,}5 \leq X \leq b + 0{,}5)$ mit obiger Näherungsformel approximiert:

$$P(a \leq X \leq b) \approx \Phi(\frac{b + 0{,}5 - \mu}{\sigma}) - \Phi(\frac{a - 0{,}5 - \mu}{\sigma}).$$

Wir diskutieren dies am Beispiel $n = 10$, $p = 0{,}3$, also $\mu = n \cdot p = 3$, $\sigma = \sqrt{n \cdot p(1-p)} = \sqrt{2{,}1} = 1{,}45$.

Bild der Einzelwahrscheinlichkeiten

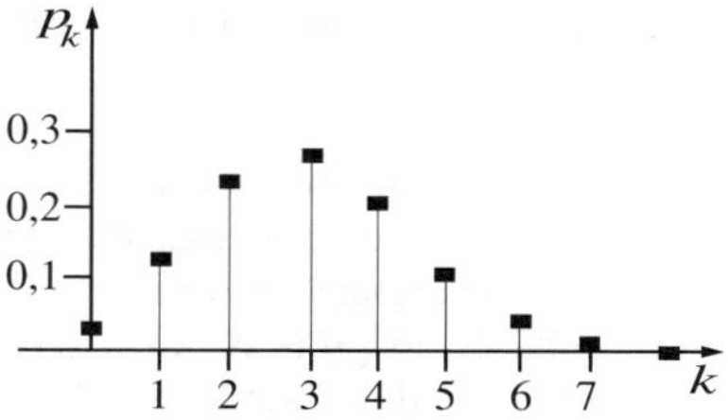

Übergang zu stetiger „Idealisierung" durch Hinzunahme der Zwischenpunkte und entsprechende säulenförmige Dichte:

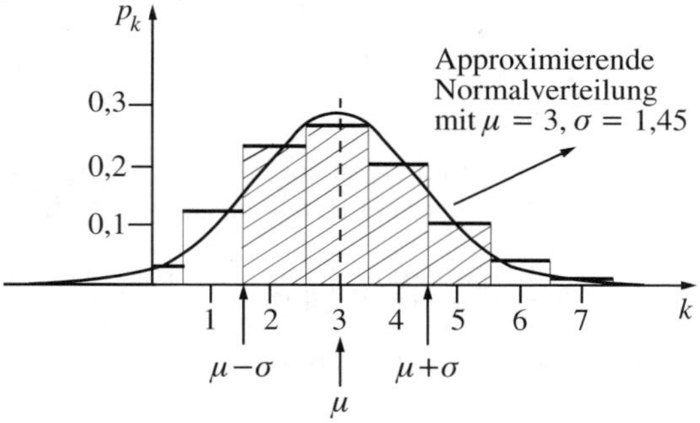

Beispiel 3.2/19: Wir interessieren uns für die Wahrscheinlichkeit $P(2 \leq X \leq 5)$. Der exakte Wert ergibt sich aus $P(2 \leq X \leq 5) = p_2 + p_3 + p_4 + p_5$ und ist gleich dem in obigem Bild schraffierten Flächeninhalt (da die Breite der Säulen gleich 1 ist). Mit Hilfe von Tafel 13 erhalten wir

$$\begin{aligned} P(2 \leq X \leq 5) &= 0{,}2335 + 0{,}2668 + 0{,}2001 + 0{,}1029 \\ &= 0{,}8033. \end{aligned}$$

Die Anwendung der ursprünglichen Näherungsformel ergäbe

$$\begin{aligned} P(2 \leq X \leq 5) &\approx \Phi(\frac{5-3}{1{,}45}) - \Phi(\frac{2-3}{1{,}45}) \\ &= \Phi(1{,}380) - \Phi(-0{,}690) \\ &= 0{,}9162 - 0{,}2451 \\ &= 0{,}6711. \end{aligned}$$

Dieser Wert ist der Flächeninhalt unter der approximierenden Normalverteilungskurve in den Grenzen von 2 bis 5. Er ist deutlich zu klein, weil eben an den Rändern bei $x = 2$ und $x = 5$ die halben

Säulen nicht mitgezählt wurden. Mit Beachtung der Kontinuitätskorrektur erhalten wir einen viel besseren Näherungswert:

$$\begin{aligned} P(2 \leq X \leq 5) &\approx \Phi(\frac{5{,}5-3}{1{,}45}) - \Phi(\frac{1{,}5-3}{1{,}45}) \\ &= \Phi(1{,}725) - \Phi(-1{,}035) \\ &= 0{,}9577 - 0{,}1503 \\ &= 0{,}8073. \end{aligned}$$

Bemerkung: Bei kleinen n muß man wie bei diskreten Zufallsgrößen bei der Bestimmung der Wahrscheinlichkeiten den Unterschied zwischen $<$ und $\leq$ bzw. $>$ und $\geq$ beachten. Es ist dann z. B.

$$P(2 < X < 5) = P(3 \leq X \leq 4).$$

Beispiel 3.2/20: Die intellektuelle Leistungsfähigkeit kann mit verschiedenen Leistungstests gemessen werden. In der Regel ist die daraus gebildete Gesamtpunktzahl, der Intelligenzquotient, angenähert normalverteilt. Um Vergleichsmöglichkeiten herzustellen, wird dann noch so linear transformiert, daß der Intelligenzquotient eine normalverteilte Zufallsgröße X mit dem Mittelwert $\mu = 100$ und der Standardabweichung $\sigma = 15$ darstellt. Wie groß ist die Wahrscheinlichkeit dafür, daß der Intelligenzquotient in den Grenzen von 92 und 107 liegt? Wir erhalten

$$\begin{aligned} P(92 \leq X \leq 107) &\approx \Phi(\frac{107-100}{15}) - \Phi(\frac{92-100}{15}) \\ &= \Phi(0{,}467) - \Phi(-0{,}533) \\ &= 0{,}6797 - 0{,}2969 \\ &= 0{,}3828. \end{aligned}$$

Besser ist es, auch hier die Kontinuitätskorrektur zu beachten, da der Intelligenzquotient in ganzzahligen Punkten angegeben wird und diese überdies durch entsprechende Rundungen entstanden sind. Man erhält dann

$$\begin{aligned} P(92 \leq X \leq 107) &\approx \Phi(\frac{107{,}5-100}{15}) - \Phi(\frac{91{,}5-100}{15}) \\ &= \Phi(0{,}50) - \Phi(-0{,}567) \\ &= 0{,}6915 - 0{,}2854 \\ &= 0{,}4161. \end{aligned}$$

Mit 41,6 %iger Wahrscheinlichkeit liegt der Intelligenzquotient in den Grenzen von 92 Punkten bis 107 Punkten.

3.2.3.4 Die Prüfverteilungen

Bei einer Reihe inferenzstatistischer Testverfahren (vgl. Kap. 4) liegen der Bestimmung der zugehörigen kritischen Werte situationstypische stetige Verteilungen zugrunde, die man die Prüfverteilungen nennt. Es sind dies die **χ^2-Verteilung**, die **t-Verteilung** und die **F-Verteilung**. Die Prüfverteilungen entstehen aus standardisierten Normalverteilungen durch bestimmte Transformationen, wobei Parameter auftreten, die Freiheitsgrade[1] genannt werden. Die mathematischen Formeln für die Wahrscheinlichkeitsdichten der Prüfverteilungen sind schon recht kompliziert. Wir werden uns vorrangig für die geometrische Gestalt der Dichtekurven, insbesondere im Hinblick auf den Einfluß der Parameter, interessieren.

[1] Wir werden in diesem Abschnitt die Freiheitsgrade mit den Buchstaben m, m_1, m_2 usw. bezeichnen. Mitunter, insbesondere in Tabellen, ist auch die Bezeichnung $f_1, f_2, f_3, \ldots$ zur Kennzeichnung von Freiheitsgraden üblich. Wir wollen in diesem „theoretischen" Abschnitt davon absehen, da das Symbol f dort gewöhnlich zur Kennzeichnung von Funktionen verwendet wird.

a) **Die χ^2-Verteilung**[1)]

Grob formuliert ist das Auftreten der χ^2-Verteilung bei solchen Testgrößen angezeigt, die sich als Summe von Quadraten unabhängiger normalverteilter Größen ergeben. Wir beginnen mit der formalen Definition der χ^2-Verteilung:

> Man sagt, die stetige Zufallsgröße X sei **χ^2-verteilt mit m Freiheitsgraden**, wenn ihre Dichte $f_X(x)$ die Gestalt
>
> $$f_X(x) = \begin{cases} 0 & \text{für } x \le 0 \\ \dfrac{1}{c_m} \cdot x^{\frac{m}{2}-1} \cdot e^{-\frac{x}{2}} & \text{für } x > 0 \end{cases}$$
>
> hat, wobei für die Normierungskonstante $c_1 = \sqrt{2\pi}$, $c_2 = 2$, $c_m = 2 \cdot 2 \cdot 4 \cdot \ldots \cdot (m-2)$ bei geradem $m \ge 4$, $c_m = \sqrt{2\pi} \cdot 1 \cdot 3 \cdot \ldots \cdot (m-2)$ bei ungeradem $m \ge 3$ gilt.

Wir erhalten z. B. bei $m = 4$ Freiheitsgraden mit $c_4 = 2 \cdot 2 = 4$ für $x \ge 0$ die Formel $f_X(x) = \frac{1}{4} \cdot x \cdot e^{-\frac{x}{2}}$ und das folgende Kurvenbild:

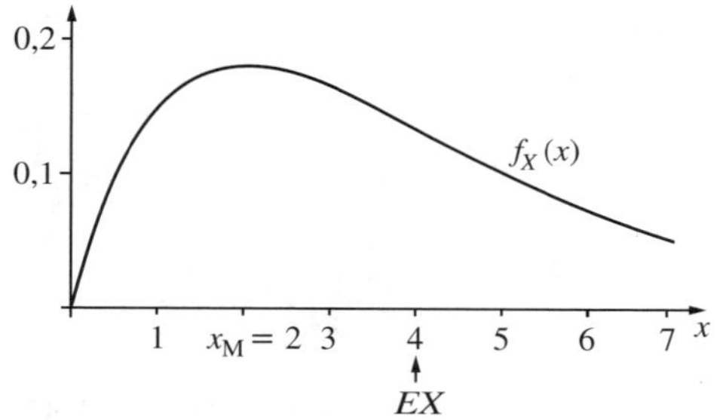

Die Dichte hat eine unsymmetrische, linkssteile und rechtsschiefe Gestalt. Für $m = 4$ Freiheitsgrade liegt der Maximalwert (sog. Modalwert) der Dichte bei $x_M = 2$, eine mathematische Berechnung des Erwartungswertes ergibt $EX = 4$. Aufgrund der Unsymmetrie liegen Erwartungswert und Modalwert deutlich voneinander entfernt. Allgemein gilt:

> Für eine mit m Freiheitsgraden χ^2-verteilte Zufallsgröße X betragen der Modalwert $x_M = m - 2$, der Erwartungswert $EX = m$ und die Streuung $D^2X = 2m$.

Die Dichtekurven der χ^2-Verteilung sind unsymmetrisch, verschieben sich mit wachsender Anzahl m der Freiheitsgrade „nach rechts" und werden, da die Streuungen mitwachsen und der Flächeninhalt unter den Kurven gleichbleibend stets 1 ist, immer flacher:

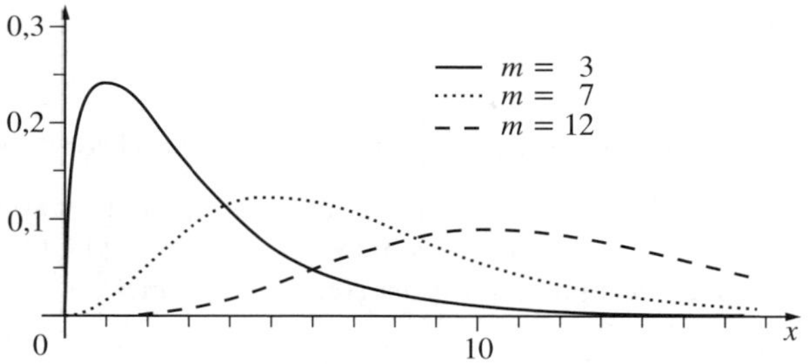

[1)] Die Entdeckung der χ^2-Verteilung ist eng mit dem Namen des deutschen Geodäten F. R. HELMERT (1843–1917) und des bedeutenden englischen Statistikers E. S. PEARSON (1895–1980) verbunden und wird deshalb auch Helmert-Pearson-Verteilung genannt.

Wie bereits oben erwähnt, ergeben sich χ^2-Verteilungen beim Summieren von Quadraten normalverteilter Zufallsgrößen. Genauer, ist die Zufallsgröße X_1 standardisiert normalverteilt, so besitzt ihr Quadrat $X = X_1{}^2$ eine χ^2-Verteilung mit $m = 1$ Freiheitsgrad. Wird nun das Quadrat $X_2{}^2$ einer zweiten, von X_1 unabhängigen, standardisiert normalverteilten Zufallsgröße X_2 additiv überlagert, d. h. $X = X_1{}^2 + X_2{}^2$ betrachtet, so entsteht eine χ^2-Verteilung mit $m = 2$ Freiheitsgraden (bzgl. der Addition und Unabhängigkeit von Zufallsgrößen findet man genauere Ausführungen im nächsten Abschnitt 3.3). Eine mit m Freiheitsgraden χ^2-verteilte Zufallsgröße X erhält man durch fortlaufendes Summieren weiterer, insgesamt von m Quadraten unabhängiger standardisiert normalverteilter Zufallsgrößen: $X = X_1{}^2 + X_2{}^2 + \ldots + X_m{}^2$.

Bei der χ^2-Verteilung tritt also **ein** Parameter m auf. Im Unterschied zur Normalverteilung kann man aber hier nicht die zugehörige Verteilungsfunktion mit allgemeinem m durch Umrechnung aus einer „standardisierten χ^2-Verteilung" erhalten. Man müßte also für jeden Freiheitsgrad m eine eigene Tabelle für die Werte der Verteilungsfunktion $F_X(x)$ aufstellen. In den Anwendungen benötigt man gewöhnlich jedoch nicht die gesamte Verteilungsfunktion, sondern nur einige mit ihr zusammenhängende spezielle Werte. Bei einer χ^2-Verteilung mit m Freiheitsgraden bezeichnen wir zunächst mit $\tilde{\chi}^2_{\alpha;m}$ das Quantil der Ordnung α, also denjenigen x-Wert, bis zu dem der Flächeninhalt unter der Dichtekurve, von links beginnend, gleich α beträgt: $F_X(\tilde{\chi}^2_{\alpha;m}) = \alpha$.

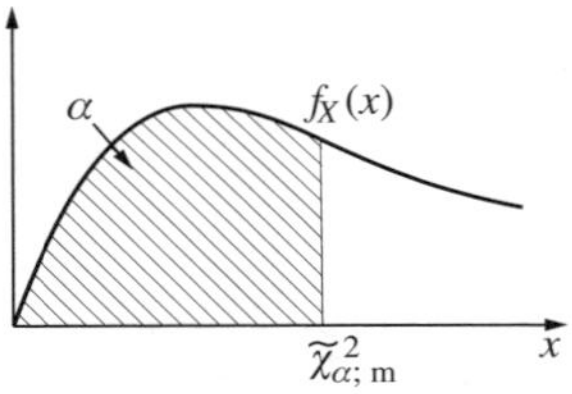

Die Werte der Quantile $\tilde{\chi}^2_{\alpha;m}$ für spezielle α findet man in Tafel 3. Dort sind kritische Werte $\chi^2_{\alpha,m}$ angegeben, und es besteht der Zusammenhang $\tilde{\chi}^2_{\alpha,m} = \chi^2_{1-\alpha,m}$. So ist z. B. $\tilde{\chi}^2_{0,05;10} = 3{,}94$, $\tilde{\chi}^2_{0,95;90} = 113{,}1$.

Wie wir im letzten Abschnitt 3.2.3.3 erwähnt hatten, erhält man bei additiver Superposition „identisch verteilter Zufallseffekte" stets wieder eine Normalverteilung. Da auch die χ^2-verteilte Zufallsgröße X durch eine additive Superposition entsteht, nähert sich ihre Verteilung für wachsende Anzahl m der Freiheitsgrade „immer mehr" einer Normalverteilung mit dem Erwartungswert $\mu = m$ und der Streuung $\sigma^2 = 2m$ an, genauer, die Verteilungsfunktion der standardisierten Zufallsgröße $\dfrac{X-\mu}{\sigma} = \dfrac{X-m}{\sqrt{2m}}$ konvergiert für $m \to \infty$ gegen die Verteilungsfunktion $\Phi(x)$ der standadisierten Normalverteilung. Für „große m" kann man also zur näherungsweisen Bestimmung der Quantile auch die Tafel der Normalverteilung (Tafel 2) einsetzen und erhält zunächst

$$\alpha = F(\tilde{\chi}^2_{\alpha,m}) \approx \Phi(\frac{\tilde{\chi}^2_{\alpha,m} - m}{\sqrt{2m}}).$$

Also ist $z_\alpha \approx \dfrac{\tilde{\chi}^2_{\alpha,m} - m}{\sqrt{2m}}$, d. h.,

$$\tilde{\chi}^2_{\alpha,m} \approx \sqrt{2m} \cdot z_\alpha + m,$$

wobei z_α das Quantil der Ordnung α für die standardisierte Normalverteilung bezeichnet.

Beispiel 3.2/21: $m = 90$, $\alpha = 0{,}95$ dann sind $z_{0,95} = 1{,}645$ (vgl. Tafel 2), $\sqrt{180} \cdot 1{,}645 + 90 = 112{,}07$. Im Vergleich dazu lesen wir den genauen Wert aus Tafel 3 ab: $\chi^2_{0,95;90} = 113{,}15$.
Eine noch bessere Approximation ergibt sich aus der **Näherungsformel**

$$\boxed{\tilde{\chi}^2_{\alpha,m} \approx \frac{(\sqrt{2m-1} + z_\alpha)^2}{2}},$$

deren Verwendung für $m \geq 100$ empfohlen wird.

Im Beispiel 3.2/21 erhalten wir $\dfrac{(\sqrt{179} + 1{,}645)^2}{2} = 112{,}86.$

b) **Die *t*-Verteilung** [1)]

Die t-Verteilung tritt bei Testgrößen X auf, die aus einem Quotienten bestehen, bei dem der Zähler eine standardisiert normalverteilte Zufallsgröße X_1 und der Nenner die Wurzel einer davon unabhängigen χ^2-verteilten Zufallsgröße Y ist, wobei noch durch die Anzahl m der Freiheitsgrade von Y dividiert wird:

$$X = \frac{X_1}{\sqrt{\frac{Y}{m}}}.$$

Die zugehörige Wahrscheinlichkeitsdichte kann man wieder der formalen mathematischen Definition entnehmen:

> Eine stetige Zufallsgröße X heißt **t-verteilt mit m Freiheitsgraden**, wenn X die Wahrscheinlichkeitsdichte
>
> $$f_X(x) = \frac{1}{c_m} \cdot \left(1 + \frac{x^2}{m}\right)^{-\frac{m+1}{2}}, \quad -\infty < x < \infty,$$
>
> besitzt, wobei für die Normierungskonstante $c_1 = \pi$, $c_2 = 2 \cdot \sqrt{2}$,
>
> $$c_m = \frac{2 \cdot 4 \cdot \ldots \cdot (m-2)}{1 \cdot 3 \cdot \ldots \cdot (m-1)} \cdot 2\sqrt{m} \quad \text{für gerades } m \geq 3$$
>
> und
>
> $$c_m = \frac{1 \cdot 3 \cdot \ldots \cdot (m-2)}{2 \cdot 4 \cdot \ldots \cdot (m-1)} \cdot \pi\sqrt{m} \quad \text{für ungerades } m$$
>
> gilt.

Die Dichtekurven der t-Verteilung sind symmetrisch bzgl. des Koordinatenursprungs und besitzen dort ihr einziges Maximum. Diese Verteilung ist also auch eingipflig, wegen der Symmetrie fallen der Modalwert und der Erwartungswert zusammen: $x_M = 0$, $EX = 0$, falls $m \geq 2$. Für $m = 1$ (sog. Cauchyverteilung) existiert der Erwartungswert nicht. Für die Streuung läßt sich die folgende Formel herleiten: $D^2X = \dfrac{m}{m-2}$, dabei wird $m \geq 3$ vorausgesetzt. Im Vergleich zur standardisierten Normalverteilungsdichte $\varphi(x)$ sind die t-Verteilungsdichten schmalgipfliger und fallen für $x \to +\infty$ bzw. $x \to -\infty$ nicht so schnell ab. Für wachsende Anzahl m der Freiheitsgrade nähert sich die Dichtekurve der t-Verteilung schnell und gleichmäßig an die Normalverteilungsdichte $\varphi(x)$ an:

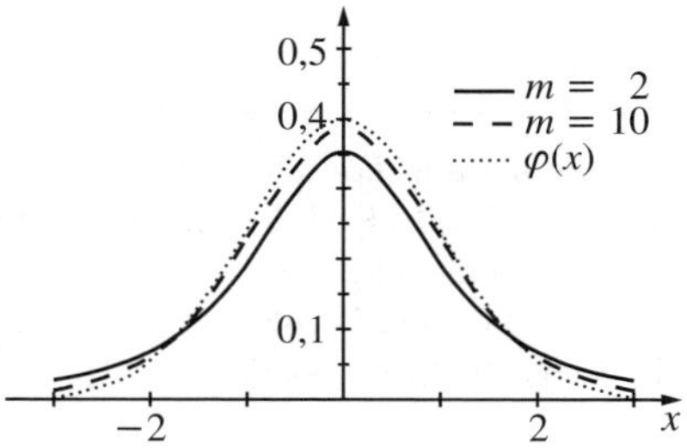

[1)] Die t-Verteilung wurde von dem englischen Statistiker W. S. GOSSET (1876–1935) entdeckt. Er publizierte unter dem Pseudonym „Student", aus diesem Grunde wird die t-Verteilung auch Student-Verteilung genannt.

Wir bezeichnen mit $\tilde{t}_{\alpha;m}$ das Quantil der Ordnung α bei der t-Verteilung:

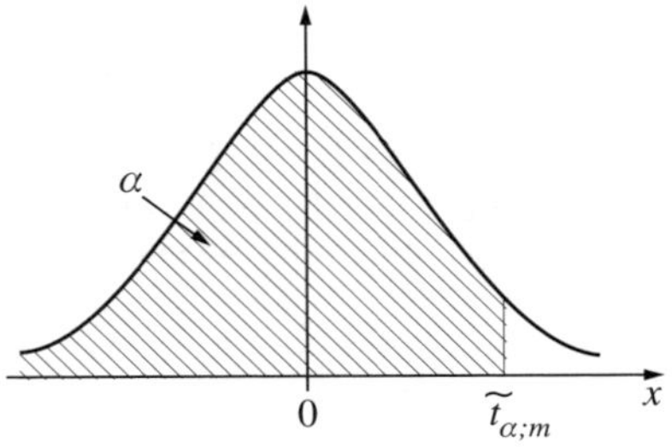

Für ausgewählte α findet man die Quantile $\tilde{t}_{\alpha,m}$ in Tafel 4 (man hat dabei die dort in % angegebenen Werte für α aus der unten angegebenen Zeile zu verwenden). Man erhält diese aus den dort angegebenen kritischen Werten $t_{\alpha,m}$ für einseitige Fragestellungen unter Beachtung des Zusammenhanges $\tilde{t}_{\alpha,m} = t_{1-\alpha,m}$. Es ist z. B. $\tilde{t}_{0,95;11} = 1{,}80$, $\tilde{t}_{0,995;6} = 3{,}71$. Aufgrund der Symmetrie der Dichtefunktion erhält man wie bei der standardisierten Normalverteilung für $\alpha < 0{,}5$ das Quantil aus der Beziehung $\tilde{t}_{\alpha;m} = -\tilde{t}_{1-\alpha;m}$. Es ist z. B. $\tilde{t}_{0,05;20} = -\tilde{t}_{0,95;20} = -1{,}73$.

Die schnelle Annäherung der Dichtekurven bei wachsendem m an die Dichte der standardisierten Normalverteilung zieht eine entsprechende Näherung der Quantile nach sich. So erhalten wir z. B. für $m = 120$ und $\alpha = 0{,}95$ den Wert $\tilde{t}_{0,95;120} = 1{,}66$ (vgl. Tafel 4), und bei der Normalverteilung den Wert $z_{0,95} = 1{,}64$ (vgl. Tafel 2).

c) **Die *F*-Verteilung**

Bei der F-Verteilung treten zwei Freiheitsgrade m_1, m_2 auf. Sie entsteht bei Testgrößen X, die der Quotient zweier unabhängiger χ^2-Verteilungen Y_1 (mit m_1 Freiheitsgraden) und Y_2 (mit m_2 Freiheitsgraden) sind, wobei noch jeweils durch die Anzahl der Freiheitsgrade dividiert wird:

$$X = \frac{\frac{Y_1}{m_1}}{\frac{Y_2}{m_2}}.$$

Die mathematische Formel für die Dichte der F-Verteilung [1] lautet

$$f_X(x) = \begin{cases} \dfrac{1}{c_{m_1,m_2}} \cdot x^{\frac{m_1}{2}-1} \cdot (m_1 x + m_2)^{-\frac{m_1+m_2}{2}} & \text{für} \quad x > 0 \\ 0 & \text{für} \quad x \leq 0 \end{cases},$$

wobei wir hier auf die Angabe der Normierungskonstanten c_{m_1,m_2} verzichten wollen und den interessierten Leser auf einschlägige Literatur (vgl. z. B. P. H. MÜLLER: Lexikon der Stochastik, Berlin 1991) verweisen. Ähnlich wie bei der χ^2-Verteilung haben die F-Verteilungen im positiven x-Bereich liegende unsymmetrische, linkssteile und rechtsschiefe Dichtekurven. Die Beispielfälle $m_1 = 10$, $m_2 = 20$ und $m_1 = 4$, $m_2 = 2$ findet man in nachstehender Abbildung:

[1] Die F-Verteilung geht auf den bedeutenden englischen Statistiker R. A. FISHER (1890–1962) zurück.

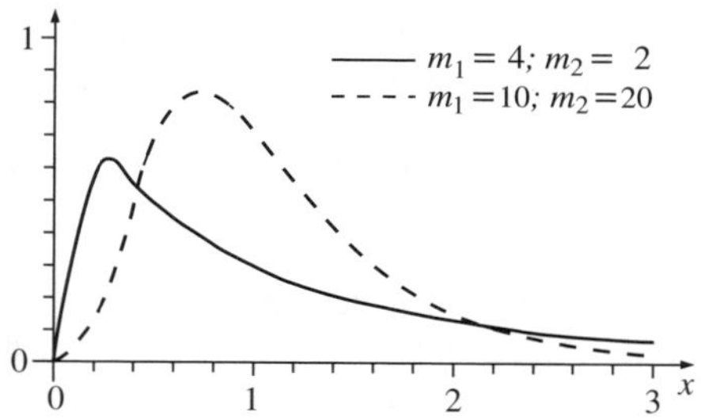

Für Erwartungswert und Streuung gelten die Formeln

$$EX = \frac{m_2}{m_2 - 2}, \quad m_2 \geq 3; \qquad D^2X = \frac{2 \cdot {m_2}^2 \cdot (m_1 + m_2 - 2)}{m_1 \cdot (m_2 - 2)^2 \cdot (m_2 - 4)}, \quad m_2 \geq 5.$$

Wir bemerken, daß bei $m_2 \leq 2$ der Erwartungswert und bei $m_2 \leq 4$ die Streuung nicht existiert. Der Erwartungswert hängt **nicht** von m_1 ab.

Das Quantil der Ordnung α bei der F-Verteilung mit m_1 Freiheitsgraden im Zähler und m_2 Freiheitsgraden im Nenner bezeichnen wir mit $\tilde{F}_{\alpha, m_1/m_2}$. Für wenige spezielle α-Werte findet man die Quantile in Tafel 5, wobei der Zusammenhang zu den dort angegebenen kritischen Werten $F_{\alpha, m_1/m_2}$ in folgender Weise besteht:

$$\tilde{F}_{\alpha, m_1/m_2} = F_{1-\alpha, m_1/m_2}.$$

Wir bemerken, daß beim Vertauschen von m_1 und m_2 die Verteilung der Zufallsgröße X in diejenige der Zufallsgröße $\frac{1}{X}$ übergeht. Aus dieser Tatsache läßt sich für die Quantile die Beziehung

$$\frac{1}{\tilde{F}_{\alpha, m_1/m_2}} = \tilde{F}_{1-\alpha, m_2/m_1}$$

herleiten.

3.3 Zufällige Vektoren

3.3.1 Der Begriff des zufälligen Vektors

Im vorangegangenen Abschnitt 3.2 hatten wir den Begriff der Zufallsgröße diskutiert, indem wir von der Vorstellung einer vom Zufall gesteuerten Zahl ausgegangen sind und die entsprechende Begriffsbeschreibung in der Weise erhielten, daß aus den zufälligen Ergebnissen des betrachteten Versuches nach einer gegebenen Bildungsvorschrift zugehörige Zahlen ermittelt werden. In der Modellvorstellung bleibt also die Wirkung des Zufalls auf die jeweilige Auswahl des Versuchsergebnisses gemäß den zugrundeliegenden Wahrscheinlichkeiten beschränkt. Der zugehörige Wert der Zufallsgröße ergibt sich dann wohldeterminiert aus der Bildungsvorschrift. Im konkreten Anwendungsfall tritt die theoretische Modellvorstellung jedoch wieder in den Hintergrund: Man beobachtet zufällig streuende Zahlen x, die mit bestimmten Häufigkeiten auftreten. Nun gibt es aber auch Situationen, in denen im Zusammenhang mit einem Versuch gleichzeitig mehrere zufällige Zahlen $x, y, \ldots$ von Interesse sind. Es zeigt sich, daß wir mit unserer Modellkonstruktion zur Beschreibung des Begriffs der Zufallsgröße diesen Sachverhalt mühelos mit erfassen können.

Beispiel 3.3/1: Man wählt aus einer bestimmten Population zufällig eine Person aus und mißt ihre Größe x und ihr Gewicht y.

Beispiel 3.3/2: Man würfelt mit 2 verschiedenfarbigen Würfeln und stellt die Augenzahl x des ersten Würfels und die Augenzahl y des zweiten Würfels fest.

Beispiel 3.3/3: Man würfelt mit 2 Würfeln und interessiert sich gleichzeitig für die Augensumme x und das Produkt y der Augenzahlen.

Beispiel 3.3/4: Beim sog. Längsschnittansatz in der Psychologie wird die gleiche Versuchsperson zu verschiedenen Zeitpunkten getestet. Der zufällige Versuch besteht hier in der Auswahl der Versuchsperson und dem Fixieren von 2 Testergebnissen (zum ersten und zum zweiten Zeitpunkt), z. B. durch das Ausfüllen von Fragebögen. Zwei zugehörige Zufallsgrößen würde man erhalten, wenn man zu jedem Test eine Punktsumme x bzw. y ermittelt.

Beispiel 3.3/5: Der zufällige Versuch bestehe in der Auswahl einer Versuchsperson aus einer betrachteten Population und dem von ihr vorgenommenen Ausfüllen eines Fragebogens mit 25 Fragen zu je 3 Antworten a,b,c. Man könnte sich dann z. B. zugleich für die Gesamtzahl x der dabei angekreuzten Antworten a und die Gesamtanzahl y der angekreuzten Antworten b interessieren.

Beispiel 3.3/6: Man betrachtet die beiden Zielkoordinaten x,y des Auftreffens eines Fallschirmspringers in einem festgelegten Flächenbereich.

Beispiel 3.3/7: Zum Vergleich der Fähigkeiten in den Fächern Mathematik und Biologie werden aus einer sinnvoll definierten Gesamtheit zufällig Schüler ausgewählt und jeweils die Note x im Fach Mathematik und die Note y in Biologie erfaßt.

Beispiel 3.3/8: In Verallgemeinerung zu Beispiel 3.3/2 wird man auf die Betrachtung mehrerer Zufallsgrößen in natürlicher Weise immer dann geführt, wenn man diese bei Versuchswiederholungen beschreiben will. In dieser Situation besteht der zufällige Versuch aus einem Paket von n Einzelversuchen, und zu jedem von ihnen gehört jeweils eine Zufallsgröße: x_i ergebe sich aus dem i-ten Einzelversuch, $i = 1, 2, \dots, n$. Wird also beispielsweise 50mal mit einem Würfel gewürfelt, so hätte man 50 Zufallsergebnisse $x_1, x_2, \dots, x_{50}$ zur Beschreibung der sich ergebenden Augenzahlen in den Einzelversuchen 1 bis 50 zu betrachten.

Wie bereits erwähnt, ist die formale Begriffsbildung der Zufallsgröße unmittelbar dazu geeignet, den Sachverhalt der gleichzeitigen Betrachtung mehrerer Zufallsgrößen zu beschreiben. Eine Zufallsgröße X ist eine Bildungsvorschrift, die jedem möglichen, durch den Zufall im Eintreten beeinflußten Ergebnis ω des betrachteten zufälligen Versuches eine Zahl $x = X(\omega)$, ihre Realisierung des Zufallsergebnisses ω, zuordnet. Hat man nun mehrere Zufallsgrößen zu betrachten, so sind dies einfach weitere Bildungsvorschriften $Y, Z, \dots$, die auf dem gleichen Versuchsergebnis ω zur Wirkung kommen. Das Beispiel 3.3/5 ist typisch für diese Begriffsbildung. Der Zufall wirkt allein bei der Auswahl des Versuchsergebnisses ω, also hier des ausgefüllten Fragebogens. Liegt ω vor, so können wir die Gesamtanzahl $x = X(\omega)$ der angekreuzten Antworten a und $y = Y(\omega)$ der angekreuzten Antworten b genau ermitteln. Die Zusammenfassung der Zählergebnisse ergibt dann den Vektor (x, y). Man beachte hier, daß die Zahlen x und y auf der Grundlage des **gleichen** Fragebogenergebnisses ω entstehen. Dies ist das Entscheidende: Die gleichzeitige Betrachtung mehrerer Zufallsgrößen bedeutet, daß man ein und dasselbe Versuchsergebnis ω zur Berechnung mehrerer Werte $x = X(\omega)$, $y = Y(\omega)$, $z = Z(\omega)$, ... heranzieht. Wir verdeutlichen uns dies noch einmal am Beispiel 3.3/3. Das Würfelergebnis ω mit den 2 Würfeln laute 2; 5. Dann ist $x = X(\omega) = 2 + 5 = 7$ und $y = Y(\omega) = 2 \cdot 5 = 10$. Diese Realisierungen der Zufallsgrößen ergeben zusammengefaßt den Vektor $(7, 10)$. Dem konkreten Versuchsergebnis $\omega = 2;\ 5$ wird also der Vektor $(x, y) = (7, 10)$ zugeordnet.

Der betrachtete zufällige Versuch werde durch ein zugehöriges wahrscheinlichkeitstheoretisches Modell, bestehend aus der Grundmenge Ω der möglichen Versuchsergebnisse, dem Systen $\mathfrak{A}$ der zufälligen Ereignisse $A, B, \ldots$ und den gegebenen Wahrscheinlichkeiten $P(A)$, $P(B)$, ... beschrieben. Dann heißt die Zusammenfassung von n Zufallsgrößen $X_1, X_2, \ldots, X_n$, die alle gleichzeitig auf dem Grundraum Ω definiert sind, ein **zufälliger Vektor** und wird mit $\mathfrak{X} = (X_1, X_2, \ldots, X_n)$ bezeichnet. Die einzelnen Zufallsgrößen X_k, $k = 1, 2, \ldots, n$, nennt man die **Komponenten des zufälligen Vektors** $\mathfrak{X}$. Für jedes konkrete Versuchsergebnis ω ergeben sich gleichzeitig die n Realisierungen $x_1 = X_1(\omega), \ldots, x_n = X_n(\omega)$, die zur **Realisierung** $(x_1, x_2, \ldots, x_n) = \mathfrak{X}(\omega)$ **des zufälligen Vektors** $\mathfrak{X}$ an der Stelle ω zusammengefaßt werden.

Die Realisierungen des zufälligen Vektors $\mathfrak{X}$ sind also gewöhnliche (Zeilen–)Vektoren. Wir erinnern uns, daß bei Zufallsgrößen nicht nur die möglichen Werte, sondern auch die Häufigkeiten ihres Auftretens wichtig sind. Dabei haben wir in diskrete und stetige Zufallsgrößen unterschieden und bei den ersten die Einzelwahrscheinlichkeiten und bei den letzteren die Wahrscheinlichkeitsdichte zur theoretischen Charakterisierung des Häufigkeitsverhaltens des Auftretens der Werte herangezogen. Ein allgemeiner Zugang zu dieser Frage ist durch die Verteilungsfunktion $F_X(x) = P(X \leq x), -\infty < x < \infty$, gegeben. Wir wollen hier nur die Definition der Verteilungsfunktion eines zufälligen Vektors angeben: Da n Zufallsgrößen zugleich betrachtet werden, ist die Verteilungsfunktion dann auch eine Funktion von n Veränderlichen, die wir wieder $x_1, x_2, \ldots, x_n$ nennen wollen. Die durch

$$P(X_1 \leq x_1, X_2 \leq x_2, \ldots, X_n \leq x_n) = F_{\mathfrak{X}}(x_1, x_2, \ldots, x_n),$$
$$-\infty < x_1 < \infty, \ldots, -\infty < x_n < \infty,$$

gegebene Funktion $F_{\mathfrak{X}}(x_1, x_2, \ldots, x_n)$ heißt **gemeinsame Verteilungsfunktion** des zufälligen Vektors $\mathfrak{X}$. Um den Funktionswert $F_{\mathfrak{X}}(x_1, x_2, \ldots, x_n)$ (für beliebig gewählte reelle Zahlen $x_1, x_2, \ldots, x_n$) zu finden, hat man die Wahrscheinlichkeit für das gleichzeitige Eintreten der Ereignisse $X_1 \leq x_1$, $X_2 \leq x_2$, ..., $X_n \leq x_n$ zu bestimmen.

Wir werden uns im weiteren auf den Spezialfall $n = 2$, also zweidimensionale zufällige Vektoren, konzentrieren und eine Umbezeichnung vornehmen: Wir schreiben anstelle von $\mathfrak{X} = (X_1, X_2)$ ab jetzt $\mathfrak{X} = (X, Y)$ und entsprechend für die Realisierungen (x, y). Die Verteilungsfunktion des zweidimensionalen zufälligen Vektors $\mathfrak{X}$ ist dann eine Funktion $F_{\mathfrak{X}}(x, y)$ von zwei Veränderlichen:

$$F_{\mathfrak{X}}(x,y) = P(X \leq x, Y \leq y), \qquad -\infty < x < \infty, \ -\infty < y < \infty.$$

Der Wert der Verteilungsfunktion $F_{\mathfrak{X}}(x_0, y_0)$ ist die Wahrscheinlichkeit dafür, daß der Zufallsvektor $\mathfrak{X}$ in das in nachfolgender Skizze schraffierte Gebiet fällt, d. h., man hat die Wahrscheinlichkeit der Menge aller Versuchsergebnisse ω zu bestimmen, deren zugehöriger Realisierungsvektor $(x, y) = (X(\omega), Y(\omega))$ in dieses Gebiet fällt:

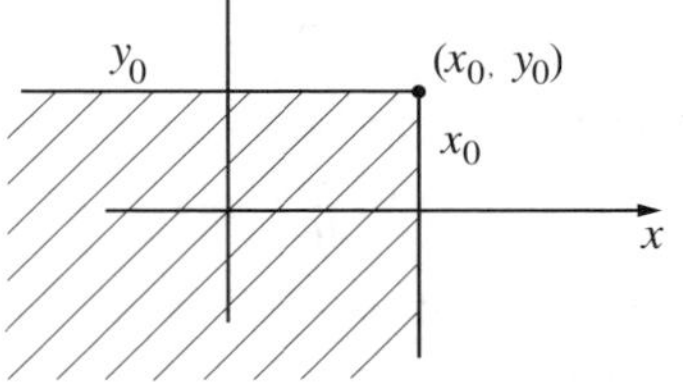

Bei Zufallsgrößen, insbesondere bei stetigen, benutzten wir die Verteilungsfunktion, um die Wahrscheinlichkeit, daß die Zufallsgröße Werte in einem gegebenen Intervall $[a, b]$ annimmt, zu bestimmen:

$$P(a < X \leq b) = F_X(b) - F_Y(a).$$

Ein analoger Zusammenhang, wenn auch jetzt komplizierter, gilt bei zufälligen Vektoren. Es ist

$$P(a_1 < X \leq b_1, a_2 < Y \leq b_2) = F_{\mathfrak{X}}(b_1, b_2) - F_{\mathfrak{X}}(b_1, a_2) - F_{\mathfrak{X}}(a_1, b_2) + F_{\mathfrak{X}}(a_1, a_2).$$

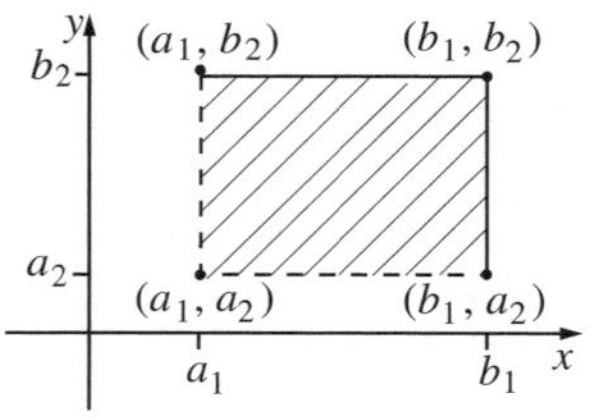

3.3.2 Diskrete zufällige Vektoren und Transformationen

Ein zufälliger Vektor $\mathfrak{X}$ heißt **diskret**, wenn sämtliche ihn bildenden Komponenten diskrete Zufallsgrößen sind. Wir wollen uns im weiteren mit zweidimensionalen diskreten zufälligen Vektoren $\mathfrak{X} = (X,Y)$ ausführlicher beschäftigen und bezeichnen mit $x_1, x_2, \ldots, x_m$ die möglichen Werte[1)] der Zufallsgröße X und mit $y_1, y_2, \ldots, y_n$ die möglichen Werte der Zufallsgröße Y. Die möglichen Realisierungen (x, y) des zufälligen Vektors (X, Y) sind dann unter den $n \cdot m$ Wertepaaren

$$\begin{array}{cccc} (x_1,y_1), & (x_1,y_2), & \ldots, & (x_1,y_n) \\ (x_2,y_1), & (x_2,y_2), & \ldots, & (x_2,y_n) \\ \vdots\ , & \vdots\ , & \ddots, & \vdots \\ (x_m,y_1), & (x_m,y_2), & \ldots, & (x_m,y_n) \end{array}$$

zu finden. Zur Festlegung der Wahrscheinlichkeitsverteilung des zufälligen Vektors (X,Y) benötigen wir für jede der Wertekombinationen (x_i,y_k) die Wahrscheinlichkeit für ihr Eintreten. Wir wollen diese Wahrscheinlichkeiten mit p_{ik} bezeichnen:

$$p_{ik} = P(X = x_i, Y = y_k), \qquad i = 1, \ldots, m; \ \ k = 1, \ldots, n.$$

Geht man von dem im Abschnitt 3.3.1 diskutierten Grundmodell aus, so hat man zur Bestimmung von p_{ik} alle Versuchsergebnisse ω zu finden, für die die Wertekonstellation $X(\omega) = x_i$, $Y(\omega) = y_k$ entsteht, und von dieser ω-Menge die Wahrscheinlichkeit zu ermitteln. Es sei hier erwähnt, daß wir vereinbarungsgemäß nur diejenigen x-Werte x_i aufführen, die die Zufallsgröße X auch mit positiver Wahrscheinlichkeit annimmt. Das gleiche gilt für Y. Es kann nun aber durchaus vorkommen, daß trotzdem gewisse Wertekombinationen (x_{i_0}, y_{k_0}) nicht eintreten, also dann auch $p_{i_0,k_0} = 0$ gilt.

Beispiel 3.3/9: Wir betrachten das Beispiel 3.3/3 von Abschnitt 3.3.1 und setzen ideale Würfel voraus. Die möglichen x-Werte x_i für die Würfelsumme sind die Zahlen $2, 3, 4, \ldots, 12$, und die möglichen Werte y_k für das Produkt der Augenzahlen sind die Zahlen

$$1,\ 2,\ 3,\ 4,\ 5,\ 6,\ 8,\ 9,\ 10{,}12,\ 15,\ 16,\ 18,\ 20,\ 24,\ 25,\ 30,\ 36.$$

Es wird beispielsweise die Wertekombination $x = 4$, $y = 3$ bei den beiden Versuchsergebnissen 1, 3 und 3, 1 erreicht, woraus sich $P(X = 4, Y = 3) = \dfrac{2}{36}$ ergibt. Der Wertekombination $x = 4$, $y = 4$ liegt nur das Versuchsergebnis 2, 2 zugrunde, es ist also $P(X = 4, Y = 4) = \dfrac{1}{36}$. Hingegen tritt z. B. die Wertekombination $x = 4$, $y = 15$ gar nicht ein, da die Würfelsumme 4 nur bei den Versuchsergebnissen

---

1) Um die Bezeichnungsvielfalt nicht zu groß werden zu lassen, verwenden wir wieder $x_1, x_2, \ldots, x_m$. Man beachte, daß dies jetzt alle möglichen Realisierungen der ersten Komponente X betrifft. Im Unterschied dazu wurde in Abschnitt 3.3.1 bei n-dimensionalen Vektoren $\mathfrak{X} = (X_1, X_2, \ldots, X_n)$ mit x_k **ein** möglicher Wert der Zufallsgröße X_k bezeichnet ($k = 1, 2, \ldots, n$).

1, 3; 2, 2; 3, 1 erhalten werden kann, das Würfelprodukt $15 = 3 \cdot 5$ jedoch die Versuchsergebnisse 3, 5 bzw. 5, 3 voraussetzt. Die entsprechende Wahrscheinlichkeit p_{i_0,k_0} ist also gleich 0. Die tiefere Ursache für diesen Effekt liegt darin, daß man beide Zufallsgrößen X und Y **zugleich** erfaßt.

Bei diskreten Zufallsgrößen hatten wir die Verteilung übersichtlich durch das Verteilungsschema angegeben. Bei zweidimensionalen diskreten zufälligen Vektoren kann dies in ähnlicher Weise durch ein matrixartiges Schema erfolgen, das wir Verteilungstabelle nennen wollen:

(X,Y)	Werte von Y y_k	
Werte von X	$\vdots$ Wahrscheinlichkeiten der Wertekombinationen	Zeilen- summen
x_i	$\dots p_{ik} \dots$	$p_{i\bullet}$
	$p_{\bullet k}$ Spaltensummen	1

ausführlich:

(X,Y)	y_1	y_2	$\dots$	y_n	
x_1	p_{11}	p_{12}	$\dots$	p_{1n}	$p_{1\bullet}$
x_2	p_{21}	p_{22}	$\dots$	p_{2n}	$p_{2\bullet}$
$\vdots$	$\vdots$	$\vdots$	$\ddots$	$\vdots$	$\vdots$
x_m	p_{m1}	p_{m2}	$\dots$	p_{mn}	$p_{m\bullet}$
	$p_{\bullet 1}$	$p_{\bullet 2}$	$\dots$	$p_{\bullet n}$	1

Dabei bedeutet der Punkt $\bullet$, daß über alle Wahrscheinlichkeiten mit dem Index an der Stelle des Punktes summiert wird, also z. B.

$$p_{1\bullet} = p_{11} + p_{12} + p_{13} + \dots + p_{1n}.$$

Beispiel 3.3/10: Wir betrachten zwei verschiedenfarbige ideale Würfel, X sei die Augenzahl des ersten Würfels und Y diejenige des zweiten Würfels. Dann ergibt sich die Verteilungstabelle

	(X,Y)	Y: 1	2	3	4	5	6	
	1	$\frac{1}{36}$	$\frac{1}{36}$		$\dots$		$\frac{1}{36}$	$\frac{1}{6}$
	2	$\frac{1}{36}$	$\frac{1}{36}$		$\dots$		$\frac{1}{36}$	$\frac{1}{6}$
X	3	$\vdots$	$\vdots$	$\ddots$			$\vdots$	$\vdots$
	4	$\vdots$	$\vdots$		$\ddots$		$\vdots$	$\vdots$
	5	$\vdots$	$\vdots$			$\ddots$	$\vdots$	$\vdots$
	6	$\frac{1}{36}$	$\frac{1}{36}$		$\dots$		$\frac{1}{36}$	$\frac{1}{6}$
		$\frac{1}{6}$	$\frac{1}{6}$		$\dots$		$\frac{1}{6}$	1

Beispiel 3.3/11: Wir kommen auf Beispiel 3.3/7 von Abschnitt 3.3.1 zurück, setzen der schreibtechnischen Vereinfachung halber einmal voraus, daß nur die Noten 2, 3, 4 auftreten und verwenden für die zugehörigen Wahrscheinlichkeiten die folgenden angenommenen Werte:

	(X,Y)	Y: 2	3	4	
X	2	0,14	0,05	0,01	0,20
	3	0,10	0,40	0,15	0,65
	4	0,04	0,03	0,08	0,15
		0,28	0,48	0,24	1

Beispiel 3.3/12: Bei der Vierfeldertafel werden auf der Grundlage alternativer Daten, die wir mit 0 und 1 codieren wollen, absolute Häufigkeiten für zwei zufällige Merkmale in ihren 4 Variationen 00, 01, 10, 11 zusammengestellt:

		Merkmal Y		
		0	1	
Merk-	0	a	b	$a+b$
mal X	1	c	d	$c+d$
		$a+c$	$b+d$	$N=a+b+c+d$

Geht man zu relativen Häufigkeiten über, so erhält man eine zweidimensionale empirische Verteilung, die als Verteilung eines zufälligen Vektors (X,Y) aufgefaßt werden kann:

		Y		
	(X,Y)	0	1	
X	0	$\frac{a}{N}$	$\frac{b}{N}$	$\frac{a+b}{N}$
	1	$\frac{c}{N}$	$\frac{d}{N}$	$\frac{c+d}{N}$
		$\frac{a+c}{N}$	$\frac{b+d}{N}$	1

Was bedeuten nun die Zeilen- und Spaltensummen? Am Beispiel 3.3/11 erkennen wir dies unmittelbar: So wird z. B. bei der Summe $0{,}14+0{,}05+0{,}01 = 0{,}20$ über die Wahrscheinlichkeiten aller derjenigen Schüler summiert, die in Mathematik die Note 2 haben. Es ist also 0,20 die Wahrscheinlichkeit dafür, daß ein zufällig ausgewählter Schüler in Mathematik die Note 2 hat: $P(X=2)=0{,}20$. Analog folgt $P(X=3)=0{,}65$, $P(X=4)=0{,}15$. Die Zeilensummen ergeben die Verteilung von X. Genauso beschreiben die Spaltensummen die Verteilung von Y. Man nennt diese Verteilungen die **Randverteilungen** des zufälligen Vektors $\mathfrak{X}=(X,Y)$. Allgemein gilt

$$\begin{aligned}
P(X=x_i) &= p_{i\bullet} \\
&= p_{i1}+\ldots+p_{in} \\
&= P(X=x_i, Y=y_1)+\ldots+P(X=x_i, Y=y_n), \quad i=1,\ldots,m; \\
P(Y=y_k) &= p_{\bullet k} \\
&= p_{1k}+\ldots+p_{mk} \\
&= P(X=x_1, Y=y_k)+\ldots+P(X=x_m, Y=y_k), \quad k=1,\ldots,n.
\end{aligned}$$

Die Gesamtsumme über alle Wahrscheinlichkeiten im inneren Matrixschema sowie diejenige über alle Zeilensummen bzw. alle Spaltensummen ist dann gleich 1:

$$p_{11}+\ldots+p_{mn} = p_{1\bullet}+\ldots+p_{m\bullet} = p_{\bullet 1}+\ldots+p_{\bullet n} = 1.$$

Die Randverteilungen sind die Verteilungen der Zufallsgrößen X, Y, wenn man sie einzeln, für sich genommen, betrachtet. Würde man sich im Beispiel 3.3/11 nur für das Fach Mathematik interessieren, so hätte man das Leistungsbild

X	2	3	4
	0,20	0,65	0,15

entsprechendes gilt für das Fach Biologie:

X	2	3	4
	0,28	0,48	0,24

Kennt man nur die Wahrscheinlichkeiten der Randverteilungen, so sind Informationen über Zusammenhänge zwischen den Fächern verlorengegangen. Es ist gerade ein wesentliches Anliegen der Wahrscheinlichkeitstheorie und Statistik, auf der Grundlage zufälliger Vektoren Zusammenhänge von Zufallsgrößen zu beschreiben und zu untersuchen.

Wir wollen nun aus den Komponenten X, Y des zufälligen Vektors $\mathfrak{X} = (X, Y)$ neue Zufallsgrößen Z bilden. In allgemeiner Form geschieht dies durch eine Transformation, die mittels einer gewöhnlichen Funktion $g(x,y)$ von zwei Veränderlichen x, y gegeben ist: $Z = g(X, Y)$. Wichtige Spezialfälle sind die Summation $g(x, y) = x + y$ und das Produkt $g(x, y) = x \cdot y$, also $Z = X + Y$ bzw. $Z = X \cdot Y$. Man kann aber ebensogut auch beliebig komplizierte Funktionen $g(x, y)$ betrachten, z. B. $g(x, y) = y \cdot e^x + (\sin x)^2$ und damit die Zufallsgröße $Z = Y \cdot e^X + (\sin X)^2$.

Wir interessieren uns zunächst für die Bestimmung des Erwartungswertes $EZ = Eg(X, Y)$. Die Berechnungsformel ist völlig analog zu derjenigen bei diskreten Zufallsgrößen: Man summiert über alle Produkte aus den möglichen Werten mit ihren zugehörigen Einzelwahrscheinlichkeiten; man hat hier nur die kompliziertere Situation zu beachten, daß jetzt alle Wertevariationen (x_i, y_k) mit ihren Wahrscheinlichkeiten durchlaufen werden müssen. Es sei also $\mathfrak{X} = (X, Y)$ ein diskreter zufälliger Vektor mit den Realisierungen (x_i, y_k) und den zugehörigen Einzelwahrscheinlichkeiten $p_{ik} = P(X = x_i, Y = y_k)$, $i = 1, \ldots, m$; $k = 1, \ldots, n$. Dann gilt für die mittels einer beliebigen Funktion $g(x,y)$ gebildeten Zufallsgröße $Z = g(X, Y)$

$$\boxed{\begin{aligned} EZ &= Eg(X,Y) = \sum_{i,k} g(x_i,y_k) \cdot p_{ik} \\ &= g(x_1, y_1) \cdot p_{11} + \ldots + g(x_1, y_n) \cdot p_{1n} + g(x_2, y_1) \cdot p_{21} \\ &\quad + \ldots + g(x_2, y_n) \cdot p_{2n} + \ldots + g(x_m, y_1) \cdot p_{m1} + \ldots + g(x_m, y_n) \cdot p_{mn} \end{aligned}}\ .$$

Beispiel 3.3/13: Wir legen die Verteilung des Vektors von Beispiel 3.3/11 zugrunde und erhalten

a) $$\begin{aligned} E(X + Y) = \ & (2 + 2) \cdot 0{,}14 + (2 + 3) \cdot 0{,}05 + (2 + 4) \cdot 0{,}01 \\ & + (3 + 2) \cdot 0{,}10 + (3 + 3) \cdot 0{,}40 + (3 + 4) \cdot 0{,}15 \\ & + (4 + 2) \cdot 0{,}04 + (4 + 3) \cdot 0{,}03 + (4 + 4) \cdot 0{,}08 \\ = \ & 5{,}91; \end{aligned}$$

b) $$\begin{aligned} E(X \cdot Y) = \ & (2 \cdot 2) \cdot 0{,}14 + (2 \cdot 3) \cdot 0{,}05 + (2 \cdot 4) \cdot 0{,}01 \\ & + (3 \cdot 2) \cdot 0{,}10 + (3 \cdot 3) \cdot 0{,}40 + (3 \cdot 4) \cdot 0{,}15 \\ & + (4 \cdot 2) \cdot 0{,}04 + (4 \cdot 3) \cdot 0{,}03 + (4 \cdot 4) \cdot 0{,}08 \\ = \ & 8{,}90. \end{aligned}$$

Wir wollen mit „entsprechenden" Ausdrücken aus den Randverteilungen vergleichen und bestimmen dazu zunächst

$$EX = 2 \cdot 0{,}2 + 3 \cdot 0{,}65 + 4 \cdot 0{,}15 = 2{,}95$$

$$EY = 2 \cdot 0{,}28 + 3 \cdot 0{,}48 + 4 \cdot 0{,}24 = 2{,}96.$$

Damit sind die „entsprechenden" Ausdrücke gleich

$$EX + EY = 5{,}91, \qquad EX \cdot EY = 8{,}732.$$

Wir stellen im Beispiel 3.3/13 fest, daß $E(X+Y)$ mit $EX+EY$ übereinstimmt. Diese Eigenschaft gilt generell für beliebige (also auch nicht diskrete) zufällige Vektoren (X, Y):

$$\boxed{\text{Es gilt stets}\qquad E(X+Y) = EX + EY}\,.$$

Hingegen stimmen im Beispiel 3.3/13 die Werte für $E(X \cdot Y)$ und $EX \cdot EY$ nicht miteinander überein, die festgestellte Abweichung ist auch nicht auf Rundungseffekte zurückzuführen. Die Differenz dieser beiden Zahlen ist eine wichtige Kenngröße, auf die wir im nächsten Abschnitt im Zusammenhang mit der Untersuchung von Abhängigkeiten zwischen den Zufallsgrößen X und Y zurückkommen werden. Man nennt die Differenz $E(X \cdot Y) - EX \cdot EY$ die **Kovarianz** der Zufallsgrößen X und Y und bezeichnet sie mit $\operatorname{cov}(X, Y)$:

$$\boxed{\operatorname{cov}(X, Y) = E(X \cdot Y) - EX \cdot EY}\,.$$

In Beispiel 3.3/11 beträgt also die Kovarianz $\operatorname{cov}(X, Y) = 8{,}90 - 8{,}732 = 0{,}168$. Die Kovarianz kann auch negativ werden. (Es läßt sich zeigen, daß ihre Werte zwischen $-\sqrt{D^2X} \cdot \sqrt{D^2Y}$ und $\sqrt{D^2X} \cdot \sqrt{D^2Y}$ liegen.)

Wie können wir nun die Varianz der Zufallsgröße $Z = X + Y$ bzw. $Z = X \cdot Y$ bestimmen? Man ermittelt dazu am besten gleich die Verteilung, also das Verteilungsschema von Z und verwendet dann die für diskrete Zufallsgrößen bekannte Formel zur Varianzberechnung. Wir merken an, daß bei stetigen zweidimensionalen Vektoren die Bestimmung der Verteilung einer Transformierten $Z = g(X, Y)$ eine sehr komplizierte Aufgabe ist. Bei diskreten Zufallsgrößen ist dies jedoch leicht möglich, indem man alle Wertekombinationen (x_i, y_k) durchmustert, die zugehörigen transformierten Werte $z = g(x_i, y_k)$ bestimmt und die Wahrscheinlichkeiten unangetastet läßt. Man hat dann nur noch am Schluß die Wahrscheinlichkeiten zusammenfallender z-Werte zu addieren. Wir verdeutlichen uns das am besten am oben diskutierten Zahlenbeispiel 3.3/11 und beginnen mit der Bestimmung der Verteilung von $Z = X + Y$:

$X+Y$	$2+2$	$2+3$	$2+4$	$3+2$	$3+3$	$3+4$	$4+2$	$4+3$	$4+4$
	0,14	0,05	0,01	0,10	0,40	0,15	0,04	0,03	0,08

also

$X+Y$	4	5	6	7	8
	0,14	0,05	0,01	0,15	0,08
		0,10	0,40	0,03	
			0,04		

schließlich

$X+Y$	4	5	6	7	8	
	0,14	0,15	0,45	0,18	0,08	1

Zur Rechenkontrolle bilden wir im erhaltenen Verteilungsschema der Zufallsgröße $Z = X + Y$ die Summe der Einzelwahrscheinlichkeiten und müssen 1 erhalten.

Analog bestimmen wir das Verteilungsschema von $Z = X \cdot Y$:

$X \cdot Y$	4	6	8	9	12	16
	0,14	0,05	0,01	0,40	0,15	0,08
		0,10	0,04		0,03	

also

$X \cdot Y$	4	6	8	9	12	16	
	0,14	0,15	0,05	0,40	0,18	0,08	1

In völlig gleicher Weise verfahren wir bei der Bestimmung der Verteilung jeder beliebigen Transformierten $Z = g(X, Y)$.

Nun sind wir in der Lage, auch die Varianz D^2Z zu berechnen. Wir wollen dies hier nur im Falle der Addition von Zufallsgrößen $Z = X + Y$ ausführen. Im Zahlenbeispiel 3.3/11 erhalten wir mit $EZ = E(X + Y) = 5{,}91$:

$$\begin{aligned} D^2(X+Y) &= D^2Z = EZ^2 - (EZ)^2 \\ &= 4^2 \cdot 0{,}14 + 5^2 \cdot 0{,}15 + 6^2 \cdot 0{,}45 + 7^2 \cdot 0{,}18 + 8^2 \cdot 0{,}08 - (5{,}91)^2 \\ &= 1{,}2019. \end{aligned}$$

Zum Vergleich bestimmen wir die Varianz von X und Y:

$$D^2X = EX^2 - (EX)^2 = 2^2 \cdot 0{,}2 + 3^2 \cdot 0{,}65 + 4^2 \cdot 0{,}15 - 2{,}95^2 = 0{,}3475,$$

$$D^2Y = EY^2 - (EY)^2 = 2^2 \cdot 0{,}28 + 3^2 \cdot 0{,}48 + 4^2 \cdot 0{,}24 - 2{,}96^2 = 0{,}5184.$$

Wir vergleichen die Varianz von $X + Y$ mit der Summe der Varianzen von X und Y:

$$D^2(X+Y) = 1{,}2019, \qquad D^2X + D^2Y = 0{,}8659$$

und stellen fest, daß diese Werte nicht übereinstimmen. Man kann nun beweisen, daß der folgende allgemeine (also auch für nichtdiskrete zufällige Vektoren gültige) Zusammenhang besteht:

Es gilt stets

$$\boxed{D^2(X+Y) = D^2X + D^2Y + 2\operatorname{cov}(X,Y)}\,.$$

Wir überprüfen diese Formel anhand unseres Beispiels 3.3/11:

$$D^2(X+Y) = 1{,}2019,$$

$$D^2X + D^2Y + 2\operatorname{cov}(X,Y) = 0{,}3475 + 0{,}5184 + 2 \cdot 0{,}168 = 1{,}2019.$$

3.3.3 Unabhängigkeit, Kovarianz, Korrelationskoeffizient

Das Hauptmotiv zur Betrachtung zufälliger Vektoren $\mathfrak{X} = (X, Y)$ bestand darin, beide Komponenten X, Y zugleich zu erfassen, was sich auch im matrixartigen Verteilungsschema des zufälligen Vektors ausdrückt, in dem die Einzelwahrscheinlichkeiten $p_{ik} = P(X = x_i, Y = y_k)$ für das gleichzeitige Eintreten der Ereignisse $\{X = x_i\}$ und $\{Y = y_k\}$ aufgelistet sind. Kennt man nur die Verteilungen von X und Y getrennt, also die Randverteilungen des zufälligen Vektors, so kann man aus dieser Information im allgemeinen nicht das vollständige Verteilungsschema rekonstruieren. D. h., kennt man nur die rechte Spalte der Zeilensummen und die untere Zeile der Spaltensummen, so kann man mit dieser Information nicht alle im Verteilungsschema befindlichen Wahrscheinlichkeiten zurückbestimmen. Dazu fehlt gerade die Information über gleichzeitige Effekte betreffend der Zufallsgrößen X und Y. Hat man im Beispiel 3.3/11 die Notenverteilung im Fach Mathematik und im Fach Biologie, so kann man daraus nicht die Aufschlüsselung auf die Verteilung der Noten der betrachteten Schüler in beiden Fächern zugleich erhalten. Dies beinhaltet ja gerade die Information über eventuelle Zusammenhänge.

Wann würde man nun die Zufallsgrößen X und Y als voneinander unabhängig ansehen? Wann würde man im Beispiel 3.3/11 sagen, daß die Ergebnisse in den Fächern Mathematik und Biologie voneinander unabhängig sind? Es gab im Fach Mathematik 20 % Zweien, 65 % Dreien und 15 % Vieren. Die Ergebnisse im Fach Biologie wären dann davon unabhängig, wenn die prozentuale Aufteilung der 20 % Mathematikzweien auf die Biologienoten 2, 3, 4 in den Proportionen genau wie die der 65 % Dreien und die der 15 % Vieren ist, und damit auch genauso, wie die Aufteilung auf die Biologienoten 2, 3, 4 schlechthin, also wie 28 % zu 48 % zu 24 %, ist. Im Falle der Unabhängigkeit der Ergebnisse in diesen Fächern müßte also folgendes Verteilungsschema vorliegen

		Biologienote			
		2	3	4	
Mathe-	2	20 % · 28 %	20 % · 48 %	20 % · 24 %	20 %
matik-	3	65 % · 28 %	65 % · 48 %	65 % · 24 %	65 %
note	4	15 % · 28 %	15 % · 48 %	15 % · 24 %	15 %
		28 %	48 %	24 %	100 %

also

	2	3	4	
2	0,056	0,096	0,048	0,20
3	0,182	0,312	0,156	0,65
4	0,042	0,072	0,036	0,15
	0,28	0,48	0,24	1

Wir erkennen den allgemeinen Zusammenhang $p_{ik} = p_{i\bullet} \cdot p_{\bullet k}$.

Man nennt die Komponenten X,Y des diskreten zufälligen Vektors $\mathfrak{X} = (X,Y)$ **voneinander unabhängig**, wenn für **jede** Realisierung (x_i, y_k) die zufälligen Ereignisse $\{X = x_i\}$ und $\{Y = y_k\}$ voneinander unabhängig sind, d. h., wenn

$$P(X = x_i, Y = y_k) = P(X = x_i) \cdot P(Y = y_k), \quad \text{d. h.,}$$
$$p_{ik} = p_{i\bullet} \cdot p_{\bullet k} \quad \text{für alle} \quad i = 1, \ldots, m; \ k = 1, \ldots, n$$

gilt.

Im Falle der Unabhängigkeit kann man aus den Randverteilungen, die die Verteilung der Zufallsgröße X und Y bei getrennter Betrachtung repräsentieren, die gemeinsame Verteilung $\mathfrak{X} = (X,Y)$ durch entsprechende Multiplikationen (vgl. obiges Beispiel) ausrechnen. In solchen Situationen genügt es also, wenn man die Zufallsgrößen X und Y einzeln für sich untersucht. Es ist nun leicht möglich, für ein konkretes vorgelegtes Verteilungsschema zu entscheiden, ob Unabhängigkeit vorliegt oder nicht. Man hat nur die Multiplikationsregel $p_{ik} = p_{i\bullet} \cdot p_{\bullet k}$ für **alle** Varianten i, k durchzuprüfen. Wir stellen z. B. im Zahlenbeispiel 3.3/11 fest, daß die hier angegebene Mathematik/Biologienotenverteilung keine Unabhängigkeit aufweist, wie man es auch in natürlicher Weise erwarten würde.

Der Begriff der Unabhängigkeit wird für einen beliebigen zufälligen Vektor $\mathfrak{X} = (X_1, X_2, \ldots, X_n)$ mit Hilfe der gemeinsamen Verteilungsfunktion $F_{\mathfrak{X}}(x_1, x_2, \ldots, x_n)$ definiert, wobei die Randverteilungen $F_{X_k}(x_k)$ der einzelnen Komponenten X_k des Vektors $\mathfrak{X}$ herangezogen werden: Man nennt die Zufallsgrößen $X_1, X_2, \ldots, X_n$ **unabhängig**, wenn die Produktformel

$$F_{\mathfrak{X}}(x_1, x_2, \ldots, x_n) = F_{X_1}(x_1) \cdot F_{X_2}(x_2) \cdot \cdots \cdot F_{X_n}(x_n), \quad \text{d. h.,}$$
$$P(X_1 \leq x_1, X_2 \leq x_2, \ldots, X_n \leq x_n) = P(X_1 \leq x_1) \cdot P(X_2 \leq x_2) \cdot \ldots \cdot P(X_n \leq x_n)$$

für beliebige reelle Zahlen $x_1, x_2, \ldots, x_n$ erfüllt ist.

Die nächste Aufgabe besteht darin, den Grad der Abweichung von der Unabhängigkeitsforderung, also den Grad der Abhängigkeit, durch eine Kenngröße zu erfassen, um so auch Vergleiche anstellen zu können. Man benutzt hierzu den folgenden allgemeingültigen (also für beliebige Zufallsvektoren $\mathfrak{X} = (X,Y)$) Satz:

Wenn X, Y voneinander unabhängig sind, dann gilt $E(XY) = EX \cdot EY$.

Für unabhängige Zufallsgrößen X, Y ist die Kovarianz gleich Null: $\text{cov}(X,Y) = 0$. Mithin könnte man die Größe der Kovarianz, d. h., die Größe der Abweichung zwischen $E(X \cdot Y)$ und $EX \cdot EY$, als Maßzahl für die Stärke der Abhängigkeit verwenden. Nun gibt es aber einen Einwand: Wir hatten bei der Einführung des Begriffs der Zufallsgröße festgestellt, daß zugehörige physikalische Dimensionen nicht mit angegeben werden. Die Zufallsgröße ist dimensionslos und verkörpert nur die „reinen Zahlenwerte". Man legt in Anwendungssituationen die Dimensionen vorher fest, und dort hat man natürlich noch verschiedene Möglichkeiten, so daß sich die „reinen Zahlenwerte" je nach Wahl der Dimension stark voneinander unterscheiden können. Mißt man z. B. zum einen in Meter und zum anderen in Zentimeter, so ergibt sich der Faktor 100. Der gleiche Faktor würde sich auch auf die Kovarianz auswirken. Man hätte also die Größe der Abweichung zwischen $E(XY)$ und $EX \cdot EY$ relativ zur gewählten Dimension zu betrachten. Um diese Einflußmöglichkeit zu beseitigen, wird die Kovarianz noch normiert, und man betrachtet als Abhängigkeitsmaß den sog. **Korrelationskoeffizienten**, den wir mit ϱ_{XY} bezeichnen wollen und der durch

$$\boxed{\varrho_{XY} = \frac{\text{cov}(X,Y)}{\sqrt{D^2X} \cdot \sqrt{D^2Y}} = \frac{E(XY) - EX \cdot EY}{\sqrt{D^2X} \cdot \sqrt{D^2Y}}}$$

definiert ist.

Wir bestimmen ϱ_{XY} in obigem Zahlenbeispiel 3.3/11:

$$\varrho_{XY} = \frac{0{,}168}{\sqrt{0{,}3475} \cdot \sqrt{0{,}5184}} = 0{,}396.$$

Der Korrelationskoeffizient hat folgende allgemeine Eigenschaften:

1. Es gilt stets $-1 \leq \varrho_{XY} \leq 1$.
2. Für unabhängige Zufallsgrößen X, Y ist $\varrho_{xy} = 0$.
3. Der Korrelationskoeffizient mißt den „Grad der **linearen** Abhängigkeit" zwischen den Zufallsgrößen X, Y, genauer, in den Extremfällen $\varrho_{XY} = 1$ oder $\varrho_{XY} = -1$ gibt es (nichtzufällige) Konstanten a,b, so daß $Y = bX + a$ gilt, d. h., Y ist dann eine lineare Funktion von X.

Man nennt zwei Zufallsgrößen X, Y **unkorreliert**, wenn $\varrho_{XY} = 0$ gilt. Aus der Unabhängigkeit von X, Y folgt deren Unkorreliertheit. Das Umgekehrte gilt allgemein nicht, man kann Beispiele von Verteilungen diskreter zufälliger Vektoren $\mathfrak{X} = (X,Y)$ konstruieren, für die X und Y unkorreliert, aber nicht unabhängig sind.

Um die Eigenschaft 3, daß ϱ_{XY} den „Grad der linearen Abhängigkeit" mißt, etwas zu demonstrieren, variieren wir obiges Zahlenbeispiel 3.3/11 und stellen die entsprechende zweidimensionale diskrete Verteilung als Massensystem bildlich dar. Im ursprünglichen Beispiel 3.3/11 erhielten wir $\varrho_{XY} \approx 0{,}40$, also eine „eher schwache" lineare Abhängigkeitslage zwischen den Mathematiknoten X und den Biologienoten Y:

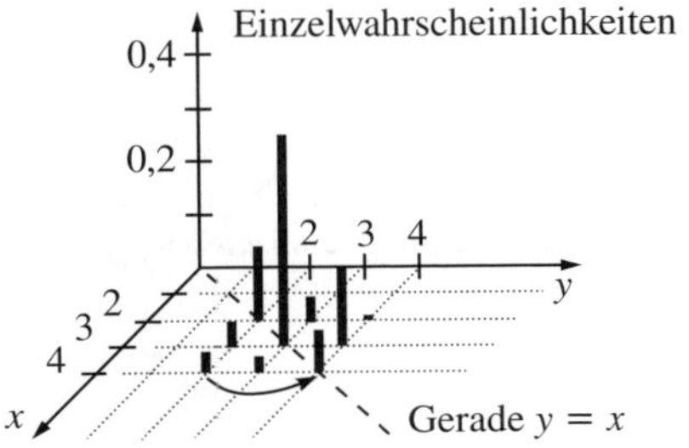

(eher schwache Konzentration der Wahrscheinlichkeitensmassen um die Grade $y = x$)

Nun liegt z. B. der Wert $x = 4, y = 2$ mit der Wahrscheinlichkeitsmasse von 0,04 relativ „weit weg" von der Geraden $y = x$. Wir ändern die zweidimensionale Verteilung ab, indem wir diese Masse jetzt zusätzlich bei $x = y = 4$ positionieren, also das Verteilungsschema (vgl. $\longrightarrow$ im obigen Bild)

(X,Y)	2	3	4	
2	0,14	0,05	0,01	0,20
3	0,10	0,40	0,15	0,65
4	0	0,03	0,12	0,15
	0,24	0,48	0,28	

betrachten. Man muß nun z. T. die auftretenden Kenngrößen neu berechnen und erhält im Ergebnis jetzt $\varrho_{XY} = 0{,}594$. Der Wert des Korrelationskoeffizienten hat sich also bei dieser 4 %-Korrektur in der Verteilungstabelle sogar um rund $0,2$ in Richtung $1,0$ verändert. Verfährt man nun noch extremer und legt alle außerhalb der Diagonalen $y = x$ befindlichen Wahrscheinlichkeitsmassen „zeilenweise" auf die Diagonale, so erhält man das Verteilungsschema

(X,Y)	2	3	4	
2	0,20	0	0	0,20
3	0	0,65	0	0,65
4	0	0	0,15	0,15
	0,20	0,65	0,15	

mit dem Massenverteilungsbild

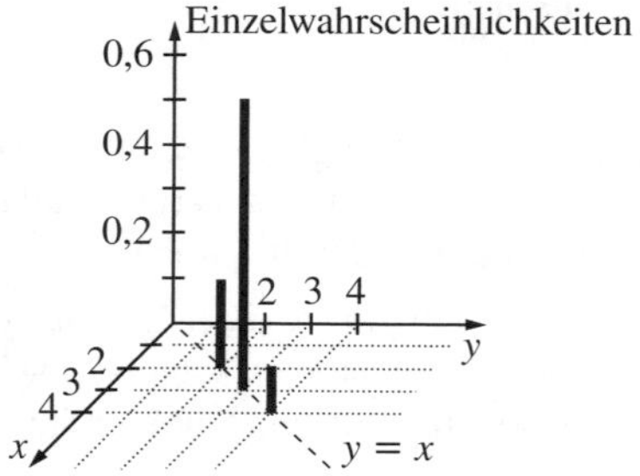

X, Y linear abhängig

Man errechnet jetzt $\varrho_{XY} = 1$. Es ist in der Tat $Y = X$, es liegt also eine spezielle lineare Abhängigkeit mit $b = 1, a = 0$ vor. Im Falle der Unabhängigkeit von X, Y hatten wir weiter oben das zugehörige Verteilungsschema (mit festgelegten – den ursprünglichen – Randverteilungen) angegeben und ergänzen hier noch die bildliche Darstellung der Wahrscheinlichkeitsmassenverteilung:

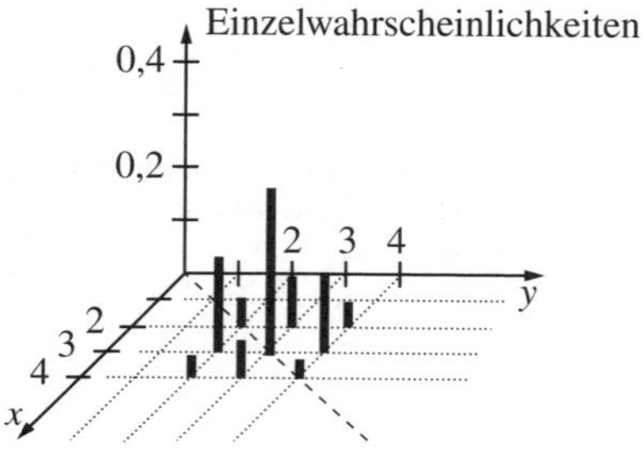

(Unabhängige Zufallsgrößen)

Man vgl. hierzu auch die Ausführungen in der beschreibenden Statistik. Die dortigen Bilder betreffen Korrelationen bei **stetigen** zweidimensionalen Vektoren.

3.3.4 Die zweidimensionale Normalverteilung

Haben wir zwei normalverteilte Zufallsgrößen X und Y gegeben, so verbinden wir damit unmittelbar eine Vorstellung: Es sind dies stetige Zufallsgrößen, und ihre Verteilung wird durch eine Wahrscheinlichkeitsdichte $\varphi(x;\mu,\sigma^2)$ in Glockenkurvenform charakterisiert, wobei zwei Parameter μ und σ auftreten. Für die Zufallsgröße X seien dies der Mittelwert μ_1 und die Varianz σ_1^2 und für die Zufallsgröße Y der Mittelwert μ_2 und die Varianz σ_2^2. Zugehörige Wahrscheinlichkeiten $P(a_1 \leq X \leq b_1)$ bzw. $P(a_2 \leq Y \leq b_2)$ sind die Flächeninhalte unter der Dichtekurve $\varphi(x;\ \mu_1, \sigma_1^2)$ bzw. $\varphi(x;\ \mu_2, \sigma_2^2)$ in den Grenzen von $x = a_1$ bis $x = b_1$ bzw. $y = a_2$ bis $y = b_2$.

Was soll es nun heißen, wenn man sagt, der zufällige Vektor $\mathfrak{X} = (X, Y)$ besitze eine zweidimensionale Normalverteilung? Um dies zu erklären, benötigen wir noch einige allgemeine Betrachtungen über **stetige zufällige Vektoren**: Darunter verstehen wir zufällige Vektoren $\mathfrak{X} = (X, Y)$, deren Realisierungen (x, y) ein ganzes Rechteck (dieses kann auch bis nach „∞" ausgedehnt sein) der reellen Zahlenebene R^2 ausfüllen, und dessen Wahrscheinlichkeitsverteilung durch eine gemeinsame Wahrscheinlichkeitsdichtefunktion $f_{\mathfrak{X}}(x, y)$ gegeben ist. Dabei bedeutet letzteres, daß bei beliebiger Wahl der Grenzen $a_1 < b_1$ und $a_2 < b_2$ die Wahrscheinlichkeit $P(a_1 \leq X \leq b_1, a_2 \leq Y \leq b_2)$ dafür, daß zugleich X in den Grenzen von a_1 bis b_1 und Y in den Grenzen a_2 bis b_2 liegen, durch das Volumen unter der Wahrscheinlichkeitsdichtefunktion $f_{\mathfrak{X}}(x,y)$ (die jetzt eine Fläche im dreidimensionalen Raum darstellt) über dem rechteckigen Grundbereich B: $a_1 \leq x \leq b_1$, $a_2 \leq y \leq b_2$ gegeben ist (vgl. nachfolgende Abbildung).

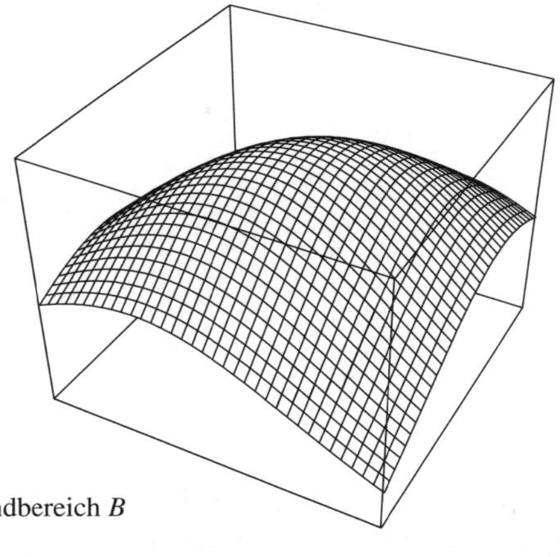

Die Komponenten X und Y (einzeln für sich genommen) des stetigen zufälligen Vektors (X, Y) sind dann stetige Zufallsgrößen, und wir bezeichnen ihre Dichte mit $f_X(x)$ bzw. $f_Y(y)$.

Wir merken an, daß man mit Hilfe der Integralrechnung den oben geschilderten Zusammenhang zwischen Wahrscheinlichkeiten und gemeinsamer Dichtefunktion $f_{\mathfrak{X}}(x,y)$ darstellen und auch die Randverteilungsdichten $f_X(x)$, $f_Y(y)$ aus $f_{\mathfrak{X}}(x,y)$ erhalten kann. Es ist nämlich

$$P(a_1 \leq X \leq b_1, a_2 \leq Y \leq b_2) = \int\limits_{x=a_1}^{b_1} \int\limits_{y=a_2}^{b_2} f_{\mathfrak{X}}(x,y)\,\mathrm{d}y\,\mathrm{d}x$$

und

$$f_X(x) = \int\limits_{y=-\infty}^{\infty} f_{\mathfrak{X}}(x,y)\,\mathrm{d}y, \qquad f_Y(y) = \int\limits_{x=-\infty}^{\infty} f_{\mathfrak{X}}(x,y)\,\mathrm{d}x.$$

Die Komponenten des stetigen zufälligen Vektors (X,Y) sind genau dann voneinander **unabhängig**, wenn die gemeinsame Dichte $f_{\mathfrak{X}}(x,y)$ das Produkt der Wahrscheinlichkeitsdichten von X und Y ist, d. h., wenn $f_{\mathfrak{X}}(x, y) = f_X(x) \cdot f_Y(y)$ gilt.

Man sagt nun, der zweidimensionale stetige zufällige Vektor $\mathfrak{X} = (X, Y)$ besitze eine **zweidimensionale Normalverteilung** mit den 5 Parametern $\mu_1, \mu_2, \sigma_1^2, \sigma_2^2, \varrho$, wenn seine gemeinsame Dichtefunktion $f_{\mathfrak{X}}(x, y)$ die Gestalt

$$f_{\mathfrak{X}}(x, y) = \frac{1}{2\pi\sigma_1\sigma_2\sqrt{1-\varrho^2}} \cdot \mathrm{e}^{-\frac{1}{2(1-\varrho^2)}\cdot\left[\frac{(x-\mu_1)^2}{\sigma_1^2}+\frac{(y-\mu_2)^2}{\sigma_2^2}-\frac{2\varrho(x-\mu_1)(y-\mu_2)}{\sigma_1\sigma_2}\right]}$$

$$-\infty < x < \infty, \quad -\infty < y < \infty$$

hat.

Zur Veranschaulichung stellen wir das Bild dieser Funktion (das eine Fläche ist) für $\mu_1 = 3$, $\mu_2 = 4$, $\varrho = 0{,}4$, $\sigma_1 = \sigma_2 = 1$ in einem dreidimensionalen Koordinatensystem (x und y als unabhängige Variable, z für die Funktionswerte, d. h. $z = f_{\mathfrak{X}}(x, y)$) dar:

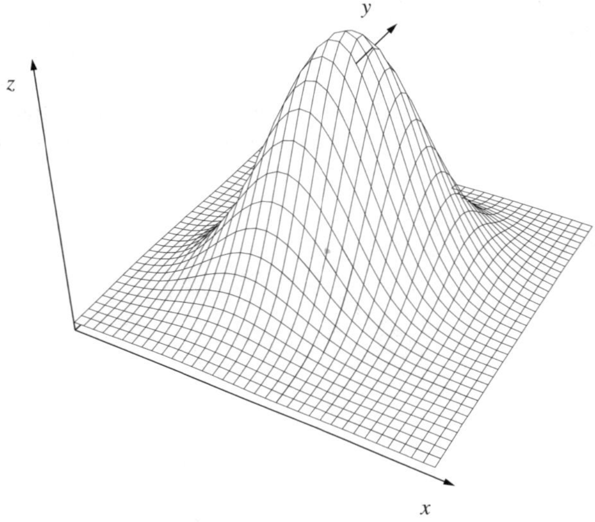

Die in der obigen komplizierten Formel eingehenden Parameter sind bereits so bezeichnet worden, daß ihre Bedeutung ersichtlich ist. Es gilt nämlich der folgende

Satz: Hat der zufällige Vektor $\mathfrak{X} = (X,Y)$ eine zweidimensionale Normalverteilung mit den Parametern $\mu_1,\mu_2,\sigma_1^2,\sigma_2^2,\varrho$, so sind die beiden Komponenten X und Y ebenfalls normalverteilt, und zwar X mit den Parametern μ_1 und σ_1^2 und Y mit den Parametern μ_2 und σ_2^2. Überdies ist der Korrelationskoeffizient ϱ_{XY} zwischen X und Y identisch mit dem Parameter ϱ. Insgesamt gilt also

$$EX = \mu_1, \qquad EY = \mu_2, \qquad \varrho_{XY} = \frac{E(XY) - EX \cdot EY}{\sqrt{D^2X}\cdot\sqrt{D^2Y}} = \varrho.$$
$$D^2X = \sigma_1^2, \qquad D^2Y = \sigma_2^2$$

Ist nun speziell $\varrho = 0$, so nimmt die gemeinsame Dichtefunktion $f_{\mathfrak{X}}(x,y)$ die Form

$$\begin{aligned} f_{\mathfrak{X}}(x,y) &= \frac{1}{2\pi\sigma_1\sigma_2}\,\mathrm{e}^{-\frac{1}{2}\left[\frac{(x-\mu_1)^2}{\sigma_1^2}+\frac{(y-\mu_2)^2}{\sigma_2^2}\right]} \\ &= \frac{1}{\sqrt{2\pi}\sigma_1}\,\mathrm{e}^{-\frac{(x-\mu_1)^2}{2\sigma_1^2}} \cdot \frac{1}{\sqrt{2\pi}\sigma_2}\,\mathrm{e}^{-\frac{(y-\mu_2)^2}{2\sigma_1^2}} \\ &= f_X(x)\cdot f_Y(y) \end{aligned}$$

an, d. h., die Zufallsgrößen X und Y sind dann voneinander unabhängig. Bei der zweidimensionalen Normalverteilung gilt also speziell, daß aus der Unkorreliertheit der Zufallsgrößen X, Y (d. h. $\varrho = 0$) sogar auf deren Unabhängigkeit geschlossen werden kann. Wir hatten im letzten Abschnitt 3.3.3 bei diskreten Zufallsvektoren festgestellt, daß dieser Schluß im allgemeinen nicht richtig ist.

Abschließend zitieren wir noch eine bemerkenswerte Eigenschaft der zweidimensionalen Normalverteilung: Es ist dann auch jede beliebige Linearkombination $Z = a \cdot X + b \cdot Y$ wiederum normalverteilt. Insbesondere sind also auch $X + Y$ oder $X - Y$ wieder normalverteilt. Dies gilt sowohl für unabhängige als auch für abhängige Zufallsgrößen X, Y, sofern nur die gemeinsame Verteilung von $\mathfrak{X} = (X, Y)$ eine zweidimensionale Normalverteilung war.

3.4 Statistische Grundbegriffe

In Kapitel 2 hatten wir uns mit Möglichkeiten der beschreibenden statistischen Auswertung großer Datenmengen beschäftigt, um auf diese Weise im Sinne einer Datenvoranalyse Zusammenhänge und eventuell „verborgene“ Gesetzmäßigkeiten herauszufiltern. Eine dementsprechende Formulierung führt zu „dahinterstehenden“ wahrscheinlichkeitstheoretischen Modellen, deren Grundlagen wir in diesem Kapitel kennengelernt haben. Die Frage nach der Übereinstimmung zwischen den im theoretischen Modell postulierten statistischen Gesetzmäßigkeiten und den vorliegenden konkreten praktischen Gegebenheiten ist Gegenstand der Testtheorie, die wir in umfassender Weise im nächsten Kapitel 4 betrachten wollen. Wir werden eine Vielzahl von Tests kennenlernen, wobei die praktische Fragestellung und die konkrete Durchführung des angepaßten statistischen Tests im Vordergrund stehen. Wir wollen nachfolgend einige statistische Grundbegriffe im Hinblick auf den Anschluß an die theoretischen Überlegungen dieses 3. Kapitels erörtern.

3.4.1 Grundgesamtheit und Stichprobe

Wir beginnen mit der Diskussion des Begriffs **Grundgesamtheit**. Ausgangspunkt unserer Betrachtung ist die – gewöhnlich große – Menge aller Objekte oder Personen, die Gegenstand unserer statistischen Untersuchungen sind, wir nennen sie **Population**. Wir sollten dabei darauf achten, daß diese Gesamtheit möglichst präzise beschrieben wird, indem wir z. B. Zeit-, Orts-, Altersangaben usw. verwenden. Geht es z. B. um das Problem der Transferleistungen von Schülern, so würde man zur präzisen Angabe der Population beispielsweise die Menge aller Schüler der 4. Klassen der Stadt Dresden im Jahre 1993 betrachten, vorausgesetzt, daß dieser Personenkreis jener ist, über den am Ende eine Aussage getroffen werden soll. Man könnte ebensogut, falls unser Interesse den 6. Klassen gilt, alle diesbezüglichen 6. Klassen als Population festlegen. Als weiteres Beispiel könnte die Fragestellung darin bestehen, Aussagen über die Qualität der Ausbildung in einer bestimmten Fakultät einer deutschen Universität zu treffen. In diesem Fall würden wir als Population alle eingeschriebenen Studenten dieser Fakultät (zu einem festgelegten Zeitpunkt) betrachten.

Von Interesse sind nun weniger die Objekte bzw. Personen der Population selbst, als vielmehr ihre Eigenschaft, Träger von zufälligen Merkmalsausprägungen, die wir untersuchen wollen, zu sein. Für oben genannte Beispiele bedeutet dies, daß z. B. Namen oder andere Merkmale für uns unwichtig sind, dafür aber konkrete Ausprägungen des **untersuchten Merkmales** wie etwa Punktezahlen, Reaktionszeiten, Ratingeinschätzungen in Fragebögen usw. Im Hinblick auf die zu analysierende Fragestellung ist also einzig und allein die Gesamtheit der möglichen Versuchsergebnisse bedeutsam. Diese Menge hatten wir im Abschnitt 3.1 eingeführt, mit Ω bezeichnet und Grundmenge oder Merkmalsraum genannt. Es ist somit sinnvoll, diese Menge Ω als theoretisches Pendant der Population aufzufassen. Nun genügt es aber nicht, nur die Grundmenge Ω zu betrachten. Die zu untersuchenden statistischen Eigenschaften der Population äußern sich in einem bestimmten Häufigkeitsverhalten des Auftretens der beobachteten Merkmalsausprägungen. Man fügt somit zur Grundmenge Ω noch die Wahrscheinlichkeiten der zufälligen Ereignisse in Ω hinzu. Unter einer **Grundgesamtheit** verstehen wir also ein zugehöriges wahrscheinlichkeitstheoretisches Grundmodell, das aus dem Merkmalsraum Ω, den zufälligen Ereignissen A als Teilmengen von Ω und den Wahrscheinlichkeiten $P(A)$ besteht. Diese allgemeine theoretische Beschreibung von Grundgesamtheit treffen wir jedoch in vielen praktischen Aufgaben in wesentlich einfacherer Form an. Wir haben es nämlich häufig nur mit einzelnen Zufallsgrößen, bestenfalls zufälligen Vektoren zu tun. Die Grundgesamtheit „begegnet“ uns dann als Menge der möglichen Realisierungen der Zufallsgröße bzw. des Vektors und deren zugehöriger Wahrscheinlichkeitsverteilung. Sprechen wir z. B. in der Statistik von einer Grundgesamtheit mit Normalverteilung, dann heißt das, daß in der Grundgesamtheit eine normalverteilte Zufallsgröße vorliegt, die als Modell der zugrundeliegenden Population aufgefaßt wird.

Als nächstes gehen wir auf den Begriff der **Stichprobe** näher ein. Das Anliegen der schließenden Statistik besteht darin, bezüglich der interessierenden Merkmalsausprägungen aus Informationen über eine Teilmenge der Population entsprechende Aussagen für die ganze Population abzuleiten. Diese Teilmenge nennen wir Populationsstichprobe und ihre Anzahl n den Umfang der Stichprobe. Die Objekte bzw. Personen der Populationsstichprobe heißen Elemente der Stichprobe. Bei deren Auswahl gibt es einige zu beachtende Notwendigkeiten. Dazu zählen z. B.:

- Die Elemente der Stichprobe sollen bezüglich der untersuchten Ausprägungen repräsentativ sein.
- Die Auswahl soll ohne „systematische Bevorzugung“ nach einem Zufallsprinzip erfolgen, d. h., jedes Element der Population soll die gleiche Chance haben, Element der Stichprobe zu werden. Zur Auswahl kann man beispielsweise Zufallszahlen (vgl. Tafel 19) einsetzen. In diesem Zusammenhang sprechen wir auch von einer sogenannten **Zufallsstichprobe**.
- Es besteht das Problem der Festlegung der Anzahl n des Stichprobenumfanges.

Der interessierte Leser findet weitere Ausführungen hierzu in entsprechender Literatur über Versuchsplanung (z. B. SPRUNG, L. & SPRUNG, H., 1984, oder SCHULZ, TH.; MUTHIG, K.-P. & KOEPPLER, K., 1981).

Jedes Objekt bzw. jede Person der Populationsstichprobe liefert im Versuchsergebnis eine bestimmte Ausprägung, d. h. im Modell ein Element des Merkmalsraumes. Wir erhalten also als theoretisches Pendant eine Folge von Elementen des Merkmalsraumes. Dies kann aber auch anders interpretiert werden. Wenn wir die Auswahl der Versuchspersonen als Reihenfolge verstehen, dann betrachten wir die einzelnen Versuchspersonen bzw. Objekte der Stichprobe als Wiederholung in einem zufälligen Versuch der Auswahl. Zur Veranschaulichung erinnern wir uns noch einmal an das Beispiel der Studentenbefragung. Im ersten Schritt wählen wir uns nach den Prinzipien der Versuchsplanung eine Stichprobe aus der Population aus. Im Ergebnis erhalten wir eine bestimmte Anzahl, z. B. $n = 10$ Versuchspersonen. Mit diesen 10 Versuchspersonen führen wir die Untersuchung durch, die darin besteht, einen vorbereiteten Fragebogen auszufüllen. Der Merkmalsraum besteht hier aus der großen Menge aller Varianten, wie der Fragebogen ausgefüllt sein könnte. Jeder ausgefüllte Fragebogen einer Versuchsperson entspricht dabei einer solchen Möglichkeit und damit **einem** Element des Merkmalsraumes. Wir können deshalb erwarten, daß jede Versuchsperson den Fragebogen zumindest graduell anders ausfüllt. Diese verschiedenen Antworten sind Ausdruck eines weiteren Zufallseinflusses. In der Grundgesamtheit registrieren und postulieren wir das Häufigkeitsverhalten, welches aus der Überlagerung der Zufallsauswahl der Populationsstichprobe und des zufälligen Einflusses beim Ausfüllen der Fragebögen resultiert.

Ein einfacherer Fall liegt vor, wenn die Merkmalsausprägungen durch Zufallsgrößen bzw. zufällige Vektoren (etwa die Punktsummen im oben erwähnten Transfertest) repräsentiert werden. Dann besteht das Stichprobenergebnis aus einer Folge von n Zahlen (bzw. n Vektoren), deren Häufigkeiten einer bestimmten Verteilung folgen. Wir verwenden nun die Interpretation im Sinne von Versuchswiederholungen, wobei nachfolgende Bedingungen erfüllt sein müssen:

1. Die einzelnen Stichprobenergebnisse müssen unter „konstanten Bedingungen" entstehen, d. h., sie unterliegen alle ein und derselben Verteilung.
2. Die Stichprobenergebnisse entstehen unabhängig voneinander.

Unter Beachtung dieser Bedingungen ergibt sich folgende Definition:

Eine **mathematische Stichprobe** vom Umfang n aus der mit der Verteilungsfunktion F gegebenen Grundgesamtheit ist ein zufälliger Vektor $\mathfrak{X} = (X_1, X_2, \ldots, X_n)$, dessen Komponenten X_i unabhängig voneinander sind und alle die gleiche Verteilung mit der Verteilungsfunktion F besitzen. Jede Realisierung $(x_1, x_2, \ldots, x_n)$ der mathematischen Stichprobe $\mathfrak{X}$ heißt **konkrete Stichprobe**.

Wir wollen diese reichlich theoretische Definition noch etwas erklärend interpretieren. In den Anwendungen hat man es mit den konkreten Werten $x_1, x_2, \ldots, x_n$ zu tun. Im Kapitel 2 haben wir die verschiedensten Möglichkeiten kennengelernt, wie wir diese Daten aufbereiten können, z. B. geeignete Kennziffern aus ihnen berechnen, grafische Darstellungen anfertigen usw. Das ist aus praktischer Sicht unmittelbar plausibel. Entsprechend obiger Definition wurde dabei unterstellt, daß die Daten Ergebnisse von Versuchswiederholungen sind, die unter konstanten Bedingungen und unabhängig voneinander durchgeführt wurden. Die dahinterstehende mathematische Stichprobe beschreibt die überhaupt theoretisch möglichen Datenfolgen $x_1, x_2, \ldots, x_n$ und bewertet die Wahrscheinlichkeiten ihres Auftretens. Durch die Betrachtung der mathematischen Stichprobe wird man in die Lage versetzt, die Methoden der deskriptiven und schließenden Statistik wahrscheinlichkeitstheoretisch zu begründen und einzuschätzen. Im oben diskutierten Fall der Zufallsauswahl von Versuchspersonen ist die geforderte Unabhängigkeit dadurch motiviert, daß man annimmt, daß die verschiedenen Versuchspersonen in ihren Merkmalsausprägungen unabhängig voneinander reagieren. Die Eigenschaft nach der gleichen Verteilung der Komponenten der Stichprobe kann durch die gegebene Repräsentativität der Stichprobe als gesichert angesehen werden.

In der Modellvorstellung kann man eine mathematische bzw. konkrete Stichprobe vom Umfang n als aufeinanderfolgendes, n-maliges Ziehen „mit Zurücklegen" (eines Merkmalswertes aus der Grundgesamtheit) auffassen, wobei die Häufigkeiten des Auftretens der einzelnen Merkmale durch die Verteilungsfunktion F gesteuert werden.

Im anschließenden Kapitel 4 werden auch Situationen diskutiert werden, bei denen mehrere Stichproben aus verschiedenen Grundgesamtheiten auftreten. Bei unabhängigen Stichproben betrachtet man einfach die verschiedenen Grundgesamtheiten einzeln. Komplizierter ist die Situation bei abhängigen Stichproben $(x_1, x_2, \ldots, x_n)$ und $(y_1, y_2, \ldots, y_n)$, die überdies noch unterschiedlichen Verteilungen unterliegen können. Dieser Fall tritt z. B. dann auf, wenn an den gleichen Versuchspersonen Wiederholungsmessungen durchgeführt werden und zwischendurch beispielsweise therapeutische Interventionen stattgefunden haben. Die Modellbeschreibung ist jetzt dadurch gekennzeichnet, daß man pro Versuchsperson 2 Merkmalswerte hat, die voneinander abhängen. Man hat es hier in der Definition der mathematischen bzw. konkreten Stichprobe anstelle von Zufallsgrößen X_i mit zweidimensionalen zufälligen Vektoren (X_i, Y_i) bzw. ihren Realisierungen (x_i, y_i) zu tun $(i = 1, \ldots, n)$. In einer solchen Situation sprechen wir von **verbundenen** oder **korrelierenden Stichproben**.

Im Zusammenhang mit statistischen Tests (im Kapitel 4) oder auch bei der Bestimmung von Kenngrößen (im Kapitel 2) treten sogenannte **Stichprobenfunktionen** auf. Das sind Bildungsvorschriften, nach denen man aus den Werten $x_1, x_2, \ldots, x_n$ der Stichprobe bestimmte Zahlen errechnet. Beispiele dafür sind der Mittelwert $\bar{x} = \frac{1}{n}(x_1 + \ldots + x_n)$ und die empirische Varianz $s^2 = \frac{1}{n-1}\left[(x_1 - \bar{x})^2 + \ldots + (x_n - \bar{x})^2\right]$. Das theoretische Pendant dieser Kenngrößen ergibt sich, wenn man anstelle der konkreten Stichprobenwerte x_i die Zufallsgrößen X_i setzt. Allgemein erhalten wir:

Eine Stichprobenfunktion T ist eine Abbildung, die jeder Stichprobe $x_1, x_2, \ldots, x_n$ eine Zahl zuordnet: $T = T(x_1, x_2, \ldots, x_n)$. Durch Einsetzen der zugehörigen Zufallsgrößen $X_1, X_2, \ldots, X_n$ ergibt sich T als Zufallsgröße.

Abschließend wollen wir die sogenannte **empirische Verteilungsfunktion** $\hat{F}_n(x)$ betrachten. Man erhält diese aus einer Stichprobe $x_1, x_2, \ldots, x_n$ vom Umfang n nach folgender Vorschrift:
Wir wählen x beliebig und zählen, wie viele der x_i kleiner oder gleich x sind. Diese absolute Häufigkeit werde mit $H_n(x)$ bezeichnet. Der Wert der empirischen Verteilungsfunktion an der Stelle x ergibt sich dann aus:

$$\boxed{\begin{aligned}\hat{F}(x) &= \frac{1}{n} H_n(x)\\ &= \frac{1}{n} \cdot \text{Anzahl aller } x_i \leq x\end{aligned}}\ .$$

Die empirische Verteilungsfunktion ist eine Treppenfunktion und repräsentiert näherungsweise die zugrundeliegende theoretische Verteilung $F(x)$ (vgl. auch den Kleindruck in Abschnitt 3.2.3.1). Mit wachsendem n nähert sie sich gleichmäßig in x an die theoretische Verteilung $F(x)$ der Grundgesamtheit an (sogenannter Hauptsatz der mathematischen Statistik).

3.4.2 Mathematischer Aufbau statistischer Tests

Die Aufgabe der Testtheorie besteht darin, Verteilungsannahmen über die zu untersuchende Grundgesamtheit anhand von konkreten Stichproben zu überprüfen. Dazu werden die Verteilungsannahmen in Form von Hypothesen formuliert, einer oder mehrere statistische Tests konstruiert und auf der Grundlage der konkreten Daten der Stichprobe Entscheidungen über die Annahme oder Ablehnung der Hypothesen herbeigeführt. Wir wollen in diesem Abschnitt die theoretischen Grundzüge zum Aufbau von Tests darstellen. Diese werden zu Beginn des nächsten Kapitels aus der Sicht des Anwenders ergänzt, um auf diese Weise eine inhaltliche Übersicht und Orientierung in der großen Vielfalt statistischer Tests und zugehöriger Fragestellungen zu erhalten.

Ausgangspunkt ist die aus der statistischen Fragestellung resultierende Hypothese über die Verteilung der entsprechenden Grundgesamtheit. Diese Hypothese wird **Nullhypothese** genannt und gewöhnlich mit H_0 bezeichnet. Man unterscheidet nun zwischen **parametrischen** und **nichtparametrischen Fragestellungen**. Im parametrischen Fall unterstellt man, daß die Verteilung der Grundgesamtheit einem bestimmten Verteilungstyp angehört, z. B. normalverteilt oder binomialverteilt ist usw. Hier sind uns damit „nur“ ein oder mehrere Parameter unbekannt, über deren Größe aufgrund der Informationen aus der konkreten Stichprobe im Sinne eines Tests befunden werden soll. Als Beispiel erwähnen wir den Mittelwertparameter μ oder den Streuungsparameter σ der Normalverteilung oder den Parameter p der Binomialverteilung. Bei nichtparametrischen Fragestellungen werden keine einschränkenden Voraussetzungen an die zugrundeliegende Verteilung postuliert.

Wir diskutieren den mathematischen Aufbau eines Tests am Beispielfall einer parametrischen Situation mit nur einem Parameter, den wir δ nennen wollen. Den Grundbereich aller möglichen Werte des Parameters δ nennen wir D. Würde uns also beispielsweise der Mittelwertparameter μ in einer normalverteilten Grundgesamtheit bei bekannter Varianz σ_0^2 interessieren, so wären $\delta = \mu$ und $D = R^1$ zu setzen. Die Nullhypothese beinhaltet nun eine Behauptung über die Größe des Parameters δ. Im einfachsten Fall, einer sogenannten einfachen Hypothese, wird angenommen, daß der Parameter δ einen bestimmten, festen Wert δ_0 hat. Wir schreiben dann kurz: Nullhypothese H_0: $\delta = \delta_0$ oder auch $\delta \in D_0$ mit $D_0 = \{\delta_0\}$. Es sei am Rande angemerkt, daß es noch den komplizierteren Fall der sogenannten zusammengesetzten Hypothese gibt, wobei dort der Parameter δ nach Hypothese mehrere Werte annehmen kann, z. B. H_0: $\delta \in D_0$ mit $D_0 = \{\delta\colon \delta_1 \leq \delta \leq \delta_2\}$. Als weiteres müssen wir definieren, was die „Nichtgültigkeit" von H_0 bedeuten soll. Man nennt dies die **Alternativhypothese** H_1 und spricht von einem Test von H_0 gegen H_1. Die Alternativhypothese wird repräsentiert durch einen von der jeweiligen Anwendung motivierten Bereich D_A für den Parameter δ, der keine gemeinsamen Elemente mit D_0 hat: $D_A \cap D_0 = \emptyset$.

Es soll nun anhand der Werte $(x_1, x_2, \ldots, x_n)$ der konkreten Stichprobe entschieden werden, ob H_0 oder H_1 anzunehmen ist. Das geschieht in der Weise, daß man einen geeigneten, problemangepaßten sogenannten Ablehnungsbereich (K genannt) für H_0 konstruiert. Die Entscheidung wird dann wie folgt getroffen: Liegt $(x_1, x_2, \ldots, x_n)$ in K, so lehnt man die Nullhypothese ab und nimmt die Alternativhypothese an. Im anderen Fall nehmen wir H_0 an und lehnen H_1 ab. Die passende Konstruktion von K ist ein im allgemeinen kompliziertes Problem und legt de facto den Test fest.

Der Test läßt sich nun wahrscheinlichkeitstheoretisch einschätzen, indem man alle denkbaren Realisierungen und die Wahrscheinlichkeiten ihres Auftretens, also die mathematische Stichprobe, heranzieht. Zunächst stellen wir fest, daß es zwei Arten von Fehlentscheidungen gibt. Wir sprechen von einem **Fehler 1. Art**, wenn die Nullhypothese H_0 abgelehnt wird, obwohl sie wahr ist. Dies tritt ein, wenn die konkrete Stichprobe (bezüglich H_0) „extrem ausgefallen" ist und in K liegt. Die Wahrscheinlichkeit dafür nennen wir **Irrtumswahrscheinlichkeit** und bezeichnen sie mit α. Es liegt ein sogenannter **Fehler 2. Art** vor, wenn die Nullhypothese H_0 nicht abgelehnt wird, obwohl in Wirklichkeit δ nicht in D_0 liegt. Die Wahrscheinlichkeit für einen Fehler 2. Art wird mit β bezeichnet.

Wir sprechen von einem Signifikanztest, wenn nur ein Fehler 1. Art vorgegeben ist. Es wird dabei nur die (maximale) Fehlerwahrscheinlichkeit α für den Fehler 1. Art zweckmäßig festgelegt, wobei die Werte 0,05 und 0,01 gebräuchlich sind. Wir merken an, daß bei Signifikanztests der Fehler 2. Art nicht angegeben werden kann, indirekt aber ein Einfluß besteht. Dieser kann sich darin äußern, daß ein großer Fehler 1. Art auf den Fehler 2. Art reduzierend wirkt und umgekehrt.

Wie bereits erwähnt, ist die Konstruktion des kritischen Bereiches ein im allgemeinen schwieriges und nicht eindeutig zu lösendes Problem. Gerade aber hier zeigt sich die Qualität eines Tests. Eine Möglichkeit zur Konstruktion von Tests besteht darin, daß man bezüglich der statistischen Fragestellung eine geeignete Stichprobenfunktion T^* findet, die auch noch so beschaffen sein muß, daß man unter der Gültigkeit von H_0 ihre Verteilung kennt. Diese Stichprobenfunktion T^* oder auch ihre Realisierung nennt man **Testgröße.** [1)]

Durch die Verwendung der Testgröße entspricht dem kritischen Bereich K ein Teilgebiet $\tilde{K}$ der reellen Achse, welches in den meisten Fällen ein bestimmtes Intervall ist. Die Grenzen dieses Intervalls nennt man **kritische Werte**.

Als Beispiel führen wir noch einmal die oben bereits erwähnte Fragestellung nach dem Mittelwert einer normalverteilten Grundgesamtheit mit bekannter Varianz σ_0^2 an. Die Nullhypothese H_0 lautet hier: $\mu = \mu_0$. Wir verwenden als Testgröße die Stichprobenfunktion

$$u = u(x_1, x_2, \ldots, x_n) = \sqrt{n}\,\frac{\overline{x}_n - \mu_0}{\sigma_0} \qquad \text{mit} \qquad \overline{x} = \frac{1}{n}(x_1 + \ldots + x_n).$$

Die entsprechende Zufallsgröße $T^* = \sqrt{n}\,\dfrac{\overline{X}_n - \mu_0}{\sigma_0}$ ist dann standardisiert normalverteilt. Gilt H_0, so müßten die Werte von T^* in der Nähe von Null liegen. Es ist daher z. B. sinnvoll, als kritischen Bereich $\tilde{K}$ alle u-Werte zu verwenden, die sich „deutlich" von Null unterscheiden. Genauer, wir setzen $\tilde{K}$ in

1) Für die einzelnen statistischen Tests haben sich zur Bezeichnung der konkreten Testgröße (also der Realisierung) zum Teil Standardbezeichnungen, wie $u, \chi^2, D, U, t, F, H, C$ eingebürgert. Wir bezeichnen gelegentlich – wenn Verwechslungen ausgeschlossen sind – die zugehörige zufällige Testgröße einheitlich mit T^*. Sie hat dann je nach Situation bei gültiger Nullhypothese eine ganz bestimmte, bereits durch die Art der Bezeichnung der Realisierung angedeutete Verteilung.

der Form $\tilde{K} = \{u: |u| \geq u_\alpha\}$, wobei die Grenzen von $\tilde{K}$, die durch die kritischen Werte u_α und $-u_\alpha$ repräsentiert werden, aus der Beziehung

$$P((X_1, X_2, \ldots, X_n) \in K) = P(T^* \in \tilde{K}) = P(|T^*| \geq u_\alpha) = \alpha$$

berechnet werden. Als Lösung erhält man für $u_\alpha = u_{\alpha,zweis.}$ das Quantil der Ordnung $1 - \frac{\alpha}{2}$ der standardisierten Normalverteilung (vgl. Abschnitt 3.2.3.3): $u_\alpha = z_{1-\frac{\alpha}{2}}$.

Wie wir in diesem Beispiel gesehen haben, brauchen wir nur festzustellen, ob der erhaltene konkrete Wert der Testgröße im kritischen Gebiet $\tilde{K}$ (das häufig ein Intervall ist) liegt oder nicht. D.h., wir stellen fest, ob die kritischen Werte über- bzw. unterschritten werden. Eine dazu äquivalente Möglichkeit ergibt sich, wenn man die sog. **Überschreitungswahrscheinlichkeit** bestimmt. Man hat einen konkreten Wert der Testgröße erhalten und ermittelt daraus die Wahrscheinlichkeit γ dafür, daß man – im Sinne der Aufgabenstellung und damit des kritischen Gebietes – noch „extremere Werte" als der konkret festgestellte Wert für die Testgröße erhält. Diese Wahrscheinlichkeit heißt Überschreitungswahrscheinlichkeit und wird nun mit dem Testrisiko α verglichen: Im Falle $\gamma \leq \alpha$ lehnen wir die Nullhypothese ab, im Falle $\gamma > \alpha$ nicht (Bsp. vgl. Abschnitt 4.2.1.1).

In verschiedenen Anwendungssituationen tritt auch der Fall auf, daß man gleichzeitig mehrere Null- und Alternativhypothesen $H_{0(1)}$ und $H_{1(1)}$, $H_{0(2)}$ und $H_{1(2)}$, $\ldots$, $H_{0(m)}$ und $H_{1(m)}$ zu betrachten hat. Man spricht dann von einem sogenannten **multiplen Test**. Wir werten als Fehler 1. Art nach Definition jede Situation, in der mindestens eine der Nullhypothesen $H_{0(i)}$ abgelehnt wird, obwohl sie richtig ist. Ein Fehler 2. Art liegt dann vor, wenn mindestens eine Nullhypothese $H_{0(i)}$ nicht abgelehnt wird, obwohl sie falsch ist. Bei einem multiplen Test können beide Fehlerarten auch gleichzeitig auftreten.

Wenn die Wahrscheinlichkeit für einen so definierten Fehler 1. Art kleiner bzw. gleich α ist, so sprechen wir von einem **multiplen Testniveau** α. Es gibt verschiedene Möglichkeiten, durch geeignete Wahl der Niveaus für die Einzeltests das multiple Testniveau zu sichern. Man spricht von sogenannter $\alpha-$Adjustierung (vgl. Kapitel 4). Die Prüfung der statistischen Hypothese der gleichzeitigen Gültigkeit aller Nullhypothesen $H_{0(i)}$ nennt man Globalvergleich.

4 Statistische Testtheorie

4.1 Einführung

4.1.1 Grundbegriffe

In Kapitel 2 haben wir uns in der beschreibenden Statistik mit der Analyse empirischer Daten durch geeignete Zusammenfassungen, grafische Darstellungen und Berechnung charakteristischer Kenngrößen beschäftigt. Das Ziel bestand darin, die in ihnen enthaltenen Informationen über die zu untersuchenden Sachverhalte zu erkennen. Das Kapitel 3 diente dazu, angepaßte theoretische Modelle der Wahrscheinlichkeitsrechnung zu formulieren. Wir wollen nun mit der sogenannten schließenden Statistik, speziell mit der sogenannten Testtheorie, beginnen, deren Ziel darin besteht, die empirisch gewonnenen Befunde aus der Sicht wahrscheinlichkeitstheoretischer Modellbildungen zu bewerten und damit erkannte systematische Effekte (sogenannte Signifikanz) zu bestätigen. Man geht nun bei der Testtheorie methodisch in der Weise vor, daß man die z. B. mittels der beschreibenden Statistik gewonnenen Erkenntnisse in Form einer statistischen Hypothese (und häufig zusätzlich einer Alternativhypothese) formuliert und deren Gültigkeit anhand einer neuen Stichprobe testet.

Bevor wir die einzelnen Schritte bei der Durchführung eines solchen Tests diskutieren, wollen wir das allgemeine Anliegen an 2 Beispielen verdeutlichen. Im ersten Beispiel betrachten wir den Intelligenzquotienten (IQ) für einen bestimmten Personenkreis, z. B. alle Studienbewerber einer gegebenen Fachrichtung einer bestimmten Universität. Uns interessiert, ob sich der Intelligenzquotient bei dieser Population im Laufe der Zeit verändert hat. Es sei bekannt, daß der Durchschnitts-IQ vor 5 Jahren 120 betrug, und bei der jetzigen Erhebung wurde für $N = 150$ Bewerber ein Mittelwert $\bar{x}$ des IQ von 122 gemessen. Erlauben uns diese Daten, eine systematische Erhöhung des IQ berechtigt anzunehmen? Im zweiten Beispiel betrachten wir das Problem der Modifikation von psychologischen Tests durch sogenannte Paralleltestaufgaben. Das Ziel besteht darin, 2 Testformen (A und B) mit dem gleichen Schwierigkeitsgrad zu entwickeln. Um die Gleichwertigkeit statistisch zu untersuchen, werden Versuchspersonen (Vpn) gebeten, beide Aufgaben zu lösen. Dabei entstand beispielsweise folgendes Ergebnis (mit 316 Vpn):

		Aufgabe 1		
		gelöst	nicht gelöst	$\sum$
Aufgabe 2	gelöst	61	92	153
	nicht gelöst	111	52	163
	$\sum$	172	144	316

Man hat dazu den relativen Anteil der gelösten Aufgabe 1 $\left(= \frac{61 + 111}{316}\right)$ mit demjenigen der gelösten Aufgabe 2 $\left(= \frac{61 + 92}{316}\right)$ zu vergleichen, de facto also die Anzahlen derjenigen Fälle, bei denen Aufgabe 1 gelöst und Aufgabe 2 nicht gelöst wurde ($= 111$) mit den Fällen, bei denen Aufgabe 2 gelöst und Aufgabe 1 nicht gelöst ($= 92$) wurde. Wären diese beiden Zahlen identisch, dann wären auch die relativen Häufigkeiten für gelöst/nicht gelöst bei beiden Aufgaben gleich. In diesem Fall wäre die parallele Verwendung der Aufgaben statistisch abgesichert, d. h., sie hätten den gleichen Schwierigkeitsgrad. Nun sind aber im obigen Zahlenbeispiel diese beiden Werte nicht gleich, und es erhebt sich das Problem, zu entscheiden, ob dies als zufällige Schwankung akzeptiert werden kann oder bereits einen systematischen Unterschied zwischen den Schwierigkeiten signalisiert. Wir werden im weiteren Beispiel 4.2/1 ausführlich diskutieren. Die Behandlung von Beispiel 4.2/2 findet der Leser im Abschnitt 4.3.2.1.1.

Am Anfang der Durchführung eines Tests steht die Formulierung von statistischen Hypothesen, einer zu prüfenden **Nullhypothese** H_0 und einer dem entgegengestellten **Alternativhypothese** H_1. Diese Hypothesen sind Aussagen, die die theoretische Verteilung in der zugehörigen Grundgesamtheit betreffen. In obigem Beispiel 4.2/1 würde man beim IQ von einer Normalverteilung ausgehen, wobei wir der Einfachheit halber die Varianz σ^2 als bekannt voraussetzen wollen, es sei $\sigma^2 = 36$ (Die Bekanntheit und zeitliche Konstanz dieses Wertes könnte z. B. aus langjährigen Messungen gewonnen worden sein. Verzichtet man auf diese Annahme, so führt das auf eine etwas kompliziertere Situation – den t-Test, vgl. Abschnitt 4.2.4.3). Wir untersuchen den Mittelwert-Parameter μ für den IQ der aktuellen Erhebung mit dem Vorsatz nachzuweisen, daß sich dieser systematisch von 120 unterscheidet. Zu diesem Zweck formulieren wir die Nullhypothese H_0: $\mu = \mu_0 = 120$ mit dem Ziel, diese abzulehnen und damit einen signifikanten Unterschied nachzuweisen. Mögliche Alternativhypothesen H_1 wären: $\mu \neq 120$, bzw. $\mu > 120$ oder $\mu < 120$ (vgl. weiter unten).

Bei jeder statistischen Entscheidung treffen reale Beobachtungen (im Beispiel der Mittelwert $\bar{x} = 122$ bei $N = 150$ Versuchspersonen) und zugrundeliegende Wahrscheinlichkeitsannahmen (H_0: $\mu = \mu_0 = 120$) aufeinander. Daraus resultiert immer auch das Risiko einer Fehlentscheidung. In Folge der Betrachtung der Art der Fehlentscheidung differenzieren wir zwischen dem Fehler 1. Art und 2. Art. Ein **Fehler 1. Art** liegt vor, wenn wir die zugrundeliegende **Nullhypothese ablehnen, obwohl sie richtig ist**. Wir sprechen vom Ablehnungsfehler und nennen seine Wahrscheinlichkeit Irrtumswahrscheinlichkeit oder auch Risiko 1. Art und bezeichnen sie mit α. Ein solcher Fehler entsteht dann, wenn die konkrete Stichprobe bezüglich der Annahme in der Nullhypothese aufgrund der Wirkung des Zufalls „extrem“ ausgefallen ist. In diesem Fall würde das statistische Prüfverfahren Stichproben- und Grundgesamtheitsverteilung als „verschieden“ analysieren, obwohl sie identisch sind. Die Nullhypothese wird falscher Weise abgelehnt. Ein **Fehler 2. Art** liegt vor, wenn wir die **Nullhypothese beibehalten, obwohl sie falsch ist**. Diesen Fehler nennt man auch Annahmefehler, seine Wahrscheinlichkeit heißt Risiko zweiter Art und wird mit β bezeichnet. Solch ein Fehler kann auftreten, wenn die Stichprobe „nur zufällig im Sinne von H_0“ ausfällt, obwohl in Wirklichkeit H_1 zutrifft. Wir werden im weiteren nur den Fehler 1. Art α festlegen. Man spricht dann von einem **Signifikanztest** zum Signifikanzniveau α bzw. mit der Sicherheitswahrscheinlichkeit $1 - \alpha$. Man spricht von einem signifikanten Untersuchungsergebnis, wenn H_0 abgelehnt wird. Wir merken an, daß die Wahrscheinlichkeit für einen Fehler 2. Art nicht angegeben werden kann, da sie von dem unbekannten Parameter abhängt. Wir können nur indirekt Einfluß auf die Größe des Risikos 2. Art nehmen. Signifikanztests sind so konstruiert, daß der Anwender nur α frei wählen kann. Mit der Wahl der Größe von α wird β dadurch „automatisch“ mit beeinflußt. Der Zusammenhang besteht darin, daß ein größeres α ein kleineres β und umgekehrt ein kleineres α ein größeres β gewöhnlich zur Folge hat. Der Anwender des statistischen Verfahrens sollte sich im Vorfeld überlegen, welchen Fehler er eher akzeptieren kann. Bei dieser Entscheidung hilft es ihm, wenn er sich vor Beginn der Untersuchung Gedanken bezüglich der Konsequenzen macht, d. h., will er eher einen Ablehnungs- oder eher einen Annahmefehler zulassen. Dies kann die Statistik nicht entscheiden. Hier ist vom **inhaltlichen** Problem auszugehen – in jedem einzelnen Fall neu. Besteht die Gefahr, daß in dem Fall, da die Nullhypothese abgelehnt wird, obwohl sie richtig ist, daß dann die negativen Konsequenzen überwiegen, so wird der Anwender dieses Risiko möglichst klein halten. Er wird die Hypothesenprüfung auf einem hohen Signifikanzniveau, d. h. mit kleinem α realisieren. Ist im umgekehrten Fall damit zu rechnen, daß ausgesprochen negative Konsequenzen dann zu erwarten sind, wenn wir die Nullhypothese annehmen, obwohl sie falsch ist, so werden wir mit einem niedrigeren Signifikanzniveau, d. h. mit einem größeren α prüfen, womit sich auch der β-Fehler verkleinert. Ein weiteres Motiv für die Festlegung von α ergibt sich daraus, daß man möglichst „streng gegenüber der angestrebten Entscheidung“ verfährt, also möglichst signifikante Aussagen erhält. Ist also die Ablehnung der Nullhypothese die wichtigere Aussage, so wählt man ein kleineres α (z. B. $\alpha = 0{,}01$), im anderen Fall wählt man ein größeres α (z. B. $\alpha = 0{,}05$).

Zur konkreten Durchführung des Tests benötigen wir nun die sogenannte **Testgröße**, die so beschaffen ist, daß sie eine Entscheidung bezüglich der Nullhypothese sinnvoll gestattet. Die mathematische Herleitung der konkreten Form der Testgröße ist mitunter kompliziert und keine Aufgabe des Anwenders. Ihm obliegt es, die am Ende häufig relativ einsichtigen Formeln zur Berechnung der Testgröße richtig zu handhaben. In unserem obigen Beispiel 1 verwendet man als Testgröße den Ausdruck

$$u = \frac{\bar{x} - \mu_0}{\sigma} \cdot \sqrt{N} = \frac{122 - 120}{6} \cdot \sqrt{150}$$
$$= 4{,}082.$$

Aufgrund der Tatsache, daß der *IQ* normalverteilt ist, folgt, daß die Testgröße u einer standardisierten Normalverteilung entspricht. Die Entscheidung wird nun dadurch getroffen, daß man in geeigneter Weise ein kritisches Gebiet, welches in Intervallform gewählt wird, angibt und die Nullhypothese genau in dem Fall ablehnt, wenn die Testgröße in dieses Gebiet fällt. Von genereller Bedeutung ist dabei weiterhin die Art der Fragestellung. Wir unterscheiden zwischen der **einseitigen** und der **zweiseitigen Fragestellung**. In unserem Beispiel würde eine zweiseitige Fragestellung durch die Alternativhypothese $H_1\colon \mu \neq \mu_0 = 120$ gegeben sein, d. h., sowohl große positive als auch große negative Abweichungen zwischen $\bar{x}$ und μ sind kritisch. Hier besteht das kritische Gebiet aus 2 Intervallen, die sich am linken und rechten Rand der standardisierten Normalverteilungskurve befinden. Das Risiko 1. Art teilt sich dementsprechend zu je $\frac{\alpha}{2}$ auf. Die nachfolgende Abbildung soll den Gedanken verdeutlichen:

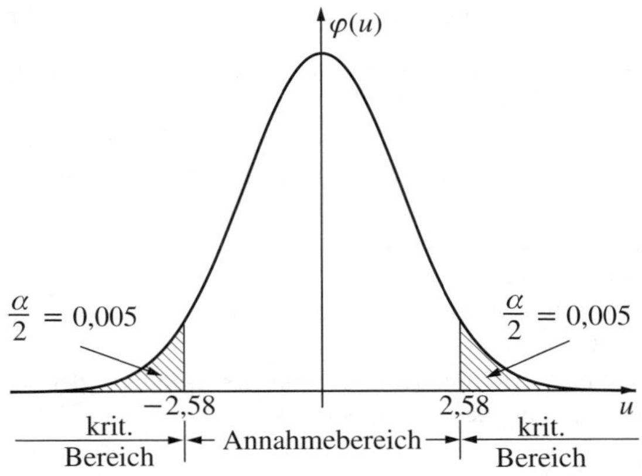

Die Irrtumswahrscheinlichkeit als Fläche unter der Normalkurve (zitiert nach Clauß/Ebner 1992, S. 195)

In einem solchen Fall schließen wir aus der Ablehnung der Nullhypothese, daß entweder $\mu < \mu_0$ oder $\mu > \mu_0$ ist. Aus dem Bild ersehen wir, daß in diesem Fall die Nullhypothese genau dann abgelehnt wird, wenn $|u| \geq u_{\alpha;\text{zweis}}$ mit $u_{\alpha;\text{zweis}} = 2{,}58$ erfüllt ist. Man nennt diese Zahl den **kritischen Wert** bei zweiseitiger Fragestellung. Er ergibt sich in unserem Beispiel als Quantil der Ordnung $1 - \frac{\alpha}{2}$ bei der standardisierten Normalverteilung: $u_{\alpha;\text{zweis}} = z_{1} - \frac{\alpha}{2}$ (vgl. Abschnitt 3.2.3.3).

Anders stellt sich die Situation bei der **einseitigen Fragestellung** für uns dar. Bei der Formulierung der Nullhypothese ist zu berücksichtigen, daß bei der **Alternativhypothese** entweder $\mu < \mu_0$ oder $\mu > \mu_0$ definiert wird. Mit anderen Worten bedeutet das, daß wir für den Abweichungsfall **vor** Beginn der Untersuchung wohlbegründet davon ausgehen können, daß ein Unterschied nur **in einer Richtung** auftreten kann. In unserem Beispiel ist dies H_1: $\mu > \mu_0 = 120$.

Der Begrenzungswert des kritischen Bereiches wird nun nur an einer Seite der Verteilung mit dem Flächenanteil von α festgelegt. In Abhängigkeit davon, ob die Alternativhypothese durch $\mu > \mu_0$ (wie im obigen Beispiel) oder im anderen Fall durch $\mu < \mu_0$ formuliert wird, befindet sich der kritische Bereich auf der rechten oder linken Seite der Prüfverteilung. Die nachfolgende Abbildung soll dies verdeutlichen:

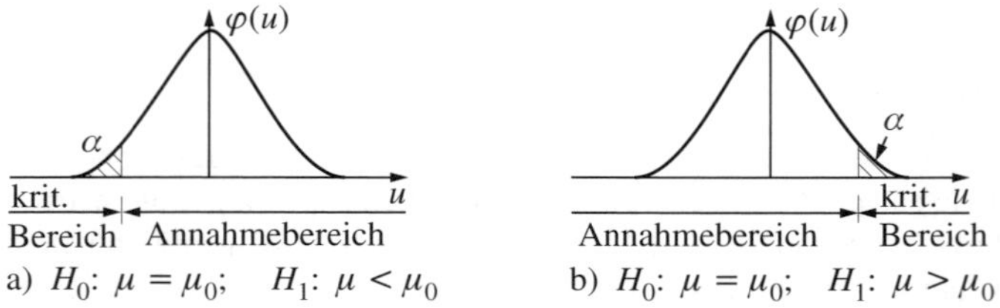

Annahmebereich und kritischer Bereich bei einseitiger Fragestellung (nach CLAUSS/EBNER *1992, S.202)*

Der Absolutbetrag des kritischen Wertes $u_{\alpha;\text{eins}}$ der Prüfgröße ist demnach bei einseitiger Fragestellung kleiner als bei zweiseitiger Fragestellung. In unserem Beispiel erhalten wir für $\alpha = 0{,}01$ den kritischen Wert $u_{\alpha;\text{eins}} = z_{1-\alpha} = z_{0,99} = 2{,}326$ (vgl. auch Tafel 2 und die Anmerkung nach Beispiel 7.7/10). Im Ergebnis des Tests lehnen wir die Nullhypothese ab. Die angegebenen Daten erlauben uns also den Schluß, daß eine signifikante Steigerung des *IQ* in den letzten 5 Jahren zu verzeichnen war.

Zusammenfassend wollen wir im weiteren bei der Durchführung statistischer Tests in einheitlicher Weise nach folgendem 7-Punkte-Schema vorgehen:

1. Bemerkungen zu den Voraussetzungen des Tests: Diese beziehen sich sowohl auf die verwendeten Daten (z. B. Datenniveau, bestimmte testbedingte Einschränkungen) als auch auf die zugehörige Grundgesamtheit.
2. Formulierung der Null- und der Alternativhypothese,
3. Festlegung des Signifikanzniveaus α,
4. Angabe der Testgröße (auch Prüfgröße genannt),
5. Angabe des kritischen Bereiches,
6. Berechnung des konkreten Wertes der Testgröße auf der Grundlage der Daten,
7. Entscheidung und Formulierung des Testergebnisses.

Für unser 1. Beispiel erhalten wir:

1. Test auf Mittelwert bei metrischen normalverteilten Daten (*IQ*) mit bekannter Varianz $\sigma^2 = 36$.
2. H_0: $\mu = \mu_0 = 120$, H_1: $\mu > 120$ (einseitig)
3. $\alpha = 0{,}01$
4. $u = \dfrac{\bar{x} - \mu_0}{\sigma} \cdot \sqrt{N}$
5. $u \geq u_{\text{krit}} = u_{\alpha;\text{eins}} = 2{,}326$ (vgl. Tafel 2)
6. $u = \dfrac{122 - 120}{6} \cdot \sqrt{150} = 4{,}082$
7. $u = 4{,}082 > 2{,}326$, also Ablehnung von H_0. Es besteht eine signifikante Erhöhung des *IQ* gegenüber dem Vergleichswert von 120.

Abschließend wollen wir noch auf eine Besonderheit hinweisen, die beim Umgang mit Computern auftritt. Zur Testentscheidung benötigt man kritische Werte (Grenzen des kritischen Bereiches). Diese werden aus den Quantilen der Verteilungsfunktion, die zur jeweiligen Testgröße gehört, berechnet und liegen gewöhnlich vertafelt vor (vgl. Tafelanhang, Kap. 7). Man ist somit überhaupt erst in der Lage, Tests „per Hand" durchzuführen. Nun ist es aber wenig sinnvoll, im Computer die vollständigen Tafeln der kritischen Werte zu speichern, da dieser in der Lage ist, nur den jeweils benötigten konkreten Wert auszurechnen. Dies geschieht aber in einer etwas anderen, jedoch dazu äquivalenten Form, bei der nicht die schwieriger zu bestimmenden Quantile, sondern die Verteilungsfunktion der Prüfgröße selbst verwendet wird. Der Computer berechnet die sog. **Überschreitungswahrscheinlichkeit** γ. Sie ist die Wahrscheinlichkeit dafür, daß im Sinne der Alternativhypothese „noch ungünstigere" Werte der Prüfgröße, als der konkret erhaltene, auftreten. Wir demonstrieren dies an unserem obigen Beispiel: Dort erhielten wir $u = 4{,}082$, wobei eine standardisierte Normalverteilung zugrunde liegt. Die Überschreitungswahrscheinlichkeit γ ergibt sich damit wie folgt:

$$\gamma = P(T^* \geq 4{,}082) = 1 - P(T^* < 4{,}082) = 1 - \Phi(4{,}082)^{1)}$$
$$< 1 - 0{,}9998 = 0{,}0002 \text{ (vgl. Tafel 2).}$$

Dabei bezeichnet T^* – enstsprechend der Vereinbarung im vorhergehenden Abschnitt 3.4.2 – die zu u gehörige normalverteilte **zufällige** Testgröße.

Die Entscheidung wird dann wie folgt gefällt:

Einseitige Fragestellung: Wenn $\gamma \leq \alpha$ gilt, dann lehnen wir H_0 ab.
Zweiseitige Fragestellung: Wenn $\gamma \leq \frac{\alpha}{2}$ gilt, dann lehnen wir H_0 ab.

Im Beispiel erhalten wir $\gamma = 0{,}0001 < \alpha = 0{,}01$, also ist H_0 abzulehnen. Die Überschreitungswahrscheinlichkeit hat den Vorteil, daß sie vom Gesichtspunkt der Wahrscheinlichkeit her (und damit in gewissem Sinne in natürlicher Weise) eine Einschätzung des konkret erhaltenen Wertes der Prüfgröße erlaubt.

Anmerkung: *Mitunter spricht man im Falle von*
$\gamma \leq 0{,}001$ *von einer hochsignifikanten (symbolisch: ***) Abweichung,*
$\gamma \leq 0{,}01$ *von einer sehr signifikanten (symbolisch: **) Abweichung,*
$\gamma \leq 0{,}05$ *von einer signifikanten (symbolisch: *) Abweichung.*

4.1.2 Klassifikation statistischer Tests

Die Klassifikation von statistischen Verfahren ist deshalb notwendig, weil diese wesentlich von den konkreten Bedingungen und Voraussetzungen abhängen. Außerdem erleichtert die Klassifikation im Sinne einer Lernhilfe das Finden der geeigneten Tests für die jeweils vorliegenden Bedingungen. Insgesamt erfolgt dabei eine Ordnung der Tests nach der Art der Daten, die sie verarbeiten.

Wir unterscheiden eine Reihe von Fragestellungen, deren Antworten das Suchfeld für den jeweiligen Test systematisch eingrenzen, bis schließlich nur noch am „besten geeignete" Tests für das entsprechende Urmaterial zur Wahl stehen.

1. Die Grundfragestellung
   Wir unterscheiden zwischen zwei Arten von Fragestellungen:
   a) Kann man annehmen, daß eine vorliegende Stichprobe, d. h. die empirischen Daten der Untersuchung aus einer Population, aus einer Grundgesamtheit mit einer bestimmten, bekannten Verteilung stammt? Beispielsweise können wir fragen: Liegt eine Normalverteilung der Daten vor?

1) Tafel 2 reicht nur bis zum u-Wert von 3,49 und ergibt 0,9998. Der Wert 4,082 ist noch größer als 3,49, so daß der Tafelwert garantiert über 0,9998 liegt. Damit ist $1 - \Phi(4{,}082)$ kleiner als $1 - 0{,}9998 = 0{,}0002$.

Diese Frage ist deshalb besonders interessant, weil wir nach ihrer Bejahung mit parametrischen Tests (vgl. Frage 5) arbeiten dürfen. Diese Frage nach der Übereinstimmung bedeutet also den Vergleich einer empirischen (Stichprobe) mit einer theoretischen (Grundgesamtheit) Verteilung. Tests, die Antwort auf diese Frage geben, sind die sogenannten **Anpassungstests** (vgl. Kapitel 4.2)

Als Beispiel für einen Anpassungstest mag uns nachfolgende Fragestellung dienen: Wir untersuchten im Rahmen einer Qualitätskontrolle eine Warensendung (Stichprobe) hinsichtlich des Anteils von Ausschußteilen und stellten fest, daß 3 % nicht in Ordnung waren. Nun wissen wir, daß die Gesamtproduktion (Grundgesamtheit) eines Werkes durchschnittlich 0,5 % Ausschußteile beinhaltet. Mit Hilfe eines Anpassungstestes können wir unter Akzeptanz einer festgelegten Irrtumswahrscheinlichkeit die Frage beantworten, ob die untersuchte Warensendung tatsächlich aus diesem Unternehmen stammt.

b) Kann man annehmen, daß zwei oder mehr vorliegende Stichproben aus der gleichen Grundgesamtheit stammen, oder unterscheiden sich die Grundgesamtheiten, aus denen die Stichproben entnommen wurden, signifikant voneinander? Hier vergleichen wir zwei oder mehr empirische Verteilungen miteinander und untersuchen, ob sie unter den gleichen Bedingungen erhoben wurden. Wir suchen Antwort auf die Frage, ob für die Stichproben die gleiche statistische Bedingung vorliegt. Tests, die diese Frage beantworten, bezeichnen wir als **Unterschiedstests** (vgl. Kap. 4.3). Eine praktische Fragestellung für einen Unterschiedstest können wir uns wie folgt vorstellen: Wir untersuchten eine Gruppe von Lehramtskandidaten in Hamburg (Stichprobe 1) und eine Gruppe in München (Stichprobe 2) hinsichtlich ihrer Fähigkeit zur sozialen Kompetenz beim Umgang mit Schülern. Mit Hilfe eines Unterschiedstests können wir z. B. Antwort auf die Frage geben, ob sich die beiden Gruppen bzgl. der sozialen Kompetenz unterscheiden oder nicht.

Bei den Unterschiedstests trennen wir drei inhaltliche Aspekte:

a) Wir fragen nach Unterschieden in der zentralen Tendenz, d. h. nach Mittelwertsunterschieden. Dann helfen uns die sogenannten **Lokationstests**.
b) Wir suchen nach Unterschieden in den Streuungen zwischen den Stichproben, d. h., wir betrachten die Verteilung der Daten um den Mittelwert herum. In diesem Fall nutzen wir die sogenannten **Dispersionstests**.
c) Uns interessieren Unterschiede sowohl bzgl. der zentralen Tendenz als auch bzgl. der Streuung. Dabei setzen wir die sogenannten **Omnibustests** ein.

Anmerkung: Messen wir an einem Objekt mehrere Variable, dann interessiert uns die Frage, ob ein Zusammenhang zwischen diesen Variablen besteht. Ist ein solcher vorhanden, dann interessiert überdies, welcher Art dieser Zusammenhang zwischen den Variablen ist. Antwort auf die erste Frage gibt uns die sogenannte **Korrelationsanalyse** (vgl. Abschnitt 5.1), und Antwort auf die zweite Frage gibt uns die sogenannte **Regressionsanalyse** (vgl.Abschnitt 2.3.2.6 und 5.1.5.4).

2. Die Art der Stichprobenerhebung

Hinsichtlich der Art der Stichprobenerhebung unterscheiden wir zwei große Gruppen von Stichproben. Wir differenzieren zwischen den unabhängigen und den abhängigen (auch korrelierend genannten) Stichproben.

Unabhängige Stichproben entstehen z. B., wenn jede Stichprobe an anderen Objekten, die nach einem Zufallsprinzip völlig unabhängig voneinander ausgewählt wurden, erhoben wird. Zwischen Objekten verschiedener Stichproben existiert dann keinerlei Informationsverbindung, und es kann auch keine gegenseitige Zuordnung hergestellt werden. Unabhängige Stichproben liegen beispielsweise vor, wenn wir eine 4. Klasse in Dresden und eine 4. Klasse in Frankfurt hinsichtlich ihres Wortschatzes untersuchen. Das Zufallsprinzip der Auswahl bestand z. B. darin, daß in einem Lostopf von allen Städten Deutschlands mit mehr als 500 000 Einwohner je eine benannte 4. Klasse enthalten war und wir rein zufällig die Klassen aus Dresden und Frankfurt gezogen haben.

Abhängige Stichproben stehen uns dann zur Verfügung, wenn an denselben Objekten zwei oder mehr verschiedene Bedingungen untersucht wurden. Dann entstehen mindestens Meßwertpaare pro Objekt. Wir sprechen von abhängig, weil die erhobenen Daten auf das gleiche Objekt zurückführbar sind. Wenn wir also ein überdurchschnittlich intelligentes Kind hinsichtlich seiner Leistungsfähigkeit in Mathematik und Physik untersuchen, dann wird sich diese hohe Intelligenz in beiden Bereichen widerspiegeln. Es existiert eine Art übergeordnete Abhängigkeit der Untersuchungsergebnisse.
Mit abhängigen Stichproben haben wir es häufig im Bereich von Lern- und Entwicklungsuntersuchungen, aber auch im Bereich der Kontrolle von Arbeitsgestaltungsmaßnahmen zu tun. Stellen wir uns vor, wir untersuchen die Belastung an einem Arbeitsplatz vor und nach einer Gestaltungsmaßnahme. Um zu prüfen, ob z. B. die Belastung reduziert wurde, müssen wir die Daten beider Erhebungen als abhängige Stichproben behandeln.

3. Die Arten der Daten
Die Frage nach der Art der Daten ist die Frage nach dem Informationsgehalt. Wie wir im Kapitel 3.1.3. erfahren haben, unterscheiden wir **alternative**, **kategoriale**, **ordinale** und **metrische Daten**. Da jedes statistische Verfahren die genaue Bestimmung des Informationsgehaltes zur Voraussetzung hat, differenzieren wir bei der Suche nach dem geeigneten Test entsprechend dem Datenniveau.

4. Die Anzahl der Stichproben
Hinsichtlich der Anzahl der Stichproben klassifizieren wir in drei Gruppen von Tests:
   a) Es liegt nur **eine** Stichprobe vor. In diesem Fall handelt es sich im wesentlichen bzgl. der Fragestellung um einen Anpassungstest.
   b) Uns stehen **zwei** Stichproben zur Verfügung. Dann interessiert uns entweder ein Unterschiedstest, oder wir interessieren uns für eventuelle Korrelationen zwischen ihnen.
   c) Ist die Anzahl der Stichproben **größer als zwei**, so unterscheiden wir zwischen dem **Globalvergleich** und dem multiplen Vergleich. Beim Globalvergleich ist die Frage zu beantworten, ob es zwischen allen Verteilungen **insgesamt** einen Unterschied gibt. Beim **multiplen Vergleich** fragen wir, zwischen welchen der **einzelnen** Verteilungen es einen Unterschied gibt?

5. Die Verteilungsannahme
Diese Unterscheidung wird in vielen Lehrbüchern als die wichtigste dargestellt. Wir trennen hier in die verteilungsabhängigen – auch parametrischen – Tests und in die verteilungsunabhängigen – auch verteilungsfreien oder nichtparametrischen – Tests.
Bei **parametrischen Tests** werden typische Parameter der Verteilung untersucht. Meist sind das der Mittelwert und die Varianz. So können z. B. parametrische Tests an die Voraussetzung der Normalverteilung gebunden sein. Parametrische Tests sind hinsichtlich der Genauigkeit ihrer Aussage stärker als parameterfreie Tests, da sie ja auch wesentlich mehr Voraussetzungen erfordern.
Parameterfreie Tests erfordern keine Annahme über die Art der Verteilung der Daten. Sie finden immer dann Anwendung, wenn z. B. die Voraussetzungen für eine Verteilungsannahme nicht unmittelbar ersichtlich sind. Diese Tests arbeiten auf der Grundlage aller Untersuchungsergebnisse der Stichproben, d. h., bei ihnen können wir nicht mit typischen Maßzahlen von Verteilungen arbeiten.

6. Der Umfang der Stichprobe
Als letzte Klassifikationshilfe steht uns die Größe der Stichprobe zur Verfügung. Hier gibt es für die einzelnen statistischen Verfahren keine festen Anzahlen. Es wird zwischen großen, mittleren und kleinen Stichproben unterschieden. In vielen Fällen ist es so, daß mit wachsendem Stichprobenumfang eine immer bessere Annäherung an die theoretische Verteilung erfolgt. Deshalb dürfen wir dann mit Näherungsformeln, die im allgemeinen wesentlich anwendungsfreundlicher sind, arbeiten.

Fassen wir die Teilfragestellungen zur Testklassifikation zusammen, dann können wir das empfohlene Vorgehen am nachfolgenden logischen Baum grafisch gut verdeutlichen:

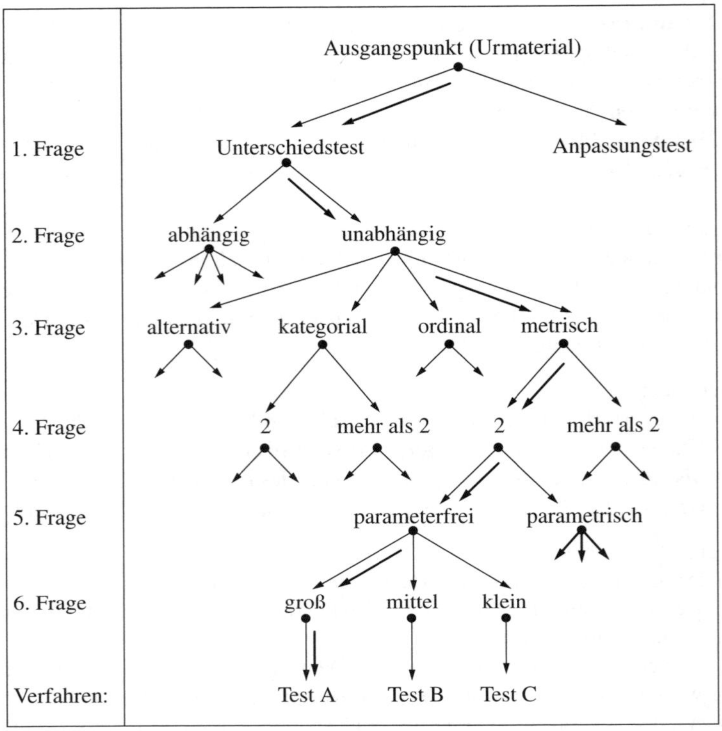

4.2 Anpassungstests

Wie bereits in Abschnitt 4.1.2 erwähnt wurde, besteht eine der beiden großen Untergruppen von Tests aus sogenannten Anpassungstests. Sie beantworten die Frage, ob die empirisch gefundene Verteilung innerhalb einer Stichprobe mit einer theoretischen Verteilung übereinstimmt oder nicht. Anpassungstests prüfen die Hypothese, ob eine Stichprobe einer vorgegebenen Verteilungsfunktion entspricht bzw. zu einer ganz bestimmten Klasse vorgegebener Verteilungsfunktionen gehört. Es erfolgt der Vergleich einer empirischen Stichprobe und ihrer Verteilung mit einer theoretisch angenommenen Verteilungsfunktion.

Wir werden im weiteren in Abhängigkeit vom Informationsgehalt der Daten „am besten" geeignete Anpassungstests betrachten. Entsprechend wird in den nachfolgenden Abschnitten die Gliederung von der Art der Urdaten bestimmt.

4.2.1 Alternative Daten (Binomialtest/u-Test)

Stehen uns nur zwei Ausprägungen eines Merkmals zur Verfügung, dann prüfen wir die Hypothese über die Wahrscheinlichkeit einer dieser Ausprägungen. Die zugrundeliegende Wahrscheinlichkeitsverteilung ist in diesem Fall die Binomialverteilung. Uns steht eine Stichprobe vom Umfang N zur Verfügung. Diese Stichprobe ist aufgeteilt auf die Kategorien 1 und 2 (da alternative Daten), wobei wir folgende Bezeichnungen einführen wollen:

n_1 bzw. n_2 absolute Häufigkeit der Kategorie 1 bzw. 2
h_1 bzw. h_2 relative Häufigkeit der Kategorie 1 bzw. 2
p_1 bzw. p_2 Wahrscheinlichkeit der Kategorie 1 bzw. 2 in der Grundgesamtheit

Wir prüfen die Hypothese, ob die Wahrscheinlichkeit p_1 mit einem angenommenen Wert $p_{1,0}$ übereinstimmt: H_0: $p_1 = p_{1,0}$ (bzw. analog H_0: $p_2 = p_{2,0}$). Ein Anwendungsfall liegt z. B. vor, wenn wir wissen wollen, ob der Anteil der Linkshänder in einer bestimmten Bevölkerungsgruppe einem behaupteten Wert $p_{1,0}$ entspricht oder nicht. Häufig hat man es mit einem Spezialfall zu tun: Die Gleichwahrscheinlichkeit der Ausprägungen soll untersucht werden, d. h., es wird die Hypothese H_0: $p_{1,0} = 0{,}5$ aufgestellt. Diese Frage ist z. B. beim Vergleich der Geschlechter männlich/weiblich bzgl. bestimmter erhaltener Meßwerte von Interesse.

Bei einer solchen Ausgangssituation wird der sogenannte Binomialtest eingesetzt. Er bedeutet großen Rechenaufwand (selbst bei Nutzung tabellierter Verteilungen) und wird dann angewandt, wenn entweder für den Stichprobenumfang $N \leq 30$ gilt oder wenn die **theoretischen Erwartungshäufigkeiten** $Np_{\min,0} \leq 5$ sind, wobei $p_{\min,0}$ die kleinere der beiden Zahlen $p_{1,0}$ und $p_{2,0}$ bezeichnet. In allen übrigen Fällen wird als Näherungsverfahren der rechnerisch besser handhabbare u-Test verwendet, der auf der Grundlage der Normalverteilung prüft. Bei einem Stichprobenumfang von mehr als 30 und bei Erwartungshäufigkeiten ab 5 ist diese Näherung durch die Normalverteilung zulässig und üblich.

4.2.1.1 Der Binomialtest

Der Binomialtest ist ein Anpassungstest bei alternativen Daten und kommt vorzugsweise bei Stichprobenumfängen N mit $N \leq 30$ oder $Np_{\min,0} \leq 5$ zum Einsatz.

Bei einseitiger Fragestellung prüfen wir die Nullhypothese H_0: $p_1 = p_{1,0}$, wobei hier die „Alternativhypothese“ bedeutet: H_1: $p_1 < p_{1,0}$ bzw. H_1: $p_1 > p_{1,0}$. Dazu bestimmen wir mit Hilfe des Wertes n_1 der absoluten Häufigkeit der Kategorie 1 in der Stichprobe vom Umfang N im Falle der „Alternativhypothese“ H_1: $p_1 < p_{1,0}$ die Überschreitungswahrscheinlichkeit

$$\gamma = \sum_{i=1}^{n_1} \binom{N}{i} p_{1,0}^i (1 - p_{1,0})^{N-i}.$$

Dies ist die Wahrscheinlichkeit dafür, daß die Kategorie 1 höchstens n_1-mal, d. h. n_1-mal oder seltener, auftritt. Nun müssen wir diese Wahrscheinlichkeit nicht in jedem einzelnen Fall ausrechnen, sondern wir können sie aus der tabellierten Binomialverteilung (Tafel 13B) entnehmen. Dafür nutzen wir die dort vertafelte Funktion $B(k; n; p)$:

$$\gamma = B(n_1; N; p_{1,0})$$

(Hier sind also $k = n_1$ $n = N$ und $p = p_{1,0}$ zu setzen.)

Im Falle der „Alternativhypothese“ H_1: $p_1 > p_{1,0}$ ergibt sich die Überschreitungswahrscheinlichkeit γ aus:

$$\gamma = \sum_{i=n_1}^{N} \binom{N}{i} p_{1,0}^i (1 - p_{1,0})^{N-i}.$$

Sie ist die Wahrscheinlichkeit dafür, daß die Kategorie 1 mindestens n_1-mal, d. h., n_1-mal oder häufiger, auftritt. Wir können auch hier wiederum Tafel 13B benutzen und erhalten:

$$\gamma = 1 - B(n_1 - 1; N; p_{1,0})$$

(Hier sind also $k = n_1 - 1$, $n = N$, $p = p_{1,0}$ zu setzen.)

Beispiel 4.2/1: Ein Hochschullehrer behauptet, daß mindestens 60 % der Studenten die Übungen zu seinem Fach besuchen. Ein Fachkollege kommt in eine solche Übung und trifft dort 6 von 15 möglichen Studenten an. Kann er die eingangs getroffene Behauptung widerlegen?

Lösung:

1. Voraussetzungen: $*$ Anpassungstest $*$ alternative Daten $*$ $N = 15 < 30 \longrightarrow$ wir nutzen den Binomialtest
2. Hypothesen: H_0: $p_1 = 0{,}6$ und H_1: $p_1 < 0{,}6$ (eins. Fragestellung)
3. Wir wählen aufgrund der Fragestellung $\alpha = 0{,}01$.
4. Prüfkriterium mittels Überschreitungswahrscheinlichkeit
$$\gamma = B(n_1; N; p_{1,0}),$$
wobei $n_1 = 6$, $N = 15$, $p_{1,0} = 0{,}6$.
5. Entscheidungskriterium: $\gamma \leq \alpha \longrightarrow$ Ablehnung von H_0
6. Berechnung (vgl. Tafel 13):
$$\gamma = B(6; 15; 0{,}6) = 1 - B(8; 15; 0{,}4) = 1 - 0{,}9050 = 0{,}0950$$
7. Entscheidung: $0{,}0950 > 0{,}01$, d. h., $\gamma > \alpha \longrightarrow H_0$ beibehalten.
Die Behauptung kann auf Grund der vorgefundenen Anwesenheit nicht widerlegt werden.

Bei zweiseitiger Fragestellung wird die „Alternativhypothese“ H_1: $p \neq p_{1,0}$ betrachtet. Hier gehen wir wie folgt vor: Wir vergleichen zunächst die absolute Häufigkeit n_1 der Kategorie 1 mit der Erwartungshäufigkeit $Np_{1,0}$ und bestimmen im Falle $n_1 \leq Np_{1,0}$ die Überschreitungswahrscheinlichkeit γ aus

$$\gamma = \sum_{i=0}^{n_1} \binom{N}{i} p_{1,0}^i (1 - p_{i,0})^{N-i} = B(n_1; N; p_{1,0})$$

und im Falle $n_1 > Np_{1,0}$ die Überschreitungswahrscheinlichkeit aus

$$\gamma = \sum_{i=n_1}^{N} \binom{N}{i} p_{1,0}^i (1 - p_{i,0})^{N-i} = 1 - B(N - n_1 - 1; N; p_{1,0}).$$

Anschließend vergleichen wir γ mit der halbierten Irrtumswahrscheinlichkeit $\frac{\alpha}{2}$ und lehnen H_0 genau dann ab, wenn

$$\gamma \leq \frac{\alpha}{2}$$

gilt.

4.2.1.2 Der u-Test

Der u-Test wird bei der gleichen Fragestellung wie der Binomialtest verwendet, d. h., er ist ein Anpassungstest bei alternativen Daten. Man geht aber jetzt zusätzlich davon aus, daß der Stichprobenumfang $N \geq 60$ ist, die Wahrscheinlichkeit $p_{i,0}$ nicht zu sehr von 0,5 abweicht und das Minimum der Erwartungshäufigkeiten, d. h. $p_{\min,0}$, größer oder gleich 5 ist. Die Prüfgröße u wird jetzt aus der relativen Häufigkeit h_1 durch Zentrieren (Abziehen von $p_{1,0}$) und Normieren gewonnen und lautet

$$\boxed{u = \frac{h_1 - p_{1,0}}{\sqrt{p_{1,0}(1 - p_{1,0})}} \cdot \sqrt{N}}\ .$$

Sie ist dann näherungsweise standardisiert normalverteilt. Welche Kategorie dabei mit 1 oder 2 benannt wird, spielt keine Rolle. Der kritische Bereich ist bei zweiseitiger Fragestellung durch das Quantil $u_{\alpha,\text{zweis}} = z_{1-\frac{\alpha}{2}}$ der Normalverteilung gegeben (vgl. Abschnitt 3.2.3.3). Wir erhalten das folgende Entscheidungskriterium:

$$|u| \geq u_{\alpha,\text{zweis}} \quad \longrightarrow \quad \text{Ablehnung von } H_0.$$

Beispiel 4.2/2: In einer Untersuchung von HUJER (1992) wurden Grunddimensionen menschlicher Kommunikation analysiert. Eine der Dimensionen wird durch die Pole Distanz und Nähe beschrieben. Bezogen auf die Grundgesamtheit „alle Menschen“ könnten wir davon ausgehen, daß ca. die Hälfte aller Menschen distanziert und die anderen nicht distanziert kommunizieren, d. h. beide Pole etwa gleichhäufig auftreten. An der Untersuchung nahmen 406 Personen teil, wobei 272 dem Pol Nähe und 134 dem Pol Distanz zugeordnet werden konnten. Es sollte die Frage beantwortet werden, ob diese Untersuchungspopulation typisch ist für die Grundgesamtheit.

Lösung:

1. Voraussetzungen:
   * Anpassungstest für alternative Daten
   * große Stichprobe ($N = 406 > 60$)

	h_i	$p_{i,0}$
Nähe	$\frac{272}{406}$	0,5
Distanz	$\frac{134}{406}$	0,5

   * Erwartungshäufigkeit:

   $Np_{\min,0} = 406 \cdot 0{,}5 = 203 > 5 \quad \longrightarrow \quad$ die Bedingung ist erfüllt

   Anmerkung: *Bei der Erwartungshäufigkeit brauchen wir nur mit dem kleineren Wert von $p_{i,0}$ zu prüfen. Erfüllt dieser bereits die Bedingungen, dann gilt dies auch für den größeren Wert als gesichert.*
2. Hypothesen:

   H_0: $p_1 = p_{1,0} = 0{,}5$ $\quad H_1$: $p_1 \neq p_{1,0}$ $\quad$ (zweiseitige Fragestellung)
3. Signifikanzniveau aufgrund des Inhalts der Aufgabenstellung:

   $\alpha = 0{,}05$
4. Prüfgröße:

$$u = \frac{h_1 - p_{1,0}}{\sqrt{p_{1,0}(1 - p_{1,0})}} \cdot \sqrt{N}$$
5. Kritischer Bereich:

   $|u| \geq u_{\alpha;\text{zweis}} \quad \longrightarrow \quad$ Ablehnung von H_0
6. Berechnung:

$$h_1 = \frac{272}{406} = 0{,}67,$$

$$u = \frac{0{,}67 - 0{,}5}{\sqrt{0{,}5(1 - 0{,}5)}} \cdot \sqrt{406} = 0{,}34 \cdot 20{,}15 = 6{,}851$$
7. Entscheidung:

   $u_{\alpha;\text{zweis}} = u_{0,05;\text{zweis}} = 1{,}96$ (vgl. Tafel 2) $\quad 6{,}851 > 1{,}96$,

   d. h.

   $u > u_{\alpha;\text{zweis}} \quad \longrightarrow \quad$ Ablehnung von H_0.

   Wir können nicht davon ausgehen, daß eine für die Grundgesamtheit typische Stichprobe untersucht wurde.

Wir wollen uns anhand dieses Tests und des genannten Beispiels zusätzlich noch überlegen, wie man dieses Problem in äquivalenter Weise unter Benutzung von Überschreitungswahrscheinlichkeiten behandeln würde. Kritisch sind große Absolutwerte der Testgröße u. Deshalb legen wir auf jeder Seite die kritische Grenze für die Überschreitungswahrscheinlichkeiten zu $\frac{\alpha}{2} = 0{,}025 = 2{,}5\,\%$ fest. Unser konkreter u-Wert beträgt $u = u_0 = 6{,}851$ und liegt im positiven Bereich. Wir haben deshalb als Überschreitungswahrscheinlichkeit den Wert $\gamma = P(T^* \geq u_0) = P(T^* \geq 6{,}851)$ zu bestimmen, wobei hier die Testgröße (mit T^* bezeichnet) standardisiert normalverteilt ist. Im Falle $\gamma < \frac{\alpha}{2}$ lehnen wir die Nullhypothese ab, im anderen Falle $\gamma \geq \frac{\alpha}{2}$ haben wir gegen H_0 nichts einzuwenden. Wir benutzen nun Tafel 2. Es ist zunächst $P(T^* \geq 6{,}851) = 1 - P(T^* < 6{,}851) = 1 - \Phi(6{,}851)$.

Der letzte vorhandene Tafelwert liegt bei $u = 3{,}49$ zu $\Phi(3{,}49) = 0{,}9998$ vor, so daß wir garantiert $P(T^* \geq 6{,}851) < 1{,}0 - 0{,}9998 = 0{,}0002$ erhalten. Die Überschreitungswahrscheinlichkeit ist also wesentlich kleiner als $\frac{\alpha}{2} = 0{,}025$, die Nullhypothese ist abzulehnen.

4.2.1.3 Der u_{korr}-Test

Als dritte Möglichkeit der Hypothesenprüfung bei alternativen Daten wollen wir nun noch den korrigierten u-Test kennenlernen. Er wird dann eingesetzt, wenn für die Erwartungshäufigkeiten $N\tilde{p}_{\min,0} \geq 5$ gilt und sich der Stichprobenumfang N im Intervall zwischen $30 \leq N \leq 59$ bewegt. Durch einen Korrekturterm wird der Vergleich zwischen Stichprobe und Grundgesamtheit auf der Grundlage der Normalverteilung durchgeführt, obwohl im Minimalfall nur 30 Objekte Gegenstand der Untersuchung waren. Das Problem liegt darin, daß man die diskrete Binomialverteilung mit Hilfe der stetigen Normalverteilung auch noch für den Fall $30 \leq N \leq 59$ annähert. Der dadurch mögliche Fehler muß bei mittelgroßen Stichproben ausgeglichen werden. Das hat zur Folge, daß wir in die Prüfgröße u ein Korrekturglied aufnehmen, und es entsteht:

$$\boxed{u_{\text{korr}} = \frac{|h_1 - p_{1;0}| - \dfrac{1}{2N}}{\sqrt{p_{1;0}(1 - p_{1;0})}} \cdot \sqrt{N}}\,.$$

Der kritische Bereich unterscheidet sich dann, da wieder mit Hilfe der Normalverteilung geprüft wird, nicht von dem des normalen u-Tests, d. h., bei zweiseitiger Fragestellung gilt: Ist $u_{korr} \geq u_{\alpha,\text{zweis}}$, dann lehnen wir H_0 ab.

Beispiel 4.2/3: Im Ergebnis eines Volksentscheides 1992 in Frankreich wurde festgestellt, daß etwa die Hälfte aller Franzosen für und die andere Hälfte gegen ein politisch und wirtschaftlich vereinigtes Europa sind. In einer Untersuchung in einer französischen Stadt waren 20 von 30 Befragten für ein grenzenloses Europa. Nun sollte die Frage beantwortet werden, ob die untersuchte Stichprobe repräsentativ für Frankreich (mit $p_1 = 0{,}5$) ist.

Lösung:

1. Voraussetzungen:
   * Anpassungstest mit alternativen Daten bei 30 Probanden
   * $30 \leq N < 60$
   * $N\tilde{p}_{\min;0} = 30 \cdot 0{,}5 = 15 > 5 \Rightarrow$ die Nebenbedingung ist erfüllt.

Kategorie	h_i	$p_{i;0}$
Befürworter	$\frac{20}{30}$	0,5
Gegner	$\frac{10}{30}$	0,5

2. Hypothesen:
   H_0: $p_1 = 0{,}5$ H_1: $p \neq 0{,}5$ (zweiseitige Fragestellung)
3. Signifikanzniveau aufgrund des Inhalts der Aufgabenstellung:
   $\alpha = 0{,}05$
4. Prüfgröße:
   $$u_{\text{korr}} = \frac{|h_1 - p_{1;0}| - \dfrac{1}{2N}}{\sqrt{p_{1;0}(1 - p_{1;0})}} \cdot \sqrt{N}$$
5. Kritischer Bereich:
   $u_{\text{korr}} \geq u_{\alpha;\text{zweis}} \longrightarrow$ Ablehnung von H_0

6. Berechnung:

$$u_{\text{korr}} = \frac{|\frac{20}{30} - 0{,}5| - \frac{1}{2 \cdot 30}}{\sqrt{0{,}5(1-0{,}5)}} \cdot \sqrt{30} = 1{,}64$$

7. Entscheidung:

$$u_{\alpha;\text{zweis}} = u_{0{,}05;\text{zweis}} = 1{,}96 \quad \text{(vgl. Tafel 2)}$$

$$1{,}64 < 1{,}96, \quad \text{d. h.}$$

$$u_{\text{korr}} < u_{0{,}05;\text{zweis}} \quad \longrightarrow \quad \text{Annahme von } H_0$$

Wir können davon ausgehen, daß eine für die Grundgesamtheit repräsentative Stichprobe untersucht wurde.

SPSS-Zugang

Datenart	Vorgehen	Voraussetzungen/Erklärungen
alternativ	Analysieren → Nichtparametrische Tests → Binomial	unter „Testanteil" kann „.50" verändert werden, wenn Merkmal nicht gegen $p = 0.50$ geprüft werden soll unter „Dichotomie definieren" kann angegeben werden, welcher Wert der Trennwert bei einem Merkmal mit mehr als 2 Stufen/ Kategorien sein soll (Wert ⩽ Trennwert = Kategorie 1; Wert ⩾ Trennwert = Kategorie 2) unter „Optionen" Ausschluss der Personen mit fehlen Variablen **paarweise:** es werden nur die Personen ausgeschlossen, bei denen Werte bei der jeweiligen Variable fehlen **listenweise:** nur die Personen gehen in die Berechnung ein, die bei allen Variablen gültige Werte aufweisen

4.2.2 Kategoriale Daten (Polynomialtest/χ^2-Anpassungstest)

Das Problem bei einem Anpassungstest für kategoriale Daten besteht darin, daß eine Hypothese über die Wahrscheinlichkeiten mehrerer Kategorien zu prüfen ist. Dabei haben die Kategorien die fortlaufenden Nummern $1, 2, 3, \ldots, k$, die entsprechenden absoluten Häufigkeiten bezeichnen wir mit $n_1, n_2, \ldots, n_k$, und die zugehörigen Wahrscheinlichkeiten in der Grundgesamtheit mit $p_1, p_2, \ldots, p_k$. Als Nebenbedingung muß $\sum_{i=1}^{k} n_i = N$ gelten, da jedes Untersuchungsobjekt in genau eine Kategorie fällt.

Unter diesen Voraussetzungen genügen die absoluten Häufigkeiten einer sog. Polynomialverteilung. Wie wir bereits wissen, stellen alternative Daten einen Sonderfall der kategorialen Daten mit $k = 2$ dar. Diese sind binomialverteilt. Die Polynomialverteilung stellt also eine Verallgemeinerung der Binomialverteilung dar.

Die Formulierung der Hypothesen berücksichtigt inhaltlich die Frage der Gleichheit bzw. Verschiedenheit der Wahrscheinlichkeitsverteilungen:

H_0: $p_i = p_{i;0}$ mit $i = 1, 2, 3, \ldots, k$,

H_1: Für mindestens ein i gilt $p_i \neq p_{i,0}$.

Zur Annahme der Alternativhypothese genügt es also schon, daß in nur einer einzigen Kategorie die beobachteten und die erwarteten Häufigkeiten deutlich voneinander abweichen.

4.2.2.1 Der Polynomialtest

Der Polynomialtest ist ein Anpassungstest bei kategorialen Daten. Er ist ein sehr rechenaufwendiges Verfahren, da es keine Tabellen zum Nachschlagen gibt. Aus diesem Grund sollte sein Einsatz auf Ausnahmefälle beschränkt bleiben, d. h., wir sollten ihn ohnehin nur bei kleineren Stichprobenumfängen ($N < 40$) einsetzen. Für $N \geq 40$ können wir mit guter Näherung bereits mit dem χ^2-Anpassungstest arbeiten.

Wir setzen voraus, daß eine „homogene Gesamtheit" von Objekten vorliegt, die unabhängig voneinander sind und sich alle eindeutig in eine der k Kategorien einordnen lassen. Eine Mehrfachzuordnung von ein und demselben Objekt in mehrere Kategorien ist nicht zulässig. Wir bezeichnen entsprechend mit $N_1, N_2, \ldots, N_k$ die zufälligen absoluten Häufigkeiten, mit denen die $N = N_1 + N_2 + \ldots + N_k$ Objekte in die einzelnen Kategorien fallen. Entsprechend sei $p^*(n_1, n_2, \ldots, n_k)$ die zugehörige Wahrscheinlichkeit dafür, daß von den N insgesamt untersuchten Objekten genau n_1 in der Kategorie 1, n_2 in der Kategorie 2, ... und n_k in der Kategorie k liegen. In der Nullhypothese wird behauptet, daß ein Objekt mit der Wahrscheinlichkeit p_1 in Kategorie 1, mit der Wahrscheinlichkeit p_2 in Kategorie 2, ... und der Wahrscheinlichkeit p_k in Kategorie k fällt. Unter der Gültigkeit von H_0 sind dann die absoluten Häufigkeiten $N_1, N_2, \ldots, N_k$ polynomialverteilt:

$$\begin{aligned} p^*(n_1, n_2, \ldots, n_k) &= P(N_1 = n_1, N_2 = n_2, \ldots, N_k = n_k) \\ &= \frac{N!}{n_1! \cdot n_2! \cdot \ldots \cdot n_k!} \cdot p_1{}^{n_1} \cdot p_2{}^{n_2} \cdot \ldots \cdot p_k{}^{n_k}. \end{aligned}$$

Das Vorgehen ist analog dem des Binomialtestes (vgl. Abschnitt 4.2.1.1). Wollen wir die Anpassung prüfen, dann bestimmen wir die Überschreitungswahrscheinlichkeit γ als Summenwahrscheinlichkeit über alle m Einzelwahrscheinlichkeiten $p_i{}^*$ dafür, daß im Vergleich zu den beobachteten Häufigkeiten $n_1, n_2, \ldots, n_k$ noch extremere bzw. gleich extreme Beobachtungsmöglichkeiten auftreten. Dabei verstehen wir unter noch extremeren Beobachtungsmöglichkeiten alle diejenigen $\tilde{n}_1, \tilde{n}_2, \ldots, \tilde{n}_k$, die unter H_0 eine geringere oder gleich geringe Wahrscheinlichkeit wie $n_1, n_2, \ldots, n_k$ haben:

$$\boxed{\gamma = \sum_{i=0}^{m} p_i{}^*}\,.$$

Wir vergleichen γ mit der Irrtumswahrscheinlichkeit α, und es gilt: Wenn $\gamma \leq \alpha$ ist, dann lehnen wir H_0 ab. Wir bemerken, daß es sich hier um eine (unsymmetrische) zweiseitige Fragestellung handelt.

Anmerkung: *Das Hauptproblem besteht darin, alle in Frage kommenden Kombinationen $\tilde{n}_1, \tilde{n}_2, \ldots, \tilde{n}_k$ zu finden. Das kann schnell sehr aufwendig werden. Aus diesem Grund sollten wir den Polynomialtest nur für kleine N einsetzen. Bei einem Stichprobenumfang von $N \geq 40$ erreichen wir ohnehin mit dem χ^2-Anpassungstest eine ausreichende Näherung.*

Beispiel 4.2/4: Bei einer mehrjährigen Analyse von Medaillengewinnern internationaler Leichtathletikwettkämpfe zeigt sich, daß 65%(p_1) von ihnen drei- oder mehrmals unter den drei Erstplazierten zu finden waren, 25 % (p_2) zweimal und 10 % (p_3) einmal auf dem „Treppchen" standen. Nun wurden bei einer Meisterschaft 3 Medaillengewinner hinsichtlich der Wiederholungen untersucht, und es entstand folgendes Ergebnis:
Drei- oder mehrmals unter den Erstplazierten waren $n_1 = 0$ Medaillengewinner, zweimal unter den Erstplazierten waren $n_2 = 3$, und genau einmal unter den Erstplazierten waren es $n_3 = 0$.
Es sollte nun die Frage beantwortet werden, ob die vorgefundene Verteilung typisch für obige Grundgesamtheit ist.

Lösung:

1. Voraussetzungen:
   * Anpassungstest bei kategorialen Daten
   * $N = 3$, und deshalb verwenden wir den Polynomialtest

2. Hypothesen:
   H_0: $p_1 = 0{,}65, \quad p_2 = 0{,}25, \quad p_3 = 0{,}10$
   H_1: Es gibt mindestens einen Unterschied.
3. Signifikanzniveau aufgrund des Inhalts der Aufgabenstellung:
   $\alpha = 0{,}05.$
4. Prüfgröße:
   $$\gamma = \sum_{i=0}^{m} p_i{}^*$$
5. Kritischer Bereich:
   Wenn $\gamma \leq \alpha$ ist, dann lehnen wir H_0 ab.
6. Berechnung:
   Wir berechnen zuerst die Einzelwahrscheinlichkeit $p_0{}^*$ der beobachteten Häufigkeiten n_1, n_2, n_3 unter der Annahme der Gültigkeit von H_0:
   $$p_0{}^* = \frac{3!}{0! \cdot 3! \cdot 0!} \cdot 0{,}65^0 \cdot 0{,}25^3 \cdot 0{,}1^0 = 0{,}016.$$
   Nun prüfen wir zunächst, ob die Häufigkeiten $\tilde{n}_1 = 3$, $\tilde{n}_2 = 0$, $\tilde{n}_3 = 0$ bzw. $\tilde{n}_1 = 0$, $\tilde{n}_2 = 0$ und $\tilde{n}_3 = 3$ extremer, also in der Wahrscheinlichkeit geringer, sind:
   $$p_1 = \frac{3!}{3! \cdot 0! \cdot 0!} \cdot 0{,}65^3 \cdot 0{,}25^0 \cdot 0{,}1^0 = 0{,}275$$
   $$p_2 = \frac{3!}{0! \cdot 0! \cdot 3!} \cdot 0{,}65^0 \cdot 0{,}25^0 \cdot 0{,}1^3 = 0{,}001.$$
   Nur die Wahrscheinlichkeit p_2 ist also kleiner als $p_0{}^*$ (die Häufigkeiten $\tilde{n}_1 = 0$, $\tilde{n}_2 = 0$ und $\tilde{n}_3 = 3$), und geht deshalb in die Prüfgröße γ mit ein: $p_2 = p_1{}^*$.
   Nachfolgend ist zu prüfen, ob andere Häufigkeiten auch noch extremer oder gleich extrem sind, d. h., $\tilde{n}_1 = 0$, $\tilde{n}_2 = 2$ und $\tilde{n}_3 = 1$ bzw. $\tilde{n}_1 = 0$, $\tilde{n}_2 = 1$ und $\tilde{n}_3 = 2$ wären zu überprüfen usw. Eigentlich müßte man jetzt die Wahrscheinlichkeit für jede andere Häufigkeitsverteilung berechnen. Wir können hier aber mit „normalem Menschenverstand" gleich die Wahrscheinlichkeiten weglassen, die nicht extremer sein werden. Im Beispiel etwa alle die, bei denen $\tilde{n}_1$ von Null abweicht. Diese werden mit Sicherheit eine größere Wahrscheinlichkeit als 0,016 haben. Es verbleiben folglich noch die Werte
   $$p_3 = \frac{3!}{0! \cdot 2! \cdot 1!} \cdot 0{,}65^0 \cdot 0{,}25^2 \cdot 0{,}01^1 = 0{,}019$$
   $$p_4 = \frac{3!}{0! \cdot 1! \cdot 2!} \cdot 0{,}65^0 \cdot 0{,}25^1 \cdot 0{,}01^2 = 0{,}008.$$
   Auch für p_4 gilt: $p_4 < p_0{}^*$, weshalb $p_4 = p_2{}^*$ in die Prüfgröße mit eingeht.
   $$\gamma = p_0{}^* + p_1{}^* + p_2{}^* = 0{,}016 + 0{,}001 + 0{,}008 = 0{,}025$$
7. Vergleich:
   $0{,}025 < 0{,}05$, d. h. $\gamma < \alpha$, und deshalb lehnen wir H_0 ab.
   Entsprechend diesem Ergebnis können wir also nicht davon ausgehen, daß die untersuchten Medaillengewinner für die angegebene Wahrscheinlichkeitsverteilung typisch sind.

4.2.2.2 Der χ^2-Anpassungstest

Wenn wir kategoriale Daten mit einem Stichprobenumfang ab $N = 40$ zur Verfügung haben, alle Erwartungshäufigkeiten $Np_{i,0}$ mindestens gleich 1 und 80 % von ihnen größer bzw. gleich 5 sind, dann verwenden wir als Näherungsverfahren den χ^2-Anpassungstest. Die Prüfgröße berechnen wir nach der Formel:

$$\boxed{\chi^2 = \sum_{i=1}^{k} \frac{(n_i - Np_{i,0})^2}{Np_{i,0}}}\,.$$

Dabei ist n_i die beobachtete Häufigkeit in der Kategorie i, und $Np_{i,0}$ stellt die dazugehörige erwartete (theoretische) Häufigkeit dar. Wir lehnen die Nullhypothese ab, wenn die Abweichungen zwischen den beobachteten und den erwarteten Häufigkeiten zu groß werden. Das Entscheidungskriterium ist also definiert durch: Wenn $\chi^2 \geq \chi^2_{\alpha,f}$, dann lehnen wir H_0 ab. Der Index f steht für die Anzahl der Freiheitsgrade. Bei diesem Test beträgt diese Anzahl $f = k - 1$, da wegen der offensichtlichen Bedingung $p_1 + p_2 + \ldots + p_k = 1$ von den k Wahrscheinlichkeiten p_i nur $k - 1$ frei wählbar sind.

Bezüglich der Nullhypothese unterscheiden wir zwei Ausgangssituationen:

a) Alle Kategorien sind gleichwahrscheinlich. Dies führt zur Nullhypothese:

$$H_0\colon p_1 = p_2 = \ldots = p_k = \frac{1}{k}.$$

b) Die Kategorien sind nicht gleichwahrscheinlich. In diesem Fall müssen wir die Wahrscheinlichkeiten p_i für jede einzelne Kategorie in der Nullhypothese angeben, z. B.:

$$H_0\colon p_1 = 0{,}3; \quad p_2 = 0{,}4; \quad p_3 = 0{,}3.$$

(Als Bedingung gilt: $p_1 + p_2 + \cdots + p_k = 1$.)

In der Alternativhypothese genügt die Formulierung H_1: Es gibt in mindestens einer Kategorie einen Unterschied. Die Abweichung zwischen beobachteter und erwarteter Häufigkeit in einer einzigen Kategorie kann also schon zur Ablehnung der Nullhypothese führen. Der χ^2-Anpassungstest prüft demnach auf der Grundlage eines Globalvergleiches. Es interessiert im einzelnen nicht, welche der Kategorien zwischen beobachteter und erwarteter Häufigkeit abweichen.

Beispiel 4.2/5: Nach dem statistischen Jahrbuch der BRD für 1992 nutzten Urlauber für Auslandsreisen nachfolgende Verkehrsmittel in den Anteilen:

6 %	Eisenbahn
9 %	Bus
57 %	Pkw
27 %	Flugzeug
1 %	Sonstige

Diese Aufteilung können wir als Verteilung der Grundgesamtheit BRD verstehen. Nun wurden die Anteile an Auslandsreisen in einem Bundesland analysiert, wobei die Frage beantwortet werden sollte, ob dieses Land in etwa dem bundesdeutschen Durchschnitt entspricht. Bei 15 000 untersuchten Urlaubsreisen ergab sich nachfolgende Häufigkeitsverteilung:

1100	mal	Eisenbahn
4000	mal	Bus
6500	mal	Pkw
3300	mal	Flugzeug
100	mal	Sonstige

Lösung:

1. Voraussetzungen:
   * Anpassungstest bei kategorialen Daten mit $N = 15000$ und $k = 5$
   * $Np_{\min,0} = 15000 \cdot 0{,}01 = 150 > 5$, die Bedingung ist erfüllt.
2. Hypothesen:
   * H_0: $p_1 = 0{,}06$, $p_2 = 0{,}09$, $p_3 = 0{,}57$, $p_4 = 0{,}27$, $p_5 = 0{,}01$
   * H_1: Mindestens ein Unterschied.
3. Signifikanzniveau aufgrund des Inhalts der Aufgabenstellung:

   $\alpha = 0{,}05.$

4. Prüfgröße:

$$\chi^2 = \sum_{i=1}^{k} \frac{(n_i - Np_{i,0})^2}{Np_{i,0}}$$

5. Kritischer Bereich: Wenn $\chi^2 \geq \chi^2_{\alpha,k-1}$, dann Ablehnung von H_0.
6. Berechnung: Dafür erstellen wir uns nachfolgende Hilfstabelle:

Kategorie	n_i	$Np_{i,0}$	$n_i - Np_{i,0}$	$(n_i - Np_{i,0})^2$	$\frac{(n_i - Np_{i,0})^2}{Np_{i,0}}$
Eisenbahn	1 100	900	200	40 000	44,44
Bus	4 000	1 350	2 650	7 022 500	5 201,85
Pkw	6 500	8 550	−2 050	4 202 500	491,52
Flugzeug	3 300	4 050	−750	562 500	138,89
sonstige	100	150	−50	2 500	16,67
$\sum$	15 000	15 000			$\chi^2 = 5\,893{,}37$

7. Entscheidung:

$\chi^2_{\alpha;k-1} = \chi^2_{0,05;4} = 9{,}49$ (vgl. Tafel 3)

$5893{,}37 > 9{,}49$, d. h.

$\chi^2 > \chi^2_{\alpha;k-1}$, also müssen wir H_0 ablehnen.

Die in dem untersuchten Bundesland benutzten Verkehrsmittel bei Urlaubsreisen entsprechen hinsichtlich der Häufigkeit nicht dem bundesdeutschen Durchschnitt.

Exkurs zur Güte der Anpassung: Schließlich können wir noch eine Aussage zur Güte der Anpassung treffen. Die gleiche empirische Verteilung kann näherungsweise mehreren theoretischen Verteilungen entsprechen. Um festzustellen, welche die besser geeignete theoretische Verteilung ist, bestimmen wir die Güte der Anpassung. Dabei wird dem errechneten χ^2 die Überschreitungswahrscheinlichkeit $P(T^* > \chi^2)$ zugeordnet, wobei T^* mit $k - 1$ Freiheitsgraden χ^2-verteilt ist. Nach LIENERT (1962) sprechen wir von folgenden Güteklassen:

Überschreitungswahrscheinlichkeit	> 0,50	0,50 . . . 0,20	0,19 . . . 0,05	< 0,05
Anpassung	gut	mäßig	schwach	keine

Zur Bestimmung der Überschreitungswahrscheinlichkeit benötigen wir die Verteilungsfunktion der χ^2-Verteilung. Wir können sie auch durch Rückwärtsbenutzen von Tafel 3 teilweise abschätzen. Das errechnete χ^2 stellt ja das Maß für die Abweichung der theoretischen und der empirischen Verteilung dar. Je kleiner χ^2 ist, desto besser ist die Anpassung. Wir erhalten die Güte der Anpassung dadurch, daß wir bei einer gegebenen Anzahl f von Freiheitsgraden in der Tafel 3 unser entsprechendes χ^2 aufsuchen und von dort aus nach oben in den Tafelkopf gehen, wo wir die zugehörige Überschreitungswahrscheinlichkeit finden. Beispielsweise errechneten wir bei 2 Freiheitsgraden ($f = 2$) ein χ^2 von 4,70. Dann finden wir in der Tafel 3 bei $f = 2$ für $\chi^2 = 4{,}61$ ein α von 10 % und für $\chi^2 = 5{,}99$ ein α von 5 %. Wenn wir linear interpolieren, so erhalten wir für $\chi^2 = 4{,}70$ ein entsprechendes α von rund 9,7. In diesem Fall könnten wir nur von einer schwachen Anpassung sprechen.

SPSS-Zugang

Datenart	Vorgehen	Voraussetzungen/Erklärungen
kategorial	Analysieren → Deskriptive Statistiken → Kreuztabellen unter „Zeilen:“ und „Spalten:“ Angabe, welche Variable Spalten- und welche Zeilenvariable sein soll unter „Statistik“ Wahl von „Chi-Quadrat“	

4.2.3 Zur Frage des Anpassungstests für ordinale Daten

Für ordinale Daten läßt sich ein Anpassungstest im strengen statistischen Sinne nicht formulieren. Hat man nun z. B. gruppierte, ordinale Daten gegeben, so besteht ein möglicher Ausweg darin, die Anpassung an bestimmte Häufigkeiten zu prüfen. Das bedeutet, wir transformieren die Rangklassen zu kategorialen Daten und verwenden den χ^2-Anpassungstest (vgl. Abschnitt 4.2.2.2). Diese „Rückstufung" der Daten beinhaltet aber einen gewissen Informationsverlust.

Stehen uns singuläre, ordinale Daten als Ausgangsmaterial zur Verfügung, so können wir auch hier, zumindest näherungsweise, eine Aussage darüber treffen, ob eine beobachtete empirische Rangreihe mit einer vorgegebenen theoretischen Rangreihe übereinstimmt. Wir bestimmen den Rangkorrelationskoeffizienten (vgl. Abschnitt 2.3.2.4) zwischen der empirischen und der theoretischen Rangreihe und prüfen nachfolgend diesen mittels der Korrelationsanalyse auf Signifikanz (vgl. Abschnitt 5.1.3). Stellen wir fest, daß der Koeffizient signifikant von Null abweicht, so können wir in eingeschränktem Umfang davon ausgehen, daß sich die empirische und die theoretische Rangreihe sehr ähnlich sind.

Besser ist es aber, daß wir dann, wenn wir wissen, wir wollen nachfolgend einen Anpassungstest durchführen, schon konzeptionell versuchen, Ergebnisse nicht in Form von ordinalen Daten zu erheben.

SPSS-Zugang

Datenart	Vorgehen	Voraussetzungen/Erklärungen
ordinal		kein Test im SPSS verfügbar

4.2.4 Metrische Daten

Innerhalb der metrischen Daten können wir zwei Stufen von Anpassungstests unterscheiden. In der ersten Stufe gehen wir bei den Daten von keiner Verteilungsannahme aus (siehe Abschnitt 4.2.4.1, 4.2.4.2 und 4.2.4.5). In diesem Fall prüft gerade der Test, ob wir das Vorliegen einer bestimmmten Verteilung, zum Beispiel einer Normalverteilung, berechtigt annehmen dürfen. Bei den meisten Verteilungen kommen Parameter vor, deren konkrete Größe in einigen Anpassungstests bei der Verteilungsannahme zunächst noch offen bleibt. Man testet also genauer einen Verteilungstyp. Die dabei in den Testgrößen auftretenden Parameter werden durch entsprechende Schätzwerte aus der Stichprobe ersetzt.

Haben wir nun eine „positive Antwort", d. h. die Nichtablehnung des angenommenen Verteilungstypes durch den Anpassungstest, so können wir bei der weiteren statistischen Verarbeitung unserer Daten nun in einer zweiten Stufe parametrische Tests einsetzen, die unsere Hypothesen effizienter prüfen. Die zweite Stufe des Anpassungstests geht dann z. B. von einer Normalverteilung der Daten aus, in deren Folge es zum Einsatz von statistischen Verfahren kommt, die auf der Grundlage von Parametern die Verteilung prüfen. Hier unterscheiden wir zwischen den Lokationstests, die die Mittelwerte prüfen (vgl. Abschnitt 4.2.4.3) und den Dispersionstests, die die Streuungen prüfen (vgl. Abschnitt 4.2.4.4).

4.2.4.1 Der χ^2-Anpassungstest

Dieser Anpassungstest dient der Überprüfung, ob berechtigt eine behauptete theoretische Verteilung der Daten zugrunde gelegt werden kann. Wir wollen im weiteren diesen Test für den Fall der Normalverteilung betrachten. Um die Annahme zu überprüfen, gibt es prinzipiell 3 Möglichkeiten:

1. Eine Entscheidung aus der „Erfahrung" heraus. Wenn z. B. bei einem ähnlichen Untersuchungsgegenstand eine Normalverteilung bereits einmal nachgewiesen wurde, dann ist diese Erfahrungsentscheidung nicht ganz unberechtigt.
2. Eine Entscheidung aufgrund des „Augenscheines", d. h. mit Hilfe einer graphischen Darstellung der Häufigkeitsverteilung.
3. Eine Entscheidung als Ergebnis eines entsprechenden Anpassungstestes.

Die dritte Möglichkeit ist die mit Abstand sicherste. Allerdings werden wir nachfolgend feststellen, daß diese Art der Prüfung auch die aufwendigste ist. Dafür nutzen wir den χ^2-Anpassungstest. Er sollte sinnvollerweise erst ab einem Stichprobenumfang von $N \geq 40$ und bei gruppierten Daten eingesetzt werden. Als voraussetzende Bedingung muß gewährleistet sein, daß bei weniger als 8 Klassen alle Erwartungshäufigkeiten $Np_{i;o}$ mindestens 5 und ab 8 Klassen alle mindestens 1 und 80 % von ihnen mindestens 5 sind. Sollte dies nicht der Fall sein, so fassen wir benachbarte Klassen bis zum Überschreiten dieser Grenzwerte zusammen. Dabei ergeben sich die Wahrscheinlichkeiten $p_{i;o}$ aus der angenommenen theoretischen Verteilung.

Die Nullhypothese beinhaltet die Annahme, daß der Typ einer Normalverteilung vorliegt, H_0: $F(x) = F(x; \mu; \sigma)$. Die Gegenhypothese lehnt das Vorliegen einer Normalverteilung ab, H_1: $F(x) \neq F(x; \mu; \sigma)$. Die Parameter μ und σ werden durch Schätzwerte aus der vorliegenden Stichprobe ersetzt. Die Prüfgröße ist wie folgt definiert:

$$\boxed{\chi^2 = \sum_{i=1}^{k} \frac{(n_i - Np_{i;o})^2}{Np_{i;o}}}\,.$$

Dabei ist k die Anzahl der vorliegenden Klassen, n_i die absolute Häufigkeit der Meßwerte der i-ten Klasse ($i = 1, 2, \ldots, k$) und N die Anzahl aller Meßwerte überhaupt.
Die Testgröße χ^2 wird mit dem kritischen Wert $\chi^2_{\alpha;f}$ der χ^2-Verteilung verglichen: Wenn $\chi^2 \geq \chi^2_{\alpha;f}$ ist, dann lehnen wir H_0 ab. Die Anzahl der Freiheitsgrade errechnet sich nach $f = k - l - 1$, wobei l die Anzahl der aus den Daten geschätzten Parameter ist, also bei der Normalverteilung mit μ und σ ist $l = 2$.
Etwas komplizierter gestaltet sich die Errechnung der theoretischen Erwartungshäufigkeiten $Np_{i;o}$. Dafür müssen wir zuerst den arithmetischen Mittelwert $\overline{x}$ und die Standardabweichung s für gruppierte, metrische Daten berechnen. Diese Parameter benötigen wir für die Standardisierung der Klassengrenzen unserer empirischen Häufigkeitsverteilung nach den Formeln:

$$u_{i;u} = \frac{x_{i;u} - \overline{x}}{s} \qquad \text{bzw.} \qquad u_{i;o} = \frac{x_{i;o} - \overline{x}}{s}.$$

Dabei sind $x_{i;u}$ bzw. $x_{i;o}$ die untere bzw. obere Klassengrenze der $i-$ten Klasse (vgl. Abschnitt 3.2.2). Im nächsten Schritt müssen wir für die standardisierten Daten die entsprechenden Φ-Werte in der tabellierten Normalverteilung (vgl. Tafel 2) bestimmen. Nun können wir für jede Klasse die Wahrscheinlichkeit $p_{i;o}$ berechnen und erhalten:

$$p_{i;o} = F(x_{i;o}; \overline{x}; s) - F(x_{i;u}; \overline{x}; s) = \Phi(u_{i;o}) - \Phi(u_{i;u}).$$

Die Erwartungshäufigkeit pro Klasse erhalten wir dadurch, daß jede Einzelwahrscheinlichkeit $p_{i;o}$ mit dem Gesamtstichprobenumfang N multipliziert wird.
Zu beachten ist, daß wir unsere empirische Häufigkeitsverteilung durch die zwei offenen Randklassen $(-\infty, x_{1;u}]$ und $[x_{k;o}, +\infty)$ ergänzen müssen, wobei nach Definition gilt:

$$\Phi(-\infty) = 0 \quad \text{und} \quad \Phi(+\infty) = 1.$$

Anmerkung: *Sollten metrische Daten in singulärer Form vorliegen, dann müssen wir diese zuerst gruppieren (vgl. Abschnitt 2.2.2).*

Beispiel 4.2/6: In einer Untersuchung zum Intelligenzquotienten wurde nachfolgendes Ergebnis ermittelt:

IQ	86...90	91...95	96...100	101...105	106...110	111...115	$\sum$
n_i	30	110	140	100	80	40	500

Es soll nun die Frage beantwortet werden, ob diese Daten aus einer normalverteilten Grundgesamtheit stammen.

Lösung

1. Voraussetzungen:
   * metrische Daten ohne Verteilungsannahme
   * Stichprobenumfang $N = 500$
2. Hypothesen:
   $$H_0\colon F(x) = F(x;\mu;\sigma)$$
   $$H_1\colon F(x) \neq F(x;\mu;\sigma)$$
3. Signifikanzniveau aufgrund des Inhalts der Aufgabenstellung:
   $$\alpha = 0{,}05.$$
4. Prüfgröße:
   $$\chi^2 = \sum_{i=1}^{k} \frac{(n_i - Np_{i;\mathrm{o}})^2}{Np_{i;\mathrm{o}}}$$
5. Kritischer Bereich:
   $\chi^2 \geq \chi^2_{\alpha;f}$, dann Ablehnung von H_0.
6. Berechnung:
   a) Arithmetischer Mittelwert:
   $$\bar{x} = \frac{1}{N}\sum_{i=1}^{k} n_i x_i = \frac{1}{500} \cdot 50050 = 100{,}10$$
   b) Standardabweichung:
   $$s = \sqrt{\frac{1}{N-1}\left[\sum_{i=1}^{k} n_i x_i^2 - \frac{1}{N}\left(\sum_{i=1}^{k} n_i x_i\right)^2\right]} = \sqrt{\frac{1}{499} \cdot 23045} = 6{,}80$$
   c) Erwartungshäufigkeiten:

   1. Klasse: $-\infty \ldots 85{,}5$
   $$\Phi(-\infty) = 0$$
   $$u_{1;\mathrm{o}} = \frac{85{,}5 - 100{,}1}{6{,}80} = -2{,}147$$
   $$\Phi(-2{,}147) = \quad = 0{,}0158$$
   $$p_{1;\mathrm{o}} = 0{,}0158 - 0 = 0{,}0158$$
   $$Np_{1;\mathrm{o}} = 500 \cdot 0{,}0158 = 7{,}9$$

   2. Klasse: $85{,}5 \ldots 90{,}5$
   $$\Phi(u_{2;\mathrm{u}}) = 0{,}0158$$
   $$u_{2;\mathrm{o}} = \frac{90{,}5 - 100{,}1}{6{,}80} = -1{,}411$$
   $$\Phi(-1{,}411) = \quad = 0{,}0791$$
   $$p_{2;\mathrm{o}} = 0{,}0791 - 0{,}0158 = 0{,}0633$$
   $$Np_{2;\mathrm{o}} = 500 \cdot 0{,}0633 = 31{,}65$$

   3. Klasse $90{,}5 \ldots 95{,}5$
   $$\Phi(u_{3;\mathrm{u}}) = 0{,}0791$$
   $$u_{3;\mathrm{o}} = \frac{95{,}5 - 100{,}1}{6{,}80} = -0{,}676$$
   $$\Phi(-0{,}676) = \quad = 0{,}2495$$
   $$p_{3;\mathrm{o}} = 0{,}2495 - 0{,}0791 = 0{,}1704$$
   $$Np_{3;\mathrm{o}} = 500 \cdot 0{,}1704 = 85{,}2$$

4. Klasse: 95,5 ... 100,5

$$\begin{aligned}
\Phi(u_{4;\mathrm{u}}) &= 0{,}2495 \\
u_{4;\mathrm{o}} &= \frac{100{,}5 - 100{,}1}{6{,}80} = 0{,}059 \\
\Phi(0{,}059) &= \quad = 0{,}5235 \\
p_{4;\mathrm{o}} &= 0{,}5235 - 0{,}2495 = 0{,}2740 \\
Np_{4;\mathrm{o}} &= 500 \cdot 0{,}2740 = 137
\end{aligned}$$

5. Klasse: 100,5 ... 105,5

$$\begin{aligned}
\Phi(u_{5;\mathrm{u}}) &= 0{,}5235 \\
u_{5;\mathrm{o}} &= \frac{105{,}5 - 100{,}1}{6{,}80} = 0{,}794 \\
\Phi(0{,}794) &= \quad = 0{,}7864 \\
p_{5;\mathrm{o}} &= 0{,}7864 - 0{,}5235 = 0{,}2629 \\
Np_{5;\mathrm{o}} &= 500 \cdot 0{,}2629 = 131{,}45
\end{aligned}$$

6. Klasse: 105,5 ... 110,5

$$\begin{aligned}
\Phi(u_{6;\mathrm{u}}) &= 0{,}7864 \\
u_{6;\mathrm{o}} &= \frac{110{,}5 - 100{,}1}{6{,}80} = 1{,}529 \\
\Phi(1{,}529) &= \quad = 0{,}9369 \\
p_{6;\mathrm{o}} &= 0{,}9369 - 0{,}7864 = 0{,}1505 \\
Np_{6;\mathrm{o}} &= 500 \cdot 0{,}1505 = 75{,}25
\end{aligned}$$

7. Klasse: 110,5 ... 115,5

$$\begin{aligned}
\Phi(u_{7;\mathrm{u}}) &= 0{,}9369 \\
u_{7;\mathrm{o}} &= \frac{115{,}5 - 100{,}1}{6{,}80} = 2{,}265 \\
\Phi(2{,}265) &= \quad = 0{,}9882 \\
p_{7;\mathrm{o}} &= 0{,}9882 - 0{,}9369 = 0{,}0513 \\
Np_{7;\mathrm{o}} &= 500 \cdot 0{,}0513 = 25{,}65
\end{aligned}$$

8. Klasse 115,5 ... $+\infty$

$$\begin{aligned}
\Phi(u_{8;\mathrm{u}}) &= 0{,}9882 \\
\Phi(+\infty) &= \quad = 1{,}000000 \\
p_{8;\mathrm{o}} &= 1{,}000000 - 0{,}9882 = 0{,}0118 \\
Np_{8;\mathrm{o}} &= 500 \cdot 0{,}0118 = 5{,}9.
\end{aligned}$$

Nun können wir uns mit folgender Hilfstabelle die Arbeit erleichtern:
Dabei entspricht: 1 der 1. Klasse von $-\infty$ ... 85,5
2 der 2. Klasse von 85,5 ... 90,5 usw.

Klasse	n_i	$Np_{i;o}$	$n_i - Np_{i;o}$	$(n_i - Np_{i;o})^2$	$\frac{(n_i - Np_{i;o})^2}{Np_{i;o}}$
1	0	7,9	–7,9	62,41	7,9
2	30	31,65	–1,65	2,723	0,086
3	110	85,2	24,8	615,04	7,219
4	140	137,0	3,0	9,0	0,066
5	100	131,45	–31,45	989,103	7,525
6	80	75,25	4,75	22,563	0,300
7	40	25,65	14,35	205,923	8,028
8	0	5,9	–5,9	34,81	5,9
					$\chi^2 = 37{,}024$

7. Vergleich:

$$\chi^2_{\alpha;f} = \chi^2_{\alpha;k-l-1} = \chi^2_{0{,}05;5} = 11{,}1 \quad \text{(vgl. Tafel 3)}$$

37,024 > 11,1, d. h. $\chi^2 > \chi^2_{\alpha;f}$. Dementsprechend müssen wir die Nullhypothese ablehnen, d. h., die erhobenen Daten stammen also nicht aus einer normalverteilten Grundgesamtheit.

4.2.4.2 Der David-Test

Im vorangegangenen Abschnitt haben wir mit dem χ^2-Anpassungstest ein sehr rechenaufwendiges Verfahren zur Beantwortung der Fragestellung, ob vorliegende Daten einer Grundgesamtheit mit Normalverteilung (mit der Verteilungsfunktion $\Phi(x; \mu; \sigma^2)$) entstammen können, kennengelernt. Ein wesentlich einfacherer, aber dadurch auch schwächerer Test, der jedoch häufig dann ausreicht, wenn wir ein Vorliegen der Normalverteilung in Zweifel ziehen (und dann auch Ablehnung erhalten), ist der sogenannte David-Test.

Sein Prüfprinzip beruht darauf, daß der Quotient aus der Variationsbreite v der Meßwerte und deren Standardabweichung s berechnet wird:

$$\boxed{D = \frac{v}{s} = \frac{x_{\max} - x_{\min}}{s}}\,.$$

Wir vergleichen die Prüfgröße D mit den tabellierten kritischen Schranken (vgl. Tafel 21), innerhalb derer wir die Nullhypothese H_0 nicht ablehnen dürfen.

Beispiel 4.2/7: Wir erinnern uns noch einmal an das Beispiel des Abschnittes 4.2.4.1, bei dem $N = 500$, $s = 6{,}80$ und $\alpha = 0{,}05$ waren.

Lösung:

1. Voraussetzungen:
   * metrische Daten ohne Verteilungsannahme
   * $N = 500$, $x_{\max} = 115$, $x_{\min} = 86$, $s = 6{,}80$
2. Hypothesen:
   H_0: $F(x) = \Phi(x; \mu; \sigma^2)$
   H_1: $F(x) \neq \Phi(x; \mu; \sigma^2)$
3. Signifikanzniveau aufgrund des Inhalts der Aufgabenstellung:
   $\alpha = 0{,}01$.
4. Prüfgröße:
   $$D = \frac{x_{\max} - x_{\min}}{s}$$

5. Kritischer Bereich:
   Ist D nicht Element des unkritischen Intervalls $[s_u; s_o]$, dann lehnen wir H_0 ab.
6. Berechnung:
   $$D = \frac{115 - 86}{6{,}80} = 4{,}26$$
7. Vergleich:
   Bei $\alpha = 0{,}01$ und $N = 500$ finden wir in der Tafel 21 für $s_u = 5{,}13$ und für $s_o = 7{,}42$.
   4,26 ist nicht Element des Intervalls von 5,13 bis 7,42, d. h., wir lehnen die Nullhypothese ab. Die empirischen Daten entstammen also keiner Grundgesamtheit mit Normalverteilung.

Auch der weniger effiziente David-Test würde uns das gleiche Ergebnis wie der χ^2-Anpassungstest liefern, da wir bei dem vorliegenden Material nicht davon ausgehen dürfen, daß es einer normalverteilten Grundgesamtheit entstammt.

4.2.4.3 Der einfache t-Test

Der einfache t-Test ist ein parametrisches Verfahren zur Beurteilung des Erwartungswertes. Es wird dabei vorausgesetzt, daß metrische Daten vorliegen, und die Grundgesamtheit normalverteilt ist.

Bei diesem Test wird der Mittelwert $\bar{x}$ der Stichprobe mit dem angenommenen Mittelwert μ_0 der Grundgesamtheit verglichen. Es soll die Frage beantwortet werden, ob die Stichprobe mit einem arithmetischen Mittelwert $\bar{x}$ der Grundgesamtheit mit dem angenommenen Erwartungsparameter μ_0 entstammen kann.

Die Prüfgröße t ist wie folgt definiert:

$$\boxed{t = \frac{\bar{x} - \mu_0}{s} \cdot \sqrt{N}} \; .$$

Dabei ist $\bar{x}$ das Stichprobenmittel, μ_0 der Erwartungsparameter der Grundgesamtheit, s die Standardabweichung der Stichprobe und N die Gesamtzahl aller Elemente.
Diese Prüfgröße vergleichen wir im Falle $N \leq 30$ mit dem kritischen Wert $t^{\text{zweis}}_{\alpha;N-1}$ der t-Verteilung mit $N-1$ Freiheitsgraden oder im Falle $N > 30$ mit dem kritischen Wert $u_{\alpha,\text{zweis}}$ der Normalverteilung und entscheiden wie folgt:

$$\begin{array}{llcll} \text{a)}\ N \leq 30: & |t| \geq t^{\text{zweis}}_{\alpha;N-1} & \rightarrow & \text{Ablehnung von} & H_0 \\ \text{b)}\ N > 30: & |t| \geq u_{\alpha,\text{zweis}} & \rightarrow & \text{Ablehnung von} & H_0. \end{array}$$

Beim Ablesen innerhalb der Tafel 4 der t-Verteilung müssen wir auf eine Besonderheit achten. Sie besteht darin, daß wir für die zweiseitige Fragestellung die erste Zeile als Tabellenkopf und für die einseitige Fragestellung die letzte Zeile als Tabellenkopf zu benutzen haben. Wenn der Stichprobenumfang größer als 30 ist, dann dürfen wir statt mit der t-Verteilung nach STUDENT (vgl. Tafel 4) mit der Normalverteilung (vgl. Tafel 2) prüfen.

Beispiel 4.2/8: Im Ergebnis einer Untersuchung zum Fremdsprachenerwerb, an der 20 Probanden teilnahmen, konnte festgestellt werden, daß die durchschnittlich gelernte Vokabelmenge 32,5 pro Tag betrug. Allerdings unterschieden sich die Teilnehmer interindividuell zum Teil erheblich voneinander, so daß eine Standardabweichung von 10,73 errechnet werden konnte. Es wird als gesichert angesehen, daß die Normalverteilung zugrundegelegt werden kann. Nun sollte die Frage beantwortet werden, ob diese Stichprobe aus einer Grundgesamtheit mit dem Parameter $\mu_0 = 40{,}0$ stammt.

Lösung:
1. Voraussetzungen:
   * metrische Daten mit Normalverteilung
   * $N = 20$; $\bar{x} = 32{,}5$; $s = 10{,}73$; $\mu_0 = 40{,}0$

2. Hypothesen:
   H_0: $\mu = \mu_0 = 40{,}0$
   H_1: $\mu \neq \mu_0 = 40{,}0$
3. Signifikanzniveau aufgrund des Inhalts der Aufgabenstellung:
   $\alpha = 0{,}05$.
4. Prüfgröße:
   $$t = \frac{\bar{x} - \mu_0}{s}\sqrt{N}$$
5. Kritischer Bereich:
   Da $N = 20 < 30$ gilt: Wenn $|t| \geq t^{\text{zweis}}_{\alpha;N-1}$, dann lehnen wir H_0 ab.
6. Berechnung:
   $$t = \frac{32{,}5 - 40{,}0}{10{,}73} \cdot \sqrt{20} = -3{,}13$$
7. Vergleich:
   $t^{\text{zweis}}_{\alpha;N-1} = t^{\text{zweis}}_{0{,}05;19} = 2{,}09$ (vgl. Tafel 4)
   $|t| = 3{,}13 > 2{,}09$, d. h., wir lehnen H_0 ab. Wir können also davon ausgehen, daß die vorgefundene Stichprobe nicht aus einer Grundgesamtheit mit dem Parameter $\mu_0 = 40{,}0$ stammt.

4.2.4.4 Test des Streuungswertes einer Normalverteilung

Nachdem wir im vorangegangenen Abschnitt den Mittelwertparameter μ_0 bei normalverteilter Grundgesamtheit geprüft haben, wollen wir nachfolgend ein Verfahren kennenlernen, welches die Varianz s^2 einer Stichprobe mit der angenommenen Varianz σ_0^2 der Grundgesamtheit vergleicht.

Die dazu notwendige Prüfgröße χ^2 berechnen wir nach der Vorschrift:

$$\boxed{\chi^2 = \frac{(N-1)s^2}{\sigma_0^2}}\,.$$

Die Entscheidung, ob wir die Nullhypothese annehmen dürfen oder ablehnen müssen, treffen wir mittels eines Vergleiches mit dem entsprechenden kritischen Wert $\chi^2_{\alpha;N-1}$ der χ^2-Verteilung. Wenn $\chi^2 \geq \chi^2_{\alpha;N-1}$, dann ist H_0 abzulehnen.

Beispiel 4.2/9: Erinnern wir uns noch einmal an das Beispiel des Fremdsprachenerwerbes im Abschnitt 4.2.4.3, wo 20 Probanden im Mittel 32,5 Vokabeln pro Tag lernten und auf Grund großer interindividueller Unterschiede eine Standardabweichung von 19,73 errechnet wurde. Nun wollen wir wissen, ob diese Stichprobe aus einer Grundgesamtheit mit der Varianz $\sigma_0^2 = 256$ ($\sigma_0 = 16$) stammen kann.

Lösung:
1. Voraussetzungen:
   * metrische Daten mit Normalverteilung
   * $N = 20$; $s^2 = 389{,}27$; $\sigma_0^2 = 256$
2. Hypothesen:
   H_0: $\sigma^2 = \sigma_0^2 = 256$
   H_1: $\sigma^2 \neq \sigma_0^2 = 256$
3. Signifikanzniveau aufgrund des Inhalts der Aufgabenstellung:
   $\alpha = 0{,}05$.
4. Prüfgröße:
   $$\chi^2 = \frac{(N-1)s^2}{\sigma_0^2}$$
5. Kritischer Bereich:
   $\chi^2 \geq \chi^2_{\alpha;N-1}$, dann lehnen wir H_0 ab.

6. Berechnung:
$$\chi^2 = \frac{(20-1)\cdot 389{,}27}{256} = 28{,}89$$
7. Vergleich:
$\chi^2_{\alpha;N-1} = \chi^2_{0,05;19} = 30{,}1$ (vgl. Tafel 3) $\chi^2 = 28{,}89 < 30{,}1$, d. h., wir können H_0 annehmen. Damit können wir statistisch gesichert davon ausgehen, daß die Stichprobe einer Grundgesamtheit mit einer Streuung von $\sigma_0^2 = 256$ entstammen.

4.2.4.5 Der KOLMOGOROV-Anpassungstest

An dieser Stelle wollen wir einen Test kennenlernen, mit dessen Hilfe wir überprüfen können, ob vorliegende singuläre, metrische Daten aus einer bestimmten, angenommenen theoretischen (stetigen) Verteilung $F_0(x)$ stammen können, und diskutieren diesen Test wieder am Beispiel der Normalverteilung. Wir treffen unsere Entscheidung auf der Grundlage der Meßwerte und **schätzen** hier **keine** Parameter aus der Stichprobe.

Wir verwenden als Prüfgröße D die maximale absolute Differenz zwischen der empirischen Verteilungsfunktion $\hat{F}(x)$ und der theoretischen Verteilungsfunktion $F_0(x)$:

$$\boxed{D = \max_x |\hat{F}(x) - F_0(x)|}\,.$$

Wir vergleichen D mit dem kritischen Wert $K_{N;\alpha}$ (vgl. Tafel 20) und treffen die Entscheidung nach der Vorschrift:
Wenn $D \geq K_{N;\alpha}$ gilt, dann lehnen wir H_0 ab.

Wird der Stichprobenumfang N größer als 50, dann finden wir für $K_{N;\alpha}$ keine tabellierten Werte mehr vor. In diesem Fall arbeiten wir mit den folgenden Näherungswerten:

a) Für $\alpha = 0{,}05$ gilt: $K_{N;0,05} \approx \dfrac{1{,}36}{\sqrt{N}}$;

b) für $\alpha = 0{,}01$ gilt: $K_{N;0,01} \approx \dfrac{1{,}63}{\sqrt{N}}$.

Um D zu bestimmen, ordnen wir zunächst die Meßwerte der Größe nach und numerieren sie auch so, d. h., x_1 ist der kleinste und x_N der größte Wert. Dann brauchen wir nur an den Sprungstellen der empirischen Verteilungsfunktion $\hat{F}(x)$, d. h., bei den x_i den Wert $\hat{F}(x) = \dfrac{i}{N}$ und seinen Vorgänger $\dfrac{i-1}{N}$ jeweils mit dem Wert $F_0(x_i)$ der angenommenen Verteilung zu vergleichen. Genauer, es ist:

$$D = \max_i \max(|F_0(x_i) - \frac{i}{N}|, |F_0(x_i) - \frac{i-1}{N}|).$$

Die Besonderheit dieses Verfahrens besteht darin, daß wir eine an sich diskrete Verteilung gegen die stetige Normalverteilungsfunktion prüfen, z. B.:

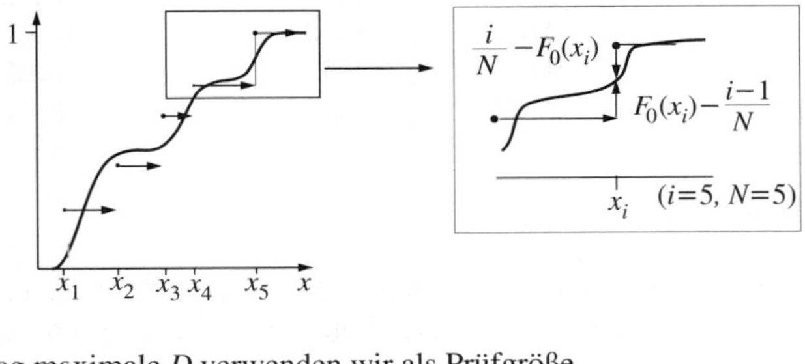

Das in seinem Betrag maximale D verwenden wir als Prüfgröße.

Beispiel 4.2/10: In einer Untersuchung zum Sehvermögen erhalten 10 Versuchspersonen nachfolgende Dioptrienwerte (der Größe nach geordnet):

Versuchsperson	1	2	3	4	5	6	7	8	9	10
Werte	+1,37	+1,52	+1,69	+1,71	+1,92	+2,04	+2,12	+2,34	+2,51	+3,14

Es soll nun die Frage beantwortet werden, ob diese Stichprobe hinsichtlich des Sehvermögens vergleichbar ist mit einer normalverteilten Grundgesamtheit mit den Parametern $\mu_0 = 2{,}00$ und $\sigma_0 = 1{,}00$?

Lösung:

1. Voraussetzungen:
   * singuläre, metrische Daten
   * $N = 10$; $\mu_0 = 2{,}00$; $\sigma_0 = 1{,}00$;
2. Hypothesen:

   H_0: $F(x) = F_0(x)$, wobei $F(x)$ die Verteilungsfunktion der Grundgesamtheit bezeichnet.

   H_1: $F(x) \neq F_0(x)$ für mindestens ein x
3. Signifikanzniveau aufgrund des Inhalts der Aufgabenstellung:

   $\alpha = 0{,}05.$
4. Prüfgröße:

   $D = \max |\hat{F}(x) - F_0(x)|,$

   $\hat{F}(x)$ ist dabei die empirische Verteilungsfunktion der Stichprobe.
5. Kritischer Bereich:
   Wegen $N < 50$ haben wir: Wenn $D \geq K_{N;\alpha}$ gilt, dann lehnen wir H_0 ab.
6. Berechnung:
   Hier müssen wir uns zunächst eine Hilfstabelle schaffen, es ist

   $F_0(x) = \Phi(u) \quad \text{mit} \quad u = \dfrac{x-\mu}{\sigma}$

Vp_i	x_i	u_i	$F_0(x_i) = \Phi(u_i)$	$\hat{F}(x_i) = \frac{i}{10}$	$max(\lvert F_0(x_i) - \frac{i}{10}\rvert, \lvert F_0(x_i) - \frac{i-1}{10}\rvert)$
1	1,37	−0,63	0,264	0,100	$0{,}264 = D$
2	1,52	−0,48	0,316	0,200	0,216
3	1,69	−0,31	0,378	0,300	0,178
4	1,71	−0,29	0,386	0,400	0,086
5	1,92	−0,08	0,469	0,500	0,069
6	2,04	0,04	0,516	0,600	0,084
7	2,12	0,12	0,548	0,700	0,152
8	2,34	0,34	0,633	0,800	0,167
9	2,51	0,51	0,695	0,900	0,205
10	3,14	1,14	0,873	1,000	0,127

7. Vergleich:
   $K_{N;\alpha} = K_{10;0,05} = 0{,}409$ (vgl. Tafel 20)
   $0{,}264 < 0{,}409$, d. h. wir können H_0 beibehalten.
   Bei der untersuchten Stichprobe können wir statistisch gegen die Nullhypothese, nämlich daß die Stichprobe aus einer normalverteilten Grundgesamtheit mit den Parametern $\mu_0 = 2{,}0$ und $\sigma_0 = 1$ stammt, nichts einwenden.

SPSS-Zugang

Datenart	Vorgehen	Voraussetzungen/Erklärungen
metrisch	Analysieren → Mittelwerte vergleichen → T-Test bei einer Stichprobe	unter „Option" Wahl der Größe des Konfidenzintervalls unter „Testwert" Angabe des Wertes gegen den geprüft werden soll (z. B. MW von 100)

4.2.5 Übersicht über die Anpassungstests

Bei der Auswahl eines geeigneten Verfahrens sollten wir uns stets darum bemühen, den jeweils stärksten Test, also jenen, welcher die meisten Informationen nutzt, einzusetzen. Die nachfolgende Übersicht soll uns helfen, die Vielzahl möglicher Anpassungstests besser zu überschauen und ein den Daten angemessenes Verfahren zu finden.

Datenart	Voraussetzungen	Verfahren
metrisch	mit Normalverteilung	einfacher t-Test für den Mittelwertvergleich
		Test zum Vergleich der Streuungswerte
	ohne Normalverteilung, gruppiert mit $N > 40$	χ^2-Anpassungstest (u. U. DAVID-Test als Schnelltest)
	ohne Normalverteilung, singulär	KOLMOGOROV-Anpassungstest
ordinal	eingeschränkte Gültigkeit	Korrelationsanalyse
	Transformation zu gruppierten kategorialen Daten	χ^2-Anpassungstest
kategorial	$N > 40$ und Forderungen an die Erwartungshäufihkeiten erfüllt	χ^2-Anpassungstest
	sonst	Polynomialtest
alternativ	$N \geq 60$ und $Np_{\min} \geq 5$	u-Test
	$30 \leq N < 60$ und $Np_{\min} \geq 5$	u_{korr}-Test
	sonst	Binomialtest

4.3 Unterschiedstests

Beim Einsatz von Unterschiedstests ist die zu beantwortende Fragestellung eine völlig andere als beim Anpassungstest. Erinnern wir uns noch einmal: Beim Anpassungstest wollten wir wissen, ob die auf der Grundlage einer vorliegenden Stichprobe gegebene empirische Verteilung aus einer Grundgesamtheit mit einer angenommenen theoretischen Verteilung stammen kann. Wir haben dies anhand der ganzen Verteilung und anhand einzelner Parameter (Mittelwert und Streuung) geprüft. Beim Unterschiedstest besteht die Ausgangssituation darin, daß 2 oder mehrere Stichproben, die entweder unabhängig oder abhängig (korrelierend) voneinander sein können, vorliegen. Es soll nun die Frage beantwortet werden, ob diese 2 oder 1 Stichproben aus der gleichen oder aus verschiedenen Grundgesamtheiten stammen. Diese Fragestellung ist in der Praxis vergleichsweise häufig anzutreffen. Zur Veranschaulichung mögen zwei Beispielfälle dienen:

1. Wir führen bei Kindern im Alter von 8 Jahren eine Untersuchung zum räumlichen Vorstellungsvermögen durch. Diese wiederholen wir bei den gleichen Kindern im Alter von 12 Jahren. Wenn wir nun die Frage beantworten wollen, ob die aufgetretenen Unterschiede zufällig oder Ausdruck eines Entwicklungsfortschritts sind (also mehr als zufällig), dann setzen wir hier einen Unterschiedstest für 2 abhängige Stichproben ein. Er prüft, ob beide Stichproben aus der gleichen Grundgesamtheit stammen (Unterschiede sind dann nur zufällig) oder nicht (Unterschiede sind signifikant).
2. Wir untersuchen zum gleichen Zeitpunkt eine 4., eine 6., eine 8. und eine 10. Klasse bzgl. der Gedächtnisleistung. Nun wollen wir wissen, ob auftretende Unterschiede zufällig verursacht sind oder ob sie Folge systematischer Entwicklung sind. Hier verwenden wir einen Unterschiedstest für 4 unabhängige Stichproben.

Sicher werden an diesen zwei Beispielen jedem Leser eigene Untersuchungssituationen für entsprechende Fragestellungen einfallen. Unterschiedstests werden also eingesetzt, um z. B. Entwicklungsverläufe zu analysieren, um Einflüsse von Interventionen im Prä-Post-Test zu dokumentieren, um verschiedene Untersuchungspopulationen bzgl. bestimmter Eigenschaften zu vergleichen usw.

Im weiteren Verlauf wollen wir die Unterschiedstests nach folgender Klassifikation diskutieren: Zuerst die Unterschiedstests für 2 unabhängige Stichproben, dann für 2 abhängige Stichproben, anschließend für mehr als 2 unabhängige Stichproben und zum Schluß für mehr als 2 abhängige Stichproben. Analog der bisherigen Vorgehensweise werden die Verfahren in Abhängigkeit vom Informationsgehalt der Daten als Tests für alternative, kategoriale, ordinale und metrische Daten vorgestellt.

4.3.1 Vergleich zweier Verteilungen mit unabhängigen Stichproben

Der z. B. in der Psychologie typische methodische Ansatz, in dessen Ergebnis unabhängige Stichproben entstehen, ist der Querschnittsansatz. In ihm werden, vereinfacht ausgedrückt, zum gleichen Zeitpunkt mehrere Stichproben untersucht und miteinander verglichen. Der Begriff Zeitpunkt kann dabei natürlich auch einen Zeitraum oder eine Zeitspanne beschreiben. Entscheidend ist, daß jedes Untersuchungsobjekt nur in einer einzigen Stichprobe auftreten darf. Es kommt nicht zu Wiederholungsuntersuchungen, d. h., erscheint A in der Stichprobe 1, dann kann A niemals auch zugleich in der Stichprobe 2 auftreten.

4.3.1.1 Alternative Daten

Die nachfolgend diskutierten Prüfverfahren gelten für alternative Daten, d. h., in jeder Stichprobe hat die untersuchte Variable nur zwei Ausprägungen (z. B. männlich/weiblich). Im Ergebnis der Untersuchung erhalten wir zunächst absolute Häufigkeiten für das Auftreten jeder Ausprägung. Wir können die Daten in nachfolgender Art und Weise, der sogenannten Vierfeldertafel, darstellen:

	Stichprobe 1	Stichprobe 2	$\sum$
Kategorie 1	n_{11}	n_{12}	Z_1
Kategorie 2	n_{21}	n_{22}	Z_2
$\sum$	S_1	S_2	N

Die Nullhypothese geht beim Vergleich der beiden Stichproben davon aus, daß der Unterschied zwischen den Häufigkeiten von zufälligen Faktoren verursacht, also nicht systematisch ist. Die Alternativhypothese besagt im Unterschied dazu, daß Differenzen auf unterschiedliche Wahrscheinlichkeiten der Ausprägung zurückzuführen sind. Zur Überprüfung der Nullhypothese vergleichen wir nun die empirisch vorgefundenen Verteilungen und bewerten auftretende Unterschiede zwischen den Stichproben in geeigneter Weise. Sind diese bewerteten Unterschiede zu groß, so schließen wir auf signifikante Unterschiede zwischen den Grundgesamtheiten, aus denen sie stammen.

4.3.1.1.1 Der χ^2-Vierfeldertest

Der χ^2-Vierfeldertest ist ein erstes Verfahren zur statistischen Analyse alternativer Daten. Für seinen Einsatz müssen aber die zwei nachfolgend genannten Bedingungen erfüllt sein:

1. Der Gesamtstichprobenumfang N sollte mindestens 60 sein, also $N \geq 60$.
2. Die sogenannten erwarteten Häufigkeiten $N\tilde{p}_{ij} = N \cdot \left(\frac{S_i}{N} \cdot \frac{Z_j}{N}\right)$ sollten stets mindestens 5 sein.

   Diese Bedingung überprüfen wir am einfachsten anhand ihres Minimums nach der Formel:
   $$N\tilde{p}_{\text{min.}} = \frac{S_{\min} \cdot Z_{\min}}{N} \geq 5 \quad .$$
   (Das Erfülltsein dieser Bedingung bedeutet auch, daß bei Gültigkeit der Nullhypothese näherungsweise für die theoretischen Erwartungshäufigkeiten $Np_{ij} \geq 5$ gilt. Dabei ist p_{ij} die Wahrscheinlichkeit[1)] des Auftretens der Kategorie i in der Stichprobe j; $i, j = 1, 2$.)

Die Prüfgröße χ^2 wird hier nach folgender Vorschrift berechnet:

$$\boxed{\chi^2 = \frac{N(n_{11}n_{22} - n_{12}n_{21})^2}{Z_1 \cdot Z_2 \cdot S_1 \cdot S_2}} \; .$$

Die Testgröße χ^2 ist mathematisch, wie später noch gezeigt werden wird, von derselben Form wie beim χ^2-Anpassungstest. Sie ist näherungsweise χ^2-verteilt, und wir vergleichen sie deshalb mit dem kritischen Wert $\chi^2_{\alpha;f}$ der tabellierten χ^2-Verteilung (vgl. Tafel 3), genauer, es gilt: Wenn $\chi^2 \geq \chi^2_{\alpha;f}$ ist, dann lehnen wir die Nullhypothese ab. Die Anzahl f der Freiheitsgrade ist bei alternativen Daten gleich 1, da bei konstanten Randsummen nur eine Häufigkeit frei wählbar ist (vgl. Abschnitt 2.3.2.1).

Beispiel 4.3/1: Mit Hilfe einer Untersuchung sollte die Frage beantwortet werden, ob es zwischen Jungen und Mädchen einen Unterschied hinsichtlich der erlebten Belastung nach einem Sportwettkampf mit gemischten Mannschaften gibt. Es entstand folgendes Resultat:

Belastung	Jungen	Mädchen	$\sum$
stark	25	34	59
gering	81	60	141
$\sum$	106	94	200

Lösung:

1. Voraussetzungen:
   * Unterschiedstest mit 2 unabhängigen Stichproben bei alternativen Daten
   * $N = 200 > 60$ und $N\tilde{p}_{\min} = \frac{59 \cdot 94}{200} = 27{,}73 > 5$, d. h., alle Bedingungen sind erfüllt.
2. Hypothesen:
   H_0: $p_{11} = p_{12}$
   H_1: $p_{11} \neq p_{12}$
3. Signifikanzniveau aufgrund des Inhalts der Aufgabenstellung:
   $\alpha = 0{,}01.$
4. Prüfgröße:
   $$\chi^2 = \frac{N(n_{11}n_{22} - n_{12}n_{21})^2}{Z_1 \cdot Z_2 \cdot S_1 \cdot S_2}$$
5. Kritischer Bereich:
   Wenn $\chi^2 > \chi^2_{\alpha;f}$ ist, dann lehnen wir H_0 ab.
   $\chi^2_{\alpha;f} = \chi^2_{0,01;1} = 6{,}64$ (vgl. Tafel 3)

---
1) Es handelt sich bei p_{ij} um die bedingte Wahrscheinlichkeit der Kategorie i unter der Bedingung der Stichprobe j.

6. Berechnung:
$$\chi^2 = \frac{200(25 \cdot 60 - 34 \cdot 81)^2}{59 \cdot 141 \cdot 106 \cdot 94} = 3{,}79$$
7. Vergleich:
$3{,}79 < 6{,}64$, d. h. $\chi^2 < \chi^2_{\alpha;f}$, also haben wir gegen H_0 nichts einzuwenden. Auf Grund der vorgefundenen Ergebnisse können wir nicht davon ausgehen, daß sich die erlebte Belastung zwischen Jungen und Mädchen signifikant voneinander unterscheidet.

Anmerkung: Die Testgröße χ^2 können wir auch auf einem anderen Weg errechnen, und zwar gilt
$$\frac{N(n_{11} \cdot n_{22} - n_{12} \cdot n_{21})^2}{Z_1 \cdot Z_2 \cdot S_1 \cdot S_2} = \sum_{i,j=1}^{2} \frac{(n_{ij} - N \cdot \tilde{p}_{ij})^2}{N \cdot \tilde{p}_{ij}}.$$

Hier wird die Prozedur des Vergleiches der beobachteten mit den erwarteten Häufigkeiten $N \cdot \tilde{p}_{ij}$ deutlicher sichtbar. Wir erzeugen uns zu diesem Zweck eine Hilfstabelle mit den Spalten:
1. vorgefundene, absolute Häufigkeit pro Feld n_{ij}
2. erwartete Häufigkeit pro Feld $N\tilde{p}_{ij}$
3. Differenz zwischen n_{ij} und $N\tilde{p}_{ij}$
4. das Quadrat dieser Differenz
5. das Quadrat dieser Differenz, geteilt durch $N\tilde{p}_{ij}$ (vgl. auch Abschnitt 4.2.2.2).

Für unser Beispiel bedeutet das:

Kategorie	n_{ij}	$N\tilde{p}_{ij}$	$(n_{ij} - N\tilde{p}_{ij})$	$(n_{ij} - N\tilde{p}_{ij})^2$	$\frac{(n_{ij} - N\tilde{p}_{ij})^2}{N\tilde{p}_{ij}}$
Belastung stark					
männlich	25	31,27	−6,27	39,31	1,26
weiblich	34	27,73	6,27	39,31	1,42
Belastung gering					
männlich	81	74,73	6,27	39,31	0,52
weiblich	60	66,27	−6,27	39,31	0,59
$\sum$	200	200,00			$\chi^2 = 3{,}79$

Diese Vorgehensweise ist natürlich erheblich aufwendiger, liefert aber bei anschaulicherer Darstellung das gleiche Ergebnis des Vergleichs.

SPSS-Zugang

Datenart	Vorgehen	Voraussetzungen/Erklärungen
alternativ	Analysieren → Deskriptive Statistik → Kreuztabellen … unter „Statistik" „Chi-Quadrat"	unter „Zellen" angeben, ob Summen- und/oder Spaltensumme Basis für Prozentuierung der Zellenhäufigkeit sein soll

4.3.1.1.2 Der χ^2-Vierfeldertest mit Kontinuitätskorrektur

Die Kontinuitätskorrektur beim χ^2-Vierfeldertest ist immer dann notwendig, wenn der Gesamtstichprobenumfang N zwischen 20 und 59 liegt, d. h. $20 < N < 60$. Allerdings müssen auch bei diesem Verfahren die Erwartungshäufigkeiten $N\tilde{p}_{ij}$ mindestens 5 betragen. Die Prüfgröße wird dadurch verändert, daß wir das Korrekturglied $\frac{N}{2}$ in einem Faktor des Zählers berücksichtigen und erhalten:

$$\boxed{\chi^2_{\text{korr}} = \frac{N(|n_{11}n_{22} - n_{12}n_{21}| - \frac{N}{2})^2}{Z_1 \cdot Z_2 \cdot S_1 \cdot S_2}}.$$

Der kritische Bereich ist gegenüber dem χ^2-Vierfeldertest ohne Kontinuitätskorrektur unverändert, d. h., wenn $\chi^2_{\text{korr}} \geq \chi^2_{\alpha;1}$ ist, dann lehnen wir H_0 ab.

Beispiel 4.3/2: In einer sozialpsychologischen Studie sollte die Frage beantwortet werden, ob sich Chefs und übrige Mitarbeiter u. a. auch dadurch unterscheiden, daß sie entweder lieber einzeln ein Arbeitszimmer zur Verfügung haben wollen oder sich lieber einen Raum mit einer zweiten Person teilen. Es entstand das nachfolgende Ergebnis:

	Chefs	Mitarbeiter	$\sum$
allein	19	11	30
zu zweit	11	9	20
$\sum$	30	20	50

Lösung:

1. Voraussetzungen:
   * Unterschiedstest mit zwei unabhängigen Stichproben bei alternativen Daten
   * $N = 50$; $N\tilde{p}_{\min} = \dfrac{20 \cdot 20}{50} = 8{,}00$, d. h. die Bedingungen für den χ^2-Vierfeldertest mit Kontinuitätskorrektur sind erfüllt.
2. Hypothesen:
   H_0: $p_{11} = p_{12}$
   H_1: $p_{11} \neq p_{12}$
3. Signifikanzniveau aufgrund des Inhalts der Aufgabenstellung:
   $\alpha = 0{,}01$.
4. Prüfgröße:
   $$\chi^2_{\text{korr}} = \frac{N\left(|n_{11}n_{22} - n_{12}n_{21}| - \dfrac{N}{2}\right)^2}{Z_1 \cdot Z_2 \cdot S_1 \cdot S_2}$$
5. Kritischer Bereich:
   Wenn $\chi^2_{\text{korr}} \geq \chi^2_{\alpha;1}$ ist, dann lehnen wir H_0 ab.
   $\chi^2_{\alpha;1} = \chi^2_{0{,}01;1} = 6{,}64$ (vgl. Tafel 3)
6. Berechnung:
   $$\chi^2_{\text{korr}} = \frac{50\left(|19 \cdot 9 - 11 \cdot 11| - \dfrac{50}{2}\right)^2}{30 \cdot 20 \cdot 30 \cdot 20} = 0{,}087$$
7. Vergleich:
   $0{,}087 < 6{,}64$, also ist $\chi^2_{\text{korr}} < \chi^2_{\alpha;1}$, d. h., wir lehnen H_0 nicht ab. Auf Grund unseres Untersuchungsergebnisses können wir nicht davon ausgehen, daß es zwischen den Chefs und den Mitarbeitern Unterschiede bzgl. der Wünsche für Einzelarbeitszimmer gibt.

4.3.1.1.3 Der FISHER-Test

Wenn uns alternative Daten mit einem Stichprobenumfang von weniger als 20 zur Verfügung stehen **oder** wenn das Minimum der Erwartungshäufigkeiten kleiner als 5 ist, dann sollten wir uns für den Einsatz des FISHER-Tests entscheiden. Er prüft in der Nullhypothese H_0, ob die Wahrscheinlichkeit für die erste (oder zweite) Kategorie in beiden Grundgesamtheiten, aus denen die Stichproben stammen, gleich groß ist. Die Alternativhypothese H_1 geht dann davon aus, daß die Wahrscheinlichkeit für die erste Kategorie in der einen Grundgesamtheit kleiner ist als in der anderen. Es handelt sich hier also um eine einseitige Fragestellung.

Die Prüfgröße ist in diesem Test die **Überschreitungswahrscheinlichkeit** γ, die eine Summe von Einzelwahrscheinlichkeiten p_k darstellt:

$$\boxed{\gamma = \sum_{k=0}^{n_{11}} p_k}\,.$$

Diese berechnen wir nach der Vorschrift:

$$p_k = \frac{Z_1! \cdot Z_2! \cdot S_1! \cdot S_2!}{N!} \cdot \frac{1}{k! \cdot n_{12}(k)! \cdot n_{21}(k)! \cdot n_{22}(k)!}\,,$$

wobei gilt: $0 \leq k \leq n_{11}$.

Die Zahlen $n_{ij} = n_{ij}(k)$ werden dabei so bestimmt, daß die Randsummen Z_i und S_j konstant bleiben.

Wir vergleichen γ mit der Irrtumswahrscheinlichkeit α und entscheiden wie folgt: Wenn $\gamma \leq \alpha$ ist, dann lehnen wir H_0 ab. Für die praktische Durchführung dieses Tests ist der richtige Ansatz von Bedeutung. Man betrachtet dazu die relativen Häufigkeiten $\frac{n_{ij}}{S_j}$, wählt deren Minimum und numeriert nun die Stichproben und die Ausprägungen so, daß die diesem Minimum entsprechende Häufigkeit im Feld 1 1 plaziert wird.

Beispiel 4.3/3: Mit einer Untersuchung soll die Frage beantwortet werden, ob es zwischen leistungsstarken und leistungsschwachen Schülern Unterschiede in der Motivation gibt. Folgende Daten wurden erhoben:

Motivation	leistungsstark	leistungsschwach	$\sum$
gering	4	2	6
hoch	2	7	9
$\sum$	6	9	15

Um den Forderungen an den Ansatz zu entsprechen, müssen wir zuerst die minimale relative Häufigkeit finden, diese beträgt $\frac{2}{9}$. Folglich plazieren wir die leistungsschwachen Schüler in die erste Spalte und erhalten:

Motivation	leistungsschwach	leistungsstark	$\sum$
gering	2	4	6
hoch	7	2	9
$\sum$	9	6	15

Lösung:

1. Voraussetzungen:
   * Unterschiedstest mit 2 unabhängigen Stichproben bei alternativen Daten
   * $N = 15$; $N\tilde{p}_{\min} = \frac{6 \cdot 6}{15} = 2{,}4$
2. Hypothesen:

   H_0: $p_{11} = p_{12}$

   H_1: $p_{11} < p_{12}$ (einseitige Fragestellung)
3. Signifikanzniveau aufgrund des Inhalts der Aufgabenstellung:

   $\alpha = 0{,}01$.
4. Prüfgröße:

   $$\gamma = \sum_{k=0}^{n_{11}} p_k$$

5. Kritischer Bereich:
Wenn $\gamma \leq \alpha$ ist, dann lehnen wir H_0 ab.
6. Berechnung:
Wenn H_0 richtig wäre, dann müßte im Feld n_{11} eine Häufigkeit von rund 4 ($N\tilde{p}_{11} = \frac{6 \cdot 9}{15} = 3{,}6$) stehen. Nun fragen wir nach der Wahrscheinlichkeit dafür, daß für den Fall, da H_0 gilt, im Feld 1 1 die Häufigkeit $n_{11} = 2$ (wie vorgefunden) auftritt bzw. eine noch weiter davon abweichende, d. h. also eine noch kleinere Häufigkeit k. Die Überschreitungswahrscheinlichkeit bildet dann die Summe all dieser Einzelwahrscheinlichkeiten. Von den 15 Versuchsteilnehmern sind 9 leistungsschwach und 6 leistungsstark. Auf Grund des Untersuchungsergebnisses werden insgesamt 6 gering motivierte Schüler festgestellt. Ausgehend von dieser Information wollen wir die Wahrscheinlichkeit dafür bestimmen, daß 2 oder weniger von diesen 6 Probanden leistungsschwach sind. Dazu müssen wir auf die hypergeometrische Verteilung (vgl. Abschnitt 3.2.2.3.3) zurückgreifen:
1. Wir bestimmen die Wahrscheinlichkeit dafür, daß 0 Probanden von diesen 6 gering motivierten Schülern leistungsschwach sind:
Dazu verändern wir die Vierfeldertafel bei konstanten Randsummen so, daß die Häufigkeit n_{11} im Feld 1 1 null ist, also:

Motivation	leistungsschwach	leistungsstark	$\sum$
gering	0	6	6
hoch	9	0	9
$\sum$	9	6	15

Die Wahrscheinlichkeit für diese Belegung beträgt:

$$p_0 = \frac{6! \cdot 9! \cdot 9! \cdot 6!}{15!} \cdot \frac{1}{0! \cdot 6! \cdot 9! \cdot 0!} = \frac{\binom{9}{0} \cdot \binom{6}{6}}{\binom{15}{6}} = 0{,}000\,2.$$

2. Wir bestimmen die Wahrscheinlichkeit dafür, daß 1 Proband von diesen 6 gering motivierten leistungsschwach ist:
Dazu müssen wir die Vierfeldertafel bei konstanten Randsummen so verändern, daß das Feld 1 1 die Häufigkeit 1 besitzt:

Motivation	leistungsschwach	leistungsstark	$\sum$
gering	1	5	6
hoch	8	1	9
$\sum$	9	6	15

$$p_1 = \frac{6! \cdot 9! \cdot 9! \cdot 6!}{15!} \cdot \frac{1}{1! \cdot 5! \cdot 8! \cdot 1!} = \frac{\binom{9}{1} \cdot \binom{6}{5}}{\binom{15}{6}} = 0{,}010\,789.$$

3. Zuletzt bestimmen wir die Wahrscheinlichkeit dafür, daß entsprechend der Ausgangssituation schließlich 2 Probanden von diesen 6 gering motivierten leistungsschwach sind:
Dazu müssen wir noch einmal die Vierfeldertafel bei konstanten Randsummen so verändern, daß das Feld 1 1 die Häufigkeit 2 besitzt:

Motivation	leistungsschwach	leistungsstark	$\sum$
gering	2	4	6
hoch	7	2	9
$\sum$	9	6	15

$$p_2 = \frac{6! \cdot 9! \cdot 9! \cdot 6!}{15!} \cdot \frac{1}{2! \cdot 4! \cdot 7! \cdot 2!} = \frac{\binom{9}{2} \cdot \binom{6}{4}}{\binom{15}{6}} = 0{,}107\,89,$$

$$\gamma = p_0 + p_1 + p_2 = 0{,}119.$$

7. Vergleich:
   $0{,}12 > 0{,}01$, d. h., wir behalten H_0 bei. Nach den vorgefundenen Daten können wir davon ausgehen, daß es zwischen den leistungsstarken und den leistungsschwachen Schülern im allgemeinen keine Motivationsunterschiede gibt.

Bemerkung: *Zur Vereinfachung der Rechnung kann man vorzugsweise bei größerem* n_{11} *auch folgende Rekursionsformel verwenden:*

$$p_{k+1} = \frac{n_{12}(k) \cdot n_{21}(k)}{(k+1)n_{22}(k+1)} \cdot p_k.$$

Für das obige Beispiel ergibt sich z. B. für $k = 0$ *und* $k = 1$*:*

$$p_1 = \frac{6 \cdot 9}{1 \cdot 1} \cdot p_0 = \frac{54}{1} \cdot 0{,}000\,2 \quad = 0{,}010\,789$$

$$p_2 = \frac{8 \cdot 5}{2 \cdot 2} \cdot p_1 = \frac{40}{4} \cdot 0{,}010\,789 = 0{,}107\,89.$$

4.3.1.2 Der $\chi^2 - k$ mal 2-Feldertest

Der $\chi^2 - k \cdot 2$-Feldertest dient dem Vergleich von k Kategorien in $l = 2$ unabhängigen Stichproben. Die allgemeine Form der Darstellung einer entsprechenden Ausgangssituation würde uns folgende Tabelle liefern:

Kategorie	Stichprobe 1	Stichprobe 2	$\sum$
1	n_{11}	n_{12}	Z_1
2	n_{21}	n_{22}	Z_2
$\vdots$	$\vdots$	$\vdots$	$\vdots$
k	n_{k1}	n_{k2}	Z_k
$\sum$	S_1	S_2	N

In Anlehnung an die alternativen Daten nutzen wir auch hier die bereits diskutierte χ^2-Methode (vgl. Abschnitt 4.3.1.1), d. h., die Prüfgröße χ^2 berechnen wir nach der Vorschrift:

$$\boxed{\chi^2 = \sum_{i=1}^{k} \sum_{j=1}^{l} \frac{(n_{ij} - N\tilde{p}_{ij})^2}{N\tilde{p}_{ij}}}\,.$$

Wir berechnen also für jedes Feld der Tabelle die erwarteten Häufigkeiten $N\tilde{p}_{ij}$, ziehen diese von der real beobachteten Häufigkeit n_{ij} ab, quadrieren diese Differenz und teilen sie durch $N\tilde{p}_{ij}$. Im letzten Schritt bilden wir die Summe über all diese Quotienten. Wir vergleichen dann das errechnete χ^2 mit $\chi^2_{\alpha;f}$: Wenn $\chi^2 \geq \chi^2_{\alpha;f}$ gilt, dann lehnen wir H_0 ab. Die Anzahl f der Freiheitsgrade ergibt sich aus: $f = k - 1$, da bei konstanten Randsummen mit der Häufigkeit eines Feldes auch die Häufigkeit des anderen Feldes der gleichen Zeile festgelegt ist und von den k Zahlen einer Spalte unter dieser Bedingung nur $k - 1$ Zahlen frei gewählt werden können. Wir setzen den $\chi^2 - k \cdot 2$-Feldertest dann ein, wenn folgende 2 Bedingungen erfüllt sind:

1. Die Anzahl N aller Daten sollte mindestens 60 sein.
2. Alle erwarteten Häufigkeiten $N\tilde{p}_{ij}$ müssen mindestens 1 und 80 % von ihnen sogar mindestens 5 sein.

Beispiel 4.3/4: Durch den Vergleich einer neuen und einer alten Produktionsmethode mit Hilfe von Fehlerklassen sollte die Frage beantwortet werden, ob die neue Methode zu veränderten (verbesserten) Produktionsergebnissen führt? Zur Interpretation der Fehlerklassen ist zu sagen, daß ihre negativen Konsequenzen von A bis H abnehmen, d. h., während ein Fehler der Kategorie A zum Ausschuß des gesamten Teiles führt, ist ein Fehler der Kategorie H mit minimalem Zusatzaufwand korrigierbar. Es entstand folgendes Resultat (bereits durch die Zeilen- und Spaltensummen ergänzt):

Fehlerklasse	SP 1(neue Methode)	SP 2 (alte Methode)	$\sum$
A	10	32	42
B	9	37	46
C	16	20	36
D	17	23	40
E	11	17	28
F	7	8	15
G	6	6	12
H	4	2	6
$\sum$	80	145	225

Lösung:

1. Voraussetzungen:
   * Unterschiedstest mit 2 unabhängigen Stichproben bei kategorialen Daten
   * $N = 225$;
   * $N\tilde{p}_{\min} = N\tilde{p}_{8;1} = \dfrac{6 \cdot 80}{225} = 2{,}13 \; < \; 5$

   $$N\tilde{p}_{8;2} = \frac{6 \cdot 145}{225} = 3{,}87 \; < \; 5$$

   $$N\tilde{p}_{7;1} = \frac{12 \cdot 80}{225} = 4{,}27 \; < \; 5$$

   $$N\tilde{p}_{7;2} = \frac{12 \cdot 145}{225} = 7{,}73 \; > \; 5$$

   d. h., bei 3 von 16 Feldern sind die erwarteten Häufigkeiten kleiner als 5. Da 3 von 16 Feldern 18,75 % entsprechen und alle ≥ 1 sind, können wir davon ausgehen, daß die Bedingungen erfüllt sind.
2. Hypothesen:

   H_0: $p_{i1} = p_{i2}$ mit $i = 1, 2, \ldots, k$

   H_1: Es gibt mindestens einen Unterschied.
3. Signifikanzniveau aufgrund des Inhalts der Aufgabenstellung:

   $\alpha = 0{,}01$.

4. Prüfgröße:

$$\chi^2 = \sum_{i=1}^{k} \sum_{j=1}^{l} \frac{(n_{ij} - N\tilde{p}_{ij})^2}{N\tilde{p}_{ij}}$$

5. Kritischer Bereich:
Wenn $\chi^2 \geq \chi^2_{\alpha;f}$ ist, dann lehnen wir H_0 ab.

$$\chi^2_{\alpha;f} = \chi^2_{0,01;8-1} = 18{,}5 \quad \text{(vgl. Tafel 3)}$$

6. Berechnung:
Dazu schaffen wir uns folgende Hilfstabelle:

Feld $i; j$	n_{ij}	$N\tilde{p}_{ij}$	$n_{ij} - N\tilde{p}_{ij}$	$(n_{ij} - N\tilde{p}_{ij})^2$	$\frac{(n_{ij} - N\tilde{p}_{ij})^2}{N\tilde{p}_{ij}}$
1; 1	10	14,93	−4,93	24,30	1,63
2; 1	9	16,36	−7,36	54,17	3,31
3; 1	16	12,80	3,20	10,24	0,80
4; 1	17	14,22	2,78	7,73	0,54
5; 1	11	9,96	1,04	1,08	0,11
6; 1	7	5,33	1,67	2,79	0,52
7; 1	6	4,27	1,73	2,99	0,70
8; 1	4	2,13	1,87	3,50	1,64
1; 2	32	27,07	4,93	24,30	0,90
2; 2	37	29,64	7,36	54,17	1,83
3; 2	20	23,20	1,80	3,24	0,14
4; 2	23	25,78	−2,78	7,73	0,30
5; 2	17	18,04	−1,04	1,08	0,06
6; 2	8	9,67	−1,67	2,79	0,29
7; 2	6	7,73	−1,73	2,99	0,39
8; 2	2	3,87	−1,87	3,50	0,90
$\sum$					$\chi^2 = 14{,}06$

7. Vergleich:
Nun ist $14{,}06 < 18{,}50$, d. h., $\chi^2 < \chi^2_{\alpha;f}$, deshalb ist H_0 nicht abzulehnen. Wir können davon ausgehen, daß die neue Methode zu keinen veränderten Produktionsergebnissen führt.

Anmerkung: *Wie wir sehen konnten, war der Rechenaufwand bei diesem Verfahren vergleichweise groß. Deshalb wollen wir jetzt eine Umformungsmöglichkeit nach* BRANDT *und* SNEDECOR *kennenlernen, die uns bei erheblich geringerem Aufwand das gleiche Ergebnis liefert. Hierbei bestimmen wir* χ^2 *nach:*

$$\chi^2 = \frac{N^2}{S_1 \cdot S_2} \left[\sum_{i=1}^{k} \frac{(n_{i1})^2}{Z_i} - \frac{{S_1}^2}{N} \right]$$

Dabei bedeuten:

S_1 Umfang der Stichprobe 1
S_2 Umfang der Stichprobe 2
n_{i1} Häufigkeit der Kategorie i in der Stichprobe 1
Z_i Häufigkeit der Kategorie i in beiden Stichproben zusammen.

Hinsichtlich der zu erfüllenden Voraussetzungen gelten hier die gleichen Bedingungen für N und $N\tilde{p}_{\min}$ wie beim $\chi^2 - k \cdot 2$-Feldertest.

Für unser Beispiel würde das bedeuten:

Klasse	SP 1 (neue Methode)	SP 2 (alte Methode)	Z_i	$\frac{(n_{i1})^2}{Z_i}$
A	10	32	42	2,38
B	9	37	46	1,76
C	16	20	36	7,11
D	17	23	40	7,23
E	11	17	28	4,32
F	7	8	15	3,27
G	6	6	12	3,00
H	4	2	6	2,67
$\sum$	80	145	225	31,73

$$\chi^2 = \frac{225^2}{80 \cdot 145}\left[31{,}73 - \frac{80^2}{225}\right] = 14{,}35.$$

Die Differenz zu 14,06 liegt in Rundungsabweichungen begründet.

SPSS-Zugang

Datenart	Vorgehen	Voraussetzungen/Erklärungen
kategorial	Analysieren → Deskriptive Statistik → Kreuztabellen ... unter „Statistik" „Chi-Quadrat"	unter „Zellen" angeben, ob Summen- und/oder Spaltensumme Basis für Prozentuierung der Zellenhäufigkeit sein soll

4.3.1.3 Unterschiedstest bei ordinalen Daten und zwei Stichproben

4.3.1.3.1 Der U-Test

Der U-Test nach WILCOXON, MANN und WHITNEY ist ein nichtparametrisches statistisches Prüfverfahren zum Vergleich zweier unabhängiger Zufallsvariablen X und Y mit entsprechend den Verteilungsfunktionen $F_1(x)$ und $F_2(x)$. Die (singulären) Ausgangsdaten bestehen aus 2 voneinander unabhängigen Stichproben $x_1, x_2, \ldots, x_{n_1}$ (Stichprobe 1 mit der Verteilungsfunktion $F_1(x)$) und $y_1, y_2, \ldots, y_{n_2}$ (Stichprobe 2 mit der Verteilungsfunktion $F_2(x)$). Der U-Test benötigt von den Daten lediglich Rangplätze, so daß ordinales Datenniveau ausreichend ist. Beide Stichproben werden zusammengelegt und dann der Größe nach geordnet. Zu beachten ist, daß stets $n_1 \leq n_2$ angenommen wird. Ist dies nicht der Fall, dann müssen wir die Stichproben umbenennen. Die Ursache dafür liegt im Aufbau der Tafeln für die Bestimmung des kritischen Bereiches begründet.

In seiner allgemeinsten Form stellt der U-Test fest, ob die sog. **Dominanzwahrscheinlichkeit** $p_D := P(X \leq Y)$ gleich $\frac{1}{2}$ ist oder nicht:

$$P(X \leq Y) = 0{,}5 = P(Y \leq X),$$

d. h., ob sich beim Vergleich aller Werte der x-Stichprobe mit allen Werten der y-Stichprobe die beiden Situationen „x vor y" und „y vor x" etwa wie fifty-fifty zueinander verhalten. In diesem Fall ist keiner der durch X und Y beschriebenen Effekte dominant vor dem anderen. Der U-Test ist besonders geeignet, Unterschiede in der zentralen Tendenz aufzufinden. In diesem Spezialfall geht man davon aus, daß $F_2(x) = F_1(x - c)$ gilt (sog. Lagealternative). Der U-Test ist dann eine direkte Verallgemeinerung des doppelten t-Tests (vgl. Abschnitt 4.3.1.4.3), da hier eine beliebige Verteilungsfunktion zugelassen ist.

Bei allgemeiner Fragestellung behauptet die Nullhypothese H_0, daß die Dominanzwahrscheinlichkeit p_D gleich 0,5 ist:

$$H_0: \quad p_D = 0{,}5.$$

Die Alternativhypothese H_1 stellt bei zweiseitiger Fragestellung

$$H_1: \quad p_D \neq 0{,}5$$

fest. Bei einseitiger Fragestellung wird

$$H_1: \quad p_D < 0{,}5 \quad \text{(„}X \text{ dominiert } Y\text{“), bzw.}$$

$$H_1: \quad p_D > 0{,}5 \quad \text{(„}Y \text{ dominiert } X\text{“)}$$

gewählt. Im Spezialfall der Lagealternative lauten die Hypothesen entsprechend wie folgt:

$$H_0: \quad c = 0, \quad \text{d. h.} \quad F_1(x) = F_2(x),$$

$$H_1: \quad c \neq 0, \quad \text{d. h.} \quad F_1(x) = F_2(x-c),\ c \neq 0, \text{ zweiseitig,}$$

$$H_1: \quad c > 0, \quad \text{(„}X \text{ dominiert } Y\text{“), einseitig}$$

$$H_1: \quad c < 0, \quad \text{(„}Y \text{ dominiert } X\text{“), einseitig.}$$

Das statistische Testverfahren zur Entscheidung der Annahme der Null- oder der Alternativhypothese hängt vom Stichprobenumfang der 2. Stichprobe (also der größeren) ab. Drei mögliche Fälle werden unterschieden. Nähere Ausführungen dazu folgen in Beispielen.

Beispiel 4.3/5: In einer Untersuchung zur sozialen Struktur einer Gruppe wurde Antwort auf die Frage gesucht, ob die zwei Teilgruppen Jungen und Mädchen die Jungen in gleicher Weise bzgl. ihrer Sympathie einordnen. Aus diesem Grund mußte jede Versuchsperson (die Auswahl erfolgte auf der Grundlage einer entsprechenden Zufallsstichprobe) auf einer 7 cm langen Ratingskala mit den Polen „sehr sympathisch“ und „sehr unsympathisch “ ankreuzen, wie sympathisch der zu Beurteilende ist. Die ausgemessenen Werte wurden getrennt danach, ob sie von einem Jungen (Stichprobe 1) oder einem Mädchen (Stichprobe 2) abgegeben waren, pro Beurteiltem addiert. Es entstand folgendes Ergebnis:

	Lutz	Martin	Bernd	Maximilian	Anton
Stichprobe 1	33,3	27,2	19,5	31,7	24,6
Stichprobe 2	32,6	28,4	20,7	27,6	21,5

Auf Grund der psychologischen Interpretationsvielfalt (u. U. bewertet jeder bei dem Begriff Sympathie mit anderen Kriterien und Gewichten) und des geringen Stichprobenumfanges kann nicht unbedingt angenommen werden, daß eine Normalverteilung der Zufallsvariable als theoretische Verteilungsannahme berechtigt ist. Wir treffen deshalb keine Verteilungsannahme und transformieren diese Gesamtdaten auf ordinales Niveau, d. h., wir bilden eine gemeinsame Rangreihe aller Objekte aus beiden Stichproben und erhalten die nachfolgenden Rangplätze:

	Lutz	Martin	Bernd	Maximilian	Anton
Stichprobe 1	1	6	10	3	7
Stichprobe 2	2	4	9	5	8

Mit diesen Daten soll nun die Frage beantwortet werden, ob es einen generellen Unterschied bei der Bewertung der Sympathie der Jungen gibt, wenn diese zum einen von Jungen und zum anderen von Mädchen eingeschätzt wird.

Lösung:

1. Voraussetzungen:
   * Unterschiedstest mit 2 unabhängigen Stichproben bei singulären, ordinalen Daten
   * $n_1 = 5; \quad n_2 = 5$

2. Hypothesen:
   H_0: $p_D = P(X \leq Y) = 0{,}5$
   H_1: $p_D \neq 0{,}5$ (zweiseitige Fragestellung)
3. Signifikanzniveau aufgrund des Inhalts der Aufgabenstellung:
   $\alpha = 0{,}01$.
4. Prüfgröße, kritischer Bereich und Berechnung:
   Die gemeinsame Rangreihe des Beispiels hat folgendes Aussehen bzgl. der Zugehörigkeit der Elemente zu den Stichproben 1 und 2:

   SP 1 SP 2 **SP 1** SP 2 SP 2 **SP 1** **SP 1** SP 2 SP 2 **SP 1**

   Unter der Gültigkeit von H_0 wäre die Aufeinanderfolge von Rangplätzen aus den Stichproben 1 und 2 völlig zufällig, d. h. genauer, alle möglichen Anordnungen von n_1 Elementen der 1. und n_2 der 2. Stichprobe wären gleichwahrscheinlich. Um die Prüfgröße U zu berechnen, zählen wir ab, wie oft ein Element der Stichprobe 2 vor einem Element der Stichprobe 1 steht (dieser Wert variiert zwischen 0 und $n_1 \cdot n_2$). Dazu müssen wir jedes Element der Stichprobe 2 betrachten und zählen, wie viele Elemente der Stichprobe 1 hinter ihm in der Rangreihe stehen. In unserem Beispiel erhalten wir $U = 4 + 3 + 3 + 1 + 1 = 12$. Wir bestimmen hier eine Überschreitungswahrscheinlichkeit und haben, da eine zweiseitige Fragestellung vorliegt, zunächst den kleineren der Werte U oder $n_1 \cdot n_2 - U$ zu finden. Wir erhalten hier wieder 12. Nun müßten wir die Anzahl der Anordnungen bestimmen, bei denen $U \leq 12$ ist (z. B. ist $U = 12$ auch bei **SP 1** **SP 1** SP 2 SP 2 SP 2 SP 2 **SP 1** **SP 1** **SP 1** SP 2). Dies ist ein schwieriges kombinatorisches Problem.[1)] Man verwendet daher Tafeln, die für n_1, $n_2 \leq 20$ vorliegen (vgl. Tafel 6) und erhält für $n_1 = n_2 = 5, U = 12$ den Wert der Überschreitungswahrscheinlichkeit γ zu
   $\gamma = 0{,}5$.
   Die Entscheidungsregel lautet wie folgt: Wenn $\gamma \leq \frac{\alpha}{2}$, d. h. $2\gamma \leq \alpha$ ist, dann lehnen wir H_0 ab.
5. Vergleich:
   $2 \cdot 0{,}5 = 1 > 0{,}01$, d. h. $2\gamma > \alpha$, also behalten wir H_0 bei. Auf der Grundlage unserer Daten müssen wir davon ausgehen, daß es im allgemeinen keinen dominanten Unterschied bzgl. der Sympathiebewertung zwischen Mädchen und Jungen bei der Beurteilung der Jungen gibt.

Mit zunehmendem n_2 wird es immer komplizierter, U durch Auszählen zu bestimmen. Deshalb unterscheiden wir die eingangs genannten drei Fälle:

1. $n_2 \leq 8$
   Dieser Fall wurde im Beispiel 4.3/5 diskutiert. Dabei können wir in Abhängigkeit von n_1 und n_2 in der Tafel 6 die Überschreitungswahrscheinlichkeit für den ermittelten U-Wert ablesen. Dort finden wir für unser Beispiel mit $U = 12$, $n_1 = 5$ und $n_2 = 5$ ein γ von 0,5. Da wir eine zweiseitige Fragestellung haben, müssen wir diesen Wert mit 2 multiplizieren und erhalten $2 \cdot 0{,}5 = 1$.
2. $9 \leq n_2 \leq 20$
   In diesem Fall verwenden wir keine Überschreitungswahrscheinlichkeit, sondern wieder kritische Werte und bestimmen zunächst die Hilfsgröße U als Minimum von U_1 und U_2, d. h.:
   $U = \min\{U_1; U_2\}$ mit $U_1 = R_1 - \frac{n_1(n_1+1)}{2}$ und $U_2 = R_2 - \frac{n_2(n_2+1)}{2} = n_1 \cdot n_2 - U_1$.
   R_1 ist dabei die Summe der Rangplätze in Stichprobe 1, und R_2 ist die Summe der Rangplätze in der Stichprobe 2.
   U wird nun mit einem kritischen Wert $U_{\alpha;n_1;n_2}$ vergleichen. Diesen kritischen Wert finden wir in der Tafel 6, und es gilt: Wenn $U \leq U_{\alpha;n_1;n_2}$ ist, dann lehnen wir H_0 ab. Die Besonderheit der

---

1) In unserem Beispiel erhält man 126 solche Möglichkeiten der Anordnung. Diese Zahl ist auch der Zähler bei der Berechnung der Überschreitungswahrscheinlichkeit. Den Nenner berechnen wir aus der Anzahl der überhaupt möglichen Anordnungen nach der Formel

$$\frac{N!}{n_1! \cdot n_2!} = \frac{10!}{5! \cdot 5!} = \frac{3\,628\,800}{120 \cdot 120} = 252.$$

Tafel besteht darin, daß wir hier bei zweiseitiger Fragestellung die Irrtumswahrscheinlichkeit mit 2 multiplizieren müssen. Es sind also folgende Tafeln zu verwenden:

	H_0 ablehnen	H_0 annehmen
einseitige Fragestellung	$\alpha = 0{,}01$	$\alpha = 0{,}05$
zweiseitige Fragestellung	$\alpha = 0{,}02$	$\alpha = 0{,}10$

3. $n_2 > 20$
Je größer n_1 und n_2 werden, desto mehr nähert sich die Verteilung der Prüfgröße $U = \min(U_1, U_2)$ der Normalverteilung mit den Parametern:

$$\mu = \frac{n_1 \cdot n_2}{2} \qquad \text{und} \qquad \sigma = \sqrt{\frac{n_1 n_2 (n_1 + n_2 + 1)}{12}}.$$

Deshalb kann ab dem Fall $n_2 > 20$ mit Hilfe der Normalverteilung geprüft werden. Zur Vereinfachung arbeiten wir mit der standardisierten Normalverteilung und transformieren die U-Werte entsprechend nach:

$$u = \frac{U - \mu}{\sigma} = \frac{U - \dfrac{n_1 \cdot n_2}{2}}{\sqrt{\dfrac{n_1 \cdot n_2 (n_1 + n_2 + 1)}{12}}}$$

In Abhängigkeit von der einseitigen/zweiseitigen Fragestellung und von der Irrtumswahrscheinlichkeit α bestimmen wir den kritischen Wert u nach der Normalverteilung, und es gilt: Wenn $|u| \geq u_\alpha$ ist, dann lehnen wir H_0 ab.

Beispiel 4.3/6: Mit Hilfe einer Untersuchung wurde Antwort auf die Frage gesucht, ob sich Studenten verschiedener Studienrichtungen hinsichtlich ihrer Leistungsvoraussetzungen für ein Studium, erhoben mit der Durchschnittsnote ihres Abiturs, unterscheiden. Es entstand nachfolgendes Ergebnis:

Durchschnittswerte der Psychologiestudenten:

2,12	2,17	2,00	1,62	1,59	1,93	1,90	2,05	2,01	1,97	2,60	2,34	1,60	1,66
1,95	2,25	1,81	1,83	2,29	1,65	2,46							

Durchschnittswerte der Medizinstudenten:

1,86	2,24	1,84	2,27	1,61	1,74	2,13	2,18	1,63	1,87	2,26	1,75	2,43	2,49
1,69	1,64	2,19	2,04	2,57	2,33	1,85							

Lösung:

1. Voraussetzungen:
   * Unterschiedstest mit zwei unabhängigen Stichproben bei singulären, ordinalen Daten (es erfolgte eine Transformation auf ordinales Datenniveau)
   * $n_1 = 21; \quad n_2 = 21$
2. Hypothesen:
   H_0: $p_D = 0{,}5$
   H_1: $p_D \neq 0{,}5$ (zweiseitige Fragestellung)
3. Signifikanzniveau aufgrund des Inhalts der Aufgabenstellung:
   $\alpha = 0{,}01$.
4. Prüfgröße:

$$u = \frac{U - \dfrac{n_1 \cdot n_2}{2}}{\sqrt{\dfrac{n_1 n_2 (n_1 + n_2 + 1)}{12}}} \quad \text{mit} \quad U = \min\{U_1; U_2\}$$

$$\text{und} \quad U_1 = R_1 - \frac{n_1(n_1 + 1)}{2} \quad \text{und} \quad U_2 = R_2 - \frac{n_2(n_2 + 1)}{2}$$

5. Kritischer Bereich:
Da $n_2 > 20$ ist, gilt: Wenn $|u| \geq u_{\alpha;\text{zweis}}$ ist, dann lehnen wir H_0 ab.
$u_{\alpha;\text{zweis}} = u_{0,01;\text{zweis}} = 2{,}58$ (vgl. Tafel 2).
6. Berechnung:
Dazu schaffen wir uns zuerst eine Hilfstabelle, wo den Zahlenwerten entsprechende Rangplätze zugewiesen werden:

Psychologie		Medizin	
Abiturdurchschnitt	Rangplatz	Abiturdurchschnitt	Rangplatz
2,12	26	1,86	16
2,17	28	2,24	31
2,00	22	1,84	14
1,62	4	2,27	34
1,59	1	1,61	3
1,93	19	1,74	10
1,90	18	2,13	27
2,05	25	2,18	29
2,01	23	1,63	5
1,97	21	1,87	17
2,60	42	2,26	33
2,34	37	1,75	11
1,60	2	2,43	38
1,66	8	2,49	40
1,95	20	1,69	9
2,25	32	1,64	6
1,81	12	2,19	30
1,83	13	2,04	24
2,29	35	2,57	41
1,65	7	2,33	36
2,46	39	1,85	15
$\sum$	434		469

$$U_1 = 434 - \frac{21(21+1)}{2} = 203 \quad U_2 = 469 - \frac{21(21+1)}{2} = 238$$

$$U = \min\{203; 238\} = 203$$

$$u = \frac{203 - \frac{21 \cdot 21}{2}}{\sqrt{\frac{21 \cdot 21(21+21+1)}{12}}} = \frac{-17{,}5}{39{,}75} = -0{,}44$$

7. Vergleich:
$|-0{,}44| < 2{,}58$, d. h., wir behalten H_0 bei. Im allgemeinen gibt es keine dominanten Unterschiede in den Leistungsvoraussetzungen zwischen Psychologie- und Medizinstudenten.

SPSS-Zugang

Datenart	Vorgehen	Voraussetzungen/Erklärungen
ordinal	Analysieren → Nichtparametrische Tests → Zwei unabhängige Stichproben … in „Testvariable“ die AV; in „Gruppenvariable“ die UV eingeben und „Mann-Whitney U-Test“ anklicken	unter „Optionen“ Art des Ausschlusses der fehlenden Werte definieren

4.3.1.3.2 Der korrigierte U-Test bei Rangreihen mit Bindungen

Speziell in dem Fall, da wir metrische zu ordinalen Daten transformieren, kann es passieren, daß gleichgroße Meßwerte zu Rangplätzen mit Bindungen führen (vgl. Abschnitt 2.1.4). Damit es in diesem Fall nicht zu Verzerrungen kommt, müssen wir dann, wenn der Stichprobenumfang $n_2 > 20$ ist, unsere Prüfgröße durch die Anzahl der Bindungen nach folgender Vorschrift korrigieren:

$$u_{\text{korr}} = \frac{U - \dfrac{n_1 \cdot n_2}{2}}{\sqrt{\dfrac{n_1 \cdot n_2}{12N(N-1)}\left[N^3 - N - \sum\limits_i (t_i^3 - t_i)\right]}}.$$

Dabei ist t_i die Anzahl der i-ten Bindung.

Anmerkung: *Die Korrektur bei σ (Nenner) ist notwendig, da nach* LIENERT *(1962) sonst die Standardabweichung durch die Bindungen zu groß wird.*

Treten zum Beispiel folgende Rangplätze auf:
1 2,5 2,5 4 6 6 6 8 9,5 9,5 11, so wären

$$t_1 = t_{2,5} = 2$$
$$t_2 = t_6 = 3$$
$$t_3 = t_{9,5} = 2 \qquad \text{und}$$
$$\sum_{i=1}^{3}(t_i^3 - t_i) = (2^3 - 2) + (3^3 - 3) + (2^3 - 2).$$

Am kritischen Bereich, also an den Festlegungen beim Vergleich mit der Normalverteilung, ändert sich gegenüber dem U-Test nichts durch diese Korrektur.

4.3.1.3.3 Ein Rangsummentest für gruppierte Daten

Häufig finden wir als Untersuchungsergebnisse Rangklassen, d. h. gruppierte, ordinale Daten vor. Für derartiges Urmaterial wird nach einem Verfahren von RAATZ (1966) der U-Test in geeigneter Weise modifiziert, wobei Rangsummen verwendet werden. Man geht davon aus, daß die Klassenmitte jeder Klasse als Repräsentant gilt, und alle Werte, die in eine Klasse fallen, erhalten denselben mittleren Rangplatz. Um die gesuchten Rangsummen zu ermitteln, bilden wir aus den beiden gegebenen Stichproben eine gemeinsame oder auch verbundene Stichprobe. Bis zur i-ten Klasse möge es $n_{c;i-1}$ Werte und in der Klasse selbst n_i Werte geben. Dementsprechend ist der kleinste Rangplatz aller Werte dieser Klasse gleich $n_{c;i-1} + 1$ und der größte entsprechend $n_{c;i-1} + n_i = n_{c;i}$. Für den benötigten mittleren Rangplatz erhalten wir $\frac{1}{2}(n_{c;i-1} + n_{c;i})$. Dieser läßt sich unter Berücksichtigung der Beziehung $n_{c;i-1} = n_{c;i} - n_i$ in der Form $\frac{1}{2}(n_{c;i-1} + 1 + n_{c;i}) = \frac{1}{2}(n_{c;i} - n_i + 1 + n_{c;i}) = \frac{1}{2}(2n_{c;i} - n_i + 1)$ darstellen. Für den Test benötigen wir nun die Rangsummen für die Stichproben 1 und 2 als Hilfsgrößen. In der Stichprobe 1 erhalten n_{1i} Werte den mittleren Rangplatz der i-ten Klasse, und entsprechend ist der Anteil der i-ten Klasse an der Rangsumme R_1 gleich: $\frac{1}{2}n_{1i}(2n_{c;i} - n_i + 1)$. Für die Rangplatzsumme bilden wir nachfolgend die Summe über alle i Klassen (analog auch für R_2). Sie berechnet sich nach:

$$R_1 = \frac{1}{2}\sum_{i=1}^{k} n_{1i}(2n_{c;i} - n_i + 1) \qquad \text{und}$$

$$R_2 = \frac{1}{2}\sum_{i=1}^{k} n_{2i}(2n_{c;i} - n_i + 1).$$

Die Prüfgröße U ermitteln wir nach der Vorschrift:

$$U = \max\{U_1; U_2\} \qquad \text{mit}$$

$$U_1 = R_1 - \frac{n_1(n_1+1)}{2} \qquad \text{und} \qquad U_2 = R_2 - \frac{n_2(n_2+1)}{2}\,.$$

Da wir mit der standardisierten Normalverteilung mit

$$\mu = \frac{n_1 \cdot n_2}{2} \qquad \text{und} \qquad \sigma_{\text{korr}} = \sqrt{\frac{n_1 n_2}{N(N-1)}\left[\frac{N^3-N}{12} - \sum_{i=1}^{k} \frac{Z_i^3 - Z_i}{12}\right]}$$

prüfen, müssen wir unser U noch entsprechend transformieren und erhalten:

$$\boxed{u = \frac{U-\mu}{\sigma_{\text{korr}}} = \frac{U - \dfrac{n_1 n_2}{2}}{\sqrt{\dfrac{n_1 n_2}{12N(N-1)}\left[N^3 - N - \sum_{i=1}^{k}(Z_i^3 - Z_i)\right]}}}\,.$$

Anmerkung: 1. *Wir verwenden diesmal $U_{\max}$, da U_1 und U_2 den gleichen absoluten Abstand zu $\frac{n_1 n_2}{2}$ haben und wir bei Verwendung des Maximums ohne Betragsrechnung auskommen.*

2. *Im Unterschied zu σ (vgl. Abschnitt 4.3.1.3.1) müssen wir hier auch wieder σ_{korr} verwenden (vgl. Abschnitt 4.3.1.3.2), weil sonst auf Grund der Bindungen die Standardabweichung zu groß werden würde.*

Wir vergleichen unser u mit dem kritischen Wert $u_{\alpha,\text{zweis}}$ der Normalverteilung, und es gilt: Wenn $u \geq u_{\alpha,\text{zweis}}$ ist, dann lehnen wir H_0 ab.

Beispiel 4.3/7: In einer Studie sollte die Frage beantwortet werden, ob es zwischen Japan und Deutschland interkulturelle Unterschiede bzgl. der Toleranz von Müttern bei „Störungen" durch die eigenen Kinder gibt? Folgendes Ergebnis lag vor:

Toleranz	Stichprobe 1 (Japan)	Stichprobe 2 (BRD)
sehr groß	60	31
groß	51	36
mittel	37	49
gering	40	40
sehr gering	22	34
$\sum$	210	190

Lösung:

1. Voraussetzungen:
   * Unterschiedstest mit 2 unabhängigen Stichproben bei gruppierten, ordinalen Daten
   * $N = 400; \quad n_1 = 210; \quad n_2 = 190$
2. Hypothesen:
   H_0: $p_D = 0{,}5$
   H_1: $p_D \neq 0{,}5$ (zweiseitig)
3. Signifikanzniveau aufgrund des Inhalts der Aufgabenstellung:
   $\alpha = 0{,}01.$

4. Prüfgröße:

$$u = \frac{U - \dfrac{n_1 n_2}{2}}{\sqrt{\dfrac{n_1 n_2}{12N(N-1)}\left[N^3 - N - \sum_{i=1}^{k}(Z_i^3 - Z_i)\right]}}$$

5. Kritischer Bereich:
   Wenn $u \geq u_\alpha$ ist, dann lehnen wir H_0 ab.
   $u_{\alpha;\text{zweis}} = u_{0,01;\text{zweis}} = 2{,}58$ (vgl. Tafel 2)
6. Berechnung:
   Zur Berechnung der Rangsummen R_1 und R_2 legen wir uns folgende Hilfstabelle an:

   1. Spalte: Klassenname
   2. Spalte: n_{1i}
   3. Spalte: n_{2i}
   4. Spalte: Z_i
   5. Spalte: $n_{c\,;\,i}$
   6. Spalte: $2n_{c\,;\,i} - Z_i + 1$
   7. Spalte: $n_{1i}[2n_{c;i} - Z_i + 1]$
   8. Spalte: $n_{2i}[2n_{c\,;\,i} - Z_i + 1]$
   9. Spalte: $Z_i^3 - Z_i$

(1)	(2)	(3)	(4)	(5)	(6)	(7)	(8)	(9)
sehr groß	60	31	91	91	92	5 520	2 852	753 480
groß	51	36	87	178	270	13 770	9 720	658 416
mittel	37	49	86	264	443	16 391	21 707	635 970
gering	40	40	80	344	609	24 360	24 360	511 920
sehr gering	22	34	56	400	745	16 390	25 330	175 560
$\sum$	210	190	400			76 431	83 969	2 735 346

$R_1 = 0{,}5 \cdot 76\,431 = 38\,215{,}5 \quad R_2 = 0{,}5 \cdot 83\,969 = 41\,984{,}5$

$$U_1 = 38\,215{,}5 - \frac{210 \cdot 211}{2} = 38\,215{,}5 - 22\,155 = 16\,060{,}5$$

$$U_2 = 41\,984{,}5 - \frac{190 \cdot 191}{2} = 41\,984{,}5 - 18\,145 = 23\,839{,}5$$

$$U = \max\{16\,060{,}5; 23\,839{,}5\} = 23\,839{,}5$$

$$u = \frac{23\,839{,}5 - \dfrac{210 \cdot 190}{2}}{\sqrt{\dfrac{210 \cdot 190}{12 \cdot 400 \cdot 399}[400^3 - 400 - 2\,735\,346]}} = 3{,}44$$

7. Vergleich:
   $3{,}44 > 2{,}58$, d. h., $u > u_{\alpha;\text{zweis}}$ und dementsprechend lehnen wir H_0 ab. Hinsichtlich der Toleranz bzgl. „Störungen“ durch die eigenen Kinder bestehen Unterschiede zwischen japanischen und deutschen Müttern.

4.3.1.3.4 Der Mediantest als Schnelltest

Wie wir in den vorangegangenen Kapiteln sehen konnten, ist die Rechenprozedur beim Vergleich von 2 unabhängigen Stichproben mit ordinalen Daten zum Teil sehr aufwendig. Deshalb hilft man sich unter Umständen mit einem Schnelltest, dem sogenannten Mediantest. Er ist zwar weniger effizient als der U-Test, weil wir einen Teil der in den Daten enthaltenen Informationen nicht ausnutzen, aber er ist einfacher als der U-Test und gestattet eine Aussage im Sinne einer Vororientierung. Wir verfahren beim Mediantest so, daß wir für beide Stichproben zusammen den Median Z (vgl. Abschnitt 2.2.2.1.2) bestimmen und dann eine Vierfeldertafel wie folgt erstellen:

	Stichprobe 1	Stichprobe 2	$\sum$
Anzahl aller x_i <Median	n_{11}	n_{12}	Z_1
Anzahl aller x_i >Median	n_{21}	n_{22}	Z_2
$\sum$	S_1	S_2	N

d. h., wir zählen in der Stichprobe 1 alle die Werte ab, die kleiner als der Median sind, und tragen diese Häufigkeit n_{11} ins Feld 1; 1 ein. Im Feld 2; 1 notieren wir die Anzahl n_{21} der Werte, die in der Stichprobe 1 größer als der Median sind. Analog arbeiten wir mit der Stichprobe 2. Stimmt der Median mit einem empirischen Wert überein, dann vernachlässigen wir diese Werte in der Vierfeldertafel und reduzieren N um die entsprechende Anzahl. Natürlich sollte das nicht zu oft der Fall sein. Bis 10 % aller Werte sind noch zulässig. Danach behandeln wir die Daten so, als ob es alternative wären, d. h., wir arbeiten in Abhängigkeit von N und $N\tilde{p}_{\min}$ mit dem χ^2-Vierfeldertest, mit dem χ^2-Vierfeldertest mit Kontinuitätskorrektur oder mit dem FISHER-Test (vgl. Abschnitt 4.3.1.1.1 bis 4.3.1.1.3).

4.3.1.4 Unterschiedstest bei metrischen Daten und zwei Stichproben

4.3.1.4.1 Der KOLMOGOROV-SMIRNOV-Test

Dieses Verfahren setzen wir bei metrischen Daten, bei denen wir keine Annahme über die Verteilung machen können, ein. Der KOLMOGOROV-SMIRNOV-Test prüft die Übereinstimmung zweier Verteilungen bei unabhängigen Stichproben. Entscheidend ist, daß die in zwei unabhängigen Stichproben gemessenen Zufallsvariablen prinzipiell stetig sind. Der Test selbst gilt exakt nur bei singulären, metrischen Daten. Verwenden wir ihn für gruppierte Daten, was häufig anzutreffen ist, dann trägt er Näherungscharakter (was aber oft ausreichend ist). Die Prüfgröße D des Testes entspricht dem Betrag der maximalen Differenz zwischen den empirischen Verteilungsfunktionen beider Stichproben (vgl. Abschnitt 3.4.1):

$$\boxed{D = \max |F_1(x) - F_2(x)|}\,.$$

Wir vergleichen D mit einem kritischen Wert $D_{\alpha;n_1;n_2}$, welcher sich nach der Formel:

$$D_{\alpha;n_1;n_2} = \lambda_\alpha \sqrt{\frac{n_1 + n_2}{n_1 \cdot n_2}}$$

berechnet. Es gilt: Wenn $D \geq D_{\alpha;n_1;n_2}$ ist, dann lehnen wir die Nullhypothese ab. Die Tafel der λ_α-Werte finden wir z. B. bei FISZ (1962). Für die traditionellen Irrtumswahrscheinlichkeiten $\alpha = 0{,}01$ bzw. $\alpha = 0{,}05$ ist $\lambda_{0,01} = 1{,}63$ bzw. $\lambda_{0,05} = 1{,}36$.

Beispiel 4.3/8: Mit einer Analyse wurde Antwort auf die Frage gesucht, ob sich zwei Versuchsgruppen auf Grund unterschiedlicher Berufserfahrung bzgl. des räumlichen Vorstellungsvermögens unterscheiden. Das Untersuchungsmaterial bestand in normal und spiegelbildlich dargestellten Figuren, die in der Ebene zwischen 0° und 180° rotiert abgebildet waren und von den Versuchspersonen identifiziert werden sollten, wobei die Reaktionszeit (in Millisekunden) gemessen wurde. In die Untersuchung wurden 220 Abiturienten (Stichprobe 1) und 210 Konstrukteure (Stichprobe 2) einbezogen. Die nachfolgenden Ergebnisse sind bereits in Klassen verdichtet, um den Rechenaufwand bei 430 Einzelmeßwerten wesentlich zu vereinfachen:

Klasse	t (in ms)	Stichprobe 1	Stichprobe 2
1	551 ... 600	27	40
2	601 ... 650	31	31
3	651 ... 700	40	37
4	701 ... 750	52	28
5	751 ... 800	39	38
6	801 ... 850	21	24
7	851 ... 900	10	12

Lösung:

1. Voraussetzungen:
   * Unterschiedstest mit 2 unabhängigen Stichproben bei gruppierten, metrischen Daten ohne Verteilungsannahme
   * $N = 430$; $n_1 = 220$; $n_2 = 210$
2. Hypothesen:
   H_0: $F_1(x) = F_2(x)$ für alle x
   H_1: $F_1(x) \neq F_2(x)$ für mindestens ein x, zweiseitige Fragestellung
3. Signifikanzniveau aufgrund des Inhalts der Aufgabenstellung:
   $\alpha = 0{,}01$.
4. Prüfgröße:
   $D = \max |F_1(x) - F_2(x)|$
5. Kritischer Bereich:
   Wenn $D \geq D\alpha; n_1; n_2$ ist, dann lehnen wir H_0 ab.
   $$D_{0,01;220;210} = 1{,}63 \cdot \sqrt{\frac{220+210}{220 \cdot 210}} = 0{,}157\,295$$
6. Berechnung:

Klasse	1	2	3	4	5	6	7
n_{i1}	27	31	40	52	39	21	10
n_{i2}	40	31	37	28	38	24	12
n_{ci1}	27	58	98	150	189	210	220
n_{ci2}	40	71	108	136	174	198	210
$F_1(x) = \frac{n_{ci1}}{n_1}$	0,123	0,264	0,445	0,682	0,859	0,955	1,000
$F_2(x) = \frac{n_{ci2}}{n_2}$	0,190	0,338	0,514	0,648	0,828	0,943	1,000
$\lvert F_1(x) - F_2(x)\rvert$	0,067	0,074	0,069	0,034	0,031	0,012	0,000

Also ist $D = \max |F_1(x) - F_2(x)| = 0{,}074$.

7. Vergleich:
   0,074 < 0,157, d. h., $D < D_{\alpha;n_1;n_2}$, also lehnen wir H_0 nicht ab. Wir können nicht davon ausgehen, daß sich die Abiturienten und die Konstrukteure hinsichtlich des räumlichen Vorstellungsvermögens nach dieser Aufgabe unterscheiden.

SPSS-Zugang

Datenart		Vorgehen	Voraussetzungen/Erklärungen
metrisch:	KOLMOGOROV-SMIRNOV-Test	Analysieren → Nichtparametrische Tests → Zwei unabhängige Stichproben … in „Testvariable“ die AV; in „Gruppenvariable“ die UV eingeben **aber** unter „Welche Tests durchführen?“ „KOLMOGOROV-SMIRNOV-Test“ anklicken	unter „Optionen“ Art des Ausschlusses der fehlenden Werte definieren

4.3.1.4.2 Der F-Test von FISHER

Während der KOLMOGOROV-SMIRNOV-Test (vgl. Abschnitt 4.3.1.4.1) die Übereinstimmung zweier Verteilungen auf der Grundlage metrischer Daten bei zwei unabhängigen Stichproben parameterfrei prüft, wollen wir uns nachfolgend mit Verfahren beschäftigen, die im Falle vorausgesetzter normalverteilter Grundgesamtheiten den Vergleich auf der Basis von einzelnen Parametern realisieren. Wir unterscheiden 2 Fragestellungen:

1. Unterscheiden sich die beiden Verteilungen hinsichtlich der Streuungen?
2. Unterscheiden sich die beiden Verteilungen hinsichtlich der Mittelwerte?

Dabei ist die Reihenfolge der Fragestellungen zu beachten, denn in Abhängigkeit davon, ob homogene oder inhomogene Varianzen vorliegen, müssen wir für den Mittelwertvergleich verschiedene Verfahren einsetzen. Bei homogenen Varianzen prüfen wir die Gleichheit der Mittelwerte mit dem doppelten t-Test (vgl. Abschnitt 4.3.1.4.3), und bei inhomogenen Varianzen verwenden wir den WELCH-Test (vgl. Abschnitt 4.3.1.4.4). Bevor wir also einen Vergleich der Mittelwerte durchführen, sollten wir die Varianzen prüfen. Dazu nutzen wir den F-Test von FISHER. In Abhängigkeit von seinem Ergebnis bzgl. der Annahme oder Ablehnung von H_0 entscheiden wir uns für das geeignete Verfahren zur Mittelwertprüfung. Voraussetzungen für den Einsatz des F-Testes sind also metrische Daten in 2 unabhängigen Stichproben, die aus normalverteilten Grundgesamtheiten stammen. Als Prüfgröße F berechnen wir den Quotienten aus den beiden empirischen Varianzen ${s_1}^2$ und ${s_2}^2$ (vgl. Abschnitt 2.3.2.3) der Stichproben:

$$\boxed{F = \frac{{s_1}^2}{{s_2}^2}}\,.$$

Bei einseitiger Fragestellung vereinbaren wir, daß ${s_1}^2$ stets die größere der beiden Varianzen ist und verwenden die im Anhang enthaltene Tafel 5 zur Bestimmung des kritischen Wertes. Im Falle ${s_2}^2 > {s_1}^2$ können wir auch die Stichproben umbenennen. Die Prüfgröße F vergleichen wir mit dem kritischen Wert $F_{\alpha;f_1;f_2}$ aus der Tafel 5. Wenn $F \geq F_{\alpha;f_1;f_2}$ ist, dann lehnen wir die Nullhypothese ab. Der kritische Wert $F_{\alpha;f_1;f_2}$ der FISHERschen F-Verteilung ist abhängig von der Irrtumswahrscheinlichkeit α und den zwei Freiheitsgraden: $f_1 = n_1 - 1$ und $f_2 = n_2 - 1$.

In Übereinstimmung mit der Vereinbarung ${s_1}^2 > {s_2}^2$ gelten die in Tafel 5 enthaltenen Werte nur für die **einseitige** Fragestellung mit der Alternativhypothese $H_1: \quad \sigma_1^2 > \sigma_2^2$. Das resultiert aus der Tatsache, daß der F -Test in erster Linie bei der Varianzanalyse (vgl. Abschnitt 5.4) zum Einsatz kommt und hierbei die Alternativhypothese stets einseitig formuliert wird.

Will man die Konvention $s_1{}^2 > s_2{}^2$ nicht voraussetzen, so führt dies auf eine zweiseitige Fragestellung. Auch in diesem Fall können wir die Tafel 5 verwenden. Wir haben dann nur mit der doppelten Irrtumswahrscheinlichkeit zu arbeiten und erhalten aus Tafel 5 den oberen Wert des kritischen Gebietes. Der untere Wert ist dann gleich $\frac{1}{F_{\alpha;f_2;f_1}}$. Man beachte, daß bei letzterem Wert die Freiheitsgrade vertauscht sind.

Insgesamt wählen wir die Irrtumswahrscheinlichkeit wie folgt:

	Beibehalten von H_0 wichtig	Ablehnen von H_0 wichtig
eins. Fragestellung:	$\alpha_{\text{eins}} = 0{,}05$	$\alpha_{\text{eins}} = 0{,}01$
H_1: $\sigma_1^2 > \sigma_2^2$		
zweis. Fragestellung:	$\alpha_{\text{zweis}} = 0{,}10$	$\alpha_{\text{zweis}} = 0{,}02$
H_1: $\sigma_1^2 \neq \sigma_2^2$		
	(in der Tafel dünn gedruckt)	(in der Tafel fett gedruckt)

Beispiel 4.3/9: Mit Hilfe einer zum Teil retrospektiven Analyse sollte die Frage beantwortet werden, ob es bzgl. der Streuungen zwischen den Statistikleistungen von Psychologiestudenten der Immatrikulationsjahre 1981 und 1986 Unterschiede gibt. Dazu wurden die erreichten Punkte in den Abschlußklausuren miteinander verglichen. Die Daten liegen in diesem Beispiel in Meßwertklassen vor. Die daraus resultierende Berechnung der empirischen Parameter (Mittelwerte und Varianzen) mit Hilfe der Klassenmitten kann zu geringfügigen Verzerrungen führen, von denen wir hier aber absehen wollen:

Punkte	Stichprobe 1 (1981)	Stichprobe 2 (1986)
01 . . . 10	0	0
11 . . . 20	0	1
21 . . . 30	2	2
31 . . . 40	1	2
41 . . . 50	4	5
51 . . . 60	5	7
61 . . . 70	7	7
71 . . . 80	6	4
81 . . . 90	4	2
91 . . . 100	2	1
$\sum$	31	31

Lösung:

1. Voraussetzungen:
   * Unterschiedstest bzgl. derVarianzen bei 2 unabhängigen Stichproben mit metrischen Daten und Normalverteilung
   * $n_1 = 31$; $n_2 = 31$
2. Hypothesen:
   H_0: $\sigma_1^2 = \sigma_2^2$
   H_1: $\sigma_1^2 \neq \sigma_2^2$ (zweiseitige Fragestellung)
3. Signifikanzniveau aufgrund des Inhalts der Aufgabenstellung:
   $\alpha = 0{,}02$.

4. Prüfgröße:

$$F = \frac{{s_1}^2}{{s_2}^2}$$

5. Kritischer Bereich:
   Wenn $F \geq F_{\frac{\alpha}{2};f_1;f_2}$ oder $F \leq \frac{1}{F_{\frac{\alpha}{2};f_2;f_1}}$ ist, dann lehnen wir H_0 ab.

   $F_{\frac{\alpha}{2};f_1;f_2} = F_{0{,}01;30;30} = 2{,}38$ (vgl. Tafel 5) und $\frac{1}{F_{\frac{\alpha}{2};f_2;f_1}} = \frac{1}{2{,}38} = 0{,}420$

6. Berechnung (wir verwenden die Klassenmitte x_i^*):

$${s_1}^2 = \frac{1}{n_1 - 1} \cdot SAQ \quad \text{mit} \quad SAQ = \sum_{i=1}^{k} n_i x_i^{*2} - \frac{1}{n}\left(\sum_{i=1}^{k} n_i x_i^*\right)^2$$

$${s_1}^2 = 338{,}28 \qquad \text{und} \qquad {s_2}^2 = 342{,}80.$$

   Wir erhalten: $F = \frac{338{,}28}{342{,}80} = 0{,}986.$

7. Vergleich:
   $2{,}38 > 0{,}986 > 0{,}420$, d. h., wir behalten H_0 bei. Hinsichtlich der Streuungen bei Statistikklausuren gibt es im allgemeinen keine Unterschiede zwischen den Psychologiestudenten der Immatrikulationsjahrgänge 1981 und 1986.

4.3.1.4.3 Der doppelte t-Test

Der doppelte t-Test ist ein Verfahren zum Vergleich von Mittelwerten μ_1,μ_2 bei zwei unabhängigen Stichproben, die aus normalverteilten Grundgesamtheiten stammen. Es liegen metrische Daten vor, und die Varianzen beider Stichproben müssen homogen, d. h. gleich, sein: $\sigma_1^2 = \sigma_2^2$. Ob homogene Varianzen vorliegen oder nicht, prüfen wir mit dem F-Test von FISHER (vgl. Abschnitt 4.3.1.4.2). Wir prüfen die Nullhypothese H_0: $\mu_1 = \mu_2$ zweiseitig gegen die Alternativhypothese H_1: $\mu_1 \neq \mu_2$. Da wir in diesem Test den Mittelwertparameter prüfen, gehört der doppelte t-Test zu den parametrischen Verfahren. Die Prüfgröße t berechnen wir nach der Vorschrift:

$$\boxed{t = \frac{\bar{x}_1 - \bar{x}_2}{s}\sqrt{\frac{n_1 n_2}{n_1 + n_2}}}$$

mit

$$s = \sqrt{\frac{(n_1 - 1){s_1}^2 + (n_2 - 1){s_2}^2}{n_1 + n_2 - 2}},$$

wobei n_1 und n_2 die Umfänge, $\bar{x}_1$ und $\bar{x}_2$ die empirischen Mittelwerte und ${s_1}^2$ und ${s_2}^2$ die empirischen Varianzen der beiden Stichproben sind. Dabei können singuläre metrische oder auch gruppierte metrische Daten zur Verfügung stehen. Unsere Entscheidung, ob wir die Nullhypothese H_0 annehmen oder nicht, treffen wir auf der Basis eines Vergleiches mit einem kritischen Wert, der in Abhängigkeit vom Gesamtstichprobenumfang $N = n_1 + n_2$ wie folgt definiert ist:

a) Für $N \leq 30$ gilt: Wenn $|t| \geq t_{\alpha;N-2}^{\text{zweis}}$ ist, dann lehnen wir H_0 ab.
b) Für $N > 30$ gilt: Wenn $|t| \geq u_{\alpha,\text{zweis}}$ ist, dann lehnen wir H_0 ab.

Dabei finden wir den kritischen Wert $t_{\alpha;N-2}^{\text{zweis}}$ der t-Verteilung in der Tafel 4 und im Falle $N > 30$ den kritischen Wert $u_{\alpha,\text{zweis}}$ der Normalverteilung in Tafel 2 ($u_{\alpha,\text{zweis}} = z - \frac{\alpha}{2}$, vgl. Bsp. 7.7/10).

Beispiel 4.3/10: Erinnern wir uns an dieser Stelle noch einmal an das Beispiel im Abschnitt 4.3.1.4.2, wo in Form einer retrospektiven Analyse Unterschiede zwischen den Statistikleistungen von Psychologiestudenten der Immatrikulationsjahrgänge 1981 und 1986 gesucht wurden. Wir analysierten dort die Streuungen und kamen zu dem Ergebnis, daß sich diese im allgemeinen nicht signifikant voneinander unterscheiden. Deshalb können wir mit dem doppelten t-Test die gleiche Frage bzgl. der Mittelwerte untersuchen. Die Daten waren:

Punkte	Stichprobe 1 (1981)	Stichprobe 2 (1986)
01… 10	0	0
11… 20	0	1
21… 30	2	2
31… 40	1	2
41… 50	4	5
51… 60	5	7
61… 70	7	7
71… 80	6	4
81… 90	4	2
91…100	2	1
$\sum$	31	31

Lösung:

1. Voraussetzungen:
   * Unterschiedstest bzgl. der Mittelwerte bei 2 unabhängigen Stichproben mit metrischen Daten und Normalverteilung
   * homogene Varianzen, d. h. $\sigma_1^2 = \sigma_2^2$
   * $n_1 = 31; \quad n_2 = 31; \quad N = 62$
2. Hypothesen:

   H_0: $\mu_1 = \mu_2$

   H_1: $\mu_1 \neq \mu_2$ (zweiseitige Fragestellung)
3. Signifikanzniveau aufgrund des Inhalts der Aufgabenstellung:

   $\alpha = 0{,}01.$
4. Prüfgröße:

$$t = \frac{\bar{x}_1 - \bar{x}_2}{s} \sqrt{\frac{n_1 n_2}{n_1 + n_2}}$$

5. Kritischer Bereich:

   Wegen $N = 62 > 30$ gilt: Wenn $|t| \geq u_{\alpha;\text{zweis}}$, dann lehnen wir H_0 ab.

   $u_{\alpha;\text{zweis}} = u_{0{,}01;\text{zweis}} = 2{,}58$ (vgl. Tafel 2, Bsp. 7.7/10)
6. Berechnung:

$$\bar{x}_1 = \frac{1}{n_1} \sum_{i=1}^{k} n_i x_i^* = \frac{1}{31} \cdot 990{,}5 = 64{,}21$$

$$\bar{x}_2 = \frac{1}{n_2} \sum_{i=1}^{k} n_i x_i^* = \frac{1}{31} \cdot 1780{,}5 = 57{,}44$$

$$s_1{}^2 = \frac{1}{n_1 - 1} \cdot SAQ_1 = 338{,}28$$

$$s_2{}^2 = \frac{1}{n_2 - 1} \cdot SAQ_2 = 342{,}80$$

$$s = \sqrt{\frac{(31-1) \cdot 338{,}28 + (31-1) \cdot 342{,}80}{31 + 31 - 2}} = 18{,}45$$

$$t = \frac{64{,}21 - 57{,}44}{18{,}45} \cdot \sqrt{\frac{31 \cdot 31}{31 + 31}} = 1{,}44$$

7. Vergleich:
   1,44 < 2,58, d. h., $|t| < u_{\alpha,\text{zweis}}$, und deshalb lehnen wir die Nullhypothese nicht ab. Wir können also davon ausgehen, daß sich die Statistikleistungen der Psychologiestudenten des Immatrikulationsjahres 1981 auch im Mittel im allgemeinen nicht von denen des Immatrikulationsjahres 1986 unterscheiden.

SPSS-Zugang

Datenart		Vorgehen	Voraussetzungen/Erklärungen
metrisch	T-Test/WELCH-Test (SPSS-Programm rechnet automatisch beide)	Analysieren → Mittelwerte vergleichen → T-Test bei unabhängigen Stichproben in „Testvariable" die AV; in „Gruppenvariable" die UV eingeben	unter „Optionen" Konfidenzintervallgröße bestimmen bei **mehr als einer AV** Art des Ausschlusses der fehlenden Werte definieren

4.3.1.4.4 Der WELCH-Test

Auch dieses Verfahren dient dem Vergleich der Mittelwerte μ_1,μ_2 von zwei unabhängigen Stichproben aus normalverteilten Grundgesamtheiten. Allerdings nutzen wir den WELCH-Test im Unterschied zum doppelten t-Test (vgl. Abschnitt 4.3.1.4.3) in dem Falle, wenn der F-Test (vgl. Abschnitt 4.3.1.4.2) die **Homogenität der Varianzen** abgelehnt hat, also wenn inhomogene Varianzen vorliegen. Wir prüfen wiederum die Nullhypothese $H_0: \quad \mu_1 = \mu_2$ zweiseitig gegen die Alternativhypothese $H_1: \quad \mu_1 \neq \mu_2$. Die Prüfgröße ist definiert nach:

$$\boxed{t = \frac{\bar{x}_1 - \bar{x}_2}{\sqrt{\dfrac{{s_1}^2}{n_1} + \dfrac{{s_2}^2}{n_2}}}}\,.$$

Die Verteilung dieser Prüfgröße unter Gültigkeit der Nullhypothese H_0: $\mu_1 = \mu_2$ ist sehr kompliziert. Zur Feststellung des Ablehnungsbereiches können näherungsweise kritische Werte $t_{\alpha;f}$ der t-Verteilung verwendet werden. Dabei ist die Anzahl f der Freiheitsgrade von der Stichprobe abhängig und wird nach der Vorschrift:

$$f = \frac{1}{\dfrac{c^2}{n_1 - 1} + \dfrac{(1-c)^2}{n_2 - 1}}$$

mit

$$c = \frac{\dfrac{{s_1}^2}{n_1}}{\dfrac{{s_1}^2}{n_1} + \dfrac{{s_2}^2}{n_2}}$$

berechnet. Diese Zahl f wird ganzzahlig gerundet. Die Entscheidung, ob wir die Nullhypothese annehmen oder ablehnen, treffen wir dann durch den Vergleich mit dem kritischen Wert $t_{\alpha;f}$ (vgl. Tafel 4) wie folgt: Wenn $|t| \geq t_{\alpha;f}^{\text{zweis}}$ ist, dann lehnen wir H_0 ab.

Beispiel 4.3/11: In einem Unternehmen der Mikroelektronik sollte die Frage beantwortet werden, ob Arbeitskräfte, die z. T. Arbeitsaufgaben zu erfüllen haben, die nur mit Hilfe eines Vergrößerungsglases realisiert werden können, hinsichtlich ihrer individuellen sensumotorischen Koordination jeweils eine Einarbeitungszeit benötigen? Mit anderen Worten: Muß mehr Zeit für diejenigen Arbeitskräfte kalkuliert werden, die während einer Schicht bis zu 15mal Tätigkeiten hinter einer Lupe auszuführen haben? Als Maß für die sensumotorische Koordination wurden dabei die Abweichungen (in mm) vom Zielpunkt gemessen. Es entstand folgendes Ergebnis:

Abweichungen vom Zielpunkt der Gruppe mit kurzzeitiger Tätigkeit hinter der Lupe	Abweichungen vom Zielpunkt der Gruppe ohne Tätigkeit hinter der Lupe
4	1
3	1
4	2
3	0
7	0
2	1
4	1
5	0
1	2
3	1

Lösung:
Zuerst prüfen wir mit dem F-Test, ob homogene oder inhomoge Varianzen vorliegen. Entsprechend Abschnitt 4.3.1.4.2 berechnen wir dazu zunächst die beiden Stichprobenvarianzen ${s_1}^2 = 2{,}71$ und ${s_2}^2 = 0{,}49$ und bestimmen daraus den Quotienten $F = \frac{{s_1}^2}{{s_2}^2} = 5{,}53$. Wir vergleichen diesen mit dem kritischen Wert $F_{0,01;9;9} = 5{,}35$ (vgl. Tafel 5). Da $5{,}53 > 5{,}35$ ist, lehnen wir H_0 ab. Es liegen inhomogene Varianzen vor.

1. Voraussetzungen:
   * Unterschiedstest bzgl. der Mittelwerte bei 2 unabhängigen Stichproben mit metrischen Daten und Normalverteilung
   * inhomogene Varianzen, d. h. $\sigma_1^2 \neq \sigma_2^2$
2. Hypothesen:
   H_0: $\mu_1 = \mu_2$
   H_1: $\mu_1 \neq \mu_2$
3. Signifikanzniveau aufgrund des Inhalts der Aufgabenstellung:
   $\alpha = 0{,}01.$
4. Prüfgröße:
$$t = \frac{\bar{x}_1 - \bar{x}_2}{\sqrt{\frac{{s_1}^2}{n_1} + \frac{{s_2}^2}{n_2}}}$$
5. Kritischer Bereich:
   Wenn $|t| \geq t_{\alpha;f}^{\text{zweis}}$ ist, dann lehnen wir H_0 ab. Wir berechnen die Freiheitsgrade f nach:
$$c = \frac{\frac{2{,}71}{10}}{\frac{2{,}71}{10} + \frac{0{,}49}{10}} = \frac{0{,}271}{0{,}320} = 0{,}847$$
$$f = \frac{1}{\frac{0{,}847^2}{10-1} + \frac{(1-0{,}847)^2}{10-1}} = \frac{1}{0{,}082\,31} = 12{,}5 \approx 12{,}0$$
$$t_{\alpha;f}^{\text{zweis}} = t_{0,01;12}^{\text{zweis}} = 3{,}05 \quad \text{(vgl. Tafel 4)}$$
6. Berechnung:
$$\bar{x}_1 = \frac{36}{10} = 3{,}6 \quad ; \quad \bar{x}_2 = \frac{9}{10} = 0{,}9$$

$$t = \frac{3{,}6 - 0{,}9}{\sqrt{\frac{2{,}71}{10} + \frac{0{,}49}{10}}} = \frac{2{,}7}{0{,}566} = 4{,}77$$

7. Vergleich:
$4{,}77 > 3{,}05$, d. h. $|t| > t^{\text{zweis}}_{\alpha;f}$, und deshalb lehnen wir H_0 ab. Auch bzgl. der Mittelwerte unterscheiden sich die beiden Gruppen im allgemeinen. Da sich also sowohl hinsichtlich der Streuungen als auch bzgl. der Mittelwerte diese beiden Gruppen signifikant voneinander unterscheiden, scheint es sinnvoll, den durch die veränderten Anforderungen an die sensumotorische Koordination erhöhten Zeitbedarf mit einzuplanen.

SPSS-Zugang

Datenart		Vorgehen	Voraussetzungen/Erklärungen
metrisch	T-Test/WELCH-Test (SPSS-Programm rechnet automatisch beide)	Analysieren → Mittelwerte vergleichen → T-Test bei unabhängigen Stichproben in „Testvariable" die AV; in „Gruppenvariable" die UV eingeben	unter „Optionen" Konfidenzintervallgröße bestimmen bei **mehr als einer AV** Art des Ausschlusses der fehlenden Werte definieren

4.3.1.5 Der Vergleich der Unterschiedstests für 2 Verteilungen mit unabhängigen Stichproben

An dieser Stelle wollen wir mit einer Übersicht wieder eine Hilfe für die Suche des am besten geeigneten Verfahrens geben.

Datenart	Voraussetzungen		Verfahren
metrisch	normalverteilt	*Frage*: homogene Varianzen?	F-Test von FISHER
		Frage: homogene Mittelwerte bei homog. Varianzen?	doppelter t-Test
		Frage: homogene Mittelwerte bei inhomog. Varianzen?	WELCH-Test
	ohne Verteilungsannahme		KOLMOGOROV-SMIRNOV-Test

Datenart	Voraussetzungen	Verfahren
ordinal	singulär	U-Test
	singulär mit Bindungen	U_{korr}-Test
	gruppiert	Rangsummentest (u. U. Mediantest als Schnelltest)
kategorial	$N \geq 60$; alle $N\tilde{p}_{ij} \geq 1$ und 80 % der $N\tilde{p}_{ij} \geq 5$	$\chi^2 - k \cdot 2$-Feldertest
alternativ	$N \geq 60$ und alle $N\tilde{p}_{ij} \geq 5$	χ^2-Vierfeldertest
	$20 \leq N < 60$ und alle $N\tilde{p}_{ij} \geq 5$	χ^2_{korr}-Vierfeldertest
	$N < 20$ oder $N\tilde{p}_{ij} < 5$	FISHER-Test

4.3.2 Der Vergleich zweier Verteilungen mit abhängigen Stichproben

Abhängige oder auch korrelierende Stichproben treten dann auf, wenn zwischen den Daten beider Stichproben eine gegenseitige Beeinflussung ihres Zufallsverhaltens oder ein „Informationsfluß" besteht. Das ist z. B. häufig dort der Fall, wo die gleichen Probanden mehrfach an Untersuchungen teilnehmen. In der Psychologie finden wir diesen methodischen Zugang z. B. beim Längsschnittansatz. In der Praxis erleben wir oft im Rahmen der Entwicklungspsychologie Untersuchungen zu Entwicklungsfortschritten. Darin werden z. B. die gleichen Kinder im Alter von 8 Jahren und dann nach 4 Jahren im Alter von 12 Jahren noch einmal untersucht. In einer solchen Situation sprechen wir von abhängigen Stichproben. Ähnliche Ausgangssituationen sind im Zusammenhang mit Prä-Post-Test-Ansätzen vorhanden.
Abhängigkeiten können gravierende statistische Veränderungen im Datenmaterial erzeugen, so daß wir bei einer solchen Ausgangssituation unter keinen Umständen die Verfahren für unabhängige Stichproben (vgl. Abschnitt 4.3.1) zur Anwendung bringen dürfen. Darüber hinaus ist gerade die statistische Untersuchung der Stärke von Abhängigkeitseffekten von großem Interesse.

4.3.2.1 Der Vergleich zweier Verteilungen mit abhängigen Stichproben bei alternativen Daten

Liegen am Ende unserer Untersuchung alternative Daten aus abhängigen Stichproben vor, dann müssen wir den Ansatz im Unterschied zu der Situation, da uns unabhängige Stichproben zur Verfügung stehen, verändern. Bei unabhängigen Stichproben genügt die Angabe der Häufigkeiten für jede Stichprobe, so daß wir eine Vierfeldertafel der Form:

	Stichprobe 1	Stichprobe 2
Kategorie 1	$\tilde{n}_{11}$	$\tilde{n}_{12}$
Kategorie 2	$\tilde{n}_{21}$	$\tilde{n}_{22}$

verwenden (zur besseren Unterscheidung für das Nachfolgende versehen wir diese Anzahlen hier einmal mit einem ˜- Zeichen). Bei abhängigen Stichproben müssen wir für jeden einzelnen Wert, der zu Stichprobe 1 gehört, noch zusätzlich die Information haben, welchen Wert dann Stichprobe 2 annimmt. Es handelt sich also jetzt um Beobachtungspaare $(x_i; y_i)$, wobei x_i und y_i jeweils der Kategorie 1 oder 2 entsprechen können. Wir erhalten für die zugehörigen Häufigkeiten dann eine Vierfeldertafel der Form:

SP 2 \ SP 1	Kategorie 1	Kategorie 2	Summenhäufigkeit für *SP* 2
Kategorie 1	n_{11}	n_{12}	$\tilde{n}_{12} = Z_1$
Kategorie 2	n_{21}	n_{22}	$\tilde{n}_{22} = Z_2$
Summenhäufigkeit für *SP* 1	$\tilde{n}_{11} = S_1$	$\tilde{n}_{21} = S_2$	N

Bei diesem Ansatz wird also noch die Information angegeben, wie viele Elemente der beiden Stichproben die jeweils alternative Kategorie in der anderen Stichprobe belegen. In Abhängigkeit von der Fragestellung und von der Anordnung der Kategorien in der Vierfeldertafel interessieren uns dann insbesondere die beiden Häufigkeiten n_{12} und n_{21} oder aber n_{11} und n_{22}. Auf dieses Problem gehen wir dann bei der Diskussion der einzelnen Verfahren noch näher ein.

4.3.2.1.1 Der Test von McNemar

Dieser Test ist ein Unterschiedstest für 2 abhängige Stichproben $(x_i; y_i)$ mit $i = 1, 2, \ldots, n$ bei alternativen Daten. Die Nullhypothese geht davon aus, daß dabei die Verteilungen der x-Stichprobe und der y-Stichprobe identisch sind. Von besonderem Interesse sind nun diejenigen Stichprobenelemente

(x_i, y_i) der verbundenen Stichprobe, bei denen ein Wechsel der Kategorien vorliegt, also die Anzahlen n_{12} und n_{21}. Die Nullhypothese bedeutet, daß die zugehörigen Wahrscheinlichkeiten p_{12} und p_{21} identisch sind und somit n_{12} und n_{21} sich nicht stark voneinander unterscheiden dürften, sich also wie 1 : 1 verhalten müßten. Im engeren Sinn ist dieses Verfahren ein Test auf Gleichverteilung der Kategorien bei Häufigkeiten.

Genauer, es kann gezeigt werden, daß unter dieser Nullhypothese bei festgehaltener Gesamtzahl $n = n_{12} + n_{21}$ der zufällige Wechsel der Kategorien, d. h. die Häufigkeit n_{12} (und auch die Häufigkeit n_{21}) binomialverteilt ist mit den Parametern n und $p = 0{,}50$.

Beispiel 4.3/12: Mit Hilfe einer Untersuchung sollte die Frage beantwortet werden, ob zwei Aufgaben 1 und 2 als Paralleltestaufgaben in den Testformen A und B eingesetzt werden können? Dazu müssen sie gleich schwierig sein, d. h., die Anzahl der gelösten Aufgaben dürfte sich nicht unterscheiden. Es entstand folgendes Ergebnis:

		Aufgabe 1		
		gelöst	nicht gelöst	$\sum$
Aufgabe 2	gelöst	61	92	153
	nicht gelöst	111	52	163
	$\sum$	172	144	316

Sind die Aufgaben gleich schwierig, dann müßte die Anzahl der Personen, die Aufgabe 1 löst und Aufgabe 2 nicht löst, im Mittel genau so groß sein wie die Anzahl der Probanden, die Aufgabe 1 nicht löst, dafür aber die Aufgabe 2 löst. Von geringerem Interesse ist praktisch weder die Anzahl der Versuchspersonen, die beide Aufgaben gelöst haben, noch die, die beide Aufgaben nicht gelöst haben. Für den sinnvollen Einsatz des Verfahrens ist es demnach notwendig, die Kategorien so in der Vierfeldertafel zu plazieren, daß die Felder mit den Häufigkeiten n_{12} und n_{21} inhaltlich den Wechsel der Kategorien repräsentieren. Beispielsweise wäre die Berechnung auf der Grundlage der Felderhäufigkeiten n_{12} und n_{21} falsch, wenn die Tafel folgendes Aussehen hätte:

		Aufgabe 1	
		nicht gelöst	gelöst
Aufgabe 2	gelöst	n_{11}	n_{12}
	nicht gelöst	n_{21}	n_{22}

In diesem Fall benennen wir entweder die Spalten oder die Zeilen um.

Als Prüfgröße verwenden wir:

$$\boxed{\chi^2 = \frac{(n_{12} - n_{21})^2}{n_{12} + n_{21}}}\,.$$

Es wird dabei vorausgesetzt, daß die Summe der Häufigkeiten der interessierenden Felder n_{12} und n_{21} mindestens 60 ist (für die anderen Fälle vergleiche den nachfolgenden Abschnitt 4.3.2.1.2). Unter Gültigkeit dieser Bedingung und der Nullhypothese ist dann die o.g. Prüfgröße näherungsweise χ^2-verteilt mit einem Freiheitsgrad. Ist die Nullhypothese gültig, so müßte der Wert für χ^2 klein ausfallen. Wir vergleichen also den konkret erhaltenen Wert der Prüfgröße χ^2 mit dem kritischen Wert $\chi^2_{\alpha;f}$, wobei $f = 1$ ist, und erhalten das Kriterium: Wenn $\chi^2 \geq \chi^2_{\alpha;f}$ ist, dann lehnen wir H_0 ab.

Lösung des obigen Beispieles:

1. Voraussetzungen:
   * Unterschiedstest mit 2 abhängigen Stichproben bei alternativen Daten
   * $N = 316; \quad n_{12} + n_{21} = 92 + 111 = 203 > 60$

2. Hypothesen:
   H_0: $p_{12} = p_{21}$
   H_1: $p_{12} \neq p_{21}$ (zweiseitige Fragestellung)
3. Signifikanzniveau aufgrund des Inhalts der Aufgabenstellung:
   $\alpha = 0{,}05$.
4. Prüfgröße:
   $$\chi^2 = \frac{(n_{12} - n_{21})^2}{n_{12} + n_{21}}$$
5. Kritischer Bereich:
   Wenn $\chi^2 \geq \chi^2_{\alpha;1}$ ist, dann lehnen wir H_0 ab.
   $\chi^2_{\alpha;1} = \chi^2_{0{,}05;1} = 3{,}84$ (vgl. Tafel 3)
6. Berechnung:
   $$\chi^2 = \frac{(92 - 111)^2}{92 + 111} = \frac{361}{203} = 1{,}78$$
7. Vergleich:
   $1{,}78 < 3{,}84$, d. h., wir behalten H_0 bei. Bezogen auf unsere Fragestellung können wir davon ausgehen, daß sich die beiden Aufgaben im Schwierigkeitsgrad im allgemeinen nicht unterscheiden. Sie können in Testparallelformen eingesetzt werden.

SPSS-Zugang

Datenart	Vorgehen	Voraussetzungen/Erklärungen
alternativ	Analysieren → Deskriptive Statistiken → Kreuztabellen … unter „Statistik“ „McNemar“ anklicken	unter „Zellen“ (wenn Beschreibung der Verteilung gewünscht) unter „Prozentwerte“ „Gesamt“ anklicken

4.3.2.1.2 Der korrigierte Test von McNemar

Wir hatten bei den Voraussetzungen für den Einsatz des Testes von McNemar festgestellt, daß mindestens 60 Probanden auf die interessierenden Felder n_{12} und n_{21} der Vierfeldertafel fallen müssen. Wenn diese Bedingung nicht erfüllt ist, dann gibt es zwei Möglichkeiten, die Daten trotzdem statistisch zu prüfen:

1. Wenn $20 \leq n_{12} + n_{21} < 60$ gilt, dann arbeiten wir mit dem korrigierten Test von McNemar.
2. Wenn $n_{12} + n_{21} < 20$ ist, dann verwenden wir den Binomialtest. Dieser ist ausführlich im Abschnitt 4.2.1.1 beschrieben und diskutiert worden. Wir betrachten n_{12} bei gegebener Anzahl n und testen, ob die Wahrscheinlichkeit $p = 0{,}50$ vorliegt (vgl. auch Abschnitt 4.3.2.1.1).

An dieser Stelle wollen wir auf die erste Möglichkeit, die korrigierte Form des Testes von McNemar, näher eingehen. Auch hier müssen wir auf den richtigen Ansatz, d. h. auf die geeignete Plazierung der Ausprägungen in der Vierfeldertafel (vgl. Abschnitt 4.3.2.1.1), achten. Die Prüfgröße χ^2 erhält jetzt ein Korrekturglied und wird wie folgt berechnet:

$$\boxed{\chi^2_{\text{korr}} = \frac{(|n_{12} - n_{21}| - 1)^2}{n_{12} + n_{21}}}.$$

Der kritische Wert $\chi^2_{\alpha;1}$, mit dem wir unsere korrigierte Prüfgröße χ^2_{korr} vergleichen, bleibt gegenüber dem Test von McNemar unverändert. Gleiches gilt für die Entscheidungsvorschrift, ob wir H_0 annehmen oder ablehnen, also: Wenn $\chi^2_{\text{korr}} \geq \chi^2_{\alpha;1}$ ist, dann lehnen wir H_0 ab.

4.3.2.2 Der Symmetrietest von BOWKER

Dieses Verfahren stellt eine Verallgemeinerung des Testes von MCNEMAR (vgl. Abschnitt 4.3.2.1.1) dar. Die Ausgangssituation besteht darin, daß ein Merkmal in $k \geq 3$ Kategorien gestuft an ein und derselben Population zweimal untersucht wurde oder daß zwei verschiedene Merkmale an der gleichen Population untersucht wurden. Im zweiten Fall ist es aber notwendig, daß beide Merkmale die gleiche Anzahl k von Kategorien haben. Es muß eine Tabelle mit k Zeilen und k Spalten, also eine symmetrische Tabelle vorliegen. Der Test beantwortet die Frage, ob diese Tabelle, bezogen auf die Hauptdiagonale, symmetrische Häufigkeiten aufweist, d. h. bzgl. des Wechsels innerhalb der Kategorien von Stichprobe 1 zu Stichprobe 2 und umgekehrt sich beide Stichproben zueinander gleich verhalten. Entsprechend formulieren wir als Nullhypothese H_0: $p_{ij} = p_{ji}$ für alle i,j und als Alternativhypothese H_1: Es gibt mindestens einen Unterschied. Die allgemeine Form der Datendarstellung ist wie folgt:

		SP 1							
		K_1	K_2	...	K_j	...	K_k	$\sum$
SP 2	K_1	n_{11}	n_{12}	...	n_{1j}	...	n_{1k}	Z_1
	K_2	n_{21}	n_{22}	...	n_{2j}	...	n_{2k}	Z_2
	$\vdots$	$\vdots$	$\vdots$	...	$\vdots$	...	$\vdots$	$\vdots$
	K_i	n_{i1}	n_{i2}	...	n_{ij}	...	n_{ik}	Z_i
	$\vdots$	$\vdots$	$\vdots$	...	$\vdots$	...	$\vdots$	$\vdots$
	K_k	n_{k1}	n_{k2}	...	n_{kj}	...	n_{kk}	Z_k
	$\sum$	S_1	S_2	...	S_j	...	S_k	N

Dabei sollte der Test nur angewendet werden, wenn mindestens 80 % der Erwartungshäufigkeiten $N\tilde{p}_{ij} = \frac{Z_i S_j}{N} \geq 5$ sind.

Die Prüfgröße ist wie folgt definiert:

$$\boxed{\chi^2 = \frac{1}{2}\sum_{i=1}^{k}\sum_{j=1}^{k}\frac{(n_{ij}-n_{ji})^2}{n_{ij}+n_{ji}}}.$$

Bei der Berechnung von χ^2 können wir noch einige Vereinfachungen ausnutzen: Zum einen ergeben die Diagonalfelder als Summanden immer Null, d. h., wir können sie überhaupt weglassen. Zum anderen ergibt die Summe oberhalb der Hauptdiagonale den gleichen Betrag wie die Summe unterhalb der Hauptdiagonale. Aus diesem Grund multiplizieren wir die Gesamtsumme auch mit 0,5. Mit anderen Worten bedeutet das aber, daß wir, wenn wir auf die Multiplikation mit 0,5 verzichten, nur eine Hälfte zu berechnen brauchen. Unsere Prüfgröße ist also identisch mit:

$$\chi^2 = \sum_{i>j}^{k}\frac{(n_{ij}-n_{ji})^2}{n_{ij}+n_{ji}}.$$

Zur Entscheidung darüber, ob wir die Nullhypothese annehmen oder ablehnen müssen, vergleichen wir χ^2 mit dem kritischen Wert $\chi^2_{\alpha;f}$, wobei die Anzahl f der Freiheitsgrade nach der Vorschrift $f = \frac{k(k-1)}{2}$ bestimmt wird, und es gilt: Wenn $\chi^2 \geq \chi^2_{\alpha;f}$ ist, dann lehnen wir H_0 ab. Den kritischen Wert $\chi^2_{\alpha;f}$ finden wir in der Tafel 3.

Beispiel 4.3/13: Mit Hilfe einer Untersuchung soll die Frage beantwortet werden, ob sich die Röntgenmethode von der Kontrastmittelmethode bei der Früherkennung von Zahnfleischschwund unterscheidet. Folgendes Ergebnis lag vor:

		Röntgenmethode vorhanden	Röntgenmethode eventuell vorhanden	Röntgenmethode nicht vorhanden	$\sum$
Kontrastmittelmethode	vorhanden	90	30	10	130
	event. vorhanden	40	70	20	130
	nicht vorhanden	10	30	50	90
	$\sum$	140	130	80	350

Lösung:

1. Voraussetzungen:
   * Unterschiedstest mit 2 abhängigen Stichproben bei kategorialen Daten
   * $N\tilde{p}_{\min} = \frac{S_{\min} Z_{\min}}{N} = \frac{80 \cdot 90}{350} = 20{,}57 > 5$
2. Hypothesen:

   H_0: $p_{ij} = p_{ji}$ für alle i und j

   H_1: Mindestens ein Unterschied.
3. Signifikanzniveau aufgrund des Inhalts der Aufgabenstellung:

   $\alpha = 0{,}01.$
4. Prüfgröße:

   $$\chi^2 = \frac{1}{2} \sum_{i=1}^{k} \sum_{j=1}^{k} \frac{(n_{ij} - n_{ji})^2}{n_{ij} + n_{ji}}$$
5. Kritischer Bereich:

   Wenn $\chi^2 \geq \chi^2_{\alpha;f}$ ist, dann lehnen wir H_0 ab.

   $\chi^2_{\alpha;f} = \chi^2_{\alpha;\,\frac{k(k-1)}{2}} = \chi^2_{0{,}01;3} = 11{,}3$ (vgl. Tafel 3)
6. Berechnung:

   $$\chi^2 = \frac{1}{2}\left[\frac{(90-90)^2}{180} + \frac{(30-40)^2}{70} + \frac{(10-10)^2}{20} + \frac{(40-30)^2}{70} + \frac{(70-70)^2}{140} + \frac{(20-30)^2}{50} + \frac{(10-10)^2}{20} + \frac{(30-20)^2}{50} + \frac{(50-50)^2}{100}\right]$$

   $\chi^2 = 0{,}5 \cdot 6{,}856 = 3{,}428$
7. Vergleich:

   $3{,}428 < 11{,}3$, d. h., wir behalten H_0 bei. Im allgemeinen gibt es zwischen diesen beiden Methoden also keine Unterschiede.

Anmerkungen: a) *Für den Fall der verkürzten Berechnung erhalten wir:*

$$\chi^2 = \frac{(40-30)^2}{70} + \frac{(10-10)^2}{20} + \frac{(30-20)^2}{50} = 3{,}428$$

b) *Für den Fall, daß H_0 abgelehnt wird, liegt dann also bzgl. des Wechsels der Kategorien in der verbundenen Stichprobe eine Symmetriestörung zwischen den Stichproben 1 und 2 vor. In diesem Sinn wird der Unterschied der Analysemethode interpretiert.*

SPSS-Zugang

Datenart	Vorgehen	Voraussetzungen/Erklärungen
kategorial		Symmetrietest als Unterschiedstest für 2 abhängige, kategoriale Variablen im SPSS nicht verfügbar

4.3.2.3 Der Vorzeichentest

Für den Vergleich zweier Verteilungen mit abhängigen Stichproben $(x_i; y_i)$ mit $i = 1, 2, \ldots, n$ bei ordinalen Daten nutzen wir den Vorzeichentest von DIXON und MOOD. Wir müssen lediglich sichern, daß x_i und y_i für jedes i miteinander vergleichbar sind. Dieses Verfahren ist somit auch als Schnelltest bei metrischen Daten einsetzbar. Wie der Name bereits sagt, werden hier Vorzeichen, genauer, die Anzahlen positiver und negativer Vorzeichen der Differenzen $d_i = x_i - y_i$ bzw. ordinaler Unterschiede zur Grundlage genommen. Dabei ist n_+ die Anzahl der Fälle, für die $x_i > y_i$ ist. Hier haben die Differenzen positive Vorzeichen. Im Unterschied dazu ist n_- die Anzahl der Fälle mit $x_i < y_i$, d. h., die Fälle mit negativem Vorzeichen. Es wird vorausgesetzt, daß stetige Verteilungen zugrundeliegen, so daß Paare, bei denen $x_i = y_i$ gilt, nicht auftreten dürften. Ist dies dennoch der Fall, werden sie bei der Berechnung vernachlässigt. Ihre Anzahl sollte, bezogen auf den Gesamtstichprobenumfang, nicht gößer als 10% sein. Man prüft nun die Nullhypothese, ob der Median der Differenzen gleich Null ist.

Unter Gültigkeit der Nullhypothese H_0 müßten die positiven und die negativen Vorzeichen gleichwahrscheinlich sein, d. h., H_0: $p_+ = p_- = 0{,}50$. Bei zweiseitiger Fragestellung lautet die Alternativhypothese H_1: $p_+ \neq p_-$. Können wir begründet von einer einseitigen Fragestellung ausgehen, dann gilt in der Alternativhypothese entweder $p_+ > p_-$ oder $p_+ < p_-$. Wie wir noch sehen werden, hat das Einfluß auf die zu berechnende Testgröße n_T. Diese ist bei zweiseitiger Fragestellung definiert nach:

$$\boxed{n_T = \min\{n_+; n_-\}} \; .$$

Aus der Logik der Alternativhypothese folgt, daß man bei einseitiger Fragestellung nicht nach dem Minimum fragen muß, sondern daß wir das erwartete Minimum aus der Hypothese H_1 selbst ableiten können. Für den Fall, daß $p_+ > p_-$ ist, gilt für die Prüfgröße $n_T = n_-$ und bei $p_+ < p_-$ dann umgekehrt $n_T = n_+$. Um eine Entscheidung treffen zu können, ob wir die Nullhypothese annehmen oder ablehnen müssen, vergleichen wir die Testgröße n_T mit einem kritischen Wert $n_{\alpha;f}$ der Binomialverteilung mit den Parametern $p = 0{,}50$ und f (vgl. Tafel 15), und es gilt: Wenn $n_T \leq n_{\alpha;f}$ ist, dann lehnen wir H_0 ab. Die Anzahl der Freiheitsgrade f berechnen wir nach $f = n_+ + n_-$. Als Besonderheit haben wir darauf zu achten, daß wir bei der Bestimmung von f evtl. auftretende Nulldifferenzen vernachlässigen. Mit anderen Worten heißt das, daß die Summe $n_+ + n_-$ kleiner sein kann als die Anzahl aller als Urdaten erhobenen Werte.

Anmerkung: Der Vorzeichentest ist auch dort einsetzbar, wo gemessene Merkmale nicht in Form von Zahlen quantifiziert werden können, beispielsweise in einer Situation, wo verschiedene Zustimmungsgrade Gegenstand der Erhebung sind. Stellen wir uns eine Untersuchung vor, in der die gleichen Bürger nach ihrer Meinung bzgl. der wirtschaftlichen Entwicklung zu zwei verschiedenen Zeitpunkten gefragt werden. Sie antworten mit „eher optimistisch" oder „eher pessimistisch" . Dann können wir eine Veränderung vom 1. zum 2. Untersuchungszeitpunkt von eher pessimistisch zu eher optimistisch mit (+) und im umgekehrten Fall mit (−) klassifizieren. Bleibt die Meinung unverändert, dann tragen wir eine Null ein, z. B.:

Bürger	Untersuchungszeitpunkt 1	Untersuchungszeitpunkt 2	Veränderungen
1	eher optimistisch	eher optimistisch	0
2	eher pessimistisch	eher optimistisch	+
3	eher pessimistisch	eher optimistisch	+
4	eher optimistisch	eher pessimistisch	−
5	eher pessimistisch	eher optimistisch	+

Für die statistische Weiterverarbeitung erhielten wir in diesem Fall $n_+ = 3$ und $n_- = 1$.

Beispiel 4.3/14: In einer Untersuchung zur Wirkung einer veränderten Arbeitsbedingung mußten 12 Versuchspersonen eine Aufgabe 1 vor und eine gleich schwierige Aufgabe 2 nach der Gestaltung lösen. Es wurden die Fehler als Urmaterial erhoben, die nicht normalverteilt waren. Es entstand nachfolgendes Ergebnis (bereits um die Zeile „Vorzeichen der Differenz davor - danach" ergänzt):

Versuchsperson i	1	2	3	4	5	6	7	8	9	10	11	12
Fehler davor x_i	12	10	11	10	9	10	10	9	8	10	12	9
Fehler danach y_i	11	12	12	9	6	8	9	11	7	8	10	8
Vorzeichen der Differenz davor - danach	+	−	−	+	+	+	+	−	+	+	+	+

Lösung:

1. Voraussetzungen:
   * Unterschiedstest bei zwei abhängigen Stichproben mit metrischen Daten ohne Normalverteilung
   * $N = 12$
2. Hypothesen:
   H_0: $p_+ = p_-$
   H_1: $p_+ \neq p_-$ (zweiseitige Fragestellung)
3. Signifikanzniveau aufgrund des Inhalts der Aufgabenstellung:
   $\alpha = 0{,}05$.
4. Prüfgröße:
   $n_T = \min\{n_+; n_-\}$
5. Kritischer Bereich:
   Wenn $n_T \leq n_{\alpha;f}$ ist, dann lehnen wir H_0 ab.
   $n_{\alpha;f} = n_{0,05;12;\text{zweis}} = 2$ (vgl. Tafel 15)
6. Berechnung:
   $n_+ = 9; n_- = 3$
   $n_T = \min\{9; 3\} = 3$
7. Vergleich:
   $3 > 2$, d. h. $n_T > n_{\alpha;f}$, und deshalb behalten wir H_0 bei. Im allgemeinen läßt sich kein Unterschied durch die veränderte Arbeitsbedingung nachweisen.

SPSS-Zugang

Datenart	Vorgehen	Voraussetzungen/Erklärungen
ordinal	Analysieren → Nichtparametrische Tests → Zwei verbundene Stichproben … unter „Welche Tests durchführen?“ „Vorzeichen“ anklicken	unter „Optionen“ Art des Ausschlusses der fehlenden Variablen definieren

4.3.2.4 Der Vergleich zweier Verteilungen auf der Grundlage abhängiger Stichproben mit metrischen Daten

Bei derartigen Daten müssen wir analog der Vorgehensweise bei zwei unabhängigen Stichproben mit metrischen Daten (vgl. Abschnitt 4.3.1.4) wieder zwei generelle Fälle unterscheiden. Zum einen können wir hier parameterfreie und zum anderen parametrische Verfahren einsetzen. Da eines unserer allgemeinsten Ziele darin besteht, einen möglichst effizienten Test zu verwenden, scheinen einige Gedanken zu diesem Thema notwendig. Parametrische Verfahren sind meistens effizienter als parameterfreie. Deshalb sollten wir danach streben, möglichst parametrische Tests einzusetzen. Allerdings haben diese auch höhere Forderungen an die Verfahrensvoraussetzungen. So ist häufig u. a. die Bedingung der Normalverteilung zu erfüllen. Die Prüfung dieser Voraussetzung ist im Regelfall aber relativ aufwendig (vgl. Abschnitt 4.2.4), speziell in dem Fall, da wir eine Normalverteilung nachweisen wollen. Damit befinden wir uns in einer Art Dilemma-Situation: Wollen wir ein möglichst effizientes Verfahren einsetzen, dann ist die Kontrolle der Voraussetzungen vergleichsweise umfangreich. Verzichten wir darauf, so ist unser Test nicht so effizient. Einen allgemein gültigen Ausweg aus diesem Dilemma gibt es nicht. Die Entscheidung, wie wir verfahren, kann uns deshalb die Statistik auch nicht abnehmen. Hier ist die Verantwortlichkeit des Anwenders gefordert. Ist berechtigt zu vermuten, daß die Daten einer normalverteilten Grundgesamtheit entstammen, dann sollten wir die „Mühen der Ebene“ auf uns nehmen. Geht es uns nur um eine Vororientierung oder liegt der Schluß nahe, daß die Daten nicht aus einer normalverteilten Grundgesamtheit stammen, dann können wir mit „ruhigem Gewissen“ auch ein parameterfreies Verfahren einsetzen.

4.3.2.4.1 Der WILCOXON-Test für Paardifferenzen

Dieses Verfahren ist ein parameterfreier Test zum Vergleich der Verteilungen zweier abhängiger Stichproben bei metrischen Daten.[1] Wir müssen vor seiner Verwendung also nicht sicherstellen, daß z. B. eine Normalverteilung als theoretische Verteilung der Daten vorliegt. Wir können ihn, sobald Meßwerte als metrische Daten zur Verfügung stehen, verwenden. Der WILCOXON-Test für Paardifferenzen beantwortet uns die Frage, ob zwei abhängige Stichproben mit metrischen Daten bzgl. der zentralen Tendenz übereinstimmen oder nicht. Dieser Vergleich erfolgt auf der Grundlage der Meßwertpaardifferenzen $d_i = x_i - y_i$ zwischen den beiden Stichproben (x_i) und (y_i). Dabei wird stets vorausgesetzt, daß die Verteilung der Differenzen d_i stetig und dazu noch symmetrisch um ihren Median Z ist. Die Nullhypothese beinhaltet dann die Übereinstimmung der zentralen Tendenz, d. h. $Z = 0$. Zur Berechnung der Prüfgröße müssen wir einen dreistufigen Rechenweg beschreiten. Zuerst ist die Differenz $d_i = x_i - y_i$ aller Meßwertpaare zu ermitteln. Im zweiten Schritt erstellen wir eine Rangreihe über die **Absolutbeträge** dieser Differenzen und vermerken jeweils noch, ob die Differenz positiv oder negativ ist. Der letzte Schritt besteht schließlich darin, daß wir die Rangplatzsummen T_+ und T_-, getrennt nach positiven und negativen Differenzen, bestimmen. Die Prüfgröße T berechnen wir nach der Formel:

$$\boxed{T = \min\{T_+; T_-\}}$$

bei der zweiseitigen Fragestellung. Für die einseitige Fragestellung gelten die gleichen Bedingungen wie beim Vorzeichentest (vgl. Abschnitt 4.3.2.3). Auch für diesen Test gilt der Hinweis, daß Fälle mit Nulldifferenzen, d. h. $x_i - y_i = 0$, herausgelassen werden. Ihre Anzahl sollte aber 10% aller Differenzen nicht übersteigen. Zur Entscheidung über die Annahme oder Ablehnung der Nullhypothese H_0 vergleichen wir unsere Prüfgröße T mit einem kritischen Wert $T_{\alpha;f}$ (vgl. Tafel 25), und es gilt: Wenn $T \leq T_{\alpha;f}$ ist, dann lehnen wir H_0 ab. Die Anzahl f der Freiheitsgrade ist die Anzahl N aller Differenzen, verringert um die Anzahl der Nulldifferenzen.
Wird $N > 25$, dann prüfen wir näherungsweise mit der Normalverteilung und transformieren dazu unsere Prüfgröße nach:

$$u = \frac{T - \dfrac{N(N+1)}{4}}{\sqrt{\dfrac{N(N+1)(2N+1)}{24}}}.$$

Es gilt:
Wenn $|u| \geq u_\alpha$ ist, dann lehnen wir H_0 ab. Unser u_α bestimmen wir wie bisher mit Hilfe der Normalverteilung (vgl. Tafel 2).

Beispiel 4.3/15: Mit Hilfe einer Untersuchung soll die Wirkung zweier unterschiedlicher Bedingungen auf die Lösung von Aufgaben mit Anforderungen an die Konzentrationsleistung bestimmt werden. Dazu wurden die Lösungszeiten (in Sekunden) gemessen, und es entstand nachfolgendes Ergebnis:

[1] In der Praxis wir der WILCOXON-Test gelegentlich auch bei ordinalem Datenniveau eingesetzt, wobei dann lediglich vorausgesetzt wird, daß für die Paardifferenzen eine Rangreihe erstellt werden kann (vgl. TRÄNKLE, U., 1991, S. 170).

Vp	mit Straßenlärm	ohne Straßenlärm
1	81,5	87,0
2	75,5	70,5
3	78,0	69,0
4	74,5	81,0
5	69,5	59,0
6	67,5	60,0
7	71,0	71,5
8	74,0	64,5
9	82,5	79,5
10	77,5	69,0
11	72,0	64,5
12	76,0	68,0

Lösung:

1. Voraussetzungen:
   * Unterschiedstest mit 2 abhängigen Stichproben bei metrischen Daten
   * eine Normalverteilung konnte nicht nachgewiesen werden, also verteilungsfrei
   * $N = 12$
2. Hypothesen:
   H_0: $Z = 0$
   H_1: $Z \neq 0$ (zweiseitige Fragestellung)
3. Signifikanzniveau aufgrund des Inhalts der Aufgabenstellung:
   $\alpha = 0{,}05$.
4. Prüfgröße:
   $T = \min\{T_+; T_-\}$
5. Kritischer Bereich:
   Wenn $T \leq T_{\alpha;N;\text{zweis}}$ ist, dann lehnen wir H_0 ab.
   $T_{\alpha;N;\text{zweis}} = T_{0,05;12;\text{zweis}} = 14$ (vgl. Tafel 25)
6. Berechnung:
   Dazu erstellen wir uns die nachfolgende Hilfstabelle:

Vp	mit Straßenlärm	ohne Straßenlärm	$d_i = x_i - y_i$	Rp_-	Rp_+
1	81,5	87,0	−5,5	4	
2	75,5	70,5	+5,0		3
3	78,0	69,0	+9,0		10
4	74,5	81,0	−6,5	5	
5	69,5	59,0	+10,5		12
6	67,5	60,0	+7,5		6,5
7	71,0	71,5	−0,5	1	
8	74,0	64,5	+9,5		11
9	82,5	79,5	+3,0		2
10	77,5	69,0	+8,5		9
11	72,0	64,5	+7,5		6,5
12	76,0	68,0	+8,0		8
$\sum$				10	68

$T = \min\{68; 10\} = 10$

Es gibt hier die Möglichkeit der Kontrolle, ob wir die Rangplatzsummen richtig berechnet haben, denn es gilt stets: $T_+ - T_- = \frac{N(N+1)}{2}$. Wir erhalten $10 + 68 = \frac{12 \cdot 13}{2} = 78$.

7. Vergleich:
$10 < 14$, d. h., wir lehnen H_0 ab. Im allgemeinen unterscheiden sich die beiden Bedingungen hinsichtlich der Lösungszeiten bei Aufgaben mit Konzentrationsanforderungen.

Anmerkung: *Bezüglich der Effizienz von Tests vergleichen wir mit dem Ergebnis des Beispieles beim Vorzeichentest im Abschnitt 4.3.2.3. Analog dem dortigen Ergebnis gab es hier 3 Verschlechterungen bei 9 Verbesserungen. Trotzdem behält der Vorzeichentest H_0 bei, während der* WILCOXON-*Test für Paardifferenzen H_0 ablehnt. Der weniger effiziente Test hält also länger an der Nullhypothese H_0 fest.*

SPSS-Zugang

Datenart		Vorgehen	Voraussetzungen/Erklärungen
metrisch	WILCOXON-Test	Analysieren → Nichtparametrische Tests → Zwei verbundene Stichproben ...	unter „Optionen“ Art des Ausschlusses der fehlenden Variablen definieren

4.3.2.4.2 Der t-Test für Differenzen

Dieses Verfahren dient bei abhängigen Stichproben dem Mittelwertvergleich zweier Verteilungen, wobei zweidimensional normalverteilte metrische Daten $(x_i; y_i)$ vorausgesetzt werden. Es soll die Frage beantworten, ob sich die Mittelwerte der normalverteilten Grundgesamtheiten, aus denen die Stichproben (x_i) und (y_i) stammen, unterscheiden. Es handelt sich also beim t-Test für Differenzen um ein parametrisches Verfahren. Allerdings werden wir hier die Mittelwerte und die zugehörigen empirischen Standardabweichungen der beiden Stichproben (x_i) und (y_i) nicht wie beim doppelten t-Test (vgl. Abschnitt 4.3.1.4.3) bzw. beim WELCH-Test (vgl. Abschnitt 4.3.1.4.4) direkt miteinander vergleichen, weil zwischen den beiden Merkmalen Korrelationen bestehen können. Diese könnten sich bei einer solchen Betrachtung auf das Testergebnis verzerrend auswirken. Deshalb gehen wir zu den Differenzen $d_i = x_i - y_i$ zwischen den Merkmalsausprägungen x_i und y_i über. Es ist zu entscheiden, ob der Mittelwert $\overline{d}$ der Differenzen im allgemeinen Null ist oder signifikant von Null abweicht. Die Information, über die wir nach dieser Entscheidung verfügen, gibt Auskunft darüber, ob die Merkmale unterschiedlichen Einfluß haben oder nicht. Nehmen wir die Nullhypothese H_0 an, dann unterscheiden sich die beiden Mittwelwerte nicht. Die Prüfgröße t berechnen wir nach der Formel:

$$\boxed{t = \frac{\overline{d}}{s_d} \cdot \sqrt{N}},$$

wobei im Unterschied zum doppelten t-Test oder WELCH-Test jetzt s_d die empirische Standardabweichung der Differenzen ist:

$$s_d = \sqrt{\frac{1}{N-1}\left[\left(\sum_i d_i^2\right) - \frac{1}{N}\left(\sum_i d_i\right)^2\right]}.$$

Vorhandene Korrelationen werden nun durch die empirische Standardabweichung s_d berücksichtigt und gehen somit in die Prüfgröße ein.

Zur Entscheidung über die Annahme oder Ablehnung der Nullhypothese vergleichen wir unsere Prüfgröße t mit dem kritischen Wert $t^{\text{zweis}}_{\alpha;N-1}$ (vgl. Tafel 4), und es gilt: Wenn $|t| \geq t^{\text{zweis}}_{\alpha;N-1}$ ist, dann lehnen wir H_0 ab.

Beispiel 4.3/16: Mit der Analyse der Effizienz einer neuen Produktionsmethode sollte die Frage beantwortet werden, ob die neuen Arbeitsbedingungen zu veränderten Produktionszahlen führen? Deshalb wurde der Produktionsausstoß, aufgeschlüsselt auf die einzelnen Arbeiter, vor und nach der Veränderung erhoben, und es entstand folgendes Ergebnis:

Arbeiter	alte Methode	neue Methode
1	21	27
2	18	31
3	20	25
4	17	29
5	23	26
6	25	33
7	21	26
8	23	30
9	19	25
10	24	32

Lösung:

1. Voraussetzungen:
   * Unterschiedstest für Mittelwerte mit zwei abhängigen Stichproben bei metrischen Daten mit Normalverteilung
   * $N = 10$
2. Hypothesen:
   H_0: $\mu_1 = \mu_2$
   H_1: $\mu_1 \neq \mu_2$ (zweiseitige Fragestellung)
3. Signifikanzniveau aufgrund des Inhalts der Aufgabenstellung:
   $\alpha = 0{,}01.$
4. Prüfgröße:
   $$t = \frac{\overline{d}}{s_d} \cdot \sqrt{N}$$
5. Kritischer Bereich:
   Wenn $|t| \geq t^{\text{zweis}}_{\alpha;N-1}$ ist, dann lehnen wir H_0 ab.
   $t^{\text{zweis}}_{\alpha;N-1} = t^{\text{zweis}}_{0{,}01;10-1} = 3{,}25$ (vgl. Tafel 4)
6. Berechnung:
   Dazu erzeugen wir uns zuerst nachfolgende Hilfstabelle:

Arbeiter	alte Methode (x_i)	neue Methode (y_i)	$d_i = x_i - y_i$	d_i^2
1	21	27	−6	36
2	18	31	−13	169
3	20	25	−5	25
4	17	29	−12	144
5	23	26	−3	9
6	25	33	−8	64
7	21	26	−5	25
8	23	30	−7	49
9	19	25	−6	36
10	24	32	−8	64
$\sum$	211	284	−73	621

$$\overline{d} = \frac{-73}{10} = -7{,}3$$

$$s_d = \sqrt{\frac{1}{10-1}\left[621 - \frac{1}{10}(-73)^2\right]} = 3{,}13$$

$$t = \frac{-7{,}3}{3{,}13}\sqrt{10} = -7{,}375$$

7. Vergleich:
   $|-7{,}38| > 3{,}25$, d. h., wir lehnen H_0 ab. Im allgemeinen können wir davon ausgehen, daß sich die alte und die neue Produktionsmethode im Mittel unterscheiden.

SPSS-Zugang

Datenart		Vorgehen	Voraussetzungen/Erklärungen
metrisch	t-Test für Differenzen	Analysieren → Mittelwerte vergleichen → T-Test bei gepaarten Stichproben ...	unter „Optionen" Art des Ausschlusses der fehlenden Variablen definieren

4.3.2.4.3 Test auf Vergleich der Varianzen

Diesen Test nutzen wir für den Vergleich der Streuungen zweier abhängiger Stichproben $(x_i; y_i)$ bei metrischen Daten mit Normalverteilung. Analog dem t-Test für Differenzen (vgl. Abschnitt 4.3.2.4.2) ist auch dieser Test ein parametrisches Verfahren. Die Frage, die wir mit Hilfe des Testes entscheiden wollen, lautet: Unterscheiden sich die Varianzen σ_1^2, σ_2^2 der beiden Stichproben (x_i) und (y_i) voneinander? Dazu benutzen wir folgende Prüfgröße t:

$$\boxed{t = \frac{({s_1}^2 - {s_2}^2)\sqrt{N-2}}{\sqrt{4{s_1}^2{s_2}^2(1-r_{12}^2)}}}\,.$$

Dabei sind:

s_1^2 die empirische Varianz der Stichprobe (x_i)
s_2^2 die empirische Varianz der Stichprobe (y_i)
r_{12} der empirische Korrelationskoeffizient zwischen den Werten $(x_i; y_i)$.

Eine Entscheidung zur Annahme oder Ablehnung der Nullhypothese treffen wir durch den Vergleich der Prüfgröße t mit dem kritischen Wert $t_{\alpha;N-2}^{\text{zweis}}$ (vgl. Tafel 4) und entscheiden nach der Vorschrift: Wenn $|t| \geq t_{\alpha;N-2}^{\text{zweis}}$ ist, dann lehnen wir H_0 ab.

Beispiel 4.3/17: Hier greifen wir noch einmal zurück auf das Beispiel aus dem Abschnitt 4.3.2.4.2, wo wir feststellen konnten, daß die neue Produktionsmethode den Produktionsausstoß im Mittel erhöhte. Nun wollen wir fragen, ob sich auch die Varianzen ändern, was nicht unbedingt ein Vorteil wäre.

Lösung:

1. Voraussetzungen:
   * Unterschiedstest für Varianzen mit 2 abhängigen Stichproben bei metrischen Daten mit Normalverteilung
   * $N = 10$
2. Hypothesen:
   H_0: $\sigma_1^2 = \sigma_2^2$
   H_1: $\sigma_1^2 \neq \sigma_2^2$ (zweiseitige Fragestellung)

3. Signifikanzniveau aufgrund des Inhalts der Aufgabenstellung:
   $\alpha = 0{,}05.$
4. Prüfgröße:
   $$t = \frac{({s_1}^2 - {s_2}^2)\sqrt{N-2}}{\sqrt{4{s_1}^2{s_2}^2(1-r_{12}^2)}}$$
5. Kritischer Bereich: Wenn $|t| \geq t^{\text{zweis}}_{\alpha;N-2}$ ist, dann lehnen wir H_0 ab.
   $t^{\text{zweis}}_{\alpha;N-2} = t^{\text{zweis}}_{0{,}05;8} = 2{,}31$ (vgl. Tafel 4)
6. Berechnung:
   Dafür erstellen wir uns folgende Hilfstabelle:

Arbeiter	alte Methode x_i	neue Methode y_i	x_i^2	y_i^2	$x_i \cdot y_i$
1	21	27	441	729	567
2	18	31	324	961	558
3	20	25	400	625	500
4	17	29	289	841	493
5	23	26	529	676	598
6	25	33	625	1089	825
7	21	26	441	676	546
8	23	30	529	900	690
9	19	25	361	625	475
10	24	32	576	1024	768
$\sum$	211	284	4515	8146	6020

$${s_1}^2 = \frac{1}{10-1} \cdot \left(4515 - \frac{1}{10} \cdot 211^2\right) = 6{,}99 \quad \text{(vgl. Abschnitt 2.2.2.2)}$$

$${s_2}^2 = \frac{1}{10-1} \cdot \left(8146 - \frac{1}{10} \cdot 284^2\right) = 8{,}93 \quad \text{(vgl. Abschnitt 2.2.2.2)}$$

$$r_{12}^2 = \left[\frac{\left(6020 - \frac{1}{10} \cdot 211 \cdot 284\right)}{\sqrt{\left(4515 - \frac{1}{10} \cdot 211^2\right) \cdot \left(8146 - \frac{1}{10} \cdot 284^2\right)}}\right]^2 = \left(\frac{27{,}60}{71{,}11}\right)^2 = 0{,}151$$

(vgl. Abschnitt 2.3.2.3)

$$t = \frac{(6{,}99 - 8{,}93) \cdot \sqrt{10-2}}{\sqrt{4 \cdot 6{,}99 \cdot 8{,}93 \cdot (1 - 0{,}151)}} = -0{,}377$$

7. Vergleich:
   $|-0{,}377| < 2{,}31$, d. h., wir behalten H_0 bei. Wir können davon ausgehen, daß es im allgemeinen keine Unterschiede bzgl. der Varianzen zwischen der alten und der neuen Methode gibt.

4.3.2.5 Der Vergleich der Unterschiedstests für 2 Verteilungen mit abhängigen Stichproben

Die nachfolgende Übersicht soll uns wieder helfen, den in Abhängigkeit vom vorliegenden Urmaterial am besten geeigneten Test zu finden.

Datenart	Voraussetzungen		Verfahren
metrisch	mit Normalverteilung	Unterschiede der Mittelwerte?	t-Test für Differenzen
		Unterschiede der Varianzen?	Test auf Gleichheit der Varianzen
	ohne Verteilungsannahme		WILCOXON-Test für Paardifferenzen
ordinal			Vorzeichentest
kategorial	alle $N\tilde{p}_{ij} \geq 1$ und 80 % von ihnen ≥ 5		Symmetrietest nach BOWKER
alternativ	$n_{12} + n_{21} \geq 60$		Test von MCNEMAR
	$20 \leq n_{12} + n_{21} < 60$		korrigierter Test von MCNEMAR
	$n_{12} + n_{21} < 20$		Binomialtest

4.3.3 Der Vergleich von mehr als zwei Verteilungen auf der Grundlage unabhängiger Stichproben

Häufig treffen wir auf Untersuchungssituationen, in denen nicht nur zwei, sondern drei, vier oder noch mehr unabhängige Stichproben zu analysieren sind. Bei einer derartigen Konstellation dürfen wir **nicht** die Unterschiedstests für zwei unabhängige Stichproben (vgl. Abschnitt 4.3.1) einsetzen. Der Paarvergleich mit jeweils nur zwei herausgegriffenen Stichproben ist in dieser Situation falsch. Vielmehr müssen wir Verfahren einsetzen, die dem Vorhandensein von mehr als 2 Stichproben Rechnung tragen. Bei diesen Unterschiedstests unterscheiden wir zwischen denen, die einen Globalvergleich realisieren und denen, die einen multiplen Vergleich ermöglichen. Der Rechenaufwand ist bei den Verfahren für den Globalvergleich meistens erheblich geringer. Dieser Vergleich gibt uns Auskunft darüber, ob zwischen den l untersuchten Stichproben überhaupt Unterschiede zu verzeichnen sind. Wir können nach seiner Anwendung also noch nicht sagen, zwischen welchen der Stichproben im einzelnen, falls überhaupt, Unterschiede aufgetreten sind. Der multiple Vergleich gestattet uns dann genau diese Aussage. Auf Grund des eingangs erwähnten wesentlich höheren Rechenaufwandes beim multiplen Vergleich führt man in der Regel erst den Globalvergleich durch, und wenn dieser die Nullhypothese H_0 ablehnt, dann prüft man mit dem multiplen Vergleich, wo die Unterschiede im einzelnen begründet sind. Sinnvoll scheint also ein zweistufiges Vorgehen:

1. Der Globalvergleich aller l Stichproben.
2. Lehnt der Globalvergleich H_0 ab, dann führen wir den multiplen Vergleich durch.

Analog der bisherigen Vorgehensweise werden wir in diesem Kapitel die Verfahren auch wieder in Abhängigkeit vom Datenniveau, also vom Informationsgehalt, vorstellen und diskutieren, und dabei jeweils zuerst den Globalvergleich und danach den multiplen Vergleich näher betrachten. Der Leser sollte deshalb nicht überrascht sein, daß jeweils Beispielsfälle statistisch ausgewertet werden, bei denen der Globalvergleich die Nullhypothese ablehnt. Das resultiert aus dem Erfordernis, daß der multiple Vergleich bei sinnvollem Einsatz dies zur Voraussetzung hat. Um nicht bei jedem Datenniveau zwei oder noch mehr verschiedene Beispiele diskutieren zu müssen, wurden in die Analyse bewußt nur Situationen einbezogen, wo Unterschiede nachgewiesen werden konnten. Bei der Auswertung eigener Untersuchungen kann, wenn der Globalvergleich die Nullhypothese annimmt, an dieser Stelle durchaus schon das Ende der statistischen Auswertung erreicht sein.
Beim multiplen Vergleich unterscheiden wir zusätzlich noch drei Anwendungsfälle:

1. Vollständiger Paarvergleich: Hier werden, wie der Name schon sagt, alle Paare aus den l vorhandenen Stichproben in einen vollständigen Vergleich einbezogen, d. h., es gibt $\frac{l(l-1)}{2}$ Vergleiche.

2. Einstichproben-Paarvergleich: Bei ihm vergleichen wir eine ausgewählte Stichprobe mit allen übrigen Stichproben. Dies ist häufig dann der Fall, wenn wir eine Kontrollgruppe mit mehreren Versuchsgruppen vergleichen wollen.
3. Kontrastvergleich: Hierbei wird ein Teil der Stichproben gegen den Rest – nach dessen Zusammenfassung – geprüft.

Merke: *Die* ***mehrfache*** *Anwendung von 2-Stichproben- Tests ist* ***nicht*** *erlaubt, da dann das angegebene Signifikanzniveau unkontrollierbar verfälscht wird.*

4.3.3.1 Der $\chi^2 - 2 \cdot l$-Feldertest (Globalvergleich)

Dieses Verfahren dient dem Globalvergleich von mehr als zwei Verteilungen mit unabhängigen Stichproben bei alternativen Daten. Die Darstellung der Daten erfolgt in der Form:

		Stichprobe					
		1	2	3	...	l	$\sum$
Kategorie	K_1	n_{11}	n_{12}	n_{13}	...	n_{1l}	Z_1
	K_2	n_{21}	n_{22}	n_{23}	...	n_{2l}	Z_2
	$\sum$	S_1	S_2	S_3	...	S_l	N

Auf eine Gefahr sei an dieser Stelle besonders verwiesen: Bei der Klassifikation der Daten müssen wir hier darauf achten, daß wir die Situation nicht als 2-Stichproben-Ansatz mit kategorialen Daten interpretieren. Dies kann dann passieren, wenn wir die Anzahl der Kategorien mit der Anzahl der Stichproben verwechseln!

In der Nullhypothese H_0 gehen wir davon aus, daß sich die Wahrscheinlichkeiten für die Kategorie 1 insgesamt nicht voneinander unterscheiden, d. h., daß $p_{11} = p_{12} = \ldots = p_{1l} = p_1$ gilt. Wir prüfen also jeweils nur die erste Kategorie, da bei alternativen Daten die jeweils andere Kategorie bei vorgegebenen Randsummen fest ist. In der Gegenhypothese H_1 formulieren wir: „Es gibt mindestens einen Unterschied!“. Diese Formulierung resultiert aus dem Globalvergleich, da wir hierbei nur wissen wollen, ob es überhaupt einen Unterschied gibt. Die Voraussetzungen für den Einsatz des $\chi^2 - 2 \cdot l$–Feldertestes bestehen darin, daß der Gesamtstichprobenumfang $N \geq 60$ und die Erwartungshäufigkeiten $N\tilde{p}_{ij}$ alle größer oder gleich 1 und 80 % von ihnen größer oder gleich 5 sein sollen. Die Prüfgröße berechnen wir nach der Formel:

$$\chi^2 = \frac{N^2}{Z_1 \cdot Z_2} \left(\sum_{j=1}^{l} \frac{{n_{1j}}^2}{S_j} - \frac{{Z_1}^2}{N} \right).$$

Um zu entscheiden, ob wir die Nullhypothese H_0 annehmen oder ablehnen, vergleichen wir unsere Prüfgröße mit dem kritischen Wert $\chi^2_{\alpha;f}$ (vgl. Tafel 3), und es gilt: Wenn $\chi^2 \geq \chi^2_{\alpha;f}$ ist, dann lehnen wir H_0 ab. Die Anzahl f der Freiheitsgrade ergibt sich aus $f = l - 1$, d. h. die um eins verringerte Anzahl der l Stichproben.

Bemerkung: *Es läßt sich nachprüfen, daß im Spezialfall* $k = 2$ *die obenstehende Formel für* χ^2 *in diejenige von Abschnitt 4.3.3.1 übergeht.*

Beispiel 4.3/18: Mit Hilfe einer Untersuchung sollte die Frage beantwortet werden, ob es zwischen verschiedenen Gruppen von Kindergartenkindern Unterschiede bzgl. der Wahl des Spielzeuges gibt, wenn zwischen Ball und Auto gewählt werden soll. Nachfolgende Daten wurden erhoben:

	Gruppe 1	Gruppe 2	Gruppe 3	Gruppe 4	Gruppe 5
Ball	25	4	16	17	8
Auto	10	19	13	6	12

Lösung:

1. Voraussetzungen:
   - Unterschiedstest bei mehr als 2 (5) unabhängigen Stichproben mit alternativen Daten
   - $N = 130 > 60$
   - $N\tilde{p}_{\min} = \dfrac{S_{\min} \cdot Z_{\min}}{N} = \dfrac{20 \cdot 60}{130} = 9{,}23 > 5$
2. Hypothesen:
   H_0: $p_{11} = p_{12} = \ldots = p_{15} = p_1$
   H_1: Es gibt mindestens einen Unterschied.
3. Signifikanzniveau aufgrund des Inhalts der Aufgabenstellung:
   $\alpha = 0{,}01.$
4. Prüfgröße
   $$\chi^2 = \frac{N^2}{Z_1 \cdot Z_2}\left(\sum_{j=1}^{l} \frac{{n_{1j}}^2}{S_j} - \frac{{Z_1}^2}{N}\right)$$
5. Kritischer Bereich: Wenn $\chi^2 \geq \chi^2_{\alpha;l-1}$ ist, dann lehnen wir H_0 ab.
   $\chi^2_{\alpha;l-1} = \chi^2_{0{,}01;5-1} = 13{,}3$
   (vgl. Tafel 3).
6. Berechnung:
   Dazu ergänzen wir unsere Ausgangstabelle wie folgt:

	Gruppe 1	Gruppe 2	Gruppe 3	Gruppe 4	Gruppe 5	Z_i
Ball	25	4	16	17	8	70
Auto	10	19	13	6	12	60
S_j	35	23	29	23	20	130
${n_{1j}}^2$	625	16	256	289	64	
$\frac{{n_{1j}}^2}{S_j}$	17,86	0,70	8,83	12,56	3,2	43,15

$$\chi^2 = \frac{130^2}{70 \cdot 60}\left(43{,}15 - \frac{70^2}{130}\right) = 21{,}96$$

7. Vergleich:
   $21{,}96 > 13{,}3$, d. h., $\chi^2 > {\chi_{\alpha;l-1}}^2$ und deshalb lehnen wir H_0 ab. Wir können davon ausgehen, daß es zwischen den fünf Gruppen im allgemeinen Unterschiede bei der Wahl des Spielzeuges gibt, was z. B. Konsequenzen auf die Anzahl bei Neuanschaffungen von Spielsachen haben kann.

SPSS-Zugang

Datenart	Vorgehen	Voraussetzungen/Erklärungen
alternativ	**Globalvergleich:** Analysieren → Deskriptive Statistiken → Kreuztabellen ... Signifikanzprüfung unter „Statistik" und ankreuzen von „Chi-Quadrat" → in Zeilen die AV und in Spalten die Gruppenvariable eingeben	unter „Zellen" angeben, ob die Verteilungen der SP in absoluten und/oder relativen Häufigkeiten angegeben werden soll (*cave!* voreingestellt ist die Ausgabe absoluter Zahlen; bei Anklicken von „Zeilenweise" wird die Verteilung in prozentualen Häufigkeiten angegeben)

4.3.3.2 Nachfolgeauswertung und die Konfigurationsfrequenzanalyse für alternative Daten (multipler Vergleich)

Lehnt der $\chi^2 - k$-mal-2-Feldertest (vgl. Abschnitt 4.3.3.1) die globale Nullhypothese ab, dann können wir auch hier einen multiplen Vergleich durchführen. Die entsprechende statistische Vorgehensweise ist zusammen mit dem Fall kategorialer Daten im Abschnitt 4.3.3.4 enthalten.

SPSS-Zugang

Datenart	Vorgehen	Voraussetzungen/Erklärungen
alternativ	**Multipler Vergleich:**	die Konfigurationsfrequenzanalyse (KFA) ist im SPSS nicht verfügbar

4.3.3.3 Der χ^2-k-mal-l-Feldertest (Globalvergleich)

Wollen wir mehr als zwei Verteilungen auf der Grundlage unabhängiger Stichproben mit kategorialen Daten im Sinne eines Globalvergleiches (vgl. Abschnitt 4.3.3) hinsichtlich möglicher Unterschiede statistisch analysieren, dann verwenden wir den χ^2-k-mal$-l-$Feldertest. Die empirischen Daten liefern uns allgemein eine $k-$mal$-l-$ Feldertafel der Form:

		Stichprobe				
		1	2	...	1	$\sum$
Kategorie	1	n_{11}	n_{12}	...	n_{1l}	Z_1
	2	n_{21}	n_{22}	...	n_{2l}	Z_2
	$\vdots$	$\vdots$	$\vdots$	...	$\vdots$	$\vdots$
	k	n_{k1}	n_{k2}	...	n_{kl}	Z_k
	$\sum$	S_1	S_2	...	S_l	N

Dabei läuft der Index k für die Anzahl der Kategorien und der Index l für die Anzahl der Stichproben. Die Voraussetzungen für den Einsatz dieses Verfahrens bestehen darin, daß $N \geq 60$ sein soll und mindestens 80 % der Felder eine Erwartungshäufigkeit von $N\tilde{p}_{ij} \geq 5$ aufweisen. Mit Hilfe des bzgl. des Rechenaufwandes relativ einfachen Globalvergleiches wollen wir in Erfahrung bringen, ob es zwischen den Grundgesamtheiten, aus denen die Stichproben stammen, überhaupt Unterschiede gibt. Ist das nicht der Fall, dann können wir die Analyse an dieser Stelle beenden. Lehnen wir aber die Hypothese H_0 ab, so können wir u. U. noch einen multiplen Vergleich (vgl. Abschnitt 4.3.3.4) durchführen.

Beim globalen Vergleich besteht die Nullhypothese darin, daß die Wahrscheinlichkeitsverteilung in allen l Grundgesamtheiten gleich ist. Die Alternativhypothese geht von mindestens einem Unterschied zwischen den Grundgesamtheiten aus. Die Prüfgröße berechnen wir nach der Formel:

$$\boxed{\chi^2 = N\left(\sum_{i=1}^{k}\sum_{j=1}^{l}\frac{{n_{ij}}^2}{S_j \cdot Z_i} - 1\right)}\,.$$

Zur Entscheidung darüber, ob wir die Nullhypothese ablehnen oder annehmen können, vergleichen wir unser χ^2 mit einem kritischen Wert $\chi^2_{\alpha;f}$, und es gilt: Wenn $\chi^2 \geq \chi^2_{\alpha;f}$ ist, dann lehnen wir H_0 ab. Die Anzahl f der Freiheitsgrade berechnen wir nach der Vorschrift $f = (k-1)\cdot(l-1)$, d. h., es werden alle in der Tafel überhaupt vorhandenen Freiheitsgrade berücksichtigt.

Bemerkung: *Es läßt sich nachprüfen, daß im Spezialfall $k = 2$ die oben stehende Formel für χ^2 in diejenige von Abschnitt 4.3.3.1 übergeht.*

Beispiel 4.3/19: Mit Hilfe einer Untersuchung sollte die Frage beantwortet werden, ob 5 Stichproben von Monteuren aus unterschiedlichen Unternehmen hinsichtlich des Werkzeuggebrauches bei ihrer Berufstätigkeit homogen sind. Es konnten nachfolgende Daten für den Zeitraum eines Monats erhoben werden:

		Stichprobe				
		1	2	3	4	5
Werkzeug	Rohrzange	80	30	70	80	90
	Wasserpumpenzange	50	90	30	40	40
	Bohrmaschine	20	30	50	30	20
	Bohrhammer	30	70	40	50	60

Lösung:

1. Voraussetzungen:
   * Unterschiedstest bei mehr als 2 (5) unabhängigen Stichproben mit kategorialen Daten
   * $N = 1000 > 60$
   * $N\tilde{p}_{\min} = \frac{S_{\min} \cdot Z_{\min}}{N} = \frac{180 \cdot 150}{1000} = 27 > 5$
2. Hypothesen:

   H_0: $p_{i1} = p_{i2} = p_{i3} = p_{i4} = p_{i5}$ für $i = 1,2,3,4$

   H_1: Mindestens ein Unterschied.
3. Signifikanzniveau aufgrund des Inhalts der Aufgabenstellung:

   $\alpha = 0{,}05$.
4. Prüfgröße:

$$\chi^2 = N\left(\sum_{i=1}^{k}\sum_{j=1}^{l}\frac{{n_{ij}}^2}{S_j \cdot Z_i} - 1\right)$$

5. Kritischer Bereich:

   Wenn $\chi^2 \geq \chi^2_{\alpha;(k-1)(l-1)}$ ist, dann lehnen wir H_0 ab.

$$\chi^2_{\alpha;(k-1)(l-1)} = \chi^2_{0{,}05;12} = 21{,}0$$

   (vgl. Tafel 3).
6. Berechnung:

   Dazu erstellen wir uns zuerst nachfolgende Hilfstabelle:

		Stichprobe					$\sum$
		1	2	3	4	5	
Werkzeug	Rohrzange	80	30	70	80	90	350
	Wasserpumpenzange	50	90	30	40	40	250
	Bohrmaschine	20	30	50	30	20	150
	Bohrhammer	30	70	40	50	60	250
	$\sum$	180	220	190	200	210	1000

$$\chi^2 = 1000\left[\frac{1}{350}\left(\frac{80^2}{180}+\frac{30^2}{220}+\frac{70^2}{190}+\frac{80^2}{200}+\frac{90^2}{210}\right)\right.$$
$$+\frac{1}{250}\left(\frac{50^2}{180}+\frac{90^2}{220}+\frac{30^2}{190}+\frac{40^2}{200}+\frac{40^2}{210}\right)$$
$$+\frac{1}{150}\left(\frac{20^2}{180}+\frac{30^2}{220}+\frac{50^2}{190}+\frac{30^2}{200}+\frac{20^2}{210}\right)$$
$$\left.+\frac{1}{250}\left(\frac{30^2}{180}+\frac{70^2}{220}+\frac{40^2}{190}+\frac{50^2}{200}+\frac{60^2}{210}\right)-1\right]$$
$$= 1000(1{,}10669612 - 1) = 106{,}70$$

7. Vergleich:

   $106{,}7 > 21{,}0$, d. h., $\chi^2 > \chi^2_{\alpha;f}$, und deshalb müssen wir H_0 ablehnen. Wir können im allgemeinen also nicht davon ausgehen, daß diese 5 Stichproben hinsichtlich des Werkzeuggebrauches aus homogenen Grundgesamtheiten stammen.

SPSS-Zugang

Datenart	Vorgehen	Voraussetzungen/Erklärungen
kategorial	**Globalvergleich:** Analysieren → Deskriptive Statistiken → Kreuztabellen … Signifikanzprüfung unter „Statistik" und ankreuzen von „Chi-Quadrat" → in Zeilen die AV und in Spalten die Gruppenvariable eingeben	unter „Zellen" angeben, ob die Verteilungen der SP in absoluten und/oder relativen Häufigkeiten angegeben werden soll (*cave!* voreingestellt ist die Ausgabe absoluter Zahlen; bei Anklicken von „Zeilenweise" wird die Verteilung in prozentualen Häufigkeiten angegeben)

4.3.3.4 Nachfolgeauswertungen und die Konfigurationsfrequenzanalyse für kategoriale Daten (multipler Vergleich)

Mit dem χ^2 – 2-mal-l-Feldertest (vgl. Abschnitt 4.3.3.1) bzw. dem χ^2 – k-mal-l-Feldertest (vgl. Abschnitt 4.3.3.3) konnten wir feststellen, ob bei der Prüfung von mehr als zwei Verteilungen mit unabhängigen Stichproben bei alternativen bzw. kategorialen Daten überhaupt Unterschiede auftreten. Ist dies nicht der Fall, dann können wir in der Regel unsere statistische Analyse an dieser Stelle beenden. Finden wir aber Unterschiede, dann kann unter Umständen die Frage nach der Lokalisierung der Unterschiede interessieren.

Dabei lassen sich nun verschiedene statistische Fragestellungen formulieren. So könnte man beispielsweise einen vollständigen Paarvergleich der l Stichproben betrachten. Man hätte dann also $m = \binom{l}{2}$ Paarvergleiche durchzuführen, wobei die Vorgehensweise für diese statistischen Probleme in den Abschnitten 4.3.1.1 und 4.3.1.2 zu finden ist. Dabei ist aber zu beachten, daß es sich jetzt um einen multiplen Vergleich handelt und man zur Sicherung des globalen Signifikanzniveaus α jeden dieser Paarvergleiche nach BONFERRONI mit dem adjustierten Risiko $\alpha^* = \frac{\alpha}{m}$ durchzuführen hätte. Dieser multiple Vergleich ist unter Umständen sehr konservativ. Zur Verbesserung hat HOLM eine weniger einschränkende Adjustierung vorgeschlagen (vgl. weiter unten in diesem Abschnitt). Hat man nun bei einem dieser Paarvergleiche die Hypothese der Homogenität abgelehnt, so könnte man in einer nachfolgenden Untersuchung eine genauere Lokalisierung der Unterschiede in den Wahrscheinlichkeiten der einzelnen Kategorien hinterfragen. Diese Vorgehensweise führt schließlich zu einer Untersuchung der einzelnen Zellen der k-mal-l-Feldertafel. Ein solcher Ansatz entspricht der von LIENERT vorgeschlagenen, sogenannten Konfigurationsfrequenzanalyse. Diese wurde zur Untersuchung der lokalen Zusammenhänge von abhängigen kategorialen Merkmalen entwickelt, kann aber auch für Nachfolgeauswertungen nach dem χ^2 – k-mal-l-Feldertest herangezogen werden. Bekannterweise (vgl. SACHS, 1992) ist im Globalvergleich die statistische Prüfung auf Homogenität und die statistische Prüfung auf Unabhängigkeit zweier Merkmale äquivalent.

Wir wollen nun zur besseren Erklärung des Inhalts der Konfigurationsfrequenzanalyse ein Beispiel betrachten, in dem nicht das Problem der Homogenität unabhängiger Stichproben untersucht werden soll, sondern die Frage nach der Unabhängigkeit kategorialer Merkmale. Wir betrachten der Einfachheit halber als Beispiel eine 3-mal-3-Feldertafel, die im Ergebnis der Untersuchung des Zusammenhanges zwischen Realisierung des Berufswunsches (erfüllt/teilweise erfüllt/nicht erfüllt) und dem Leistungsverhalten von Jugendlichen in der Berufsausbildung (positiv/ambivalent/negativ) entstand. Zur Beantwortung der Frage wurden $N = 300$ Jugendliche zufällig ausgewählt und hinsichtlich beider Merkmale untersucht. Es entstand folgendes Ergebnis:

Leistungsverhalten	Berufswunsch erfüllt	teilweise erfüllt	nicht erfüllt	$\sum$
positiv	70	43	20	133
ambivalent	19	24	21	64
negativ	12	30	61	103
$\sum$	101	97	102	300

Der Globalvergleich lehnt H_0 ab (der $\chi^2 - k$-mal-l-Feldertest ergibt bei $N = 300$ und $N\tilde{p}_{\min} = 20{,}69$ im Vergleich $63{,}56 > 13{,}30$).

Als Nachfolgeuntersuchung wird nun die Konfigurationsfrequenzanalyse eingesetzt. Dabei vergleichen wir für jede Zelle $i; j$ die beobachteten Häufigkeiten n_{ij} mit den Erwartungshäufigkeiten $N\tilde{p}_{ij} = \frac{S_i \cdot Z_j}{N}$. Diese Vorgehensweise der Aufteilung einer Gesamttafel in Einzelfelder und deren Beurteilung bezeichnen wir nach LIENERT (1986) als Konfigurationsfrequenzanalyse. Im diskutierten Beispiel liegt ein zweidimensionales Problem vor. Die absoluten Häufigkeiten n_{ij} bilden eine Kontingenztafel, dabei ist jede Zelle $i; j$ eine Konfiguration der betrachteten Merkmale. Die Konfigurationsfrequenzanalyse ist insbesondere zur Untersuchung von mehr als zwei Merkmalen, die dann zu einer mehrdimensionalen Kontingenztafel der absoluten Häufigkeiten führen, geeignet.

Wir suchen nun nach solchen Zellen, bei denen die Abweichungen zwischen beobachteter Häufigkeit n_{ij} und Erwartungshäufigkeit $N\tilde{p}_{ij}$ „besonders groß“ sind. Wir sprechen von Überfrequentierung, wenn die beobachtete Häufigkeit größer als die erwartete ist, und von Unterfrequentierung, wenn die beobachtete Häufigkeit geringer ist als die erwartete.

Eine genauere Analyse erfolgt nun in zwei Schritten:

In einem ersten, explorativen Schritt, der durch die Betrachtung des Gesamt-Chiquadrat als Summe der einzelnen Chiquadrat-Komponenten χ^2_{ij} der einzelnen Zellen motiviert ist, vergleicht man nach LIENERT jedes $\chi^2_{ij} = \frac{(n_{ij} - N\tilde{p}_{ij})^2}{N\tilde{p}_{ij}}$ mit dem kritischen Wert $\chi^2_{\alpha;1}$. Wenn $\chi^2_{ij} \geq \chi^2_{\alpha;1}$ ist, so sprechen wir im Falle der Überfrequentierung von einem **Typ** und im Falle der Unterfrequentierung von einem **Antityp**.

Wir bestimmen nachfolgend für unser Beispiel die Typen und Antitypen, wobei wir α mit 0,01 festlegen und damit den kritischen Wert $\chi^2_{0,01;1} = 6{,}64$ (vgl. Tafel 3) verwenden:

Berufswunsch	Leistungs-verhalten	n_{ij}	$N\tilde{p}_{ij}$	$\chi^2_{ij} = \frac{(n_{ij} - N\tilde{p}_{ij})^2}{N\tilde{p}_{ij}}$	Entscheidung
	positiv	70	44,78	14,20	Typ
erfüllt	ambivalent	19	21,55	0,30	–
	negativ	12	34,68	14,83	Antityp
	positiv	43	43,00	0,00	–
teilweise erfüllt	ambivalent	24	20,69	0,53	–
	negativ	30	33,30	0,33	–
	positiv	20	45,22	14,07	Antityp
nicht erfüllt	ambivalent	21	21,76	0,03	–
	negativ	61	35,02	19,27	Typ
$\sum$		300	300,00	63,56	

Im Globalvergleich erhielten wir nach der Formel im Abschnitt 4.3.3.3 den Wert $\chi^2_{\text{Gesamt}} = 63{,}56$. Zur Rechenkontrolle addieren wir alle χ^2_{ij} und erhalten ebenfalls 63,56.

Mit dem explorativen Teil werden eventuelle Typen und Antitypen allerdings nur aufgefunden. Obwohl wir also den ersten Vergleich mit Hilfe eines kritischen Wertes durchgeführt haben, ist damit keine statistisch gesicherte Aussage möglich, da es sich um einen multiplen Vergleich handelt.

Wollen wir den heuristischen Charakter der Auswertung reduzieren, dann müssen wir die im explorativen Teil aufgefundenen Typen und Antitypen interferenzstatistisch schärfer analysieren. Genügen die zugehörigen Häufigkeitsabweichungen den dann schärfer zu stellenden Kriterien, so sprechen wir von statistisch gesicherten Typen und Antitypen.

Nach KRAUTH und LIENERT führen wir dazu einen multiplen Binomialtest (vgl. Abschnitt 4.2.1.1) durch, bei dem wir für die in Frage kommenden Zellen i; j die Hypothesen H_{ij}: $p_{ij} = p_{i\bullet} \cdot p_{\bullet j}$ für die zugrundeliegenden theoretischen Wahrscheinlichkeiten (vgl. Abschnitt 3.3.2) testen. Dabei bestimmen wir als Prüfgröße die Überschreitungswahrscheinlichkeit γ unter Benutzung von Tafel 13 B wie folgt:

a) $N < 30$ oder $N\tilde{p}_{\min} < 5$:
   $\gamma = B(n_{ij}; N; \tilde{p}_{ij})$ im Fall eines Antityps und
   $\gamma = 1 - B(n_{ij} - 1; N; \tilde{p}_{ij})$ im Fall eines Typs;

b) $N \geq 30$ und $N\tilde{p}_{\min} \geq 5$: Approximation durch die Normalverteilung (vgl. Tafel 2) mit
   $u = \dfrac{n_{ij} - N\tilde{p}_{ij}}{\sqrt{N\tilde{p}_{ij}(1 - \tilde{p}_{ij})}}$ und γ nach:
   $\gamma = \Phi(u)$ im Fall eines Antityps und
   $\gamma = 1 - \Phi(u)$ im Fall eines Typs,

und vergleichen diese mit einem kritischen Wert α^*. Diesen müssen wir unter Berücksichtigung der Tatsache wählen, daß mehrere simultane Tests durchgeführt werden. Man nennt dies eine **α-Adjustierung.** Nach BONFERRONI setzen wir

$\alpha^* = \dfrac{\alpha}{m}$, wobei m die Anzahl der zugleich durchgeführten Tests ist. Es gilt: Wenn $\gamma \leq \alpha^*$ ist, dann lehnen wir H_{ij} ab, d. h., der jeweilige Typ bzw. Antityp gilt als gesichert.

Im Beispiel ist $m = 4$, und die Werte $\tilde{p}_{ij}$ erhalten wir aus obiger Tabelle nach $\tilde{p}_{ij} = \dfrac{N\tilde{p}_{ij}}{N}$. Wir erstellen uns nachfolgende Hilfstabelle:

Berufswunsch	Leistungs-verhalten	n_{ij}	$N\tilde{p}_{ij}$	$\tilde{p}_{ij}$	u_{ij}	γ	Entscheidung
erfüllt	negativ	12	34,68	0,116	−4,096	< 0,0001	gesichert
nicht erfüllt	positiv	20	45,22	0,151	−4,070	< 0,0001	gesichert
erfüllt	positiv	70	44,78	0,149	4,085	< 0,0001	gesichert
nicht erfüllt	negativ	61	35,02	0,117	4,672	< 0,0001	gesichert

Nach obigem Entscheidungskriterium sind sämtliche γ-Werte kleiner als $\alpha^* = \dfrac{0{,}01}{4} = 0{,}0025$, so daß alle Typen und Antitypen als statistisch gesichert angesehen werden können.

Ein Typ bzw. Antityp wäre in unserem Beispiel dann statistisch nicht gesichert, wenn der zugehörige γ-Wert größer als 0,0025 ausfallen würde.

Wir merken an, daß im allgemeinen dieses Verfahren mit der BONFERRONI-Adjustierung sehr konservativ sein kann. Eine Verbesserung bringt die sogenannte HOLM-Adjustierung, die wie folgt beschrieben werden kann: Man betrachtet alle in Frage kommenden Überschreitungswahrscheinlichkeiten γ und ordnet sie der Größe nach: $\gamma_1 < \gamma_2 < \ldots < \gamma_m$. Nun vergleicht man im ersten Schritt γ_1 mit

$\frac{\alpha}{m}$. Ist $\gamma_1 \leq \frac{\alpha}{m}$, so gilt der zugehörige Typ bzw. Antityp als gesichert. Im anderen Fall ist keiner der Typen/Antitypen interferenzstatistisch gesichert (das gleiche Ergebnis würde man auch nach BONFERRONI erhalten). Falls der erste Typ/Antityp als gesichert gilt, so vergleicht man im nächsten Schritt γ_2 nun nicht mehr mit $\frac{\alpha}{m}$, sondern mit $\frac{\alpha}{m-1}$. Kann auch dieser Typ/Antityp gesichert werden, so vergleicht man nachfolgend γ_3 mit $\frac{\alpha}{m-2}$ usw., schließlich ggf. bis γ_m mit $\frac{\alpha}{1}$. Sobald der Fall eintritt, daß ein γ_i der Rangreihe größer ist als der HOLM-adjustierte Wert $\frac{\alpha}{m-i+1}$, dann können wir die Typen-/Antitypensicherung an dieser Stelle beenden, weil ab diesem Schritt alle noch verbleibenden Typen/Antitypen als statistisch nicht gesichert angesehen werden müssen.

Ein weniger konservativer, aber erheblich rechenaufwendigerer multipler Test der in Frage kommenden Hypothesen H_{ij} besteht darin, daß man jeweils die Vierfeldertafel

n_{ij}	$Z_i - n_{ij}$	Z_i
$S_j - n_{ij}$	$N - Z_i - S_j + n_{ij}$	$N - Z_i$
S_j	$N - S_j$	N

mit dem exakten FISHER-Test (vgl. Abschnitt 4.3.1.1.3) und entsprechender HOLM- oder BONFERRONI-Adjustierung behandelt.

SPSS-Zugang

Datenart	Vorgehen	Voraussetzungen/Erklärungen
kategorial	**Multipler Vergleich:**	die Konfigurationsfrequenzanalyse (KFA) ist im SPSS nicht verfügbar

4.3.3.5 Der H-Test (Globalvergleich)

Für den Vergleich von mehr als 2 Verteilungen auf der Grundlage von Rangdaten oder metrischen Daten ohne Normalverteilung verwenden wir den ***H*-Test** von KRUSKAL und WALLIS. Dieses Verfahren beantwortet uns die Frage, ob die zu untersuchenden l Stichproben aus der gleichen Grundgesamtheit stammen, genauer, ob sie sich hinsichtlich der zentralen Tendenz unterscheiden oder nicht. Dementsprechend formulieren wir die Nullhypothese H_0: „Die Stichproben stammen aus derselben Grundgesamtheit“ und die Gegenhypothese H_1: „Mindestens 2 der l Stichproben unterscheiden sich hinsichtlich der zentralen Tendenz voneinander.“ Zur Berechnung der Prüfgröße H empfiehlt sich die nachfolgende, dreistufige Vorgehensweise:

1. Wir bilden über alle l Stichproben eine gemeinsame Rangreihe, die auch verbundene Rangreihe genannt wird.
2. Wir weisen in dieser gemeinsamen Rangreihe den Objekten (Meßwerten) Rangplätze zu und summieren dann für jede Stichprobe die so entstandenen Rangplätze auf. Diese Rangsummen seien R_i mit $i = 1, 2, \ldots, l$.
3. Unter Gültigkeit von H_0 müßte eine zufällige Verteilung der Rangplätze auf die Elemente der l Stichproben vorliegen.

Nun können wir die Prüfgröße H nach folgender Vorschrift berechnen:

$$\boxed{H = \left(\frac{12}{N(N+1)} \sum_{i=1}^{l} \frac{R_i^2}{n_i}\right) - 3(N+1)},$$

wobei n_i den Umfang der i-ten Stichprobe und $N = \sum_{i=1}^{l} n_i$ den Gesamtumfang aller Stichproben bezeichnet.

Um zu entscheiden, ob wir H_0 annehmen oder ablehnen, vergleichen wir in Abhängigkeit von n_i und l mit einem kritischen Wert entsprechend den nachfolgenden Bedingungen:

1. Wenn $n_i > 5$ für wenigstens ein i gilt oder $l \geq 4$ ist (z. B. $l = 3$ und $n_i > 5$ oder $l > 4$), dann verwenden wir die χ^2-Verteilung mit $l - 1$ Freiheitsgraden (vgl. Tafel 3). Es gilt: Ist $H \geq \chi^2_{\alpha;l-1}$, dann lehnen wir H_0 ab.
2. Ist dagegen $l = 3$ und $n_i \leq 5$ für alle i, dann ermitteln wir für die Prüfgröße H die entsprechende Überschreitungswahrscheinlichkeit γ (vgl. Tafel 10). Wir entscheiden dann wie folgt: Wenn $\gamma \leq \alpha$ ist, dann lehnen wir H_0 ab.

Beispiel 4.3/20: Mittels einer Untersuchung sollte die Frage beantwortet werden, ob es zwischen 4 homogenen Gruppen von Schülern hinsichtlich der Gesamtzahl der gelösten Aufgaben Unterschiede gibt, wenn nachfolgende Hilfen zur Verfügung standen:

Gruppe 1: ohne jede Hilfe,
Gruppe 2: es wurden Beispielaufgaben vorgerechnet,
Gruppe 3: es wurde der Lösungsweg theoretisch erklärt,
Gruppe 4: es wurden sowohl Beispielaufgaben vorgerechnet als auch der Lösungsweg theoretisch erklärt.

Folgende Ergebnisse lagen vor (auf Grund des geringen Stichprobenumfanges behandeln wir die Werte wie ordinale Daten):

Gruppe 1	Gruppe 2	Gruppe 3	Gruppe 4
11	14	16	16
13	15	14	22
12	13	17	23
16	17	11	18
17	18	12	19
10	12		20
			24

Lösung:

1. Voraussetzungen:
   * Unterschiedstest mit mehr als 2 (4) unabhängigen Stichproben, die als ordinale Daten (Globalvergleich) behandelt werden.
2. Hypothesen:
   H_0: $F_1(x) = F_2(x) = \ldots = F_l(x)$
   H_1: Mindestens ein Unterschied.
3. Signifikanzniveau aufgrund des Inhalts der Aufgabenstellung:
   $\alpha = 0{,}01$.
4. Prüfgröße:
   $$H = \left(\frac{12}{N(N+1)} \sum_{i=1}^{l} \frac{R_i^2}{n_i} \right) - 3(N+1)$$
5. Kritischer Bereich:
   Da $l = 4$ ist, gilt: Wenn $H \geq \chi^2_{\alpha;l-1}$ ist, dann lehnen wir H_0 ab. Wir lesen ab:
   $$\chi^2_{\alpha;l-1} = \chi^2_{0{,}01;3} = 11{,}3$$
   (vgl. Tafel 3).

6. Berechnung:
Im ersten Schritt behandeln wir die 4 Stichproben wie eine einzige und bestimmen entsprechende Rangplätze. Der kleinste Wert erhält den Rangplatz 1. Treten gleich große Meßwerte auf, dann verteilen wir Rangplätze mit Bindungen (beachte Anmerkung unten). Wir erhalten zunächst die gemeinsame Rangreihe ($N = 24$):

Wert :	10	11	11	12	12	12	13	13	14	14	15	16
Rangplatz:	1	2,5	2,5	5	5	5	7,5	7,5	9,5	9,5	11	13

Wert :	16	16	17	17	17	18	18	19	20	22	23	24
Rangplatz:	13	13	16	16	16	18,5	18,5	20	21	22	23	24

und hieraus:

	Gruppe 1		Gruppe 2		Gruppe 3		Gruppe 4		
	x_i	Rp	x_i	Rp	x_i	Rp	x_i	Rp	
	11	2,5	14	9,5	16	13	16	13	
	13	7,5	15	11	14	9,5	22	22	
	12	5	13	7,5	17	16	23	23	
	16	13	17	16	11	2,5	18	18,5	
	17	16	18	18,5	12	5	19	20	
	10	1	12	5			20	21	
							24	24	
R_i	45,0		67,5		46,0		141,5		
R_i^2	2025,00		4556,25		2116,00		20022,25		
$\frac{R_i^2}{n_i}$	337,5		759,38		423,20		2860,32		4380,40

(Wir haben hier mit der Gleichung $\sum_{i=1}^{l} R_i = \frac{N(N+1)}{2}$ die Möglichkeit einer Rechenkontrolle für die Zuordnung der Rangplätze. Im Beispiel: 300 = 300.)

$$H = \left(\frac{12}{24(24+1)} \cdot 4380{,}4\right) - 3(24+1) = 12{,}61$$

Anmerkung: *Wegen der vorhandenen Bindungen müssen wir unsere Prüfgröße H noch korrigieren nach der Vorschrift:*

$$H_{\text{korr}} = \frac{H}{1 - \frac{1}{N^3 - N} \sum_j (t_j^3 - t_j)},$$

wobei t_j die Anzahl der Rangplätze pro Bindung ist. In unserem Beispiel gilt:

Rp	*2,5*	*5*	*7,5*	*9,5*	*13*	*16*	*18,5*	$\sum$
t_j	*2*	*3*	*2*	*2*	*3*	*3*	*2*	
$t_j^3 - t_j$	*6*	*24*	*6*	*6*	*24*	*24*	*6*	*96*

$$H_{\text{korr}} = \frac{12{,}61}{1 - \frac{96}{13800}} = 12{,}698$$

7. Vergleich:
$12{,}698 > 11{,}3$, d. h., $H_{\text{korr}} > \chi^2_{\alpha;l-1}$, und deshalb lehnen wir H_0 ab. Im allgemeinen gibt es also Unterschiede bei der Anzahl der gelösten Aufgaben in Abhängigkeit von der gewährten Hilfe.

Beispiel 4.3/21: Nun wollen wir uns noch dem Fall zuwenden, wenn nur 3 Stichproben mit $n_i \leq 5$ zur Verfügung stehen. Dazu modifizieren wir das obige Beispiel bei gleicher Fragestellung in nachfolgender Form:

Gruppe 1	Gruppe 2	Gruppe 3
11	14	19
12	15	20
13	18	21
16	22	23
17	24	25

Lösung:

1. Voraussetzungen:
   * Unterschiedstest mit mehr als 2 (3) unabhängigen Stichproben, die als ordinale Daten (Globalvergleich) behandelt werden.
2. Hypothesen:
   H_0: $F_1(x) = F_2(x) = F_3(x)$
   H_1: Mindestens ein Unterschied.
3. Signifikanzniveau aufgrund des Inhalts der Aufgabenstellung:
   $\alpha = 0{,}01$
4. Prüfgröße:
   $$H = \left(\frac{12}{N(N+1)} \sum_{i=1}^{l} \frac{R_i^2}{n_i} \right) - 3(N+1)$$
5. Kritischer Bereich:
   Da $l = 3$ ist und alle $n_i \leq 5$ sind, gilt: Wenn $\gamma \leq \alpha$ ist, dann lehnen wir H_0 ab.
6. Berechnung:
   Auch hier müssen wir wieder zuerst Rangplätze so verteilen, als wären alle 3 Stichproben in einer verbunden und erhalten:

	SP 1	Rangplätze	SP 2	Rangplätze	SP 3	Rangplätze	
	11	1	14	4	19	9	
	12	2	15	5	20	10	
	13	3	18	8	21	11	
	16	6	22	12	23	13	
	17	7	24	14	25	15	
R_i		19		43		58	
R_i^2		361		1849		3364	
$\frac{R_i^2}{n_i}$		72,2		369,8		672,8	1114,8

$$H = \left(\frac{12}{15(15+1)} \cdot 1114{,}8 \right) - 3(15+1) = 7{,}74$$

7. Vergleich:
   γ ist bei $n_1 = 5$, $n_2 = 5$, $n_3 = 5$ und $H = 7{,}74$ lt. Tafel 10 bei linearer Interpolation gleich 0,014. $0{,}014 > 0{,}01$, d. h. $\gamma > \alpha$, und deshalb behalten wir H_0 bei. Wir könnten bei diesem Urmaterial also keine signifikanten Unterscheide nachweisen.

Anmerkung: *Wenn H bereits größer ist als $\chi^2_{\alpha;l-1}$, dann können wir auf die Berechnung von H_{korr} verzichten, weil H_{korr} immer größer als H ist.*

Als verkürztes Verfahren zur Vororientierung können wir hier auch den erweiterten Mediantest durchführen. Dazu berechnen wir den Median Z aller Werte und dichotomisieren unsere Daten dann nach:

* Kategorie 1: $x_i < Z$ und
* Kategorie 2: $x_i \geq Z$.

Im Anschluß führen wir den $\chi^2 - 2$-mal-l-Feldertest (vgl. Abschnitt 4.3.3.1) durch. Da dieser Test aber „schwächer" ist als der H-Test, sollten wir ihn nur im Sinne eines Schnelltestes einsetzen.

SPSS-Zugang

Datenart	Vorgehen	Voraussetzungen/Erklärungen
ordinal	**Globalvergleich:** Analysieren → Nichtparametrische Tests → K unabhängige Stichproben ... in „Testvariablen" AV eingeben; in „Gruppenvariable" UV → Bereichsdefinition durch Angabe, welcher (untere) Wert Gruppe 1 und welcher (obere) Werte Gruppe J definiert und „Kruskal-Wallis H-Test" anklicken	unter „Optionen" Art des Ausschlusses der fehlenden Variablen definieren

4.3.3.6 Tests für Kontraste (Multipler Vergleich)

Wenn der H-Test von KRUSKAL und WALLIS (vgl. Abschnitt 4.3.3.5) als Globalvergleich die Nullhypothese ablehnt, dann wissen wir zwar, daß es zwischen den $l \geq 3$ unabhängigen Stichproben bei ordinalen Daten Verteilungsunterschiede gibt, aber zwischen welchen diese im einzelnen bestehen, das können wir durch die Prüfung mit dem H-Test nicht in Erfahrung bringen. Gerade aber für die inhaltliche Auswertung können die Einzelunterschiede bedeutend sein. Aus diesem Grunde führen wir einen multiplen Vergleich durch: Mittels eines vollständigen Paarvergleiches können wir die Unterschiede näher analysieren. Wir müssen also alle $\binom{l}{2} = \frac{l(l-1)}{2}$ Paarvergleiche betrachten. Die Prüfgrößen berechnen wir jeweils nach der Vorschrift:

$$\boxed{D_{i_1;i_2} = \left| \frac{R_{i_1}}{n_{i_1}} - \frac{R_{i_2}}{n_{i_2}} \right|}, \quad \text{wobei } i_1;\ i_2 = 1, 2, \ldots, l \text{ mit } i_1 < i_2 \text{ gilt.}$$

Dabei sind jeweils R_i die Rangsummen und n_i die Stichprobenumfänge der i-ten Stichprobe ($i = 1, 2, \ldots, l$). Die Rangsummen R_i berechnen wir nach der gleichen Vorschrift wie beim H-Test (vgl. Abschnitt 4.3.3.5), d. h., wir bilden aus allen l Stichproben eine gemeinsame Stichprobe, vergeben innerhalb dieser für alle Meßwerte entsprechende Rangplätze und addieren nachfolgend die Rangplätze pro Stichprobe. In der Prüfgröße wird dann die Differenz aus sogenannten „durchschnittlichen Rangsummen" berechnet.

Die Nullhypothese H_0 unterstellt auch bei diesem Verfahren, daß es zwischen den Grundgesamtheiten der l Stichproben keine Verteilungsunterschiede gibt: $F_{i_1}(x) = F_{i_2}(x)$ für alle x. Die Alternativhypothese dagegen formuliert Unterschiede zwischen mindestens zwei der l Stichproben, d. h. $F_{i_1}(x) \neq F_{i_2}(x)$ für mindestens ein Paar $(i_1; i_2)$ und ein x. Eine Entscheidung darüber, ob wir H_0 annehmen oder ablehnen müssen, fällen wir mit Hilfe eines Vergleiches mit einem kritischen Wert in Abhängigkeit von der Anzahl l der Stichproben und von den einzelnen Stichprobenumfängen n_i. Es gilt für:

1. $l = 3$ und $n_i \leq 5$ für alle i:
   Wenn $D \geq \sqrt{h_\alpha(n_1; n_2; n_3) \cdot \frac{N(N+1)}{12} \cdot \frac{n_{i_1} + n_{i_2}}{n_{i_1} \cdot n_{i_2}}}$ ist, dann lehnen wir die Nullhypothese H_0 ab. Die Werte für $h_\alpha(n_1; n_2; n_3)$ finden wir in der Tafel 26.
2. $l > 3$ oder mindestens ein $n_i > 5$:
   Wenn $D \geq u_{1-\frac{\alpha}{l(l-1)}} \cdot \sqrt{\frac{N(N+1)}{12} \cdot \frac{n_{i_1} + n_{i_2}}{n_{i_1} \cdot n_{i_2}}}$ ist, dann lehnen wir H_0 ab. Hier steht uns für die Werte $u_{1-\frac{\alpha}{l(l-1)}}$ die Tafel 2 zur Verfügung.
3. Schließlich kann der Untersuchungsansatz speziell so beschaffen sein, daß in allen l Stichproben gleich viele Elemente (d. h. $n_1 = n_2 = \ldots = n_l$) enthalten sind. Wir sprechen dann vom sogenannten balancierten Fall. Für diese Situation geben McDONALD und THOMPSON (1967, S. 4877) für kleine Stichproben mit $n_i \leq 5$ für alle i kritische Werte an. Stehen uns darüber hinaus größere Stichproben n_i zur Verfügung, dann vergleichen wir die Prüfgröße D mit dem kritischen Wert $q_\alpha(l; \infty) \cdot \sqrt{\frac{l(l \cdot N + 1)}{12}}$, wobei wir $q_\alpha(l; \infty)$ in der Tafel 16 finden.

Anmerkung: *Sollen nicht alle l Stichproben miteinander verglichen werden, sondern weniger, dann können wir ein Verfahren nach* DUNN *(1964, S. 241) verwenden, welches bei* LOHSE/LUDWIG/RÖHR *(1982, S. 132 ff.) dargestellt ist. Dies gilt auch für den Fall, daß wir z. B. mehrere der l Stichproben zusammenfassen und gegen eine andere oder den Rest prüfen.*

Beispiel 4.3/22: Wir greifen noch einmal auf die Beispiele im Abschnitt 4.3.3.5 zurück, in denen gelöste Aufgaben als Kriterium für die Effizienz unterschiedlicher Hilfestellungen analysiert wurden. Dabei erhielt Gruppe 1 gar keine Hilfe, der Gruppe 2 wurden Beispielaufgaben vorgerechnet, der Gruppe 3 wurde der Lösungsweg theoretisch erklärt und der Gruppe 4 rechnete man zuerst Beispielaufgaben vor und erklärte dann den theoretischen Lösungsweg. Folgendes Ergebnis lag vor (auf Grund des geringen Stichprobenumfanges behandeln wir die Daten wie ordinale):

Gruppe 1	Gruppe 2	Gruppe 3	Gruppe 4
11	14	16	16
13	15	14	22
12	13	17	23
16	17	11	18
17	18	12	19
10	12		20
			24

Lösung:
1. Voraussetzungen:
   * Unterschiedstest mit mehr als 2 (4) unabhängigen Stichproben (multipler Vergleich), die wir als ordinale Daten behandeln.
2. Hypothesen:
   H_0: $F_{i_1}(x) = F_{i_2}(x)$ für alle x und für alle Paare $(i_1; i_2)$
   H_1: $F_{i_1}(x) \neq F_{i_2}(x)$ für mindestens ein Paar $(i_1; i_2)$ und ein x.
3. Signifikanzniveau aufgrund des Inhalts der Aufgabenstellung:
   $\alpha = 0{,}01$
4. Prüfgröße:
   $$D_{i_1;i_2} = \left| \frac{R_{i_1}}{n_{i_1}} - \frac{R_{i_2}}{n_{i_2}} \right| \quad \text{,wobei } i_1; i_2 = 1,2,\ldots,l \text{ mit } i_1 < i_2 \text{ gilt.}$$

5. Kritischer Bereich:
   Da $l = 4$ ist, gilt:

   Wenn $D \geq u_{1-\frac{\alpha}{l(l-1)}} \sqrt{\frac{N(N+1)}{12} \cdot \frac{n_{i_1}+n_{i_2}}{n_{i_1} \cdot n_{i_2}}}$ ist, dann lehnen wir H_0 ab.

   $$u_{1-\frac{\alpha}{l(l-1)}} = u_{1-\frac{0,01}{12}} = u_{0,999} \approx 3,090$$

   (vgl. Tafel 2).
6. Berechnung:
   Wir erstellen uns nachfolgende Hilfstabelle und tragen dort die Rangplätze so ein, als würden wir alle Werte wie einer Stichprobe entstammend behandeln:
   „Gesamtstichprobe“ ($N = 24$) und entsprechende Rangplätze

x_i	10	11	11	12	12	12	13	13	14	14
Rangplatz	1	2,5	2,5	5	5	5	7,5	7,5	9,5	9,5
x_i	15	16	16	16	17	17	17	18	18	19
Rangplatz	11	13	13	13	16	16	16	18,5	18,5	20
x_i	20	22	23	24						
Rangplatz	21	22	23	24						

	Stichprobe 1		Stichprobe 2		Stichprobe 3		Stichprobe 4	
	x_i	Rp	x_i	Rp	x_i	Rp	x_i	Rp
	11	2,5	14	9,5	16	13,0	16	13,0
	13	7,5	15	11,0	14	9,5	22	22,0
	12	5,0	13	7,5	17	16,0	23	23,0
	16	13,0	17	16,0	11	2,5	18	18,5
	17	16,0	18	18,5	12	5,0	19	20,0
	10	1,0	12	5,0			20	21,0
							24	24,0
R_i		45,0		67,5		46,0		141,5

   Nun können wir mit obiger Formel $D_{i_1;i_2}$ paarweise berechnen und erhalten in:
   * Spalte 1: die Stichprobe i_1
   * Spalte 2: die Stichprobe i_2
   * Spalte 3: die Häufigkeit n der Stichprobe i_1
   * Spalte 4: die Häufigkeit n der Stichprobe i_2
   * Spalte 5: $D_{i_1;i_2}$
   * Spalte 6: $\frac{n_{i_1}+n_{i_2}}{n_{i_1} \cdot n_{i_2}}$
   * Spalte 7: $\sqrt{\frac{N(N+1)}{12} \cdot \frac{n_{i_1}+n_{i_2}}{n_{i_1} \cdot n_{i_2}}}$
   * Spalte 8: $u_{0,999} \cdot \sqrt{\frac{N(N+1)}{12} \cdot \frac{n_{i_1}+n_{i_2}}{n_{i_1} \cdot n_{i_2}}}$

Spalte	1	2	3	4	5	6	7	8
	1	2	6	6	3,75	0,33	4,06	12,54
	1	3	6	5	1,70	0,37	4,30	13,29
	1	4	6	7	12,71	0,31	3,94	12,17
	2	3	6	5	2,05	0,37	4,30	13,29
	2	4	6	7	8,96	0,31	3,94	12,17
	3	4	5	7	11,01	0,34	4,12	12,73

Wir vergleichen jetzt zeilenweise die Spalten 5 und 8 miteinander, und es gilt: Wenn der Zahlenwert der Spalte 5 größer ist als der Zahlenwert der Spalte 8, dann liegt zwischen diesen beiden Stichproben (siehe Spalte 1 und 2) ein signifikanter Unterschied vor.
In unserem Beispiel gilt das für die Zeile 3 ($12{,}71 > 12{,}17$), d. h., signifikante Unterschiede bestehen zwischen den Stichproben 1 und 4, also zwischen der Gruppe, die völlig ohne Hilfe arbeiten mußte, und der Gruppe, der Beispielaufgaben vorgerechnet wurden und die zusätzlich noch eine theoretische Erklärung des Lösungsweges erhielt.

Der an diesem Beispiel durchgeführte Test auf Kontraste ist sehr konservativ, da ein vollständiger Paarvergleich durchgeführt wird und der kritische Wert entsprechend hoch ausfällt. Nur bei den Stichproben 1 und 4 wurden dadurch signifikante Unterschiede angezeigt.

Anmerkung: *Für gruppierte Werte, d. h. für Rangklassen, finden wir ein geeignetes Verfahren bei* LIENERT *(1986, Bd. 1, S. 314). Unter Umständen können wir aber auch mit dem hier vorgestellten Verfahren arbeiten.*

SPSS-Zugang

Datenart	Vorgehen	Voraussetzungen/Erklärungen
ordinal	**Multipler Vergleich:**	der Test auf Kontraste ist im SPSS nicht verfügbar

4.3.3.7 Parametrische Unterschiedstest bei Verteilungen mit mehr als 2 unabhängigen Stichproben

Stehen uns als Untersuchungsergebnis metrische Daten in mehr als 2 unabhängigen Stichproben mit Normalverteilung zur Verfügung, dann können wir parametrische Tests einsetzen. Ist der Stichprobenumfang zu gering oder ist eine Normalverteilung nicht nachweisbar, so greifen wir auf den H-Test (vgl. Abschn. 4.3.3.5) als Globalvergleich oder auf die Tests für Kontraste (vgl. Abschn. 4.3.3.6) als multiplen Vergleich zurück.

Bei metrischen Daten mit Normalverteilung können wir zwischen zwei prinzipiellen Fragerichtungen trennen:

1. Unterscheiden sich die Streuungen der Grundgesamtheiten, aus denen die l Stichproben stammen, voneinander?
2. Unterscheiden sich die Mittelwerte der Grundgesamtheiten, aus denen die l Stichproben stammen, voneinander?

Die Reihenfolge der Fragen ist dabei nicht zufällig gewählt. Wir prüfen zuerst die Varianzen, weil in Abhängigkeit davon unterschiedliche Verfahren zur Mittelwertprüfung anzuwenden sind. Für die Analyse der Streuungen nutzen wir als Test für den Globalvergleich den COCHRAN-Test (vgl. Abschn. 4.3.3.7.1) dann, wenn alle Stichprobenumfänge gleich groß sind, d. h., $n_1 = n_2 = \ldots = n_l$ gilt. Sind die Stichprobenumfänge unterschiedlich groß, dann verwenden wir den BARTLETT-Test (vgl. Abschn. 4.3.3.7.2) als Globalvergleich.

Finden wir inhomogene Varianzen vor, d. h., lehnen wir bei der Prüfung der Varianzen die Nullhypothese ab, dann prüfen wir auf Mittelwertsunterschiede mit Hilfe des H-Tests (vgl. Abschnitt 4.3.3.5). Stellen wir aber fest, daß sich die Varianzen nicht signifikant voneinander unterscheiden, dann prüfen wir die Mittelwerte mit Hilfe der Varianzanalyse. Deren nähere Darstellung finden wir in diesem Buch im Abschnitt 5.4 im Rahmen der multivariaten Statistik. Die Varianzanalyse ist ein Globalvergleich. Im Ergebnis ihrer Anwendung können wir nur feststellen, ob es zwischen den l Stichproben Mittelwertunterschiede gibt oder nicht. Welche Stichproben sich dabei im einzelnen unterscheiden, darüber macht die einfache Varianzanalyse keine Aussagen. Um diese Frage beantwortet zu bekommen, führen wir den DUNCAN-Test (vgl. Abschn. 4.3.3.7.3) als multiplen Vergleich durch.

4.3.3.7.1 Der COCHRAN-Test (Globalvergleich)

Verfügen wir am Ende einer Untersuchung mit mehr als zwei unabhängigen Stichproben, die alle gleich groß sind ($n_1 = n_2 = \ldots = n_l$), über metrische Daten mit Normalverteilung, dann können wir Unterschiede bzgl. der Varianzen $\sigma_1^2, \sigma_2^2, \ldots, \sigma_l^2$ im Sinne eines Globalvergleiches mit Hilfe des COCHRAN-Testes prüfen. In der Nullhypothese H_0 behaupten wir $\sigma_1^2 = \sigma_2^2 = \ldots = \sigma_l^2$, die Alternativhypothese H_1 konstatiert mindestens einen Unterschied in den Varianzen. Die Prüfgröße C berechnen wir dabei als Quotienten aus der größten der l Stichprobenvarianzen $s_{\max}^2$, geteilt durch die Summe aller Varianzen:

$$\boxed{C = \frac{s_{\max}^2}{\sum_{i=1}^{l} s_i^2}}\,.$$

Um zu entscheiden, ob wir die Nullhypothese H_0 annehmen oder ablehnen, vergleichen wir unsere Prüfgröße C mit einem kritischen Wert, der abhängig ist von der Irrtumswahrscheinlichkeit α, der Anzahl l der Stichproben und der Anzahl n_i der Objekte pro Stichprobe (vgl. Tafel 12), und es gilt: Wenn $C \geq C_{\alpha;l;n-1}$ ist, dann lehnen wir H_0 ab, d. h., es liegen inhomogene Varianzen vor.

Beispiel 4.3/23: Es sollte mit Hilfe einer experimentellen Untersuchung die Frage der Kompatibilität zwischen Reiz und Antwortreaktion analysiert werden. Auf dem Bildschirm eines Rechners wurden unterschiedlich viele Reize (1–5) gleichzeitig geboten, und die Versuchspersonen hatten die Aufgabe, durch den Druck auf eine in bildschirmanaloger Form vor ihnen liegende Handapparatur die Reize zu beantworten. Wurde die jeweils richtige Taste gewählt, dann erloschen die Reize auf dem Bildschirm. Bei Gruppe 1 (Stichprobe 1) leuchtete immer nur ein Feld auf und die Versuchspersonen mußten mit jeweils der gleichen Taste darauf antworten (Einfachreaktion). Bei Gruppe 2 (Stichprobe 2) leuchtete eine von 5 Lampen auf und die Versuchspersonen mußten Lampe 5 mit Taste 2, Lampe 4 mit Taste 1 usw. beantworten, d. h., es lag zwischen Reiz und Antwortreaktion keine Kompatibilität vor. Die Gruppe 3 (Stichprobe 3) hatte auch 5 Lampen zu beantworten, aber in kompatibler Form, d. h., Lampe 1 mit Taste 1, Lampe 2 mit Taste 2 usw. Die nachfolgenden Ergebnisse sollten hinsichtlich der Homogenität der Varianzen statistisch geprüft werden, und es bestand das Ziel, kompatible Anordnungen als die überlegeneren (und deshalb geeigneteren z. B. bei der Bedienelementeanordnung in Schaltwarten) nachzuweisen. Die folgenden Reaktionszeiten in Sekunden standen zur Verfügung (in jeder Gruppe wurden andere Versuchspersonen untersucht):

Stichprobe 1	Stichprobe 2	Stichprobe 3
0,258	0,703	0,366
0,246	0,540	0,337
0,366	0,604	0,341
0,373	0,777	0,340
0,271	1,185	0,373
0,281	0,796	0,437
0,317	0,906	0,418
0,294	0,561	0,431
0,267	1,093	0,398
0,328	0,848	0,436
0,277	0,622	0,422
0,251	0,517	0,383
0,333	0,922	0,379
0,342	0,876	0,399
0,283	0,425	0,428

Der eigentlich aussagekräftige Parameter ist hier der Mittelwert. Entsprechend obigen Ausführungen (vgl. Abschnitt 4.3.3.7) prüfen wir jetzt zuerst auf Gleichheit der Varianzen.

Lösung:

1. Voraussetzungen:
   * Unterschiedstest für Varianzen (Globalvergleich) bei mehr als 2 (3) unabhängigen Stichproben mit metrischen Daten und Normalverteilung
   * $N = 45;\ n_1 = n_2 = n_3 = 15;\ l = 3$
2. Hypothesen:
   H_0: $\sigma_1^2 = \sigma_2^2 = \sigma_3^2$
   H_1: Es existiert mindestens 1 Unterschied.
3. Signifikanzniveau aufgrund des Inhalts der Aufgabenstellung:
   $\alpha = 0{,}01$
4. Prüfgröße:
   $$C = \frac{s_{\max}^2}{\sum_{i=1}^{l} s_i^2}$$
5. Kritischer Bereich:
   Wenn $C \geq C_{\alpha;l;n-1}$ ist, dann lehnen wir H_0 ab.
   $C_{\alpha;l;n-1} = C_{0{,}01;3;14} = 0{,}6303$
   (vgl. Tafel 12 und die dortigen Erläuterungen).
6. Berechnung:
   Zuerst müssen wir hier für jede Stichprobe einzeln die Varianz (vgl. Abschnitt 2.2.2.2.1) nach der Formel für singuläre, metrische Daten berechnen:
   $$s^2 = \frac{1}{n-1} \cdot SAQ \quad \text{und} \quad SAQ = \sum_{i=1}^{k} x_i^2 - \frac{1}{n}\left(\sum_{i=1}^{k} x_i\right)^2$$
   und erhalten:
   $$s_1^2 = 0{,}001702 \qquad s_2^2 = 0{,}047692; \qquad s_3^2 = 0{,}001203$$
   $$\sum_{i=1}^{l} s_i^2 = 0{,}001702 + 0{,}047692 + 0{,}001203 = 0{,}050597$$
   $$s_{\max}^2 = 0{,}047692$$
   $$C = \frac{0{,}047692}{0{,}050597} = 0{,}9426$$
7. Vergleich:
   $0{,}9426 > 0{,}6303$, d. h., $C > C_{\alpha;l;n-1}$, und deshalb lehnen wir H_0 ab. Damit konnten wir im allgemeinen bereits bei den Varianzen signifikante Unterscheide zwischen den drei Gruppen nachweisen.

4.3.3.7.2 Der BARTLETT-Test (Globalvergleich)

Besteht das Untersuchungsergebnis aus mehr als 2 unabhängigen Stichproben bei metrischen Daten mit Normalverteilung und sind die Stichprobenumfänge unterschiedlich groß, dann prüfen wir auf Unterschiede bzgl. der Varianzen im Sinne eines Globalvergleiches mit dem BARTLETT-Test. In der Nullhypothese behaupten wir dabei, daß es zwischen den l Stichprobenvarianzen keine signifikanten Unterschiede gibt, während die Alternativhypothese H_1 mindestens einen Unterschied in den Varianzen beinhaltet. Die Prüfgröße χ^2 berechnet sich nach der Formel:

$$\chi^2 = \frac{1}{C}\left[(N-1) \cdot \ln s_M^2 - \sum_{i=1}^{l}(n_i - 1) \cdot \ln s_i^2\right]$$

mit

$$C = 1 + \frac{1}{3(l-1)}\left[\left(\sum_{i=1}^{l}\frac{1}{n_i - 1}\right) - \frac{1}{N-l}\right].$$

Dabei entspricht N der Anzahl aller untersuchten Elemente, l der Anzahl der Stichproben, n_i der Anzahl der Elemente in der i-ten Stichprobe ($i = 1,2,\ldots,l$) und ${s_M}^2$ dem gewichteten Mittel aller Stichprobenvarianzen (vgl. auch Abschn. 2.2.2.2.1):

$${s_M}^2 = \frac{1}{N-l}\left[\sum_{i=1}^{l}(n_i - 1){s_i}^2\right].$$

Diese Prüfgröße ist asymptotisch χ^2-verteilt mit $l-1$ Freiheitsgraden. Zur Entscheidung darüber, ob wir die Nullhypothese annehmen oder ablehnen, vergleichen wir unsere Prüfgröße mit dem kritischen Wert $\chi^2_{\alpha;l-1}$ (vgl. Tafel 3), und es gilt: Wenn $\chi^2 \geq \chi^2_{\alpha;l-1}$ ist, dann lehnen wir H_0 ab.

Beispiel 4.3/24: Mit Hilfe einer Fallstudie sollte die Frage beantwortet werden, ob es hinsichtlich feinmotorischer Zielsicherheit Unterschiede in Abhängigkeit vom Biorhythmus gibt. Dies hätte Folgen auf die Arbeitsaufteilung im 3-Schicht-System.
Dazu wurden 6 homogene Versuchsgruppen mit jeweils verschiedenen Versuchspersonen gebildet. Der Versuch wurde im 4-Stunden-Takt durchgeführt. Die erste Versuchsgruppe wurde um 00.00 Uhr untersucht, die zweite um 04.00 Uhr usw. Von Interesse war sowohl die Frage, ob sich die Gruppen im Mittel der Zielabweichung unterschieden als auch, ob es Unterschiede bzgl. der Varianzen gab. Nachfolgende Daten (in mm) lagen nach der Untersuchung vor:

SP 1	SP 2	SP 3	SP 4	SP 5	SP 6
1,12	2,13	1,07	0,83	2,04	2,27
2,86	2,06	1,11	0,94	1,72	1,12
2,43	1,98	0,99	0,95	1,63	1,34
1,78	1,74	0,92	1,03	1,84	2,08
2,22	1,07	1,04	1,08	2,21	1,67
2,69	2,01	1,01	0,91	2,11	0,97
2,55	1,99	0,98	1,15	1,53	1,37
1,97	2,94	0,83	1,04	1,77	1,14
3,63	2,63	1,02	1,10	1,65	1,63
1,57	1,05	0,79	0,85	1,04	1,84
2,54	2,70	1,06	1,06	2,09	1,59
2,09	2,51	0,97	1,16	1,78	0,89
1,61	2,21	0,86	1,14	1,56	0,78
2,99	2,73	1,03	0,93	1,91	1,23
3,71	1,79	1,09	1,01	0,99	1,84
–	3,08	0,81	1,21	–	–
–	–	–	1,09	–	–

Lösung:

1. Voraussetzungen:
   * Unterschiedstest bzgl. der Varianzen (Globalvergleich) bei mehr als 2 (6) unabhängigen Stichproben mit metrischen Daten und Normalverteilung
   * die Stichprobenumfänge n_i unterscheiden sich voneinander

2. Hypothesen:
   H_0: $\sigma_1{}^2 = \sigma_2{}^2 = \sigma_3{}^2 = \ldots = \sigma_6{}^2$
   H_1: Mindestens ein Unterschied.
3. Signifikanzniveau aufgrund des Inhalts der Aufgabenstellung:
   $\alpha = 0{,}01$
4. Prüfgröße:
   $$\chi^2 = \frac{1}{C}\left[(N-l)\cdot \ln s_M{}^2 - \sum_{i=1}^{l}(n_i-1)\cdot \ln s_i{}^2\right]$$
5. Kritischer Bereich:
   Wenn $\chi^2 \geq \chi^2_{\alpha;l-1}$ ist, dann lehnen wir H_0 ab.
   $\chi^2_{\alpha;l-1} = \chi^2_{0{,}01;6-1} = 15{,}1$
   (vgl. Tafel 3).
6. Berechnung:
   Zur Bestimmung der Prüfgröße berechnen wir zunächst einige Hilfsgrößen. Es empfiehlt sich die nachfolgende Vorgehensweise:

   a) Bestimmung der Anzahl N aller Meßwerte:
   $$N = \sum_{i=1}^{l} n_i = (15+16+16+17+15+15) = 94$$

   b) Berechnung der Varianzen $s_i{}^2$ aller l Stichproben (vgl. Abschn. 2.3.2.3):
   $$s_i{}^2 = \frac{1}{n_i-1}\cdot SAQ \quad \text{mit} \quad SAQ = \sum_{i=1}^{k} x_i{}^2 - \frac{1}{n_i}\left(\sum_{i=1}^{k} x_i\right)^2$$
   $s_1{}^2 = 0{,}540,\quad s_2{}^2 = 0{,}350,\quad s_3{}^2 = 0{,}010,\quad s_4{}^2 = 0{,}012,\quad s_5{}^2 = 0{,}126,\quad s_6{}^2 = 0{,}196$

   c) Ermittlung der natürlichen Logarithmen für alle $s_i{}^2$:
   $\ln s_1{}^2 = \ln 0{,}540 = -0{,}6162$
   $\ln s_2{}^2 = \ln 0{,}350 = -1{,}0498$
   $\ln s_3{}^2 = \ln 0{,}010 = -4{,}6052$
   $\ln s_4{}^2 = \ln 0{,}012 = -4{,}4228$
   $\ln s_5{}^2 = \ln 0{,}126 = -2{,}0715$
   $\ln s_6{}^2 = \ln 0{,}196 = -1{,}6296$

   d) Berechnung von $(n_i-1)\ln s_i{}^2$ pro Stichprobe und Summation über alle Stichproben:
   $SP1$: $14\,(-0{,}6162) = -8{,}6268$
   $SP2$: $15\,(-1{,}0498) = -15{,}7470$
   $SP3$: $15\,(-4{,}6052) = -69{,}0780$
   $SP4$: $16\,(-4{,}4228) = -70{,}7648$
   $SP5$: $14\,(-2{,}0715) = -29{,}0010$
   $SP6$: $14\,(-1{,}6296) = -22{,}8144$
   $$\sum_{i=1}^{6} = (n_i-1)\ln s_i{}^2 = -216{,}032$$

   e) Berechnung des gewichteten Mittels $s_M{}^2$ nach der Formel:
   $$s_M{}^2 = \frac{1}{N-l}\left[\sum_{i=1}^{l}(n_i-1)s_i{}^2\right] = 0{,}2007$$
   $\ln s_M{}^2 = \ln 0{,}2007 = -1{,}6059$

f) Berechnung von C:

$$C = 1 + \frac{1}{3(l-1)}\left[\left(\sum_{i=1}^{l}\frac{1}{n_i - 1}\right) - \frac{1}{N-l}\right]$$

$$C = 1 + \frac{1}{3(6-1)}\left[\frac{1}{14} + \frac{1}{15} + \frac{1}{15} + \frac{1}{16} + \frac{1}{14} + \frac{1}{14} - \frac{1}{94-6}\right]$$

$$C = 1{,}0266$$

g) Berechnung der Prüfgröße χ^2:

$$\chi^2 = \frac{1}{C}\left[(N-1)\cdot \ln {s_M}^2 - \sum_{i=1}^{l}(n_i - 1)\cdot \ln {s_i}^2\right]$$

$$\chi^2 = \frac{1}{1{,}0266}[(94-6)(-1{,}6059) - (-216{,}032)]$$

$$\chi^2 = 72{,}78$$

7. Vergleich:
$72{,}78 > 15{,}1$, d. h., $\chi^2 > \chi^2_{\alpha;l-1}$, und deshalb lehnen wir H_0 ab. Wir können signifikante Unterschiede bzgl. der Varianzen bei der Zielabweichung in Abhängigkeit von der Tageszeit nachweisen.

4.3.3.7.3 Der DUNCAN-Test (Multipler Vergleich)

Dieses Verfahren stellt einen multiplen Mittelwertvergleich bei mehr als 2 unabhängigen Stichproben mit metrischen Daten und Normalverteilung dar. Um diesen Test aber begründet einsetzen zu können, sind mindestens zwei Voraussetzungen zu prüfen:

1. Es muß sichergestellt sein, daß alle l Stichproben homogene Varianzen (vgl. Abschn. 4.3.3.7.1 COCHRAN-Test und 4.3.3.7.2 BARTLETT-Test) haben.
2. Der globale Mittelwertvergleich, die Varianzanalyse für unabhängige Stichproben (vgl. Abschn. 5.4.1) muß die Nullhypothese ablehnen, d. h., zwischen den l Stichproben gibt es Mittelwertunterschiede.

Diese zweite Bedingung ist für die technische Durchführung des Tests nicht unbedingt erforderlich. Der zu betrachtende Test hat aber gerade die Zielstellung, eventuelle Unterschiede zwischen den Mittelwerten aufzudecken. Sind wir also in unserer statistischen Prozedur bis an diesen Punkt gekommen, so interessiert uns konkret, zwischen welchen der l Stichproben Unterschiede vorhanden sind. Mit Hilfe des DUNCAN-Tests erfolgt ein vollständiger Paarvergleich der Mittelwerte, es werden also sämtliche $\binom{l}{2} = \frac{l(l-1)}{2}$ Paare i; j von Stichproben miteinander verglichen. Nach der Art seiner Durchführung kann er auch als multipler „Rang-Test" bezeichnet werden.

Die Nullhypothese, besser die Nullhypothesen $H_{0(i;j)}$, formulieren dabei jeweils paarweise keinen Unterschied zwischen zwei beliebigen Stichprobenmitteln. Entsprechend erwartet die Alternativhypothese $H_{1(i;j)}$ Mittelwertunterschiede des Stichprobenpaares. Die Prüfgröße d_{ij} ist dann jeweils die Differenz der Stichprobenmittelwerte der Stichprobe i und der Stichprobe j für jedes Paar $(i; j)$:

$$\boxed{d_{ij} = \bar{x}_i - \bar{x}_j}\,.$$

Wir vergleichen diese Prüfgröße mit einem kritischen Wert d_{krit} und entscheiden bzgl. der Annahme oder Ablehnung der jeweiligen Nullhypothese $H_{0(i;j)}$ wie folgt: Ist $|d_{ij}| \geq d_{\text{krit}}$, dann lehnen wir $H_{0(i;j)}$ ab, d. h., zwischen diesem Stichprobenpaar gibt es signifikante Differenzen der Mittelwerte. Dabei ist

d_{krit} abhängig von der Irrtumswahrscheinlichkeit α, von der Anzahl p der im Bereich des jeweiligen Paarvergleiches liegenden Mittelwerte und von der homogenen Varianz σ^2 der Werte. Wir berechnen d_{krit} nach:

$$d_{\text{krit}} = q_\alpha(p; N-l) \cdot \sqrt{\frac{MQ_{\text{I}}}{2}\left(\frac{1}{n_i}+\frac{1}{n_j}\right)}.$$

Dabei finden wir die Werte für $q_\alpha(p; N-l)$ in der Tafel 9. Die Zahlen n_i und n_j sind die Umfänge der i-ten und der j-ten Stichprobe, und MQ_{I} stellt eine mittlere quadratische Abweichung dar, auf die wir weiter unten näher eingehen.

Wir hatten erwähnt, daß der DUNCAN-Test eine Art multipler Rangtest ist. Vor Rechenbeginn ordnen wir alle arithmetischen Mittelwerte $\overline{x}_i$ der Größe nach, wobei der größte Mittelwert an der ersten Stelle und der kleinste Mittelwert an der letzten Stelle steht. Bei der Berechnung der Differenzen geht man so vor, daß man zuerst den größten gegen den kleinsten Mittelwert prüft. Danach prüft man den größten gegen den zweitkleinsten Mittelwert usw. Ist eine Differenz nicht mehr signifikant, dann sind auch die noch dazwischenliegenden Differenzen nicht signifikant. Anschließend prüfen wir den zweitgrößten Mittelwert gegen den kleinsten usw. Verfügen wir z. B. über 6 Mittelwerte, dann ordnen wir sie zunächst der Größe nach. Es sei z. B.: $\overline{x}_3 > \overline{x}_2 > \overline{x}_4 > \overline{x}_1 > \overline{x}_5 > \overline{x}_6$. Wir würden zuerst die Differenz $\overline{x}_3 - \overline{x}_6$ prüfen, dann $\overline{x}_3 - \overline{x}_5$ usw. Angenommen, die Differenz $\overline{x}_3 - \overline{x}_4$ sei nicht mehr signifikant, dann sind auch die Differenzen $\overline{x}_3 - \overline{x}_2$ und $\overline{x}_2 - \overline{x}_4$ nicht signifikant. Letztere müßten wir gar nicht erst prüfen. Anschließend prüfen wir $\overline{x}_2$ gegen $\overline{x}_6$ usw.
Die Anzahl der im Bereich der jeweiligen Prüfung liegenden Mittelwerte ergibt p, z. B. wäre bei der Differenz $\overline{x}_3 - \overline{x}_6$ die Anzahl $p = 6$, da 6 Mittelwerte diesen Paarvergleich umspannen. Bei $\overline{x}_3 - \overline{x}_1$ wäre $p = 4$ und bei $\overline{x}_2 - \overline{x}_1$ wäre $p = 3$ usw.

Die Zahl MQ_{I} ist die mittlere quadratische Abweichung innerhalb der Gruppen, d. h., die mittlere quadratische Abweichung der Meßwerte vom jeweiligen Stichprobenmittelwert, und sie berechnet sich nach der Formel:

$$MQ_{\text{I}} = \frac{SAQ_{\text{I}}}{N-l} \quad \text{mit} \quad SAQ_{\text{I}} = \sum_{i=1}^{l}\sum_{j=1}^{n_i} x_{ji}{}^2 - \sum_{i=1}^{l}\frac{S_i^2}{n_i}.$$

Dabei ist $\sum\limits_{i=1}^{l}\sum\limits_{j=1}^{n_i} x_{ji}{}^2$ die Summe über die Quadrate aller einzelnen Meßwerte; $S_i^2 = (\sum\limits_{j=1}^{n_i} x_{ji})^2$ ist die quadrierte Summe der Werte der Stichprobe i, und n_i steht für die Anzahl der Objekte in der Stichprobe i. Die Zahl N stellt die Anzahl aller untersuchten Elemente und l die Anzahl der Stichproben dar. Es empfiehlt sich, vor dem DUNCAN-Test die Varianzanalyse als Globalvergleich zu rechnen. In diesem Zusammenhang wird die Hilfsgröße MQ_{I} bereits dort bestimmt und steht also dann zur Verfügung.

Nähere Ausführungen finden wir im Kapitel Varianzanalyse (vgl. Abschnitt 5.4), wo auch das hier behandelte Zahlenbeispiel noch einmal nachvollzogen werden kann.

Beispiel 4.3/25: Im Rahmen eines Experimentes zum Einsatz rechnergestützter Entscheidungshilfen wurde u. a. Antwort auf die Frage gesucht, ob es zwischen 5 homogenisierten Versuchsgruppen Unterschiede bzgl. der Mittelwerte bei der Entscheidungssicherheit gibt, wenn jede Versuchsgruppe mit einem anderen Integratiosmodell einen Entscheidungsvorschlag auf der Grundlage selbst angegebener Bewertungen und Gewichtungen pro Entscheidungsalternative erhielt. Die Entscheidungssicherheit konnte zwischen 0 (völlig unsicher) und 100 (völlig sicher) Punkten angegeben werden. Folgende Ergebnisse lagen vor:

Stichprobe 1 Additives Modell	Stichprobe 2 Additives Modell mit Gewichtung	Stichprobe 3 Additives Modell mit Elimination	Stichprobe 4 Eliminatives Modell	Stichprobe 5 Majoritäts-modell
67	81	93	45	61
68	86	97	49	65
71	82	100	51	63
70	85	91	46	70
65	80	89	42	68
66	88	87	47	71
69	86	87	50	64
70	87	96	46	66
70	90	94	53	63
68	91	93	55	74
73	91	98	43	69
71	82	92	48	72
68	83	89	54	73
72	83	95	49	66
78	86	94	45	67

Lösung:

1. Voraussetzungen:
   * Unterschiedstest mit mehr als 2 (5) unabhängigen Stichproben bei metrischen Daten mit Normalverteilung (multipler Mittelwertvergleich)
   * $n_1 = n_2 = \ldots = n_5 = 15$
   * Ergebnis des COCHRAN-Tests (vgl. Abschnitt 4.3.3.7.1):
     Wir behalten H_0 bei, da $C < C_{\alpha;l;n-1}(0{,}222 < 0{,}382)$ gilt. Es liegen also homogene Varianzen vor.
   * Ergebnis der einfachen Varianzanalyse (vgl. Abschnitt 5.4.1.3):
     Wir lehnen H_0 ab, da $F > F_{\alpha;l-1;N-l}(329{,}23 > 3{,}60)$ gilt, d. h., es bestehen signifikante Mittelwertunterschiede.
2. Hypothesen:
   $H_{0(i,j)}$: $\mu_i = \mu_j \quad i; j = 1, 2, \ldots, 5$ und $i \neq j$
   $H_{1(i,j)}$: $\mu_i \neq \mu_j \quad i; j = 1, 2, \ldots, 5$ und $i \neq j$
3. Signifikanzniveau aufgrund des Inhalts der Aufgabenstellung:
   $\alpha = 0{,}01$
4. Prüfgrößen:
   $d_{ij} = \overline{x}_i - \overline{x}_j$
5. Kritischer Bereich:
   Wenn $|d_{ij}| \geq d_{\text{krit}}$ ist, dann lehnen wir H_0 ab.
6. Berechnung:
   Es empfiehlt sich ein mehrstufiges Vorgehen in nachfolgender Art:
   a) Im ersten Schritt berechnen wir die arithmetischen Mittel werte (vgl. Abschnitt 2.2.2.2.1) pro Stichprobe und ordnen diese der Größe nach:
      $\overline{x}_3 = 93{,}00 \quad \overline{x}_2 = 86{,}07 \quad \overline{x}_1 = 69{,}73 \quad \overline{x}_4 = 67{,}47 \quad \overline{x}_5 = 48{,}20$
   b) Nun entnehmen wir den Berechnungen der Varianzanalyse (vgl. Abschnitt 5.4.1.3) den Wert für $MQ_{\mathrm{I}} = 13{,}78$ (s. Anmerkung) und bestimmen die Anzahl f der Freiheitsgrade nach $f = N - l$, also $f = 75 - 5 = 70$.

c) Jetzt berechnen wir die Mittelwertdifferenzen, beginnend mit der größten Differenz, als vollständigen Paarvergleich und ermitteln nachfolgend die entsprechenden d_{krit} nach

$$d_{\text{krit}} = q_\alpha(p; N - l) \cdot \sqrt{\frac{MQ_{\text{I}}}{2}\left(\frac{1}{n_i} + \frac{1}{n_j}\right)}$$

Da bei allen Stichproben $n_i = n_j$ ist und auch MQ_{I} für alle Paarvergleich $i; j$ stets denselben Wert hat, können wir in diesem Beispiel die Zahl

$$\gamma = \sqrt{\frac{MQ_{\text{I}}}{2}\left(\frac{1}{n_i} + \frac{1}{n_j}\right)}$$

einmalig ausrechnen und erhalten $\gamma = 0{,}95847$.

I. $d_{35} = \bar{x}_3 - \bar{x}_5 = 93{,}00 - 48{,}20 = 44{,}80$
$p = 5 \rightarrow q_{0,01(5;70)} = 4{,}0998$ (vgl. Tafel 9 und die dortigen Erläuterungen)
$d_{\text{krit}} = 4{,}0998 \cdot 0{,}95847 = 3{,}93$
$44{,}80 > 3{,}93$, d. h., $d_{35} > d_{\text{krit}}$, und deshalb lehnen wir H_0 ab. Zwischen den Stichproben 3 und 5 besteht eine signifikante Mittelwertdifferenz.

II. $d_{34} = \bar{x}_3 - \bar{x}_4 = 93{,}00 - 67{,}47 = 25{,}53$
$p = 4 \rightarrow q_{0,01(4;70)} = 4{,}02$ (vgl. Tafel 9)
$d_{\text{krit}} = 4{,}02 \cdot 0{,}95847 = 3{,}85$
$25{,}53 > 3{,}85$, d. h., $d_{34} > d_{\text{krit}}$, und deshalb lehnen wir H_0 ab. Zwischen den Stichproben 3 und 4 besteht eine signifikante Mittelwertdifferenz.

III. $d_{31} = \bar{x}_3 - \bar{x}_1 = 93{,}00 - 69{,}73 = 23{,}27$
$p = 3 \rightarrow q_{0,01(3;70)} = 3{,}91$ (vgl. Tafel 9)
$d_{\text{krit}} = 3{,}91 \cdot 0{,}95847 = 3{,}75$
$23{,}27 > 3{,}75$, d. h., $d_{31} > d_{\text{krit}}$, und deshalb lehnen wir H_0 ab. Zwischen den Stichproben 3 und 1 besteht eine signifikante Mittelwertdifferenz.

Diese Prozedur muß nun für alle weiteren Paarvergleiche durchgeführt werden. Wir stellen die Ergebnisse tabellarisch dar:

Paarvergleich	p	$q_\alpha(p;70)$ nach Tafel 9	$d_{\text{krit}} = \gamma \cdot q_\alpha(p;70)$	Mittelwertdifferenz $\bar{x}_i - \bar{x}_j$	Entscheidung
3,5	5	4,10	3,93 <	44,80	$H_{1(3,5)}$
3,4	4	4,02	3,85 <	25,53	$H_{1(3,4)}$
3,1	3	3,91	3,75 <	23,27	$H_{1(3,1)}$
3,2	2	3,75	3,59 <	6,93	$H_{1(3,2)}$
2,5	4	4,02	3,85 <	37,87	$H_{1(2,5)}$
2,4	3	3,91	3,75 <	18,60	$H_{1(2,4)}$
2,1	2	3,75	3,59 <	16,34	$H_{1(2,1)}$
1,5	3	3,91	3,75 <	21,53	$H_{1(1,5)}$
1,4	2	3,75	3,59 >	2,26	$H_{0(1,4)}$
4,5	2	3,75	3,59 <	19,27	$H_{1(4,5)}$

Nun fassen wir die Ergebnisse der Übersichtlichkeit wegen in einer Abschlußtabelle zusammen:

	SP 1	SP 2	SP 3	SP 4	SP5
SP 1	–	16,34	23,27	2,26*	21,53
SP 2		–	6,93	18,60	37,87
SP 3			–	25,53	44,80
SP 4				–	19,27

Nur die mit * gekennzeichnete Differenz ist nicht signifikant.

SPSS-Zugang

Datenart	Vorgehen	Voraussetzungen/Erklärungen
metrisch	**Multiple Vergleiche:** Analysieren → Mittelwerte vergleichen → Einfaktorielle ANOVA „Abhängige Variablen“ AV eintragen; „Faktor“ UV unter „post-hoc“ „Duncan“ anklicken	unter „Optionen“ durch Anklicken von „Test auf Homogenität der Varianzen“ Prüfung, ob zwischen den Varianzen der Gruppen signifikante Unterschiede bestehen unter „Optionen“ Art des Ausschlusses der fehlenden Variablen definieren

4.3.3.8 Vergleich der Verfahren bei mehr als 2 unabhängigen Verteilungen

Auch an dieser Stelle soll wieder ein Überblick gegeben werden, welches Verfahren unter bestimmten Voraussetzungen am besten für die statistische Prüfung der jeweiligen Daten geeignet ist.

Datenart	Voraussetzungen Fragestellung	Test Globalvergleich	Nachfolgetest Multipler Vergleich
metrisch	Normalverteilung Liegen homogene Varianzen vor?	COCHRAN-Test, wenn $n_1 = \ldots = n_l$	
		BARTLETT-Test, wenn $n_i \neq n_j$	
	Inhomogene Varianzen Liegen homogene Mittelwerte vor?	H-Test	Test für Kontraste
	Normalverteilung Homogene Varianzen Liegen homogene Mittelwerte vor?	Einfache Varianzanalyse	DUNCAN-Test
ordinal		H-Test	Test für Kontraste
kategorial	$N \geq 60$ und 80 % der $N\tilde{p}_{ij} \geq 5$	χ^2 – k-mal-l-Feldertest	Paarvergleiche (Konfigurationsfrequenzanalyse, BONFERRONI-HOLM-Algorithmus)
alternativ	$N \geq 60$ und 80 % der $N\tilde{p}_{ij} \geq 5$	χ^2 – 2-mal-l-Feldertest	Paarvergleiche (Konfigurationsfrequenzanalyse BONFERRONI-HOLM-Algorithmus)

4.3.4 Vergleich von mehr als 2 Verteilungen bei abhängigen Stichproben

Die Gesamtsituation ist hier analog der im Abschnitt 4.3.3 beschriebenen. Allerdings gibt es einen gravierenden Unterschied: Die nachfolgend vorgestellten Verfahren dienen dem Vergleich von mehr als zwei **abhängigen** Verteilungen. Dies betrifft z. B. Situationen, in denen die gleichen Versuchspersonen mehrmals untersucht wurden. Wie im Kapitel 4.3.3 wäre es auch hier nicht ausreichend, lediglich unter Verwendung der statistischen Verfahren für zwei abhängige Stichproben paarweise Untersuchungen durchzuführen. Bei mehr als zwei abhängigen Verteilungen müssen wir wieder zwischen den Global- und den multiplen Vergleichen unterscheiden. Der Globalvergleich gibt uns Auskunft darüber, ob zwischen den l untersuchten Stichproben überhaupt Unterschiede existieren. Wollen wir zusätzlich noch aufklären, zwischen welchen Stichproben diese im einzelnen begründet liegen, dann prüfen wir mit Hilfe eines multiplen Vergleiches. Oft ist allerdings der multiple Vergleich mit erheblich mehr Rechenaufwand verbunden. Aus diesem Grund erscheint es sinnvoll, in zweigeteilter Form vorzugehen:

1. Wir prüfen mit Hilfe des Globalvergleiches, ob es überhaupt Unterschiede zwischen den l Stichproben gibt. Wird dabei die Nullhypothese H_0 abgelehnt, dann führen wir
2. den multiplen Vergleich durch und prüfen, zwischen welchen der l Stichproben diese Unterschiede begründet liegen.

Die nachfolgende Vorstellung und Diskussion der Verfahren erfolgt wieder geordnet nach dem Datenniveau, d. h., wir beginnen mit den alternativen Daten und enden mit den metrischen Daten bei Normalverteilung. Auf eine Einschränkung sei an dieser Stelle aber bereits verwiesen: Trotz aller Anstrengungen ist es den Autoren nicht gelungen, für kategoriale Daten bei mehr als 2 abhängigen Stichproben ein geeignetes Verfahren in der Literatur zu finden.

4.3.4.1 Der Q-Test von COCHRAN (Globalvergleich)

Besteht unser Untersuchungsergebnis aus mehr als zwei abhängigen Stichproben, wobei alternative Daten erhoben wurden, dann können wir auf Unterschiede im Sinne eines Globalvergleiches mit Hilfe des Q–Testes von COCHRAN prüfen. Die alternativen Daten beschreiben das Eintreten oder Nichteintreten eines betrachteten Ereignisses. Die Registratur der Versuchsergebnisse erfolgt jetzt so, daß beim Eintreten des Ereignisses eine 1 und beim Nichteintreten eine 0 geschrieben wird.

Beispiel 4.3/26: Bei der trainingsbegleitenden Kontrolle der Leistungsentwicklung von Sportlern sollte im Verlauf von 3 Monaten nach den jeweiligen Trainingseinheiten geprüft werden, ob die Leistung zugenommen hat oder nicht. Konnte ein Leistungsanstieg festgestellt werden, dann wurde eine 1 registriert. Kam es nicht zu einem nachweisbaren Leistungsanstieg, so erhielt der Sportler zu diesem Zeitpunkt eine Null. Nachfolgendes Ergebnis entstand (bereits um die Zeilen- und Spaltensummen und deren Quadrate ergänzt):

	Untersuchungszeitpunkt						
Versuchsperson	1	2	3	4	5	Z_i	Z_i^2
1	0	0	0	0	0	0	0
2	1	1	1	1	1	5	25
3	0	0	1	1	1	3	9
4	0	1	1	1	1	4	16
5	1	0	0	0	1	2	4
6	0	1	1	1	1	4	16
7	0	1	1	1	1	4	16
8	0	0	1	1	1	3	9
9	0	0	0	0	0	0	0
10	0	0	0	0	1	1	1
11	0	0	0	0	0	0	0
12	0	0	1	1	1	3	9
13	1	1	1	1	1	5	25
14	0	0	1	1	1	3	9
15	0	0	0	0	1	1	1
S_j	3	5	9	9	12	38	
S_j^2	9	25	81	81	144		

In der Nullhypothese gehen wir davon aus, daß die Wahrscheinlichkeiten p_i für das Auftreten der Ereignisse gleich sind, d. h. im Beispiel, daß die Wahrscheinlichkeiten für das Auftreten einer Leistungszunahme und für alle Untersuchungszeitpunkte gleich sind. Im Unterschied dazu erwartet die Alternativhypothese eine systematische Veränderung dieser Auftrittswahrscheinlichkeiten. Als Voraussetzung sollte allerdings gewährleistet sein, daß das Produkt aus der Anzahl n der Versuchspersonen und der Anzahl l der Bedingungen (Stichproben – im Beispiel sind dies die Untersuchungszeitpunkte) mindestens 30 ist. In diesem Fall berechnen wir die Prüfgröße Q nach der Formel:

$$Q = \frac{(l-1)\cdot\left[l\sum_{j=1}^{l} S_j^2 - \left(\sum_{j=1}^{l} S_j\right)^2\right]}{l\cdot\sum_{i=1}^{n} Z_i - \sum_{i=1}^{n} Z_i^2}\,.$$

Dabei ist S_j die Summe aller Einsen der Spalte j (im Beispiel ist das die absolute Häufigkeit des Auftretens des Ereignisses unter allen 15 Versuchspersonen), Z_i die Summe aller Einsen der Zeile i und l die Anzahl der untersuchten Bedingungen (Stichproben). Wir merken an, daß es zur Bestimmung der Prüfgröße Q unerheblich ist, ob das Eintreten des Ereignisses mit 1 und das Nichteintreten mit 0 bezeichnet wird oder die umgekehrte Bezeichnung verwendet wird (d. h. das Eintreten mit 0 und das Nichteintreten mit 1). Jedesmal ergibt sich der gleiche Wert für Q.

Die Verteilung der Prüfgröße Q folgt in ausreichender Näherung der χ^2-Verteilung mit $l-1$ Freiheitsgraden. Entsprechend entscheiden wir über die Annahme oder Ablehnung der Nullhypothese H_0 nach der Regel: Ist $Q \geq \chi^2_{\alpha;l-1}$, dann lehnen wir H_0 ab.

Anmerkung: *Für den Fall, daß $n \cdot l < 30$ ist, sollten wir eine von* COCHRAN *für diesen Fall angegebene, im Vergleich zu obigem Q wesentlich aufwendigere Prüfgröße verwenden (vgl. Literatur).*

Lösung des Beispiels:

1. Voraussetzungen:
   * Unterschiedstest mit mehr als 2 (5) abhängigen Stichproben bei alternativen Daten (Globalvergleich)
   * $n \cdot l = 15 \cdot 5 = 75 > 30$, d. h., Bedingung erfüllt
2. Hypothesen:

   H_0: $p_i = p_j$ für alle i und j

   H_1: Mindestens ein Unterschied.
3. Signifikanzniveau aufgrund des Inhalts der Aufgabenstellung:

   $\alpha = 0{,}01$
4. Prüfgröße:

$$Q = \frac{(l-1)\cdot\left[l\sum_{j=1}^{l} S_j^2 - \left(\sum_{j=1}^{l} S_j\right)^2\right]}{l\cdot\sum_{i=1}^{n} Z_i - \sum_{i=1}^{n} Z_i^2}$$

5. Kritischer Bereich:

   Wenn $Q \geq \chi^2_{\alpha;l-1}$ ist, dann lehnen wir H_0 ab.

   $\chi^2_{\alpha;l-1} = \chi^2_{0,01;5-1} = 13{,}3$

   (vgl. Tafel 3).
6. Berechnung:

$$\sum_{j=1}^{l} S_j^2 = 340; \qquad \left(\sum_{j=1}^{l} S_j\right)^2 = 38^2 = 1444, \qquad l = 5$$

$$\sum_{i=1}^{n} Z_i = 38; \qquad \sum_{i=1}^{n} Z_i^2 = 140$$

$$Q = \frac{(5-1)\cdot[5\cdot 340 - 1444]}{5\cdot 38 - 140} = \frac{1024}{50} = 20{,}48$$

7. Vergleich:
   20,48 > 13,3, d. h., $Q > \chi^2_{\alpha;l-1}$, und deshalb lehnen wir H_0 ab. Wir können davon ausgehen, daß es über der Zeit zu signifikanten Leistungsveränderungen gekommen ist.

SPSS-Zugang

Datenart	Vorgehen	Voraussetzungen/Erklärungen
alternativ	Analysieren → Nichtparametrische Tests → K verbundene Stichproben ... Anklicken von „Cochran-Q“ bei „Welchen Test durchführen?“	

4.3.4.2 Multipler Vergleich bei alternativen Daten und abhängigen Stichproben

Nachfolgend bzw. ergänzend zum COCHRAN-Test kann nach dem Ablehnen der Nullhypothese im Globalvergleich inhaltlich begründet die Frage bedeutend sein, zwischen welchen der l Stichproben Unterschiede vorhanden sind bzw., ob sich Unterschiede auch nach der Zusammenfassung von Stichproben zu Stichprobengruppen finden lassen. Wir wollen mit dem Fall beginnen, daß aus den l Stichproben z. B. zwei Gruppen I und II gebildet und miteinander verglichen werden.

Beispiel 4.3/27: Dabei greifen wir noch einmal auf die untersuchte Situation beim Q-Test von COCHRAN (vgl. Abschnitt 4.3.4.1) zurück, wo zu 5 Zeitpunkten Fortschritte in der Leistungsentwicklung bei Sportlern nach entsprechenden Trainingseinheiten untersucht wurden. Folgende Daten lagen vor (bereits um die Zeilen- und Spaltensummen und deren Quadrate ergänzt):

	Untersuchungszeitpunkt						
Versuchsperson	1	2	3	4	5	Z_i	Z_i^2
1	0	0	0	0	0	0	0
2	1	1	1	1	1	5	25
3	0	0	1	1	1	3	9
4	0	1	1	1	1	4	16
5	1	0	0	0	1	2	4
6	0	1	1	1	1	4	16
7	0	1	1	1	1	4	16
8	0	0	1	1	1	3	9
9	0	0	0	0	0	0	0
10	0	0	0	0	1	1	1
11	0	0	0	0	0	0	0
12	0	0	1	1	1	3	9
13	1	1	1	1	1	5	25
14	0	0	1	1	1	3	9
15	0	0	0	0	1	1	1
S_j	3	5	9	9	12	38	
S_j^2	9	25	81	81	144		

Der Q-Test lehnte H_0 ab, d. h., es bestehen signifikante Unterschiede zwischen den Leistungen zu den 5 Zeitpunkten. Wenn wir jetzt wissen wollen, ob es z. B. eher zu Beginn oder eher am Ende des Trainings zu entsprechenden Effekten kommt, dann können wir die Zeitpunkte 1–2 und 3–5 jeweils zu Gruppen zusammenfassen und diese miteinander vergleichen.

Zur Untersuchung der genannten Fragestellung verwenden wir ein Verfahren nach FLEISS (1973). Die zu bestimmende Prüfgröße Q_{Diff} wird nach:

$$Q_{\text{Diff}} = \frac{l-1}{l_1 \cdot l_2 \cdot v} \cdot (l_2 \cdot S_1 - l_1 \cdot S_2)^2$$

mit $v = (l \cdot \sum_i Zi) - \sum_i Z_i^2$ berechnet. Dabei bedeuten:

l Anzahl aller untersuchten Stichproben ($l = l_1 + l_2$)
l_1 Anzahl der in der ersten Gruppe zusammengefaßten Stichproben
l_2 Anzahl der in der zweiten Gruppe zusammengefaßten Stichproben
S_1 Summe der Spaltensummen aller Einsen, der in der ersten Gruppe zusammengefaßten Stichproben
S_2 Summe der Spaltensummen aller Einsen, der in der zweiten Gruppe zusammengefaßten Stichproben
Z_i Zeilensumme i aller Einsen pro Versuchsperson über alle Stichproben
Z_i^2 quadrierte Zeilensumme i aller Einsen pro Versuchsperson über alle Stichproben.

Die Nullhypothese besteht hier darin, daß die Wahrscheinlichkeit p_{I} für das Auftreten des betrachteten Ereignisses in der Gruppe I mit derjenigen der Gruppe II, d. h. p_{II}, übereinstimmt. Um zu entscheiden, ob wir die Nullhypothese H_0 annehmen oder ablehnen, vergleichen wir die Prüfgröße Q_{Diff} mit einem kritischen Wert χ_α^2 mit 1 Freiheitsgrad, und es gilt: Wenn $Q_{\text{Diff}} \geq \chi_{\alpha;1}^2$ ist, dann lehnen wir H_0 ab.

Lösung des Beispiels:

1. Voraussetzungen:
   * Unterschiedstest mit mehr als 2 (5) abhängigen Stichproben bei alternativen Daten (multipler Vergleich nach Zusammenfassung einzelner Teile)

2. Hypothesen:

   $$H_0: \quad p_{\text{I}} = p_{\text{II}}$$
   $$H_1: \quad p_{\text{I}} \neq p_{\text{II}}$$

3. Signifikanzniveau aufgrund des Inhalts der Aufgabenstellung:

   $$\alpha = 0{,}01$$

4. Prüfgröße:

   $$Q_{\text{Diff}} = \frac{l-1}{l_1 \cdot l_2 \cdot v} \cdot (l_2 \cdot S_1 - l_1 \cdot S_2)^2$$

5. Kritischer Bereich:
   Wenn $Q_{\text{Diff}} \geq \chi_{\alpha;1}^2$ ist, dann lehnen wir H_0 ab.

   $$\chi_{\alpha;1}^2 = \chi_{0,01;1}^2 = 6{,}64$$

   (vgl. Tafel 3).

6. Berechnung:

   $$v = (5 \cdot 38) - 140 = 50, \qquad l = 5, \qquad l_1 = 2, \qquad l_2 = 3,$$
   $$S_1 = 3 + 5 = 8, \qquad S_2 = 9 + 9 + 12 = 30$$
   $$Q_{\text{Diff}} = \frac{5-1}{2 \cdot 3 \cdot 50} \cdot (3 \cdot 8 - 2 \cdot 30)^2 = 17{,}28$$

7. Vergleich:
   17,28 > 6,64, d. h., $Q_{\text{Diff}} > \chi_{\alpha;1}^2$, und deshalb lehnen wir H_0 ab. Es sind demnach signifikante Effekte zwischen dem ersten und dem zweiten Teil des Trainings zu beobachten.

Nun können wir noch überprüfen, ob es innerhalb der zusammengefaßten Gruppen signifikante Unterschiede gibt. Dies prüfen wir mit Hilfe der Größen:

1. $$Q_1 = \frac{l(l-1)}{l_1 \cdot v} \cdot (l_1 \cdot S_3 - S_1{}^2)$$ und

2. $$Q_2 = \frac{l(l-1)}{l_2 \cdot v} \cdot (l_2 \cdot S_4 - S_2{}^2)$$.

Dabei bedeuten:

S_3 Summe der quadrierten Spaltensummen der in der ersten Gruppe zusammengefaßten Stichproben

S_4 Summe der quadrierten Spaltensummen der in der zweiten Gruppe zusammengefaßten Stichproben

Wir betrachten die Nullhypothesen $H_{0(I)}$: $p_i = p_j$ für alle $i; j$ der Gruppe I und $H_{0(II)}$: $p_i = p_j$ für alle $i; j$ der Gruppe II. Es handelt sich also innerhalb der Gruppen um einen Globalvergleich unter Berücksichtigung aller Stichproben. Zur Entscheidung über die Annahme oder Ablehnung der Hypothese H_0 vergleichen wir mit einem kritischen Wert $\chi^2_{\alpha;f}$, und es gilt:

1. Ist $Q_1 \geq \chi^2_{\alpha;l_1-1}$, dann lehnen wir $H_{0(I)}$ ab.
2. Ist $Q_2 \geq \chi^2_{\alpha;l_2-1}$, dann lehnen wir $H_{0(II)}$ ab.

Beispiel 4.3/28: Wir prüfen nun zwischen den Untersuchungszeitpunkten:
a) 1 und 2 und
b) 3 bis 5 mit dem vorliegenden Datenmaterial aus dem Beispiel 4.3/27.

a) $l = 5; \quad l_1 = 2; \quad v = 50; \quad S_3^2 = 3^2 + 5^2 = 34; \quad S_1{}^2 = 8^2 = 64$

$$Q_1 = \frac{5(5-1)}{2 \cdot 50} \cdot (2 \cdot 34 - 64) = 0{,}80$$

$\chi^2_{\alpha;l_1-1} = \chi^2_{0{,}01;1} = 6{,}64$ (vgl. Tafel 3)

Entscheidung:

$0{,}80 < 6{,}64$, d. h., $Q_1 < \chi^2_{\alpha;l_1-1}$, und deshalb behalten wir H_0 bei. Zwischen dem ersten und zweiten Untersuchungszeitpunkt gibt es keine signifikanten Unterschiede.

b) $l = 5; \quad l_2 = 3; \quad v = 50; \quad S_4^2 = 9^2 + 9^2 + 12^2 = 306; \quad S_2{}^2 = 30^2 = 900$

$$Q_2 = \frac{5(5-1)}{3 \cdot 50} \cdot (3 \cdot 306 - 900) = 2{,}40$$

$\chi^2_{\alpha;l_2-1} = \chi^2_{0{,}01;2} = 9{,}21$ (vgl. Tafel 3)

Entscheidung:

$2{,}40 < 9{,}21$, d. h., $Q_2 < \chi^2_{\alpha;l_2-1}$, und deshalb behalten wir H_0 bei. Auch zwischen den Untersuchungszeitpunkten drei bis fünf gibt es keine signifikanten Unterschiede.

Anmerkung: *An den Prüfgrößen ist zu erkennen, daß Q_{Diff}, Q_1 und Q_2 die Prüfgrößen sogenannter orthogonaler Einzelvergleiche sind. Unter Beachtung der entsprechenden Addition der Freiheitsgrade gilt: $Q = Q_{\text{Diff}} + Q_1 + Q_2$. Dabei ist Q die Prüfgröße des Q-Tests von* COCHRAN *(vgl. Abschn. 4.3.4.1).*
In unserem Beispiel: $Q = 20{,}48 = 17{,}28 + 0{,}80 + 2{,}40 = Q_{\text{Diff}} + Q_1 + Q_2$.

SPSS-Zugang

Datenart	Vorgehen	Voraussetzungen/Erklärungen
alternativ	**Multiple Vergleiche:**	Q_{Diff} nach FLEISS im SPSS nicht verfügbar

4.3.4.3 Der FRIEDMAN-Test (Globalvergleich)

Dieses Verfahren setzen wir zur statistischen Prüfung dann ein, wenn uns mehr als 2 abhängige Stichproben mit ordinalen Daten bzw. metrischen Daten ohne Normalverteilung zur Verfügung stehen und wir einen Globalvergleich durchführen wollen. Die gemessene Variable muß stetig sein. Der FRIEDMAN-Test wird gelegentlich auch als Rangvarianzanalyse bezeichnet. Die typische Untersuchungssituation besteht darin, daß eine bestimmte Anzahl n von Versuchspersonen unter l Bedingungen untersucht wird. Die Ausgangssituation können wir wie folgt darstellen:

	Bedingungen				
Vp	1	...	j	...	l
1					
⋮					
i					
⋮					
n					

In der allgemeinen Fragestellung sind zwischen den Bedingungen beliebige Abhängigkeiten zugelassen, aber zwischen den Zeilen muß Unabhängigkeit bestehen (vgl. auch Anmerkung 1 in diesem Abschnitt). Dies wird durch verschiedene Versuchspersonen realisiert. Die globale Nullhypothese H_0 besteht darin, daß zwischen den l Bedingungen keine Unterschiede bestehen, d. h., daß die l gemessenen Variablen die gleiche Verteilung haben. Wir fragen nach der Homogenität innerhalb der Spalten, d. h. nach Übereinstimmung der Bedingungen.

Die Prüfgröße χ_S^2 berechnet sich nach:

$$\chi_S^2 = \left[\frac{12}{n \cdot l \cdot (l+1)} \cdot \sum_{i=1}^{l} R_i^2\right] - 3 \cdot n \cdot (l+1) .$$

Dabei bilden wir durch die Vergabe von Rangplätzen innerhalb jeder Zeile Rangreihen. Die Größe R_i ist dann die Summe der Rangplätze der Spalte i ($i = 1, 2, \ldots, l$).

Treten durch gleich große Meßwerte (dies dürfte eigentlich wegen der vorliegenden Stetigkeit des Merkmales theoretisch nicht auftreten) Bindungen auf, so ist eine Korrektur der Prüfgröße erforderlich (vgl. Anmerkung 2 dieses Abschnittes). Um zu entscheiden, ob wir die Nullhypothese H_0 annehmen oder ablehnen, vergleichen wir die Prüfgröße in Abhängigkeit von der Anzahl der Stichproben und der der Versuchspersonen entweder mit einem kritischen Wert $\chi^2_{\alpha;f}$, oder wir bestimmen die Überschreitungswahrscheinlichkeit γ und vergleichen diese mit der Irrtumswahrscheinlichkeit α. Dabei gelten die folgenden Bedingungen:

1. In den Fällen, wenn:
   a) $l = 3$ und $n \geq 10$ oder
   b) $l = 4$ und $n \geq 5$ oder
   c) $l > 4$ und $n \geq 2$ ist,
   gilt: Wenn $\chi_S^2 \geq \chi^2_{\alpha;l-1}$ ist, so lehnen wir H_0 ab.
2. In den Fällen, wenn:
   a) $l = 3$ und $n = 3 \ldots 9$ oder
   b) $l = 4$ und $n = 3 \ldots 4$ ist,
   gilt: Wenn $\gamma \leq \alpha$ ist, so lehnen wir H_0 ab.

Die Werte für $\chi^2_{\alpha;l-1}$ finden wir in der Tafel 3 des Anhangs.

Beispiel 4.3/29: Für einen Test bzgl. rechnerischer Fähigkeiten sollen 5 Aufgaben entwickelt werden, die in der gleichen Zeit zu lösen sind. In einem ersten Orientierungsversuch wurden bei 4 Versuchspersonen die Lösungszeiten bei den Aufgaben 1 bis 5 erhoben, und es entstand folgendes Ergebnis:

	Aufgabe				
Vp	1	2	3	4	5
1	2,8	5,0	3,2	3,3	4,3
2	3,1	4,2	2,8	3,4	4,1
3	2,9	3,4	3,0	3,1	3,9
4	2,1	3,5	3,1	3,0	2,9

Lösung:

1. Voraussetzungen:
   * Unterschiedstest mit mehr als 2 (5) abhängigen Stichproben bei metrischen Daten ohne Verteilungsannahme (werden behandelt wie ordinale Daten)
   * Globalvergleich der Spalten (Aufgaben)
   * $l = 5; \quad n = 4$
2. Hypothesen:

   H_0: $F_1(x) = \ldots = F_l(x)$

   H_1: Mindestens ein Unterschied.
3. Signifikanzniveau aufgrund des Inhalts der Aufgabenstellung:

   $\alpha = 0{,}05$
4. Prüfgröße:

$$\chi_S^2 = \left[\frac{12}{n \cdot l \cdot (l+1)} \cdot \sum_{i=1}^{l} R_i^2\right] - 3 \cdot n \cdot (l+1)$$

5. Kritischer Bereich:

   Da $l = 5$ und $n = 4$ ist, gilt: Wenn $\chi_S^2 > \chi^2_{\alpha;l-1}$ ist, dann lehnen wir H_0 ab.

   $\chi^2_{\alpha;l-1} = \chi^2_{0,05;4} = 9{,}49$

   (vgl. Tafel 3).
6. Berechnung:

   Hier sollten wir entsprechend nachfolgender Vorgehensweise arbeiten:

   a) Zuerst vergeben wir pro Zeile die Rangplätze.

   b) Nun bilden wir pro Spalte die Rangplatzsummen R_i.

		Aufgaben				
	Vp	1	2	3	4	5
1	x_i	2,8	5,0	3,2	3,3	4,3
	Rp	1,0	5,0	2,0	3,0	4,0
2	x_i	3,1	4,2	2,8	3,4	4,1
	Rp	2,0	5,0	1,0	3,0	4,0
3	x_i	2,9	3,4	3,0	3,1	3,9
	Rp	1,0	4,0	2,0	3,0	5,0
4	x_i	2,1	3,5	3,1	3,0	2,9
	Rp	1,0	5,0	4,0	3,0	2,0
	R_i	5,0	19,0	9,0	12,0	15,0

$$\chi_S^2 = \left[\frac{12}{4 \cdot 5 \cdot (5+1)}(5^2 + 19^2 + 9^2 + 12{,}0^2 + 15{,}0^2)\right] - 3 \cdot 4 \cdot (5+1) = 11{,}60$$

7. Vergleich:
   11,60 > 9,49, d. h., $\chi_S^2 > \chi^2_{\alpha;l-1}$, und deshalb lehnen wir H_0 ab. Zwischen den Lösungszeiten der 5 Aufgaben gibt es signifikante Unterschiede.

Anmerkung 1: *In einer sehr speziellen Situation ist es denkbar, auch nach Unterschieden zwischen den Zeilen (Versuchspersonen) zu fragen. Diese Situation ist bei der sogenannten Zweifach-Klassifikation der Varianzanalyse gegeben, bei der erstens auch die Bedingungen unabhängig sind und zweitens systematische Unterschiede zwischen den Bedingungen einerseits und den Versuchspersonen andererseits analysiert werden sollen. Der interessierte Leser findet nähere Ausführungen z. B. bei* BÜNING *und* TRENKLER *(1978). Die zugehörige Prüfgröße χ_Z^2 entsteht aus der oben angegebenen Prüfgröße χ_S^2 durch Vertauschen von n und l:*

$$\chi_Z^2 = \left[\frac{12}{l \cdot n \cdot (n+1)} \cdot \sum_{j=1}^{n} R_j^{\,2}\right] - 3 \cdot l \cdot (n+1).$$

Anmerkung 2: *Treten Rangplätze mit Bindungen auf, so ist anstelle von ${\chi_S}^2$ die korrigierte Prüfgröße:*

$$(\chi_S^2)_{\text{korr}} = \frac{12 \cdot (l-1) \sum\limits_{i=1}^{l} \left[R_i - n \cdot \dfrac{l+1}{2}\right]^2}{n \cdot l^3 - \sum\limits_{j=1}^{n} \sum\limits_{m=1}^{k_j} t_{jm}^3}$$

zu verwenden. Dabei sind k_j die Anzahl der unterschiedlichen Rangplätze in der j-ten Zeile und t_{jm} die Anzahlen gleicher Rangplätze (es ist $t_{j1} + \ldots + t_{jk_j} = l$).
Beispiel: Angenommen, wir finden eine Situation vor mit $l = 5$ und betrachten die erste Zeile (also $j = 1$) und wir hätten nachfolgende Rangplätze:

1,0 5,0 4,0 2,5 2,5.

Dann ist $k_j = 4$ (da 4 unterschiedliche Rangplätze), und $t_{j1} = 1$, $t_{j2} = 1$, $t_{j3} = 1$ (da die ersten drei Rangplätze nur jeweils einmal auftreten) und $t_{j4} = 2$ (da der Rangplatz 2,5 zweimal auftritt). Demnach wäre

$$\sum_{m=1}^{k_j} t_{jm}^3 = 1^3 + 1^3 + 1^3 + 2^3 = 11$$

Weitere Ausführungen findet der interessierte Leser z. B. bei HARTUNG *(1991).*

SPSS-Zugang

Datenart	Vorgehen	Voraussetzungen/Erklärungen
ordinal	**Globalvergleich:** Analysieren → Nichtparametrische Tests → K verbundene Stichproben ... Anklicken von „FRIEDMAN-Test“ bei „Welchen Test durchführen?“	

4.3.4.4 Der Test auf Kontraste für korrelierende Stichproben (Multipler Vergleich)

Diesen Test setzen wir dann ein, wenn der FRIEDMAN-Test (vgl. Abschnitt 4.3.4.3) als Globalvergleich die Nullhypothese ablehnt und wir nun mit Hilfe eines multiplen Vergleiches in Erfahrung bringen wollen, zwischen welchen der einzelnen Bedingungen die Unterschiede im einzelnen begründet sind.

Die Ausgangssituation besteht also in $l > 2$ verbundenen Stichproben mit metrischen Daten ohne Verteilungsannahme bzw. ordinalen Daten, wobei die gemessene Variable stetig sein muß. Wie beim FRIEDMAN-Test liegen n unabhängige Beobachtungen der l verbundenen Stichproben vor. Wir bilden wieder die Rangplätze pro Zeile und bestimmen für jede der l Stichproben die Rangplatzsumme R_i über die n unabhängigen Beobachtungen.

Der Test für Kontraste bei abhängigen Stichproben stellt einen vollständigen Paarvergleich dar. Nach seiner Anwendung sind wir in der Lage, zu beurteilen, welche der l Stichproben sich signifikant voneinander unterscheiden. Die Prüfgröße dieses Verfahrens ist für jedes Stichprobenpaar $(i;\, j)$ der Betrag der Differenz der Rangplatzsummen:

$$\boxed{D_{ij} = |R_i - R_j|}\,,$$

wobei $i;\, j = 1{,}2, \ldots, l$ mit $i < j$ gilt. Die Nullhypothese $H_{0(i;j)}$ behauptet die Übereinstimmung der Verteilungen der i-ten und j-ten Komponente der abhängigen Stichproben: $F_i(x) = F_j(x)$.

Um zu entscheiden, ob wir die Nullhypothese $H_{0(i;j)}$ annehmen oder ablehnen, vergleichen wir unsere Prüfgröße $D_{i;j}$

a) im Falle $l \leq 6$ und $n \leq 15$ nach der Vorschrift:
   Wenn $D_{i;j} \geq r_{\alpha(l;n)}$ ist, dann lehnen wir $H_{0(i;j)}$ ab. Die Werte für $r_{\alpha(l;n)}$ finden wir in der Tafel 23.
b) im Falle größerer Stichproben mittels des Kriteriums:
   Wenn $D_{i;j} \geq q_\alpha(l;\infty)\sqrt{\dfrac{n \cdot l \cdot (l+1)}{12}}$ ist, dann lehnen wir $H_{0(i;j)}$ ab. Dabei finden wir die Werte für $q_\alpha(l;\infty)$ in der Tafel 16.

Beispiel 4.3/30: Hier greifen wir noch einmal auf das Beispiel 4.3/29 zurück, weil dort der FRIEDMAN-Test die globale Nullhypothese H_0 (die Übereinstimmung der Verteilungen der l abhängigen Stichproben) abgelehnt hatte, d. h., zwischen den Aufgaben bestanden signifikante Unterschiede bzgl. der Lösungszeiten. Die Daten waren (bereits um die Rangplätze und Rangplatzsummen ergänzt):

		Aufgaben				
Vp		1	2	3	4	5
1	x_i	2,8	5,0	3,2	3,3	4,3
	Rp	1,0	5,0	2,0	3,0	4,0
2	x_i	3,1	4,2	2,8	3,4	4,1
	Rp	2,0	5,0	1,0	3,0	4,0
3	x_i	2,9	3,4	3,0	3,1	3,9
	Rp	1,0	4,0	2,0	3,0	5,0
4	x_i	2,1	3,5	3,1	3,0	2,9
	Rp	1,0	5,0	4,0	3,0	2,0
R_i		5,0	19,0	9,0	12,0	15,0

Lösung:

1. Voraussetzungen:
   * Unterschiedstest mit mehr als 2 (5) abhängigen Stichproben bei metrischen Daten ohne Verteilungsannahme (werden wie ordinale Daten behandelt)
   * Globalvergleich lehnt H_0 ab, und wir führen den multiplen Vergleich durch.
2. Hypothesen ($i;\, j = 1{,}2, \ldots, 5$ und $i < j$):
   $H_{0(i;j)}$: $F_i(x) = F_j(x)$
   $H_{1(i;j)}$: $F_i(x) \neq F_j(x)$
3. Signifikanzniveau aufgrund des Inhalts der Aufgabenstellung:
   $\alpha = 0{,}01$
4. Prüfgröße:
   $D_{ij} = |R_i - R_j|$

5. Kritischer Bereich:
   Da $l < 6$ und $n < 15$ sind, kommt Fall a) zur Anwendung:
   Wenn $D_{ij} \geq r_\alpha(l;n)$ ist, dann lehnen wir H_0 ab.
   Nach Tafel 23 ist $r_\alpha(l;n) = r_{0{,}01}(5;4) = 14$.
6. Berechnung:

i	j	R_i	R_j	$\lvert D_{ij}\rvert$	Vergleich	$r_\alpha(l;n)$	Entscheidung
1	2	5,0	19,0	14,0	=	14,0	$H_{1(i;j)}$
1	3	5,0	9,0	4,0	<	14,0	$H_{0(i;j)}$
1	4	5,0	12,0	7,0	<	14,0	$H_{0(i;j)}$
1	5	5,0	15,0	10,0	<	14,0	$H_{0(i;j)}$
2	3	19,0	9,0	10,0	<	14,0	$H_{0(i;j)}$
2	4	19,0	12,0	7,0	<	14,0	$H_{0(i;j)}$
2	5	19,0	15,0	4,0	<	14,0	$H_{0(i;j)}$
3	4	9,0	12,0	3,0	<	14,0	$H_{0(i;j)}$
3	5	9,0	15,0	6,0	<	14,0	$H_{0(i;j)}$
4	5	12,0	15,0	3,0	<	14,0	$H_{0(i;j)}$

7. Vergleich:
   Nur zwischen den Aufgaben 1 und 2 besteht ein signifikanter Unterschied.

SPSS-Zugang

Datenart	Vorgehen	Voraussetzungen/Erklärungen
ordinal	**Multiple Vergleiche:**	der Test auf Kontraste ist im SPSS nicht verfügbar

4.3.4.5 Der Vergleich von mehr als 2 abhängigen Stichproben bei metrischen Daten

Bei metrischen Daten und mehr als 2 abhängigen Stichproben sind, analog der Prüfung bei mehr als 2 unabhängigen Stichproben, verschiedene Fälle zu unterscheiden.

Liegen Meßwerte ohne Normalverteilung als Ergebnis der Untersuchung vor, dann behandeln wir diese wie ordinale Daten, d. h., für den Globalvergleich nutzen wir den FRIEDMAN-Test (vgl. Abschnitt 4.3.4.3), und lehnt dieser die Nullhypothese ab, so verwenden wir den Test auf Kontraste (vgl. Abschn. 4.3.4.4) als multiplen Vergleich. Stehen uns am Ende der Untersuchung aber metrische Daten mit Normalverteilung zur Verfügung, so können wir Mittelwertunterschiede im Sinne eines Globalvergleiches mit Hilfe der einfachen Varianzanalyse für korrelierende Stichproben prüfen. Dieses Verfahren wird ausführlich im Abschn. 5.4.2 diskutiert. Deshalb soll an dieser Stelle der Hinweis genügen, daß wir in Abhängigkeit davon, ob wir zwischen den l untersuchten Stichproben homogene Varianzen und Kovarianzen bzw. inhomogene Varianzen und Kovarianzen haben, jeweils unterscheiden müssen zwischen der Prüfung mittels normalem oder konservativem F-Test.

Lehnt die einfache Varianzanalyse für korrelierende Stichproben H_0 ab, dann können wir mit Hilfe einer Version des DUNCAN-Tests (vgl. Abschn. 4.3.3.7.3) einen multiplen Vergleich durchführen, d. h., wir können prüfen, zwischen welchen der l Stichproben die Unterschiede im einzelnen begründet liegen. Eine **Version des DUNCAN-Tests** meint, daß die Vorgehensweise analog der im genannten Abschnitt ist. Es gibt nur einen Unterschied. Dieser besteht darin, daß wir die Prüfgröße d_{ij} mit einem kritischen Wert vergleichen, der wie folgt berechnet wird:

$$q_\alpha(p;N-l) \cdot \sqrt{\frac{MQ_R}{n}},$$

d. h., anstelle des mittleren Abweichungsquadrates innerhalb der Stichproben (MQ_I) im Abschn. 4.3.3.7.3 benötigen wir nun das mittlere Abweichungsquadrat für den Rest (MQ_R) aus dem Abschnitt

5.4.2.1 Dabei finden wir die Werte für $q_\alpha(p; N-l)$ in der Tafel 9 des Anhangs. Für den Vergleich mit dem kritischen Wert gilt:

Wenn

$$d_{ij} \geq q_\alpha(p; N-l) \cdot \sqrt{\frac{MQ_R}{n}}$$

ist, dann lehnen wir H_0 ab. In diesen Fällen bestehen zwischen den betrachteten Stichproben signifikante Mittelwertunterschiede.

SPSS-Zugang

Datenart	Vorgehen	Voraussetzungen/Erklärungen
metrisch	**Multiple Vergleiche:** Analysieren → Allgemeines lineares Modell → Meßwiederholung … „Name des Innersubjektfaktors" Angabe der Bezeichnung der UV sowie Angabe deren Stufenanzahl unter „Anzahl der Stufen" → Hinzufügen anklicken *optional:* unter „Messwert>>" kann ein Name für die AV eingegeben werden *anschließend* „Definieren" anklicken, dann Angabe der Variablen, deren MW verglichen werden sollen unter „Optionen" bei „Mittelwerte anzeigen für" Faktornamen einführen und „Haupteffekte vergleichen" ankreuzen	unter „Anpassung des Konfidenzintervalls" „Bonferroni" anklicken unter „Diagramme" Angabe möglich, welcher Faktor auf welcher Achse angegeben werden soll

4.3.4.6 Übersicht über die Unterschiedstests bei mehr als zwei abhängigen Stichproben

Am Ende dieses Kapitels wollen wir uns wieder einen Überblick über die diskutierten Verfahren dahingehend verschaffen, daß wir unter Berücksichtigung der jeweiligen Ausgangsdaten das am besten geeignete Verfahren leicht finden.

Datenart	Voraussetzungen	Test Globalvergleich	Test multipler Vergleich
metrisch	Normalverteilung und inhomogene Varianzen und Kovarianzen (Test auf Gleichheit der Mittelwerte)	Einfache Varianzanalyse für abhängige Stichproben (konservativ)	Version des DUNCAN-Tests
	Normalverteilung und homogene Varianzen und Kovarianzen (Test auf Gleichheit der Mittelwerte)	Einfache Varianzanalyse für abhängige Stichproben (normal)	Version des DUNCAN-Tests
	ohne Verteilungsannahme	FRIEDMAN-Test	Test auf Kontraste für abhängige Stichproben
ordinal		FRIEDMAN-Test	Test auf Kontraste für abhängige Stichproben
kategorial		–	–
alternativ	$n \cdot l \geq 30$	Q-Test von COCHRAN	Q_{Diff} nach FLEISS bzw. Q_1 und Q_2

5 Ausblick auf die multivariate Statistik

In diesem Kapitel wollen wir nun statistische Verfahren kennenlernen und diskutieren, die unter dem Begriff der multivariaten Statistik zusammengefaßt werden. Sie lassen sich nicht mehr durchgängig in der bislang praktizierten Klassifizierung darstellen, da bei ihnen die Voraussetzungen jeweils einzeln und explizit genannt werden müssen und eine Systematisierung in diesem Bereich nicht sinnvoll erscheint.

Da dieses Buch in erster Linie dem Charakter eines Lehrbuches folgt, also für Studierende gedacht ist, werden nachfolgend in jedem Fall nur die wichtigsten statistischen Verfahrensgrundlagen diskutiert. An entsprechender Stelle verweisen die Autoren für den interessierten Leser auf weiterführende, spezielle Fachliteratur. Das Hauptaugenmerk wird auf die Motivation der Verfahren (also wann und warum sie eingesetzt werden und welche Ergebnisse sie liefern) und auf den allgemein formalen Rechenweg gelegt. Entsprechend werden Beispielrechnungen mit Hilfe von „Prototypen“ realisiert. Von wenigen Ausnahmen abgesehen, sind viele Verfahren der multivariaten Statistik sehr rechenaufwendig. Aus diesem Grund scheint es sinnvoll, gegenwärtig in großer Vielfalt angebotene Computerprogramme für die Bearbeitung derartiger Fragestellungen zu nutzen. Andererseits sind die Ergebnislisten solcher Programme häufig schwer zu verstehen und zu interpretieren, wenn man als Nutzer nicht wenigstens in groben Zügen verstehen und nachvollziehen kann, was der Computer eigentlich rechnet. Auf dieses Verständnis sind die nachfolgenden Kapitel ausgerichtet. Wir werden die **Korrelationsanalyse** und die **Regressionsanalyse**, die **Faktorenanalyse**, die **Clusteranalyse** sowie die **Varianzanalyse** näher vorstellen. Das sind die Verfahren, die in den Sozialwissenschaften, der Psychologie, der Medizin und den Erziehungswissenschaften am häufigsten zum Einsatz kommen. Eine praxisorientierte Einführung in multivariate Verfahren mit ausführlichen Anwendungsbeispielen in SPSS geben RUDOLF und MÜLLER (2004).

5.1 Die Korrelationsanalyse und die Regressionsanalyse

Im Abschnitt 2.3 hatten wir bivariable Verteilungen, die bei der statistischen Auswertung von Beobachtungspaaren $(x_1,y_1),(x_2,y_2),\dots,(x_n,y_n)$ entstehen, diskutiert. Die wichtigste Frage ist dabei die Untersuchung von Abhängigkeiten zwischen den x-Werten und den zugehörigen y-Werten. Wir hatten zum einen entsprechend dem Datenniveau verschiedene Korrelationskoeffizienten eingeführt, die den Grad eines linearen Zusammenhanges messen, und uns zum anderen in der linearen Regression für die günstigste Wahl einer Ausgleichsgeraden durch die von den Paaren $(x_1,y_1),\dots,(x_n,y_n)$ gegebene Punktwolke interessiert. Der Korrelationskoeffizient r stellt fest, in welchem Maße überhaupt Anteile eines linearen Zusammenhanges vorliegen, und dies kann auch am Verhältnis der durch die Ausgleichsgerade gegebenen Variation zur Gesamtvariation innerhalb der y-Werte, dem **Bestimmtheitsmaß** $\boldsymbol{B = r^2}$ eingeschätzt werden. Allerdings ist es nicht möglich, allein aus der zahlenmäßigen Größe des Korrelationskoeffizienten heraus zu entscheiden, ob damit ein wirklicher, **signifikanter** Zusammenhang angezeigt wird. Genau diese Information liefert uns die Korrelationsanalyse, die wir im ersten Teil dieses Abschnittes behandeln wollen. In ihr berechnen wir in Abhängigkeit vom jeweiligen Datenniveau eine Prüfgröße, die uns bei entsprechendem Vergleich mit einem kritischen Wert Auskunft darüber gibt, ob der vorgefundene Zusammenhang zwischen zwei Merkmalen, also innerhalb der Grundgesamtheit, signifikant ist. Die Korrelationsanalyse entspricht einem bivariablem Anpassungstest. Wir weisen darauf hin, daß speziell bei ordinalen und metrischen Daten der Gesamtstichprobenumfang N Einfluß auf die Entscheidung hat, da die Größe des kritischen Vergleichswertes von N abhängt. So kann z. B. bei kleinerem N ein Korrelationskoeffizient von 0,80 nicht signifikant, einer von 0,50 bei größerem N signifikant sein. Vor einer Entscheidung ausschließlich auf der Grundlage der absoluten Zahlenwerte der jeweiligen empirischen Korrelationskoeffizienten sei an dieser Stelle deshalb besonders gewarnt. Besonders bei kleinem N muß der Korrelationskoeffizient deutlich mehr von Null abweichen, um signifikant auf eine vorliegende Abhängigkeit schließen zu können. Während bei der Korrelationsanalyse mit den Methoden der statistischen Testtheorie das Vorliegen bzw. der Grad eines linearen Zusammenhanges untersucht wird, interessiert man sich in der Regressionsanalyse für die „funktionale Art" des Zusammenhanges in dem Sinne, daß man eine der Variablen x bzw. y als unabhängige Variable und die andere dann als abhängige Variable auffaßt und eine entsprechende Formel, z. B. eine passende lineare Funktion, finden will. Die Modellansätze der Regressionsanalyse und zugehörige statistische Tests werden wir im zweiten Teil dieses Abschnittes vorstellen.

5.1.1 Die Korrelationsanalyse bei alternativen Daten

Der Korrelationskoeffizient für alternative Daten, d. h. der Φ-Koeffizient, wurde im Abschnitt 2.3.2.1 ausführlich diskutiert. Ausgangspunkt war eine Vierfeldertafel mit den empirischen Häufigkeiten a, b, c und d. Wir hatten dabei zwei unterschiedliche Möglichkeiten seiner Bestimmung kennengelernt:

1. $$\Phi = \frac{a \cdot d - b \cdot c}{\sqrt{(a+b) \cdot (c+d) \cdot (a+c) \cdot (b+d)}} \qquad \text{oder}$$

2. $$\Phi = \pm\sqrt{\frac{\chi^2}{N}} \quad \text{mit} \quad N = a+b+c+d.$$

Die in der zweiten Möglichkeit verwendete Hilfsgröße χ^2 können wir zur Signifikanzprüfung des Zusammenhanges verwenden. Sie wird nach

$$\chi^2 = \frac{N \cdot (a \cdot d - b \cdot c)^2}{(a+b) \cdot (c+d) \cdot (a+c) \cdot (b+d)}$$

berechnet.

In der Nullhypothese H_0 wird behauptet, daß in der Grundgesamtheit die beiden betrachteten Merkmale X und Y nicht miteinander korrelieren, d. h., $\varrho_{XY} = 0$ gilt. Im Unterschied dazu geht die Alternativhypothese H_1 davon aus, daß es einen von Null verschiedenen, systematischen Zusammenhang gibt, d. h., $\varrho_{XY} \neq 0$. Wir können empirisch zwar einen von Null verschiedenen Korrelationskoeffizienten erhalten, aber ob seine Abweichung von Null eher zufällig (H_0) oder systematisch (H_1) ist, diese Frage beantwortet uns die Korrelationsanalyse.
Zu diesem Zweck vergleichen wir die Prüfgröße χ^2 mit einem kritischen Wert χ^2_α mit einem Freiheitsgrad, und es gilt: Wenn $\chi^2 \geq \chi^2_{\alpha;1}$ ist, dann lehnen wir H_0 ab, d. h., dann besteht ein Zusammenhang zwischen den Merkmalen in der Grundgesamtheit.

Beispiel 5.1/1: Hier greifen wir noch einmal auf die untersuchte Situation im Abschnitt 2.3.2.1 zurück, wo die Frage beantwortet werden sollte, welches Spielzeug für Kinder unterschiedlichen Geschlechts typisch ist. Im Raum stand eine Kiste mit Puppen und mit Autos, und 50 Mädchen und 50 Jungen entnahmen sich das Spielzeug ihrer Wahl. Es entstand folgendes Ergebnis:

	Spielzeug		
Geschlecht	Auto	Puppe	$\sum$
männlich	35	15	50
weiblich	25	25	50
	60	40	100

Wir hatten einen Φ-Koeffizienten von +0,204 errechnet. Nun wollen wir wissen, ob sich dieser Korrelationskoeffizient signifikant von Null unterscheidet.

Lösung:

1. Voraussetzungen:
   * Korrelationsanalyse bei alternativen Daten
2. Hypothesen:
   H_0: $\varrho_{XY} = 0$
   H_1: $\varrho_{XY} \neq 0$
3. Signifikanzniveau aufgrund des Inhalts der Aufgabenstellung:
   $\alpha = 0{,}01$
4. Prüfgröße:
   $$\chi^2 = \frac{N \cdot (a \cdot d - b \cdot c)^2}{(a+b) \cdot (c+d) \cdot (a+c) \cdot (b+d)}.$$
5. Kritischer Bereich:
   Wenn $\chi^2 \geq \chi^2_{\alpha;1}$ ist, dann lehnen wir H_0 ab. Dabei ist $\chi^2_{\alpha;1} = \chi^2_{0{,}01;1} = 6{,}64$ (vgl. Tafel 3).
6. Berechnung:
   $$\chi^2 = \frac{100 \cdot (35 \cdot 25 - 15 \cdot 25)^2}{50 \cdot 50 \cdot 60 \cdot 40} = 4{,}17.$$
7. Vergleich:
   $4{,}17 < 6{,}64$, d. h., $\chi^2 < \chi^2_{\alpha;1}$, und deshalb behalten wir H_0 bei. Wir können auf der Grundlage unserer Untersuchungsergebnisse nicht davon ausgehen, daß der vorgefundene Zusammenhang systematisch von Null abweicht.

SPSS-Zugang

Datenart	Vorgehen	Voraussetzungen/Erklärungen
alternativ	Analysieren → Deskriptive Statistiken → Kreuztabellen → Angabe, welche Variable Spalten- und welche Zeilenvariable sein soll → unter „Statistik" „Chi-Quadrat" wählen	

5.1.2 Korrelationsanalyse bei kategorialen Daten

Um den Grad des Zusammenhanges zwischen den Merkmalen X und Y bei kategorialen Daten zu ermitteln, berechnen wir den Kontingenzkoeffizienten C (vgl. Abschnitt 2.3.2.2). Analog zu den alternativen Daten genügt der absolute Betrag von C aber nicht für eine Aussage, ob ein signifikanter Zusammenhang zwischen den Merkmalen in der Grundgesamtheit vorliegt oder nicht. Mit anderen Worten heißt das, daß ein numerisch von Null verschiedener Kontingenzkoeffizient auch aus zufälligen Einflüssen resultieren kann. Wir bestimmten den Kontingenzkoeffizienten nach:

$$C = \sqrt{\frac{\chi^2}{\chi^2 + N}}.$$

Für die Signifikanzprüfung im Rahmen der Korrelationsanalyse benötigen wir als Prüfgröße das obige χ^2 , welches sich wie folgt berechnet:

$$\boxed{\chi^2 = N \left[\sum_{i=1}^{k} \sum_{j=1}^{l} \left(\frac{{n_{ij}}^2}{Z_i \cdot S_j} \right) - 1 \right]}.$$

Dabei bedeuten:

k Anzahl der Zeilen (Kategorien von X)

l Anzahl der Spalten (Kategorien von Y)

Z_i Zeilensumme der Zeile i
S_j Spaltensumme der Spalte j
n_{ij} Häufigkeit im Feld $(x_i; y_j)$
N Gesamtstichprobenumfang:
$N = S_1 + S_2 + \ldots + S_l = Z_1 + Z_2 + \ldots + Z_k$.

In der Nullhypothese H_0 gehen wir davon aus, daß in der Grundgesamtheit kein Anteil eines linearen Zusammenhangs vorliegt, d. h. $\varrho_{XY} = 0$ ist. Im Gegensatz dazu erwarten wir in der Alternativhypothese eine systematische Abweichung des Zusammenhanges zwischen den gemessenen oder beobachteten Merkmalen in der Grundgesamtheit von Null, d. h., $\varrho_{XY} \neq 0$. Um eine Entscheidung über die Annahme oder Ablehnung der Nullhypothese treffen zu können, vergleichen wir unsere Prüfgröße mit einem kritischen Wert $\chi^2_{\alpha;f}$, wobei sich die Anzahl f der Freiheitsgrade aus dem Produkt $(l-1)\cdot(k-1)$ ergibt. Es gilt: Wenn $\chi^2 \geq \chi^2_{\alpha;(l-1)(k-1)}$ ist, dann lehnen wir H_0 ab.

Beispiel 5.1/2: Wir wollen uns hier noch einmal an die im Abschnitt 2.3.2.2 untersuchte Fragestellung erinnern. Dort wurde vor dem Hintergrund von Untersuchungen zur Kreativität Antwort auf die Frage nach dem Zusammenhang zwischen dem Inhalt der Instruktion und der Vorgehensweise beim Problemlösen gesucht. Am Ende wurde folgendes Ergebnis registriert:

	Vorgehen				
Instruktion	Strategie 1	Strategie 2	Strategie 3	Strategie 4	$\sum$
frei	6	3	3	4	16
Regel 1	5	5	4	2	16
Regel 2	2	3	2	1	8
$\sum$	13	11	9	7	40

Wir berechneten hierbei einen Kontingenzkoeffizienten C von 0,22. Nun wollen wir wissen, ob dieser Koeffizient einen signifikanten Zusammenhang in der Grundgesamtheit repräsentiert.

Lösung:

1. Voraussetzungen:
   * Korrelationsanalyse bei kategorialen Daten
2. Hypothesen:
   H_0: $\varrho_{XY} = 0$
   H_1: $\varrho_{XY} \neq 0$
3. Signifikanzniveau aufgrund des Inhalts der Aufgabenstellung:
   $\alpha = 0{,}01$
4. Prüfgröße:
   $$\chi^2 = N\left[\sum_{i=1}^{k}\sum_{j=1}^{l}\left(\frac{n_{ij}^{\;2}}{Z_i \cdot S_j}\right) - 1\right]$$
5. Kritischer Bereich:
   Wenn $\chi^2 \geq \chi^2_{\alpha;(l-1)(k-1)}$ ist, dann lehnen wir H_0 ab. Dabei ist
   $$\chi^2_{\alpha;(l-1)(k-1)} = \chi^2_{0{,}01;(4-1)(3-1)} = \chi^2_{0{,}01;6} = 16{,}8$$
   (vgl. Tafel 3).
6. Berechnung:
   $$\chi^2 = 40\cdot\left[\frac{6^2}{16\cdot 13} + \frac{3^2}{16\cdot 11} + \frac{3^2}{16\cdot 9} + \frac{4^2}{16\cdot 7} + \frac{5^2}{16\cdot 13} + \frac{5^2}{16\cdot 11} + \frac{4^2}{16\cdot 9} + \frac{2^2}{16\cdot 7} + \frac{2^2}{8\cdot 13} + \frac{3^2}{8\cdot 11} + \frac{2^2}{8\cdot 9} + \frac{1^2}{8\cdot 7} - 1\right]$$
   $$= 2{,}036$$

Anmerkung: *Wenn wir den Kontingenzkoeffizienten C berechnen, dann liegt uns der Wert für* χ^2 *bereits vor.*

7. Vergleich:
2,04 < 16,8, d. h., $\chi^2 < \chi^2_{\alpha;f}$, und deshalb behalten wir H_0 bei. Der Zusammenhang ist also nicht signifikant, d. h. nicht systematisch von Null verschieden.

SPSS-Zugang

Datenart	Vorgehen	Voraussetzungen/Erklärungen
kategorial	Analysieren → Deskriptive Statistiken → Kreuztabellen → Angabe, welche Variable Spalten- und welche Zeilenvariable sein soll → unter „Statistik" „Chi-Quadrat" wählen	

5.1.3 Korrelationsanalyse bei ordinalen Daten

Liegen uns Rangdaten zur statistischen Analyse vor, dann können wir den Rangkorrelationskoeffizienten R (vgl. Abschnitt 2.3.2.4) direkt auf Signifikanz prüfen. Bei ihm sind keine neuen Berechnungen durchzuführen, sondern wir können ihn mit entsprechenden kritischen Werten unmittelbar vergleichen. Die Prüfgröße R berechnet sich nach der Formel:

$$R = 1 - \frac{6 \cdot \sum_i d_i^2}{N \cdot (N^2 - 1)}$$

oder, wenn vorliegende Bindungen mit berücksichtigt werden sollen nach:

$$R_{\text{korr}} = \frac{N(N^2-1) - \frac{1}{2}\sum_j t_j(t_j^2-1) - \frac{1}{2}\sum_k s_k(s_k^2-1) - 6\sum_i d_i^2}{\sqrt{N(N^2-1) - \sum_j t_j(t_j^2-1)} \cdot \sqrt{N(N^2-1) - \sum_k s_k(s_k^2-1)}} \,.$$

Dabei bedeuten:
d_i^2 Quadrat der Rangplatzdifferenz für das Objekt i zwischen der 1. und der 2. Rangreihe
N Anzahl aller Objekte
t_j Zahlen gleicher Rangplätze einer Bindung der 1. Rangreihe
s_k Zahlen gleicher Rangplätze einer Bindung der 2. Rangreihe

Anmerkung: *Wollen wir gruppierte ordinale Daten miteinander bzgl. eines möglichen Zusammenhanges vergleichen, dann müssen wir den Rangkorrelationskoeffizienten* R_g *entsprechend der Formel im Abschnitt 2.3.2.4 berechnen.*

In der Nullhypothese gehen wir davon aus, daß die Merkmale X und Y in der Grundgesamtheit nicht miteinander korrelieren: $\varrho_{XY} = 0$. Die Alternativhypothese besteht dann darin, daß ein Zusammenhang zwischen den Merkmalen in der Grundgesamtheit besteht: $\varrho_{XY} \neq 0$. Für die Entscheidung, ob wir die Nullhypothese annehmen oder ablehnen, vergleichen wir den entsprechenden Rangkorrelationskoeffizienten R (bzw. R_{korr} oder R_g) mit einem kritischen Wert $R_{\alpha;f}$, wobei die Anzahl f der Freiheitsgrade der Anzahl N aller Objekte entspricht. Wir unterscheiden zwei Fälle:

1. Ist $N \leq 30$, dann gilt:
Wenn $|R| \geq R_{\alpha;N}$ ist, dann lehnen wir H_0 ab, d. h., es besteht ein signifikanter Zusammenhang. Die kritischen Werte für $R_{\alpha;N}$ finden wir in der Tafel 18.

2. Ist $N > 30$, so gilt:
   Wenn $|R| \geq r_{\alpha;N-2}$ ist, dann lehnen wir H_0 ab. Die entsprechenden kritischen Werte für $r_{\alpha;N-2}$ können wir der Tafel 8 des Anhanges entnehmen.

Allgemein gilt bei dieser Signifikanzprüfung: Je kleiner N ist, desto größer muß R sein, damit Signifikanz besteht.

Beispiel 5.1/3: Rangplätze ohne Bindungen

Wir greifen an dieser Stelle noch einmal auf das Beispiel im Abschnitt 2.3.2.4 zurück, wo die Frage beantwortet werden sollte, ob es zwischen der Leistung und der sozialen Position in der Gruppe einen Zusammenhang gibt. Folgendes Ergebnis lag vor:

Name	Rainer	Horst	Klaus	Mario	Peter	Tilo
Rp (Leistung)	1	2	3	4	5	6
Rp (Sympathie)	2	3	1	4	6	5

Lösung:
1. Voraussetzungen:
   * Korrelationsanalyse bei ordinalen Daten
   * $N = 6$
2. Hypothesen:
   H_0: $\varrho_{XY} = 0$
   H_1: $\varrho_{XY} \neq 0$ (zweiseitige Fragestellung)
3. Signifikanzniveau aufgrund des Inhalts der Aufgabenstellung:
   $\alpha = 0{,}01$
4. Prüfgröße:
   $$R = 1 - \frac{6 \cdot \sum d_i^2}{N \cdot (N^2 - 1)}$$
5. Kritischer Bereich:
   Da $N = 6$ ist, gilt: Wenn $|R| \geq R_{\alpha;N}$ ist, dann lehnen wir H_0 ab. Dabei ist
   $R_{\alpha;N} = R_{0,01;6} = 1{,}00$
   (vgl. Tafel 18).
6. Berechnung:
   Zuerst bestimmen wir die Rangplatzdifferenzen d_i pro Versuchsperson, quadrieren jede einzeln und addieren diese Quadrate (vgl. Abschnitt 2.3.2.4). Wir erhalten den Wert 8 , also ist
   $$R = 1 - \frac{6 \cdot 8}{6 \cdot (36 - 1)} = 0{,}77$$
7. Vergleich:
   $0{,}77 < 1{,}00$, d. h., $|R| < R_{\alpha;N}$, und deshalb behalten wir H_0 bei. Trotz eines vergleichsweise hohen Zahlenwertes von R ist dieser Korrelationskoeffizient nicht signifikant.

Beispiel 5.1/4: Rangplätze mit Bindungen

Auch hier können wir auf ein bereits diskutiertes Beispiel zurückgreifen (vgl. Abschnitt 2.3.2.4). In einer Untersuchung sollte festgestellt werden, ob es zwischen der Anlaufgeschwindigkeit (in m pro s) und der Sprungweite (in m) beim Weitsprung einen Zusammenhang gibt. Nachfolgende Daten wurden erhoben:

Name	Franziska	Katrin	Stefanie	Isabell	Antje	Melanie
Tempo	12,2	12,4	12,9	12,9	12,9	12,9
Weite	5,30	5,30	5,30	5,20	4,90	4,90

Auf Grund des geringen Stichprobenumfanges wurden den Meßwerten Rangplätze zugewiesen, und sie wurden wie ordinale Daten behandelt.

Rp Tempo	1,0	2,0	4,5	4,5	4,5	4,5	21
Rp Weite	2,0	2,0	2,0	4,0	5,5	5,5	21
$\lvert d_i \rvert$	1,0	0	2,5	0,5	1,0	1,0	
d_i^2	1,0	0	6,25	0,25	1,0	1,0	9,5

Lösung:

1. Voraussetzungen:
   * Korrelationsanalyse bei ordinalen Daten mit Bindungen
2. Hypothesen:
   H_0: $\varrho_{XY(\text{korr})} = 0$
   H_1: $\varrho_{XY(\text{korr})} \neq 0$ (zweiseitige Fragestellung)
3. Signifikanzniveau aufgrund des Inhalts der Aufgabenstellung:
   $\alpha = 0{,}01$
4. Prüfgröße:
$$R_{\text{korr}} = \frac{N \cdot (N^2 - 1) - \frac{1}{2} \sum_j t_j \cdot (t_j{}^2 - 1) - \frac{1}{2} \sum_k s_k \cdot (s_k{}^2 - 1) - 6 \cdot \sum_i d_i^2}{\sqrt{N \cdot (N^2 - 1) - \sum_j t_j \cdot (t_j{}^2 - 1)} \cdot \sqrt{N \cdot (N^2 - 1) - \sum_k s_k \cdot (s_k{}^2 - 1)}}$$
5. Kritischer Bereich:
   Da $N = 6$ ist, gilt: Wenn $|R_{\text{korr}}| \geq R_{\alpha;N}$ ist, dann lehnen wir H_0 ab. Dabei ist
   $R_{\alpha;N} = R_{0,01;6} = 1{,}00$
   (vgl. Tafel 18).
6. Berechnung:
$$R_{\text{korr}} = \frac{6 \cdot (36 - 1) - \frac{1}{2} \cdot 4 \cdot (16 - 1) - \frac{1}{2} \cdot [3 \cdot (9 - 1) + 2 \cdot (4 - 1)] - 6 \cdot 9{,}5}{\sqrt{6 \cdot (36 - 1) - 4 \cdot (16 - 1)} \cdot \sqrt{6 \cdot (36 - 1)[3 \cdot (9 - 1) + 2 \cdot (4 - 1)]}}$$
$$= 0{,}657$$
7. Vergleich:
   $0{,}66 < 1{,}00$, d. h., $|R_{\text{korr}}| < R_{\alpha;N}$, und deshalb behalten wir H_0 bei. Der Zusammenhang zwischen diesen beiden Merkmalen ist nicht signifikant.

SPSS-Zugang

Datenart	Vorgehen	Voraussetzungen/Erklärungen
ordinal	Analysieren → Korrelation → Bivariat … unter Korrelationskoeffizienten „Kendall-Tau-b“ oder „Spearman“ wählen (Wahl, ob ein- oder zweiseitiger Signifikanztest wird voreingestellt mit durchgeführt)	**Rho (nach SPEARMAN)** nur bei N-Personen, die in beiden Variablen gleichabständige Ränge aufweisen (geschieht i. d. R. durch fortlaufende Rangvergabe) **KENDALLS Tau**: es müssen keine gleichabständigen Ränge vorliegen unter „Optionen“ kann gewählt werden, wie Personen mit fehlenden Werten ausgeschlossen werden sollen: **paarweise:** es werden nur die Personen ausgeschlossen, bei denen Werte bei der jeweiligen Variable fehlen **listenweise:** nur die Personen gehen in die Berechnung ein, die bei allen Variablen gültige Werte aufweisen

5.1.4 Korrelationsanalyse bei metrischen Daten

Schließlich gibt uns die Korrelationsanalyse bei metrischen Daten Auskunft darüber, ob der Maßkorrelationskoeffizient r einen signifikanten Zusammenhang zwischen den gemessenen Merkmalen in der Grundgesamtheit anzeigt oder ob sein Zahlenwert nur zufällig von Null abweicht. Die Voraussetzung zum Testen des Maßkorrelationskoeffizienten besteht darin, daß die Verteilung der Daten einer Normalverteilung folgt. Ähnlich der Vorgehensweise bei ordinalen Daten können wir nach CLAUSS/EBNER 1992, S. 275[1)] den Maßkorrelationskoeffizienten direkt mit einem kritischen Wert $r_{\alpha;N-2}$ vergleichen und entscheiden, ob wir die Nullhypothese H_0 annehmen oder ablehnen. Die Nullhypothese geht also von keinem Zusammenhang in der Grundgesamtheit aus, d. h., H_0: $\varrho_{XY} = 0$. Die Alternativhypothese unterstellt eine systematische, d. h. signifikante Abweichung von Null. Bei der Prüfung gilt die Vorschrift: Wenn $|r| \geq r_{\alpha;N-2}$ ist, dann lehnen wir H_0 ab. Die Werte für $r_{\alpha;N-2}$ finden wir in der Tafel 8 des Anhangs. Die Prüfgröße r berechnet sich nach der Vorschrift

$$\boxed{r = \frac{SAQ_{xy}}{\sqrt{SAQ_x \cdot SAQ_y}}}$$

mit

$$SAQ_x = \sum_i x_i^2 - \frac{1}{N}\left(\sum_i x_i\right)^2,$$

$$SAQ_y = \sum_j y_j^2 - \frac{1}{N}\left(\sum_j y_j\right)^2 \qquad \text{und}$$

$$SAQ_{xy} = \sum_{i,j} x_i \cdot y_j - \frac{1}{N}\left(\sum_i x_i\right)\cdot\left(\sum_j y_j\right) \qquad \text{für singuläre Daten.}$$

(Für gruppierte Daten gilt: $SAQ_x = \sum_i n_i x_i^2 - \frac{1}{N}\left(\sum_i n_i x_i\right)^2$, analog für SAQ_y und SAQ_{xy}.)

Diese Vorgehensweise entspricht dem „Normalfall", d. h., wir testen die Nullhypothese, daß es keinen signifikanten Zusammenhang zwischen den Merkmalen in der Grundgesamtheit gibt (vgl. auch Beispiel 5.1/5).

Nun kann aber u. U. auch eine zweite Fragestellung von Interesse sein, nämlich dann, wenn wir wissen wollen, ob ein ganz bestimmter „Grad des linearen Zusammenhanges" in der Grundgesamtheit vorliegt. In einem solchen Fall formulieren wir unsere Erwartung in der Nullhypothese entsprechend. Wenn wir zum Beispiel wissen wollen, ob der Grad des linearen Zusammenhanges $\varrho_{XY} = 0{,}50$ beträgt oder nicht, so lautet H_0: $\varrho_{XY} = 0{,}50$. Wollen wir diese Nullhypothese prüfen, dann transformieren wir den theoretischen Korrelationskoeffizienten ϱ_{XY} der Grundgesamtheit und den empirischen Maßkorrelationskoeffizienten $r = r_{xy}$ jeweils erst mit Hilfe der FISHERschen z-Transformation zu z_0 bzw. z nach: $z = \frac{1}{2} \ln \frac{1+r}{1-r}$. Die Werte für z_0 bzw. z finden wir bei gegebenem ϱ_{XY} bzw. $r = r_{xy}$ in der Tafel 23 des Anhangs. Für den Vergleich gilt hier: Ist $|z - z_0| \cdot \sqrt{N-3} \geq t^{\text{zweis}}_{\alpha;N-2}$, dann lehnen wir H_0 ab. [1)] Die Werte für $t^{\text{zweis}}_{\alpha;N-2}$ entnehmen wir der Tafel 4 des Anhangs (vgl. Beispiel 5.1/6).

[1)] Ursprünglich betrachtet man die Testgröße $t = \frac{r}{\sqrt{1-r^2}} \cdot \sqrt{N-2}$, die unter Gültigkeit von H_0 eine t-Verteilung mit $N-2$ Freiheitsgraden besitzt. Die kritischen Werte $r_{\alpha;N-2}$ in Tafel 8 beziehen sich direkt auf die Testgröße r und wurden durch Umrechnung aus denen der t-Verteilung erhalten.

[1)] Für $N \geq 50$ können wir anstelle von $t^{\text{zweis}}_{\alpha;N-2}$ mit den kritischen Werten $u_{\alpha,\text{zweis}}$ der Normalverteilung arbeiten (vgl. CLAUSS/EBNER, 1992, S.276)

Beispiel 5.1/5: Wir beziehen uns hier noch einmal auf die untersuchte Fragestellung im Abschnitt 2.3.2.3, wo die Frage beantwortet werden sollte, ob es einen Zusammenhang zwischen den Leistungen in einem Kreativitätstest und einem Intelligenztest gibt. Es wurden 10 Versuchspersonen untersucht, und nachfolgendes Ergebnis entstand:

Vp	1	2	3	4	5	6	7	8	9	10	$\sum$
Punkte x_i	23	25	27	26	29	21	24	30	28	22	255
Punkte y_i	11	12	16	14	19	13	18	20	17	15	155

An dieser Stelle interessiert nun, ob der Zusammenhang zwischen diesen beiden Merkmalen in der Grundgesamtheit signifikant von Null abweicht oder nicht.

Zur Berechnung des Maßkorrelationskoeffizienten erweitern wir obige Tabelle um:

x_i^2	529	625	729	676	841	441	576	900	784	484	6585
y_i^2	121	144	256	196	361	169	324	400	289	225	2485
$x_i y_i$	253	300	432	364	551	273	432	600	476	330	4011

Wir erhalten $SAQ_X = 82{,}5$; $SAQ_Y = 82{,}5$ und $SAQ_{XY} = 58{,}5$. Mit diesen Werten können wir dann den Maßkorrelationskoeffizienten r berechnen.

Lösung:

1. Voraussetzungen:
   * Korrelationsanalyse bei metrischen Daten mit Normalverteilung
   * $N = 10$
2. Hypothesen:
   H_0: $\varrho_{XY} = 0$
   H_1: $\varrho_{XY} \neq 0$
3. Signifikanzniveau aufgrund des Inhalts der Aufgabenstellung:
   $\alpha = 0{,}01$
4. Prüfgröße:
   $$r = \frac{SAQ_{xy}}{\sqrt{SAQ_x \cdot SAQ_y}}$$
5. Kritischer Bereich:
   Da die Nullhypothese $\varrho_{XY} = 0$ ist, gilt: Wenn $|r| \geq r_{\alpha;N-2}$ ist, dann lehnen wir H_0 ab. Dabei ist
   $r_{\alpha;N-2} = r_{0{,}01;8} = 0{,}774$
   (vgl. Tafel 8 und dortige Erläuterungen).
6. Berechnung:
   $$r = \frac{58{,}5}{\sqrt{82{,}5 \cdot 82{,}5}} = +0{,}709$$
7. Vergleich:
   $0{,}713 < 0{,}774$, d. h., $|r| < r_{\alpha;N-2}$, und deshalb behalten wir H_0 bei. Wir konnten keinen signifikanten Zusammenhang der beiden Merkmale in der Grundgesamtheit nachweisen.

Beispiel 5.1/6: In einer früheren Untersuchung zum Zusammenhang zwischen der durchschnittlichen Anzahl richtiger Lösungen bei speziellen Schachaufgaben (x_i) und der durchschnittlichen Trainingszeit (y_i) pro sachadäquater Aufgabe wurde ein signifikanter Maßkorrelationskoeffizient von 0,95 in der Grundgesamtheit nachgewiesen. Bei einer 5 Jahre später stattfindenden Wiederholungsuntersuchung bestand das Ziel in der Bestätigung dieser Ergebnisse. Folgende Daten wurden 5 Jahre später erhoben:

Vp	Carina	Sabine	Bärbel	Ulli	Lutz	Inge	Beate	Roland	Ralph	Falk
x_i	12,5	12,7	11,7	12,2	12,9	13,0	12,8	12,6	12,3	13,1
y_i	37,5	37,6	34,6	36,1	38,2	39,0	37,9	37,3	36,4	38,8

Auch hier berechnen wir über die Hilfsgrößen x_i^2,y_i^2 und $x_i y_i$ die Werte für SAQ_x,SAQ_y und SAQ_{xy} (siehe oben) sowie den Maßkorrelationskoeffizienten. Dabei ergibt sich $SAQ_x = 1{,}616$, $SAQ_y = 15{,}964$ und $SAQ_{xy} = 5{,}018$.

Lösung:
1. Voraussetzungen:
   * Korrelationsanalyse bei metrischen Daten mit Normalverteilung
   * $N = 10$
2. Hypothesen:
   H_0: $\varrho_{XY} = 0{,}95$
   H_1: $\varrho_{XY} \neq 0{,}95$ (zweiseitige Fragestellung)
3. Signifikanzniveau aufgrund des Inhalts der Aufgabenstellung:
   $\alpha = 0{,}05$
4. Prüfgröße:
   $|z - z_0| \cdot \sqrt{N-3}$
5. Kritischer Bereich:
   Wenn $|z - z_0| \cdot \sqrt{N-3} \geq t_{\alpha;N-2}$ ist, dann lehnen wir H_0 ab. Dabei ist
   $t_{\alpha;N-2} = t_{0{,}05;8} = 2{,}31$
   (vgl. Tafel 4).
6. Berechnung:
   $$r = \frac{5{,}018}{\sqrt{1{,}616 \cdot 15{,}946}} = \frac{5{,}0180}{5{,}0792} = 0{,}988$$
   $z_{0{,}988} = 2{,}56, z_{0{,}950} = 1{,}83$ (vgl. Tafel 24)
   $|2{,}56 - 1{,}83| \cdot \sqrt{10-3} = 1{,}93$
7. Vergleich:
   $1{,}93 < 2{,}31$, d. h., $|z - z_0| \cdot \sqrt{N-3} < t_{\alpha;N-2}$, und deshalb behalten wir H_0 bei. Der vor 5 Jahren festgestellte Zusammenhang konnte auch bei der Wiederholungsuntersuchung in gleichem Maße bestätigt werden.

SPSS-Zugang

Datenart	Vorgehen	Voraussetzungen/Erklärungen
metrisch	Analysieren → Korrelation → Bivariat ... unter Korrelationskoeffizienten „Pearson“ (Wahl, ob ein- oder zweiseitiger Signifikanztest wird voreingestellt mit durchgeführt)	unter „Optionen“ kann gewählt werden, wie Personen mit fehlenden Werten ausgeschlossen werden sollen: **paarweise:** es werden nur die Personen ausgeschlossen, bei denen Werte bei der jeweiligen Variable fehlen **listenweise:** nur die Personen gehen in die Berechnung ein, die bei allen Variablen gültige Werte aufweisen

5.1.5 Die Regressionsanalyse

Wie bereits in der Einleitung des Abschnittes 5.1 erwähnt wurde, geht die Regressionsanalyse bei der Untersuchung der Meßwertpaare $(x_1, y_1), \ldots, (x_n, y_n)$ von der Vorstellung aus, daß eine der Größen x bzw. y eine unabhängige Variable (sogenannte Einflußgröße oder erklärende Variable) ist und die andere dann eine von ihr abhängige zufällige Größe (sogenannte Zielgröße) darstellt. Man interpretiert die durch die Paare $(x_1, y_1), \ldots, (x_n, y_n)$ gegebene Punktwolke als Ergebnis der Überlagerung eines deterministischen funktionalen Zusammenhanges und zufälliger Störungen und wählt entsprechende Modellansätze. Man sucht geeignete, in Formeln faßbare „mittlere Kurven“, die durch die Punktwolke gelegt werden können. Wir merken an, daß die dabei auftretenden „Näherungsformeln“ nur in dem Bereich der durch die Punktwolke gegebenen x-Werte bzw. y-Werte Gültigkeit haben. In komplizierteren Situationen können auch mehrere Einflußgrößen vorliegen. Ausgangspunkt sind dann nicht Meßwertpaare, sondern „k-dimensionale“ Meßwerte $(x_i^{(1)}, x_i^{(2)}, \dots, x_i^{(k)})$, $i = 1, 2, \dots, n$, die k Meßgrößen $x^{(1)}, x^{(2)}, \dots, x^{(k)}$ und ihre Abhängigkeiten beschreiben. Man spricht dann von mehrfacher Regression, wenn wiederum eine von ihnen (Zielgröße) als Funktion der verbleibenden $x^{(j)}$ aufgefaßt wird. Wir wollen im weiteren nur die einfache Regression (d. h. $k = 2$) betrachten und verweisen für $k > 2$ den interessierten Leser auf weitere Literatur (z. B. FAHRMEIR/HAMERLE, 1984; STORM, R., 1988; HARTUNG/ELPELT/KLÖSENER, 1991; LOHSE/LUDWIG/RÖHR, 1983) sowie entsprechende Computerprogramme.

5.1.5.1 Wahrscheinlichkeitstheoretische Modelle der linearen Regression

5.1.5.1.1 Das Modell I

Dieses Modell entspricht den im Abschnitt 2.3.2.6 durchgeführten empirischen Betrachtungen. Man geht davon aus, daß x eine nicht zufällige unabhängige Variable ist und daß sich die y-Werte in der Form

$$y_i = a + bx_i + \epsilon_i$$

ergeben. Dabei sind a und b gewisse Konstanten und die zufälligen Störungen ϵ_i Realisierungen normalverteilter und wechselseitig unabhängiger Zufallsgrößen mit dem Erwartungswert 0 (d. h., die systematischen Effekte des Zusammenhanges sind vollständig durch $a + bx_i$ beschrieben) und einer von i unabhängigen Varianz σ^2. Es wird trivialerweise vorausgesetzt, daß nicht alle x_i gleich groß sind. Man bestimmt nun aus den konkreten Werten $x_1, \dots, x_n$, und $y_1, \dots, y_n$ nach der Methode der kleinsten Quadrate (vgl. Abschnitt 2.3.2.6) Näherungswerte $\hat{a}$, $\hat{b}$ für die gesuchten Konstanten a, b und kann dann auch entsprechende statistische Tests über spezielle Ausprägungen der Konstanten a,b durchführen (z. B. die Nullhypothese H_0: $a = 0$ testen, vergleiche auch die nachfolgenden Abschnitte). Im einzelnen hatten wir folgende Schätzwerte $\hat{a}$,$\hat{b}$ für a,b erhalten (vgl. Abschnitt 2.3.2.6):

$$\hat{b} = \frac{SAQ_{xy}}{SAQ_x}, \qquad \hat{a} = \overline{y} - \hat{b}\overline{x},$$

mit

$$SAQ_{xy} = \sum_{i=1}^{n}(x_i - \overline{x})(y_i - \overline{y}) = \sum_{i=1}^{n} x_i y_i - n\overline{x} \cdot \overline{y}$$

$$SAQ_x = \sum_{i=1}^{n}(x_i - \overline{x})^2 = \sum_{i=1}^{n} x_i^2 - n\overline{x}^2$$

$$\overline{x} = \frac{1}{n}\sum_{i=1}^{n} x_i, \qquad \overline{y} = \frac{1}{n}\sum_{i=1}^{n} y_i.$$

Wir merken an, daß die sogenannte Reststreuung $s_R^2 = \frac{1}{n-2} SAQ_R$ mit $SAQ_R = \sum_{i=1}^{n}(y_i - \hat{y}_i)^2$, $\hat{y}_i = \hat{a} + \hat{b}x_i$ $(i = 1, 2, \dots, n)$ eine geeignete Schätzung für σ^2 ist. Zugehörige Rechenbeispiele (u. a. zeitliche Entwicklung von Pflanzenhöhen) finden wir im Abschnitt 2.3.2.6.

5.1.5.1.2 Das Modell II

Hier sind im Unterschied zum Modell I auch die x-Werte nicht fehlerfrei gemessen worden, so daß auch sie zufällig ausfallen und somit eine zusätzliche Varianz bei ihnen auftritt. Damit entspricht dies genau der Situation der Kovarianzanalyse, man betrachtet aber auch jetzt die Wertepaare $(x_1,y_1),\ldots,(x_n,y_n)$ „mit den Augen der Regressionsanalyse“ und ermittelt sogenannte Regressionsfunktionen. Wir interessieren uns für den Spezialfall linearer Zusammenhänge. Diese ergeben sich, wenn (X,Y) einer zweidimensionalen Normalverteilung (vgl. Abschnitt 3.3.4) unterliegt, was im weiteren vorausgesetzt werden soll.

Beim Modell II ist sowohl die Schätzung der x_i aus den y_i als auch der y_i aus den x_i möglich. Ein anschauliches Beispiel für diesen Modellgedanken ist die Analyse der Beziehungen zwischen Mathematik- und Physikzensuren. Die Bezeichnungen Einfluß- bzw. Zielgröße sind im Modell II unangepaßt, da einfach das experimentelle Verfahren anders ist. Wir sprechen hier vom Regressanden als geschätzte Größe und vom Regressor als der Größe, die zur Schätzung des Regressanden benutzt wird.

1. Die Regression von Y aus X,
   d. h., die Schätzung von Y auf der Grundlage von X soll betrachtet werden. Mit der Indizierung der Konstanten kennzeichnen wir, welche Variable Regressand und welche Regressor ist. Es bedeuten $\hat{a}_{xy}$, $\hat{b}_{xy}$, daß X aus Y (d. h. X ist Regressand und Y ist der Regressor) geschätzt wird und $\hat{a}_{yx}$, $\hat{b}_{yx}$, daß Y aus X (d. h., Y ist Regressand und X ist Regressor) geschätzt wird. Wir erhalten im letzteren Fall die geschätzte lineare Funktion
   $$\hat{y} = \hat{a}_{yx} + \hat{b}_{yx}x.$$
   Für die Berechnung der Konstanten $\hat{a}_{yx}$, $\hat{b}_{yx}$ gelten wieder die gleichen Formeln wie im Modell I:
   $$\hat{b}_{yx} = \frac{SAQ_{xy}}{SAQ_x} \quad \text{und} \quad \hat{a}_{yx} = \overline{y} - \hat{b}_{yx}\overline{x}.$$
2. Die Regression von X aus Y,
   d. h., die Schätzung von X aus Y. Hier wird also x als lineare Funktion von y dargestellt. Wir ändern entsprechend die Indizierung und erhalten:
   $$\hat{x} = \hat{a}_{xy} + \hat{b}_{xy}y \quad \text{mit}$$
   $$\hat{b}_{xy} = \frac{SAQ_{xy}}{SAQ_y} \quad \text{und} \quad \hat{a}_{xy} = \overline{x} - \hat{b}_{xy}\overline{y}.$$

Nun wird der interessierte Leser feststellen, daß hier der Zusammenhang zum empirischen Korrelationskoeffizienten (vgl. Abschnitt 2.3.2.6), den wir nach

$$r = \frac{SAQ_{xy}}{\sqrt{SAQ_x \cdot SAQ_y}}$$

berechneten, besteht. Wenn wir mit s_x und s_y die empirischen Standardabweichungen der Variablen bezeichnen, dann gilt:

$$\hat{b}_{yx} = r \cdot \frac{s_y}{s_x} \quad \text{und} \quad \hat{b}_{xy} = r \cdot \frac{s_x}{s_y}.$$

Aus 1. und 2. erhalten wir zwei verschiedene Regressionsgeraden, deren Anstieg unterschiedlich ist, die aber beide durch den Punkt $(\overline{x};\overline{y})$ verlaufen. Mit kleiner werdendem $|r|$ wird der Winkel zwischen diesen Geraden immer größer. Bei $r = 0$ stehen diese beiden Geraden senkrecht aufeinander, bei $r = \pm 1$ fallen sie zusammen. Man hat dadurch eine gute Möglichkeit, die absolute Größe $|r|$ des Korrelationskoeffizienten anschaulich darzustellen (vgl. auch das nachfolgende Beispiel).

Wir wollen uns das an einem (fiktiven) Beispiel der bivariablen Leistungen in 2 Lerntests veranschaulichen:

Vp	1	2	3	4	5	6	7	8	9	10	$\sum$
x_i	3	3	5	5	5	7	6	7	4	9	54
y_i	2	3	3	4	4	6	6	6	5	8	47

Im ersten Schritt ergänzen wir zur Rechenvereinfachung unsere Tabelle um die Spalten $x_i y_i$, x_i^2, y_i^2 und um die entsprechenden Zeilensummen:

$x_i y_i$	6	9	15	20	20	42	36	42	20	72	282
x_i^2	9	9	25	25	25	49	36	49	16	81	324
y_i^2	4	9	9	16	16	36	36	36	25	64	251

$$\overline{x} = \frac{54}{10} = 5{,}4, \qquad \overline{y} = \frac{47}{10} = 4{,}7$$

$$SAQ_x = 324 - \frac{1}{10} \cdot 54^2 = 32{,}4, \qquad SAQ_y = 251 - \frac{1}{10} \cdot 47^2 = 30{,}1$$

$$SAQ_{xy} = 282 - \frac{1}{10} \cdot 54 \cdot 47 = 28{,}2.$$

1. Die Regression von Y aus X:

$$\hat{b}_{yx} = \frac{SAQ_{xy}}{SAQ_x} = \frac{28{,}2}{32{,}4} = 0{,}87$$

$$\hat{a}_{yx} = 4{,}7 - 0{,}87 \cdot 5{,}40 = 0{,}002$$

$$\boxed{\hat{y} = 0{,}002 + 0{,}87x.}$$

2. Die Regression von X aus Y:

$$\hat{b}_{xy} = \frac{SAQ_{xy}}{SAQ_y} = \frac{28{,}2}{30{,}1} = 0{,}94$$

$$\hat{a}_{xy} = 5{,}4 - 0{,}94 \cdot 4{,}70 = 0{,}982$$

$$\boxed{\hat{x} = 0{,}982 + 0{,}94y.}$$

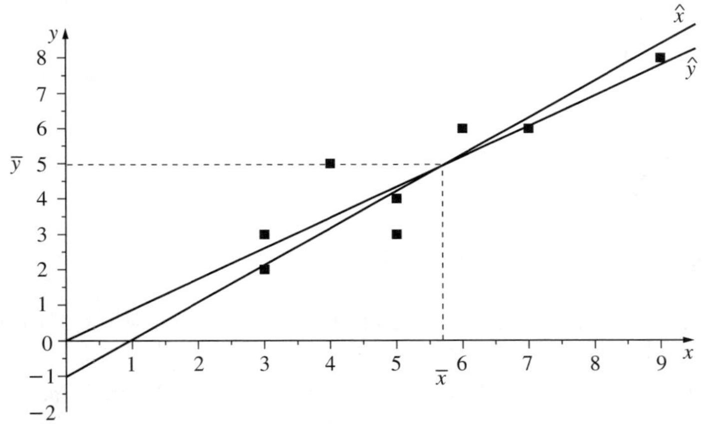

Für den empirischen Korrelationskoeffizienten r erhalten wir hier den Wert

$$r = \frac{SAQ_{xy}}{\sqrt{SAQ_x} \cdot \sqrt{SAQ_y}} = \frac{28{,}2}{\sqrt{32{,}4} \cdot \sqrt{30{,}1}} = 0{,}903.$$

Im Abschnitt 2.3.2.6 hatten wir (bei der linearen Regression im Modell I) den Quotienten $B = \dfrac{SAQ_\mathrm{I}}{SAQ_\mathrm{G}}$ der quadratischen Variationen $SAQ_\mathrm{I} = \sum_{i=1}^{n} (\hat{y}_i - \overline{y})^2$ und $SAQ_\mathrm{G} = \sum_{i=1}^{n} (y_i - \overline{y})^2$, d. h. den Anteil der durch die Regressionsgerade erfaßbaren Variation bzgl. der y-Werte, als Maßzahl für die Güte der Anpassung der Regressionsgeraden an die Wertepaare (x_i,y_i) kennengelernt und Bestimmtheitsmaß genannt. Man kann nun hier im Modell in gleicher Weise vorgehen, wobei man jetzt ein Bestimmtheitsmaß als Anteil der entsprechenden Variationen in den y-Werten und ein Bestimmtheitsmaß als Anteil der Variationen in den x-Werten einführen kann. Es stellt sich heraus, daß beide Bestimmtheitsmaße gleich groß sind und der in x,y symmetrischen Beziehung

$$B = \hat{b}_{xy} \cdot \hat{b}_{yx} = r^2$$

genügen. Diese Tatsache unterstreicht, daß das Bestimmtheitsmaß besonders im Modell II eine angepaßte Kenngröße zur Beantwortung der Frage ist, wie gut die Regressionsanalyse mittels linearer Funktionen einen in den Wertepaaren (x_i,y_i), $i = 1, 2, \ldots, n$, realisierten Zusammenhang erfaßt. Im betrachteten Beispiel erhalten wir den Wert $B = r^2 = 0{,}903^2 = 0{,}815$, d. h., 81,5 % der Variationen der y-Werte bzw. der x-Werte werden durch die lineare Regression aufgeklärt.

5.1.5.2 Die Prüfung für den Regressionskoeffizienten *b* im Modell *I*

Mit diesem Schritt testen wir die Hypothese, daß b einen vorgegebenen Wert b_0 annimmt, also H_0: $b = b_0$. Im Spezialfall $b_0 = 0$ wird damit getestet, ob überhaupt ein „Mittelwertunterschied" zwischen den Meßstellen vorhanden ist. Unsere Prüfgröße berechnen wir (sowohl für Einfach- als auch Mehrfachmessung) nach der Vorschrift:

$$\boxed{t = (\hat{b} - b_0) \cdot \sqrt{n-2} \cdot \sqrt{\frac{SAQ_x}{SAQ_\text{R}}}},$$

wobei $\hat{b} = \dfrac{SAQ_{xy}}{SAQ_x}$ ist und n die Anzahl der Meßwertpaare bezeichnet.

Zur Ermittlung der Hilfsgrößen gelten nachfolgende Berechnungsvorschriften:

$$SAQ_{xy} = \sum_{i=1}^{n} x_i y_i - n\bar{x} \cdot \bar{y};$$

$$SAQ_x = \sum_{i=1}^{n} x_i^2 - n\bar{x}^2;$$

$$SAQ_y = \sum_{i=1}^{n} y_i^2 - n\bar{y}^2 \qquad \text{und}$$

$$SAQ_\text{R} = \sum_{i=1}^{n} (y_i - \hat{y}_i)^2 = SAQ_y - \frac{SAQ_{xy}^2}{SAQ_x}.$$

Zur Entscheidung vergleichen wir unsere Prüfgröße mit dem kritischen Wert $t_{\alpha;k-2}^{\text{zweis}}$, und es gilt: Wenn $|t| \geq t_{\alpha;k-2}^{\text{zweis}}$ ist, dann müssen wir die Nullhypothese $b = b_0$ ablehnen.

Wir wollen nun das im Abschnitt 2.3.2.6 erwähnte Rechenbeispiel bei Mehrfachmessung noch einmal aufgreifen und die Nullhypothese $H_0\colon b = b_0 = 0$ testen.

x_i	2	4	6	8	10	12
y_{ij}	3	3	4	5	7	7
	2	2	3	4	4	5
	4	5	6	6	7	7
	2	3	3	4	4	5
	3	3	4	4	5	6
	1	2	2	3	3	3

Zur Berechnung der Hilfsgrößen erhalten wir:

$$SAQ_{xy} = 130 \qquad \text{(vgl. Abschn. 2.3.2.6)}$$

$$SAQ_x = 420 \qquad \text{(vgl. Abschn. 2.3.2.6)}$$

$$\hat{b} = \frac{130}{420} = 0{,}31 \qquad \text{(vgl. Abschnitt 2.3.2.6)}$$

$$b_0 = 0$$

$$k = 6.$$

Das noch fehlende SAQ_R folgt aus $SAQ_R = SAQ_y - \dfrac{SAQ_{xy}^2}{SAQ_x}$ mit

$$SAQ_y = \sum_{i=1}^{k}\sum_{j=1}^{n_i}(y_{ij} - \overline{y})^2.$$

Es gilt $\overline{y} = 4$, und wir erhalten

$$SAQ_y = (3-4)^2 + (3-4)^2 + \ldots + (7-4)^2 + (2-4)^2 + \ldots + (5-4)^2 + \ldots$$
$$+(1-4)^2 + \ldots + (3-4)^2 = 92$$

Nun ist $SAQ_R = 92 - \dfrac{130^2}{420} = 51{,}76$ und

$$t = (0{,}31 - 0) \cdot \sqrt{36-2} \cdot \sqrt{\frac{420}{51{,}76}} = 5{,}15.$$

Aus der Tafel 4 entnehmen wir für $t^{\text{zweis}}_{\alpha;k-2} = t^{\text{zweis}}_{0{,}01;34}$ nach Interpolation den Wert 2,73. Aus dem Vergleich $5{,}15 > 2{,}73$ folgt, daß b signifikant von Null verschieden ist.

5.1.5.3 Die Prüfung für den Achsenabschnitt *a*

Wir prüfen die Nullhypothese H_0: $a = a_0$. Insbesondere können wir im Falle $a_0 = 0$ damit auch Proportionalität testen. Wenn wir am Ende dieser Prüfprozedur feststellen können, daß a nicht signifikant von Null abweicht, dann können wir von Proportionalität ausgehen. Wir berechnen unsere Prüfgröße nach:

$$\boxed{t = \frac{(\hat{a} - a_0) \cdot \sqrt{n-2}}{\sqrt{SAQ_R} \cdot \sqrt{\dfrac{1}{n} + \dfrac{\overline{x}^2}{SAQ_x}}}}\,.$$

Durch den Vergleich mit $t^{\text{zweis}}_{\alpha;n-2}$ können wir entscheiden, ob wir H_0 annehmen oder ablehnen. Es gilt: Wenn $|t| \geq t^{\text{zweis}}_{\alpha;n-2}$ ist, dann lehnen wir H_0 ab.

Sind wir in der Signifikanzprüfung bei der Regressionsanalyse bis an diese Stelle gekommen, dann stehen uns für die Berechnung von t bereits alle notwendigen Hilfsgrößen zur Verfügung. Im einzelnen sind das, wenn wir das Beispiel der Mehrfachmessung (vgl. Abschnitt 2.3.2.6) weiter bearbeiten:

$$SAQ_R = 51{,}76 \qquad \text{(vgl. Abschn. 5.1.5.2);}$$

$$SAQ_x = 420 \qquad \text{(vgl. Abschn. 2.3.2.6);}$$

$$\overline{x} = 7 \qquad \text{(vgl. Abschn. 2.3.2.6);}$$

$$\hat{a} = 1{,}83 \qquad \text{(vgl. Abschn. 2.3.2.6);}$$

$$a_0 = 0 \qquad \text{(wir testen } H_0\text{: } a = 0\text{) und}$$

$$k = 6$$

Diese Werte setzen wir in obige Formel ein und erhalten dann:

$$t = \frac{1{,}83 \cdot \sqrt{36-2}}{\sqrt{51{,}76} \cdot \sqrt{\frac{1}{36} + \frac{7^2}{420}}} = 3{,}90.$$

Für $t^{\text{zweis}}_{\alpha;n-2} = t^{\text{zweis}}_{0{,}01;34}$ finden wir in der Tafel 4 nach Interpolation den Wert 2,73. Im Vergleich zwischen 3,90 und 2,73 stellen wir fest, daß $|t| > t^{\text{zweis}}_{\alpha;n-2}$ ist. Daraus leitet sich ab, daß a signifikant von Null verschieden ist, also keine Proportionalität vorliegt.

5.1.5.4 Die Prüfung auf Linearität der Regression

Hier wollen wir testen, ob bei den erhobenen Daten eine **lineare** Regression sinnvoll war. Dies können wir nur dann entscheiden, wenn (im Modell I) die Anzahl n der y-Werte größer als die Anzahl k der verschiedenen x-Werte ist, also eine Mehrfachmessung vorliegt. Wir vergleichen die Abweichungen der Mittelwerte $\bar{y}_i$ (innerhalb der zum gleichen Wert x_i gehörenden n_i y-Werte y_{ij}) von der Regressionsgeraden mit den Abweichungen der y-Werte von ihrem Gruppenmittelwert. Dazu betrachten wir also die mittlere Restvarianz:

$$MQ_{\text{R}} = \frac{1}{k-2} SAQ_{\text{R}}$$

$$SAQ_{\text{R}} = \sum_{i=1}^{k} n_i(\hat{y}_i - \bar{y}_i)^2 = SAQ_{\text{Z}} - \frac{SAQ_{xy}}{SAQ_x}$$

mit $SAQ_{\text{Z}} = \sum_{i=1}^{k} n_i(\bar{y}_i - \bar{y})^2$, und die mittlere Abweichung MQ_{I} innerhalb der Gruppen der y-Werte

$$MQ_{\text{I}} = \frac{1}{n-k} \sum_{i=1}^{k} \sum_{j=1}^{n_i} (y_{ij} - \bar{y}_i)^2.$$

Wenn sich die Restvarianz MQ_{R} signifikant vom sogenannten Versuchsfehler MQ_{I} unterscheidet, dann gibt es signifikante nichtlineare Anteile. Zur Signifikanzprüfung nutzen wir also den Quotienten

$$\boxed{F_{\text{R}} = \frac{MQ_{\text{R}}}{MQ_{\text{I}}}},$$

und es gilt: Wenn $F_{\text{R}} \geq F_{\alpha;(k-2);(n-k)}$ ist, dann muß die Linearität der Regression abgelehnt werden.

Wir wollen nun auch die Linearität in unserem Beispiel mit Mehrfachmessung (zum Signifikanzniveau $\alpha = 0{,}05$) testen. Unser Ausgangsmaterial bestand in folgenden Daten:

x_i	2	4	6	8	10	12
y_{ij}	3	3	4	5	7	7
	2	2	3	4	4	5
	4	5	6	6	7	7
	2	3	3	4	4	5
	3	3	4	4	5	6
	1	2	2	3	3	3
S_i	15	18	22	26	30	33
y_i	2,50	3,00	3,67	4,33	5,00	5,50

Wir erhalten:

$$\begin{aligned} MQ_\text{I} &= \frac{1}{36-6}((3-2{,}5)^2+(2-2{,}5)^2+\ldots+(1-2{,}5)^2 \\ &\qquad +(3-3)^2+\ldots(3-2)^2+\ldots+(7-3)^2) \\ &= 1{,}722. \end{aligned}$$

Den Wert SAQ_R berechnen wir wie folgt (mit $\bar{y}=4$; $SAQ_{xy}=130$; $SAQ_x=420$):

$$SAQ_\text{Z} = 6(2{,}5-4)^2+\ldots+6(5{,}5-4)^2 = 40{,}33,$$

$$SAQ_\text{R} = 40{,}33 - \frac{130^2}{420} = 0{,}092.$$

Hieraus folgt:

$$MQ_\text{R} = \frac{0{,}092}{6-2} = 0{,}023.$$

Damit verfügen wir über alle notwendigen Hilfsgrößen zur Berechnung der Testgröße F_R:

$$F_\text{R} = \frac{MQ_\text{R}}{MQ_\text{I}} = \frac{0{,}023}{1{,}722} = 0{,}0133.$$

Wir entnehmen der Tafel 5 für $F_{\alpha;(k-2);(n-k)} = F_{0{,}05;4;30}$ den Wert 2,69 (es ist dabei $f_1 = k-2 = 4$ und $f_2 = n-k = 30$ zu setzen) und vergleichen diesen mit unserer Prüfgröße F_R. Da $0{,}013 < 2{,}69$ ist, können wir davon ausgehen, daß Linearität bei dieser Regression besteht.

SPSS-Zugang

Vorgehen	Voraussetzungen/Erklärungen
Analysieren → Regression → Linear → AV in abhängige Variable und UV in unabhängige Variable eingeben	

5.2 Die Faktorenanalyse

5.2.1 Einleitung

Die Faktorenanalyse ist in ihren Anfängen eng mit der Psychologie verbunden. Der Ausgangspunkt bestand darin, daß aus einer Vielzahl von Verhaltens- oder Fähigkeitskomponenten auf weniger, dafür verantwortliche Ursachen geschlossen werden sollte. Damit war ein zu großer Anspruch an die Faktorenanalyse verbunden. Kausale Beziehungen kann dieses Verfahren, wie übrigens jede Statistik, nicht liefern. Zu entscheiden, ob es sich um Ursache oder Wirkung, um Voraussetzung oder Folgerung handelt – das bleibt immer der Interpretation des Anwenders vorbehalten.

Die Faktorenanalyse ist ein Verfahren, welches aus den Korrelationen von einzelnen Variablen auf Gesamteinflüsse zu schließen versucht. Sie dient demnach der Analyse von Beziehungen zwischen untereinander abhängigen Variablen. Auch wenn nachfolgendes Beispiel wie alle Vergleiche die zu betrachtende Problemstellung nicht vollständig charakterisiert, so möge es doch zur Veranschaulichung der Fragestellung beitragen: Nehmen wir z. B. einen Intelligenztest wie den Hamburg-Wechsler-Intelligenztest für Erwachsene, der aus mehreren Untertests besteht und am Ende eine Gesamtaussage zur getesteten Intelligenz zuläßt. In den Untertests werden Eigenschaften wie Wortschatz, Merkfähigkeit, logisches Denken usw. untersucht. Praktisch ist es aber unmöglich, Untertests so zu konstruieren, daß sie tatsächlich genau nur eine Eigenschaft prüfen. Es ist beispielsweise der Wortschatz in gewisser Weise an die Merkfähigkeit gebunden, diese wiederum wenigstens teilweise an das logische Denken ... Das Problem wird deutlich: Jede Unterleistung kann real von verschiedenen Fähigkeiten abhängen, dieselben Fähigkeiten können in unterschiedliche Testleistungen eingehen. Es kommt also zur Korrelation der Unterleistungen, weil sie zum Teil von gleichen Fähigkeiten beeinflußt werden.

Die Aufgabe der Faktorenanalyse besteht nun darin, diese gemeinsamen Fähigkeiten (die man auch **Faktoren** nennt) innerhalb der Testleistungen einer Stichprobe von Versuchspersonen herauszufinden. Diese Analyse erfolgt durch einen geeigneten mathematischen Apparat, der die Matrizenrechnung benutzt. Die Faktoren werden dann durch sogenannte **Ladungsvektoren** beschrieben, und ein wichtiges Problem des Anwendens besteht darin, die formalen Ergebnisse geeignet, dem Sachverhalt angepaßt zu interpretieren.

Zwei Zufallsvariable X, Y sind voneinander abhängig, wenn ihr Korrelationskoeffizient von Null abweicht (vgl. Abschn. 3.3), und das Vorhandensein einer Abhängigkeit dieser Variablen kann auf drei Deutungen hinweisen:
1. Die Variable X ist die „Ursache" für die Zufallsvariable Y, oder umgekehrt,
2. die Variable Y ist die „Ursache" für die Zufallsvariable X.
3. Ursache der Zufälligkeit von X und Y ist ein dritter, ihnen gemeinsamer Zufallsfaktor.

Liegen nun mehrere, deutlich voneinander abhängige Variable und entsprechend beobachtete empirische Daten vor und können aus Gründen der Sachlogik die ersten beiden Deutungen ausgeschlossen werden, so empfiehlt sich die Anwendung der Faktorenanalyse. Durch die Faktorenanalyse werden „einige wenige", hauptsächliche gemeinsame Einflußgrößen extrahiert und damit eine einerseits möglichst einfache, aber andererseits hinreichend genaue Beschreibung der empirischen Daten angestrebt. Sie wird also dann als methodisches Hilfsmittel eingesetzt, wenn eine Vielzahl von Variablen durch ihre Struktur so miteinander „verwoben" vorliegen, daß es keine zuverlässige Möglichkeit der Elimination einzelner von ihnen mehr gibt.

Generell läßt sich die Faktorenanalyse bei mehreren Arten von Daten, d. h. bei alternativen, ordinalen und metrischen, durchführen. Ausgangspunkte sind die vom Datenniveau abhängigen empirischen Korrelationskoeffizienten (vgl. Abschn. 2.3.2.3) und die daraus entstehenden Korrelationsmatrizen. Nachfolgend soll stellvertretend die Herleitung für den Fall metrischer Daten mit Normalverteilung erfolgen. Die Zusammenhänge zwischen den Variablen werden also durch den Maßkorrelationskoeffizienten r beschrieben. Für andere Ausgangssituationen sei an dieser Stelle auf entsprechende Fachliteratur (z. B. W. Jahn & H. Vahle 1970; J. Adam, J.-H. Scharf & H. Enke 1977) verwiesen. Ausgangspunkt sind also mehrere metrisch skalierte Zufallsvariable, von denen Stichproben im Umfang einer bestimmten Anzahl von Versuchspersonen vorliegen. In Abhängigkeit von der Fragestellung unterscheiden wir 3 sogenannte Techniken:
1. Bei der R-Technik werden die empirischen Korrelationen zwischen den Zufallsvariablen auf der Grundlage der Stichproben über die Personen untersucht.
2. Bei der Q-Technik liegen die gleichen Daten zugrunde, untersucht werden aber jetzt Abhängigkeiten zwischen den Versuchspersonen, und man interpretiert die Variablen als Stichprobe.
3. Bei der P-Technik werden die Daten zu verschiedenen Zeitpunkten erhoben und Korrelationen zwischen den Zeitpunkten untersucht. Hier werden Variable und Versuchspersonen als Stichprobe interpretiert.

5.2.2 Darstellung und Ansatz der Faktorenanalyse

Ausgangspunkt sind k Zufallsgrößen $X_1, X_2, \ldots, X_k$, von denen jeweils n Realisierungen vorliegen. Als Untersuchungsergebnis liegen also Meßwerte x_{ij} vor, wobei der Index i von 1 bis k für die verschiedenen Variablen (z. B. Untertests im Intelligenztest) und der Index j von 1 bis n für die verschiedenen Versuchspersonen läuft. Im diskutierten Beispielfall wird die R-Technik betrachtet und Normalverteilung der Daten zugrundegelegt. Unterschiede der Variablen sind nur im Mittelwert und in den Streuungen vorhanden, die durch eine entsprechende Standardisierung der Form

$$U_i = \frac{X_i - \mu_i}{\sigma_i} \quad \text{für die Zufallsgrößen und} \quad u_{ij} = \frac{x_{ij} - \overline{x}_i}{s_i}$$

für die entsprechenden Daten eliminiert werden. Dabei ist $\overline{x}_i$ der arithmetische Mittelwert für die Variable X_i über alle Versuchspersonen und s_i die dazugehörige Standardabweichung. Die Abhängigkeiten zwischen den Variablen drücken sich in paarweisen Korrelationskoeffizienten aus, deren empirische Realisierungen (zwischen den Variablen X_i und X_l) in der Form

$$r_{il} = \frac{\sum_j (x_{ij} - \overline{x}_i) \cdot (x_{lj} - \overline{x}_l)}{(n-1) \cdot s_i \cdot s_l} = \frac{1}{n-1} \cdot \sum_{j=1}^{n} u_{ij} \cdot u_{lj}$$

vorliegen. Wir fassen sie zur empirischen Korrelationsmatrix

$$\underline{\mathbf{R}} = \begin{pmatrix} r_{11} & r_{12} & \dots & r_{1k} \\ r_{21} & r_{22} & \dots & r_{2k} \\ \vdots & \vdots & \ddots & \vdots \\ r_{k1} & r_{k2} & \dots & r_{kk} \end{pmatrix}$$

zusammen. Sie ist eine symmetrische, quadratische Matrix der Ordnung k, deren Hauptdiagonalelemente identisch 1 sind (vgl. Abschnitt 6.3). Man geht nun davon aus, daß die Korrelationen zwischen den Variablen X_i bzw. U_i durch gewisse andere Zufallsgrößen $F_1, F_2, \dots, F_m$, sogenannte Faktoren, erklärt werden können und wählt die einfachste Form der funktionalen Abhängigkeit, die durch den linearen Ansatz in der Form

$$U_i = a_{i1}F_1 + a_{i2}F_2 + \dots + a_{im}F_m + a_iS_i$$

für die Zufallsgrößen, und entsprechend

$$u_{ij} = a_{i1}f_{1j} + a_{i2}f_{2j} + \dots + a_{im}f_{mj} + a_is_{ij}.$$

für die einzelnen Daten gegeben ist. Hierbei bedeuten:

$F_1, \dots, F_m$ Zufallsgrößen (**Faktoren**), die standardisiert normalverteilt sind;

$S_1, \dots, S_k$ die sogenannten **spezifischen Faktoren**, die ebenfalls standardisierte und normalverteilte Zufallsgrößen sind;

a_{il} gewisse Konstanten, die sogenannten „**Faktorenladungen**“; a_{il} ist das Gewicht des Faktors F_l in der Variablen X_i ($l = 1 \dots m, i = 1 \dots k$);

a_i eine Konstante, die sogenannte **Ladung** von X_i in ihrem spezifischen Faktor S_i, der in den anderen Variablen nicht vorkommt ($i = 1 \dots k$);

f_{lj} die sogenannten „**Faktorwerte**“, d. h., f_{lj} ist die Realisierung des Faktors F_l bei der Versuchsperson j (entspricht der Stärke dieser Fähigkeit), wobei $l = 1 \dots m$ und $j = 1 \dots n$;

s_{ij} der Meßwert des spezifischen Faktors S_i bei der Versuchsperson j ($i = 1 \dots k$ und $j = 1 \dots n$).

Die wesentliche Aufgabe besteht nun darin, geeignete Faktorenladungen a_{il} zu bestimmen und zu interpretieren. Konkret heißt dies, daß auf der Grundlage der bekannten empirischen Korrelationskoeffizienten möglichst gute Näherungen für gesuchte Faktorladungen ermittelt werden sollen. Wir bezeichnen solche Näherungen ebenfalls wieder mit a_{il}.

Nun können wir auf eine vereinfachte Beschreibung zurückgreifen, wenn wir davon ausgehen, daß die gemeinsamen und spezifischen Faktoren in ihrer Gesamtheit voneinander unabhängig sind. Unter dieser Voraussetzung der Unabhängigkeit, der Standardisierung (d. h. die Mittelwerte sind Null und die Streuungen sind 1) und der Annahme, daß die Anzahl n der Versuchspersonen hinreichend groß ist, läßt sich daraus die folgende Bestimmungsgleichung für die Näherungswerte a_{il} in sinnvoller Weise angeben:

$$\boxed{r_{il} = a_{i1}a_{l1} + a_{i2}a_{l2} + \dots + a_{im}a_{lm}} \quad \text{für} \quad i, l = 1, \dots, m \text{ und } i \neq l \qquad [*].$$

Wir bezeichnen diese Formel mit [*] und werden auf sie noch zurückkommen.

Führen wir die (k,m)-Matrix $\underline{\mathbf{A}} = (a_{il})$ der Faktorladungen ein, so beschreibt zunächst der i-te Zeilenvektor $\underline{\mathbf{a}}_i = (a_{i1}, \ldots, a_{im})$ die Faktorladungen der Zufallsvariable X_i $(i = 1, \ldots, k)$. Die Gleichung [*] bedeutet dann, daß r_{il} das Skalarprodukt des i-ten mit dem l-ten Zeilenvektor von $\underline{\mathbf{A}}$ ist: $r_{il} = \underline{\mathbf{A}}_{\mathrm{I}} \cdot \underline{\mathbf{A}}_l$. Unter Benutzung des Matrizenproduktes kann man die Gleichung [*] kompakt in der Form $\underline{\mathbf{R}} = \underline{\mathbf{A}} \cdot \underline{\mathbf{a}}^{\top}$ schreiben, wenn man von den Diagonalelementen r_{ii} absieht. Für $i = l$ gilt Gleichung [*] nämlich nicht. Die Zahlen r_{ii} sind die empirischen Gesamtvarianzen der Zufallsvariablen X_i, und diese waren wegen der vorausgesetzten Standardisierung gleich 1:

$$r_{ii} = \frac{1}{n-1} \sum_{j=1}^{n} u_{ij}{}^2 = s_i{}^2 = 1.$$

Legt man jedoch den allgemeinen Ansatz der Faktoranalyse zugrunde, so hat man noch die spezifischen Faktorladungen a_i zu berücksichtigen und kann analog zur Herleitung von [*] aus den Unabhängigkeitsvoraussetzungen die Beziehung

$$r_{ii} = (a_{i1}{}^2 + a_{i2}{}^2 + \ldots + a_{im}{}^2) + a_i{}^2$$

erhalten. Den Ausdruck in Klammern bezeichnen wir als „**Kommunalität**" oder Gemeinsamkeit:

$$\boxed{h_i^2 = a_{i1}^2 + a_{i2}^2 + \ldots + a_{im}^2} \qquad [**],$$

d. h., das ist der Anteil aus der Varianz von X_i, der aus allen gemeinsamen Faktoren geklärt werden kann. Zum Beispiel bedeutet $h_i{}^2 = 0{,}80$, daß 80 % der Varianz von X_i durch gemeinsame Faktoren und 20 % der Varianz von X_i durch spezifische Faktoren aufgeklärt werden. Auch auf die mit [**] gekennzeichnete Formel kommen wir noch einmal zurück.
Geeignete Werte für a_{il} können aus [*] und [**] nach verschiedenen Verfahren bestimmt werden:

1. Die Zentroidmethode (auch Schwerpunktmethode) nach THURSTONE

Sie ist problemlos mit dem Taschenrechner zu bearbeiten, erfüllt aber nicht alle Gütekriterien. Allerdings ist sie praktisch oft ausreichend. Ihr Problem besteht darin, daß man die statistischen Eigenschaften der so gewonnenen Schätzwerte nicht kennt. Infolgedessen können nachfolgend keine Signifikanztests durchgeführt werden.

2. Die Hauptachsenmethode nach PEARSON

Diese Methode wurde von HOTELLING und THURSTONE unter Berücksichtigung statistischer Besonderheiten weiterentwickelt. Hier werden die Faktorenladungen schrittweise, d. h. iterativ, so bestimmt, daß die Beträge der Faktoren zur Varianz der Merkmale ein Maximum darstellen. Diese Methode ist im Vergleich zur ersten sehr rechenaufwendig und verfolgt das Ziel, die Merkmale in voneinander unabhängige Merkmalskomplexe zu überführen. Die Anzahl dieser Faktoren ist dann vorerst gleich der Anzahl der Ausgangsmerkmale. Nach entsprechenden Signifikanztests zeigt sich häufig, daß einige Dimensionen keinen signifikanten Beitrag zur Gesamtvarianz liefern und deshalb vernachlässigt werden können. Es kommt im Endeffekt also auch zur Reduktion.

3. Die Maximum-Likelihood-Methode nach LAWLEY

Sie ist die rechenaufwendigste Methode. Ihre Ergebnisse erfüllen alle Gütekriterien. Die Maximum-Likelihood-Methode ist eine Verallgemeinerung der GAUSSschen Methode der kleinsten Quadrate. Sie führt zu unverzerrten und konsistenten Faktorenschätzungen. Auch hier werden die Schätzwerte iterativ gewonnen, wobei das Verfahren um so schneller konvergiert, je besser der erste Näherungswert für die Schätzung war.

Bei der Faktorenanalyse treten aber einige Probleme auf, die wir hier kurz erwähnen möchten (ausführliche Diskussionen findet der Leser z. B. bei W. JAHN & H. VAHLE 1970).

Da ist zum ersten das sogenannte Kommunalitätenproblem. Die Bestimmung von Schätzwerten für die Faktorenladungen setzt die Kenntnis der Kommunalitäten h_i^2 voraus. Da der spezifische Faktor unbekannt ist, sind diese eigentlich nur aus den Faktorenladungen a_{il} zu erhalten. Diese kennen wir aber nicht. Aus diesem Grund empfiehlt sich folgende Vorgehensweise:

a) Wir starten mit angenommenen Kommunalitäten $\tilde{h}_i^2$, meist in Form von $\tilde{h}_i^2 = \max\limits_j |r_{ij}|$, d. h., wir benutzen den Betrag der größten Korrelation zu anderen Variablen ($i = 1, \ldots, k$).

b) Mit dieser Annahme bestimmen wir Schätzwerte $\tilde{a}_{il}$ für die Faktorenladungen.

c) Nun berechnen wir aus diesen Faktorenladungen neue geschätzte Kommunalitäten nach: $\tilde{\tilde{h}}_i^2 = \tilde{a}_{i1}^2 + \tilde{a}_{i2}^2 + \ldots + \tilde{a}_{im}^2$.

d) Bei großen Abweichungen, d. h., wenn $|\tilde{h}_i^2 - \tilde{\tilde{h}}_i^2| > 0{,}05$ ist, führen wir auf iterativem Weg eine zweite Schätzung der a_{il} mit Hilfe von $\tilde{\tilde{h}}_i^2$ durch.

Zu den Problemen bei der Faktorenanalyse zählt auch die Anzahl der Faktoren. Die tatsächlich „richtige“ Anzahl m ist uns nicht bekannt. Allerdings hängt davon am Ende die Güte der Beschreibung der ursprünglichen Daten ab. Die Schätzmethoden zur Bestimmung der a_{il} berücksichtigen schrittweise immer einen weiteren Faktor. Wann sollte damit abgebrochen werden? Dafür können wir folgende Empfehlung geben: Sind wir bei den Schätzwerten a_{il} mit unserem Verfahren angelangt, so vergleichen wir nach BURT die Übereinstimmung zwischen r_{il} und $\tilde{r}_{il}$ mit

$$\tilde{r}_{il} = \tilde{a}_{i1}\tilde{a}_{l1} + \tilde{a}_{i2}\tilde{a}_{l2} + \ldots + \tilde{a}_{im}\tilde{a}_{lm}.$$

Mit Hilfe der FISHERschen z-Transformation geht zunächst r_{il} in z_{il} und $\tilde{r}_{il}$ in $\tilde{z}_{il}$ über. Wir bestimmen eine Prüfgröße χ^2 nach

$$\chi^2 = (n-3) \cdot \sum_i \sum_l (z_{il} - \tilde{z}_{il})^2$$

und vergleichen diese mit dem kritischen Wert $\chi^2_{\alpha;f}$ der χ^2-Verteilung. Die Anzahl f der Freiheitsgrade berechnen wir nach $f = \frac{1}{2}[(k-m)^2 - (k+m)]$, wobei k die Anzahl der Variablen und m die Anzahl der extrahierten Faktoren ist. Wenn $\chi^2 \leq \chi^2_{\alpha;f}$ ist, dann brechen wir die Extraktion von Faktoren ab. Als Orientierung sollte aber $m \leq 0{,}5 \cdot (2k + 1 - \sqrt{8k+1})$ erfüllt sein, d. h., bei $k = 3$ oder 4 sollte m höchstens 1, bei $k = 5$ sollte m höchstens 2 und bei $k = 6$ sollte m höchstens 3 sein.

Schließlich wollen wir noch auf das Rotationsproblem bei der Faktorenanalyse eingehen. Die Faktorenladungen $\underline{\mathbf{A}} = (a_{ir})$ sind nicht eindeutig aus $\underline{\mathbf{R}} = (r_{il})$ zu bestimmen. Wir ordnen der Variablen X_i den Ladungsvektor $\underline{\mathbf{A}}_i = (a_{i1}, \ldots, a_{im})$ als Punkt in einem m-dimensionalen Koordinatensystem zu. Jeder Faktor entspricht dabei einer Koordinatenachse. **Alle Faktorenladungen, die durch orthogonale Drehung aus den a_i hervorgehen, sind ebenfalls Lösungen des Schätzverfahrens.** Wir veranschaulichen uns dies im Fall $m = 2$:

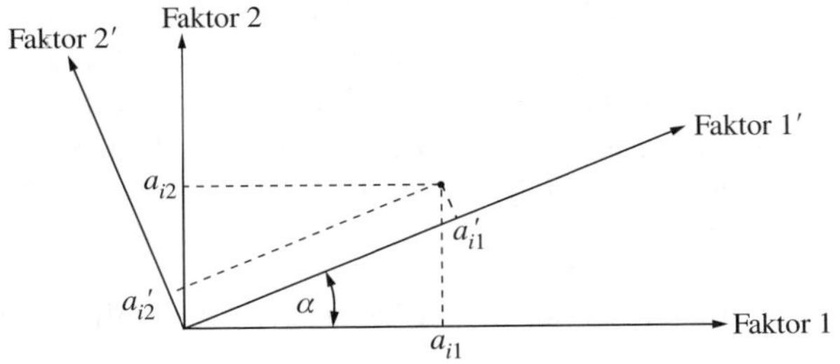

Dabei ist α der Drehwinkel, und es gelten die Gleichungen

$$a_{i1} = a_{i1}' \cdot \cos\alpha - a_{i2}' \cdot \sin\alpha \quad \text{und}$$

$$a_{i2} = a_{i1}' \sin\alpha + a_{i2}' \cos\alpha.$$

Durch das Einsetzen in die Formel $r_{il} = a_{i1} \cdot a_{l1} + a_{i2} \cdot a_{l2}$ kann unter Benutzung von $\sin^2 \alpha + \cos^2 \alpha = 1$ bewiesen werden, daß auch $r_{il} = a_{i1}' \cdot a_{l1}' + a_{i2}' \cdot a_{l2}'$ ist. Falls keine anderen inhaltlichen Gesichtspunkte existieren, dann sollten wir eine möglichst einfache Darstellung der Variablen anstreben. Dazu werden drei Vorgehensweisen empfohlen:

1. Das Prinzip der positiven Mannigfaltigkeit nach LIENERT
   Es besteht darin, daß wir die Drehung möglichst so realisieren sollten, daß keine großen negativen Ladungen vorkommen.
2. Das Prinzip der Einfachstruktur nach THURSTONE
   Von einer einfachen Faktorenmatrix sprechen wir dann, wenn an einigen Stellen hohe Ladungen, an anderen Stellen niedrige (Nulladungen) stehen. Dies vereinfacht entscheidend die nachfolgende Interpretation. Der Autor fordert folgende Bedingungen zur Herstellung der Einfachstruktur:
   a) Jede Variable (Zeile) soll mindestens 1 Nulladung haben.
   b) Jeder Faktor (Spalte) soll mindestens m Nulladungen haben, wobei m die Anzahl der Faktoren ist.
   c) Bei je 2 Faktoren (Spaltenpaar)
   – sollen einige Variablen in beiden Faktoren hohe Ladungen,
   – können einige Variablen in beiden Faktoren Nulladungen,
   – müssen einige Variablen in beiden Faktoren unterschiedliche Ladungen
   haben.
3. Das Prinzip der maximalen Varianz nach KAISER
   Die Varimax-Methode erfordert den Einsatz von Rechnerprogrammen.

Die Faktorenanalyse wurde in den letzten Jahren weiterentwickelt und vervollkommnet. Trotzdem gibt es noch eine Reihe offener Fragen. So fordert HORST z. B. für den Einsatz der R-Technik, daß mindestens dreimal so viele Versuchspersonen wie extrahierte Faktoren ($n \geq 3m$) notwendig sind, PAWLIK fordert 60–80 Versuchspersonen ($n \geq$ 60–80).

Auch bzgl. der Stichprobenauswahl sollte der Anwender verantwortungsbewußt entscheiden. Bilden wir eine Variablenstichprobe (z. B. Auswahl verschiedener Tests), so sollte gesichert sein, daß sie für das Anliegen tatsächlich geeignet sind. Es geht also um die Frage der Validität. Untersuchen wir Personenstichproben, so sollte gewährleistet sein, daß deren Verhalten typisch ist für das Verhalten der meisten Menschen, also die Frage der Repräsentativität.

Abschließend wollen wir uns nun noch mit dem Problem der Bestimmung der Faktorwerte f_{ij} für die Versuchspersonen auseinandersetzen. Diese erfolgt für jede Versuchsperson j aus den Schätzwerten a_{il} und den standardisierten Meßwerten u_{ij}. Diese erfolgt in der Weise, daß zusätzlich die Summe $\sum_i (a_i \cdot s_{ij})$ minimal wird. Unter Benutzung der Methode der kleinsten Quadrate erhält man hieraus ein lineares Gleichungssystem für die Größen f_{ij} mit $i = 1, \ldots, m$ und löst dieses mit Hilfe der Lösungsmethoden für lineare Gleichungssysteme mit mehreren Unbekannten.

Für ein umfassenderes Eindringen in die vielen Teilprobleme im Zusammenhang mit der Faktorenanalyse wird dem Leser die Lektüre der eingangs zitierten Literatur empfohlen.

Wir wollen abschließend anhand eines Rechenbeispieles einen ersten Eindruck vermitteln. Dabei kann der Ablaufplan der Faktorenanalyse wie folgt schematisiert werden:

1. Wir erheben die Meßwerte x_{ij}.
2. Wir bilden daraus standardisierte Meßwerte u_{ij}.
3. Wir bestimmen dann die paarweisen Korrelationskoeffizienten r_{il} der Variablen und schätzen daraus die Kommunalitäten.
4. Nachfolgend berechnen wir geschätzte Faktorenladungen $\tilde{a}_{ir}$.
5. Wir rotieren die Faktorenladungen zu $\tilde{a}'_{ir}$.
6. Abschließend bestimmen wir die zugehörigen Faktorwerte $\tilde{f}_{rj}$.
7. Für den 5. und 6. Schritt können wir Signifikanztests durchführen.

5.2.3 Ein Rechenbeispiel der Faktorenanalyse

Die Faktorenanalyse beinhaltet eine ganze Sammlung mathematisch-statistischer Methoden. Wir wollen an einem verkürzten Beispiel nun die allgemeine Vorgehensweise der Faktorenanalyse bei der Zentroidmethode kennenlernen. Wenn wir uns nachfolgend die allgemeine Prozedur veranschaulichen, so ist bereits vorab festzustellen, daß es sehr viele verschiedene Möglichkeiten gibt, Faktoren zu extrahieren. Einschränkend wollen wir anmerken, daß die Zentroidmethode aus den im Abschn. 5.2.2 genannten Gründen heute eher selten zur Anwendung kommt. Typischer ist der Einsatz der Hauptachsenmethode (auch Hauptkomponentenmethode genannt), da bei faktorenanalytischen Auswertungen heutzutage Rechner mit entsprechender Statistik-Software benutzt werden. Um aber – vor allem aus methodischen Gründen – das vollständige Nachvollziehen des Rechenbeispieles an dieser Stelle „per Hand“ zu ermöglichen, rechnen wir mit der Zentroidmethode. Ein Rechenbeispiel für eine Hauptkomponentenanalyse findet der interessierte Leser bei BORTZ (1993, S. 484 ff.).

Im Ergebnis einer Untersuchung von 80 Versuchspersonen lagen metrische Daten mit Normalverteilung vor, die wir entsprechend der eingangs genannten Formel bereits standardisiert haben. Danach bildeten wir zwischen den 5 untersuchten Variablen die Maßkorrelationskoeffizienten (vgl. Abschnitt 2.3.2.3), und es entstanden nachfolgende, signifikante Zusammenhänge:

$$\begin{array}{llll} r_{12} = 0{,}80 & r_{23} = 0{,}30 & r_{34} = 0{,}20 & r_{45} = 0{,}10 \\ r_{13} = 0{,}20 & r_{24} = 0{,}70 & r_{35} = 0{,}90 & \\ r_{14} = 0{,}90 & r_{25} = 0{,}40 & & \\ r_{15} = 0{,}20 & & & \end{array}$$

Aus diesen Daten bilden wir zunächst die Korrelationsmatrix:

r_{il}	1	2	3	4	5
1	–	0,80	0,20	0,90	0,20
2	0,80	–	0,30	0,70	0,40
3	0,20	0,30	–	0,20	0,90
4	0,90	0,70	0,20	–	0,10
5	0,20	0,40	0,90	0,10	–

In die leeren Diagonalfelder tragen wir nicht den Wert 1 ein, sondern ergänzen gleich durch den höchsten Wert pro Zeile der Korrelationskoeffizienten als Schätzwert h_i^2 für Kommunalitäten. Wir erhalten:

r_{il}	1	2	3	4	5
1	**0,90**	0,80	0,20	0,90	0,20
2	0,80	**0,80**	0,30	0,70	0,40
3	0,20	0,30	**0,90**	0,20	0,90
4	0,90	0,70	0,20	**0,90**	0,10
5	0,20	0,40	0,90	0,10	**0,90**

Beim ersten Schritt unterstellt man, daß eine Beschreibung mit nur einem Faktor möglich, also $m = 1$, ist. Wir bilden pro Spalte die Summen S_{i1} über alle Korrelationskoeffizienten, einschließlich der in die Diagonalfelder eingesetzten Werte, addieren alle S_{i1} zur Gesamtsumme S_1 und ziehen daraus die Wurzel:

r_{il}	1	2	3	4	5	$\sum$
1	**0,90**	0,80	0,20	0,90	0,20	
2	0,80	**0,80**	0,30	0,70	0,40	
3	0,20	0,30	**0,90**	0,20	0,90	
4	0,90	0,70	0,20	**0,90**	0,10	
5	0,20	0,40	0,90	0,10	**0,90**	
$\sum$	3,00	3,00	2,50	2,80	2,50	13,80

$$\sqrt{S_1} = \sqrt{13{,}80} = 3{,}71.$$

Es läßt sich nun aus den Gleichungen [$*$] für $m = 1$ herleiten, daß die Faktorenladungen $\tilde{a}_{i1}$ dadurch bestimmt werden, daß wir die Spaltensummen S_{i1} jeweils durch die Wurzel aus der Gesamtsumme S_1 dividieren:

$$\tilde{a}_{i1} = \frac{S_{i1}}{\sqrt{S_1}}, \qquad i = 1, \ldots, 5, \text{ d. h.}$$

$$\tilde{a}_{11} = \frac{3{,}00}{3{,}71} = 0{,}81; \qquad \tilde{a}_{21} = \frac{3{,}00}{3{,}71} = 0{,}81; \qquad \tilde{a}_{31} = \frac{2{,}50}{3{,}71} = 0{,}67$$

$$\tilde{a}_{41} = \frac{2{,}80}{3{,}71} = 0{,}76; \qquad \tilde{a}_{51} = \frac{2{,}50}{3{,}71} = 0{,}67.$$

Danach schätzen wir die Korrelation unter Benutzung des 1. Faktors und erhalten: ${}_1\tilde{r}_{il} = \tilde{a}_{i1}\tilde{a}_{l1}$, die Werte $\tilde{a}_{i1}$ ergeben also nachfolgende Tabelle:

${}_1\tilde{r}_{il}$	1	2	3	4	5
1	0,66	0,66	0,54	0,62	0,54
2	0,66	0,66	0,54*	0,62	0,54
3	0,54	0,54	0,45	0,51	0,45
4	0,62	0,62	0,51	0,58	0,51
5	0,54	0,54	0,45	0,51	0,45
$\sum$	3,02	3,02	2,49	2,84	2,49

Als Kontrollmöglichkeit gilt hier: Die Spaltensummen müssen rund S_{i1} entsprechen.
* Rechenbeispiel für dieses Feld:

$${}_1\tilde{r}_{23} = \tilde{a}_{21} \cdot \tilde{a}_{31} = 0{,}81 \cdot 0{,}67 = 0{,}54$$

Nachfolgend bilden wir die erste sog. Restkorrelationsmatrix nach der Formel ${}_1r_{il} = r_{il} - {}_1\tilde{r}_{il}$, d. h., wir ziehen von der Matrix $\underline{\mathbf{R}} = (r_{il})$ die Matrix $\underline{\tilde{\mathbf{R}}} = ({}_1\tilde{r}_{il})$ mit Kommunalitätenschätzung ab. Wir erhalten:

${}_1r_{il}$	1	2	3	4	5
1	+0,24	+0,14	−0,34	+0,28	−0,34
2	+0,14	+0,14	−0,24*	+0,08	−0,14
3	−0,34	−0,24	+0,45	−0,31	+0,45
4	+0,28	+0,08	−0,31	+0,32	−0,41
5	−0,34	−0,14	+0,45	−0,41	+0,45
$\sum$	−0,02	−0,02	+0,01	−0,04	+0,01

Als Kontrollmöglichkeit dienen uns hier die Spaltensummen, die näherungsweise Null sein müssen.
* Rechenbeispiel für dieses Feld:

$${}_1r_{23} = r_{23} - {}_1\tilde{r}_{23} = 0{,}30 - 0{,}54 = -0{,}24$$

Nun ist zu entscheiden, ob wir an dieser Stelle die Extraktion der Faktoren bereits abbrechen oder ob wir noch weitere Faktoren extrahieren sollten. Nachfolgende Tabelle hilft uns bei der Abbruchentscheidung (wobei die z-Werte entsprechend der FISHERschen z-Transformation aus den Werten der Korrelationskoeffizienten entstehen – vgl. Tafel 23):

i	l	r_{il}	${}_1\tilde{r}_{il}$	z_{il}	${}_1\tilde{z}_{il}$	$\lvert z_{il} - {}_1\tilde{z}_{il}\rvert$	$\lvert z_{il} - {}_1\tilde{z}_{il}\rvert^2$
1	2	0,80	0,66	1,10	0,79	0,31	0,0961
1	3	0,20	0,54	0,20	0,60	0,40	0,1600
1	4	0,90	0,62	1,47	0,72	0,75	0,5625
1	5	0,20	0,54	0,20	0,60	0,40	0,1600
2	3	0,30	0,54	0,31	0,60	0,29	0,0841
2	4	0,70	0,62	0,87	0,72	0,15	0,0225
2	5	0,40	0,54	0,42	0,60	0,18	0,0324
3	4	0,20	0,51	0,20	0,56	0,36	0,1296
3	5	0,90	0,45	1,47	0,48	0,99	0,9801
4	5	0,10	0,51	0,10	0,56	0,46	0,2116
$\sum$							2,4389

$$\chi^2 = (n-3)\sum_i \sum_l (z_{il} - {}_1\tilde{z}_{il})^2 = 77 \cdot 2{,}4389 = 187{,}80$$

$$f = 0{,}5[(k-m)^2 - (k+m)] = 0{,}5[(5-1)^2 - (5+1)] = 5$$

$$\chi^2_{\alpha;f} = \chi^2_{0,05;5} = 11{,}1 \quad \text{(vgl. Tafel 3)}$$

Vergleich: $187{,}8 > 11{,}1$, d. h., $\chi^2 > \chi^2_{\alpha;f}$, und deshalb brechen wir an dieser Stelle die Extraktion von Faktoren noch nicht ab.

Anmerkung: *In der Literatur gibt es eine Vielzahl von Vorschlägen, wann man die Extraktion von Faktoren abbrechen sollte. Im Beispiel wurde das* BURT*-Kriterium genutzt. Eine andere Möglichkeit ist das sog.* KAISER-GUTTMAN*-Kriterium. Es verlangt, daß alle Faktoren mindestens eine Varianz von 1 aufklären, d. h., jeder Faktor klärt mindestens soviel Varianz auf wie die Ausgangsvariablen. Besonders bei großen Variablenzahlen wird dann die Faktorenanalyse aber ihrer variablenreduzierenden Funktion nicht mehr gerecht. Entsprechend merkt* BORTZ *(1993, S. 503) auch zu recht an, daß die Voreinstellung in vielen Statistik-Programmpaketen, alle Faktoren mit einer Varianzaufklärung größer 1 zu interpretieren bzw. für eine Rotation (siehe unten) vorzusehen, nur in Ausnahmefällen berechtigt ist. Auch die Parallelanalyse oder der „Scree-Test“ (ebenda) haben Vorzüge und Nachteile.*

Nun erfolgt die Extraktion des nächsten Faktors, d. h., es ist jetzt $m = 2$. Die Berechnung der Ladungen a_{i2} aus der ersten Restkorrelationsmatrix ${}_1r_{il}$ ist analog der Vorgehensweise wie beim 1. Faktor nicht möglich, weil die Spaltensummen praktisch Null sind. Aus diesem Grund macht sich eine Spiegelung erforderlich, d. h. die Umkehr der Vorzeichen für Variable, die im nächsten Faktor negative Ladungen haben sollen (das entspricht der geometrischen Spiegelung der Punkte im Faktorraum an der Achse F_1). Nach welchen Kriterien sollten wir die zu spiegelnden Variablen auswählen? Sie sollten einen möglichst großen Anteil an der Gesamtvarianz aufklären, und wir dürfen höchstens die Hälfte aller Variablen spiegeln. Das Vorgehen ist dabei wie folgt:

1. Wir bilden die Spalten- und Gesamtsummen der ersten Restkorrelationsmatrix ${}_1r_{il}$, aber wir vernachlässigen dabei die Werte in den Diagonalfeldern.

2. Danach spiegeln wir die Variable mit den meisten negativen Vorzeichen dadurch, daß wir die Vorzeichen dieser Variablen in der Spalte und in der Zeile jeweils in ihr Gegenteil verkehren, d. h., aus Plus wird Minus und aus Minus wird Plus. Sollten mehrere Variablen die gleiche Anzahl negativer Vorzeichen haben, dann spiegeln wir zuerst die Variable mit der absolut größten Spaltensumme. Diese Vorgehensweise wiederholen wir so lange, bis entweder die Hälfte aller Variablen gespiegelt ist **oder** die Gesamtsumme nicht mehr größer wird.

Die erste Restkorrelationsmatrix ohne Diagonalfelder war:

${}_1r_{il}$	1	2	3	4	5	$\sum$
1	–	+0,14	−0,34	+0,28	−0,34	
2	+0,14	–	−0,24	+0,08	−0,14	
3	−0,34	−0,24	–	−0,31	+0,45	
4	+0,28	+0,08	−0,31	–	−0,41	
5	−0,34	−0,14	+0,45	−0,41	–	
$\sum$	−0,26	−0,16	−0,44	−0,36	−0,44	−1,66

Die Variablen 3 und 5 haben jeweils 3 negative Vorzeichen und beide sind in ihrem Betrag gleich. In diesem Fall ist es egal, welche wir zuerst spiegeln. Wir beginnen im Beispiel mit der Variable 3, d. h., in der nächsten Tabelle werden bei dieser Variable in der Spalte und in der Zeile die Vorzeichen umgekehrt:

	1	2	3	4	5	$\sum$
1	–	+0,14	+0,34	+0,28	−0,34	
2	+0,14	–	+0,24	+0,08	−0,14	
3	+0,34	+0,24	–	+0,31	−0,45	
4	+0,28	+0,08	+0,31	–	−0,41	
5	−0,34	−0,14	−0,45	−0,41	–	
$\sum$	+0,42	+0,32	+0,44	+0,26	−1,34	+0,10

Die Gesamtsumme ist von −1,66 auf +0,10 angestiegen, und wir haben noch nicht die Hälfte aller Variablen gespiegelt. Deshalb spiegeln wir nun die nächste Variable. In der letzten Tabelle sehen wir, daß die Variable 5 noch 4 negative Vorzeichen hat. Aus diesem Grund spiegeln wir diese nach den gleichen Regeln wie bei der Variable 3 und erhalten:

	1	2	3	4	5	
1	–	+0,14	+0,34	+0,28	+0,34	
2	+0,14	–	+0,24	+0,08	+0,14	
3	+0,34	+0,24	–	+0,31	+0,45	
4	+0,28	+0,08	+0,31	–	+0,41	
5	+0,34	+0,14	+0,45	+0,41	–	
$\sum$	+1,10	+0,60	+1,34	+1,08	+1,34	+5,46

Eine weitere Variable können wir nun nicht mehr spiegeln, weil mit der dritten gespiegelten Variable mehr als die Hälfte aller Variablen gespiegelt würde. Im nächsten Schritt setzen wir wieder die Werte der Diagonalfelder ein, bilden danach die Zeilensummen S_{i2} und die Gesamtsumme S_2. Aus S_2 ziehen wir die Wurzel und berechnen $\tilde{a}_{i2}$ nach der Formel:

$$\tilde{a}_{i2} = \left| \frac{S_{i2}}{\sqrt{S_2}} \right| .$$

Bei den gespiegelten Variablen erhalten schließlich die $\tilde{a}_{i2}$ negative Vorzeichen.

	1	2	3	4	5	$\sum$
1	+0,24	+0,14	+0,34	+0,28	+0,34	
2	+0,14	+0,14	+0,24	+0,08	+0,14	
3	+0,34	+0,24	+0,45	+0,31	+0,45	
4	+0,28	+0,08	+0,31	+0,32	+0,41	
5	+0,34	+0,14	+0,45	+0,41	+0,45	
S_{i2}	+1,34	+0,74	+1,79	+1,40	+1,79	+7,06
$\tilde{a}_{i2}$	+0,50	+0,28	−0,67	+0,53	−0,67	

Als Kontrollmöglichkeit haben wir hier: $\sum_i |\tilde{a}_{i2}| = \sqrt{S_2}$. In unserem Beispiel ist 2,65 $\approx$ 2,66 (die auftretende Abweichung resultiert aus Rundungen).

Jetzt können wir aus dem 1. und 2. Faktor die Korrelation schätzen, und es entsteht nach

$$_2\tilde{r}_{il} = \tilde{a}_{i1}\tilde{a}_{l1} + \tilde{a}_{i2}\tilde{a}_{l2} = {}_1\tilde{r}_{il} + \tilde{a}_{i2}\tilde{a}_{l2}$$

die nachfolgende Schätzmatrix:

$_2\tilde{r}_{il}$	1	2	3	4	5
1	+0,91	+0,80	+0,20	+0,88	+0,20
2	+0,80	+0,75	+0,35*	+0,77	+0,35
3	+0,20	+0,35	+0,90	+0,15	+0,90
4	+0,88	+0,77	+0,15	+0,86	+0,15
5	+0,20	+0,35	+0,90	+0,15	+0,90

* Rechenbeispiel für dieses Feld:

$$_2\tilde{r}_{23} = {}_1\tilde{r}_{23} + \tilde{a}_{22}\tilde{a}_{32} = 0{,}54 + 0{,}28 \cdot (-0{,}67) = 0{,}35$$

Nachfolgend ist nun wieder über das Abbruchkriterium χ^2 zu prüfen, ob wir die Extraktion von Faktoren abschließen oder fortsetzen sollten. Die Vorgehensweise ist analog der Prüfung nach dem 1. Faktor:

i	l	r_{il}	$_2\tilde{r}_{il}$	z_{il}	$_2\tilde{z}_{il}$	$\lvert z_{il} - {}_2\tilde{z}_{il}\rvert$	$\lvert z_{il} - {}_2\tilde{z}_{il}\rvert^2$
1	2	0,80	0,80	1,10	1,10	0	0
1	3	0,20	0,20	0,20	0,20	0	0
1	4	0,90	0,88	1,47	1,38	0,09	0,0081
1	5	0,20	0,20	0,20	0,20	0	0
2	3	0,30	0,35	0,31	0,37	0,06	0,0036
2	4	0,70	0,77	0,87	1,02	0,15	0,0225
2	5	0,40	0,35	0,42	0,37	0,05	0,0025
3	4	0,20	0,15	0,20	0,15	0,05	0,0025
3	5	0,90	0,90	1,47	1,47	0	0
4	5	0,10	0,15	0,10	0,15	0,05	0,0025
$\sum$							0,0417

$$\chi^2 = (n-3)\sum_i \sum_l |z_{il} - {}_2\tilde{z}_{il}|^2 = 77 \cdot 0{,}0417 = 3{,}21$$

$$f = 0{,}5[(k - m)^2 - (k + m)] = 0{,}5[(5 - 2)^2 - (5 + 2)] = 1$$
$$\chi^2_{\alpha;f} = \chi^2_{0,05;1} = 3{,}84 \quad \text{(vgl. Tafel 3)}$$

Vergleich: 3,21 < 3,84, *d. h., wir können an dieser Stelle die Faktorenextraktion beenden.*

Im nächsten Schritt prüfen wir die Qualität der eingangs vorgenommenen Schätzungen der Kommunalitäten. Dazu bilden wir pro Variable die Differenz zwischen dem Schätzwert $\tilde{h}_i^2$ (als höchsten Wert der Korrelationskoeffizienten pro Zeile) und $\tilde{\tilde{h}}_i^2$ (als Wert der Diagonalfelder der Matrix für ${}_2\tilde{r}_{il}$) und erhalten:

Variable	$\tilde{h}_i^2$	$\tilde{\tilde{h}}_i^2$	$\lvert\tilde{h}_i^2 - \tilde{\tilde{h}}_i^2\rvert$
1	0,90	0,91	0,01
2	0,80	0,75	0,05
3	0,90	0,90	0
4	0,90	0,86	0,04
5	0,90	0,90	0

Alle geprüften Differenzen sind kleiner bzw. gleich 0,05, d. h. $\lvert\tilde{h}_i^2 - \tilde{\tilde{h}}_i^2\rvert < 0{,}05$, und deshalb sind keine neuen Schätzungen notwendig. Das vorläufige Endergebnis ist die nachfolgende Faktorenmatrix:

Variable	$\tilde{a}_{i1}$	$\tilde{a}_{i2}$	$\tilde{\tilde{h}}_i^2$
1	0,81	0,50	0,91
2	0,81	0,28	0,75
3	0,67	−0,67	0,90
4	0,76	0,53	0,86
5	0,67	−0,67	0,90
$\sum \tilde{a}_{il}^2$	2,79	1,51	4,32

Die gesamte aufgeklärte Varianz durch gemeinsame Faktoren beträgt in unserem Rechenbeispiel 4,32. Wenn wir nun die Gesamtzahl der Variablen (in unserem Beispiel 5) prozentual in Beziehung setzen zum aufgeklärten Anteil durch die beiden Faktoren, dann erhalten wir:
a) $5 : 100 = 2{,}79 : x_1$, und damit ist $x_1 = 55{,}8\ \%$;
b) $5 : 100 = 1{,}51 : x_2$, und damit ist $x_2 = 30{,}2\ \%$.

Unsere extrahierten Faktoren klären demnach 86 % der Gesamtvarianz auf. Nun können wir unsere vorläufige Lösung zur Veranschaulichung und ggf. zur Weiterbearbeitung grafisch darstellen, indem wir die zweidimensionalen Ladungsvektoren im (F_1, F_2)-Koordinatensystem abtragen.

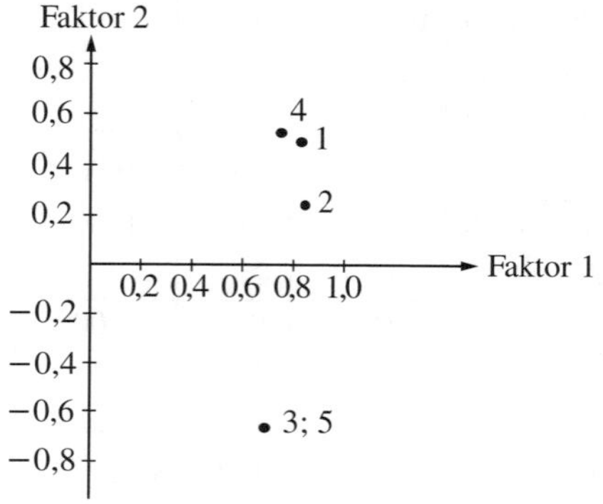

Jetzt drehen wir unser Koordinatensystem geeignet, so daß möglichst viele Variable in einem Faktor hoch und im anderen niedrig laden. Wir drehen z. B. um den Winkel $\alpha = 46°$ und erhalten das Bild:

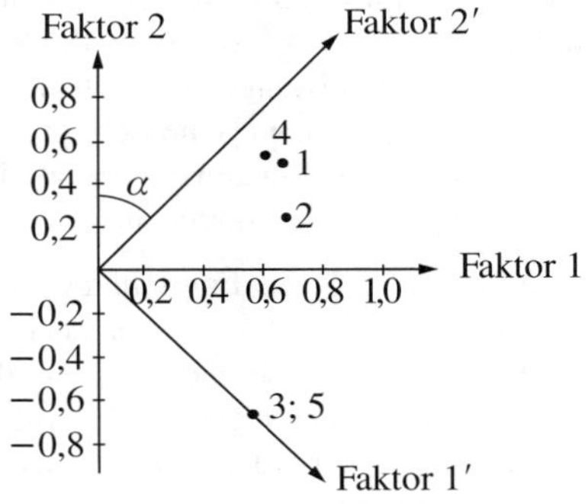

Mit nachfolgenden Transformationsgleichungen berechnen wir als mögliches Endergebnis die aufgeklärte Varianz durch die beiden Faktoren:

$$\tilde{a}'_{i1} = \tilde{a}_{i1} \cos\alpha - \tilde{a}_{i2} \sin\alpha \quad \text{und}$$

$$\tilde{a}'_{i2} = \tilde{a}_{i1} \sin\alpha + \tilde{a}_{i2} \cos\alpha,$$

von denen wir dann die Quadrate bilden. Es sind:

$$\sin\alpha = \sin 46° = 0{,}719 \quad \text{und}$$

$$\cos\alpha = \cos 46° = 0{,}695.$$

Es entsteht die Matrix der rotierten Faktoren als **Endergebnis:**

Variable	$\tilde{a}'^2_{i1}$	$\tilde{a}'^2_{i2}$	$\tilde{\tilde{h}}^2_i$
1	0,0400	0,8600	0,91
2	0,1300	0,6100	0,75
3	0,9000	0,0004	0,90
4	0,0200	0,8300	0,86
5	0,9000	0,0004	0,90
Σ	1,9900	2,3008	4,32
% Varianz	39,8	46,0	

Der Faktor F_1 klärt 39,8 % und der Faktor F_2 46 % der Gesamtvarianz auf. Dabei ist F_1 der Ausdruck für die Gemeinsamkeit der Variablen 3 und 5, und F_2 beinhaltet die Gemeinsamkeit der Variablen 1, 2 und 4.

SPSS-Zugang

Vorgehen	Voraussetzungen/Erklärungen
Analysieren →Dimensionsreduktion → Faktorenanalyse → in Variablen die interessierenden Variablen eingeben → unter Rotation die gewünschte Rotationsmethode auswählen	

5.2.4 Hinweise zur Faktoreninterpretation

Die Interpretation der Ergebnisse einer Faktorenanalyse ist der wohl schwierigste Teil. Das liegt u. a. auch daran, daß es bei jeder Faktorenanalyse strenggenommen unendlich viele Lösungen gibt. Erinnern wir uns noch einmal an den Abschn. 5.2.2, wo wir feststellten, daß alle Faktorenladungen, die durch orthogonale Drehung aus den a_i hervorgehen, Lösungen des Schätzverfahrens sind. Es gibt aufgrund der Uneindeutigkeit keine Möglichkeit, eine Lösung als die richtige und eine andere als die falsche zu bezeichnen. Häufig, weil zweckmäßig, werden Lösungen bevorzugt, die dem jeweiligen theoretischen Erkenntnisstand für das betrachtete Sachproblem entsprechen.

Für die Rotation hatten wir im Abschn. 5.2.3 die Empfehlung gegeben, das Koordinatensystem möglichst so zu drehen, daß viele Variablen in einem Faktor hoch und im anderen Faktor niedrig laden. Bei nur zwei extrahierten Faktoren ist das vergleichsweise einfach, aber bei 10, 20 oder mehr Faktoren wird dieser Prozeß sehr kompliziert oder sogar unmöglich. Aus diesem Grund werden faktorenanalytische Lösungen häufig nicht vordergründig dafür eingesetzt, die Inhalte der extrahierten Faktoren zu interpretieren, sondern dafür festzustellen, **wie viele** Faktoren es überhaupt gibt.

Trotz aller Schwierigkeiten sollte der Anwender am Ende überlegen, ob eine sinnvolle Interpretation möglich ist. Dabei helfen die sogenannten bedeutsamen Faktorenladungen. Betrachten wir uns dazu noch einmal das Endergebnis unseres Rechenbeispieles im Abschnitt 5.2.3: Hier laden die Variable 3 mit 0,90 und die Variable 5 mit 0,90 im ersten Faktor und die Variable 1 mit 0,86, die Variable 2 mit 0,61 und die Variable 4 mit 0,83 im 2. Faktor. Nach GUADAGNOLI und VELICER (zitiert nach BORTZ, 1993, S. 509) gilt als Empfehlung:

1. Ein Faktor kann interpretiert werden, wenn mindestens 4 Variablen eine Ladung über 0,60 aufweisen. Die am höchsten ladenden Variablen sind die Markiervariablen für die Interpretation.
2. Ein Faktor kann interpretiert werden, wenn mindestens 10 Variablen Ladungen über 0,40 haben.
3. Haben weniger als 10 Variablen eine Ladung von 0,40, dann sollte nur interpretiert werden, wenn die Stichprobe aus mindestens 300 Versuchspersonen bestand.
4. Haben weniger als 10 Variablen eine Ladung von 0,40 und ist der Stichprobenumfang kleiner als 300, muß mit zufälligen Ladungsstrukturen gerechnet werden.

Diese 4 Punkte sind zwar nur Empfehlungen, schützen aber bei ihrer Berücksichtigung vor Fehlern.

Betrachten wir also einmal den Fall, daß uns ein geeignetes Endergebnis zur Verfügung steht. Dann können wir vom mathematischen Modell abstrahieren und uns der inhaltlichen Auswertung, d. h. der Interpretation zuwenden. Hierbei ist, da diese Aufgabe ausschließlich vom Anwender gelöst werden kann, großes Verantwortungsbewußtsein notwendig.

Aus den Faktorenladungen können wir nur entnehmen, welche Variable gleiche Inhalte messen, nämlich all die Variablen, die im gleichen Faktor hoch laden. In unserem Beispiel einerseits die Variablen 3 und 5 im Faktor 1 und andererseits die Variablen 1, 2 und 4 im Faktor 2. Sie sagen aber nichts direkt darüber aus, was der Inhalt eigentlich ist.

Stellen wir uns den praktischen Fall vor, daß ein Fragebogen entwickelt werden soll. In einer Voruntersuchung starten wir mit 100 Fragen, von denen am Ende, d. h. nach dem Einsatz der Faktorenanalyse, noch 20 signifikante Faktoren übrigbleiben. Diese Reduktion war gewollt und angestrebt, weil der Fragebogen mit 100 Fragen zu viel Zeit bei der Beantwortung in Anspruch nehmen würde. Nun besteht das Problem darin, die Faktoren inhaltlich zu definieren.

Um das Prinzip zu verdeutlichen, wollen wir auf unser Rechenbeispiel zurückgreifen. Angenommen, die 5 betrachteten Variablen seien Punktwerte im Ergebnis des Einsatzes von standardisierten psychologischen Tests. Dabei prüfte der Test 1 (Variable 1) die Auge-Hand-Koordination, der Test 2 (Variable 2) die Fähigkeit, inkompatible Versuchsanordnungen zu bewältigen, der Test 3 (Variable 3) die Rechenfähigkeit, der Test 4 (Variable 4) die Fähigkeit, Tracking-Aufgaben zu lösen und der Test 5 (Variable 5) die Fähigkeit, physikalische Aufgaben zu lösen. Nun wissen wir, daß die Variablen 3 und 5 im 1. Faktor und die Variablen 1, 2 und 4 im 2. Faktor hoch laden. Betrachten wir die geprüften Leistungen, dann könnte z. B. der 1. Faktor (Gemeinsamkeit von Mathematik und Physik) für ein Konstrukt „logisches oder abstraktes Denken" stehen und der 2. Faktor (Gemeinsamkeit von Auge-Hand-Koordination, Kompatibilitäts- und Trackinguntersuchungen) eher für ein Konstrukt „praktische Fertigkeiten." Natürlich ist dieses Rechenbeispiel viel zu schön, um für die Wirklichkeit typisch zu sein.

Allgemein haben wir zwei Hilfen zur Verfügung, die uns die Interpretation erleichtern können. Betrachten wir dazu noch einmal obiges Fragebogenbeispiel. Auf der einen Seite können wir alle die unserer Ausgangsfragen, die im extrahierten Faktor 1 hoch laden, dahingehend analysieren, was wohl das „Gemeinsame" in ihnen ist. Der 1. Faktor könnte fiktiv beispielsweise die Gemeinsamkeit von 7 Ausgangsfragen (im Fragebogen z. B. die Fragen 3; 11; 19; 37; 38; 52 und 64) repräsentieren. Dann sollten wir uns die Formulierungen dieser Fragen näher ansehen und versuchen in Erfahrung zu bringen, was der allgemeine, d. h. **gemeinsame** Inhalt dieser Fragen ist. Vielleicht zielen sie, nur jeweils mit anderen Worten, auf eine gemeinsame Eigenschaft oder Fähigkeit (z. B. das logische Denken oder die Selbstsicherheit). In diesem Fall ist zu überlegen, ob eine Frage prototypischen Charakter hat und weiterverwendet wird (während die anderen 6 vernachlässigt werden), oder ob wir vor dem nunmehrigen Wissen, was ggf. das „Gemeinsame" dieser 7 Fragen ist, eine völlig neue Frage formulieren sollten.

Die zweite Hilfe, die uns zur Verfügung steht, können wir als eine Art Kontrastmethode bezeichnen. Hier können wir uns nämlich bzgl. der inhaltlichen Interpretation fragen, was die Fragen, die in einem Faktor hohe Ladungen tragen, von den Fragen **unterscheidet**, die in dem gleichen Faktor geringe oder sogar Nulladungen tragen. Bei hochladenden Variablen sprechen wir von sogenannten Markierungsvariablen, und bei den niedrig ladenden Variablen von Hyperebenenvariablen. Die Verteilung der Faktorladungen auf die Variablen heißt Ladungsmuster. Durch den kontrastierenden Vergleich kann es uns unter Umständen besser gelingen, das „Gemeinsame" der in einem Faktor hochladenden Variablen zu identifizieren.

Erinnern wir uns ein letztes Mal an unser Rechenbeispiel im Abschnitt 5.2.3 Betrachten wir hier die Variablen kontrastierend, dann sehen wir, daß die Variablen 3 und 5 eher logisch abstrakte Sachverhalte beinhalten, die Variablen 1, 2 und 4 eher anschaulich manipulatorische Kompetenz.

Eine große Gefahr bei der Interpretation der Faktoren besteht darin, daß „Oberbegriffe" aus dem Alltagswortschatz Verwendung finden. In diesem Fall sollten wir immer berücksichtigen, daß derartige Oberbegriffe sehr allgemein sind und einen „Begriffshof", d. h. sehr viel Unschärfe bei näherer Definition in sich tragen.

5.3 Die Clusteranalyse

5.3.1 Einleitung und Begriffsbestimmung

Die **Clusteranalyse** umfaßt eine Vielzahl von Methoden, um eine Menge gegebener Objekte zu gruppieren, zu klassifizieren. Diese Objekte sind durch Merkmale charakterisiert, und die Gruppierung erfolgt auf der Grundlage einer dem zu behandelnden Problem angepaßten Definition des „Abstandes" zwischen den Objekten. Ausgangspunkt sind also N Objekte, die durch jeweils m Merkmale beschrieben werden, so daß eine Matrix (x_{ij}) von $m \cdot N$ Daten vorliegt. Meistens sind die Anzahlen der Objekte und Merkmale sehr groß. Das Ziel der Clusteranalyse besteht zum einen darin, durch die Gruppenbildung eine Datenreduktion und bessere Überschaubarkeit zu erreichen, zum anderen aber auch darin, durch die Gruppeneinteilung bisher eventuell unbekannte Merkmalskomplexe zu finden, die für den zu untersuchenden Sachverhalt wesentlich sein könnten. Die Möglichkeiten der Klassifikation und entsprechenden Gruppeneinteilung sind vielfältig. Es gibt also keine eindeutige Lösung, die man als die richtige und dann alle anderen Einteilungen als die falschen einstufen würde, sondern man kann eine Gruppeneinteilung bestenfalls nach ihrer Brauchbarkeit für die betrachtete Problemstellung beurteilen. Dementsprechend sind in natürlicher Weise die Verfahren und Zugänge zur Gruppierung sehr vielfältig. Sie unterscheiden sich z. B. nach der Art der Gruppierung (sogenannte hierarchische oder nicht hierarchische Gruppierungen, disjunkte oder nicht disjunkte Gruppierungen), nach der Vorgabe der Abstandsmaße, nach statistischen Vorgaben, nach der unterschiedlichen Bewertung der Merkmale oder etwa nach der Wahl des Optimierungskriteriums.

Im weiteren sollen einige ausgewählte Grundlagen und Herangehensweisen vorgestellt werden, um dem Leser einen ersten Eindruck in dieses umfangreiche Gebiet der Datenanalyse zu vermitteln.

Unter Gruppierung verstehen wir die Zusammenfassung von Objekten zu Teilmengen auf Grund ihrer Ähnlichkeit. Daher hat das Verfahren auch seinen Namen. Gruppen oder auch Cluster sind dadurch gekennzeichnet, daß Homogenität innerhalb der Cluster und Heterogenität zwischen den Clustern vorliegen, d. h., daß alle Elemente des gleichen Clusters einander sehr **ähnlich** und alle Elemente verschiedener Cluster einander sehr **unähnlich** sein sollen. Als Beispiel aus der Psychologie erwähnen wir das Problem der Typisierung, z. B. bei der Gruppierung von Personen nach Verhaltensweisen oder nach Fähigkeiten. So ist z. B. die Bezeichnung „guter Arbeiter" eine Typisierung durch Klassifikation, wobei im Ergebnis dann auf „unwesentliche" Informationen verzichtet wird. Wir verstehen die Klassifikation als Zusammenfassung von Objekten zu Teilmengen auf Grund gemeinsamer Merkmale. Gruppen zeichnen sich dabei dadurch aus, daß alle Elemente derselben Gruppe in **allen** „kritischen" Merkmalen im wesentlichen übereinstimmen und Elemente verschiedener Gruppen sich in **mindestens** einem „kritischen" Merkmal unterscheiden.

5.3.2 Eigenschaften von Gruppen und methodisches Vorgehen bei der Gruppierung

Eine Gruppenbeschreibung erfolgt dadurch, daß die für sie typischen Merkmalswerte angegeben werden, d. h. die Merkmalswerte, die in der Gruppe am häufigsten auftreten. Dabei ist aber zu beachten, daß eine gewisse Kompensation typischer Merkmale zugelassen ist. Mit anderen Worten heißt das, daß die Elemente einer Gruppe nicht zwangsläufig **alle** typischen Merkmale dieser Gruppe aufweisen müssen. Typische Merkmale können einander ausgleichen bzw. kompensieren. Wir sprechen bei einer derartigen Stufung von Repräsentativunterschieden. Der typischste Repräsentant ist der sogenannte Prototyp, der alle typischen Merkmale beinhaltet. Je weniger typische Merkmale ein Objekt aufweist, desto weniger repräsentativ ist es für die entsprechende Gruppe. Unter Umständen kann es in der Folge von Repräsentativunterschieden sogar zu Überlappungen zwischen den Gruppen kommen. Diese entstehen, wenn ein Objekt zu mehr als nur einer Gruppe gehört, weil es z. B. zwei oder mehr Gruppen „ähnlich" ist.

Nachfolgend wollen wir uns mit der Frage beschäftigen, wie man in allgemeiner Form bei der Gruppierung methodisch vorgehen kann. Wir können zwei unterschiedliche Wege beschreiten. Auf der einen Seite versuchen wir mit Hilfe mathematischer Modelle unter Einsatz der Clusteranalyse unsere Daten zu gruppieren, und auf der anderen Seite gehen wir den Weg der ausschließlich empirischen, phänomenologischen Beschreibung und Begründung. Beide Möglichkeiten haben ihre Vor- und Nachteile und können in der einen Situation gut, in einer anderen weniger gut geeignet sein. Wir sollten immer in Abhängigkeit vom Ausgangsmaterial und vom Ziel der Gruppierung entscheiden, welche Vorgehensweise wir favorisieren.

Die Gruppendefinition ist letztlich immer intuitiv. In jedem Falle sind zur Gruppierung Paarvergleiche anzustellen. Bei der Clusteranalyse erfolgen diese durch Distanzmaße (vgl. auch Abschn. 5.3.3), bei der phänomenologischen Gruppierung durch Merkmalscharakterisierungen. Wir weisen nochmals darauf hin, daß bei dem gleichen empirischen Material verschiedene Verfahren zur Gruppenbildung möglich sind und damit im Ergebnis auch die unterschiedlichsten Gruppierungen entstehen können.

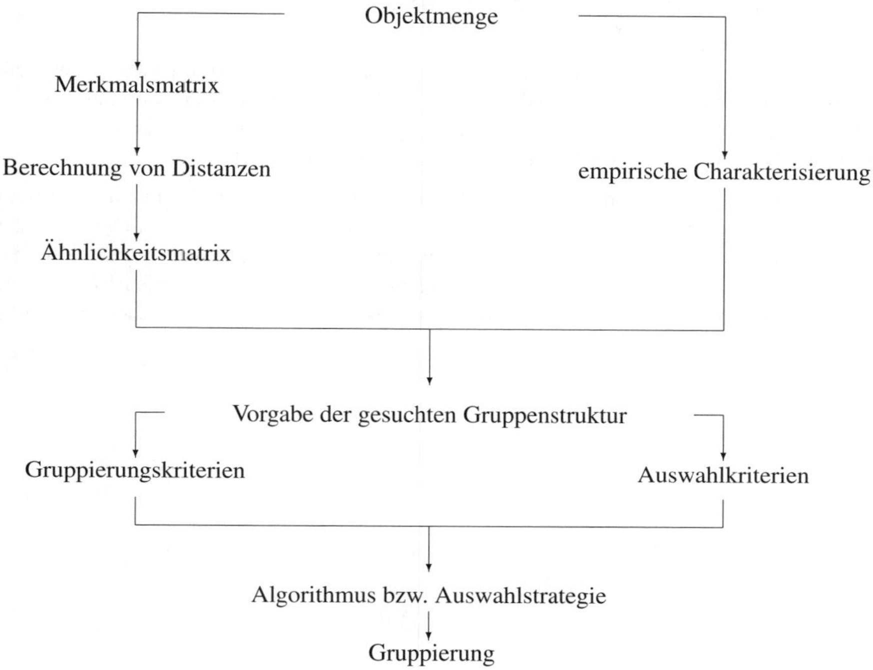

5.3.3 Ähnlichkeits- und Distanzmaße

Als Ähnlichkeit bezeichnen wir den Grad der Übereinstimmung von Merkmalsausprägungen zwischen zwei Objekten. Je größer die Übereinstimmung ist, desto ähnlicher sind sich die beiden Objekte. Merkmalsausprägungen können in sehr unterschiedlicher Form vorliegen. Denken wir beispielsweise an kategoriale Daten, dann können diese Ausprägungen in Form von Kategorien vorliegen, d. h., zum Merkmal „Farbe" gibt es die Ausprägungen „rot", „grün" usw. Bei Meßwerten, also bei metrischen Daten, ist beispielsweise die „Länge" als Merkmal vorstellbar, und es gibt entsprechende Ausprägungen wie „1 m", „2 m" usw. Dabei unterscheidet sich natürlich auch die Ähnlichkeit in Abhängigkeit von den Daten. Bei alternativen Daten etwa sind es die Kategorien „ähnlich" und „unähnlich", bei metrischen Daten sind es dagegen Zahlenwerte. Bei Zahlenwerten kann es zu Grenzfällen kommen. Die Extremfälle sind vollständige Übereinstimmung und vollständige Nichtübereinstimmung. Aber dazwischen gibt es eine Reihe von Übergängen. Als Folge davon existieren unterschiedliche Bewertungen der Ähnlichkeit durch Ähnlichkeits- und Distanzmaße, die diese teilweisen und unvollständigen Übereinstimmungen/Nichtübereinstimmungen repräsentieren. Auf mehrere Möglichkeiten der Festlegung solcher Maße soll nun näher eingegangen werden:

1. Der Ähnlichkeitskoeffizient:
   Er ist eine Zahl zwischen 0 und 1 mit der Bedeutung, daß bei 0 eine vollständige Nichtübereinstimmung und bei 1 eine vollständige Übereinstimmung vorliegt.

2. Der Korrelationskoeffizient:
   In Abhängigkeit vom Datenniveau sind seine Extremfälle -1 und $+1$ bzw. 0 und $+1$ (vgl. Abschnitt 2.3.2.3). Der Korrelationskoeffizient mißt aber nur den Grad eines linearen Zusammenhanges. Deshalb wird er in der Literatur häufig nicht empfohlen.

3. Der Ähnlichkeitsabstand:
   Er wird durch eine Zahl zwischen 0 und ∞ beschrieben. Da es um eine Distanz geht, bedeutet 0 die vollständige Übereinstimmung und ∞ die vollständige Nichtübereinstimmung. Liegt also ein großer Abstand vor, dann besteht zwischen den Objekten nur eine geringe Ähnlichkeit, und umgekehrt, finden wir einen geringen Abstand, so ist die Ähnlichkeit groß.

   Zur Veranschaulichung wollen wir uns jetzt mit einigen Beispielen für Distanzmaße auseinandersetzen. Wir interpretieren dabei die Abstände zwischen den Objekten als räumliche Distanzen, d. h., wir verstehen die Objekte als Punkte in einem m-dimensionalen Merkmalsraum, und jedes Merkmal entspricht einer Koordinatenachse. Dann können wir mit Hilfe der Koordinaten die spezifischen Merkmalsausprägungen eines Objektes sehr genau beschreiben, bei 2 metrischen Merkmalen z. B. wie folgt:

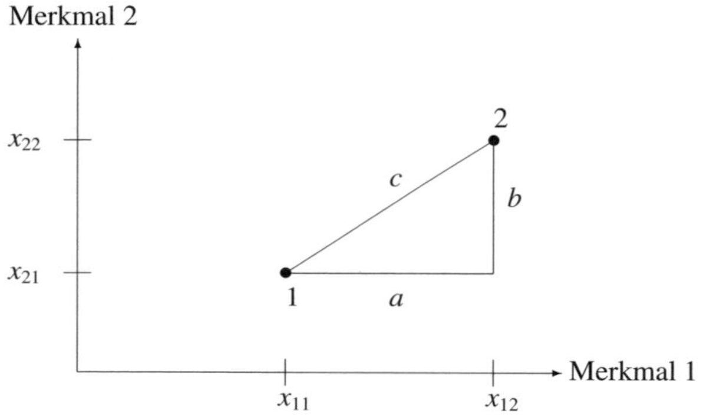

Hier könnten wir den Abstand c zwischen den Objekten 1 und 2 z. B. nach

$$c = \sqrt{a^2 + b^2}$$

berechnen.

Die Distanz entspricht der „Luftlinie" zwischen den beiden Objekten, folgt also der **euklidschen Metrik**. Folgende Schreibweise ist dafür gebräuchlich: d_{12}^{E}. Das d steht für Distanz, das E als Exponent für EUKLIDsche Metrik und 1 bzw. 2 als Index für die Objekte:

$$d_{12}^{\mathrm{E}} = \sqrt{(x_{12} - x_{11})^2 + (x_{22} - x_{21})^2}.$$

Eine zweite Möglichkeit der Distanzberechnung bietet uns der sogenannte **City-Block-Abstand** d_{12}^{CB} zwischen zwei Objekten 1 und 2. Der Name kommt daher, daß man sich vorstellt, zwischen den Objekten existiert ein „Hindernis", so daß die „Luftlinie" verstellt ist. Ähnlich wie auf einem Stadtplan müssen wir, um von 1 nach 2 zu gelangen, zuerst die Weglänge a, parallel zur ersten Koordinatenachse, und dann die Weglänge b, parallel zur zweiten Koordinatenachse, zurücklegen.

$$d_{12}^{\mathrm{CB}} = (|x_{12} - x_{11}| + |x_{22} - x_{21}|)^1.$$

Eine allgemeine Form dieser Abstandsmaße ist die MINKOWSKI-Metrik:

$$d_{12}^{\mathrm{M}} = (|x_{12} - x_{11}|^q + |x_{22} - x_{21}|^q)^{\frac{1}{q}}.$$

Dabei ist $q > 0$ eine geeignet wählbare Konstante.

4. Die HAMMING-Distanz für alternative Merkmale:
Die **HAMMING-Distanz** d^{H} ist der zahlenmäßige Ausdruck für die Anzahl **nicht** übereinstimmender Merkmale zwischen zwei Objekten. Ist $d_{12}^{\mathrm{H}} = 0$, dann liegt eine vollständige Übereinstimmung zwischen den Objekten 1 und 2 bzgl. der beobachteten Merkmale vor. Wenn m die Anzahl der beobachteten Merkmale und $d_{12}^{\mathrm{H}} = m$ ist, so ist das der Ausdruck für eine vollständige Nichtübereinstimmung in allen beobachteten Merkmalen. Es gilt also stets $0 \leq d_{12}^{\mathrm{H}} \leq m$. Wurden z. B. an zwei Objekten 5 Merkmale (M_1 bis M_5) beobachtet, und die Zahl 1 bedeutet, daß das Merkmal vorhanden und die Zahl 0, daß das Merkmal nicht vorhanden ist, dann könnte z. B. nachfolgendes Ergebnis entstanden sein:

Merkmal	M_1	M_2	M_3	M_4	M_5
Objekt 1	1	1	0	1	0
Objekt 2	0	1	0	0	1

In drei Fällen unterscheiden sich die Objekte, d. h., es ist $d_{12}^{\mathrm{H}} = 3$. Um diesen Zahlenwert aber qualitativ interpretieren zu können, müssen wir immer auch wissen, wie viele Merkmale insgesamt untersucht wurden.

5. Die gewichtete EUKLIDsche Distanz für metrische Merkmale:
Entsprechend dem Namen gehen hier nicht nur die absoluten Distanzen mit in die Berechnung ein, sondern es werden die Varianzen s_i^2 für die Merkmale über alle Objekte im Sinne eines Gewichts zur Normierung mit verwendet:

$$d_{12}^{\mathrm{E}} = \sqrt{\sum_{i=1}^{n} \frac{(x_{i1} - x_{i2})^2}{s_i^2}},$$

wobei s_i^2 die empirische Varianz (vgl. Abschnitt 2.3.2.3) ist. Diese Art der Gewichtung ist aber nur eine von vielen möglichen. Man könnte beispielsweise inhaltlich motiviert auch jedes einzelne Merkmal mit einem ganz speziellen Gewicht versehen. Damit kann unter Umständen dem Ergebnis der Clusteranalyse sehr stark vorgegriffen werden, z. B., wenn ein herausgehobenes Merkmal ein hohes Gewicht erhält. Aus diesem Grund mahnen die Autoren an dieser Stelle zur Vorsicht.

Die allgemeine Vorgehensweise soll exemplarisch an einem einfachen Beispiel vorgestellt werden – wohlwissend, daß man üblicherweise bei nur 2 Meßwerten sonst keine Streuung berechnet.

Merkmal	M_1	M_2	M_3	M_4
Objekt 1	1,4	3,0	9,8	12,0
Objekt 2	2,1	2,0	9,3	12,2
s_i^2	0,245	0,500	0,125	0,020

$$d_{12}^{\mathrm{E}} = \sqrt{\frac{(1{,}4 - 2{,}1)^2}{0{,}245} + \frac{(3 - 2)^2}{0{,}500} + \frac{(9{,}8 - 9{,}3)^2}{0{,}125} + \frac{(12{,}0 - 12{,}2)^2}{0{,}020}}$$
$$= 2{,}83.$$

5.3.4 Typen, Kriterien und Verfahren der Gruppierung

Grundlagen für die Gruppierung der N gegebenen Objekte sind die Datenmatrix der Merkmalsausprägungen und die aus ihnen durch problemangepaßte Wahl des Ähnlichkeits- bzw. Distanzmaßes erhaltenen Distanzen d_{ij} zwischen den Objekten, die wir zur **Distanzmatrix** zusammenfassen. Für das weitere Vorgehen legen wir nun als erstes den angestrebten Typ der Gruppierung fest. Dabei beachten wir eine „horizontale Komponente" der Lage der Gruppen zueinander und überdies eventuell eine „vertikale Komponente" durch Berücksichtigen von Stufen der Gruppierung.

Wir bezeichnen mit $A_1, A_2, \ldots, A_k$ die eine betrachtete Gruppierung definierenden Mengen, die Teilmengen der Menge E der gegebenen N Objekte sind. Es ist die offensichtliche Grundbedingung zu erfüllen, daß jedes Objekt zumindest zu einer Gruppe gehören muß, es gilt: $E = A_1 \cup A_2 \cup \ldots \cup A_k$.

Bezüglich der „Lage der Gruppen zueinander" unterscheiden wir nun in **disjunkte** und **nicht disjunkte Gruppierungen**. Bei der disjunkten Gruppierung haben die Teilmengen $A_1, A_2, \ldots, A_k$ keine gemeinsamen Elemente, es handelt sich also um eine Zerlegung der Grundmenge E (vgl. Abschn. 6.1). Jedes Objekt liegt in genau einer der Mengen der Gruppierung. Man kann demnach jedem Objekt genau eine zugehörige Gruppe zuweisen und spricht dann auch von einer eindimensionalen Typisierung. Im Gegensatz dazu können sich bei nicht disjunkten Gruppierungen die Mengen $A_1, A_2, \ldots, A_k$ überlappen. Die Objekte können in mehreren Gruppen zugleich liegen. Eine solche Wahl der Gruppierung ist dann angebracht, wenn eine mehrdimensionale Typisierung der Objekte angestrebt wird.

Bezüglich der „vertikalen Komponente" unterscheidet man zwischen **hierarchischer** und **nicht hierarchischer Klassifikation**. Bei der hierarchischen Klassifikation stellt man sich eine Gesamtprozedur der Gruppierungen vor, die in Stufen verläuft und schrittweise Veränderungen der Homogenitäten innerhalb der Gruppen und der Inhomogenitäten zwischen den Gruppen herbeiführt. Man kann dabei zwei Richtungen einschlagen: Entweder man beginnt mit der feinsten Gruppierung (hier ist $k = N$), in der jede Gruppe aus genau einem Objekt besteht, oder man beginnt mit der gröbsten Gruppierung (hier ist $k = 1$), die nur aus der Grundmenge E besteht. Erstere Richtung ist die sogenannte **agglomerative Gruppierung**. Es werden jeweils die Gruppen der nächsten Stufe durch Verschmelzen von genau 2 Gruppen (oder auch mehreren Gruppenpaaren) der Ausgangsstufe gebildet. Dabei wird die Homogenität in den Gruppen von Stufe zu Stufe schlechter. Im letzten Schritt entsteht dann die gröbste, nur aus der Grundmenge E bestehende Gruppierung. Die zweite Vorgehensweise nennt man ein **divisives Verfahren**. Ausgehend von der gröbsten Gruppierung wird stufenweise durch fortschreitende Teilungen die Gruppenbildung vorgenommen, wobei sich die Homogenität innerhalb der Gruppen ständig verbessert. Man stellt – vornehmlich bei disjunkter Klassifikation – hierarchische Verfahren anschaulich durch ein sogenanntes **Dendrogramm** dar, aus dem man die einzelnen Stufen der Zerlegung bzw. Verschmelzung ablesen kann.

Beispiel:
Es sei $N = 4$ (die Punkte kennzeichnen die Verschmelzungen), siehe Abbildungen auf der nächsten Seite.

Bei der nicht hierarchischen Gruppierung liegt keine „vertikale Gruppierungsprozedur" vor. Man hat dort allerdings die angestrebte Anzahl k der Gruppen festzulegen.

Nach welchen Kriterien sollen nun die Gruppen gebildet werden? Dazu benötigen wir drei Maßzahlen:
a) Eine Bewertung der Homogenität innerhalb einer jeden Gruppe,
b) eine Bewertung der Inhomogenität zwischen den einzelnen Gruppen und
c) eine hieraus resultierende Gesamtbewertung der vorliegenden Gruppenaufteilung.

Beispiele für die Definition der Homogenität innerhalb einer Gruppe A mit n Objekten sind die maximale Distanz $d_{ij;\max}$ der Objekte, die minimale Distanz $d_{ij;\min}$ zwischen den Objekten von A und die mittlere Distanz $\overline{d}_{ij} = \frac{1}{n(n-1)} \sum_{i=1}^{n} \sum_{j=1}^{n} d_{ij}$, wobei über alle i und j aus A summiert wird.

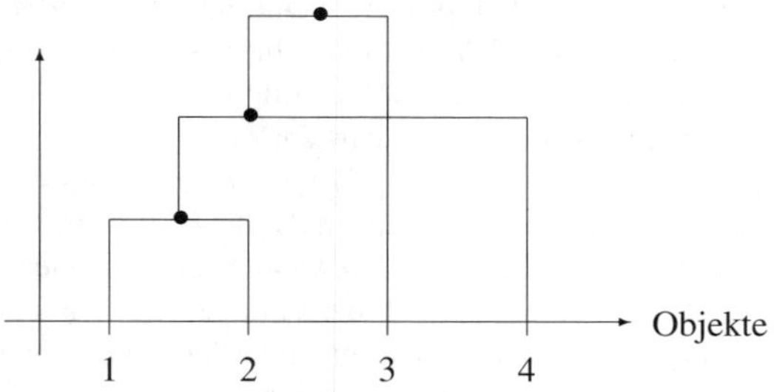

Stufen agglomerativ	Stufen divisiv	Mengen der Zerlegung	Anzahl k der Gruppen
3	0	{1,2,3,4}	1
2	1	{1,2,4} {3}	2
1	2	{1,2} {3} {4}	3
0	3	{1} {2} {3} {4}	4

Analog erhält man Abstandsmaße, also Maße für die Heterogenität zwischen zwei Gruppen A_1 und A_2 (mit entsprechenden Anzahlen n_1 und n_2):

* minimaler Abstand $D(A_1,A_2)_{\min} = \min d_{ij}$, wobei i aus A_1 und j aus A_2 genommen wird;
* maximaler Abstand $D(A_1,A_2)_{\max} = \max d_{ij}$, wobei i aus A_1 und j aus A_2 genommen wird;
* mittlerer Abstand $\overline{D}(A_1,A_2) = \dfrac{1}{n_1 \cdot n_2} \sum_{i=1}^{n_1} \sum_{j=1}^{n_2} d_{ij}$.

Bei der Bewertung der Gruppierung $A_1, A_2, \ldots, A_k$ hat man sowohl die vorliegenden Homogenitäten in den Gruppen als auch die Inhomogenitäten zwischen den Gruppen zu berücksichtigen. Als Beispiel führen wir den sogenannten B-Koeffizienten an (vgl. G. ENDERLEIN, 1976). Dieser bezieht sich auf die Ähnlichkeitskoeffizienten a_{ij}, die durch $a_{ij} = 1 - \dfrac{d_{ij}}{\max\limits_{k,l} d_{k,l}}$ aus den Distanzmaßen d_{ij} hervorgehen.

Man betrachtet dort den Mittelwert der mittleren Homogenitäten aller k Gruppen,

$$G = \frac{1}{k} \sum_{l=1}^{k} \left[\frac{1}{n_l \cdot (n_l - 1)} \sum_{i=1}^{n_l} \sum_{j=1}^{n_l} a_{ij} \right],$$

den Mittelwert aller mittleren Inhomogenitäten H,

$$H = \frac{1}{k(k-1)} \sum_{l_1=1}^{k} \sum_{l_2=1}^{k} \frac{1}{n_{l_1} \cdot n_{l_2}} \sum_{i=1}^{n_{l_1}} \sum_{j=1}^{n_{l_2}} a_{ij},,$$

und verwendet als Gütekriterium der Gruppierung den Quotienten dieser beiden Werte:

$$\boxed{B = \frac{G}{H}}.$$

Mit den Bewertungen sind wir nun in der Lage, eine Zielstellung für das Gruppierungsverfahren anzugeben. So besteht z. B. bei Verwendung des B-Koeffizienten das Ziel darin, diesen möglichst groß werden zu lassen: $B \longrightarrow \max$.

Es gibt eine Vielzahl von zum Teil recht komplizierten Optimierungskriterien und entsprechenden algorithmischen Verfahren zur Gruppierung. Wir erwähnen hier nur exemplarisch drei agglomerative Verfahren zur hierarchischen Klassifikation in disjunkte Gruppen:

1. **Single-Linkage-Verfahren** (Verfahren des nächsten Nachbarn):
   Bei diesem Verfahren wird der Abstand $D(A_{l_1}, A_{l_2})_{\min}$ zwischen den Gruppen verwendet. In jedem Schritt werden jeweils diejenigen beiden Gruppen A_{l_1}, A_{l_2} fusioniert, für die $D(A_{l_1}, A_{l_2})$ minimal ist. Um zwei Gruppen zu fusionieren, genügt es also, wenn je ein Vertreter aus beiden existiert, die eng beieinanderliegen. An die Abstände innerhalb der Gruppen werden jedoch keine Forderungen gestellt, so daß unter Umständen Objekte weit auseinanderliegen können. Ein Nachteil dieses Verfahrens besteht darin, daß eventuell weit auseinanderliegende Haufen durch wenige Zwischenglieder verbunden werden (Verkettungseigenschaft).
2. **Complete-Linkage-Verfahren** (Verfahren des weitesten Nachbarn):
   Der Abstand zwischen den Gruppen wird hier durch $D(A_{l_1}, A_{l_2})_{\max}$ definiert. In jedem Schritt wird dasjenige Paar von Gruppen A_{l_1}, A_{l_2} fusioniert, das unter allen Paaren den kleinsten Maximalabstand hat. Dieses Verfahren erzeugt sehr homogene Gruppen.
3. **Average-Linkage-Verfahren** (Verfahren der mittleren Differenz):
   Man verwendet hier den mittleren Abstand $\overline{D}(A_{l_1}, A_{l_2})$. In jedem Schritt wird jeweils dasjenige Paar A_{l_1}, A_{l_2} fusioniert, das unter allen Paaren den geringsten mittleren Abstand hat.

Die detaillierte Ausführung entsprechender Algorithmen und Rechnungen führt für uns zu weit, wir verweisen hier auf die Hilfe von Computerprogrammen. Wir werden abschließend die angeführten Prinzipien anhand zweier vereinfachter Beispiele diskutieren.

5.3.5 Ein Rechenbeispiel für eine agglomerative, hierarchische, disjunkte Gruppierung

An vier Objekten wurden 5 verschiedene metrische Merkmale gemessen. Dabei entstand folgendes Ergebnis:

	Merkmal				
Objekt	1	2	3	4	5
1	7	4	9	7	8
2	9	2	10	6	4
3	3	1	8	3	2
4	2	5	3	1	1

Wir bestimmen die Ähnlichkeitsabstände aller Versuchsobjekte untereinander mit Hilfe der gewichteten EUKLIDschen Distanz. Aus diesem Grund erstellen wir uns nachfolgende Hilfstabelle:

	Merkmal				
Objekt	M_1	M_2	M_3	M_4	M_5
1	7	4	9	7	8
2	9	2	10	6	4
3	3	1	8	3	2
4	2	5	3	1	1
$\sum x_i$	21	12	30	17	15
$\sum x_i^2$	143	46	254	95	85
s_i^2	10,92	3,33	9,67	7,58	9,58

$$d_{12}^{\mathrm{E}} = \sqrt{\sum_{i=1}^{k} \frac{(x_{1i} - x_{2i})^2}{s_i^2}},$$

$$d_{12}^{\mathrm{E}} = \sqrt{\frac{4}{10{,}92} + \frac{4}{3{,}33} + \frac{1}{9{,}67} + \frac{1}{7{,}68} + \frac{16}{9{,}58}} = 1{,}86,$$

$$d_{13}^{\mathrm{E}} = \sqrt{\frac{16}{10{,}92} + \frac{9}{3{,}33} + \frac{1}{9{,}67} + \frac{16}{7{,}68} + \frac{36}{9{,}58}} = 3{,}18,$$

$$d_{14}^{\mathrm{E}} = \sqrt{\frac{25}{10{,}92} + \frac{1}{3{,}33} + \frac{36}{9{,}67} + \frac{36}{7{,}68} + \frac{49}{9{,}58}} = 4{,}02,$$

$$d_{23}^{\mathrm{E}} = \sqrt{\frac{36}{10{,}92} + \frac{1}{3{,}33} + \frac{4}{9{,}67} + \frac{9}{7{,}68} + \frac{4}{9{,}58}} = 2{,}37,$$

$$d_{24}^{\mathrm{E}} = \sqrt{\frac{49}{10{,}92} + \frac{9}{3{,}33} + \frac{49}{9{,}67} + \frac{25}{7{,}68} + \frac{9}{9{,}58}} = 4{,}06,$$

$$d_{34}^{\mathrm{E}} = \sqrt{\frac{1}{10{,}92} + \frac{16}{3{,}33} + \frac{25}{9{,}67} + \frac{4}{7{,}68} + \frac{1}{9{,}58}} = 2{,}85.$$

Mit Hilfe dieser Distanzen erstellen wir nun die Distanzmatrix für die 4 Objekte und erhalten:

Objekt	1	2	3	4
1	–	1,86	3,18	4,02
2		–	2,37	4,06
3			–	2,85
4				–

Der Matrix können wir entnehmen, daß sich bzgl. der untersuchten Merkmale die Objekte 1 und 2 am ähnlichsten und die Objekte 2 und 4 am unähnlichsten sind.

Wir führen eine agglomerative Klassifikation nach dem Single-Linkage-Verfahren durch. In der Stufe 0 beginnen wir mit den Gruppierungen $\{1\}$, $\{2\}$, $\{3\}$ und $\{4\}$. Im ersten Schritt fusionieren wir die Objekte 1 und 2, da sie den geringsten Abstand aufweisen. Die Gruppen der Stufe 1 sind also $\{1,2\}$, $\{3\}$ und $\{4\}$. Nun bestimmen wir die Distanzmaße für diese Gruppierung, indem wir jeweils den kleinsten Abstand zwischen den Gruppen suchen. Um z. B. den Abstand zwischen den Gruppen $\{1,2\}$ und $\{3\}$ zu erhalten, betrachten wir die Distanzen d_{13} und d_{23} und wählen das Minimum aus. Insgesamt erhalten wir:

Gruppen	$\{1,2\}$	$\{3\}$	$\{4\}$
$\{1,2,3\}$	–	2,37	4,02
$\{3\}$		–	2,85
$\{4\}$			–

Im zweiten Schritt werden nun $\{1,2\}$ und $\{3\}$ fusioniert, da zwischen ihnen mit 2,37 der kleinste Abstand besteht. Es ergeben sich die Cluster $\{1,2,3\}$ und $\{4\}$:

Gruppen	$\{1,2,3\}$	$\{4\}$
$\{1,2\}$	–	2,85
$\{4\}$		–

Anmerkung: *Bei jedem Schritt (also auch z. B. beim 2. Schritt) bestimmen wir die Distanzen zwischen den Gruppen mit Hilfe der Ausgangsmatrix (d_{ij}).*

Bei der grafischen Darstellung im Dendrogramm können wir noch eine „Verbesserung" einführen, indem wir als Höhenwerte die Homogenität h der jeweiligen Verschmelzungsstufe verwenden. Wir demonstrieren dies an unserem Beispiel dadurch, daß wir als Homogenitätsmaß innerhalb der Gruppen den maximalen Abstand verwenden. Für die $h-$Werte erhalten wir zunächst:

$$\begin{array}{lcl} \text{Stufe } 0 & \longrightarrow & h = 0 \\ \text{Stufe } 1 & \longrightarrow & h = 1{,}86 \\ \text{Stufe } 2 & \longrightarrow & h = 3{,}18 \\ \text{Stufe } 3 & \longrightarrow & h = 4{,}06 \end{array}$$

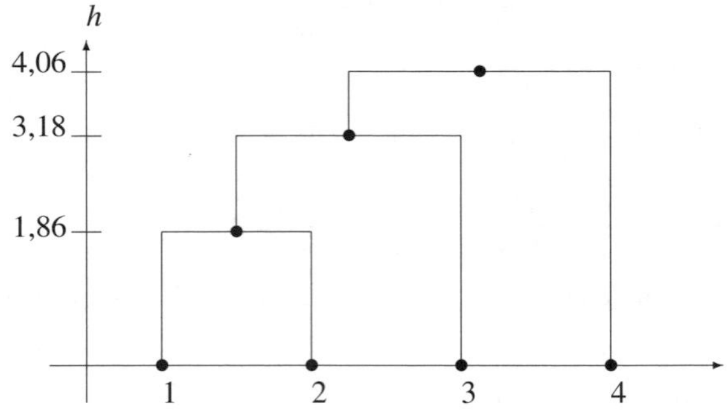

5.3.6 Eine Rechenbeispiel für eine agglomerative, hierarchische, nicht disjunkte Gruppierung

Als Zahlenbeispiel verwenden wir wieder die Distanzmatrix des Abschnitts 5.3.5:

Objekt	1	2	3	4
1	–	1,86	3,18	4,02
2		–	2,37	4,06
3			–	2,85
4				–

Um eine agglomerative Gruppierung in nicht disjunkte Gruppen zu erhalten, könnten wir z. B. wie folgt vorgehen: In der Stufe 0 starten wir wieder mit der feinsten Gruppierung $\{1\}$, $\{2\}$, $\{3\}$ und $\{4\}$. Die fortlaufende Gruppierung wird nun schrittweise durch eine monoton wachsende Folge von Schwellwerten US_i in dem Sinne erzeugt, daß man jeweils diejenigen Objekte zusammenfaßt, deren Abstände höchstens gleich dem Schwellenwert sind. Eine Möglichkeit für die Wahl der Schwellen besteht darin, alle überhaupt auftretenden Distanzen der Größe nach zu ordnen und als Folge der Schwellwerte zu nutzen. Wir erhalten dann:

Schwelle	Gruppen	Grafik
$US_1 = 0$	$\{1\}, \{2\}, \{3\}, \{4\}$	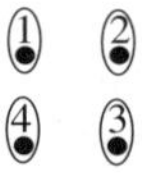
$US_2 = 1{,}86$	$\{1,2\}, \{3\}, \{4\}$	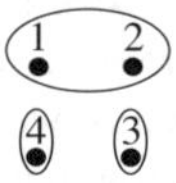
$US_3 = 2{,}37$	$\{1,2\}, \{2,3\}, \{4\}$	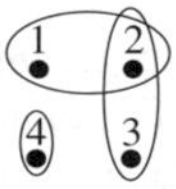
$US_4 = 2{,}85$	$\{1,2\}, \{2,3\}, \{3,4\}$	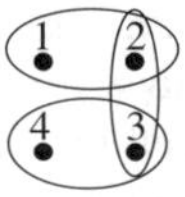
$US_5 = 3{,}18$	$\{1,2,3\}, \{3,4\}$	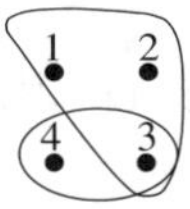
$US_6 = 4{,}02$	$\{1,2,3\}, \{1,3,4\}$	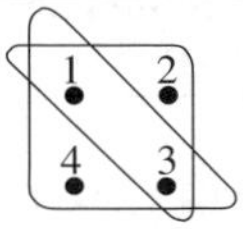
$US_7 = 4{,}06$	$\{1,2,3,4\}$	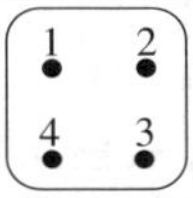

Damit erhalten wir:

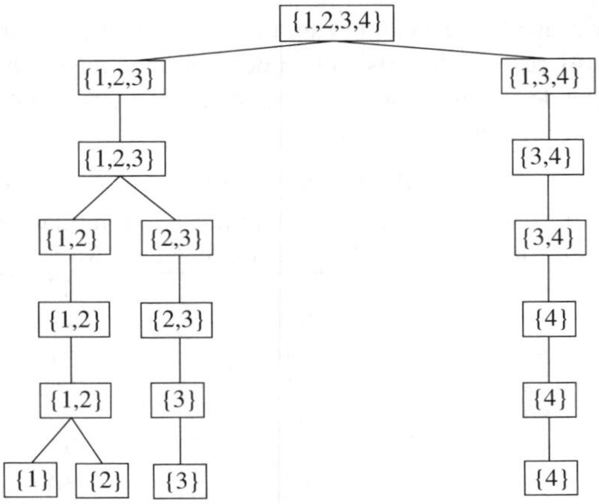

Welche dieser Gruppierungen am Ende tatsächlich genutzt wird, das hat der Anwender aus inhaltlicher Sicht und sachlogischen Gründen zu entscheiden.

SPSS-Zugang

Vorgehen	Voraussetzungen/Erklärungen
Analysieren → Klassifizieren → Clusterverfahren auswählen	

5.4 Die einfache Varianzanalyse

Die Varianzanalyse ist ein statistisches Verfahren zur Untersuchung der Wirkung von Faktoren auf Versuchsergebnisse, das auf der Grundlage des geeigneten Vergleichens von Streuungen beruht. Sie wurde ca. im Jahre 1920 von R. A. FISHER zur Analyse von Feldversuchen in der Landwirtschaft entwickelt. In Abhängigkeit von der Anzahl der Einflußgrößen, der sogenannten Faktoren, unterscheidet man die einfache, zweifache usw. Varianzanalyse. Wir werden uns vorrangig mit der einfachen Varianzanalyse beschäftigen, d. h. den Fall betrachten, in dem nur ein Faktor (den wir A nennen wollen) wirksam wird.

Man unterscheidet nun das sogenannte Modell I, das einem globalen Mittelwertvergleich entspricht und von sogenannten festen Effekten ausgeht, und das Modell II, das die von den Faktoren erzeugte Variabilität untersucht und dabei zufällige Effekte zugrundelegt. Bei mehrfacher Varianzanalyse gibt es dann noch gemischte Modelle, in denen sowohl feste als auch zufällige Effekte auftreten. In der Psychologie wird die Varianzanalyse im wesentlichen zur Prüfung von Mittelwertunterschieden eingesetzt. Wir wollen nun auf das Modell I näher eingehen. Es werden dabei metrische Daten mit Normalverteilung sowie eine homogene Varianz der Stichprobenvariablen vorausgesetzt. Das Ziel besteht darin, die Wirkung des Faktors A, die durch l Stufen repräsentiert werde, auf ein Merkmal zu untersuchen. Als Informationsgrundlage liegen uns dazu konkrete Untersuchungsergebnisse je Stufe vor, d. h., das Datenschema:

Einzelversuche z. B. Versuchspersonen	Stufen des Faktors A: 1	2	...	l
1	x_{11}	x_{12}	...	x_{1l}
2	x_{21}	x_{22}	...	x_{2l}
$\vdots$	$\vdots$	$\vdots$	$\ddots$	$\vdots$
n_k	x_{n_1}	x_{n_2}	...	x_{n_l}

Wir merken an, daß es entsprechend dem allgemeinen Ansatz nicht zwingend notwendig ist, daß alle Stichprobenumfänge n_1, n_2, bis n_l gleich groß sein müssen.

Als Beispiel betrachten wir eine Untersuchung zum Einsatz rechnergestützter Entscheidungshilfen, in der 5 verschiedene Integrationsmodelle hinsichtlich der Entscheidungssicherheit miteinander verglichen wurden und nachfolgende Daten an 5×15 Versuchspersonen erhoben wurden (nähere Ausführungen zum Beispiel finden wir im Abschnitt 5.4.1.3):

Stufen des Faktors A

Additives Modell	Additives Modell mit Gewichtung	Additives Modell mit Elimination	Eliminatives Modell	Majoritätsmodell
67	81	93	45	61
68	86	97	49	65
71	82	100	51	63
70	85	91	46	70
65	80	89	42	68
66	88	87	47	71
69	86	87	50	64
70	87	96	46	66
70	90	94	53	63
68	91	93	55	74
73	91	98	43	69
71	82	92	48	72
68	83	89	54	73
72	83	95	49	66
78	86	94	45	67

Wir haben also de facto 5 Stichproben von je dem Umfang $n_1 = n_2 = \ldots = n_5 = 15$ hinsichtlich ihrer Mittelwerte zu vergleichen.

Der Ansatz für das Modell I geht nun davon aus, daß die Meßwerte x_{ik} in folgender Form linear aufgebaut sind:

$$x_{ik} = \mu + a_k + \epsilon_{ik} \qquad (i = 1, 2, \ldots, n_k \quad \text{und} \quad k = 1, 2, \ldots, l).$$

Dabei sind μ und a_k Konstanten mit $n_1 a_1 + \ldots + n_l a_l = 0$ (sog. Reparametrisierungsbedingung). Die „zufälligen Fehlergrößen“ ϵ_{ik} sind Realisierungen von unabhängigen Zufallsgrößen mit dem Erwartungswert 0 und einer nach Voraussetzung für alle i,k gleichgroßen Streuung σ^2. Die Werte $x_{1k}, x_{2k}, \ldots, x_{n_k k}$ der k-ten Spalte des Datenschemas bilden die Stichprobe der k-ten Stufe des Faktors A $(k = 1, 2, \ldots, l)$.

Entsprechend dem Anwendungsziel soll anhand der Daten geprüft werden, ob zwischen den Konstanten a_k Unterschiede bestehen, genauer, die Nullhypothese postuliert $\mu_1 = \mu_2 = \ldots = \mu_k$, wobei $\mu_k = \mu + a_k$ gesetzt wurde. Mit anderen Worten heißt das, wir prüfen mittels der l Stichproben, ob zwischen ihnen Mittelwertunterschiede existieren.

Der Grundgedanke der Prüfung besteht nun darin, daß die Varianz der Gesamtstichprobe (als Menge aller Einzelstichproben) auf zwei Ursachen zurückgeführt wird:

a) Die Streuung der Meßwerte x_{ik} um den Mittelwert $\bar{x}_k$ der einzelnen Stichproben innerhalb der Stufen.
b) Die Streuung der Stichprobenmittelwerte $\bar{x}_k$ um den Gesamtmittelwert $\bar{x}$.

Dies ermöglicht uns indirekt einen Mittelwertvergleich über einen direkten Vergleich der Varianzen. Daher resultiert auch ihr Name: Obwohl im Modell I Mittelwerte miteinander verglichen werden sollen, sprechen wir von der Varianzanalyse. Wir berücksichtigen dabei in unserem Rechenmodell obige zwei empirische Varianzen, nämlich die, die innerhalb der Stichproben von der Varianz herrührt und die, die von den Mittelwertunterschieden zwischen den Stufen verursacht wird. Unterscheiden sich diese beiden Varianzen signifikant voneinander, dann zeigt dies einen Unterschied der Erwartungswerte an.

Wir merken an, daß aufgrund der Festlegung der Prüfgröße in der Varianzanalyse die Fragestellung immer **einseitig** ist. Das hat bei der Signifikanzprüfung Konsequenzen für den Vergleich der Prüfgröße mit kritischen Werten.

In der Psychologie ist nun im Zusammenhang mit Mehrfachmessung bei den gleichen Versuchspersonen der Fall von Interesse, in dem zwischen den Stufen Abhängigkeiten bestehen, also abhängige Stichproben vorliegen. Wir wollen uns im Abschnitt 5.4 auch mit dieser Situation beschäftigen. Zuerst werden wir im Abschnitt 5.4.1 die einfache Varianzanalyse für unabhängige Stichproben und danach, im Abschnitt 5.4.2, die „einfache“ Varianzanalyse für abhängige Stichproben diskutieren und an jeweils einem Beispiel die Rechenschritte exemplarisch vorstellen.

Analog den anderen Verfahren der multivariaten Statistik ist zu sagen, daß wir uns hier mit ausgewählten Standardsituationen auseinandersetzen. Für weitere Spezialfälle sollte der interessierte Leser auf entsprechende Fachliteratur (z. B. HOCHSTÄDTER & KAISER, 1988; WINER; BROWN & MICHELS, 1991; AHRENS 1967) zurückgreifen.

5.4.1 Die einfache Varianzanalyse für unabhängige Stichproben

Dieses Verfahren stellt inhaltlich eine Verallgemeinerung des doppelten t-Tests (vgl. Abschnitt 4.3.1.4.3) dar. Während der doppelte t-Test den Vergleich von 2 unabhängigen Stichproben beinhaltet, realisiert die einfache Varianzanalyse den Vergleich von l unabhängigen Stichproben, die den Stufen des Faktors A entsprechen, bei metrischen Daten mit Normalverteilung.

Wie bereits erwähnt, unterscheiden wir je nach Ansatz in der Versuchsplanung in das Modell I und das Modell II.

a) Modell I mit festen Effekten
Dieses Modell wurde im einleitenden Teil dieses Abschnitts bereits vorgestellt. Es wird dabei die Wirkung einer bestimmten, vorgegebenen Anzahl l von Versuchsstufen miteinander verglichen. Eine derartige Situation treffen wir z. B. an, wenn wir 3 neu entwickelte Trainingsverfahren bzgl. ihrer Effizienz miteinander vergleichen wollen. Es erfolgt dabei eine Wiederholung des Experimentes mit den gleichen vorgegebenen Versuchsstufen. Dabei wird hier vorausgesetzt, daß alle Meßwerte x_{ik} unabhängig voneinander gewonnen werden (z. B. dadurch, daß stets andere Versuchspersonen untersucht werden). Außerdem müssen homogene Varianzen vorliegen. Dies prüfen wir vorher mit dem COCHRAN-Test (vgl. Abschnitt 4.3.3.7.1).
Lehnen wir die Nullhypothese H_0: $\mu_1 = \mu_2 = \ldots = \mu_k$ ab, können wir anschließend den DUNCAN-Test (vgl. Abschnitt 4.3.3.7.3) als multiplen Vergleich durchführen, der uns dann die Frage beantwortet, zwischen welchen der l Stichproben signifikante Mittelwertunterschiede bestehen.

b) Modell II mit zufälligen Effekten
Hierbei werden l Versuchsbedingungen selbst als Zufallsstichprobe aus einer Grundgesamtheit von überhaupt möglichen Versuchsbedingungen aufgefaßt. In dieser Situation ist die Wiederholung des Experimentes auch mit einer anderen Stichprobe von Versuchsbedingungen möglich. Uns interessieren die Eigenschaften dieser Bedingungen. Der Faktor A, der in verschiedenen Abstufungen untersucht wird, tritt hier als Zufallsgröße in Erscheinung. Ein praktisches Beispiel für den Einsatz dieses Modells könnte die Untersuchung verschiedener Belastungsstufen sein, die aber jetzt „ganz zufällig" gewählt werden können, also nicht mehr „nach den Mittelwerten systematisiert" wie im Modell I. Wir teilen die Versuchsergebnisse wiederum in Stufen und zugehörige Stichproben ein und stellen hier die Frage, ob durch diese Einteilung, also durch diesen Versuchsplan, ein eventuell vorhandener, zufällig auftretender Faktor A nachgewiesen werden kann. Dies geschieht wiederum durch den Vergleich der Streuungen zwischen den Stufen und innerhalb der Stufen, und man testet, ob die Streuung σ_A^2 des Faktors A von Null verschieden ist: $\sigma_A^2 \neq 0$.
Lehnen wir beim Modell II die Nullhypothese ab, dann führen wir im Unterschied zum Modell I keinen multiplen Vergleich durch, sondern es erfolgt dann eine Schätzung der Varianzkomponenten σ_A^2.

Voraussetzung für das Modell II ist also eine Zufallsauswahl der Versuchsbedingungen. Legen wir diese jedoch „systematisiert nach Mittelwerten" fest, dann liegt Modell I vor. Allerdings dürfen wir die Ergebnisse in diesem Fall **nicht** auf andere Versuchsbedingungen verallgemeinern.

Von der mathematischen Prozedur, d. h. vom Rechenablauf her, unterscheiden sich beide Modelle nur unwesentlich voneinander. Wesentlich verschieden ist dagegen die Interpretation der Ergebnisse.

5.4.1.1 Die Bestimmung der Prüfgröße beim Modell I

Um am Ende der einfachen Varianzanalyse eine Aussage darüber treffen zu können, ob sich die l untersuchten Mittelwerte signifikant voneinander unterscheiden oder nicht, ist eine Vielzahl von einzelnen Rechenschritten notwendig. Zuerst sind einige Hilfsgrößen, bestimmte Summen von Abweichungsquadraten (*SAQ*), zu berechnen.

Wir betrachten zum einen SAQ_I als Summe der Abweichungsquadrate **innerhalb** der Stichproben. Sie mißt die Abweichung der Meßwerte vom jeweiligen Stichprobenmittelwert. Andererseits analysieren wir SAQ_Z als Summe der Abweichungsquadrate **zwischen** den Stichproben. Sie ist ein summarischer Ausdruck der Abweichungen der l Stichprobenmittelwerte $\overline{x}_k$ vom Gesamtmittelwert $\overline{x}$. Wir nennen die Summen von Abweichungsquadraten auch quadratische Variationen oder kurz Varianzen. Schließlich benötigen wir noch SAQ_G als Summe der Abweichungsquadrate für **alle** Meßwerte insgesamt. Diese Abweichungsquadrate sind definiert nach:

$$SAQ_G = \sum_{k=1}^{l} \sum_{i=1}^{n_k} (x_{ik} - \overline{x})^2;$$
$$SAQ_I = \sum_{k=1}^{l} \sum_{i=1}^{n_k} (x_{ik} - \overline{x}_k)^2;$$
$$SAQ_Z = \sum_{k=1}^{l} n_k (\overline{x}_k - \overline{x})^2.$$

Dabei sind:

x_{ik} die Meßwerte, d. h. unser empirisches Untersuchungsergebnis;
$\overline{x}_k$ der arithmetische Mittelwert der k-ten Stichprobe, d. h. der Meßwerte $x_{1k}, x_{2k}, \ldots, x_{nn_k}$;
$\overline{x}$ der arithmetische Mittelwert aller Meßwerte x_{ik}.

Es gilt:

$$SAQ_G = SAQ_I + SAQ_Z.$$

Die durch die Mittelwertunterschiede verursachte Varianz SAQ_Z nennt man in diesem Zusammenhang auch aufgeklärte Varianz und die Differenz (hier SAQ_I) zur Gesamtvarianz SAQ_G dann Restvarianz. Analog zum Bestimmtheitsmaß (vgl. Abschnitt 2.3.3.) kann man auch hier den Quotienten $\frac{SAQ_Z}{SAQ_G}$ aus aufgeklärter und Gesamtvarianz bilden. Er wird mit η (Eta) bezeichnet und gibt den Anteil der aufgeklärten an der Gesamtvarianz an. Zur Beantwortung der Fragestellung, ob Mittelwertunterschiede auftreten, vergleicht man die aufgeklärte Varianz und die Restvarianz. Dieser Quotient heißt **Effektgröße** und wird auch als ϵ^2 bezeichnet:

$$\epsilon^2 = \frac{SAQ_Z}{SAQ_I}.$$

Es besteht der Zusammenhang $\eta^2 = \frac{\epsilon^2}{1+\epsilon^2}$.

Nun wollen wir uns mit der Definition und Berechnung der sog. mittleren Varianzen näher auseinandersetzen:

1. Die mittlere Varianz innerhalb der Stichproben
   Mit MQ_I bezeichnen wir das mittlere Abweichungsquadrat innerhalb der Stichproben, also
   $MQ_I = \frac{1}{N-l} \cdot SAQ_I$, wobei $N = \sum_{k=1}^{l} n_k$ ist.
   Wir bemerken, daß MQ_I eine Schätzung für σ^2 ist.
2. Die mittlere Varianz zwischen den Stichproben
   Wir verwenden das mittlere Abweichungsquadrat MQ_Z zwischen den Stichproben, welches wir nach
   $MQ_Z = \frac{1}{l-1} \cdot SAQ_Z$
   berechnen.
   Diese empirische Größe ist eine Schätzung für
   $\sigma^2 + \frac{1}{l-1} \sum_{k=1}^{l} n_k \cdot a_k^2,$
   d. h., es gehen sowohl σ^2 als auch die Mittelwertunterschiede ein.

Tritt zwischen MQ_I und MQ_Z ein signifikanter Unterschied auf, dann ist dieser Unterschied, da die Stichproben als Voraussetzung homogene Varianzen hatten, auf Mittelwertunterschiede zurückführbar. Wir prüfen diesen Unterschied also durch den Quotienten der mittleren Varianzen, d. h. mit der Prüfgröße

$$\boxed{F = \frac{MQ_{\mathrm{Z}}}{MQ_{\mathrm{I}}}},$$

die ein F-Verteilung mit den Freiheitsgraden $f_1 = l - 1$ und $f_2 = N - l$ besitzt. Es gilt: Wenn $F \geq F_{\alpha;(l-1);(N-l)}$ (vgl. Tafel 5) ist, dann lehnen wir H_0 ab.

5.4.1.2 Die Tafel der einfachen Varianzanalyse beim Modell I

Im Normalfall verwenden wir heute für den globalen Mittelwertvergleich, d. h. bei der einfachen Varianzanalyse, Computerprogramme. Trotzdem kann uns einerseits immer einmal die Situation begegnen, daß wir eine Varianzanalyse „zu Fuß" rechnen müssen bzw. ist es andererseits für das Verständnis der vom Computerprogramm angebotenen Lösung wichtig, die Vorgehensweise dieses Verfahrens zu kennen. Dafür kann uns die nachfolgende Tafel der einfachen Varianzanalyse gut helfen, für die wir vorab die notwendigen Rechenformeln angeben wollen. Vorteilhaft für die Berechnung ist es, wenn wir zuerst einige Hilfsgrößen bestimmen:

1. Die Quadrate aller Meßwerte x_{ik} summiert
$$Q = \sum_{k=1}^{l} \sum_{i=1}^{n_k} x_{ik}^2.$$
2. Die Spaltensummen
$$S_k = \sum_{i=1}^{n_k} x_{ik}.$$
3. Die Gesamtsumme
$$S = \sum_{k=1}^{l} S_k.$$
4. Die Anzahl aller Meßwerte
$$N = \sum_{k=1}^{l} n_k.$$

Die Rechenformeln sind dann:

$$SAQ_{\mathrm{G}} = Q - \frac{S^2}{N};$$

$$SAQ_{\mathrm{Z}} = \sum_{k=1}^{l} \frac{S_k^2}{n_k} - \frac{S^2}{N};$$

$$SAQ_{\mathrm{I}} = Q - \sum_{k=1}^{l} \frac{S_k^2}{n_k}.$$

Nun erstellen wir uns die Tafel der einfachen Varianzanalyse:

Varianz	SAQ	Freiheitsgrade	MQ	F
Gesamt	SAQ_{G}	$N-1$		
Zwischen den Gruppen	SAQ_{Z}	$l-1$	$MQ_{\mathrm{Z}} = \frac{SAQ_{\mathrm{Z}}}{l-1}$	$F = \frac{MQ_{\mathrm{Z}}}{MQ_{\mathrm{I}}}$
Innerhalb der Gruppen	SAQ_{I}	$N-l$	$MQ_{\mathrm{I}} = \frac{SAQ_{\mathrm{I}}}{N-l}$	

5.4.1.3 Ein Rechenbeispiel zur einfachen Varianzanalyse beim Modell I

Hier erinnern wir uns noch einmal an den Abschnitt 4.3.3.7.3, d. h. den DUNCAN-Test. Dieser Test ist ein multipler Mittelwertvergleich im Sinne eines Posttests, wenn vorher der Globalvergleich, d. h. die einfache Varianzanalyse, die Nullhypothese abgelehnt hat. Wir greifen also noch einmal auf das dort diskutierte und auch eingangs bereits erwähnte Beispiel zurück und führen nun den Globalvergleich durch.

Im Rahmen eines Experimentes zum Einsatz rechnergestützter Entscheidungshilfen wurde u. a. Antwort auf die Frage gesucht, ob es zwischen 5 homogenisierten Versuchsgruppen Unterschiede bzgl. der Mittelwerte bei der Entscheidungssicherheit gibt, wenn jede Versuchsgruppe mit einem anderen Integrationsmodell einen Entscheidungsvorschlag auf der Grundlage selbst angegebener Bewertungen und Gewichtungen pro Entscheidungsalternative erhielt. Die Entscheidungssicherheit konnte zwischen 0 (völlig unsicher) und 100 (völlig sicher) Punkten angegeben werden.

Folgende Ergebnisse lagen vor:

Stichprobe 1 Additives Modell	Stichprobe 2 Additives Modell mit Gewichtung	Stichprobe 3 Additives Modell mit Elimination	Stichprobe 4 Eliminatives Modell	Stichprobe 5 Majoritäts-modell
67	81	93	45	61
68	86	97	49	65
71	82	100	51	63
70	85	91	46	70
65	80	89	42	68
66	88	87	47	71
69	86	87	50	64
70	87	96	46	66
70	90	94	53	63
68	91	93	55	74
73	91	98	43	69
71	82	92	48	72
68	83	89	54	73
72	83	95	49	66
78	86	94	45	67

Mit Hilfe der einfachen Varianzanalyse wollen wir nun prüfen, ob der Faktor „Integrationsmodell", der in 5 Abstufungen vorliegt, Auswirkungen auf die Mittelwerte der Entscheidungssicherheit hat.

Lösung:

1. Voraussetzungen:
   * Unterschiedstest mit mehr als 2 (5) unabhängigen Stichproben bei metrischen Daten mit Normalverteilung (globaler Mittelwertvergleich)
   * $n_1 = n_2 = \ldots = n_5 = 15$
   * Ergebnis des COCHRAN-Tests (vgl. Abschnitt 4.3.3.7.1):
     Wir behalten H_0 bei, da $C < C_{\alpha;l;n-1}$ (0,222 < 0,382) gilt.
     Wir können von homogenen Varianzen ausgehen.
2. Hypothesen:
   H_0: $\mu_1 = \mu_2 = \ldots = \mu_5$
   H_1: Mindestens ein Unterschied.
3. Signifikanzniveau aufgrund des Inhalts der Aufgabenstellung:
   $\alpha = 0{,}01$

4. Prüfgröße:
$$F = \frac{MQ_{\mathrm{Z}}}{MQ_{\mathrm{I}}}$$
5. Kritischer Bereich:
Wenn $F \geq F_{\alpha;(l-1);(N-l)}$ ist, dann lehnen wir H_0 ab.
$$F_{\alpha;(l-1);(N-l)} = F_{0,01;4;70} = 3{,}60$$
(vgl. Tafel 5 mit $f_1 = l - 1 = 4$ und $f_2 = N - l = 70$)
6. Berechnung:
Im ersten Schritt bestimmen wir die Hilfsgrößen Q,S,S_k und N und erhalten:
$$Q = \sum_{k=1}^{l} \sum_{i=1}^{n_k} x_{ik}^2 = 416\,163,$$
$$S_k = \sum_{i=1}^{n_k} x_{ik},$$
Im einzelnen sind
$$S_1 = 1046; \qquad S_2 = 1\,281; \qquad S_3 = 1\,395; \qquad S_4 = 723; \qquad S_5 = 1\,012;$$
$$S = \sum_{k=1}^{l} S_k = 5\,457;$$
$$N = \sum_{k=1}^{l} n_k = 75.$$
Mit diesen Hilfsgrößen berechnen wir nachfolgend die Werte in der Tafel der einfachen Varianzanalyse:
$$SAQ_{\mathrm{G}} = 416\,163 - \frac{29\,778\,849}{75} = 19\,111{,}68;$$
Anzahl der Freiheitsgrade: $N - 1 = 75 - 1 = 74$
$$SAQ_{\mathrm{Z}} = \frac{1\,046^2}{15} + \frac{1\,281^2}{15} + \frac{1\,395^2}{15} + \frac{723^2}{15} + \frac{1\,012^2}{15} - \frac{29\,778\,849}{75} = 18147{,}0;$$
Anzahl der Freiheitsgrade: $l - 1 = 5 - 1 = 4$
$$MQ_{\mathrm{Z}} = \frac{18\,147{,}0}{4} = 4\,536{,}75;$$
$$SAQ_{\mathrm{I}} = 416\,163 - 415\,198{,}333 = 964{,}667;$$
Anzahl der Freiheitsgrade: $N - l = 75 - 5 = 70$
$$MQ_{\mathrm{I}} = \frac{964{,}667}{70} = 13{,}78.$$
Nun können wir unsere Prüfgröße F bestimmen:
$$F = \frac{4536{,}75}{13{,}78} = 329{,}23.$$

Varianz	SAQ	FG	MG	F
Gesamt	$SAQ_{\mathrm{G}} = 19\,111{,}68$	74		
Zwischen den Gruppen	$SAQ_{\mathrm{Z}} = 18\,147{,}0$	4	4 536,75	329,23
Innerhalb der Gruppen	$SAQ_{\mathrm{I}} = 964{,}667$	70	13,78	

7. Vergleich:
$329{,}23 > 3{,}60$, d. h., $F > F_{\alpha;(l-1);(N-l)}$, und deshalb lehnen wir H_0 ab. Es bestehen bzgl. der Mittelwerte Unterschiede zwischen den 5 untersuchten Integrationsmodellen. Um nun festzustellen, zwischen welchen Stichproben diese Mittelwertunterschiede im einzelnen begründet liegen, müssen wir den DUNCAN-Test als multiplen Vergleich (vgl. Abschnitt 4.3.3.7.3) durchführen.

SPSS-Zugang

Datenart	Vorgehen	Voraussetzungen/Erklärungen
metrisch	**Globalvergleich:** Analysieren → Mittelwerte vergleichen → Einfaktorielle ANOVA „Abhängige Variablen" AV eintragen; „Faktor" UV	unter „Optionen" durch Anklicken von „Test auf Homogenität der Varianzen" Prüfung, ob zwischen den Varianzen der Gruppen signifikante Unterschiede bestehen unter „Optionen" Art des Ausschlusses der fehlenden Variablen definieren
	Multiple Vergleiche: unter „post-hoc" „Duncan" anklicken	

5.4.1.4 Die einfache Varianzanalyse beim Modell II

Die Besonderheit des Modells II bei der einfachen Varianzanalyse besteht darin, daß die Versuchsbedingungen als Zufallsstichprobe aus einer Grundgesamtheit von überhaupt möglichen Versuchsbedingungen verstanden wird. Wir gehen zunächst wieder von metrischen Daten mit Normalverteilung und homogenen Varianzen aus, wobei aber hier, im Unterschied zum Modell I, der zufallsabhängige Faktor A die Varianz σ_A^2 beiträgt. Der Ansatz für das Modell II hat die Form

$$x_{ik} = \mu + a_k + \epsilon_{ik}.$$

Dabei sind jetzt a_k normalverteilte Zufallsgrößen mit dem Mittelwert Null und einer nach Voraussetzung von k unabhängigen Streuung σ_A^2.

Wir merken an, daß dieser Ansatz zur Folge hat, daß zwischen den Meßwerten $x_{1k}, x_{2k}, \ldots, x_{n_k k}$ innerhalb der Stichproben Abhängigkeiten vorliegen. Ein Verfahren zur Überprüfung der Voraussetzung, daß die zufälligen Anteile a_k alle die gleiche Streuung haben, ist nicht bekannt. Diese Voraussetzung muß durch sachliche Überlegungen beim Versuchsansatz gesichert werden. Durch die veränderte Ausgangssituation, d. h. dadurch, daß die Spaltenvariable A nun mit zufälligen Effekten vorliegt, verändern sich sowohl die Hypothesen als auch die Ergebnisinterpretation. In der Nullhypothese fragen wir, ob die Zufallsgröße A überhaupt eine Wirkung hat oder nicht, d. h., H_0: $\sigma_A^2 = 0$. Lehnen wir H_0 ab, dann hat diese Zufallsgröße eine Wirkung, und wir nehmen die Alternativhypothese mit $H_1: \sigma_A^2 \neq 0$ an. Es geht uns beim Modell II also darum, Schätzungen der Varianzkomponenten durchzuführen.

Mit Hilfe einer Prüfgröße und deren Vergleich mit einem kritischen Wert beantworten wir obige Fragestellung. Formal unterscheidet sich diese Prüfgröße nicht von der des Modells I, d. h.,

$$\boxed{F = \frac{MQ_Z}{MQ_I}}.$$

Das Vorgehen zur Bestimmung von MQ_Z und MQ_I ist analog dem beim Modell I (vgl. Abschn. 5.4.1.1). Wir können also auch diese Prüfgröße mittels der Tafel der einfachen Varianzanalyse (vgl. Abschn. 5.4.1.2) berechnen. Um zu entscheiden, ob wir H_0 annehmen oder ablehnen sollten, vergleichen wir F mit einem kritischen Wert $F_{\alpha;f_1;f_2}$, und es gilt: Wenn $F \geq F_{\alpha;(l-1);(N-l)}$ ist, dann lehnen wir H_0 ab.

Bei der Ergebnisinterpretation sprechen wir nun aber nicht von signifikanten Mittelwertunterschieden zwischen den l untersuchten Versuchsbedingungen, sondern wir treffen eine Aussage darüber, wie sich z. B. die Varianzen der Merkmalsausprägungen der Zufallsgröße A, also σ_A^2, zur Varianz der Grundgesamtheit, also σ^2, verhalten. Es erfolgt eine Schätzung der Varianzkomponenten. Ist $\sigma_A^2 \neq 0$, d. h., wir lehnen H_0 ab, dann ermitteln wir eine Schätzung für die Varianz der Spaltenvariable nach

$$\sigma_A^2 = \frac{MQ_Z - MQ_I}{n}, \quad \text{wobei } n := n_1 = n_2 = \ldots = n_l \text{ vorausgesetzt wurde.}$$

Angenommen, wir berechnen mit Hilfe der Tafel der einfachen Varianzanalyse z. B. bei $n = 4$ ein MQ_Z von 7,05 und ein MQ_I von 0,36 (wobei wir ja MQ_I als Schätzwert für σ^2 verstehen), dann erhalten wir bei Ablehnung von H_0 für

$$\sigma_A^2 = \frac{7{,}05 - 0{,}36}{4} = 1{,}66 \quad ,$$

und 1,66 ist rund 4 mal 0,36 , d. h., $\sigma_A^2 \approx 4 \cdot \sigma^2$.

5.4.2 Die einfache Varianzanalyse für abhängige Stichproben

Diese Art der Varianzanalyse ist eine inhaltliche Verallgemeinerung des t-Tests für Differenzen (vgl. Abschnitt 4.3.2.4.2). Beim t-Test für Differenzen werden 2 abhängige Stichproben auf einen Mittelwertunterschied geprüft. Man hat es hier mit 2 Stufen eines Faktors A zu tun. Sollen nun l abhängige Stichproben mit gleichem Stichprobenumfang $n_1 = n_2 = \ldots = n_l = n$ auf Mittelwertunterschiede hin analysiert werden, so kann dies auch mit Hilfe von Methoden der Varianzanalyse erfolgen. Die Meßwerte x_{ik} des Datenschemas werden wie bei Modell I in der Form

$$x_{ik} = \mu + a_k + \epsilon_{ik}$$

geschrieben, wobei jetzt innerhalb der Zeilen $x_{i1}, x_{i2}, \ldots, x_{il}$ und damit zwischen den $\epsilon_{i1}, \epsilon_{i2}, \ldots, \epsilon_{il}$ ($i = 1, 2, \ldots, n$) Abhängigkeiten auftreten können. Zwischen den Zeilen bleibt jedoch die Unabhängigkeit bestehen. Diese Situation ist standardmäßig dann gegeben, wenn die Faktorstufen (also Zeilen) Untersuchungsergebnisse der gleichen Versuchsperson (z. B. Meßwiederholungen) enthalten und die Stichprobenwiederholungen, also die einzelnen Spalten, mit verschiedenen, unabhängigen Versuchspersonen erfolgen. Für diese allgemeine Situation gibt es eine sinngemäße Erweiterung des t-Tests für Differenzen auf l Stichproben, wobei die sogenannte Teststatistik T^2 von HOTELLING verwendet wird (vgl. FAHRMEIR, L. & A. HAMERLE, 1984; KRISHNAIAH, R., 1988).

Wir wollen jedoch zunächst voraussetzen, daß die auftretenden Kovarianzen innerhalb der Zeilen einen konstanten Wert haben, und dieser auch für alle Zeilen der gleiche ist. Weiterhin setzen wir metrische Daten mit Normalverteilung, homogene Varianzen und homogene Kovarianzen voraus. Diese Bedingungen gestatten es, obigen Ansatz durch Einführen einer Kovariable B, die die n Versuchspersonen repräsentiert, zu vereinfachen:

$$x_{ik} = \mu + a_k + b_i + \tilde{\epsilon}_{ik}.$$

Die Größen b_i messen dabei zufallsabhängige, mit dem Erwartungswert Null und der Streuung σ_B^2 normalverteilte, personenbedingte Einflüsse, und die „Fehlergrößen“ $\tilde{\epsilon}_{ik}$ sind nun wieder in ihrer Gesamtheit unabhängig mit der Varianz σ^2. Dieser Ansatz entspricht einer zweifachen Varianzanalyse mit gemischten Effekten: Die Versuchsbedingungen (Spaltenvariable A) enthalten feste Effekte, die Zeilenvariable B (Versuchspersonen) beschreibt zufällige Effekte. Außerdem darf es, wegen der Annahme des additiven Modells, keine Wechselwirkungen zwischen A und B geben. Solche Wechselwirkungen könnten beispielsweise bei der Analyse von Schulleistungen dann auftreten, wenn eine Methode vor allem bei guten Schülern, die andere Methode vor allem bei schlechten Schülern wirkt.

Da die einfache Varianzanalyse für abhängige Stichproben ein globaler Mittelwertvergleich ist, erwarten wir in der Nullhypothese keine Unterschiede zwischen den l untersuchten Stichproben bzgl. der Mittelwerte, d. h., H_0: $\mu_1 = \mu_2 = \ldots = \mu_l$, die Alternativhypothese postuliert im Gegensatz dazu mindestens einen Unterschied.

5.4.2.1 Die Berechnung der Prüfgröße bei korrelierenden Stichproben

Wir sprachen in der Einleitung vom additiven Modellgedanken, aus dem heraus die Vorgehensweise begründet wird. Das zeigt sich auch am Ansatz der Varianzanalyse, d. h. bei den Summen der Abweichungsquadrate (SAQ):

$$SAQ_G = SAQ_S + SAQ_Z + SAQ_R.$$

Dabei steht der Index G für gesamt (also bezogen auf die Gesamtstichprobe), der Index S für Spalte (also die Varianz zwischen den Spalten), der Index Z für Zeile (die Varianz zwischen den Zeilen) und der Index R für Rest. Mit Hilfe dieser SAQ wollen wir nachfolgend die Varianzen MQ_S (als mittleres Abweichungsquadrat der Spalte), MQ_Z und MQ_R als empirische Schätzungen für Parameter der Grundgesamtheit ermitteln.

Definition der Varianzen

Um die Mittelwerte miteinander auf signifikante Unterschiede hin vergleichen zu können, benötigen wir auch hier den Vergleich der auf unterschiedliche Ursachen zurückgehenden Varianzen. Wir benutzen als Hilfsgrößen wiederum die Spaltensummen S_k, die Zeilensummen Z_i, die Gesamtsumme S und die Gesamtanzahl $N = n \cdot l$ der Meßwerte. Bei den Varianzen unterscheiden wir zwischen:

1. Der Spaltenvarianz MQ_S als Varianz zwischen den Spalten:
$$MQ_S = \frac{SAQ_S}{l-1} \quad \text{mit} \quad SAQ_S = \frac{1}{n}\sum_{k=1}^{l} S_k^2 - \frac{S^2}{N}.$$
Dabei stellt MQ_S eine Schätzung für die Kenngrößen
$$\sigma^2 + \frac{n}{l-1}\sum_{k=1}^{l} a_k^2$$
der Grundgesamtheit dar.
2. Der Zeilenvarianz MQ_Z als Varianz zwischen den Zeilen (Versuchspersonen):
$$MQ_Z = \frac{SAQ_Z}{n-1} \quad \text{mit} \quad SAQ_Z = \frac{1}{l}\sum_{i=1}^{n} Z_i^2 - \frac{S^2}{N}.$$
Hierbei ist MQ_Z die empirische Schätzung für $\sigma^2 + l \cdot \sigma_B^2$.
3. Der Restvarianz MQ_R nach:
$$MQ_R = \frac{SAQ_R}{(n-1)(l-1)} \quad \text{mit} \quad SAQ_R = Q - \frac{1}{l}\sum_{i=1}^{n} Z_i^2 - \frac{1}{n}\sum_{k=1}^{l} S_k^2 + \frac{S^2}{N} \quad \text{und}$$
$$Q = \sum_{k=1}^{l}\sum_{i=1}^{n} x_{ik}^2,$$
MQ_R ist eine empirische Schätzung für σ^2.

Entsprechend unserer Nullhypothese interessieren uns die Mittelwertunterschiede. Diese prüfen wir nun mittels der Testgröße

$$\boxed{F = \frac{MQ_S}{MQ_R}}.$$

Um zu entscheiden, ob wir die Nullhypothese annehmen oder ablehnen sollten, vergleichen wir F mit einer kritischen Größe, bei der es einige Besonderheiten zu beachten gilt:

1. Sind die Voraussetzungen bzgl. homogener Varianzen und Kovarianzen erfüllt, dann gilt: Wenn $F \geq F_{\alpha;(l-1);(l-1)(n-1)}$ ist, dann lehnen wir H_0 ab.
In diesem Fall sprechen wir von der Prüfung mit dem normalen F-Test. Es gibt Verfahren, die die Voraussetzung homogener Varianzen und Kovarianzen testen. Diese sind vergleichsweise kompliziert (vgl. WINER, B. J., 1991).
2. Ist die Voraussetzung homogener Kovarianzen nicht geprüft, so kann man wiederum mit der Prüfgröße F arbeiten, jedoch mit den Freiheitsgraden $f_1 = 1$ und $f_2 = n - 1$ (sogenannter konservativer F-Test nach GEISSER-GREENHOUSE, vgl. WINER, B. J., 1991). Hier gilt: Wenn $F \geq F_{\alpha;1;(n-1)}$ ist, dann lehnen wir H_0 ab.

Für ein sinnvolles Vorgehen besteht der Ausgangspunkt der Überlegungen darin, daß immer gilt:

$$F_{\alpha;1;(n-1)} > F_{\alpha;(l-1);(l-1)(n-1)}.$$

Daraus leitet sich ab, daß H_0 unabhängig von den Voraussetzungen immer dann abgelehnt wird, wenn $F \geq F_{\alpha;1;(n-1)}$ ist. Andererseits wird unabhängig von den Voraussetzungen H_0 immer beibehalten, wenn $F < F_{\alpha;(l-1);(l-1)(n-1)}$ gilt. In den beiden geschilderten Fällen ist die Situation eindeutig. Problematisch wird es, wenn $F_{\alpha;1;(n-1)} > F > F_{\alpha;(l-1);(l-1)(n-1)}$ gilt. Hier müssen wir die Voraussetzungen prüfen, weil in Abhängigkeit davon, ob sie erfüllt sind, entweder der normale F-Test H_0 ablehnt, oder, wenn sie nicht erfüllt sind, der konservative F-Test H_0 annimmt. Diese Fälle, in denen die Prüfgröße F in das Intervall zwischen die Werte des normalen und konservativen F-Tests fällt, sind in der Praxis sehr selten.

Formal besteht das Problem darin, daß bei inhomogenen Varianzen und Kovarianzen der normale F-Test H_0 zu oft ablehnt (zu großer Fehler 1. Art) und daß bei homogenen Varianzen und Kovarianzen der konservative F-Test H_0 zu oft beibehält (zu großer Fehler 2. Art).

Lehnt die einfache Varianzanalyse für korrelierende Stichproben H_0 ab, dann können wir einen multiplen Vergleich mit einer Version des DUNCAN-Tests durchführen, der paarweise die Unterschiede der Spaltenmittelwerte d_{ij} prüft. Es gilt: Wenn $d_{ij} \geq q_\alpha(p; N-l)\sqrt{\frac{MQ_\mathrm{R}}{n}}$ ist, dann besteht ein signifikanter Unterschied.

Schließlich wollen wir noch einen Hinweis zum Problem der Additivität geben, d. h. zur Frage der Wechselwirkungen zwischen A und B. Auf der einen Seite können wir über das Vorliegen derartiger Wechselwirkungen auf Grund unserer Erfahrungen befinden. Andererseits können wir die vorliegenden empirischen Daten mit Hilfe des TUKEY-Tests (vgl. HOCHSTÄDTER & KAISER, 1988, S. 39) exakt statistisch prüfen. Müssen wir im Ergebnis dieser Prüfung feststellen, daß Nichtadditivität vorliegt, dann sollten wir eine zweifache Varianzanalyse mit Wechselwirkungen durchführen (vgl. HOCHSTÄDTER & KAISER, 1988), die u. a. auch eine Schätzung der Wechselwirkungen ermöglicht.

5.4.2.2 Die Tafel der einfachen Varianzanalyse für korrelierende Stichproben

Analog der Vorgehensweise bei unabhängigen Stichproben wollen wir uns zur Vereinfachung wieder eine Art Hilfe erstellen. Vorab sind dafür einige Hilfsgrößen zu definieren:

1. Die Spaltensummen S_k nach:
$$S_k = \sum_{i=1}^{n} x_{ik}.$$
2. Die Zeilensummen Z_i nach:
$$Z_i = \sum_{k=1}^{l} x_{ik}.$$
3. Die Gesamtsumme S nach:
$$S = \sum_{k=1}^{l}\sum_{i=1}^{n} x_{ik}.$$
4. Die Summe Q aller einzeln quadrierten Meßwerte x_{ik} nach:
$$Q = \sum_{k=1}^{l}\sum_{i=1}^{n} x_{ik}^2.$$

Mit diesen Hilfsgrößen berechnen wir die notwendigen Summen der Abweichungsquadrate (SAQ), für die wir vorab die notwendigen Rechenformeln angeben wollen:

$$SAQ_\mathrm{G} = Q - \frac{S^2}{N}$$

$$SAQ_\mathrm{Z} = \frac{1}{l}\sum_{i=1}^{n} Z_i^2 - \frac{S^2}{N}$$

$$SAQ_S = \frac{1}{n}\sum_{k=1}^{l} S_k^2 - \frac{S^2}{N}$$

$$SAQ_R = Q - \frac{1}{l}\sum_{i=1}^{n} Z_i^2 - \frac{1}{n}\sum_{k=1}^{l} S_k^2 + \frac{S^2}{N}.$$

Damit stehen uns alle Größen für die Tafel der einfachen Varianzanalyse für korrelierende Stichproben zur Verfügung:

Varianz	SAQ	Freiheitsgrade	MQ	F
Gesamt	SAQ_G	$(l \cdot n) - 1$		
Zeilen	SAQ_Z	$n - 1$	$MQ_Z = \frac{SAQ_Z}{n-1}$	
Spalten	SAQ_S	$l - 1$	$MQ_S = \frac{SAQ_S}{l-1}$	$F = \frac{MQ_S}{MQ_R}$
Rest	SAQ_R	$(l-1)(n-1)$	$MQ_R = \frac{SAQ_R}{(l-1)(n-1)}$	

Wir haben an dieser Stelle zwei Gleichungen zur Rechenkontrolle:
1. $SAQ_G - SAQ_Z - SAQ_S = SAQ_R$ und
2. $[(l \cdot n) - 1] - (n - 1) - (l - 1) = (l - 1)(n - 1)$.

5.4.2.3 Ein Rechenbeispiel für die einfache Varianzanalyse bei korrelierenden Stichproben

An einem Fallbeispiel soll nachfolgend der allgemeine Ablauf bei dieser Art der Varianzanalyse veranschaulicht werden.

Mit Hilfe einer Untersuchung sollte die Frage beantwortet werden, ob es Unterschiede bzgl. der Leistung zwischen 4 verschiedenen Hilfsmethoden bei der Störungsdiagnose im Automobilbau gibt. Als Meßwerte standen Zeiten (in min) zur Analyse gleichartiger Fehler von 10 Instandhaltern zur Verfügung:

	Methode			
Vp	1	2	3	4
1	2	4	2	5
2	4	7	6	8
3	4	9	7	9
4	5	13	8	10
5	5	14	8	11
6	6	15	8	12
7	6	16	9	12
8	6	17	12	13
9	11	19	14	15
10	13	23	15	19

Lösung:
1. Voraussetzungen:
   * Unterschiedstest für mehr als 2 (4) korrelierende Stichproben mit metrischen Daten und Normalverteilung
   * globaler Mittelwertvergleich ⟶ einfache Varianzanalyse für korrelierende Stichproben

2. Hypothesen:
   H_0: $\mu_1 = \mu_2 = \mu_3 = \mu_4$
   H_1: Mindestens ein Unterschied.
3. Signifikanzniveau aufgrund des Inhalts der Aufgabenstellung:
   $\alpha = 0{,}01$
4. Prüfgröße:
   $$F = \frac{MQ_\text{S}}{MQ_\text{R}}$$
5. Kritischer Bereich:
   Da wir vorerst die Voraussetzungen (homogene Varianzen und Kovarianzen) nicht prüfen, arbeiten wir mit dem kritischen Wert des konservativen F-Tests, d. h., wenn $F \geq F_{\alpha;1;(n-1)}$ ist, dann lehnen wir H_0 ab.
   $F_{\alpha;1;(n-1)} = F_{0{,}01;1;9} = 10{,}56$
   (vgl. Tafel 5 mit $f_1 = 1$ und $f_2 = n - 1 = 9$).
6. Berechnung:
   Im ersten Schritt ergänzen wir die Urtabelle um die Spalten- und Zeilensummen, deren Quadrate und um die Summen der einzeln quadrierten Meßwerte pro Spalte und erhalten:

	Methode					
Vp	1	2	3	4	Z_i	Z_i^2
1	2	4	2	5	13	169
2	4	7	6	8	25	625
3	4	9	7	9	29	841
4	5	13	8	10	36	1296
5	5	14	8	11	38	1444
6	6	15	8	12	41	1681
7	6	16	9	12	43	1849
8	6	17	12	13	48	2304
9	11	19	14	15	59	3481
10	13	23	15	19	70	4900
S_k	62	137	89	114	402	18590
S_k^2	3844	18769	7921	12996	43530	
$\sum x_{ik}^2$	484	2171	927	1434	5016	

Nachfolgend erstellen wir die Tafel der einfachen Varianzanalyse für korrelierende Stichproben:

Varianz	SAQ	FG	MQ
Gesamt	$SAQ_\text{G} = 5016 - \frac{402^2}{40} = 975{,}9$	$40 - 1 = 39$	
Zeile	$SAQ_\text{Z} = \frac{18590}{4} - \frac{402^2}{40} = 607{,}4$	$10 - 1 = 9$	
Spalte	$SAQ_\text{S} = \frac{43530}{10} - \frac{402^2}{40} = 312{,}9$	$4 - 1 = 3$	$\frac{312{,}9}{3} = 104{,}3$
Rest	$SAQ_\text{R} = 5016 - \frac{18590}{4} - \frac{43530}{10} + \frac{402^2}{40} = 55{,}6$	$3 \cdot 9 = 27$	$\frac{55{,}6}{27} = 2{,}06$

$$F = \frac{104{,}3}{2{,}06} = 50{,}63$$

7. Vergleich:
$50{,}63 > 10{,}56$, d. h., $F > F_{\alpha;1;(n-1)}$, und deshalb lehnen wir H_0 ab. Zwischen den Methoden bestehen signifikante Mittelwertunterschiede.

SPSS-Zugang

Datenart	Vorgehen	Voraussetzungen/Erklärungen
metrisch	**Globalvergleich:** Analysieren → Allgemeines lineares Modell → Meßwiederholung … „Name des Innersubjektfaktors" Angabe der Bezeichnung der UV sowie Angabe deren Stufenanzahl unter „Anzahl der Stufen" → Hinzufügen anklicken *optional:* unter „Messwert>>" kann ein Name für die AV eingegeben werden *anschließend* „Definieren" anklicken, dann Angabe der Variablen, deren MW verglichen werden sollen	unter „Optionen" Möglichkeit der Angabe deskriptiver Statistiken, z. B. „Schätzer der Effektgröße"
	Multiple Vergleiche: Analysieren → Allgemeines lineares Modell → Meßwiederholung … „Name des Innersubjektfaktors" Angabe der Bezeichnung der UV sowie Angabe deren Stufenanzahl unter „Anzahl der Stufen" → Hinzufügen anklicken *optional:* unter „Messwert>>" kann ein Name für die AV eingegeben werden *anschließend* „Definieren" anklicken, dann Angabe der Variablen, deren MW verglichen werden sollen unter „Optionen" bei „Mittelwerte anzeigen für" Faktornamen einführen und „Haupteffekte vergleichen" ankreuzen	unter „Anpassung des Konfidenzintervalls" „Bonferroni" anklicken unter „Diagramme" Angabe möglich, welcher Faktor auf welcher Achse angegeben werden soll

6 Mathematische Grundlagen

In diesem Kapitel werden die benötigten mathematischen Grundlagen, die zum überwiegenden Teil aus dem Schulstoff des Gymnasiums bekannt sein müßten, noch einmal zusammenfassend bereitgestellt. Weiterhin sind einige speziellere Ausführungen zur Wahrscheinlichkeitsrechnung ergänzend angefügt.

6.1 Mengenlehre

In den Anwendungen hat man es in vielfältiger Weise mit Mengen zu tun. Beispiele sind Mengen von Daten, Mengen von Versuchspersonen, bestimmte Zahlenbereiche (z. B. kritische Gebiete bei statistischen Tests, Toleranzbereiche). Aus Gründen der Übersichtlichkeit und Klarheit kann es sich dabei als sehr nützlich erweisen, die durch die Mengenlehre gegebenen Denkstrukturen sowie den zugehörigen Formalismus zu verwenden. Zur Beschreibung der durch die Wahrscheinlichkeitsrechnung gegebenen theoretischen Modelle ist die Mengenlehre unerläßlich.

6.1.1 Der Mengenbegriff

Für unsere Zwecke ist es ausreichend, den von Georg Cantor (1845–1918), dem Begründer der klassischen Mengenlehre, formulierten sog. elementaren **Mengenbegriff** zu verwenden:

> Eine **Menge** ist eine Zusammenfassung von bestimmten, wohlunterschiedenen Objekten zu einem einheitlichen Ganzen.

Wir stellen uns vor, daß die betrachteten Objekte in einer Kiste verpackt sind. Die Kiste mit den Objekten ist die Menge, und wir können von einem vorgelegten Gegenstand zweifelsfrei entscheiden, ob er zur betrachteten Menge gehört oder nicht.

Beispiele:

- Menge der natürlichen Zahlen;
- Menge der Buchstaben des deutschen Alphabets;
- Menge aller Fragen auf einem betrachteten Fragebogen;
- Menge der reellen Zahlen auf einer 7cm langen Rating-Skale;
- Menge der möglichen Antwortkonstellationen eines Fragebogens.

Kritische Beispiele sind:

- Menge aller Hörer einer Vorlesung, die klug sind;
- Menge aller Lautstärken, die eine Versuchsperson als laut bezeichnet.

In den beiden letzgenannten Beispielen läßt sich möglicherweise nicht eindeutig entscheiden, welcher Hörer bzw. welche Lautstärke zur beschriebenen „Menge“ gehört, es handelt sich hier um sog. unscharfe Mengen (Fuzzy-Mengen).

Die Objekte einer Menge heißen **Elemente** dieser Menge. Wir bezeichnen Mengen formal mit großen lateinischen oder griechischen Buchstaben, im Bedarfsfall verwenden wir auch Indizes. Die eindeutig unterscheidbare Beziehung, ob ein Objekt x zu einer Menge A gehört oder nicht, wird wie folgt bezeichnet:

$x \in A$ bedeute „x ist ein Element von A“,

$x \notin A$ bedeute „x gehört nicht zur Menge A“.

Wir stellen Mengen anschaulich als ebene, konvexe Gebilde, sog. **Venn-Diagramme** (Bild 6.1.1),[1) dar:

Wir bezeichnen standardmäßig

die Menge der natürlichen Zahlen (ohne 0) mit $\mathbb{N}$, und

die Menge aller reellen Zahlen mit $\mathbb{R}^1$.

Man sagt, die Menge A ist eine **Teilmenge** (Bild 6.1.2) der Menge B, symbolisch mit $A \subset B$ gekennzeichnet, wenn jedes Element von A auch ein Element von B ist.

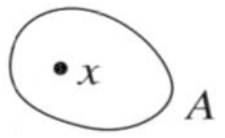

Bild 6.1.1: Venn-Diagramm

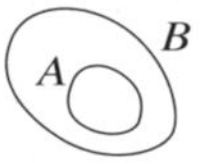

Bild 6.1.2: Venn-Diagramm der Teilmenge A

Zwei Mengen A, B heißen **gleich**, wenn $A \subset B$ und $B \subset A$ gilt. Eine Menge ist also eindeutig durch ihre Elemente definiert. Auf die Art der Verpackung kommt es nicht an. So ist es unwesentlich, in welcher Reihenfolge man die Elemente aufzählt. In diesem Zusammenhang sei auf eine weitere Bezeichnungsweise für Mengen hingewiesen, die geschweifte Klammern, sog. Klassifikatoren, verwendet:

Beispiel 6.1/1: $A = \{1,2,4,7\}$ ist die Menge, die aus den Zahlen 1, 2, 4, 7 besteht;
$A = \{x \in \mathbb{R}^1 : \quad 0 < x < 3\}$ ist die Menge aller reellen Zahlen x, die echt zwischen 0 und 3 liegen.

Man beachte den Unterschied zwischen 1 und $\{1\}$. Ersteres ist die Zahl 1 und letzteres die „verpackte" Zahl 1, also die Menge, die nur aus einem Element, nämlich der Zahl 1, besteht. Es ist also $1 \in \{1\}$.

Eine Menge, die kein Element enthält, heißt **leere Menge** und werde mit $\emptyset$ bezeichnet.

6.1.2 Verknüpfungen von Mengen

Aus gegebenen Mengen A, B können durch bestimmte Bildungsvorschriften, sog. **Mengenoperationen**, neue Mengen konstruiert werden. Nachfolgende Tabelle gibt einen Überblick über die Mengenoperationen, wobei diese in der letzten Spalte durch ein Venn-Diagramm anschaulich interpretiert werden und die jeweilige Ergebnismenge schraffiert dargestellt wird.

Mengenoperation	Definition	Bezeichnung und Sprechweise	Venn-Diagramm-Darstellung
1. Durchschnitt	alle Elemente, die sowohl in A als auch in B enthalten sind	$A \cap B$ „A Durchschnitt B"	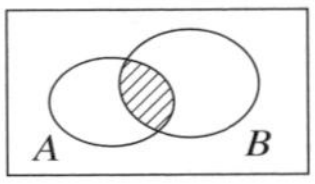
2. Vereinigung	alle Elemente, die in einer der Mengen A oder B oder in beiden enthalten sind	$A \cup B$ „A vereinigt B"	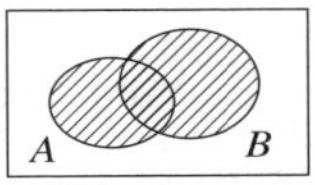
3. Differenz	alle Elemente, die zu A gehören, aber nicht gleichzeitig in B liegen	$A \setminus B$ „A minus B"	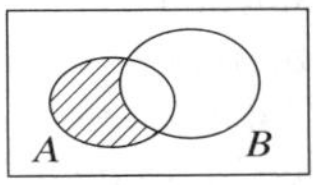
4. symmetrische Differenz (Diskrepanz)	alle Elemente, die entweder in A oder in B liegen, aber nicht in beiden zugleich	$A \triangle B$ „A Diskrepanz B"	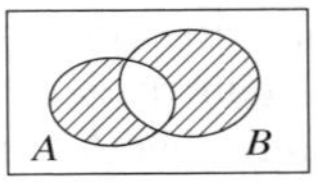

1) J. Venn, engl. Logiker (1834–1923)

Beispiel 6.1/2: Es seien $A = \{2{,}3{,}4\}$, $B = \{3{,}4{,}5{,}9{,}12\}$.
Wir erhalten $A \cap B = \{3{,}4\}$, $A \cup B = \{2{,}3{,}4{,}5{,}9{,}12\}$, $A \setminus B = \{2\}$, $B \setminus A = \{5{,}9{,}12\}$.

Wir heben hervor, daß die Menge $A \cup B$ alle in A oder B enthaltenen Elemente umfaßt, wobei das „oder“ als nicht ausschließend verstanden wird. Das ausschließende „oder“ entspricht mengentheoretisch der Diskrepanz. Bei der Differenzmenge $A \setminus B$ spielen nur die in A liegenden Elemente eine Rolle, die außerhalb von A liegenden Elemente von B sind ohne Bedeutung. Speziell für die Belange der Wahrscheinlichkeitsrechnung benötigen wir den Begriff der Negation einer Menge. Man hat dort folgende Situation: Von vornherein ist bekannt, daß sämtliche betrachteten Mengen Teilmengen einer Grundmenge E sind. Dann wird die Negation (bezüglich E) einer jeden Menge A wie folgt definiert:

5. Negation — alle Elemente, die nicht in A (aber immer noch in E) enthalten sind — $\overline{A} = E \setminus A$

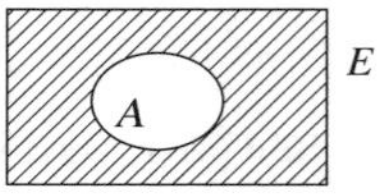

Beispiel 6.1/3: Wir betrachten die Teile eines Puzzle-Spieles. Dies ist die Grundmenge E. Es seien A und B entsprechend die Mengen aller Puzzle-Teile dieses Spieles, auf denen die Farbe grün bzw. blau vorhanden ist. Dann sind

$A \cap B$	alle Teile, die sowohl grüne als auch blaue Farbteile haben,
$A \cup B$	alle Teile, die grün oder blau enthalten,
$A \setminus B$	alle Teile, die grün, aber nicht blau enthalten,
$A \bigtriangleup B$	alle Teile, die entweder grün oder blau enthalten,
$\overline{A}$	alle Teile, auf denen keine grüne Farbe ist.

Zwei Mengen A,B heißen zueinander **disjunkt**, wenn sie „auseinanderliegen“, d. h.

$A \cap B = \emptyset$ gilt.

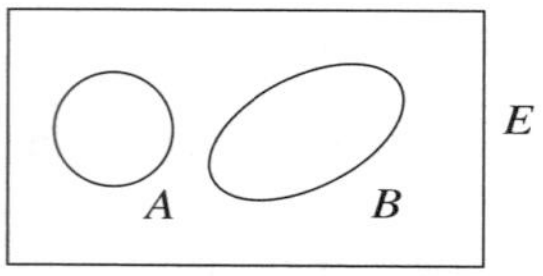

Man spricht von einer **Zerlegung** der Grundmenge E in die Mengen $A_1, A_2, \ldots, A_n$, wenn jeweils zwei beliebige von ihnen disjunkt zueinander sind, und sie alle zusammengenommen E ergeben:

$E = A_1 \cup A_2 \cup A_3 \ldots \cup A_n.$

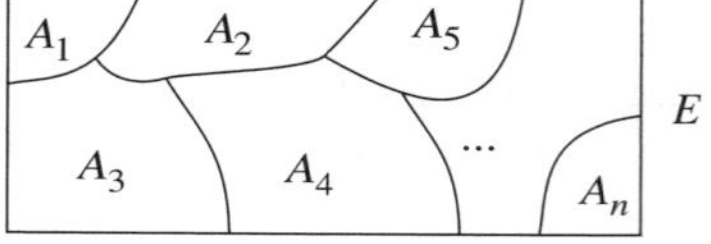

6.1.3 Ausführen mehrerer Mengenoperationen, Rechnen mit Mengen

Man kann nun die in Abschnitt 6.1.2 angegebenen Mengenoperationen auch wiederholt anwenden. Bei der Definition der Zerlegung einer Menge hatten wir dies schon durch die mehrfache Vereinigung praktiziert. Man vereinigt dabei schrittweise immer die nächste Menge hinzu, wobei die Reihenfolge keine Rolle spielt. Ähnlich verhält es sich, wenn man den Durchschnitt von n Mengen bildet. Dies sind jedoch die einzigen Ausnahmen, ansonsten hat man stets beim wiederholten Anwenden von Mengenoperationen Klammern zu setzen, um die so komplizierter gebildeten Mengen korrekt zu beschreiben. Man löst dann solche Ausdrücke „von innen beginnend“ auf. Als Beispiel betrachten wir wieder ein Puzzle-Spiel, wobei A bzw. B bzw. C die Menge der Teile mit der Farbe grün bzw. blau bzw. gelb sei. Auch hier werden wieder zugehörige Venn-Diagramme eine anschauliche Hilfe sein. Es ist dann z. Bsp.:

a) $(A \setminus B) \cap C$ die Menge aller Teile, die die Farben grün und gelb, aber nicht blau enthalten,

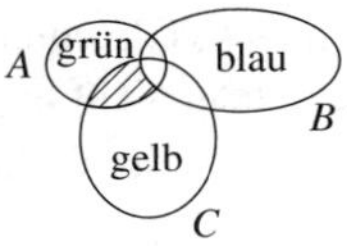

hingegen aber

$A \setminus (B \cap C)$ die Menge aller Teile, die die Farbe grün, aber nicht auch zugleich blau und gelb enthalten;

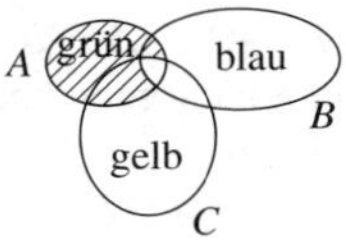

b) $(A \cup B) \setminus C$ die Menge aller Teile, die die Farbe grün oder blau, aber nicht zugleich gelb enthalten,

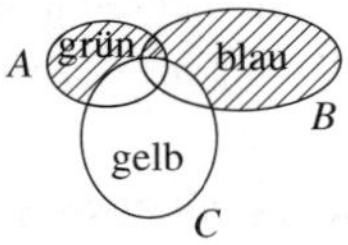

hingegen aber

$A \cup (B \setminus C)$ die Menge aller Teile, die die Farbe grün enthalten und dazu noch die Menge der Teile, die blau, aber nicht gelb enthalten.

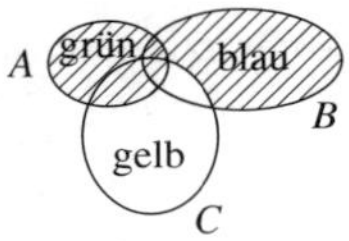

Es gibt nun für solche zusammengesetzten Ausdrücke eine Reihe von Umrechnungsformeln. Wir wollen einige von ihnen, die auch im Hinblick auf die Wahrscheinlichkeitsrechnung von Bedeutung sind, zitieren. Man kann sich von der Richtigkeit der Gleichungen überzeugen, indem man in getrennten Venn-Diagrammen die Ergebnismenge der linken und rechten Seite ermittelt und ihre Gleichheit optisch verifiziert. Wir werden dies an wichtigen Beispielen vorführen.

1. **Formeln von DE MORGAN**[1)]

(a) Es gilt: $\overline{A \cup B} = \overline{A} \cap \overline{B}$.

Diese Formel ist auch logisch unmittelbar plausibel: Wenn man sich nicht in A oder B befindet, dann kann man dies auch gleichwertig dadurch formulieren, daß man sagt, man ist weder in A noch in B.

Nachweis mittels Venn-Diagrammen:

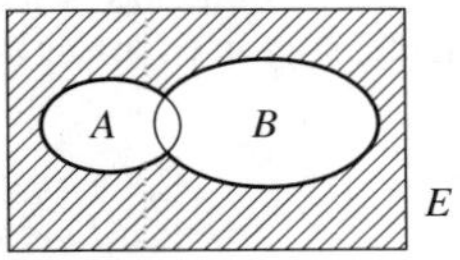

$\overline{A \cup B}$:

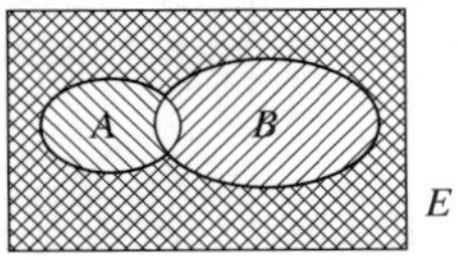

$\overline{A}$: $\overline{B}$: $\overline{A} \cap \overline{B}$:

(b) Es gilt $\overline{A \cap B} = \overline{A} \cup \overline{B}$.

Wir wollen auch hier den optischen Nachweis mittels der Venn-Diagramme erbringen:

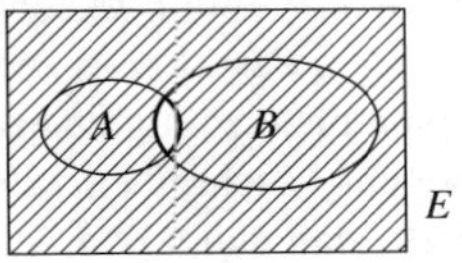

$\overline{A \cap B}$:

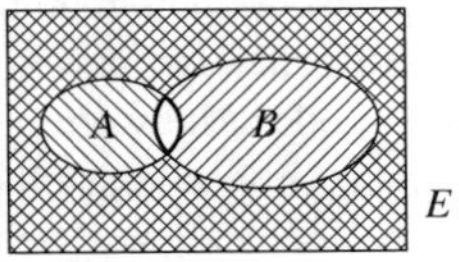

$\overline{A}$: $\overline{B}$:

$\overline{A} \cap \overline{B}$: Gebiet mit mindestens einer Schraffur

1) A. DE MORGAN, schottischer Logiker (1806–1871)

Analog zu a) läßt sich auch diese Gleichung logisch interpretieren: Nicht zugleich in A und B zu sein ist äquivalent dazu, daß man nicht in A oder nicht in B ist.

2. Man überzeugt sich unmittelbar von der Gültigkeit folgender Gleichungen:
$A \setminus B = A \cap \overline{B}$; $\quad A = (A \setminus B) \cup (A \cap B) = (A \cap \overline{B}) \cup (A \cap B)$,

$A \cup B = (A \setminus B) \cup (B \setminus A) \cup (A \cap B)$, $\quad A \triangle B = (A \setminus B) \cup (B \setminus A)$.

Die nächsten beiden Identitäten kann man analog zu 1. mittels der Venn-Diagramme nachprüfen:

3. Ein Beispiel für ein Distributivgesetz:
$(A \cup B) \cap C = (A \cap C) \cup (B \cap C)$.
4. Ein Beispiel für das Rechnen mit mehreren Minuszeichen:
$(A \setminus B) \setminus C = A \setminus (B \cup C)$.

6.1.4 Potenzmenge, kartesisches Produkt

Abschließend wollen wir zwei kompliziertere Mengenkonstruktionen vorstellen.

a) **Die Potenzmenge**

Es sei eine beliebige Menge A gegeben. Wir interessieren uns für sämtliche Teilmengen von A.

Beispiel 6.1/4: Es sei $A = \{a,b,c\}$, wir schreiben alle Teilmengen von A auf:

$$\{a\}, \{b\}, \{c\}, \{a,b\}, \{a,c\}, \{b,c\},$$

und fügen auch noch die beiden extremen Teilmengen von A, nämlich die leere Menge und A selbst, hinzu.

Die Gesamtheit der aufgelisteten Teilmengen von A ergibt eine neue Menge, die die **Potenzmenge** von A genannt wird und mit $\mathfrak{P}(A)$ bezeichnet werde. Der Begriff der Teilmenge ist uns unmittelbar verständlich. Das Neue besteht nur darin, daß wir **alle** Teilmengen der betrachteten Menge A als Gesamtsystem erfassen wollen und dieses deshalb als eine neue Menge ansehen. Im obigen Beispiel ist

$$\mathfrak{P}(A) = \{\emptyset, \{a\}, \{b\}, \{c\}, \{a,b\}, \{a,c\}, \{b,c\}, \{a,b,c\}\}.$$

Wir stellen fest, daß A aus 3 Elementen besteht, und die zugehörige Potenzmenge $\mathfrak{P}(A)$ dann 8 Elemente hat. Allgemein gilt: Ist die Menge A endlich und hat sie n Elemente, so gibt es in der Potenzmenge $\mathfrak{P}(A)$ genau 2^n Elemente.

b) **Das kartesische Produkt von Mengen**

In Abschnitt 6.1.2 hatten wir aus gegebenen Mengen durch Verknüpfungen neue Mengen gebildet, wobei die Enthaltenseinsbeziehung als Grundlage diente und in verschiedener Art „logisch kombiniert" wurde. Beim kartesischen Produkt wird nun in ganz anderer Weise aus zwei Mengen, wir nennen sie jetzt X und Y, eine neue Menge gebildet. Man verfolgt hier das Ziel, Bindungen der Elemente von X zu Elementen von Y zu beschreiben, man betrachtet die Elemente von X und Y gleichzeitig, simultan. Eine solche Situation trifft man bei psychologischen Untersuchungen des öfteren an, beispielsweise, wenn mehrere Parameter oder Meßwerte von einer Versuchsperson gleichzeitig zu erfassen sind oder wenn man die möglichen Antwortkonstellationen eines Fragebogens beschreiben will. Die simultane Betrachtung wird durch eine geeignete Schreibweise formalisiert: Man nennt den Ausdruck (x,y) ein **geordnetes Paar** der Elemente x (aus X) und y (aus Y):

Die Menge **aller** geordneten Paare (x,y), wobei x die Menge X und y die Menge Y durchläuft, heißt **kartesisches Produkt** der Mengen X und Y und wird mit $X \times Y$ bezeichnet.

Beispiel 6.1/5: Es seien

$X = \{\text{ja, nein}\}$ die Menge der Antworten auf Frage 1 eines Fragebogens und

$Y = \{a,b,c\}$ die Menge der Antworten auf Frage 2 eines Fragebogens.

Dann ist

$$X \times Y = \{(\text{ja}, a), (\text{ja}, b), (\text{ja}, c), (\text{nein}, a), (\text{nein}, b), (\text{nein}, c)\}$$

die Menge der möglichen Antwortkonstellationen der Fragen 1 und 2. Der simultane Charakter der Elemente des kartesischen Produktes wird hier deutlich sichtbar.

Beispiel 6.1/6: Es seien $X = \{1, 4, 5\}$, $Y = \{1, 2, 3\}$, dann erhalten wir

$$X \times Y = \{(1, 1), (1, 2), (1, 3), (4, 1), (4, 2), (4, 3), (5, 1), (5, 2), (5, 3)\} .$$

Beispiel 6.1/7: Es seien X die Menge aller reellen Zahlen mit $1 \leq x \leq 4$ und Y die Menge aller reellen Zahlen y mit $2 \leq y \leq 3$. Dann ist $X \times Y = \{(x, y) : 1 \leq x \leq 4, 2 \leq y \leq 3\}$.

Wir veranschaulichen uns die in den Beispielen 6.1/6 und 6.1/7 genannten kartesischen Produkte, indem wir jedes Paar (x,y) mit dem Punkt der Zahlenebene mit den Koordinaten x und y identifizieren:

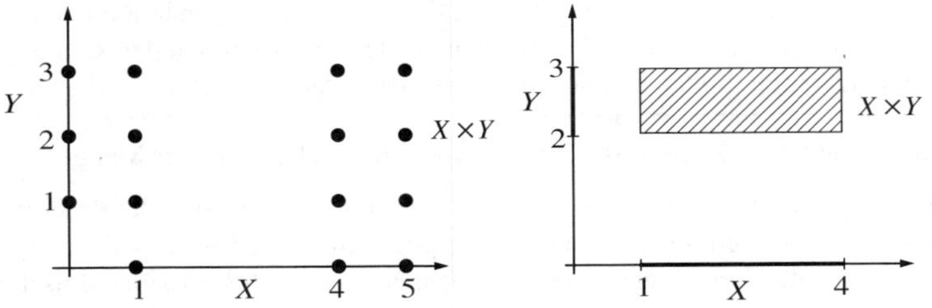

Wir erkennen, daß das kartesische Produkt „Rechteckstruktur" hat. Auch in Beispiel 6.1/5 kann das verdeutlicht werden, indem man eine geeignete tabellarische Darstellung wählt:

		„Merkmal" y		
		a	b	c
„Merkmal"	ja	(ja, a)	(ja, b)	(ja, c)
x	nein	(nein, a)	(nein, b)	(nein, c)

Eine analoge Situation tritt standardmäßig z. B. auf, wenn man 2 Merkmale mit kategorialen Daten simultan erfassen will.

Hat man nun mehr als 2 Maßzahlen oder Elemente gleichzeitig zu betrachten, so wird zur Formalisierung die Konstruktion des kartesischen Produktes sinngemäß auf $n \geq 3$ Mengen $X_1, X_2, \ldots, X_n$ verallgemeinert: Man führt sogenannte **geordnete** n**-Tupel** $(x_1, x_2, \ldots, x_n)$ ein, wobei x_1 aus X_1, ..., x_n aus X_n genommen wird und definiert das n-fache kartesische Produkt $X_1 \times X_2 \times \ldots \times X_n$ als Menge **aller** n-Tupel $(x_1, x_2, \ldots, x_n)$, wobei die x_k die gesamte Menge X_k durchlaufen, und das für jedes k. Enthält also beispielsweise ein Fragebogen 20 Fragen zu je den Antworten a,b,c, so wäre $X_1 = X_2 = \ldots = X_{20} = \{a, b, c\}$. Die Menge aller Antwortkonstellationen, d. h. jeweils der simultanen Erfassung aller angekreuzten Antworten (dabei ist pro Frage vereinbarungsgemäß genau eine der Antworten a,b,c angekreuzt), wird dann durch das kartesische Produkt $X_1 \times X_2 \times \ldots \times X_{20} = \{(x_1, x_2, \ldots, x_{20})$: $x_k = a$ oder b oder c für alle $k = 1, 2, \ldots, 20,\}$ beschrieben. Diese Menge kann man zwar formal so hinschreiben, aber wegen der immensen Anzahl der in ihr enthaltenen Elemente ist sie anschaulich bereits kaum vorstellbar. In der Tat gibt es $3^{20} \approx 3{,}87 \cdot 10^9$ verschiedene Antwortkonstellationen (vgl. auch Abschnitt 3.1.3.1.2).

6.2 Funktionen

In diesem Abschnitt wollen wir den Funktionsbegriff im allgemeinen Kontext betrachten und anschließend Funktionsbilder für ausgewählte Klassen reeller Funktionen, vor allen Dingen im Hinblick auf den Einfluß eingehender Parameter, diskutieren.

6.2.1 Relationen und Funktionen

In der Psychologie sind in vielfältiger Weise Situationen anzutreffen, bei denen Objekte in Beziehung zueinander gesetzt werden, bei denen zugeordnet, bewertet, verglichen wird. Aus diesem Grund wollen wir speziell beim Funktionsbegriff die von der Schule her bekannten Vorstellungen der reellen Funktionen $y = f(x)$ in einen etwas allgemeineren Zusammenhang einbetten. Will man eine ganz bestimmte Beziehung zwischen Elementen einer Menge X und Elementen einer Menge Y beschreiben, so kann man das allgemein und einfach dadurch bewerkstelligen, daß man alle Paare (x,y) mit $x \in X$ und $y \in Y$ konkret angibt, die in der zu beschreibenden Beziehung stehen. Man formuliert sozusagen eine Eigenschaft, indem man alle Objekte aufzählt, die diese Eigenschaften haben.

Eine **Relation** zwischen Elementen einer Menge X und Elementen einer Menge Y ist eine Teilmenge U des kartesischen Produktes $X \times Y$. Die Menge aller $x \in X$, die als erste Komponenten in den zu U gehörigen Paaren (x,y) auftreten, ist der sogenannte Definitionsbereich der Relation U und werde mit D_U bezeichnet. Analog bilden alle auftretenden y den Wertebereich W_U.

Häufig hat man speziell $X = Y$, dann spricht man von einer Relation **in** der Menge X.

Beispiel 6.2/1: Typische Beispielsituationen für Relationen ergeben sich bei Paarvergleichen.

a) Wir stellen uns vor, es seien 5 Personen a,b,c,d,e gegeben, es ist also $X = Y = \{a, b, c, d, e\}$. Eine Testperson soll nun alle diejenigen Paare benennen, bei denen für sie y sympathischer als x ist. Das Ergebnis könnte z. B. wie folgt aussehen:

$$\{(a, b), (a, c), (c, e)\} = U.$$

Man würde hier also das „Aufschreiben" durch ein quadratisches Schema optisch erleichtern:

		Y				
		a	b	c	d	e
	a		*	*		
	b					
X	c					*
	d					
	e					

Wir erhalten den Definitionsbereich $D_U = \{a, c\}$ und den Wertebereich $W_U = \{b, c, e\}$.

b) In einem „Familienstamm" mit den beispielsweise nur angenommenen 5 Personen a,b,c,d,e soll x genau dann in Relation zu y stehen, wenn y die leibliche Mutter von x ist. Man erhält z. B. $U = \{(a, b), (c, b), (d, e), (e, b)\}$, also im Quadratschema das Bild

		Y				
		a	b	c	d	e
	a		*			
	b					
X	c		*			
	d					*
	e		*			

Hier sind $D_U = \{a, c, d, e,\}$ und $W_U = \{b, e\}$.

Beispiel 6.2/2: Es seien $X = Y = \{1, 2, 3, 4, 5, 6\}$, und wir betrachten die Relation $U = \{(1, 1), (3, 6), (4, 2), (5, 4)\}$. Es sind dann $D_U = \{1, 3, 4, 5\}$ und $W_U = \{1, 2, 4, 6\}$.

Beispiel 6.2/3: Es sei $X = Y = \mathbb{R}^1$ die Menge aller reellen Zahlen, wir definieren als Relation U alle Paare (x, y) mit $y \geq \frac{1}{2} \cdot x$. Hier ist $D_U = W_U = \mathbb{R}^1$.

Auch in den Beispielen 6.2/2 und 6.2/3 ist eine anschauliche Darstellung analog zum kartesischen Produkt unmittelbar gegeben, wenn wir das Paar (x,y) reeller Zahlen mit dem Punkt der Zahlenebene mit den Koordinaten x,y identifizieren. Wir erhalten

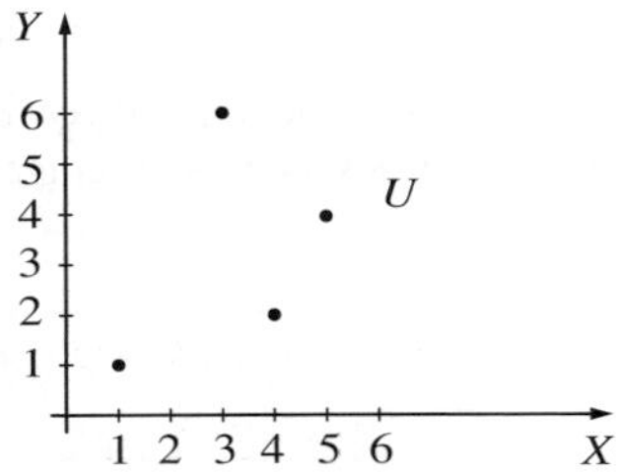

Beispiel 6.2/2

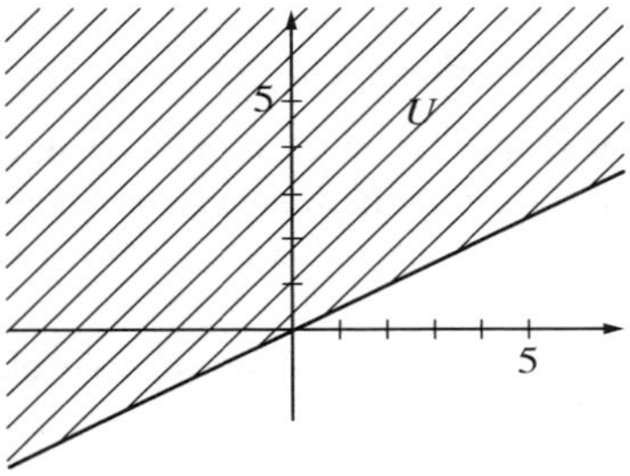

Beispiel 6.2/3

Wir betrachten jetzt die Relationen unter dem „Blickwinkel", daß in den in ihr enthaltenen geordneten Paaren (x, y) die erste Komponente x „ursprünglich" als „unabhängige Variable" aufgefaßt wird und die y als „dazugehörige Beobachtungen" angesehen werden sollen, man hat also die Blickrichtung $(\overrightarrow{x, y})$.

Eine Relation $U \subset X \times Y$ heißt **funktionale Relation** oder auch kurz **Funktion**, wenn es zu jedem x aus D_U genau ein y mit $(x, y) \in U$ gibt.

Mit anderen Worten, man kann zu keinem x mehr als ein „zugehöriges" y finden und ist somit in der Lage, in eindeutiger Weise dieses y als zu x zugeordnet zu betrachten. In diesem Zusammenhang nennt man auch x unabhängige Variable und y abhängige Variable und führt die Schreibweise $y = f(x)$ oder auch $x \rightarrow f(x) = y$ ein. Entsprechend werden der Definitionsbereich der funktionalen Relation mit D_f und der Wertebereich mit W_f bezeichnet.

Wir überprüfen, ob unsere Beispiele funktionale Relationen sind:
Im Beispiel 6.2/1 können wir das Vorliegen oder Nichtvorliegen dieser Eigenschaft am quadratischen Schema ablesen. Genau dann liegt eine funktionale Relation vor, wenn es keine Zeile mit zwei Sternen gibt. Beispiel 6.2/1a) hat diese Eigenschaft nicht, es liegen sowohl (a,b) als auch (a,c) in U, diese Relation ist damit keine Funktion. Das ist auch vom gesunden Menschenverstand her natürlich, denn die Zuordnung einer sympathischeren Person zu einer gegebenen Person ist ja bei weitem nicht eindeutig. Demhingegen ist Beispiel 6.2/1b) eine Funktion. Zu jedem Menschen gibt es in eindeutiger Weise eine leibliche Mutter.

Beispiel 6.2/2 ist ebenfalls eine Funktion mit dem Definitionsbereich $D_f = \{1, 3, 4, 5\}$ und dem Wertebereich $W_f = \{1, 2, 4, 6\}$, die wir dann wie folgt schreiben können:

$$f(1) = 1, \qquad f(3) = 6, \qquad f(4) = 2, \qquad f(5) = 4.$$

Beispiel 6.2/3 ist keine Funktion. Man erhielte eine Funktion, wenn man U abändert und als Menge aller Paare (x,y) mit $y = \frac{1}{2} \cdot x$ definiert.

Funktionale Relationen treten z. B. auch immer auf, wenn Bewertungen vorgenommen, also in eindeutiger Weise Zahlen zugeordnet werden. Dies geschieht beispielsweise bei der Auswertung von Testleistungen, wo nach festgelegten Regeln Punktsummen ermittelt werden. Ein andersartiges, weiteres Beispiel für funktionale Zuordnung tritt in der Statistik bei der Bestimmung von Rangzahlen auf: Man hat eine Serie von n verschiedenen Meßergebnissen und ordnet jedem Meßwert seinen Rangplatz in der Größenordnung zu, wobei der kleinste Wert den Rangplatz 1 und der größte den Rangplatz n erhält (vgl. auch Abschn. 2.1.2.2).

Beispiel 6.2/4:

Werte	1,3	1,0	1,2	1,7	2,1	0,8	4,1	3,2
	↓	↓	↓	↓	↓	↓	↓	↓
zugordneter Rangplatz	4	2	3	5	6	1	8	7

Bei einer funktionalen Relation kann man jedem auftretenden x aus X in eindeutiger Weise ein y zuordnen. Es gibt nun solche funktionale Relationen, bei denen sogar überdies auch noch umgekehrt zu jedem y eindeutig ein zugehöriges x angegeben werden kann.

Eine funktionale Relation U heißt **umkehrbar eindeutig**, wenn es zu jedem $y \in W_U$ genau ein $x \in D_U$ mit $(x,y) \in U$ gibt.

Man kann bei umkehrbar eindeutigen funktionalen Relationen auch in der „Blickrichtung" $(\overleftarrow{x, y})$ vorgehen. Wir verwenden für diese Zuordnung das Symbol f^{-1} und schreiben dann $x = f^{-1}(y)$. Man nennt f^{-1} die zu f gehörende **Umkehrfunktion**. Es ist

$$D_{f^{-1}} = W_f, \qquad W_{f^{-1}} = D_f.$$

Im Beispiel 6.2/1b) liegt keine umkehrbare Eindeutigkeit vor, da z. B. (a,b) und (c,b) zu U gehören. Es dürfte keine „übereinanderliegenden" $*$ geben. Vom Inhalt her ist dies unmittelbar verständlich: Eine Mutter kann mehrere Kinder haben, so daß in dieser Blickrichtung keine eindeutige Zuordnung getroffen werden kann.

Demhingegen ist Beispiel 6.2/2 eine umkehrbar eindeutige Funktion. Wir erhalten in der Schreibweise $x = f^{-1}(y)$:

$$1 = f^{-1}(1), \qquad 4 = f^{-1}(2), \qquad 5 = f^{-1}(4), \qquad 3 = f^{-1}(6).$$

Beim modifizierten Beispiel 6.2/3 liegt umkehrbare Eindeutigkeit vor. Es ist $x = f^{-1}(y) = 2y$

Bei umkehrbar eindeutigen Funktionen kann man also den funktionalen Zusammenhang auch in der Reihenfolge $\overrightarrow{y, x}$ lesen. Wir skizzieren das am Funktionsbild des modifizierten Beispiels 6.2/3:

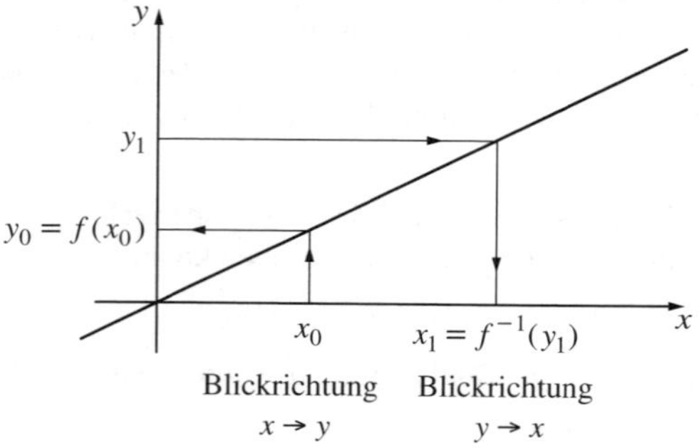

Es sei nochmals hervorgehoben, daß es sich um ein und denselben funktionalen Zusammenhang handelt, er wird nur in verschiedener Richtung gelesen.

Liegen z. B. die Werte einer umkehrbar eindeutigen Funktion vertafelt vor, so ist die „Blickrichtung“ $x \to y$ die in der Tafel vorgesehene normale Vorgehensweise: Zu einem gegebenen x als Tafeleingang findet man den Tafelwert y. Benutzt man nun die Tafel umgekehrt und sucht zu einem Tafelwert y das passende x, so ist letzteres der Wert der Umkehrfunktion f^{-1} an der Stelle y: $x = f^{-1}(y)$.

Wir hatten bisher den Grundbegriff der Funktion im Hinblick auf eindeutige Zuordnungsmöglichkeiten beschrieben. Ein weiterer wichtiger Gesichtspunkt besteht darin, Funktionen f als Transformationen zu verstehen, ihre Anwendung als Skalenänderung, als Meßwerttransformation aufzufassen. In dieser Interpretation hat die Umkehrfunktion den Charakter der inversen Transformation, sie hebt die Wirkung von f wieder auf. Man erhält aus dem transformierten Wert y das ursprüngliche x zurück. In Formeln heißt dies $f^{-1}(f(x)) = x$.

Abschließend ist bzgl. der Umkehrfunktion noch ein „technischer Nachtrag“ vonnöten: Bei der Umkehrfunktion ist y die unabhängige Variable, und man muß das Funktionsbild von der y-Achse ausgehend betrachten. Dies ist ungebräuchlich, man möchte standardmäßig die unabhängige Veränderliche x nennen und auf der Abszissenachse abtragen. Aus diesem Grunde vertauschen wir „nachträglich“ x und y miteinander und erhalten die Funktion $y = f^{-1}(x)$. Geometrisch bedeutet das eine Spiegelung des Kurvenbildes der funktionalen Relation U an der Winkelhalbierenden $y = x$. Wir demonstrieren dies am Beispiel $y = f(x) = \frac{1}{2} \cdot x$. Es ist $x = f^{-1}(y) = 2y$, und nach dem Vertauschen von x und y erhalten wir $y = f^{-1}(x) = 2x$.

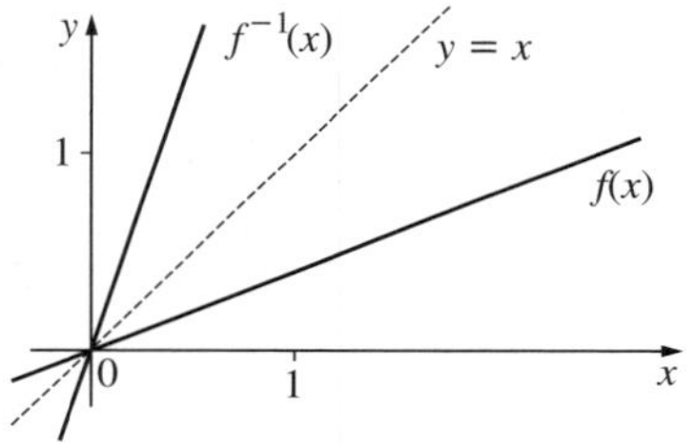

6.2.2 Standardbeispiele reeller Funktionen

Man nennt eine funktionale Relation $U \subset X \times Y$ eine **reelle Funktion**, wenn X und Y Teilmengen der Menge $\mathbb{R}^1$ der reellen Zahlen sind. Die zu U gehörenden Paare (x,y) können dann als Punkte in der Zahlenebene dargestellt werden und ergeben das zugehörige Kurvenbild der Funktion.

Wir wollen in diesem Abschnitt nur einige ausgewählte Klassen reeller Funktionen diskutieren. Dies sind einerseits die einfachsten funktionalen Zusammenhänge, nämlich die linearen Funktionen und die quadratischen Funktionen, und andererseits gewisse Kurvenbilder, die bei Wahrscheinlichkeitsdichten auftreten. Den letzteren können aber schon recht komplizierte Formeln zugrunde liegen. Wir werden als Beispiel die Gaußsche Glockenkurve betrachten und dabei vor allen Dingen den Einfluß auftretender Parameter auf das Kurvenbild studieren. Bezüglich weiterer Klassen von Funktionen verweisen wir den Leser auf entsprechende Formelsammlungen und Grundlagenliteratur.

6.2.2.1 Lineare Funktionen

Das Kurvenbild einer linearen Funktion ist eine Gerade. Es ist eine bemerkenswerte Tatsache, daß der Mensch unmittelbar erkennen kann, ob gemessene Wertepaare ungefähr auf einer Geraden liegen oder nicht. Hingegen dürfte es ihm schwerfallen, zweifelsfrei zu entscheiden, ob z. B. ein gekrümmtes Kurvenstück zu einer quadratischen Funktion gehört oder nicht. Aus diesem Grund strebt man – nötigenfalls durch Anwenden geeigneter „entzerrender“ Transformationen – lineare Zusammenhänge an. Sie sind dadurch charakterisiert, daß der Zuwachs der y-Werte in konstanter Proportionalität zum Zuwachs der x-Werte steht.

Die allgemeine Formel lautet bekanntlich

$$y = f(x) = b \cdot x + a,$$

wobei a, b reelle Konstanten sind und x die Menge $\mathbb{R}^1$ der reellen Zahlen durchläuft. Das zugehörige Kurvenbild ist eine Gerade. Beliebige zwei auf ihr befindliche Punkte legen sie fest. Man könnte z. B. die Durchstoßungspunkte durch die Koordinatenachsen wählen:

$$x_1 = 0, \qquad y_1 = f(0) \qquad = a \quad \text{(Schnittpunkt mit } y\text{-Achse)}$$

$$x_0 = -\frac{a}{b}, \qquad y_0 = f\left(-\frac{a}{b}\right) \qquad = 0 \quad \text{(Schnittpunkt mit } x\text{-Achse, } b \neq 0 \text{ vorausgesetzt).}$$

Die geometrische Interpretation der Parameter a,b ergibt sich unmittelbar: Der Absolutwert a ist der Ordinatenwert des Durchstoßungspunktes durch die y-Achse, und die Proportionalitätskonstante b beschreibt den Anstieg der Geraden.

Beispiel 6.2/5:

$$y = f(x) = \frac{1}{2}x - 1$$

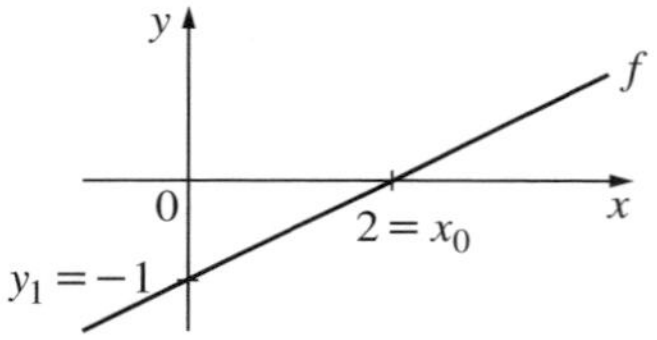

$$y = f(x) = -\frac{2}{3}x + 1$$

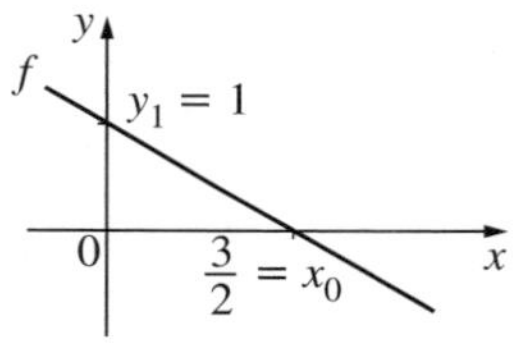

Allgemein:

$$y = f(x) = bx + a, \quad b > 0$$

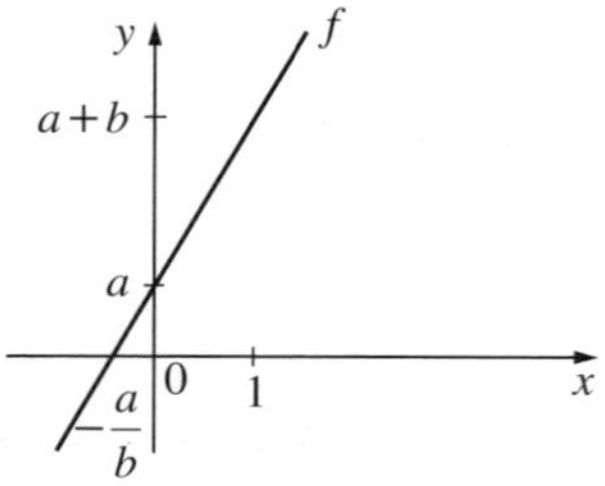

$$y = f(x) = bx + a, \quad b < 0$$

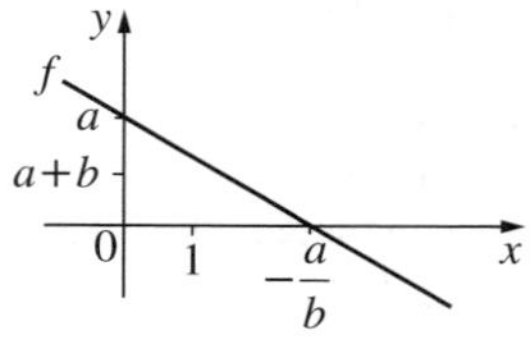

Wir wollen nun zwei Anwendungen diskutieren, in denen lineare Funktionen auftreten und die entsprechenden Formeln situationsbedingt in der Schreibweise modifizieren.

Bei statistischen Auswertungen werden Meßwerte x_i als Rohwerte erhalten, die man gewöhnlich zur weiteren Analyse gewissen Transformationen unterwirft. Bei der sog. **Standardisierung** entstehen aus ihnen nach der Formel

$$y_i = \frac{x_i - \mu}{\sigma}$$

die standardisierten Werte y_i. Dabei sind μ (Mittelwert) und $\sigma > 0$ (Standardabweichung) geeignete reelle Konstanten. Man verwendet gewöhnlich die empirisch verfügbaren Näherungen für diese Parameter und setzt für μ den empirischen Mittelwert $\bar{x}$ und für σ die empirische Standardabweichung s

ein: $\mu = \bar{x}$, $\sigma = s$ (vgl. Abschn. 2.3). Man hat es also hier mit der linearen Transformation

$$y = f(x) = \frac{x - \mu}{\sigma}$$

zu tun. Markante Punkte der entsprechenden Geraden sind: $x_0 = \mu$, $y_0 = 0$ (Schnittpunkt mit der x-Achse); $x_1 = \mu + \sigma$, $y_1 = 1$, $x_{-1} = \mu - \sigma$, $y_{-1} = -1$.

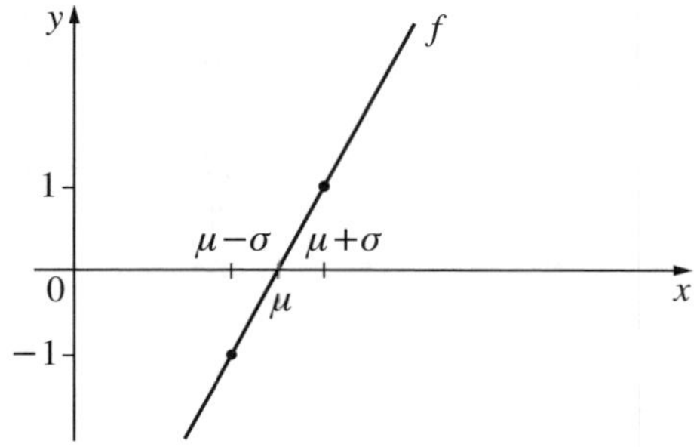

Bei der Standardisierung gehen also x-Werte, die in der Nähe von μ bzw. $\mu \pm \sigma$ liegen, in y-Werte über, die in der Nähe von 0 bzw. ± 1 liegen.

Der am meisten interessierende Bereich der x-Werte erstreckt sich von $\mu - 2\sigma$ bis $\mu + 2\sigma$, die zugehörigen standardisierten y-Werte laufen dann von -2 bis 2. Mitunter ist es üblich, die standardiserten Werte auch mit u_i zu bezeichnen. Man spricht von der u-Skala, deren wesentlicher Bereich sich von $u = -2$ bis $u = 2$ erstreckt. Nun gibt es in der Psychologie eine Reihe anderer Skalen, die man anstelle der u-Skala verwenden möchte und die aus dieser wiederum durch eine lineare Transformation entstehen. Will man eine solche Skala verwenden, so unterzieht man also die erhaltenen u-Werte einer weiteren Transformation. Bei der Festlegung dieser Transformation wird auch auf bestimmte zu erreichende Wertebereiche geachtet. In den entsprechenden mathematischen Formeln ist jetzt u die unabhängige Veränderliche und steht also an Stelle von x: $y = b \cdot u + a$. Die Konstante a bedeutet jetzt ein systematisches Verschieben aller Werte, und die Konstante b ist ein Dehnungs- bzw. Stauchungsfaktor, je nachdem, ob $|b| \geq 1$ oder $|b| \leq 1$ gilt. Negatives b erzeugt eine Umkehrung der Rangordnung. Es sind dies nun im einzelnen die folgenden Transformationen:

Bezeichnung	Transformationsformel	Wertebereich, falls $-2 \leq u \leq 2$
N-Skala	$y = 3 - u$	$1 \leq y \leq 5$
C-Skala	$y = 5 + 2u$	$1 \leq y \leq 9$
WP-Skala	$y = 10 + 3u$	$4 \leq y \leq 16$
L-Skala	$y = 10 + 5u$	$0 \leq y \leq 20$
T-Skala	$y = 50 + 10u$	$30 \leq y \leq 70$
Z-Skala	$y = 100 + 10u$	$80 \leq y \leq 120$
IQ-Skala	$y = 100 + 15u$	$70 \leq y \leq 130$

Bei diesen Transformationen geht die u-Skala linear in die y-Skala über. Man kann das nun bildlich auch so zum Ausdruck bringen, daß man die entsprechenden Skalen maßstabsgetreu übereinander anordnet (vgl. LUDWIG/LOHSE/RÖHR, Statistische Verfahren, 1991, und auch Tafel 14). Aus pragmatischen Gründen fügen wir eine weitere, in diesem Zusammenhang benötigte Skala, die sog. Prozentrangskala (PR-Skala) an, die **nicht** linear ist und aus der Verteilungsfunktion der standardisierten Normalverteilung (vgl. Abschnitt 3.2.3.3) hervorgeht.

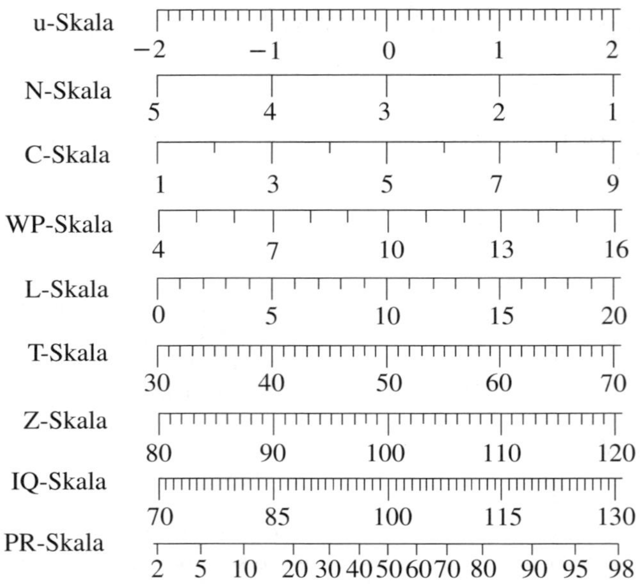

Die zweite Anwendungssituation ist die **lineare Interpolation**. Man hat z. B. in einer Tafel zwei benachbarte x-Werte x_1,x_2 mit zugehörigen Tafelwerten y_1,y_2 und möchten gern für ein dazwischenliegendes x, d. h. für $x_1 \leq x \leq x_2$, einen zugehörigen geeigneten Tafelwert y bestimmen. Dies erfolgt plausibel in erster Näherung mittels „Proportionalität", also einer linearen Funktion. Wir haben

$$y = y_1 + \underbrace{\frac{x - x_1}{x_2 - x_1}}_{\text{Verhältnis der } x\text{-Werte}} \bullet \underbrace{(y_2 - y_1)}_{\substack{\text{Tafeldifferenz} \\ \text{der } y\text{-Werte}}} .$$

Man legt eine Gerade durch die zwei Punkte (x_1, y_1),(x_2, y_2):

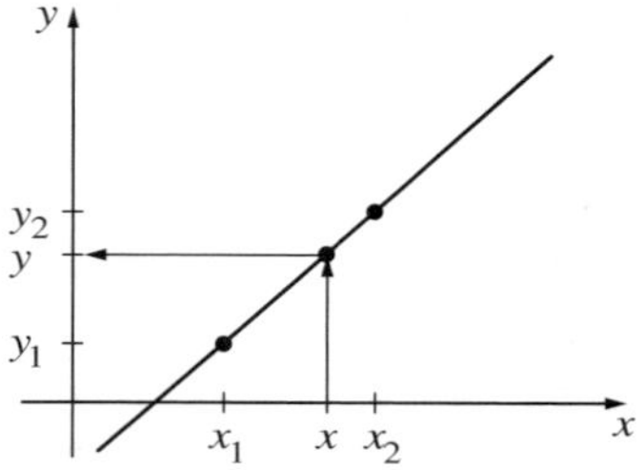

Das gleiche ist bei „Rückwärtsbenutzen" der Tafel möglich, also

$$x = x_1 + \frac{y - y_1}{y_2 - y_1} \cdot (x_2 - x_1).$$

Beispiel 6.2/6: Wir betrachten die in Tafel 3 enthaltenen kritischen Werte der χ^2-Verteilung und die in Tafel 2 enthaltene Verteilungsfunktion der standardisierten Normalverteilung.

a) Man bestimme für $\alpha = 0{,}99$ näherungsweise den kritischen Wert für 32 Freiheitsgrade.
   Hier sind $x_1 = 30$, $y_1 = 15{,}0$, (vgl. Tafel 3)
   $x_2 = 35$, $y_2 = 18{,}5$.

Linear interpoliert erhalten wir also für $x = 32$ den Wert

$$y = 15{,}0 + \frac{32 - 30}{35 - 30} \cdot (18{,}5 - 15{,}0) = 16{,}4,$$

also lautet der kritische Wert näherungsweise 16,4.

Die lineare Interpolation ist die einfachste Möglichkeit, Näherungswerte zu erhalten. Mitunter gibt es für spezielle Funktionen noch bessere, dann aber nichtlineare Interpolationsformeln. Für die χ^2-Verteilung und die F-Verteilung findet man solche z. B. bei L. SACHS, Angewandte Statistik, Berlin 1991.

b) Man bestimme bei der standardisierten Normalverteilung (vgl. Tafel 2) näherungsweise den u-Wert für $y = 0{,}6000$.

Hier sind $y_1 = 0{,}5999, \quad x_1 = 0{,}253,$

$y_2 = 0{,}6003, \quad x_2 = 0{,}254.$

Wir erhalten

$$x = 0{,}253 + \frac{0{,}6000 - 0{,}5999}{0{,}6003 - 0{,}5999} \cdot (0{,}254 - 0{,}253)$$
$$= 0{,}2533,$$

der genäherte u-Wert lautet 0,2533.

6.2.2.2 Quadratische Funktionen

Es handelt sich hier um die „einfachste" Funktion mit U-förmigem Kurvenbild. Wir wollen an diesem Funktionsbeispiel die Wirkung auftretender Parameter diskutieren und beginnen deshalb mit der bekannten Einheitsparabel

$$y = f(x) = x^2$$

mit dem Definitionsbereich $D_f = \mathbb{R}^1$ und dem Wertebereich $W_f = \{y\colon y \geq 0\}$.

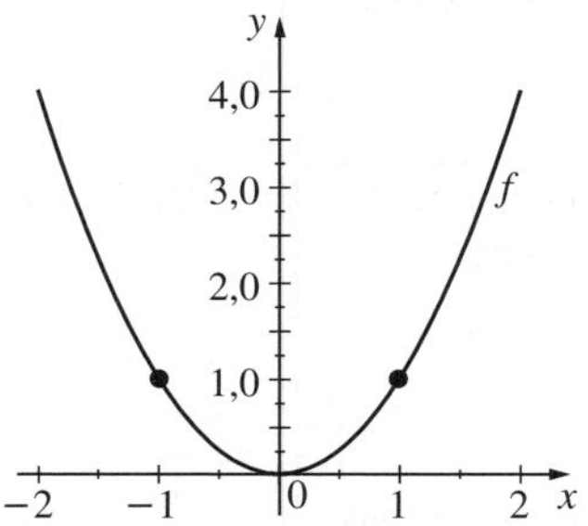

Wir stellen nun zunächst (lineare) Kurventransformationen des Funktionsbildes einer allgemeinen Funktion $f(x)$ durch „Einbau" eines Parameters $\tilde{c}$ in tabellarischer Übersicht zusammen und zeigen am Beispiel $y = f(x) = x^2$ ihre Wirkung (siehe Tabelle auf der nächsten Seite).

Betrachten wir nun die allgemeine quadratische Funktion

$$y = f(x) = cx^2 + bx + a$$

mit den Parametern $c \neq 0, b, a$, so erhalten wir durch Umformen mittels quadratischer Ergänzung zunächst

$$y = f(x) = c \cdot \left[x^2 + \frac{b}{c}x + \frac{a}{c}\right] = c \cdot \left[\left(x + \frac{b}{2c}\right)^2 + \frac{a}{c} - \left(\frac{b}{2c}\right)^2\right].$$

Transformierte Funktion	Geometrische Wirkung	Beispiel $f(x) = x^2$	
$f_1(x) = f(x) + \tilde{c}$	vertikale Verschiebung um Konstante $\tilde{c}$	$\tilde{c} = 2$: $f_1(x) = x^2 + 2$	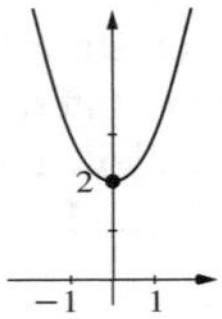
		$\tilde{c} = -2$: $f_1(x) = x^2 - 2$	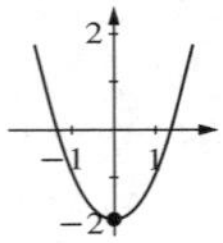
$f_2(x) = f(x + \tilde{c})$	horizontale Verschiebung um den Betrag von $\tilde{c}$: nach rechts, wenn $\tilde{c} < 0$	$\tilde{c} = -2$: $f_2(x) = (x - 2)^2$	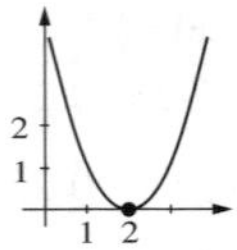
	nach links, wenn $\tilde{c} > 0$	$\tilde{c} = 2$: $f_2(x) = (x + 2)^2$	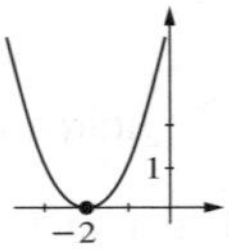
$f_3(x) = \tilde{c} \cdot f(x)$ ($\tilde{c} > 0$)	$\tilde{c} > 1$: Streckung um Faktor $\tilde{c}$ in y-Richtung	$\tilde{c} = 2$: $f_3(x) = 2 \cdot x^2$	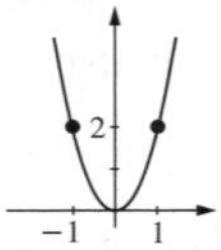
	$\tilde{c} < 1$. Stauchung um Faktor $\frac{1}{\tilde{c}}$ in y-Richtung	$\tilde{c} = \frac{1}{2}$: $f_3(x) = \frac{1}{2} \cdot x^2$	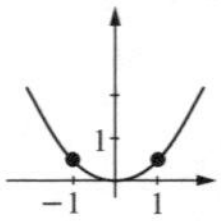
$f_4(x) = f(\tilde{c} \cdot x)$ ($\tilde{c} > 0$)	$\tilde{c} > 1$: Stauchung um Faktor $\tilde{c}$ in x-Richtung	$\tilde{c} = 2$: $f_4(x) = (2 \cdot x)^2$	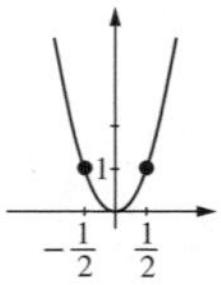
	$\tilde{c} < 1$: Streckung um Faktor $\frac{1}{\tilde{c}}$ in x-Richtung	$\tilde{c} = \frac{1}{2}$: $f_4(x) = \left(\frac{1}{2} \cdot x\right)^2$	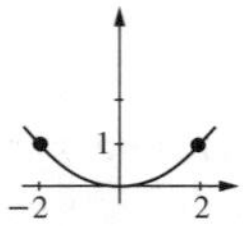
$f_5(x) = -f(x)$	Spiegelung an x-Achse	$f_5(x) = -x^2$	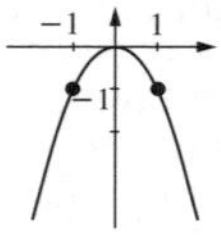
$f_6(x) = f(-x)$	Spiegelung an y-Achse[1)]	$f_6(x) = (-x)^2$	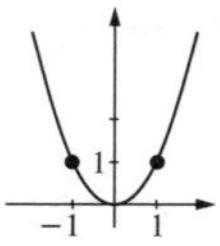

[1)] Im letzten Beispiel entsteht speziell wieder $f(x)$, da diese Kurve spiegelsymmetrisch zur Ordinatenachse ist.

Mit Hilfe dieser Umformung und obiger Transformationsregeln läßt sich nun das Kurvenbild der quadratischen Funktion aus demjenigen der Einheitsparabel erzeugen: Die Symmetrieachse wandert von $x = 0$ in den Punkt $x_s = -\dfrac{b}{2c}$ (horizontale Verschiebung), anschließend wird die Einheitsparabel um $\tilde{c} = \dfrac{a}{c} - \left(\dfrac{b}{2c}\right)^2$ in vertikaler Richtung verschoben und schließlich noch – im Fall $c > 0$ – in y-Richtung mit dem Faktor c gedehnt, falls $c > 1$, bzw. dem Faktor $\dfrac{1}{c}$ gestaucht, falls $c < 1$ ist. Im Falle $c < 0$ kommt noch eine Spiegelung an der x-Achse hinzu. Das Ergebnis ist eine Parabel mit Symmetrieachse bei $x_s = -\dfrac{b}{2c}$ und der zugehörigen sogenannten Scheitelpunktordinate $y_s = c \cdot \left(\dfrac{a}{c} - \left(\dfrac{b}{2c}\right)^2\right)$, die für $c > 0$ nach oben und für $c < 0$ nach unten geöffnet ist.

Beispiel 6.2/7:

$$y = 2x^2 - 3x + 2 = 2\left[\left(x - \frac{3}{4}\right)^2 + \underbrace{1 - \left(\frac{3}{4}\right)^2}_{=\frac{7}{16}}\right].$$

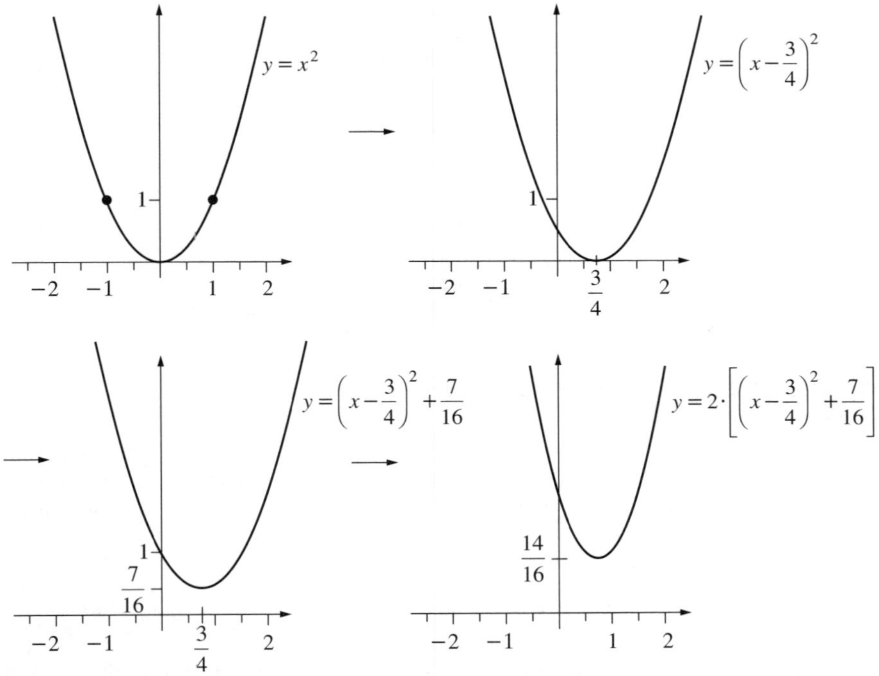

Es wurde hier bewußt der etwas komplizierter erscheinende Weg zur Erzeugung des Kurvenbildes der quadratischen Funktion gewählt, um an einem Beispielfall die „parametrische Sicht auf Funktionen“ zu schärfen. Selbstverständlich bleibt uns immer noch der kürzere Weg über Wertetabellen oder „fertige Rezepte“ aus Formelsammlungen zur Erzeugung von Kurvenbildern offen.

Wir merken an, daß sich auch die im vorangehenden Abschnitt behandelte lineare Funktion $y = f(x) = \dfrac{x - \mu}{\sigma}$ durch oben genannte Transformationen aus der „Einheitsgeraden“ $y = x$ erzeugen läßt (es sei $\sigma < 1$):

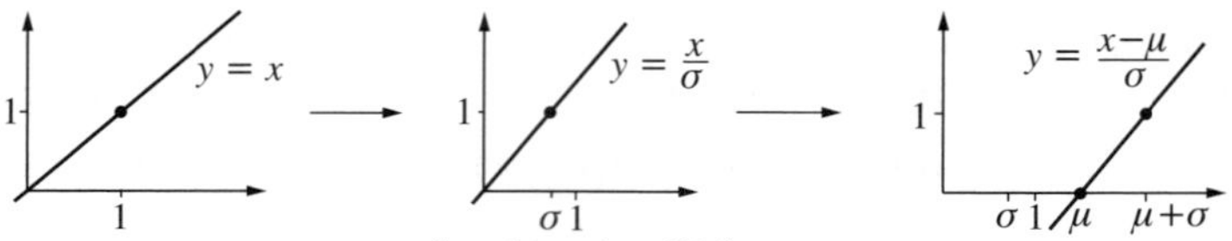

Streckung in y-Richtung um den Faktor $1/\sigma$

Verschiebung in x-Richtung um μ

6.2.2.3 Exponentialfunktion und Logarithmusfunktion

Als Beispiel für das Zusammenwirken von Funktion und Umkehrfunktion diskutieren wir die **Exponentialfunktion**

$$y = f(x) = e^x, \qquad -\infty < x < \infty.$$

Dabei ist $e = 2{,}718\,281\,828\ldots$ die Eulersche Konstante. Um das Kurvenbild zu erkennen, stellen wir mittels Taschenrechner eine Wertetabelle auf:

x	-2	$-1{,}5$	-1	$-0{,}5$	0	$0{,}5$	1	$1{,}5$	2
e^x	0,14	0,22	0,37	0,61	1	1,65	2,72	4,48	7,39

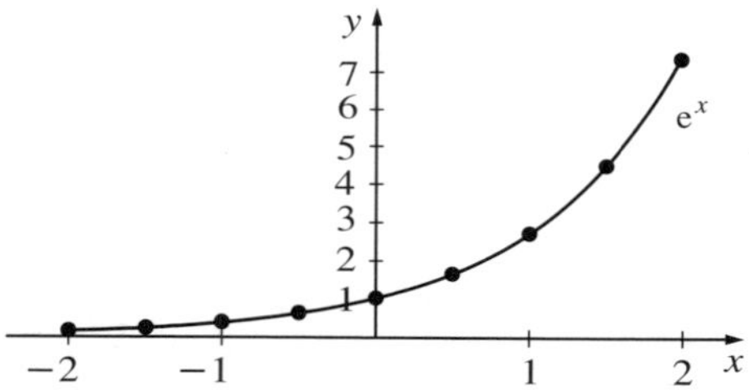

Wir stellen folgende Eigenschaften der Funktion e^x fest:

a) Es ist stets $e^x > 0$, weiterhin gilt $e^0 = 1$;

b) es ist $e^x < 1$ für $x < 0$, die Kurve schmiegt sich für $x \to -\infty$ schnell der x-Achse an;

c) es ist $e^x > 1$ für $x > 0$, die Funktion wächst für große x sehr schnell (es ist bereits $e^{50} \approx 5{,}18 \cdot 10^{21}$);

d) die Funktion e^x ist monoton wachsend, d. h. erhält die Reihenfolge der Größe der Werte: Wenn $x_1 < x_2$ ist, dann gilt $e^{x_1} < e^{x_2}$.

e) Überdies gelten die Potenzgesetze:

$$e^{a+b} = e^a \cdot e^b, \qquad (e^a)^c = e^{a \cdot c}, \qquad e^{-a} = \frac{1}{e^a}.$$

Zur Bestimmung der Umkehrfunktion wird für gegebenes $y > 0$ das zugehörige x mit $e^x = y$ gesucht. Diese Gleichung ist eindeutig auflösbar und ergibt $x = \ln y$, wobei $\ln$ den Logarithmus zur Basis e bezeichnet (der Logarithmus von y ist diejenige eindeutig bestimmte Zahl, mit der man die Basis potenzieren muß, um y zu erhalten $e^{\ln y} = y$, also gilt für die oben gesuchte Zahl x: $x = \ln y$). Durch Vertauschen von x und y erhalten wir die zugehörige Umkehrfunktion

$$y = f^{-1}(x) = \ln x.$$

Ihr Bild entsteht aus der Kurve für e^x durch Spiegelung an der Achse $y = x$:

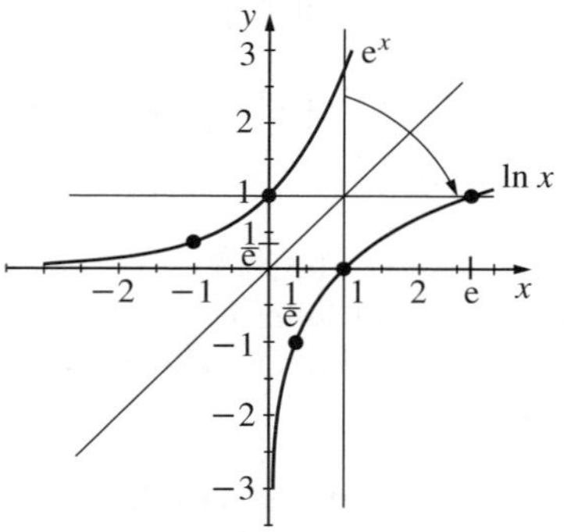

In analoger Weise hat $f^{-1}(x) = \ln x$ die folgenden Eigenschaften:

a') Die Funktion $\ln x$ ist nur für $x > 0$ definiert, es ist $\ln 1 = 0$;

b') es gilt $\ln x < 0$ für $x < 1$, die Kurve schmiegt sich für $x \to 0$ schnell an die y-Achse an;

c') es gilt $\ln x > 0$ für $x > 1$, die Kurve wächst sehr langsam bei größer werdenden x (z. B. $\ln(5{,}18 \cdot 10^{21}) \approx 50$);

d') die Funktion $\ln x$ ist monoton wachsend, sie erhält die Reihenfolge der Größenordnung.

e') Es gelten die Logarithmengesetze

$$\ln(a \cdot b) = \ln a + \ln b, \qquad \ln(a)^c = c \cdot \ln a, \qquad \ln a^{-1} = -\ln a.$$

Der allgemeine Zusammenhang zwischen Funktion und Umkehrfunktion kann also hier unmittelbar nachvollzogen werden, er wurde geradezu benutzt, um den Logarithmus zu definieren: Der Logarithmus hebt die Wirkung der Exponentialfunktion wieder auf

$$\ln(\mathrm{e}^x) = x.$$

6.2.2.4 Die Gaußsche Glockenkurve

Als Beispiel für eine Wahrscheinlichkeitsdichte betrachten wir die häufig auftretende **Gaußsche Glockenkurve**.

Wir beginnen mit der standardisierten Glockenkurve, die das Bild der Funktion

$$y = f(x) = \frac{1}{\sqrt{2\pi}} \cdot \mathrm{e}^{-\frac{x^2}{2}}, \qquad -\infty < x < \infty$$

ist. Diese spezielle Dichtefunktion wird gewöhnlich mit $\varphi(x)$ bezeichnet, ihre Funktionswerte können wir auch aus Tafel 1 entnehmen (man beachte, daß $\varphi(-x) = \varphi(x)$ ist):

x	−3	−2	−1,5	−1	−0,5	0	0,5	1	1,5	2	3
$\varphi(x)$	0,004	0,054	0,130	0,242	0,352	0,399	0,352	0,242	0,130	0,054	0,004

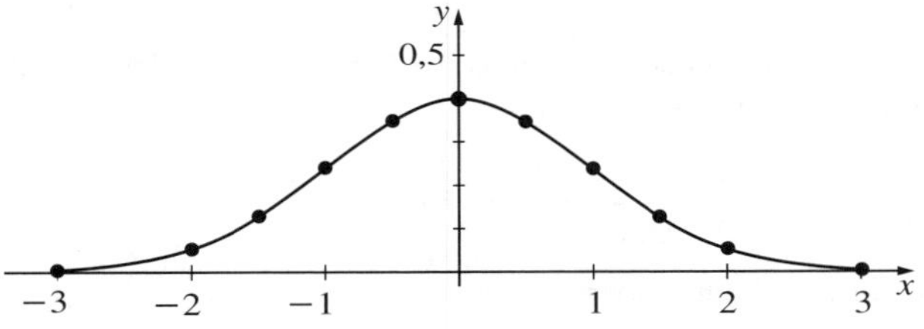

Am Funktionsbild von $\varphi(x)$ erkennen wir folgende Eigenschaften:

- Die Kurve ist symmetrisch zur y-Achse.
- Bei $x = 0$ liegt das einzige Maximum der Funktion mit dem Funktionswert
$$\varphi(0) = \frac{1}{\sqrt{2\pi}} = 0{,}3989.$$
- Die Werte von $\varphi(x)$ gehen für $x \to +\infty$ oder $x \to -\infty$ sehr schnell gegen 0, der „wesentliche Bereich" erstreckt sich von -3 bis $+3$ (vgl. Tafel 1).
- Es gibt Wendepunkte bei $x = 1$ und $x = -1$ mit jeweils dem Funktionswert
$$\varphi(1) = \varphi(-1) = 0{,}242.$$
(Ein Wendepunkt ist dadurch charakterisiert, daß sich die Krümmungsverhältnisse „ändern": ⌒ geht über in ⌣ oder umgekehrt.)

Wir bemerken, daß der „Normierungsfaktor" $\frac{1}{\sqrt{2\pi}}$ aus wahrscheinlichkeitstheoretischen Gründen gewählt wird. Damit wird erreicht, daß der Gesamtflächeninhalt unter der Funktion $\varphi(x)$ von $x = -\infty$ bis $x = +\infty$ gleich 1 ist.

Bei der allgemeinen Gaußschen Glockenkurve treten nun noch zwei Parameter μ und $\sigma > 0$ auf. Es ist das Ziel der weiteren Betrachtung, den Einfluß der Parameter auf das Kurvenbild zu studieren, wobei wir die Ausführungen von Abschnitt 6.2.2.2 benutzen wollen. Die Formel für die Funktion der allgemeinen Gaußschen Glockenkurve lautet:

$$y = f(x) = \frac{1}{\sqrt{2\pi} \cdot \sigma} \cdot e^{-\frac{(x-\mu)^2}{2 \cdot \sigma^2}}, \qquad -\infty < x < \infty.$$

Wir wollen diese Funktion mit $\varphi(x;\mu,\sigma)$ bezeichnen und uns nun überlegen, wie ihr Bild aus demjenigen der Einheitskurve $\varphi(x) = \varphi(x;0,1)$ entsteht.

Wir setzen zunächst $\mu = 0$ und skizzieren als erstes die Funktion

$$f_1(x) = \varphi\left(\frac{x}{\sigma}\right) = \frac{1}{\sqrt{2\pi}} \cdot e^{-\frac{1}{2}\left(\frac{x}{\sigma}\right)^2}$$

(Streckung/Stauchung in x-Richtung):

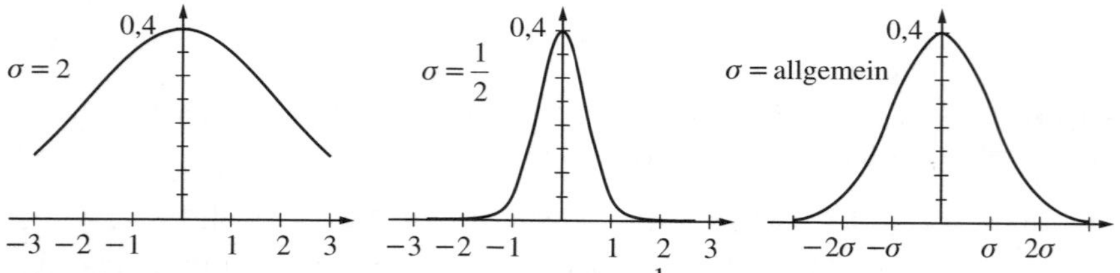

Gesamtfläche gleich 2 | Gesamtfläche gleich $\frac{1}{2}$ | Gesamtfläche gleich σ

Man kann nachweisen, daß die Wendepunkte jetzt bei $\pm\sigma$ liegen und der Gesamtflächeninhalt σ beträgt. Aus diesem Grund gehen wir zu

$$f_2(x) = \frac{1}{\sigma} \cdot f_1(x) = \frac{1}{\sigma} \cdot \frac{1}{\sqrt{2\pi}} \cdot e^{-\frac{1}{2}\left(\frac{x}{\sigma}\right)^2}$$

(Stauchung/Streckung in y-Richtung) über:

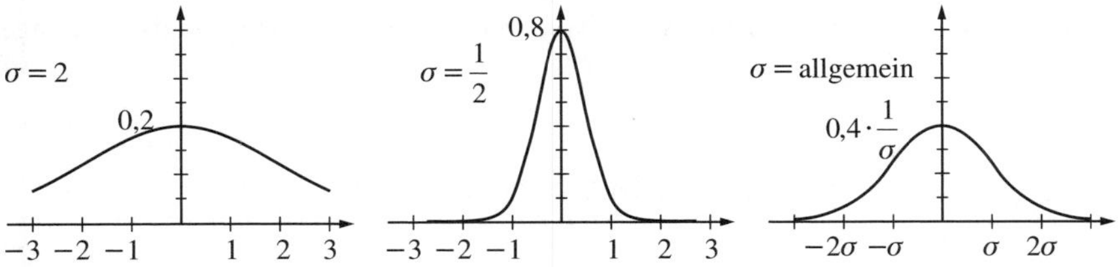

Die Wendepunkte bleiben bei $\pm\sigma$, der Gesamtflächeninhalt ist aber jetzt unabhängig von σ stets gleich 1. Die erhaltenen Funktionen $f_2(x)$ sind bereits die Wahrscheinlichkeitsdichten $\varphi(x;0,\sigma)$, wie ein Vergleich mit obiger Formel für $\mu = 0$ zeigt. Wählt man also σ klein, so „zieht" sich die Glockenkurve bei $x = 0$ zusammen und wird dort zu einer „hohen Spitze". Wählt man σ groß, so werden die Kurven flach, sie zerfließen. Der „wesentliche Bereich" erstreckt sich von -3σ bis 3σ, genauer, der außerhalb dieses Bereiches liegende Flächeninhalt unter der Kurve $\varphi(x;0,\sigma)$ beträgt nur 0,003 (vgl. auch Abschn. 3.2.3.3).

Nun sind wir mühelos in der Lage, den Einfluß des Parameters μ zu erkennen. Es ist ja

$$\varphi(x;\mu,\sigma) = f_2(x-\mu) = \varphi(x-\mu;0,\sigma) = \frac{1}{\sigma}\frac{1}{\sqrt{2\pi}}\,\mathrm{e}^{-\frac{1}{2}\left(\frac{(x-\mu)}{\sigma}\right)^2}.$$

Man erhält also diese Kurve durch Parallelverschieben des Kurvenbildes von $f_2(x)$ in x-Richtung um die Zahl μ:

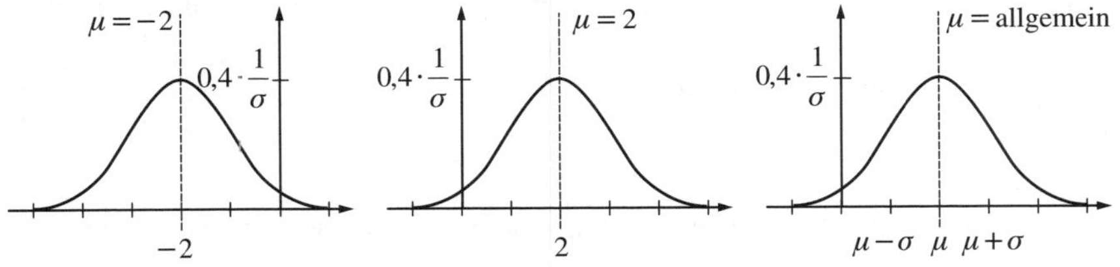

Die allgemeine Gaußsche Glockenkurve mit den Parametern μ und σ hat folgende Eigenschaften:

- Das Kurvenbild ist symmetrisch zur Achse bei $x = \mu$.
- Bei $x = \mu$ liegt das (einzige) Maximum der Funktion mit dem Funktionswert
$$\varphi(\mu;\mu,\sigma) = \frac{1}{\sqrt{2\pi}} \cdot \frac{1}{\sigma} = 0{,}3989 \cdot \frac{1}{\sigma}.$$
- Der „wesentliche Bereich" erstreckt sich von $\mu - 3\sigma$ bis $\mu + 3\sigma$ (vgl. auch Abschn. 3.2.3.3)
- Es gibt Wendepunkte bei $\mu - \sigma$ und $\mu + \sigma$.
- Der Gesamtflächeninhalt unter der Kurve ist gleich 1.

6.3 Matrizen

6.3.1 Grundbegriffe

Eine selbstverständliche Grundlage für metrische Daten ist der Begriff der reellen Zahl. Nun gibt es Situationen, in denen die Meßergebnisse ganze Systeme von reellen Zahlen bilden. So ist z. B. eine Vierfeldertafel ein quadratisches System von 2×2 natürlichen Zahlen, die gewisse absolute Häufigkeiten repräsentieren:

7	12	Vierfeldertafel.
10	3	

Allgemein ist eine $k \times l$–Feldertafel ein System von Zahlen, die in k Zeilen jeweils der Länge l angeordnet sind:

$$\underbrace{\left.\begin{matrix} 7 & 12 & \dots & 5 \\ 3 & 1 & \dots & 4 \\ \vdots & \vdots & \ddots & \vdots \\ 10 & 10 & \dots & 2 \end{matrix}\right\}}_{\text{jeweils } l \text{ Zahlen}} \text{jeweils } k \text{ Zahlen} \qquad k \times l\text{-Feldertafel.}$$

Eine fundamentale Situation für das Auftreten solcher Zahlenschemata sind die **linearen Gleichungssysteme**. Als Beispiel betrachten wir folgende „Denkaufgabe“: Er ist doppelt so alt, wie sie alt war, als er so alt war, wie sie jetzt ist. Beide zusammen sind jetzt 42 Jahre alt. Wie alt ist jeder von ihnen? Bezeichnen wir ihr jetziges Alter mit x und sein jetziges Alter mit y, so erhalten wir die beiden Gleichungen $x + y = 42$, $[x - (y - x)] \cdot 2 = y$, also

$$\begin{aligned} x + y &= 42 \\ 4x - 3y &= 0 \end{aligned}, \qquad \text{mit der Lösung} \qquad x = 18, \quad y = 24.$$

Es zeigt sich, daß ganz allgemein das Lösungsverhalten solcher linearer Gleichungssysteme, d. h., die Frage nach der Existenz und Eindeutigkeit von Lösungen, durch die in ihnen auftretenden Koeffizienten bestimmt wird, und man löst solche Gleichungssysteme, indem man im Prinzip mit Koeffizientenschemata rechnet. So sind für das obige Gleichungssystem die Koeffizienten der linken Seiten

$$\begin{matrix} 1 & 1 \\ 4 & -3 \end{matrix} \qquad \text{und die der rechten Seiten} \qquad \begin{matrix} 42 \\ 0 \end{matrix}$$

maßgebend.

Man führt nun einen angepaßten Formalismus ein, in dem solche Zahlenschemata als etwas Ganzheitliches aufgefaßt werden.

Ein rechteckiges Schema von $m \cdot n$ Zahlen, das in „horizontaler Richtung“ jeweils n Zahlen und in „vertikaler Richtung“ jeweils m Zahlen enthält, heißt eine **Matrix vom Typ (m,n)** oder auch **(m,n)-Matrix**. Jede im Schema auftretende Zahl heißt **Element der Matrix**.

Wir bezeichnen Matrizen mit fettgedruckten großen lateinischen Buchstaben, z. B. **A**, **B**, ..., verwenden zur Kennzeichnung ihrer Elemente kleine lateinische Buchstaben mit Doppelindizes und führen als äußeres Zeichen des Zusammenfassens der Zahlen des Schemas große runde Klammern ein, also

$$\mathbf{A} = \begin{pmatrix} a_{11} & a_{12} & \dots & a_{1n} \\ a_{21} & a_{22} & \dots & a_{2n} \\ \vdots & \vdots & \ddots & \vdots \\ a_{m1} & a_{m2} & \dots & a_{mn} \end{pmatrix}.$$

Wir schreiben symbolisch kurz $\mathbf{A} = (a_{ik})$.

Im Falle $m = n$ heißt **A quadratische Matrix der Ordnung n**. Bei einer quadratischen Matrix $\mathbf{A} = (a_{ik})$ bilden die Elemente $a_{11}, a_{22}, \dots, a_{nn}$ die sogenannte **Hauptdiagonale**.

Eine Matrix vom Typ $(1,n)$ heißt **n-dimensionaler Zeilenvektor**, und eine Matrix vom Typ $(m,1)$ heißt **m-dimensionaler Spaltenvektor**. Vektoren bezeichnen wir mit kleinen fettgedruckten lateinischen und unterstrichenen Buchstaben.

Das „waagerechte Teilschema“ $a_{i1}, a_{i2}, \ldots, a_{in}$ nennen wir die i-te Zeile oder auch i-ten Zeilenvektor der Matrix $\mathbf{A}$ ($i = 1, 2, \ldots, m$). Entsprechend heißt das senkrechte Teilschema $\begin{matrix} a_{1k} \\ \vdots \\ a_{mk} \end{matrix}$ auch k-te Spalte oder k-ter Spaltenvektor der Matrix $\mathbf{A}$ ($k = 1, 2, \ldots, n$).

Beispiel 6.3/1:

$$\mathbf{A} = \begin{pmatrix} 1 & 2 & 5 & 7 \\ 1 & 3 & 1 & 6 \\ 2{,}4 & 7 & 3{,}6 & 8 \end{pmatrix} \quad \text{ist eine (3,4)-Matrix;}$$

$$\mathbf{B} = \begin{pmatrix} 1 & 2 \\ 2 & 3 \end{pmatrix} \quad \text{ist eine quadratische Matrix der Ordnung 2.}$$

Zur Festlegung einer Matrix sind sowohl die Werte der auftretenden reellen Zahlen als auch ihre Position im Gesamtschema wichtig. Dies wird durch den Gleichheitsbegriff für Matrizen mathematisch präzisiert.

> Zwei Matrizen $\mathbf{A} = (a_{ik})$ und $\mathbf{B} = (b_{ik})$ heißen **gleich**, wenn ihr Typ übereinstimmt und in **jeder** Position die entsprechenden reellen Zahlen identisch sind, d. h. $a_{ik} = b_{ik}$ für alle i,k gilt.

Sind also $\mathbf{A}$ und $\mathbf{B}$ vom Typ (m,n), so beinhaltet die Matrizengleichung $\mathbf{A} = \mathbf{B}$ einen Block von $m \cdot n$ Einzelgleichungen.

Eine Matrix $\mathbf{A} = (a_{ik})$ heißt **Nullmatrix**, wenn $a_{ik} = 0$ für alle i,k gilt. In der Menge der Matrizen gibt es viele verschiedene „Nullen“, jeder Typ (m,n) hat seine Nullmatrix. Wir bezeichnen eine Nullmatrix mit $\mathbf{0}$.

Eine quadratische Matrix der Ordnung n heißt **Einheitsmatrix** und wird mit $\mathbf{E}$ bzw. $\mathbf{E}_n$ bezeichnet, wenn sie die Gestalt

$$\mathbf{E} = \mathbf{E}_n = \begin{pmatrix} 1 & 0 & \ldots & 0 \\ 0 & 1 & \ldots & 0 \\ \vdots & \vdots & \ddots & \vdots \\ 0 & 0 & \ldots & 1 \end{pmatrix}$$

hat, d. h., in der Hauptdiagonalen steht jeweils die Zahl 1, und alle anderen Elemente sind 0.

Man nennt eine quadratische Matrix $\mathbf{A} = (a_{ik})$ eine **Diagonalmatrix**, wenn außerhalb der Hauptdiagonalen nur Nullen stehen, d. h. $a_{ik} = 0$ für alle $i \neq k$ gilt. Eine Diagonalmatrix (der Ordnung n) hat also die Gestalt

$$\mathbf{A} = \begin{pmatrix} d_1 & 0 & \ldots & 0 \\ 0 & d_2 & \ldots & 0 \\ \vdots & \vdots & \ddots & \vdots \\ 0 & 0 & \ldots & d_n \end{pmatrix}.$$

> Es sei $\mathbf{A} = (a_{ik})$ eine beliebige (m,n)-Matrix. Die durch Vertauschen der Zeilen- und Spaltenindizes der Elemente von $\mathbf{A}$ gebildete neue Matrix vom Typ (n,m) heißt die **zu A transponierte Matrix** und wird mit $\mathbf{A}^{\mathrm{T}}$ bezeichnet. Eine Matrix heißt **symmetrisch**, wenn $\mathbf{A} = \mathbf{A}^{\mathrm{T}}$ gilt. ($\mathbf{A}$ muß dann notwendig quadratisch sein.)

Beispiel 6.3/2: Für $\mathbf{A} = \begin{pmatrix} 2 & 1 & 4 \\ 7 & 6 & 3 \end{pmatrix}$ vom Typ (2, 3) erhalten wir $\mathbf{A}^{\mathrm{T}} = \begin{pmatrix} 2 & 7 \\ 1 & 6 \\ 4 & 3 \end{pmatrix}$, und diese Matrix ist vom Typ (3, 2).

Die Matrix $\mathbf{A} = \begin{pmatrix} 1 & 2 & 4 \\ 2 & 3 & 5 \\ 4 & 5 & 1 \end{pmatrix}$ ergibt $\mathbf{A}^{\mathrm{T}} = \begin{pmatrix} 1 & 2 & 4 \\ 2 & 3 & 5 \\ 4 & 5 & 1 \end{pmatrix}$, ist also eine symmetrische Matrix.

6.3.2 Rechnen mit Matrizen

Ein erstes Motiv zur Anwendung von Matrizen besteht darin, eine formale „Kurzschreibweise" für ganze, z. T. recht große, Zahlenschemata zur Verfügung zu haben. Ein zweites wesentliches Motiv ergibt sich nun durch Einführung von Rechenoperationen für Matrizen. Es sind dies Addition und Subtraktion von Matrizen, Multiplikation einer Matrix mit einer Zahl und Multiplikation von Matrizen. Es wird sich zeigen, daß dabei die von reellen Zahlen her bekannten Eigenschaften nur zum Teil erhalten bleiben, und insbesondere bei der Multiplikation von Matrizen ein „sorgfältiger Umgang" geboten ist. Auch die „Division" von Matrizen ist schon etwas komplizierter, wir werden uns damit hier nicht beschäftigen und verweisen den interessierten Leser auf entsprechende Literatur über Matrizenrechnung (z. B. R. ZURMÜHL, „Praktische Mathematik", Berlin 1961).

Zwei Matrizen $\mathbf{A} = (a_{ik})$ und $\mathbf{B} = (b_{ik})$, die den **gleichen Typ** haben, werden miteinander **addiert** bzw. voneinander **subtrahiert**, indem man dieses „elementweise" durchführt:

$$\mathbf{A} + \mathbf{B} = (a_{ik} + b_{ik}), \qquad \mathbf{A} - \mathbf{B} = (a_{ik} - b_{ik}).$$

Eine Matrix $\mathbf{A} = (a_{ik})$ wird **mit einer Zahl *c* multipliziert**, indem man jedes Element von **A** mit c multipliziert:

$$c \cdot \mathbf{A} = (c \cdot a_{ik}).$$

Matrizen werden also addiert bzw. subtrahiert, indem man diese Rechenoperation entsprechend an allen „Positionen" ausführt. Das Vorziehen eines Faktors c erfolgt dadurch, daß man ihn aus allen Elementen zugleich herauszieht. Insbesondere ist auch $-\mathbf{A} = (-a_{ik})$.

Beispiel 6.3/3: Es seien

$$\mathbf{A} = \begin{pmatrix} 1 & 0 \\ 3 & 4 \\ -2 & 6 \end{pmatrix}, \qquad \mathbf{B} = \begin{pmatrix} -3 & -2 \\ 1 & -4 \\ 2 & 1 \end{pmatrix}, \qquad \mathbf{C} = \begin{pmatrix} 2 & 2 \\ 3 & 1 \end{pmatrix}.$$

Wir erhalten:

$$\mathbf{A} + \mathbf{B} = \begin{pmatrix} 1-3 & 0-2 \\ 3+1 & 4-4 \\ -2+2 & 6+1 \end{pmatrix} = \begin{pmatrix} -2 & -2 \\ 4 & 0 \\ 0 & 7 \end{pmatrix},$$

$$\mathbf{A} - \mathbf{B} = \begin{pmatrix} 1-(-3) & 0-(-2) \\ 3-1 & 4-(-4) \\ -2-2 & 6-1 \end{pmatrix} = \begin{pmatrix} 4 & 2 \\ 2 & 8 \\ -4 & 5 \end{pmatrix},$$

$$3 \cdot \mathbf{A} = \begin{pmatrix} 3\cdot 1 & 3\cdot 0 \\ 3\cdot 3 & 3\cdot 4 \\ 3\cdot(-2) & 3\cdot 6 \end{pmatrix} = \begin{pmatrix} 3 & 0 \\ 9 & 12 \\ -6 & 18 \end{pmatrix}.$$

$\mathbf{A} + \mathbf{C}$ ist nicht definiert, ebenso $\mathbf{B} + \mathbf{C}$, da die Typen nicht übereinstimmen. Weiterhin ist z. B.

$$3 \cdot \mathbf{A} + 4 \cdot \mathbf{B} = \begin{pmatrix} -9 & -8 \\ 13 & -4 \\ 2 & 22 \end{pmatrix}, \quad \text{sowie}$$

$$\begin{pmatrix} 10 & 20 \\ -20 & 40 \\ 5 & 30 \end{pmatrix} = 5 \cdot \begin{pmatrix} 2 & 4 \\ -4 & 8 \\ 1 & 6 \end{pmatrix}, \begin{pmatrix} -3 & 4 \\ -1 & -2 \\ 2 & -3 \end{pmatrix} = -\begin{pmatrix} 3 & -4 \\ 1 & 2 \\ -2 & 3 \end{pmatrix}.$$

Für die Addition gelten das Kommutativ- und das Assoziativgesetz:

$$\mathbf{A} + \mathbf{B} = \mathbf{B} + \mathbf{A}, \qquad (\mathbf{A} + \mathbf{B}) + \mathbf{C} = \mathbf{A} + (\mathbf{B} + \mathbf{C}).$$

Die zum Typ passende Nullmatrix $\mathbf{0}$ ist das „neutrale Element" bzgl. der Addition:

$$\mathbf{A} + \mathbf{0} = \mathbf{A}.$$

Wir betrachten nun die Multiplikation von Matrizen. Ausgangspunkt ist dabei das sogenannte **Skalarprodukt** für Vektoren. Es seien $\underline{\mathbf{a}} = (a_1, a_2, \ldots, a_n)$ ein n-dimensionaler Zeilenvektor und $\underline{\mathbf{b}} = (b_1, b_2, \ldots, b_n)^{\mathrm{T}}$ ein n-dimensionaler Spaltenvektor. Dann heißt die Zahl

$$\underline{\mathbf{a}} \cdot \underline{\mathbf{b}} = a_1 \cdot b_1 + a_2 \cdot b_2 + \ldots + a_n \cdot b_n$$

das Skalarprodukt der Vektoren $\underline{\mathbf{a}}$ und $\underline{\mathbf{b}}$.

Beispiel 6.3/4: $\underline{\mathbf{a}} = (1 \quad 3 \quad -2)$, $\underline{\mathbf{b}}^{\mathrm{T}} = (4 \quad 6 \quad 1)$, dann ist

$$\underline{\mathbf{a}} \cdot \underline{\mathbf{b}} = 1 \cdot 4 + 3 \cdot 6 + (-2) \cdot 1 = 20.$$

Man sagt, eine Matrix $\mathbf{A} = (a_{ik})$ vom Typ (m, n) ist mit einer Matrix $\mathbf{B}$ vom Typ (p, q) (in dieser Reihenfolge) **verbunden**, wenn die Anzahl der Spalten von $\mathbf{A}$ mit der Anzahl der Zeilen von $\mathbf{B}$ übereinstimmt, d. h. $n = p$ gilt.

Um nun die Multiplikation der Matrizen **A, B** zu definieren, interpretieren wir zunächst die Matrix $\mathbf{A}$ als System ihrer m Zeilenvektoren und die Matrix $\mathbf{B}$ als System ihrer q Spaltenvektoren:

$$\mathbf{A} = \begin{pmatrix} \underline{\mathbf{a}}_1 & - \\ \underline{\mathbf{a}}_2 & - \\ \vdots & \\ \underline{\mathbf{a}}_m & - \end{pmatrix}, \qquad \mathbf{B} = \begin{pmatrix} \underline{\mathbf{b}}_1 & \underline{\mathbf{b}}_2 & \cdots & \underline{\mathbf{b}}_q \\ | & | & & | \end{pmatrix}.$$

Die vorausgesetzte Verbundenheit von $\mathbf{A}$ und $\mathbf{B}$ sichert, daß sämtliche Vektoren $\underline{\mathbf{a}}_i$, $\underline{\mathbf{b}}_j$ $(i = 1, \ldots, m;$ $j = 1, \ldots, q)$ die gleiche Dimension $n = p$ haben.

Zwei verbundene Matrizen **A**,**B** werden miteinander **multipliziert** und ergeben die Matrix $\mathbf{C} = \mathbf{A} \cdot \mathbf{B}$, indem man entsprechend die Skalarprodukte der Zeilenvektoren von $\mathbf{A}$ mit den Spaltenvektoren von $\mathbf{B}$ bildet, d. h., es ist $c_{ik} = \underline{\mathbf{a}}_i \cdot \underline{\mathbf{b}}_k$, $i = 1, \ldots, m$; $k = 1, \ldots, q$. Die Matrix $\mathbf{C}$ hat dann den Typ (m, q).

Wir schreiben die Definitionsformel der Multiplikation noch einmal ausführlich auf.

Mit $\underline{\mathbf{a}}_i = (a_{i1} \quad a_{i2} \quad \cdots \quad a_{in})$, $\underline{\mathbf{b}}_k{}^{\mathrm{T}} = (b_{1k} \quad b_{2k} \quad \cdots \quad b_{nk})$ erhalten wir

$$\boxed{c_{ik} = a_{i1} \cdot b_{1k} + a_{i2} \cdot b_{2k} + \ldots a_{in} \cdot b_{nk} \qquad \text{für } i = 1, \ldots, m;\ k = 1, \ldots, q}\,.$$

Wir wollen nun diese Definition an Beispielen verdeutlichen.

Beispiel 6.3/5: Es seien

$$\mathbf{A} = \begin{pmatrix} 3 & 1 & 6 \\ -2 & 4 & 1 \end{pmatrix}, \qquad \mathbf{B} = \begin{pmatrix} -1 & 1 & 0 & 1 \\ 2 & 2 & 1 & 2 \\ 1 & 1 & 2 & 0 \end{pmatrix}.$$

Da **A** vom Typ $(2, 3)$ und **B** vom Typ $(3, 4)$ ist, sind **A** und **B** in dieser Reihenfolge verbunden, und wir können das Produkt $\mathbf{A} \cdot \mathbf{B} = \mathbf{C}$ bilden. Die Matrix **C** ist dann vom Typ $(2, 4)$.

Wir beginnen mit der Bestimmung von c_{11}, indem wir die 1. Zeile von **A** mit der 1. Spalte von **B** skalar multiplizieren:

$$\begin{pmatrix} \boxed{3 \quad 1 \quad 6} \\ -2 \quad 4 \quad 1 \end{pmatrix} \cdot \begin{pmatrix} \boxed{\begin{matrix} -1 \\ 2 \\ 1 \end{matrix}} & \begin{matrix} 1 \\ 2 \\ 1 \end{matrix} & \begin{matrix} 0 \\ 1 \\ 2 \end{matrix} & \begin{matrix} 1 \\ 2 \\ 0 \end{matrix} \end{pmatrix} = \begin{pmatrix} \boxed{c_{11}} & \cdots \\ \cdots & \cdots \end{pmatrix}.$$

Wir errechnen $c_{11} = 3 \cdot (-1) + 1 \cdot 2 + 6 \cdot 1 = 5$.

Zur Bestimmung von c_{12} müssen wir nun die 1.Zeile von **A** mit der 2. Spalte von **B** multiplizieren:

$$\begin{pmatrix} \boxed{3 \quad 1 \quad 6} \\ -2 \quad 4 \quad 1 \end{pmatrix} \cdot \begin{pmatrix} \begin{matrix} -1 \\ 2 \\ 1 \end{matrix} & \boxed{\begin{matrix} 1 \\ 2 \\ 1 \end{matrix}} & \begin{matrix} 0 \\ 1 \\ 2 \end{matrix} & \begin{matrix} 1 \\ 2 \\ 0 \end{matrix} \end{pmatrix} = \begin{pmatrix} 5 & \boxed{c_{12}} & \cdots \\ \cdots & \cdots & \cdots \end{pmatrix}.$$

Dies ergibt $c_{12} = 3 \cdot 1 + 1 \cdot 2 + 6 \cdot 1 = 11$. Wir fahren nun so fort und „arbeiten" die restlichen Spalten von **B** „ab": $c_{13} = 13$, $c_{14} = 5$. Nun wird das gleiche mit der 2. Zeile von **A** durchgeführt und ergibt $c_{21} = 11$, $c_{22} = 7$, $c_{23} = 6$, $c_{24} = 6$.

$$\text{Ergebnis:} \quad \mathbf{C} = \begin{pmatrix} 5 & 11 & 13 & 5 \\ 11 & 7 & 6 & 6 \end{pmatrix}.$$

Es ist nun unmittelbar plausibel, daß man bei der Multiplikation von Matrizen die Reihenfolge beachten muß. So kann man in Beispiel 6.3/5 das Produkt von $\mathbf{B} \cdot \mathbf{A}$ gar nicht bilden, da die Matrizen in dieser Reihenfolge nicht verbunden sind. Ist z. B. **A** vom Typ $(2, 3)$ und **B** vom Typ $(3, 2)$, so sind zwar beide Produkte $\mathbf{A}{\cdot}\mathbf{B}$ und $\mathbf{B}{\cdot}\mathbf{A}$ definiert, jedoch ist $\mathbf{A}{\cdot}\mathbf{B}$ vom Typ $(2, 2)$ und $\mathbf{B}{\cdot}\mathbf{A}$ vom Typ $(3, 3)$. Sie können also nicht übereinstimmen. Es zeigt sich, daß aber sogar auch im Fall quadratischer Matrizen fester Ordnung das Kommutativgesetz $\mathbf{A} \cdot \mathbf{B} = \mathbf{B} \cdot \mathbf{A}$ in der Regel nicht gilt, wie folgendes Beispiel zeigt.

Beispiel 6.3/6: Es seien

$$\mathbf{A} = \begin{pmatrix} 2 & 1 \\ 3 & 4 \end{pmatrix}, \qquad \mathbf{B} = \begin{pmatrix} 0 & 2 \\ 5 & 1 \end{pmatrix}, \qquad \text{dann ist}$$

$$\mathbf{A} \cdot \mathbf{B} = \begin{pmatrix} 2 & 1 \\ 3 & 4 \end{pmatrix} \cdot \begin{pmatrix} 0 & 2 \\ 5 & 1 \end{pmatrix} = \begin{pmatrix} 5 & 5 \\ 20 & 10 \end{pmatrix}, \qquad \text{jedoch}$$

$$\mathbf{B} \cdot \mathbf{A} = \begin{pmatrix} 0 & 2 \\ 5 & 1 \end{pmatrix} \cdot \begin{pmatrix} 2 & 1 \\ 3 & 4 \end{pmatrix} = \begin{pmatrix} 6 & 8 \\ 13 & 9 \end{pmatrix}.$$

Wir stellen also im Ergebnis fest, daß bei der Multiplikation das Kommutativgesetz $\mathbf{A}{\cdot}\mathbf{B} = \mathbf{B}{\cdot}\mathbf{A}$ in der Regel nicht gültig ist. Wir müssen bei der Multiplikation sorgfältig auf die Reihenfolge der Faktoren achten. Bezüglich des Transponierens besteht aber stets allgemein folgender Zusammenhang:

$$\text{Es gilt stets:} \qquad (\mathbf{A} \cdot \mathbf{B})^{\mathrm{T}} = \mathbf{B}^{\mathrm{T}} \cdot \mathbf{A}^{\mathrm{T}}.$$

Allgemein gültig sind überdies das Assoziativgesetz sowie das sogenannte Distributivgesetz:

$$(\mathbf{A} \cdot \mathbf{B}) \cdot \mathbf{C} = \mathbf{A} \cdot (\mathbf{B} \cdot \mathbf{C}), \qquad (\mathbf{A} + \mathbf{B}) \cdot \mathbf{C} = \mathbf{A} \cdot \mathbf{C} + \mathbf{B} \cdot \mathbf{C}.$$

Die Einheitsmatrizen **E** sind „neutrale Elemente" bzgl. der Multiplikation. Es gilt stets

$$\mathbf{A} \cdot \mathbf{E} = \mathbf{A}, \qquad \mathbf{E} \cdot \mathbf{A} = \mathbf{A},$$

wobei die Ordnung von **E** jeweils so gewählt wird, daß das enstprechende Produkt mit **A** auch definiert ist.

Analoges gilt für die Nullmatrizen, man hat stets $\mathbf{A} \cdot \mathbf{0} = \mathbf{0}$, wobei **0** symbolisch für die entsprechende Nullmatrix steht. Wir verweisen in diesem Zusammenhang abschließend auf einen weiteren Effekt, der bei reellen Zahlen nicht auftritt: Es kann ein Produkt $\mathbf{A} \cdot \mathbf{B}$ eine Nullmatrix ergeben, ohne daß einer der Faktoren **A** oder **B** eine Nullmatrix ist. Dies deutet eine im Vergleich zu den reellen Zahlen kompliziertere Situation im Umgang mit der Division von Matrizen an. Aber darauf wollen wir hier nicht näher eingehen.

Beispiel 6.3/7: Es seien

$$\mathbf{A} = \begin{pmatrix} 2 & 6 \\ 1 & 3 \end{pmatrix}, \qquad \mathbf{B} = \begin{pmatrix} 3 & -3 \\ -1 & 1 \end{pmatrix}.$$

Wir erhalten

$$\mathbf{A} \cdot \mathbf{B} = \begin{pmatrix} 2 & 6 \\ 1 & 3 \end{pmatrix} \cdot \begin{pmatrix} 3 & -3 \\ -1 & 1 \end{pmatrix} = \begin{pmatrix} 0 & 0 \\ 0 & 0 \end{pmatrix}.$$

6.3.3 Vektoren

In Abschnitt 6.3.1 hatten wir Vektoren als spezielle Matrizen eingeführt, nämlich den n-dimensionalen Zeilenvektor $\underline{\mathbf{a}} = (a_1 \quad a_2 \quad \dots \quad a_n)$ als Matrix vom Typ $(1, n)$ und entsprechend den m-dimensionalen Spaltenvektor $\underline{\tilde{\mathbf{a}}} = (\tilde{a}_1 \quad \tilde{a}_2 \quad \dots \quad \tilde{a}_m)^{\mathrm{T}}$ als Matrix vom Typ $(m, 1)$.

Die bei Matrizen eingeführten Rechenoperationen gelten natürlich auch speziell für Vektoren $\underline{\mathbf{a}} = (a_1 \quad a_2 \quad \dots \quad a_n)$, $\underline{\mathbf{b}} = (b_1 \quad b_2 \quad \dots \quad b_n)$:

$$\underline{\mathbf{a}} \pm \underline{\mathbf{b}} = (a_1 \pm b_1, \dots, a_n \pm b_n),$$

$$c \cdot \underline{\mathbf{a}} = (c \cdot a_1, \dots, c \cdot a_n),$$

$$\underline{\mathbf{a}} \cdot \underline{\mathbf{b}}^{\mathrm{T}} = (a_1 \dots a_n) \begin{pmatrix} b_1 \\ \vdots \\ b_n \end{pmatrix} = a_1 b_1 + \dots + a_n b_n$$

(eine Matrix vom Typ (1,1) identifizieren wir mit der in ihr einzigen enthaltenen Zahl).

Wir merken an, daß die in Abschnitt 6.2 zur Definition des kartesischen Produkts betrachteten geordneten Paare (x, y) im Fall reeller Zahlen x, y zweidimensionale Zeilenvektoren sind. Nun kann man Vektoren geometrisch interpretieren. Wir wollen dies im Fall zweidimensionaler Zeilenvektoren verdeutlichen. Man identifiziert zunächst den Vektor $\underline{\mathbf{a}} = (a_1 \quad a_2)$ mit dem Punkt der Ebene, der die x-Koordinate a_1 und die y-Koordinate a_2 hat. Anschließend verbindet man den Koordinatenursprung mit diesem Punkt und zeichnet am Punkt $(a_1 \quad a_2)$ eine Pfeilspitze ein. Der so erhaltene Pfeil heißt der dem Vektor $(a_1 \quad a_2)$ zugeordnete **Ortsvektor** und wird wieder mit $\underline{\mathbf{a}}$ bezeichnet:

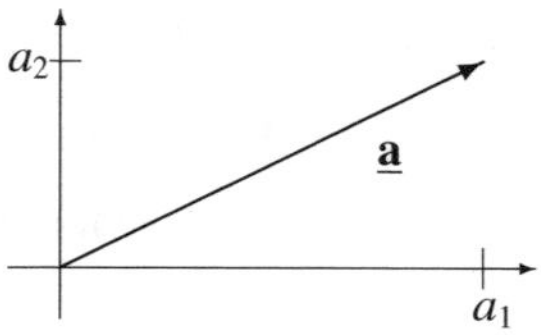

Anschließend definiert man noch alle Parallelverschiebungen des Ortsvektors $\underline{\mathbf{a}}$ als zugehörigen **freien Vektor**, und verwendet wiederum das Symbol $\underline{\mathbf{a}}$ für jeden solchen parallelverschobenen Pfeil. Mit diesen Konventionen ist man in der Lage, die Rechenoperationen geometrisch zu deuten:

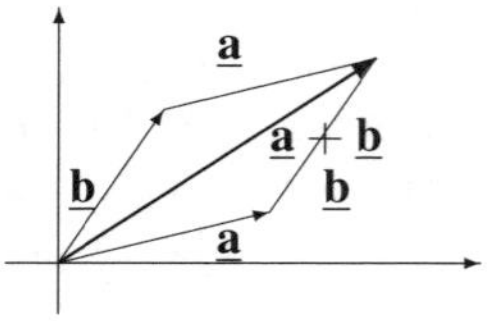

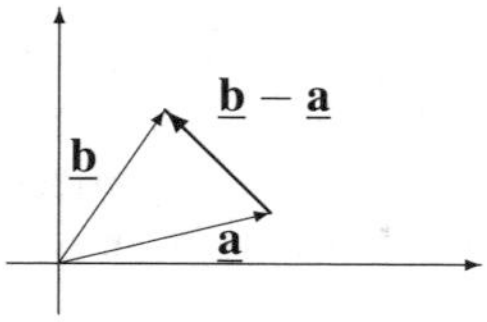

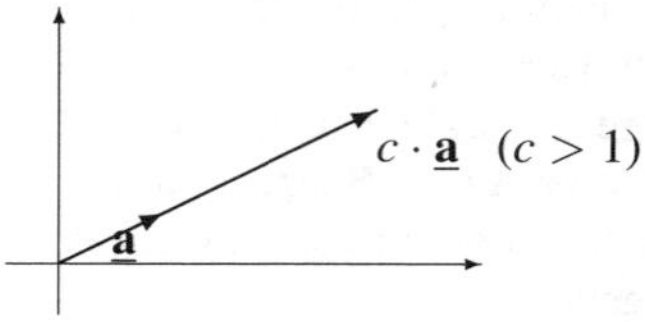

Der „geometrische Vektor" $\underline{\mathbf{a}}$ ist eindeutig festgelegt durch eine Richtung, eine Länge und einen Richtungssinn. Die sogenannte euklidische Länge von $\underline{\mathbf{a}}$ bezeichnen wir mit $|\underline{\mathbf{a}}|$, sie berechnet sich nach der Formel

$$|\underline{\mathbf{a}}| = \sqrt{a_1{}^2 + a_2{}^2}.$$

Nun können wir das Skalarprodukt $\underline{\mathbf{a}}\cdot\underline{\mathbf{b}}$ aufgrund der geometrischen Interpretation auch anders erhalten. Es gilt

$$\underline{\mathbf{a}}\cdot\underline{\mathbf{b}} = |\underline{\mathbf{a}}|\cdot|\underline{\mathbf{b}}|\cdot\cos\gamma,$$

wobei γ der von den Vektoren $\underline{\mathbf{a}}$, $\underline{\mathbf{b}}$ eingeschlossene Winkel ist.

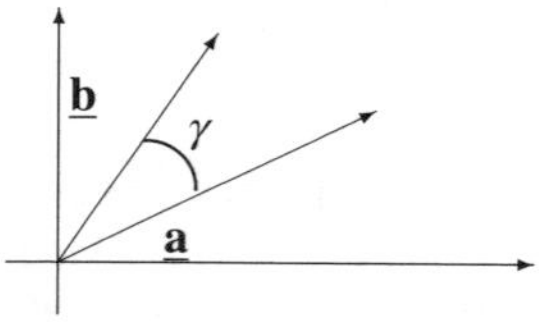

Man nennt daher die Vektoren $\underline{\mathbf{a}}$, $\underline{\mathbf{b}}$ **orthogonal** zueinander, wenn $\underline{\mathbf{a}}\cdot\underline{\mathbf{b}} = 0$ ist. Dies ist nämlich gleichbedeutend mit $\cos\gamma = 0$ oder $\gamma = \frac{\pi}{2}$ (90°).

Diese Betrachtungen lassen sich sinngemäß auf n-dimensionale Vektoren für $n \geq 3$ übertragen, insbesondere berechnet sich die (euklidische) Länge $|\underline{\mathbf{a}}|$ nach der Formel

$$|\underline{\mathbf{a}}| = \sqrt{a_1{}^2 + a_2{}^2 + \ldots + a_n{}^2}.$$

6.4 Eine Rekursionsformel zur Bestimmung der Einzelwahrscheinlichkeiten der Binomialverteilung

Benötigt man mehrere aufeinanderfolgende Einzelwahrscheinlichkeiten der Binomialverteilung (z. B. für Werte p und n, für die keine Tafel zur Verfügung steht), so kann man diese günstig mittels Taschenrechner unter Benutzung einer Rekursionsformel berechnen. Dabei wird stets der nachfolgende Wert $b(j+1; n; p)$ durch Korrektur des aktuellen Wertes $b(j; n; p)$ bestimmt. Es gilt nämlich die Rekursionsformel

$$b(j+1; n; p) = \frac{p}{1-p}\cdot\frac{n-j}{j+1}\cdot b(j; n; p), \qquad j = 0, 1, \ldots, n-1,$$

mit dem Startwert

$$b(0; n; p) = (1 - p)^n.$$

Man beginnt mit $b(0; n; p)$ und erhält dann jeweils den nächsten Wert aus dem vorhergehenden durch Korrektur mit dem Faktor $\frac{p}{1-p} \cdot \frac{n-j}{j+1}$. Wir demonstrieren diese Berechnungsmethode am Beispiel 3.2/9, hier ist $\frac{p}{1-p} = \frac{\frac{1}{3}}{\frac{2}{3}} = \frac{1}{2}$:

$$\begin{array}{rlcccccl}
 & b(0; 10; \frac{1}{3}) & = & (1 - \frac{1}{3})^{10} & \cdot & 0{,}01734 & = & 0{,}01734 \\
 & & & & & & \swarrow & \\
j = 0: & b(1; 10; \frac{1}{3}) & = & \frac{1}{2} \cdot \frac{10}{1} & \cdot & 0{,}01734 & = & 0{,}08671 \\
 & & & & & & \swarrow & \\
j = 1: & b(2; 10; \frac{1}{3}) & = & \frac{1}{2} \cdot \frac{9}{2} & \cdot & 0{,}08571 & = & 0{,}19509 \\
 & & & & & & \swarrow & \\
j = 2: & b(3; 10; \frac{1}{3}) & = & \frac{1}{2} \cdot \frac{8}{3} & \cdot & 0{,}19509 & = & 0{,}26012 \\
 & & & & & & \swarrow & \\
j = 3: & b(4; 10; \frac{1}{3}) & = & \frac{1}{2} \cdot \frac{7}{4} & \cdot & 0{,}26012 & = & 0{,}22761 \\
 & & & & & & \swarrow & \\
j = 4: & b(5; 10; \frac{1}{3}) & = & \frac{1}{2} \cdot \frac{6}{5} & \cdot & 0{,}22761 & = & 0{,}13656 \\ \hline
 & & & \text{Also:} & & P(X \leq 5) & = & 0{,}92344
\end{array}$$

und damit $P(X > 5) = 0{,}077$, d. h., die Wahrscheinlichkeit, in dieser Weise mehr als die Hälfte der Fragen richtig zu beantworten, beträgt nur 7,7 %. Aus der Rechnung ersieht man, daß die Werte $b(j; n; p)$ ständig größer werden, solange noch $\frac{p}{1-p} \cdot \frac{n-j}{j+1} \geq 1$ gilt, d. h. $p(n - j) \geq (1 - p)(j + 1) = j - 1 - pj - p$, also $j \leq pn + p - 1$ ist.

Wir merken abschließend an, daß man im Bedarfsfall auch mit einem beliebigen anderen (zunächst nach der angegebenen Formel zu berechnenden) Startwert $b(j_0; n; p) = \binom{n}{j_0} \cdot p^{j_0}(1 - p)^{n-j_0}$ beginnen kann und dann wie im oben vorgeführten Falle $j_0 = 0$ die weiteren aufeinanderfolgenden Wahrscheinlichkeiten $b(j; n; p)$, $j = j_0 + 1, j_0 + 2, \ldots$ nach der angegebenen Rekursionsformel bestimmt.

7 Tafelanhang

Tafelverzeichnis

Allgemeiner Hinweis: *Ein eventuell auftretender Punkt oder ein Komma vor den Zahlen bedeutet, daß dem Wert eine Null vorzusetzen ist, z. B. steht für 0,39894 nur .39894 bzw. ,39894.*

Tafel 1: Dichte der standardisierten Normalverteilung $\varphi(u) = \frac{1}{\sqrt{2\pi}} \cdot e^{-\frac{u^2}{2}}$

u	0,00	0,01	0,02	0,03	0,04	0,05	0,06	0,07	0,08	0,09
0,0	.39894	.39892	.39886	.39876	.39862	.39844	.39822	.39797	.39767	.39733
0,1	.39695	.39654	.39608	.39559	.39505	.39448	.39387	.39322	.39253	.39181
0,2	.39104	.39024	.38940	.38853	.38762	.38667	.38568	.38466	.38361	.38251
0,3	.38139	.38023	.37903	.37780	.37654	.37524	.37391	.37255	.37115	.36973
0,4	.36827	.36678	.36526	.36371	.36213	.36053	.35889	.35723	.35553	.35381
0,5	.35207	.35029	.34849	.34667	.34482	.34294	.34105	.33912	.33718	.33521
0,6	.33322	.33121	.32918	.32713	.32506	.32297	.32086	.31874	.31659	.31443
0,7	.31225	.31006	.30785	.30563	.30339	.30114	.29887	.29659	.29431	.29200
0,8	.28969	.28737	.28504	.28269	.28034	.27798	.27562	.27324	.27086	.26848
0,9	.26609	.26369	.26129	.25888	.25647	.25406	.25164	.24923	.24681	.24439
1,0	.24197	.23955	.23713	.23471	.23230	.22988	.22747	.22506	.22265	.22025
1,1	.21785	.21546	.21307	.21069	.20831	.20594	.20357	.20121	.19886	.19652
1,2	.19419	.19186	.18954	.18724	.18494	.18265	.18037	.17810	.17585	.17360
1,3	.17137	.16915	.16694	.16474	.16256	.16038	.15822	.15608	.15395	.15183
1,4	.14973	.14764	.14556	.14350	.14146	.13943	.13742	.13542	.13344	.13147
1,5	.12952	.12758	.12566	.12376	.12188	.12001	.11816	.11632	.11450	.11270
1,6	.11092	.10915	.10741	.10567	.10396	.10226	.10059	.09893	.09728	.09566
1,7	.09405	.09246	.09089	.08933	.08780	.08628	.08478	.08329	.08183	.08038
1,8	.07895	.07754	.07614	.07477	.07341	.07206	.07074	.06943	.06814	.06687
1,9	.06562	.06438	.06316	.06195	.06077	.05959	.05844	.05730	.05618	.05508
2,0	.05399	.05292	.05186	.05082	.04980	.04879	.04780	.04682	.04586	.04491
2,1	.04398	.04307	.04217	.04128	.04041	.03955	.03871	.03788	.03706	.03626
2,2	.03547	.03470	.03394	.03319	.03246	.03174	.03103	.03034	.02965	.02898
2,3	.02833	.02768	.02705	.02643	.02582	.02522	.02463	.02406	.02349	.02294
2,4	.02239	.02186	.02134	.02083	.02033	.01984	.01936	.01889	.01842	.01797
2,5	.01753	.01709	.01667	.01625	.01585	.01545	.01506	.01468	.01431	.01394
2,6	.01358	.01323	.01289	.01256	.01223	.01191	.01160	.01130	.01100	.01071
2,7	.01042	.01014	.00987	.00961	.00935	.00909	.00885	.00861	.00837	.00814
2,8	.00792	.00770	.00748	.00727	.00707	.00687	.00668	.00649	.00631	.00613
2,9	.00595	.00578	.00562	.00545	.00530	.00514	.00499	.00485	.00471	.00457

	0,0	0,1	0,2	0,3	0,4	0,5	0,6	0,7	0,8	0,9
3,0	.00443	.00327	.00238	.00172	.00123	.00087	.00061	.00042	.00029	.00020

Die Tafel 1 enthält Funktionswerte der Wahrscheinlichkeitsdichte $\varphi(u)$ der standardisierten Normalverteilung. Diese Funktion hat das folgende Kurvenbild:

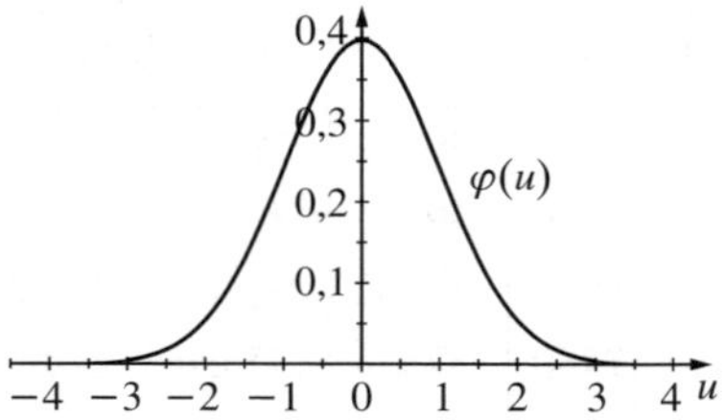

Die Kurve ist symmetrisch bzgl. der Ordinatenachse, d. h., es ist

$$\varphi(u) = \varphi(-u).$$

Beispiel 7.1/1: Gesucht wird der Funktionswert zu $u = 0{,}82$. Man gehe dazu in der zu 0,8 gehörenden Zeile bis zum Kopfwert 0,02 und erhält $\varphi(0{,}82) = 0{,}285\,04$.

Beispiel 7.1/2: Gesucht wird der Funktionswert zu $u = 3{,}7$. Man geht dazu in der zu 3,0 gehörenden Zeile bis zum direkt darüber angeordneten Kopfwert 0,7 und liest $\varphi(3{,}7) = 0{,}000\,42$ ab.

Beispiel 7.1/3: Gesucht wird der Funktionswert zu $u = -1{,}56$. Man sucht den Wert zu 1,56 und erhält 0,11816. Wegen $\varphi(u) = \varphi(-u)$ ist dies bereits der gesuchte Funktionswert: $\varphi(-1{,}56) = 0{,}118\,16$.

(Man vergleiche auch Abschn. 3.2.3.3.)

Tafel 2: Verteilungsfunktion $\Phi(u)$ der standardisierten Normalverteilung

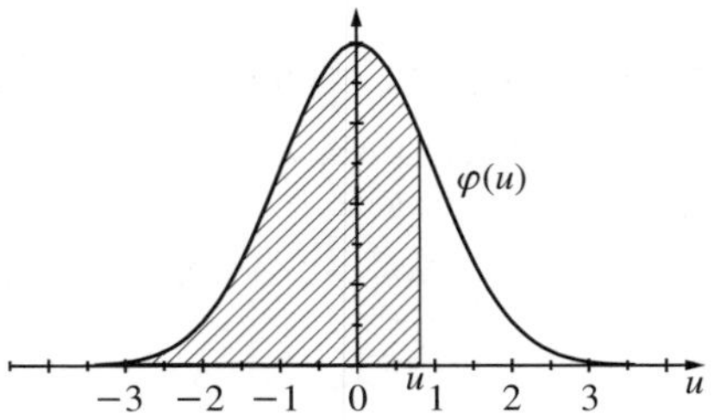

Die Tafel 2 enthält für u-Werte von 0 bis 3,49 die Werte der Verteilungsfunktion $\Phi(u)$ einer standardisiert normalverteilten Zufallsgröße X, d. h. die oben schraffierten Flächeninhalte unter Normalverteilungsdichte $\varphi(u)$. Diese können in Formeln durch

$$P(X \leq u) = \Phi(u) = \int_{-\infty}^{u} \varphi(s)\,\mathrm{d}s = \frac{1}{\sqrt{2\pi}} \int_{-\infty}^{u} \mathrm{e}^{-\frac{s^2}{2}}\,\mathrm{d}s$$

ausgedrückt werden. Wegen der Symmetrie der Dichtefunktion $\varphi(u)$ bzgl. der Ordinatenachse gilt für negative u

$$\boxed{\Phi(u) = 1 - \Phi(-u), \qquad u < 0}\,.$$

Die vertafelte Verteilungsfunktion $\Phi(u)$ hat das Kurvenbild

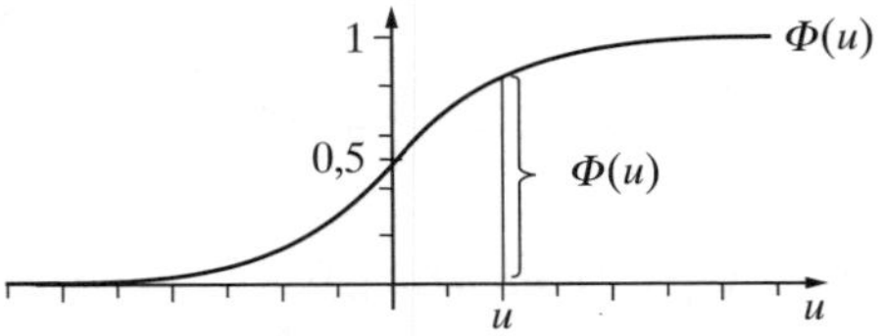

Beispiel 7.2/4: Gesucht wird der Wert der Verteilungsfunktion $\Phi(u)$ an der Stelle $u = 1{,}873$. Man geht dazu in der zu 1,87 gehörenden Zeile bis zum Kopfwert 3 und liest 0,9695 ab.

Beispiel 7.2/5: Gesucht wird $\Phi(-2{,}141)$. Man findet dazu aus der Tafel den Wert $\Phi(2{,}141)$ und erhält hieraus $\Phi(-2{,}142) = 1 - 0{,}9839 = 0{,}0161$.

Mit Hilfe der Tafel können auch „rechtsseitige" Flächeninhalte $P(X \geq u)$ sowie durch zweiseitige Grenzen $u_1 < u_2$ gegebene Flächeninhalte $P(u_1 \leq X \leq u_2)$ bestimmt werden, indem man die Beziehungen

$$\boxed{\begin{aligned} P(X \geq u) &= 1 - \Phi(u), \\ P(u_1 \leq X \leq u_2) &= \Phi(u_2) - \Phi(u_1) \end{aligned}}$$

verwendet.

Beispiel 7.2/6: Gesucht wird $P(X \geq 1{,}714)$.

Wir lesen ab $P(X \geq 1{,}714) = 1 - \Phi(1{,}714) = 1 - 0{,}9567 = 0{,}0433$.

Beispiel 7.2/7: Gesucht wird $P(-1{,}241 \leq X \leq 2{,}376)$.

Wir bestimmen mittels Tafel 2 zunächst

$$\Phi(2{,}376) = 0{,}9912$$

$$\Phi(-1{,}241) = 1 - \Phi(1{,}241) = 1 - 0{,}8927 = 0{,}1073$$

und erhalten

$$P(-1{,}241 \leq X \leq 2{,}376) = \Phi(2{,}376) - \Phi(-1{,}241) = 0{,}9912 - 0{,}1073 = 0{,}8839$$

Aus Tafel 2 lassen sich auch unmittelbar durch „Rückwärtsbenutzen" die Quantile z_α sowie die daraus abgeleiteten kritischen Werte $u_{\alpha,\text{eins}}$, $u_{\alpha,\text{zweis}}$ ablesen.

Das Quantil z_α der Ordnung α ist derjenige u-Wert, für den $\Phi(u) = \alpha$ gilt.

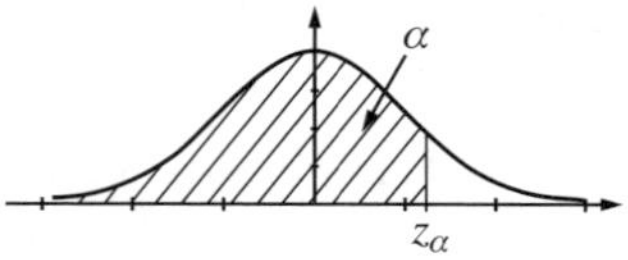

Beispiel 7.2/8: Man ermittle das Quantil $z_{0,90}$ der Ordnung 0,90. Hierzu sucht man in der Tafel 2 diejenigen Stellen, die dem Wert 0,90 am nächsten sind, und findet bei $u = 1{,}281$ den Wert 0,8999 und bei $u = 1{,}282$ den Wert 0,9001. Durch „Abschätzen" (besser, mittels linearer Interpolation, vgl. Abschn. 6.2.2.1) erhalten wir schließlich $z_{0,90} = 1{,}2815$.

Der kritische Wert $u_{\alpha,\text{eins}}$ schneidet „von rechts" (siehe Abbildung 1) den Flächeninhalt α von der Gesamtfläche unter der φ-Kurve ab. Es ist also $u_{\alpha,\text{eins}} = z_{1-\alpha}$.

Abbildung 1

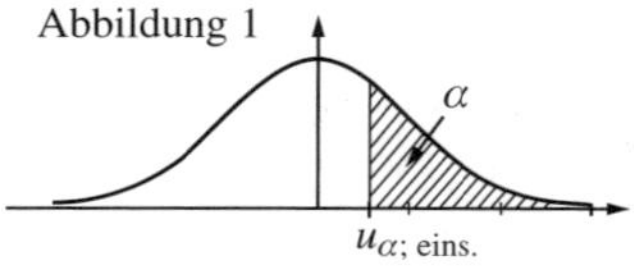

Abbildung 2

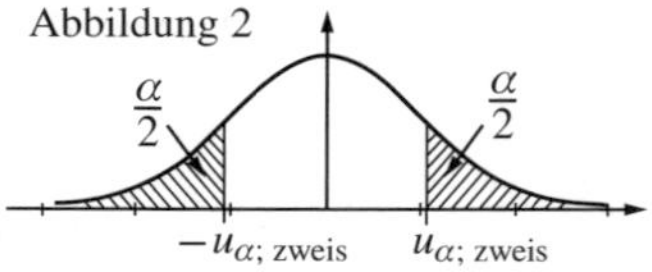

Beispiel 7.2/9: Man bestimme $u_{0,05;\text{eins}}$. Dazu müssen wir $z_{1-0,05} = z_{0,95}$ ermitteln. Der Wert 0,95 taucht direkt unter den Tafelwerten auf, wir lesen $z_{0,95} = 1{,}645$ ab. Es ist also $u_{0,05;\text{eins}} = z_{0,95} = 1{,}645$.
Der kritische Wert $u_{\alpha;\text{zweis}}$ schneidet „symmetrisch" (siehe Abbildung 2) von beiden Seiten jeweils den Flächeninhalt $\frac{\alpha}{2}$ ab. Es ist also $u_{\alpha;\text{zweis}} = z_{1-\frac{\alpha}{2}}$.

Beispiel 7.2/10: Man bestimme $u_{0,01;\text{zweis}}$. Dazu müssen wir $z_{1-\frac{0,01}{2}} = z_{0,995}$ ermitteln. Wir finden in Tafel 2 den Wert 0,995 zwische 2,57 und 2,58. Es ist also $u_{\alpha,\text{zweis}} = z_{0,995} = 2{,}575$.

Mitunter treten (da die Tafel nur vierstellig ist) gleiche Tafelwerte mehrfach auf. Wir können dann beim „Rückwärtsbenutzen", d. h. beim Suchen eines u-Wertes bei gegebenem α (also Bestimmen des Quantils Z_α) im Prinzip jeden dieser in Frage kommenden u-Werte verwenden. Wir wollen hier vereinbaren, daß wir in einem solchen Fall einen „mittleren" u-Wert wählen. Beispiel: Für $\alpha = 0{,}9900$ gibt es die vier Werte 2,325; 2,326; 2,327; 2,328. Wir nehmen 2,326: $z_{0,990} = 2{,}326$.

Wir stellen einige häufig benötigte kritische Werte zusammen:

α	0,1000	0,0500	0,020	0,010	0,005
$u_{\alpha,\text{eins}}$	1,2815	1,645	2,053	2,326	2,575
$u_{\alpha,\text{zweis}}$	1,6450	1,960	2,326	2,575	2,810

(Man vergleiche hierzu auch Abschn. 3.2.3.3.)

Tafel 2: Verteilungsfunktion der standardisierten Normalverteilung

$$\Phi(u) = \int_{-\infty}^{u} \varphi(s)\,\mathrm{d}s \quad \text{für} \quad 0 \le u \le 3{,}49$$

u	0	1	2	3	4	5	6	7	8	9
0,00	,5000	,5004	,5008	,5012	,5016	,5020	,5024	,5028	,5032	,5036
0,01	,5040	,5044	,5048	,5052	,5056	,5060	,5064	,5068	,5072	,5076
0,02	,5080	,5084	,5088	,5092	,5096	,5100	,5104	,5108	,5112	,5116
0,03	,5120	,5124	,5128	,5132	,5136	,5140	,5144	,5148	,5152	,5156
0,04	,5160	,5164	,5168	,5171	,5175	,5179	,5183	,5187	,5191	,5195
0,05	,5199	,5203	,5207	,5211	,5215	,5219	,5223	,5227	,5231	,5235
0,06	,5239	,5243	,5247	,5251	,5255	,5259	,5263	,5267	,5271	,5275
0,07	,5279	,5283	,5287	,5291	,5295	,5299	,5303	,5307	,5311	,5315
0,08	,5319	,5323	,5327	,5331	,5335	,5339	,5343	,5347	,5351	,5355
0,09	,5359	,5363	,5367	,5370	,5374	,5378	,5382	,5386	,5390	,5394
0,10	,5398	,5402	,5406	,5410	,5414	,5418	,5422	,5426	,5430	,5434
0,11	,5438	,5442	,5446	,5450	,5454	,5458	,5462	,5466	,5470	,5474
0,12	,5478	,5482	,5486	,5489	,5493	,5497	,5501	,5505	,5509	,5513
0,13	,5517	,5521	,5525	,5529	,5533	,5537	,5541	,5545	,5549	,5553
0,14	,5557	,5561	,5565	,5569	,5572	,5576	,5580	,5584	,5588	,5592
0,15	,5596	,5600	,5604	,5608	,5612	,5616	,5620	,5624	,5628	,5632
0,16	,5636	,5640	,5643	,5647	,5651	,5655	,5659	,5663	,5667	,5671
0,17	,5675	,5679	,5683	,5687	,5691	,5695	,5699	,5702	,5706	,5710
0,18	,5714	,5718	,5722	,5726	,5730	,5734	,5738	,5742	,5746	,5750
0,19	,5753	,5757	,5761	,5765	,5769	,5773	,5777	,5781	,5785	,5789
0,20	,5793	,5797	,5800	,5804	,5808	,5812	,5816	,5820	,5824	,5828
0,21	,5832	,5836	,5839	,5843	,5847	,5851	,5855	,5859	,5863	,5867
0,22	,5871	,5875	,5878	,5882	,5886	,5890	,5894	,5898	,5902	,5906
0,23	,5910	,5913	,5917	,5921	,5925	,5929	,5933	,5937	,5941	,5944
0,24	,5948	,5952	,5956	,5960	,5964	,5968	,5972	,5975	,5979	,5983
0,25	,5987	,5991	,5995	,5999	,6003	,6006	,6010	,6014	,6018	,6022
0,26	,6026	,6030	,6033	,6037	,6041	,6045	,6049	,6053	,6057	,6060
0,27	,6064	,6068	,6072	,6076	,6080	,6083	,6087	,6091	,6095	,6099
0,28	,6103	,6106	,6110	,6114	,6118	,6122	,6126	,6129	,6133	,6137
0,29	,6141	,6145	,6149	,6152	,6156	,6160	,6164	,6168	,6171	,6175
0,30	,6179	,6183	,6187	,6191	,6194	,6198	,6202	,6206	,6210	,6213
0,31	,6217	,6221	,6225	,6229	,6232	,6236	,6240	,6244	,6248	,6251
0,32	,6255	,6259	,6263	,6267	,6270	,6274	,6278	,6282	,6285	,6289
0,33	,6293	,6297	,6301	,6304	,6308	,6312	,6316	,6319	,6323	,6327
0,34	,6331	,6334	,6338	,6342	,6346	,6350	,6353	,6357	,6361	,6365
0,35	,6368	,6372	,6376	,6380	,6383	,6387	,6391	,6395	,6398	,6402
0,36	,6406	,6409	,6413	,6417	,6421	,6424	,6428	,6432	,6436	,6439
0,37	,6443	,6447	,6451	,6454	,6458	,6462	,6465	,6469	,6473	,6477
0,38	,6480	,6484	,6488	,6491	,6495	,6499	,6503	,6506	,6510	,6514
0,39	,6517	,6521	,6525	,6528	,6532	,6536	,6539	,6543	,6547	,6551

Tafel 2: Fortsetzung

u	0	1	2	3	4	5	6	7	8	9
0,40	,6554	,6558	,6562	,6565	,6569	,6573	,6576	,6580	,6584	,6587
0,41	,6591	,6595	,6598	,6602	,6606	,6609	,6613	,6617	,6620	,6624
0,42	,6628	,6631	,6635	,6639	,6642	,6646	,6649	,6653	,6657	,6660
0,43	,6664	,6668	,6671	,6675	,6679	,6682	,6686	,6689	,6693	,6697
0,44	,6700	,6704	,6708	,6711	,6715	,6718	,6722	,6726	,6729	,6733
0,45	,6736	,6740	,6744	,6747	,6751	,6754	,6758	,6762	,6765	,6769
0,46	,6772	,6776	,6780	,6783	,6787	,6790	,6794	,6797	,6801	,6805
0,47	,6808	,6812	,6815	,6819	,6822	,6826	,6833	,6833	,6837	,6840
0,48	,6844	,6847	,6851	,6855	,6858	,6862	,6869	,6869	,6872	,6876
0,49	,6879	,6883	,6886	,6890	,6893	,6897	,6904	,6904	,6908	,6911
0,50	,6915	,6918	,6922	,6925	,6929	,6932	,6936	,6939	,6943	,6946
0,51	,6950	,6953	,6957	,6960	,6964	,6967	,6971	,6974	,6978	,6981
0,52	,6985	,6988	,6992	,6995	,6999	,7002	,7006	,7009	,7012	,7016
0,53	,7019	,7023	,7026	,7030	,7033	,7037	,7040	,7044	,7047	,7051
0,54	,7054	,7057	,7061	,7064	,7068	,7071	,7075	,7078	,7082	,7085
0,55	,7088	,7092	,7095	,7099	,7102	,7106	,7109	,7112	,7116	,7119
0,56	,7123	,7126	,7129	,7133	,7136	,7140	,7143	,7146	,7150	,7153
0,57	,7157	,7160	,7163	,7167	,7170	,7174	,7177	,7180	,7184	,7187
0,58	,7190	,7194	,7197	,7201	,7204	,7207	,7211	,7214	,7217	,7221
0,59	,7224	,7227	,7231	,7234	,7237	,7241	,7244	,7247	,7251	,7254
0,60	,7257	,7261	,7264	,7267	,7271	,7274	,7277	,7281	,7284	,7287
0,61	,7291	,7294	,7297	,7301	,7304	,7307	,7311	,7314	,7317	,7320
0,62	,7324	,7327	,7330	,7334	,7337	,7340	,7343	,7347	,7350	,7353
0,63	,7357	,7360	,7363	,7366	,7370	,7373	,7376	,7379	,7383	,7386
0,64	,7389	,7392	,7396	,7399	,7402	,7405	,7409	,7412	,7415	,7418
0,65	,7422	,7425	,7428	,7431	,7434	,7438	,7441	,7444	,7447	,7451
0,66	,7454	,7457	,7460	,7463	,7467	,7470	,7473	,7476	,7479	,7483
0,67	,7486	,7489	,7492	,7495	,7498	,7502	,7505	,7508	,7511	,7514
0,68	,7517	,7521	,7524	,7527	,7530	,7533	,7536	,7540	,7543	,7546
0,69	,7549	,7552	,7555	,7558	,7562	,7565	,7568	,7571	,7574	,7577
0,70	,7580	,7583	,7587	,7590	,7593	,7596	,7599	,7602	,7605	,7608
0,71	,7611	,7615	,7618	,7621	,7624	,7627	,7630	,7633	,7636	,7639
0,72	,7642	,7645	,7649	,7652	,7655	,7658	,7661	,7664	,7667	,7670
0,73	,7673	,7676	,7679	,7682	,7686	,7688	,7691	,7694	,7697	,7700
0,74	,7703	,7707	,7710	,7713	,7716	,7719	,7722	,7725	,7728	,7731
0,75	,7734	,7737	,7740	,7743	,7746	,7749	,7752	,7755	,7758	,7761
0,76	,7764	,7767	,7770	,7773	,7776	,7779	,7782	,7785	,7788	,7791
0,77	,7793	,7796	,7799	,7802	,7805	,7808	,7811	,7814	,7817	,7820
0,78	,7823	,7826	,7829	,7832	,7835	,7838	,7841	,7844	,7847	,7849
0,79	,7852	,7855	,7858	,7861	,7864	,7867	,7870	,7873	,7876	,7879
0,80	,7881	,7884	,7887	,7890	,7893	,7896	,7899	,7902	,7905	,7907
0,81	,7910	,7913	,7916	,7919	,7922	,7925	,7927	,7930	,7933	,7936
0,82	,7939	,7942	,7945	,7947	,7950	,7953	,7956	,7959	,7962	,7964
0,83	,7967	,7970	,7973	,7976	,7979	,7981	,7984	,7987	,7990	,7993
0,84	,7995	,7998	,8001	,8004	,8007	,8009	,8012	,8015	,8018	,8021

Tafel 2: Fortsetzung

u	0	1	2	3	4	5	6	7	8	9
0,85	,8023	,8026	,8029	,8032	,8034	,8037	,8040	,8043	,8046	,8048
0,86	,8051	,8054	,8057	,8059	,8062	,8065	,8068	,8070	,8073	,8076
0,87	,8078	,8081	,8084	,8087	,8089	,8092	,8095	,8098	,8100	,8103
0,88	,8106	,8108	,8111	,8114	,8117	,8119	,8122	,8125	,8127	,8130
0,89	,8133	,8135	,8138	,8141	,8143	,8146	,8149	,8151	,8154	,8157
0,90	,8159	,8162	,8165	,8167	,8170	,8173	,8175	,8178	,8181	,8183
0,91	,8186	,8189	,8191	,8194	,8196	,8199	,8202	,8204	,8207	,8210
0,92	,8212	,8215	,8217	,8220	,8223	,8225	,8228	,8230	,8233	,8236
0,93	,8238	,8241	,8243	,8246	,8248	,8251	,8254	,8256	,8259	,8261
0,94	,8264	,8266	,8269	,8272	,8274	,8277	,8279	,8282	,8284	,8287
0,95	,8289	,8292	,8295	,8297	,8300	,8302	,8305	,8307	,8310	,8312
0,96	,8315	,8317	,8320	,8322	,8325	,8327	,8330	,8332	,8335	,8337
0,97	,8340	,8342	,8345	,8347	,8350	,8352	,8355	,8357	,8360	,8362
0,98	,8365	,8367	,8369	,8372	,8374	,8377	,8379	,8382	,8384	,8387
0,99	,8389	,8392	,8394	,8396	,8399	,8401	,8404	,8406	,8409	,8411
1,00	,8413	,8416	,8418	,8421	,8423	,8426	,8428	,8430	,8433	,8435
1,01	,8438	,8440	,8442	,8445	,8447	,8449	,8452	,8454	,8457	,8459
1,02	,8461	,8464	,8466	,8468	,8471	,8473	,8476	,8478	,8480	,8483
1,03	,8485	,8487	,8490	,8492	,8494	,8497	,8499	,8501	,8504	,8506
1,04	,8508	,8511	,8513	,8515	,8518	,8520	,8522	,8525	,8527	,8529
1,05	,8531	,8534	,8536	,8538	,8541	,8543	,8545	,8547	,8550	,8552
1,06	,8554	,8557	,8559	,8561	,8563	,8566	,8568	,8570	,8572	,8575
1,07	,8577	,8579	,8581	,8584	,8586	,8588	,8590	,8593	,8595	,8597
1,08	,8599	,8602	,8604	,8606	,8608	,8610	,8613	,8615	,8617	,8619
1,09	,8621	,8624	,8626	,8628	,8630	,8632	,8635	,8637	,8639	,8641
1,10	,8643	,8646	,8648	,8650	,8652	,8654	,8656	,8659	,8661	,8663
1,11	,8665	,8667	,8669	,8671	,8674	,8676	,8678	,8680	,8682	,8684
1,12	,8686	,8689	,8691	,8693	,8695	,8697	,8699	,8701	,8703	,8706
1,13	,8708	,8710	,8712	,8714	,8716	,8718	,8720	,8722	,8724	,8726
1,14	,8729	,8731	,8733	,8735	,8737	,8739	,8741	,8743	,8745	,8747
1,15	,8749	,8751	,8753	,8755	,8758	,8760	,8762	,8764	,8766	,8768
1,16	,8770	,8772	,8774	,8776	,8778	,8780	,8782	,8784	,8786	,8788
1,17	,8790	,8792	,8794	,8796	,8798	,8800	,8802	,8804	,8806	,8808
1,18	,8810	,8812	,8814	,8816	,8818	,8820	,8822	,8824	,8826	,8828
1,19	,8830	,8832	,8834	,8836	,8838	,8840	,8842	,8843	,8845	,8847
1,20	,8849	,8851	,8853	,8855	,8857	,8859	,8861	,8863	,8865	,8867
1,21	,8869	,8871	,8872	,8874	,8876	,8878	,8880	,8882	,8884	,8886
1,22	,8888	,8890	,8891	,8893	,8895	,8897	,8899	,8901	,8903	,8905
1,23	,8907	,8908	,8910	,8912	,8914	,8916	,8918	,8920	,8921	,8923
1,24	,8925	,8927	,8929	,8931	,8933	,8934	,8936	,8938	,8940	,8942
1,25	,8944	,8945	,8947	,8949	,8951	,8953	,8954	,8956	,8958	,8960
1,26	,8962	,8963	,8965	,8967	,8969	,8971	,8972	,8974	,8976	,8978
1,27	,8980	,8981	,8983	,8985	,8987	,8988	,8990	,8992	,8994	,8996
1,28	,8997	,8999	,9001	,9003	,9004	,9006	,9008	,9010	,9011	,9013
1,29	,9015	,9017	,9018	,9020	,9022	,9023	,9025	,9027	,9029	,9030

Tafel 2: Fortsetzung

u	0	1	2	3	4	5	6	7	8	9
1,30	,9032	,9034	,9035	,9037	,9039	,9041	,9042	,9044	,9046	,9047
1,31	,9049	,9051	,9052	,9054	,9056	,9057	,9059	,9061	,9062	,9064
1,32	,9066	,9067	,9069	,9071	,9072	,9074	,9076	,9077	,9079	,9081
1,33	,9082	,9084	,9086	,9087	,9089	,9091	,9092	,9094	,9096	,9097
1,34	,9099	,9100	,9102	,9104	,9105	,9107	,9108	,9110	,9112	,9113
1,35	,9115	,9117	,9118	,9120	,9121	,9123	,9125	,9126	,9128	,9129
1,36	,9131	,9132	,9134	,9136	,9137	,9139	,9140	,9142	,9143	,9145
1,37	,9147	,9148	,9150	,9151	,9153	,9154	,9156	,9157	,9159	,9161
1,38	,9162	,9164	,9165	,9167	,9168	,9170	,9171	,9173	,9174	,9176
1,39	,9177	,9179	,9180	,9182	,9183	,9185	,9186	,9188	,9189	,9191
1,40	,9192	,9194	,9195	,9197	,9198	,9200	,9201	,9203	,9204	,9206
1,41	,9207	,9209	,9210	,9212	,9213	,9215	,9216	,9218	,9219	,9221
1,42	,9222	,9223	,9225	,9226	,9228	,9229	,9231	,9232	,9234	,9235
1,43	,9236	,9238	,9239	,9241	,9242	,9244	,9245	,9246	,9248	,9249
1,44	,9251	,9252	,9253	,9255	,9256	,9258	,9259	,9261	,9262	,9263
1,45	,9265	,9266	,9268	,9269	,9270	,9272	,9273	,9274	,9276	,9277
1,46	,9279	,9280	,9281	,9283	,9284	,9285	,9287	,9288	,9289	,9291
1,47	,9292	,9294	,9295	,9296	,9298	,9299	,9300	,9302	,9303	,9304
1,48	,9306	,9307	,9308	,9310	,9311	,9312	,9314	,9315	,9316	,9318
1,49	,9319	,9320	,9322	,9323	,9324	,9325	,9327	,9328	,9329	,9331
1,50	,9332	,9333	,9335	,9336	,9337	,9338	,9340	,9341	,9342	,9344
1,51	,9345	,9346	,9347	,9349	,9350	,9351	,9352	,9354	,9355	,9356
1,52	,9357	,9359	,9360	,9361	,9362	,9364	,9365	,9366	,9367	,9369
1,53	,9370	,9371	,9372	,9374	,9375	,9376	,9377	,9379	,9380	,9381
1,54	,9382	,9383	,9385	,9386	,9387	,9388	,9389	,9391	,9392	,9393
1,55	,9394	,9396	,9397	,9398	,9399	,9400	,9401	,9403	,9404	,9405
1,56	,9406	,9407	,9409	,9410	,9411	,9412	,9413	,9414	,9416	,9417
1,57	,9418	,9419	,9420	,9421	,9423	,9424	,9425	,9426	,9427	,9428
1,58	,9429	,9431	,9432	,9433	,9434	,9435	,9436	,9437	,9439	,9440
1,59	,9441	,9442	,9443	,9444	,9445	,9446	,9448	,9449	,9450	,9451
1,60	,9452	,9453	,9454	,9455	,9456	,9458	,9459	,9460	,9461	,9462
1,61	,9463	,9464	,9465	,9466	,9467	,9468	,9470	,9471	,9472	,9473
1,62	,9474	,9475	,9476	,9477	,9478	,9479	,9480	,9481	,9482	,9483
1,63	,9485	,9486	,9487	,9488	,9489	,9490	,9491	,9492	,9493	,9494
1,64	,9495	,9496	,9497	,9498	,9499	,9500	,9501	,9503	,9503	,9504
1,65	,9505	,9506	,9507	,9508	,9509	,9510	,9511	,9513	,9513	,9514
1,66	,9515	,9516	,9517	,9518	,9519	,9520	,9521	,9523	,9523	,9524
1,67	,9525	,9526	,9527	,9528	,9529	,9530	,9531	,9533	,9533	,9534
1,68	,9535	,9536	,9537	,9538	,9539	,9540	,9541	,9543	,9543	,9544
1,69	,9545	,9546	,9547	,9548	,9549	,9550	,9551	,9552	,9552	,9553
1,70	,9554	,9555	,9556	,9557	,9558	,9559	,9560	,9562	,9562	,9563
1,71	,9564	,9565	,9566	,9566	,9567	,9568	,9569	,9571	,9571	,9572
1,72	,9573	,9574	,9575	,9576	,9576	,9577	,9578	,9580	,9580	,9581
1,73	,9582	,9583	,9584	,9585	,9585	,9586	,9587	,9589	,9589	,9590
1,74	,9591	,9592	,9592	,9593	,9594	,9595	,9596	,9598	,9598	,9599

Tafel 2: Fortsetzung

u	0	1	2	3	4	5	6	7	8	9
1,75	,9599	,9600	,9601	,9602	,9603	,9604	,9605	,9605	,9606	,9607
1,76	,9608	,9609	,9610	,9610	,9611	,9612	,9613	,9614	,9615	,9616
1,77	,9616	,9617	,9618	,9619	,9620	,9621	,9621	,9622	,9623	,9624
1,78	,9625	,9625	,9626	,9627	,9628	,9629	,9630	,9630	,9631	,9632
1,79	,9633	,9634	,9634	,9635	,9636	,9637	,9638	,9638	,9639	,9640
1,80	,9641	,9641	,9642	,9643	,9644	,9645	,9645	,9646	,9647	,9648
1,81	,9649	,9649	,9650	,9651	,9652	,9652	,9653	,9654	,9655	,9655
1,82	,9656	,9657	,9658	,9658	,9659	,9660	,9661	,9662	,9662	,9663
1,83	,9664	,9665	,9665	,9666	,9667	,9667	,9668	,9669	,9670	,9670
1,84	,9671	,9672	,9673	,9673	,9674	,9675	,9676	,9676	,9677	,9678
1,85	,9678	,9679	,9680	,9681	,9681	,9682	,9683	,9683	,9684	,9685
1,86	,9686	,9686	,9687	,9688	,9688	,9689	,9690	,9690	,9691	,9692
1,87	,9693	,9693	,9694	,9695	,9695	,9696	,9697	,9697	,9698	,9699
1,88	,9699	,9700	,9701	,9702	,9702	,9703	,9704	,9704	,9705	,9706
1,89	,9706	,9707	,9708	,9708	,9709	,9710	,9710	,9711	,9712	,9712
1,90	,9713	,9713	,9714	,9715	,9715	,9716	,9717	,9717	,9718	,9719
1,91	,9719	,9720	,9721	,9721	,9722	,9723	,9723	,9724	,9724	,9725
1,92	,9726	,9726	,9727	,9728	,9728	,9729	,9729	,9730	,9731	,9731
1,93	,9732	,9733	,9733	,9734	,9734	,9735	,9736	,9736	,9737	,9737
1,94	,9738	,9739	,9739	,9740	,9741	,9741	,9742	,9742	,9743	,9744
1,95	,9744	,9745	,9745	,9746	,9747	,9747	,9748	,9748	,9749	,9749
1,96	,9750	,9751	,9751	,9752	,9752	,9753	,9754	,9754	,9755	,9755
1,97	,9756	,9756	,9757	,9758	,9758	,9759	,9759	,9760	,9760	,9761
1,98	,9761	,9762	,9763	,9763	,9764	,9764	,9765	,9765	,9766	,9767
1,99	,9767	,9768	,9768	,9769	,9769	,9770	,9770	,9771	,9771	,9772
2,00	,9773	,9773	,9774	,9774	,9775	,9775	,9776	,9776	,9777	,9777
2,01	,9778	,9778	,9779	,9779	,9780	,9780	,9781	,9782	,9782	,9782
2,02	,9783	,9784	,9784	,9785	,9785	,9785	,9786	,9787	,9787	,9787
2,03	,9788	,9789	,9789	,9790	,9790	,9791	,9791	,9792	,9792	,9792
2,04	,9793	,9794	,9794	,9795	,9795	,9796	,9796	,9797	,9797	,9797
2,05	,9798	,9799	,9799	,9800	,9800	,9801	,9801	,9802	,9802	,9803
2,06	,9803	,9803	,9804	,9804	,9805	,9805	,9806	,9806	,9807	,9807
2,07	,9808	,9808	,9809	,9809	,9809	,9810	,9811	,9811	,9811	,9812
2,08	,9812	,9813	,9813	,9814	,9814	,9815	,9815	,9816	,9816	,9816
2,09	,9817	,9817	,9818	,9818	,9819	,9819	,9820	,9820	,9820	,9821
2,10	,9821	,9822	,9822	,9823	,9823	,9824	,9824	,9824	,9825	,9825
2,11	,9826	,9826	,9827	,9827	,9827	,9828	,9828	,9829	,9829	,9830
2,12	,9830	,9830	,9831	,9831	,9832	,9832	,9832	,9833	,9833	,9834
2,13	,9834	,9835	,9835	,9835	,9836	,9836	,9837	,9837	,9837	,9838
2,14	,9838	,9839	,9839	,9839	,9840	,9840	,9841	,9841	,9841	,9842
2,15	,9842	,9843	,9843	,9843	,9844	,9844	,9845	,9845	,9845	,9846
2,16	,9846	,9847	,9847	,9847	,9848	,9848	,9848	,9849	,9849	,9850
2,17	,9850	,9850	,9851	,9851	,9851	,9852	,9852	,9853	,9853	,9853
2,18	,9854	,9854	,9854	,9855	,9855	,9856	,9856	,9856	,9857	,9857
2,19	,9857	,9858	,9858	,9858	,9859	,9860	,9860	,9860	,9860	,9861

Tafel 2: Fortsetzung

u	0	1	2	3	4	5	6	7	8	9
2,20	,9861	,9861	,9862	,9862	,9862	,9863	,9863	,9863	,9864	,9864
2,21	,9864	,9865	,9865	,9866	,9866	,9866	,9867	,9867	,9867	,9868
2,22	,9868	,9868	,9869	,9869	,9869	,9870	,9870	,9870	,9871	,9871
2,23	,9871	,9872	,9872	,9872	,9873	,9873	,9873	,9874	,9874	,9874
2,24	,9875	,9875	,9875	,9876	,9876	,9876	,9876	,9877	,9877	,9877
2,25	,9878	,9878	,9878	,9879	,9879	,9879	,9880	,9880	,9880	,9881
2,26	,9881	,9881	,9882	,9882	,9882	,9882	,9883	,9883	,9883	,9884
2,27	,9884	,9884	,9885	,9885	,9885	,9885	,9886	,9886	,9886	,9887
2,28	,9887	,9887	,9888	,9888	,9888	,9888	,9889	,9889	,9889	,9890
2,29	,9890	,9890	,9890	,9891	,9891	,9891	,9892	,9892	,9892	,9892
2,30	,9893	,9893	,9893	,9894	,9894	,9894	,9894	,9895	,9895	,9895
2,31	,9896	,9896	,9896	,9896	,9896	,9897	,9897	,9897	,9898	,9898
2,32	,9898	,9899	,9899	,9899	,9899	,9900	,9900	,9900	,9900	,9901
2,33	,9901	,9901	,9901	,9902	,9902	,9902	,9903	,9903	,9903	,9903
2,34	,9904	,9904	,9904	,9904	,9905	,9905	,9905	,9905	,9906	,9906
2,35	,9906	,9906	,9907	,9907	,9907	,9907	,9908	,9908	,9908	,9908
2,36	,9909	,9909	,9909	,9909	,9910	,9910	,9910	,9910	,9911	,9911
2,37	,9911	,9911	,9912	,9912	,9912	,9912	,9912	,9913	,9913	,9913
2,38	,9913	,9914	,9914	,9914	,9914	,9915	,9915	,9915	,9915	,9916
2,39	,9916	,9916	,9916	,9916	,9917	,9917	,9917	,9917	,9918	,9918
2,40	,9918	,9918	,9918	,9919	,9919	,9919	,9919	,9920	,9920	,9920
2,41	,9920	,9920	,9921	,9921	,9921	,9921	,9922	,9922	,9922	,9922
2,42	,9922	,9923	,9923	,9923	,9923	,9923	,9924	,9924	,9924	,9924
2,43	,9925	,9925	,9925	,9925	,9925	,9926	,9926	,9926	,9926	,9926
2,44	,9927	,9927	,9927	,9927	,9927	,9928	,9928	,9928	,9928	,9928
2,45	,9929	,9929	,9929	,9929	,9929	,9930	,9930	,9930	,9930	,9930
2,46	,9931	,9931	,9931	,9931	,9931	,9931	,9932	,9932	,9932	,9932
2,47	,9932	,9933	,9933	,9933	,9933	,9933	,9934	,9934	,9934	,9934
2,48	,9934	,9934	,9935	,9935	,9935	,9935	,9935	,9936	,9936	,9936
2,49	,9936	,9936	,9936	,9937	,9937	,9937	,9937	,9937	,9938	,9938
2,5	,9938	,9940	,9941	,9943	,9945	,9946	,9948	,9949	,9951	,9952
2,6	,9953	,9955	,9956	,9957	,9959	,9960	,9961	,9962	,9963	,9964
2,7	,9964	,9966	,9967	,9968	,9969	,9970	,9971	,9972	,9973	,9974
2,8	,9974	,9975	,9976	,9977	,9977	,9978	,9979	,9979	,9980	,9981
2,9	,9981	,9982	,9982	,9983	,9984	,9984	,9985	,9985	,9986	,9986
3,0	,9987	,9987	,9987	,9988	,9988	,9989	,9989	,9989	,9990	,9990
3,1	,9990	,9991	,9991	,9991	,9992	,9992	,9992	,9992	,9993	,9993
3,2	,9993	,9993	,9994	,9994	,9994	,9994	,9994	,9995	,9995	,9995
3,3	,9995	,9995	,9995	,9996	,9996	,9996	,9996	,9996	,9996	,9997
3,4	,9997	,9997	,9997	,9997	,9997	,9997	,9997	,9997	,9997	,9998

Tafel 3: Kritische Werte $\chi^2_{\alpha;f}$ der χ^2-Verteilung

	α											
f	0,99	0,975	0,95	0,90	0,70	0,50	0,30	0,10	0,05	0,025	0,01	0,001
1	,000157	,000982	,00393	,0158	,148	,455	1,07	2,71	3,84	5,02	6,64	10,8
2	,0201	,0506	,103	,211	,713	1,39	2,41	4,61	5,99	7,38	9,21	13,8
3	,115	,216	,352	,584	1,42	2,37	3,67	6,25	7,81	9,35	11,3	16,3
4	,297	,484	,711	1,06	2,19	3,36	4,88	7,78	9,49	11,1	13,3	18,5
5	,554	,831	1,15	1,61	3,00	4,35	6,06	9,24	11,1	12,8	15,1	20,5
6	,872	1,24	1,64	2,20	3,83	5,35	7,23	10,6	12,6	14,4	16,8	22,5
7	1,24	1,69	2,17	2,83	4,67	6,35	8,38	12,0	14,1	16,0	18,5	24,3
8	1,65	2,18	2,73	3,49	5,53	7,34	9,52	13,4	15,5	17,5	20,1	26,1
9	2,09	2,70	3,33	4,17	6,39	8,34	10,7	14,7	16,9	19,0	21,7	27,9
10	2,56	3,25	3,94	4,87	7,27	9,34	11,8	16,0	18,3	20,5	23,2	29,6
11	3,05	3,82	4,57	5,58	8,15	10,3	12,9	17,3	19,7	21,9	24,7	31,3
12	3,57	4,40	5,23	6,30	9,03	11,3	14,0	18,5	21,0	23,3	26,2	32,9
13	4,11	5,01	5,89	7,04	9,93	12,3	15,1	19,8	22,4	24,7	27,7	34,5
14	4,66	5,63	6,57	7,79	10,8	13,3	16,2	21,1	23,7	26,1	29,1	36,1
15	5,23	6,26	7,26	8,55	11,7	14,3	17,3	22,3	25,0	27,5	30,6	37,7
16	5,81	6,91	7,96	9,31	12,6	15,3	18,4	23,5	26,3	28,8	32,0	39,3
17	6,41	7,56	8,67	10,1	13,5	16,3	19,5	24,8	27,6	30,2	33,4	40,8
18	7,01	8,23	9,39	10,9	14,4	17,3	20,6	26,0	28,9	31,5	34,8	42,3
19	7,63	8,91	10,1	11,7	15,4	18,3	21,7	27,2	30,1	32,9	36,2	43,8
20	8,26	9,59	10,9	12,4	16,3	19,3	22,8	28,4	31,4	34,2	37,6	45,3
21	8,90	10,3	11,6	13,2	17,2	20,3	23,9	29,6	32,7	35,5	38,9	46,8
22	9,54	11,0	12,3	14,0	18,1	21,3	24,9	30,8	33,9	36,8	40,3	48,3
23	10,2	11,7	13,1	14,8	19,0	22,3	26,0	32,0	35,2	38,1	41,6	49,7
24	10,9	12,4	13,8	15,7	19,9	23,3	27,1	33,2	36,4	39,4	43,0	51,2
25	11,5	13,1	14,6	16,5	20,9	24,3	28,2	34,4	37,7	40,6	44,3	52,6
26	12,2	13,8	15,4	17,3	21,8	25,3	29,2	35,6	38,9	41,9	45,6	54,1
27	12,9	14,6	16,2	18,1	22,7	26,3	30,3	36,7	40,1	43,2	47,0	55,5
28	13,6	15,3	16,9	18,9	23,6	27,3	31,4	37,9	41,3	44,5	48,3	56,9
29	14,3	16,0	17,7	19,8	24,6	28,3	32,5	39,1	42,6	45,7	49,6	58,3
30	15,0	16,8	18,5	20,6	25,5	29,3	33,5	40,3	43,8	47,0	50,9	59,7
35	18,5	20,6	22,5	24,8	30,2	34,3	38,9	46,1	49,8	53,2	57,3	66,6
40	22,2	24,4	26,5	29,1	34,9	39,3	44,2	51,8	55,8	59,3	63,7	73,4
45	25,9	28,4	30,6	33,4	39,6	44,3	49,5	57,5	61,7	65,4	70,0	80,1
50	29,7	32,4	34,8	37,7	44,3	49,3	54,7	63,2	67,5	71,4	76,2	86,7
55	33,6	36,4	39,0	42,1	49,1	54,3	60,0	68,8	73,3	77,4	82,3	93,2
60	37,5	40,5	43,2	46,5	53,8	59,3	65,2	74,4	79,1	83,3	88,4	99,6
65	41,4	44,6	47,4	50,9	58,6	64,3	70,5	80,0	84,8	89,2	94,4	106,0
70	45,4	48,8	51,7	55,3	63,3	69,3	75,7	85,5	90,5	95,0	100,4	112,3
75	49,5	52,9	56,1	59,8	68,1	74,3	80,9	91,1	96,2	100,8	106,4	118,6
80	53,5	57,2	60,4	64,3	72,9	79,3	86,1	96,6	101,9	106,6	112,3	124,8

Tafel 3: Fortsetzung

	α											
f	0,99	0,975	0,95	0,90	0,70	0,50	0,30	0,10	0,05	0,025	0.01	0,001
85	57,6	61,4	64,7	68,8	77,7	84,3	91,3	102,1	107,5	112,4	118,2	131,0
90	61,8	65,6	69,1	73,3	82,5	89,3	96,5	107,6	113,1	118,1	124,1	137,2
95	65,9	69,9	73,5	77,8	87,3	94,3	101,7	113,0	118,8	123,9	130,0	143,3
100	70,1	74,2	77,9	82,4	92,1	99,3	106,9	118,5	124,3	129,6	135,8	149,4
105	74,3	78,5	82,4	86,9	96,9	104,3	112,1	123,9	129,0	135,2	141,6	155,5
110	78,5	82,9	86,8	91,5	101,8	109,3	117,3	129,4	135,5	140,9	147,4	161,6
115	82,7	87,2	91,2	96,0	106,6	114,3	122,4	134,8	141,0	146,6	153,2	167,6
120	86,9	91,6	95,7	100,6	111,4	119,3	127,6	140,2	146,6	152,2	159,0	173,6
125	91,2	95,9	100,2	105,2	116,3	124,3	132,8	145,6	152,1	157,8	164,7	179,6
130	95,5	100,3	104,7	109,8	121,1	129,3	137,9	151,0	157,6	163,5	170,4	185,6
135	99,7	104,7	109,2	114,4	125,9	134,3	143,1	156,4	163,1	169,1	176,1	191,5
140	104,0	109,1	113,7	119,0	130,8	139,3	148,3	161,8	168,6	174,6	181,8	197,5
145	108,3	113,6	118,2	123,6	135,6	144,3	153,4	167,2	174,1	180,2	187,5	203,4
150	112,7	118,0	122,7	128,3	140,5	149,3	158,6	172,6	179,6	185,8	193,2	209,3
155	117,0	122,4	127,2	132,9	145,3	154,3	163,7	177,9	185,1	191,4	198,9	215,1
160	121,3	126,9	131,8	137,5	150,2	159,3	168,3	183,3	190,5	196,9	204,5	221,0
165	125,7	131,3	136,3	142,2	155,0	164,3	174,0	188,7	196,0	202,5	210,2	226,9
170	130,1	135,8	140,8	146,8	159,9	169,3	179,2	194,0	201,4	208,0	215,8	232,7
175	134,4	140,3	145,4	151,5	164,7	174,3	184,3	199,4	206,9	213,5	221,4	238,6
180	138,8	144,7	150,0	156,2	169,6	179,3	189,4	204,7	212,3	219,0	227,1	244,4
185	143,2	149,2	154,5	160,8	174,5	184,3	194,6	210,0	217,7	224,6	232,7	250,2
190	147,6	153,7	159,1	165,5	179,3	189,3	199,7	215,4	223,2	230,1	238,3	256,0
195	152,0	158,2	163,7	170,2	184,2	194,3	204,9	220,7	228,6	235,6	243,9	261,8
200	156,4	162,7	168,3	174,8	189,0	199,3	210,0	226,0	234,0	241,1	249,4	267,5

Die in Tafel 3 enthaltenen kritischen Werte $\chi^2_{\alpha;f}$ sind die Quantile $\tilde{\chi}^2_{1-\alpha;f}$ der χ^2-Verteilung der Ordnung $1-\alpha$ mit f Freiheitsgraden, d.h., $x_0 = \chi^2_{\alpha;f}$ ist derjenige Wert auf der x-Achse, für den der Flächeninhalt unter der Dichtekurve der χ^2-Verteilung von 0 bis x_0 gleich $1-\alpha$ beträgt.

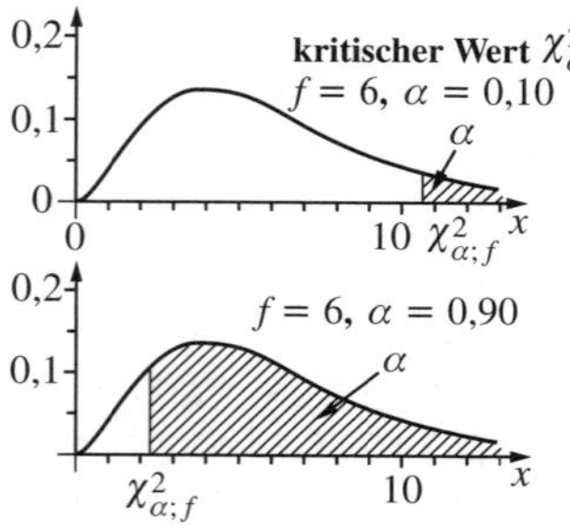

Beispiel 7.3/11: Für $f = 6$ und $\alpha = 0{,}01$ lesen wir den Wert $\chi^2_{0,01;6} = 16{,}8$ ab, für $f = 6$ und $\alpha = 0{,}90$ finden wir in Tafel 3 den Wert $\chi^2_{0,9;6} = 2{,}20$.
(Man vgl. hierzu auch Abschn. 3.2.3.4.)

Tafel 4: Kritische Werte $t_{\alpha;f}$ der t-Verteilung

	Irrtumswahrscheinlichkeit α in % für zweiseitige Fragestellungen							
f	50	25	10	5	2	1	0,2	0,1
1	1,00	2,41	6,31	12,7	31,82	63,7	318,3	637,0
2	,816	1,60	2,92	4,30	6,97	9,92	22,33	31,6
3	,765	1,42	2,35	3,18	4,54	5,84	10,22	12,9
4	,741	1,34	2,13	2,78	3,75	4,60	7,17	8,61
5	,727	1,30	2,01	2,57	3,37	4,03	5,89	6,86
6	,718	1,27	1,94	2,45	3,14	3,71	5,21	5,96
7	,711	1,25	1,89	2,36	3,00	3,50	4,79	5,40
8	,706	1,24	1,86	2,31	2,90	3,36	4,50	5,04
9	,703	1,23	1,83	2,26	2,82	3,25	4,30	4,78
10	,700	1,22	1,81	2,23	2,76	3,17	4,14	4,59
11	,697	1,21	1,80	2,20	2,72	3,11	4,03	4,44
12	,695	1,21	1,78	2,18	2,68	3,05	3,93	4,32
13	,694	1,20	1,77	2,16	2,65	3,01	3,85	4,22
14	,692	1,20	1,76	2,14	2,62	2,98	3,79	4,14
15	,691	1,20	1,75	2,13	2,60	2,95	3,73	4,07
16	,690	1,19	1,75	2,12	2,58	2,92	3,69	4,01
17	,689	1,19	1,74	2,11	2,57	2,90	3,65	3,96
18	,688	1,19	1,73	2,10	2,55	2,88	3,61	3,92
19	,688	1,19	1,73	2,09	2,54	2,86	3,58	3,88
20	,687	1,18	1,73	2,09	2,53	2,85	3,55	3,85
21	,686	1,18	1,72	2,08	2,52	2,83	3,53	3,82
22	,686	1,18	1,72	2,07	2,51	2,82	3,51	3,79
23	,685	1,18	1,71	2,07	2,50	2,81	3,49	3,77
24	,685	1,18	1,71	2,06	2,49	2,80	3,47	3,74
25	,684	1,18	1,71	2,06	2,49	2,79	3,45	3,72
26	,684	1,18	1,71	2,06	2,48	2,78	3,44	3,71
27	,684	1,18	1,71	2,05	2,47	2,77	3,42	3,69
28	,683	1,17	1,70	2,05	2,47	2,76	3,41	3,67
29	,683	1,17	1,70	2,05	2,46	2,76	3,40	3,66
30	,683	1,17	1,70	2,04	2,46	2,75	3,39	3,65
40	,681	1,17	1,68	2,02	2,42	2,70	3,31	3,55
60	,679	1,16	1,67	2,00	2,39	2,66	3,23	3,46
120	,677	1,16	1,66	1,98	2,36	2,62	3,17	3,37
∞	,674	1,15	1,64	1,96	2,33	2,58	3,09	3,29
f	25	12,5	5	2,5	1	0,5	0,1	0,05
	Irrtumswahrscheinlichkeit α in % für einseitige Fragestellungen							

Es kann nun vorkommen, daß wir einen Wert zu einem solchen Freiheitsgrad f benötigen, der nicht in der linken Spalte dieser Tafel enthalten ist. In diesem Fall behelfen wir uns durch lineare Interpolation (vgl. Abschn. 6.2.2.1). Zur Veranschaulichung betrachten wir als Beispiel die Bestimmung von $t^{\text{zweis}}_{0,01;34}$: Wir finden in der Spalte für $\alpha = 1$ % zunächst $t^{\text{zweis}}_{0,01;30} = 2{,}75$ und $t^{\text{zweis}}_{0,01;40} = 2{,}70$. Lineare Interpolation ergibt

$$t^{\text{zweis}}_{0,01;34} = 2{,}75 + \frac{34-30}{40-30} \cdot (2{,}70 - 2{,}75) = 2{,}75 + 0{,}4 \cdot (2{,}70 - 2{,}75) = 2{,}73.$$

Der kritische Wert $t_{\alpha;f}$ schneidet bei **einseitiger Fragestellung** „von rechts" den Flächeninhalt α von der Gesamtfläche unter der Kurve der Dichtefunktion der t–Verteilung mit f Freiheitsgraden ab und ist damit identisch mit dem Quantil $\tilde{t}_{1-\alpha;f}$ der Ordnung $1-\alpha$:

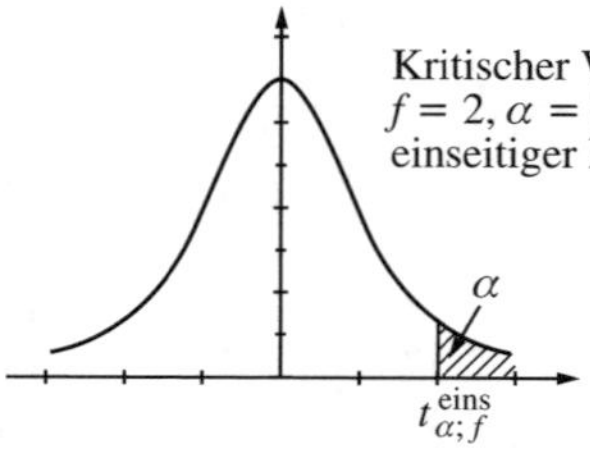

Tafel 4 ist bei einseitiger Fragestellung „von unten", mit in der Kellerzeile stehenden Irrtumswahrscheinlichkeiten α zu lesen: $t^{\text{eins}}_{\alpha;f} = t_{\alpha;f}$.

Bei **zweiseitiger Fragestellung** schneiden wegen der Symmetrie der Dichtefunktion $-t_{\alpha;f}$ den Flächeninhalt α von links und $t_{\alpha;f}$ den Flächeninhalt α von rechts ab. Zu den gleichen $t_{\alpha;f}$–Werten gehören also bei zweiseitiger Fragestellung die doppelten Irrtumswahrscheinlichkeiten: $t^{\text{zweis}}_{2\alpha;f} = t_{\alpha;f}$. Die Tafel 4 ist bei zweiseitiger Fragestellung „normal", von oben nach unten mit in der Kopfzeile stehenden Irrtumswahrscheinlichkeiten zu lesen.

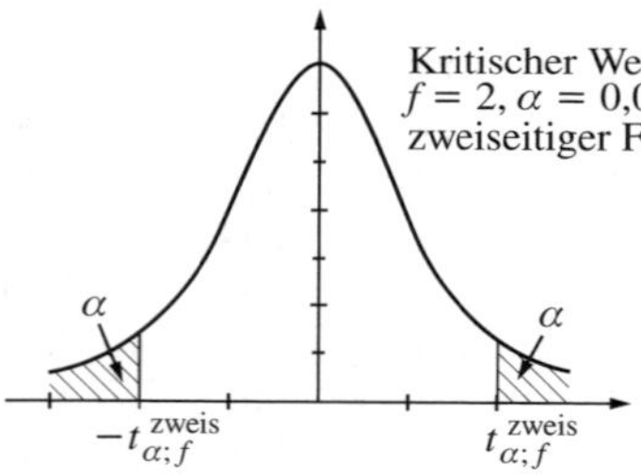

Beispiel 7.4/12: Für eine Irrtumswahrscheinlichkeit von $\alpha = 0{,}05$ und $f = 12$ Freiheitsgrade soll der kritische Wert $t^{\text{zweis}}_{\alpha;f}$ bei zweiseitiger Fragestellung angegeben werden. Wir verwenden Tafel 4 in „Normalsicht" von oben nach unten und erhalten $t^{\text{zweis}}_{0{,}05;12} = 2{,}18$.

Beispiel 7.4/13: Für die gleichen Parameter $\alpha = 0{,}05$ (d. h., wir halbieren jetzt einmal nicht die Irrtumswahrscheinlichkeit!) und $f = 12$ soll der kritische Wert $t^{\text{eins}}_{0{,}05;12}$ für einseitige Fragestellung aufgesucht werden. Wir verwenden jetzt Tafel 4 „von unten" und lesen bei $\alpha = 5\,\%$ den Wert $t^{\text{eins}}_{0{,}05,12} = 1{,}78$ ab.

Tafel 5: Kritische Werte $F_{\alpha;f_1;f_2}$ der F-Verteilung für $\alpha = 0{,}05$ und $\alpha = 0{,}01$(fett gedruckt)

f_1 = Freiheitsgrade für die Varianz im Zähler von F

f_2 = Freiheitsgrade für die Varianz im Nenner von F

	1	2	3	4	5	6	7	8	9	10	11	12	
1	161 **4052**	200 **4999**	216 **5403**	225 **5625**	230 **5764**	234 **5859**	237 **5928**	239 **5981**	241 **6022**	242 **6056**	243 **6082**	244 **6106**	1
2	18,51 **98,49**	19,00 **99,00**	19,16 **99,17**	19,25 **99,25**	19,30 **99,30**	19,33 **99,33**	19,36 **99,34**	19,37 **99,36**	19,38 **99,38**	19,39 **99,40**	19,40 **99,41**	19,41 **99,42**	2
3	10,13 **34,12**	9,55 **30,82**	9,28 **29,46**	9,12 **28,71**	9,01 **28,24**	8,94 **27,91**	8,88 **27,67**	8,84 **27,49**	8,81 **27,34**	8,78 **27,23**	8,76 **27,13**	8,74 **27,05**	3
4	7,71 **21,20**	6,94 **18,00**	6,59 **16,69**	6,39 **15,98**	6,26 **15,52**	6,16 **15,21**	6,09 **14,98**	6,04 **14,80**	6,00 **14,66**	5,96 **14,54**	5,93 **14,45**	5,91 **14,37**	4
5	6,61 **16,26**	5,79 **13,27**	5,41 **12,06**	5,19 **11,39**	5,05 **10,97**	4,95 **10,67**	4,88 **10,45**	4,82 **10,27**	4,78 **10,15**	4,74 **10,05**	4,70 **9,96**	4,68 **9,89**	5
6	5,99 **13,74**	5,14 **10,92**	4,76 **9,78**	4,53 **9,15**	4,39 **8,75**	4,28 **8,47**	4,21 **8,26**	4,15 **8,10**	4,10 **7,98**	4,06 **7,87**	4,03 **7,79**	4,00 **7,72**	6
7	5,59 **12,25**	4,74 **9,55**	4,35 **8,45**	4,12 **7,85**	3,97 **7,46**	3,87 **7,19**	3,79 **7,00**	3,73 **6,84**	3,68 **6,71**	3,63 **6,62**	3,60 **6,54**	3,57 **6,47**	7
8	5,32 **11,26**	4,46 **8,65**	4,07 **7,59**	3,84 **7,01**	3,69 **6,63**	3,58 **6,37**	3,50 **6,19**	3,44 **6,03**	3,39 **5,91**	3,34 **5,82**	3,31 **5,74**	3,28 **5,67**	8
9	5,12 **10,56**	4,26 **8,02**	3,86 **6,99**	3,63 **6,42**	3,48 **6,06**	3,37 **5,80**	3,29 **5,62**	3,23 **5,47**	3,18 **5,35**	3,13 **5,26**	3,10 **5,18**	3,07 **5,11**	9
10	4,96 **10,04**	4,10 **7,56**	3,71 **6,55**	3,48 **5,99**	3,33 **5,64**	3,22 **5,39**	3,14 **5,20**	3,07 **5,06**	3,02 **4,95**	2,97 **4,85**	2,94 **4,78**	2,91 **4,71**	10
11	4,84 **9,65**	3,98 **7,20**	3,59 **6,22**	3,36 **5,67**	3,20 **5,32**	3,09 **5,07**	3,01 **4,88**	2,95 **4,74**	2,90 **4,63**	2,86 **4,54**	2,82 **4,46**	2,79 **4,40**	11
12	4,75 **9,33**	3,88 **6,93**	3,49 **5,95**	3,26 **5,41**	3,11 **5,06**	3,00 **4,82**	2,92 **4,65**	2,85 **4,50**	2,80 **4,39**	2,76 **4,30**	2,72 **4,22**	2,69 **4,16**	12

Tafel 5: Kritische Werte $F_{\alpha;f_1;f_2}$ der F-Verteilung für $\alpha = 0{,}05$ und $\alpha = 0{,}01$ (fett gedruckt) (Fortsetzung)

f_1 = Freiheitsgrade für die Varianz im Zähler von F

f_2 = Freiheitsgrade für die Varianz im Nenner von F

f_2	14	16	20	24	30	40	50	75	100	200	500	∞	f_2
1	245	246	248	249	250	251	252	253	253	254	254	254	1
	6142	**6169**	**6208**	**6234**	**6258**	**6286**	**6302**	**6323**	**6334**	**6352**	**6361**	**6366**	
2	19,42	19,43	19,44	19,45	19,46	19,47	19,47	19,48	19,49	19,49	19,50	19,50	2
	99,43	**99,44**	**99,45**	**99,46**	**99,47**	**99,48**	**99,48**	**99,49**	**99,49**	**99,49**	**99,50**	**99,50**	
3	8,71	8,69	8,66	8,64	8,62	8,60	8,58	8,57	8,56	8,54	8,54	8,53	3
	26,92	**26,83**	**26,69**	**26,60**	**26,50**	**26,41**	**26,35**	**26,27**	**26,23**	**26,18**	**26,14**	**26,12**	
4	5,87	5,84	5,80	5,77	5,74	5,71	5,70	5,68	5,66	5,65	5,64	5,63	4
	14,24	**14,15**	**14,02**	**13,93**	**13,83**	**13,74**	**13,69**	**13,61**	**13,57**	**13,52**	**13,48**	**13,46**	
5	4,64	4,60	4,56	4,53	4,50	4,46	4,44	4,42	4,40	4,38	4,37	4,36	5
	9,77	**9,68**	**9,55**	**9,47**	**9,38**	**9,29**	**9,24**	**9,17**	**9,13**	**9,07**	**9,04**	**9,01**	
6	3,96	3,92	3,87	3,84	3,81	3,77	3,75	3,72	3,71	3,69	3,68	3,67	6
	7,60	**7,52**	**7,39**	**7,31**	**7,23**	**7,14**	**7,09**	**7,02**	**6,99**	**6,94**	**6,90**	**6,88**	
7	3,52	3,49	3,44	3,41	3,38	3,34	3,32	3,29	3,28	3,25	3,24	3,23	7
	6,35	**6,27**	**6,15**	**6,07**	**5,98**	**5,90**	**5,85**	**5,78**	**5,75**	**5,70**	**5,67**	**5,65**	
8	3,23	3,20	3,15	3,12	3,08	3,05	3,03	3,00	2,98	2,96	2,94	2,93	8
	5,56	**5,48**	**5,36**	**5,28**	**5,20**	**5,11**	**5,06**	**5,00**	**4,96**	**4,91**	**4,88**	**4,86**	
9	3,02	2,98	2,93	2,90	2,86	2,82	2,80	2,77	2,76	2,73	2,72	2,71	9
	5,00	**4,92**	**4,80**	**4,73**	**4,64**	**4,56**	**4,51**	**4,45**	**4,41**	**4,36**	**4,33**	**4,31**	
10	2,86	2,82	2,77	2,74	2,70	2,67	2,64	2,61	2,59	2,56	2,55	2,54	10
	4,60	**4,52**	**4,41**	**4,33**	**4,25**	**4,17**	**4,12**	**4,05**	**4,01**	**3,96**	**3,93**	**3,91**	
11	2,74	2,70	2,65	2,61	2,57	2,53	2,50	2,47	2,45	2,42	2,41	2,40	11
	4,29	**4,21**	**4,10**	**4,02**	**3,94**	**3,86**	**3,80**	**3,74**	**3,70**	**3,66**	**3,62**	**3,60**	
12	2,64	2,60	2,54	2,50	2,46	2,42	2,40	2,36	2,35	2,32	2,31	2,30	12
	4,05	**3,98**	**3,86**	**3,78**	**3,70**	**3,61**	**3,56**	**3,49**	**3,46**	**3,41**	**3,38**	**3,36**	

Tafel 5: Kritische Werte $F_{\alpha;f_1;f_2}$ der F-Verteilung für $\alpha = 0{,}05$ und $\alpha = 0{,}01$ (fett gedruckt) (Fortsetzung)

f_1 = Freiheitsgrade für die Varianz im Zähler von F

f_2 = Freiheitsgrade für die Varianz im Nenner von F

f_2	1	2	3	4	5	6	7	8	9	10	11	12	f_2
13	4,67 **9,07**	3,80 **6,70**	3,41 **5,74**	3,18 **5,20**	3,02 **4,86**	2,92 **4,62**	2,84 **4,44**	2,77 **4,30**	2,72 **4,19**	2,67 **4,10**	2,63 **4,02**	2,60 **3,96**	13
14	4,60 **8,86**	3,74 **6,51**	3,34 **5,56**	3,11 **5,03**	2,96 **4,69**	2,85 **4,46**	2,77 **4,28**	2,70 **4,14**	2,65 **4,03**	2,60 **3,94**	2,56 **3,86**	2,53 **3,80**	14
15	4,54 **8,68**	3,68 **6,36**	3,29 **5,42**	3,06 **4,89**	2,90 **4,56**	2,79 **4,32**	2,70 **4,14**	2,64 **4,00**	2,59 **3,89**	2,55 **3,80**	2,51 **3,73**	2,48 **3,67**	15
16	4,49 **8,53**	3,63 **6,23**	3,24 **5,29**	3,01 **4,77**	2,85 **4,44**	2,74 **4,20**	2,66 **4,03**	2,59 **3,89**	2,54 **3,78**	2,49 **3,69**	2,45 **3,61**	2,42 **3,55**	16
17	4,45 **8,40**	3,59 **6,11**	3,20 **5,18**	2,96 **4,67**	2,81 **4,34**	2,70 **4,10**	2,62 **3,93**	2,55 **3,79**	2,50 **3,68**	2,45 **3,59**	2,41 **3,52**	2,38 **3,45**	17
18	4,41 **8,28**	3,55 **6,01**	3,16 **5,09**	2,93 **4,58**	2,77 **4,25**	2,66 **4,01**	2,58 **3,85**	2,51 **3,71**	2,46 **3,60**	2,41 **3,51**	2,37 **3,44**	2,34 **3,37**	18
19	4,38 **8,18**	3,52 **5,93**	3,13 **5,01**	2,90 **4,50**	2,74 **4,17**	2,63 **3,94**	2,55 **3,77**	2,48 **3,63**	2,43 **3,52**	2,38 **3,43**	2,34 **3,36**	2,31 **3,30**	19
20	4,35 **8,10**	3,49 **5,85**	3,10 **4,94**	2,87 **4,43**	2,71 **4,10**	2,60 **3,87**	2,52 **3,71**	2,45 **3,56**	2,40 **3,45**	2,35 **3,37**	2,31 **3,30**	2,28 **3,23**	20
21	4,32 **8,02**	3,47 **5,78**	3,07 **4,87**	2,84 **4,37**	2,68 **4,04**	2,57 **3,81**	2,49 **3,65**	2,42 **3,51**	2,37 **3,40**	2,32 **3,31**	2,28 **3,24**	2,25 **3,17**	21
22	4,30 **7,94**	3,44 **5,72**	3,05 **4,82**	2,82 **4,31**	2,66 **3,99**	2,55 **3,76**	2,47 **3,59**	2,40 **3,45**	2,35 **3,35**	2,30 **3,26**	2,26 **3,18**	2,23 **3,12**	22
23	4,28 **7,88**	3,42 **5,66**	3,03 **4,76**	2,80 **4,26**	2,64 **3,94**	2,53 **3,71**	2,45 **3,54**	2,38 **3,41**	2,32 **3,30**	2,28 **3,21**	2,24 **3,14**	2,20 **3,07**	23
24	4,26 **7,82**	3,40 **5,61**	3,01 **4,72**	2,78 **4,22**	2,62 **3,90**	2,51 **3,67**	2,43 **3,50**	2,36 **3,36**	2,30 **3,25**	2,26 **3,17**	2,22 **3,09**	2,18 **3,03**	24

Tafel 5: Kritische Werte $F_{\alpha;f_1;f_2}$ der F-Verteilung für $\alpha = 0{,}05$ und $\alpha = 0{,}01$ (fett gedruckt) (Fortsetzung)

f_1 = Freiheitsgrade für die Varianz im Zähler von F

f_2 = Freiheitsgrade für die Varianz im Nenner von F

	14	16	20	24	30	40	50	75	100	200	500	∞	
13	2,55 **3,85**	2,51 **3,78**	2,46 **3,67**	2,42 **3,59**	2,38 **3,51**	2,34 **3,42**	2,32 **3,37**	2,28 **3,30**	2,26 **3,27**	2,24 **3,21**	2,22 **3,18**	2,21 **3,16**	13
14	2,48 **3,70**	2,44 **3,62**	2,39 **3,51**	2,35 **3,43**	2,31 **3,34**	2,27 **3,26**	2,24 **3,21**	2,21 **3,14**	2,19 **3,11**	2,16 **3,06**	2,14 **3,02**	2,13 **3,00**	14
15	2,43 **3,56**	2,39 **3,48**	2,33 **3,36**	2,29 **3,29**	2,25 **3,20**	2,21 **3,12**	2,18 **3,07**	2,15 **3,00**	2,12 **2,97**	2,10 **2,92**	2,08 **2,89**	2,07 **2,87**	15
16	2,37 **3,45**	2,33 **3,37**	2,28 **3,25**	2,24 **3,18**	2,20 **3,10**	2,16 **3,01**	2,13 **2,96**	2,09 **2,89**	2,07 **2,86**	2,04 **2,80**	2,02 **2,77**	2,01 **2,75**	16
17	2,33 **3,35**	2,29 **3,27**	2,23 **3,16**	2,19 **3,08**	2,15 **3,00**	2,11 **2,92**	2,08 **2,86**	2,04 **2,79**	2,02 **2,76**	1,99 **2,70**	1,97 **2,67**	1,96 **2,65**	17
18	2,29 **3,27**	2,25 **3,19**	2,19 **3,07**	2,15 **3,00**	2,11 **2,91**	2,07 **2,83**	2,04 **2,78**	2,00 **2,71**	1,98 **2,68**	1,95 **2,62**	1,93 **2,59**	1,92 **2,57**	18
19	2,26 **3,19**	2,21 **3,12**	2,15 **3,00**	2,11 **2,92**	2,07 **2,84**	2,02 **2,76**	2,00 **2,70**	1,96 **2,63**	1,94 **2,60**	1,91 **2,54**	1,90 **2,51**	1,88 **2,49**	19
20	2,23 **3,13**	2,18 **3,05**	2,12 **2,94**	2,08 **2,86**	2,04 **2,77**	1,99 **2,69**	1,96 **2,63**	1,92 **2,56**	1,90 **2,53**	1,87 **2,47**	1,85 **2,44**	1,84 **2,42**	20
21	2,20 **3,07**	2,15 **2,99**	2,09 **2,88**	2,05 **2,80**	2,00 **2,72**	1,96 **2,63**	1,93 **2,58**	1,89 **2,51**	1,87 **2,47**	1,84 **2,42**	1,82 **2,38**	1,81 **2,36**	21
22	2,18 **3,02**	2,13 **2,94**	2,07 **2,83**	2,03 **2,75**	1,98 **2,67**	1,93 **2,58**	1,91 **2,53**	1,87 **2,46**	1,84 **2,42**	1,81 **2,37**	1,80 **2,33**	1,78 **2,31**	22
23	2,14 **2,97**	2,10 **2,89**	2,05 **2,78**	2,00 **2,70**	1,96 **2,62**	1,91 **2,53**	1,88 **2,48**	1,84 **2,41**	1,82 **2,37**	1,79 **2,32**	1,77 **2,28**	1,76 **2,26**	23
24	2,13 **2,93**	2,09 **2,85**	2,02 **2,74**	1,98 **2,66**	1,94 **2,58**	1,89 **2,49**	1,86 **2,44**	1,82 **2,36**	1,80 **2,33**	1,76 **2,27**	1,74 **2,23**	1,73 **2,21**	24

Tafel 5: Kritische Werte $F_{\alpha;f_1;f_2}$ der F-Verteilung für $\alpha = 0{,}05$ und $\alpha = 0{,}01$ (fett gedruckt) (Fortsetzung)

f_1 = Freiheitsgrade für die Varianz im Zähler von F

f_2 = Freiheitsgrade für die Varianz im Nenner von F

f_2	1	2	3	4	5	6	7	8	9	10	11	12	
25	4,24 **7,77**	3,38 **5,57**	2,99 **4,68**	2,76 **4,18**	2,60 **3,86**	2,49 **3,63**	2,41 **3,46**	2,34 **3,32**	2,28 **3,21**	2,24 **3,13**	2,20 **3,05**	2,16 **2,99**	25
26	4,22 **7,72**	3,37 **5,53**	2,98 **4,64**	2,74 **4,14**	2,59 **3,82**	2,47 **3,59**	2,39 **3,42**	2,32 **3,29**	2,27 **3,17**	2,22 **3,09**	2,18 **3,02**	2,15 **2,96**	26
27	4,21 **7,68**	3,35 **5,49**	2,96 **4,60**	2,73 **4,11**	2,57 **3,79**	2,46 **3,56**	2,37 **3,39**	2,30 **3,26**	2,25 **3,14**	2,20 **3,06**	2,16 **2,98**	2,13 **2,93**	27
28	4,20 **7,64**	3,34 **5,45**	2,95 **4,57**	2,71 **4,07**	2,56 **3,76**	2,44 **3,53**	2,36 **3,36**	2,29 **3,23**	2,24 **3,11**	2,19 **3,03**	2,15 **2,95**	2,12 **2,90**	28
29	4,18 **7,60**	3,33 **5,42**	2,93 **4,54**	2,70 **4,04**	2,54 **3,73**	2,43 **3,50**	2,35 **3,33**	2,28 **3,20**	2,22 **3,08**	2,18 **3,00**	2,14 **2,92**	2,10 **2,87**	29
30	4,17 **7,56**	3,32 **5,39**	2,92 **4,51**	2,69 **4,02**	2,53 **3,70**	2,42 **3,47**	2,34 **3,30**	2,27 **3,17**	2,21 **3,06**	2,16 **2,98**	2,12 **2,90**	2,09 **2,84**	30
32	4,15 **7,50**	3,30 **5,34**	2,90 **4,46**	2,67 **3,97**	2,51 **3,66**	2,40 **3,42**	2,32 **3,25**	2,25 **3,12**	2,19 **3,01**	2,14 **2,94**	2,10 **2,86**	2,07 **2,80**	32
34	4,13 **7,44**	3,28 **5,29**	2,88 **4,42**	2,65 **3,93**	2,49 **3,61**	2,38 **3,38**	2,30 **3,21**	2,23 **3,08**	2,17 **2,97**	2,12 **2,89**	2,08 **2,82**	2,05 **2,76**	34
36	4,11 **7,39**	3,26 **5,25**	2,86 **4,38**	2,63 **3,89**	2,48 **3,58**	2,36 **3,35**	2,28 **3,18**	2,21 **3,04**	2,15 **2,94**	2,10 **2,86**	2,06 **2,78**	2,03 **2,72**	36
38	4,10 **7,35**	3,25 **5,21**	2,85 **4,34**	2,62 **3,86**	2,46 **3,54**	2,35 **3,32**	2,26 **3,15**	2,19 **3,02**	2,14 **2,91**	2,09 **2,82**	2,05 **2,75**	2,02 **2,69**	38
40	4,08 **7,31**	3,23 **5,18**	2,84 **4,31**	2,61 **3,83**	2,45 **3,51**	2,34 **3,29**	2,25 **3,12**	2,18 **2,99**	2,12 **2,88**	2,07 **2,80**	2,04 **2,73**	2,00 **2,66**	40
42	4,07 **7,27**	3,22 **5,15**	2,83 **4,29**	2,59 **3,80**	2,44 **3,49**	2,32 **3,26**	2,24 **3,10**	2,17 **2,96**	2,11 **2,86**	2,06 **2,77**	2,02 **2,70**	1,99 **2,64**	42

Tafel 5: Kritische Werte $F_{\alpha;f_1;f_2}$ der F-Verteilung für $\alpha = 0{,}05$ und $\alpha = 0{,}01$ (fett gedruckt) (Fortsetzung)

f_1 = Freiheitsgrade für die Varianz im Zähler von F

f_2 = Freiheitsgrade für die Varianz im Nenner von F

f_2	14	16	20	24	30	40	50	75	100	200	500	∞	f_2
25	2,11 **2,89**	2,06 **2,81**	2,00 **2,70**	1,96 **2,62**	1,92 **2,54**	1,87 **2,45**	1,84 **2,40**	1,80 **2,32**	1,77 **2,29**	1,74 **2,23**	1,72 **2,19**	1,71 **2,17**	25
26	2,10 **2,86**	2,05 **2,77**	1,99 **2,66**	1,95 **2,58**	1,90 **2,50**	1,85 **2,41**	1,82 **2,36**	1,78 **2,28**	1,76 **2,25**	1,72 **2,19**	1,70 **2,15**	1,69 **2,13**	26
27	2,08 **2,83**	2,03 **2,74**	1,97 **2,63**	1,93 **2,55**	1,88 **2,47**	1,84 **2,38**	1,80 **2,33**	1,76 **2,25**	1,74 **2,21**	1,71 **2,16**	1,68 **2,12**	1,67 **2,10**	27
28	2,06 **2,80**	2,02 **2,71**	1,96 **2,60**	1,91 **2,52**	1,87 **2,44**	1,81 **2,35**	1,78 **2,30**	1,75 **2,22**	1,72 **2,18**	1,69 **2,13**	1,67 **2,09**	1,65 **2,06**	28
29	2,05 **2,77**	2,00 **2,68**	1,94 **2,57**	1,90 **2,49**	1,85 **2,41**	1,80 **2,32**	1,77 **2,27**	1,73 **2,19**	1,71 **2,15**	1,68 **2,10**	1,65 **2,06**	1,64 **2,03**	29
30	2,04 **2,74**	1,99 **2,66**	1,93 **2,55**	1,89 **2,47**	1,84 **2,38**	1,79 **2,29**	1,76 **2,24**	1,72 **2,16**	1,69 **2,13**	1,66 **2,07**	1,64 **2,03**	1,62 **2,01**	30
32	2,02 **2,70**	1,97 **2,62**	1,91 **2,51**	1,86 **2,42**	1,82 **2,34**	1,76 **2,25**	1,74 **2,20**	1,69 **2,12**	1,67 **2,08**	1,64 **2,02**	1,61 **1,98**	1,59 **1,96**	32
34	2,00 **2,66**	1,95 **2,58**	1,89 **2,47**	1,84 **2,38**	1,80 **2,30**	1,74 **2,21**	1,71 **2,15**	1,67 **2,08**	1,64 **2,04**	1,61 **1,98**	1,59 **1,94**	1,57 **1,91**	34
36	1,98 **2,62**	1,93 **2,54**	1,87 **2,43**	1,82 **2,35**	1,78 **2,26**	1,72 **2,17**	1,69 **2,12**	1,65 **2,04**	1,62 **2,00**	1,59 **1,94**	1,56 **1,90**	1,55 **1,87**	36
38	1,96 **2,59**	1,92 **2,51**	1,85 **2,40**	1,80 **2,32**	1,76 **2,23**	1,71 **2,14**	1,67 **2,08**	1,63 **2,00**	1,60 **1,97**	1,57 **1,90**	1,54 **1,86**	1,53 **1,84**	38
40	1,95 **2,56**	1,90 **2,49**	1,84 **2,37**	1,79 **2,29**	1,74 **2,20**	1,69 **2,11**	1,66 **2,05**	1,61 **1,97**	1,59 **1,94**	1,55 **1,88**	1,53 **1,84**	1,51 **1,81**	40
42	1,94 **2,54**	1,89 **2,46**	1,82 **2,35**	1,78 **2,26**	1,73 **2,17**	1,68 **2,08**	1,64 **2,02**	1,60 **1,94**	1,57 **1,91**	1,54 **1,85**	1,51 **1,80**	1,49 **1,78**	42

Tafel 5: Kritische Werte $F_{\alpha;f_1;f_2}$ der F-Verteilung für $\alpha = 0{,}05$ und $\alpha = 0{,}01$ (fett gedruckt) (Fortsetzung)

f_1 = Freiheitsgrade für die Varianz im Zähler von F

f_2 = Freiheitsgrade für die Varianz im Nenner von F

	1	2	3	4	5	6	7	8	9	10	11	12	
44	4,06 **7,24**	3,21 **5,12**	2,82 **4,26**	2,58 **3,78**	2,43 **3,46**	2,31 **3,24**	2,23 **3,07**	2,16 **2,94**	2,10 **2,84**	2,05 **2,75**	2,01 **2,68**	1,98 **2,62**	44
46	4,05 **7,21**	3,20 **5,10**	2,81 **4,24**	2,57 **3,76**	2,42 **3,44**	2,30 **3,22**	2,22 **3,05**	2,14 **2,92**	2,09 **2,82**	2,04 **2,73**	2,00 **2,66**	1,97 **2,60**	46
48	4,04 **7,19**	3,19 **5,08**	2,80 **4,22**	2,56 **3,74**	2,41 **3,42**	2,30 **3,20**	2,21 **3,04**	2,14 **2,90**	2,08 **2,80**	2,03 **2,71**	1,99 **2,64**	1,96 **2,58**	48
50	4,03 **7,17**	3,18 **5,06**	2,79 **4,20**	2,56 **3,72**	2,40 **3,41**	2,29 **3,18**	2,20 **3,02**	2,13 **2,88**	2,07 **2,78**	2,02 **2,70**	1,98 **2,62**	1,95 **2,56**	50
55	4,02 **7,12**	3,17 **5,01**	2,78 **4,16**	2,54 **3,68**	2,38 **3,37**	2,27 **3,15**	2,18 **2,98**	2,11 **2,85**	2,05 **2,75**	2,00 **2,66**	1,97 **2,59**	1,93 **2,53**	55
60	4,00 **7,08**	3,15 **4,98**	2,76 **4,13**	2,52 **3,65**	2,37 **3,34**	2,25 **3,12**	2,17 **2,95**	2,10 **2,82**	2,04 **2,72**	1,99 **2,63**	1,95 **2,56**	1,92 **2,50**	60
65	3,99 **7,04**	3,14 **4,95**	2,75 **4,10**	2,51 **3,62**	2,36 **3,31**	2,24 **3,09**	2,15 **2,93**	2,08 **2,79**	2,02 **2,70**	1,98 **2,61**	1,94 **2,54**	1,90 **2,47**	65
70	3,98 **7,01**	3,13 **4,92**	2,74 **4,08**	2,50 **3,60**	2,35 **3,29**	2,23 **3,07**	2,14 **2,91**	2,07 **2,77**	2,01 **2,67**	1,97 **2,59**	1,93 **2,51**	1,89 **2,45**	70
80	3,96 **6,96**	3,11 **4,88**	2,72 **4,04**	2,48 **3,56**	2,33 **3,25**	2,21 **3,04**	2,12 **2,87**	2,05 **2,74**	1,99 **2,64**	1,95 **2,55**	1,91 **2,48**	1,88 **2,41**	80
100	3,94 **6,90**	3,09 **4,82**	2,70 **3,98**	2,46 **3,51**	2,30 **3,20**	2,19 **2,99**	2,10 **2,82**	2,03 **2,69**	1,97 **2,59**	1,92 **2,51**	1,88 **2,43**	1,85 **2,36**	100
125	3,92 **6,84**	3,07 **4,78**	2,68 **3,94**	2,44 **3,47**	2,29 **3,17**	2,17 **2,95**	2,08 **2,79**	2,01 **2,65**	1,95 **2,56**	1,90 **2,47**	1,86 **2,40**	1,83 **2,33**	125
150	3,91 **6,81**	3,06 **4,75**	2,67 **3,91**	2,43 **3,44**	2,27 **3,14**	2,16 **2,92**	2,07 **2,76**	2,00 **2,62**	1,94 **2,53**	1,89 **2,44**	1,85 **2,37**	1,82 **2,30**	150

Tafel 5: Kritische Werte $F_{\alpha;f_1;f_2}$ der F-Verteilung für $\alpha = 0{,}05$ und $\alpha = 0{,}01$ (fett gedruckt) (Fortsetzung)

f_1 = Freiheitsgrade für die Varianz im Zähler von F

f_2 = Freiheitsgrade für die Varianz im Nenner von F

	14	16	20	24	30	40	50	75	100	200	500	∞	
44	1,92	1,88	1,81	1,76	1,72	1,66	1,63	1,58	1,56	1,52	1,50	1,48	44
	2,52	**2,44**	**2,32**	**2,24**	**2,15**	**2,06**	**2,00**	**1,92**	**1,88**	**1,82**	**1,78**	**1,75**	
46	1,91	1,87	1,80	1,75	1,71	1,65	1,62	1,57	1,54	1,51	1,48	1,46	46
	2,50	**2,42**	**2,30**	**2,22**	**2,13**	**2,04**	**1,98**	**1,90**	**1,86**	**1,80**	**1,76**	**1,72**	
48	1,90	1,86	1,79	1,74	1,70	1,64	1,61	1,56	1,53	1,50	1,47	1,45	48
	2,48	**2,40**	**2,28**	**2,20**	**2,11**	**2,02**	**1,96**	**1,88**	**1,84**	**1,78**	**1,73**	**1,70**	
50	1,90	1,85	1,78	1,74	1,69	1,63	1,60	1,55	1,52	1,48	1,46	1,44	50
	2,46	**2,39**	**2,26**	**2,18**	**2,10**	**2,00**	**1,94**	**1,86**	**1,82**	**1,76**	**1,71**	**1,68**	
55	1,88	1,83	1,76	1,72	1,67	1,61	1,58	1,52	1,50	1,46	1,43	1,41	55
	2,43	**2,35**	**2,23**	**2,15**	**2,06**	**1,96**	**1,90**	**1,82**	**1,78**	**1,71**	**1,66**	**1,64**	
60	1,86	1,81	1,75	1,70	1,65	1,59	1,56	1,50	1,48	1,44	1,41	1,39	60
	2,40	**2,32**	**2,20**	**2,12**	**2,03**	**1,93**	**1,87**	**1,79**	**1,74**	**1,68**	**1,63**	**1,60**	
65	1,85	1,80	1,73	1,68	1,63	1,57	1,54	1,49	1,46	1,42	1,39	1,37	65
	2,37	**2,30**	**2,18**	**2,09**	**2,00**	**1,90**	**1,84**	**1,76**	**1,71**	**1,64**	**1,60**	**1,56**	
70	1,84	1,79	1,72	1,67	1,62	1,56	1,53	1,47	1,45	1,40	1,37	1,35	70
	2,35	**2,28**	**2,15**	**2,07**	**1,98**	**1,88**	**1,82**	**1,74**	**1,69**	**1,62**	**1,56**	**1,53**	
80	1,82	1,77	1,70	1,65	1,60	1,54	1,51	1,45	1,42	1,38	1,35	1,32	80
	2,32	**2,24**	**2,11**	**2,03**	**1,94**	**1,84**	**1,78**	**1,70**	**1,65**	**1,57**	**1,52**	**1,49**	
100	1,79	1,75	1,68	1,63	1,57	1,51	1,48	1,42	1,39	1,34	1,30	1,28	100
	2,26	**2,19**	**2,06**	**1,98**	**1,89**	**1,79**	**1,73**	**1,64**	**1,59**	**1,51**	**1,46**	**1,43**	
125	1,77	1,72	1,65	1,60	1,55	1,49	1,45	1,39	1,36	1,31	1,27	1,25	125
	2,23	**2,15**	**2,03**	**1,94**	**1,85**	**1,75**	**1,68**	**1,59**	**1,54**	**1,46**	**1,40**	**1,37**	
150	1,76	1,71	1,64	1,59	1,54	1,47	1,44	1,37	1,34	1,29	1,25	1,22	150
	2,20	**2,12**	**2,00**	**1,91**	**1,83**	**1,72**	**1,66**	**1,56**	**1,51**	**1,43**	**1,37**	**1,33**	

Tafel 5: Kritische Werte $F_{\alpha;f_1;f_2}$ der F-Verteilung für $\alpha - 0{,}05$ und $\alpha = 0{,}01$ (fett gedruckt) (Fortsetzung)

f_1 = Freiheitsgrade für die Varianz im Zähler von F

f_2 = Freiheitsgrade für die Varianz im Nenner von F

	1	2	3	4	5	6	7	8	9	10	11	12	
200	3,89 **6,76**	3,04 **4,71**	2,65 **3,88**	2,41 **3,41**	2,26 **3,11**	2,14 **2,90**	2,05 **2,73**	1,98 **2,60**	1,92 **2,50**	1,87 **2,41**	1,83 **2,34**	1,80 **2,28**	200
400	3,86 **6,70**	3,02 **4,66**	2,62 **3,83**	2,39 **3,36**	2,23 **3,06**	2,12 **2,85**	2,03 **2,69**	1,96 **2,55**	1,90 **2,46**	1,85 **2,37**	1,81 **2,29**	1,78 **2,23**	400
1000	3,85 **6,66**	3,00 **4,62**	2,61 **3,80**	2,38 **3,34**	2,22 **3,04**	2,10 **2,82**	2,02 **2,66**	1,95 **2,53**	1,89 **2,43**	1,84 **2,34**	1,80 **2,26**	1,76 **2,20**	1000
∞	3,84 **6,64**	2,99 **4,60**	2,60 **3,78**	2,37 **3,32**	2,21 **3,02**	2,09 **2,80**	2,01 **2,64**	1,94 **2,51**	1,88 **2,41**	1,83 **2,32**	1,79 **2,24**	1,75 **2,18**	∞

Tafel 5: Kritische Werte $F_{\alpha;f_1;f_2}$ der F-Verteilung für $\alpha = 0{,}05$ und $\alpha = 0{,}01$ (fett gedruckt) (Fortsetzung)

f_1 = Freiheitsgrade für die Varianz im Zähler von F

	14	16	20	24	30	40	50	75	100	200	500	∞	
200	1,74 **2,17**	1,69 **2,09**	1,62 **1,97**	1,57 **1,88**	1,52 **1,79**	1,45 **1,69**	1,42 **1,62**	1,35 **1,53**	1,32 **1,48**	1,26 **1,39**	1,22 **1,33**	1,19 **1,28**	200
400	1,72 **2,12**	1,67 **2,04**	1,60 **1,92**	1,54 **1,84**	1,49 **1,74**	1,42 **1,64**	1,38 **1,57**	1,32 **1,47**	1,28 **1,42**	1,22 **1,32**	1,16 **1,24**	1,13 **1,19**	400
1000	1,70 **2,09**	1,65 **2,01**	1,58 **1,89**	1,53 **1,81**	1,47 **1,71**	1,41 **1,61**	1,36 **1,54**	1,30 **1,44**	1,26 **1,38**	1,19 **1,28**	1,13 **1,19**	1,08 **1,11**	1000
∞	1,69 **2,07**	1,64 **1,99**	1,57 **1,87**	1,52 **1,79**	1,46 **1,69**	1,40 **1,59**	1,35 **1,52**	1,28 **1,41**	1,24 **1,36**	1,17 **1,25**	1,11 **1,15**	1,00 **1,00**	∞

Der vertafelte kritische Wert $F_{\alpha;f_1;f_2}$ schneidet „von rechts“ den Flächeninhalt α von der Gesamtfläche unter der Dichtekurve einer F-Verteilung mit den Freiheitsgraden f_1, f_2 ab und ist demnach identisch mit dem Quantil $\tilde{F}_{1-\alpha;f_1;f_2}$ der Ordnung $1 - \alpha$:

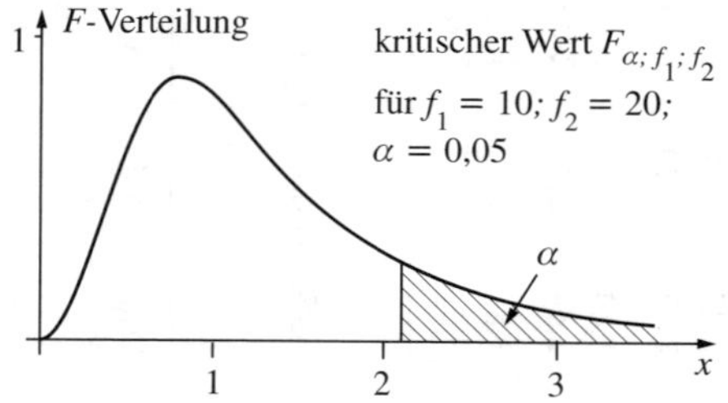

Beispiel 7.4/14: Für $\alpha = 0{,}05$, $f_1 = 10$, $f_2 = 20$ finden wir unter den nicht fettgedruckten Tabellenwerten, indem wir in der Kopfzeile unter $f_1 = 10$ und in der linken Spalte unter $f_2 = 20$ suchen, den Wert $F_{0,05;10;20} = 2{,}35$.

Für $\alpha = 0{,}01$, $f_1 = 10$, $f_2 = 20$ nehmen wir den fettgedruckten Tabellenwert $F_{0,01;10;20} = 3{,}37$.

Anmerkung: *Falls einmal eine linksseitige Fragestellung vorliegen sollte, der Flächeninhalt α also von links abgschnitten werden muß, so kann man den kritischen Wert $F^{links}_{\alpha;f_1;f_2}$ ebenfalls aus Tafel 5 unter Benutzung der Beziehung*

$$F^{links}_{\alpha;f_1;f_2} = \frac{1}{F_{\alpha;f_2;f_1}}$$

erhalten. Es sind also die Freiheitsgrade zu vertauschen und der Kehrwert zu nehmen. (Vgl. auch Abschn. 3.2.3.4.)

Tafel 6: Wahrscheinlichkeiten für den U-Test von MANN und WHITNEY

$n_2 = 3$

U	n_1 = 1	2	3
0	,250	,100	,050
1	,500	,200	,100
2	,750	,400	,200
3		,600	,350
4			,500
5			,650

$n_2 = 4$

U	n_1 = 1	2	3	4
0	,200	,067	,028	,014
1	,400	,133	,057	,029
2	,600	,267	,114	,057
3		,400	,200	,100
4		,600	,314	,171
5			,429	,243
6			,571	,343
7				,443
8				,557

$n_2 = 5$

U	n_1 = 1	2	3	4	5
0	,167	,047	,018	,008	,004
1	,333	,095	,036	,016	,008
2	,500	,190	,071	,032	,016
3	,667	,286	,125	,056	,028
4		,429	,196	,095	,048
5		,571	,286	,143	,075
6			,393	,206	,111
7			,500	,278	,155
8			,607	,365	,210
9				,452	,274
10				,548	,345
11					,421
12					,500
13					,579

$n_2 = 6$

U	n_1 = 1	2	3	4	5	6
0	,143	,036	,012	,005	,002	,001
1	,286	,071	,024	,010	,004	,002
2	,428	,143	,048	,019	,009	,004
3	,571	,214	,083	,033	,015	,008
4		,321	,131	,057	,026	,013
5		,429	,190	,086	,041	,021
6		,571	,274	,129	,063	,032
7			,357	,176	,089	,047
8			,452	,238	,123	,066
9			,548	,305	,165	,090
10				,381	,214	,120
11				,457	,268	,155
12				,545	,331	,197
13					,396	,242
14					,465	,294
15					,535	,350
16						,409
17						,469
18						,531

Tafel 6: Fortsetzung

$n_2 = 7$

U	n_1						
	1	2	3	4	5	6	7
0	,125	,028	,008	,003	,001	,001	,000
1	,250	,056	,017	,006	,003	,001	,001
2	,375	,111	,033	,012	,005	,002	,001
3	,500	,167	,058	,021	,009	,004	,002
4	,625	,250	,092	,036	,015	,007	,003
5		,333	,133	,055	,024	,011	,006
6		,444	,192	,082	,037	,017	,009
7		,556	,258	,115	,053	,026	,013
8			,333	,158	,074	,037	,019
9			,417	,206	,101	,051	,027
10			,500	,264	,134	,069	,036
11			,583	,324	,172	,090	,049
12				,394	,216	,117	,064
13				,464	,265	,147	,082
14				,538	,319	,183	,104
15					,378	,223	,130
16					,438	,267	,159
17					,500	,314	,191
18					,562	,365	,228
19						,418	,267
20						,473	,310
21						,527	,355
22							,402
23							,451
24							,500
25							,549

Tafel 6: Fortsetzung

$n_2 = 8$

U	n_1							
	1	2	3	4	5	6	7	8
0	,111	,022	,006	,002	,001	,000	,000	,000
1	,222	,044	,012	,004	,002	,001	,000	,000
2	,333	,089	,024	,008	,003	,001	,001	,000
3	,444	,133	,042	,014	,005	,002	,001	,001
4	,556	,200	,067	,024	,009	,004	,002	,001
5		,267	,097	,036	,015	,006	,003	,001
6		,356	,139	,055	,023	,010	,005	,002
7		,444	,188	,077	,033	,015	,007	,003
8		,556	,248	,107	,047	,021	,010	,005
9			,315	,141	,064	,030	,014	,007
10			,387	,184	,085	,041	,020	,010
11			,461	,230	,111	,054	,027	,014
12			,539	,285	,142	,071	,036	,019
13				,341	,177	,091	,047	,025
14				,404	,217	,114	,060	,032
15				,467	,262	,141	,076	,041
16				,553	,311	,172	,095	,052
17					,362	,207	,116	,065
18					,416	,245	,140	,080
19					,472	,286	,168	,097
20					,528	,331	,198	,117
21						,377	,232	,139
22						,426	,268	,164
23						,475	,306	,191
24						,525	,347	,221
25							,389	,253
26							,433	,287
27							,478	,323
28							,522	,360
29								,399
30								,439
31								,480
32								,520

Tafel 6: Kritische Werte von U für den Test von MANN und WHITNEY

für den einseitigen Test bei $\alpha = 0{,}01$ für den zweiseitigen Test bei $\alpha = 0{,}02$

n_1	n_2											
	9	10	11	12	13	14	15	16	17	18	19	20
1												
2					0	0	0	0	0	0	1	1
3	1	1	1	2	2	2	3	3	4	4	4	5
4	3	3	4	5	5	6	7	7	8	9	9	10
5	5	6	7	8	9	10	11	12	13	14	15	16
6	7	8	9	11	12	13	15	16	18	19	20	22
7	9	11	12	14	16	17	19	21	23	24	26	28
8	11	13	15	17	20	22	24	26	28	30	32	34
9	14	16	18	21	23	26	28	31	33	36	38	40
10	16	19	22	24	27	30	33	36	38	41	44	47
11	18	22	25	28	31	34	37	41	44	47	50	53
12	21	24	28	31	35	38	42	46	49	53	56	60
13	23	27	31	35	39	43	47	51	55	59	63	67
14	26	30	34	38	43	47	51	56	60	65	69	73
15	28	33	37	42	47	51	56	61	66	70	75	80
16	31	36	41	46	51	56	61	66	71	76	82	87
17	33	38	44	49	55	60	66	71	77	82	88	93
18	36	41	47	53	59	65	70	76	82	88	94	100
19	38	44	50	56	63	69	75	82	88	94	101	107
20	40	47	53	60	67	73	80	87	93	100	107	114

für den einseitigen Test bei $\alpha = 0{,}05$ für den zweiseitigen Test bei $\alpha = 0{,}10$

n_1	n_2											
	9	10	11	12	13	14	15	16	17	18	19	20
1											0	0
2	1	1	1	2	2	2	3	3	3	4	4	4
3	3	4	5	5	6	7	7	8	9	9	10	11
4	6	7	8	9	10	11	12	14	15	16	17	18
5	9	11	12	13	15	16	18	19	20	22	23	25
6	12	14	16	17	19	21	23	25	26	28	30	32
7	15	17	19	21	24	26	28	30	33	35	37	39
8	18	20	23	26	28	31	33	36	39	41	44	47
9	21	24	27	30	33	36	39	42	45	48	51	54
10	24	27	31	34	37	41	44	48	51	55	58	62
11	27	31	34	38	42	46	50	54	57	61	65	69
12	30	34	38	42	47	51	55	60	64	68	72	77
13	33	37	42	47	51	56	61	65	70	75	80	84
14	36	41	46	51	56	61	66	71	77	82	87	92
15	39	44	50	55	61	66	72	77	83	88	94	100
16	42	48	54	60	65	71	77	83	89	95	101	107
17	45	51	57	64	70	77	83	89	96	102	109	115
18	48	55	61	68	75	82	88	95	102	109	116	123
19	51	58	65	72	80	87	94	101	109	116	123	130
20	54	62	69	77	84	92	100	107	115	123	130	138

Tafel 7: Untere Schranken $T_{\alpha;f}$ der Prüfgröße T für den WILCOXON-Test

	α für einseitige Fragestellung								
	0,050	0,025	0,01	0,005		0,05	0,025	0,01	0,005
	α für zweiseitige Fragestellung								
f	0,100	0,050	0,020	0,010	f	0,100	0,050	0,020	0,010
5	0,0	-	-	-	19	53,0	46,0	37,5	32,0
6	2,0	0,0	-	-	20,0	60,0	52,0	43,0	37,5
7	3,0	2,0	0,0	-	21,0	67,0	58,5	49,0	42,5
8	5,0	3,5	1,5	0,0	22,0	75,0	65,5	55,5	48,5
9	8,0	5,5	3	1,5	23,0	83,0	73,0	62,0	54,5
10	10,0	8,0	5,0	3,0	24,0	91,0	81,0	69,0	61,0
11	13,0	10,5	7,0	5,0	25,0	100,0	89,0	76,5	68,0
12	17,0	13,5	9,5	7,0	26,0	110,0	98,0	84,5	75,0
13	21,0	17,0	12,5	9,5	27,0	119,0	107,0	92,0	83,0
14	25,0	21,0	15,5	12,5	28,0	130,0	116,0	101,0	91,0
15	30,0	25,0	19,5	15,5	29,0	140,0	126,0	110,0	100,0
16	35,0	29,5	23,5	19,5	30,0	151,0	137,0	120,0	109,0
17	41,0	34,5	27,5	23,0	31,0	163,0	147,0	130,0	118,0
18	47,0	40,0	32,5	27,5	32,0	175,0	159,0	140,0	128,0

Beispiel 7.7/15: Für $f = 13$ Differenzen ist ein berechnetes $T = 9$ bei 5 % Irrtumswahrscheinlichkeit unter zweiseitiger Fragestellung signifikant, da $T_{0,05;13} = 17$ und $9 < 17$.

Tafel 8: Zufallshöchstwerte des Maßkorrelationskoeffizienten[1] r

Freiheitsgrade	Irrtumswahrscheinlichkeit α			
	5%	1%	0,27%	0,1%
	Zufallshöchstwerte von r			
5	0,75	0,87	0,93	0,95
10	0,58	0,71	0,78	0,82
15	0,48	0,61	0,68	0,72
20	0,42	0,53	0,61	0,65
25	0,38	0,49	0,55	0,60
30	0,35	0.45	0,51	0,55
35	0,32	0,42	0,48	0,52
40	0,30	0,39	0,45	0,49
50	0,27	0,35	0,41	0,44
60	0,25	0,33	0,37	0,41
70	0,23	0,30	0,35	0,38
80	0,22	0,28	0,33	0,36
90	0,21	0,26	0,31	0,34
100	0,19	0,25	0,29	0,32
120	0,18	0,23	0,27	0,30
150	0,16	0,21	0,24	0,26
200	0,14	0,18	0,21	0,23
300	0,11	0,15	0,17	0,19
400	0,10	0,13	0,15	0,16
500	0,09	0,11	0,13	0,15
700	0,07	0,10	0,11	0,12
900	0,06	0,09	0,10	0,11
1000 und mehr	kleiner als 0,06	kleiner als 0,09	kleiner als 0,10	kleiner als 0,11

Werte für Freiheitsgrade, die nicht explizit in der linken Spalte auftreten, werden durch lineare Interpolation (vgl. Abschnitt 6.2.2.1) abgeschätzt:

Beispiel:

Wir benötigen den Wert $r_{0{,}01;8}$. Aus der Tafel finden wir in der Spalte für 1 % Werte betreffend 5 Freiheitsgrade und 10 Freiheitsgrade: $r_{0{,}01;5} = 0{,}87$ und $r_{0{,}01;10} = 0{,}71$. Lineare Interpolation ergibt:

$$r_{0{,}01;8} = 0{,}87 + \frac{8-5}{10-5} \cdot (0{,}71 - 0{,}87) = 0{,}87 + 0{,}6 \cdot (0{,}71 - 0{,}87) = 0{,}77.$$

[1] Zur Prüfung des Rangkorrelationskoeffizienten R aus kleinen Stichproben ($n \leq 30$) bediene man sich der Tafel 18.

Tafel 9: Signifikante studentisierte Variationsbreite für die Irrtumswahrscheinlichkeit $\alpha = 1\ \%$ (DUNCAN-Test)

f	*p*								
	2	3	4	5	6	7	8	9	10
1	90,030	90,030	90,03	90,030	90,030	90,030	90,030	90,030	90,030
2	14,040	14,040	14,040	14,040	14,040	14,040	14,040	14,040	14,040
3	8,261	8,321	8,321	8,321	8,321	8,321	8,321	8,321	8,321
4	6,512	6,677	6,740	6,756	6,756	6,756	6,756	6,756	6,756
5	5,702	5,893	5,989	6,040	6,065	6,074	6,074	6,074	6,074
6	5,342	5,439	5,549	5,614	5,655	5,680	5,694	5,701	5,703
7	4,949	5,145	5,260	5,334	5,383	5,416	5,439	5,454	5,464
8	4,746	4,939	5,057	5,135	5,189	5,227	5,256	5,276	5,291
9	4,596	4,787	4,906	4,986	5,043	5,086	5,118	5,142	5,160
10	4,482	4,671	4,790	4,871	4,931	4,975	5,010	5,037	5,058
11	4,392	4,579	4,697	4,780	4,841	4,887	4,924	4,952	4,975
12	4,320	4,504	4,622	4,706	4,767	4,815	4,852	4,883	4,907
13	4,260	4,442	4,560	4,644	4,706	4,755	4,793	4,824	4,850
14	4,210	4,391	4,508	4,591	4,654	4,704	4,743	4,775	4,802
15	4,168	4,347	4,463	4,547	4,610	4,660	4,700	4,733	4,760
16	4,131	4,309	4,425	4,509	4,572	4,622	4,663	4,696	4,724
17	4,099	4,275	4,391	4,475	4,539	4,589	4,630	4,664	4,693
18	4,071	4,246	4,362	4,445	4,509	4,560	4,601	4,635	4,664
19	4,046	4,220	4,335	4,419	4,483	4,534	4,575	4,610	4,639
20	4,024	4,197	4,312	4,395	4,459	4,510	4,552	4,587	4,617
24	3,956	4,126	4,239	4,322	4,386	4,437	4,480	4,516	4,546
30	3,889	4,056	4,168	4,250	4,314	4,366	4,409	4,445	4,477
40	3,825	3,988	4,098	4,180	4,244	4,296	4,339	4,376	4,408
60	3,762	3,922	4,031	4,111	4,174	4,226	4,270	4,307	4,340
120	3,702	3,858	3,965	4,044	4,107	4,158	4,202	4,239	4,272
∞	3,643	3,796	3,900	3,978	4,040	4,091	4,135	4,172	4,205

Diese Tafel enthält die kritischen Werte $q_\alpha(p; f)$ für den DUNCAN-Test (vgl. Abschn. 4.3.3.7.3, wir haben dabei $f = N - l$ zu setzen).

Ablesebeispiel: Es wird $q_{0,01}(5; 60)$ gesucht. Diesen Wert finden wir in der Spalte mit dem Wert 5 in der Kopfzeile und suchen in der Zeile für $f = 60$: $q_{0,01}(5; 60) = 4{,}111$.

Benötigen wir nun ein $q_\alpha(p; f)$, für das die Zahl f der Freiheitsgrade nicht in der linken Spalte vorkommt, so behelfen wir uns mit linearer Interpolation (vgl. Abschn. 6.2.2.1).

Tafel 9: Signifikante studentisierte Variationsbreite für die Irrtumswahrscheinlichkeit $\alpha = 1$ % (DUNCAN-Test) (Fortsetzung)

f	p = 11	12	13	14	15	16	17	18	19
1	90,030	90,030	90,030	90,030	90,030	90,030	90,030	90,030	90,030
2	14,040	14,040	14,040	14,040	14,040	14,040	14,040	14,040	14,040
3	8,321	8,321	8,321	8,321	8,321	8,321	8,321	8,321	8,321
4	6,756	6,756	6,756	6,756	6,756	6,756	6,756	6,756	6,756
5	6,074	6,074	6,074	6,074	6,074	6,074	6,074	6,074	6,074
6	5,703	5,703	5,703	5,703	5,703	5,703	5,703	5,703	5,703
7	5,470	5,472	5,472	5,472	5,472	5,472	5,472	5,472	5,472
8	5,302	5,309	5,314	5,316	5,317	5,317	5,317	5,317	5,317
9	5,174	5,185	5,193	5,199	5,203	5,205	5,206	5,206	5,206
10	5,074	5,088	5,098	5,106	5,112	5,117	5,120	5,122	5,124
11	4,994	5,009	5,021	5,031	5,039	5,045	5,050	5,054	5,057
12	4,927	4,944	4,958	4,969	4,978	4,986	4,993	4,998	5,002
13	4,872	4,889	4,904	4,917	4,928	4,937	4,944	4,950	4,956
14	4,824	4,843	4,859	4,872	4,884	4,894	4,902	4,910	4,916
15	4,783	4,803	4,820	4,834	4,846	4,857	4,866	4,874	4,881
16	4,7486	4,768	4,786	4,800	4,813	4,825	4,835	4,844	4,851
17	4,7177	4,738	4,756	4,771	4,785	4,797	4,807	4,816	4,824
18	4,6898	4,711	4,729	4,745	4,759	4,772	4,783	4,792	4,801
19	4,6659	4,686	4,705	4,722	4,736	4,749	4,761	4,771	4,780
20	4,6420	4,664	4,684	4,701	4,716	4,729	4,741	4,751	4,761
24	4,5734	4,596	4,616	4,634	4,651	4,665	4,678	4,690	4,700
30	4,5040	4,528	4,550	4,569	4,586	4,601	4,615	4,628	4,640
40	4,4360	4,461	4,483	4,503	4,521	4,537	4,553	4,566	4,579
60	4,3680	4,394	4,417	4,438	4,456	4,474	4,490	4,504	4,518
120	4,301	4,327	4,351	4,372	4,392	4,410	4,426	4,442	4,456
∞	4,235	4,261	4,285	4,307	4,327	4,345	4,363	4,379	4,394

Beispiel: Es wird $q_{0,01}(15;70)$ benötigt. wir finden in der Spalte mit dem Wert 15 in der Kopfzeile unter $f = 60$ bzw. $f = 120$ die Werte: $q_{0,01}(15;60) = 4{,}456$, $q_{0,01}(15;120) = 4{,}392$. Lineare Interpolation ergibt:

$$q_{0,01}(15;70) = 4{,}456 + \frac{70-60}{120-60}\cdot(4{,}392-4{,}456) = 4{,}456 + \frac{10}{60}\cdot(4{,}392-4{,}456) = 4{,}445$$

Tafel 9: Signifikante studentisierte Variationsbreite für die Irrtumswahrscheinlichkeit $\alpha = 5\ \%$ (DUNCAN-Test) (Fortsetzung)

f	p								
	2	3	4	5	6	7	8	9	10
1	17,970	17,970	17,970	17,970	17,970	17,970	17,970	17,970	17,970
2	6,085	6,085	6,085	6,085	6,085	6,085	6,085	6,085	6,085
3	4,501	4,516	4,516	4,516	4,516	4,516	4,516	4,516	4,516
4	3,927	4,013	4,033	4,033	4,033	4,033	4,033	4,033	4,033
5	3,635	3,749	3,797	3,814	3,814	3,814	3,814	3,814	3,814
6	3,461	3,587	3,649	3,680	3,694	3,697	3,697	3,697	3,697
7	3,344	3,477	3,548	3,588	3,611	3,622	3,626	3,626	3,626
8	3,261	3,399	3,475	3,521	3,549	3,566	3,575	3,579	3,579
9	3,199	3,339	3,420	3,470	3,502	3,523	3,536	3,544	3,547
10	3,151	3,293	3,376	3,430	3,465	3,489	3,505	3,516	3,522
11	3,113	3,256	3,342	3,397	3,435	3,462	3,480	3,493	3,501
12	3,082	3,225	3,313	3,370	3,410	3,439	3,459	3,474	3,484
13	3,055	3,200	3,289	3,348	3,389	3,419	3,442	3,458	3,470
14	3,033	3,178	3,268	3,329	3,372	3,403	3,426	3,444	3,457
15	3,014	3,160	3,250	3,312	3,356	3,389	3,413	3,432	3,446
16	2,998	3,144	3,235	3,298	3,343	3,376	3,402	3,422	3,437
17	2,984	3,130	3,222	3,285	3,331	3,366	3,392	3,412	3,429
18	2,971	3,118	3,210	3,274	3,321	3,356	3,383	3,405	3,421
19	2,960	3,107	3,199	3,264	3,311	3,347	3,375	3,397	3,415
20	2,950	3,097	3,190	3,255	3,303	3,339	3,368	3,391	3,409
24	2,919	3,066	3,160	3,226	3,276	3,315	3,345	3,370	3,390
30	2,888	3,035	3,131	3,199	3,250	3,290	3,322	3,349	3,371
40	2,858	3,006	3,102	3,171	3,224	3,266	3,300	3,328	3,352
60	2,829	2,976	3,073	3,143	3,198	3,241	3,277	3,307	3,333
120	2,800	2,947	3,045	3,116	3,172	3,217	3,254	3,287	3,314
∞	2,772	2,918	3,017	3,089	3,146	3,193	3,232	3,265	3,294

Tafel 9: Signifikante studentisierte Variationsbreite für die Irrtumswahrscheinlichkeit $\alpha = 5$ % (DUNCAN-Test) (Fortsetzung)

f	p								
	2	3	4	5	6	7	8	9	10
1	17,970	17,970	17,970	17,970	17,970	17,970	17,970	17,970	17,970
2	6,085	6,085	6,085	6,085	6,085	6,085	6,085	6,085	6,085
3	4,516	4,516	4,516	4,516	4,516	4,516	4,516	4,516	4,516
4	4,033	4,033	4,033	4,033	4,033	4,033	4,033	4,033	4,033
5	3,814	3,814	3,814	3,814	3,814	3,814	3,814	3,814	3,814
6	3,697	3,697	3,697	3,697	3,697	3,697	3,697	3,697	3,697
7	3,626	3,626	3,626	3,626	3,626	3,626	3,626	3,626	3,626
8	3,579	3,579	3,579	3,579	3,579	3,579	3,579	3,579	3 579
9	3,547	3,547	3,547	3,547	3,547	3,547	3,547	3,547	3,547
10	3,525	3,526	3,526	3,526	3,526	3,526	3,526	3,526	3,526
11	3,506	3,509	3,510	3,510	3,510	3,510	3,510	3,510	3,510
12	3,491	3,496	3,498	3,499	3,499	3,499	3,499	3,499	3,499
13	3,478	3,484	3,488	3,490	3,490	3,490	3,490	3,490	3,490
14	3,467	3,474	3,479	3,482	3,484	3,484	3,485	3,485	3,485
15	3,457	3,465	3,471	3,476	3,478	3,480	3,481	3,481	3,481
16	3,449	3,458	3,465	3,470	3,473	3,477	3,478	3,478	3,478
17	3,441	3,451	3,459	3,465	3,469	3,473	3,475	3,476	3,476
18	3,435	3,445	3,454	3,460	3,465	3,470	3,472	3,474	3,474
19	3,429	3,440	3,449	3,456	3,462	3,467	3 470	3 472	3,473
20	3,424	3,436	3,445	3,453	3,459	3,464	3,467	4,470	3,472
24	3,406	3,420	3,432	3,441	3,449	3,456	3,461	3,465	3,469
30	3,389	3,405	3,418	3,430	3,439	3,447	3,454	3,460	3,466
40	3,373	3,390	3,405	3,418	3,429	3,439	3,448	3,456	3,463
60	3,355	3,374	3,391	3,406	3,419	3,431	3,442	3,451	3,460
120	3,337	3,359	3,377	3,394	3,409	3,423	3,435	3,446	3,457
∞	3,320	3,343	3,363	3,382	3,399	3,414	3,428	3,442	3,454

Tafel 10: Wahrscheinlichkeiten zum H-Test

n_1	n_2	n_3	H	γ
3	2	2	4,464	0,105
			4,500	0,067
			4,714	0,048
			5,357	0,029
3	3	2	4,556	0,100
			5,139	0,061
			5,361	0,032
			6,250	0,011
3	3	3	4,622	0,100
			5,067	0,086
			5,600	0,050
			5,689	0,029
			6,489	0,011
			7,200	0,004
4	2	2	4,167	0,105
			4,458	0,100
			5,125	0,052
			5,333	0,033
			6,000	0,014
4	3	2	4,444	0,102
			4,511	0,098
			5,400	0,051
			5,444	0,046
			6,300	0,011
			6,444	0,008
4	3	3	4,700	0,101
			4,709	0,092
			5,727	0,050
			5,791	0,046
			6,709	0,013
			6,746	0,010
4	4	2	4,445	0,103
			4,555	0,098
			5,236	0,052
			5,455	0,046
			6,873	0,011
			7,036	0,006
4	4	3	4,477	0,102
			4,546	0,099
			5,576	0,051
			5,598	0,049
			7,136	0,011
			7,144	0,010
4	4	4	4,500	0,104
			4,654	0,097
			5,654	0,054
			5,692	0,049
			7,538	0,011
			7,654	0,008
5	2	2	4,293	0,122
			4,373	0,090
			5,040	0,056
			5,160	0,034
			6,133	0,013
			6,533	0,008
5	3	2	4,495	0,101
			4,651	0,091
			5,106	0,052
			5,251	0,049
			6,822	0,010
			6,909	0,009
5	3	3	4,412	0,109
			4,533	0,097
			5,515	0,051
			5,649	0,049
			6,982	0,011
			7,079	0,009
5	4	2	4,518	0,101
			4,541	0,098
			5,268	0,050
			5,273	0,049
			7,118	0,010
			7,205	0,009

Tafel 10: Fortsetzung

n_1	n_2	n_3	H	γ	n_1	n_2	n_3	H	γ
5	4	3	4,523	0,103	5	5	3	4,536	0,102
			4,549	0,099				4,545	0,100
			5,631	0,050				5,626	0,051
			5,656	0,049				5,706	0,046
			7,395	0,011				7,543	0,010
			7,445	0,010				7,578	0,010
5	4	4	4,553	0,102	5	5	4	4,520	0,101
			4,619	0,100				4,523	0,099
			5,618	0,050				5,643	0,050
			5,657	0,049				5,666	0,049
			7,744	0,011				7,791	0,010
			7,760	0,009				7,823	0,010
5	5	2	4,508	0,100	5	5	5	4,500	0,102
			4,623	0,097				4,560	0,100
			5,246	0,051				5,660	0,051
			5,339	0,047				5,780	0,049
			7,269	0,010				7,980	0,010
			7,339	0,010				8,000	0,009

Die H-Werte, zu denen Überschreitungswahrscheinlichkeiten γ angegeben sind, gestatten einen Vergleich von γ mit den Irrtumswahrscheinlichkeiten 0,10, 0,05 und 0,01.

Beispiel 7.10/16: Bei Stichprobenumfängen von $n_1 = n_2 = 4$ und $n_3 = 2$ wurde $H = 6{,}25$ berechnet. Zu diesem Wert gehört eine Wahrscheinlichkeit, die zwischen 0,046 (zu $H = 5{,}455$) und 0,011 (zu $H = 6{,}873$) liegt. H_0 wäre auf dem 5-Prozent-Niveau zurückzuweisen, auf dem 1-Prozent-Niveau anzunehmen.

Beispiel 7.10/17: Bei Stichprobenumfängen von $n_1 = 5$, $n_2 = 5$, $n_3 = 4$ wurde $H = 12{,}2$ berechnet. Der Wert 12,2 ist größer als 7,823, damit ist die Überschreitungswahrscheinlichkeit γ auf jeden Fall kleiner als 0,01. Die Nullhypothese H_0 wird abgelehnt.

Tafel 11: Wahrscheinlichkeiten zum FRIEDMAN-Test

k=3

n=3		n=5		n=6		n=7	
χ^2	γ	χ^2	γ	χ^2	γ	χ^2	γ
4,67	0,194	4,8	0,124	4,33	0,142	4,57	0,112
6,00	0,028	5,2	0,093	6,33	0,052	6,00	0,052
		6,4	0,039	7,00	0,029	7,14	0,027
n = 4		7,6	0,024	8,33	0,012	8,00	0,016
		8,4	0,0085	9,00	0,0081	8,86	0,0084
4,5	0,125	10,0	0,00077	10,33	0,0017	11,14	0,0012
6,0	0,069			12,00	0,00013	12,29	0,00032
6,5	0,042						
8,0	0,0046						

k=3

n=8		n=9	
χ^2	γ	χ^2	γ
4,75	0,120	4,67	0,107
5,25	0,079	6,00	0,057
6,25	0,047	6,22	0,048
7,75	0,018	8,67	0,010
9,00	0,0099	9,56	0,0060
12,00	0,0011	11,56	0,0013
12,25	0,00032	12,67	0,00066

k=4

n=3		n=4	
χ^2	γ	χ^2	γ
5,8	0,148	5,7	0,141
7,0	0,054	6,0	0,105
7,4	0,033	7,5	0,052
8,2	0,017	7,8	0,036
9,0	0,0017	9,3	0,012
		9,6	0,0069
		10,8	0,0016
		11,1	0,00094

Beispiel 7.11/18: Die Untersuchung der Effektivität des Spaltenfaktors für Daten in 3 Spalten und 4 Zeilen ergab $\chi_S^2 = 6{,}62$. Die Tafel liefert für $k = 3$ und $n = 4$ bei $\chi^2 = 6{,}5$ ein $\gamma = 0{,}042$. Für den Wert 6,62 ist $\gamma < 0{,}05$, H_0 wäre auf dem 5-Prozent-Niveau zurückzuweisen.

Tafel 12: Kritische Werte $C_{\alpha;l;n-1}$ für den COCHRAN-Test

		l ... Anzahl der Stichproben										
$n-1$	α in %	2	3	4	5	6	7	8	9	10	15	20
1	5	.9985	.9669	.9065	.8412	.7808	.7271	.6798	.6385	.6020	.4709	.3894
	1	.9999	.9933	.9676	.9279	.8828	.8376	.7945	.7544	.7175	.5747	.4799
2	5	.9750	.8709	.7679	.6838	.6161	.5612	.5157	.4775	.4450	.3346	.2705
	1	.9950	.9423	.8643	.7885	.7218	.6644	.6152	.5727	.5358	.4069	.3297
3	5	.9392	.7977	.6841	.5981	.5321	.4800	.4377	.4027	.3733	.2758	.2205
	1	.9794	.8831	.7814	.6957	.6258	.5685	.5209	.4180	.4469	.3317	.2654
4	5	.9057	.7457	.6287	.5441	.4803	.4307	.3910	.3584	.3311	.2419	.1921
	1	.9586	.8335	.7212	.6329	.5635	.5080	.4627	.4251	.3934	.2882	.2228
5	5	.8772	.7071	.5895	.5065	.4447	.3974	.3595	.3286	.3029	.2195	.1735
	1	.9373	.7933	.6761	.5875	.5195	.4659	.4226	.3870	.3572	.2593	.2048
6	5	.8534	.6771	.5598	.4783	.4184	.3726	.3362	.3067	.2823	.2034	.1602
	1	.9172	.7606	.6410	.5531	.4866	.4347	.3932	.3592	.3308	.2386	.1877
7	5	.8332	.6530	,5365	.4564	.3980	.3535	.3185	.2901	.2666	.1911	.1501
	1	.8988	.7335	.6129	.5259	.4608	.4105	.3704	.3378	.3106	.2228	.1748
8	5	.8159	.6333	.5175	.4387	.3817	.3384	.3043	.2768	.2541	.1815	.1422
	1	.8823	.7107	.5897	.5037	.4401	.3911	.3522	.3207	.2945	.2104	.1646
9	5	.8010	.6167	.5017	.4241	.3682	.3259	.2926	.2659	.2439	.1736	.1357
	1	.8674	.6912	.5702	.4854	.4229	.3751	.3373	.3067	.2813	.2002	.1567
16	5	.7341	.5466	.4366	.3645	.3135	.2756	.2462	.2226	.2032	.1429	.1108
	1	.7949	.6059	.4884	.4094	.3529	.3105	.2779,	.2514	.2297	.1612	.1248
36	5	.6602	.4748	.3720	.3066	.2612	.2278	.2022	.1820	.1655	.1144	.0879
	1	.7067	.5153	.4057	.3351	.2858	.2494	.2214	.1992	.1811	.1251	.0960
144	5	.5813	.4031	.3093	.2513	.2119	.1833	.1616	.1446	.1308	.0889	.0675
	1	.6062	.4230	.3251	.2644	.2229	.1929	.1700	.1521	.1376	.0934	.0709

Ablesebeispiel: Es wird $C_{0,01;3;8}$ gesucht. Wir gehen in die Spalte $l = 3$ und die Zeile $n - 1 = 8$ und lesen an der betreffenden Stelle den unteren Wert (betreffend $\alpha = 1$ %) ab: $C_{0,01;3;8} = 0{,}7107$.

Kommt die Zahl $n - 1$ in unserem Anwendungsfall in der linken Spalte nicht vor, so wird linear interpoliert (vgl. Abschn. 6.2.2.1).

Beispiel: Wir benötigen $C_{0,01;3;14}$. In der Tafel finden wir $C_{0,01;3;9} = 0{,}6912$ und $C_{0,01;3;16} = 0{,}6059$. Lineare Interpolation ergibt

$$C_{0,01;3;14} = 0{,}6912 + \frac{14-9}{16-9} \cdot (0{,}6059 - 0{,}6912) = 0{,}6303.$$

Tafel 13: Binomialverteilung

Diese Tafel enthält Einzel- und Summenwahrscheinlichkeiten für eine mit den Parametern n (natürliche Zahl) und p (reelle Zahl mit $0 < p < 1$) binomialverteilte Zufallsgröße X:

$$P(X = k) = b(k; n; p) = \binom{n}{k} p^k (1-p)^{n-k},$$

$$P(X \leq k) = B(k; n; p) = \sum_{l=0}^{k} b(l; n; p),$$

$$k = 0, 1, \ldots, n; \quad n = 1, 2, \ldots; \quad 0 \leq p \leq 1.$$

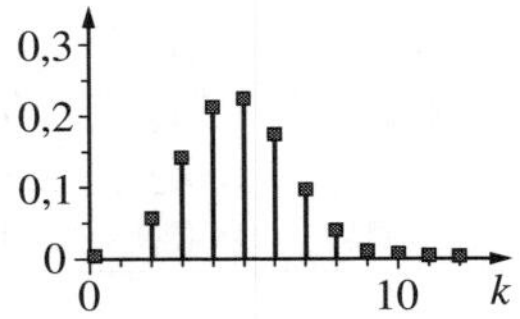

Tafel 13A enthält Werte der Einzelwahrscheinlichkeiten $b(k; n; p)$ für

$n = 1\ (1)\ 25$

$p = 0{,}005(0{,}005)\ 0{,}02(0{,}01)$ bis $0{,}070$ Seiten 402–407

$p = 0{,}08(0{,}01)\ 0{,}10(0{,}05)\ 0{,}30(0{,}10)\ 0{,}50$ Seiten 408–417

$k = 0\ (1)\ n$

mit einer Genauigkeit[1)] von $0{,}5 \cdot 10^{-4}$.

Die Tafel 13B enthält Werte der Summenwahrscheinlichkeiten $B(k; n; p)$ für die gleichen Werte n, p und k mit der gleichen Genauigkeit. ($p \leq 0{,}07$ Seiten 418–423; $0{,}08 \leq p \leq 0{,}50$ Seiten 424–433).

Die entsprechenden Werte für $p > 0{,}5$ ergeben sich aus

$$\left.\begin{aligned} b(k; n; p) &= b(n-k; n; 1-p) \\ B(k; n; p) &= 1 - B(n-k-1; n; 1-p) \end{aligned}\right\} \quad p > 0{,}5 .$$

Beispiel 7.13/19: Für $n = 12$, $p = 0{,}40$, $k = 3$ erhält man

$$P(X = 3) = b(3; 12; 0{,}40) = 0{,}1419$$
$$P(X \leq 3) = B(3; 12; 0{,}40) = 0{,}2253.$$

Beispiel 7.13/20: Für $n = 12$, $p = 0{,}70$, $k = 5$ erhält man

$$\begin{aligned} P(X = 5) &= b(5; 12; 0{,}70) &&= b(12-5; 12; 0{,}30) \\ &= b(7; 12; 0{,}30) &&= 0{,}0291 \\ P(X \leq 5) &= B(5; 12; 0{,}70) &&= 1 - B(12-5-1; 12; 0{,}30) \\ &= 1 - B(6; 12; 0{,}30) &&= 1 - 0{,}9614 = 0{,}0386. \end{aligned}$$

Für größere Werte von n werden folgende Approximationen mittels der Normalverteilung (vgl. Tafel 1 bzgl. $\varphi(x)$ und Tafel 2 bzgl. $\Phi(x)$) empfohlen:

$$B(k; n; p) \approx \Phi\left(\frac{k - n \cdot p + 0{,}5}{\sigma}\right) \quad \text{mit} \quad \sigma = \sqrt{n \cdot p(1-p)},$$

$$b(k; n; p) \approx \frac{1}{\sigma} \cdot \varphi(x) \cdot \left(1 - \frac{(1-2p) \cdot x \cdot (3 - x^2)}{6 \cdot \sigma}\right) \quad \text{mit} \quad x = \frac{k - n \cdot p}{\sigma}$$

---

1) Die in Klammern angegebenen Zahlen bedeuten das Schrittmaß.

Tafel 13A: Einzelwahrscheinlichkeiten $b(k; n; p)$

$n = 1$

	p								
k	.005	.010	.015	.020	.030	.040	.050	.060	.070
0	.9950	.9900	.9850	.9800	.9700	.9600	.9500	.9400	.9300
1	.0050	.0100	.0150	.0200	.0300	.0400	.0500	.0600	.0700

$n = 2$

	p								
k	.005	.010	.015	.020	.030	.040	.050	.060	.070
0	.9900	.9801	.9702	.9604	.9409	.9216	.9025	.8836	.8649
1	.0100	.0198	.0296	.0392	.0582	.0768	.0950	.1128	.1302
2	.0000	.0001	.0002	.0004	.0009	.0016	.0025	.0036	.0049

$n = 3$

	p								
k	.005	.010	.015	.020	.030	.040	.050	.060	.070
0	.9851	.9703	.9557	.9412	.9127	.8847	.8574	.8306	.8044
1	.0149	.0294	.0437	.0576	.0847	.1106	.1354	.1590	.1816
2	.0001	.0003	.0007	.0012	.0026	.0046	.0071	.0102	.0137
3	.0000	.0000	.0000	.0000	.0000	.0001	.0001	.0002	.0003

$n = 4$

	p								
k	.005	.010	.015	.020	.030	.040	.050	.060	.070
0	.9801	.9606	.9413	.9224	.8853	.8493	.8145	.7807	.7481
1	.0197	.0388	.0573	.0753	.1095	.1416	.1715	.1993	.2252
2	.0001	.0006	.0013	.0023	.0051	.0088	.0135	.0191	.0254
3	.0000	.0000	.0000	.0000	.0001	.0002	.0005	.0008	.0013

$n = 5$

	p								
k	.005	.010	.015	.020	.030	.040	.050	.060	.070
0	.9752	.9510	.9272	.9039	.8587	.8154	.7738	.7339	.6957
1	.0245	.0480	.0706	.0922	.1328	.1699	.2036	.2342	.2618
2	.0002	.0010	.0022	.0038	.0082	.0142	.0214	.0299	.0394
3	.0000	.0000	.0000	.0001	.0003	.0006	.0011	.0019	.0030
4	.0000	.0000	.0000	.0000	.0000	.0000	.0000	.0001	.0001

$n = 6$

	p								
k	.005	.010	.015	.020	.030	.040	.050	.060	.070
0	.9704	.9415	.9133	.8858	.8330	.7828	.7351	.6899	.6470
1	.0293	.0571	.0834	.1085	.1546	.1957	.2321	.2642	.2922
2	.0004	.0014	.0032	.0055	.0120	.0204	.0305	.0422	.0550
3	.0000	.0000	.0001	.0002	.0005	.0011	.0021	.0036	.0055
4	.0000	.0000	.0000	.0000	.0000	.0000	.0001	.0002	.0003

Tafel 13A: Einzelwahrscheinlichkeiten $b(k; n; p)$ (Fortsetzung)

$n = 7$

	p								
k	.005	.010	.015	.020	.030	.040	.050	.060	.070
0	.9655	.9321	.8996	.8681	.8080	.7514	.6983	.6485	.6017
1	.0340	.0659	.0959	.1240	.1749	.2192	.2573	.2897	.3170
2	.0005	.0020	.0044	.0076	.0162	.0274	.0406	.0555	.0716
3	.0000	.0000	.0001	.0003	.0008	.0019	.0036	.0059	.0090
4	.0000	.0000	.0000	.0000	.0000	.0001	.0002	.0004	.0007

$n = 8$

	p								
k	.005	.010	.015	.020	.030	.040	.050	.060	.070
0	.9607	.9227	.8861	.8508	.7837	.7214	.6634	.6096	.5596
1	.0386	.0746	.1080	.1389	.1939	.2405	.2793	.3113	.3370
2	.0007	.0026	.0058	.0099	.0210	.0351	.0515	.0695	.0888
3	.0000	.0001	.0002	.0004	.0013	.0029	.0054	.0089	.0134
4	.0000	.0000	.0000	.0000	.0001	.0002	.0004	.0007	.0013
5	.0000	.0000	.0000	.0000	.0000	.0000	.0000	.0000	.0001

$n = 9$

	p								
k	.005	.010	.015	.020	.030	.040	.050	.060	.070
0	.9559	.9135	.8728	.8337	.7602	.6925	.6302	.5730	.5204
1	.0432	.0830	.1196	.1531	.2116	.2597	.2985	.3292	.3525
2	.0009	.0034	.0073	.0125	.0262	.0433	.0629	.0840	.1061
3	.0000	.0001	.0003	.0006	.0019	.0042	.0077	.0125	.0186
4	.0000	.0000	.0000	.0000	.0001	.0003	.0006	.0012	.0021
5	.0000	.0000	.0000	.0000	.0000	.0000	.0000	.0001	.0002

$n = 10$

	p								
k	.005	.010	.015	.020	.030	.040	.050	.060	.070
0	.9511	.9044	.8597	.8171	.7374	.6648	.5987	.5386	.4840
1	.0478	.0914	.1309	.1667	.2281	.2770	.3151	.3438	.3643
2	.0011	.0042	.0090	.0153	.0317	.0519	.0746	.0988	.1234
3	.0000	.0001	.0004	.0008	.0026	.0058	.0105	.0168	.0248
4	.0000	.0000	.0000	.0000	.0001	.0004	.0010	.0019	.0033
5	.0000	.0000	.0000	.0000	.0000	.0000	.0001	.0001	.0003

$n = 11$

	p								
k	.005	.010	.015	.020	.030	.040	.050	.060	.070
0	.9464	.8953	.8468	.8007	.7153	.6382	.5688	.5063	.4501
1	.0523	.0995	.1419	.1798	.2433	.2925	.3293	.3555	.3727
2	.0013	.0050	.0108	.0183	.0376	.0609	.0867	.1135	.1403
3	.0000	.0002	.0005	.0011	.0035	.0076	.0137	.0217	.0317
4	.0000	.0000	.0000	.0000	.0002	.0006	.0014	.0028	.0048
5	.0000	.0000	.0000	.0000	.0000	.0000	.0001	.0002	.0005

Tafel 13A: Einzelwahrscheinlichkeiten $b(k; n; p)$ (Fortsetzung)

$n = 12$

	p								
k	.005	.010	.015	.020	.030	.040	.050	.060	.070
0	.9416	.8864	.8341	.7847	.6938	.6127	.5404	.4759	.4186
1	.0568	.1074	.1524	.1922	.2575	.3064	.3413	.3645	.3781
2	.0016	.0060	.0128	.0216	.0438	.0702	.0988	.1280	.1565
3	.0000	.0002	.0006	.0015	.0045	.0098	.0173	.0272	.0393
4	.0000	.0000	.0000	.0001	.0003	.0009	.0021	.0039	.0067
5	.0000	.0000	.0000	.0000	.0000	.0001	.0002	.0004	.0008
6	.0000	.0000	.0000	.0000	.0000	.0000	.0000	.0000	.0001

$n = 13$

	p								
k	.005	.010	.015	.020	.030	.040	.050	.060	.070
0	.9369	.8775	.8216	.7690	.6730	.5882	.5133	.4474	.3893
1	.0612	.1152	.1627	.2040	.2706	.3186	.3512	.3712	.3809
2	.0018	.0070	.0149	.0250	.0502	.0797	.1109	.1422	.1720
3	.0000	.0003	.0008	.0019	.0057	.0122	.0214	.0333	.0475
4	.0000	.0000	.0000	.0001	.0004	.0013	.0028	.0053	.0089
5	.0000	.0000	.0000	.0000	.0000	.0001	.0003	.0006	.0012
6	.0000	.0000	.0000	.0000	.0000	.0000	.0000	.0001	.0001

$n = 14$

	p								
k	.005	.010	.015	.020	.030	.040	.050	.060	.070
0	.9322	.8687	.8093	.7536	.6528	.5647	.4877	.4205	.3620
1	.0656	.1229	.1725	.2153	.2827	.3294	.3593	.3758	.3815
2	.0021	.0081	.0171	.0286	.0568	.0892	.1229	.1559	.1867
3	.0000	.0003	.0010	.0023	.0070	.0149	.0259	.0398	.0562
4	.0000	.0000	.0000	.0001	.0006	.0017	.0037	.0070	.0116
5	.0000	.0000	.0000	.0000	.0000	.0001	.0004	.0009	.0018
6	.0000	.0000	.0000	.0000	.0000	.0000	.0000	.0001	.0002

$n = 15$

	p								
k	.005	.010	.015	.020	.030	.040	.050	.060	.070
0	.9276	.8601	.7972	.7386	.6333	.5421	.4633	.3953	.3367
1	.0699	.1303	.1821	.2261	.2938	.3388	.3658	.3785	.3801
2	.0025	.0092	.0194	.0323	.0636	.0988	.1348	.1691	.2003
3	.0001	.0004	.0013	.0029	.0085	.0178	.0307	.0468	.0653
4	.0000	.0000	.0001	.0002	.0008	.0022	.0049	.0090	.0148
5	.0000	.0000	.0000	.0000	.0001	.0002	.0006	.0013	.0024
6	.0000	.0000	.0000	.0000	.0000	.0000	.0000	.0001	.0003

Tafel 13A: Einzelwahrscheinlichkeiten $b(k; n; p)$ (Fortsetzung)

$n = 16$

	p								
k	.005	.010	.015	.020	.030	.040	.050	.060	.070
0	.9229	.8515	.7852	.7238	.6143	.5204	.4401	.3716	.3131
1	.0742	.1376	.1913	.2363	.3040	.3469	.3706	.3795	.3771
2	.0028	.0104	.0219	.0362	.0705	.1084	.1463	.1817	.2129
3	.0001	.0005	.0016	.0034	.0102	.0211	.0359	.0541	.0748
4	.0000	.0000	.0001	.0002	.0010	.0029	.0061	.0112	.0183
5	.0000	.0000	.0000	.0000	.0001	.0003	.0008	.0017	.0033
6	.0000	.0000	.0000	.0000	.0000	.0000	.0001	.0002	.0005
7	.0000	.0000	.0000	.0000	.0000	.0000	.0000	.0000	.0000

$n = 17$

	p								
k	.005	.010	.015	.020	.030	.040	.050	.060	.070
0	.9183	.8429	.7734	.7093	.5958	.4996	.4181	.3493	.2912
1	.0784	.1447	.2002	.2461	.3133	.3539	.3741	.3790	.3726
2	.0032	.0117	.0244	.0402	.0775	.1180	.1575	.1935	.2244
3	.0001	.0006	.0019	.0041	.0120	.0246	.0415	.0618	.0844
4	.0000	.0000	.0001	.0003	.0013	.0036	.0076	.0138	.0222
5	.0000	.0000	.0000	.0000	.0001	.0004	.0010	.0023	.0044
6	.0000	.0000	.0000	.0000	.0000	.0000	.0001	.0003	.0007
7	.0000	.0000	.0000	.0000	.0000	.0000	.0000	.0000	.0001

$n = 18$

	p								
k	.005	.010	.015	.020	.030	.040	.050	.060	.070
0	.9137	.8345	.7618	.6951	.5780	.4796	.3972	.3283	.2708
1	.0826	.1517	.2088	.2554	.3217	.3597	.3763	.3772	.3669
2	.0035	.0130	.0270	.0443	.0846	.1274	.1683	.2047	.2348
3	.0001	.0007	.0022	.0048	.0140	.0283	.0473	.0697	.0942
4	.0000	.0000	.0001	.0004	.0016	.0044	.0093	.0167	.0266
5	.0000	.0000	.0000	.0000	.0001	.0005	.0014	.0030	.0056
6	.0000	.0000	.0000	.0000	.0000	.0000	.0002	.0004	.0009
7	.0000	.0000	.0000	.0000	.0000	.0000	.0000	.0000	.0001

$n = 19$

	p								
k	.005	.010	.015	.020	.030	.040	.050	.060	.070
0	.9092	.8262	.7504	.6812	.5606	.4604	.3774	.3086	.2519
1	.0868	.1586	.2171	.2642	.3294	.3645	.3774	.3743	.3602
2	.0039	.0144	.0298	.0485	.0917	.1367	.1787	.2150	.2440
3	.0001	.0008	.0026	.0056	.0161	.0323	.0533	.0778	.1041
4	.0000	.0000	.0002	.0005	.0020	.0054	.0112	.0199	.0313
5	.0000	.0000	.0000	.0000	.0002	.0007	.0018	.0038	.0071
6	.0000	.0000	.0000	.0000	.0000	.0001	.0002	.0006	.0012
7	.0000	.0000	.0000	.0000	.0000	.0000	.0000	.0001	.0002

Tafel 13A: Einzelwahrscheinlichkeiten $b(k; n; p)$ (Fortsetzung)

$n = 20$

	p								
k	.005	.010	.015	.020	.030	.040	.050	.060	.070
0	.9046	.8179	.7391	.6676	.5438	.4420	.3585	.2901	.2342
1	.0909	.1652	.2251	.2725	.3364	.3683	.3774	.3703	.3526
2	.0043	.0159	.0326	.0528	.0988	.1458	.1887	.2246	.2521
3	.0001	.0010	.0030	.0065	.0183	.0364	.0596	.0860	.1139
4	.0000	.0000	.0002	.0006	.0024	.0065	.0133	.0233	.0364
5	.0000	.0000	.0000	.0000	.0002	.0009	.0022	.0048	.0088
6	.0000	.0000	.0000	.0000	.0000	.0001	.0003	.0008	.0017
7	.0000	.0000	.0000	.0000	.0000	.0000	.0000	.0001	.0002

$n = 21$

	p								
k	.005	.010	.015	.020	.030	.040	.050	.060	.070
0	.9001	.8097	.7280	.6543	.5275	.4243	.3406	.2727	.2178
1	.0950	.1718	.2328	.2804	.3426	.3713	.3764	.3655	.3443
2	.0048	.0173	.0355	.0572	.1060	.1547	.1981	.2333	.2592
3	.0002	.0011	.0034	.0074	.0208	.0408	.0660	.0943	.1235
4	.0000	.0001	.0002	.0007	.0029	.0077	.0156	.0271	.0418
5	.0000	.0000	.0000	.0000	.0003	.0011	.0028	.0059	.0107
6	.0000	.0000	.0000	.0000	.0000	.0001	.0004	.0010	.0021
7	.0000	.0000	.0000	.0000	.0000	.0000	.0000	.0001	.0003
8	.0000	.0000	.0000	.0000	.0000	.0000	.0000	.0000	.0000

$n = 22$

	p								
k	.005	.010	.015	.020	.030	.040	.050	.060	.070
0	.8956	.8016	.7171	.6412	.5117	.4073	.3235	.2563	.2026
1	.0990	.1781	.2403	.2879	.3481	.3734	.3746	.3600	.3355
2	.0052	.0189	.0384	.0617	.1131	.1634	.2070	.2413	.2651
3	.0002	.0013	.0039	.0084	.0233	.0454	.0726	.1027	.1330
4	.0000	.0001	.0003	.0008	.0034	.0090	.0182	.0311	.0476
5	.0000	.0000	.0000	.0001	.0004	.0013	.0034	.0072	.0129
6	.0000	.0000	.0000	.0000	.0000	.0002	.0005	.0013	.0027
7	.0000	.0000	.0000	.0000	.0000	.0000	.0001	.0002	.0005
8	.0000	.0000	.0000	.0000	.0000	.0000	.0000	.0000	.0001

$n = 23$

	p								
k	.005	.010	.015	.020	.030	.040	.050	.060	.070
0	.8911	.7936	.7064	.6283	.4963	.3911	.3074	.2410	.1884
1	.1030	.1844	.2474	.2949	.3530	.3748	.3721	.3537	.3262
2	.0057	.0205	.0414	.0662	.1201	.1718	.2154	.2484	.2701
3	.0002	.0014	.0044	.0095	.0260	.0501	.0794	.1110	.1423
4	.0000	.0001	.0003	.0010	.0040	.0104	.0209	.0354	.0535
5	.0000	.0000	.0000	.0001	.0005	.0017	.0042	.0086	.0153
6	.0000	.0000	.0000	.0000	.0000	.0002	.0007	.0016	.0035
7	.0000	.0000	.0000	.0000	.0000	.0000	.0001	.0003	.0006
8	.0000	.0000	.0000	.0000	.0000	.0000	.0000	.0000	.0001

Tafel 13A: Einzelwahrscheinlichkeiten $b(k; n; p)$ (Fortsetzung)

$n = 24$

	p								
k	.005	.010	.015	.020	.030	.040	.050	.060	.070
0	.8867	.7857	.6958	.6158	.4814	.3754	.2920	.2265	.1752
1	.1069	.1905	.2543	.3016	.3573	.3754	.3688	.3470	.3165
2	.0062	.0221	.0445	.0708	.1271	.1799	.2232	.2547	.2740
3	.0002	.0016	.0050	.0106	.0288	.0550	.0862	.1192	.1512
4	.0000	.0001	.0004	.0011	.0047	.0120	.0238	.0400	.0598
5	.0000	.0000	.0000	.0001	.0006	.0020	.0050	.0102	.0180
6	.0000	.0000	.0000	.0000	.0001	.0003	.0008	.0021	.0043
7	.0000	.0000	.0000	.0000	.0000	.0000	.0001	.0003	.0008
8	.0000	.0000	.0000	.0000	.0000	.0000	.0000	.0000	.0001

$n = 25$

	p								
k	.005	.010	.015	.020	.030	.040	.050	.060	.070
0	.8822	.7778	.6853	.6035	.4670	.3604	.2774	.2129	.1630
1	.1108	.1964	.2609	.3079	.3611	.3754	.3650	.3398	.3066
2	.0067	.0238	.0477	.0754	.1340	.1877	.2305	.2602	.2770
3	.0003	.0018	.0056	.0118	.0318	.0600	.0930	.1273	.1598
4	.0000	.0001	.0005	.0013	.0054	.0137	.0269	.0447	.0662
5	.0000	.0000	.0000	.0001	.0007	.0024	.0060	.0120	.0209
6	.0000	.0000	.0000	.0000	.0001	.0003	.0010	.0026	.0052
7	.0000	.0000	.0000	.0000	.0000	.0000	.0001	.0004	.0011
8	.0000	.0000	.0000	.0000	.0000	.0000	.0000	.0001	.0002

Tafel 13A: Einzelwahrscheinlichkeiten $b(k; n; p)$ (Fortsetzung)

$n = 1$

	p								
k	.080	.090	.100	.150	.200	.250	.300	.400	.500
0	.9200	.9100	.9000	.8500	.8000	.7500	.7000	.6000	.5000
1	.0800	.0900	.1000	.1500	.2000	.2500	.3000	.4000	.5000

$n = 2$

	p								
k	.080	.090	.100	.150	.200	.250	.300	.400	.500
0	.8464	.8281	.8100	.7225	.6400	.5625	.4900	.3600	.2500
1	.1472	.1638	.1800	.2550	.3200	.3750	.4200	.4800	.5000
2	.0064	.0081	.0100	.0225	.0400	.0625	.0900	.1600	.2500

$n = 3$

	p								
k	.080	.090	.100	.150	.200	.250	.300	.400	.500
0	.7787	.7536	.7290	.6141	.5120	.4219	.3430	.2160	.1250
1	.2031	.2236	.2430	.3251	.3840	.4219	.4410	.4320	.3750
2	.0177	.0221	.0270	.0574	.0960	.1406	.1890	.2880	.3750
3	.0005	.0007	.0010	.0034	.0080	.0156	.0270	.0640	.1250

$n = 4$

	p								
k	.080	.090	.100	.150	.200	.250	.300	.400	.500
0	.7164	.6857	.6561	.5220	.4096	.3164	.2401	.1296	.0625
1	.2492	.2713	.2916	.3685	.4096	.4219	.4116	.3456	.2500
2	.0325	.0402	.0486	.0975	.1536	.2109	.2646	.3456	.3750
3	.0019	.0027	.0036	.0115	.0256	.0469	.0756	.1536	.2500
4	.0000	.0001	.0001	.0005	.0016	.0039	.0081	.0256	.0625

$n = 5$

	p								
k	.080	.090	.100	.150	.200	.250	.300	.400	.500
0	.6591	.6240	.5905	.4437	.3277	.2373	.1681	.0778	.0313
1	.2866	.3086	.3280	.3915	.4096	.3955	.3601	.2592	.1563
2	.0498	.0610	.0729	.1382	.2048	.2637	.3087	.3456	.3125
3	.0043	.0060	.0081	.0244	.0512	.0879	.1323	.2304	.3125
4	.0002	.0003	.0004	.0022	.0064	.0146	.0284	.0768	.1563
5	.0000	.0000	.0000	.0001	.0003	.0010	.0024	.0102	.0313

Tafel 13A: Einzelwahrscheinlichkeiten $b(k; n; p)$ (Fortsetzung)

$n = 6$

	p								
k	.080	.090	.100	.150	.200	.250	.300	.400	.500
0	.6064	.5679	.5314	.3771	.2621	.1780	.1176	.0467	.0156
1	.3164	.3370	.3543	.3993	.3932	.3560	.3025	.1866	.0938
2	.0688	.0833	.0984	.1762	.2458	.2966	.3241	.3110	.2344
3	.0080	.0110	.0146	.0415	.0819	.1318	.1852	.2765	.3125
4	.0005	.0008	.0012	.0055	.0154	.0330	.0595	.1382	.2344
5	.0000	.0000	.0001	.0004	.0015	.0044	.0102	.0369	.0938
6	.0000	.0000	.0000	.0000	.0001	.0002	.0007	.0041	.0156

$n = 7$

	p								
k	.080	.090	.100	.150	.200	.250	.300	.400	.500
0	.5578	.5168	.4783	.3206	.2097	.1335	.0824	.0280	.0078
1	.3396	.3578	.3720	.3960	.3670	.3115	.2471	.1306	.0547
2	.0886	.1061	.1240	.2097	.2753	.3115	.3177	.2613	.1641
3	.0128	.0175	.0230	.0617	.1147	.1730	.2269	.2903	.2734
4	.0011	.0017	.0026	.0109	.0287	.0577	.0972	.1935	.2734
5	.0001	.0001	.0002	.0012	.0043	.0115	.0250	.0774	.1641
6	.0000	.0000	.0000	.0001	.0004	.0013	.0036	.0172	.0547
7	.0000	.0000	.0000	.0000	.0000	.0001	.0002	.0016	.0078

$n = 8$

	p								
k	.080	.090	.100	.150	.200	.250	.300	.400	.500
0	.5132	.4703	.4305	.2725	.1678	.1001	.0576	.0168	.0039
1	.3570	.3721	.3826	.3847	.3355	.2670	.1977	.0896	.0313
2	.1087	.1288	.1488	.2376	.2936	.3115	.2965	.2090	.1094
3	.0189	.0255	.0331	.0839	.1468	.2076	.2541	.2787	.2188
4	.0021	.0031	.0046	.0185	.0459	.0865	.1361	.2322	.2734
5	.0001	.0002	.0004	.0026	.0092	.0231	.0467	.1239	.2188
6	.0000	.0000	.0000	.0002	.0011	.0038	.0100	.0413	.1094
7	.0000	.0000	.0000	.0000	.0001	.0004	.0012	.0079	.0312
8	.0000	.0000	.0000	.0000	.0000	.0000	.0001	.0007	.0039

Tafel 13A: Einzelwahrscheinlichkeiten $b(k; n; p)$ (Fortsetzung)

$n = 9$

	p								
k	.080	.090	.100	.150	.200	.250	.300	.400	.500
0	.4722	.4279	.3874	.2316	.1342	.0751	.0404	.0101	.0020
1	.3695	.3809	.3874	.3679	.3020	.2253	.1556	.0605	.0176
2	.1285	.1507	.1722	.2597	.3020	.3003	.2668	.1612	.0703
3	.0261	.0348	.0446	.1069	.1762	.2336	.2668	.2508	.1641
4	.0034	.0052	.0074	.0283	.0661	.1168	.1715	.2508	.2461
5	.0003	.0005	.0008	.0050	.0165	.0389	.0735	.1672	.2461
6	.0000	.0000	.0001	.0006	.0028	.0087	.0210	.0743	.1641
7	.0000	.0000	.0000	.0000	.0003	.0012	.0039	.0212	.0703
8	.0000	.0000	.0000	.0000	.0000	.0001	.0004	.0035	.0176
9	.0000	.0000	.0000	.0000	.0000	.0000	.0000	.0003	.0020

$n = 10$

	p								
k	.080	.090	.100	.150	.200	.250	.300	.400	.500
0	.4344	.3894	.3487	.1969	.1074	.0563	.0282	.0060	.0010
1	.3777	.3851	.3874	.3474	.2684	.1877	.1211	.0403	.0098
2	.1478	.1714	.1937	.2759	.3020	.2816	.2335	.1209	.0439
3	.0343	.0452	.0574	.1298	.2013	.2503	.2668	.2150	.1172
4	.0052	.0078	.0112	.0401	.0881	.1460	.2001	.2508	.2051
5	.0005	.0009	.0015	.0085	.0264	.0584	.1029	.2007	.2461
6	.0000	.0001	.0001	.0012	.0055	.0162	.0368	.1115	.2051
7	.0000	.0000	.0000	.0001	.0008	.0031	.0090	.0425	.1172
8	.0000	.0000	.0000	.0000	.0001	.0004	.0014	.0106	.0439
9	.0000	.0000	.0000	.0000	.0000	.0000	.0001	.0016	.0098
10	.0000	.0000	.0000	.0000	.0000	.0000	.0000	.0001	.0010

$n = 11$

	p								
k	.080	.090	.100	.150	.200	.250	.300	.400	.500
0	.3996	.3544	.3138	.1673	.0859	.0422	.0198	.0036	.0005
1	.3823	.3855	.3835	.3248	.2362	.1549	.0932	.0266	.0054
2	.1662	.1906	.2131	.2866	.2953	.2581	.1998	.0887	.0269
3	.0434	.0566	.0710	.1517	.2215	.2581	.2568	.1774	.0806
4	.0075	.0112	.0158	.0536	.1107	.1721	.2201	.2365	.1611
5	.0009	.0015	.0025	.0132	.0388	.0803	.1321	.2207	.2256
6	.0001	.0002	.0003	.0023	.0097	.0268	.0566	.1471	.2256
7	.0000	.0000	.0000	.0003	.0017	.0064	.0173	.0701	.1611
8	.0000	.0000	.0000	.0000	.0002	.0011	.0037	.0234	.0806
9	.0000	.0000	.0000	.0000	.0000	.0001	.0005	.0052	.0269
10	.0000	.0000	.0000	.0000	.0000	.0000	.0000	.0007	.0054
11	.0000	.0000	.0000	.0000	.0000	.0000	.0000	.0000	.0005

Tafel 13A: Einzelwahrscheinlichkeiten $b(k; n; p)$ (Fortsetzung)

$n = 12$

	p								
k	.080	.090	.100	.150	.200	.250	.300	.400	.500
0	.3677	.3225	.2824	.1422	.0687	.0317	.0138	.0022	.0002
1	.3837	.3827	.3766	.3012	.2062	.1267	.0712	.0174	.0029
2	.1835	.2082	.2301	.2924	.2835	.2323	.1678	.0639	.0161
3	.0532	.0686	.0852	.1720	.2362	.2581	.2397	.1419	.0537
4	.0104	.0153	.0213	.0683	.1329	.1936	.2311	.2128	.1208
5	.0014	.0024	.0038	.0193	.0532	.1032	.1585	.2270	.1934
6	.0001	.0003	.0005	.0040	.0155	.0401	.0792	.1766	.2256
7	.0000	.0000	.0000	.0006	.0033	.0115	.0291	.1009	1934
8	.0000	.0000	.0000	.0001	.0005	.0024	.0078	.0420	.1208
9	.0000	.0000	.0000	.0000	.0001	.0004	.0015	.0125	.0537
10	.0000	.0000	.0000	.0000	.0000	.0000	.0002	.0025	.0161
11	.0000	.0000	.0000	.0000	.0000	.0000	.0000	.0003	.0029
12	.0000	.0000	.0000	.0000	.0000	.0000	.0000	.0000	.0002

$n = 13$

	p								
k	.080	.090	.100	.150	.200	.250	.300	.400	.500
0	.3383	.2935	.2542	.1209	.0550	.0238	.0097	.0013	.0001
1	.3824	.3773	.3672	.2774	.1787	.1029	.0540	.0113	.0016
2	.1995	.2239	.2448	.2937	.2680	.2059	.1388	.0453	.0095
3	.0636	.0812	.0997	.1900	.2457	.2517	.2181	.1107	.0349
4	.0138	.0201	.0277	.0838	.1535	.2097	.2337	.1845	.0873
5	.0022	.0036	.0055	.0266	.0691	.1258	.1803	.2214	.1571
6	.0003	.0005	.0008	.0063	.0230	.0559	.1030	.1968	.2095
7	.0000	.0000	.0001	.0011	.0058	.0186	.0442	.1312	.2095
8	.0000	.0000	.0000	.0001	.0011	.0047	.0142	.0656	.1571
9	.0000	.0000	.0000	.0000	.0001	.0009	.0034	.0243	.0873
10	.0000	.0000	.0000	.0000	.0000	.0001	.0006	.0065	.0349
11	.0000	.0000	.0000	.0000	.0000	.0000	.0001	.0012	.0095
12	.0000	.0000	.0000	.0000	.0000	.0000	.0000	.0001	.0016
13	.0000	.0000	.0000	.0000	.0000	.0000	.0000	.0000	.0001

Tafel 13A: Einzelwahrscheinlichkeiten $b(k; n; p)$ (Fortsetzung)

$n = 14$

k	p								
	.080	.090	.100	.150	.200	.250	.300	.400	.500
0	.3112	.2670	.2288	.1028	.0440	.0178	.0068	.0008	.0001
1	.3788	.3698	.3559	.2539	.1539	.0832	.0407	.0073	.0009
2	.2141	.2377	.2570	.2912	.2501	.1802	.1134	.0317	.0056
3	.0745	.0940	.1142	.2056	.2501	.2402	.1943	.0845	.0222
4	.0178	.0256	.0349	.0998	.1720	.2202	.2290	.1549	.0611
5	.0031	.0051	.0078	.0352	.0860	.1468	.1963	.2066	.1222
6	.0004	.0008	.0013	.0093	.0322	.0734	.1262	.2066	.1833
7	.0000	.0001	.0002	.0019	.0092	.0280	.0618	.1574	.2095
8	.0000	.0000	.0000	.0003	.0020	.0082	.0232	.0918	.1833
9	.0000	.0000	.0000	.0000	.0003	.0018	.0066	.0408	.1222
10	.0000	.0000	.0000	.0000	.0000	.0003	.0014	.0136	.0611
11	.0000	.0000	.0000	.0000	.0000	.0000	.0002	.0033	.0222
12	.0000	.0000	.0000	.0000	.0000	.0000	.0000	.0005	.0056
13	.0000	.0000	.0000	.0000	.0000	.0000	.0000	.0001	.0009
14	.0000	.0000	.0000	.0000	.0000	.0000	.0000	.0000	.0001

$n = 15$

k	p								
	.080	.090	.100	.150	.200	.250	.300	.400	.500
0	.2863	.2430	.2059	.0874	.0352	.0134	.0047	.0005	.0000
1	.3734	.3605	.3432	.2312	.1319	.0668	.0305	.0047	.0005
2	.2273	.2496	.2669	.2856	.2309	.1559	.0916	.0219	.0032
3	.0857	.1070	.1285	.2184	.2501	.2252	.1700	.0634	.0139
4	.0223	.0317	.0428	.1156	.1876	.2252	.2186	.1268	.0417
5	.0043	.0069	.0105	.0449	.1032	.1651	.2061	.1859	.0916
6	.0006	.0011	.0019	.0132	.0430	.0917	.1472	.2066	.1527
7	.0001	.0001	.0003	.0030	.0138	.0393	.0811	.1771	.1964
8	.0000	.0000	.0000	.0005	.0035	.0131	.0348	.1181	.1964
9	.0000	.0000	.0000	.0001	.0007	.0034	.0116	.0612	.1527
10	.0000	.0000	.0000	.0000	.0001	.0007	.0030	.0245	.0916
11	.0000	.0000	.0000	.0000	.0000	.0001	.0006	.0074	.0417
12	.0000	.0000	.0000	.0000	.0000	.0000	.0001	.0016	.0139
13	.0000	.0000	.0000	.0000	.0000	.0000	.0000	.0003	.0032
14	.0000	.0000	.0000	.0000	.0000	.0000	.0000	.0000	.0005

Tafel 13A: Einzelwahrscheinlichkeiten $b(k; n; p)$ (Fortsetzung)

$n = 16$

	p								
k	.080	.090	.100	.150	.200	.250	.300	.400	.500
0	.2634	.2211	.1853	.0743	.0281	.0100	.0033	.0003	.0000
1	.3665	.3499	.3294	.2097	.1126	.0535	.0228	.0030	.0002
2	.2390	.2596	.2745	.2775	.2111	.1336	.0732	.0150	.0018
3	.0970	.1198	.1423	.2285	.2463	.2079	.1465	.0468	.0085
4	.0274	.0385	.0514	.1311	.2001	.2252	.2040	.1014	.0278
5	.0057	.0091	.0137	.0555	.1201	.1802	.2099	.1623	.0667
6	.0009	.0017	.0028	.0180	.0550	.1101	.1649	.1983	.1222
7	.0001	.0002	.0004	.0045	.0197	.0524	.1010	.1889	.1746
8	.0000	.0000	.0001	.0009	.0055	.0197	.0487	.1417	.1964
9	.0000	.0000	.0000	.0001	.0012	.0058	.0185	.0840	.1746
10	.0000	.0000	.0000	.0000	.0002	.0014	.0056	.0392	.1222
11	.0000	.0000	.0000	.0000	.0000	.0002	.0013	.0142	.0667
12	.0000	.0000	.0000	.0000	.0000	.0000	.0002	.0040	.0278
13	.0000	.0000	.0000	.0000	.0000	.0000	.0000	.0008	.0085
14	.0000	.0000	.0000	.0000	.0000	.0000	.0000	.0001	.0018
15	.0000	.0000	.0000	.0000	.0000	.0000	.0000	.0000	.0002

$n = 17$

	p								
k	.080	.090	.100	.150	.200	.250	.300	.400	.500
0	.2423	.2012	.1668	.0631	.0225	.0075	.0023	.0002	.0000
1	.3582	.3383	.3150	.1893	.0957	.0426	.0169	.0019	.0001
2	.2492	.2677	.2800	.2673	.1914	.1136	.0581	.0102	.0010
3	.1083	.1324	.1556	.2359	.2393	.1893	.1245	.0341	.0052
4	.0330	.0458	.0605	.1457	.2093	.2209	.1868	.0796	.0182
5	.0075	.0118	.0175	.0668	.1361	.1914	.2081	.1379	.0472
6	.0013	.0023	.0039	.0236	.0680	.1276	.1784	.1839	.0944
7	.0002	.0004	.0007	.0065	.0267	.0668	.1201	.1927	.1484
8	.0000	.0000	.0001	.0014	.0084	.0279	.0644	.1606	.1855
9	.0000	.0000	.0000	.0003	.0021	.0093	.0276	.1070	.1855
10	.0000	.0000	.0000	.0000	.0004	.0025	.0095	.0571	.1484
11	.0000	.0000	.0000	.0000	.0001	.0005	.0026	.0242	.0944
12	.0000	.0000	.0000	.0000	.0000	.0001	.0006	.0081	.0472
13	.0000	.0000	.0000	.0000	.0000	.0000	.0001	.0021	.0182
14	.0000	.0000	.0000	.0000	.0000	.0000	.0000	.0004	.0052
15	.0000	.0000	.0000	.0000	.0000	.0000	.0000	.0001	.0010
16	.0000	.0000	.0000	.0000	.0000	.0000	.0000	.0000	.0001

Tafel 13A: Einzelwahrscheinlichkeiten $b(k; n; p)$ (Fortsetzung)

$n = 18$

	p								
k	.080	.090	.100	.150	.200	.250	.300	.400	.500
0	.2229	.1831	.1501	.0536	.0180	.0056	.0016	.0001	.0000
1	.3489	.3260	.3002	.1704	.0811	.0338	.0126	.0012	.0001
2	.2579	.2741	.2835	.2556	.1723	.0958	.0458	.0069	.0006
3	.1196	.1446	.1680	.2406	.2297	.1704	.1046	.0246	.0031
4	.0390	.0536	.0700	.1592	.2153	.2130	.1681	.0614	.0117
5	.0095	.0148	.0218	.0787	.1507	.1988	.2017	.1146	.0327
6	.0018	.0032	.0052	.0301	.0816	.1436	.1873	.1655	.0708
7	.0003	.0005	.0010	.0091	.0350	.0820	.1376	.1892	.1214
8	.0000	.0001	.0002	.0022	.0120	.0376	.0811	.1734	.1669
9	.0000	.0000	.0000	.0004	.0033	.0139	.0386	.1284	.1855
10	.0000	.0000	.0000	.0001	.0008	.0042	.0149	.0771	.1669
11	.0000	.0000	.0000	.0000	.0001	.0010	.0046	.0374	.1214
12	.0000	.0000	.0000	.0000	.0000	.0002	.0012	.0145	.0708
13	.0000	.0000	.0000	.0000	.0000	.0000	.0002	.0045	.0327
14	.0000	.0000	.0000	.0000	.0000	.0000	.0000	.0011	.0117
15	.0000	.0000	.0000	.0000	.0000	.0000	.0000	.0002	.0031
16	.0000	.0000	.0000	.0000	.0000	.0000	.0000	.0000	.0006
17	.0000	.0000	.0000	.0000	.0000	.0000	.0000	.0000	.0001

$n = 19$

	p								
k	.080	.090	.100	.150	.200	.250	.300	.400	.500
0	.2051	.1666	.1351	.0456	.0144	.0042	.0011	.0001	.0000
1	.3389	.3131	.2852	.1529	.0685	.0268	.0093	.0008	.0000
2	.2652	.2787	.2852	.2428	.1540	.0803	.0358	.0046	.0003
3	.1307	.1562	.1796	.2428	.2182	.1517	.0869	.0175	.0018
4	.0455	.0618	.0798	.1714	.2182	.2023	.1491	.0467	.0074
5	.0119	.0183	.0266	.0907	.1636	.2023	.1916	.0933	.0222
6	.0024	.0042	.0069	.0374	.0955	.1574	.1916	.1451	.0518
7	.0004	.0008	.0014	.0122	.0443	.0974	.1525	.1797	.0961
8	.0001	.0001	.0002	.0032	.0166	.0487	.0981	.1797	.1442
9	.0000	.0000	.0000	.0007	.0051	.0198	.0514	.1464	.1762
10	.0000	.0000	.0000	.0001	.0013	.0066	.0220	.0976	.1762
11	.0000	.0000	.0000	.0000	.0003	.0018	.0077	.0532	.1442
12	.0000	.0000	.0000	.0000	.0000	.0004	.0022	.0237	.0961
13	.0000	.0000	.0000	.0000	.0000	.0001	.0005	.0085	.0518
14	.0000	.0000	.0000	.0000	.0000	.0000	.0001	.0024	.0222
15	.0000	.0000	.0000	.0000	.0000	.0000	.0000	.0005	.0074
16	.0000	.0000	.0000	.0000	.0000	.0000	.0000	.0001	.0018
17	.0000	.0000	.0000	.0000	.0000	.0000	.0000	.0000	.0003

Tafel 13A: Einzelwahrscheinlichkeiten $b(k; n; p)$ (Fortsetzung)

$n = 20$

k	p = .080	.090	.100	.150	.200	.250	.300	.400	.500
0	.1887	.1516	.1216	.0388	.0115	.0032	.0008	.0000	.0000
1	.3282	.3000	.2702	.1368	.0576	.0211	.0068	.0005	.0000
2	.2711	.2818	.2852	.2293	.1369	.0669	.0278	.0031	.0002
3	.1414	.1672	.1901	.2428	.2054	.1339	.0716	.0123	.0011
4	.0523	.0703	.0898	.1821	.2182	.1897	.1304	.0350	.0046
5	.0145	.0222	.0319	.1028	.1746	.2023	.1789	.0746	.0148
6	.0032	.0055	.0089	.0454	.1091	.1686	.1916	.1244	.0370
7	.0005	.0011	.0020	.0160	.0545	.1124	.1643	.1659	.0739
8	.0001	.0002	.0004	.0046	.0222	.0609	.1144	.1797	.1201
9	.0000	.0000	.0001	.0011	.0074	.0271	.0654	.1597	.1602
10	.0000	.0000	.0000	.0002	.0020	.0099	.0308	.1171	.1762
11	.0000	.0000	.0000	.0000	.0005	.0030	.0120	.0710	.1602
12	.0000	.0000	.0000	.0000	.0001	.0008	.0039	.0355	.1201
13	.0000	.0000	.0000	.0000	.0000	.0002	.0010	.0146	.0739
14	.0000	.0000	.0000	.0000	.0000	.0000	.0002	.0049	.0370
15	.0000	.0000	.0000	.0000	.0000	.0000	.0000	.0013	.0148
16	.0000	.0000	.0000	.0000	.0000	.0000	.0000	.0003	.0046
17	.0000	.0000	.0000	.0000	.0000	.0000	.0000	.0000	.0011
18	.0000	.0000	.0000	.0000	.0000	.0000	.0000	.0000	.0002

$n = 21$

k	p = .080	.090	.100	.150	.200	.250	.300	.400	.500
0	.1736	.1380	.1094	.0329	.0092	.0024	.0006	.0000	.0000
1	.3170	.2866	.2553	.1221	.0484	.0166	.0050	.0003	.0000
2	.2757	.2835	.2837	.2155	.1211	.0555	.0215	.0020	.0001
3	.1518	.1776	.1996	.2408	.1917	.1172	.0585	.0086	.0006
4	.0594	.0790	.0998	.1912	.2156	.1757	.1128	.0259	.0029
5	.0176	.0266	.0377	.1147	.1833	.1992	.1643	.0588	.0097
6	.0041	.0070	.0112	.0540	.1222	.1770	.1878	.1045	.0259
7	.0008	.0015	.0027	.0204	.0655	.1265	.1725	.1493	.0554
8	.0001	.0003	.0005	.0063	.0286	.0738	.1294	.1742	.0970
9	.0000	.0000	.0001	.0016	.0103	.0355	.0801	.1677	.1402
10	.0000	.0000	.0000	.0003	.0031	.0142	.0412	.1342	.1682
11	.0000	.0000	.0000	.0001	.0008	.0047	.0176	.0895	.1682
12	.0000	.0000	.0000	.0000	.0002	.0013	.0063	.0497	.1402
13	.0000	.0000	.0000	.0000	.0000	.0003	.0019	.0229	.0970
14	.0000	.0000	.0000	.0000	.0000	.0001	.0005	.0087	.0554
15	.0000	.0000	.0000	.0000	.0000	.0000	.0001	.0027	.0259
16	.0000	.0000	.0000	.0000	.0000	.0000	.0000	.0007	.0097
17	.0000	.0000	.0000	.0000	.0000	.0000	.0000	.0001	.0029
18	.0000	.0000	.0000	.0000	.0000	.0000	.0000	.0000	.0006
19	.0000	.0000	.0000	.0000	.0000	.0000	.0000	.0000	.0001

Tafel 13A: Einzelwahrscheinlichkeiten $b(k; n; p)$ (Fortsetzung)

$n = 22$

	p								
k	.080	.090	.100	.150	.200	.250	.300	.400	.500
0	.1597	.1256	.0985	.0280	.0074	.0018	.0004	.0000	.0000
1	.3055	.2732	.2407	.1087	.0406	.0131	.0037	.0002	.0000
2	.2790	.2837	.2808	.2015	.1065	.0458	.0166	.0014	.0001
3	.1617	.1871	.2080	.2370	.1775	.1017	.0474	.0060	.0004
4	.0668	.0879	.1098	.1987	.2108	.1611	.0965	.0190	.0017
5	.0209	.0313	.0439	.1262	.1898	.1933	.1489	.0456	.0063
6	.0052	.0088	.0138	.0631	.1344	.1826	.1808	.0862	.0178
7	.0010	.0020	.0035	.0255	.0768	.1391	.1771	.1314	.0407
8	.0002	.0004	.0007	.0084	.0360	.0869	.1423	.1642	.0762
9	.0000	.0001	.0001	.0023	.0140	.0451	.0949	.1703	.1186
10	.0000	.0000	.0000	.0005	.0046	.0195	.0529	.1476	.1542
11	.0000	.0000	.0000	.0001	.0012	.0071	.0247	.1073	.1682
12	.0000	.0000	.0000	.0000	.0003	.0022	.0097	.0656	.1542
13	.0000	.0000	.0000	.0000	.0001	.0006	.0032	.0336	.1186
14	.0000	.0000	.0000	.0000	.0000	.0001	.0009	.0144	.0762
15	.0000	.0000	.0000	.0000	.0000	.0000	.0002	.0051	.0407
16	.0000	.0000	.0000	.0000	.0000	.0000	.0000	.0015	.0178
17	.0000	.0000	.0000	.0000	.0000	.0000	.0000	.0004	.0063
18	.0000	.0000	.0000	.0000	.0000	.0000	.0000	.0001	.0017
19	.0000	.0000	.0000	.0000	.0000	.0000	.0000	.0000	.0004
20	.0000	.0000	.0000	.0000	.0000	.0000	.0000	.0000	.0001

$n = 23$

	p								
k	.080	.090	.100	.150	.200	.250	.300	.400	.500
0	.1469	.1143	.0886	.0238	.0059	.0013	.0003	.0000	.0000
1	.2939	.2599	.2265	.0966	.0339	.0103	.0027	.0001	.0000
2	.2811	.2828	.2768	.1875	.0933	.0376	.0127	.0009	.0000
3	.1711	.1958	.2153	.2317	.1633	.0878	.0382	.0041	.0002
4	.0744	.0968	.1196	.2044	.2042	.1463	.0818	.0138	.0011
5	.0246	.0364	.0505	.1371	.1940	.1853	.1332	.0350	.0040
6	.0064	.0108	.0168	.0726	.1455	.1853	.1712	.0700	.0120
7	.0014	.0026	.0045	.0311	.0883	.1500	.1782	.1133	.0292
8	.0002	.0005	.0010	.0110	.0442	.1000	.1527	.1511	.0584
9	.0000	.0001	.0002	.0032	.0184	.0555	.1091	.1679	.0974
10	.0000	.0000	.0000	.0008	.0064	.0259	.0655	.1567	.1364
11	.0000	.0000	.0000	.0002	.0019	.0102	.0332	.1234	.1612
12	.0000	.0000	.0000	.0000	.0005	.0034	.0142	.0823	.1612
13	.0000	.0000	.0000	.0000	.0001	.0010	.0052	.0464	.1364
14	.0000	.0000	.0000	.0000	.0000	.0002	.0016	.0221	.0974
15	.0000	.0000	.0000	.0000	.0000	.0000	.0004	.0088	.0584
16	.0000	.0000	.0000	.0000	.0000	.0000	.0001	.0029	.0292
17	.0000	.0000	.0000	.0000	.0000	.0000	.0000	.0008	.0120
18	.0000	.0000	.0000	.0000	.0000	.0000	.0000	.0002	.0040
19	.0000	.0000	.0000	.0000	.0000	.0000	.0000	.0000	.0011
20	.0000	.0000	.0000	.0000	.0000	.0000	.0000	.0000	.0002

Tafel 13A: Einzelwahrscheinlichkeiten $b(k; n; p)$ (Fortsetzung)

$n = 24$

	p								
k	.080	.090	.100	.150	.200	.250	.300	.400	.500
0	.1352	.1040	.0798	.0202	.0047	.0010	.0002	.0000	.0000
1	.2821	.2468	.2127	.0857	.0283	.0080	.0020	.0001	.0000
2	.2821	.2807	.2718	.1739	.0815	.0308	.0097	.0006	.0000
3	.1799	.2036	.2215	.2251	.1493	.0752	.0305	.0028	.0001
4	.0821	.1057	.1292	.2085	.1960	.1316	.0687	.0099	.0006
5	.0286	.0418	.0574	.1472	.1960	.1755	.1177	.0265	.0025
6	.0079	.0131	.0202	.0822	.1552	.1853	.1598	.0560	.0080
7	.0018	.0033	.0058	.0373	.0998	.1588	.1761	.0960	.0206
8	.0003	.0007	.0014	.0140	.0530	.1125	.1604	.1360	.0438
9	.0001	.0001	.0003	.0044	.0236	.0667	.1222	.1612	.0779
10	.0000	.0000	.0000	.0012	.0088	.0333	.0785	.1612	.1169
11	.0000	.0000	.0000	.0003	.0028	.0141	.0428	.1367	.1488
12	.0000	.0000	.0000	.0000	.0008	.0051	.0199	.0988	.1612
13	.0000	.0000	.0000	.0000	.0002	.0016	.0079	.0608	.1488
14	.0000	.0000	.0000	.0000	.0000	.0004	.0026	.0318	.1169
15	.0000	.0000	.0000	.0000	.0000	.0001	.0008	.0141	.0779
16	.0000	.0000	.0000	.0000	.0000	.0000	.0002	.0053	.0438
17	.0000	.0000	.0000	.0000	.0000	.0000	.0000	.0017	.0206
18	.0000	.0000	.0000	.0000	.0000	.0000	.0000	.0004	.0080
19	.0000	.0000	.0000	.0000	.0000	.0000	.0000	.0001	.0025
20	.0000	.0000	.0000	.0000	.0000	.0000	.0000	.0000	.0006
21	.0000	.0000	.0000	.0000	.0000	.0000	.0000	.0000	.0001

$n = 25$

	p								
k	.080	.090	.100	.150	.200	.250	.300	.400	.500
0	.1244	.0946	.0718	.0172	.0038	.0008	.0001	.0000	.0000
1	.2704	.2340	.1994	.0759	.0236	.0063	.0014	.0000	.0000
2	.2821	.2777	.2659	.1607	.0708	.0251	.0074	.0004	.0000
3	.1881	.2106	.2265	.2174	.1358	.0641	.0243	.0019	.0001
4	.0899	.1145	.1384	.2110	.1867	.1175	.0572	.0071	.0004
5	.0329	.0476	.0646	.1564	.1960	.1645	.1030	.0199	.0016
6	.0095	.0157	.0239	.0920	.1633	.1828	.1472	.0442	.0053
7	.0022	.0042	.0072	.0441	.1108	.1654	.1712	.0800	.0143
8	.0004	.0009	.0018	.0175	.0623	.1241	.1651	.1200	.0322
9	.0001	.0002	.0004	.0058	.0294	.0781	.1336	.1511	.0609
10	.0000	.0000	.0001	.0016	.0118	.0417	.0916	.1612	.0974
11	.0000	.0000	.0000	.0004	.0040	.0189	.0536	.1465	.1328
12	.0000	.0000	.0000	.0001	.0012	.0074	.0268	.1139	.1550
13	.0000	.0000	.0000	.0000	.0003	.0025	.0115	.0760	.1550
14	.0000	.0000	.0000	.0000	.0001	.0007	.0042	.0434	.1328
15	.0000	.0000	.0000	.0000	.0000	.0002	.0013	.0212	.0974
16	.0000	.0000	.0000	.0000	.0000	.0000	.0004	.0088	.0609
17	.0000	.0000	.0000	.0000	.0000	.0000	.0001	.0031	.0322
18	.0000	.0000	.0000	.0000	.0000	.0000	.0000	.0009	.0143
19	.0000	.0000	.0000	.0000	.0000	.0000	.0000	.0002	.0053
20	.0000	.0000	.0000	.0000	.0000	.0000	.0000	.0000	.0016
21	.0000	.0000	.0000	.0000	.0000	.0000	.0000	.0000	.0004
22	.0000	.0000	.0000	.0000	.0000	.0000	.0000	.0000	.0001

Tafel 13B: Summenwahrscheinlichkeiten $B(k; n; p)$

$n = 1$

	p								
k	.005	.010	.015	.020	.030	.040	.050	.060	.070
0	.9950	.9900	.9850	.9800	.9700	.9600	.9500	.9400	.9300
1	1.0000	1.0000	1.0000	1.0000	1.0000	1.0000	1.0000	1.0000	1.0000

$n = 2$

	p								
k	.005	.010	.015	.020	.030	.040	.050	.060	.070
0	.9900	.9801	.9702	.9604	.9409	.9216	.9025	.8836	.8649
1	1.0000	.9999	.9998	.9996	.9991	.9984	.9975	.9964	.9951
2	1.0000	1.0000	1.0000	1.0000	1.0000	1.0000	1.0000	1.0000	1.0000

$n = 3$

	p								
k	.005	.010	.015	.020	.030	.040	.050	.060	.070
0	.9851	.9703	.9557	.9412	.9127	.8847	.8574	.8306	.8044
1	.9999	.9997	.9993	.9988	.9974	.9953	.9927	.9896	.9860
2	1.0000	1.0000	1.0000	1.0000	1.0000	.9999	.9999	.9998	.9997
3	1.0000	1.0000	1.0000	1.0000	1.0000	1.0000	1.0000	1.0000	1.0000

$n = 4$

	p								
k	.005	.010	.015	.020	.030	.040	.050	.060	.070
0	.9801	.9606	.9413	.9224	.8853	.8493	.8145	.7807	.7481
1	.9999	.9994	.9987	.9977	.9948	.9909	.9860	.9801	.9733
2	1.0000	1.0000	1.0000	1.0000	.9999	.9998	.9995	.9992	.9987
3	1.0000	1.0000	1.0000	1.0000	1.0000	1.0000	1.0000	1.0000	1.0000

$n = 5$

	p								
k	.005	.010	.015	.020	.030	.040	.050	.060	.070
0	.9752	.9510	.9272	.9039	.8587	.8154	.7738	.7339	.6957
1	.9998	.9990	.9978	.9962	.9915	.9852	.9774	.9681	.9575
2	1.0000	1.0000	1.0000	.9999	.9997	.9994	.9988	.9980	.9969
3	1.0000	1.0000	1.0000	1.0000	1.0000	1.0000	1.0000	.9999	.9999
4	1.0000	1.0000	1.0000	1.0000	1.0000	1.0000	1.0000	1.0000	1.0000

$n = 6$

	p								
k	.005	.010	.015	.020	.030	.040	.050	.060	.070
0	.9704	.9415	.9133	.8858	.8330	.7828	.7351	.6899	.6470
1	.9996	.9985	.9968	.9943	.9875	.9784	.9672	.9541	.9392
2	1.0000	1.0000	.9999	.9998	.9995	.9988	.9978	.9962	.9942
3	1.0000	1.0000	1.0000	1.0000	1.0000	1.0000	.9999	.9998	.9997
4	1.0000	1.0000	1.0000	1.0000	1.0000	1.0000	1.0000	1.0000	1.0000

Tafel 13B: Summenwahrscheinlichkeiten $B(k; n; p)$ (Fortsetzung)

$n = 7$

	p								
k	.005	.010	.015	.020	.030	.040	.050	.060	.070
0	.9655	.9321	.8996	.8681	.8080	.7514	.6983	.6485	.6017
1	.9995	.9980	.9955	.9921	.9829	.9706	.9556	.9382	.9187
2	1.0000	1.0000	.9999	.9997	.9991	.9980	.9962	.9937	.9903
3	1.0000	1.0000	1.0000	1.0000	1.0000	.9999	.9998	.9996	.9993
4	1.0000	1.0000	1.0000	1.0000	1.0000	1.0000	1.0000	1.0000	1.0000

$n = 8$

	p								
k	.005	.010	.015	.020	.030	.040	.050	.060	.070
0	.9607	.9227	.8861	.8508	.7837	.7214	.6634	.6096	.5596
1	.9993	.9973	.9941	.9897	.9777	.9619	.9428	.9208	.8965
2	1.0000	.9999	.9998	.9996	.9987	.9969	.9942	.9904	.9853
3	1.0000	1.0000	1.0000	1.0000	.9999	.9998	.9996	.9993	.9987
4	1.0000	1.0000	1.0000	1.0000	1.0000	1.0000	1.0000	1.0000	.9999
5	1.0000	1.0000	1.0000	1.0000	1.0000	1.0000	1.0000	1.0000	1.0000

$n = 9$

	p								
k	.005	.010	.015	.020	.030	.040	.050	.060	.070
0	.9559	.9135	.8728	.8337	.7602	.6925	.6302	.5730	.5204
1	.9991	.9966	.9924	.9869	.9718	.9522	.9288	.9022	.8729
2	1.0000	.9999	.9997	.9994	.9980	.9955	.9916	.9862	.9791
3	1.0000	1.0000	1.0000	1.0000	.9999	.9997	.9994	.9987	.9977
4	1.0000	1.0000	1.0000	1.0000	1.0000	1.0000	1.0000	.9999	.9998
5	1.0000	1.0000	1.0000	1.0000	1.0000	1.0000	1.0000	1.0000	1.0000

$n = 10$

	p								
k	.005	.010	.015	.020	.030	.040	.050	.060	.070
0	.9511	.9044	.8597	.8171	.7374	.6648	.5987	.5386	.4840
1	.9989	.9957	.9907	.9838	.9655	.9418	.9139	.8824	.8483
2	1.0000	.9999	.9996	.9991	.9972	.9938	.9885	.9812	.9717
3	1.0000	1.0000	1.0000	1.0000	.9999	.9996	.9990	.9980	.9964
4	1.0000	1.0000	1.0000	1.0000	1.0000	1.0000	.9999	.9998	.9997
5	1.0000	1.0000	1.0000	1.0000	1.0000	1.0000	1.0000	1.0000	1.0000

$n = 11$

	p								
k	.005	.010	.015	.020	.030	.040	.050	.060	.070
0	.9464	.8953	.8468	.8007	.7153	.6382	.5688	.5063	.4501
1	.9987	.9948	.9887	.9805	.9587	.9308	.8981	.8618	.8228
2	1.0000	.9998	.9995	.9988	.9963	.9917	.9848	.9752	.9630
3	1.0000	1.0000	1.0000	1.0000	.9998	.9993	.9984	.9970	.9947
4	1.0000	1.0000	1.0000	1.0000	1.0000	1.0000	.9999	.9997	.9995
5	1.0000	1.0000	1.0000	1.0000	1.0000	1.0000	1.0000	1.0000	1.0000

Tafel 13B: Summenwahrscheinlichkeiten $B(k; n; p)$ (Fortsetzung)

$n = 12$

k	p								
	.005	.010	.015	.020	.030	.040	.050	.060	.070
0	.9416	.8864	.8341	.7847	.6938	.6127	.5404	.4759	.4186
1	.9984	.9938	.9866	.9769	.9514	.9191	.8816	.8405	.7967
2	1.0000	.9998	.9993	.9985	.9952	.9893	.9804	.9684	.9532
3	1.0000	1.0000	1.0000	.9999	.9997	.9990	.9978	.9957	.9925
4	1.0000	1.0000	1.0000	1.0000	1.0000	.9999	.9998	.9996	.9991
5	1.0000	1.0000	1.0000	1.0000	1.0000	1.0000	1.0000	1.0000	.9999
6	1.0000	1.0000	1.0000	1.0000	1.0000	1.0000	1.0000	1.0000	1.0000

$n = 13$

k	p								
	.005	.010	.015	.020	.030	.040	.050	.060	.070
0	.9369	.8775	.8216	.7690	.6730	.5882	.5133	.4474	.3893
1	.9981	.9928	.9843	.9730	.9436	.9068	.8646	.8186	.7702
2	1.0000	.9997	.9991	.9980	.9938	.9865	.9755	.9608	.9422
3	1.0000	1.0000	1.0000	.9999	.9995	.9986	.9969	.9940	.9897
4	1.0000	1.0000	1.0000	1.0000	1.0000	.9999	.9997	.9993	.9987
5	1.0000	1.0000	1.0000	1.0000	1.0000	1.0000	1.0000	.9999	.9999
6	1.0000	1.0000	1.0000	1.0000	1.0000	1.0000	1.0000	1.0000	1.0000

$n = 14$

k	p								
	.005	.010	.015	.020	.030	.040	.050	.060	.070
0	.9322	.8687	.8093	.7536	.6528	.5647	.4877	.4205	.3620
1	.9978	.9916	.9818	.9690	.9355	.8941	.8470	.7963	.7436
2	1.0000	.9997	.9989	.9975	.9923	.9833	.9699	.9522	.9302
3	1.0000	1.0000	1.0000	.9999	.9994	.9981	.9958	.9920	.9864
4	1.0000	1.0000	1.0000	1.0000	1.0000	.9998	.9996	.9990	.9980
5	1.0000	1.0000	1.0000	1.0000	1.0000	1.0000	1.0000	.9999	.9998
6	1.0000	1.0000	1.0000	1.0000	1.0000	1.0000	1.0000	1.0000	1.0000

$n = 15$

k	p								
	.005	.010	.015	.020	.030	.040	.050	.060	.070
0	.9276	.8601	.7972	.7386	.6333	.5421	.4633	.3953	.3367
1	.9975	.9904	.9792	.9647	.9270	.8809	.8290	.7738	.7168
2	.9999	.9996	.9987	.9970	.9906	.9797	.9638	.9429	.9171
3	1.0000	1.0000	.9999	.9998	.9922	.9976	.9945	.9896	.9825
4	1.0000	1.0000	1.0000	1.0000	.9999	.9998	.9994	.9986	.9972
5	1.0000	1.0000	1.0000	1.0000	1.0000	1.0000	.9999	.9999	.9997
6	1.0000	1.0000	1.0000	1.0000	1.0000	1.0000	1.0000	1.0000	1.0000

Tafel 13B: Summenwahrscheinlichkeiten $B(k; n; p)$ (Fortsetzung)

$n = 16$

	p								
k	.005	.010	.015	.020	.030	.040	.050	.060	.070
0	.9229	.8515	.7852	.7238	.6143	.5204	.4401	.3716	.3131
1	.9971	.9891	.9765	.9601	.9182	.8673	.8108	.7511	.6902
2	.9999	.9995	.9984	.9963	.9887	.9758	.9571	.9327	.9031
3	1.0000	1.0000	.9999	.9998	.9989	.9968	.9930	.9868	.9779
4	1.0000	1.0000	1.0000	1.0000	.9999	.9997	.9991	.9981	.9962
5	1.0000	1.0000	1.0000	1.0000	1.0000	1.0000	.9999	.9998	.9995
6	1.0000	1.0000	1.0000	1.0000	1.0000	1.0000	1.0000	1.0000	.9999
7	1.0000	1.0000	1.0000	1.0000	1.0000	1.0000	1.0000	1.0000	1.0000

$n = 17$

	p								
k	.005	.010	.015	.020	.030	.040	.050	.060	.070
0	.9183	.8429	.7734	.7093	.5958	.4996	.4181	.3493	.2912
1	.9968	.9877	.9736	.9554	.9091	.8535	.7922	.7283	.6638
2	.9999	.9994	.9980	.9956	.9866	.9714	.9497	.9218	.8882
3	1.0000	1.0000	.9999	.9997	.9986	.9960	.9912	.9836	.9727
4	1.0000	1.0000	1.0000	1.0000	.9999	.9996	.9988	.9974	.9949
5	1.0000	1.0000	1.0000	1.0000	1.0000	1.0000	.9999	.9997	.9993
6	1.0000	1.0000	1.0000	1.0000	1.0000	1.0000	1.0000	1.0000	.9999
7	1.0000	1.0000	1.0000	1.0000	1.0000	1.0000	1.0000	1.0000	1.0000

$n = 18$

	p								
k	.005	.010	.015	.020	.030	.040	.050	.060	.070
0	.9137	.8345	.7618	.6951	.5780	.4796	.3972	.3283	.2708
1	.9964	.9862	.9706	.9505	.8997	.8393	.7735	.7055	.6378
2	.9999	.9993	.9977	.9948	.9843	.9667	.9419	.9102	.8725
3	1.0000	1.0000	.9999	.9996	.9982	.9950	.9891	.9799	.9667
4	1.0000	1.0000	1.0000	1.0000	.9999	.9994	.9985	.9966	.9933
5	1.0000	1.0000	1.0000	1.0000	1.0000	1.0000	.9998	.9995	.9990
6	1.0000	1.0000	1.0000	1.0000	1.0000	1.0000	1.0000	1.0000	.9999
7	1.0000	1.0000	1.0000	1.0000	1.0000	1.0000	1.0000	1.0000	1.0000

$n = 19$

	p								
k	.005	.010	.015	.020	.030	.040	.050	.060	.070
0	.9092	.8262	.7504	.6812	.5606	.4604	.3774	.3086	.2519
1	.9960	.9847	.9675	.9454	.8900	.8249	.7547	.6829	.6121
2	.9999	.9991	.9973	.9939	.9817	.9616	.9335	.8979	.8561
3	1.0000	1.0000	.9998	.9995	.9978	.9939	.9868	.9757	.9602
4	1.0000	1.0000	1.0000	1.0000	.9998	.9993	.9980	.9956	.9915
5	1.0000	1.0000	1.0000	1.0000	1.0000	.9999	.9998	.9994	.9986
6	1.0000	1.0000	1.0000	1.0000	1.0000	1.0000	1.0000	.9999	.9998
7	1.0000	1.0000	1.0000	1.0000	1.0000	1.0000	1.0000	1.0000	1.0000

Tafel 13B: Summenwahrscheinlichkeiten $B(k; n; p)$ (Fortsetzung)

$n = 20$

	p								
k	.005	.010	.015	.020	.030	.040	.050	.060	.070
0	.9046	.8179	.7391	.6676	.5438	.4420	.3585	.2901	.2342
1	.9955	.9831	.9643	.9401	.8802	.8103	.7358	.6605	.5869
2	.9999	.9990	.9968	.9929	.9790	.9561	.9245	.8850	.8390
3	1.0000	1.0000	.9998	.9994	.9973	.9926	.9841	.9710	.9529
4	1.0000	1.0000	1.0000	1.0000	.9997	.9990	.9974	.9944	.9893
5	1.0000	1.0000	1.0000	1.0000	1.0000	.9999	.9997	.9991	.9981
6	1.0000	1.0000	1.0000	1.0000	1.0000	1.0000	1.0000	.9999	.9997
7	1.0000	1.0000	1.0000	1.0000	1.0000	1.0000	1.0000	1.0000	1.0000

$n = 21$

	p								
k	.005	.010	.015	.020	.030	.040	.050	.060	.070
0	.9001	.8097	.7280	.6543	.5275	.4243	.3406	.2727	.2178
1	.9951	.9815	.9609	.9347	.8701	.7956	.7170	.6382	.5622
2	.9998	.9988	.9963	.9919	.9760	.9503	.9151	.8716	.8213
3	1.0000	.9999	.9998	.9993	.9968	.9911	.9811	.9659	.9449
4	1.0000	1.0000	1.0000	1.0000	.9997	.9988	.9968	.9930	.9867
5	1.0000	1.0000	1.0000	1.0000	1.0000	.9999	.9996	.9988	.9975
6	1.0000	1.0000	1.0000	1.0000	1.0000	1.0000	1.0000	.9998	.9996
7	1.0000	1.0000	1.0000	1.0000	1.0000	1.0000	1.0000	1.0000	.9999
8	1.0000	1.0000	1.0000	1.0000	1.0000	1.0000	1.0000	1.0000	1.0000

$n = 22$

	p								
k	.005	.010	.015	.020	.030	.040	.050	.060	.070
0	.8956	.8016	.7171	.6412	.5117	.4073	.3235	.2563	.2026
1	.9946	.9798	.9574	.9290	.8598	.7808	.6982	.6163	.5381
2	.9998	.9987	.9958	.9907	.9728	.9441	.9052	.8576	.8032
3	1.0000	.9999	.9997	.9991	.9962	.9895	.9778	.9602	.9362
4	1.0000	1.0000	1.0000	.9999	.9996	.9985	.9960	.9913	.9838
5	1.0000	1.0000	1.0000	1.0000	1.0000	.9998	.9994	.9985	.9967
6	1.0000	1.0000	1.0000	1.0000	1.0000	1.0000	.9999	.9998	.9995
7	1.0000	1.0000	1.0000	1.0000	1.0000	1.0000	1.0000	1.0000	.9999
8	1.0000	1.0000	1.0000	1.0000	1.0000	1.0000	1.0000	1.0000	1.0000

Tafel 13B: Summenwahrscheinlichkeiten $B(k; n; p)$ (Fortsetzung)

$n = 23$

	p								
k	.005	.010	.015	.020	.030	.040	.050	.060	.070
0	.8911	.7936	.7064	.6283	.4963	.3911	.3074	.2410	.1884
1	.9941	.9780	.9538	.9233	.8493	.7658	.6794	.5947	.5146
2	.9998	.9985	.9952	.9895	.9695	.9376	.8948	.8431	.7846
3	1.0000	.9999	.9996	.9990	.9955	.9877	.9742	.9541	.9269
4	1.0000	1.0000	1.0000	.9999	.9995	.9981	.9951	.9895	.9805
5	1.0000	1.0000	1.0000	1.0000	1.0000	.9998	.9992	.9981	.9958
6	1.0000	1.0000	1.0000	1.0000	1.0000	1.0000	.9999	.9997	.9993
7	1.0000	1.0000	1.0000	1.0000	1.0000	1.0000	1.0000	1.0000	.9999
8	1.0000	1.0000	1.0000	1.0000	1.0000	1.0000	1.0000	1.0000	1.0000

$n = 24$

	p								
k	.005	.010	.015	.020	.030	.040	.050	.060	.070
0	.8867	.7857	.6958	.6158	.4814	.3754	.2920	.2265	.1752
1	.9936	.9761	.9501	.9174	.8388	.7508	.6608	.5735	.4918
2	.9998	.9983	.9946	.9882	.9659	.9307	.8841	.8282	.7657
3	1.0000	.9999	.9996	.9988	.9947	.9857	.9702	.9474	.9170
4	1.0000	1.0000	1.0000	.9999	.9994	.9977	.9940	.9873	.9767
5	1.0000	1.0000	1.0000	1.0000	.9999	.9997	.9990	.9975	.9947
6	1.0000	1.0000	1.0000	1.0000	1.0000	1.0000	.9999	.9996	.9990
7	1.0000	1.0000	1.0000	1.0000	1.0000	1.0000	1.0000	.9999	.9998
8	1.0000	1.0000	1.0000	1.0000	1.0000	1.0000	1.0000	1.0000	1.0000

$n = 25$

	p								
k	.005	.010	.015	.020	.030	.040	.050	.060	.070
0	.8822	.7778	.6853	.6035	.4670	.3604	.2774	.2129	.1630
1	.9931	.9742	.9463	.9114	.8280	.7358	.6424	.5527	.4696
2	.9997	.9980	.9939	.9868	.9620	.9235	.8729	.8129	.7466
3	1.0000	.9999	.9995	.9986	.9938	.9835	.9659	.9402	.9064
4	1.0000	1.0000	1.0000	.9999	.9992	.9972	.9928	.9850	.9726
5	1.0000	1.0000	1.0000	1.0000	.9999	.9996	.9988	.9969	.9935
6	1.0000	1.0000	1.0000	1.0000	1.0000	1.0000	.9998	.9995	.9987
7	1.0000	1.0000	1.0000	1.0000	1.0000	1.0000	1.0000	.9999	.9998
8	1.0000	1.0000	1.0000	1.0000	1.0000	1.0000	1.0000	1.0000	1.0000

Tafel 13B: Summenwahrscheinlichkeiten $B(k; n; p)$ (Fortsetzung)

$n = 1$

k	p .080	.090	.100	.150	.200	.250	.300	.400	.500
0	.9200	.9100	.9000	.8500	.8000	.7500	.7000	.6000	.5000
1	1.0000	1.0000	1.0000	1.0000	1.0000	1.0000	1.0000	1.0000	1.0000

$n = 2$

k	p .080	.090	.100	.150	.200	.250	.300	.400	.500
0	.8464	.8281	.8100	.7225	.6400	.5625	.4900	.3600	.2500
1	.9936	.9919	.9900	.9775	.9600	.9375	.9100	.8400	.7500
2	1.0000	1.0000	1.0000	1.0000	1.0000	1.0000	1.0000	1.0000	1.0000

$n = 3$

k	p .080	.090	.100	.150	.200	.250	.300	.400	.500
0	.7787	.7536	.7290	.6141	.5120	.4219	.3430	.2160	.1250
1	.9818	.9772	.9720	.9392	.8960	.8437	.7840	.6480	.5000
2	.9995	.9993	.9990	.9966	.9920	.9844	.9730	.9360	.8750
3	1.0000	1.0000	1.0000	1.0000	1.0000	1.0000	1.0000	1.0000	1.0000

$n = 4$

k	p .080	.090	.100	.150	.200	.250	.300	.400	.500
0	.7164	.6857	.6561	.5220	.4096	.3164	.2401	.1296	.0625
1	.9656	.9570	.9477	.8905	.8192	.7383	.6517	.4752	.3125
2	.9981	.9973	.9963	.9880	.9728	.9492	.9163	.8208	.6875
3	1.0000	.9999	.9999	.9995	.9984	.9961	.9919	.9744	.9375
4	1.0000	1.0000	1.0000	1.0000	1.0000	1.0000	1.0000	1.0000	1.0000

$n = 5$

k	p .080	.090	.100	.150	.200	.250	.300	.400	.500
0	.6591	.6240	.5905	.4437	.3277	.2373	.1681	.0778	.0313
1	.9456	.9326	.9185	.8352	.7373	.6328	.5282	.3370	.1875
2	.9955	.9937	.9914	.9734	.9421	.8965	.8369	.6826	.5000
3	.9998	.9997	.9995	.9978	.9933	.9844	.9692	.9130	.8125
4	1.0000	1.0000	1.0000	.9999	.9997	.9990	.9976	.9898	.9688
5	1.0000	1.0000	1.0000	1.0000	1.0000	1.0000	1.0000	1.0000	1.0000

Tafel 13B: Summenwahrscheinlichkeiten $B(k; n; p)$ (Fortsetzung)

$n = 6$

	p								
k	.080	.090	.100	.150	.200	.250	.300	.400	.500
0	.6064	.5679	.5314	.3771	.2621	.1780	.1176	.0467	.0156
1	.9227	.9048	.8857	.7765	.6554	.5339	.4202	.2333	.1094
2	.9915	.9882	.9841	.9527	.9011	.8306	.7443	.5443	.3438
3	.9995	.9992	.9987	.9941	.9830	.9624	.9295	.8208	.6563
4	1.0000	1.0000	.9999	.9996	.9984	.9954	.9891	.9590	.8906
5	1.0000	1.0000	1.0000	1.0000	.9999	.9998	.9993	.9959	.9844
6	1.0000	1.0000	1.0000	1.0000	1.0000	1.0000	1.0000	1.0000	1.0000

$n = 7$

	p								
k	.080	.090	.100	.150	.200	.250	.300	.400	.500
0	.5578	.5168	.4783	.3206	.2097	.1335	.0824	.0280	.0078
1	.8974	.8745	.8503	.7166	.5767	.4449	.3294	.1586	.0625
2	.9860	.9807	.9743	.9262	.8520	.7564	.6471	.4199	.2266
3	.9988	.9982	.9973	.9879	.9667	.9294	.8740	.7102	.5000
4	.9999	.9999	.9998	.9988	.9953	.9871	.9712	.9037	.7734
5	1.0000	1.0000	1.0000	.9999	.9996	.9987	.9962	.9812	.9375
6	1.0000	1.0000	1.0000	1.0000	1.0000	.9999	.9998	.9984	.9922
7	1.0000	1.0000	1.0000	1.0000	1.0000	1.0000	1.0000	1.0000	1.0000

$n = 8$

	p								
k	.080	.090	.100	.150	.200	.250	.300	.400	.500
0	.5132	.4703	.4305	.2725	.1678	.1001	.0576	.0168	.0039
1	.8702	.8423	.8131	.6572	.5033	.3671	.2553	.1064	.0352
2	.9789	.9711	.9619	.8948	.7969	.6785	.5518	.3154	.1445
3	.9978	.9966	.9950	.9786	.9437	.8862	.8059	.5941	.3633
4	.9999	.9997	.9996	.9971	.9896	.9727	.9420	.8263	.6367
5	1.0000	1.0000	1.0000	.9998	.9988	.9958	.9887	.9502	.8555
6	1.0000	1.0000	1.0000	1.0000	.9999	.9996	.9987	.9915	.9648
7	1.0000	1.0000	1.0000	1.0000	1.0000	1.0000	.9999	.9993	.9961
8	1.0000	1.0000	1.0000	1.0000	1.0000	1.0000	1.0000	1.0000	1.0000

Tafel 13B: Summenwahrscheinlichkeiten $B(k; n; p)$ (Fortsetzung)

$n = 9$

	p								
k	.080	.090	.100	.150	.200	.250	.300	.400	.500
0	.4722	.4279	.3874	.2316	.1342	.0751	.0404	.0101	.0020
1	.8417	.8088	.7748	.5995	.4362	.3003	.1960	.0705	.0195
2	.9702	.9595	.9470	.8591	.7382	.6007	.4628	.2318	.0898
3	.9963	.9943	.9917	.9661	.9144	.8343	.7297	.4826	.2539
4	.9997	.9995	.9991	.9944	.9804	.9511	.9012	.7334	.5000
5	1.0000	1.0000	.9999	.9994	.9969	.9900	.9747	.9006	.7461
6	1.0000	1.0000	1.0000	1.0000	.9997	.9987	.9957	.9750	.9102
7	1.0000	1.0000	1.0000	1.0000	1.0000	.9999	.9996	.9962	.9805
8	1.0000	1.0000	1.0000	1.0000	1.0000	1.0000	1.0000	.9997	.9980
9	1.0000	1.0000	1.0000	1.0000	1.0000	1.0000	1.0000	1.0000	1.0000

$n = 10$

	p								
k	.080	.090	.100	.150	.200	.250	.300	.400	.500
0	.4344	.3894	.3487	.1969	.1074	.0563	.0282	.0060	.0010
1	.8121	.7746	.7361	.5443	.3758	.2440	.1493	.0464	.0107
2	.9599	.9460	.9298	.8202	.6778	.5256	.3828	.1673	.0547
3	.9942	.9912	.9872	.9500	.8791	.7759	.6496	.3823	.1719
4	.9994	.9990	.9984	.9901	.9672	.9219	.8497	.6331	.3770
5	1.0000	.9999	.9999	.9986	.9936	.9803	.9527	.8338	.6230
6	1.0000	1.0000	1.0000	.9999	.9991	.9965	.9894	.9452	.8281
7	1.0000	1.0000	1.0000	1.0000	.9999	.9996	.9984	.9877	.9453
8	1.0000	1.0000	1.0000	1.0000	1.0000	1.0000	.9999	.9983	.9893
9	1.0000	1.0000	1.0000	1.0000	1.0000	1.0000	1.0000	.9999	.9990
10	1.0000	1.0000	1.0000	1.0000	1.0000	1.0000	1.0000	1.0000	1.0000

$n = 11$

	p								
k	.080	.090	.100	.150	.200	.250	.300	.400	.500
0	.3996	.3544	.3138	.1673	.0859	.0422	.0198	.0036	.0005
1	.7819	.7399	.6974	.4922	.3221	.1971	.1130	.0302	.0059
2	.9481	.9305	.9104	.7788	.6174	.4552	.3127	.1189	.0327
3	.9915	.9871	.9815	.9306	.8389	.7133	.5696	.2963	.1133
4	.9990	.9983	.9972	.9841	.9496	.8854	.7897	.5328	.2744
5	.9999	.9998	.9997	.9973	.9883	.9657	.9218	.7535	.5000
6	1.0000	1.0000	1.0000	.9997	.9980	.9924	.9784	.9006	.7256
7	1.0000	1.0000	1.0000	1.0000	.9998	.9988	.9957	.9707	.8867
8	1.0000	1.0000	1.0000	1.0000	1.0000	.9999	.9994	.9941	.9673
9	1.0000	1.0000	1.0000	1.0000	1.0000	1.0000	1.0000	.9993	.9941
10	1.0000	1.0000	1.0000	1.0000	1.0000	1.0000	1.0000	1.0000	.9995
11	1.0000	1.0000	1.0000	1.0000	1.0000	1.0000	1.0000	1.0000	1.0000

Tafel 13B: Summenwahrscheinlichkeiten $B(k; n; p)$ (Fortsetzung)

$n = 12$

	p								
k	.080	.090	.100	.150	.200	.250	.300	.400	.500
0	.3677	.3225	.2824	.1422	.0687	.0317	.0138	.0022	.0002
1	.7513	.7052	.6590	.4435	.2749	.1584	.0850	.0196	.0032
2	.9348	.9134	.8891	.7358	.5583	.3907	.2528	.0834	.0193
3	.9880	.9820	.9744	.9078	.7946	.6488	.4925	.2253	.0730
4	.9984	.9973	.9957	.9761	.9274	.8424	.7237	.4382	.1938
5	.9998	.9997	.9995	.9954	.9806	.9456	.8822	.6652	.3872
6	1.0000	1.0000	1.0000	.9993	.9961	.9857	.9614	.8418	.6128
7	1.0000	1.0000	1.0000	.9999	.9994	.9972	.9905	.9427	.8062
8	1.0000	1.0000	1.0000	1.0000	.9999	.9996	.9983	.9847	.9270
9	1.0000	1.0000	1.0000	1.0000	1.0000	1.0000	.9998	.9972	.9807
10	1.0000	1.0000	1.0000	1.0000	1.0000	1.0000	1.0000	.9997	.9968
11	1.0000	1.0000	1.0000	1.0000	1.0000	1.0000	1.0000	1.0000	.9998
12	1.0000	1.0000	1.0000	1.0000	1.0000	1.0000	1.0000	1.0000	1.0000

$n = 13$

	p								
k	.080	.090	.100	.150	.200	.250	.300	.400	.500
0	.3383	.2935	.2542	.1209	.0550	.0238	.0097	.0013	.0001
1	.7206	.6707	.6213	.3983	.2336	.1267	.0637	.0126	.0017
2	.9201	.8946	.8661	.6920	.5017	.3326	.2025	.0579	.0112
3	.9837	.9758	.9658	.8820	.7473	.5843	.4206	.1686	.0461
4	.9976	.9959	.9935	.9658	.9009	.7940	.6543	.3530	.1334
5	.9997	.9995	.9991	.9925	.9700	.9198	.8346	.5744	.2905
6	1.0000	.9999	.9999	.9987	.9930	.9757	.9376	.7712	.5000
7	1.0000	1.0000	1.0000	.9998	.9988	.9944	.9818	.9023	.7095
8	1.0000	1.0000	1.0000	1.0000	.9998	.9990	.9960	.9679	.8666
9	1.0000	1.0000	1.0000	1.0000	1.0000	.9999	.9993	.9922	.9539
10	1.0000	1.0000	1.0000	1.0000	1.0000	1.0000	.9999	.9987	.9888
11	1.0000	1.0000	1.0000	1.0000	1.0000	1.0000	1.0000	.9999	.9983
12	1.0000	1.0000	1.0000	1.0000	1.0000	1.0000	1.0000	1.0000	.9999
13	1.0000	1.0000	1.0000	1.0000	1.0000	1.0000	1.0000	1.0000	1.0000

Tafel 13B: Summenwahrscheinlichkeiten $B(k; n; p)$ (Fortsetzung)

$n = 14$

	p								
k	.080	.090	.100	.150	.200	.250	.300	.400	.500
0	.3112	.2670	.2288	.1028	.0440	.0178	.0068	.0008	.0001
1	.6900	.6368	.5846	.3567	.1979	.1010	.0475	.0081	.0009
2	.9042	.8745	.8416	.6479	.4481	.2811	.1608	.0398	.0065
3	.9786	.9685	.9559	.8535	.6982	.5213	.3552	.1243	.0287
4	.9965	.9941	.9908	.9533	.8702	.7415	.5842	.2793	.0898
5	.9996	.9992	.9985	.9885	.9561	.8883	.7805	.4859	.2120
6	1.0000	.9999	.9998	.9978	.9884	.9617	.9067	.6925	.3953
7	1.0000	1.0000	1.0000	.9997	.9976	.9897	.9685	.8499	.6047
8	1.0000	1.0000	1.0000	1.0000	.9996	.9978	.9917	.9417	.7880
9	1.0000	1.0000	1.0000	1.0000	1.0000	.9997	.9983	.9825	.9102
10	1.0000	1.0000	1.0000	1.0000	1.0000	1.0000	.9998	.9961	.9713
11	1.0000	1.0000	1.0000	1.0000	1.0000	1.0000	1.0000	.9994	.9935
12	1.0000	1.0000	1.0000	1.0000	1.0000	1.0000	1.0000	.9999	.9991
13	1.0000	1.0000	1.0000	1.0000	1.0000	1.0000	1.0000	1.0000	.9999
14	1.0000	1.0000	1.0000	1.0000	1.0000	1.0000	1.0000	1.0000	1.0000

$n = 15$

	p								
k	.080	.090	.100	.150	.200	.250	.300	.400	.500
0	.2863	.2430	.2059	.0874	.0352	.0134	.0047	.0005	.0000
1	.6597	.6035	.5490	.3186	.1671	.0802	.0353	.0052	.0005
2	.8870	.8531	.8159	.6042	.3980	.2361	.1268	.0271	.0037
3	.9727	.9601	.9444	.8227	.6482	.4613	.2969	.0905	.0176
4	.9950	.9918	.9873	.9383	.8358	.6865	.5155	.2173	.0592
5	.9993	.9987	.9977	.9832	.9389	.8516	.7216	.4032	.1509
6	.9999	.9998	.9997	.9964	.9819	.9434	.8689	.6098	.3036
7	1.0000	1.0000	1.0000	.9994	.9958	.9827	.9500	.7869	.5000
8	1.0000	1.0000	1.0000	.9999	.9992	.9958	.9848	.9050	.6964
9	1.0000	1.0000	1.0000	1.0000	.9999	.9992	.9963	.9662	.8491
10	1.0000	1.0000	1.0000	1.0000	1.0000	.9999	.9993	.9907	.9408
11	1.0000	1.0000	1.0000	1.0000	1.0000	1.0000	.9999	.9981	.9824
12	1.0000	1.0000	1.0000	1.0000	1.0000	1.0000	1.0000	.9997	.9963
13	1.0000	1.0000	1.0000	1.0000	1.0000	1.0000	1.0000	1.0000	.9995
14	1.0000	1.0000	1.0000	1.0000	1.0000	1.0000	1.0000	1.0000	1.0000

Tafel 13B: Summenwahrscheinlichkeiten $B(k; n; p)$ (Fortsetzung)

$n = 16$

	p								
k	.080	.090	.100	.150	.200	.250	.300	.400	.500
0	.2634	.2211	.1853	.0743	.0281	.0100	.0033	.0003	.0000
1	.6299	.5711	.5147	.2839	.1407	.0635	.0261	.0033	.0003
2	.8689	.8306	.7892	.5614	.3518	.1971	.0994	.0183	.0021
3	.9658	.9504	.9316	.7899	.5981	.4050	.2459	.0651	.0106
4	.9932	.9889	.9830	.9209	.7982	.6302	.4499	.1666	.0384
5	.9990	.9981	.9967	.9765	.9183	.8103	.6598	.3288	.1051
6	.9999	.9997	.9995	.9944	.9733	.9204	.8247	.5272	.2272
7	1.0000	1.0000	.9999	.9989	.9930	.9729	.9256	.7161	.4018
8	1.0000	1.0000	1.0000	.9998	.9985	.9925	.9743	.8577	.5982
9	1.0000	1.0000	1.0000	1.0000	.9998	.9984	.9929	.9417	.7728
10	1.0000	1.0000	1.0000	1.0000	1.0000	.9997	.9984	.9809	.8949
11	1.0000	1.0000	1.0000	1.0000	1.0000	1.0000	.9997	.9951	.9616
12	1.0000	1.0000	1.0000	1.0000	1.0000	1.0000	1.0000	.9991	.9894
13	1.0000	1.0000	1.0000	1.0000	1.0000	1.0000	1.0000	.9999	.9979
14	1.0000	1.0000	1.0000	1.0000	1.0000	1.0000	1.0000	1.0000	.9997
15	1.0000	1.0000	1.0000	1.0000	1.0000	1.0000	1.0000	1.0000	1.0000

$n = 17$

	p								
k	.080	.090	.100	.150	.200	.250	.300	.400	.500
0	.2423	.2012	.1668	.0631	.0225	.0075	.0023	.0002	.0000
1	.6005	.5396	.4818	.2525	.1182	.0501	.0193	.0021	.0001
2	.8497	.8073	.7618	.5198	.3096	.1637	.0774	.0123	.0012
3	.9581	.9397	.9174	.7556	.5489	.3530	.2019	.0464	.0064
4	.9911	.9855	.9779	.9013	.7582	.5739	.3887	.1260	.0245
5	.9985	.9973	.9953	.9681	.8943	.7653	.5968	.2639	.0717
6	.9998	.9996	.9992	.9917	.9623	.8929	.7752	.4478	.1662
7	1.0000	1.0000	.9999	.9983	.9891	.9598	.8954	.6405	.3145
8	1.0000	1.0000	1.0000	.9997	.9974	.9876	.9597	.8011	.5000
9	1.0000	1.0000	1.0000	1.0000	.9995	.9969	.9873	.9081	.6855
10	1.0000	1.0000	1.0000	1.0000	.9999	.9994	.9968	.9652	.8338
11	1.0000	1.0000	1.0000	1.0000	1.0000	.9999	.9993	.9894	.9283
12	1.0000	1.0000	1.0000	1.0000	1.0000	1.0000	.9999	.9975	.9755
13	1.0000	1.0000	1.0000	1.0000	1.0000	1.0000	1.0000	.9995	.9936
14	1.0000	1.0000	1.0000	1.0000	1.0000	1.0000	1.0000	.9999	.9988
15	1.0000	1.0000	1.0000	1.0000	1.0000	1.0000	1.0000	1.0000	.9999
16	1.0000	1.0000	1.0000	1.0000	1.0000	1.0000	1.0000	1.0000	1.0000

Tafel 13B: Summenwahrscheinlichkeiten $B(k; n; p)$ (Fortsetzung)

$n = 18$

k	p: .080	.090	.100	.150	.200	.250	.300	.400	.500
0	.2229	.1831	.1501	.0536	.0180	.0056	.0016	.0001	.0000
1	.5719	.5091	.4503	.2241	.0991	.0395	.0142	.0013	.0001
2	.8298	.7832	.7338	.4797	.2713	.1353	.0600	.0082	.0007
3	.9494	.9277	.9018	.7202	.5010	.3057	.1646	.0328	.0038
4	.9884	.9814	.9718	.8794	.7164	.5187	.3327	.0942	.0154
5	.9979	.9962	.9936	.9581	.8671	.7175	.5344	.2088	.0481
6	.9997	.9994	.9988	.9882	.9487	.8610	.7217	.3743	.1189
7	1.0000	.9999	.9998	.9973	.9837	.9431	.8593	.5634	.2403
8	1.0000	1.0000	1.0000	.9995	.9957	.9807	.9404	.7368	.4073
9	1.0000	1.0000	1.0000	.9999	.9991	.9946	.9790	.8653	.5927
10	1.0000	1.0000	1.0000	1.0000	.9998	.9988	.9939	.9424	.7597
11	1.0000	1.0000	1.0000	1.0000	1.0000	.9998	.9986	.9797	.8811
12	1.0000	1.0000	1.0000	1.0000	1.0000	1.0000	.9997	.9942	.9519
13	1.0000	1.0000	1.0000	1.0000	1.0000	1.0000	1.0000	.9987	.9846
14	1.0000	1.0000	1.0000	1.0000	1.0000	1.0000	1.0000	.9998	.9962
15	1.0000	1.0000	1.0000	1.0000	1.0000	1.0000	1.0000	1.0000	.9993
16	1.0000	1.0000	1.0000	1.0000	1.0000	1.0000	1.0000	1.0000	.9999
17	1.0000	1.0000	1.0000	1.0000	1.0000	1.0000	1.0000	1.0000	1.0000

$n = 19$

k	p: .080	.090	.100	.150	.200	.250	.300	.400	.500
0	.2051	.1666	.1351	.0456	.0144	.0042	.0011	.0001	.0000
1	.5440	.4798	.4203	.1985	.0829	.0310	.0104	.0008	.0000
2	.8092	.7585	.7054	.4413	.2369	.1113	.0462	.0055	.0004
3	.9398	.9147	.8850	.6841	.4551	.2631	.1332	.0230	.0022
4	.9853	.9765	.9648	.8556	.6733	.4654	.2822	.0696	.0096
5	.9971	.9949	.9914	.9463	.8369	.6678	.4739	.1629	.0318
6	.9996	.9991	.9983	.9837	.9324	.8251	.6655	.3081	.0835
7	.9999	.9999	.9997	.9959	.9767	.9225	.8180	.4878	.1796
8	1.0000	1.0000	1.0000	.9992	.9933	.9713	.9161	.6675	.3238
9	1.0000	1.0000	1.0000	.9999	.9984	.9911	.9674	.8139	.5000
10	1.0000	1.0000	1.0000	1.0000	.9997	.9977	.9895	.9115	.6762
11	1.0000	1.0000	1.0000	1.0000	1.0000	.9995	.9972	.9648	.8204
12	1.0000	1.0000	1.0000	1.0000	1.0000	.9999	.9994	.9884	.9165
13	1.0000	1.0000	1.0000	1.0000	1.0000	1.0000	.9999	.9969	.9682
14	1.0000	1.0000	1.0000	1.0000	1.0000	1.0000	1.0000	.9994	.9904
15	1.0000	1.0000	1.0000	1.0000	1.0000	1.0000	1.0000	.9999	.9978
16	1.0000	1.0000	1.0000	1.0000	1.0000	1.0000	1.0000	1.0000	.9996
17	1.0000	1.0000	1.0000	1.0000	1.0000	1.0000	1.0000	1.0000	1.0000

Tafel 13B: Summenwahrscheinlichkeiten $B(k; n; p)$ (Fortsetzung)

$n = 20$

	p								
k	.080	.090	.100	.150	.200	.250	.300	.400	.500
0	.1887	.1516	.1216	.0388	.0115	.0032	.0008	.0000	.0000
1	.5169	.4516	.3917	.1756	.0692	.0243	.0076	.0005	.0000
2	.7879	.7334	.6769	.4049	.2061	.0913	.0355	.0036	.0002
3	.9294	.9007	.8670	.6477	.4114	.2252	.1071	.0160	.0013
4	.9817	.9710	.9568	.8298	.6296	.4148	.2375	.0510	.0059
5	.9962	.9932	.9887	.9327	.8042	.6172	.4164	.1256	.0207
6	.9994	.9987	.9976	.9781	.9133	.7858	.6080	.2500	.0577
7	.9999	.9998	.9996	.9941	.9679	.8982	.7723	.4159	.1316
8	1.0000	1.0000	.9999	.9987	.9900	.9591	.8867	.5956	.2517
9	1.0000	1.0000	1.0000	.9998	.9974	.9861	.9520	.7553	.4119
10	1.0000	1.0000	1.0000	1.0000	.9994	.9961	.9829	.8725	.5881
11	1.0000	1.0000	1.0000	1.0000	.9999	.9991	.9949	.9435	.7483
12	1.0000	1.0000	1.0000	1.0000	1.0000	.9998	.9987	.9790	.8684
13	1.0000	1.0000	1.0000	1.0000	1.0000	1.0000	.9997	.9935	.9423
14	1.0000	1.0000	1.0000	1.0000	1.0000	1.0000	1.0000	.9984	.9793
15	1.0000	1.0000	1.0000	1.0000	1.0000	1.0000	1.0000	.9997	.9941
16	1.0000	1.0000	1.0000	1.0000	1.0000	1.0000	1.0000	1.0000	.9987
17	1.0000	1.0000	1.0000	1.0000	1.0000	1.0000	1.0000	1.0000	.9998
18	1.0000	1.0000	1.0000	1.0000	1.0000	1.0000	1.0000	1.0000	1.0000

$n = 21$

	p								
k	.080	.090	.100	.150	.200	.250	.300	.400	.500
0	.1736	.1380	.1094	.0329	.0092	.0024	.0006	.0000	.0000
1	.4906	.4246	.3647	.1550	.0576	.0190	.0056	.0003	.0000
2	.7663	.7081	.6484	.3705	.1787	.0745	.0271	.0024	.0001
3	.9181	.8856	.8480	.6113	.3704	.1917	.0856	.0110	.0007
4	.9775	.9646	.9478	.8025	.5860	.3674	.1984	.0370	.0036
5	.9950	.9912	.9856	.9173	.7693	.5666	.3627	.0957	.0133
6	.9991	.9982	.9967	.9713	.8915	.7436	.5505	.2002	.0392
7	.9999	.9997	.9994	.9917	.9569	.8701	.7230	.3495	.0946
8	1.0000	1.0000	.9999	.9980	.9856	.9439	.8523	.5237	.1917
9	1.0000	1.0000	1.0000	.9996	.9959	.9794	.9324	.6914	.3318
10	1.0000	1.0000	1.0000	.9999	.9990	.9936	.9736	.8256	.5000
11	1.0000	1.0000	1.0000	1.0000	.9998	.9983	.9913	.9151	.6682
12	1.0000	1.0000	1.0000	1.0000	1.0000	.9996	.9976	.9648	.8083
13	1.0000	1.0000	1.0000	1.0000	1.0000	.9999	.9994	.9877	.9054
14	1.0000	1.0000	1.0000	1.0000	1.0000	1.0000	.9999	.9964	.9608
15	1.0000	1.0000	1.0000	1.0000	1.0000	1.0000	1.0000	.9992	.9867
16	1.0000	1.0000	1.0000	1.0000	1.0000	1.0000	1.0000	.9998	.9964
17	1.0000	1.0000	1.0000	1.0000	1.0000	1.0000	1.0000	1.0000	.9993
18	1.0000	1.0000	1.0000	1.0000	1.0000	1.0000	1.0000	1.0000	.9999
19	1.0000	1.0000	1.0000	1.0000	1.0000	1.0000	1.0000	1.0000	1.0000

Tafel 13B: Summenwahrscheinlichkeiten $B(k; n; p)$ (Fortsetzung)

$n = 22$

	p								
k	.080	.090	.100	.150	.200	.250	.300	.400	.500
0	.1597	.1256	.0985	.0280	.0074	.0018	.0004	.0000	.0000
1	.4652	.3988	.3392	.1367	.0480	.0149	.0041	.0002	.0000
2	.7442	.6826	.6200	.3382	.1545	.0606	.0207	.0016	.0001
3	.9059	.8696	.8281	.5752	.3320	.1624	.0681	.0076	.0004
4	.9727	.9575	.9379	.7738	.5429	.3235	.1645	.0266	.0022
5	.9936	.9888	.9818	.9001	.7326	.5168	.3134	.0722	.0085
6	.9988	.9976	.9956	.9632	.8670	.6994	.4942	.1584	.0262
7	.9998	.9996	.9991	.9886	.9439	.8385	.6713	.2898	.0669
8	1.0000	.9999	.9999	.9970	.9799	.9254	.8135	.4540	.1431
9	1.0000	1.0000	1.0000	.9993	.9939	.9705	.9084	.6244	.2617
10	1.0000	1.0000	1.0000	.9999	.9984	.9900	.9613	.7719	.4159
11	1.0000	1.0000	1.0000	1.0000	.9997	.9971	.9860	.8793	.5841
12	1.0000	1.0000	1.0000	1.0000	.9999	.9993	.9957	.9449	.7383
13	1.0000	1.0000	1.0000	1.0000	1.0000	.9999	.9989	.9785	.8569
14	1.0000	1.0000	1.0000	1.0000	1.0000	1.0000	.9998	.9930	.9331
15	1.0000	1.0000	1.0000	1.0000	1.0000	1.0000	1.0000	.9981	.9738
16	1.0000	1.0000	1.0000	1.0000	1.0000	1.0000	1.0000	.9996	.9915
17	1.0000	1.0000	1.0000	1.0000	1.0000	1.0000	1.0000	.9999	.9978
18	1.0000	1.0000	1.0000	1.0000	1.0000	1.0000	1.0000	1.0000	.9996
19	1.0000	1.0000	1.0000	1.0000	1.0000	1.0000	1.0000	1.0000	.9999
20	1.0000	1.0000	1.0000	1.0000	1.0000	1.0000	1.0000	1.0000	1.0000

$n = 23$

	p								
k	.080	.090	.100	.150	.200	.250	.300	.400	.500
0	.1469	.1143	.0886	.0238	.0059	.0013	.0003	.0000	.0000
1	.4408	.3742	.3151	.1204	.0398	.0116	.0030	.0001	.0000
2	.7219	.6570	.5920	.3080	.1332	.0492	.0157	.0010	.0000
3	.8930	.8528	.8073	.5396	.2965	.1370	.0538	.0052	.0002
4	.9674	.9496	.9269	.7440	.5007	.2832	.1356	.0190	.0013
5	.9920	.9860	.9774	.8811	.6947	.4685	.2688	.0540	.0053
6	.9984	.9968	.9942	.9537	.8402	.6537	.4399	.1240	.0173
7	.9997	.9994	.9988	.9848	.9285	.8037	.6181	.2373	.0466
8	1.0000	.9999	.9998	.9958	.9727	.9037	.7709	.3884	.1050
9	1.0000	1.0000	1.0000	.9990	.9911	.9592	.8799	.5562	.2024
10	1.0000	1.0000	1.0000	.9998	.9975	.9851	.9454	.7129	.3388
11	1.0000	1.0000	1.0000	1.0000	.9994	.9954	.9786	.8364	.5000
12	1.0000	1.0000	1.0000	1.0000	.9999	.9988	.9928	.9187	.6612
13	1.0000	1.0000	1.0000	1.0000	1.0000	.9997	.9979	.9651	.7976
14	1.0000	1.0000	1.0000	1.0000	1.0000	.9999	.9995	.9872	.8950
15	1.0000	1.0000	1.0000	1.0000	1.0000	1.0000	.9999	.9960	.9534
16	1.0000	1.0000	1.0000	1.0000	1.0000	1.0000	1.0000	.9990	.9827
17	1.0000	1.0000	1.0000	1.0000	1.0000	1.0000	1.0000	.9998	.9947
18	1.0000	1.0000	1.0000	1.0000	1.0000	1.0000	1.0000	1.0000	.9987
19	1.0000	1.0000	1.0000	1.0000	1.0000	1.0000	1.0000	1.0000	.9998
20	1.0000	1.0000	1.0000	1.0000	1.0000	1.0000	1.0000	1.0000	1.0000

Tafel 13B: Summenwahrscheinlichkeiten $B(k; n; p)$ (Fortsetzung)

$n = 24$

k	p								
	.080	.090	.100	.150	.200	.250	.300	.400	.500
0	.1352	.1040	.0798	.0202	.0047	.0010	.0002	.0000	.0000
1	.4173	.3508	.2925	.1059	.0331	.0090	.0022	.0001	.0000
2	.6994	.6316	.5643	.2798	.1145	.0398	.0119	.0007	.0000
3	.8793	.8352	.7857	.5049	.2639	.1150	.0424	.0035	.0001
4	.9614	.9409	.9149	.7134	.4599	.2466	.1111	.0134	.0008
5	.9900	.9827	.9723	.8606	.6559	.4222	.2288	.0400	.0033
6	.9979	.9958	.9925	.9428	.8111	.6074	.3886	.0960	.0113
7	.9996	.9992	.9983	.9801	.9108	.7662	.5647	.1919	.0320
8	.9999	.9999	.9997	.9941	.9638	.8787	.7250	.3279	.0758
9	1.0000	1.0000	.9999	.9985	.9874	.9453	.8472	.4891	.1537
10	1.0000	1.0000	1.0000	.9997	.9962	.9787	.9258	.6502	.2706
11	1.0000	1.0000	1.0000	.9999	.9990	.9928	.9686	.7870	.4194
12	1.0000	1.0000	1.0000	1.0000	.9998	.9979	.9885	.8857	.5806
13	1.0000	1.0000	1.0000	1.0000	1.0000	.9995	.9964	.9465	.7294
14	1.0000	1.0000	1.0000	1.0000	1.0000	.9999	.9990	.9783	.8463
15	1.0000	1.0000	1.0000	1.0000	1.0000	1.0000	.9998	.9925	.9242
16	1.0000	1.0000	1.0000	1.0000	1.0000	1.0000	1.0000	.9978	.9680
17	1.0000	1.0000	1.0000	1.0000	1.0000	1.0000	1.0000	.9995	.9887
18	1.0000	1.0000	1.0000	1.0000	1.0000	1.0000	1.0000	.9999	.9967
19	1.0000	1.0000	1.0000	1.0000	1.0000	1.0000	1.0000	1.0000	.9992
20	1.0000	1.0000	1.0000	1.0000	1.0000	1.0000	1.0000	1.0000	.9999
21	1.0000	1.0000	1.0000	1.0000	1.0000	1.0000	1.0000	1.0000	1.0000

$n = 25$

k	p								
	.080	.090	.100	.150	.200	.250	.300	.400	.500
0	.1244	.0946	.0718	.0172	.0038	.0008	.0001	.0000	.0000
1	.3947	.3286	.2712	.0931	.0274	.0070	.0016	.0001	.0000
2	.6768	.6063	.5371	.2537	.0982	.0321	.0090	.0004	.0000
3	.8649	.8169	.7636	.4711	.2340	.0962	.0332	.0024	.0001
4	.9549	.9314	.9020	.6821	.4207	.2137	.0905	.0095	.0005
5	.9877	.9790	.9666	.8385	.6167	.3783	.1935	.0294	.0020
6	.9972	.9946	.9905	.9305	.7800	.5611	.3407	.0736	.0073
7	.9995	.9989	.9977	.9745	.8909	.7265	.5118	.1536	.0216
8	.9999	.9998	.9995	.9920	.9532	.8506	.6769	.2735	.0539
9	1.0000	1.0000	.9999	.9979	.9827	.9287	.8106	.4246	.1148
10	1.0000	1.0000	1.0000	.9995	.9944	.9703	.9022	.5858	.2122
11	1.0000	1.0000	1.0000	.9999	.9985	.9893	.9558	.7323	.3450
12	1.0000	1.0000	1.0000	1.0000	.9996	.9966	.9825	.8462	.5000
13	1.0000	1.0000	1.0000	1.0000	.9999	.9991	.9940	.9222	.6550
14	1.0000	1.0000	1.0000	1.0000	1.0000	.9998	.9982	.9656	.7878
15	1.0000	1.0000	1.0000	1.0000	1.0000	1.0000	.9995	.9868	.8852
16	1.0000	1.0000	1.0000	1.0000	1.0000	1.0000	.9999	.9957	.9461
17	1.0000	1.0000	1.0000	1.0000	1.0000	1.0000	1.0000	.9988	.9784
18	1.0000	1.0000	1.0000	1.0000	1.0000	1.0000	1.0000	.9997	.9927
19	1.0000	1.0000	1.0000	1.0000	1.0000	1.0000	1.0000	.9999	.9980
20	1.0000	1.0000	1.0000	1.0000	1.0000	1.0000	1.0000	1.0000	.9995
21	1.0000	1.0000	1.0000	1.0000	1.0000	1.0000	1.0000	1.0000	.9999
22	1.0000.	1.0000	1.0000	1.0000	1.0000	1.0000	1.0000	1.0000	1.0000

Tafel 14: Lineare Transformationen

u	*P*	*N*	*C*	*WP*	*L*	*T*	*Z*	*IQ*
-3,00	,001			1	-5	20	70	55
-2,90	,002			1	-4	21	71	57
-2,80	,003			2	-4	22	72	58
-2,70	,003			2	-3	23	73	60
-2,60	,005			2	-3	24	74	61
-2,50	,006			3	-2	25	75	63
-2,40	,008	5		3	-2	26	76	64
-2,30	,011	5		3	-1	27	77	66
-2,20	,014	5	1	3	-1	28	78	67
-2,10	,018	5	1	4	0	29	79	69
-2,00	,023	5	1	4	0	30	80	70
-1,90	,029	5	1	4	1	31	81	72
-1,80	,036	5	1	5	1	32	82	73
-1,70	,045	5	2	5	2	33	83	75
-1,60	,055	5	2	5	2	34	84	76
-1,50	,067	5	2	6	3	35	85	78
-1,40	,081	4	2	6	3	36	86	79
-1,30	,097	4	2	6	4	37	87	81
-1,20	,115	4	3	6	4	38	88	82
-1,10	,136	4	3	7	5	39	89	84
-1,00	,159	4	3	7	5	40	90	85
-,90	,184	4	3	7	6	41	91	87
-,80	,212	4	3	8	6	42	92	88
-,70	,242	4	4	8	7	43	93	90
-,60	,274	4	4	8	7	44	94	91
-,50	,309	4	4	9	8	45	95	93
-,40	,345	3	4	9	8	46	96	94
-,30	,382	3	4	9	9	47	97	96
-,20	,421	3	5	9	9	48	98	97
-,10	,460	3	5	10	10	49	99	99
00	,500	3	5	10	10	50	100	100

Tafel 14: Lineare Transformationen (Fortsetzung)

u	P	N	C	WP	L	T	Z	IQ
,00	,500	3	5	10	10	50	100	100
,10	,540	3	5	10	11	51	101	102
,20	,579	3	5	11	11	52	102	103
,30	,618	3	6	11	12	53	103	105
,40	,655	3	6	11	12	54	104	106
,50	,691	3	6	12	13	55	105	108
,60	,726	2	6	12	13	56	106	109
,70	,758	2	6	12	14	57	107	111
,80	,788	2	7	12	14	58	108	112
,90	,816	2	7	13	15	59	109	114
1,00	,841	2	7	13	15	60	110	115
1,10	,864	2	7	13	16	61	111	117
1,20	,885	2	7	14	16	62	112	118
1,30	,903	2	8	14	17	63	113	120
1,40	,919	2	8	14	17	64	114	121
1,50	,933	2	8	15	18	65	115	123
1,60	,945	1	8	15	18	66	116	124
1,70	,955	1	8	15	19	67	117	126
1,80	,964	1	9	15	19	68	118	127
1,90	,971	1	9	16	20	69	119	129
2,00	,977	1	9	16	20	70	120	130
2,10	,982	1	9	16	21	71	121	132
2,20	,986	1	9	17	21	72	122	133
2,30	,989	1		17	22	73	123	135
2,40	,992	1		17	22	74	124	136
2,50	,994	1		18	23	75	125	138
2,60	,995			18	23	76	126	139
2,70	,997			18	24	77	127	141
2,80	,997			18	24	78	128	142
2,90	,998			19	25	79	129	144
3,00	,999			19	25	80	130	145

Tafel 15: Kritische Werte $n_{\alpha;f}$ für den Vorzeichentest

α für einseitige Fragestellung											
	0,025	0,01	0,005		0,025	0,01	0,005		0,025	0,01	0,005
α für zweiseitige Fragestellung											
f	0,05	0,02	0,01	f	0,05	0,02	0,01	f	0,05	0,02	0,01
5	–	–	–	40	13	12	11	75	28	26	25
6	0	–	–	41	13	12	11	76	28	27	26
7	0	0	–	42	14	13	12	77	29	27	26
8	0	0	0	43	14	13	12	78	29	28	27
9	1	0	0	44	15	13	13	79	30	28	27
10	1	0	0	45	15	14	13	80	30	29	28
11	1	1	0	46	15	14	13	81	31	29	28
12	2	1	1	47	16	15	14	82	31	30	28
13	2	1	1	48	16	15	14	83	32	30	29
14	2	2	1	49	17	15	15	84	32	30	29
15	3	2	2	50	17	16	15	85	32	31	30
16	3	2	2	51	18	16	15	86	33	31	30
17	4	3	2	52	18	17	16	87	33	32	31
18	4	3	3	53	18	17	16	88	34	32	31
19	4	4	3	54	19	18	17	89	34	33	31
20	5	4	3	55	19	18	17	90	35	33	32
21	5	4	4	56	20	18	17	91	35	33	32
22	5	5	4	57	20	19	18	92	36	34	33
23	6	5	4	58	21	19	18	93	36	34	33
24	6	5	5	59	21	20	19	94	36	35	34
25	7	6	5	60	21	20	19	95	37	35	34
26	7	6	6	61	22	20	20	96	37	36	34
27	7	7	6	62	22	21	20	97	38	36	35
28	8	7	6	63	23	21	20	98	38	37	35
29	8	7	7	64	23	22	21	99	39	37	36
30	9	8	7	65	24	22	21	100	39	37	36
31	9	8	7	66	24	23	22	101	40	38	37
32	9	8	8	67	25	23	22	102	40	38	37
33	10	9	8	68	25	23	22	103	41	39	37
34	10	9	9	69	25	24	23	104	41	39	38
35	11	10	9	70	26	24	23	105	41	40	38
36	11	10	9	71	26	25	24	106	42	40	39
37	12	10	10	72	27	25	24	107	42	41	39
38	12	11	10	73	27	26	25	108	43	41	40
39	12	11	10	74	28	26	25	109	43	41	40

Tafel 16: Kritische Werte $q_\alpha(l,\infty)$ der studentisierten Variationsbreite

l	Irrtumswahrscheinlichkeit α 0,05	0,01
2	2,772	3,643
3	3,314	4,120
4	3,633	4,403
5	3,858	4,603
6	4,030	4,757
7	4,170	4,882
8	4,286	4,987
9	4,387	5,078
10	4,474	5,157

Ablesebeispiel: Wir benötigen den Wert $q_{0,01}(8,\infty)$ und lesen in der Tafel ab: $q_{0,01}(8,\infty) = 4{,}987$. Diese kritischen Werte verwenden wir bei Tests für Kontraste (vgl. Abschn. 4.3.3.6).

Tafel 17: Kritische multiple Korrelationen für $\alpha = 0{,}05$ ($n \leq 1000$; $2 \leq m \leq 25$)

	Zahl der Variablen m									
n	2	3	4	5	6	7	8	9	10	11
1	-	-	-	-	-	-	-	-	-	-
2	-	-	-	-	-	-	-	-	-	-
3	,997	-	-	-	-	-	-	-	-	-
4	,950	,999	-	-	-	-	-	-	-	-
5	,878	,975	,999	-	-	-	-	-	-	-
6	,811	,930	,983	,999	-	-	-	-	-	-
7	,754	,881	,950	,987	1,00	-	-	-	-	-
8	,707	,836	,912	,961	,990	1,00	-	-	-	-
9	,666	,795	,874	,930	,968	,991	1,00	-	-	-
10	,632	,758	,839	,898	,942	,973	,993	1,00	-	-
11	,602	,726	,807	,867	,914	,950	,977	,994	1,00	-
12	,576	,697	,777	,838	,886	,925	,956	,979	,994	1,00
13	,553	,671	,750	,811	,860	,900	,934	,961	,982	,995
14	,532	,648	,726	,786	,835	,876	,911	,941	,965	,983
15	,514	,627	,703	,763	,812	,854	,889	,920	,946	,968
16	,497	,608	,683	,741	,790	,832	,868	,900	,927	,951
17	,482	,590	,664	,722	,770	,812	,848	,880	,909	,933
18	,468	,574	,646	,703	,751	,792	,829	,861	,890	,916
19	,456	,559	,630	,686	,733	,774	,811	,843	,872	,898
20	,444	,545	,615	,670	,717	,757	,793	,826	,855	,882
21	,433	,532	,601	,655	,701	,741	,777	,809	,839	,865
22	,423	,520	,587	,641	,687	,726	,762	,794	,823	,850
23	,413	,509	,575	,628	,673	,712	,747	,779	,808	,835
24	,404	,498	,563	,615	,660	,698	,733	,765	,794	,820
25	,396	,488	,552	,604	,647	,686	,720	,751	,780	,806
26	,388	,479	,542	,593	,636	,673	,707	,738	,767	,793
27	,381	,470	,532	,582	,624	,662	,696	,726	,754	,780
28	,374	,462	,523	,572	,614	,651	,684	,714	,742	,768

Tafel 17: Kritische multiple Korrelationen für $\alpha = 0{,}05$ ($n \leq 1000$; $2 \leq m \leq 25$) (Fortsetzung)

	Zahl der Variablen m									
n	12	13	14	15	16	17	18	19	20	25
1	-	-	-	-	-	-	-	-	-	-
2	-	-	-	-	-	-	-	-	-	-
3	-	-	-	-	-	-	-	-	-	-
4	-	-	-	-	-	-	-	-	-	-
5	-	-	-	-	-	-	-	-	-	-
6	-	-	-	-	-	-	-	-	-	-
7	-	-	-	-	-	-	-	-	-	-
8	-	-	-	-	-	-	-	-	-	-
9	-	-	-	-	-	-	-	-	-	-
10	-	-	-	-	-	-	-	-	-	-
11	-	-	-	-	-	-	-	-	-	-
12	-	-	-	-	-	-	-	-	-	-
13	1,00	-	-	-	-	-	-	-	-	-
14	,995	1,00	-	-	-	-	-	-	-	-
15	,985	,996	1,00	-	-	-	-	-	-	-
16	,971	,986	,996	1,00	-	-	-	-	-	-
17	,955	,973	,987	,996	1,00	-	-	-	-	-
18	,938	,958	,975	,988	,997	1,00	-	-	-	-
19	,922	,943	,961	,977	,989	,997	1,00	-	-	-
20	,906	,927	,947	,964	,978	,989	,997	1,00	-	-
21	,890	,912	,932	,950	,966	,979	,990	,997	1,00	-
22	,874	,897	,917	,936	,953	,968	,980	,991	,997	-
23	,859	,882	,903	,922	,940	,955	,969	,981	,991	-
24	,845	,867	,889	,908	,926	,943	,958	,971	,982	-
25	,831	,854	,875	,895	,913	,930	,946	,960	,972	-
26	,818	,840	,862	,882	,900	,917	,933	,948	,962	1,00
27	,805	,828	,849	,869	,887	,905	,921	,937	,951	,998
28	,793	,815	,836	,856	,875	,893	,909	,925	,939	,993

Tafel 17: Kritische multiple Korrelationen für $\alpha = 0{,}05$ ($n \leq 1000$; $2 \leq m \leq 25$) (Fortsetzung)

n	Zahl der Variablen m									
	2	3	4	5	6	7	8	9	10	11
29	,367	,454	,514	,562	,604	,640	,673	,703	,731	,757
30	,361	,446	,506	,553	,594	,630	,663	,693	,720	,746
32	,349	,432	,490	,536	,576	,612	,643	,673	,699	,725
34	,339	,419	,476	,521	,560	,594	,626	,654	,681	,705
36	,329	,407	,462	,507	,545	,579	,609	,637	,663	,687
38	,320	,397	,450	,494	,531	,564	,594	,621	,647	,670
40	,312	,387	,439	,482	,518	,550	,580	,607	,631	,655
42	,304	,377	,429	,470	,506	,538	,566	,593	,617	,640
44	,297	,369	,419	,460	,495	,526	,554	,580	,604	,627
46	,291	,361	,410	,450	,484	,515	,542	,568	,591	,614
48	,285	,353	,401	,441	,474	,504	,531	,556	,580	,602
50	,279	,346	,393	,432	,465	,494	,521	,546	,569	,590
55	,266	,330	,375	,412	,444	,472	,498	,521	,543	,564
60	,254	,316	,359	,395	,425	,453	,477	,500	,521	,541
65	,244	,304	,345	,380	,409	,435	,459	,481	,502	,521
70	,235	,292	,333	,366	,394	,420	,443	,464	,484	,503
80	,220	,274	,312	,343	,369	,393	,415	,435	,454	,471
100	,197	,245	,279	,307	,331	,352	,372	,390	,407	,423
125	,176	,219	,250	,275	,296	,316	,333	,350	,365	,379
150	,160	,200	,228	,251	,271	,288	,305	,320	,334	,347
175	,148	,185	,211	,232	,251	,267	,282	,296	,309	,321
200	,139	,173	,197	,217	,235	,250	,264	,277	,289	,301
300	,113	,141	,161	,178	,192	,204	,216	,227	,237	,246
400	,098	,122	,140	,154	,166	,177	,187	,196	,205	,213
500	,088	,109	,125	,138	,149	,158	,167	,176	,184	,191
750	,072	,089	,102	,112	,121	,129	,137	,144	,150	,156
1000	,062	,077	,088	,097	,105	,112	,119	,124	,130	,135

Tafel 17: Kritische multiple Korrelationen für $\alpha = 0{,}05$ ($n \leq 1000$; $2 \leq m \leq 25$) (Fortsetzung)

	Zahl der Variablen m									
n	12	13	14	15	16	17	18	19	20	25
29	,781	,803	,824	,844	,863	,881	,898	,913	,928	,986
30	,769	,792	,813	,833	,852	,869	,886	,902	,917	,978
32	,748	,770	,791	,811	,829	,847	,864	,880	,895	,960
34	,728	,750	,771	,790	,809	,826	,843	,859	,875	,941
36	,710	,731	,752	,771	,789	,807	,824	,840	,855	,922
38	,693	,714	,734	,753	,771	,788	,805	,821	,836	,904
40	,677	,698	,717	,736	,754	,771	,788	,803	,819	,886
42	,662	,682	,702	,720	,738	,755	,771	,787	,802	,869
44	,648	,668	,687	,705	,723	,739	,756	,771	,786	,853
46	,635	,654	,673	,691	,708	,725	,741	,756	,771	,837
48	,622	,642	,660	,678	,695	,711	,727	,742	,757	,823
50	,610	,630	,648	,665	,682	,698	,714	,729	,743	,808
55	,584	,602	,620	,637	,653	,668	,683	,698	,712	,776
60	,560	,578	,595	,611	,627	,642	,657	,671	,684	,748
65	,539	,556	,573	,589	,604	,619	,633	,646	,659	,720
70	,520	,537	,553	,578	,583	,597	,611	,624	,637	,696
80	,488	,504	,519	,533	,547	,561	,574	,588	,599	,654
100	,438	,452	,466	,479	,492	,504	,516	,527	,538	,589
125	,393	,406	,418	,430	,441	,453	,463	,474	,484	,530
150	,359	,371	,382	,393	,404	,414	,424	,433	,443	,485
175	,333	,344	,355	,365	,375	,384	,393	,402	,411	,450
200	,312	,322	,332	,342	,351	,360	,368	,377	,385	,422
300	,255	,264	,272	,280	,287	,294	,302	,308	,315	,346
400	,221	,229	,236	,242	,249	,255	,262	,267	,273	,300
500	,198	,205	,211	,217	,223	,229	,234	,239	,245	,269
750	,162	,167	,172	,177	,182	,187	,191	,196	,200	,220
1000	,140	,145	,149	,154	,158	,162	,166	,170	,173	,190

Tafel 17: Kritische multiple Korrelationen für $\alpha = 0{,}01$ ($n \leq 1000$; $2 \leq m \leq 25$) (Fortsetzung)

	Zahl der Variablen *m*									
n	2	3	4	5	6	7	8	9	10	11
1	-	-	-	-	-	-	-	-	-	-
2	-	-	-	-	-	-	-	-	-	-
3	1,00	-	-	-	-	-	-	-	-	-
4	,990	1,00	-	-	-	-	-	-	-	-
5	,959	,995	1,00	-	-	-	-	-	-	-
6	,917	,977	,997	1,00	-	-	-	-	-	-
7	,875	,949	,983	,997	1,00	-	-	-	-	-
8	,834	,917	,962	,987	,998	1,00	-	-	-	-
9	,798	,886	,937	,970	,990	,998	1,00	-	-	-
10	,765	,865	,911	,949	,975	,991	,999	1,00	-	-
11	,735	,827	,885	,927	,957	,979	,992	,999	1,00	-
12	,708	,800	,860	,904	,938	,963	,981	,993	,999	1,00
13	,684	,776	,837	,882	,918	,946	,967	,984	,994	,999
14	,661	,753	,814	,861	,898	,928	,952	,971	,985	,995
15	,641	,732	,793	,840	,878	,909	,935	,957	,974	,987
16	,623	,712	,773	,821	,859	,891	,919	,942	,961	,976
17	,605	,694	,755	,802	,841	,874	,902	,926	,947	,964
18	,590	,677	,737	,785	,824	,857	,886	,911	,932	,951
19	,575	,662	,721	,768	,807	,841	,870	,895	,918	,938
20	,561	,647	,708	,752	,791	,825	,855	,881	,904	,924
21	,549	,633	,691	,738	,776	,810	,840	,866	,889	,911
22	,537	,620	,678	,724	,762	,769	,825	,852	,876	,897
23	,526	,607	,685	,710	,749	,782	,812	,838	,862	,884
24	,515	,596	,652	,697	,736	,769	,799	,825	,849	,871
25	,505	,585	,641	,685	,723	,757	,786	,813	,837	,859
26	,496	,574	,630	,674	,712	,745	,774	,801	,825	,847
27	,487	,565	,619	,663	,700	,733	,762	,789	,813	,835
28	,479	,555	,609	,653	,690	,722	,751	,778	,802	,824

Tafel 17: Kritische multiple Korrelationen für $\alpha = 0{,}01$ ($n \leq 1000$; $2 \leq m \leq 25$) (Fortsetzung)

	Zahl der Variablen m									
n	12	13	14	15	16	17	18	19	20	25
1	-	-	-	-	-	-	-	-	-	-
2	-	-	-	-	-	-	-	-	-	-
3	-	-	-	-	-	-	-	-	-	-
4	-	-	-	-	-	-	-	-	-	-
5	-	-	-	-	-	-	-	-	-	-
6	-	-	-	-	-	-	-	-	-	-
7	-	-	-	-	-	-	-	-	-	-
8	-	-	-	-	-	-	-	-	-	-
9	-	-	-	-	-	-	-	-	-	-
10	-	-	-	-	-	-	-	-	-	-
11	-	-	-	-	-	-	-	-	-	-
12	-	-	-	-	-	-	-	-	-	-
13	1,00	-	-	-	-	-	-	-	-	-
14	,999	1,00	-	-	-	-	-	-	-	-
15	,995	,999	1,00	-	-	-	-	-	-	-
16	,988	,995	,999	1,00	-	-	-	-	-	-
17	,978	,989	,996	,999	1,00	-	-	-	-	-
18	,967	,980	,989	,996	,999	1,00	-	-	-	-
19	,955	,969	,981	,990	,996	,999	1,00	-	-	-
20	,942	,958	,971	,982	,991	,997	,999	1,00	-	-
21	,929	,946	,960	,973	,983	,991	,997	,999	1,00	-
22	,916	,934	,949	,963	,975	,984	,992	,997	,999	-
23	,904	,922	,938	,952	,965	,976	,985	,992	,997	-
24	,891	,910	,926	,941	,955	,967	,977	,986	,993	-
25	,879	,898	,915	,930	,945	,957	,969	,978	,987	-
26	,867	,886	,903	,919	,934	,947	,959	,970	,979	1,00
27	,856	,875	,892	,909	,924	,937	,950	,961	,971	1,00
28	,844	,864	,881	,898	,913	,927	,940	,952	,963	,998

Tafel 17: Kritische multiple Korrelationen für $\alpha = 0{,}01$ ($n \leq 1000$; $2 \leq m \leq 25$) (Fortsetzung)

	Zahl der Variablen m									
n	2	3	4	5	6	7	8	9	10	11
29	,471	,546	,600	,643	,679	,711	,740	,767	,791	,813
30	,463	,538	,590	,633	,669	,701	,730	,756	,780	,802
32	,449	,522	,573	,615	,661	,682	,711	,736	,760	,782
34	,436	,507	,558	,598	,633	,664	,692	,718	,741	,763
36	,424	,493	,543	,583	,618	,648	,676	,701	,724	,746
38	,413	,481	,530	,569	,603	,633	,660	,685	,708	,729
40	,403	,469	,517	,556	,589	,618	,645	,670	,692	,713
42	,393	,459	,505	,543	,576	,605	,631	,655	,678	,699
44	,384	,449	,494	,532	,564	,592	,618	,642	,664	,685
46	,376	,439	,484	,521	,552	,581	,606	,630	,651	,672
48	,368	,430	,474	,511	,542	,569	,595	,618	,639	,659
50	,361	,422	,465	,501	,532	,559	,584	,606	,628	,647
55	,345	,403	,445	,479	,508	,535	,559	,581	,601	,620
60	,330	,386	,427	,460	,488	,513	,537	,558	,578	,596
65	,317	,372	,410	,442	,470	,495	,517	,538	,557	,575
70	,306	,358	,396	,427	,454	,478	,499	,519	,538	,556
80	,286	,336	,371	,400	,426	,448	,469	,488	,506	,522
100	,256	,301	,333	,359	,382	,403	,422	,439	,455	,470
125	,230	,270	,299	,322	,343	,362	,379	,394	,409	,423
150	,210	,246	,273	,295	,314	,331	,346	,361	,374	,387
175	,194	,228	,253	,273	,291	,307	,321	,335	,347	,359
200	,182	,214	,237	,256	,273	,287	,301	,314	,326	,337
300	,149	,175	,194	,209	,223	,235	,247	,257	,267	,276
400	,129	,151	,168	,182	,193	,204	,214	,223	,231	,239
500	,115	,136	,150	,163	,173	,183	,192	,200	,207	,214
750	,094	,111	,123	,133	,142	,149	,157	,163	,169	,175
1000	,081	,096	,106	,115	,123	,129	,136	,141	,147	,152

Tafel 17: Kritische multiple Korrelationen für $\alpha = 0{,}01$ ($n \leq 1000$; $2 \leq m \leq 25$) (Fortsetzung)

	Zahl der Variablen *m*									
n	12	13	14	15	16	17	18	19	20	25
29	,834	,853	,871	,887	,903	,917	,931	,943	,954	,994
30	,823	,842	,860	,877	,893	,907	,921	,934	,945	,989
32	,803	,822	,840	,857	,873	,888	,902	,915	,927	,977
34	,784	,803	,821	,838	,854	,869	,883	,897	,910	,963
36	,766	,785	,803	,820	,836	,851	,865	,879	,892	,947
38	,749	,768	,786	,803	,819	,834	,848	,862	,875	,932
40	,733	,752	,770	,786	,802	,817	,832	,846	,859	,917
42	,718	,737	,754	,771	,787	,802	,816	,830	,843	,902
44	,704	,722	,740	,756	,772	,787	,801	,815	,828	,887
46	,691	,709	,726	,742	,758	,773	,787	,801	,814	,873
48	,678	,696	,713	,729	,745	,759	,774	,787	,800	,859
50	,666	,684	,701	,717	,732	,747	,761	,774	,787	,846
55	,639	,656	,672	,688	,703	,717	,731	,744	,757	,815
60	,614	,631	,647	,662	,676	,690	,704	,717	,729	,786
65	,592	,608	,624	,639	,653	,667	,680	,692	,705	,761
70	,572	,588	,603	,618	,632	,645	,658	,670	,682	,737
80	,538	,553	,568	,581	,594	,607	,619	,631	,643	,695
100	,485	,498	,512	,524	,536	,548	,559	,570	,581	,629
125	,436	,448	,460	,472	,483	,493	,504	,514	,523	,568
150	,399	,411	,422	,432	,443	,452	,462	,471	,480	,521
175	,371	,381	,392	,401	,411	,420	,429	,438	,446	,485
200	,347	,357	,367	,376	,385	,394	,402	,410	,418	,455
300	,285	,293	,301	,309	,316	,323	,330	,337	,343	,374
400	,247	,254	,261	,268	,274	,281	,287	,293	,298	,325
500	,221	,228	,234	,240	,246	,251	,257	,262	,267	,291
750	,181	,186	,191	,196	,201	,206	,210	,214	,219	,238
1000	,157	,162	,166	,170	,174	,178	,182	,186	,190	,207

Tafel 18: Kritische Werte $R_{\alpha;N}$ für den Rangkorrelationskoeffizienten

Umfang	α für einseitige Fragestellung			
	0,050	0,025	0,010	0,005
	α für zweiseitige Fragestellung			
N	0,10	0,05	0,02	0,01
4	1,00			
5	0,90	1,00	1,00	
6	0,83	0,89	0,95	1,00
7	0,71	0,79	0,86	0,93
8	0,64	0,74	0,81	0,88
9	0,60	0,70	0,77	0,83
10	0,56	0,66	0,73	0,79
11	0,53	0,61	0,70	0,75
12	0,50	0,58	0,67	0,73
13	0,48	0,55	0,64	0,70
14	0,46	0,53	0,62	0,67
15	0,44	0,52	0,60	0,65
16	0,43	0,50	0,58	0,63
17	0,41	0,49	0,56	0,62
18	0,40	0,47	0,55	0,60
19	0,39	0,46	0,53	0,58
20	0,38	0,45	0,52	0,57
21	0,37	0,44	0,51	0,55
22	0,36	0,42	0,50	0,54
23	0,35	0,42	0,49	0,53
24	0,34	0,41	0,47	0,52
25	0,34	0,40	0,47	0,51
26	0,33	0,39	0,46	0,50
27	0,32	0,38	0,45	0,49
28	0,32	0,37	0,44	0,48
29	0,31	0,37	0,43	0,47
30	0,31	0,36	0,43	0,47

Ablesebeispiel: Wir benötigen $R_{0,01;6}$ (vgl. auch Abschn. 5.1.3) bei zweiseitiger Fragestellung. Wir finden den Wert in der letzten Spalte in der Zeile für $N = 6$ und lesen $R_{0,01;6} = 1{,}00$ ab.

Tafel 19: Gleichmäßig im Intervall [0,1] verteilte Zufallszahlen

0,441915	0,326355	0,078777	0,332945	0,003134	0,840572	0,629044	0,277822
0,343980	0,622433	0,638167	0,281134	0,792635	0,342309	0,279400	0,805531
0,749780	0,306507	0,637130	0,018447	0,458970	0,741304	0,879051	0,276134
0,221461	0,608638	0,453371	0,133372	0,081613	0,505648	0,665129	0,583093
0,040396	0,504703	0,362460	0,092121	0,180005	0,865285	0,334073	0,735768
0,523376	0,445615	0,324775	0,787378	0,198706	0,984748	0,550262	0,034205
0,375920	0,409317	0,838224	0,199080	0,873274	0,598424	0,424979	0,172375
0,110255	0,574884	0,237436	0,226719	0,201592	0,533713	0,397554	0,895673
0,469685	0,772792	0,588626	0,452189	0,917142	0,646458	0,462275	0,817491
0,103379	0,491881	0,263454	0,737133	0,897468	0,482317	0,110552	0,857005
0,675928	0,254789	0,361165	0,652042	0,239641	0,642030	0,968987	0,643793
0,935075	0,200918	0,305434	0,680254	0,872305	0,433698	0,922997	0,938708
0,244323	0,728064	0,473427	0,234615	0,361063	0,215969	0,607602	0,623162
0,399163	0,183827	0,701078	0,888442	0,320097	0,920004	0,809450	0,057582
0,746219	0,675418	0,112892	0,336998	0,967435	0,721168	0,792508	0,953179
0,910335	0,608116	0,416197	0,251478	0,212205	0,254726	0,023780	0,391906
0,425766	0,767291	0,130363	0,484644	0,013353	0,622880	0,175955	0,050216
0,063663	0,061503	0,747238	0,015825	0,376648	0,561956	0,394129	0,287649
0,927096	0,708980	0,618714	0,254925	0,946278	0,261541	0,063948	0,756469
0,910888	0,535213	0,040884	0,520482	0,230026	0,641243	0,364744	0,447651
0,688597	0,744753	0,319005	0,908487	0,482501	0,110545	0,841143	0,156040
0,595413	0,091380	0,054229	0,630324	0,418007	0,281001	0,596562	0,077983
0,391832	0,693346	0,305819	0,340359	0,289731	0,026547	0,224770	0,397417
0,674331	0,091260	0,871957	0,637811	0,801097	0,157004	0,838981	0,785484
0,617537	0,195690	0,437539	0,035649	0,927295	0,275287	0,234712	0,525462
0,781091	0,110063	0,891963	0,745869	0,035138	0,603653	0,915677	0,066903
0,375548	0,826389	0,959259	0,147219	0,172251	0,902003	0,446496	0,604801
0,621311	0,711723	0,012925	0,138533	0,350769	0,256857	0,339257	0,118444
0,298997	0,470313	0,582086	0,224559	0,986453	0,896494	0,468155	0,877381
0,169485	0,828907	0,521730	0,298989	0,809836	0,253653	0,090249	0,143403
0,049310	0,597512	0,509884	0,609368	0,168760	0,115046	0,465658	0,545887
0,957143	0,689718	0,238517	0,130800	0,507750	0,469245	0,082697	0,214822
0,860539	0,143548	0,436818	0,365709	0,624028	0,870874	0,327991	0,082712
0,593060	0,104131	0,200069	0,637701	0,899460	0,190270	0,608872	0,333888
0,932371	0,067891	0,580978	0,322519	0,610440	0,883312	0,077179	0,970803
0,054535	0,405403	0,859896	0,762777	0,848008	0,646044	0,773454	0,248520
0,718517	0,746627	0,428519	0,555651	0,364892	0,324440	0,294710	0,382252
0,802032	0,809800	0,444092	0,575152	0,831455	0,319973	0,992340	0,076454
0,135078	0,027339	0,286682	0,012867	0,517566	0,339747	0,585842	0,448809
0,679265	0,414536	0,777796	0,462114	0,395636	0,701574	0,284362	0,698230
0,725673	0,442604	0,986281	0,153579	0,269957	0,658126	0,239480	0,629548
0,288685	0,649411	0,305878	0,453634	0,459138	0,511068	0,193687	0,811677
0,695740	0,804494	0,056082	0,949398	0,014850	0,576960	0,777769	0,607422
0,712003	0,307925	0,187417	0,783454	0,450477	0,425975	0,037864	0,993703
0,899855	0,982245	0,841249	0,827157	0,332869	0,505915	0,180925	0,793942
0,587482	0,811402	0,410105	0,779465	0,577039	0,103410	0,424856	0,748431
0,282225	0,505473	0,819107	0,254549	0,612288	0,412000	0,651559	0,935160
0,493372	0,901020	0,591870	0,326528	0,446395	0,867578	0,692441	0,006586
0,118501	0,436502	0,828569	0,568834	0,296435	0,481570	0,911177	0,830134
0,342246	0,418474	0,312702	0,577747	0,937202	0,956375	0,927469	0,696134

Tafel 20: Kritische Werte $K_{N;\alpha}$ für den KOLMOGOROV-Test

	α						α				
N	0.20	0.10	0.05	0.02	0.01	N	0.20	0.10	0.05	0.02	0.01
1	.90000	.95000	.97500	.99000	.99500	26	.20399	.23320	.25907	.28962	.31064
2	.68377	.77639	.84189	.90000	.92929	27	.20030	.22898	.25438	.28438	.30502
3	.56481	.63604	.70760	.78456	.82900	28	.19680	.22497	.24993	.27942	.29971
4	.49265	.56522	.62394	.68887	.73424	29	.19348	.22117	.24571	.27471	.29466
5	.44698	.50945	.56328	.62718	.66853	30	.19032	.21756	.24170	.27023	.28987
6	.41037	.46799	.51926	.57741	.61661	31	.18732	.21412	.23788	.26596	.28530
7	.38148	.43607	.48342	.53844	.57581	32	.18445	.21085	.23424	.26189	.28094
8	.35831	.40962	.45427	.50654	.54179	33	.18171	.20771	.23076	.25801	.27677
9	.33910	.38746	.43001	.47960	.51332	34	.17909	.20472	.22743	.25429	.27279
10	.32260	.36866	.40925	.45662	.48893	35	.17659	.20185	.22425	.25073	.26897
11	.30829	.35242	.39122	.43670	.46770	36	.17418	.19910	.22119	.24732	.26532
12	.29577	.33815	.37543	.41918	.44905	37	.17188	.19646	.21826	.24404	.26180
13	.28470	.32549	.36143	.40362	.43247	38	.16966	.19392	.21544	.24089	.25843
14	.27481	.31417	.34890	.38970	.41762	39	.16753	.19148	.21273	.23786	.25518
15	.26588	.30397	.33760	.37713	.40420	40	.16547	.18913	.21012	.23494	.25205
16	.25778	.29472	.32733	.36571	.39201	41	.16349	.18687	.20760	.23213	.24904
17	.25039	.28627	.31796	.35528	.38086	42	.16158	.18468	.20517	.22941	.24613
18	.24360	.27851	.30936	.34569	.37062	43	.15974	.18257	.20283	.22679	.24332
19	.23735	.27136	.30143	.33685	.36117	44	.15796	.18053	.20056	.22426	.24060
20	.23156	.26473	.29408	.32866	.35241	45	.15623	.17856	.19837	.22181	.23798
21	.22617	.25858	.28724	.32104	.34427	46	.15457	.17665	.19625	.21944	.23544
22	.22115	.25283	.28087	.31394	.33666	47	.15295	.17481	.19420	.21715	.23298
23	.21645	.24746	.27490	.30728	.32954	48	.15139	.17302	.19221	.21493	.23059
24	.21205	.24242	.26931	.30104	.32286	49	.14987	.17128	.19028	.21277	.22828
25	.20790	.23768	.26404	.29516	.31657	50	.14840	.16959	.18841	.21068	.22604

Tafel 20: Kritische Werte $K_{N;\alpha}$ für den KOLMOGOROV-Test (Fortsetzung)

N	α 0.20	0.10	0.05	0.02	0.01	N	α 0.20	0.10	0.05	0.02	0.01
51	.14697	.16796	.18659	.20864	.22386	76	.12088	.13811	.15342	.17155	.18408
52	.14558	.16637	.18482	.20667	.22174	77	.12011	.13723	.15244	.17045	.18290
53	.14423	.16483	.18311	.20475	.21968	78	.11935	.13636	.15147	.16938	.18174
54	.14292	.16332	.18144	.20289	.21768	79	.11860	.13551	.15052	.16832	.18060
55	.14164	.16186	.17981	.20107	.21574	80	.11787	.13467	.14960	.16728	.17949
56	.14040	.16044	.17823	.19930	.21384	81	.11716	.13385	.14868	.16626	.17840
57	.13919	.15906	.17669	.19758	.21199	82	.11645	.13305	.14779	.16526	.17732
58	.13801	.15771	.17519	.19590	.21019	83	.11576	.13226	.14691	.16428	.17627
59	.13686	.15639	.17373	.19427	.20844	84	.11508	.13148	.14605	.16331	.17523
60	.13573	.15511	.17231	.19267	.20673	85	.11442	.13072	.14520	.16236	.17421
61	.13464	.15385	.17091	.19112	.20506	86	.11376	.12997	.14437	.16143	.17321
62	.13357	.15263	.16956	.18960	.20343	87	.11311	.12923	.14355	.16051	.17223
63	.13253	.15144	.16823	.18812	.20184	88	.11248	.12850	.14274	.15961	.17126
64	.13151	.15027	.16693	.18667	.20029	89	.11186	.12779	.14195	.15873	.17031
65	.13052	.14913	.16567	.18525	.19877	90	.11125	.12709	.14117	.15786	.16938
66	.12954	.14802	.16443	.18387	.19729	91	.11064	.12640	.14040	.15700	.16846
67	.12859	.14693	.16322	.18252	.19584	92	.11005	.12572	.13965	.15616	.16755
68	.12766	.14587	.16204	.18119	.19442	93	.10947	.12506	.13891	.15533	.16666
69	.12675	.14483	.16088	.17990	.19303	94	.10889	.12440	.13818	.15451	.16579
70	.12586	.14381	.15975	.17863	.19167	95	.10833	.12375	.13746	.15371	.16493
71	.12499	.14281	.15864	.17739	.19034	96	.10777	.12312	.13675	.15291	.16408
72	.12413	.14183	.15755	.17618	.18903	97	.10722	.12249	.13606	.15214	.16324
73	.12329	.14087	.15649	.17498	.18776	98	.10668	.12187	.13537	.15137	.16242
74	.12247	.13993	.15544	.17382	.18650	99	.10615	.12126	.13469	.15061	.16161
75	.12167	.13901	.15442	.17268	.18528	100	.10563	.12067	.13403	.14987	.16081

Tafel 21: Kritische Bereiche für den David-Test

Grenzen	S_u				S_0			
	α				α			
N	0.01	0.025	0.05	0.10	0.10	0.05	0.025	0.01
3	1.737	1.745	1.758	1.782	1.997	1.999	2.000	2.000
4	1.87	1.93	1.98	2.04	2.409	2.429	2.439	2.445
5	2.02	2.09	2.15	2.22	2.712	2.753	2.782	2.803
6	2.15	2.22	2.28	2.37	2.949	3.012	3.056	3.095
7	2.26	2.33	2.40	2.49	3.143	3.222	3.282	3.338
8	2.35	2.43	2.50	2.59	3.308	3.399	3.471	3.543
9	2.44	2.51	2.59	2.68	3.449	3.552	3.634	3.720
10	2.51	2.59	2.67	2.76	3.57	3.685	3.777	3.875
11	2.58	2.66	2.74	2.84	3.68	3.80	3.903	4.012
12	2.64	2.72	2.80	2.90	3.78	3.91	4.02	4.134
13	2.70	2.78	2.86	2.96	3.87	4.00	4.12	4.244
14	2.75	2.83	2.92	3.02	3.95	4.09	4.21	4.34
15	2.80	2.88	2.97	3.07	4.02	4.17	4.29	4.44
16	2.84	2.93	3.01	3.12	4.09	4.24	4.37	4.52
17	2.88	2.97	3.06	3.17	4.15	4.31	4.44	4.60
18	2.92	3.01	3.10	3.21	4.21	4.37	4.51	4.67
19	2.96	3.05	3.14	3.25	4.27	4.43	4.57	4.74
20	2.99	3.09	3.18	3.29	4.32	4.49	4.63	4.80
25	3.15	3.24	3.34	3.45	4.53	4.71	4.87	5.06
30	3.27	3.37	3.47	3.59	4.70	4.89	5.06	5.26
35	3.38	3.48	3.58	3.70	4.84	5.04	5.21	5.42
40	3.47	3.57	3.67	3.79	4.96	5.16	5.34	5.56
45	3.55	3.66	3.75	3.88	5.06	5.26	5.45	5.67
50	3.62	3.73	3.83	3.95	5.14	5.35	5.54	5.77
55	3.69	3.80	3.90	4.02	5.22	5.43	5.63	5.86
60	3.75	3.86	3.96	4.08	5.29	5.51	5.70	5.94
65	3.80	3.91	4.01	4.14	5.35	5.57	5.77	6.01
70	3.85	3.96	4.06	4.19	5.41	5.63	5.83	6.07
75	3.90	4.01	4.11	4.24	5.46	5.68	5.88	6.13
80	3.94	4.05	4.16	4.28	5.51	5.73	5.93	6.18
85	3.99	4.09	4.20	4.33	5.56	5.78	5.98	6.23
90	4.02	4.13	4.24	4.36	5.60	5.82	6.03	6.27
95	4.06	4.17	4.27	4.40	5.64	5.86	6.07	6.32
100	4.10	4.21	4.31	4.44	5.68	5.90	6.11	6.36
150	4.38	4.48	4.59	4.72	5.96	6.18	6.39	6.64
200	4.59	4.68	4.78	4.90	6.15	6.39	6.60	6.84
500	5.13	5.25	5.37	5.49	6.72	6.94	7.15	7.42
1000	5.57	5.68	5.79	5.92	7.11	7.33	7.54	7.80

Tafel 22: Kritische Werte $h_\alpha(n_1; n_2; n_3)$ für Kontraste aus 3 unabhängigen Stichproben
(obere Werte: $\alpha = 0{,}05$; untere Werte: $\alpha = 0{,}01$)

$n_1 = 3$		n_3: 3	4	5
	3	5,6	5,7	5,7
		6,5	6,7	7,0
n_2	4		5,6	5,6
			7,1	7,4
	5			5,6
				7,6

$n_1 = 4$		n_3: 4	5
n_2	4	5,7	5,6
		7,5	7,8
	5		5,6
			7,8

$n_1 = 5$		n_3: 5
n_2	5	5,7
		8,0

Tafel 23: Kritische Werte $r_\alpha(l; n)$ für Kontraste aus korrelierenden Stichproben

$\alpha = 0{,}05$

n	l = 3	4	5	6
3		8	10	13
4	7	10	12	15
5	8	11	14	17
6	9	12	15	19
7	9	13	16	20
8	10	14	18	22
9	10	15	19	23
10	11	15	20	24
11	11	16	21	26
12	12	17	22	27
13	12	18	23	28
14	13	18	24	29
15	13	19	24	30

$\alpha = 0{,}01$

n	l = 3	4	5	6
3		9	11	14
4	8	11	14	17
5	9	12	16	19
6	10	14	17	21
7	11	15	19	23
8	12	16	20	25
9	12	17	22	26
10	13	18	23	28
11	14	19	24	29
12	14	20	25	31
13	15	21	26	32
14	16	21	27	33
15	16	22	28	34

Tafel 24: Umrechnung des Korrelationskoeffizienten r in $z = \frac{1}{2} \ln \frac{1+r}{1-r}$
(FISHERsche z-Transformation)

z	0.00	0.01	0.02	0.03	0.04	0.05	0.06	0.07	0.08	0.09
0.0	.0000	.0100	.0200	.0300	.0400	.0500	.0599	.0699	.0708	.0898
0.1	.0997	.1096	.1194	.1293	.1391	.1489	.1586	.1684	.1781	.1877
0.2	.1974	.2070	.2165	.2260	.2355	.2449	.2543	.2636	.2729	.2821
0.3	.2913	.3004	.3095	.3185	.3275	.3364	.3452	.3540	.3627	.3714
0.4	.3800	.3885	.3969	.4053	.4136	.4219	.4301	.4382	.4462	.4542
0.5	.4621	.4699	.4777	.4854	.4930	.5005	.5080	.5154	.5227	.5299
0.6	.5370	.5411	.5511	.5580	.5649	.5717	.5784	.5850	.5915	.5980
0.7	.6044	.6107	.6169	.6231	.6291	.6351	.6411	.6469	.6527	.6584
0.8	.6640	.6696	.6751	.6805	.6858	.6911	.6963	.7014	.7064	.7114
0.9	.7163	.7211	.7259	.7306	.7352	.7398	.7443	.7447	.7531	.7574
1.0	.7616	.7658	.7699	.7739	.7779	.7818	.7857	.7895	.7932	.7969
1.1	.8005	.8041	.8076	.8110	.8144	.8178	.8210	.8243	.8275	.8306
1.2	.8337	.8367	.8397	.8426	.8455	.8483	.8511	.8538	.8565	.8591
1.3	.8617	.8643	.8668	.8692	.8717	.8741	.8764	.8787	.8810	.8832
1.4	.8854	.8875	.8896	.8917	.8937	.8957	.8977	.8996	.9015	.9033
1.5	.9051	.9069	.9087	.9104	.9121	.9138	.9154	.9170	.9186	.9201
1.6	.9217	.9232	.9246	.9261	.9275	.9289	.9302	.9316	.9329	.9341
1.7	.9354	.9366	.9379	.9391	.9402	.9414	.9425	.9436	.9447	.9458
1.8	.94681	.94783	.94884	.94983	.95080	.95175	.95268	.95359	.95449	.95537
1.9	.95624	.95709	.95792	.95873	.95953	.96032	.96109	.96185	.96259	.96331
2.0	.96403	.96473	.96541	.96609	.96675	.96739	.96803	.96865	.96926	.96986
2.1	.97045	.97103	.97159	.97215	.97269	.97323	.97375	.97426	.97477	.97526
2.2	.97574	.97622	.97668	.97714	.97759	.97803	.97846	.97888	.97929	.97970
2.3	.98010	.98049	.98087	.98124	.98161	.98197	.98233	.98267	.98301	.98335
2.4	.98367	.98399	.98431	.98462	.98492	.98522	.98551	.98579	.98607	.98635
2.5	.98661	.98688	.98714	.98739	.98764	.98788	.98812	.98835	.98858	.98881
2.6	.98903	.98924	.98945	.98966	.98987	.99007	.99026	.99045	.99064	.99083
2.7	.99101	.99118	.99136	.99153	.99170	.99186	.99202	.99218	.99233	.99248
2.8	.99263	.99278	.99292	.99306	.99320	.99333	.99346	.99359	.99372	.99384
2.9	.99396	.99408	.99420	.99431	.99443	.99454	.99464	.99475	.99485	.99495
	.0	.1	.2	.3	.4	.5	.6	.7	.8	.9
3	.99505	.99595	.99668	.99728	.99777	.99818	.99851	.99878	.99900	.99918
4	.99933	.99945	.99955	.99963	.99970	.99975	.99980	.99983	.99986	.99989

Diese Tabelle wird in der Korrelationsanalyse bei metrischen Daten eingesetzt (vgl. auch Abschn. 5.1.4), um hauptsächlich zu gegebenem r das zugehörige z zu finden.

Ablesebeispiel: $r = 0{,}9425$. Diesen Wert suchen wir in der Tafel und finden dann in der 1.Spalte bzw. Kopfzeile den zugehörigen z-Wert: $z = 1{,}76$. Ist r nicht direkt als Wert in der Tafel vorhanden, so verwenden wir den am nächsten liegenden auftretenden r-Wert und suchen zu diesem das zugehörige z.

Tafel 25: Kritische Werte von T für den WILCOXON-Test für Paardifferenzen

	Irrtumswahrscheinlichkeit α für einseitige Fragestellung			
	0.050	0.0250	0.010	0.005
	Irrtumswahrscheinlichkeit α für zweiseitige Fragestellung			
n	0.10	0.05	0.02	0.01
5	0	–	–	–
6	2	0	–	–
7	3	2	0	–
8	5	4	2	0
9	8	6	3	2
10	10	8	5	3
11	13	11	7	5
12	17	14	10	7
13	21	17	13	10
14	25	21	16	13
15	30	25	20	16
16	35	30	24	20
17	41	35	28	23
18	47	40	33	28
19	53	46	38	32
20	60	52	43	38
21	67	59	49	43
22	75	66	56	49
23	83	73	62	55
24	91	81	69	61
25	100	89	77	68

Ablesebeispiel: Wir benötigen den Wert $T = T_{\alpha;N} = T_{0,05;12}$ für zweiseitige Fragestellung. In der Zeile für $N = 12$ finden wir in der Spalte für 0,05 (zweiseitig) den Wert $T_{0,05;12} = 14$.

Tafel 26: Kritische Werte h_α für Kontraste aus unabhängigen Stichproben

Für $\alpha = 0{,}05$

$n_1 = 3$				
		n_3		
		3	4	5
	3	5,6	5,7	5,7
n_2	4		5,6	5,6
				5,6

$n_1 = 4$				
		n_3		
		3	4	5
n_2	4		5,7	5,6
				5,6

$n_1 = 4$				
		n_3		
		3	4	5
n_2	5			5,7

Für $\alpha = 0{,}01$:

$n_1 = 3$				
		n_3		
		3	4	5
	3	8,5	6,7	7,0
n_2	4		7,1	7,4
	5			7,6

$n_1 = 4$				
		n_3		
		3	4	5
n_2	4		7,5	7,8
	5			7,8

$n_1 = 4$				
		n_3		
		3	4	5
n_2	5			8,0

Ablesebeispiel: Wir benötigen $h_\alpha(n_1; n_2; n_3) = h_{0,01}(4; 4; 5)$. Wir suchen dazu die Tafel für $\alpha = 0{,}01$ auf und wählen den Fall $n_1 = 4$ aus (mittlere Tafel).
Für $n_2 = 4$, $n_3 = 5$ lesen wir den Wert $h_{0,01}(4; 4; 5) = 7{,}8$ ab (vgl. auch Abschn. 4.3.3.6).

Quellen:

Die Tafeln 1, 4, 5, 6, 8, 9, 10, 11, 12, 24 wurden aus

CLAUSS, G.; EBNER, H.: Statistik für Soziologen, Pädagogen, Psychologen und Mediziner. Verlag Harri Deutsch 1992;

die Tafeln 3, 7, 14, 16, 17, 18, 22, 23, 25, 26 aus

RÖHR, M.; LOHSE, H.; LUDWIG, R.: Statistik für Soziologen, Pädagogen, Psychologen und Mediziner.
Verlag Harri Deutsch 1983;

die Tafeln 13, 15, 20 aus

MÜLLER, P. H.; NEUMAN, P.; STORM, R.: Tafeln der mathematischen Statistik.
Fachbuchverlag Leipzig 1973;

die Tafel 2 aus

HOCHSTÄTTER, D.: Statistische Methodenlehre.
Verlag Harri Deutsch 1991;

und die Tafel 21 aus

KRAUSE, B.; METZLER, P.: Angewandte Statistik.
Deutscher Verlag der Wissenschaften, Berlin 1988;

entnommen.

8 Aufgaben und Lösungen

Aufgaben zu Kapitel 2

2.1 Bei der Analyse von bevorzugten Freizeitaktivitäten Jugendlicher wurden nachfolgende Ergebnisse erhoben:

Discobesuche:	57
Sportaktivitäten:	41
Kino/Theater:	26
Feten mit Freunden:	48
Umgang mit Tieren:	12

Für diese Daten soll der geeignete Parameter für die zentrale Tendenz bestimmt werden.

2.2 Während der Überquerung des Atlantiks mit einem Schiff registrierte ein Passagier täglich mehrfach den Wellengang der See. Es ergab sich am Ende folgendes Bild:

Wellengang	Häufigkeit n
keine Wellen	4
schwache Wellen	21
mäßige Wellen	24
starke Wellen	20
extreme Wellen	3

Für diese Daten soll ein geeigneter Parameter für die zentrale Tendenz bestimmt werden.

2.3 Bei einer Podiumsdiskussion wurde die emotionale Beteiligung der Teilnehmer von Beobachtern registriert. Als Daten ergaben sich:

emotionale Beteiligung	Häufigkeit n
unbeteiligt	1
leicht erregt	20
erregt	17
stark erregt	9
überreagiert	2

Für diese Daten soll eine geeignete zentrale Tendenz bestimmt werden.

2.4 Bei der Bestimmung von Behaltensleistungen in einem Wahrnehmungsexperiment wurden folgende Anzahlen gemessen:

Versuchsperson	Anzahl der gemerkten Elemente
Heidrun	11
Gert	8
Holger	7
Annette	10
Franziska	12
Karl	6
Isabell	9

Gefragt ist nach der durchschnittlichen Behaltensleistung.

2.5 Im Ergebnis der Messung von Intelligenzquotienten bei Studienanfängern einer medizinischen Fakultät lagen folgende Daten vor:

IQ-Klasse	Häufigkeit *n*
96 ... 100	4
101 ... 105	11
106 ... 110	13
111 ... 115	27
116 ... 120	15
121 ... 125	9
126 ... 130	1

Bestimmen Sie einen geeigneten Mittelwert.

2.6 Nach einer Analyse von Unfallverursachern, bezogen auf ihr Alter, ergab sich folgendes Ergebnis (welches einer asymmetrischen Verteilung folgt):

Alter des Unfallverursachers	Häufigkeit *n*
16 ... 25 Jahre	300
26 ... 35 Jahre	220
36 ... 45 Jahre	120
46 ... 55 Jahre	140
56 ... 65 Jahre	140
66 ... 75 Jahre	80

Für diese Ausgangssituation soll ein geeigneter Mittelwert berechnet werden.

2.7 Im Ergebnis einer Befragung von 109 Personen zu bevorzugten Lichtquellen am Arbeitsplatz entstand nachfolgendes Ergebnis:

Kunstlicht, normal:	25
Kunstlicht, halogen:	17
Kunstlicht, neon:	12
Tageslicht, Fenster:	42
Tageslicht, Oberlicht:	13

Für diese Daten soll ein geeignetes Streumaß bestimmt werden.

2.8 Bei einer Analyse der Arbeitszufriedenheit wurde ein standardisierter Test eingesetzt, der folgende Daten ergab:

Angestellter	1	2	3	4	5	6	7	8
Punkte	51	43	54	47	49	61	55	57

Es soll ein geeigneter Streuwert berechnet werden.

2.9 In einem großen Unternehmen der Wohnungswirtschaft sollte der Krankenstand näher analysiert werden. Dazu wurden die Krankenstände (geordnet nach der Dauer des Arbeitsausfalls) über ein ganzes Jahr betrachtet. Es ergab sich:

Dauer (Tage)	1–10	11–20	21–30	31–40	41–50
Personen	7	22	47	19	8

Bestimmen Sie einen geeigneten Streuwert.

2.10 In einer Studie wurde der Zusammenhang zwischen dem Geschlecht und der Teilnahme an Weiterbildungsveranstaltungen in der Volkshochschule untersucht. Es lagen folgende 1000 Daten vor:

	Teilnahme an der Volkshochschule	
Geschlecht	ja	nein
männlich	127	373
weiblich	315	185

Bestimmen Sie eine geeignete Maßzahl für den Grad der Abhängigkeit der Teilnahme an Weiterbildungsveranstaltungen vom Geschlecht.

2.11 Im Auftrag des Buchhandels wurde eine Studie zur Literaturauswahl beim Lesen im Urlaub durchgeführt. Es ergaben sich folgende Resultate:

	Kinder	Jugendliche	Erwachsene
Märchen	70	5	12
Fantasy/Utopie	38	60	21
Comics	121	45	18
Klassik	0	15	96
Liebesromane	0	35	107
Kriminalromane	0	60	112

Es soll eine geeignete Maßzahl für die Abhängigkeit der Literaturauswahl von den erfaßten Personengruppen angegeben werden.

2.12 Mit Hilfe einer kleinen Voruntersuchung sollte die Frage beantwortet werden, ob es einen Zusammenhang zwischen der Behandlungsdauer und der Zufriedenheit der Patienten mit ihrer Behandlung gibt. Folgende Ergebnisse konnten erhoben werden:

Patienten	AA	BB	CC	DD	EE	FF	GG	HH
Rp (Behandlungsdauer)	3	1	2	6	7	4	5	8
Rp (Zufriedenheit)	2	3	1	5	8	7	4	6

Es soll der Zusammenhang zwischen diesen Rangreihen errechnet werden.

2.13 In Vorbereitung einer Längsschnittstudie zum Thema Aggression sollte an einer kleinen Stichprobe die Frage beantwortet werden, ob es einen Zusammenhang zwischen den Testwerten (in Punkten) eines Fragebogens zu aggressivem Verhalten und den Testwerten (in Punkten) in einem Test zur Fähigkeit angemessener Konfliktlösung gibt. Im Fragebogen zu aggressivem Verhalten weisen hohe Punktwerte auf erhöhte Aggressivität hin und im Test zur Konfliktlösung zeigen hohe Punktwerte eine gute Fähigkeit zur Konfliktlösung an. Es entstand folgendes Untersuchungsergebnis:

Schüler	1	2	3	4	5	6	7	8
Punkte aggressives Verhalten	17	11	14	9	22	28	36	34
Punkte soziale Konfliktlösung	19	24	23	27	21	14	15	16

Bestimmen Sie eine geeignete Maßzahl für den Grad des Zusammenhanges zwischen diesen beiden Testleistungen.

2.14 Mit einer Pilotstudie wurde Antwort auf die Frage gesucht, ob es einen Zusammenhang zwischen dem Lebensalter und der Höhe des Pulses in einem Belastungs-EKG gibt. Folgende Daten lagen vor:

	Lebensalter in Jahren					
Puls	20	30	40	50	60	70
90	4	2	0	0	0	0
100	10	14	0	1	1	0
110	12	16	7	7	4	1
120	10	10	23	17	13	15
130	10	6	14	19	17	15
140	4	2	6	6	15	19

Bestimmen Sie den Maßkorrelationskoeffizienten für Häufigkeiten.

Aufgaben zu Kapitel 3

3.1 Ein Psychologe befragt 5 (zufällig ausgewählte) Personen. Dabei können die Antworten entweder positiv oder negativ ausfallen (ein Drittes sei nicht möglich). Das zufällige Ereignis „Die k-te Person beantwortet die Frage positiv“ werde mit A_k bezeichnet ($k = 1, 2, \ldots, 5$). Beschreiben Sie die folgenden Ereignisse unter Zuhilfenahme der Ereignisse A_k und der Operationen mit zufälligen Ereignissen:

a) Alle befragten Personen antworten positiv.
b) Mindestens eine Person antwortet negativ.
c) Genau eine Person antwortet negativ.
d) Höchstens eine Person antwortet positiv.

3.2 Der zufällige Versuch bestehe im Ausfüllen eines Fragebogens mit vier Alternativfragen durch eine zufällig ausgewählte Versuchsperson. Wir bezeichnen mit A_k das Ereignis, daß die Frage k mit „ja“ beantwortet wird ($k = 1, 2, \ldots, 4$). Drücken Sie die zufälligen Ereignisse

A Es wird keine der 4 Fragen mit „ja“ beantwortet.
B Es wird mindestens eine der 4 Fragen mit „nein“ beantwortet.
C Es wird genau eine der 4 Fragen mit „ja“ beantwortet.

durch die Ereignisse $A_1, \ldots, A_4$ aus.

(* *Zusatzaufgabe*: Geben Sie zu diesem zufälligen Versuch eine geeignete Grundmenge Ω an und bestimmen Sie die den zufälligen Ereignissen A, B, C entsprechenden Teilmengen von Ω. Wie viele Elemente enthalten diese Mengen?)

3.3 Es werde mit 2 Würfeln gewürfelt, und es bezeichne A_k bzw. B_k das zufällige Ereignis, daß bei Würfel 1 bzw. Würfel 2 die Augenzahl k erscheint ($k = 1, 2, \ldots, 6$). Drücken Sie die folgenden zufälligen Ereignisse mit Hilfe der A_k und B_k und der Operationen zwischen zufälligen Ereignissen aus:

a) Die Augensumme beträgt 3.
b) Keine der beiden Augenzahlen ist größer als 2.
c) Beide Augenzahlen sind ungerade.

3.4 Würfeln Sie mit 2 Würfeln (tatsächlich) 30 mal und schreiben Sie die Würfelergebnisse (der Reihe nach) auf. Wir betrachten die zufälligen Ereignisse

A „Die Würfelsumme beträgt 7.“
B „Die kleinste Zahl der beiden gewürfelten Augen ist mindestens 5.“
C „Unter den beiden gewürfelten Augenzahlen befindet sich mindestens einmal die 6.“

Bestimmen Sie die relativen Häufigkeiten $h_n(A)$, $h_n(B)$, $h_n(C)$, $h_n(B \cap C)$, $h_n(A \cap C)$, $h_n(A \cup C)$ für $n = 1, 2, 3, 4, 5, 10, 15, 20, 25, 30$!

Bestimmen Sie die Wahrscheinlichkeiten der zufälligen Ereignisse $A, B, C, B \cap C, A \cap C, A \cup C$, wenn die beiden Würfel ideal sind.

3.5 Beim einmaligen Würfeln mit einem idealen Würfel werde mit A das zufällige Ereignis „Die erzielte Augenzahl ist gleich 5.“, mit B das Ereignis „Die erzielte Augenzahl ist gerade.“ und mit C das Ereignis „Die erzielte Augenzahl ist größer als 2.“ bezeichnet. Berechnen Sie die Wahrscheinlichkeiten der folgenden zufälligen Ereignisse:

$A, B, C, A \cup B, A \cap B, B \cup C, B \cap C, \overline{B} \cup C, \overline{B} \cap C, \overline{A} \cap B \cap \overline{C}, A \cup \overline{B} \cup C, A \triangle B, B \triangle C, A \setminus C.$

3.6 In Vorbereitung einer Unterrichtsstunde haben von 28 Schülern 18 ihre Hausaufgaben erledigt und 10 Schüler nicht erledigt. Der Lehrer ruft „rein zufällig“ 3 Schüler auf. Wie groß ist die Wahrscheinlichkeit dafür, daß

a) alle 3 Schüler ihre Hausaufgaben nicht erledigt hatten,
b) alle 3 Schüler ihre Hausaufgaben erledigt hatten,
c) 2 Schüler die Hausaufgaben erledigt und 1 Schüler sie nicht erledigt hatten.

3.7 Aus einer Gruppe von 10 männlichen und 15 weiblichen Personen werden für einen Test „rein zufällig“ 6 Personen ausgewählt. Wie groß ist die Wahrscheinlichkeit dafür, daß dabei 2 männliche und 4 weibliche Personen ausgewählt werden?

3.8 Wie groß ist die Wahrscheinlichkeit dafür, daß bei 3 Würfen mit einem idealen Würfel

a) die ersten beiden Wurfergebnisse gleich sind,
b) alle 3 Wurfergebnisse verschieden sind,
c) die Augensumme gleich 6 ist,
d) mindestens eine 3 dabei ist,
e) genau eine 3 dabei ist,
f) die Augensumme höchstens 5 ist,
g) erst beim 3. Wurf eine 3 fällt?

3.9 Aus einem Dominospiel (Steine 0–0 bis 9–9) werden „auf gut Glück“ zwei Steine gezogen. Wie groß ist die Wahrscheinlichkeit dafür, daß dabei keiner der gezogenen Steine ein Pasch ist?

3.10 Ein Kind spielt mit den Buchstaben A, E, N, N und bildet eine Reihe durch „rein zufälliges“ Aneinanderlegen. Wie groß ist die Wahrscheinlichkeit dafür, daß dabei das Wort „Anne“entsteht?

Lösen Sie die gleiche Aufgabe mit den Buchstaben A, E, M, O, T, T und dem Wort „Tomate“.

3.11 Unter 24 Losen befinden sich vier Gewinnlose. Es werden auf einmal fünf Lose zufällig gezogen. Berechnen Sie die Wahrscheinlichkeiten der folgenden Ereignisse:
A Unter den gezogenen Losen befindet sich genau ein Gewinnlos.
B Unter den gezogenen Losen befinden sich alle Gewinnlose.
C Unter den gezogenen Losen befindet sich mindestens ein Gewinnlos.

3.12 Mit welcher Wahrscheinlichkeit erhält man beim „Kniffeln“ eine „Straße“, d. h., beim Wurf mit 5 idealen Würfeln aufeinanderfolgende Zahlen?

3.13 Bestimmen Sie die Wahrscheinlichkeit dafür,

a) bei 4 Würfen mit einem idealen Würfel mindestens eine 6 zu erhalten und
b) bei 24 Würfen mit zwei idealen Würfeln mindestens einen Sechserpasch zu erhalten.

3.14 Die Kanten des abgebildeten Gitters sollen so durchlaufen werden, daß man sie von links nach rechts bzw. von unten nach oben passiert. Wieviele verschiedene Wege gibt es, um vom Eckpunkt A zum Eckpunkt C zu gelangen?

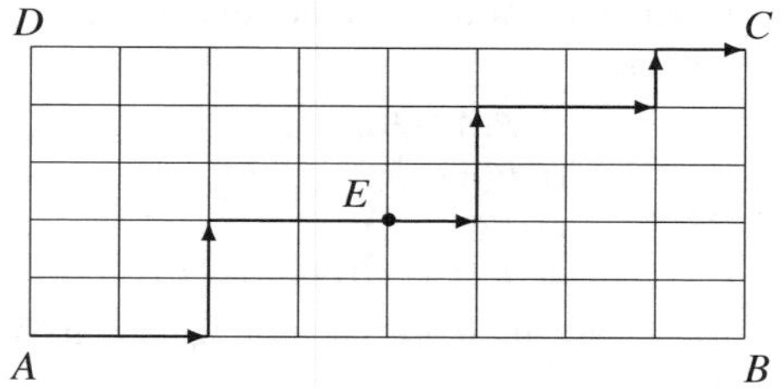

Es werde nun ein Weg aus der Menge der möglichen Wege „rein zufällig"ausgewählt (d. h., jeder mögliche Weg hat die gleiche Wahrscheinlichkeit, gewählt zu werden). Wie groß ist dann die Wahrscheinlichkeit dafür, daß der zufällig ausgewählte Weg den im Bild eingezeichneten Punkt E enthält?

3.15 Bei einem multiplen Test werden 8 Fragen zu je 3 Antwortmöglichkeiten gestellt, von denen jeweils genau eine richtig ist. Eine Testperson kreuzt bei den 8 Fragen jeweils eine Antwort „rein zufällig" an. Mit welcher Wahrscheinlichkeit hat die Testperson mindestens 6 richtige Antworten angekreuzt?

3.16 Wie groß ist die Wahrscheinlichkeit dafür, im Lottospiel („6 aus 49")

a) keine der gezogenen Zahlen,
b) genau eine der gezogenen Zahlen,

richtig zu treffen?

3.17 Eine ideale Münze werde 8 mal geworfen. Wie groß ist die Wahrscheinlichkeit dafür, daß dabei

a) genau 4 mal „Zahl oben"
b) genau 1 mal „Zahl oben"

auftritt?

3.18 In einer Eisdiele, die über 12 verschiedene Eissorten zur Auswahl verfügt, wird ein Becher zu 3 Eiskugeln bestellt, wobei die Auswahl der Zusammenstellung der Sorten als zufällig aufgefaßt wird. Wie groß ist dann unter der Annahme, daß jeder in Frage kommende Eisbecher zu 3 Kugeln (ohne Beachtung der Reihenfolge) mit der gleichen Chance gewählt werden kann, die Wahrscheinlichkeit dafür, daß bei dem bestellten Eisbecher 3 verschiedene Eissorten gewünscht wurden?

3.19 Eine Multiple-Choice-Klausur bestehe aus 80 Fragen zu je 5 Antworten, von denen jeweils genau eine richtig ist. Ein Student weiß bei 65 Fragen die richtige Antwort mit absoluter Sicherheit, bei den restlichen 15 Fragen muß er „willkürlich" raten. Wie groß ist die Wahrscheinlichkeit dafür, daß er in dieser Klausur

a) genau 68 Fragen richtig beantwortet,
b) mindestens 70 Fragen richtig beantwortet?

3.20 Es seien A, B zufällige Ereignisse, wobei die Wahrscheinlichkeiten $P(\overline{A}) = 0{,}20$; $P(B) = 0{,}55$; $P(A \cup B) = 0{,}90$ bekannt seien. Bestimmen Sie hieraus die Wahrscheinlichkeiten $P(B \setminus A)$, $P(A \setminus B)$, $P(A \cap B)$, $P(\overline{A} \cap \overline{B})$, $P(A \triangle B)$!

3.21 Der zufällige Versuch bestehe in der zufälligen Auswahl und Befragung eines Studenten einer bestimmten Universität, unter anderem nach dem Besuch von Sprachkursen und einer Umweltvorlesung. In einem entsprechenden Modellansatz bezeichne A das zufällige Ereignis, daß der ausgewählte Student eine Umweltvorlesung besucht, und B das Ereignis, daß er mindestens einen

Sprachkurs besucht, wobei für die Wahrscheinlichkeiten $P(A) = 0{,}6$, $P(B) = 0{,}5$, $P(A \cap B) = 0{,}2$ gelte. Berechnen Sie hieraus

a) $P(A \cup B)$,
b) $P(\overline{A})$,
c) $P(\overline{B})$,
d) $P(\overline{A} \cup \overline{B})$,
e) $P(\overline{A} \cap \overline{B})$,
f) $P(A \cap \overline{B})$,
g) $P(\overline{A} \cap B)$,
h) $P\left[(A \cap \overline{B}) \cup (\overline{A} \cap B)\right]$.

Beschreiben Sie die in a) bis h) vorkommenden Ereignisse mit Worten.

3.22 Es seien A und B zufällige Ereignisse. Ermitteln Sie mit Hilfe von $p = P(A)$, $q = P(B)$ und $r = P(A \cup B)$ die Wahrscheinlichkeiten

a) $P(A \cap B)$,
b) $P(A \cap \overline{B})$,
c) $P(\overline{A} \cap B)$,
d) $P(\overline{A} \cap \overline{B})$,
e) $P(A \cup \overline{B})$,
f) $P(\overline{A} \cup B)$,
g) $P(A \setminus B)$,
h) $P(B \setminus A)$.
i) Berechnen Sie für $p = 0{,}5$, $q = 0{,}2$ und $r = 0{,}6$ die unter a) bis h) genannten Wahrscheinlichkeiten. Sind für diese konkreten Werte die Ereignisse A und B unabhängig voneinander?

3.23 In einem Restaurant essen gewöhnlich 40 % der Gäste keine Vorspeise und 35 % keinen Nachtisch, 15 % bestellen weder Vorspeise noch Nachtisch. Wie groß ist in einem entsprechenden Modell die Wahrscheinlichkeit dafür, daß

a) ein zufällig ausgewählter Gast, der keinen Nachtisch wollte, auch keine Vorspeise hatte,
b) ein Gast, der eine Vorspeise bestellt hatte, auch einen Nachtisch nimmt?
c) Sind die zufälligen Ereignisse „Bestellen einer Vorspeise", „Bestellen eines Nachtisches" unabhängig voneinander?

3.24 In einer Stadt haben 35 % der Einwohner braunes Haar, 20 % haben braune Augen und 12 % haben beides. Wie groß ist in einem entsprechenden Modell die Wahrscheinlichkeit dafür, daß ein zufällig ausgewählter Einwohner dieser Stadt

a) braune Augen hat, wenn er braunes Haar hat,
b) kein braunes Haar hat, wenn er braune Augen hat,
c) weder braunes Haar noch braune Augen hat?

3.25 Eine Urne enthalte 100 „äußerlich gleichartige" Kugeln in den Farben schwarz und rot, die 10 g und 50 g wiegen können entsprechend den Anzahlen:

	rot	schwarz
10 g	10	45
50 g	15	30

Bestimmen Sie die Wahrscheinlichkeit dafür, daß eine zufällig herausgegriffene Kugel

a) rot ist,
b) rot ist und 10 g wiegt,
c) 10 g wiegt,
d) 10 g wiegt, wenn man weiß, daß sie rot ist!

Wie groß ist die Wahrscheinlichkeit dafür, daß bei zufälliger Auswahl zuerst eine rote zu 50 g, dann eine rote und zuletzt eine schwarze Kugel entnommen werden, wenn die entnommenen Kugeln

e) wieder zurückgelegt werden,
f) nicht zurückgelegt werden?

3.26 In einem Lostopf befinden sich 50 Lose, davon 5 Gewinnlose. Zwei Personen 1 und 2 ziehen nacheinander je ein Los. Wie groß ist die Wahrscheinlichkeit dafür, daß die Person 2 ein Gewinnlos zieht, wenn sie

a) weiß, daß Person 1 etwas gewonnen hat,
b) weiß, daß Person 1 nichts gewonnen hat,
c) nicht weiß, ob Person 1 etwas gewonnen hat.

3.27 In einer Urne befinden sich 10 weiße, 5 blaue, 8 rote und 2 schwarze Kugeln. Es werde „rein zufällig“ ohne Zurücklegen nacheinander 3mal je eine Kugel gezogen. Wie groß ist die Wahrscheinlichkeit dafür, daß

a) zuerst eine weiße, dann eine rote und schließlich eine blaue Kugel gezogen wird,
b) alle 3 Kugeln von der gleichen Farbe sind,
c) die dritte gezogene Kugel blau ist, wenn die ersten 2 Kugeln beide weiß oder beide schwarz waren?

3.28 Aus einer Urne mit zwei weißen und zwei schwarzen Kugeln werden ohne Zurücklegen Kugeln gezogen, bis die erste weiße Kugel auftritt. Ermitteln Sie die Wahrscheinlichkeit dafür, daß die erste weiße Kugel beim k-ten Zug erscheint für alle (sinnvollen) Werte von k.

3.29 Von 10 roten und 5 schwarzen Kugeln werden zufällig zwei ausgewählt und in eine Urne gelegt, in der schon 5 rote und 3 schwarze Kugeln liegen. Danach entnimmt man der Urne zufällig zwei Kugeln und erhält eine rote und eine schwarze. Wie groß ist die Wahrscheinlichkeit, daß man

a) zwei schwarze,
b) eine schwarze und eine rote,
c) zwei rote Kugeln in die Urne gelegt hatte?

3.30 Die Produktion einer Abteilung wird von zwei Kontrolleuren mit den Anteilen 20 % bzw. 80 % sortiert. Dabei ist für den ersten Kontrolleur die Wahrscheinlichkeit, eine Fehlentscheidung zu treffen, gleich 0,03, für den zweiten 0,01. Es wird beim Versand ein fehlsortiertes Teil gefunden. Mit welcher Wahrscheinlichkeit wurde es

a) vom ersten,
b) vom zweiten Kontrolleur sortiert?
c) Für ein zufällig ausgewähltes Teil berechne man die Wahrscheinlichkeit, daß es richtig einsortiert wurde.

3.31 Vier Maschinen 1, 2, 3, 4 stellen das gleiche Produkt her. Beim Ausstoß der Gesamtproduktion werden die Produkte dieser Maschinen „völlig zufällig“ gemischt. Dabei seien die Anteile an der Gesamtproduktion 20 % bzw. 30 % bzw. 40 % bzw. 10 % für die 1. bzw. 2. bzw. 3. bzw. 4. Maschine. Die erste Maschine verursache 5 %, die zweite 4 %, die dritte 2 % und die vierte 9 % Ausschuß.

a) Wie groß ist die Wahrscheinlichkeit dafür, daß ein zufällig aus der Gesamtproduktion entnommenes Teil Ausschuß ist?
b) Gesucht ist die Wahrscheinlichkeit dafür, daß ein zufällig gefundenes Ausschußstück von der ersten, von der zweiten, von der dritten, von der vierten Maschine produziert wurde.

3.32 In einer betrachteten Gesamtmenge von Studenten sei der Anteil derjenigen unter ihnen, die das Studium erfolgreich abschließen, gleich 75 %, die das Studium aufgrund persönlicher Probleme abbrechen, gleich 15 %, die das Studium aufgrund nichtausreichender Befähigung abbrechen, gleich 10 %. Von den Studenten der ersten Gruppe haben 50 % einen IQ von über 120, von den Studenten der zweiten Gruppe sind es 40 %, und von den Studenten der dritten Gruppe haben

20 % einen IQ von über 120. Bestimmen Sie in einem zugehörigen Modell die Wahrscheinlichkeit dafür, daß ein Student, dessen IQ über 120 liegt, das Studium erfolgreich abschließt.

3.33 Ein Medikament in Tablettenform zeige unabhängig voneinander zwei Wirkungen: Die nicht sofort erkennbare Heilwirkung mit der Wahrscheinlichkeit 0,9 und die sofort erkennbare Nebenwirkung mit der Wahrscheinlichkeit 0,1. Durch ein Versehen bei der Herstellung mögen 10 % der Tabletten äußerlich nicht feststellbar eine falsche Dosierung besitzen. Auch bei den falsch dosierten Tabletten zeigen sich Heil- und Nebenwirkung unabhängig voneinander, wobei jetzt die Heilwirkung mit einer Wahrscheinlichkeit von 0,05 und die Nebenwirkung mit einer Wahrscheinlichkeit von 0,8 eintreten.

Mit welcher Wahrscheinlichkeit kann mit einer Heilwirkung gerechnet werden, wenn beim Einnehmen des Medikaments

a) die Nebenwirkung eintritt,
b) die Nebenwirkung ausbleibt?

3.34 Ein zur Erkennung einer bestimmten Krankheit verwendeter Test zeigt bei 99 % allerKranken eine vorliegende Erkrankung an. Allerdings zeigt der Test bei 0,03 % aller Gesunden irrtümlich eine Erkrankung an. Dieser Test wird zur Untersuchung einer Bevölkerung verwendet, in der erfahrungsgemäß 0,05 % Kranke sind. Eine Person unterzieht sich diesem Test, und es wird eine Erkrankung angezeigt. Mit welcher Wahrscheinlichkeit hat die Person tatsächlich diese Krankheit?

3.35 Bei der Herstellung von Geräten eines bestimmten Typs entsprechen erfahrungsgemäß 98 % der hergestellten Geräte den Qualitätsanforderungen. In einer Endkontrolle werden alle Geräte noch einmal geprüft. Aufgrund von („geringfügigen") Prüffehlern werden dabei 99 % der qualitätsgerechten Geräte als solche eingestuft und irrtümlich 0,5 % der nicht qualitätsgerechten Geräte als qualitätsgerecht bewertet. Wie groß ist die Wahrscheinlichkeit dafür, daß ein von der Endkontrolle als qualitätsgerecht eingestuftes Gerät wirklich ein solches ist?

3.36 Von 25 Studenten einer Seminargruppe beherrschen 7 den Vorlesungsstoff gut (d. h. zu 90 %), 13 mittelmäßig (d. h. zu 60 %) und 5 schlecht (d. h. zu 30 %). Ein zufällig ausgewählter Student beantwortet eine ihm gestellte Prüfungsfrage richtig.

a) Wie groß ist unter dieser Bedingung die Wahrscheinlichkeit dafür, daß der Student gut, mittelmäßig bzw. schlecht ist?
b) Der Prüfer stellt eine zweite Frage (unabhängig von der ersten), die der Student ebenfalls richtig beantwortet. Der Prüfer will dem Studenten das Urteil geben, das am wahrscheinlichsten ist. Welches gibt er?

3.37 Eine Urne enthalte 10 „äußerlich gleichartige" Kugeln mit den Gewichten 1 Gramm, 2 Gramm, 3 Gramm, ..., 10 Gramm. Es wird eine Kugel „rein zufällig" entnommen und mit der Hilfe einer Balkenwaage gewogen. Dabei stehen folgende Wägesätze zur Verfügung:

a) 1, 2, 2, 5, 10 Gramm,
b) 1, 2, 3, 4, 10 Gramm,
c) 1, 1, 2, 5, 10 Gramm.

Die Anzahl der zum Ermitteln des Gewichts der gezogenen Kugel nötigen Wägestücke sei die Zufallsgröße X für den Fall a), Y für b) bzw. Z für c). Die Wägestücke dürfen nur auf eine Waagschale der Balkenwaage gelegt werden. Sie werden stets so gewählt, daß man mit möglichst wenigen Wägestücken auskommt.

Bestimmen Sie die Verteilungstabelle der Zufallsgröße X bzw. Y bzw. Z und ermitteln Sie den Wägesatz, für den die „mittlere Anzahl" der benötigten Wägestücke am kleinsten ist.

3.38 Es werde mit 3 idealen Würfeln gewürfelt. Die Zufallsgröße X sei die Summe der dabei erzielten Augenzahlen. Bestimmen Sie ihr Verteilungsschema sowie EX und D^2X.

3.39 Der Verkehr auf einer Durchgangsstraße wird durch vier aufeinanderfolgende, voneinander unabhängige Ampeln geregelt. Ampel 1 bzw. 2 bzw. 3 bzw. 4 gewährt eine freie Durchfahrt mit der Wahrscheinlichkeit 0,50 bzw. 0,70 bzw. 0,40 bzw. 0,35. Die Zufallsgröße X sei die Anzahl der passierten Ampeln (in der obigen Reihenfolge) bis zum ersten Anhalten. Bestimmen Sie die Verteilung von X sowie EX und D^2X.

3.40 Eine Urne enthält fünf weiße, neun rote und eine schwarze Kugel. Ein Spieler zieht ohne Zurücklegen zwei Kugeln. Laut „Gewinnplan" erhält er für zwei weiße Kugeln 1 €, für zwei rote Kugeln 0,25 € und für eine weiße und eine rote Kugel 0,20 €. Ist die schwarze Kugel unter den gezogenen, so muß der Spieler 2 € bezahlen. Ermitteln Sie die Wahrscheinlichkeitsverteilung für den „Gewinn" des Spielers sowie den erwarteten Gewinn pro Spiel.

3.41 Es soll eine Tür aufgeschlossen werden. Dazu liegen 8 verschiedene, äußerlich gleichartige Schlüssel vor, von denen genau einer paßt. Es ist aber völlig unbekannt, welcher der passende Schlüssel ist. Die Schlüssel werden in zufälliger Reihenfolge nacheinander probiert. Es bezeichne X die Anzahl der Schlüssel, die man probieren muß, ehe der passende Schlüssel gefunden ist (diesen mit eingerechnet). Bestimmen Sie die Verteilungstabelle von X sowie EX.

3.42 Die (diskrete) Zufallsgröße X nehme die Werte $x_1 = 4{,}7$; $x_2 = 5{,}2$; $x_3 = 4{,}8$; $x_4 = 5{,}6$; $x_5 = 5{,}1$; $x_6 = 5{,}7$ an und sei gleichmäßig verteilt.

a) Skizzieren Sie ihre Verteilungsfunktion und bestimme EX und D^2X
b) Bestimmen Sie $E(X - 5{,}0)^2$ und $E(X - 5{,}1)^2$!

3.43 Eine ideale Münze wird zehnmal geworfen und die absolute Häufigkeit des Ereignisses „Wappen oben" betrachtet (wir bezeichnen sie mit X).

a) Ermitteln Sie die Verteilungstabelle von X und skizzieren Sie die zugehörige Verteilungsfunktion!
b) Bestimmen Sie EX und D^2X!
c) Wie groß ist die Wahrscheinlichkeit dafür, daß bei den 10 Würfen wenigstens siebenmal „Wappen oben" erscheint?

3.44 Eine „gezinkte" Münze wird zehnmal geworfen und die absolute Häufigkeit des Ereignisses „Wappen oben" betrachtet (wir bezeichnen sie mit X). Dieses Ereignis trete bei einem Wurf mit der Wahrscheinlichkeit $p = 0{,}40$ ein.

a) Ermitteln Sie die Verteilungstabelle von X und skizzieren Sie die zugehörige Verteilungsfunktion!
b) Bestimmen Sie EX und D^2X!
c) Wie groß ist die Wahrscheinlichkeit dafür, daß bei den 10 Würfen höchstens dreimal „Wappen oben" erscheint?

3.45 Ein Medikament führe erfahrungsgemäß in 80 % der Anwendungsfälle zu einer Besserung. Wie groß ist (in einem entsprechenden Modell) die Wahrscheinlichkeit dafür, daß von 10 mit dem Medikament behandelten Patienten mindestens bei 8 Patienten eine Besserung eintritt?

3.46 Eine Multiple-Choice-Klausur bestehe aus 60 Testfragen zu je 3 Antwortmöglichkeiten, von denen jeweils genau eine richtig ist. Acht Fragen kann der Kandidat richtig beantworten, bei den restlichen muß er „willkürlich" raten. Mit welcher Wahrscheinlichkeit erzielt er insgesamt mindestens 23, höchstens 26 richtige Antworten?

3.47 Eine Firma behauptet gegenüber ihren Abnehmern, daß bei der Produktion eines bestimmten Gerätetyps (höchstens) 4 % Ausschuß entstehen. Zur Überprüfung dieser Behauptung werden der Produktion zufällig 50 Geräte entnommen. Wie groß ist die Wahrscheinlichkeit dafür, daß sich unter den entnommenen Geräten

a) kein Ausschußgerät,
b) höchstens zwei Ausschußgeräte,
c) höchstens vier Ausschußgeräte

befinden?

3.48 Gegeben seien Zufallsgrößen X, Y mit den Verteilungsfunktionen:

$$\alpha)\ F_X(x) = \begin{cases} 0 & \text{für} \quad -\infty < x < -1 \\ 0{,}2 & \text{für} \quad -1 \leq x < 0 \\ 0{,}7 & \text{für} \quad 0 \leq x < 1 \\ 0{,}8 & \text{für} \quad 1 \leq x < 2 \\ 1 & \text{für} \quad 2 \leq x < \infty \end{cases} ;$$

$$\beta)\ F_Y(x) = \begin{cases} 0 & \text{für} \quad -\infty < x < -1 \\ \frac{1}{2} + \frac{1}{2}x & \text{für} \quad -1 \leq x < 1 \\ 1 & \text{für} \quad 1 \leq x < \infty \end{cases} .$$

a) Welche der Zufallsgrößen besitzt eine diskrete bzw. stetige Verteilung?
b) Stellen Sie die Verteilungsfunktionen $F_X(x)$, $F_Y(x)$ grafisch dar.
c) Bestimmen Sie die Einzelwahrscheinlichkeiten bzw. die Wahrscheinlichkeitsdichte.

Ermitteln Sie außerdem:

d) $P(X = 0)$, $P\left(\frac{1}{2} < X \leq 2\right)$, $P(X > 1{,}5)$,
e) EX,
f) EY,
g) $P\left(-\frac{1}{2} < Y \leq \frac{1}{2}\right)$, $P(Y \geq 2)$.

3.49 Es sei X eine stetige Zufallsgröße mit der Dichtefunktion

$$f_X(x) = \begin{cases} \tilde{c} & \text{für} \quad 2 \leq x \leq 10 \\ 0 & \text{sonst} \end{cases} .$$

Bestimmen Sie

a) die Konstante $\tilde{c}$,
b) die Verteilungsfunktion $F_X(x)$,
c) EX und D^2X,
d) $P(2{,}4 \leq X \leq 7)$,
e) $P(X < EX)$.

3.50 Die Zufallsgröße X sei $N(12{,}5; 1{,}5^2)$-verteilt. Ermitteln Sie die folgenden Wahrscheinlichkeiten:

a) $P(X \geq 9)$,
b) $P(X < 14)$,
c) $P(10 \leq X \leq 14)$,
d) $P(11{,}23 \leq X \leq 12{,}75)$,
e) $P(|X - 12| > 3{,}5)$.

Die Größe Y sei standard-normalverteilt. Bestimmen Sie jeweils c so, daß

f) $P(Y \leq c) = 0{,}7$,
g) $P(Y > c) = 0{,}5$,

h) $P(X < c) = 0{,}25$,
i) $P(X > c) = \frac{1}{3}$ gilt.

3.51 Eine Zufallsvariable X sei $N(5; 0{,}2)$-verteilt. Ermitteln Sie $c \in \mathbb{R}$ so, daß gilt:

a) $P(X \leq c) = 0{,}85$,
b) $P(X > c) = 0{,}7$,
c) $P(|X - 5| \leq c) = 0{,}9$.

3.52 Langzeitbeobachtungen der Niederschlagsmenge X (in mm) an einem bestimmten Ort im Monat April ergaben, daß X angenähert normalverteilt mit $\mu = 55$ mm und $\sigma = 2$ mm ist. Mit welcher Wahrscheinlichkeit ist die Niederschlagsmenge

a) größer als 60 mm.
b) kleiner als 50 mm,
c) zwischen 53 und 57 mm liegend?

3.53 Die Geburtsgröße von Neugeborenen sei normalverteilt mit $\mu = 51{,}7$ cm und $\sigma = 1{,}8$ cm. Mit welcher Wahrscheinlichkeit weicht die Geburtsgröße um höchstens 1 cm von μ ab?

3.54 Die Körpergröße von Kindern eines Jahrganges sei normalverteilt mit $\mu = 90$ cm und $\sigma = 8$ cm.

a) Wieviel Prozent dieser Kinder sind höchstens 87 cm groß?
b) Wieviel Prozent dieser Kinder sind mindestens 86 cm und höchstens 95 cm groß?

3.55 Bei der Herstellung von Pralinen treten produktionsbedingt kleine zufällige Abweichungen vom Sollgewicht 10 g auf. Das zufällige Gewicht einer hergestellten Praline werde durch eine normalverteilte Zufallsgröße X mit den Parametern $\mu = 10$ und $\sigma^2 = 0.09$ beschrieben. Eine Praline gilt als Ausschuß, wenn sie weniger als 9,5 g wiegt. Mit welcher Wahrscheinlichkeit enthält eine Schachtel von 18 Pralinen

a) keine Ausschußpraline,
b) 1 Ausschußpraline,
c) höchstens 2 Ausschußpralinen?

3.56 Lehrling I hat in einem mechanischen Verständnistest 78 Punkte und in einem Kreativitätstest 35 Punkte erreicht. Im ersten Test erzielen Lehrlinge im Durchschnitt eine Leistung von 60 Punkten mit einer Standardabweichung $\sigma = 8$ und im zweiten Test eine durchschnittliche Leistung von 40 Punkten mit einer Standardabweichung $\sigma = 5$. Die Testleistungen seien in beiden Tests normalverteilt.

a) Wie groß ist der Prozentsatz der Lehrlinge, die im mechanischen Verständnistest schlechter abschneiden als Lehrling I?
b) Wie groß ist der Prozentsatz der Lehrlinge, die im Kreativitätstest besser abschneiden als Lehrling I?
c) Lehrling II habe im Kreativitätstest eine Leistung von 43 Punkten erreicht. Wieviel Prozent aller Lehrlinge haben in diesem Test eine bessere Leistung als Lehrling I, aber gleichzeitig eine schlechtere Leistung als Lehrling II?

3.57 Die Verbindung Phenylthioharnstoff (PTH) wird von 63 % der Bevölkerung als bitter schmekkend, vom Rest als geschmacklos empfunden. Mit welcher Wahrscheinlichkeit sind höchstens 80 (höchstens 90) von 130 Schülern sogenannte PTH-Schmecker?

(*Hinweis*: Benutzen Sie eine geeignete Näherungsformel mittels Normalverteilung.)

3.58 Eine Tombola enthalte 20 % Gewinnlose. Ein Los koste 50 Cent, und ein Gewinn besitze (durchschnittlich) den Wert von 2,– €. Eine Person zieht 200 Lose. Mit welcher Wahrscheinlichkeit ist der Gesamtwert der dabei erzielten Gewinne höher als der für die Lose gezahlte Betrag?

(*Hinweis*: Benutzen Sie eine geeignete Näherungsformel mittels Normalverteilung.)

Aufgaben zu Kapitel 4

4.1 Ein Losverkäufer einer Tombola behauptet, mindestens jedes zweite Los sei ein Gewinn. Ein Spieler kauft 15 Lose und hat dabei 5 Gewinne. Kann er damit die Behauptung des Verkäufers widerlegen (Irrtumswahrscheinlichkeit $\alpha = 0{,}01$)?

4.2 Zur Fußball-WM 1998 in Frankreich sind 50 % aller Experten der Meinung, daß Brasilien Weltmeister wird. Es wurden 50 Experten bezüglich ihres Favoriten befragt und 18 tippten auf Brasilien. Kann man davon ausgehen, daß die befragten Experten eine repräsentative Stichprobe für die Grundgesamtheit darstellen (Irrtumswahrscheinlichkeit $\alpha = 0{,}05$)?

4.3 Aus Analysen der letzten Jahre wußte eine große Restaurantkette, daß ca. 50 % aller Gäste das volle Menü mit Vorspeise, Hauptspeise und Nachtisch wählen, daß ca 30 % auf die Vorspeise verzichten und ca. 20 % nur die Hauptspeise wählen. Um die Situation für das laufende Jahr zu erfassen, wurden eine Woche lang alle Bestellungen registriert. Folgendes Ergebnis lag vor:

1. komplettes Menü: 4000 Gäste
2. Haupt- und Nachspeise: 1000 Gäste
3. Hauptspeise: 1000 Gäste

Nun sollte die Frage beantwortet werden, ob es zu Veränderungen bei den Bestellgewohnheiten der Gäste gekommen ist (Irrtumswahrscheinlichkeit $\alpha = 0{,}01$).

4.4 Im Jahr 1998 wurden in einem Test im Rahmen der Aufnahmeprüfung von 400 Lehrlingen bei einem großen Unternehmen der Industrie folgende Punktwerte erreicht:

Punkte	31 ... 40	41 ... 50	51 ... 60	61 ... 70	71 ... 80	81 ... 90
n_i	10	65	70	150	90	15

Nun soll die Frage beantwortet werden, ob diese Daten aus einer normalverteilten Grundgesamtheit stammen (Irrtumswahrscheinlichkeit $\alpha = 0{,}05$).

4.5 Krankenhausstatistiken beweisen, daß die Aufenthaltsdauern von Patienten sehr schief verteilt sind. Es soll nun mit Hilfe eines Schnelltestes die Frage beantwortet werden, ob die Verweildauern in einer Rehabilitationsklinik ebenfalls keiner Normalverteilung genügen. Aus den Untersuchungsergebnissen erhielt man (Irrtumswahrscheinlichkeit $\alpha = 0{,}01$):

Tage	1 bis 10	11 bis 30	31 bis 90	91 bis 150
Patientenanzahl	5	40	150	80

4.6 Bei Untersuchungen zum Schlafverhalten bei einer bestimmten Personengruppe wird davon ausgegangen, daß die typische Schlafdauer $\mu_0 = 6$ Stunden beträgt. Nun wurde anhand einer Stichprobe von 25 Personen dieser Gruppe festgestellt, daß die durchschnittliche Schlafdauer 5 Stunden und die Standardabweichung $s = 1{,}73$ beträgt. Es kann davon ausgegangen werden, daß die Daten einer normalverteilten Grundgesamtheit entsprechen. Es soll die Frage beantwortet werden, ob diese Stichprobe von Patienten repräsentativ für die betrachtete Personengruppe ist (Irrtumswahrscheinlich keit $\alpha = 0{,}05$).

4.7 Anhand der folgenden Daten soll die Vorgehensweise beim KOLMOGOROV-Anpassungstest zum Prüfen, ob eine Normalverteilung mit $\mu_0 = 78$ und $\sigma_0 = 2{,}00$ vorliegt, geübt werden (Irrtumswahrscheinlichkeit $\alpha = 0{,}05$).

Versuchsperson	1	2	3	4	5	6
dB	75	72	74	81	80	77

4.8 Mit Hilfe einer Untersuchung wurde Antwort auf die Frage gesucht, ob es zwischen Jungen und Mädchen im Ferienlager Unterschiede bezüglich des Wunsches nach einer Nachtwanderung gibt. Folgende Daten lagen vor (Irrtumswahrscheinlichkeit $\alpha = 0{,}01$):

Wunsch nach einer	Geschlecht	
Nachtwanderung	Jungen	Mädchen
ja	5	3
nein	1	3

4.9 Mit Hilfe einer Feldstudie wurde Antwort auf die Frage gesucht, ob es zwischen introvertierten und extravertierten Personen Unterschiede bezüglich der Freizeitinteressen gibt (Irrtumswahrscheinlichkeit $\alpha = 0{,}01$). Folgendes Ergebnis lag vor:

	Introvertierte Personen	Extravertierte Personen
Sport	13	20
Literatur	8	3
Theater	15	15
Disco	12	19
Freunde	21	22
Fotografie	5	4
Restaurant	9	17
Chor	10	9
Museen	12	4
Architektur	15	7

4.10 Das Ziel einer kleinen Untersuchung bestand darin, in Erfahrung zu bringen, welches Fach seitens männlicher Studenten (Stichprobe 1) und weiblicher Studenten (Stichprobe 2) hinsichtlich der Prüfungsanforderungen als am schwierigsten eingeschätzt wird. Die ursprünglichen Punktwerte der Schwierigkeiten wurden aufgrund des geringen Stichprobenumfanges über beide zu Rangplätzen transformiert. Es ergab sich:

	Mathe	Physik	Chemie	Englisch	Deutsch	Biologie
SP 1 (Rp)	3	1	6	9	11	7
SP 2 (Rp)	2	4	10	8	12	5

Nun sollte die Frage beantwortet werden, ob es bei dieser Einschätzung Unterschiede zwischen Jungen und Mädchen gibt (Irrtumswahrscheinlichkeit $\alpha = 0{,}01$).

4.11 Die Erfolgsaussichten zweier Leichtahtletiktrainingsprogramme („alt“ und „neu“) für Weitsprung sollen miteinander verglichen werden. Insbesondere interessiert die Frage, ob das neue Programm bessere Ergebnisse als das alte ermöglicht. Dazu wurden zwei homogenisierte Trainingsgruppen gebildet, wobei die Gruppe 1 nach der neuen und Gruppe 2 nach der alten Methode trainiert wurden. Folgende Ergebnisse (in Metern) wurden erreicht:

Gruppe 1:	8,35	8,65	8,37	8,32	8,31	8,44	8,52	8,38	8,27	8,30	8,52
	8,51	8,40	8,42	8,54	8,29	8,50	8,50	8,24	8,29	8,58	8,45
	8,32	8,10	8,51	8,56	8,14	8,67	8,67	8,34	8,54	8,55	8,43
Gruppe 2:	8,25	8,38	8,39	8,16	8,43	8,17	8,24	8,14	8,38	8,49	8,17
	8,16	8,26	8,32	8,12	8,39	8,21	8,10	8,36	8,59	8,16	8,31
	8,21	8,20	8,44	8,46	8,16	8,21	8,17	8,16	8,28	8,60	8,34

a) Prüfen Sie auf Gleichheit der Varianzen (Irrtumswahrscheinlichkeit $\alpha = 0{,}01$).
b) Testen Sie nun in Abhängigkeit von der Antwort von a) auf Mittelwertunterschiede (einseitig, Irrtumswahrscheinlichkeit $\alpha = 0{,}01$).

4.12 Nach einer Rationalisierungsmaßnahme in einem mittleren Unternehmen sollte ein Vergleich der Arbeitszufriedenheit der Mitarbeiter mit der Situation vor der Rationalisierung erfolgen. Als Daten lagen vor:

nach der Rationalisierung	vor der Rationalisierung	
	zufrieden	nicht zufrieden
zufrieden	21	37
nicht zufrieden	4	8

Nun sollte die Frage beantwortet werden, ob es zu einer Veränderung der Arbeitszufriedenheit kam (Irrtumswahrscheinlichkeit $\alpha = 0{,}01$).

4.13 Es soll untersucht werden, ob eine Werbekampagne für Bildungsfernsehen die Konsumgewohnheiten beim Fernsehen verändert. Dazu wurden 480 Personen über ihre bevorzugte Sendung vor und nach der Kampagne befragt. Es entstanden folgende Ergebnisse:

	nach der Kampagne			
vor der Kampagne	Krimis	Kultursendungen	Talkshows	Sport
Krimis	60	15	20	25
Kultursensendungen	10	70	10	30
Talkshows	15	25	60	20
Sport	15	35	10	60

Führen Sie einen geeigneten statistischen Test (Irrtumswahrscheinlichkeit $\alpha = 0{,}01$) durch.

4.14 Im Rahmen der Evaluation der Ausbildung in einer Fahrschule wurden Fahrschüler zu Beginn der Ausbildung und unmittelbar vor der theoretischen Prüfung befragt, ob sie die Prüfung eher bestehen oder eher nicht bestehen werden. Dazu wurde eine bipolare Ratingskala mit den Polen pessimistisch (0) und optimistisch (1) eingesetzt. Folgendes Ergebnis lag vor:

Fahrschüler	1	2	3	4	5	6	7	8	9	10	11	12
zu Beginn	0	1	0	0	1	0	1	0	0	0	1	0
am Ende	1	0	1	1	1	1	0	1	1	1	0	1

Es ist die Frage zu beantworten, ob es zu einer Verbesserung der Selbsteinschätzung durch die Ausbildung kam (einseitig, Irrtumswahrscheinlichkeit $\alpha = 0{,}01$).

4.15 Es soll die Frage untersucht werden, ob eine betriebsinterne Reorganisation des Arbeitszeitregimes die Ausfallzeiten (gemessen in Stunden pro Monat) verringert. Eine Normalverteilung der Zeiten konnte nicht nachgewiesen werden. Folgende Ergebnisse lagen vor:

Werktätiger	altes Zeitregimes	neues Zeitregimes
1	97,6	48,1
2	140,1	125,4
3	23,7	41,6
4	0,0	23,7
5	120,2	68,5
6	96,1	71,7
7	118,4	85,3
8	119,3	69,4
9	71,7	91,3
10	94,2	70,4

Nun ist mit einem geeigneten statistischen Test (Irrtumswahrscheinlichkeit $\alpha = 0{,}01$) zu prüfen.

4.16 Es sollte untersucht werden, ob eine Produktionsprozeßgestaltungsmaßnahme eine Veränderung in den durchschnittlichen Ausfallzeiten pro Tag zur Folge hat. Dazu wurde eine repräsentative Stichprobe von Arbeitern ausgewählt, für die folgende Werte (durchschnittliche Ausfallzeit in Minuten pro Tag in einem festgelegten Zeitraum) erhoben werden konnten:

Werktätiger	Ausfallzeit vor der Maßnahme	Ausfallzeit nach der Maßnahme
1	16,3	6,2
2	24,1	15,3
3	14,5	16,7
4	12,1	13,4
5	20,7	9,7
6	16,4	9,1
7	19,3	12,5
8	19,7	9,6
9	12,4	11,2
10	16,1	9,5

Es kann davon ausgegangen werden, daß diese Daten normalverteilt sind.

a) Prüfen Sie nun mit einem geeigneten statistischen Verfahren, ob Unterschiede bezüglich der Mittelwerte vorliegen (einseitig, Irrtumswahrscheinlichkeit $\alpha = 0{,}01$).
b) Prüfen Sie auf Gleichheit der Varianzen (Irrtumswahrscheinlichkeit $\alpha = 0{,}05$).

4.17 Mit Hilfe einer Orientierungsstudie sollte untersucht werden, ob es Unterschiede im Interesse hinsichtlich der Teilnahme an Sportolympiaden zwischen verschiedenen Schultypen gibt. Am Ende lagen folgende Daten vor:

	Grundschule	Mittelschule	Realschule	Gymnasium
Teilnahme	70	38	55	65
Nichtteilnahme	45	42	30	40

Prüfen Sie im Globalvergleich auf signifikante Unterschiede (Irrtumswahrscheinlichkeit $\alpha = 0{,}01$).

4.18 Mit Hilfe einer Studie sollte die Frage beantwortet werden, ob 4 Gruppen von Konstrukteuren sich hinsichtlich der bevorzugten Strategie beim Problemlösen unterscheiden. Folgende Daten konnten erhoben werden:

	Gruppe 1	Gruppe 2	Gruppe 3	Gruppe 4
Strukturlegetechnik	20	8	15	25
Denke-Laut-Technik	13	25	8	10
Konstruktion spezieller Alternativen	8	15	10	14

Führen Sie mit einem geeigneten statistischen Test einen Globalvergleich durch (Irrtumswahrscheinlichkeit $\alpha = 0{,}01$).

4.19 Bei Untersuchungen zur Aggressivität von Kindern sollten 4 Gruppen miteinander verglichen werden. Aus einem entsprechenden Fragebogen wurden folgende Werte erhalten:

Gruppe 1	Gruppe 2	Gruppe 3	Gruppe 4
6,5	5,4	6,1	5,5
6,3	5,8	5,1	6,2
5,3	7,2	6,7	6,9
5,6	6,0	5,2	5,7
	6,6	5,9	6,4
	6,8	7,1	

Bei den Daten konnte keine Normalverteilung nachgewiesen werden. Prüfen Sie mit einem Globalvergleich, ob es zwischen den Gruppen Unterschiede gibt (Irrtumswahrscheinlichkeit $\alpha = 0{,}01$).

Lösungen zu Kapitel 2

2.1 Modalwert D: Discobesuche

2.2 Median Z: mäßige Wellen

2.3 Median Z in Klasse „erregt“

2.4 Arithmetisches Mittel $\bar{x} = 9$

2.5 Arithmetisches Mittel für Häufigkeiten $\bar{x} = 112{,}3$

2.6 Median $Z = 34{,}6$

2.7 Relativer Informationsgehalt $h = 0{,}927$

2.8 Standardabweichung $s = 5{,}79$

2.9 Korrigierte Standardabweichung $s_{\text{corr}} = 9{,}52$

2.10 Phi-Koeffizient $\Phi = 0{,}38$ bzw. $\Phi_{\text{COLE}} = 0{,}425$

2.11 Kontingenzkoeffizient $C = 0{,}626$ bzw. $C_{\text{korr}} = 0{,}767$

2.12 Rangkorrelationskoeffizient $R = 0{,}738$

2.13 Maßkorrelationskoeffizient $r = -0{,}91$

2.14 Maßkorrelationskoeffizient für Häufigkeiten $r = 0{,}49$

Lösungen zu Kapitel 3

3.1 a) $A_1 \cap A_2 \cap A_3 \cap A_4 \cap A_5$
b) $\overline{A_1} \cup \overline{A_2} \cup \overline{A_3} \cup \overline{A_4} \cup \overline{A_5}$
c) $(\overline{A_1} \cap A_2 \cap A_3 \cap A_4 \cap A_5) \cup (A_1 \cap \overline{A_2} \cap A_3 \cap A_4 \cap A_5) \cup \ldots \cup (A_1 \cap A_2 \cap A_3 \cap A_4 \cap \overline{A_5})$
d) $(\overline{A_1} \cap \overline{A_2} \cap \overline{A_3} \cap \overline{A_4} \cap \overline{A_5}) \cup (A_1 \cap \overline{A_2} \cap \overline{A_3} \cap \overline{A_4} \cap \overline{A_5}) \cup (\overline{A_1} \cap A_2 \cap \overline{A_3} \cap \overline{A_4} \cap \overline{A_5}) \cup \ldots$
$\cup (\overline{A_1} \cap \overline{A_2} \cap \overline{A_3} \cap \overline{A_4} \cap A_5)$.

3.2 $A = \overline{A_1} \cap \overline{A_2} \cap \overline{A_3} \cap \overline{A_4}$, $B = A_1 \cup A_2 \cup A_3 \cup A_4$,
$C = (A_1 \cap \overline{A_2} \cap \overline{A_3} \cap \overline{A_4}) \cup (\overline{A_1} \cap A_2 \cap \overline{A_3} \cap \overline{A_4}) \cup (\overline{A_1} \cap \overline{A_2} \cap A_3 \cap \overline{A_4}) \cup (\overline{A_1} \cap \overline{A_2} \cap \overline{A_3} \cap A_4)$.

$\Omega = \{(a_1, a_2, a_3, a_4) : a_i \in \{0,1\}, i = 1, \ldots, 4\}$ enthält $2^4 = 16$ Elemente ; dabei wurde „0" geschrieben, wenn mit „nein"und „1", wenn mit „ja"geantwortet wird.
$A = \{(0,0,0,0)\}$, $B = \Omega \setminus \{(1,1,1,1)\}$, 15 Elemente,
$C = \{(1,0,0,0),(0,1,0,0),(0,0,1,0),(0,0,0,1),\}$, 4 Elemente.

3.3 a) $(A_1 \cap B_2) \cup (A_2 \cap B_1)$
b) $(A_1 \cap B_1) \cup (A_1 \cap B_2) \cup (A_2 \cap B_1) \cup (A_2 \cap B_2)$
c) $(A_1 \cap B_1) \cup (A_1 \cap B_3) \cup (A_1 \cap B_5) \cup (A_3 \cap B_1) \cup (A_3 \cap B_3) \cup (A_3 \cap B_5) \cup (A_5 \cap B_1) \cup (A_5 \cap B_3) \cup (A_5 \cap B_5)$

3.4 $A = \{(1,6), (2,5), (3,4), (4,3), (5,2), (6,1)\}$
$B = \{(5,5), (5,6), (6,5), (6,6)\}$
$C = \{(1,6), (2,6), (3,6), (4,6), (5,6), (6,6), (6,1), (6,2), (6,3), (6,4), (6,5)\}$
$B \cap C = \{(5,6), (6,5), (6,6)\}$
$A \cap C = \{(1,6), (6,1)\}$
$A \cup C = \{(1,6), (2,6), (3,6), (4,6), (5,6), (6,6), (6,1), (6,2), (6,3), (6,4), (6,5), (2,5), (3,4), (4,3), (5,2)\}$

Tabelle analog zu Abschnitt 3.1.2 (S. 93), klassische Wahrscheinlichkeit (mit $m = 6^2 = 36$ möglichen Versuchsergebnissen):
$P(A) = \frac{6}{36}$, $P(B) = \frac{4}{36}$, $P(C) = \frac{11}{36}$, $P(B \cap C) = \frac{3}{36}$, $P(A \cap C) = \frac{2}{36}$, $P(A \cup C) = \frac{15}{36}$.

3.5 Klassische Wahrscheinlichkeit mit $m = 6$ möglichen Versuchsergebnissen
(Lösungen: in Reihenfolge der Aufgaben, jeweils mit $\frac{1}{6}$ multiplizieren):
1, 3, 4, 4, 0, 5, 2, 5, 2, 1, 5, 4, 3, 0.

3.6 Klassische Wahrscheinlichkeit mit $m = \binom{28}{3} = 3276$ möglichen Versuchsergebnissen (Auswahl von 3 Schülern aus 28 Schülern; Kombinationen ohne Wiederholung):

a) $\dfrac{\binom{10}{3}}{\binom{28}{3}} = 0{,}0366$ b) $\dfrac{\binom{18}{3}}{\binom{28}{3}} = 0{,}2491$ c) $\dfrac{\binom{18}{2} \cdot \binom{10}{1}}{\binom{28}{3}} = 0{,}4670$.

3.7 (vgl. auch 3.6) $\dfrac{\binom{10}{2} \cdot \binom{15}{4}}{\binom{25}{6}} = 0{,}3468$.

3.8 Klassische Wahrscheinlichkeit mit $m = 6^3 = 216$ möglichen Versuchsergebnissen:

a) $\dfrac{36}{216} = \dfrac{1}{6}$ b) $\dfrac{6 \cdot 5 \cdot 4}{216} = \dfrac{5}{9}$

c) Würfelbilder: 1,1,4 (3 „Fälle"); 1,2,3 (6 „Fälle"); 2,2,2 (1 „Fall"): $\frac{3+6+1}{216} = \frac{10}{216}$

d) „Keine 3": $5^3 = 125$ Fälle; „mindestens eine 3": $216 - 125 = 91$ Fälle; gesuchte Wahrscheinlichkeit: $\frac{91}{216}$.

e) $\frac{1\cdot 5\cdot 5 + 5\cdot 1\cdot 5 + 5\cdot 5\cdot 1}{216} = \frac{75}{216}$

f) Augensumme 3: 1,1,1 (1 Fall); Augensumme 4: 1,1,2 (3 Fälle); Augensumme 5: 1,1,3 (3 Fälle); 1,2,2 (3 Fälle); also insgesamt: $\frac{1+3+6}{216} = \frac{10}{216}$.

g) $\frac{5\cdot 5\cdot 1}{216} = \frac{25}{216}$.

3.9 Es gibt $\binom{10+2-1}{2} = \binom{11}{2} = 55$ Steine in diesem Dominospiel (Kombinationen mit Wiederholung). Nun 2 Steine gezogen, klassische Wahrscheinlichkeit mit $m = \binom{55}{2} = 1485$ möglichen Versuchsergebnissen, davon $\binom{45}{2} = 990$ ohne Pasch.

Gesuchte Wahrscheinlichkeit: $\frac{\binom{45}{2}}{\binom{55}{2}} = \frac{2}{3}$.

3.10 $\frac{1}{\frac{4!}{2!}} = \frac{1}{12}$; $\frac{1}{\frac{6!}{2!}} = \frac{1}{360}$.

3.11 $P(A) = \frac{\binom{20}{4}\cdot\binom{4}{1}}{\binom{24}{5}} = 0{,}4560$, $P(B) = \frac{\binom{20}{1}\cdot\binom{4}{4}}{\binom{24}{5}} = 0{,}0005$, $P(C) = 1 - \frac{\binom{20}{5}}{\binom{24}{5}} = 0{,}6352$.

3.12 Klassische Wahrscheinlichkeit mit $m = 6^5 = 7776$ möglichen Versuchsergebnissen (Reihenfolge zu beachten); „Straße" bedeutet: 1, 2, 3, 4, 5 ($5! = 120$ Versuchsergebnisse) oder 2, 3, 4, 5, 6 ($5! = 120$ Versuchsergebnisse); gesuchte Wahrscheinlichkeit:
$\frac{2\cdot 5!}{6^5} = \frac{240}{7776} = 0{,}0309$.

3.13 a) Wahrscheinlichkeit für keine 6 in 4 Würfen mit 1 Würfel: $\frac{5^4}{6^4}$;
für mindestens eine 6: $1 - \frac{5^4}{6^4} = 0{,}5177$.

b) Wahrscheinlichkeit für keinen Sechserpasch in 24 Würfen mit 2 Würfeln: $\frac{35^{24}}{36^{24}}$;
Wahrscheinlichkeit für mindestens einen Sechserpasch: $1 - \frac{35^{24}}{36^{24}} = 0{,}4914$.

3.14 Jeder Weg kann durch eine Schrittfolge (R … Schritt nach rechts, O … Schritt nach oben) eindeutig gegeben werden. So ist z. B. der in der Aufgabe markierte Weg durch RROORRROORROR gegeben. Damit umkehrbar eindeutige Zuordnung zu Permutation mit Wiederholung (8mal „R", 5mal „O") hergestellt, es gibt also $\frac{13!}{8!\cdot 5!} = 1287$ mögliche Wege. Analog bestimmt man alle Wege durch den Punkt E: $\frac{6!}{4!\cdot 2!}\cdot\frac{7!}{4!\cdot 3!} = 525$. Gesuchte Wahrscheinlichkeit: $\frac{525}{1287} = 0{,}4079$.

3.15 Klassische Wahrscheinlichkeit mit $m = 3^8 = 6561$ möglichen Antwortkonstellationen auf die 8 Fragen. 8 richtige Antworten: $\binom{8}{8} = 1$ Versuchsergebnis; 7 richtige Antworten: $\binom{8}{7} \cdot 2 = 16$ Versuchsergebnisse (für die 1 Frage mit der falschen Antwort gibt es 2 Möglichkeiten); 6 richtige Antworten: $\binom{8}{6} \cdot 2^2 = 112$ Versuchsergebnisse. Gesuchte Wahrscheinlichkeit: $\frac{1 + 16 + 112}{6561} = 0{,}0197$.

3.16 a) $\dfrac{\binom{43}{6}}{\binom{49}{6}} = 0{,}4360$ b) $\dfrac{\binom{43}{5} \cdot \binom{6}{1}}{\binom{49}{6}} = 0{,}4131$.

3.17 a) $\binom{8}{4} \cdot 0{,}5^8 = 0{,}2734$ b) $\binom{8}{1} \cdot 0{,}5^8 = 0{,}0313$.

3.18 Es gibt $m = \binom{12+3-1}{3} = \binom{14}{3} = 364$ mögliche Eisbecher zu 3 Kugeln (Kombinationen mit Wiederholung) und $\binom{12}{3} = 220$ Eisbecher mit nur verschiedenen Sorten. Gesuchte Wahrscheinlichkeit: $\frac{220}{364} = 0{,}6044$.

3.19 Lösung mittels klassischer Wahrscheinlichkeit ($m = 5^{15}$ mögliche Versuchsergebnisse):

a) $\dfrac{\binom{15}{3} \cdot 4^{12}}{5^{15}} = 0{,}2501 = \binom{15}{3} \cdot 0{,}2^3 \cdot 0{,}8^{12}$ (vgl. auch Binomialverteilung)

b) „Weniger als 70 Fragen richtig" bedeutet: Höchstens 4 Fragen richtig angekreuzt:

0 Fragen richtig: 4^{15} Versuchsergebnisse

1 Frage richtig: $\binom{15}{1} \cdot 4^{14}$ Versuchsergebnisse

2 Fragen richtig: $\binom{15}{2} \cdot 4^{13}$ Versuchsergebnisse

3 Fragen richtig: $\binom{15}{3} \cdot 4^{12}$ Versuchsergebnisse

4 Fragen richtig: $\binom{15}{4} \cdot 4^{11}$ Versuchsergebnisse

Gesuchte Wahrscheinlichkeit:

$$1 - \left[\frac{4^{15} + \binom{15}{1} \cdot 4^{14} + \binom{15}{2} \cdot 4^{13} + \binom{15}{3} \cdot 4^{12} + \binom{15}{4} \cdot 4^{11}}{5^{15}}\right] = 0{,}1642$$

(Analoge Lösung mittels Binomialverteilung:

$$1 - \left[0{,}8^{15} + \binom{15}{1} \cdot 0{,}2 \cdot 0{,}8^{14} + \binom{15}{2} \cdot 0{,}2^2 \cdot 0{,}8^{13} + \binom{15}{3} \cdot 0{,}2^3 \cdot 0{,}8^{12} + \binom{15}{4} \cdot 0{,}2^4 \cdot 0{,}8^{11}\right].$$

3.20 $P(A) = 0{,}8$
$P(B \setminus A) = P(A \cup B) - P(A) = 0{,}10$
$P(A \setminus B) = P(A \cup B) - P(B) = 0{,}35$
$P(A \cap B) = P(B) - P(B \setminus A) = 0{,}45$

$P(\overline{A} \cap \overline{B}) = P(\overline{A \cup B}) = 1 - P(A \cup B) = 0{,}10$
$P(A \triangle B) = P(A \setminus B) + P(B \setminus A) = 0{,}45.$

3.21 a) $P(A \cup B) = P(A) + P(B) - P(A \cap B) = 0{,}9$
b) $P(\overline{A}) = 1 - P(A) = 0{,}4$
c) $P(\overline{B}) = 0{,}5$
d) $P(\overline{A} \cup \overline{B}) = P(\overline{A \cap B}) = 0{,}8$
e) $P(\overline{A} \cap \overline{B}) = P(\overline{A \cup B}) = 0{,}1$
f) $P(A \cap \overline{B}) = P(A) - P(A \cap B) = 0{,}4$
g) $P(\overline{A} \cap B) = P(B) - P(A \cap B) = 0{,}3$
h) $P((A \cap \overline{B}) \cup (\overline{A} \cap B)) = P(A \cap \overline{B}) + P(\overline{A} \cap B) = 0{,}7.$

3.22 a) $P(A \cap B) = P(A) + P(B) - P(A \cup B) = p + q - r \quad (= 0{,}1)$
b) $P(A \cap \overline{B}) = P(A \cup B) - P(B) = r - q \quad (= 0{,}4)$
c) $P(\overline{A} \cap B) = P(A \cup B) - P(A) = r - p \quad (= 0{,}1)$
d) $P(\overline{A} \cap \overline{B}) = P(\overline{A \cup B}) = 1 - r \quad (= 0{,}4)$
e) $P(A \cup \overline{B}) = P(A) + P(\overline{B}) - P(A \cap \overline{B}) = p + 1 - q - (r - q) = 1 + p - r \quad (= 0{,}9)$
f) $P(\overline{A} \cup B) = P(\overline{A}) + P(B) - P(\overline{A} \cap B) = 1 - p + q - (r - p) = 1 + q - r \quad (= 0{,}6)$
g) $P(A \setminus B) = P(A \cap \overline{B}) = r - q \quad (= 0{,}4)$
h) $P(B \setminus A) = P(B \cap \overline{A}) = r - p \quad (= 0{,}1)$
i) Vgl. a) bis h).

3.23 Mit den Bezeichnungen

V … Gast wählt Vorspeise, N … Gast wählt Nachspeise

sind die Wahrscheinlichkeiten $P(\overline{V}) = 0{,}40$, $P(\overline{N}) = 0{,}35$, $P(\overline{V} \cap \overline{N}) = 0{,}15$ gegeben.

a) $P(\overline{V} \mid \overline{N}) = \dfrac{P(\overline{V} \cap \overline{N})}{P(\overline{N})} = \dfrac{0{,}15}{0{,}35} = \dfrac{3}{7} = 0{,}4286.$

b) $P(N \mid V) = \dfrac{P(N \cap V)}{P(V)} = \dfrac{0{,}40}{0{,}60} = \dfrac{2}{3} = 0{,}6667$
(Nebenrechnung: $P(\overline{V \cup N}) = P(\overline{V} \cap \overline{N}) = 0{,}15$, $P(V \cup N) = 0{,}85$,
$P(V \cap N) = P(V) + P(N) - P(V \cup N) = 0{,}6 + 0{,}65 - 0{,}85 = 0{,}40$).

c) $P(V \cap N) = 0{,}40$, $P(V) \cdot P(N) = 0{,}6 \cdot 0{,}65 = 0{,}39$, also sind V und N voneinander abhängig.

3.24 Mit den Bezeichnungen

A … Einwohner hat braune Augen, B … Einwohner hat braunes Haar

sind die Wahrscheinlichkeiten $P(A) = 0{,}20$, $P(B) = 0{,}35$, $P(A \cap B) = 0{,}12$ gegeben.

a) $P(A \mid B) = \dfrac{0{,}12}{0{,}35} = 0{,}3429$

b) $P(\overline{B} \mid A) = \dfrac{P(\overline{B} \cap A)}{P(A)} = \dfrac{0{,}08}{0{,}20} = 0{,}40$
(Nebenrechnung: $P(\overline{B} \cap A) = P(A) - P(A \cap B) = 0{,}08$)

c) $P(\overline{B} \cap \overline{A}) = P(\overline{A \cup B}) = 1 - (P(A) + P(B) - P(A \cap B)) = 0{,}57.$

3.25 a) $\dfrac{25}{100} = 0{,}25$ b) $\dfrac{10}{100} = 0{,}10$ c) $\dfrac{55}{100} = 0{,}55$ d) $\dfrac{10}{25} = 0{,}40$
e) $\dfrac{15}{100} \cdot \dfrac{25}{100} \cdot \dfrac{75}{100} = 0{,}0281$ f) $\dfrac{15}{100} \cdot \dfrac{24}{99} \cdot \dfrac{75}{99} = 0{,}0278.$

3.26 a) $\frac{4}{49}$ b) $\frac{5}{49}$

c) Formel der totalen Wahrscheinlichkeit bez. der 2 Ereignisse „Person 1 hat gewonnen", „Person 1 hat nicht gewonnen" ergibt:
$\frac{4}{49} \cdot \frac{5}{50} + \frac{5}{49} \cdot \frac{45}{50} = \frac{5}{50} = 0{,}10.$

3.27 a) $\frac{10}{25} \cdot \frac{8}{24} \cdot \frac{5}{23} = 0{,}0290$ b) $\frac{10 \cdot 9 \cdot 8}{25 \cdot 24 \cdot 23} + \frac{5 \cdot 4 \cdot 3}{25 \cdot 24 \cdot 23} + \frac{8 \cdot 7 \cdot 6}{25 \cdot 24 \cdot 23} = 0{,}0809$

c) $\dfrac{\frac{10 \cdot 9 \cdot 5}{25 \cdot 24 \cdot 23} + \frac{2 \cdot 1 \cdot 5}{25 \cdot 24 \cdot 23}}{\frac{10 \cdot 9}{25 \cdot 24} + \frac{2 \cdot 1}{25 \cdot 24}} = 0{,}2174.$

3.28 Mit der Bezeichnung: A_k ... erste weiße Kugel tritt genau beim k-ten Zug auf ($k = 1, 2, \ldots$) folgt: $P(A_1) = \frac{2}{4} = \frac{1}{2}$, $P(A_2) = \frac{2}{4} \cdot \frac{2}{3} = \frac{1}{3}$, $P(A_3) = \frac{2}{4} \cdot \frac{1}{3} \cdot \frac{2}{2} = \frac{1}{6}$.

3.29 Mit den Bezeichnungen

A_1 ... 1. Ziehung ergibt 2 rote Kugeln
A_2 ... 1. Ziehung ergibt 1 rote und 1 schwarze Kugel
A_3 ... 1. Ziehung ergibt 2 schwarze Kugeln
B ... 2. Ziehung ergibt 1 rote und 1 schwarze Kugel

folgt: $P(A_1) = \frac{10}{15} \cdot \frac{9}{14} = \frac{3}{7} = \frac{9}{21}$, $P(A_2) = 2 \cdot \frac{10}{15} \cdot \frac{5}{14} = \frac{10}{21}$, $P(A_3) = \frac{5 \cdot 4}{15 \cdot 14} = \frac{2}{21}$,

$P(B \mid A_1) = 2 \cdot \frac{7 \cdot 3}{10 \cdot 9} = \frac{7}{15}$, $P(B \mid A_2) = 2 \cdot \frac{6 \cdot 4}{10 \cdot 9} = \frac{8}{15}$, $P(B \mid A_3) = 2 \cdot \frac{5 \cdot 5}{10 \cdot 9} = \frac{5}{9}$,

$P(B) = \frac{7}{15} \cdot \frac{9}{21} + \frac{8}{15} \cdot \frac{10}{21} + \frac{5}{9} \cdot \frac{2}{21} = 0{,}5069.$

a) $P(A_3 \mid B) = \dfrac{\frac{5}{9} \cdot \frac{2}{21}}{0{,}5069} = 0{,}1044$ b) $P(A_2 \mid B) = \dfrac{\frac{8}{15} \cdot \frac{10}{21}}{0{,}5069} = 0{,}5010$

c) $P(A_1 \mid B) = \dfrac{\frac{7}{15} \cdot \frac{9}{21}}{0{,}5069} = 0{,}3946.$

3.30 A_1 ... Kontrolleur 1 sortiert Teil, A_2 ... Kontrolleur 2 sortiert Teil, B ... Teil fehlsortiert.
Gegeben: $P(A_1) = 0{,}2$, $P(A_2) = 0{,}8$, $P(B \mid A_1) = 0{,}03$, $P(B \mid A_2) = 0{,}01$.

a) $P(A_1 \mid B) = \dfrac{0{,}2 \cdot 0{,}03}{0{,}2 \cdot 0{,}03 + 0{,}8 \cdot 0{,}01} = 0{,}4286$

b) $P(A_2 \mid B) = \dfrac{0{,}8 \cdot 0{,}01}{0{,}2 \cdot 0{,}03 + 0{,}8 \cdot 0{,}01} = 0{,}5714$

c) $P(\overline{B}) = 1 - (0{,}2 \cdot 0{,}03 + 0{,}8 \cdot 0{,}01) = 0{,}986.$

3.31 A_k ... Teil von Maschine k ($k = 1, 2, 3, 4$), B ... Teil ist Ausschuß.

Gegeben: $P(A_1) = 0{,}2$, $P(A_2) = 0{,}3$, $P(A_3) = 0{,}4$, $P(A_4) = 0{,}1$,
$P(B \mid A_1) = 0{,}05$, $P(B \mid A_2) = 0{,}04$, $P(B \mid A_3) = 0{,}02$, $P(B \mid A_4) = 0{,}09$.

a) $P(B) = 0{,}05 \cdot 0{,}2 + 0{,}04 \cdot 0{,}3 + 0{,}02 \cdot 0{,}4 + 0{,}09 \cdot 0{,}1 = 0{,}039.$

b) $P(A_1 \mid B) = \dfrac{0{,}05 \cdot 0{,}2}{0{,}039} = 0{,}2564$, analog $P(A_2 \mid B) = 0{,}3077$,
$P(A_3 \mid B) = 0{,}2051$, $P(A_4 \mid B) = 0{,}2308$.

3.32 A_1 ... Studium erolgreich, A_2 ... Abbruch aus persönlichen Gründen,
A_3 ... Abbruch aus fachlichen Gründen, B ... IQ ist größer als 120.

Gegeben: $P(A_1) = 0{,}75$, $P(A_2) = 0{,}15$, $P(A_3) = 0{,}10$,
$P(B \mid A_1 = 0{,}50)$, $P(B \mid A_2) = 0{,}40$, $P(B \mid A_3) = 0{,}20$.

Gesuchte Wahrscheinlichkeit: $P(A_1 \mid B) = \dfrac{0{,}50 \cdot 0{,}75}{0{,}50 \cdot 0{,}75 + 0{,}40 \cdot 0{,}15 + 0{,}20 \cdot 0{,}10} = 0{,}8242.$

3.33 A_1 ... Tablette richtig dosiert, A_2 ... Tablette falsch dosiert, H ... Heilwirkung tritt ein,
N ... Nebenwirkung tritt ein.

Gegeben: $P(A_1) = 0{,}9$, $P(A_2) = 0{,}1$, $P(H \mid A_1) = 0{,}9$, $P(H \mid A_2) = 0{,}05$,
$P(N \mid A_1) = 0{,}1$, $P(N \mid A_2) = 0{,}8$.

Voraussetzungen: $P(H \cap N \mid A_1) = P(H \mid A_1) \cdot P(N \mid A_1)$ (Heil- und Nebenwirkung unabhängig bei richtig dosierten Tabletten), analog $P(H \cap N \mid A_2) = P(H \mid A_2) \cdot P(N \mid A_2)$.

a) $$P(H \mid N) = \frac{P(H \cap N)}{P(N)} = \frac{P(H \cap N \mid A_1) \cdot P(A_1) + P(H \cap N \mid A_2) \cdot P(A_2)}{P(N \mid A_1) \cdot P(A_1) + P(N \mid A_2) \cdot P(A_2)}$$
$$= \frac{0{,}9 \cdot 0{,}1 \cdot 0{,}9 + 0{,}05 \cdot 0{,}8 \cdot 0{,}1}{0{,}1 \cdot 0{,}9 + 0{,}8 \cdot 0{,}1} = 0{,}50.$$

b) $$P(H \mid \overline{N}) = \frac{0{,}9 \cdot 0{,}9 \cdot 0{,}9 + 0{,}05 \cdot 0{,}2 \cdot 0{,}1}{0{,}9 \cdot 0{,}9 + 0{,}2 \cdot 0{,}1} = 0{,}8795.$$

3.34 A_1 ... Person krank, A_2 ... Person gesund, B ... Test zeigt Krankheit an.

Gegeben: $P(A_1) = 0{,}0005$, $P(A_2) = 0{,}9995$, $P(B \mid A_1) = 0{,}99$, $P(B \mid A_2) = 0{,}0003$.

Gesuchte Wahrscheinlichkeit: $P(A_1 \mid B) = \dfrac{0{,}99 \cdot 0{,}0005}{0{,}99 \cdot 0{,}0005 + 0{,}9995 \cdot 0{,}0003} = 0{,}6228.$

3.35 A_1 ... Gerät qualitätsgerecht, A_2 ... Gerät nicht qualitätsgerecht,
B ... Gerät als qualitätsgerecht eingestuft.

Gegeben: $P(A_1) = 0{,}98$, $P(A_2) = 0{,}02$, $P(B \mid A_1) = 0{,}99$, $P(B \mid A_2) = 0{,}005$.

Gesuchte Wahrscheinlichkeit: $P(A_1 \mid B) = \dfrac{0{,}99 \cdot 0{,}98}{0{,}99 \cdot 0{,}98 + 0{,}005 \cdot 0{,}02} = 0{,}9999.$

3.36 A_1 ... Student beherrscht Stoff gut, A_2 ... Student beherrscht Stoff mittelmäßig,
A_3 ... Student beherrscht Stoff schlecht, B_i ... Student beantwortet Prüfungsfrage i richtig
$(i = 1, 2)$.

Gegeben: $P(A_1) = \dfrac{7}{25}$, $P(A_2) = \dfrac{13}{25}$, $P(A_3) = \dfrac{5}{25}$, $P(B_1 \mid A_1) = 0{,}9$,
$P(B_1 \mid A_2) = 0{,}6$, $P(B_1 \mid A_3) = 0{,}3$.

a) $$P(A_1 \mid B_1) = \frac{\frac{7}{25} \cdot 0{,}9}{\frac{7}{25} \cdot 0{,}9 + \frac{13}{25} \cdot 0{,}6 + \frac{5}{25} \cdot 0{,}3} = 0{,}4038,$$

analog $P(A_2 \mid B_1) = 0{,}5000$, $P(A_3 \mid B_1) = 0{,}0962$.

b) $$P(A_1 \mid B_1 \cap B_2) = \frac{\frac{7}{25} \cdot 0{,}9 \cdot 0{,}9}{\frac{7}{25} \cdot 0{,}9 \cdot 0{,}9 + \frac{13}{25} \cdot 0{,}6 \cdot 0{,}6 + \frac{5}{25} \cdot 0{,}3 \cdot 0{,}3} = 0{,}525,$$

analog $P(A_2 \mid B_1 \cap B_2) = 0{,}433\overline{3}$, $P(A_3 \mid B_1 \mid B_2) = 0{,}041\overline{6}$.

3.37

X	1	2	3
	0,4	0,4	0,2

Y	1	2	3
	0,5	0,3	0,2

Z	1	2	3	4
	0,4	0,3	0,2	0,1

$EX = 1{,}8$; $EY = 1{,}7$; $EZ = 2{,}0$; kleinster Erwartungswert beim 2. Wägesatz.

3.38 Klassische Wahrscheinlichkeit mit $m = 6^3 = 216$ möglichen Versuchsergebnissen, man ermittelt für jede mögliche Würfelsumme durch „Auszählen" die Anzahl der „günstigen Fälle", z. B.: Würfelsumme 7: 1,1,5 (3 Fälle), 1,2,4 (6 Fälle), 1,3,3 (3 Fälle), 2,2,3 (3 Fälle), also insgesamt 15 Fälle.

Gesamtergebnis:

X	3	4	5	6	7	8	9	10	11	12 ... 18
	$\frac{1}{216}$	$\frac{3}{216}$	$\frac{6}{216}$	$\frac{10}{216}$	$\frac{15}{216}$	$\frac{21}{216}$	$\frac{25}{216}$	$\frac{27}{216}$	wie 10	wie 9 ... wie 3

$EX = 10{,}5, \quad \text{var}(X) = 8{,}75.$

3.39 $P(X = 0) = 1 - 0{,}5 = 0{,}5$ (bereits an 1. Ampel anhalten)
$P(X = 1) = 0{,}5 \cdot (1 - 0{,}7) = 0{,}15$ (Durchfahrt bei 1. Ampel, Anhalten bei 2. Ampel, Ampeln unabhängig), analog:

$P(X = 2) = 0{,}5 \cdot 0{,}7 \cdot (1 - 0{,}4) = 0{,}21$
$P(X = 3) = 0{,}5 \cdot 0{,}7 \cdot 0{,}4 \cdot (1 - 0{,}35) = 0{,}091$
$P(X = 4) = 0{,}5 \cdot 0{,}7 \cdot 0{,}4 \cdot 0{,}35 = 0{,}049.$

Gesamtergebnis:

X	0	1	2	3	4
	0,50	0,15	0,21	0,091	0,049

$EX = 1{,}039, \quad \text{var}(X) = 1{,}5135.$

3.40 $P(X = -2) = \frac{1}{15} \cdot \frac{14}{14} + \frac{14}{15} \cdot \frac{1}{14} = 0{,}1\overline{3}$

$P(X = 0{,}20) = \frac{5}{15} \cdot \frac{9}{14} + \frac{9}{15} \cdot \frac{5}{14} = 0{,}4286$

$P(X = 0{,}25) = \frac{9}{15} \cdot \frac{8}{14} = 0{,}3429$

$P(X = 1) = \frac{5}{15} \cdot \frac{4}{14} = 0{,}0952.$

Gesamtergebnis:

X	−2	0,20	0,25	1
	0,1333	0,4286	0,3429	0,0952

$EX = 0.$

3.41 $P(X = 1) = \frac{1}{8} \qquad P(X = 2) = \frac{7}{8} \cdot \frac{1}{7} = \frac{1}{8} \qquad P(X = 3) = \frac{7}{8} \cdot \frac{6}{7} \cdot \frac{1}{6} = \frac{1}{8}$

$P(X = 4) = \frac{7}{8} \cdot \frac{6}{7} \cdot \frac{5}{6} \cdot \frac{1}{5} = \frac{1}{8} \quad \ldots \quad P(X = 8) = \frac{7}{8} \cdot \frac{6}{7} \cdot \ldots \cdot \frac{1}{2} \cdot 1 = \frac{1}{8}.$

X	1	2	3 ... 8
	$\frac{1}{8}$	$\frac{1}{8}$	$\frac{1}{8} \ldots \frac{1}{8}$

$EX = 4{,}5.$

3.42 a) $EX = 5{,}18\overline{3}$, $D^2X = 0{,}1381$ b) $E(X - 5{,}0)^2 = 0{,}171\overline{6}$, $E(X - 5{,}1)^2 = 0{,}145$.
Bemerkung: $E(X - a)^2$ wird am kleinsten für $a = EX = 5{,}18\overline{3}$.

3.43 a) Binomialverteilung mit $n = 10$, $p = 0{,}5$, $P(X = k) = \binom{10}{k} \cdot 0{,}5^{10}$, $k = 0, 1, \ldots, 10$.

X	0	1	2	3	4	5
	$9{,}8 \cdot 10^{-4}$	$9{,}8 \cdot 10^{-3}$	0,044	0,117	0,205	0,246

X	6	7	8	9	10
	0,205	0,117	0,044	$9{,}8 \cdot 10^{-3}$	$9{,}8 \cdot 10^{-4}$

Verteilungsfunktion $F_X(x)$ ist Treppenfunktion mit den entsprechend aufsummierten Wahrscheinlichkeiten der Verteilungstabelle:

$F_X(x) = 0$ für $-\infty < x < 0$,
$F_X(x) = 9{,}8 \cdot 10^{-4}$ für $0 \le x < 1$,
$F_X(x) = 9{,}8 \cdot 10^{-4} + 9{,}8 \cdot 10^{-3} \approx 0{,}011$ für $1 \le x < 2$,
$F_X(x) = 0{,}011 + 0{,}044 = 0{,}055$ für $2 \le x < 3$,
$F_X(x) = 0{,}055 + 0{,}117 = 0{,}172$ für $3 \le x < 4$, …,
$F_X(x) = 1$ für $10 \le x < \infty$.

b) $EX = 10 \cdot 0{,}5 = 5$, $D^2X = 10 \cdot 0{,}5 \cdot (1 - 0{,}5) = 2{,}5$.

c) $P(X \ge 7) = P(X = 7) + P(X = 8) + P(X = 9) + P(X = 10) = 0{,}1719$.

3.44 a) Binomialverteilung mit $n = 10$, $p = 0{,}4$,
$P(X = k) = \binom{10}{k} \cdot 0{,}4^k \cdot 0{,}6^{10-k}$, $k = 0, 1, \ldots, 10$.

Konkrete Werte:

X	0	1	2	3	4	5
	$6{,}05 \cdot 10^{-3}$	0,040	0,121	0,215	0,251	0,201

X	6	7	8	9	10
	0,111	0,042	0,011	$1{,}57 \cdot 10^{-3}$	$1{,}05 \cdot 10^{-4}$

Verteilungsfunktion $F_X(x)$: Analog zu Lösung 3.43 a).

b) $EX = 10 \cdot 0{,}4 = 4$, $D^2X = 10 \cdot 0{,}4 \cdot 0{,}6 = 2{,}4$.

c) $P(X \le 3) = P(X = 0) + P(X = 1) + P(X = 2) + P(X = 3) = 0{,}3823$.

3.45 Binomialverteilung mit $n = 10$, $p = 0{,}8$.
$P(X \ge 8) = P(X = 8) + P(X = 9) + P(X = 10) = 0{,}3020 + 0{,}2684 + 0{,}1074 = 0{,}6778$.

3.46 Anzahl X der erratenen richtigen Antworten ist binomialverteilt mit $n = 52$, $p = \frac{1}{3}$.
Gesuchte Wahrscheinlichkeit:

$$\begin{aligned} P(15 \le X \le 18) &= P(X = 15) + P(X = 16) + P(X = 17) + P(X = 18) \\ &= 0{,}0953 + 0{,}1102 + 0{,}1167 + 0{,}1134 = 0{,}4357. \end{aligned}$$

3.47 Binomialverteilung mit $n = 50$, $p = 0{,}04$.
a) $P(X = 0) = 0{,}1299$ b) $P(X \le 2) = 0{,}6767$ $P(X \le 4) = 0{,}9510$.

3.48 a) α) diskret; β) stetig

b) $P(X=-1)=0{,}2,\quad P(X=0)=0{,}5,\quad P(X=1)=0{,}1,\quad P(X=2)=0.2,$ $\qquad f_Y(x)=\begin{cases}0\,, & -\infty < x \le -1\\ \frac{1}{2}, & -1 < x \le 1\\ 0\,, & 1 < x < \infty\end{cases}$.

d) 0,5; 0,3; 0,2; e) 0,3; f) 0; g) 0,5; 0.

3.49 a) $c=\frac{1}{8}$ b) $F_X(x)=\begin{cases}0 & \text{für } x\le 2\\ \frac{1}{8}\cdot x-\frac{1}{4} & \text{für } 2<x\le 10\\ 1 & \text{für } x>10\end{cases}$

c) $EX=6,\ D^2X=\frac{16}{3}$ d) 0,575 e) $\frac{1}{2}$.

3.50 a) $P(X\ge 9)=1-\Phi\left(\frac{9-12{,}5}{1{,}5}\right)=1-\Phi(-2{,}\overline{3})=0{,}9902$

b) $P(X<14)=\Phi(1)=0{,}8413$

c) $P(10\le X\le 14)=\Phi(1)-\Phi(-1{,}\overline{6})=0{,}8413-0{,}0477=0{,}7936$

d) $P(11{,}23\le X\le 12{,}75)=\Phi(0{,}1\overline{6})-\Phi(-0{,}84\overline{6})=0{,}5663-0{,}1986=0{,}3677$

e) $P(\mid X-12\mid > 3{,}5)=P(X<8{,}5)+P(X>15{,}5)=0{,}0227+0{,}0038=0{,}0265$

f) $c=z_{0,7}=0{,}524$

g) $c=z_{0,5}=0$

h) $\frac{c-12{,}5}{1{,}5}=u=z_{0,25}=-0{,}6745$, nach c auflösen: $c=-0{,}6745\cdot 1{,}5+12{,}5=11{,}488$.

i) $\frac{c-12{,}5}{1{,}5}=u=z_{0,\overline{6}}=0{,}431,\ c=13{,}1465$.

3.51 a) $\frac{c-5}{\sqrt{0{,}2}}=z_{0,85}=1{,}0365,\ c=5{,}464$

b) $\frac{c-5}{\sqrt{0{,}2}}=z_{0,3}=-0{,}524,\ c=4{,}766$

c) $P(\mid X-5\mid\le c)=P(5-c\le X\le 5+c)=\Phi\left(\frac{c}{\sqrt{0{,}2}}\right)-\Phi\left(\frac{-c}{\sqrt{0{,}2}}\right)$

$=2\cdot\Phi\left(\frac{c}{\sqrt{0{,}2}}\right)-1=0{,}9,$

$\Phi\left(\frac{c}{\sqrt{0{,}2}}\right)=0{,}95,\quad \frac{c}{\sqrt{0{,}2}}=z_{0,95}=1{,}645,\quad c=0{,}736.$

3.52 a) $P(X>60)=1-\Phi\left(\frac{60-55}{2}\right)=1-\Phi(2{,}5)=0{,}0062$

b) $P(X<50)=\Phi(-2{,}5)=0{,}0062$

c) $P(53<X<57)=\Phi(1)-\Phi(-1)=0{,}6826$.

3.53 $P(50{,}7\le X\le 52{,}7)=\Phi(0{,}5\overline{5})-\Phi(-0{,}5\overline{5})=0{,}7108-0{,}2892=0{,}4216$.

3.54 a) $P(X\le 87)=\Phi(-0{,}375)=0{,}3538$

b) $P(86\le X\le 95)=\Phi(0{,}625)-\Phi(-0{,}5)=0{,}7340-0{,}3085=0{,}4255$.

3.55 Wahrscheinlichkeit für Ausschuß $p = P(X < 9{,}5) = \Phi\left(\frac{9{,}5 - 10}{\sqrt{0{,}09}}\right) = \Phi(-1{,}\bar{6}) = 0{,}0478.$

Anzahl Y der Ausschußpralinen in einer Schachtel ist binomialverteilt mit $n = 18$, $p = 0{,}0478$.

a) $P(Y = 0) = (1 - p)^{18} = 0{,}9522^{18} = 0{,}4141$

b) $P(Y = 1) = \binom{18}{1} \cdot 0{,}0478 \cdot (1 - 0.0478)^{17} = 0{,}3742$

c) $P(Y \leq 2) = P(Y = 0) + P(Y = 1) + P(Y = 2) = 0{,}4141 + 0{,}3742 + 0{,}1597 = 0{,}9480.$

3.56 a) $P(X < 78) = \Phi\left(\frac{78 - 60}{8}\right) = \Phi(2{,}25) = 0{,}9878;$

mit Kontinuitätskorrektur:

$$\Phi\left(\frac{77{,}5 - 60}{8}\right) = \Phi(2{,}188) = 0{,}9857.$$

b) $P(Y > 35) = 1 - \Phi\left(\frac{35 - 40}{5}\right) = 1 - \Phi(-1) = 0{,}8413;$

mit Kontinuitätskorrektur:

$$1 - \Phi\left(\frac{35{,}5 - 40}{5}\right) = 1 - \Phi(-0{,}9) = 0{,}8159.$$

c) $P(35 < Y < 43) = \Phi\left(\frac{43 - 40}{5}\right) - \Phi\left(\frac{35 - 40}{5}\right) = \Phi(0{,}6) - \Phi(-1)$
$= 0{,}7257 - 0{,}1587 = 0{,}5670;$

mit Kontinuitätskorrektur:

$$\Phi\left(\frac{42{,}5 - 40}{5}\right) - \Phi\left(\frac{35{,}5 - 40}{5}\right) = \Phi(0{,}5) - \Phi(-0{,}9) = 0{,}5074.$$

3.57 Es liegt eine Binomialverteilung mit $n = 130$, $p = 0{,}63$ vor. Näherungsformel mittels Normalverteilung:

$$P(X \leq 80) \approx \Phi\left(\frac{80 - 130 \cdot 0{,}63}{\sqrt{130 \cdot 0{,}63 \cdot 0{,}37}}\right) = \Phi(-0{,}345) = 0{,}3650;$$

mit Kontinuitätskorrektur: $\Phi\left(\frac{80{,}5 - 130 \cdot 0{,}63}{\sqrt{130 \cdot 0{,}63 \cdot 0{,}37}}\right) = \Phi(-0{,}254) = 0{,}3997.$

Analog: $P(X \leq 90) \approx \Phi(1{,}471) = 0{,}9294$; mit Kontinuitätskorrektur: $\Phi(1{,}562) = 0{,}9409$.

3.58 Anzahl X der Gewinnlose unter 200 gezogenen Losen ist binomialverteilt mit $n = 200$, $p = 0{,}2$. Gesuchte Wahrscheinlichkeit: $P(X > 50)$.

Bestimmung mittels Näherungsformel:

$$P(X > 50) \approx 1 - \Phi\left(\frac{50 - 200 \cdot 0{,}2}{\sqrt{200 \cdot 0{,}2 \cdot 0{,}8}}\right) = 1 - \Phi(1{,}768) = 0{,}0385;$$

mit Kontinuitätskorrektur: $1 - \Phi\left(\frac{50{,}5 - 200 \cdot 0{,}2}{\sqrt{200 \cdot 0{,}2 \cdot 0{,}8}}\right) = 1 - \Phi(1{,}856) = 0{,}0317.$

Lösungen zum Kapitel 4

4.1 Binomialtest

$\gamma_{\text{eins}} = B(5;\ 15;\ 05) = 0{,}1509$

$0{,}1509 > 0{,}01 \Rightarrow \gamma > \alpha \Rightarrow H_0$ beibehalten.

Mit diesem Ergebnis kann man die Behauptung nicht widerlegen.

4.2 korrigierter u-Test

$$u_{\text{korr}} = \frac{\left|\frac{18}{50} - 0{,}5\right| - \frac{1}{100}}{\sqrt{0{,}5 \cdot (1 - 0{,}5)}} \sqrt{50} = 1{,}84$$

$1{,}84 < 1{,}96 \Rightarrow u_{\text{korr}} < u_{0{,}05,\,\text{zweis}} \Rightarrow H_0$ beibehalten.
Man kann davon ausgehen, daß diese Experten repräsentativ für die beschriebene Grundgesamtheit sind.

4.3 χ^2– Anpassungstest für kategoriale Daten

$\chi^2 = 333{,}3\overline{3} + 333{,}3\overline{3} + 33{,}3\overline{3} = 722{,}2\overline{2}$

$722{,}2 > 9{,}21 \Rightarrow \chi^2 > \chi^2_{0{,}01;2} \Rightarrow H_0$ ablehnen.
Man muß davon ausgehen, daß sich im laufenden Jahr die Bestellgewohnheiten der Gäste geändert haben.

4.4 χ^2– Anpassungstest für metrische Daten

$$\chi^2 = 0{,}12057 + 6{,}6057 + 15{,}0478 + 3{,}1840 + 2{,}7428 + 4{,}2582$$
$$\approx 31{,}96$$

$31{,}96 > 7{,}81 \Rightarrow \chi^2 > \chi^2_{0{,}05;3} \Rightarrow H_0$ ablehnen.
Wir können hier nicht von eine normalverteilten Grundgesamtheit ausgehen.

4.5 DAVID-Test

$$D = \frac{150 - 1}{35{,}02} = 4{,}25$$

4,25 ist nicht Element von [4,725; 6,985], d. h., wir lehnen H_0 ab.
Mit diesem Schnelltest konnte gezeigt werden, daß auch in der Rehabilitationsklinik die Aufenthalts dauern nicht normalverteilt sind.

4.6 einfacher t-Test

$$t = \frac{5{,}0 - 6{,}0}{1{,}73}\sqrt{25} = -2{,}89$$

$|-2{,}89| > 2{,}06 \Rightarrow |t| > t_{0{,}05;24;\,\text{zweis}} \Rightarrow H_0$ ablehnen.
Diese Population kann im allgemeinen nicht als typisch für eine Grundgesamtheit mit $\mu_0 = 6{,}0$ angesehen werden.

4.7 KOLMOGOROV-Anpassungstest

$$D = \max\{0{,}1654;\ 0{,}3106;\ 0{,}4332;\ 0{,}3582;\ 0{,}1746;\ 0{,}099\}$$
$$= 0{,}4332$$

$0{,}4332 < 0{,}519 \Rightarrow D < K_{0{,}05;6} \Rightarrow H_0$ beibehalten.

4.8 FISCHER-Test

$\gamma = 0{,}2424 + 0{,}0303 = 0{,}2727$

$0{,}2727 > 0{,}01 \Rightarrow \gamma > \alpha \Rightarrow H_0$ beibehalten.
Man kann davon ausgehen, daß es im allgemeinen keinen Unterschied zwischen Jungen und Mädchen im Ferienlager bezüglich des Wunsches nach einer Nachtwanderung gibt.

4.9 $\chi^2 - k \cdot 2$-Feldertest

$$\chi^2 = 0{,}7424 + 1{,}1364 + 0 + 0{,}7903 + 0{,}0116 + 0{,}0556 + 1{,}2308 + 0{,}0263 + 2{,}000 + 1{,}4545$$
$$+0{,}7424 + 1{,}1364 + 0 + 0{,}7903 + 0{,}0116 + 0{,}0556 + 1{,}2308 + 0{,}0263 + 2{,}000 + 1{,}4545$$
$$= 14{,}8958 \approx 14{,}90$$

$14{,}90 < 21{,}70 \Rightarrow \chi^2 < \chi^2_{0{,}01;9} \Rightarrow H_0$ beibehalten.
Im allgemeinen unterscheiden sich die Freizeitinteressen dieser beiden Gruppen nicht.

4.10 U-Test

$U = 16; n_1 = 6; n_2 = 6 \Rightarrow \gamma = 0{,}409$

$2 \cdot \gamma = 0{,}818$

$0{,}818 > 0{,}01 \Rightarrow 2\gamma > \alpha \Rightarrow H_0$ beibehalten.
Im allgemeinen unterscheiden sich die Jungen und Mädchen nicht.

4.11 a) F-Test

$$F = \frac{0{,}01977}{0{,}01790} = 1{,}104$$

$0{,}43 < 1{,}104 < 2{,}32 \Rightarrow H_0$ beibehalten.
Im allgemeinen liegen homogene Varianzen vor.

b) doppelter t-Test

$$t = \frac{8{,}424 - 8{,}285}{0{,}133}\sqrt{\frac{33 \cdot 33}{66}} = 4{,}24$$

$4{,}24 > 2{,}33 \Rightarrow |t| > u_{0{,}01;\,\text{eins}} \Rightarrow H_0$ ablehnen.
Im allgemeinen unterscheiden sich die Weiten beider Gruppen.

4.12 korrigierter Mc-Nemar-Test

$$\chi^2_{\text{korr}} = \frac{(|37 - 4| - 1)^2}{37 + 4} = 24{,}98$$

$24{,}98 > 6{,}64 \Rightarrow \chi^2_{\text{korr}} > \chi^2_{0{,}01;1} \Rightarrow H_0$ ablehnen.
Im allgemeinen kann man von einer Veränderung der Arbeitszufriedenheit nach der Rationalisierung ausgehen.

4.13 Symmetrietest

$$\chi^2 = 1 + 0{,}7143 + 2{,}5 + 6{,}4286 + 0{,}3846 + 3{,}3333$$
$$= 14{,}36$$

$14{,}36 < 16{,}80 \Rightarrow \chi^2 < \chi^2_{0{,}01;6} \Rightarrow H_0$ beibehalten.
Im allgemeinen führte die Werbekampagne zu keiner Veränderung der Fernsehgewohnheiten.

4.14 Vorzeichentest

$n_- = 3$

$3 > 1 \Rightarrow n_- > n_{0{,}01;11;\,\text{eins}} \Rightarrow H_0$ beibehalten.
Im allgemeinen kann man von keiner Verbesserung der Selbsteinschätzung ausgehen.

4.15 Wilcoxon-Test für Paardifferenzen

$T_- = 9$

$9 > 5 \Rightarrow T_- > T_{0{,}01;10;\,\text{eins}} \Rightarrow H_0$ beibehalten.
Im allgemeinen verringern sich hier die Ausfallzeiten nicht.

4.16 a) t-Test für Differenzen

$$t = \frac{5{,}84}{4{,}86}\sqrt{10} = 3{,}80$$

$3{,}80 > 2{,}82 \Rightarrow |t| > t_{0{,}01;9;\,\text{eins}} \Rightarrow H_0$ ablehnen.

Man kann im allgemeinen davon ausgehen, daß es im Mittel zu einer Senkung der Ausfallzeiten gekommen ist.

b) FERGUSON-Test für Varianzen

$$t = \frac{(14{,}39 - 10{,}06) \cdot \sqrt{8}}{\sqrt{4 \cdot 14{,}39 \cdot 10{,}06 \cdot (1 - 0{,}00123)}} = 0{,}509$$

$0{,}509 < 2{,}31 \Rightarrow |t| < t_{0,05;8;\,\text{zweis}} \Rightarrow H_0$ beibehalten.
Im allgemeinen veränderten sich die Varianzen nicht.

4.17 $\chi^2 - 2 \cdot l$-Feldertest

$$\chi^2 = \frac{385^2}{228 \cdot 157}\left(136{,}49 - \frac{228^2}{385}\right) = 6{,}07$$

$6{,}07 < 11{,}3 \Rightarrow \chi^2 < \chi^2_{0,01;3} \Rightarrow H_0$ beibehalten.
Im allgemeinen unterscheidet sich die Teilnahme/Nichtteilnahme nicht in Abhängigkeit vom Schultyp.

4.18 $\chi^2 - k \cdot l$-Feldertest

$$\chi^2 = 171(0{,}4509 + 0{,}3772 + 0{,}2825 - 1) = 18{,}91$$

$18{,}91 > 16{,}8 \Rightarrow \chi^2 > \chi^2_{0,01;6} \Rightarrow H_0$ ablehnen.
Im allgemeinen unterscheiden sich die 4 Gruppen von Konstrukteuren hinsichtlich der bevorzugten Problemlösestrategie.

4.19 H-Test

$$H = \left(\frac{12}{21(21+1)} \cdot 2580{,}22\right) - 3(21+1) = 1{,}02$$

$1{,}02 < 11{,}3 \Rightarrow H < \chi^2_{0,01;3} \Rightarrow H_0$ beibehalten.
Im allgemeinen unterscheiden sich die 4 Kindergruppen hinsichtlich ihrer Aggressivität nicht.

9 Literaturverzeichnis

Adams, J.: Statistisches Know how in der medizinischen Forschung. Berlin: Ullstein Mosby GmbH & Co. KG, 1992

Ahrens, H.: Varianzanalyse. Berlin: Akademie-Verlag, 1967

Baumann, U.: Psychologische Taxometrie. Bern – Stuttgart – Wien: Verlag Hans Huber, 1971

Bortz, J.: Lehrbuch der empirischen Forschung für Sozialwissenschaftler. Berlin, Heidelberg, New York: Springer-Verlag, 1984

Bortz, J.; Lienert G. A.; Boehnke K.: Verteilungsfreie Methoden in der Biostatistik. Heidelberg: Springer-Verlag, 1990

Bortz, J.: Statistik für Sozialwissenschaftler. – 4. vollst. Überarb. Auflage. Berlin, Heidelberg, New York: Springer-Verlag, 1993

Bowker, A. H.: A Test for Symmetry in Contingency Tables. In: Journal Amer. Statist., Ass. 43, S. 572, 1948

Büning, H.; Trenkler, G.: Nichtparametrische statistische Methoden. Berlin etc: Verlag W. de Gruyter, 1978

Cochran, W. G.: The Distribution of the Largest of a Set Estimated Variances as a Fraction of Their Total. In: Ann Eugen, London, 11, S. 47–61, 1941

Cochran, W. G.: The Comparison of Percentages in Matched Samples. In: Biometrica, 23, S. 315–345, 1950

Cole, L. C.: The Measurment of Interspecific Association. In: Ecology, 30, 1949

Donald Mc, B. J.; Thompson, W. A.: Rank Sum Multiple Comparison in One- and Two-Way Classifications. In: Biometrika, 54, 1967

Dunn, O. I.: Multiple Comparisons Using Rank Sums. In: Technometrics, 6, 1964

Enderlein, G.: Einführung in die Clusteranalyse. In: Tagungsbericht der Akademie der Landwirtschaftswissenschaften der DDR, Berlin, S. 85–116, 1976

Fahrmeir, L.; Hamerle, A. (Hrsg.): Multivariate statistische Verfahren. Berlin, New York: Verlag W. de Gruyter & Co, 1984

Fleiß, J. L.: Statistical Methods for Rates and Proportions. New York: Wiley, 1973

Gaensslen, H.; Schubö, W.: Einfache und komplexe statistische Analyse. München, Basel: 1973

Gerß, W.: Statistik für Soziologen, Pädagogen, Psychologen und Mediziner. Band 5: Elementare Stichprobenmodelle. Thun und Frankfurt am Main: Verlag Harri Deutsch, 1987

Harten, H.-U.; Nägerl, H.; Schulte, H.-D.: Statistik für Mediziner. Weinheim: VCH Verlagsgesellschaft mbH, 1993

Hartung, J.; Elpelt., B.: Multivariate Statistik. – 3. Auflage. München, Wien: Verlag R. Oldenburg, 1989

Hartung, J.; Elpelt, B.; Klösener, K.-H.: Statistik. – 8. Auflage. München, Wien: Verlag R. Oldenburg, 1991

Heinecke, A.; Hultsch, E.; Repges, R.: Mediziniesche Biometrie. Berlin, Heidelberg, New York: Springer-Verlag, 1992

Hochstädter, D.: Statistische Methodenlehre. Thun und Frankfurt am Main: Verlag Harri Deutsch, 1991

Hochstädter, D.; Kaiser , U.: Varianz- und Kovarianzanalyse. Thun und Frankfurt am Main: Verlag Harri Deutsch, 1988

Hofstätter, P. R.: Einführung in die quantitativen Methoden der Psychologie. München: J. A. Barth, 1953

Horn, M.: Biostatistische Methoden bei mehr als zwei Grundgesamtheiten. Schrift im Auftrag der Biologischen Gesellschaft der DDR, Berlin, 1988

Howell, D. C.: Statistical Methods for Psychology. – 2. Auflage. Boston: PWS-Kent Publ. Company, 1987

Humak, K. M. S.: Statistische Methoden der Modellbildung. Teil I, II, III. Berlin: Akademie-Verlag, 1977, 1983, 1984

Jahn, W.; Vahle, H. : Die Faktoranalyse. Berlin: Verlag Die Wirtschaft, 1967

Kinder, H.-P.; Osius, G.; Timm, J.: Statistik für Biologen und Mediziner. Braunschweig, Wiesbaden: Verlag Friedrich Vieweg & Sohn, 1982

Klemm, P.: Keine Angst vor Biomathematik. Berlin: Ullstein Mosby GmbH & Co. KG, 1993

Krauth, J.; Lienert, G. A.: Die Konfigurationsfrequenzana lyse und ihre Anwendung in Psychologie und Medizin. München: Verlag K. Alber, 1973

Kres, H.: Statistische Tafeln zur multivariaten Analyse. Berlin etc: Springer-Verlag, 1975

Krishnaiah, R.: Handbook of Statistics, v. 1, Analysis of Variance. Amsterdam, New York: North-Holland, 1988

Laatz, W: Empirische Methoden. Thun und Frankfurt am Main: Verlag Harri Deutsch, 1992

Lienert, G. A.: Verteilungsfreie Methoden in der Biostatistik. Band 1. Meisenheim am Glan: 1986

Lind, D.: Abiturwissen Stochastik. Stuttgart, Dresden: Verlag E. Klett, 1991

Lohse H.; Ludwig, R.; Röhr, M.: Statistische Verfahren für Psychologen, Pädagogen und Soziologen. Thun und Frankfurt am Main: Verlag Harri Deutsch, 1983

Maibaum, G.: Wahrscheinlichkeitstheorie und mathematische Statistik. – 2. Auflage. Berlin: Deutscher Verlag der Wissenschaften, 1980

Maibaum, G.: Wahrscheinlichkeitsrechnung. Thun und Frankfurt am Main: Verlag Harri Deutsch, 1980

Müller, P. H. (Hrsg.): Wahrscheinlichkeitsrechnung und Mathematische Statistik, Lexikon der Stochastik. – 5. Auflage. m Berlin: Akademie-Verlag, 1991

Müller, P. H.; Neumann, P.; Storm, R.: Tafeln der mathematischen Statistik. Leipzig: Fachbuchverlag, 1973

Nollau, V.: Statistische Analysen. Mathematische Methoden der Planung und Auswertung von Versuchen. Leipzig: Fachbuchverlag, 1975

Pawlik, K.: Dimensionen des Verhaltnes. Eine Einführung in Methodik und Ergebnisse faktorenanalytischer psychologischer Forschung. Bern, Stuttgart, Wien: Verlag H. Huber, 1968

Precht, M.: Biostatistik. – 4. Auflage. München, Wien: Verlag R. Oldenburg, 1987

Raatz, U.: Eine Modifikation des White-Tests bei großen Stichproben. In: Biometrische Zeitschrift, 8, S. 42 – 54, 1966

Ramm, B.; Hofmann, G.: Biomathematik und medizinische Statistik. – 3. durchgesehene Auflage. Stuttgart: Ferdinand Enke Verlag, 1987

Rasch, D.: Einführung in die mathematische Statistik. Bd. II. Berlin: Deutscher Verlag der Wissenschaften, 1976

Rasch, D. u. a.: Verfahrensbibliothek Versuchsplanung und -auswertung. Berlin: Deutscher Landwirtschaftsverlag, 1978

Rasch, D.: Biometrie, Einführung in die Biostatistik. – 3. Auflage. Thun UND Frankfurt aM Main: Verlag Harri Deutsch, 1989

Rhenius, D.: Mathematik für die Psychologie: eine Einführung. Teil I: Grundlagen, Vektorräume, Mathematik ohne Zahlen. Bern, Stuttgart, Wien: Verlag H. Huber, 1982

Rhenius, D.: Mathematik für die Psychologie: eine Einführung. Teil II: Wahrscheinlichkeitstheorie. Bern, Stuttgart, Wien: Verlag H. Huber, 1986

Riedwyl, H.: Angewandte Statistik. Bern, Stuttgart: Verlag P. Haupt, 1989

Rudolf, M.; Müller, J.: Multivariate Verfahren. Eine praxisorientierte Einführung mit Anwendungsbeispielen in SPSS. Göttingen: Verlag Hogrefe, 2004

Sachs, L.: Angewandte Statistik. – 7. Auflage. Berlin, New York etc: Springer Verlag, 1992

Schulz, Th.; Muthig, K.-P.; Koeppler, K.: Theorie, Experiment und Versuchsplanung in der Psychologie. Stuttgart etc: Verlag W. Kohlhammer, 1981

Selg, H.: Einführung in die experimentelle Psychologie. – 4. Auflage. Stuttgart etc: Verlag W. Kohlhammer, 1975

Sprung L. & H. Sprung: Grundlagen der Methodologie und Methodik der Psychologie. Berlin: Deutscher Verlag der Wissenschaften, 1984

Statistisches Jahrbuch der Bundesrepublik Deutschland. 1992

Storm R.: Wahrscheinlichkeitsrechnung, mathematische Statistik und statistische Qualitätskontrolle. – 9. Auflage. Leipzig: Fachbuchverlag, 1988

Sydow, H.; Petzold, P.: Mathematische Psychologie. Berlin: Deutscher Verlag der Wissenschaften, 1981

Toutenburg, H.: Moderne nichtparametrische Verfahren der Risikoanalyse. Heidelberg: Physica-Verlag, 1992

Tränkle, U.: Mathematische und statistische Methoden. – 2. neubearbeitete und erweiterte Auflage. Münster: Aschendorffsche Verlagsbuchhandlung GmbH & Co, 1991

Weber, E.: Grundriß der biologischen Statistik. – 8. Auflage. Jena: G. Fischer-Verlag, 1980

Werner, J.: Biomathematik und Medizinische Statistik. – 2. überarb. Auflage. München, Wien, Baltimore: Verlag Urban & Schwarzenberg, 1992

Winer, B. J.; Brown, D. R.; Michels, K. M.: Statistical Prinziples in Experimental Design. New York: Mc Graw-Hill Inc., 1991

Witting, H.: Mathematische Statistik I. Stuttgart: Verlag B. G. Teubner, 1985

Zurmühl, R.: Praktische Mathematik. Berlin: Springer-Verlag, 1961

Sachwortverzeichnis

F

G

H

I

K

S

T